Vahlens Handbücher
der Wirtschafts- und Sozialwissenschaften

Handelsmanagement

von

Univ.-Professor Dr. Hans-Peter Liebmann
Direktor des Instituts für Handel, Absatz und Marketing (I:HM)
der Universität Graz

Univ.-Professor Dr. Joachim Zentes
Direktor des Instituts für Handel & Internationales Marketing
(H.I.MA.)
und Direktor des Europa-Instituts,
Sektion Wirtschaftswissenschaft,
der Universität des Saarlandes

Univ.-Professor Dr. Bernhard Swoboda
Inhaber der Professur für Betriebswirtschaftslehre,
insbesondere Marketing und Handel
der Universität Trier

2., neu bearbeitete Auflage

Verlag Franz Vahlen München

VERLAG
VAHLEN
MÜNCHEN
www.vahlen.de

ISBN 978 3 8006 3539 9

Wilhelmstr. 9, 80801 München
Satz: DTP-Vorlagen der Autoren
Druck und Bindung: Bercker Grafischer Betrieb GmbH & Co. KG
Hoogeweg 100, 47623 Kevelaer
Gedruckt auf säurefreiem, alterungsbeständigem Papier
(hergestellt aus chlorfrei gebleichtem Zellstoff)

Vorwort zur zweiten Auflage

Die zweite Auflage ist ein neues Buch geworden. Die bewährte Grundkonzeption des Buches wurde beibehalten. Aber: Die vielfältigen Veränderungen in der Wettbewerbsarena des Handels, die Anpassungen oder gar radikale Korrekturen der strategischen Ausrichtung und der operativen Umsetzung mit sich bringen, erfordern eine entsprechende Berücksichtigung. Dies betrifft zum einen die wettbewerbsorientierten Strategien, die Betriebstypen und die Instrumentarien des Handelsmarketing. Dies gilt gleichermaßen für neuere methodische sowie technologische Entwicklungen. Man denke etwa an innovative Konzepte wie Data Warehousing und Data Mining, die neue Formen des Supply-Chain-Managements und des Wirkungscontrollings ermöglichen, oder Radiofrequenzidentifikation (RFID), die zu fundamentalen Veränderungen in der logistischen Versorgungskette über alle Stufen hinweg führen.

Die zweite Auflage ist auch durch eine veränderte Autorenschaft geprägt. Als weiterer Autor wurde Bernhard Swoboda kooptiert, der bereits an der ersten Auflage des Lehrbuches maßgeblich mitwirkte. Seine Lehrerfahrungen an der Universität Trier und die Ergebnisse seiner Forschungsprojekte sind maßgeblich in diese Auflage eingeflossen.

Unser Dank gilt allen Mitarbeitern, die zum Entstehen dieser zweiten Auflage wesentlich beigetragen haben, so aus Graz Marion Brandstätter, Bernadette Frech, Dr. Elke Gruber, Heike Riedl, aus Saarbrücken Peter Domma, Constantin Hilt, Guido Hüffer, Juliane Krebs, Markus Lehnert, Sandra Pocsay, Lambert Scheer und aus Trier Frank Hälsig, Martin Jager, Markus Meierer, Sandra Schwarz.

Wie in der ersten Auflage danken wir den Vertretern der Wirtschaftspraxis, so aus Handels- und Industrieunternehmen, die mit Beispielen, Meinungen und Stellungnahmen vertreten sind und durch die Bereitstellung der erforderlichen Materialien die Möglichkeit zur Integration von umfassenden Fallstudien geliefert haben.

Nicht zuletzt gilt unser Dank Frau Sandra Besel (Graz), Frau Heike Frensch und Frau Gabriele Thös (Saarbrücken) sowie Frau Ursula Fassbender (Trier) für die äußerst sorgfältigen Schreibarbeiten. Frau Thös danken wir darüber hinaus für die abschließenden Layoutarbeiten. Herrn Jonas Bastian, Herrn Matthias Schu und Frau Michaela Selzner (Saarbrücken) danken wir für die engagierten redaktionellen Abschlussarbeiten.

Bewährt hat sich auch die durchgängige Verwendung der männlichen Form „Manager" oder „Entscheidungsträger", wohl wissend, dass ein Großteil unserer Leser Frauen sind und auch in der Handelspraxis immer mehr Frauen in Führungspositionen tätig sind. Die männliche Form soll keineswegs eine Diskriminierung sein, sondern eine Kurzform für beide Geschlechter darstellen.

Über jeden inhaltlichen und redaktionellen Hinweis zu diesem Lehrbuch danken wir schon im Voraus. Am einfachsten erreichen Sie uns per E-Mail.

Graz, Saarbrücken und Trier, im Juli 2007

Hans-Peter Liebmann (hans-peter.liebmann@uni-graz.at)
Joachim Zentes (j.zentes@mx.uni-saarland.de)
Bernhard Swoboda (b.swoboda@uni-trier.de)

Vorwort zur ersten Auflage

Die Anregung, gemeinsam ein Lehrbuch zum Handelsmanagement zu verfassen, geht auf eine langjährige Zusammenarbeit des Instituts für Handel, Absatz und Marketing der Universität Graz und des Instituts für Handel und Internationales Marketing an der Universität des Saarlandes zurück, eine Zusammenarbeit, die sich bereits in einer Vielzahl von Publikationen niedergeschlagen hat. Hervorzuheben ist hier insbesondere das Projekt „Handels*M*onitor“, in dem seit 1993 handelsrelevante Entwicklungen im Sinne eines Früherkennungssystems aufgegriffen werden, um Handelsunternehmen die Möglichkeit zu einem proaktiven Handeln zu geben. So lag die Idee nahe, ein Lehrbuch zum Handelsmanagement zu schreiben, das Wissenschaft und Praxis näher miteinander verbindet, um über die Brücke der aktuellen Entwicklungen zu neuem Wissen im Handelsmanagement zu gelangen.

Das vorliegende Buch wendet sich sowohl an Studierende als auch an Praktiker im Handel und an seine Partner in der Wertschöpfungskette. Die Konzeption des Lehrbuchs ist durch das Bemühen geprägt, die Entwicklung im Handelsmanagement von einer funktionsbezogenen Perspektive zu einer eher ganzheitlichen Sichtweise voranzutreiben. Dabei geht es im Kern um ein ganzheitliches Verständnis der vielfältigen Einflussgrößen, die bei komplexen und aktuellen Problemen im Handelsmanagement vorliegen. Die ganzheitliche Perspektive ist also notwendig, um den komplexen Interdependenzen des Geschehens in dem handelsbetrieblichen Umfeld Rechnung zu tragen. Die Lösung aktueller Probleme muss immer mehr im Interesse des gesamten Unternehmens gesucht werden und gelingt immer weniger aus der Sicht einer speziellen Funktion wie Einkauf, Verkauf oder Marketing.

Für modernes Managementdenken im Handel spielt die Prozessorientierung eine zunehmende Rolle, da sie die Voraussetzung ist, um zusammenhängende Aktivitäten für die Schaffung von Kernkompetenz in durchgängigen und funktionsübergreifenden Abläufen zu bündeln. Die gewählte prozessuale Betrachtungsweise hat den Vorteil, nicht an traditionellen Unternehmensgrenzen halt zu machen, sondern bietet die Möglichkeit, die netzartigen Verknüpfungen in der Wertschöpfungskette in einen unternehmensübergreifenden Ansatz zu berücksichtigen.

Die Charakterisierung des Umfelds als „dynamisch“ erfordert eine zukunftsorientierte Sichtweise. Sie schlägt sich einerseits in der Darstellung und Analyse der absehbaren Entwicklungen – trotz vieler Unwägbarkeiten – und den sich daraus ergebenden Herausforderungen für das Handelsmanagement nieder. Für eine zukunftsorientierte Sichtweise greift der klassische prognostische Ansatz zu kurz. Mit Überraschungen und Turbulenzen im Umfeld des Handels wird man nicht fertig, wenn man nur versucht, vergangene Entwicklungen in die Zukunft fortzuschreiben.

Der ganzheitliche Ansatz stellt hingegen letztlich die konzeptionelle Basis dar, damit ein fortschrittsfähiges und wandlungsfähiges Handelsmanagement gelingt, das auch mit komplexen und zeitgemäßen Zukunftsbildern umgehen kann.

Für dieses hohe Ziel soll das vorliegende Lehrbuch einen ersten Beitrag leisten. Es eignet sich daher sowohl für Praktiker als auch für Studierende als Grundlage für die Entdeckung neuer Entwicklungen und Orientierungen sowie als Quelle für weitere Forschungsarbeit im Bereich des Handelsmanagements.

Unser Dank gilt zunächst allen Mitarbeitern, die wesentliche Teile zu diesem Lehrbuch beigesteuert haben, so aus Graz Dr. Thomas Foscht (Kapitel 1, 2 und 6), Dr. Georg Jungwirth (Kapitel 6), Claudia Ulrich (Kapitel 8), Thomas Angerer (Kapitel 1, 2, 6 und 8), Sonja Klug (Kapitel 6) und aus Saarbrücken Markus Janz und Dirk Morschett (Kapitel 7), Hanna Schramm-Klein (Kapitel 5), Dr. Bernhard Swoboda (Kapitel 4). Das Lehrbuch bildet zugleich eine Klammer zu früheren Mitarbeitern der Institute, die an den jeweiligen Runden des Handels*M*onitors mitgewirkt haben, aber auch zu den Mitarbeitern, die die künftigen Monitor-Runden betreuen und damit zu einer Fortentwicklung dieses Buches beitragen werden.

Unser Dank gilt zugleich den Vertretern der Wirtschaftspraxis, so aus Handels- und Industrieunternehmen, die mit Beispielen, Meinungen und Stellungnahmen vertreten sind und durch die Bereitstellung der erforderlichen Materialien die Möglichkeit zur Integration von umfassenden Fallstudien geliefert haben.

Nicht zuletzt gilt unser Dank Frau Heidrun Asmus, Frau Carmen Hoffmann und Frau Gabriele Thös (alle Saarbrücken) für die äußerst sorgfältigen Schreib- und Layoutarbeiten. Frau Antje Wittig (Saarbrücken) danken wir für die engagierten redaktionellen Abschlussarbeiten, insbesondere für die kreative Layoutgestaltung.

Da ein Großteil unserer Leser Frauen sind und auch in der Handelspraxis immer mehr Frauen tätig sind, wäre es nicht nur ein Gebot der Höflichkeit stets auch von Managerinnen oder Entscheidungsträgerinnen zu sprechen, was die Lesbarkeit des Textes unserer Meinung nach aber stark einschränken würde. Auch die Wortschöpfung „ManagerInnen" gefällt uns weniger. Wenn im vorliegenden Buch also die männliche Form gewählt wird, so soll dies keineswegs eine Diskriminierung, sondern eine Kurzform für beide Geschlechter bedeuten.

Über jeden Hinweis zu diesem Lehrbuch sind wir Ihnen schon im Voraus dankbar. Sie erreichen uns am einfachsten per E-Mail.

Graz und Saarbrücken, im Oktober 2000

Hans-Peter Liebmann
(hans-peter.liebmann@kfunigraz.ac.at)

Joachim Zentes
(j.zentes@mx.uni-saarland.de)

Einführung und Überblick über das Buch

Die Autoren des vorliegenden Lehrbuches haben sich zum Ziel gesetzt, einen Beitrag für eine Lehre von der ganzheitlichen Unternehmensführung im Handel zu liefern. Es wird angestrebt, nicht nur die vielfältigen aktuellen Facetten der Unternehmensführung darzustellen und zu analysieren, sondern sie zugleich in einen ganzheitlichen Bezugsrahmen zu setzen. So werden bspw. nicht nur die neuen Systeme und Prozesse des Supply-Chain-Managements, die neuen Ansätze der Kundenpolitik (Customer-Relationship-Management) und die modernen Informations- und Kommunikationssysteme behandelt, sondern es wird angestrebt, insbesondere die Wechselbeziehungen zwischen diesen Dimensionen aufzuzeigen und daraus weiter gehende Interdependenzen auch zu anderen betrieblichen Wertschöpfungsfeldern abzuleiten.

Der diesem Buch zu Grunde liegende Ansatz geht zugleich über die unternehmensbezogene Sichtweise hinaus. So wird einerseits ein unternehmensübergreifender Ansatz angestrebt, ein Ansatz, der die Wertschöpfungskette – oder noch weiter gehender – den Wertschöpfungskreislauf gesamthaft zu erfassen versucht. Im Sinne einer offenen Systembetrachtung werden aber auch die Interaktionen mit der gesellschaftlichen, technologischen und auch natürlichen Umwelt in die Betrachtung einbezogen.

Zugleich wird angestrebt, die klassische Managementperspektive, die sich bei vorwiegend stabilen Verhältnissen auf den Märkten und langlebigen Sortimentszyklen bewährt hat, zu überwinden. Der gewählte Ansatz soll aber nicht nur die fundamentalen Veränderungen und die damit verbundenen Chancen aufzeigen, sondern er gibt zugleich Richtungen und Orientierungen für ein modernes, fortschrittsfähiges und damit wandlungsfähiges Konzept.

Das vorliegende Lehrbuch verfolgt daher eine mehrfache Zielsetzung. So wird der Darstellung, Analyse und Evaluation wichtiger und aktueller Entwicklungen bzw. Entwicklungstrends im Umfeld der Handelsunternehmen Raum gewidmet. In diese Betrachtung werden nicht nur das politisch-rechtliche, das sozio-ökonomische, das sozio-kulturelle und das technologische Umfeld einbezogen, sondern im Sinne einer interdisziplinären Ausrichtung auch die handelsmanagementrelevanten Entwicklungen anderer Forschungsdisziplinen.

Ein zweites Charakteristikum des Lehrbuchs ist es, theoretische Fundierungen zu liefern. So steht neben der systematisierenden Deskription empirischer Sachverhalte die Erklärung der Beziehungszusammenhänge im Mittelpunkt. Hierzu wird einerseits auf ein breites, weit gehend „abgesichertes" und bewährtes Theoriengebäude bzw. auf Theoriebausteine zurückgegriffen.

Andererseits werden auch neuere Erklärungsansätze bzw. -entwürfe, die eher wissenschaftlich-experimentellen Charakter haben, integriert. Damit soll ein Anreiz zum „Querdenken“ – in der wissenschaftlichen Auseinandersetzung mit dem Handel als auch in den Handelsunternehmen selbst – geleistet werden.

Das Lehrbuch versucht nicht nur Erklärungsgrundlagen, sondern auch Gestaltungsgrundlagen für das Management zu liefern. Das Gesamtkonzept ist anwendungsorientiert und versucht, aktuelle praxisbezogene Perspektiven zu entwickeln. Damit sollen den Verantwortungsträgern im Handel Orientierungshilfen gegeben werden, um theoretisch fundierte und empirisch gestützte Handlungsoptionen zu erkennen und erfolgreich umzusetzen. Daher enthält das Buch eine Fülle von Handlungsempfehlungen, nicht dagegen Rezepte mit Ad-hoc-Charakter.

Diesem Aspekt dienen zahlreiche Beispiele „aus der Praxis“, die in die einzelnen Betrachtungen einbezogen werden. Diese Beispiele werden ergänzt um Meinungen und Stellungnahmen von Managern und Unternehmern aus dem Handel, aber auch aus anderen Sektoren, insbesondere aus der Konsumgüterindustrie. Darüber hinaus werden Fallstudien integriert, in denen beispielhaft aufgezeigt wird, in welcher Art und Weise in der Handelspraxis Lösungen gefunden wurden. Diese Fallstudien erheben nicht primär den Anspruch einer „Best Practice-Lösung“, sondern sie illustrieren das komplexe Wechselspiel zwischen Analyse, Konzeption und Implementierung in einem dynamischen Umfeld.

Das vorliegende Lehrbuch versteht sich als Beitrag zu einer Handelsbetriebslehre, die auf bewährtem Wissen aufbaut und dieses – wann immer zweckmäßig und Erfolg versprechend – integriert. Dieser Ansatz hat jedoch nicht zwangsläufig zur Folge, dass dieses „bewährte Wissen“ erneut – vielleicht nur in einer etwas anderen Form – präsentiert wird. In einer Vielzahl von heute als klassisch zu bezeichnenden Lehrbüchern und auch in neueren Lehrbüchern sind die traditionellen Ansätze breit dargestellt, sodass hierauf tendenziell verzichtet werden kann. Das vorliegende Lehrbuch versteht sich eher komplementär zu bestehenden Lehrbüchern der Handelsbetriebslehre. Deshalb werden zentrale, nach wie vor wichtige Bereiche nur skizziert, so die geradezu faszinierende Frage der Geschichte des Handels. Fragen der Binnenhandelspolitik – sowohl auf nationaler als auch auf supranationaler Ebene (z. B. EU-Ebene) – werden ebenfalls nur berührt; sie stehen aus den genannten Gründen ebenfalls nicht im Fokus des Interesses. Der gewählte komplementäre Ansatz versucht jedoch, einerseits ausgewählte und aktuelle handelsmanagementrelevante Aspekte der (Binnen-) Handelspolitik in die Betrachtung einzubeziehen, andererseits den Entscheidungsträgern der (Binnen-) Handelspolitik – dies sind bekanntlich nicht die Handelsunternehmen selbst – Anregungen zur Politikgestaltung zu liefern.

Diese komplementäre Sichtweise gilt auch bzgl. klassischer Lehrbuchinhalte der Handelsbetriebslehre, bspw. der Funktionenlehre. Auch diese Frage wird hier nur skizziert, was nicht mit einer Relativierung ihrer Bedeutung gleichzusetzen ist.

Das Lehrbuch betrachtet Handelsmanagement in erster Linie vom Standpunkt institutioneller Unternehmen des Einzelhandels. Neben dieser dominanten – oftmals nur impliziten – Sichtweise werden auch andere Betrachtungsstandpunkte einbezogen; hierauf wird jeweils explizit Bezug genommen. So erfolgt die Analyse nicht nur aus der Perspektive von Einzelhandelsunternehmen, sondern bspw. auch aus der Sicht der Systemzentrale einer kooperativen Gruppierung von Handelsunternehmen. Gleichermaßen werden spezifische Aspekte aus der Perspektive von Großhandelsunternehmen diskutiert. Aus dieser Perspektive stehen sowohl Fragen des Absatzmarketing als auch des Supply-Chain-Managements zwischen Großhandel und Einzelhandel im Vordergrund der Betrachtung.

Bei der Betrachtung von Großhandelsaspekten werden in der Regel die spezifischen Gegebenheiten von Außenhandelsunternehmen nicht berücksichtigt. Dies bedeutet keineswegs eine begrenzt nationale Sichtweise. Dem Phänomen der Globalisierung des Handels wird Rechnung getragen, jedoch durch eine Betrachtungsweise, die stärker auf die Internationalisierung der Handelsunternehmen abstellt. Trotz dieses global-orientierten Grundansatzes stehen auch nationale Gegebenheiten, so bei der Betrachtung des rechtlichen Umfeldes, im Vordergrund.

Das Lehrbuch besteht aus sechs Kapiteln. Im Ersten Kapitel werden Grundlagen, Angrenzungen und Sichtweisen des Handelsmanagements erörtert. Hieran schließt sich im Zweiten Kapitel die Diskussion der wettbewerbsstrategischen Stoßrichtungen des Handels an. Im Mittelpunkt steht dabei eine marktorientierte Betrachtungsweise. Sie bildet zugleich die Basis der Erörterung der Dynamik der Betriebs- und Vertriebstypen (Formate) des Handels im Dritten Kapitel und des Handelsmarketing im Vierten Kapitel.

Der handelsbetriebliche Kernprozess Supply-Chain-Management ist Gegenstand des Fünften Kapitels. Die unterschiedlichen Konzepte der Führung von Handelsunternehmen werden im abschließenden Sechsten Kapitel diskutiert.

Der Aufbau des Lehrbuchs orientiert sich an einigen „Eckpunkten“, die sich in der ersten Auflage bewährt haben. So werden einerseits Praxisbeispiele und Fallstudien in die einzelnen Kapitel integriert. Zugleich werden die methodischen Aspekte der jeweiligen Fragestellungen den einzelnen Kapiteln zugeordnet. Dabei wird aber darauf verzichtet, allgemeines betriebswirtschaftliches Grundlagenwissen zu vermitteln. Die Darstellung beschränkt sich auf handelsmanagementrelevante Aspekte.

Inhaltsverzeichnis

Erstes Kapitel:
Grundlagen, Abgrenzungen und Sichtweisen

Zweites Kapitel: Das Spektrum der wettbewerbsorientierten Strategien

Drittes Kapitel: Die Dynamik der Betriebs- und Vertriebstypen

Fünftes Kapitel:
Die Gestaltung der Supply-Chain

Sechstes Kapitel: Die Konzepte der Führung

Abkürzungsverzeichnis

ADAC	Allgemeiner Deutscher Automobil Club
AFTA	ASEAN Free Trade Area
ASEAN	Association of South-East Asian Nations
ATC	Agreement on Textiles and Clothing
AU	Auslandsumsatz
B2B	Business to Business
B2C	Business to Consumer
BA	Berufsakademie
BauNVO	Baunutzungs-Verordnung
bfai	Bundesagentur für Außenwirtschaft
BfS	Bundesamt für Statistik
BID	Business-Improvement-District
BIP	Bruttoinlandsprodukt
BMI	Buyer-Managed Inventory
BPR	Business-Process-Reengineering
BSC	Balanced Scorecard
BSP	Bruttosozialprodukt
BUND	Bund für Umwelt und Naturschutz Deutschland
C&C	Cash & Carry
CCRRGE	Coca-Cola Retailing Research Group Europe
C/D-Paradigma	Confirmation/Disconfirmation-Paradigma
CEFFT-Shopping	Club-, Event-, Fun-, Fan- & Tourist Shopping
CEO	Chief Executive Officer
CPFR	Collaborative Planning, Forecasting and Replenishment
CHF	Schweizer Franken
CIM	Computer Integrated Manufacturing

CLV	Customer Lifetime Value
CM	Category Management
CMI	Co-Managed Inventory
CRM	Customer Relationship Management
CRP	Continuous Replenishment
CSI	Customer Satisfaction Index
CSR	Corporate Social Responsibility
DB	Deckungsbeitrag
DEA	Data Envelopment Analysis
DFV	Deutscher Franchise-Verband
DIHK	Deutscher Industrie- und Handelskammertag
DIY	Do It Yourself
DPK	Direkte Produktkosten
DPP	Direkte Produktprofitabilität
DPR	Direkte Produktrentabilität
EAN	European Article Number
EBG	Eisenbahngesetz
EBIT	Earnings Before Interests and Taxes
EBITA	Earnings Before Interest, Taxes and Amortisation
E-Business	Electronic Business
E-Commerce	Electronic Commerce
ECR	Efficient Consumer Response
EDI	Electronic Data Interchange
EDIFACT	Electronic Data Interchange for Administration, Commerce and Transportation
EDLP	Everyday low prices
EFF	European Franchise Federation
EG	Europäische Gemeinschaft
ER	Efficient Replenishment
EPC	Electronic Product Code

ERG	Existence-, Relatedness- and Growth Needs
ERP	Enterprise-Resource-Planning
ESOP	Employee Stock Ownership Plans
EU	Europäische Union
EuGen	Genossenschaft europäischen Rechts
EuGH	Europäischer Gerichtshof
EUR	Euro
EVA	Economic Value Added
EVP	Einzelhandelsverkaufspreis
F&E	Forschung & Entwicklung
FAQ	Frequently Asked Questions
FIFA	Fédération Internationale de Football Association
FMCG	Fast Moving Consumer Goods
FMEA	Fehlermöglichkeits- und Einflussanalyse
FMI	Food Marketing Institute
FOC	Factory Outlet Center
FTAA	Free Trade All America
GATS	General Agreement on Trade in Services
GATT	General Agreement on Tariffs and Trade
GBP	Great Britain Pound
GfK	Gesellschaft für Konsumforschung
GU	Gesamtumsatz
GWB	Gesetz gegen Wettbewerbsbeschränkungen
H&M	Hennes & Mauritz
HRM	Human Resource Management
ifo	Institut für Wirtschaftsforschung
IHK	Industrie- und Handelskammer
IT	Informationstechnologie
IuK	Information und Kommunikation
JV	Joint Ventures
KAM	Key Account Management

KartG	Kartellgesetz
KEP-Dienstleister	Kurier, Express- & Paketdienstleister
Kfz	Kraftfahrzeug
KI	Künstliche Intelligenz
KMU	Kleine und mittlere Unternehmen
KPI	Key-Performance-Indikatoren
KSA	Kurt Salomon Associates Inc.
LAN	Local Area Network
LEH	Lebensmitteleinzelhandel
LSVA	Leistungsabhängige Schwerverkehrsabgabe
M&A	Mergers & Acquisitions
MBO	Management-Buy-Out
M-Commerce	Mobile Commerce
MDS	multidimensionale Skalierung
MERCOSUR	Mercado Común del Sur
MGBI	METRO Group Buying International
MGL	METRO Group Logistics
Mio.	Millionen
MNU	Multinationale Unternehmen
Mrd.	Milliarden
MRO	Maintenance, Repair, Operation
MUS	Managementunterstützungssysteme
MVA	Market Value Added
NAFTA	North American Free Trade Agreement
NOPAT	Net Operating Profit After Taxes
OECD	Organization for Economic Cooperation and Development
OLAP	Online Analytical Processing
OLTP	Online Transactional Processing
OPM	Order Picking Machinery
ÖPNV	Öffentlicher Personennahverkehr
P&C	Peek & Cloppenburg

PDA	Personal Digital Assistant
PI	Performance Indicator
PMS	Performance-Measurement-System
PoE	Point of Entry
PoR	Point of Return
PoS	Point of Sale
PPP	Private Public Partnership
PR	Public Relations
PSA	Personal-Shopping-Assistent
R&D	Research and Development
RFID	Radio Frequency Identification
ROI	Return on Investment
RPG	Raumplanungsgesetz
RPM	Retail-Performance-Measurement
SCM	Supply-Chain-Management
SEC	Supplier-Evaluation-Card
SGE	Strategische Geschäftseinheit
SGF	Strategische Geschäftsfelder
SLO	Selfliquiding Offers
SPACE	Strategic Position and Action Evaluation
S-O-R	Stimulus-Organismus-Response
SRM	Supplier-Relationship-Management
SWOT	Strenghts, Weakness, Opportunities, Threats
TAE	Trans-Asien-Europa
TQM	Total Quality Management
TRIPS	Agreement on Trade-Related Aspects of Intelectual Property Rights
Tsd.	Tausend
UEC	Urban Entertainment Center
UMTS	Universal Mobile Telecommunications System
UNCTAD	United Nations Conference on Trade and Development

USD	US-Dollar
USP	Unique Selling Proposition
UWG	Gesetz gegen den unlauteren Wettbewerb
VDD	Verbund Deutscher Drogeristen
VMI	Vendor-Managed Inventory
VR	Verfügungsrechte
WACC	Weighted Average Cost of Capital
Weko	Wettbewerbskommission
WKZ	Werbekostenzuschlag
WLAN	Wireless Local Area Network
WOTS	Weakness, Opportunities, Threats, Strengths
WTO	World Trade Organization
WWS	Warenwirtschaftssystem
ZGV	Zentralverband gewerblicher Verbundgruppen
ZR	Zentralregulierung

Erstes Kapitel

Grundlagen, Abgrenzungen und Sichtweisen

A. Gegenstand

Eine **ganzheitliche Lehre** des Handelsmanagements setzt ein umfassendes Verständnis einerseits der Probleme und andererseits der Gegebenheiten im Handel sowie der Umfeldbedingungen voraus. Hierzu gehören zunächst Kenntnisse der wichtigsten Erscheinungsformen im Handel und ihrer empirischen Relevanz und Aktualität. Zum Verständnis der aktuellen und künftigen Gegebenheiten des Handels gehört zugleich die Kenntnis der historischen Entwicklung und der gesellschaftlichen Bedeutung des Handels.

Ein konzeptioneller Entwurf des Handelsmanagements erfordert eine vertiefte Auseinandersetzung mit den theoretischen Grundlagen. Hierzu gehören sowohl die Theoriebausteine aus einer klassischen Sichtweise der Handelsbetriebslehre als auch die neueren Ansätze bzw. Konzepte, die nachfolgend erörtert werden.

Den Abschluss des Kapitels bildet eine umfassende Fallstudie, welche die Wechselbeziehungen zwischen den vielfältigen Facetten eines modernen Handelsmanagements verdeutlicht.

B. Ausgewählte Erscheinungsformen und Daten zum Handel

I. Funktioneller und institutioneller Handel

Handel wird in einem umfassenden Sinn als **Austausch** von wirtschaftlichen Gütern verstanden (Tietz 1993a, S. 1). In arbeitsteilig organisierten Wirtschaftssystemen werden i.d.R. Güter gegen Geld getauscht. Der Tausch Güter gegen Güter ist in diesen Systemen selten, er tritt jedoch in Form des **Barter** bspw. im Außenhandel, so mit Entwicklungs- und Schwellenländern, auf (Zentes/Schramm-Klein/Morschett 2004, S. 9).

In einer **Marktwirtschaft** vollzieht sich der Austausch „nach dem Willen von mindestens zwei Marktpartnern zur Erfüllung von Nutzenvorstellungen und damit zur Verbesserung ihrer jeweiligen Bedarfssituation" (Tietz 1993a, S. 1). Anders dagegen in der **Planwirtschaft**. So beruht das Grundkonzept der staatlich geplanten Warenzirkulation auf den Theorien von Karl Marx und Friedrich Engels: „Der sozialistische Staat plant die Produktion und die

Zirkulation der Waren, organisiert den Handelsapparat, bestimmt die Zahl der notwendigen Zwischenglieder zwischen Produzenten und Konsumenten und legt rationelle Wege und Formen der Warenbewegung fest“ (Serebrjakow 1952, S. 11).

Mit Bezug auf die obige weite Abgrenzung des Handels kann zunächst der Begriff des **funktionellen Handels** abgegrenzt werden, der auf eine Tätigkeit abstellt. Der „Ausschuss für Definitionen zu Handel und Distribution“ (2006, S. 27) definiert Handel im funktionellen Sinne (im „Katalog E“) wie folgt:

> *„Handel im funktionellen Sinne liegt vor, wenn Marktteilnehmer Güter, die sie in der Regel nicht selbst be- oder verarbeiten (Handelswaren), von anderen Marktteilnehmern beschaffen und an Dritte absetzen. In der Praxis wird der Begriff im Allgemeinen auf den Austausch von Sachgütern, noch häufiger auf den Austausch von beweglichen Sachgütern eingeschränkt.“*

Handel im funktionellen Sinne kann unter Bezugnahme auf die folgenden Merkmale unterschiedlich konkretisiert werden (Müller-Hagedorn 1998, S. 19):

- „die Art der beteiligten Wirtschaftssubjekte (private Haushalte, Unternehmen bzw. Betriebe)
- die Art der ausgetauschten Güter
- den Grad der Be- oder Verarbeitung der abgesetzten Güter durch den Verkäufer
- das Vorliegen eines Kaufs oder einer sonstigen vertraglichen Beziehung, durch die eine Leistung und eine Gegenleistung festgelegt werden.“

Im funktionellen Sinne treiben somit z.B. auch Industrieunternehmen Handel; sie ergänzen bspw. ihr Programm bzw. Sortiment um fremdbezogene Ware (**Handelsware**) (siehe Tabelle 1.1).

Neue Verfügungsrechte

Neben die traditionellen Verfügungsrechte wie Kauf, Miete und Leasing treten innovative Überlassungsformen. Dies kann am Beispiel „Mobilität“ verdeutlicht werden. So wird ein Verbraucher künftig in der Lage sein, gegen periodische (z.B. monatliche) Zahlung eines festgelegten Betrages situationsspezifisch mobil zu sein. Beispielsweise kann er im Regelfall über einen bestimmten Pkw (z.B. VW Golf) verfügen. Im Urlaub gibt er diesen Wagen zurück und erhält einen Kombi, einen Van oder ein Allrad-Fahrzeug. Gleichermaßen kann er den gewählten „Standard-Pkw“ an einem Sommerwochenende gegen ein Cabriolet (z.B. Mercedes SLK) oder gar gegen ein Motorrad (z.B. BMW Cruiser) „eintauschen“. Für repräsentative Anlässe steht ihm – ggf. zusätzlich zu dem Standard-Pkw – eine große Limousine (z.B. Mercedes S-Klasse) zur Verfügung.

Während eines mehrwöchigen „Pkw-freien“ Sommerurlaubes, z.B. auf den Malediven, wird der Standard-Pkw am Flughafen Frankfurt abgegeben, oder im Falle einer Florida-Reise erhält man „vor Ort“ einen klimatisierten Jeep. Für die jeweilige Nutzung werden modellspezifisch dem Verfügungskonto Punkte belastet und durch die monatliche Zahlung verrechnet. Der betrachtete „Individualmobilist" kann über alle Verkehrsmittel verfügen; im rechtlichen Sinne „gehören" ihm weder der VW Golf noch das Motorrad. Anbieter dieses „multimodalen Paketes" sind neue „Mobilitätshändler", z.B. heutige Autovermieter oder zukünftige Autohändler im strategischen Verbund mit Händlern anderer Marken oder aber neuartige Multi-Marken-Händler bzw. neuartige „Reisebüros".

Quelle: Zentes 1999a, S. 40f.

Tabelle 1.1: Entwicklung des Umsatzes von Handelsware in ausgewählten Wirtschaftszweigen in Deutschland von 1977 bis 2004

	Anteil des Umsatzes aus Handelsware am Gesamtumsatz in Prozent					
	1977	**1980**	**1983**	**1985**	**1987**	**1989**
Verbrauchsgüter produzierendes Gewerbe	6,5	7,4	7,9	7,3	7,3	8,0
Nahrungs- und Genussmittelgewerbe	9,4	11,1	12,2	12,1	11,9	11,3
	1990	**1996**	**1999**	**2002**	**2003**	**2004**
Verbrauchsgüter produzierendes Gewerbe	8,1	11,5	k.A.[1]	k.A.[1]	k.A.[1]	k.A.[1]
Nahrungs- und Genussmittelgewerbe	11,8	11,7	11,7	12,9	13,5	13,3

[1] ab 1999 nicht mehr erfasst.

Quelle: Statistisches Bundesamt 2006.

Der Begriff des **Handels im institutionellen Sinne** lässt sich gleichermaßen in mehreren Varianten konkretisieren; er wird hier in der Abgrenzung des o.a. Ausschusses (2006, S. 27f.) verstanden, d.h. eingeengt auf Betriebe, deren Tätigkeit ausschließlich oder überwiegend dem Handel im funktionellen Sinne zuzurechnen ist:

„Handel im institutionellen Sinne – auch als Handelsunternehmung oder Handelsbetrieb bezeichnet – umfasst jene Institutionen, deren wirtschaftliche Tätigkeit ausschließlich oder überwiegend dem Handel im funktionellen Sinne zuzurechnen ist. In der amtlichen Statistik wird eine Unternehmung oder ein Betrieb dann dem Handel zugeordnet, wenn aus der Handelstätigkeit eine größere Wertschöpfung resultiert als aus einer zweiten oder aus mehreren sonstigen Tätigkeiten."

Müller-Hagedorn (1998) erörtert umfassend die Problematik unterschiedlicher Abgrenzungen des Begriffs „institutioneller Handel". Im Folgenden wird im Grundsatz der weiten Sichtweise Müller-Hagedorns gefolgt. Von Handelsbetrieben soll „von jenen Betrieben gesprochen werden, die überwiegend bewegliche Sachgüter beschaffen und absetzen, ohne diese im technischen Sinne zu bearbeiten (von üblichen Manipulationen abgesehen) und dies häufig mit dem Angebot von Dienstleistungen verbinden. Die zu veräußernden Sachgüter können dabei durch Kauf beschafft werden (Eigenhandel), sie können aber auch in eigenem Namen und auf fremde Rechnung (Kommissionshandel) oder in fremdem Namen und auf fremde Rechnung (Agenturhandel) vertrieben werden" (Müller-Hagedorn 1998, S. 20).

Diese Sichtweise geht von einem **traditionellen Wertschöpfungsprozess** in einem Handelsbetrieb und damit von traditionellen Unternehmensgrenzen aus. Wie noch zu zeigen ist, ermöglichen die modernen Informations- und Kommunikationstechnologien virtuelle Netzwerke, d.h. einen temporären Verbund von Institutionen, in Form **unternehmensübergreifender Wertschöpfungsprozesse** im Rahmen des Electronic Business (E-Business), welche die Grenzen zwischen institutionellem und funktionellem Handel fließend erscheinen lassen.

Handel ohne Handel

Electronic Shopping – hier i.e.S. Internet-Shopping – kann durch neuartige Allianzen in Form virtueller Netzwerke ermöglicht werden. So gelangen die (Internet-)Bestellungen deutscher Kunden (Land A) über einen in Land B (z.B. USA) ansässigen Service-Provider (Broker) an einen, möglicherweise den preiswertesten, Hersteller in Land C (China), einen Logistik-Dienstleister in Land D (z.B. Niederlande) sowie an ein Clearing-House, z.B. eine Kreditkartenorganisation in Land E (z.B. Schweiz). Auf der Basis dieser Informationen wird die Ware – ausgehend vom Hersteller – durch den Logistik-Dienstleister an den Kunden ausgeliefert. Das Clearing-House übernimmt die Inkassofunktion und die Steuerung der Zahlungsströme in Richtung Provider, Hersteller und Logistik-Dienstleister.

Abbildung 1.1: Handel in globalen, virtuellen Netzwerken

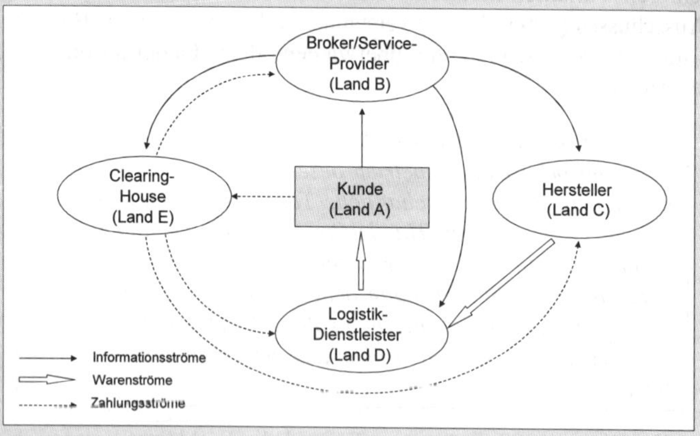

Quelle: Zentes/Swoboda 1998c, S. 100f.

II. Großhandel und Einzelhandel

Handelsbetriebe treten in zahlreichen Varianten und damit in vielfältigen Erscheinungsformen auf. Eine erste Möglichkeit der Systematisierung beruht auf der Stellung eines Handelsbetriebs in der **Handelskette** zwischen Erzeuger und Verwender. Diese auf Seyffert (1972, S. 623ff.) zurückgehende Betrachtungsweise – ein Ansatz, der letztlich dem Porter'schen Konzept der Wertkette (implizit) zu Grunde liegt (Porter 1980) – führt zunächst zur Unterscheidung zwischen **Großhandel** und **Einzelhandel**, welche die Tätigkeit auf unterschiedlichen Wirtschaftsstufen kennzeichnet (vgl. auch Barth/Hartmann/Schröder 2007, S. 43f.). Auch hier lassen sich eine funktionelle und eine institutionelle Sichtweise herausstellen (Ausschuss für Definitionen zu Handel und Distribution 2006, S. 37f.).

„Großhandel im funktionellen Sinn liegt vor, wenn Marktteilnehmer Güter, die sie in der Regel nicht selbst be- oder verarbeiten, vom Hersteller oder anderen Lieferanten beschaffen und an Wiederverkäufer, Weiterverarbeiter, gewerbliche Verwender (z.B. Behörden, Bildungsstätten) oder an sonstige Institutionen (z.B. Kantinen, Vereine), soweit es sich nicht um private Haushalte handelt, absetzen."

Im institutionellen Sinn umfasst Großhandel, „auch als Großhandelsunternehmung, Großhandelsbetrieb oder Großhandlung bezeichnet, [...] jene Institutionen, deren wirtschaftliche Tätigkeit ausschließlich oder überwiegend dem Großhandel im funktionellen Sinne zuzurechnen ist."

Einen Einblick in die empirische Bedeutung des Großhandels in Deutschland, Österreich und der Schweiz vermittelt Tabelle 1.2.

*Tabelle 1.2: Umsatz des Großhandels, Anzahl der Großhandelsbetriebe und Zahl der Beschäftigten im deutschsprachigen Raum**

	Deutschland	Österreich	Schweiz
Umsatz (in Mio. EUR)	699.400 (2005) 633.122 (2003)	90.810 (2003)	111.300 (2001)
Anzahl der Großhandelsunternehmen	108.100 (2004) 98.997 (2003)	25.811 (2003)	18.459 (2001)
Zahl der Beschäftigten	1.077.000 (2005) 1.228.229 (2003)	191.928 (2003)	180.300 (2003)

* Handelsvermittlung und Großhandel (ohne Handel mit Kraftfahrzeugen).

Quelle: Eurostat 2006, BGA 2006.

Charakteristisch für den Großhandel ist, dass er Transaktionen zwischen Unternehmen und vergleichbaren Institutionen zum Gegenstand hat und damit dem **Business-to-Business**-Bereich, der heute meist als „B2B"-Bereich bezeichnet wird, zuzuordnen ist. Abgegrenzt wird dieser Bereich von Transaktionen zwischen Unternehmen und privaten Verbrauchern (Konsumenten), die als **Business-to-Consumer**-Bereich bezeichnet werden, analog verkürzt als „B2C"-Bereich (Zentes 2006, S. 6f.).

B2B-Handel schließt den Großhandel im traditionellen (institutionellen) Begriffsverständnis ein, geht aber wesentlich darüber hinaus. Dies gilt auch aus rechtlicher Sicht. B2B-Handel umfasst aus dieser Perspektive sowohl den Eigenhandel, d.h. der Verkauf erfolgt „im eigenen Namen und auf eigene Rechnung“, den Kommissionshandel („im eigenen Namen und auf fremde Rechnung“) als auch den „Agenturhandel“ („in fremdem Namen und auf fremde Rechnung“) und den „Maklerhandel“.

B2B-Handel wird oftmals nur auf elektronische Transaktionen bezogen und damit nur als Teilbereich des E-Commerce betrachtet. Dieser Perspektive wird hier nicht gefolgt: Transaktionen zwischen Großhandels- und Einzelhandelsunternehmen, die in „klassischer Form“ (z.B. durch persönliche Interaktionen in Verkaufsgesprächen) ablaufen und bei denen die Übermittlung der Bestelldaten und der Rechnungsdaten in konventioneller Weise (z.B. in „Papierform“) erfolgt, werden ebenso dem B2B-Handel zugerechnet wie Transaktionen, bei denen eine personale Interaktion stattfindet, die Übertragung der Bestelldaten und/oder Rechnungsdaten jedoch über elektronischen Datenaustausch (EDI) abgewickelt wird. Gleichermaßen werden virtuelle Verkaufsaktivitäten gegenüber gewerblichen/institutionellen Abnehmern, die über einen Internet-Plattform-Anbieter ablaufen, der möglicherweise als Makler tätig wird, als eine Ausprägungsform des B2B-Handels betrachtet.

Wird nur auf diese virtuellen (elektronischen) Interaktionsformen Bezug genommen, so kann von „**E-B2B-Handel**“ gesprochen werden. E-B2B-Handel ist dennoch nicht mit „E-B2B-Commerce“ im üblichen Verständnis gleichzusetzen; er stellt wiederum nur einen Teilbereich dar. **E-B2B-Commerce** wird weiter gefasst; hierunter werden auch die direkten elektronischen oder virtuellen Verkaufs- bzw. Vertriebsaktivitäten zwischen bspw. Herstellern und Einzelhandelsunternehmen oder Herstellern und Handwerksbetrieben subsumiert, die ohne Einschaltung von Intermediären, z.B. des (institutionellen) Großhandels, erfolgen.

Der Begriff **Intermediär** wird heute meist in einem weit gehenden Begriffsverständnis verwendet. Der oben aufgeführte Ausschuss (2006, S. 31) versteht darunter „Organe, die in den Distributionskanal eines Gutes, vom Hersteller bis zum Endabnehmer eingeschaltet sind und solche Funktionen übernehmen, die den Übergang der Verfügungsrechte bewirken (Handelsmittler, Absatzmittler) oder unterstützen.“

Tietz/Greipl haben 1994 (S. 293ff.) einen „neuen und erweiterten Definitionsansatz des Großhandels“ vorgestellt. Sie plädieren auf Grund „der Verschiebung der klassischen Funktionsprofile und sektoralen Tätigkeitsschwerpunkte in Richtung Tertiärisierung“ für eine Anpassung der statistischen Abgrenzungen und der wirtschaftspolitischen Zuordnungen“ (Greipl 2000, S. 146). Der Großhandelssektor ist nach diesem **funktionssektoralen Konzept** „der Gesamtbereich der intermediären Transaktion von Waren und Diensten“: „Der intermediäre Transaktionssektor in der Volkswirtschaft umfasst somit neben dem Großhandel i.e.S., als dem von der Warentransaktion dominierten Dienstleistungsbereich, alle Dienstleistungsbranchen, die intermediär orientiert sind und – integriert, kombiniert und komplementär in Bezug auf die Großhandelskernleistung – Serviceaufgaben im Rahmen der gewerblichen Versorgung übernehmen" (Tietz/Greipl 1994, S. 295f.). In diesem funktionssektoralen Konzept wird der Begriff Intermediär somit weiter gefasst.

In Analogie zu Großhandel lassen sich die Begriffe **funktioneller** und **institutioneller Einzelhandel** abgrenzen (Ausschuss für Definitionen zu Handel und Distribution 2006, S. 46):

> *„Einzelhandel im funktionellen Sinne liegt vor, wenn Marktteilnehmer Güter, die sie in der Regel nicht selbst be- oder verarbeiten, von anderen Marktteilnehmern beschaffen und an private Haushalte absetzen."*

> *„Einzelhandel im institutionellen Sinne, auch als Einzelhandelsunternehmung, Einzelhandelsbetrieb oder Einzelhandlung bezeichnet, umfasst jene Institutionen, deren wirtschaftliche Tätigkeit ausschließlich oder überwiegend dem Einzelhandel im funktionellen Sinne zuzurechnen ist. In der amtlichen Statistik wird eine Unternehmung oder ein Betrieb dann dem Einzelhandel zugeordnet, wenn aus der Einzelhandelstätigkeit eine größere Wertschöpfung resultiert als aus einer zweiten oder aus mehreren sonstigen Tätigkeiten."*

Tabelle 1.3 vermittelt einen Einblick in die empirische Bedeutung des Einzelhandels im deutschsprachigen Raum.

Tabelle 1.3: Umsatz des Einzelhandels, Anzahl der Einzelhandelsbetriebe und Zahl der Beschäftigten im deutschsprachigen Raum im Jahre 2003

	Deutschland	Österreich	Schweiz
Umsatz (in Mio. EUR)	346.329	42.610	53.500
Anzahl der Einzelhandelsunternehmen	292.766	42.257	38.577 (2001)
Zahl der Beschäftigten	2.622.686	316.546	324.600

Quelle: Eurostat 2006, IHK-GfK 2005.

III. Binnenhandel und Außenhandel

Eine weitere Unterscheidung des Handels betrifft die in Binnenhandel und Außenhandel; auch hier gilt die Differenzierung in eine funktionelle und eine institutionelle Sichtweise.

> *Zum Binnenhandel gehört der Güteraustausch, i.d.R. der Warenaustausch, zwischen Akteuren bzw. Institutionen innerhalb der nationalen Grenzen eines Staates.*

Dieser Austausch unterliegt den Regelungen der (nationalen) **Binnenhandelspolitik**. „Der Handel mit importierten Auslandswaren unterliegt ebenfalls der Binnenhandelspolitik. So sind Importwaren in der ersten Phase durch die Außenhandelspolitik geprägt, in der zweiten Phase jedoch – bei Überschreiten der Grenze – durch die Binnenhandelspolitik. Exportwaren brauchen dagegen nicht den im Inland geltenden Bedingungen zu entsprechen“ (Tietz 1993a, S. 2).

Außenhandel im funktionellen Sinne ist jeder die Staatsgrenzen überschreitende Güterverkehr.

Die Grundformen des Außenhandels umfassen den **Importhandel**, den **Exporthandel** und den **Transithandel** (Zentes/Schramm-Klein/Morschett 2004, S. 7f.). Unter den institutionellen Begriff des Außenhandels fallen alle Handelsbetriebe, deren wirtschaftliches Tätigkeitsfeld ausschließlich oder überwiegend im Bereich des funktionellen Außenhandels liegt.

Diese traditionellen Abgrenzungen und damit das darauf beruhende statistische Datenmaterial sowie die Geltungsbereiche binnen- und außenhandelspolitischer Regelungen unterliegen starken Veränderungen und Relativierungen. So zählt seit der Vollendung des EU-Binnenmarktes am 01. Januar 1993 der (staatengrenzenüberschreitende) **Intra-EU-Handel** nicht mehr als Außenhandel, sondern als Binnenhandel; als Außenhandel gilt nur der **Extra-EU-Handel**.

Electronic Commerce und nationale Binnenhandelspolitik

Relativierungen binnenhandelspolitischer Regelungen sind insbesondere vor dem Hintergrund moderner Informations- und Kommunikationstechnologien zu sehen, so im Zusammenhang mit E-Commerce. So wird im deutschsprachigen Raum, insbesondere in Deutschland, seit Jahren kontrovers über die Zulassung von Factory Outlet Centern (FOC) (Fabrikverkaufszentren) unter binnenhandelspolitischen Gesichtspunkten diskutiert.* Ein virtuelles FOC, das ggf. noch preisaggressiver agieren könnte, würde sich jedoch derartigen Regelungen, z.B. bauplanungsrechtlichen Vorschriften, entziehen. Sowohl im Inland produzierende als auch ausländische Hersteller könnten diesen (neuen) Vertriebskanal in einer gebündelten Form (virtuelle Allianz) nutzen. Einzelne Hersteller nutzen diesen direkten Verkaufskanal bereits.

Abbildung 1.2: Internet-Angebote eines Herstellers (Beispiel Nike)

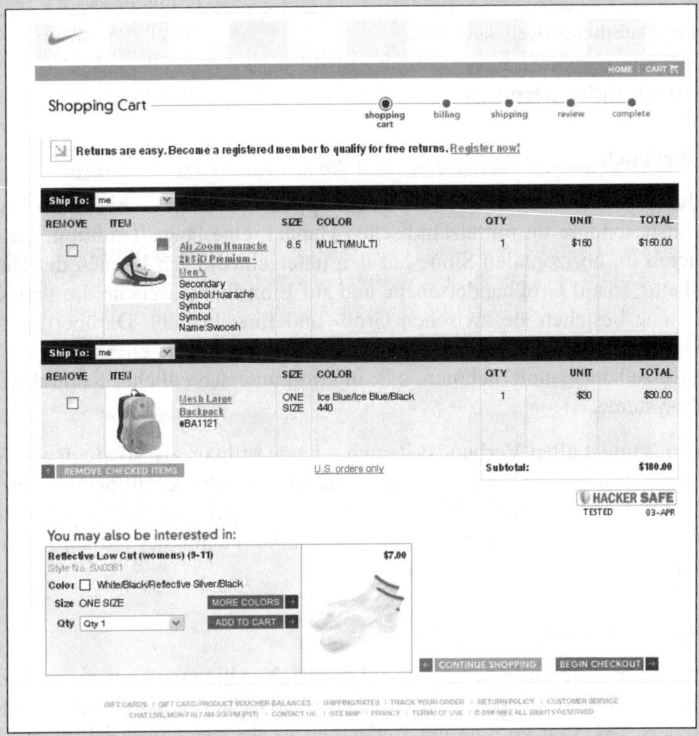

Internet-Angebote inländischer und ausländischer Anbieter relativieren zugleich die Sinnhaftigkeit (nationaler) Ladenöffnungszeitenregelungen.

* *Factory Outlets und FOC werden in den Abschnitten C.V.2. und C.IV.4. des Dritten Kapitels behandelt.*

Die Bedeutung des Außenhandels, i.S. des Warenexports, verdeutlicht Tabelle 1.4. Diesem hohen Volumen steht jedoch nur ein vergleichsweise geringes Ausfuhrhandelsvolumen des (institutionellen) Außenhandels gegenüber. Zugleich ist ein deutlich geringerer Grad der Einschaltung der **Außenhandelsbetriebe** in Exporttransaktionen im Vergleich zu Importtransaktionen festzustellen (vgl. hierzu auch Müller/Nagel 2004).

Tabelle 1.4: Entwicklung des deutschen Warenexports von 1970 bis 2005

Jahr	Ausfuhr (in Mrd. EUR)
1970	64,053
1975	113,297
1980	179,120
1985	274,648
1990	348,117

1995	383,232
2000	597,440
2005	786,186

Quelle: Statistisches Bundesamt 2006.

IV. Verbundsysteme

1. Überblick

Verbundsysteme – auch als **Verbundgruppen** bezeichnet – haben im Handel, insbesondere im mittelständischen Handel, eine lange Tradition. Sie existieren im horizontalen Sinne auf den unterschiedlichen Ebenen der Handelskette, so auf Großhandelsebene und auf Einzelhandelsebene; im vertikalen Sinne bestehen sie zwischen Groß- und Einzelhandel. Darüber hinaus existieren vertikale Verbundsysteme auch zwischen Herstellern und Groß- und Einzelhandelsunternehmen, z.B. in Form unterschiedlicher Kontraktvertriebssysteme.

Gemeinsam ist allen Verbundsystemen – heute oftmals als **Strategische Allianzen**, Strategische Partnerschaften oder Strategische Koalitionen bezeichnet – die Harmonisierung der Interessen auf Teilgebieten der betrieblichen Tätigkeit unter Beibehaltung der rechtlichen Autonomie der Partner (Zentes 1992c; Zentes/Swoboda/Morschett 2005a).[1]

2. Horizontale Verbundsysteme

Horizontale Verbundsysteme sind i.d.R. als „**Y-Allianzen**" auf die gemeinsame Durchführung von betrieblichen Aktivitäten ausgerichtet (Zentes 1992c, S. 24). Von vorrangiger Bedeutung ist der gemeinsame Einkauf, so in Einkaufsgemeinschaften mit unterschiedlicher Rechtsform (z.B. Einkaufsgenossenschaften), die meist, nicht zwangsläufig, über eine eigene Zentrale (Verbundgruppen-Zentrale oder „Systemkopf") verfügen. Die horizontalen Einkaufs-Allianzen, deren Marktanteile in ausgewählten Branchen in Deutschland Abbildung 1.3 zeigt, haben ihr Leistungsspektrum zunehmend erweitert, so um Vermarktungsaktivitäten und betriebswirtschaftlichen Support, was letztlich zu einer Arbeitsteilung zwischen der Verbundgruppen-Zentrale und den Partnern „vor Ort" führt: Die Allianz gewinnt damit zugleich aktivitätsübergreifenden Charakter, d.h. auch **X-Charakter** (Zentes 1992c, S. 25).

[1] Vgl. zu Kooperationsstrategien Abschnitt E. des Zweiten Kapitels.

Abbildung 1.3: Marktanteile von Verbundgruppen in Deutschland nach Branchen

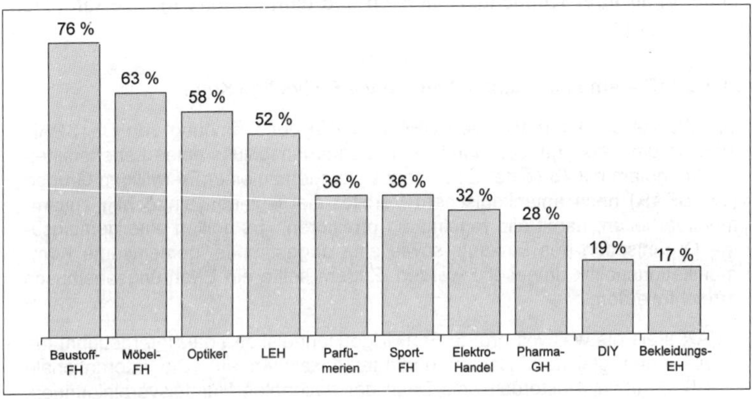

Quelle: IBB/H.I.MA. 2003, S. 82.

3. Vertikale Verbundsysteme

Bei vertikalen Verbundsystemen handelt es sich um Allianzen, die von zwei Wirtschaftsstufen (Handelsstufen) getragen werden. In der Regel streben diese Allianzen einen **„joint competitive advantage“** an, der in der Komplementarität der Ressourcen bzw. Potenziale begründet ist und sich in einem arbeitsteiligen Wertschöpfungsprozess niederschlägt (Zentes 1992c, S. 24ff.). Als Schwerpunkttypen innerhalb des Handels lassen sich herausstellen:

- Freiwillige Gruppen/Freiwillige Ketten sowie
- Franchise-Systeme.

Franchise-Systeme existieren – wie noch zu zeigen ist – auch zwischen Industrie- und Handelsunternehmen. Darüber hinaus existieren weitere **Kontraktvertriebsformen** – heute meist als Formen der **Controlled Distribution** bezeichnet –, auf die im Folgenden kurz eingegangen wird (Zentes/Swoboda 2001a, S. 296f.).

Freiwillige Gruppen und Freiwillige Ketten

> *Allianzen zwischen einem Großhändler und Einzelhändlern bezeichnet man meist als Freiwillige Gruppen, Allianzen zwischen mehreren Großhändlern und ihren angeschlossenen Einzelhändlern als Freiwillige Ketten.*

Gemeinsam ist diesen Allianzen – i.d.R. von Unternehmen der gleichen Branche – die gemeinsame Durchführung vorrangig von Beschaffungs- und Absatzmarktaktivitäten unter oftmals einheitlichem Corporate Design bzw. einheitlicher Corporate Identity. Während die (horizontalen) Einkaufsgemeinschaften aus historischer, aber auch aus strategischer Sicht als „Selbsthilfeeinrichtungen“ der jeweiligen Stufe entstanden sind, ging bei den Freiwilligen Gruppen bzw. Ketten die Gründungsinitiative von der Großhandelsstufe aus, die hierin die Möglichkeit zur Kundenbindung und damit zur Verstetigung ihrer Kundenbeziehungen und damit ihrer Umsätze sah (Tietz 1993b, S. 266).

Die SPAR – eine international agierende Freiwillige Kette

Die Wurzel der Internationalen SPAR liegt in der Gründung von DE SPAR 1932 in den Niederlanden durch den Zusammenschluss eines Lebensmittel-Großhändlers mit 16 seiner Einzelhandelskunden zu einer Freiwilligen Gruppe (DE SPAR) nach amerikanischem Vorbild. Ziel war es, „einträchtig zusammenzuarbeiten, damit alle regelmäßig profitieren". Es sollten eine gemeinsame Organisation des Einkaufs sowie eine abgestimmte, gemeinsame Kommunikationspolitik umgesetzt werden. Zudem sollte ein Erfahrungsaustausch erreicht werden.

SPAR stellt die weltweit größte Freiwillige Handelskette dar. International tritt SPAR unter gleichem Namen und Markenzeichen auf. Die Internationale SPAR Zentrale Amsterdam, als Dach der nationalen Handelsvereinigungen, wurde 1953 gegründet. SPAR ist in 33 Ländern vertreten und die Freiwillige Handelskette verfügt über ca. 14.500 Einzelhandelsstätten, die 2005 einen Umsatz von ca. 28 Mrd. EUR erwirtschafteten. Alle nationalen SPAR Handelsvereinigungen sind Mitglieder in der Internationalen SPAR. Diese dient als Koordinierungsstelle und übernimmt Dienstleistungen wie gemeinsamen Einkauf (Import), Beratungs- und Serviceleistungen in Bereichen wie Standortanalysen, Marketing, insbesondere Kommunikations- und Preispolitik, Sortiments- und Ladenplanung. Die Organisationen in den einzelnen Ländern arbeiten völlig unabhängig voneinander. In jedem der Länder besteht als Dachorganisation eine nationale SPAR Zentrale. Dieser gehören wiederum die SPAR Groß- und Einzelhändler an, bei denen es sich um juristisch und kapitalmäßig selbstständige Unternehmen handelt.

Während die Deutsche SPAR im Jahre 2005 von der EDEKA übernommen wurde, ist die SPAR Österreich nach wie vor eigenständig. SPAR Österreich wurde im Jahre 1954 nach dem Vorbild der holländischen SPAR gegründet. Zu diesem Zweck schloss sich zunächst das Großhandelsunternehmen Andreas Hofer KG mit seinen Kunden zur Handelsvereinigung SPAR Tirol/Pinzgau zusammen. Schon ab dem Jahre 1959 war SPAR Österreich aber flächendeckend tätig. Im Jahre 1970 folgte dann durch einen Zusammenschluss der damals bestehenden zehn Großhandelsunternehmen die Gründung der SPAR Österreichische Warenhandels-AG. Heute zählt SPAR zu den größten Handelsunternehmen Österreichs und ist einer der größten privaten Arbeitgeber. So erzielte der SPAR Österreich Konzern im Jahre 2005 einen Umsatz von 4 Mrd. EUR und beschäftigte ca. 26.500 Mitarbeiter.

Die Hauptzentrale des Unternehmens mit mehr als 500 Mitarbeitern befindet sich in Salzburg. Darüber hinaus existieren sechs regionale Großhandelszentralen in Dornbirn, Wörgl, Marchtrenk, St. Pölten, Graz und Maria Saal, die jewells eng mit den firmeneigenen SPAR-Läden sowie mit den selbstständigen SPAR-Kaufleuten zusammenarbeiten. Die Belieferung der einzelnen SPAR-Läden erfolgt sowohl durch diese regionalen Großhändler als auch durch das Zentrallager in Wels.

Als einzelne SPAR-Betriebstypen werden nach der Größe der Verkaufsfläche und dem Sortimentskonzept die SPAR-Märkte (bis zu 400 qm), die SPAR-Supermärkte (400 bis 1.000 qm), EUROSPAR (1.000 bis 2.500 qm) und INTERSPAR (über 3.000 qm) unterschieden. Zudem übernahm SPAR im Jahre 2000 76 Standorte der Firma Meinl. Diese neuen Standorte wurden in das SPAR-Filialsystem integriert, wobei besonders auf die hohen Ansprüche der ehemaligen Meinl-Kunden Rücksicht genommen wurde. Aus diesem Grund wurde ein völlig neuer, speziell auf Feinkost orientierter Geschäftstyp – der SPAR „Gourmet" – ins Leben gerufen.

Quelle: SPAR 2006.

Franchise-Systeme

Franchise-Systeme, deren empirische Relevanz Tabelle 1.5 verdeutlicht, können sowohl von der Großhandelsstufe (einschließlich horizontaler Verbundgruppen) als auch von der Herstellerstufe getragen werden. Letztlich können auch Einzelhandelsbetriebe selbst als Franchise-Geber auftreten und damit eine vertikale Allianz – aus der Perspektive Geber und Nehmer – mit anderen Einzelhandelsunternehmen bilden.[1]

Die Kernelemente des Franchising sind (Tietz 1991, S. 18; 1993b, S. 274):

- *eine vertraglich geregelte, auf Dauer angelegte Zusammenarbeit zwischen rechtlich selbstständig bleibenden Unternehmen;*
- *gegen Zahlung eines einmaligen und/oder laufender Beträge erhält der „franchisee" unter genau festgelegten Bedingungen die Genehmigung, über bestimmte Rechte des „franchisors" zu verfügen;*
- *Rechte, die Gegenstand des Vertrages sind, umfassen u.a. die Benutzung einer Marke/eines Firmennamens, die Erzeugung und/oder den Vertrieb einer Marke;*
- *der Franchise-Geber („franchisor") unterstützt den Franchise-Nehmer („franchisee") beim Aufbau und bei der laufenden Führung des Betriebes.*

Tabelle 1.5: Die Bedeutung der Franchise-Systeme in Europa

Land	Anzahl Franchise-Geber	Anzahl Franchise-Nehmer	Jahresumsatz aller Franchise-Systeme (Mrd. USD)	Arbeitsplätze
Belgien	170	3.500	2,4	30.000
Bulgarien	18	k.A.	k.A.	k.A.
Dänemark	112	3.056	4,25	18.000
Deutschland	810	37.100	20	346.500

[1] Vgl. zu Franchising als Wachstumsstrategie des Handels Abschnitt C.III. des Zweiten Kapitels.

Finnland	140	3.000	2,7	35.000
Frankreich	151	31.781	30	k.A.
Griechenland	k.A.	k.A.	k.A.	k.A.
Großbritannien	642	35.200	13	316.900
Irland	113	864	0,363	7.453
Italien	536	22.000	12	50.000
Niederlande	395	14.250	10	150.500
Norwegen	60	400	k.A.	k.A.
Österreich	305	4.200	2,4	54.500
Portugal	357	2.000	1,1	35.000
Rumänien	k.A.	k.A.	k.A.	k.A.
Russland	50	300	k.A.	2.000
Schweden	250	20.000	k.A.	k.A.
Schweiz	150	k.A.	k.A.	k.A.
Spanien	485	40.484	7,5	100.000
Tschech. Republik	k.A.	k.A.	k.A.	k.A.
Ukraine	k.A.	k.A.	k.A.	k.A.
Ungarn	250	5.000	k.A.	100.000

Quelle: International Franchise Association IFA 2004, zit. nach Ahlert/Evanschitzky/Wunderlich 2005, S. 630.

Controlled Distribution and Secured Distribution

Vertikal-kooperative Systeme zwischen Herstellern und Handelsunternehmen (Controlled Distribution) treten in vielfältiger Form auf (Zentes/Neidhart/Scheer 2006). Hierzu gehören „lose" Kontraktvertriebssysteme wie Corner-Konzepte und Shop-in-Shop-Konzepte, bspw. in der Textilwirtschaft, sowie „straffe" Formen wie Vertragshändlersysteme, bspw. in der Automobilwirtschaft, Franchising und Concession-Shops. Controlled Distribution ist Ausdruck einer **Vorwärtsintegration** der Hersteller.

„**Vertragshändler** ist, wer sich vertraglich als selbstständiger Gewerbetreibender verpflichtet hat, im eigenen Namen und auf eigene Rechnung Güter eines Kontraktgebers zu vertreiben und dabei dessen Absatzkonzeptionen zu folgen. Neben der Verpflichtung zum Vertrieb geht der Vertragshändler dem Kontraktgeber gegenüber in der Regel weitere Absatzbindungen ein (z.B. die Verpflichtung zur Abnahme von Mindestmengen, zur Teilnahme an Schulungsmaßnahmen, zur Durchführung bestimmter Werbemaßnahmen, zur Unterhaltung eines Lagers zur Reparatur der abgesetzten Güter). Auch verpflichten sich die Vertragshändler in der Regel, keine Konkurrenzgüter aufzunehmen (Konkurrenzklausel bei Mehrunternehmensvertragshändlern) oder – noch weiter gehend – ausschließlich für den Kontraktgeber tätig zu sein (Ausschließlichkeitsbindung) bei Einunternehmensvertragshändlern" (Ausschuss für Definitionen zu Handel und Distribution 2006, S. 74).

In **Concession-Shops** mietet ein Hersteller Verkaufsfläche von einem Handelsunternehmen und verkauft seine Ware auf dieser Fläche, die durch ein eigenständiges Design und entsprechende Ladenbauelemente abgegrenzt ist, auf eigene Rechnung; er trägt somit das Warenrisiko. In der Regel betreibt er die Shops auch mit eigenem Personal (Ausschuss für Definitionen zu Handel und Distribution 2006, S. 66).

Integrative Systeme – auch als **Secured Distribution** bezeichnet – stellen die weitestgehende Form der **Vertikalisierung** bzw. der Vorwärtsintegration dar. Als Ausprägungsformen integrativer Distribution sind zu erwähnen (Zentes/Neidhart/Scheer 2006, S. 23ff.):

- Vertrieb über eigene Verkaufsstellen oder Niederlassungen („equity stores") in Form von Flagship-Stores, „Standard"-Outlets (Filialen) und Factory Outlets
- Direktvertrieb durch Einsatz von Außendienstmitarbeitern (einschl. Key-Account-Managern) oder durch Telefonverkauf bzw. Verkaufsinnendienst u.Ä.
- Versandhandel, in der Form des klassischen Versandhandels („mail order") oder des Internet-Vertriebs („virtueller Vertrieb").

Beispielhaft zeigt Abbildung 1.4 das Vertikalisierungskonzept von MUSTANG.

Abbildung 1.4: Vertikalisierung von MUSTANG

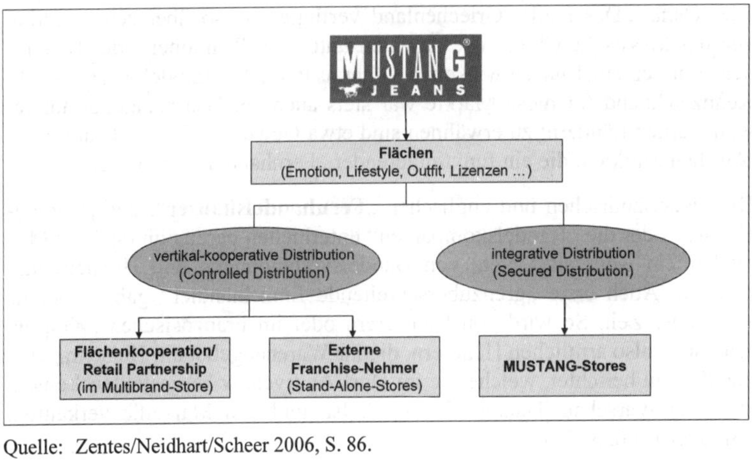

Quelle: Zentes/Neidhart/Scheer 2006, S. 86.

Aus der Sicht von Handelsunternehmen ist zugleich der Umfang des Franchise-Systems hinsichtlich Sortiment und Dienstleistungsprogramm von Interesse: Im sog. **Betriebs-Franchising** ist der Kontraktnehmer mit seinem gesamten Leistungsprogramm integriert; im Falle des sog. **Abteilungs-Franchising** ist der Franchise-Nehmer nur mit einer oder mehreren Warengruppen oder Dienstleistungsgruppen mit dem Franchisor verbunden.

C. Zur Geschichte des Handels

Von der Geschichte des Handels geht eine besondere Faszination aus (Leitherer 1974). „Der Handel ist eine der ersten organisierten und wichtigsten Vorgänge in der Lebensgestaltung der Menschen. Lange vor jeder staatlichen Organisation war der Handel organisiert, und zwar als **Tauschhandel** und hier in der Form des stummen Handels“ (Tietz 1993a, S. 51). So gibt es Regelungen über den Handel bereits seit der Zeit der ersten Tauschprozesse. „Viele Regelungen über den Handel und viele Auffassungen über den Handel haben eine Jahrtausende alte Tradition“ (Tietz 1993a, S. 50).

Faszinierend ist auch die Bedeutung und Stellung der großen Handelsunternehmen im Mittelalter, wie ihre Bezeichnung als **Handelsfürsten** dokumentiert: „Große Handelsimperien, z.B. das der Fugger, haben im 16. Jahrhundert Könige, Kaiser und Päpste finanziert und damit sowohl die Politik als auch die Handelspolitik sowie das Handelsrecht beeinflusst“ (Tietz 1993a, S. 49).

Beeindruckend ist auch, dass traditionelle Merkmale von Märkten bzw. Messen wie der Schutz des Händlers und die Autorität des **Marktfriedens** sich bis in das 20. Jahrhundert gehalten haben. So wird die Sonderstellung der Messen dadurch deutlich, dass die Leipziger Messe auch während des Ersten Weltkrieges durchgeführt wurde (Tietz 1993b, S. 165f.).

Auch die Globalisierung des Handels hat eine jahrtausendealte Tradition (Zentes 1997). Man denke etwa an die Märkte im Mittelalter in Pompeji oder Ostia. „Das antike Griechenland verfügte ebenso über seine Märkte wie das klassische China, wie Ägypten unter den Pharaonen oder Babylonien mit seinem früh entwickelten Güteraustausch“ (Braudel 1986, S. 20). Kennzeichnend für diese Märkte war stets auch ein Warenangebot aus jeweils fernen Ländern; zu erwähnen sind etwa Gewürze oder Seide auf europäischen Märkten, die ein funktionierender „Fernhandel“ versorgte.

Die niederländischen und englischen „**Fernhandelshäuser**“, die „Trading-Houses“ oder die „Handelskompanien“ unterhielten bereits im (späten) Mittelalter ein weltweites Netz von Handelsverbindungen und Handelsstützpunkten. Auch erste „grenzüberschreitende Einzelhändler“ gab es bereits vor langer Zeit. So wird von Hausierern oder im Französischen „**Kolporteuren**“ – also ärmlichen Händlern, die ihr Warenangebot am Halse tragen – aus Krakau berichtet, welche die im Dorf Andrychow hergestellten Leinenstoffe in Warschau, Danzig, Tarnopol, Istanbul und Marseille verkauften (Braudel 1986, S. 73).

Auch der stationäre Handel in Form von Läden geht auf mehrere Jahrhunderte zurück: „Während es 1663 in der Riesenstadt London nur 50 oder 60 **mercers** gab, ist ihre Zahl gegen Ende des Jahrhunderts auf 300 bis 400 angewachsen" (Braudel 1986, S. 65). Ihre Fortentwicklung faszinierte – wie Braudel berichtet – auch einen französischen Reisenden, der 1728 vor den ersten Schaufenstern in London ins Schwärmen geriet. „Was wir (in Frankreich) nicht haben", merkt der Reisende an, „ist das um die Läden gezogene, in der Regel wunderschöne und kristallklare Glas. Dahinter legt man die Ware aus, die solcherart vor Staub geschützt vor den Augen der Passanten hingebreitet liegt und von allen Seiten einen prächtigen Anblick bietet" (Braudel 1986, S. 66).

Bit-Karawanen auf der Seidenstraße

Zwischen Frankfurt und Shanghai hat Siemens das längste landgebundene Glasfaserkabel der Welt verlegt – die „Trans-Asien-Europa-Linie". Das Kernstück der Verbindung, mit der Mittel- und Ostasien Anschluss an die Telekommunikation des dritten Jahrtausends finden, führt durch Kasachstan.

Sagenumwobene Reichtümer lockten im 13. Jahrhundert den italienischen Abenteurer Marco Polo und viele Kaufleute nach China. Neben Gold, Seide und Schießpulver brachten die Handelskarawanen auch aufsehenerregende Nachrichten von ihren beschwerlichen Reisen zurück. Dass diese bei ihrer Ankunft in Europa vier Jahre alt waren, störte die Empfänger wenig. Eine Einschätzung, die heute kaum jemand teilen kann.

Längst sind nicht mehr Gold und Seide, sondern schnelle Informationen die wertvollste Ware im Welthandel. Darum gaben die Anrainer der alten Seidenstraße den Bau einer hochleistungsfähigen Datenautobahn zwischen Orient und Okzident in Auftrag. „Trans-Asien-Europa (TAE)-Linie" heißt die Verbindung zwischen Frankfurt (Deutschland) und Shanghai (China) – die längste Glasfaserstrecke der Welt, an die nach dem Sturz des Taliban-Regimes nun auch Afghanistan angeschlossen werden soll.

Quelle: www.siemens.de.

D. Das Umfeld des Handels

I. Überblick

Tief greifende Veränderungen des Umfeldes, die gerade in den letzten Jahren zu verzeichnen waren und auch in der Zukunft zu erwarten sind, stellen bedeutende Herausforderungen für das Handelsmanagement dar. Im Wesentlichen zählen hierzu die Veränderungen der politisch-rechtlichen Rahmenbedingungen, der sozio-ökonomischen Rahmenbedingungen, der infrastrukturellen und technologischen Rahmenbedingungen. Sie werden als die Bedingungen des generellen Umfeldes bzw. des **Makro-Umfeldes** betrachtet (siehe Abbildung 1.5).

Der politisch-rechtliche Rahmen wird im Wesentlichen geprägt durch die fortschreitende **Liberalisierung** und **Deregulierung** des Welthandels, so auf multilateraler Ebene durch die WTO. Zugleich zeichnet sich eine Tendenz zu regionalen Integrationsabkommen mit hoher Intra-Liberalität ab. Dennoch bleiben auch innerhalb derartiger „regionaler Einheiten" weit reichende nationale Autoritätsbereiche bestehen, so hinsichtlich der nationalen Binnenhandelspolitik, die deswegen hier eine besondere Beachtung erfahren.

Das sozio-ökonomische Umfeld umfasst im Wesentlichen die demografischen Gegebenheiten sowie die Einkommens- und Vermögensstruktur und ihre Entwicklung und weist somit einen engen Bezug zur allgemeinen wirtschaftlichen Situation auf. Aus infrastruktureller Sicht interessiert die Ressourcenausstattung, bspw. das Kommunikations- und Transportnetz.

Wesentlichen Einfluss auf die Gestaltung des Handelsmanagements hat darüber hinaus der technologische Entwicklungsstand. Dieser drückt sich einerseits in einer veränderten Waren- und Dienstleistungspalette aus, die Gegenstand der Handelstransaktionen sind, d.h. in der Sortimentsdynamik. Im Vordergrund der folgenden Überlegungen stehen jedoch die Auswirkungen der Technologien, insbesondere der Informations- und Kommunikationstechnologien, auf die Wertschöpfungsprozesse innerhalb der Handelsbetriebe (**intra-organisatorische Ebene**) sowie auf die Verknüpfung der Wertketten der an der Supply-Chain beteiligten Betriebe (**inter-organisatorische Ebene**).

Abbildung 1.5: Makro- und Mikroumfeld des Handels

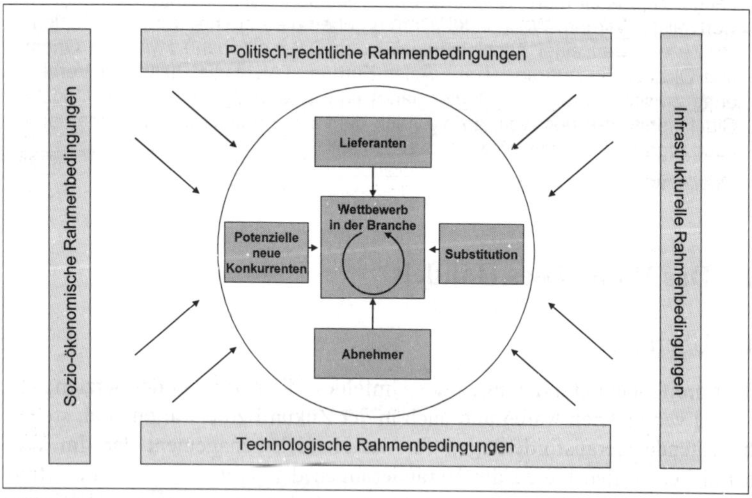

Quelle: in Anlehnung an Porter 1999a, S. 34.

Neben dem generellen Unternehmensumfeld ist das spezifische Unternehmensumfeld bzw. das **Mikro-Umfeld** herauszustellen. Folgt man dem Porter'schen Modell (1980) der „**Triebkräfte des Branchenwettbewerbs**", das als Analyseinstrument in Abschnitt F. des Zweiten Kapitels behandelt wird, so sind dies

- die Wettbewerber bzw. der Wettbewerb in der Branche,
- die Lieferanten,
- die Abnehmer,
- potenzielle neue Konkurrenten und
- Substitutionen.

Im Handel – dies gilt für den Einzelhandel und den Großhandel gleichermaßen (Zentes u.a. 2007) – spielt die **Branche** eine bedeutende Rolle. So weisen die Elemente des Makro- wie des Mikro-Umfeldes branchenspezifisch, so im Food-Handel, im Near-Food- und im Non-Food-Handel, unterschiedliche Ausprägungen auf oder sie haben unterschiedliche Relevanz bzw. Auswirkungen. Die Branche wirkt somit als Querschnittsdimension. Dies wird im Folgenden dahingehend berücksichtigt, dass (fallweise) eine branchenspezifische Diskussion der Umfeldelemente erfolgt. Die Branche beeinflusst gleichermaßen – wie im Zweiten Kapitel gezeigt wird – die Ausgestaltung der Wettbewerbsstrategien.

Tabelle 1.6: Umsatz des Einzelhandels nach Tätigkeitsbereichen im Jahre 2004

Wirtschaftszweig		Umsatz (in Mio. EUR)
EH mit Waren verschiedener Art (in Verkaufsräumen)		141.964
Fach-EH mit Nahrungsmitteln, Getränken und Tabakwaren (in Verkaufsräumen)		14.245
Apotheken, Fach-EH mit medizinischen und kosmetischen Artikeln (in Verkaufsräumen)		43.585
Sonstiger Fach-EH (in Verkaufsräumen)		117.364
davon:	EH mit Textilien	1.117
	EH mit Bekleidung	24.840
	EH mit Schuhen und Lederwaren	6.439
	EH mit Möbeln, Einrichtungsgegenständen und Hausrat	20.734
	EH mit elektronischen Haushaltsgeräten, Geräten der Unterhaltungselektronik und Musikinstrumente	12.895
	EH mit Metallwaren, Anstrichmitteln, Bau- und Heimwerkerbedarf	16.732
	EH mit Büchern, Zeitschriften, Zeitungen, Schreibwaren und Bürobedarf	6.303
	EH mit Tapeten, Bodenbeleuchtung, Kunstgegenständen, Geschenkartikeln, Uhren, Spielwaren, usw.	6.853
	Fach-EH (in Verkaufsräumen)	21.451
EH mit Antiquitäten und Gebrauchtwaren (in Verkaufsräumen)		828
Einzelhandel (nicht in Verkaufsräumen)		28.406
darunter:	Versandhandel	18.222
Reparatur von Gebrauchsgütern		1.754
Einzelhandel Gesamt (ohne Handel mit Kfz und ohne Tankstellen)		348.146

Quelle: Statistisches Bundesamt 2007.

II. Makro-Umfeld

1. Politisch-rechtliches Umfeld

a) Liberalisierung des Welthandels und sektorale Integrationsabkommen

Das nach dem Zweiten Weltkrieg von der Völkergemeinschaft formulierte Ziel, eine **globale Reintegration** der Weltwirtschaft zu erreichen, um die Vorteile internationaler Arbeitsteilung wieder zu nutzen, Vollbeschäftigung zu sichern und die Freiheit des internationalen Handels wiederherzustellen, führte zur Unterzeichnung des Allgemeinen Zoll- und Handelsabkommens (**GATT**, General Agreement on Tariffs and Trade) am 30. Oktober 1947 in Genf. Grundgedanke dabei war, einen gemeinsamen **Verhaltenskodex** zu schaffen, der die Grundlage der staatlichen Außenhandelspolitik bildet (vgl. hierzu umfassend Zentes/Swoboda/Morschett 2004, S. 108ff.).

Durch multilaterale Verhandlungsrunden, sog. **Zollrunden**, wurden Zollsätze reduziert oder vollständig abgebaut, andere Handelsschranken und Diskriminierungen weit gehend beseitigt. Der Dienstleistungshandel wurde in die multilateralen Regelungen aufgenommen (**GATS**, General Agreement on Trade in Services) und der Schutz geistigen Eigentums wurde garantiert (**TRIPS**, Agreement on Trade-Related Aspects of Intellectual Property Rights). Die **WTO** (World Trade Organization) bildet heute den institutionellen Rahmen für das internationale Handelssystem.

Diese Liberalisierungsfortschritte, die letztlich zu einer Öffnung der Märkte – auch für **Direktinvestitionen** – führten, dürfen jedoch nicht darüber hinwegtäuschen, dass weiterhin Kernprobleme bestehen, so hinsichtlich der Agrarprodukte und immer wieder „auftauchende“ protektionistische Gesetze, Schutz- und Verfahrensvorschriften i.S. nicht-tarifärer Handelshemmnisse („**Neo-Merkantilismus**“) (Sauernheimer 2004).

Für den hier im Vordergrund stehenden Handel (i.S.v. Groß- und Einzelhandel) bedeuten diese Entwicklungen zunächst eine Ausweitung der potenziellen Beschaffungsmärkte (**Global Sourcing**) (Zentes/Hilt/Domma 2007). Dies gilt sowohl hinsichtlich der Beschaffungsländer, aus denen Importe auf Grund reduzierter Zollsätze oder Kontingente attraktiver (wettbewerbsfähiger) werden, als auch bezüglich einzelner Produktbereiche, z.B. Textilien, bei denen größere Volumen importiert werden können, so nach Ablauf des „Agreement on Textiles and Clothing (ATC)“ am 31. Dezember 2004. Insofern vergrößert sich die **Beschaffungsreichweite** i.S. von Tietz (1993a, S. 194f.).

Dies bedeutet auch ein Wachstumspotenzial für Groß- und Außenhandelsunternehmen (Zentes 2002; Zentes u.a. 2007). Die globalen Liberalisierungstendenzen fördern gleichermaßen die grenzüberschreitenden Absatz- bzw. Vertriebsaktivitäten der Handelsunternehmen, auf die im Zweiten Kapitel näher eingegangen wird.

Parallel zur fortschreitenden Liberalisierung des Welthandels kommt es zur verstärkten Bildung regionaler „Wirtschaftsblöcke" auf der Basis von Integrationsabkommen, eine Entwicklung, die oftmals auch kritisch als „Regionalismus" eingestuft wird (Zentes/Schramm-Klein/Morschett 2004, S. 10f.). Die weltweit am weitesten vorangeschrittene Integration zwischen selbstständigen Staaten ist die Europäische Union (EU).

Europäische Union

Die Europäische Union (EU), die seit der zweiten Osterweiterung am 01. Januar 2007 aus 27 Mitgliedstaaten besteht, verwirklichte – ausgehend von einer Zollunion – zum 01. Januar 1993 das Modell eines **Binnenmarktes** mit den Kernelementen

- freier Warenverkehr,
- freier Dienstleistungsverkehr,
- freier Kapitalverkehr und
- freier Personenverkehr.

Im Jahre 2002 wurde die **Europäische Währungsunion** mit der Einführung einer gemeinsamen europäischen Währung (EUR) vollendet. Jedoch sind nicht alle Mitgliedsstaaten der EU Teilnehmerstaaten dieser Währungsunion; gegenwärtig gehören der **Euro-Zone** 13 Mitgliedsstaaten an.[1]

Parallel zu den Verhandlungen mit weiteren beitrittsinteressierten Staaten steht die EU in bilateralen Verhandlungen mit Staaten zum Abschluss **sektoraler Abkommen** als Vorstufe weiterer Integrationsschritte. Hervorzuheben sind die Sektoralabkommen EU- Schweiz.

Die Sektoralabkommen EU- Schweiz im Überblick

Landverkehr: Das Landverkehrsabkommen öffnet schrittweise die Märkte für den Straßen- und Schienentransport. Gleichzeitig wird die schweizerische Verkehrspolitik, welche die Verlagerung der Verkehrsströme von der Straße auf die Schiene anstrebt, von der EU anerkannt und vertraglich verankert. Konkret erlaubt das Abkommen die Erhebung der Leistungsabhängigen Schwerverkehrsabgabe (LSVA) sowie die Entwicklung von Infrastrukturen wie bspw. der NEAT. Diese Maßnahmen haben zum Ziel, den Straßenverkehr vermehrt auf die Schiene zu bringen. Angesichts der Bedeutung der Transitachsen durch die Schweiz war die Einführung der LSVA nur in Absprache mit den Nachbarstaaten möglich. Im Gegenzug akzeptierte die Schweiz, die Gewichtslimits für Lastwagen schrittweise von 28t auf 40t zu steigern.

Luftfahrt: Das Abkommen gewährt Fluggesellschaften Zugangsrechte zu den gegenseitigen Luftverkehrsmärkten und verbietet Diskriminierungen. Damit werden die schweizerischen Fluggesellschaften ihren EU-Konkurrenten praktisch gleichgestellt und können ferner Mehrheitsbeteiligungen an EU-Fluggesellschaften übernehmen.

Technische Handelshemmnisse: Unterschiedliche technische Produktvorschriften sowie die Nichtanerkennung von diesbezüglichen Konformitätsbewertungen bilden eines der wichtigsten Hindernisse für den freien Warenver-

[1] Vgl. hierzu im Einzelnen Zentes/Swoboda/Morschett 2004, S. 118ff.; zu den Auswirkungen des EU-Binnenmarktes vgl. Zentes/Morschett/Schramm-Klein 2004.

kehr. Das Abkommen über die gegenseitige Anerkennung von Konformitätsbewertungen baut diese nicht-tarifären Handelshemmnisse ab. Praktisch bedeutet dies, dass die vom Abkommen erfassten schweizerischen Erzeugnisse, die in der EU vermarktet werden, nicht mehr wie bisher von einer Konformitätsbewertungsstelle in der Schweiz und von einer in der EU geprüft und zugelassen werden müssen. Es genügt, wenn nur noch eine Konformitätsbewertungsstelle dies tut. Diese Stelle kann entweder in der Schweiz oder in der EU beheimatet sein. Die starke Vereinfachung der Prüfung bringt für Schweizer Hersteller eine erhebliche Kostenreduktion und Zeitersparnis bei der Markteinführung von Produkten mit sich.

Öffentliches Beschaffungswesen: Seit 1996 ist das öffentliche Beschaffungswesen zwischen der Schweiz und der EU WTO-rechtlichen Bestimmungen unterstellt. In ihrem bilateralen Abkommen über das öffentliche Beschaffungswesen haben die Schweiz und die EU entschieden, den Geltungsbereich des WTO-Abkommens auszudehnen. Gemäß WTO-Regeln müssen lediglich Aufträge eines bestimmten Umfangs von nationalen Behörden und öffentlichen Unternehmern sowie in den Bereichen Wasser, Energie und städtischer Verkehr ausgeschrieben werden. Das bilaterale Abkommen weitet diese Ausschreibungspflicht auf Beschaffungen von Gemeinden und von spezifischen privaten Unternehmern sowie im Schienenverkehr aus. Damit wird für Unternehmer der Zugang zu Aufträgen der öffentlichen Hand verbessert.

Forschung: Das Forschungsabkommen ist für den Erhalt und die Stärkung des Forschungsplatzes Schweiz wichtig. Das ursprüngliche Abkommen sieht die gleichberechtigte Teilnahme von Schweizer Forschungsinstituten, Universitäten und Unternehmen am 5. Forschungsrahmenprogramm der EU vor. Da dieses Forschungsrahmenprogramm allerdings 2002, beim Inkrafttreten des Abkommens, bereits auslief, konnte die Schweiz nicht mehr in vollem Umfang davon profitieren. Im Abkommen war dieser Fall aber vorgesehen, und entsprechend konnten die Schweiz und die EU über die schweizerische Teilnahme am 6. Forschungsrahmenprogramm mit einer Laufzeit von 2002 bis 2006 erneut verhandeln. Das neue Forschungsabkommen wird seit dem 01. Januar 2004 angewendet und bringt den Schweizer Forschenden dieselben Beteiligungsrechte wie ihren Kollegen aus den EU-Staaten. Zudem können die Forschenden Fördermittel direkt von der Europäischen Kommission erhalten.

Personenverkehr: Mit dem Freizügigkeitsabkommen wird der freie Personenverkehr zwischen der Schweiz und der EU eingeführt. Das bedeutet, dass sich sowohl unselbstständig als auch selbstständig Erwerbende aus der Schweiz oder den EU-Mitgliedstaaten in einem der Vertragsstaaten niederlassen und arbeiten können, sofern sie gewisse Bedingungen erfüllen: Unselbstständig Erwerbstätige müssen über einen gültigen Arbeitsvertrag verfügen. Selbstständige müssen ihre Selbstständigkeit nachweisen und belegen, dass sie von ihrer Arbeit leben können. Arbeitsuchende können grundsätzlich für sechs Monate einreisen, um eine Tätigkeit zu suchen. Recht auf Aufenthalt erhalten auch Nichterwerbstätige wie Rentner oder Studenten. Die Bedingungen sind, dass sie krankenversichert sind und über ausreichende eigene Mittel verfügen.

Landwirtschaft: Das Abkommen bezweckt die gegenseitige Öffnung der Märkte für gewisse landwirtschaftliche Produkte. Für die Schweiz wird der Zugang bspw. für Käse u.a. verarbeitete Milchprodukte, für Obst und für Gemüse verbessert, da die Schweiz hier vergleichsweise wettbewerbsfähig ist. Die Öffnung der Märkte wird mittels verschiedener Maßnahmen erreicht. Einerseits werden Kontingente reduziert und Zölle abgebaut. Ab dem 01. Juni 2007 wird für Käse der Freihandel eingeführt. Das ist für die Schweiz besonders interessant, denn sie exportiert mehr Käse, als sie importiert. Andererseits werden bestimmte Zulassungsvorschriften und Normen der Schweiz und der EU als gleichwertig anerkannt, bspw. die Normen für biologische Landwirtschaft sowie Qualitätsnormen für Früchte und Gemüse. Schließlich werden durch das Abkommen Herkunftsbestimmungen bei Weinbauprodukten und Spirituosen geschützt.

Quelle: Integrationsbüro EDA/EVD Bern.

Die fortgeschrittene politische und insbesondere wirtschaftliche Integration Europas hat weit reichende strategische und operative Konsequenzen für die Handelsunternehmen in den hier näher betrachteten Ländern, insbesondere in Deutschland und in Österreich. Dies gilt bezüglich der gesamten Wertschöpfungskette. So können die EU-Märkte sowohl beschaffungs- als auch absatzseitig als ein „Binnenmarkt", 13 davon mit einheitlicher Währung, betrachtet werden. Gleichermaßen eröffnen sich neue Perspektiven für eine EU-weite Gestaltung der logistischen Prozesse und Strukturen, so die Errichtung von Regional- bzw. Zentrallägern, von denen aus eine grenzüberschreitende Distribution erfolgt u.v.m.

Abbildung 1.6: Preisabstand zwischen der Schweiz und ihren Nachbarländern bei ausgewählten Konsumgütern im Jahre 2002

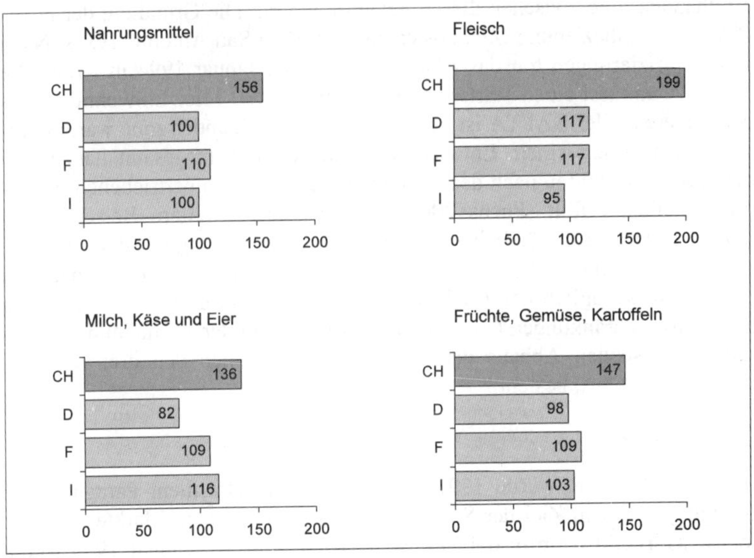

Quelle: Bundesamt für Statistik.

Am Beispiel der Schweiz, einem Nicht-Mitgliedstaat, der jedoch von vier EU-Mitgliedstaaten geografisch „umzingelt" ist, können wichtige handelsrelevante Gegebenheiten und Effekte aufgezeigt werden. So bestehen erhebliche Unterschiede zwischen den Endverbraucherpreisen in der EU und der Schweiz (siehe Abbildung 1.6), die zu **Kaufkraftabflüssen** geführt haben (siehe Tabelle 1.7). Die verstärkte Ausschöpfung dieser **Arbitragepotenziale** durch die Verbraucher hat zugleich Preisreduzierungen in der Schweiz ausgelöst.

Tabelle 1.7: Direktimportwert und Kaufkraftabfluss von 1990 bis 2003 – in Mrd. CHF

Jahr	Direktimportwert	Kaufkraftabfluss
1990	> 0,3	> 0,6
1992	> 0,5	> 1,0
1994	> 0,7	> 1,5
1997	> 0,8	> 1,5
1999	> 0,9	> 1,6
2002	> 0,8	> 1,4
2003	> 1,1	> 1,7

Quelle: Coop 2003.

NAFTA

Das North American Free Trade Agreement basiert auf einem bereits 1987 von den USA und Kanada geschlossenen Abkommen zur Bildung einer Freihandelszone zwischen diesen beiden Ländern. Die Gründung der NAFTA unter Einbeziehung Mexikos erfolgte 1992 in San Antonio/Texas. Nach den Ratifizierungen trat das Abkommen am 01. Januar 1994 in Kraft. Die NAFTA umfasst einen Wirtschaftsraum mit rd. 430 Mio. Einwohnern. Das Besondere an der NAFTA ist, dass es die erste Freihandelszone war, die Industrieländer mit einem Entwicklungsland verband. Insgesamt haben sich nach rd. zehn Jahren nach der Gründung die teilweise übertriebenen Erwartungen nicht erfüllt (Fuchs 2004, S. 215f.): „Das weitere Bestehen von NAFTA wird grundsätzlich wahrscheinlich nicht in Frage gestellt werden. Aber die Möglichkeit, dass Proteste und eine sich ausweitende negative Stimmung bezüglich des Freihandels zur Wiedereinführung von einzelnen Handelsbeschränkungen bzw. zur Herauszögerung oder Vermeidung des für 2008 angesetzten Abbaus der letzten Zölle zwischen den drei NAFTA-Mitgliedern führt, besteht.“

MERCOSUR

Der MERCOSUR wurde 1991 von Argentinien, Brasilien, Paraguay und Uruguay mit dem Ziel der Schaffung eines gemeinsamen Marktes des Südens (**Mercado Común del Sur**) geschaffen. Zum 01. Januar 1995 wurde offiziell die **Zollunion** eingeführt. Dieser regionale Pakt, der ungefähr die Hälfte der Bevölkerung und der Wirtschaftsleistung Lateinamerikas umfasst, hat das Potenzial, „wirtschaftlich und politisch eine signifikante Rolle in der Welt zu spielen“ (Fuchs 2004, S. 216). Wenngleich der MERCOSUR als das am weitesten fortgeschrittene Integrationsprojekt zwischen sich entwickelnden Staaten eingestuft werden kann, ist sein Schicksal von Höhen und Tiefen gekennzeichnet (Fuchs 2004). Mit Blick auf die Zukunft stellt sich die Frage, ob NAFTA und MERCOSUR in eine gesamtamerikanische Freihandelszone (FTAA) münden oder ob sich der MERCOSUR zu einer gesamt-lateinamerikanischen Freihandelszone ausweitet (Fuchs 2004, S. 224ff.).

Carrefour around the world

Tabelle 1.8: Internationale Markteintritte von Carrefour

1963	France	**1997**	Singapore
1973	Spain	**1998-2005**	Czech Republic
1975	Brazil	**1998**	Colombia
1982	Argentina	**1998-2004**	Chile
1988-1993	USA	**1998**	Indonesia
1989	Taiwan	**2000**	Dominican Republic*
1991	Greece	**2000-2005**	Slovakia
1992	Monaco	**2000-2005**	Japan
1992	Portugal	**2000**	Belgium
1993	Italy	**2001**	Romania
1993	Turkey	**2001**	Switzerland
1994-2005	Mexico	**2001**	Tunesia*
1994	Malaysia	**2002**	Egypt*
1995	China	**2000**	Qatar*
1995	Oman*	**2003**	United Arab Emirates*
1996 -2006	South Korea	**2004**	Saudi Arabia*
1996-2000	Hong Kong	**2004**	Norway*
1996	Thailand	**2006**	Algeria
1997	Poland	**2007**	Plans for Iran*

** Joint Ventures/Franchising/Lizenzen.*

Quelle: Carrefour Annual Report 2005; www.carrefour.fr.

ASEAN

Die Association of South-East Asian Nations ist ein Verband südostasiatischer Staaten (Indonesien, Malaysia, Philippinen, Singapur, Thailand, Brunei (seit 1984), Vietnam (seit 1995), Laos und Myanmar (seit 1997); er existiert seit 1967. Ziel war zunächst die Schaffung einer „Zone des Friedens, der Freiheit und der Neutralität", während die Förderung der wirtschaftspolitischen Zusammenarbeit bis weit in die achtziger Jahre hinein eher vernachlässigt wurde. Insofern war ASEAN durch eine primär politische Koordination und eine behutsame wirtschaftliche Kooperation gekennzeichnet. Im Jahre 1992 verabschiedete der ASEAN-Gipfel einen Gestaltungsrahmen zur Schaffung einer Freihandelszone, der ASEAN Free Trade Area (AFTA), die ursprünglich bis zum Jahre 2008 verwirklicht werden sollte. Auf dem Bangkok-Gipfel (1995) wurde jedoch eine beschleunigte Realisierung bis zum Jahre 2003 vereinbart. Es dürfte jedoch noch ein langer Weg bevorstehen, bis tatsächlich die letzten Zollschranken fallen und die ASEAN-Region mit ca. 500 Mio. Einwohnern eine Freihandelszone wird (Stadtmann/Kaufmann/Weigand 2004).

Der Abschluss bzw. die Verwirklichung der skizzierten regionalen Integrationsabkommen hat nicht nur weit reichende Konsequenzen für die Handelsunternehmen in diesen Regionen, sondern auch für „außen stehende" Unternehmen. Innerhalb dieser Regionen beinhalten diese politischen und wirtschaftlichen Integrationsschritte die gleichen strategischen und operativen Handlungspotenziale für Unternehmen wie sie im Zusammenhang mit der Europäischen Union erörtert wurden, so in der Beschaffung, im Vertrieb, in der Logistik. Für Unternehmen außerhalb dieser Regionen, so für EU-Unternehmen, sind sie gleichermaßen relevant. So erleichtern sie den Eintritt in diese Märkte, da von einem Land ausgehend („Brückenkopf") grenzüberschreitende Aktivitäten wesentlich erleichtert werden bzw. durch gleichzeitiges Agieren in mehreren Ländern einer Region die „kritische Masse" erzielt werden kann, um in den Bereichen Logistik, Produktion (z.B. Handelsmarken), Administration effizient zu arbeiten.

b) Sektorale Deregulierung

Ein weiteres handelsrelevantes Element des politisch-rechtlichen Rahmens stellt die sektorale Deregulierung dar (Zentes/Swoboda 2000a): Nicht nur Ländermärkte öffnen sich im Zuge der Liberalisierung, sondern auch bisher abgeschirmte bzw. regulierte Branchen. „Unter Deregulierung versteht man dabei die Aufhebung von einschränkenden Bestimmungen, um die Möglichkeit marktwirtschaftlichen Handelns zu erhöhen und durch mehr Wettbewerb zu höherer Produktivität beizutragen" (Morschett 2002a, S. 126).

Apothekenrecht unter Beschuss

Europäische Vorschriften könnten deutsche Regelungen bald aushebeln.

Die EU-Kommission hat gegen Italien, Spanien und Österreich rechtliche Schritte eingeleitet, weil deren Apothekenrechte nicht mit dem EU-Recht vereinbar sein sollen. In Deutschland dreht sich derzeit alles um DocMorris. Allein im August sind zwei Entscheidungen im Zusammenhang mit DocMorris ergangen. Die entscheidenden juristischen Schlachten müssen aber erst noch geschlagen werden.

Bereit für die Offensive

Drogeriemärkte warten auf Liberalisierung des Pharmamarktes.

Quelle: Lebensmittel Zeitung, 18. August 2006, S. 27.

Eine sektorale Deregulierung zeigt sich derzeit weltweit in einigen Branchen. In der EU wurde sie im Zusammenhang mit der Verwirklichung des Binnenmarktes ausgelöst. Sektoren, die dereguliert wurden bzw. gegenwärtig werden sind u.a. der Verkehrsmarkt, die Telekommunikation, die (leitungsgebundenen) Energien und der Gesundheitsmarkt (z.B. die Arzneimitteldistribution). Am Beispiel des Strommarktes kann die Entstehung des **Stromhandels** illustriert werden (siehe Abbildung 1.7): „Die alte Wertschöpfungskette wurde um den getrennten Handel und den Vertrieb/Service erweitert. Beide Wertschöpfungsstufen waren vorher integraler Bestandteil von Transport und Verteilung“ (Morschett 2002a, S. 130).

Abbildung 1.7: Alte und neue Wertschöpfungskette in der Stromwirtschaft

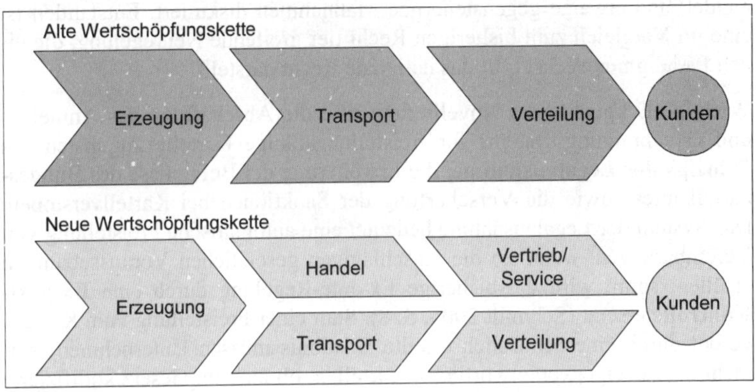

Quelle: Ruhland 2000, S. 931.

Mit der Liberalisierung des europäischen Strommarktes gewinnt der Strom-Großhandel zunehmend an Bedeutung (Morschett 2002a, S. 131): „Für Stromgroßhandelsgesellschaften entsteht ein weites Betätigungsfeld. Sie bilden das Zwischenglied zwischen Kraftwerks- und Vertriebsgesellschaften bzw. Weiterverteilern und Stadtwerken. Viele Erzeugergesellschaften und Vertriebsorganisationen, insbesondere die kleineren, werden sich auf ihr Kerngeschäft beschränken und keine eigenen Handelsabteilungen aufbauen. Sie werden sich spezialisierter Händler bedienen oder mit anderen Unternehmen (horizontal) kooperieren und gemeinsame Handels- oder Einkaufsgesellschaften gründen.“

c) Ausgewählte Aspekte der Binnenhandelspolitik in Deutschland, Österreich und in der Schweiz

i. Deutschland

Trotz der zunehmenden politischen und wirtschaftlichen Integration innerhalb der EU behalten die Mitgliedstaaten – wie bereits erwähnt – teilweise Autonomie in (nationalen) binnenhandelspolitischen Fragen. Im Ergebnis führt dies zu unterschiedlichen Liberalitätsgraden, so hinsichtlich der Eröffnung neuer (Einzel-)Handelsstandorte, der Ladenöffnungszeiten, der Preis- und Konditionenpolitik sowie (abgeschwächt) der Konzentration und Kooperation.

Regelungen zur Konzentration und Kooperation

Durch die neue EG-Kartellverordnung VO 1/2003 wurde der deutsche Gesetzgeber dazu veranlasst, das deutsche Recht dem EU-Recht hinsichtlich horizontaler und vertikaler Wettbewerbsbeschränkungen anzupassen. Im Zuge der **7. Novellierung des GWB** (Gesetz gegen Wettbewerbsbeschränkungen), die am 01. Juli 2005 in Kraft trat, mit der eine noch weiter gehende Harmonisierung des deutschen Kartellrechts mit dem europäischen Wettbewerbsrecht einherging, wurden intensiv und kontrovers die Frage der zunehmenden Konzentration im Handel, insbesondere im Lebensmitteleinzelhandel, und etwaige gegensteuernde Maßnahmen diskutiert. Entstanden ist eine im Vergleich zum bisherigen Recht tief greifende Neuregelung, die einen Paradigmenwechsel für das nationale Recht darstellt.

Wichtige Eckpunkte der Novellierung sind die Abschaffung des Anmelde- und Genehmigungssystems für freistellungsfähige Kartelle zugunsten des **Prinzips der Legalausnahme**, die Erweiterung der Befugnisse des Bundeskartellamtes sowie die Verschärfung der Sanktionen bei Kartellverstößen. Das System der Legalausnahme bedeutet eine automatische Freistellung von Vereinbarungen, wenn sie die einschlägigen gesetzlichen Voraussetzungen erfüllen; somit wird die bisherige Ex-ante-Regelung durch eine **Ex-post-Kontrolle** ersetzt (Schmidt 2005, S. 8). Statt einer Freistellung vom Kartellverbot durch eine behördlich erteilte Erlaubnis müssen Unternehmen nunmehr selbst (eigenverantwortlich) beurteilen, ob eine im Gesetz kodifizierte Ausnahme vom Verbot vorliegt (Wissmann 2006, S. 37). Mit der ersatzlosen Streichung der §§ 4-18 GWB sind auch die Regelungen der vertikalen Vereinbarungen entfallen. Das Kartellverbot wurde auch auf vertikale Wettbewerbsbeschränkungen ausgedehnt, womit das Gesetz nunmehr die Gleichbehandlung von horizontalen und vertikalen Wettbewerbsbeschränkungen vorsieht. Beide Formen unterliegen jetzt dem Verbot des neuen § 1 GWB (Ashurst 2005, S. 1):

> *§ 1 Verbot wettbewerbsbeschränkender Vereinbarungen*
>
> *Vereinbarungen zwischen Unternehmen, Beschlüsse von Unternehmensvereinigungen und aufeinander abgestimmte Verhaltensweisen, die eine Verhinderung, Einschränkung oder Verfälschung des Wettbewerbs bezwecken oder bewirken, sind verboten.*

Bislang waren die Tatbestände, wonach eine eigentlich unter das Kartellverbot fallende Vereinbarung freigestellt werden konnte, beispielhaft im Gesetz aufgezählt (Enumerativ-Prinzip). Nunmehr gilt, analog zum europäischen Recht, eine Generalklausel (§ 2 GWB), wonach eine Vereinbarung vom Kartellverbot freigestellt ist, wenn sie im Ergebnis wettbewerbsfördernd ist und den beteiligten Unternehmen keine unnötigen Beschränkungen auferlegt werden. Die Auslegung und Anwendung der Generalklausel wird dadurch erleichtert, dass die **EG-Gruppenfreistellungsverordnungen** (GVO) auf nationale Fälle entsprechend anwendbar sind; diese Gruppenfreistellungsverordnungen nehmen gewisse typisierte Vertragsmuster vom Kartellverbot aus und legalisieren somit summarisch eine Vielzahl gleicher Sachverhalte (Schulte 2005, S. 1502). Gruppenfreistellungsverordnungen gibt es u.a. für Liefervereinbarungen („Vertikal-GVO“), Forschungs- und Entwicklungsvereinbarungen („FuE-GVO“), Produktionsvereinbarungen („Spezialisierungs-GVO“) und Lizenzvereinbarungen („Technologietransfer-GVO“) (Novells 2005, S. 1). Die Inanspruchnahme der Vertikal-GVO setzt eine Begrenzung der Vertragslaufzeit auf fünf Jahre sowie einen Marktanteil des bindenden Lieferanten von maximal 30 % am relevanten Markt voraus. Wenngleich Gruppenfreistellungsverordnungen durch das Prinzip der Legalausnahme an sich überflüssig wären, bleiben sie weiterhin bestehen, da sie die Rechtssicherheit für die beteiligten Unternehmen erhöhen.

Nicht erlaubt ist weiterhin das (systematische oder vorsätzliche) **Angebot** (früher: Verkauf) **unter Einstandspreisen**. Dadurch sollen gezielte Verdrängungsstrategien von Großunternehmen bekämpft werden:

> *§ 20 Abs. 4 GWB*
>
> *Unternehmen mit gegenüber kleinen und mittleren Wettbewerbern überlegener Marktmacht dürfen ihre Marktmacht nicht dazu ausnutzen, solche Wettbewerber unmittelbar oder mittelbar unbillig zu behindern. Eine unbillige Behinderung i.S. des Satzes 1 liegt insbesondere vor, wenn ein Unternehmen Waren oder gewerbliche Leistungen nicht nur gelegentlich unter Einstandspreis anbietet, es sei denn, dies ist sachlich gerechtfertigt.*

Durch die Überarbeitung der Auslegungsgrundsätze zum Angebot unter Einstandspreis durch Unternehmen mit überlegener Marktmacht vom August 2003 wird festgestellt, dass das Verbot weder das Vorliegen einer Verdrängungsabsicht noch den Nachweis einer spürbaren Beeinträchtigung des Wettbewerbs im Verhältnis zu kleinen bzw. mittleren Unternehmen voraussetzt. Ferner wird herausgearbeitet, dass ein rechtswidriges Angebot auch dann vorliegen kann, wenn ein konstanter Angebotspreis von einem sich erhöhenden Einstandspreis überschritten wird, sofern es sich nicht etwa um überraschende bzw. kurzfristige Preiserhöhungen handelt. Die Beweislast für die sachliche Rechtfertigung liegt beim unter Einstandspreis anbietenden Unternehmen (Böge 2003, S. 1). Allerdings fehlt weiterhin eine eindeutige Definition des Rechtsterminus „Einstandspreis“, obwohl die sprachliche Konkretisierung von „Verkauf“ zu „Angebot“ vorgenommen wurde und nun schon das Anbieten einer Ware oder Dienstleistung unter Einstandspreis, und nicht erst deren Verkauf, umfasst.

Um die Wettbewerbsposition mittelständischer Unternehmen zu verbessern, bleiben Mittelstandskartelle weiter zulässig:

> *§ 3 GWB Mittelstandskartelle*
>
> *(1) Vereinbarungen zwischen miteinander im Wettbewerbstehenden Unternehmen und Beschlüsse von Unternehmensvereinigungen, die die Rationalisierung wirtschaftlicher Vorgänge durch zwischenbetriebliche Zusammenarbeit zum Gegenstand haben, erfüllen die Voraussetzungen des § 2 Abs. 1, wenn*
>
> *1. dadurch der Wettbewerb auf dem Markt nicht wesentlich beeinträchtigt wird*
>
> *2. die Vereinbarung oder der Beschluss dazu dient, die Wettbewerbsfähigkeit kleiner oder mittlerer Unternehmen zu verbessern.*
>
> *(2) Unternehmen oder Unternehmensvereinigungen haben, sofern nicht die Voraussetzungen nach Artikel 81 Abs. 1 des Vertrages zur Gründung der Europäischen Gemeinschaft erfüllt sind, auf Antrag einen Anspruch auf eine Entscheidung nach § 32c, wenn sie ein erhebliches rechtliches oder wirtschaftliches Interesse an einer solchen Entscheidung darlegen. Diese Regelung tritt am 30. Juni 2009 außer Kraft.*

Diese Ausnahme folgt den ordnungspolitischen und mittelstandspolitischen Empfehlungen einer **Vorwärtsstrategie** (Zentes/Hurth 1996): Gruppierungen kleiner und mittlerer Einzelhandelsunternehmen soll der Zugang zu den Instrumenten des Wettbewerbs eröffnet werden, der filialisierenden Unternehmen zur Verfügung steht.

Regelungen zur Standortstruktur

Die Frage der Standortstruktur des Einzelhandels wird meist im Spannungsfeld von „Erhaltung und Sicherung des Handelsstandortes Stadt" und „Trend zum Standort Sekundäres Netz (Gewerbe-, Industrie-, Sondergebiete)" diskutiert. So wird zu Recht angeführt, dass die Funktionsfähigkeit der Stadt – als gesellschaftlicher, kultureller und wirtschaftlicher Kristallisationspunkt des Lebens – maßgeblich vom Bestand eines attraktiven Handels und seiner verkehrlichen Erreichbarkeit bestimmt wird (DIHT 1999, S. 8). Der Trend zum sog. **Sekundären Netz** (Tietz 1992a), der durch Konversionsflächen (z.B. Industrie-, Gewerbe-, Militärbrachen, meist an städtebaulich nicht-integrierten Standorten), die auf den Markt drängen, verstärkt werden dürfte (Zentes/Swoboda 1998c), wird aber auch wesentlich beeinflusst „durch eine oft einseitig am Öffentlichen Personennahverkehr (ÖPNV) orientierte städtische Verkehrspolitik und den vom Kunden/Bürger subjektiv empfundenen Mangel an Sicherheit in der Stadt" (DIHT 1999, S. 5). Zudem wird der Trend begünstigt durch den Flächenbedarf im Rahmen der Notwendigkeit verschiedener Branchen, ihre Sortimentskompetenz deutlich zu erhöhen (Nattermann 2005, S. 5).

„Handelsriesen kämpfen um Standorte: METRO setzt nach Kauf der Wal-Mart-Filialen auf die Zukunft der großen Verbrauchermärkte."

Quelle: Handelsblatt, 31. Juli 2006, S. 15.

Ein konsequenter Einsatz der Regelungen aus Raumordnung, Landesplanung und Bauleitplanung kann dazu beitragen, hier Kompromisslösungen zu finden (Tietz 1993a, S. 718ff.). Von besonderer Bedeutung ist in diesem Zusammenhang die **Baunutzungs-Verordnung** (BauNVO); hinzuweisen ist insbesondere auf § 11 (Abs. 3) BauNVO.

Für den Bundesverband des Deutschen Lebensmittelhandels e.V. (BVL) besteht Flexibilisierungsbedarf des bestehenden Baurechts: „Im schwierigen Fahrwasser befindet sich nach wie vor der Supermarkt. Die in § 11 Abs. 3 Baunutzungs-Verordnung (BauNVO) vorgesehene Regelvermutungsgrenze für Ansiedlungen außerhalb von Kern- und Sondergebieten benachteiligt diesen Vertriebstyp. Auf der dort vorgesehenen 1.200 qm Geschossfläche lässt sich ein moderner Supermarkt mit einem Sortiment von bis zu 15.000 Artikeln auf Dauer nicht erfolgreich betreiben. Anders bei den Discountern: Ihnen reicht diese Fläche durchaus bei maximal 1.200 Artikeln. Als Konsequenz dieser Ungleichbehandlung ist beim Vertriebstyp Discount in den letzten 25 Jahren ein Flächenwachstum von rd. 190 % zu verzeichnen, während dem Supermarkt lediglich eine Zunahme von rd. fünf Prozent zuzurechnen ist. Damit ist der Discount der Hauptverantwortliche für den im Vergleich zum Ausland erheblichen Flächenüberhang im deutschen Lebensmittelhandel" (BVL 2006).

Regelung der Ladenöffnungszeiten

Das in Deutschland geltende **Ladenschlussgesetz** wird seit Jahrzehnten heftig und kontrovers diskutiert (Tietz 1973b). Auch nach der Änderung über die Verlängerung der Ladenöffnung an Samstagen (15. Juli 2005) verstummte die Kritik nicht. Der Gesetzesstand sah vor, dass Verkaufsstellen für den geschäftlichen Verkehr mit Kunden werktags und samstags von 06.00 bis 20.00 Uhr geöffnet haben dürfen, also 84 maximal mögliche Wochenstunden; weiterhin waren vier verkaufsoffene Sonntage jährlich möglich. Im europäischen Vergleich lag Deutschland hiermit am unteren Ende der gesetzlich erlaubten Öffnungszeiten (KPMG 2005, S. 35f.).

Das bislang geltende Ladenschlussgesetz schränkte den Handel in der Festlegung der für das jeweilige Unternehmen optimalen Ladenöffnungszeiten ein. Im Juni 2004 wurde die Klage von *Galeria Kaufhof*, dass das Ladenschlussgesetz gegen die Berufsausübungsfreiheit gemäß Artikel 12 GG verstoße, vom Bundesverfassungsgericht abgelehnt (o.V. 2004a). Anders als für alle anderen Branchen und Wirtschaftszweige in Deutschland legte bislang der Bundesgesetzgeber für den Einzelhandel durch das Ladenschlussgesetz ein Zeitfenster fest, innerhalb dessen das Einzelhandelsunternehmen seine Disposition über die unternehmensspezifische Ladenöffnungszeit treffen kann.

Das von 1956 stammende Gesetz berücksichtigt nur noch mangelhaft die veränderten Lebens- und Konsumgewohnheiten der Menschen in Deutschland. Dies zeigt sich auch darin, dass Dienstleistungsbranchen, die nicht an das Ladenschlussgesetz gebunden sind, aber einen dem Einzelhandel ähnlichen Charakter aufweisen (bspw. Videotheken, Tankstellen usw.) bzw. Verkaufsstätten, die auf Grund von Ausnahmeregelungen auch außerhalb der gesetzlichen Ladenöffnungszeiten ein eingeschränktes Warenangebot anbieten dürfen (Läden in Bahnhöfen, Flughäfen usw.), einen erheblichen Zulauf erfahren.

Aus diesem Grund wurde Ende 2005 im Koalitionsvertrag zwischen SPD und CDU festgelegt, die Zuständigkeit für den Ladenschluss vom Bund auf die Bundesländer zu übertragen und so die **Liberalisierung der Ladenöffnungszeiten** weiter voranzutreiben. Nach langwierigen Verhandlungen stimmte am 07. Juli 2006 auch der Bundesrat als letzte parlamentarische Hürde der Föderalismusreform zu, welche die Entflechtung der Zuständigkeiten von Bund und Ländern zudem für eine Reihe weiterer Themengebiete vorsieht. Nach Verabschiedung der Reform können die einzelnen Länder nunmehr selbst über die Ladenöffnungszeiten bestimmen. Gegenwärtig sehen elf Bundesländer die völlige Freigabe der Öffnungszeiten an Werktagen vor, während drei weitere Länder zumindest eine Lockerung planen; lediglich das Saarland behält den Status quo zunächst bei. Sonn- und Feiertage sollen in den meisten Bundesländern weiterhin geschützt bleiben (Financial Times Deutschland 07. 07. 2006). Neben der Ausgestaltung der Ladenschlusszeiten sollen die Länder künftig auch die damit verbundene Frage der Arbeitszeiten selbst regeln. In diesem Zusammenhang wird vor einer „Zersplitterung der Arbeitszeitgesetzgebung" (Sigmund 2006, S. 4) gewarnt.

Im Zuge der Ausrichtung der FIFA Fußball-Weltmeisterschaft 2006 in Deutschland praktizierten die einzelnen Bundesländer bereits verschiedene längere Öffnungszeiten. Die Bilanz hinsichtlich stärkerer Umsätze und höherer Frequenzen fiel jedoch „durchwachsen" aus (Hess/Schlautmann/Sigmund 2006, S. 4).

Regelungen der Preise und Konditionen

Regelungen der Preise und Konditionen betreffen einerseits die Transaktionen zwischen Unternehmen, so zwischen Industrie und Handel. Hierauf wurde im Zusammenhang mit den Regelungen zur Bekämpfung von Nachfragemacht bereits eingegangen. Im Folgenden stehen die Transaktionen zwischen Handelsunternehmen und Verbrauchern im Mittelpunkt.

Agieren Handelsunternehmen im juristischen Sinne als Eigenhändler, so besitzen sie grundsätzlich die „Preishoheit". Die **Preishoheit** wird – wie bereits erwähnt – nach § 20 Abs. 4 GWB dahingehend eingeschränkt, dass Angebote unter Einstandspreis nicht zulässig sind. Eine weitere Einschränkung ist bei Verlagserzeugnissen gegeben, bei denen das Gesetz zur Sicherung der Buchpreisbindung vom 02. September 2002 (vertikale) **Preisbindung** für den Letztverkäufer zulässt. Auch Preise für Zeitungen und Zeitschriften können weiterhin gebunden werden; § 30 GWB normiert hierfür die Zulässigkeitsvoraussetzungen. Im Zuge der 7. GWB-Novelle wurde § 23, der **unverbindliche Preisempfehlungen**, die der Hersteller für die Weiterveräußerung seiner Markenware aussprechen konnte, aus dem Gesetz gestrichen. Es bleibt abzuwarten, wie sich die wettbewerbsrechtliche Rechtssprechung nunmehr anpassen wird.

Zum 24. August 2001 wurde das **Rabattgesetz** abgeschafft, das bis dahin die grundsätzliche Preishoheit der Eigenhändler einschränkte, in der Praxis jedoch oft umgangen wurde. Mit der Aufhebung wurde der preispolitische Handlungsspielraum – innerhalb der Grenzen des weiterhin gültigen UWG – maßgeblich erweitert (Zentes 2006, S. 16).

Regelungen der Werbung und Verkaufsförderung

Für Handelsunternehmen gelten – wie auch für Unternehmen anderer Sektoren – hinsichtlich Werbung und Verkaufsförderung im Wesentlichen die Bestimmungen des **Gesetzes gegen den unlauteren Wettbewerb** (UWG). Von Aktualität ist die Frage der **vergleichenden Werbung**. Die jüngsten Änderungen, die zum 08. Juli 2004 in Kraft getreten sind, dienen der Umsetzung der EU-Richtlinien 97/55/EG über irreführende Werbung zwecks Einbeziehung der vergleichenden Werbung sowie der 2002/58/EG über die Verarbeitung personenbezogener Daten und den Schutz der Privatsphäre in der elektronischen Kommunikation. In Bezug auf vergleichende Werbung wurde hier das Regel-Ausnahme-Verhältnis umgekehrt, sodass nunmehr vergleichende Werbung grundsätzlich zulässig und nur ausnahmsweise unzulässig ist (Götting 2005, S. 81).

Ebenso wie das **Rabattgesetz** wurde zum 24. August 2001 auch die **Zugabeverordnung** abgeschafft, die seit den dreißiger Jahren das UWG als klassisches „Nebengesetz" ergänzte und bis dahin Werbung und Verkaufsförderung, so etwa die Ausgestaltung von Kundenbindungsprogrammen vorrangig von Handels- und (sonstigen) Dienstleistungsunternehmen, einengte. Nunmehr liegt es im Ermessen des einzelnen Händlers, ob und wann Preisreduzierungen auf das Sortiment vorgenommen werden; insbesondere Schlussverkäufe sind ganzjährig zulässig und nicht mehr auf bestimmte Sortimente beschränkt, müssen aber – nach dem Verbot der Irreführung – auf einen überschaubaren Zeitraum begrenzt sein. „Dauer-Schlussverkäufe" darf es auch nach neuem Recht nicht geben.

Somit sind auch in Deutschland – mit einiger Verspätung – eine Reihe von Liberalisierungsbestrebungen durchgesetzt worden. Als Folge des Wegfalls von Rabattgesetz und Zugabeverordnung entwickelten sich Rabatte zum bevorzugten Marketinginstrument des deutschen Einzelhandels und es kam zu regelrechten „Rabattschlachten" (Wenzel 2006, S. 63). Dennoch sind der Gewährung von Nachlässen und Zugaben durch das UWG Grenzen gesetzt: So sind etwa Rabatte untersagt, die auf Basis sog. **„Mondpreise"** gewährt werden, ebenso wie unverhältnismäßig wertvolle Zugaben, da sie den Kunden irreführen. Erheblich vergrößert wurde der Handlungsspielraum bezüglich der Einsatzmöglichkeit von neuen Formen der Kundenbindung, so etwa Loyalitätsprogramme (Zentes 2006, S. 16).

Ein weiterer Grund für die Aufhebung des Rabattgesetzes ist die Modernisierung des deutschen Wettbewerbsrechts, da sich seit dem Erlass des Rabattgesetzes vom 25. November 1933 und der Zugabeverordnung vom 09. März 1932 die Markt- und Wettbewerbsverhältnisse in Deutschland weit gehend verändert haben, insbesondere auch das **Verbraucherleitbild**. Das der Zugabeverordnung und dem Rabattgesetz ursprünglich zu Grunde liegende Leitbild des Verbrauchers war dasjenige eines uninteressierten, leicht zu täuschenden und damit schutzbedürftigen Verbrauchers. Dieser Verbraucherbegriff ist sowohl in der Praxis als auch in der Rechtsprechung überholt; nicht der flüchtig wahrnehmende Verbraucher ohne zumindest allgemeines Vorwissen ist mehr das Kriterium für die Beurteilung einer Irreführungseignung, sondern „ein durchschnittlich informierter, aufmerksamer und verständiger Verbraucher“ (Bundesgerichtshof 2005), der mit den Marktgegebenheiten vertraut ist und das Werbeverhalten mit situationsadäquater Aufmerksamkeit verfolgt (Götting 2005, S. 127f.).

ii. Österreich

Die wettbewerbsrechtlichen Regelungen Österreichs entsprechen strukturell weit gehend den deutschen Regelungen. So soll das **Kartellgesetz** (KartG) die Freiheit des Wettbewerbs schützen, während das **UWG** die Bekämpfung unlauterer Wettbewerbshandlungen regelt. Wesentlich liberaler waren in Österreich im Vergleich zu Deutschland lange Zeit die Regelungen der Preise und Konditionen; so wurde das Rabattgesetz in Österreich bereits 1992 durch das **Wettbewerbs-Deregulierungsgesetz** aufgehoben.

Regelungen zur Konzentration und Kooperation

Ausgangspunkt der Kartellgesetzgebung ist das Bestreben des Staates, Vereinbarungen zwischen konkurrierenden Unternehmen zu unterbinden, durch die diese an die Stelle des ansonsten zwischen ihnen bestehenden Wettbewerbs ein einheitliches Vorgehen setzen, um dadurch wirtschaftliche Macht zu bilden und diese zum Schaden ihrer Abnehmer zu nutzen.

Das **Kartellgesetz 2005** ist mit 01. Januar 2006 in Kraft getreten und sieht im Vergleich zum Kartellgesetz 1988 einige Neuregelungen vor:

- Das Kartellverbot wird auf einseitige Wettbewerbsbeschränkungen ausgedehnt, um einen Rückschritt gegenüber der geltenden Rechtsgrundlage zu vermeiden.
- Durch eine Verfassungsbestimmung soll die Anwendung des Kartellgesetzes auch auf diejenigen Sachverhalte ausgedehnt werden, die bisher wegen der Zuständigkeit der Länder davon ausgenommen waren.
- Die Regelung über unverbindliche Verbandsempfehlungen werden nicht übernommen.
- Das Kartellregister wird nicht weitergeführt.
- Die Regelung über die Untersagung unverbindlicher Preisempfehlungen (sog. Mondpreisverordnungen) hat keinerlei praktische Bedeutung mehr und wird vom Kartellgesetz 2005 nicht übernommen.

Regelungen zur Standortstruktur

Die derzeitigen im Bereich des gewerblichen Betriebsanlagenrechts der Gewerbeordnung 1994 normierten Regelungen betreffend Einkaufszentren sind das Ergebnis eines mehrjährigen Entwicklungsprozesses. 1997 wurden – nicht zuletzt auch – zur Verwirklichung des Zieles der Verwaltungsvereinfachung u.a. Bestimmungen über die Genehmigung von Einkaufszentren bei gleichzeitiger Setzung von Maßnahmen zur Sicherung der Nahversorgung in die Gewerbeordnung 1994 aufgenommen. Als Grund für diese Regelungen wurden die in den vergangenen Jahren erfolgten einschneidenden Strukturveränderungen im Bereich des Handels gesehen, die zur Erosion und Destabilisierung von nahen Versorgungsstrukturen und zu einer ernsthaften Bedrohung für die Nahversorger geführt haben. Die abnehmende Zahl von Lebensmitteleinzelhandelsläden (sog. „Greißlersterben") einerseits, der eine starke Expansion des Verkaufsflächenangebotes sowie eine hohe räumliche Angebotskumulation und eine hohe ökonomische Konzentration andererseits gegenüberstehen, sind Entwicklungen und Merkmale dieser sich ändernden Handelsstruktur. Folgen sind u.a. die Verödung und Entleerung von Stadt- und Ortskernzonen und Einkaufsstraßen sowie das Fehlen eines wünschenswerten „Branchenmixes".

Eine Neuregelung des Bereiches „Schutz der Nahversorgung" erfolgte im Jahre 2000, wobei diese für

- Anlagen für Betriebe des Handels sowie
- ausschließlich oder überwiegend für Handelsbetriebe vorgesehene Gesamtanlagen (Einkaufszentren),

die überwiegend dem Handel mit Konsumgütern des kurzfristigen und des täglichen Bedarfs dienen (Nahversorgung im engeren Sinn) und eine Gesamtverkaufsfläche von mehr als 800 qm aufweisen, gilt.

Solche Betriebsanlagen dürfen für einen Standort nur genehmigt werden, wenn das Projekt keine Gefährdung der Nahversorgung der Bevölkerung des kurzfristigen und des täglichen Bedarfs im Einzugsgebiet erwarten lässt. Bei Gesamtanlagen (Einkaufszentren) muss zusätzlich der Standort für eine derartige Gesamtanlage gewidmet sein, wobei sich diese Widmung aus den raumordnungsrechtlichen Regelungen der Länder ergibt.

Konsumgüter des kurzfristigen und des täglichen Bedarfs sind in der Einkaufszentren-Warenliste-Verordnung (Rechtsgrundlage § 77 Abs. 8 letzter Satz GewO 1994) taxativ aufgezählt. So sind dies bspw. diverse Lebensmittel oder Drogeriefachmarktartikel sowie Textilien, wie insbesondere Bekleidung, soweit sie nach Art und Preis Verbrauchsgütercharakter haben. Nicht unter die EKZ-Regelungen fallen bspw. Baumärkte, Gartencenter und Kraftfahrzeughändler.

Regelungen der Ladenöffnungszeiten

Die Öffnungszeiten sind in Österreich hauptsächlich im **Öffnungszeitengesetz 2003** geregelt. Die Änderungen im Zuge der letzten Novelle hatten im Wesentlichen folgende Ziele zum Inhalt:

- Stärkung des Wirtschaftsstandortes Österreich
- Schaffung von Arbeitsplätzen
- Hintanhaltung von Kaufkraftabflüssen ins Ausland
- Steigerung der Attraktivität Österreichs als Tourismusland
- Schaffung konsumentenfreundlicher Regelungen
- Schaffung flexibler Einsatzmöglichkeiten für Arbeitnehmer im Handel am Samstagnachmittag
- Schaffung einer konsumentenfreundlichen Regelung für bestimmte Dienstleistungsbetriebe am Samstagnachmittag.

So werden in der Regierungsvorlage zur Änderung des Öffnungszeitengesetzes von 1997 die folgenden Probleme genannt: „Die derzeit geltenden Ladenöffnungszeiten entsprechen z.T. nicht den wirtschaftlichen Erfordernissen. Im Vergleich zum europäischen Ausland sind die Offenhaltezeiten in Österreich noch immer äußerst restriktiv. Dadurch werden die unternehmerischen Dispositionsmöglichkeiten eingeschränkt, den Konsumenten nicht die entsprechenden Einkaufsmöglichkeiten und den Arbeitnehmern nicht die entsprechenden Beschäftigungsmöglichkeiten geboten."

Im Kern gilt im Öffnungszeitengesetz 2003 die folgende Regelung:

- Montag bis Freitag: allgemein von 5 Uhr bis 21 Uhr
- Samstags: allgemein von 5 Uhr bis 18 Uhr
- Wöchentlicher Öffnungsrahmen: Die Geschäfte dürfen innerhalb der Öffnungszeiten von Montag 5 Uhr bis Samstag 18 Uhr maximal 66 Stunden offengehalten werden.

Sonderregelungen, die eine weiter gehende Öffnung ermöglichen, gelten in Bezug auf die Verordnungsermächtigung der Landeshauptleute. Diese können, unter Berücksichtigung der Einkaufsbedürfnisse der Bevölkerung und der Touristen sowie besonderer regionaler und örtlicher Gegebenheiten, eine wöchentliche Gesamtoffenhaltezeit bis zum Ausmaß von 72 Stunden durch Verordnung festlegen.

Regelungen der Preise und Konditionen, der Werbung und Verkaufsförderung

Wie bereits erwähnt, existiert in Österreich seit 1992 kein Rabattgesetz mehr, sodass diesbezüglich Handelsunternehmen ein breites Aktivitätenspektrum offen steht. Zugaben werden nach § 9a UWG (letzte Novelle 2001) geregelt. § 9a UWG ersetzt das bisherige ZugabenG, das durch das **WettbewerbsderegulierungsG** 1992 aufgehoben wurde. Danach gilt ein differenziertes Zugabeverbot, d.h. ein Zugabeverbot, das zwischen Verbrauchern und Unternehmern unterscheidet.

Bezüglich der vergleichenden Werbung gilt in Österreich seit der UWG-Novelle 2001 eine liberale Lösung. So wird der reine Vergleich in § 2 Abs. 2 UWG ausdrücklich für zulässig erklärt:

> *„Vergleichende Werbung, die weder gegen Abs. 1 noch gegen die §§ 1, 7 und 9 Abs. 1 bis 3 verstößt, ist zulässig."*

„Der Vergleich muss demnach wahr, sachlich und informativ sein und darf weder zur Irreführung geeignet, noch durch Pauschalabwertung, unnötige Bloßstellung oder aggressive Tendenzen das Gebot der Sachlichkeit verletzen; unvollständige Angaben verstoßen gegen § 2 UWG, wenn durch Verschweigen wesentlicher Umstände bei den Umworbenen ein falscher Gesamteindruck hervorgerufen wird, sodass die Unvollständigkeit geeignet ist, das Publikum in für den Kaufentschluss erheblicher Weise irrezuführen."

Vergleichende Werbung

Im Verlauf der Werbeschlacht zwischen den beiden Lebensmittelketten Spar und Billa wurden bereits die Gerichte auf den Plan gerufen:

„Spar hat seine Preise im Oktober um durchschnittlich 10 % herabgesetzt, Billa hingegen ist der teuerste Nahversorger". Diese Werbeaussage veranlasste Billa im Jahre 2002 zu einer Klage. Der Oberste Gerichtshof hat mit einem Verbot dieser Art der vergleichenden Werbung reagiert, weil er darin eine unzulässige Herabsetzung des Klägers sah. Denn auch wahrheitsgemäße Behauptungen über Mitbewerber bzw. dessen Produkte können sittenwidrig i.S. des § 1 UWG sein, wenn der Mitbewerber damit pauschal und unsachlich herabgesetzt wird. Allfällige Unklarheiten gehen dabei immer zu Lasten des Werbenden.

iii. Schweiz

Der Schweizer (Detail-)Handel agiert in einem im Grundsatz ähnlichen rechtlichen Umfeld wie Handelsunternehmen in Österreich und Deutschland. Als Nicht-EU-Land kennt die Schweiz aber auch Regelungen, die nicht deckungsgleich sind mit EU-Positionen.

Regelungen zur Konzentration und Kooperation

Grundlage des Kartellrechts ist das Schweizer Bundesgesetz über Kartelle u.a. Wettbewerbsbeschränkungen vom 06. Oktober 1995 (KartG) in der Fassung vom 20. Juni 2003 in Verbindung mit der Verordnung über die Kontrolle von Unternehmenszusammenschlüssen vom 17. Juni 1996 sowie der Verordnung über die Sanktionen bei unzulässigen Wettbewerbsbeschränkungen vom 12. März 2004. Es bezweckt, volkswirtschaftlich oder sozial schädliche Auswirkungen von Kartellen u.a. Wettbewerbsbeschränkungen zu verhindern und damit den Wettbewerb im Interesse einer freiheitlichen marktwirtschaftlichen Ordnung zu fördern. Die am 20. Juni 2003 verabschiedete Revision des Kartellgesetzes sowie die Verordnung über die Sanktionen sind am 01. April 2004 in Kraft getreten. So gelten Kartelle auf Grundlage der im Art. 31 Bundesverfassung garantierten Vertragsfreiheit nicht grundsätzlich als schädlich, jedoch hat der Gesetzgeber eine „Einengung der Kartellspielräume" vorgenommen, so insbesondere bezüglich der unzulässigen Wettbewerbsabreden sowie dem Verhalten marktbeherrschender Unternehmen. In den konkreten Anwendungsbereich des Gesetzes fallen dabei Unternehmen des privaten und des öffentlichen Rechts, die Kartell- oder andere Wettbewerbsabreden treffen, Marktmacht ausüben oder sich an anderen Unternehmenszusammenschlüssen (sog. „Fusionskontrolle") beteiligen (bfai 2005a).

In der unternehmerischen Praxis hat die Revision des Gesetzes eine Verschärfung der Kartellrechtspraxis bewirkt. So wurden die bereits vorher beinhalteten horizontalen Wettbewerbsabreden um eine Kategorie von kartellrechtlich relevanten Abreden erweitert, den sog. „**vertikalen Wettbewerbsabreden**". Diese vertikalen Wettbewerbsabreden sind insbesondere dann unzulässig, wenn sie dem Händler Mindest- oder Festpreise vorschreiben (Preisbindungen zweiter Hand) oder in Vertriebsverträgen Gebiete zuweisen und Verkäufe in diese durch gebietsfremde Vertriebspartner ausgeschlossen werden (sog. „**absoluter Gebietsschutz**"). Mit letzterem wird u.a. auch bewirkt, dass Parallelimporte von Gütern aus dem Ausland der kartellrechtlichen Beurteilung unterliegen und gegen die Abschottung des Schweizer Marktes vom Ausland vorgegangen werden kann.

Maßgeblich für die Beurteilung ist die Bekanntmachung über die wettbewerbsrechtliche Behandlung vertikaler Abreden der Wettbewerbskommission (Weko) aus dem Jahre 2002, die neben den mittlerweile ins Gesetz aufgenommenen Abreden folgende vier Abreden als erheblich erachtet:

- Beschränkungen des Verkaufs an Endverbraucher innerhalb eines selektiven Vertriebssystems
- Beschränkungen von Querlieferungen innerhalb eines selektiven Vertriebssystems
- Beschränkungen, die den Lieferanten hindern, Bestand- bzw. Ersatzteile an andere als den an der Abrede beteiligten Händler zu liefern
- Wettbewerbsverbote, die für eine Dauer von mehr als fünf Jahren oder für mehr als ein Jahr nach Beendigung der vertikalen Abrede vereinbart werden.

Erhebliche Wettbewerbsabreden können indessen aus Gründen der Effizienz gerechtfertigt – und damit zulässig – sein. So gelten Abreden, die notwendig sind, um die Herstellungs- oder Vertriebskosten zu senken, Produkte oder Produktionsverfahren zu verbessern, die Forschung zu fördern oder um Ressourcen rationeller zu nutzen, entsprechend als zulässig. Eine grundlegende Voraussetzung ist aber, dass solche Abreden den beteiligten Unternehmen in keinem Fall die Möglichkeit geben, den wirksamen Wettbewerb zu verhindern bzw. zu beseitigen.

Im Bereich der zweiten grundlegenden Säule des Kartellgesetzes, dem Schutz vor dem Missbrauch einer marktbeherrschenden Stellung, ist des Weiteren der Begriff der „**Marktbeherrschung**" mit der Revision hinsichtlich der Nachfragemacht weiter präzisiert worden. Als marktbeherrschend wird nun bezeichnet, wer auf einem Markt als Anbieter oder Nachfrager in der Lage ist, sich von den anderen Teilnehmern im Markt (Mitwettbewerbern, Anbietern oder Nachfragern) in wesentlichem Umfang unabhängig zu verhalten. Ist ein Unternehmen marktbeherrschend, so darf dessen Tätigkeit andere Unternehmen nicht in der Aufnahme oder Ausübung des Wettbewerbs behindern oder aber die Marktgegenseite benachteiligen (Grüninger & Hunziker & Roth 2006). Auch wurde im Rahmen der Revision das Sanktionssystem verschärft, sodass Unternehmen nun bei gewissen Verstößen gegen das Kartellrecht direkt sanktioniert werden können.

Regelungen zur Standortstruktur

In der Schweiz besteht im Raumplanungs- und Baubereich eine im Grundsatz hohe Reglementierungsdichte, da neben (unterschiedlichen) kantonalen Regelungen zahlreiche Bauregelungen auf Gemeindebasis erfolgen. Dabei wirkt neben den oftmals langwierigen administrativen Verfahren auch die Mitwirkungskompetenz der Stimmbürger in bestimmten Fragen als tendenziell eher hemmend (vgl. bereits Tietz 1994a, S. 57). Im Wesentlichen gelten die Bestimmungen des **Raumplanungsgesetzes** (RPG, Bundesgesetz über die Raumplanung), das am 01. Januar 1980 in Kraft trat und dessen Revisionen darauf abzielen, Baubewilligungsverfahren zu vereinfachen und zu beschleunigen.

Eher schwierig einzuschätzen auf gesamtschweizerischer Ebene sind die künftige Handhabung und Entwicklung des Baurechts, da hier stark divergierende gesellschaftliche und politische Entwicklungen festzustellen sind. So lösten bspw. neuartige Freizeit- und Einkaufszentren, die in Richtung „Erlebnis-Shopping" zielen, aber auch der Eintritt der deutschen Discounter Aldi und Lidl große politische Kontroversen und Aktivitäten aus. Auf Grund der in Zukunft verstärkt zur Verfügung stehenden Flächen durch Konversion von Post-, Gewerbe- und Industriearealen, z.T. auch innerstädtischen „Bank-Brachen", wird von einer gleichbleibenden Verfügbarkeit von Handelsflächen – auch für eher großflächige Handelsformen – ausgegangen. Insofern sind auch Expansionsstrategien durch Filialisierung in Form von Neueröffnungen durchaus realistisch, wenngleich angemerkt werden muss, dass sich durch den bereits vollzogenen Eintritt von Aldi bzw. den geplanten Eintritt von Lidl ein „Kampf um Flächen" ergeben könnte. Interessant bleibt in diesem Kontext die Frage, wie sich die am Markt operierenden Handelsunternehmen hinsichtlich der Standortfrage auf die zunehmende Alterung der Bevölkerung einstellen und bei der Expansion diese wachsende Zielgruppe berücksichtigen (Bosshart/Staib 2005).

Strukturelle Veränderungen des Lebensmittel-Detailhandels in der Schweiz

Betrachtet man die strukturellen Veränderungen im Lebensmittel-Detailhandel (ohne Food-Fachhandel), so zeigen sich folgende Entwicklungen im Vergleich der Jahre 2000 zu 2004:

- Die Anzahl der Verkaufsstellen ging um 11 % zurück. Dieser Trend in Richtung weniger Einkaufsstellen zeigt sich noch drastischer in der Langfristanalyse: Kamen im Jahre 1970 noch rd. sieben Verkaufsstellen auf 1.000 Haushalte, so sind es heute bereits weniger als zwei Verkaufsstellen.

- Die Verkaufsfläche und die Umsätze sind im Vergleich zwischen 2000 und 2004 dagegen um 11 % bzw. 8 % gestiegen. Diese Tendenz in Richtung größerer Einheiten wird auch in der Zukunft erwartet.
- Dagegen ist der Umsatz pro Verkaufsstelle im betrachteten Zeitraum leicht um 2 % zurückgegangen.

Abbildung 1.8: Vergleich des Lebensmittel-Detailhandels (ohne Food-Fachhandel) im Jahre 2000 und im Jahre 2004 (Veränderung in Prozent)

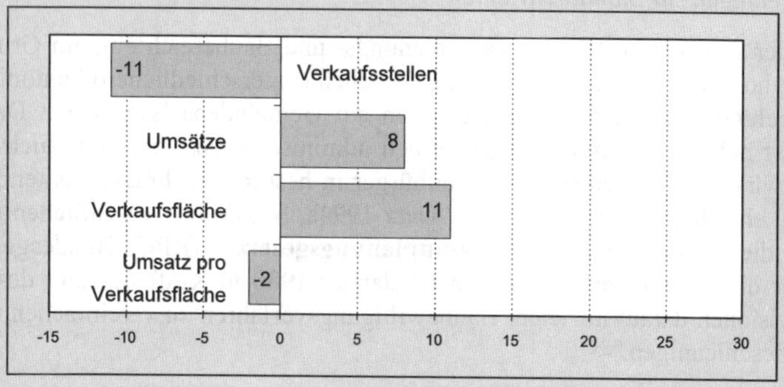

Quelle: IHA-GfM 2005.

Regelungen der Ladenöffnungszeiten

Die Ladenöffnungszeiten sind in der Schweiz nicht einheitlich geregelt. So sind die Kantone grundsätzlich frei, unter Beachtung der Handels- und Gewerbefreiheit, den Ladenschluss selber zu ordnen. Oftmals wird dabei den jeweiligen Gemeinden die Kompetenz übertragen, sodass die Regelungen sogar innerhalb eines Kantons stark divergierend sein können (Baur/Ott 2005, S. 48).

Hinsichtlich der Ladenöffnungszeiten ist auch zukünftig u.a. auf Grund der unterschiedlichen Regelungen sowohl in den Kantonen als auch in den Gemeinden und der damit verbundenen Komplexität, der Interventionen der Gewerkschaften und der hohen Anzahl an Ausnahmeregelungen, die geografischen u.a. Besonderheiten Rechnung tragen, mit einer sich im Grundsatz nur langsam vollziehenden Liberalisierung zu rechnen. Dies sei an einem Beispiel verdeutlicht. So ist in diesem Kontext als Folge des geltenden Rechts bzw. der äußerst restriktiven Rechtspraxis des Schweizer Bundesgerichts in der Weisung des Staatssekretariats für Wirtschaft (SECO) vom 18. März 2004 zur Regelung der Bewilligungsvoraussetzungen für Sonntagsarbeit in der Adventszeit an die Kantone bspw. festgehalten, dass die Beschäftigung von Personal an höchstens zwei Sonntagen stattfinden kann. Dies ist allerdings nur bewilligungsfähig, sofern die gesuchstellenden Verkaufsstellen örtlich in einem engen Zusammenhang mit einem Weihnachtsmarkt stehen, bereits seit längerer Zeit – mindestens jedoch seit zehn Jahren – Sonntagsverkäufe durchführen oder wenn im konkreten Fall eine starke ausländische Konkurrenz vorliegt.

Die schwach ausgeprägte Tendenz der Liberalisierung der Ladenöffnungszeiten steht hierbei im Gegensatz zu einer Wandlung der Konsumgewohnheiten, hin zu einer Zunahme der Einkäufe im umliegenden Ausland, und zum zunehmenden Bestreben des Detailhandels, auf die sich wandelnden Konsumgewohnheiten einzugehen. Eine Ausnahme betrifft hierbei die Regelung nach Art. 39 Abs. 2 Eisenbahngesetz (EBG), die vorsieht, dass auf von Bahnunternehmungen als Nebenbetriebe definierte Betriebe, die Vorschriften von Kantonen und Gemeinden über die Öffnungs- und Schließungszeiten keine Anwendung finden.

Regelungen der Preise und Konditionen, der Werbung und Verkaufsförderung

Im Gegensatz zu den vergleichsweise restriktiven Ladenöffnungszeitenregelungen besteht in der Schweiz im „operativen Wettbewerbsrecht" ein außerordentlich hohes Liberalitätsniveau, von dessen Fortbestand auch in der Zukunft im Grundsatz ausgegangen werden kann. So verfügen Schweizer (Handels-)Unternehmen über ein breites Spektrum an Instrumenten des Marketing, so bezüglich der Preise, Rabatte, Sonderangebote und Werbung.

„Den lauteren und unverfälschten Wettbewerb im Interesse aller Beteiligten zu gewährleisten" (Art. 1 UWG) bezweckt das **Gesetz gegen den unlauteren Wettbewerb** (UWG). Unlauter und widerrechtlich ist jedes täuschende oder in anderer Weise gegen den Grundsatz von Treu und Glauben verstoßende Verhalten oder Geschäftsgebaren, welches das Verhältnis zwischen Mitbewerbern oder zwischen Anbietern und Abnehmern beeinflusst (Generalklausel) (bfai 2005b). Die Revision des UWG, die am 19. Dezember 1986 verabschiedet wurde (in Kraft getreten am 01. März 1988), führte zu neuen bzw. veränderten Bestimmungen

- über unlautere Werbe- und Verkaufsmethoden u.a. widerrechtliches Verhalten,
- bezüglich der Verleitung zu Vertragsverletzung oder -auflösung,
- über die Verwertung fremder Leistung,
- über die Nichteinhaltung von Arbeitsbedingungen sowie
- über die Verwendung missbräuchlicher Geschäftsbedingungen.

Der preispolitische Spielraum wird dabei durch die „**Lockvogelregelung**" (Art. 3 Ziffer f.) eingeschränkt. Diese findet dann Anwendung, wenn ausgewählte Waren, Werke oder Leistungen wiederholt unter Einstandspreisen angeboten werden, diese Angebote in der Werbung besonders hervorgehoben werden und somit die Kunden über die Leistungsfähigkeit der Mitbewerber getäuscht werden. Täuschung wird in diesem Kontext dann vermutet, wenn der Verkaufspreis unter dem Einstandspreis vergleichbarer Bezüge gleichartiger Waren, Werke oder Leistungen liegt.

2. Sozio-ökonomisches Umfeld

a) Überblick

Als wesentliche Determinanten der sozio-ökonomischen Entwicklung, welche die Gesamtnachfrage der Konsumenten nach Waren und Dienstleistungen beeinflussen, werden

- die demografischen Gegebenheiten sowie
- das verfügbare Einkommen und das (Privat-)Vermögen

betrachtet.[1] Auf die Nachfrage nach Waren und Dienstleistungen wirken weiterhin sozio-kulturelle Faktoren ein, die das **Konsumverhalten** prägen. Diese Faktoren werden hier als Elemente des Mikro-Umfeldes betrachtet, die zugleich einen starken branchenspezifischen Bezug aufweisen.[2]

Als Grundtendenzen sind in den hier näher betrachteten Ländern

- die Verschiebung der Altersstruktur,
- die Singleisierung,
- die Mobilitätszunahme,
- die Einkommens-/Vermögenspolarisierung sowie
- das relativ hohe Ausmaß der Arbeitslosigkeit

herauszustellen.

b) Länderspezifische Ausprägungen

i. Deutschland

Wesentliche Veränderungen wird die deutsche Bevölkerung in den nächsten Jahrzehnten durch einen dramatischen Bevölkerungsrückgang von 82,3 Mio. im Jahre 2006 auf rd. 74 Mio. im Jahre 2050 (Variante „mittlere" Bevölkerung, Obergrenze des Statistischen Bundesamtes) und eine fundamentale **Verschiebung der Altersstruktur** erfahren. Dieser Effekt wird sich bis zum Jahre 2010 nur abgeschwächt auswirken, danach jedoch erheblichen Einfluss haben. So wird nach den Modellrechnungen zur Bevölkerungsentwicklung des Statistischen Bundesamtes der Anteil der Senioren (ab 60 Jahre) von 24,1 % im Jahre 2001 über 25,6 % im Jahre 2010, 34,4 % im Jahre 2030 auf 36,7 % im Jahre 2050 ansteigen (siehe Abbildung 1.9).

Obwohl die Bevölkerung in Deutschland (deutlich) zurückgehen wird, bedeutet dies nicht auch einen Rückgang der Zahl der privaten Haushalte. Die Bevölkerungsentwicklung übt zwar einen wichtigen Einfluss aus, jedoch spielen andere Verhaltensänderungen eine entscheidende Rolle. So dürfte die Zahl der privaten Haushalte bis zum Jahre 2015 um knapp zwei Mio. steigen.

---

[1] Ein umfassendes kombiniertes sozial-ökonomisches Grundmodell für den Einzelhandel entwickelte Tietz bereits 1973 (Tietz 1973a).

[2] Der Übergang zwischen Makro- und Mikro-Umfeld ist eher fließend. Aus analytischen Gründen erfolgt jedoch hier eine Differenzierung.

Abbildung 1.9: Modellrechnung zur Bevölkerungsentwicklung in Deutschland (Angaben in Prozent)

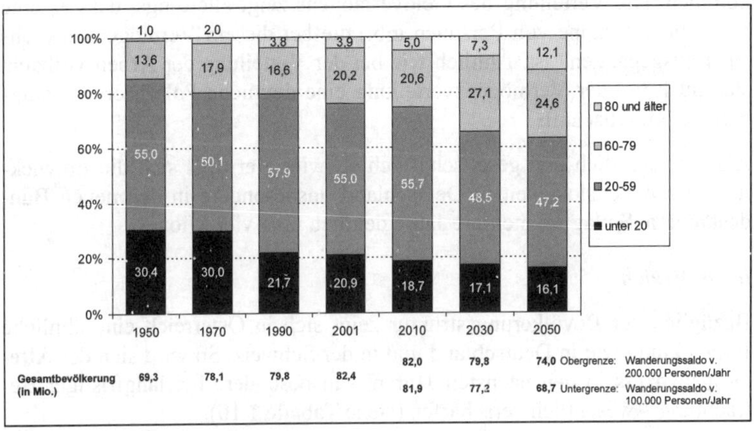

Quelle: Statistisches Bundesamt 2003.

Die durchschnittliche Haushaltsgröße nahm auf Grund von Verhaltensänderungen der Bevölkerung – Trend zur Singleisierung, steigender Wohlstand, sinkende Geburtenrate, steigende Scheidungszahlen – in (West-)Deutschland von 1974 (2,60 Personen je Haushalt) bis 2005 (2,11 Personen je Haushalt) – deutlich ab. Im Jahre 2015 dürften in West- und Ostdeutschland rd. 70 % der Haushalte Ein- bzw. Zwei-Personen-Haushalte sein.

Die Pkw-Dichte (Anzahl Autos pro 1.000 Einwohner) steigt im Shell-Szenario „Tradition" auf 725 im Jahre 2030, im Szenario „Impulse" auf 785. Der Pkw-Bestand dürfte danach von 44,7 Mio. im Jahre 2003 auf 49,0 Mio. (Szenario „Tradition") bzw. 53,5 Mio. (Szenario „Impulse") ansteigen (siehe Tabelle 1.9).

Tabelle 1.9: Shell Pkw-Szenarien für Deutschland

	2003	Szenario „Tradition" 2030	Szenario „Impulse" 2030
Pkw-Dichte (Pkw je 1.000 Einwohner)	664	725	785
Pkw-Bestand (in Mio.)	44,7	49,0	53,5
- darunter Otto	37,0	27,0	28,0
- darunter Diesel	7,6	19,0	22,0
- darunter alternativ	-	2,5	3,5
Neuzulassungen in Mio.	3,5	3,1	4,9

Quelle: Shell Pkw-Szenarien 2004.

Das **Wohlstandswunder**, das (West-)Deutschland in den letzten 60 Jahren erlebte, brachte den Bundesbürgern ein ansehnliches privates Geldvermögen, das mittlerweile über vier Billionen EUR erreicht hat. Aus diesem Geldvermögen beziehen viele private Haushalte ein stattliches Zusatzeinkommen. Die Verteilung des Geldvermögens zeigt allerdings, dass es eine beachtliche Gruppe von Personen gibt, die bei diesem Vermögenszuwachs „leer ausgegangen" ist. Ähnlich wie bei der Verteilung der Arbeit vollzieht sich auch bei der Vermögensverteilung eine deutliche Polarisierung innerhalb der Gesellschaft.

Als wirtschaftlich und gesellschaftlich schwierig erweist sich die Entwicklung der Arbeitslosigkeit in Deutschland, insbesondere in den neuen Bundesländern. So lag sie mehrere Jahre deutlich über vier Mio.

ii. Österreich

Bezüglich der Bevölkerungsstruktur zeigt sich in Österreich eine ähnliche Entwicklung wie in Deutschland und in der Schweiz. So wird sich der **Alterungsprozess** in den nächsten Jahren – insbesondere bei langfristiger Betrachtung – wesentlich verschärfen (siehe Tabelle 1.10).

Tabelle 1.10: Bevölkerungsentwicklung von 2004 bis 2050 in Österreich

Jahr	Insgesamt	Bevölkerungsstruktur (in Prozent)		
		Alter (in Jahren)		
		bis 14	15 bis 59	60 und älter
2004	8.174.733	16,2	61,9	21,9
2030	8.838.399	14,3	55,2	30,5
2050	8.986.033	13,6	52,9	33,5

Quelle: Statistik Austria 2006.

Waren im Jahre 2004 16,2 % der Bevölkerung jünger als 15 Jahre, wird ihr Anteil über 14,3 im Jahre 2030 auf 13,6 % im Jahre 2050 zurückgehen. Der Anteil der Altersgruppe „60+" wird dagegen von 21,9 % über 30,5 % auf über 33 % ansteigen.

Die Gesamtzahl der Privathaushalte in Österreich wird wie in der Vergangenheit auch künftig weiter steigen (siehe Tabelle 1.11). Allerdings werden die Haushalte im Durchschnitt immer kleiner. Die durchschnittliche Haushaltsgröße wird von 2,34 Personen im Jahre 2005 über 2,19 im Jahre 2030 auf 2,15 im Jahre 2050 sinken.

Tabelle 1.11: Entwicklung der Privathaushalte in Österreich von 1991 bis 2050

Jahr	Privathaushalte in 1.000		
	insgesamt	1 Person	2 und mehr Personen
1991	3.013,0	893,5	2.119,5
2001	3.339,7	1.119,9	2.219,8
2005	3.472,4	1.199,3	2.273,0
2010	3.602,9	1.298,2	2.304,7

2015	3.727,1	1.392,7	2.334,4
2020	3.829,1	1.482,6	2.346,5
2030	3.965,9	1.575,4	2.390,5
2050	4.091,5	1.699,4	2.392,1

Quelle: Statistik Austria 2006.

Auch bezüglich der **Individualmobilität** zeigt sich in Österreich eine ähnliche Entwicklung wie in Deutschland und in der Schweiz. So ist der Pkw-Bestand seit 1965 kontinuierlich angestiegen (siehe Tabelle 1.12). Dieser Anstieg bedeutet zugleich eine kräftige Zunahme der Pkw-Dichte.

Tabelle 1.12: Entwicklung des Pkw-Bestandes in Österreich von 1965 bis 2004

Jahr	Bestand an Pkws
1965	790.675
1970	1.197.484
1975	1.720.722
1980	2.246.950
1985	2.530.800
1990	2.991.284
1995	3.593.588
2000	4.097.145
2004	4.109.129

Quelle: Statistik Austria 2006.

Die Entwicklung der **Arbeitslosigkeit** zeigt eine langfristige steigende Tendenz; die Arbeitslosenquote ist von 5,36 % im Jahre 1990 auf 7,17 % im Jahre 1998 kontinuierlich angestiegen. Wenngleich in den Folgejahren (bis 2001) ein deutlicher Rückgang verzeichnet werden konnte, ist sie in den letzten Jahren wieder erheblich angestiegen. Sie ist damit zwar wesentlich niedriger als in Deutschland, auch wesentlich geringer als in West-Deutschland, aber deutlich höher im Vergleich zur Schweiz.

iii. Schweiz

Betrachtet man die Bevölkerungsszenarien des Bundesamtes für Statistik (BfS), so zeigt sich in dem Szenario „mittel" ein schwaches Wachstum der Bevölkerung bis zum Jahre 2050 auf 8,06 Mio. (2004: 7,4 Mio.). Deutliche Verschiebungen zeichnen sich in der Schweiz auch in der Altersstruktur ab (siehe Abbildung 1.10). So dürfte bereits im Jahre 2010 der Anteil der Altersgruppe „60+" bei 23,6 % liegen. Im Jahre 2004 lag er noch bei 21,4 %.

Abbildung 1.10: Entwicklung der Bevölkerung der Schweiz nach Altersgruppen von 2004 bis 2010

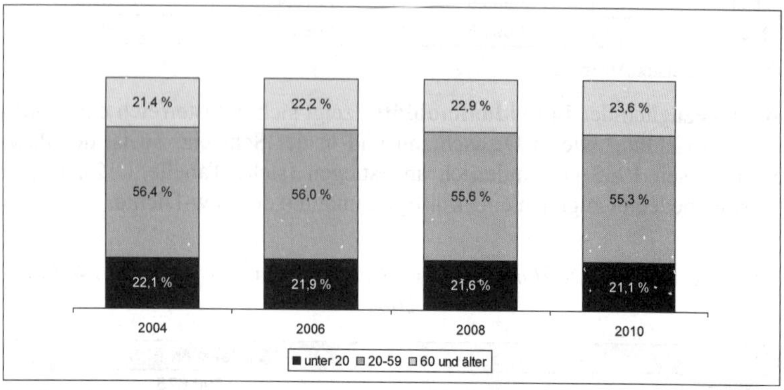

Quelle: dm-plus 2004.

Der bereits angesprochene generelle Trend zur **Singleisierung** zeigt sich auch in der Schweiz. So nimmt der Anteil der Ein- und Zweipersonenhaushalte von 2004 bis 2010 deutlich zu. Zugleich steigt die Zahl der Haushalte insgesamt an. Dies wirkt sich positiv auf die einzelhandelsrelevante Nachfrage aus, so bei Möbeln, Haushaltsgeräten u.Ä. (siehe Abbildung 1.11).

Abbildung 1.11: Entwicklung der Haushaltsgrößen von 2004 bis 2010 in der Schweiz

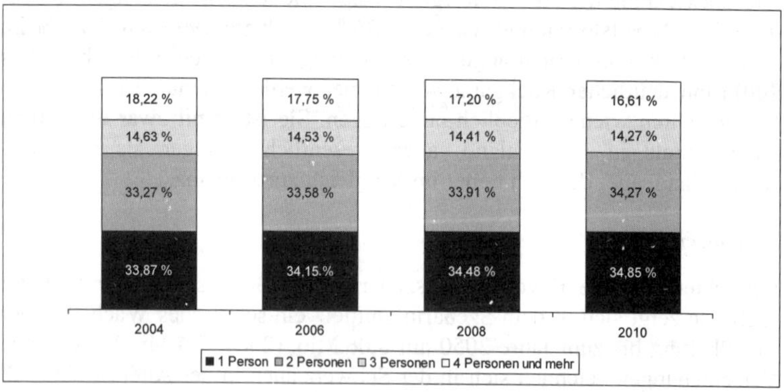

Quelle: dm-plus 2004.

Auch in der Schweiz ist eine weitere **Zunahme des Personenverkehrs,** auch des privaten Straßenverkehrs zu erwarten, der in der höheren Pkw-Verfügbarkeit der künftigen Senioren und insbesondere der Seniorinnen begründet ist. Es wird jedoch erwartet, dass der Anstieg der Gesamtleistungen des Personenverkehrs in der Zukunft langsamer verlaufen wird, als in den Jahren von 1970 bis 2000. Für den privaten Straßenverkehr wird gleichermaßen eine Reduktion der Zuwachsraten erwartet. Dies resultiert aus den erwarteten umweltpolitischen Eingriffen und den gesellschaftlichen Grundhaltungen. Je nach Umweltpolitik ergeben sich im Personenverkehr Veränderungen im prozentualen Anteil der einzelnen Verkehrsmittel an den gesamten Verkehrsleistungen. So erwartet das BfS, dass – obwohl es bis zum Jahre 2025 zu einer weiteren Verlagerung von der Straße auf die Schiene kommt – dann immer noch über 65 % (2000: 70 %) aller Verkehrsleistungen auf den privaten Straßenverkehr entfallen.

Die wirtschaftliche Entwicklung in der Schweiz wird in den nächsten Jahren deutlich positiv eingeschätzt. Als Indikator gilt hierbei die Entwicklung der Arbeitslosenquote. Lag sie im Jahre 2004 noch bei einem (Höchst-)Wert von 3,8 %, dürfte sie in den nächsten Jahren deutlich abnehmen, bis auf 2,2 % im Jahre 2010.

3. Technologisches und infrastrukturelles Umfeld

a) Überblick

Wie vorne bereits erwähnt, erfolgt aus infrastruktureller Sicht eine Fokussierung auf die verfügbaren Kommunikations- und Transportnetze. Diese werden beeinflusst durch technologische Innovationen, wenngleich technologische Entwicklungen auch andere gesellschaftliche und unternehmerische Bereiche prägen. Mit Blick auf den Handel sind insbesondere die Auswirkungen auf die Sortimentsdynamik und die Supply-Chain-Prozesse hervorzuheben.

So wird die **Sortimentsdynamik** wesentlich durch den Fortschritt in Forschung & Entwicklung (F&E) bestimmt. Man denke etwa an neue Produkte in den Bereichen Unterhaltungselektronik, Telekommunikation, aber auch im Lebensmittelbereich, so „functional food". Die Verknüpfung von computergestützter Produktentwicklung (Design, Konstruktion) und computergestützter Fertigung in Form von CIM-Systemen ermöglicht zunehmend das Erstellen von Einzelprodukten bzw. das individuelle Fertigen nach Wünschen und Spezifikationen einzelner Konsumenten (Customizing bzw. **Mass Customizing**). Auf die sortimentspolitische Dimension der F&E-Tendenzen wird hier nicht eingegangen (vgl. zur Sortimentspolitik und ihren Determinanten Abschnitt B. des Vierten Kapitels).

Die Entwicklungen des technologischen und des infrastrukturellen Umfeldes leiten zugleich über zu Determinanten des Mikro-Umfeldes. So führen – wie noch gezeigt wird – Entwicklungen in der Informations- und Kommunikationstechnologie zu **Substitutionsgefahren** (siehe Abbildung 1.5) für etablierte Akteure des Handels: Das **Internet** ermöglicht neuen Anbietern, den sog. „pure players", Formen des virtuellen Handels (siehe auch Abbildung 1.1).

b) Informations- und Kommunikationstechnologie und Kommunikationsnetze

Unter „neuen Informations- und Kommunikationstechnologien" wird ein äußerst breites und vielfältiges Spektrum von Apparaten, Verfahren und

Systemen subsumiert (vgl. bereits Tietz 1987; Zentes 1987). Als gegenwärtige Schlüsseltechnologien können u.a. Radiofrequenzidentifikation (RFID) und Breitband-Kommunikation herausgestellt werden. Auch im Bereich der Software zeigt sich eine entsprechende Dynamik. Zu erwähnen sind bspw. Konzepte wie Data-Warehousing (vgl. hierzu auch Zentes/Swoboda/Morschett 2004, S. 131ff.). Mit Blick auf die Anwendungen – sowohl in privaten Haushalten als auch in Unternehmen und vergleichbaren Institutionen – kann die Vernetzung bzw. die Bildung von Netzwerken als Basistrend herausgestellt werden.

Relevanz für den Handel haben dabei gleichermaßen die Ausstattung der privaten Haushalte mit neuen Technologien bzw. die Verfügbarkeit über neue Technologien, so der Zugang zum Internet – vom Arbeitsplatz oder von zu Hause aus. Im Folgenden werden ausgewählte neue IuK-Technologien vorgestellt. Die Selektion basiert dabei auf Relevanzkriterien, so hinsichtlich der Veränderung der Wertschöpfungsprozesse im Handel.

Internet

Die umfassendsten Auswirkungen auf den Handel bzw. die Wirtschaft in ihrer Gesamtheit dürften von der geradezu rasanten Entwicklung des Internets ausgehen. Dies gilt sowohl im Business-to-Business-Bereich als auch im Business-to-Consumer-Bereich. So ermöglicht das Internet nicht nur vielfältige neue Formen der Information und Kommunikation, sondern auch den Aufbau neuer Distributionskanäle bzw. neuer virtueller Handelsformate. Die zunehmende Ausstattung privater Haushalte mit PCs und ähnlichen Devices sowie der zunehmende (auch drahtlose, z.B. über WLAN) Netzanschluss dieser Geräte einerseits sowie die zunehmende Nutzung von Computern in der Freizeit andererseits können dabei als Indikatoren einer wachsenden Akzeptanz dieser Technologie interpretiert werden.

So ist die Internet-Nutzung in Österreich von 36 % im Jahre 2003, über 46 % im Jahre 2004, auf 49 % im Jahre 2005 angestiegen, in Deutschland von 44 % über 50 % auf 54 %.[1]

Die Entwicklung der Internet-Nutzung in der Schweiz ist – wie Abbildung 1.12 zeigt – deutlich höher als in Deutschland und Österreich. Diese Abbildung beinhaltet zugleich eine Prognose bis zum Jahre 2009. Danach dürfte die mehrfach wöchentliche oder häufigere Internet-Nutzung auf deutlich über 70 % ansteigen.

---

[1] Dieser Indikator umfasst alle Privatpersonen im Alter von 16 bis 74 Jahren, die in den drei Monaten vor der Erhebung durchschnittlich einmal pro Woche auf das Internet zugegriffen haben. Einbezogen sind alle Nutzungsorte und Zugangsverfahren.

Abbildung 1.12: Entwicklung der Internet-Nutzung in der Schweiz

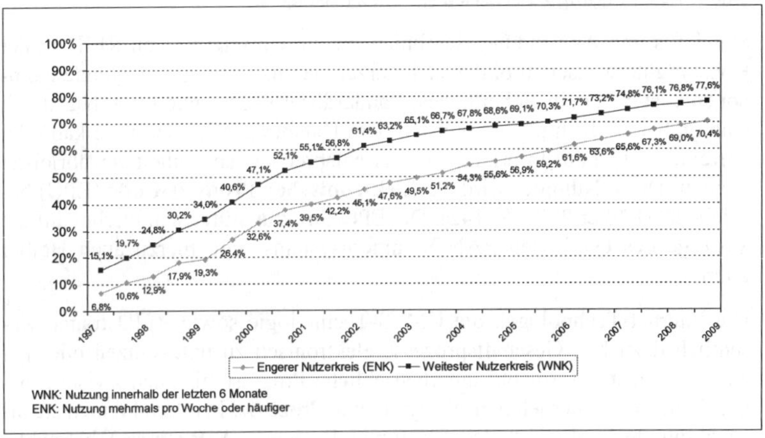

Quelle: WEMF 2005; BfS; Prognose H.I.MA.

UMTS

Die dritte Generation des Mobilfunks, UMTS (Universal Mobile Telecommunications System) ermöglicht durch die hohe Datenübertragungsrate völlig neue Anwendungen: Fotos, Straßenkarten, Nachrichten mit Videofiles, selbst Filme können problemlos übertragen werden. „Was heute mit heutigen Technologien langsam, in gekürzter Form und ohne Bilder an Informationen auf das Mobiltelefon übertragen wird, soll durch UMTS neue Qualität erreichen (Friedrichsen 2006, S. 658).

Die Anzahl der weltweiten UMTS-Nutzer stieg allein bis Anfang 2005 auf rd. 16 Mio. und zwar mit Steigerungsraten von ca. 50 % pro Jahr. Hierbei dominierte unter den Ländern Anfang 2006 Japan mit einem Anteil von 47 %.

Radiofrequenzidentifikation

Im Gegensatz zu den Strichcode-Systemen, die auf der Scanning-Technologie basieren, erfolgt im Rahmen der Radiofrequenzidentifikation (RFID) das Aufbringen der Informationen auf einen Transponder (engl. transceive and respond). Das System basiert auf der berührungslosen Datenübertragung mithilfe elektromagnetischer Felder (Hertel/Zentes/Schramm-Klein 2005, S. 207ff.).

Grundlage bildet dabei der **RFID-Tag** als Datenträger. Hierbei handelt es sich um ein Identifikations-Etikett, das aus einem programmierbaren Chip und einer Miniaturantenne besteht. Das Lesen, Verarbeiten und ggf. das Verändern der Daten erfolgt über ein elektromagnetisches Frequenzfeld. Dabei ist keine eigene Energiequelle auf dem Tag notwendig. Zudem ist der Identifikationsprozess möglich, ohne dass ein Sichtkontakt oder ein Umpacken der Artikel notwendig ist, und es ist möglich, mehrere Datenträger in einem Lesevorgang zu erfassen („Pulkerfassung").

Standards und Anwendungsrichtlinien für die Umsetzung von RFID in der Konsumgüterwirtschaft bilden sich zurzeit heraus. „Die grundlegende Komponente ist dabei ein einheitliches, standardisiertes Datenkonzept. Nur durch eine global eindeutige Nummer auf dem Datenträger an der Ware kann der korrekte Zugriff auf Informationen der entsprechenden Einheit gewährleistet werden. Diese Nummer wird als **Elektronischer Produkt-Code** (EPC) bezeichnet" (Füßler 2004, S. 142). Die EPC-Struktur stützt sich hierbei auf die Vorzüge des etablierten EAN-Nummernsystems (vgl. hierzu auch Hallier 2006).

Die Internet-Technologie, die UMTS-Technologie sowie RFID tragen wesentlich dazu bei, Geschäftsprozesse elektronisch zu unterstützen oder gar zu elektronisieren, sowohl innerbetriebliche Prozesse als auch zwischenbetriebliche oder unternehmensübergreifende Prozesse. Insofern können sie als „enabling technologies" des Electronic Business (**E-Business**) betrachtet werden: Sie ermöglichen eine elektronische Geschäftsabwicklung, bspw. im Supply-Chain-Management.[1]

Internet und UMTS unterstützen oder eröffnen zugleich die elektronische Anbahnung und Abwicklung von Markttransaktionen, z.B. den Verkauf über das Internet. Diese elektronischen Markttransaktionen werden als Electronic Commerce (**E-Commerce**) bezeichnet. E-Commerce wird hier als eine Teilmenge des E-Business betrachtet (Zentes/Swoboda/Morschett 2004, S. 135).

E-Commerce und M-Commerce

Im E-Commerce kann unterschieden werden zwischen Business-to-Business-Transaktionen und Business-to-Consumer-Transaktionen. Elektronische B2B-Transaktionen sind mit Blick auf den Handel in erster Linie im Beschaffungsbereich relevant, so der Einkauf über Internet-Portale (Zentes/Bartsch 2002).[2] Auf der Absatzseite ist der Verkauf über derartige Portale zu erwähnen, so von Großhandelsunternehmen und Verbundgruppen (Zentes u.a. 2007). Im Bereich der Business-to-Consumer-Transaktionen steht der Internet-Vertrieb – oder aus Kundensicht das **Internet-Shopping** – im Vordergrund.

Die bisherige Entwicklung des E-B2C-Commerce in Deutschland verdeutlicht Abbildung 1.13. Wenngleich in allen Prognosen bzw. Schätzungen der künftigen Entwicklung des Internet-Shopping (in den hier betrachteten Ländern) ein deutlicher Anstieg erwartet wird, so differieren die Schätzungen

[1] Fragen der Online-Abwicklung administrativer oder logistischer Geschäftsprozesse, z.B. auf Internet-/Intranet-/Extranet-Basis, werden in Abschnitt B.II. des Fünften Kapitels betrachtet.

[2] Hierauf wird in Abschnitt D.II.5. des Fünften Kapitels näher eingegangen.

doch beachtlich. Dies gilt gleichermaßen für die übrigen Formen des elektronischen Shopping wie TV-Shopping o.Ä.

Abbildung 1.13: Entwicklung des E-B2C-Commerce in Deutschland

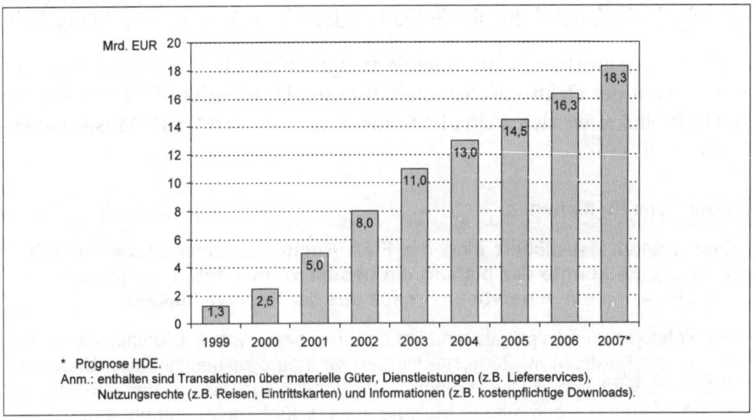

Quelle: HDE 2006.

Wenngleich die Marktanteile des E-B2C-Commerce zum gegenwärtigen Zeitpunkt – wie auch in den nächsten Jahren – gesamthaft vergleichsweise gering sind, zeigen sich bei einer branchenmäßigen Betrachtung bzw. einer warengruppenbezogenen Betrachtung erhebliche Unterschiede und damit auch unterschiedliche Relevanzgrade (siehe Abbildung 1.14).

Abbildung 1.14: Umsätze im E-B2C-Commerce in Deutschland nach Warengruppen

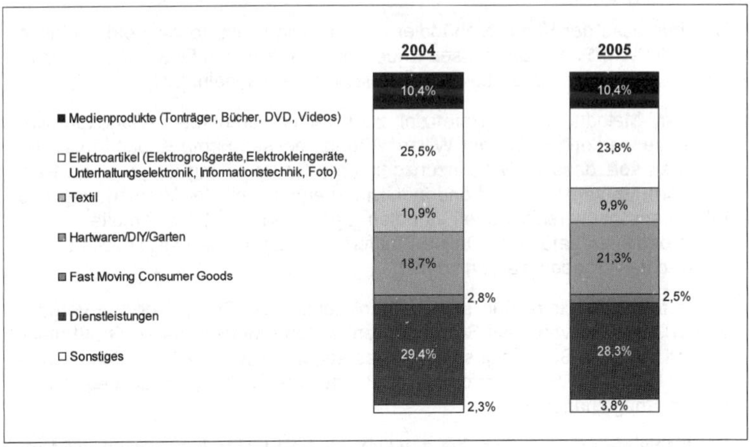

Quelle: GfK Web Services 2006.

E-Commerce, i.e.S. Internet-Shopping, kann zugleich eine Gefahr der Ausschaltung („Substitution“) des institutionellen (Groß- und Einzel-)Handels (**Disintermediation**) mit sich bringen. So ist Handel in globalen Netzwerken möglich, ohne dass Handelsunternehmen (im bisherigen Verständnis) in den Wertschöpfungsprozess integriert sind: Neue Wertschöpfungspartnerschaften „entbündeln“ die derzeitige Handelsleistung (siehe Abbildung 1.1).

E-Commerce eröffnet in einzelnen Warengruppen, z.B. Tonträgern, auch die Möglichkeit der elektronischen/digitalisierten Distribution: Elektronisch bestellte Produkte werden auch elektronisch „ausgeliefert“, z.B. Musik-Downloads.

Fünf Töne für Millionen

Zum ersten Mal sichert sich die FIFA Rechte an einer offiziellen WM-Melodie. Es könnte der bislang am besten vermarktete Handyklingelton werden – und einen nervösen Frosch aus der Reserve locken.

Eine Melodie ist weniger als ein Lied oder gar eine Hymne. Die offizielle Hymne für die Fußball-WM 2006 hat Herbert Grönemeyer geschrieben. Und das WM-Lied wird von Il Divo kommen, die jüngst auf Platz 1 der US-Single-Charts standen. Doch mit der Melodie aus nur fünf Tönen und ohne einen eigenen Text möchte die FIFA nun Millionen einnehmen.

Erstmals hat die Organisation eine offizielle Melodie in Auftrag gegeben, an der sie, im Gegensatz zu den offiziellen WM-Liedern, die exklusiven Rechte hält. Als Handyklingelton könnte das Stück erfolgreich sein, hofft die FIFA. Gestern hat sie mit der Vermarktung begonnen.

Damit reagiert die FIFA auf den profitablen und rasch wachsenden Markt mit Klingeltönen. Analysten von der Unternehmensberatung Deloitte schätzen den weltweiten Markt für 2006 auf ein Volumen von knapp 5 Mrd. USD. Rund ein Drittel davon fällt in Europa an. Deutschland und Großbritannien sind dort die mit Abstand größten Märkte mit einem voraussichtlichen Jahresumsatz von jeweils rd. 300 Mio. USD.

Das Interesse der Klingeltonhändler an der Melodie ist daher groß. T-Mobile bietet die WM-Songs bereits seit Ende April exklusiv zum Download an. Jamba bestätigt, bereits über die Lizenzvergabe zu verhandeln. [...]

„Die WM-Melodie hat das Potenzial, zum weitest verbreiteten Klingelton aller Zeiten zu werden“, schwärmt Willard Ahdritz, dessen Firma Kobalt Music garantieren soll, dass weltweit Lizenzgebühren für den Song eingetrieben werden. Am Montag hat das Londoner Unternehmen mit der Vermarktung des Klingeltons bei verschiedenen Händlern begonnen. Die 35 Mitarbeiter seiner Firma bedienen dafür eine Online-Plattform, auf der mit wenigen Klicks die Lizenzrechte vergeben werden können.

Wie erfolgreich Klingeltöne sein können, zeigte der „Crazy Frog“ im vergangenen Jahr. Die von zwei Schweden entworfene Melodie hat in Großbritannien rd. 40 Mio. GBP eingespielt und es sogar zur Nummer 1 in den Single-Charts geschafft. Selbst erfolgreiche Bands wie Coldplay waren gegen den Frosch-Song chancenlos.

Deutschlands größter Klingeltonanbieter Jamba möchte kurz vor der WM an diesen Erfolg anknüpfen. Das Unternehmen bietet seit gestern exklusiv einen neuen Frosch-Song der schwedischen Komponisten an – auf Basis des Klassikers „We Are the Champions“. Wenn die Rechnung aufgeht, wird der Klingelton zum harten Konkurrenten für die FIFA-Melodie. „Wir hoffen, dass diese Melodie noch erfolgreicher wird als der Crazy Frog", sagt ein Jamba-Sprecher. Im Juni wird die Melodie auch als Single veröffentlicht. Und dann in den Charts mit Herbert Grönemeyer konkurrieren.

Quelle: Financial Times Deutschland, 16. Mai 2006, S. 7.

M-Commerce (**Mobile Commerce**) kann als eine Unterform des E-Commerce betrachtet werden, der mit Unterstützung von Mobilfunkgeräten, Personal Digital Assistants (PDA) u.a. mobilen Geräten orts- und zeitunabhängig über computergestützte Netzwerke (insbesondere über das Internet) abgewickelt wird (Ausschuss für Definitionen zu Handel und Distribution 2006, S. 32). Die M-Commerce-Umsätze bewegen sich zum gegenwärtigen Zeitpunkt noch auf einem kaum nennenswerten Niveau.

Lückenlose Identifikation

RFID-Systeme eröffnen ein breites Anwendungsspektrum, sowohl in der Produktion, in der Logistik (Transport und Lagerung) als auch im Verkauf, d.h. in den Outlets. Die Anwendungsbereiche können zugleich danach differenziert werden, auf welche logistische Einheit sich die Identifikation bezieht: Einzelprodukt (Konsumenteneinheit), Umverpackung (z.B. Gebinde), Palette oder Container (Sparks/Wagner 2004; Kalyanam/Lal/Wolfram 2006).

„Best Buy verbessert Überblick mit RFID: Pilotprojekte mit Funktechnik in Distributionszentren und auf Verkaufsflächen"

Lebensmittel Zeitung, 26. Mai 2006, S. 26.

„Marks & Spencer gibt Gas bei RFID: Bestandsüberblick bei Textilien sorgt für hohe Warenpräsenz und Kundenzufriedenheit"

Lebensmittel Zeitung, 20. April 2007, S. 26.

Abbildung 1.15: Anwendungsbereiche von RFID/EPC auf der Zeitachse

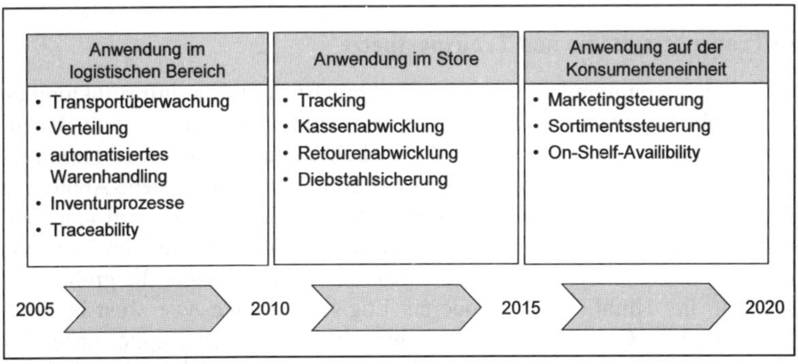

Quelle: Füßler 2004, S. 146.

Ausgewählte Anwendungsbeispiele und ihre zeitliche Realisierung zeigt Abbildung 1.15; Abbildung 1.16 illustriert einzelne Anwendungsfelder über die Supply-Chain hinweg.

Der Verbreitungs- bzw. Anwendungsgrad von RFID im Handel ist zum gegenwärtigen Zeitpunkt noch sehr gering. Als „RFID-Pionier" in Deutschland kann die METRO Group herausgestellt werden.

METRO lässt China-Container funken

RFID soll Lieferkette für Textilien zwischen Südchina und Deutschland transparent machen – EPC bewährt sich in beiden Kontinenten.

Quelle: Lebensmittel Zeitung, 27. Oktober 2006, S. 26.

Abbildung 1.16: Anwendungsbereiche von RFID/EPC über die Supply-Chain

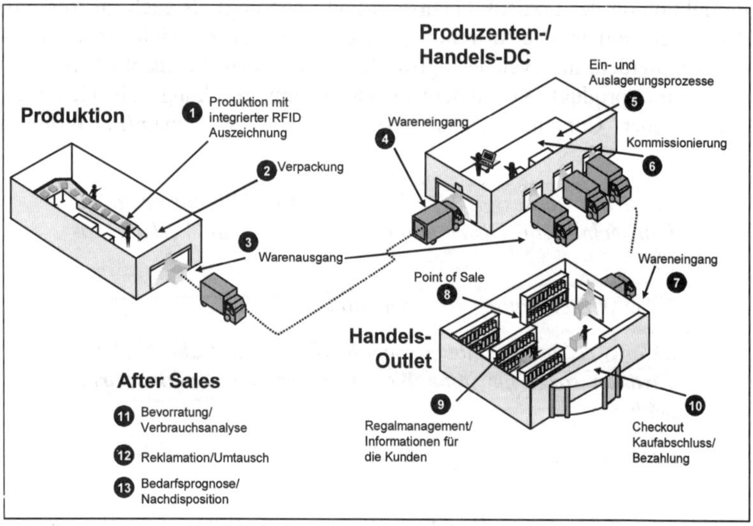

Quelle: Auto-ID Center/IBM Business Consulting Services Analysis 2003.

c) Transportsysteme und Transportnetze

Neben den Kommunikationsnetzen sind mit Blick auf die infrastrukturellen Rahmenbedingungen die Transportsysteme und Transportnetze von Bedeutung, so insbesondere für den **Güterverkehr**. Die „Straße" wird im Güterverkehr im deutschsprachigen Raum weiterhin dominieren (siehe Abbildung 1.17 bis Abbildung 1.19), trotz zunehmender Stauprobleme und eines zunehmenden Bewusstseins der damit einhergehenden ökologischen Probleme („CO_2-Emissionen"): Die „Straße" bietet als Verkehrsträger die größte Flexibilität im Hinblick auf moderne Logistikkonzepte wie **Just-in-time-Systeme** oder **Cross-Docking-Systeme**, die im Fünften Kapitel näher behandelt werden. Diese Vorteile gelten insbesondere im Hinblick auf „kurze

Relationen", wie sie in der Regel bei inländischen Transporten gegeben sind.

Abbildung 1.17: Wachstum des Güterverkehrs in Deutschland von 1988 bis 2010

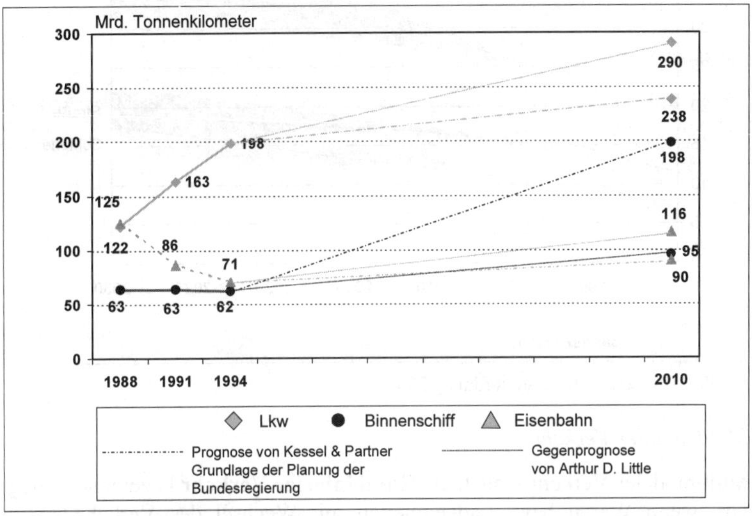

Quelle: Kessel & Partner; Arthur D. Little.

Abbildung 1.18: Wachstum des Güterverkehrs in Österreich von 1995 bis 2015

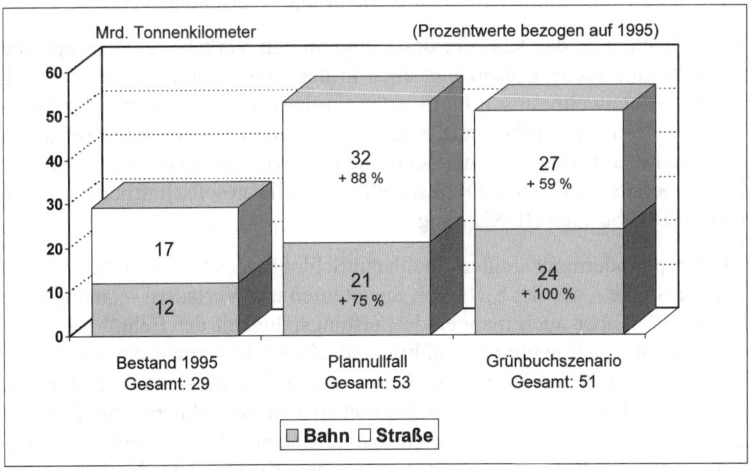

Quelle: Österreichisches Bundesministerium für Wirtschaft und Verkehr 1998, S. 3.

Abbildung 1.19: Wachstum des Güterverkehrs in der Schweiz

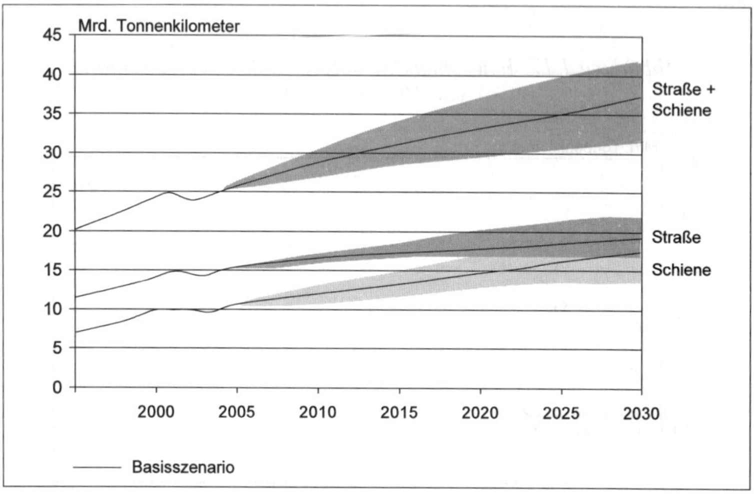

Quelle: Bundesamt für Raumordnung 2004.

Multimodaler Verkehr

Multimodaler Verkehr – auch als **Kombinierter Verkehr** bezeichnet – liegt vor, wenn Waren bzw. Ladeeinheiten mit Wechsel des Verkehrsträgers transportiert werden, d.h., wenn der Transportablauf als **integrierte Transportkette** gestaltet ist, die vom Versender zum Empfänger über unterschiedliche Verkehrsträger führt. Man unterscheidet dabei die Verkehrsträger Straße (Straßenverkehr), Schiene (Eisenbahnverkehr), Schifffahrt (Seeschifffahrt, Binnenschifffahrt), Luftverkehr und Rohrleitungsverkehr.

Wenngleich auch das Konzept des Kombinierten Verkehrs keineswegs neu ist, steht eine breite Umsetzung, auch in der Konsumgüterwirtschaft, noch aus. In der umweltpolitisch motivierten Forderung zur Förderung des Kombinierten Verkehrs, insbesondere der Verlagerung des Gütertransportes von der Straße auf die Schiene, sind sich – wie Spelthahn/Schloßberger/Steger bereits 1993 (S. 100) feststellten – „alle gesellschaftlichen Kräfte vom ADAC bis zum BUND einig".

Als Haupthindernisse stellten Spelthahn/Schloßberger/Steger (1993, S. 100) in ihrer Studie – aus der Sicht von Spediteuren und Verladern – „mangelnde Kapazitäten, aber auch mangelnde Leistungsfähigkeit der Bahn" fest, Hindernisse, die auch heute noch gültig sind. Zu Recht warnen die Autoren in Bezug auf den Kombinierten Verkehr vor falschen Illusionen, da sich u.a. Planungsverfahren v.a. wegen Einsprüchen von Anwohnern und Gegnern neuer Trassen und Terminals in die Länge ziehen. Als Fazit stellten sie bereits 1993 (S. 100) fest: „Somit wird der Kombinierte Verkehr Straße/Schiene in Zukunft realistischerweise nicht in der Größenordnung zunehmen können, wie von Verlader- und Spediteurseite, aber auch von anderen gesellschaftlichen Gruppen gewünscht wird."

Woolworth setzt bei Import auf Bahn

Die Deutsche Woolworth will 70 % der Importe aus der Türkei künftig über das Schienennetz abwickeln. Mehrere hundert Lkw-Transporte auf der knapp 3.000 Kilometer langen Strecke werden dadurch entfallen, heißt es in einer Presseerklärung des Frankfurter Unternehmens.

Zug von Istanbul nach Duisburg

„Wir haben nun verlässliche Laufzeiten, mehr Planungssicherheit und reduzieren die Kosten", erklärt Wilfried Müller, Leiter der Transportlogistik im Distributions-Center (DC) in Bönen. Mit einer Laufzeit von sechs Tagen verbinde der Ganzzug die Bahnhöfe Istanbul und Duisburg/Köln. Per Lkw geht die Ware weiter in das Zentrallager Bönen. Woolworth erwartet jährliche Einsparungen in sechsstelliger Euro-Höhe.

Quelle: LZ Net, 15. November 2005.

III. Mikro-Umfeld

1. Abnehmer

a) Überblick

Als zentrales Element des Mikro-Umfeldes können zunächst die Abnehmer, d.h. die Kunden, herausgestellt werden. Zu unterscheiden sind dabei im Wesentlichen private Abnehmer (Konsumenten) und gewerblich/institutionelle Abnehmer, die in erster Linie für den Großhandel („B2B-Handel") relevant sind. In diesem Abschnitt erfolgt eine Beschränkung auf die privaten Abnehmer und damit auf den Business-to-Consumer-Bereich. Die Vielfältigkeit und Komplexität der Abnehmerstrukturen im B2B-Handel, so Industrie- und Handwerkskunden, Handelskunden, Großverbraucher usw., analysieren eingehend Zentes u.a. 2007.[1]

Mit Blick auf die privaten Abnehmer (Konsumenten) fokussieren die folgenden Ausführungen auf die sozio-kulturellen Entwicklungen; sozio-demografische und sozio-ökonomische Aspekte wurden im Zusammenhang mit den Rahmenbedingungen des Makro-Umfeldes erörtert.

b) Sozio-kulturelle Gegebenheiten und ihre Entwicklung

Einen herausragenden Stellenwert haben innerhalb der sozio-kulturellen Determinanten die Werte-/Verhaltenstrends, die zunächst näher erörtert werden.

Werteorientierungen und Wertewandel

Einen Überblick über die vielfältigen Entwicklungen zu geben, welche die sog. „Trendforschung" beschreibt, erklärt – oder vielleicht auch nur „erfindet" – und bei denen meist nicht klar ist, ob es sich um einen nachhaltigen,

---

[1] Vgl. hierzu auch die Ausführungen zu den Betriebstypen des Großhandels im Dritten Kapitel und zu den Strategien des Großhandels im Fünften Kapitel.

verhaltensprägenden Wertewandel handelt oder nur um Modewellen oder Zeitgeistphänomene, ist hier nicht möglich und wird auch nicht angestrebt. Hier stehen Entwicklungen im Vordergrund, die als vergleichsweise abgesichert gelten können und die direkte Relevanz für den Handel besitzen.

Eine wesentliche Folge des Wertewandels ist eine Dynamik des Konsumentenverhaltens, bei der sich unterschiedliche Stadien herausstellen lassen[1] (siehe Abbildung 1.20):

- der konsistente Konsument
- der hybride Konsument
- der multioptionale Konsument
- der paradoxe Konsument.

Im Verhaltensmuster von gestern war das Konsumentenverhalten eher konsistent. Der Konsument war Bestandteil eines überschaubaren, einfachen und relativ stabilen Umfeldes. Die **Konsistenz** im Käuferverhalten lässt sich im Hinblick auf folgende Merkmale deuten: Die Beweggründe des Konsumenten, nach denen gekauft wurde, waren relativ einheitlich in den unterschiedlichen Sortimentsbereichen. Damit folgte der Konsument einem einzigen Handlungsprinzip und konnte damit einem einzigen Typus zugeordnet werden. Insofern kann dieses Verhalten als eindimensional bezeichnet werden.

Abbildung 1.20: Entwicklung des Konsumentenverhaltens

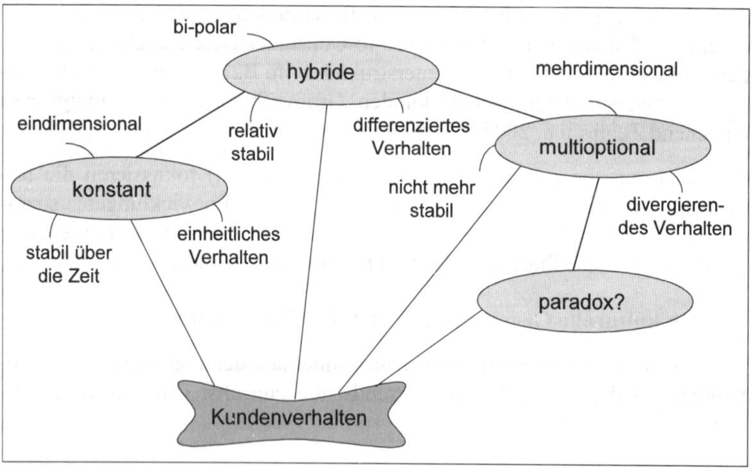

Quelle: Liebmann 1996, S. 42.

Das Verhalten war damit relativ stabil. Die Motive oder Antriebskräfte, v.a. die Selbsterhaltung, waren gute Indikatoren für die Erklärung der Verhal-

[1] Vgl. zur verhaltenswissenschaftlichen Analyse der Kaufentscheidungen von Konsumenten umfassend Kroeber-Riel/Weinberg 2003; Foscht/Swoboda 2007.

tensrichtungen. Das Bild vom „**Otto-Normalverbraucher**“ machte die Runde (Szallies 1987). Verhaltensunterschiede traten kaum auf. Das Prinzip der Selbsterhaltung bezieht sich auf die unteren Ebenen der bekannten **Maslow-Pyramide**[1]: Vorwiegend physiologische Bedürfnisse und Sicherheitsbedürfnisse waren z.B. in der Nachkriegszeit vorrangig. Ziel war es, einen gewünschten Lebensstandard zu erreichen. Das Motto war: „Ich bin, was ich habe.“ Fortschritt bestand darin, einmal geplante Ziele zu erreichen. Es dominierte somit einheitliches Verhalten. Einheitliches Verhalten lässt einheitliche Massenmärkte entstehen.

Die zweite Entwicklungsstufe des Konsumentenverhaltens war durch **Hybridität** gekennzeichnet. Das Handlungsprinzip war Gegenläufigkeit und Kontrast: Ein und derselbe Käufer gibt im gleichen Produktfeld einmal viel Geld aus, bei anderen Kaufanlässen fühlt er sich als „Schnäppchen-Jäger“ und kauft äußerst preiswert. Er kauft z.B. im exklusiven Feinkostgeschäft, aber auch beim Lebensmitteldiscounter. Der **hybride Konsument** ist nicht mehr nach einem Handlungsprinzip in einem Produktfeld zu sortieren. Er wird bi-polar in einer Person. Sein Verhalten spaltet sich sozusagen. Das Hin und Her zwischen zwei Handlungsprinzipien macht eine neue Dynamik aus. Trotz mehrerer Handlungsprinzipien war sein Verhalten aber zeitlich noch relativ stabil, eben bi-stabil.

Hinter dem hybriden Verhalten stand als primär treibende Kraft die **Selbstentfaltung**. Eine bessere, individuellere Lebensplanung glaubte man in differenzierten Lebensstilen zu finden. Das prägende Motto lautete: „Ich bin, wie ich lebe!“. Da der Konsument trotz verschiedener Lebensstile konsistent in seiner Hybridität lebte, wurde es möglich, ihn zu segmentieren und Zielgruppen zu bilden.

Die konsequente Weiterentwicklung im Konsumentenverhalten war der Durchbruch der Bi-Polarität in eine **Mehrdimensionalität** in ein und derselben Person. Diesen Konsumenten kann man als **multioptionalen Konsumenten** bezeichnen. Die Multioptionalität schlägt ein völlig neues Kapitel in der Diskussion um „den neuen Kunden“ auf. Der Konsument verfolgt mehrere Handlungsprinzipien gleichzeitig. „Markus Möglich“, wie ihn Szallies (1990, S. 53) treffend etikettierte, hält sich „für alles alle Optionen“ offen. Der Konsument erweitert sein Bewusstsein, wird vielschichtig und lebt mehrere Rollen zum gleichen Zeitpunkt. Er springt zwischen den Alternativen, die er sieht, hin und her. Das gibt ihm die Energie für seine Weiterentwicklung.

Multioptionales Verhalten bedeutet instabiles Verhalten. Der Konsument wechselt die Rollen und seine Gruppenzugehörigkeit. Es gibt eigentlich kein festes Prinzip mehr, alles wird unstetig und fließend. Sein Verhalten wird divergent über die Zeit in einer Person; aber es wird auch divergent zwischen den einzelnen Konsumenten. Der Konsument wird damit immer unberechenbarer und schafft immer mehr Unterschiede in seinem Verhalten. Er

---

[1] Vgl. hierzu auch die Ausführungen in Kapitel 6 C. II. 2.

produziert also Unterschiede, um Unterschiede zu erkennen und sich abzugrenzen.

Die primär diese Entwicklung antreibenden Kräfte sind die Prinzipien **Selbstinszenierung** und **Selbstentgrenzung**. Die Beweggründe des Handelns werden immer differenzierter. Schließlich will der Konsument die Fülle der Optionen auch ausprobieren. Vielfalt und der konsequente Wunsch nach Veränderung und Abwechslung prägen sein Verhalten. Sein Motto könnte lauten: „Ich lebe, wie ich gerade bin." Die Inszenierung des Lebens steht geradezu im Lebensmittelpunkt. Die Selbstentgrenzung und die Gewinnung von Erfahrung in Grenzbereichen sind die weiteren Konsequenzen. Der Konsument versucht sich permanent im Ungleichgewicht zu halten, um seinen neuen Lebensprinzipien gerecht zu werden. Stabilität ist Rückschritt; er braucht das Ungleichgewicht.

Das Bild des Konsumenten in der Zukunft ist offen. Die Multioptionalität könnte sich noch weiter ausdifferenzieren in Richtung eines paradoxen Verhaltens. Der **paradoxe Konsument** braucht geradezu die Pendelbewegung zwischen seiner „Innenperspektive" und der „Außenperspektive" als Energiequelle. Die Paradoxie wird zur Kraftquelle der persönlichen Entwicklung und zum zentralen Handlungsprinzip. Dazu braucht der Konsument Selbstorganisation ebenso wie Fremdorganisation, und das ist wieder paradox. Auch das Prinzip der Selbstbeschränkung macht für ihn tiefen Sinn. Er ist ein soziales Wesen, das tief verantwortungsvoll agiert. Er folgt aber nach wie vor auch den Prinzipien der Selbstinszenierung und versucht sich weiter zu entgrenzen.

Dimensionen der Multioptionalität

Die Multioptionalität als dominantes gegenwärtiges Handlungsprinzip kann durch mindestens fünf **Grundorientierungen** charakterisiert werden, die – in unterschiedlichem Ausmaß und unterschiedlicher Intensität – meist kombiniert bei dem Einzelnen auftreten (vgl. auch Eggert 2006):

- die Erlebnis-/Freizeit-/Action-/Fun-Orientierung
- die Convenience-Orientierung
- die Marken-Orientierung
- die Preis-Orientierung
- die Öko-/Bio-Orientierung.

Diese Grundorientierungen werden ihrerseits durch andere Entwicklungen, so die bereits aufgezeigte Dynamik des sozial-ökonomischen Umfeldes, beeinflusst.

Die **Erlebnis-/Freizeit-/Action-/Fun-Orientierung** wirkt sich nicht nur auf die Urlaubs- und Freizeitgestaltung aus, sie bringt neue Verknüpfungen von Einkaufen und Entertainment mit sich („**Retail Theatre**"). Diese Orientierung hat zugleich eine „Alltagskomponente": Auch im täglichen Einkauf, so im Supermarkt, erwartet der Verbraucher Erlebnisse, bspw. beim Einkauf exotischer Obst- und Gemüseprodukte.

Die **Convenience-Orientierung** ist sicherlich als eine gesellschaftliche Grundströmung („Wegnahme von Last/Stress") zu begreifen. Auf diese Orientierung wirken in erheblichem Maß sozio-ökonomische Entwicklungen (z.B. die angesprochene Singleisierung), aber auch sozio-psychologische und soziologische Phänomene, so das Streben von Frauen nach Vereinbarkeit von Familie (Ehefrau und Mutter) und beruflicher Karriere. Auf die Erlebnis- und die Convenience-Orientierung wirken bzw. in ihnen drückt sich auch eine Neubewertung der Zeit und eine Neubewertung von Räumen aus. So strebt der Konsument bspw. nach einer Verknüpfung von Tanken und Einkaufen: Zugleich kommt damit Tankstellen eine neue Rolle zu – Ausdruck einer Neubewertung von Räumen.

In enger Beziehung zur Erlebnis-Orientierung, aber letztlich im Widerspruch zur Preis-Orientierung, steht die **Marken-Orientierung**, ein Phänomen, das gerade in der jüngeren Generation („Marken-Kids") sehr ausgeprägt ist und daher – i.S. einer Kohortenanalyse – ansteigen und sich zugleich auf andere Altersgruppen verlagern dürfte. Marken-Orientierung kommt auch in der **Öko-/Bio-Sensibilisierung** zum Ausdruck, eine Orientierung, die als eine „autonome" Entwicklung gesehen werden kann. So ist die Marke auch Ausdruck des Vertrauens in Qualität und/oder Herkunft der Produkte, so bei Lebensmitteln. Die Öko-/Bio-Orientierung geht jedoch weiter. Sie umfasst u.a. das Streben nach einer gesunden Lebensführung, nach ressourcenschonenden Produkten, artgerechter Tierhaltung usw.

Die **Preis-Orientierung**, die sich bspw. in dem enormen Zuwachs der Discounter manifestiert, resultiert einerseits aus ökonomischen Zwängen, so einem rückläufigen Einkommen vieler Bevölkerungsgruppen; andererseits drückt sie ein sozial-psychologisch erklärbares Phänomen aus: Der „aufgeklärte", „clevere" Verbraucher agiert als professioneller Einkäufer („**Smart Shopper**"). Multioptionalität ist auch bezüglich der Preis-Orientierung selbst festzustellen. So geht mit der Convenience-Orientierung auch eine (tendenzielle) Bereitschaft einher, für diesen Mehrwert (z.B. Bequemlichkeit oder Service) einen höheren Preis zu zahlen. Eine höhere Preisbereitschaft ist tendenziell auch bei Erlebnis-/Freizeit-/Action-/Fun-Orientierung und Öko-/Bio-Sensibilisierung feststellbar.

Wenngleich die aufgezeigten Konsumententrends im Wesentlichen in den hier betrachteten Ländern starke Ähnlichkeiten aufzeigen, so zeigen sich dennoch bei einzelnen Grundorientierungen Unterschiede, die im Folgenden näher betrachtet werden.

Bio-/Öko-/Sozial-Orientierung und Kompetenzmarken der Schweizer Coop

Die sozio-kulturellen Grundströmungen (Bio-/Öko- und Sozial-Orientierung) griff die Schweizer Coop mit ihrem VIVA-Konzept frühzeitig auf. Unter dieser Bezeichnung führt die Coop ihre sog. Kompetenzmarken „Coop Naturaplan", „Coop Naturaline", „Coop Oecoplan" und „Max Havelaar". Diese Mehrwertkonzepte sind i.d.R. sortimentsübergreifend und beziehen sich auf ein Produktmerkmal, bei dem die Coop eine überdurchschnittliche Kompetenz in der Produktentwicklung und -vermarktung aufgebaut hat; sie basieren auf einem biologischen oder ökologischen bzw. sozialen Mehrwert. Die VIVA-Kompetenzmarken realisierten im Jahre 2005 gesamthaft einen Umsatz von etwa 1,3 Mrd. CHF im Schweizer Detailhandel.

Den ersten Schritt in der Kreierung der Kompetenzmarken stellte die Einführung des Labels „Coop Oecoplan" im Jahre 1989 für alle Produkte, die sich durch eine ökologisch orientierte Produktion oder Verpackung auszeichneten, dar. Mit der Einführung der weiteren Mehrwertkonzepte im Jahre 1993 wurde dieses Konzept revidiert und zunächst auf Non-Food- und Near-Food-Produkte und Verpackungen mit besonderer Umweltorientierung begrenzt. Seit 1997 steht dieses Signet für Non-Food-Produkte sowie Dienstleistungen mit überdurchschnittlichen ökologischen Mehrleistungen. Unter „Coop Oecoplan" fallen z.B. Artikel für den biologischen Gartenbau oder energiesparende Haushaltsgeräte. Seit dem Jahre 2003 bietet die Coop unter dem Brand dieses Mehrwertkonzeptes Ökostrom an, der umweltgerecht produziert wird sowie CO_2 arm ist. Die Coop offeriert somit ihren Kunden eine weitere Marktleistung, die eine ökologisch einwandfreie Produktion und nachhaltige Verbesserung der Umwelt garantiert. „Coop Oecoplan" generiert heute mit etwa 1.300 Produkten einen Umsatz von knapp 100 Mio. CHF.

In einem weiteren Schritt wurden im Jahre 1993 zwei weitere Kompetenzmarken mit dem Fokus der Umweltverträglichkeit bzw. -orientierung integriert. „Coop Naturaplan" kennzeichnet Lebensmittel, die besonders natur- und tiergerecht produziert und weiterverarbeitet werden, so u.a. Lebensmittel aus biologischem Anbau bzw. aus kontrollierter Freilandhaltung. Neben den Produktionsbedingungen werden auch Transport und Verpackung berücksichtigt. Bezüglich der Herkunft wird Schweizer Produkten grundsätzlich der Vorzug gegeben vor europäischen und nachfolgend außereuropäischen Produkten. Mit einem Umsatz von über 1,0 Mrd. CHF ist „Coop Naturaplan" heute die stärkste der vier VIVA-Kompetenzmarken, die zudem – wie die drei anderen Mehrwertkonzepte auch – noch deutliches Wachstumspotenzial aufweist. Ziel der Coop ist es, „Coop Naturaplan" als Vollsortiment im Lebensmittelbereich anzubieten und mittelfristig, d.h. bis zum Jahre 2013, mit einem Anteil von deutlich über 20 % am relevanten Lebensmittelumsatz der Coop die Bedeutung dieses Mehrwertkonzeptes nochmals stark zu steigern.

Um die ökologischen und ethischen Marktleistungen und deren Philosophie noch stärker in Wirtschaft und Öffentlichkeit zu verankern, wurde im Jahre 2003 der „Coop Naturaplan-Fonds" gegründet. Der „Coop Naturaplan-Fonds" unterstützt mit entsprechenden Investitionen Projekte in den Themenfeldern: Biologische Landwirtschaft und Ernährung/Biodiversität und Naturschutz/Erneuerbare Ressourcen/Fair Trade/Dritte Welt.

„Coop Naturaline" bezieht sich auf den Bereich der Textilien. Hiermit bezeichnet werden solche Textilprodukte, die aus biologisch angebauter Baumwolle unter sozial verträglichen Bedingungen hergestellt und mit ökologisch verträglichen Verarbeitungsprozessen, so chlorfreier Bleichung, weiterverarbeitet werden. Der durch diese Produkte generierte Umsatz liegt heute bei über 50 Mio. CHF.

Ergänzt wird die Kette der Mehrwertkonzepte seit dem Jahre 1992 durch die Kompetenzmarke „Max Havelaar", bei der der Fair Trade-Gedanke im Handel mit Dritte-Welt-Produkten im Vordergrund steht. Dieses Programm wird in Zusammenarbeit mit der Max Havelaar-Stiftung, einer Organisation mit entwicklungspolitischer Zielsetzung, durchgeführt. Heute ist die Coop mit dem Max-Havelaar-Sortiment und einem Umsatz von knapp 130 Mio. CHF weltweit der größte Anbieter von Fair Trade-zertifizierten Produkten. Unter dem Signet „Max Havelaar" werden solche Produkte angeboten, welche die Kennzeichen des Fair Trade erfüllen, d.h., bei denen existenzsichernde Preise an die Produzenten sowie Abnahmegarantien gewährleistet sind. Zudem müssen ökologische Mindeststandards erfüllt sein. Zum Sortiment zählen in diesem Zusammenhang u.a. Kaffee, Schokolade, Honig und Bananen.

Das mittelfristige Umsatzziel der Schweizer Coop mit den VIVA-Kompetenzmarken ist die Überschreitung der 2-Mrd-CHF-Grenze. Diese Vision zeigt den hohen unternehmensstrategischen Stellenwert, den diese Bio-/Öko-/Sozial-orientierten Mehrwertkonzepte innerhalb der Coop heute und auch zukünftig einnehmen werden.

Quelle: Unternehmensangaben Coop 2006.

c) Konvergenzen und Divergenzen im internationalen Vergleich

Euro-Socio-Styles

Abbildung 1.21: Positionierung der Euro-Socio-Styles

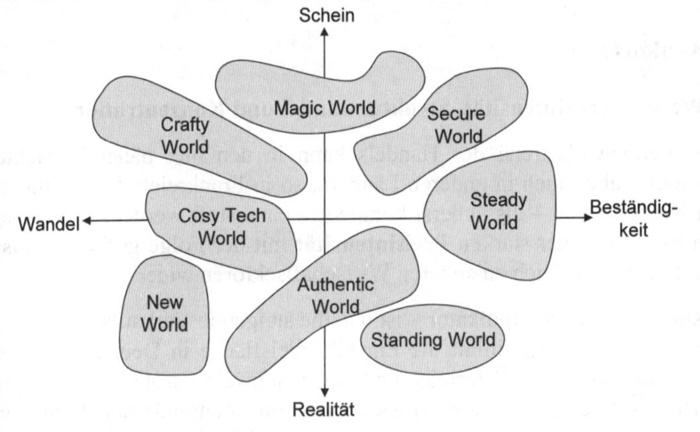

Crafty World	Junge, dynamische und opportunistische Leute einfacher Herkunft auf der Suche nach Erfolg und materieller Unabhängigkeit.
Cosy Tech World	Aktive moderne Paare mittleren Alters mit meist überdurchschnittlicher Haushaltsausstattung, die auf der Suche nach persönlicher Entfaltung sind.
New World	Hedonistische tolerante Intellektuelle mit gehobenem Lebensstandard auf der Suche nach persönlicher Harmonie und sozialem Engagement.
Magic World	Intuitive junge materialistische Leute mit Kindern und geringem Einkommen, die einem Platz an der Sonne hinterherjagen und ihrem guten Stern vertrauen.
Authentic World	Rationale, moralistische Cocooner-Familien mit gutem Einkommen, die engagiert und auf der Suche nach einem harmonischen und ausgeglichenen Leben sind.
Secure World	Konformistische, hedonistische Familien aus einfachen Kreisen, die sich abkapseln, von einem einfacheren Leben träumen und sich traditionellen Rollen verbunden fühlen.
Steady World	Traditionsorientierte, konformistische Senioren mit mittlerem Lebensstandard, die ihren Ruhestand voll und ganz ausschöpfen.
Standing World	Kultivierte, pflichtbewusste und vermögende Staatsbürger, die ihren Überzeugungen treu bleiben und an Traditionen ausgerichtet sind.

Quelle: GfK-Lebensstilforschung 2005, S. 9.

Vergleicht man die sozio-kulturellen Entwicklungen in den hier näher betrachteten Ländern (Deutschland, Österreich, Schweiz), so zeigen sich Parallelen, aber auch Unterschiede. So ist bspw. in der Schweiz im Vergleich zu Deutschland und Österreich die Bio-/Öko-Orientierung deutlich stärker ausgeprägt, die Preis-Orientierung dagegen deutlich geringer, wenngleich auch ansteigend.

Wählt man eine internationale oder gar globale Perspektive, dann zeigen sich deutliche Divergenzen im Verhalten der Abnehmer, die u.a. kulturbedingt sind und auch auf sozio-ökonomische Faktoren zurückgeführt werden können, aber auch Konvergenzen.[1] Als Beispiel für konvergentes Verhalten können länderübergreifende bzw. **transnationale Zielgruppen** erwähnt werden, die auf Grund gleicher bzw. ähnlicher Werte- und Verhaltensmuster länderübergreifend standardisierte Handelsmarketing-Konzepte ermöglichen. Beispielhaft können die **Euro-Socio-Styles** herausgestellt werden (siehe Abbildung 1.21).

2. Konkurrenten

a) Wettbewerbsintensität, Strukturwandel und Konzentration

Die Wettbewerbsarena des Handels kann in den hier näher betrachteten Ländern – aber auch in anderen Ländern, so in Frankreich, Großbritannien, den Niederlanden – als äußerst kompetitiv eingestuft werden. Dies spiegelt sich bspw. in einer starken **Preisintensität** mit der Folge geringer Umsatzrenditen im Vergleich zu anderen Wirtschaftsektoren wider.

Auslöser – und auch Indikator – ist u.a. die steigende Verkaufsfläche im stationären Handel. So nimmt die Einzelhandelsfläche in Deutschland – dies gilt gleichermaßen in Österreich und in der Schweiz – trotz Umsatzstagnation zu: „77 Mio. qm standen den Deutschen zum Zeitpunkt der Wiedervereinigung zur Verfügung, heute sind es bereits 118 Mio. qm. 2010 werden es nach Schätzungen der Experten 125 Mio. sein. 1,45 qm pro Kopf sind auch im internationalen Vergleich eine üppige Flächenausstattung. Die meisten europäischen Länder kommen mit gut der Hälfte aus. Nirgendwo in Europa hat der Verbraucher mehr attraktive Alternativen bei der Wahl seiner bevorzugten Geschäfte. Die Folge: Der Wettbewerb im Handel ist äußerst intensiv“ (Wenzel 2006, S. 57).

Der starke Wettbewerb ist zugleich von einem permanenten **Strukturwandel** begleitet. Beispielsweise ist der traditionelle Fachhandel (kleinere und mittlere Fachgeschäfte) in der Defensive (Täger 2006, S. 104ff.). In den letzten Jahren war die Entwicklung der Marktanteile der wichtigsten Betriebstypen des Einzelhandels – wie Abbildung 1.22 zeigt – durch das Vor-

---

[1] Auf diese internationalen Aspekte wird hier nur kurz eingegangen; vgl. hierzu ausführlich Zentes/Swoboda/Schramm-Klein 2006. Aufgegriffen werden diese Fragen in Abschnitt D. des Zweiten Kapitels im Zusammenhang mit Internationalisierungsstrategien des Handels; vgl. auch hierzu Zentes/Swoboda/Schramm-Klein 2006.

dringen der filialisierenden Fachgeschäfte, der Fachmärkte und der Verbrauchermärkte/SB-Warenhäuser geprägt.

Abbildung 1.22: Marktanteile der Betriebstypen des Einzelhandels in Deutschland

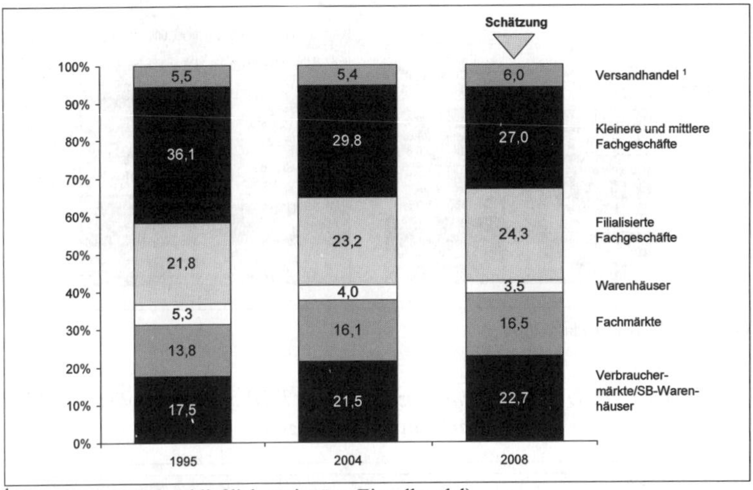

[1] Gesamtumsatz (einschließlich stationärer Einzelhandel)

Quelle: Täger 2006, S. 105.

Die hohe Strukturdynamik des (Einzel-)Handels schlägt sich in einer steigenden **Handelskonzentration** nieder. Auslöser dieser Konzentration sind einerseits **organisches (endogenes) Wachstum**, so insbesondere durch Filialisierung, andererseits **exogenes Wachstum**, so durch Akquisitionen. Gleichermaßen führt auch der Ausbau horizontaler Kooperationen zu einem Anstieg des Konzentrationsgrades.[1] Abbildung 1.23 zeigt beispielhaft die Marktbedeutung der wichtigsten Unternehmen des Lebensmitteleinzelhandels (LEH) in Deutschland (TOP 5). Wie Abbildung 1.24 verdeutlicht, nimmt Deutschland hinsichtlich der Konzentrationsquote im Lebensmittelhandel im internationalen Vergleich eine mittlere Position ein; deutlich höhere Werte weisen u.a. Finnland, die Schweiz, aber auch Österreich und Frankreich auf.

[1] Vgl. hierzu die wettbewerbsstrategischen Überlegungen im Zweiten Kapitel.

Abbildung 1.23: Entwicklung des Umsatzanteils der TOP 5 im Lebensmitteleinzelhandel in Deutschland (Angaben in Mio. EUR)

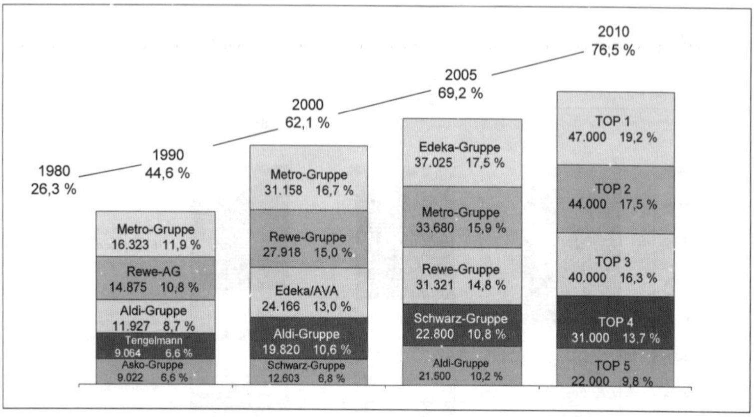

Quelle: M+M Eurodata 2006.

Abbildung 1.24: Unternehmenskonzentration (TOP 5) im europäischen LEH (Marktanteile in Prozent)

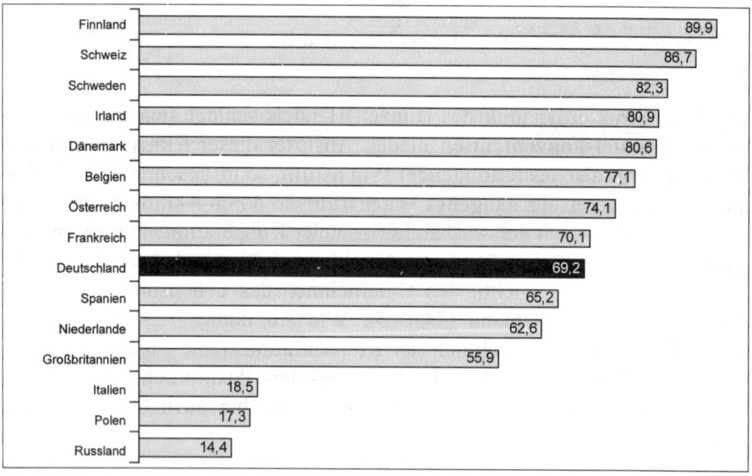

Quelle: in Anlehnung an METRO Group 2006b.

Abbildung 1.25 verdeutlicht die Unternehmenskonzentration in einer Non-Food-Branche (Unterhaltungselektronik). Hier zeigt sich, dass der Fachhandel (mit über 1 Mio. EUR Umsatz) seinen Umsatzanteil seit dem Jahre 2002 erheblich ausbauen konnte.

Abbildung 1.25: Entwicklung der Umsatzanteile in der Unterhaltungselektronik 2001 bis 2005

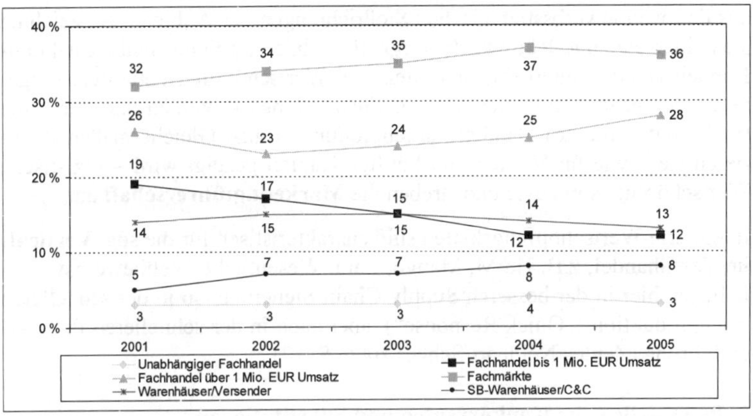

Quelle: EHI 2006.

„Hinter" diesen Zahlen stehen in erster Linie Verbundgruppen in Form horizontaler Kooperationen, die sich gegenüber den großen nationalen (und internationalen) Playern nicht nur behaupten, sondern ihre Position festigen konnten. Die Marktbedeutung kooperativer Gruppierungen spiegelt auch Abbildung 1.23 wider, wenngleich der Bedeutungszuwachs der Verbundgruppen (Edeka und Rewe) auch auf Akquisitionen und damit auch auf exogenes Wachstum zurückzuführen ist.

Abbildung 1.26: Konsolidierung – Marktanteil der TOP 5-Händler im Branchenvergleich im Jahre 2005 (in Prozent)

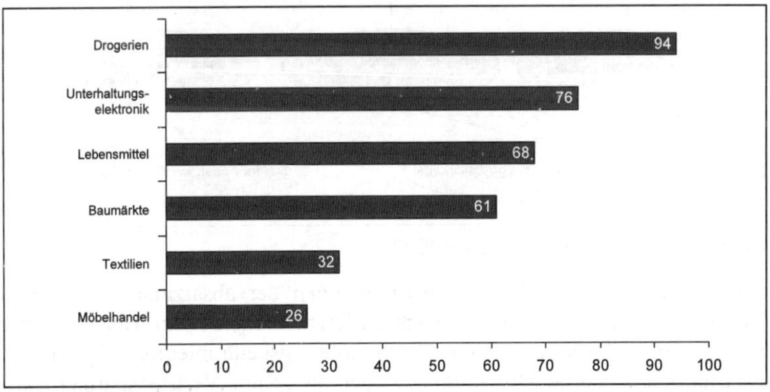

Quelle: Goetzpartners 2006.

Die Unterschiedlichkeit der Konzentrationsgrade im Branchenvergleich verdeutlicht Abbildung 1.26. Danach erzielten die TOP 5-Händler im Drogeriebereich 94 % des Umsatzes, im Möbelhandel dagegen nur 26 %.

b) Vorwärts- und Rückwärtsintegration als strategische Stoßrichtungen

Wesentliche Veränderungen im Wettbewerbsumfeld des Handels resultieren aus den wettbewerbsstrategischen Stoßrichtungen der Anbieter. So zeichnet sich einerseits eine **Rückwärtsintegration** ab, so im Food- und Near-Food-Handel: Handelsunternehmen weiten ihre Wertschöpfungskette durch eigene produktbezogene Forschungs- & Entwicklungsaktivitäten und durch die (meist outgesourcte) Handelsmarkenproduktion aus. Gleichermaßen integrieren sie – wie im Vierten und Fünften Kapitel gezeigt wird – logistische Wertschöpfungsprozesse und streben die **Marketingführerschaft** an.

Integrierte Wertschöpfungsketten sind charakteristisch für die sog. **Verticals** im Textilhandel, z.B. H&M, Mango, Zara. Wesentliche Wettbewerbsvorteile liegen hier in der besseren Supply-Chain-Steuerung, so in der schnelleren Nachproduktion („Quick Response"), aber auch in der schnelleren Produkteinführung (Zentes/Neidhart/Scheer 2006, S. 12).[1]

3. Potenzielle neue Konkurrenten und Substitutionen

Neue Konkurrenten im Wettbewerbsumfeld des Handels resultieren aus der **absatzmarktorientierten Vertikalisierung** der Hersteller, auf die in Abschnitt B. dieses Kapitels bereits eingegangen wurde (siehe Abbildung 1.27) (vgl. hierzu auch Uellendahl 2002; Zentes/Swoboda/Morschett 2005b; Zentes/Neidhart 2006a; Neidhart 2007).

Abbildung 1.27: Institutionenökonomische Zuordnung der Vertikalisierung

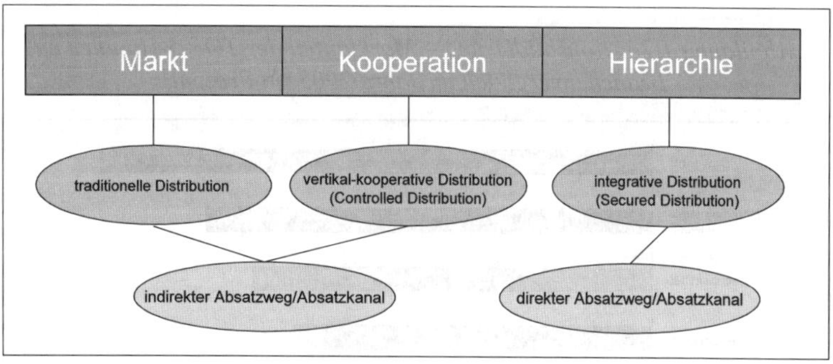

Quelle: Zentes/Neidhart/Scheer 2006, S. 22.

Die Erscheinungsformen bzw. Ausprägungen der absatzmarktorientierten Vertikalisierung lassen sich danach differenzieren, ob ein Hersteller die Distribution vollständig in seine Wertschöpfungskette integriert (integrative Distribution/„Secured Distribution") oder ob er mit Vertriebspartnern kooperiert, dabei jedoch – je nach kontraktuellem Arrangement – weit gehenden Einfluss auf die Marketingaktivitäten gegenüber Endabnehmern besitzt (vertikal-kooperative Distribution/„Controlled Distribution"). Innerhalb die-

[1] Vgl. hierzu die Ausführungen im nachfolgenden Zweiten Kapitel.

ser beiden Ausprägungsformen existieren zahlreiche Varianten, so bezüglich der vertraglichen und/oder finanzwirtschaftlichen Ausgestaltung. Darüber hinaus können integrative und vertikal-kooperative Formen auch kombiniert auftreten (Zentes/Neidhart/Scheer 2006, S. 21).

Als wesentliches Ziel verfolgen die Hersteller dabei die langfristige Sicherung des Absatzkanals (siehe Abbildung 1.28). Wenngleich heute bereits zahlreiche Hersteller vertikal-kooperativ oder integrativ distribuieren, so ist mit einem weiteren Anstieg dieser Vermarktungsform zu rechnen; insofern handelt es sich um „potenzielle neue Konkurrenten".

Abbildung 1.28: Ziele der Vertikalisierung – Mittelwerte

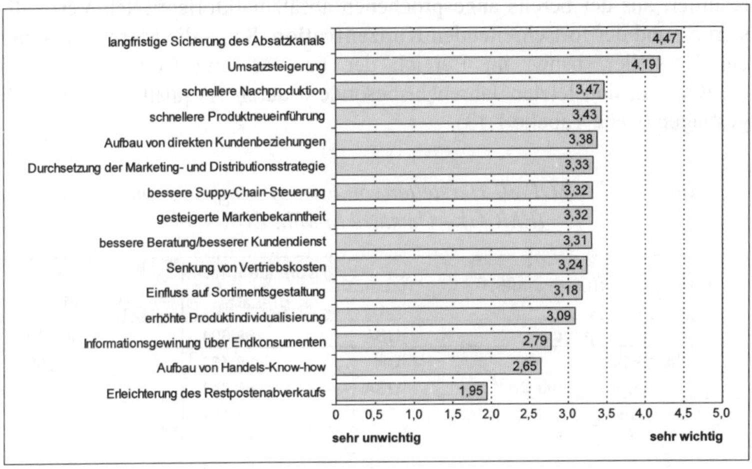

Quelle: Zentes/Neidhart/Scheer 2006, S. 12.

Substitution

Substitutionsgefahren erwachsen dem Handel durch das Aufkommen der sog. „**pure players**" im Rahmen des E-Commerce. Internet-Plattformen bzw. Internet-Portale können zu einer **Ausschaltung** traditioneller Intermediäre, so des Großhandels, führen (vgl. hierzu ausführlich Zentes u.a. 2007). Aber auch im B2C-Handel entwickeln sich die „reinen Online-Händler" mindestens zu neuen Konkurrenten, wie die Markterfolge von bspw. Amazon und eBay zeigen.[1]

> *„Online-Handel boomt: Weihnachtsgeschäft der Läden im Internet wuchs um 35 %."*
>
> *Handelsblatt, 27. Dezember 2006, S. 12.*

[1] Auf andere elektronische Verkaufs- bzw. Vertriebsformen wie bspw. TV-Shopping wird hier nur verwiesen.

Zu erwarten ist jedoch, dass die etablierten stationären Handelsunternehmen wie auch die traditionellen Versandhandelsunternehmen die elektronischen Vertriebsformen i.S. eines **Multi-Channel-Retailing** (Schramm-Klein 2003) in ihr Distributionsportfolio integrieren. Dies dürfte tendenziell auch bei den (etablierten) Unternehmen des Großhandels der Fall sein.

4. Lieferanten

Wesentlichen Einfluss auf das Wettbewerbsumfeld des Handels üben auch die Lieferanten aus, so in erster Linie die Hersteller, aber auch der Großhandel (im Hinblick auf die Unternehmen des Einzelhandels).

Wachsender Einfluss der Hersteller auf die Wettbewerbsarena des Handels resultiert aus der bereits angesprochenen absatzmarktorientierten Vertikalisierung und der fortschreitenden **Konzentration**. So ist die Marktbedeutung der Hersteller, bspw. im Bereich der Fast Moving Consumer Goods (FMCG), in den letzten Jahren insbesondere durch Akquisitionen deutlich gestiegen (siehe Tabelle 1.13).

Tabelle 1.13: TOP 30-Hersteller von Fast Moving Consumer Goods (FMCG) – Umsätze in Mio. EUR –

	Unternehmen	Land	Konsumgüter-Umsatz	Gesamt-Umsatz
1	Altria Group Inc.	USA	68.601	68.920
2	Nestlé S.A.	CH	68.462	73.258
3	Procter & Gamble Co. [2]	USA	56.741	56.741
4	Unilever Plc./Unilever N.V.	GB/NL	49.407	49.407
5	PepsiCo Inc.	USA	32.562	32.562
6	Coca-Cola Co.	USA	23.104	23.104
7	Sara Lee Corp. [2]	USA	19.254	19.254
8	L'Oréal S.A.	F	18.076	18.076
9	Japan Tobacco Inc. [1,3]	J	17.301	18.319
10	British American Tobacco Plc. [1]	GB	17.091	17.091
11	Archer Daniels Midland	USA	16.309	35.944
12	Groupe Danone	F	16.220	16.220
13	ConAgra Foods Inc.	USA	14.567	14.567
14	InBev SA (Interbrew) [3]	B	14.498	14.498
15	Heineken N.V.	NL	13.429	13.429
16	Cadbury Schweppes Plc.	GB	13.031	13.031
17	Diageo Plc. [2]	GB	12.507	12.507
18	Kimberly-Clark Corp.	USA	12.069	15.903
19	Anheuser-Busch Company Inc.	USA	12.015	15.036
20	Colgate-Palmolive Company	USA	11.397	11.397
21	General Mills Inc. [2]	USA	11.244	11.244
22	Sabmiller Plc. [3]	GB	10.486	12.248
23	Kellogg´s Company Inc.	USA	10.177	10.177
24	Dean Foods Company	USA	10.106	10.506
25	Tyson Foods Inc. [2]	USA	9.885	26.014
26	Kirin Brewery Company Ltd.	J	9.285	11.407

27	Johnson & Johnson	USA	9.096	50.514
28	HJ Heinz	USA	8.912	8.912
29	Henkel KGaA	D	8.365	14.912
30	Asahi Breweries Ltd.	J	8.338	8.338

[1] inklusive Tabaksteuer.
[2] Geschäftsjahr endet im Laufe des Jahres.
[3] Geschäftsjahr endet im März.

Quelle: LPinternational 16/2006, S. 9.

Durch Akquisitionen steigt auch das Portfolio starker Marken, als Gegengewicht der Hersteller zur steigenden **Nachfragemacht** des Handels. Zugleich zeichnet sich innerhalb der Markenportfolios eine Bereinigung ab. So ist die Gesamtzahl der von Unilever geführten Marken von ursprünglich 1.600 innerhalb von fünf Jahren auf rd. 400 gesunken, obwohl viele bedeutsame Marken wir Knorr ins Markenportfolio aufgenommen wurden (Lindenberg 2004, S. 5).

Die Marktbedeutung der Hersteller zeigt sich auch in der Umsatzkonzentration in der deutschen Lebensmittelindustrie (aus Sicht der Handelsunternehmen). So betrugen die Marktanteile der TOP 10 Lieferanten im Jahre 1997 bereits 60,1 %. Die TOP 5 vereinigten 39,9 % auf sich; die Nummer 1 erzielte im Durchschnitt 15,8 %.[1]

Bei den Herstellern zeigt sich eine weitere Tendenz, so hinsichtlich ihrer Wertschöpfungsprozesse bzw. ihrer Geschäftsmodelle. Bedingt durch die fortschreitende Herstellerkonzentration, mit der in der Regel auch eine Zunahme der **Markenstärke** dieser Hersteller einher geht, und durch das aufgezeigte Profilierungsstreben des Handels („Marketingführerschaft"), das sich in einem Bedeutungsanstieg von **Handelsmarken** niederschlägt, entwickeln sich Hersteller zu Handelsmarkenproduzenten („private label manufacturer"). Dabei reicht ihre Leistungspalette von der Produktion (auf der Grundlage der vom Handel vorgelegten Rezepturen, Muster usw.) bis zur handelskundenspezifischen Produktentwicklung und **Markenführung**. Diese Unternehmen entwickeln, produzieren und führen die „Marken des Handels".[2]

Die vorne aufgezeigten politisch-rechtlichen Entwicklungen, so die Liberalisierung des Welthandels, eröffnen Handelsunternehmen neue Beschaffungsmärkte und damit neue Lieferanten im Rahmen des Global Sourcing (Zentes/Hilt/Domma 2007). Hierauf wird in Abschnitt D. des Fünften Kapitels näher eingegangen.

[1] Hierbei handelt es sich jeweils um die mittlere, umsatzgewichtete Konzentration. Die Angaben stammen von der Unternehmensberatung GWH Dr. Lademann & Partner.

[2] Handelsmarken werden in zunehmendem Maße auch von den etablierten internationalen Playern der Markenartikelindustrie hergestellt; hierauf soll an dieser Stelle jedoch nur verwiesen werden.

Innovative Geschäftsmodelle des Großhandels

Der Großhandel, als Lieferant des Einzelhandels, übt gleichermaßen weit reichenden Einfluss auf die Handelsstrukturen und die Handelsentwicklungen – wie auch umgekehrt – aus. Dies kann am Beispiel der Tankstellenshops, einer Form des **Convenience-Shopping**, worauf im Dritten Kapitel näher eingegangen wird, verdeutlicht werden.

Als **System-Lieferanten** oder **Service-Merchandiser** beliefern Großhandelsunternehmen wie Lekkerland nicht nur ihre (Tankstellen-)Kunden mit Ware, sondern sie statten sie mit einem vollständigen System inklusive der notwendigen Marketing- und Verkaufsförderungsmaterialen aus. Über eine hohe Logistik bzw. Versorgungskompetenz hinaus verfügt der Service-Merchandiser über ausgeprägte Kompetenzen im Bereich Marketing, um seinen Kunden die erforderliche Absatzunterstützung bieten zu können (siehe Abbildung 1.29).[1] Das Geschäftsmodell des Service-Merchandisers beruht somit auf dem Trend zu einer verstärkten Konzentration auf Kernkompetenzen: Die Tankstellen konzentrieren sich auf die Operationen und den Verkauf „vor Ort“. Gerade diese Arbeitsteilung hat wesentlich zur Expansion der Tankstellen-Shops beigetragen.

Abbildung 1.29: Kernprozesse des Service-Merchandisers

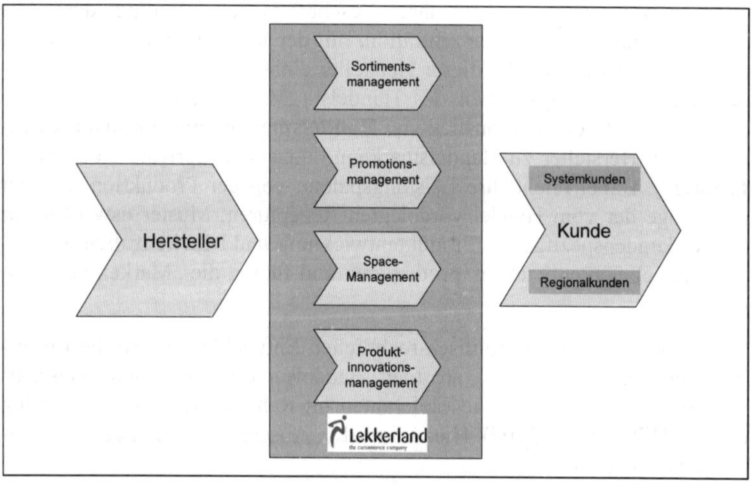

Quelle: Zentes u.a. 2007, S. 260.

„Berner schmiedet Vertrag für Europa: Lekkerland-Chef vereinbart Zehn-Länder-Kontrakt mit Mineralölmulti Shell – Identische Standards – Signalwirkung“

Lebensmittel Zeitung, 16. Februar 2007, S. 4.

[1] Vgl. zu innovativen Geschäftsmodellen des Großhandels ausführlich Zentes u.a. 2007; vgl. hierzu auch die Ausführungen in Abschnitt B.VI. des Zweiten Kapitels.

IV. Systeme und Methoden der Umfeldanalyse

Das in der Managementliteratur seit den siebziger Jahren thematisierte Problem der **Diskontinuitäten** der externen Umwelt (Muchna 1988), das in kaum oder nur schwer vorhersagbaren, plötzlichen Veränderungen des politisch-rechtlichen, sozio-ökonomischen, technologischen Umfeldes begründet ist und Unternehmen „über Nacht" zu grundlegenden Revisionen ihrer mittel- und langfristigen – oftmals sogar ihrer kurzfristigen – Planungen zwingt, wurde spätestens Ende der achtziger Jahre plötzlich vielen Unternehmen bewusst (Zentes 1998c). Man denke etwa an die deutsche Wiedervereinigung und die Öffnung der mittel- und osteuropäischen Märkte, die eine radikale Neuorientierung der Expansionspläne zur Folge hatten.

Diskontinuitäten dieser oder ähnlicher Art stellen die traditionelle Mainstream-Vorgehensweise eines letztlich linearen Prolongierens in Frage. Erforderlich wird immer häufiger die schnelle Aktion oder auch Reaktion, die andere Verfahren/Methoden u.a. Kompetenzen, Fähigkeiten und Grundeinstellungen des Managements bzw. der Unternehmen voraussetzt. So verlieren Ergebnisse von vergangenheitsbezogenen Analysen zunehmend an Wert: „Neues Wissen" ist gefragt (Liebmann/Foscht/Jungwirth 1996).

Ausgewählte Verfahren der Umweltanalyse bzw. Umfeldanalyse sind in Abbildung 1.30 zusammengefasst; im Einzelnen wird hierauf an dieser Stelle nicht näher eingegangen (vgl. hierzu Zentes/Swoboda/Morschett 2004, S. 732ff. und die dort angegebene Literatur sowie Abschnitt F. des Zweiten Kapitels).

Abbildung 1.30: Verfahren der Umweltanalyse

Kernbereiche der Umweltanalyse		
Unternehmensumwelt (Marktanalyse i.e.S.)		Weitere Umwelt (Marktanalyse i.e.S.)
Kundenanalyse	Konkurrenzanalyse	
♦ Identifikation und Analyse von Kundensegmenten ♦ Analyse von Kundenbedürfnissen (i.S. der Käuferverhaltensforschung)	♦ Branchenstrukturanalyse ♦ Konkurrenzanalyse - etablierte - potenzielle ♦ Strategische Gruppen	♦ Strategische Früherkennung (Frühaufklärung, Frühwarnung) ♦ Szenariotechnik ♦ Trendanalyse ♦ Impact-Analyse (Wirkungsanalyse)

Quelle: in Anlehnung an Zentes/Swoboda/Morschett 2004, S. 737.

Trend- und Monitoring-Studien zur Entwicklung des Handels(umfeldes) werden in periodischer Form u.a. durchgeführt von dem Institut für Handel, Absatz und Marketing der Universität Graz (I.HM) in Zusammenarbeit mit dem Institut für Handel & Internationales Marketing (H.I.MA.), so der HandelsMonitor (erscheint seit 1997; Vorläufer GDI-Monitor, 1994-1996), sowie von der BBE („Szenario Handel").

E. Theorien, Ansätze und Konzepte des Handelsmanagements

I. Ansätze der Managementforschung

1. Überblick

Im Rahmen der neueren Managementforschung ist eine Fülle von Erklärungsansätzen zum Management entwickelt worden (Staehle 1999), die aus unterschiedlichsten Sichtweisen stammen und darüber hinaus meist einen individuellen Fokus haben. Es handelt sich einerseits um eher formalwissenschaftliche Ansätze, die auf mathematischer Grundlage, auf Informations- und Kommunikationstheorie, Kybernetik und Management Science zurückgreifen, andererseits um verhaltenswissenschaftliche Ansätze auf psychologischer, sozialpsychologischer und soziologischer Grundlage und neuerdings auch um interpretative Ansätze. Im Rahmen der Vertiefung des Managementwissens in der Handelsbetriebslehre finden sich dort Ansätze aus allen Gruppierungen.

Geht man davon aus, dass mit der zunehmenden Veränderung des Umfeldes von Handelsbetrieben ein verstärktes Bedürfnis nach Orientierung beim Wandel von Handelsunternehmen auftritt, so ist die wissenschaftlich orientierte Handelsbetriebslehre aufgerufen, ihre theoretischen Instrumente und Modelle im Hinblick auf die veränderten Rahmenbedingungen zu überprüfen, um damit ihre Orientierungsfunktion in Form von Gestaltungsempfehlungen für die Handelspraxis zu erfüllen.

Zunächst soll aber die Sicht der Handelsbetriebslehre anhand der Funktionenlehre und im Rahmen des Faktorenmodells dargestellt werden, da sie wichtige Bausteine für das klassische Handelsmanagement bilden. Daran anschließend werden die zentralen neuen Ansätze in der Managementforschung vorgestellt und im Hinblick auf den Handel diskutiert.

2. Die klassische Sicht der Handelsbetriebslehre

a) Die Lehre der Handelsfunktionen

In der handelsbetrieblichen Literatur existieren zahlreiche Kataloge von Handelsfunktionen. Sie systematisieren die Aufgaben, die von einem Handelsbetrieb erfüllt werden. Zugleich stellen sie „Rechtfertigungsansätze" dar, d.h. Versuche, die Nützlichkeit des Handels bzw. seine Existenzberechtigung zu belegen (Tietz 1993b, S. 11ff.).

Abbildung 1.31 zeigt in Anlehnung an Barth/Hartmann/Schröder (basierend auf Sundhoff 1965) einen Katalog der Handelsfunktionen. Müller-Hagedorn (1998, S. 110) stellt zu Recht fest, dass die Funktionenkataloge die Tatsache widerspiegeln, „dass etwas gemacht werde, (sie) erklärten aber nicht die Produktivität und damit die Existenzberechtigung des Handels. Außerdem sei fraglich, ob ein Bedarf an der Ausübung der Handelsfunktionen bestehe". Sie können allerdings eine Grundlage bilden, um Wertschöpfungsfunktionen im Handel zu identifizieren.

Abbildung 1.31: Katalog der Handelsfunktionen

A. Sachgüterumgruppierungsfunktionen
1. Sortimentsfunktionen
   a) Produktorientierte Sortimentsbildung
   b) Konsumtionsorientierte Sortimentsbildung
2. Quantitätsfunktionen
   a) Sachgütersammlung
   b) Sachgüterverteilung

B. Bedarfsanpassungsfunktionen
1. Überbrückungsfunktionen
   a) Raumüberbrückung
   b) Zeitüberbrückung
2. Sicherungsfunktion
   a) Objektsicherung
   b) Subjektsicherung

C. Marktausgleichsfunktionen
1. Markterschließungsfunktionen
   a) Marktuntersuchung
   b) Marktbeeinflussung
2. Umsatzdurchführungsfunktionen
   a) Umsatzakquisition
   b) Umsatzabwicklung

D. Sachgüteraufbereitungsfunktionen
1. Qualitätsfunktionen
   a) Sortierung
   b) Mischung
2. Vollendungsfunktionen
   a) Manipulation
   b) Montage und Wartung

Quelle: Barth/Hartmann/Schröder 2007, S. 29.

b) Das Faktorenmodell

Wenngleich kein „produktionstheoretisches Theoriegebäude für den Handelsbetrieb" existiert (Müller-Hagedorn 1998, S. 113), finden sich einige Entwürfe hierzu, die den Handelsbetrieb als **Input-Output-System** sehen. Auf Buddeberg (1959) geht die Einteilung in folgende Faktoren zurück:

- menschliche Arbeitsleistung
- sachliche Betriebsmittel
- Regiefaktor Ware
- Sicherungsfaktor Kapital
- dispositiver Faktor.

Für den Handelsbetrieb ist dabei der **Regiefaktor Ware** charakteristisch.

Abbildung 1.32 zeigt den Handelsbetrieb als Input-Output-System. Müller-Hagedorn (1998, S. 123) setzt sich zugleich eingehend mit der Eignung produktionstheoretischer Ansätze für die Analyse handelsbetrieblicher Probleme auseinander und weist auf die für die Dienstleistungsproduktion typische Situation einer stochastischen Beziehung zwischen Input und Output hin: „Die Ursache für die stochastischen Beziehungen zwischen Input und Output liegt v.a. in der Mitwirkung des Kunden an der Leistungserstellung."

Müller-Hagedorn (1998, S. 113) stellt zu Recht heraus, dass die Produktionstheorie heute in den Hintergrund getreten ist, dass aber ihre Grundüberlegungen „unter anderen Begriffen aktuell sind". Als Beispiel führt er das Konzept der **Wertkette** von Porter an. Aus Sicht der heutigen Entwicklung des strategischen Managements ergeben sich allerdings erhebliche Unterschiede, wie Handelsunternehmen erfolgreich geführt werden können. Im klassischen funktionenorientierten Gedankengut bestand die Aufgabe darin, das geschäftspolitische Tätigkeitsfeld abzustecken und die Funktionen möglichst gut zu erfüllen, die man der eigenen Geschäftspolitik zu Grunde gelegt hat. Das erfolgreiche Führen von Handelsunternehmen war in einem eher überschaubaren Umfeld mit vergleichsweise ungestörten Entwicklungen relativ leicht. Auf der Grundlage von langfristigen Plänen wurden Maßnahmen in den einzelnen Funktionen ausgewählt und koordiniert. Wachstum war damit relativ leicht erzielbar.

Abbildung 1.32: Der Handelsbetrieb als Input-Output-System

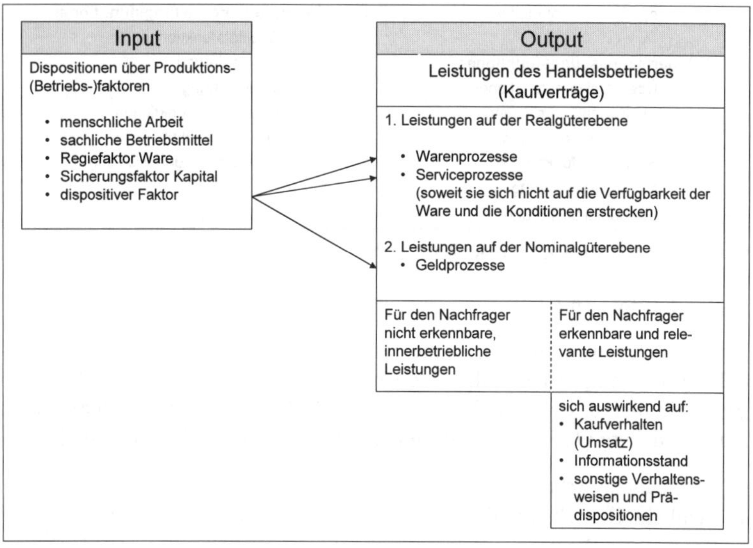

Quelle: Müller-Hagedorn 1998, S. 115.

Obwohl im produktionswirtschaftlichen Ansatz die Idee steckt, das Handelsunternehmen als Abfolge von Prozessen zu erklären, geht dieser nicht über eine enge mengen- und wertmäßige Detailanalyse hinaus. Trotzdem lassen sich Entwicklungslinien zur Wertkette und zum ressourcenorientierten Ansatz ziehen, auf die nachfolgend näher eingegangen wird.

3. Der entscheidungsorientierte Ansatz

Der entscheidungsorientierte Ansatz nimmt in der Handelsbetriebslehre noch immer eine bedeutende Rolle ein. Er hat das Ziel, Entscheidungssituationen und -prozesse in Handelsbetrieben zu erklären und praktikable Entscheidungshilfen für konkrete Probleme bereitzustellen. Entscheidungen werden dabei als ein sich im Zeitablauf vollziehender Prozess verstanden, der einzelne Phasen durchläuft. Dieser allgemeine Entscheidungsprozess wird als unabhängig von Branche und Betriebsgröße, aber auch von konkreten Entscheidungsproblemen gesehen. Einen Überblick über die einzelnen (idealtypischen) Phasen gibt Abbildung 1.33.

Dieses Phasenschema beginnt mit der Analyse des Ist-Zustandes und der Erkenntnis des zu behandelnden Problems. Darauf folgt der Prozess der Zielbildung, in dem die angestrebten Ziele ermittelt und festgelegt werden. Daran schließt sich die Suche nach Alternativen an, die zur Zielerreichung in Betracht kommen. Nach der Auswahl der besten Alternative und der Abschätzung der Wirkungen dieser Alternative folgen die Phasen der Realisierung und der Kontrolle.

Abbildung 1.33: Phasenschema des Entscheidungsprozesses

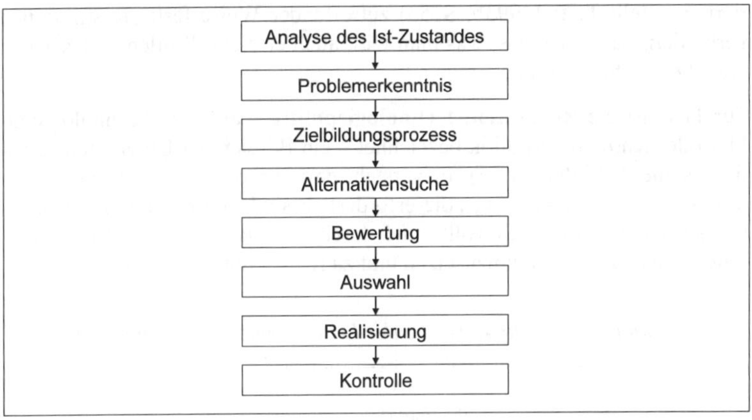

Diese Phasen bilden einen sich wiederholenden **Managementzyklus**, der durch Vor- und Rückkopplungsbeziehungen (feedforward, feedback) charakterisiert ist. Empirische Untersuchungen haben jedoch gezeigt, dass die in dem Phasenschema unterstellte lineare Abfolge der einzelnen Phasen nicht haltbar ist (Witte 1968). Entscheidungsprozesse laufen in der Praxis häufig anders ab. So können einzelne Phasen in unterschiedlicher Reihenfolge vorkommen und es ist schwierig, die einzelnen Phasen in der Realität abzugrenzen und zu identifizieren. Daher kommt derartigen Schemata eher ein entscheidungslogischer als ein empirischer Charakter zu. Trotzdem findet der entscheidungsorientierte Ansatz in der Praxis großen Anklang, da er den Vorstellungen, dass dann erfolgreich Probleme gelöst werden, wenn besonders systematisch vorgegangen wird, entspricht. Auch angesichts zunehmender Komplexität und Dynamik ist der entscheidungsorientierte Ansatz dann besonders beliebt, wenn er durch quantitative und computergestützte Modelle Lösungen bei einer großen Zahl von Variablen formal generiert (vgl. hierzu bereits Gümbel u.a. 1969). Wie die geringen Erfolge von z.B. computergestützten oder computerisierten Entscheidungsmodellen zeigen, ist erhebliche Skepsis angebracht, allein durch Mathematisierung und Computertechnologien komplexe Managementprobleme lösen zu können. Trotzdem liefert der entscheidungsorientierte Ansatz ein in sich geschlossenes Konzept für das Vorgehen bei der langfristigen Planung und hat für die Orientierung beim praktischen Lösen von Problemen zumindest eine heuristische Funktion (Staehle 1999, S. 40).

Konzept der Unternehmenspolitik für Handelsbetriebe

In der Handelsliteratur setzte insbesondere Tietz (1993b, S. 43) mit einem „Konzept der Unternehmenspolitik für Handelsbetriebe" an dem entscheidungsorientierten Ansatz an: „Jeder Handelsbetrieb versucht, unter Beachtung vorgegebener oder freiwillig gesetzter Daten mit als geeignet und vorteilhaft erscheinenden Instrumenten und darauf beruhenden Maßnahmen ein Ziel oder ein Bündel mehrerer Ziele zu erreichen." Die entscheidungsorientierte Sicht erweitert Tietz um eine **aktionsorientierte Betrachtungsweise**, welche die Implementierung des strategisch bzw. politisch Gewollten integriert. So stellt Tietz (1993b, S. 53) zutreffender Weise fest: „Restriktionen verhindern, dass man das, was man will, auch erreicht. Wollen und Können brauchen nicht übereinzustimmen."

Für Tietz ist die **Realisationstechnologiepolitik** – auch als Technologiepolitik oder Know-how-Politik bezeichnet – ein Bereich der Unternehmenspolitik (siehe Abbildung 1.34). Er versteht darunter die Politik der konkreten Maßnahmen und Aktionen, „die erforderlich sind, um das durch die Leistungsprogrammpolitik Gewollte und durch die Managementpolitik Vorbereitete auch tatsächlich umzusetzen und zu realisieren" (Tietz 1993b, S. 53).

Abbildung 1.34: Die Bereiche der Unternehmenspolitik nach Tietz

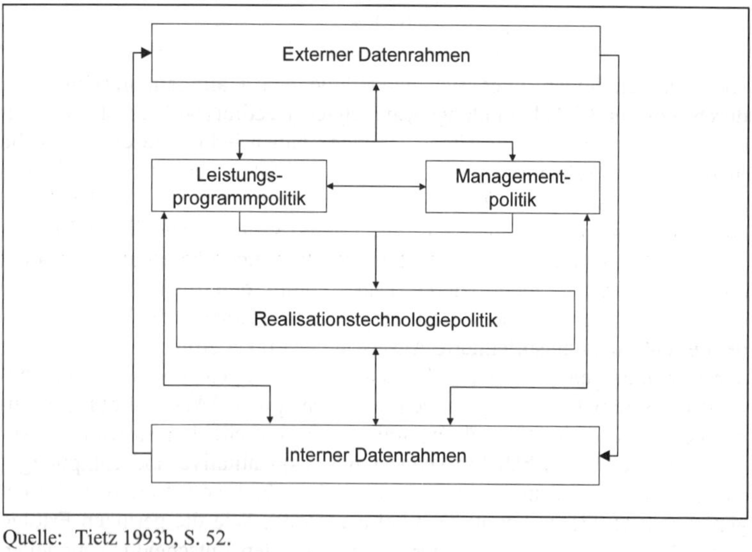

Quelle: Tietz 1993b, S. 52.

Der in diesem Buch verfolgte ganzheitliche Ansatz greift diese entscheidungsorientierte Betrachtungsweise im Managementprozess auf. Er strebt gleichermaßen eine Verknüpfung der Ebene der unternehmenspolitischen Entscheidungen mit der Ebene der Implementierung, d.h. der Um- und

Durchsetzung, sowie der Streuung an. Zugleich wird angestrebt, die Dynamik der internen und externen Rahmenbedingungen und ihre Wechselbeziehungen durch eine Perspektivenerweiterung zu erfassen. Die Erweiterung erfolgt in Richtung **Ganzheitlichkeit** und unterlegt daher dem entscheidungsorientierten Managementprozess einen holistischen Bezugsrahmen. Diese Sichtweise soll Handelsunternehmen nicht nur einen Handlungsrahmen bieten, in gegebenen Umfeldsituationen bestmögliche strategische und operative Entscheidungen vorzubereiten und Wege der Implementierung aufzuzeigen, sondern sich zu einer ganzheitlich ausgerichteten, fortschritts- und damit wandlungsfähigen Organisation zu entwickeln.

4. Verhaltenswissenschaftliche Ansätze

Das Grundanliegen von verhaltenswissenschaftlichen Ansätzen besteht in der Analyse des tatsächlichen Verhaltens von Menschen. Es steht im Gegensatz zur Analyse des Verhaltens von idealisierten Wesen, wie sie z.B. im klassischen Bild des „homo oeconomicus" zum Ausdruck kommt.

Innerhalb der Entwicklung der Managementforschung weisen verhaltenswissenschaftliche Ansätze zwei Schwerpunkte auf. Sie beschäftigen sich zunächst damit, wie sich **Menschen in Organisationen** verhalten, aber auch welche Wirkungen informelle und formale Strukturen in Unternehmen auf die Effizienz und Effektivität des Gesamtunternehmens haben. Konkrete Themen innerhalb dieser Forschungsrichtung sind z.B. Mitarbeitermotivation und Mitarbeiterzufriedenheit, die Führung von Mitarbeitern, Auswirkungen informeller Gruppenbildungen, die Analyse von Mitarbeiterkonflikten, aber auch die Integration von Mitarbeiterbedürfnissen in ökonomische Organisationsziele. Derartige Fragestellungen sind Gegenstand des **Human-Resources-Ansatzes**, auf den im Sechsten Kapitel näher eingegangen wird. Hinzu kommt die Perspektive des Verhaltens des Managements oder der Manager bei der Entscheidungsfindung, der Führung oder der Vertretung eines Unternehmens gegenüber allen Anspruchsgruppen, so Stakeholdern und Shareholdern.

Im Kern richtet sich diese Perspektive an der Kritik der traditionellen Organisation aus, die sich als wenig effektiv im gewandelten Umfeld herausgestellt hat. Sie wenden sich gegen das tayloristische Ideengut, das auf extreme Spezialisierung, der Trennung von anweisenden und ausführenden Tätigkeiten sowie der vielgliedrigen Hierarchie mit Einheitlichkeit des Befehlsweges aufbaut und ursprünglich zur Steigerung der Arbeitsproduktivität konzipiert war (vgl. hierzu Zentes/Swoboda/Morschett 2004, S. 163ff. und die dort angegebene Literatur). Dieser Vorstellung lag ein Verständnis von Handelsunternehmen als „effiziente Verkaufsmaschinen" zu Grunde.

Die zweite Forschungsrichtung innerhalb der verhaltenswissenschaftlichen Ansätze beschäftigt sich mit dem **Verhalten der Marktteilnehmer**, wobei neben der Analyse des Lieferanten- und Konkurrenzverhaltens die Analyse des **Käuferverhaltens** im Vordergrund steht. Dabei kann festgestellt werden, dass die in der allgemeinen Konsumentenforschung entwickelten Ansätze meist auch für die Erklärung des Verhaltens von Konsumenten im

Handel herangezogen werden und wichtige Erklärungsbeiträge liefern. Die Aspekte, die dabei im Einzelnen untersucht werden, sind sehr vielfältig. So lassen sich die Verhaltensweisen des Konsumenten nach unterschiedlichen Phasen des Kaufprozesses unterscheiden. Den Ablauf eines Kaufprozesses kann man idealtypisch in eine Vorkauf-, Kauf- und Nachkaufphase einteilen (vgl. hierzu Foscht/Swoboda 2007, S. 161ff.). Das dabei auftretende Verhalten der Konsumenten bietet differenzierte Ansatzpunkte für Handelsunternehmen (siehe Abbildung 1.35).

Abbildung 1.35: Konsumentenverhalten und Ansatzpunkte für Handelsunternehmen im Kaufprozess

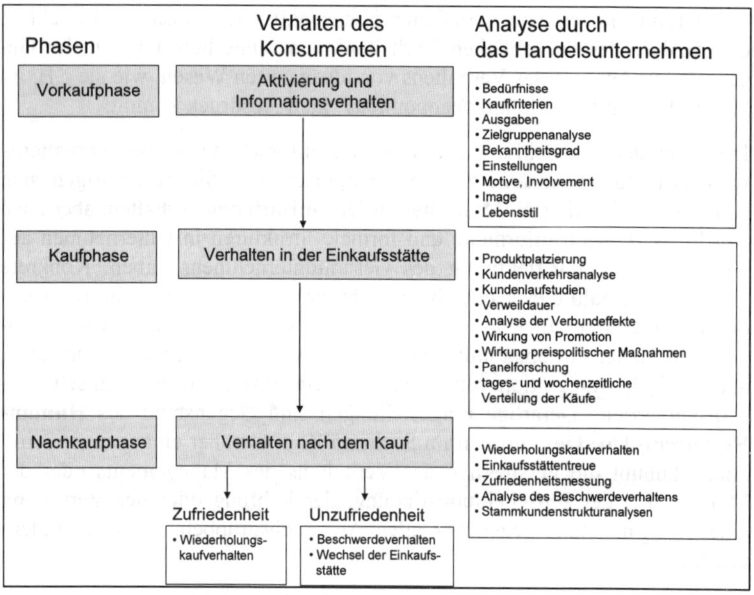

In der **Vorkaufphase** dominieren die Aktivierung und das Informationsverhalten des Konsumenten. Es reicht aus Konsumentensicht von der Bedürfniserkennung, der Suche nach geeigneten Informationen bis hin zur Bewertung und Auswahl von Alternativen (z.B. Wahl der Einkaufsstätte). Aus Sicht des Handels können in dieser Phase eine Reihe von Analysen durchgeführt werden. Dazu gehören z.B. die Analyse von Kundenbedürfnissen, Konsumausgaben und Motiven, Lebensstilanalysen, Einstellungs- und Imagemessungen usw.

In der **Kaufphase** geht es z.B. im stationären Handel um das Verhalten in der Einkaufsstätte. Im Handel können zur Analyse z.B. Kundenverkehrsstudien (Analyse des Einzugsgebietes, benutzte Verkehrsmittel usw.), Studien der Einkaufsfrequenz und der Verweildauer durchgeführt werden. Im Laden geben Kundenlaufstudien und Platzierungstests wichtige Aufschlüsse. Die Wirkungen von preispolitischen Maßnahmen und Promotionsaktionen lassen sich u.a. durch Auswertung von Scannerdaten ermitteln und die Panelforschung ermöglicht wichtige Analysen z.B. von Verbundeffekten.

Die dritte Phase stellt die **Nachkaufphase** dar. Neben dem Konsum der Güter bzw. ihrer Anwendung kommt es zur Bewertung der erhaltenen Leistungen und Erfahrungen in den bisherigen Prozessschritten. In Konsequenz führen diese Bewertungsprozesse zur Zufriedenheit oder Unzufriedenheit, zu einem Wiederkaufverhalten oder zum Wechsel der Einkaufsstätte. In dieser Phase ist die Analyse dieser Größen oder der Einkaufsstättentreue und der Motive für den Wechsel der Einkaufsstätte ein wichtiger Ansatzpunkt. Darüber hinaus spielt auch die Analyse der Kundenstruktur (Stammkunden, Laufkunden usw.) eine wichtige Rolle.

Das Ziel aller Bemühungen in der Erforschung des Verhaltens von Konsumenten besteht in der Generierung theoretisch begründeter und empirisch abgesicherter Verhaltensaussagen über die Wirkung der Instrumente zur Beeinflussung des Konsumentenverhaltens. Grundlegend ist ein **neo-behavioristischer Erklärungsansatz**. Das Verhalten wird als Reaktion (Response) auf äußere Reize (Stimuli), die über intervenierende Variable (Organismus) einwirken, beschrieben. Intervenierende Variable sind theoretische Konstrukte, die sich der Beobachtung entziehen. Zu ihnen gehören z.B. aktivierende und kognitive Prozesse, die ihrerseits durch prädisponierende Prozesse bzw. Größen wie Involvement, Werte, Kultur beeinflusst werden. Das sog. S-O-R-Modell (Stimulus-Organismus-Response) ist in Abbildung 1.36 schematisch dargestellt.

Abbildung 1.36: Das S-O-R-Modell

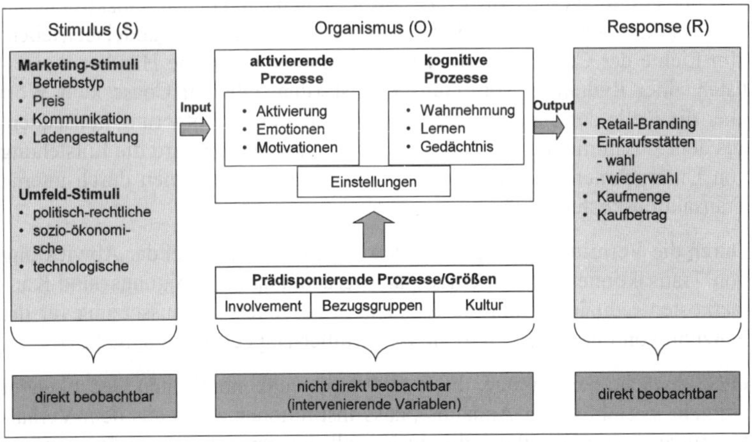

Quelle: Foscht/Swoboda 2007, S. 30 und die dort zitierte Literatur.

Die Käuferverhaltensforschung liefert wichtige Beiträge zur Erklärung von Konsumerlebnissen und deren Auswirkungen, z.B. im Rahmen der erlebnisorientierten Ladengestaltung bzw. der erlebnisorientierten Gestaltung von Shopping-Centern (Weinberg/Besemer 1999). Auch die Erklärung des persönlichen Engagements von Kunden (**Involvement**) oder die Erklärung von Werbewirkungen geben wichtige Orientierungen für die Handelspraxis.

5. Institutionenökonomische Perspektiven

Das Forschungs- und Lehrgebäude der **Neuen Institutionenökonomik**, das sich als Weiterentwicklung der mikroökonomischen Modelle versteht, bietet auch für die Erklärung der Tätigkeit von Handelsbetrieben interessante Perspektiven. Die Neue Institutionenökonomik besteht allerdings nicht aus einem einheitlichen Theoriegebäude, sondern aus mehreren, methodologisch weit gehend verwandten Ansätzen, die sich teilweise überschneiden, sich ergänzen und sich aufeinander beziehen (vgl. hierzu Picot/Reichwald/Wigand 2003, S. 38ff.). Die Ansätze stellen die Bedeutung der Information und Kommunikation für die Koordination der wirtschaftlichen Tätigkeit in den Mittelpunkt. Aus dieser Sicht lassen sich Handelsunternehmen als Institutionen auffassen, die Informations- und Kommunikationsprozesse möglichst rational durchführen sollen. Dabei wird die Erklärung vom Standpunkt des einzelnen Individuums vorgenommen.

Aus dem verzweigten Theoriengebäude der Institutionenökonomik, aus dem sich die Informationsökonomik, der Transaktionskostenansatz, die Theorie der Verfügungsrechte und der Principal-Agent-Ansatz herausgebildet haben, hat die Transaktionskostentheorie, die sich mit der Übertragung von Verfügungsrechten beschäftigt, im Handel ein besonderes Interesse gefunden (Gümbel 1985; Picot 1986).

Transaktionskostentheoretische Sichtweise

Auf der Grundlage des auf Coase zurückgehenden Transaktionskostenkonzeptes erklärt Gümbel (1985, S. 168) die Existenz von Handelsbetrieben: „Im Lichte der Coase-Theorie der Unternehmung sind die Händler Spezialisten einer Reduktion von Transaktionskosten. Obwohl Coase kein Wort über die Rolle der Händler verliert, ergibt sich obige Folgerung konsequent aus dem Zusammenhang, denn in seiner Argumentation wird die Entstehung von Unternehmen primär über die Substitution von externen durch interne Transaktionskosten erklärt."

Durch die Vermittlungstätigkeiten des Händlers können bei der Abwicklung von Transaktionen Kosten eingespart werden, „da sie Einigungs- und Kontaktkosten reduzieren und die Existenz des Handels Voraussetzung für die Nutzung von Economies of Scale ist" (Müller-Hagedorn 1998, S. 125).

Die Schwäche der Ansätze, die im institutionenökonomischen Gedankengut wurzeln, besteht in der Annahme, dass Institutionen allein aus dem Verhalten nutzenmaximierender Individuen analysiert und erklärt werden können. Die Gestaltungsempfehlungen für das Management bestehen in einfachen Regeln, die nur wenige Variablen einbeziehen. Nach Staehle (1999, S. 67) wird allerdings übersehen, dass „die abgeleiteten Gestaltungsempfehlungen nicht selten in der Praxis unnötige Koordinations- und Kontrollkosten verursachen, die durch eine intelligentere [...] Organisation und Führung, Planung und Kontrolle usw. zu verhindern gewesen wären."

Trotzdem können diese Ansätze, die eine mehr erklärende und theoretische Perspektive auf mikroökonomischer Basis forcieren, wichtige Beiträge zur Handelsbetriebslehre leisten. Hierzu sei z.B. auf Beiträge von Kaas (1998) verwiesen, der das institutionenökonomische Gedankengut für die Weiterentwicklung der Marketinglehre, aber auch der Handelsbetriebslehre nutzt. Für den Schwerpunkt dieses Buches, der auf eine ganzheitliche Problemlösung ausgerichtet ist, treten diese Ansätze allerdings in den Hintergrund.

6. Neuere Ansätze der Managementforschung

a) Situative Ansätze

Das Verhältnis von Organisation und Strategie spielt für die Konzeption des strategischen Managements eine wichtige Rolle. Der tief greifende Wandel im Umfeld wird dabei auch für die Erklärung der Veränderung der Beziehung zwischen Organisation und Strategie herangezogen. Dabei geht es im Prinzip um die Frage, wie eine strategieadäquate Organisation von Handelsunternehmen erklärt und gestaltet werden kann.

Die situativen Ansätze der Managementforschung stehen unter der Leitidee, dass Management-Handeln durch die Situation bzw. den Kontext geprägt ist. Aufgabe des strategischen Managements ist es danach, den strategischen Fit zwischen Umwelt und Organisationsstruktur zu finden. Dies drückt sich in der sog. **Kongruenz-Effizienz-Hypothese** aus: „Je besser die Übereinstimmung zwischen Organisation und Umwelt, desto effizienter ist die Organisation." Diese Überlegungen sind Teil der **kontingenz-** und **konsistenztheoretischen** (bzw. **konfigurationstheoretischen**) **Ansätze** in der Managementlehre.[1]

Es wurde rasch erkannt, dass die einseitige Konzentration auf die externe Seite des Unternehmens, also auf das Umfeld bzw. auf den Markt und damit nur auf die Effektivität, zu kurz greift. Durch die Ansätze wird die externe Seite durch organisationsinterne Kontextfelder ergänzt. Mit dieser erweiterten Perspektive wirkt sich die Konsistenz zwischen externen und internen Faktoren effizienzsteigernd für ein Handelsunternehmen aus. In der Ergänzung der Beziehung der Unternehmung zu ihrer Umwelt um die organisationsinternen Faktoren kann ein wichtiger Schritt zu einem ganzheitlichen strategischen Management gesehen werden. Diese Sichtweise liegt den Ausführungen des nachfolgenden Abschnitts (II.) zu Grunde.

b) Interpretative Ansätze

Während die mikroökonomisch fundierten Ansätze, aber auch die situativen Ansätze von einem objektiven Wissenschaftsverständnis ausgehen, kommt mit den neueren systemtheoretischen Ansätzen eine interpretative Wende in

---

[1] Zu den „Schulen" der Managementforschung vgl. Abschnitt A.I. des Zweiten Kapitels.

die Managementforschung (Staehle 1999, S. 66ff.). In neueren systemtheoretischen Ansätzen wird das Bild vom Unternehmen und von der Umwelt eher konstruiert. Erkenntnistheoretisch sind Organisationen und ihre Umwelten nicht unabhängig von der sie konstruierenden Person und damit eine **soziale Konstruktion** der Wirklichkeit (Schmidt 1994).

Einen interessanten Hintergrund für eine Erweiterung des Handelsmanagements bildet ein Zweig der Systemtheorie, der die aus der Biologie stammende **Theorie der Autopoiese** in die Managementlehre transferiert (Maturana/Varela/Uribe 1985). Dieser Zweig der Systemtheorie wurde erstmals von Liebmann (1998) für die Erklärung von Managementproblemen im Handel herangezogen. Die Kernidee des Autopoiese-Konzepts kann einerseits auf die Handelsunternehmung aus der Perspektive der Organisation – die Handelsunternehmung als lebendes System –, aber auch aus kognitiver Perspektive – Wahrnehmung und Interpretation, wie der Erkenntnis- und Wissenserwerb zustande kommt – angewandt werden.

In vielen Umfeldern, die durch zunehmende Dynamik und Komplexität gekennzeichnet sind, lassen sich für ein Handelsunternehmen, das grundsätzlich auf mehr Veränderungen ausgerichtet ist, auf dieser systemtheoretischen Basis wichtige Erklärungsmodelle ableiten. Das Grundverständnis, das die Basis des Ansatzes bildet, rückt vom Gedanken nach Gleichgewichtsstreben ab. Damit ein Handelsunternehmen den starken Veränderungen gerecht werden kann, scheint die klassische Orientierung am Wandel, die den Schwerpunkt auf die Suche immer perfekterer Strukturen legt, weniger zielführend. Bewegung wird zum Normalfall, die Stabilität hingegen zur Ausnahme. Die Vorstellung, dass ein System als immanent unruhig betrachtet wird, lässt sich anschaulich auf Handelsunternehmen übertragen:

Als ein autopoietisches System wird ein lebendes System verstanden, das entsteht und in der Lage ist, die eigene Organisation von innen hervorzubringen, zu entwickeln und aufrecht zu erhalten, mittels uneingeschränktem Rückgriff auf die systemeigenen Komponenten.

Die Unternehmung als soziales System organisiert sich selbst nach einer internen Systemorganisation und ist dabei operational geschlossen, d.h., es bildet eine eigene Identität und bearbeitet den Input. Die Systemgrenzen müssen allerdings offen sein, damit die Unternehmung als System „Material" aus der Umwelt aufnehmen kann. Man spricht von einer materiellen, semantischen und energetischen Offenheit. Für das Management im Handel kann die Autopoiesetheorie einen Erklärungsbeitrag für eine ganzheitliche Perspektive im Management liefern. Überträgt man die Vorteile, die in der Literatur mit der Leistungsfähigkeit interpretativer Ansätze allgemein gesehen werden auf das Handelsmanagement, so lassen sich drei Punkte herausstellen:

- Sie bieten eine bessere Chance für eine Annäherung an die Wirklichkeit des Managements.

- Die Bedeutung der Kommunikation und Interaktion in der Managementpraxis wird hervorgehoben.
- Der konstruktivistische Rahmen bietet eine Grundlage für den Diskurs von Managementproblemen, die bisher in der funktionalistischen und situativen Managementlehre kaum eine Rolle gespielt haben.

Sicher sind viele Kritikpunkte zum interpretativen Ansatz hervorzuheben, ebenso wie zu seiner systemtheoretischen Basis (vgl. hierzu Zentes/Swoboda/Morschett 2004). Sie bestehen neben dem eher deskriptiven Charakter, bei Vernachlässigung präskriptiver Perspektiven, v.a. in dem noch geringen Ausarbeitungsstand des empirischen Programms und in der unzureichenden Integration der harten ökonomischen Handlungsbedingungen.

7. Ausgewählte Managementkonzepte

Vor dem Hintergrund eines gewandelten Umfeldes ist in der Unternehmenspraxis bzw. aus Unternehmensberatungen eine Reihe von sog. Managementkonzepten entstanden, die sich mit jeweils aktuellen Problemen der Praxis beschäftigen. Wenngleich diese Konzepte keinen Anspruch auf wissenschaftlich befriedigende Erklärungen stellen können (und auch nicht stellen), so gehen dennoch von ihnen wichtige Impulse für die Weiterentwicklung der Managementlehre aus.

In diese Konzepte sind neben deskriptiven Untersuchungen auch zahlreiche Alltagserfahrungen und -beobachtungen eingeflossen. Diese Managementkonzepte werden meist unter attraktiven Etiketten als Problemlösungen angeboten. Große Resonanz gefunden haben u.a. Total Quality Management (TQM), Lean Management und Business-Process-Reengineering (BPR). Auf diese Konzepte wird hier nicht näher eingegangen; sie werden jedoch im Zusammenhang mit Fragen des Supply-Chain-Managements und der Führung in den nachfolgenden Kapiteln angesprochen.

II. Ein strategischer Managementansatz im Handel

1. Integrierte Managementperspektive als Basis

Im Rahmen des strategischen Managements können – wie angedeutet – zwei Pfade gegenüber gestellt werden, die unterschiedliche Perspektiven betonen:

- die marktorientierte Managementsicht
- die ressourcenorientierte Managementsicht.

Hinsichtlich einer ganzheitlichen Sichtweise des Handelsmanagement, die nachfolgend angestrebt wird, sind beide Perspektiven zu verknüpfen (vgl. hierzu Zentes/Swoboda/Morschett 2004; Zentes/Swoboda/Schramm-Klein 2006 sowie die dort angegebene Literatur).

Outside-Inside-Perspektive

Das **marktorientiertes Management** ist auf die Führung des Unternehmens vom Markt her fokussiert. Dabei sind – pauschal gesprochen – die Stärken und Schwächen eines Unternehmens konsequent an die Chancen und Risiken des Umfeldes bzw. des Marktes anzupassen. Ziel ist es, nachhaltige Wettbewerbsvorteile zu schaffen, um die Unvollkommenheit des Marktes so auszunutzen, dass eine monopolistische Rente entsteht.

Der traditionell im Handel dominierende, oft diskutierte **marktorientierte Ansatz** („market-based view") geht dabei von der Grundannahme aus, dass die Einzigartigkeit und damit der Erfolg von Unternehmen durch ihre Stellung auf den Märkten bestimmt wird. Um erfolgreich zu sein, muss ein Unternehmen versuchen, auf den Märkten Wettbewerbsvorteile gegenüber seinen Konkurrenten aufzubauen und zu verteidigen, d.h., das Verständnis der Märkte ist der Ausgangspunkt für die Formulierung einer erfolgreichen Wettbewerbsstrategie (Hungenberg 1999, S. 15). Zentrales Denkmodell, das die Outside-Inside-Perspektive zum Ausdruck bringt, ist das auf einen „Pionierbeitrag" von Bain (1959) zurückgehende, Structure-Conduct-Performance-Paradigma der **Industrieökonomik** – später u.a. aufgegriffen von Scherer (1970) –, das einen Zusammenhang zwischen den Markt- und Wettbewerbsbedingungen („**Structure**"), dem Verhalten der Wettbewerber („**Conduct**") und den Ergebnissen des Wettbewerbs („**Performance**") beschreibt (Hungenberg 1999, S. 15): „Grundannahme dieses Paradigmas ist, dass die Marktstruktur direkt das Verhalten der Wettbewerber determiniert und das Wettbewerberverhalten die Marktergebnisse bestimmt, wodurch auch diese – zumindest indirekt – maßgeblich von der Marktstruktur geprägt werden. Obwohl es auch Rückkoppelungen zwischen diesen Größen gibt, ist es demnach in erster Linie das Verständnis der Marktstruktur, das herausragende Bedeutung für Wettbewerb und Unternehmenserfolg besitzt."

Kritikpunkte an diesem Konzept betreffen die Nicht-Berücksichtigung dieser Rückkopplungen oder auch die Überbetonung der Effektivität bzw. die Unterbetonung der Effizienz, die Simplifizierung der Sicht von Unternehmen usw. Darüber hinaus werden Kompetenzen, die ein Unternehmen einzigartig machen (können), vernachlässigt bzw. in der strategischen Gruppenbetrachtung in der Branche nivelliert. Dies sind bspw. einzigartige materielle Ressourcen (im Handel z.B. Kontrakte, Finanzmittel, die Unternehmensgröße oder standortspezifische Ressourcen) oder auch flexible Führungssysteme und -prozesse.

Insgesamt ist der industrieökonomische bzw. marktorientierte Ansatz – nicht zuletzt auf Grund der Arbeiten Porters (1980)[1] – grundlegend für das strategische (Handels-)Management, so auch für das Zweite Kapitel zu den wettbewerbsorientierten Strategien. Allerdings finden sich in diesem Ansatz kaum Aussagen bezüglich der Organisation oder der Institutionalisierung bzw. Koordination von Handelsunternehmen.

---

[1] Bekannt ist ein breites Instrumentarium zur Analyse der Branchen- und Wettbewerbsstruktur (Triebkräfte des Wettbewerbs; vgl. Abschnitt D.III. dieses Kapitels).

Inside-Outside-Perspektive

Der **ressourcenorientierte Ansatz** („resource-based view"), dessen theoretische Wurzeln bereits bei Selznick (1957) und Penrose (1959) liegen, wurde von Wernerfelt (1984) und einer Vielzahl weiterer Autoren aufgegriffen (vgl. hierzu Barney 2006; Collis 1991) und nimmt aktuell in der Managementforschung eine bedeutende, wenn nicht dominierende Rolle ein.[1]

Im **ressourcenorientierten Ansatz** werden die nachhaltige Entwicklung von spezifischen Ressourcen sowie die interne Sicht der Führung von Unternehmen in den Vordergrund gestellt. Die Grundüberlegung dazu ist einfach: Wenn alle Unternehmen prinzipiell Zugang zu allen Ressourcen haben, dann sind monopolartige Positionen langfristig nicht mehr zu halten. Wenn es aber gelingt, unternehmensspezifische Ressourcen aufzubauen und diese zu Kernkompetenzen zu entwickeln, dann ist ein Schutz vor Konkurrenten eher möglich. Damit liegt der ressourcenorientierten Sichtweise eine andere Perspektive der Entwicklung von Wettbewerbsvorteilen und der Erklärung des Unternehmenserfolges zu Grunde als der Industrieökonomik. Während die industrieökonomische Sicht davon ausgeht, dass die Unternehmen sich über geeignete Wettbewerbsstrategien an die Umwelt anpassen, liegt beim ressourcenorientierten Ansatz der Fokus im Unternehmen. Dieses entwickelt aktiv seine Strategien und Kompetenzen und bringt diese dann auf den Markt. Hier kommt somit die Inside-Outside-Perspektive zum Ausdruck.

Dabei sollten Ressourcen, um nachhaltige Wettbewerbsvorteile generieren zu können, bestimmte Eigenschaften erfüllen: Knappheit und Unternehmensspezifität, unvollkommene Imitierbarkeit, unvollkommene Substituierbarkeit und Generierung eines marktseitig reflektierten Zusatznutzen (vgl. dazu den VRIO-Ansatz von Barney 2006; Peteraf 1993). Idealtypisch können dabei zwei Typen von Ressourcen unterschieden werden (vgl. bspw. Collis 1991; Grant 1991; Osterloh/Frost 2006):

- **materielle bzw. tangible Ressourcen**, z.B. Finanzmittel, Kontrakte, standort- bzw. kontextspezifische Ressourcen
- schwierig erfassbare, immaterielle bzw. intangible Ressourcen, entweder
  - personenunabhängig, z.B. Strukturen, Systeme sowie Leistungs-, Management- und Entwicklungsprozesse als auch Image/Retail-Brand, oder
  - personenabhängig, z.B. Wissen, Unternehmenskultur und -führung als auch unternehmens- und unternehmerspezifische Fähigkeiten.

Bezug nehmend auf die genannten Anforderungen stimmt eine Mehrheit der Autoren darin überein, dass intangible Ressourcen eher dazu geeignet sind,

---

[1] Vgl. dazu Burmann/Freiling/Hülsmann 2006, S. vii und Hoskisson u.a. (1999), welche die Entwicklung der Managementforschung anhand eines Pendels darstellen; der Fokus schwingt vom „market-based view" zum „resource-based view". Anzuführen sind auch „competence-based view" (Prahalad/Hamel 1990) und „dynamic capabilities approach" (Teece/Pisano/Shuen 1997), die miteinander verwandt sind (Wolf 2005, S. 421).

einen langfristigen Wettbewerbsvorteil darzustellen (vgl. dazu Hitt u.a. 2001, S. 14; Ray/Barney/Muhanna 2004, S. 26). Dies spiegelt sich in der Handelspraxis dahingehend wieder, dass sich bspw. die Führung der intangiblen Ressource (Retail-Brand) zur Top-Managementpriorität entwickelt (Srivastava/Fahey/Christensen 2001, S. 778). Weiterhin stellt die „resource-based view" organisationsinterne, d.h. unternehmens- und kooperationsinterne, Entscheidungen und Prozesse in den Mittelpunkt: Die internen Ressourcen einer Organisation – z.B. ein Betriebstyp, das Wissen, die Finanzkraft, die Prozesse usw. eines Handelsunternehmens – sind primärer Ansatzpunkt zur Erklärung von Wettbewerbsvorteilen.

In diesem Ansatz spielen ebenfalls organisationale **Lernaspekte** eine Rolle, etwa bei der Entwicklung von Fähigkeiten. Demgegenüber ist klar, dass im dynamischen Umfeld „inkrementale" Verbesserungen nicht ausreichen, sondern häufig grundlegende Innovationen bzw. revolutionäre Schritte erforderlich sind, um Wettbewerbsvorteile aufzubauen und zu verteidigen.[1]

Integration der Managementperspektiven

Die Diskussion sollte deutlich machen, dass eine nur einseitige Sicht der externen Determinanten oder der **Ressourcen** der Unternehmen unzulänglich ist. Tabelle 1.14 stellt die Outside-Inside- und die Inside-Outside-Perspektive überblicksartig gegenüber und zeigt, dass die eine Sichtweise eine zu reaktive und an Branchendurchschnitten orientierte Rolle des Unternehmens postuliert, während die andere proaktive, individualistische Sichtweise die Erfolgsrelevanz von Märkten vernachlässigt. Zugleich ist dies keine „puristische" Trennung, da bspw.

- im umfelddeterministischen Ansatz von Porter die **Wettbewerbsvorteile** – aus einer weiten Sichtweise heraus – auch in internen Ressourcen begründet sein können, und
- umgekehrt intern entwickelte Konzepte nur dann Vorteile begründen können, wenn sich diese am Markt durchsetzen.

Tabelle 1.14: Vergleich des markt- und des ressourcenorientierten Ansatzes im Handel

	Marktorientierter Ansatz	Kernkompetenzbezogener, ressourcenorientierter Ansatz
Denkfigur	Handelsunternehmen als Portfolio von SGF/SGE	Handelsunternehmen als Reservoir von Fähigkeiten und Ressourcen
Allgemeine Zielsetzung	Wachstum durch Cashflow-Balance im Laufe des Betriebstypen- oder SGF-Lebenszyklus	nachhaltiges Wachstum durch Entwicklung, Nutzung und Transfer der Kernkompetenzen
Träger des Wettbewerbs	Betriebstyp gegen Betriebstyp (bzw. SGE gegen SGE)	Handelsunternehmen gegen Handelsunternehmen
Konkurrenzgrundlage	Kosten- oder Differenzierungsvorteile	Ausnutzung von handelsunternehmenweiten Kompetenzen

[1] Der Aufbau und die Entwicklung von neuem Wissen in fortschrittlichen Unternehmen ist bei zunehmendem Wettbewerb die Basis für ihr Überleben; vgl. dazu Abschnitt E.III. in diesem Kapitel sowie Probst/Raub/Romhardt 2006.

Charakter des strategischen Vorteils	- zeitlich befristet, eruierbar - geschäftsspezifisch - wahrnehmbar	- dauerhaft, schwer angreifbar - transferierbar in andere SGF/SGE - verborgen („tacit knowledge")
Strategiefokus	tendenziell defensiv: Ausbau und Verteidigung bestehender SGF/SGE; Anpassung der Strategie an die Wettbewerbskräfte	tendenziell offensiv: durch Kompetenztransfer Weiterentwicklung alter und Aufbau neuer Märkte; Beeinflussung der Wettbewerbskräfte
Planungshorizont	eher kurz- und mittelfristig	betont langfristig
Rolle der SGE	Quasiunternehmung, „Owner" von Personen und Ressourcen (Profit-Center)	Speicher von Ressourcen und Fähigkeiten (Center of Competence)
Aufgabe des Top-Managements	Zuweisung von finanziellen Ressourcen an die strategischen SGE	Integration von Ressourcen, Fähigkeiten auf Basis eines Gesamtkonzeptes
Gewinnung empirischer Aussagen	kollektivistische, integrative (strategische Gruppen-)Betrachtung	individualistische, einzigartige (Fallstudien-)Betrachtung

Quelle: in Anlehnung an Krüger/Homp 1997, S. 63.

Zu pauschal ist es, die ressourcenorientierte Denkrichtung nur als Ergänzung der industrieökonomischen Ansätze zu sehen (Grunert/Hildebrandt 2004, S. 461). Für die Unternehmensführung reicht es nicht, attraktive Produkt/Markt-Positionen oder das Käuferverhalten allein zum Inhalt einer Strategie zu erheben, wenn unternehmens- und kontextspezifische Führungs- bzw. Koordinationsparameter außer Acht bleiben, welche die Ausschöpfung derartiger Zielpositionen erst ermöglichen. Umgekehrt bestimmt in letzter Konsequenz der Markt das ökonomische Ergebnis. Aber um zukünftige Märkte zu entdecken, kann eine integrative Durchschnittsbetrachtung kaum helfen.

Abbildung 1.37: Integration von Outside-Inside- und Inside-Outside-Perspektive

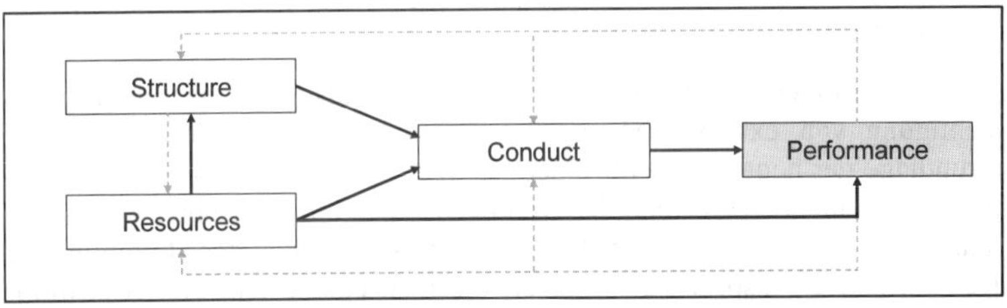

Quelle: in Anlehnung an Zentes/Swoboda/Schramm-Klein 2006, S. 33.

Dieser Argumentation folgend, liegt diesem Buch eine integrierte Betrachtungsweise zu Grunde und somit eine Synthetisierung der Outside-Inside- und Inside-Outside-Perspektive. Abbildung 1.37 verdeutlicht dies, auch wenn die Wechselwirkungen (insbesondere von Structure, Conduct und Performance) nur in Form von Rückkopplungen angedeutet sind.

Obwohl nachfolgend meistens die marktorientierte Perspektive den Ansatzpunkt der Betrachtungen bildet, gilt es für das Handelsmanagement die Bedeutung der Ressourcen zu betonen, sei es

- ♦ i.S. einer für den Erfolg und die Marktwirkung zunehmend zentralen Management- und Effektivitätsbetrachtung,

- der gerade im Handel vielfach institutionalisierten Kooperationen und Kontrakte,
- in Verbindung zur verwandten „resource-dependency view" als Determinanten (i.S. von Kapazitäten, verfügbaren Ressourcen bzw. unternehmensinternen Faktoren) von Einzelentscheidungen des Handelsmanagements oder
- im Hinblick auf die Konzentration auf Kernkompetenzen und das Outsourcing von Leistungen, die im Vergleich zum Wettbewerb gleich oder schlechter beherrscht werden (Macharzina/Wolf 2005, S. 271ff.).

Der integrierte Managementansatz wird in den nachfolgenden Abschnitten konkretisiert und mit den Ebenen des Managements im Handel verbunden.

2. Stakeholder-Orientierung, Standortwettbewerb und Prozessorientierung als Konkretisierungen der integrierten Perspektive

a) Stakeholder- und Shareholder-Value

Während in der jüngeren Vergangenheit die primär kapitalmarktgeprägte Sichtweise der Shareholder-Value-Orientierung dominierte, die in erster Linie auf börsennotierte Unternehmen fokussierte und die Bedeutung der Erwirtschaftung einer nachhaltigen Rentabilität des Eigenkapitals, die deutlich über dem Zinssatz für langfristiges Fremdkapital liegt, in den Mittelpunkt stellte,[1] zeichnet sich ein Bedeutungsanstieg der Stakeholder-Orientierung ab.

> *Nach dem Shareholder-Ansatz ist die Führung ausschließlich an den Interessen der Anteilseigner (Shareholder) auszurichten.*

Ansätze zu einer Erweiterung der Perspektive entstanden mit der Berücksichtigung von externen Managern, die nicht Anteilseigner waren. Die Grundlage der heutigen Sicht bildet das Werk von Freeman (1984) „Strategic Management: A Stakeholder Approach" (vgl. auch Freeman/Wicks/Parmar 2004). Diskutiert werden drei Aspekte einer Stakeholder-Orientierung: Der normative Anspruch als solcher, die Instrumente und die Deskription dieses Phänomens in der Unternehmenspraxis (Donaldson/Preston 1995, S. 65ff.). In der Reinform wird eine kontroverse Position zur herkömmlichen Sicht eingenommen.

Es gilt, so einen Beitrag zur Sicherung bzw. zum Ausbau der Marktposition zu leisten und damit letztlich den Unternehmenswert zu steigern (Freeman 1984). Demgegenüber fehlen in dem o.g. Porter'schen Branchenkonzept der Wettbewerbskräfte über die Lieferanten, Kunden, usw. hinausgehende Inte-

---

[1] Das Shareholder-Value-Konzept geht auf Rappaport (1999a) zurück. Darauf basierend wurden eine Reihe weiter gehender Ansätze entwickelt, so u.a. Economic Value Added (EVA) und Market Value Added (MVA); vgl. hierzu mit Blick auf den Handel Dragun (2004).

ressengruppen, obwohl die Macht der Stakeholder einen Wettbewerbsfaktor bilden kann und in Profilierungsstrategien zu berücksichtigen ist.[1]

> *Im interessenpluralistischen Verständnis sind die Entscheidungsprozesse im Unternehmen darauf zu richten, die Interessen der Anteilseigner bzw. Eigenkapitalgeber ebenso zu beachten wie die Interessen vielfältiger Gruppen.*

Dass der Handel im Visier der Öffentlichkeit steht, ist unzweifelhaft, wie das folgende Beispiel verdeutlicht.

> **Handel weiter im Visier – Greenpeace fordert Schadensersatz**
>
> Durch Einzelgespräche auf höchster Ebene – bei Edeka und den im letzten Greenpeace-Test auf Pestizide am besten beurteilten Aldi und Lidl – will Greenpeace die Handelsunternehmen zur nachhaltigen Senkung der Pestizidbelastung auf Obst und Gemüse bewegen. Unabhängig davon sollen die Händler erwirtschaftete „Unrechtgewinne" zurückzahlen – gefordert werden 10 Mio. EUR.
>
> *Quelle: Lebensmittel Zeitung, 09. März 2007, S. 1.*

Stakeholder-Value-Konzepte umfassen also den Gedanken, dass Unternehmen zur Erreichung ihrer Ziele bzw. bei der Durchsetzung ihrer Strategien von verschiedenen Anspruchsgruppen abhängig sind. Insofern liegt es nahe, das Konzept auf das Fundament der grundlegenden **Anreiz-Beitrags-Theorie** (Wagner 1998) zu stellen, um den von den Anspruchsgruppen zur Erreichung ihrer Ziele geforderten Leistungen entsprechende Gegenleistungen entgegenstellen zu können und aus Unternehmenssicht ein Gleichgewicht zwischen Anreizen und Beiträgen zu schaffen. Dabei wird manchmal pauschal zwischen internen Stakeholdern (Management, Mitarbeiter usw.) und externen Stakeholdern (Kunden, Lieferanten, Aktionäre, Verbände usw.) unterschieden. In Abbildung 1.38 ist auffällig, dass solche Systematisierungen sowohl Stakeholder (z.B. Eigentümer) als auch Lieferanten, Kunden, Konkurrenten usw., die in der o.g. Branchenbetrachtung enthalten sind, anführen.

---

[1] Vgl. auch die Profilierung gegenüber Kapitalgebern und Eigentümern in Abschnitt B.V. des Zweiten Kapitels.

Abbildung 1.38: Exemplarische Systematisierung von Stakeholdern

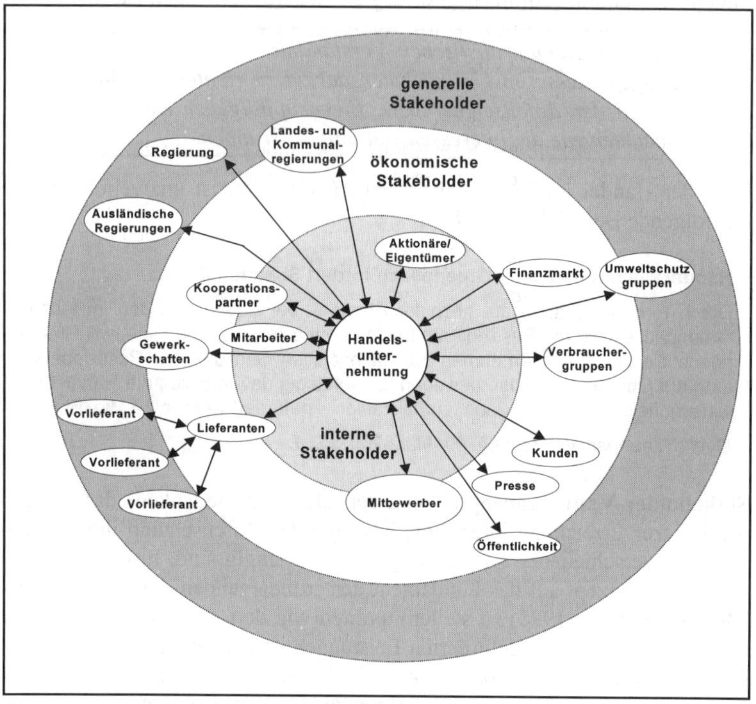

Quelle: in Anlehnung an Gausemeier 1999, S. 221.

Insofern ist es für Handelsunternehmen nicht unproblematisch – zu denken ist hier v.a. an international tätige Unternehmen –, die Anspruchsgruppen und v.a. deren Ziele zu identifizieren, zumal Letztere nur teilweise oder gar nicht übereinstimmen. Somit hat die Unternehmensführung einen Interessenausgleich herbeizuführen, den Jones (1995, S. 406ff.) im Spannungsfeld von ethischer Verantwortung und ökonomischen Unternehmenszielen als **Gefangenendilemma** beschreibt. Als pragmatische Beurteilungsgrundlage kann auch im Handel ein **Stakeholder-Scanning** eingesetzt werden, das eine systematische Umweltanalyse bezüglich der relevanten Interessengruppen in drei Schritten ermöglicht (Scholz 1987, S. 26ff.):

- Auflistung möglicher Interessengruppen
- Charakterisierung der Interessengruppen hinsichtlich ihrer Ziele, ihrer Macht sowie des Risikos, das sie durch die Unternehmenshandlungen tragen
- Bestimmung der Relevanz: Erst durch eine entsprechende Zielhöhe und/oder ein bestimmtes Einsatzrisiko wird eine Interessengruppe zum Stakeholder. Zusätzlich ist auch eine adäquate Machtbasis notwendig.

In der Handelsforschung werden im Zusammenhang mit den Ansprüchen von Interessengruppen – was v.a. bei großen Filialunternehmen, aber auch standortspezifisch bei nicht-filialisierten Unternehmen der Fall ist – v.a.

Kommunikationsinstrumente diskutiert. Ziel von **Public Relations** ist es in diesem Kontext, für die Institution als Ganzes zu werben (Werbung um öffentliches Vertrauen). Mit Öffentlichkeitsarbeit sollen die Beziehungen zwischen dem Unternehmen und den relevanten Gruppen verbessert, Sympathie für das Unternehmen als Ganzes aufgebaut und letztlich eine positive **Corporate Identity** erlangt werden (Zentes/Swoboda 2001a). Während dieser Teil der Kommunikationspolitik – und insbesondere die zugehörigen operativen Instrumente der **Corporate Communications**, **Design** und **Behaviour** – in den letzten Jahren an Bedeutung gewonnen haben, berücksichtigen nicht alle Handelsunternehmen verschiedene Interessengruppen durch institutionalisierte strategische Aktivitäten. Im Handel dominieren – neben den Kunden – die Profilierungsüberlegungen gegenüber den Lieferanten, Mitarbeitern und Eigentümern. Zudem werden Anspruchsgruppen noch eher in einer „direct responding structure" vom Vorstand direkt behandelt, während in anderen Branchen eine Institutionalisierung, i.d.R. in einem Vorstandsressort Corporate Communications erfolgt. Ein solches verantwortet ein breites Stakeholder-orientiertes, in der Kultur verankertes, strategisches Entscheidungsportfolio, wie (vgl. Swoboda/Giersch 2007)

- die Vision bzw. Festlegung von Unternehmenswerten und -grundsätzen,
- die Corporate Identity und v.a. den Codes (of Conduct, of Teamwork and Leadership, of Sustainability usw.) und Standards (z.B. bezüglich der Krisenhandhabung),
- die Entwicklung einer Corporate Brand sowie
- die Corporate, Crisis, International und Brand Communications.

Mit der Corporate Social Responsibility und dem Private Public Partnership sollen zwei Teilaspekte für den Handel hervorgehoben werden.

Corporate Social Responsibility

Die Ausweitung des unternehmerischen Zielsystems („von einem monistischen Gewinnstreben zu einem pluralistischen Zielsystem"; Zentes 2006, S. 119) schließt eine weit gehende ökologische und soziale Verantwortung ein. Ethische Aspekte, so hinsichtlich menschlicher Arbeit (z.B. Arbeitsbedingungen, -zeiten, -löhne, insbesondere in Entwicklungsländern), Fragen der **Nachhaltigkeit** und damit des Umwelt- bzw. Ressourcenschutzes, Fragen des Tierschutzes (z.B. artgerechte Aufzucht), erreichen in einem derartigen Verständnis ökologischer und sozialer Verantwortlichkeit einen Stellenwert, den bislang ökonomische Ziele wie Gewinnstreben, Sicherung der Wettbewerbsposition des Unternehmens u.ä. alleine inne hatten (Zentes 2006, S. 19). Als „Pioniere" können in diesem Kontext der deutsche Drogeriemarktbetreiber dm-Drogeriemarkt und die Schweizer Coop herausgestellt werden.

Umfeldverantwortung und Nachhaltigkeit bei dm und Coop

Bei dm-Drogeriemarkt ist in der Unternehmensphilosophie explizit verankert: „Wir sehen als Wirtschaftsgemeinschaft die ständige Herausforderung, ein Unternehmen zu gestalten, durch das wir [...] als Gemeinschaft vorbildlich in unserem Umfeld wirken wollen."

Die Schweizer Coop, die bereits seit 1993 die ökologisch- und sozial-orientierten Kompetenzmarken-Programme „Naturaplan", „Naturaline" und „Max Havelaar" (Fair Trade-Produkte) führt, veröffentlichte 1996 ihren ersten Umweltbericht und 2004 ihren ersten Nachhaltigkeitsbericht. Die dahinter stehende ethische Verantwortung des Unternehmens kommt in der Einführung zu Letzterem von Anton Felder (Präsident des Verwaltungsrates) und Hansueli Loosli (Vorsitzender der Geschäftsleitung) klar zum Ausdruck: „Der Verwaltungsrat und die Geschäftsleitung fühlen sich der Nachhaltigkeit verpflichtet – dem Handeln also, das neben ökonomischen auch die ökologischen und sozialen Aspekte einbezieht".

Quelle: dm-Drogeriemarkt 2007; Coop 2007.

Ein neues Managementverständnis beinhaltet insofern auch ein verantwortliches Handeln der Handelsunternehmen (Scholz/Zentes 2006, S. 288f.): „Im Sinne einer Corporate Social Responsibility (CSR), was an für sich ein bereits lange eingeführtes, aber schwer umzusetzendes Konzept ist (Farmer/Hogue 1973), gilt es, nachhaltig zu wirtschaften und zu einer wirtschaftlich leistungsfähigen, sozial gerechten und ökologisch verträglichen Entwicklung beizutragen, denn Unternehmen beeinflussen ökonomische, ökologische und soziale Umstände überall auf der Welt mindestens genauso stark wie die Politik." CSR wird oft nicht als „zusätzliche" unternehmerische Aktivität gesehen, sondern es geht um die Art, wie das Kerngeschäft betrieben wird. Empirisch deutet etwa der **Dow Jones Sustainability Index** an, dass Unternehmen, die verantwortlich wirtschaften, mehr Gewinn und einen höheren Unternehmenswert erzielen (vgl. hierzu Scholz/Zentes 2006 und die dort angegebene Literatur).

Privat Public Partnership

Gesellschaftliche Verantwortung des Handels wird zunehmend auch mit Blick auf „die Stadt als europäisches Kulturgut" gefordert. So ist die gegenwärtige Situation im Handel durch **Overstoring** und zugleich weitere Verkaufsflächenexpansion gekennzeichnet, was die Gefahr der Erosion bestehender Standorte oder gar der „Verödung der Innenstädte" mit sich bringt (vgl. hierzu in umfassender Form die Beiträge in Zentes 2005c). Gefragt sind nicht nur eine „maßvolle" Expansion, welche die lokalen/regionalen Gegebenheiten berücksichtigt, so auch im Hinblick auf die **Nahversorgung**, sondern auch aktive (Re-)Vitalisierungsmaßnahmen im Zusammenhang mit Konzepten des City-Marketing bzw. **City-Managements**. Über die konzeptionellen Maßnahmen des City-Managements (vgl. hierzu bereits Tietz/Rothhaar 1991) hinaus werden Handelsunternehmen immer stärker zu Treibern von neuartigen Private-Public-Partnership(PPP)-Konzepten zur Innenstadtentwicklung. Herauszustellen sind hier insbesondere die **Business-Improvement-District(BID)**-Ansätze (vgl. u.a. Schulte, W. 2005).

Die der Stakeholder-Orientierung inhärente Herausforderung konfligierende Ziele auszubalancieren, zeigt sich in dem Spannungsfeld „Overstoring vs. Expansion": Handelsunternehmen sind zugleich Verursacher und potenzieller Problemlöser im Zusammenspiel mit anderen Akteuren. Dieses deutet zugleich die Relevanz binnenhandelspolitischer Leitlinien und Konzepte an, die als lokale/regionale „Leitplanken" unternehmerischer (Flächen-)Expansion wirken, da in marktwirtschaftlichen Systemen „konzertiertes Verhalten" nicht durchgängig erwartet oder gar vorgeschrieben werden kann.

b) Standortwettbewerb

Die Verkaufsflächenexpansion ist Ausdruck des Wettbewerbs der (stationären) Handelsunternehmen um neue bzw. zusätzliche Standorte. Charakteristisch für ein marktorientiertes Management im Handel ist zugleich, dass der Wettbewerb sich stets an einem konkreten Standort vollzieht.

Auch globale Akteure stehen in den immer **lokalen Wettbewerbsarenen** des Handels stets lokalen oder regionalen/nationalen Wettbewerbern gegenüber (und auch umgekehrt).[1] In einem erweiterten Sinne gilt dies auch im E-Commerce: Die einzelnen (lokalen, regionalen, nationalen oder internationalen) Akteure sind dort nur jeweils „einen Mausklick" weit entfernt. Diese räumliche Wettbewerbssituation ist außer bei Handelsunternehmen nur bei ausgewählten anderen Dienstleistungsunternehmen, z.B. in der Gastronomie, anzutreffen.

Mit Blick auf die in den folgenden Kapiteln im Detail behandelten Fragen des Handelsmanagements – insbesondere wettbewerbsstrategische Entscheidungen (z.B. die Strategien der Internationalisierung oder der Filialisierung) – sowie auf die ebensolche Ausrichtung der Instrumente des Handelsmarketing und des Supply-Chain-Managements kommt dem **Standort** eine hohe Bedeutung zu. Der Standort kann im Handel als „Schnittpunkt" der Outside-Inside- und der Inside-Outside-Perspektive gesehen werden. Das Agieren an einem „Mikro-Standort" bringt stets die Herausforderung mit sich, zu entscheiden, in welchem Ausmaß lokalen Gegebenheiten, d.h. der Konkurrenzsituation oder der Kundenpräferenzen, bspw. in der Sortimentspolitik, entsprochen werden soll („marktorientierte Lokalisierung", i.S. eines lokalen Effektivitätsniveaus) oder ob alternativ spezifische ressourcenbasierte Vorteile, bspw. im Supply-Chain-Management oder Synergien durch die Multiplikation einer standardisierten Handelskonzeption Ausgangspunkte der praktizierten Wettbewerbsstrategie sein sollen („ressourcenbasierte Standardisierung", i.S. eines systemübergreifenden Effizienzniveaus) (vgl. hierzu Zentes/Swoboda/Schramm-Klein 2006, S. 517f.).

---

[1] In ähnlichem Zusammenhang wird auch von Globalisierungsbetroffenheit gesprochen; vgl. hierzu Wrona/Schell 2005.

Standortspezifische Sortimentsgestaltung bei 7-Eleven und Hi-Life

7-Eleven zählt zu den weltweit größten und profitabelsten Convenience-Anbietern mit ca. 28.500 Märkten weltweit. Allein in Japan verfügt 7-Eleven über ca. 11.000 Ladengeschäfte, davon 1.400 in Tokio, und verzeichnete 2006 einen Umsatz von 11,96 Mrd. EUR. In den letzten Jahren wurden Sortimente und Services konsequent auf die Kundenbedürfnisse ausgerichtet, die in einzelnen Stadt- und Landesteilen sehr unterschiedlich sein können.

Ein ähnliches Konzept verfolgt auch das Einzelhandelsunternehmen Hi-Life in Taiwan mit vergleichbaren Minisupermärkten, die sich durch ein speziell auf das jeweilige Umfeld abgestimmtes Sortiment auszeichnen. So unterscheidet Hi-Life zwischen folgenden Ladengeschäften: „Business Café", „Industrial Specialty Store", „Trendy Cosmopolitan Quick Stop", „Gas Station Supplemental Store", „Train Station Quick Stops", „Hospital Area Specialty Store", „Scenic Site Specialty Store", „Major Routes Rest Station Store", "Ocean Theme Supplemental Store".

Quelle: Mercer 2006b, www.7-eleven.com.

Dieses betrifft sowohl Filialsysteme als auch die Kooperationen im Handel. Grundsätzlich ist dabei offensichtlich, dass die Handlungsoptionen bzw. die Ressourcenbasis (i.S. der „resource-dependency view") bei Filialunternehmen andere sind als die von Nicht-Filialsystemen und dass etwa mit zunehmender Filialisierung, v.a. ins Ausland, das Spannungsfeld zwischen der Fokussierung auf einzelne lokale Standorte auf der einen Seite und der systemischen Gesamtsicht auf der anderen Seite im Hinblick auf die erfolgreiche Führung der Handelsunternehmen enorm steigt. Dieses betrifft nicht zuletzt die nun zu betrachtenden Prozesse und Wertschöpfungsfunktionen.

Prozessorientierung und Wertkette

Handelsunternehmen können als Systeme aufgefasst werden, die aus vielfältig verknüpften Prozessen bestehen, womit die Prozessbetrachtung auch im Rahmen der integrierten Managementperspektive relevant ist. Zwei Sichtweisen einer Prozessbetrachtung werden dabei im Folgenden angesprochen.

Modell der modifizierten Wertkette als Basis

Ausgangspunkt der Prozessbetrachtung ist das Modell der Wertschöpfungskette bzw. **Wertkette** („value chain"), das auf Porter (1980) zurück geht (vgl. hierzu Zentes/Swoboda/Morschett 2004, S. 220f.).[1] Eine Erweiterung dieses Ansatzes führt zur Unterscheidung der Leistungsprozesse in Kernprozesse, Supportprozesse und Managementprozesse (siehe Abbildung 1.39). Die Kernprozesse werden ferner in

[1] Bekanntlich wird das Unternehmen als eine Kette wertsteigernder Aktivitäten (Wertkette) – eingebettet in einen breiten Strom von Tätigkeiten (Wertkettensystem) – betrachtet, wobei Wettbewerbsvorteile aus jeder der Wertaktivitäten erwachsen können, so den primären Aktivitäten und den flankierenden Aktivitäten. Im modifizierten Modell wird die Beschaffung nicht nur als Einkaufs- und flankierende Maßnahme gesehen, die prozessuale Perspektive wird als weitere Quelle von Wettbewerbsvorteilen im (vertikalen) Handel verdeutlicht.

- **Supply-Chain-Prozesse** („supply-side") und
- **Marktbearbeitungs-Prozesse** („demand-side") unterschieden.

> *Die Supply-Chain-Prozesse sind auf die Erstellung des Leistungsprogramms, das die angebotenen Waren (materielle Güter) und/oder Dienstleistungen (immaterielle Güter) umfasst, ausgerichtet. Sie sind stets kunden- oder marktorientiert und beinhalten, ausgehend von der Kundennachfrage, die Beschaffung, die Operationen (i.S. handelsüblicher Manipulationen) sowie die sie begleitende Logistik bis in die Einkaufsstätte oder in die Wohnung des Kunden, so im Falle der Zustellung (z.B. im Versandhandel).*

Insofern sind sie auf das „**Fulfillment**" der Nachfrage ausgerichtet, die in Form eines vorliegenden kundenspezifischen Auftrages im Versandhandel bzw. E-Commerce, beim Mass Customizing oder allgemeiner in Form einer Nachfrageprognose im „anonymen Markt" im stationären Handel gegeben ist.

> *Die Marktbearbeitungs-Prozesse sind auf die Generierung von Nachfrage, d.h. auf die Erschließung und Schaffung von Märkten in einem klassischen Marketingverständnis, ausgerichtet, aber auch auf die Befriedigung von Nachfrage: Sie resultieren aus dem Zusammenspiel der (Basis-)Aktivitäten Marketing (einschließlich Marktforschung, Preisgestaltung, Verkauf, Service) und Forschung & Entwicklung.*

Abbildung 1.39: Modell der modifizierten Wertkette - Leistungsprozesse

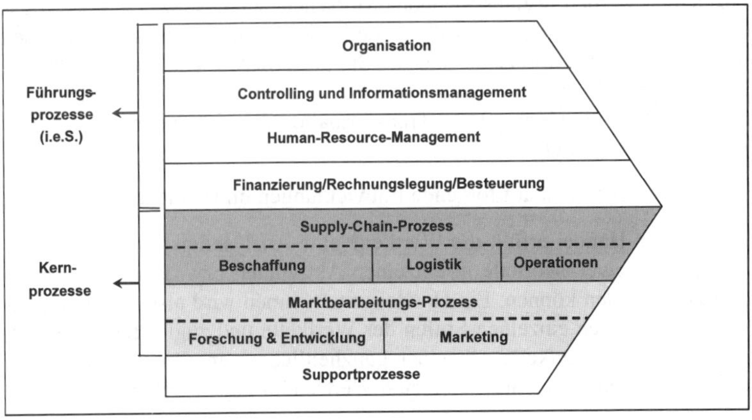

Quelle: Zentes/Swoboda/Morschett 2004, S. 222.

Forschung & Entwicklung wird als Element der Marktbearbeitung betrachtet, da sie in Unternehmen stets kunden- oder marktorientiert erfolgen sollte.

Diese Sichtweise integriert die Innovationskategorien, nämlich die nachfrageinduzierten („demand pull") und die technologie- oder laborinduzierten („technology push") Innovationen (Brockhoff 1999, S. 132). Das nachfrageorientierte Vorgehen hat in der Marktforschung oder Trenderkennung, d.h. in Marketingaktivitäten, seinen Ausgangspunkt und „transportiert" Kundenwünsche oder -vorstellungen in die F&E, die idealtypisch iterativ im Abgleich mit der Marktfähigkeit der Produktidee, den Prototypen- und späteren Markttests usw. erfolgt. Die Innovationen sind letztendlich wiederum durch Marketingaktivitäten zu „vermarkten"[1] und davor zu beschaffen, zu produzieren und logistisch abzuwickeln (im Beschaffungs- und Distributionsbereich). Eine derartige Wechselwirkung kann anhand der Wertkette erfolgreicher Fashion-Unternehmen angedeutet werden (vgl. dazu Swoboda/Hälsig/Meierer 2007; Swoboda u.a. 2006; Swoboda/Janz 2007 und die dort angegebene Literatur):

- Den Ansatzpunkt bilden **innovations- und marktorientierte Prozesse**, die mit der Marktanalyse/Trenderkennung beginnen und auch deren Umsetzung auf die Fläche umfassen, d.h., die Kollektionsentwicklung (bei Herstellern) und Sortimentsplanung (bei Händlern) einschließen.
- Klassische **Supply-Chain-orientierte Prozesse** sind Beschaffung, Produktionsplanung/-steuerung oder Ordermanagement. Dazu zählen aber auch Distributionsmanagement/Auslieferungslogistik, Lagerbestands-/Auslieferungsmanagement und Flächenmanagement.
- Unmittelbar kunden- und **marktorientierte Prozesse**, die am Ende der Wertschöpfungskette stehen, sind Ladengestaltung, Verkauf an Konsumenten, Verkaufsunterstützung/-förderung sowie Verkaufspersonalplanung.

Managementprozesse – diese können auch als Führungsprozesse (i.e.S.) bezeichnet werden (Zentes/Swoboda/Morschett 2004, S. 222) – steuern das Unternehmen in seiner Gesamtheit. Sie beziehen sich damit gleichermaßen auf die beiden Kernprozesse und die Supportprozesse als auch auf ihr Zusammenspiel. Managementprozesse sind in einem weiter gehenden Sinne auch auf die Veränderung bzw. Transformation des Unternehmens in seiner Gesamtheit ausgerichtet.

In diesem Kontext ist auf folgende Entwicklungen im Handel zu verweisen:

- Auch im Handel erfüllt die Wertkette eine Analysefunktion, mithilfe derer Wettbewerbsvorteile in einzelnen Aktivitäten bzw. Prozessen identifiziert werden können. Ein Handelsunternehmen wird also Wettbewerbsvorteile in den einzelnen Stufen der Wertkette und zugleich die Strukturierung der Wertkette i.S. einer ganzheitlichen, an dem Gedanken der Prozessorientierung ausgerichteten Wertschöpfung anstreben.

---

[1] F&E spielt im Handel eine oft vernachlässigte Rolle, so bezüglich neuer Produkte, die bspw. als innovative (Premium-)Handelsmarken eingeführt werden, oder neuer bzw. weiter entwickelter Betriebstypen unter Einbeziehung moderner IuK-Technologien (z.B. „Future Store" der METRO (Kalyanam/Lal/Wolfram 2006)) oder periodischer Kollektionsentwicklung.

- Handelsunternehmen streben die Abstimmung der eigenen Wertkette mit den Wertketten der vor- und nachgelagerten Wertschöpfungsstufen an, um damit Vorteile im **Wertkettensystem** zu erzielen. Abbildung 1.40 deutet dies an und hebt die dabei relevanten Ströme von Informationen, Gütern, Verfügungsrechten und Finanzen hervor. Idealtypisch gehen die Impulse von den Kunden aus und determinieren die Wertschöpfungsaktivitäten des Handels als auch der Hersteller sowie verbundener Partner, wie bspw. der Logistik-Dienstleister, Banken und sonstiger Akteure. Die Idee ist nicht neu und relativ plausibel, wenn ein marktmächtiges, fokales Unternehmen existiert. Indessen treffen in vielen Konsumgüterbranchen unabhängige oder gleichberechtigte Partner aufeinander, was besondere Herausforderungen an Kooperationen stellt.
- Schließlich kann auf die Abstimmung der Wertketten innerhalb der vielfachen horizontalen **Kooperationen** im Handel verwiesen werden, die in Abschnitt E. des Zweiten Kapitels behandelt werden.

Abbildung 1.40: Gesamtzusammenhang des konsumorientierten B2C-Marketing

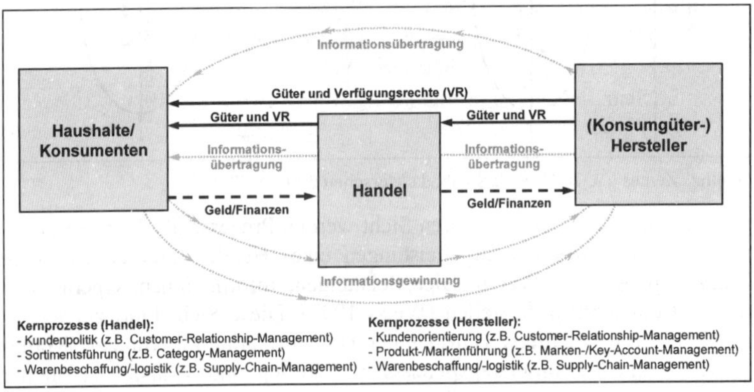

Zwei komplementäre Sichtweisen von Prozessen im Handel

In einer ersten komplementären Sicht zum Modell der modifizierten Wertkette können im Handel absatzmarktorientiert gesehen drei **Kernprozesse bzw. -funktionen** abgegrenzt werden, die in der Abbildung 1.41 angedeutet sind. Die Kunden, Sortimente sowie Lieferanten sind über systematische, meist IT-gestützte Managementprozesse miteinander verbunden. Alle drei Kernprozesse, die jeweils mehrere Wertschöpfungsfunktionen umfassen, sind prinzipiell von der Kundenseite her zu gestalten, wenngleich sicherlich in Abhängigkeit von der **(Wettbewerbs-)Strategie** des Handelsunternehmens der Schwerpunkt eher auf der Prozesseffizienz (z.B. bei preisorientierten Unternehmen wie Discountern) oder eher auf der Absatzseite (z.B. bei erlebnis- oder qualitätsorientierten Unternehmen wie Warenhäusern) liegt. Zugleich wird es im Handelswettbewerb notwendiger, diese Schwerpunkte parallel effektiv und effizient zu gestalten (vgl. dazu Swoboda/Morschett 2003 und die dort angegebene Literatur).

Es ist davon auszugehen, dass die strategischen Ressourcen des Handels neben dem SCM v.a. in seinen Sortimenten und Kunden liegen, an denen sich das gesamte Handelsmanagement auszurichten hat, d.h., das **Kundenbindungsmanagement** (**Customer-Relationship-Management**, CRM) und das Warenmanagement (**Category-Management**, CM) bilden die zentralen wertschöpfenden Kernprozesse.[1]

Abbildung 1.41: Die marktorientierten Kernprozesse des Handels

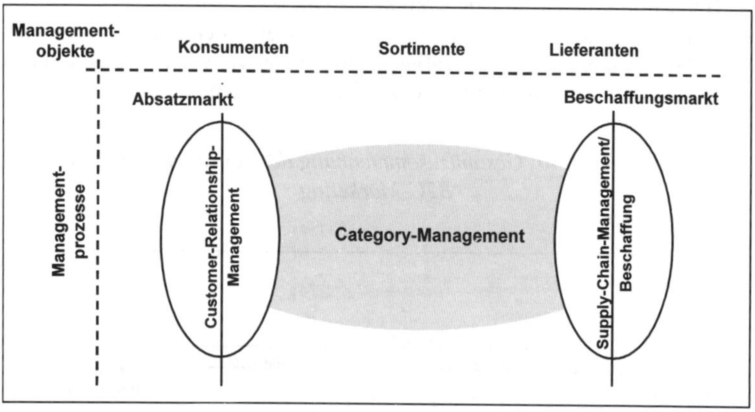

Quelle: Zentes u.a. 2002, S. 7; Swoboda/Morschett 2003, S. 778.

In einer zweiten komplementären Sicht werden Prozesse als Transformationen betrachtet, wodurch die Leistungen eines Handelsunternehmens eine Transformation von Waren, Dienstleistungen, Informationen, Operationen und Entscheidungen darstellen (Weiss 1997). Diese Sicht führt zur Unterscheidung von **Leistungs-** (Formen der Transformation für Kunden), **Management- und Veränderungsprozessen** (Führung und Transformation der gesamten Organisation oder ihrer Teile) (Osterloh/Frost 2006, S. 34; Majer/Nachbagauer 1999, S. 471). Abbildung 1.42 zeigt die Leistungsprozesse als Basis. Im Zentrum stehen **Kernprozesse**, die für die Schaffung von Kundennutzen und Wettbewerbsvorteilen bedeutend sind. Sie zeichnen sich durch einen von den Kunden honorierten Nutzen, eine Unternehmensspezifität, d.h. Nicht-Imitierbarkeit und -Substituierbarkeit, usw. aus. Ähnlich, wie bereits erwähnt, unterstützen **Supportprozesse** die eigentliche Leistungserstellung. **Managementprozesse**, die das Unternehmen lenken und

[1] Damit korrespondierend könnten die Kernprozesse der Industrie abgegrenzt werden. Auch hier bildet das CRM den Ausgangspunkt, aber in zwei Richtungen: Konsument (i.S. einer Markenbindung) und Handelskunde (i.S. einer Handelspartnerbindung) (Zentes/Swoboda/Morschett 2007). Auf den Beschaffungsmärkten sind es Prozesse des SCM (zum Handel) oder der Beschaffung, der Logistik usw. zu den Vorlieferanten. CRM und SCM werden – bezüglich der Konsumenten und Handelskunden – bspw. durch Produktinnovation, Markenführung und Key Accounts, Kontrakte usw. verbunden.

steuern, unterstützen die Leistungsprozesse und zugleich auch die **Veränderungsprozesse** der Leistungsprozesse des gesamten Handelsunternehmens.[1]

Abbildung 1.42: Zusammenhang von Leistungs-, Management- und Veränderungsprozessen

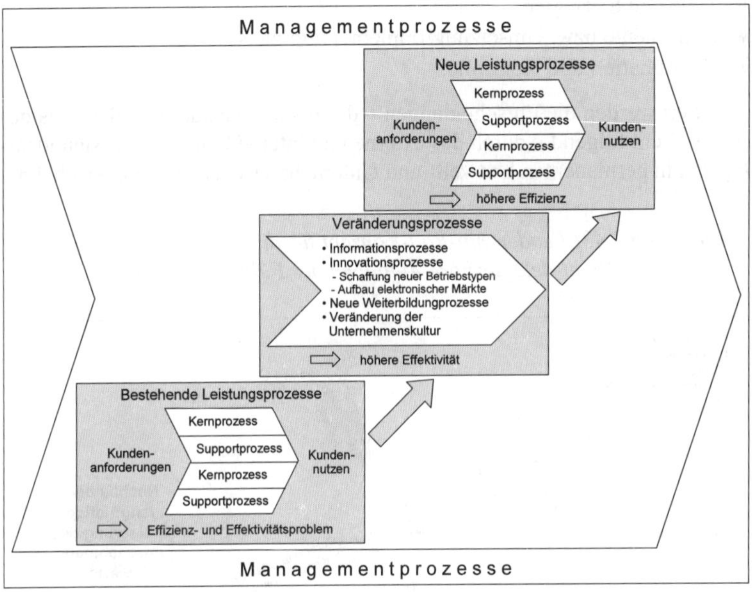

3. Ebenen der Führung und Managementsysteme im Handel

Die Führung von Handelsunternehmen wird in der Literatur im Gegensatz zu anderen Unternehmen weniger variantenreich behandelt. Dabei erscheint es unzweifelhaft, dass es gerade im Handel **Entrepreneure** sind, welche die Gründung und das Wachstum verantworten. Gerade in Handelkonzernen drücken oft charismatische Leader ihren Stempel auf, so bei epochalen Entwicklungen. Insofern besteht eine Möglichkeit, die Führung von Handelsunternehmen gesamthaft zu betrachten darin, modernen **Leadership-Konzepten** zu folgen. Abbildung 1.43 zeigt ein derartiges **Leadership-Rad** mit einer dynamischen Perspektive, in dem die Steigerung des Unternehmenswertes die Zielrichtung sowie das vielfältige (Stakeholder-)Umfeld den sich wandelnden Kontext bilden und die Verantwortungsbereiche der Führung als nicht-delegierbare Aufgaben – und daher Kernaufgaben – in der Mitte angedeutet sind. Die Besonderheit besteht darin, dass hier der strategischen Bedeutung von Corporate Culture und Identity eine vergleichbare Bedeutung wie Kernkompetenzen, Gesamtunternehmensstrategien usw. zugesprochen wird.

[1] Prozessorientierung hat auch eine organisatorische Dimension, bspw. in Form einer Abkehr von der Strukturorganisation und eine Hinwendung zur Projektorganisation.

Eine andere, traditionelle Möglichkeit fokussiert auf eher technische strategische Managemententscheidungssysteme. Auch für eine ganzheitliche Handelsunternehmensführung bedeutet dies die Betrachtung von vier Ebenen:

- Unternehmensphilosophie bzw. -politik
- Ziele und Strategien
- Instrumente bzw. Umsetzung/Implementierung
- Koordination und Kontrolle.

Flankiert werden die Entscheidungen – der Inside-Outside- und der Outside-Inside-Sicht folgend – durch das externe und interne Umfeld, was sich idealtypisch in permanenten Umwelt- und Unternehmensanalysen niederschlägt.[1]

Abbildung 1.43: Leadership-Rad-Konzept für die erfolgreiche Führung – Nicht-delegierbare Aufgaben des Führungsteams

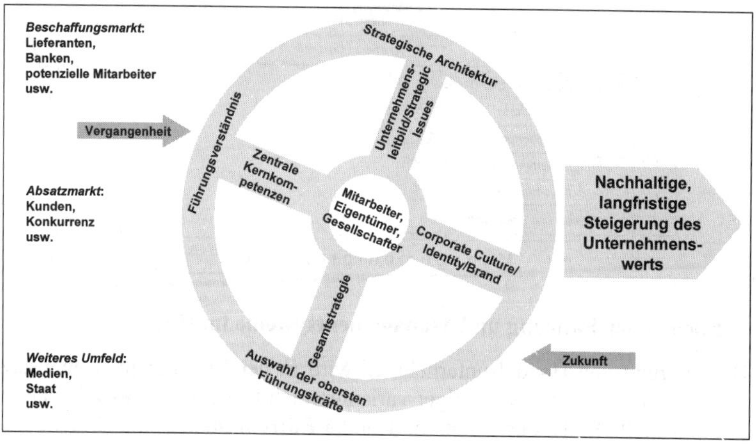

Quelle: in Anlehnung an Hinterhuber/Krauthammer 1998, S. 152; Swoboda/Giersch 2007.

Ebene von Unternehmensphilosophie bzw. -politik

Vor allem bei Handelskonzernen werden auf dieser Ebene die Vision, Mission, Grundsätze und Leitbilder oder die Vision, „strategic pilars" und Grundsätze (oft auf Homepages) kommuniziert. In der Literatur wird demgegenüber von Unternehmenskultur, -philosophie oder Stoßrichtungen gesprochen bzw. von Unternehmenspolitik. Damit bestehen viele Ansatzpunkte, die – anknüpfend an die obige Stakeholder-Betrachtung – hier auf einige begrenzt werden.

[1] Bekanntlich werden bei der Umfeldanalyse die unternehmensexternen Determinanten bzw. aktuelle und zukünftige Faktoren zusammengefasst. Die Unternehmensanalyse dient bspw. der Betrachtung von Stärken und Schwächen des Unternehmens auf der Basis der gegenwärtigen und zukünftigen Ressourcen; vgl. hierzu Zentes/Swoboda 2001a.

Eine Ausgangsbasis der Betrachtung ist die **Corporate Culture** (Organisational Culture). Sie involviert alle Unternehmensmitglieder, entspringt aus und entwickelt sich auf allen hierarchischen Ebenen, gründet auf der Unternehmensgeschichte usw. Corporate Culture steht für die geteilten Werte, Einstellungen und Annahmen – welche die Unternehmensmitglieder gemein haben –, wenn sie sich auf die ausgeübte Tätigkeit im Unternehmen, das Unternehmen selbst und die Mitarbeiter beziehen. Sie bestimmt, was die Mitarbeiter als wichtig und unwichtig erachten und erklärt zu einem großen Teil, wieso sich das Unternehmen auf seine Art und Weise verhält. Im Idealfall sollte die Corporate Culture die Philosophie der Führungskräfte widerspiegeln, was oft bei starken CEOs zutrifft. Ferner wird sie in den Unternehmensgrundsätzen erkennbar und kann als Basis der (formulierten) Corporate Identity gesehen werden (vgl. hierzu Swoboda/Giersch 2007 und die dort angegebene Literatur).

Visionen von Unternehmen werden oft als Corporate Claims kommuniziert. Visionen sind angestrebte Zukunftsbilder, d.h., die Unternehmensleitung ist überzeugt, dass sie realisiert werden können und richtet alle Aktivitäten auf diese aus. Oftmals aus szenarioartigen Betrachtungen resultierend oder sich in Szenarien manifestierend[1], sind sie notwendig, um Handelsunternehmen in turbulenten Umfeldern zukunftsorientiert zu lenken.

Vision und Unternehmensphilosophie von dm-Drogeriemarkt

„Hier bin ich Mensch, hier kauf ich ein“ (aus der Vision 2010).

Die **Unternehmensphilosophie** lautet (in Auszügen): Wir sehen als Wirtschaftsgemeinschaft die ständige Herausforderung, ein Unternehmen zu gestalten, durch das wir die Konsumbedürfnisse unserer Kunden veredeln, den zusammenarbeitenden Menschen Entwicklungsmöglichkeiten bieten und als Gemeinschaft vorbildlich in unserem Umfeld wirken wollen. Hieraus resultieren einzelne Grundsätze.

dm-Kundengrundsätze: Wir wollen uns beim Konsumenten – dem Wettbewerber gegenüber – mit allen geeigneten Marketinginstrumenten profilieren, um eine bewusst einkaufende Stammkundschaft zu gewinnen, deren Bedürfnisse wir mit unserem Waren-, Produkt- und Dienstleistungsangebot veredeln (Sich die Probleme des Konsumenten zu Eigen machen).

dm-Mitarbeitergrundsätze: Wir wollen allen Mitarbeitern helfen, Umfang und Struktur unseres Unternehmens zu erkennen und jedem die Gewissheit geben, in seiner Aufgabe objektiv wahrgenommen zu werden (*Transparenz und Geradlinigkeit*). Wir wollen allen Mitarbeitern die Möglichkeit geben, gemeinsam voneinander zu lernen, einander als Menschen zu begegnen, die Individualität des anderen anzuerkennen, um die Voraussetzungen zu schaffen, sich selbst zu erkennen und entwickeln zu wollen und sich mit den gestellten Aufgaben verbinden zu können (*Bereitschaft zur Zusammenarbeit in Gruppen*).

---

[1] Ein Szenario ist eine Beschreibung einer Situation in der Zukunft, die auf einem komplexen Netz von Einflussfaktoren beruht (vgl. Gausemeier 1999, S. 80 und als erste Basis Kahn 1975). Wegen der Herausforderungen bei Prognosen geht es bei der Szenarioentwicklung, z.B. in Szenariotrichtern, nicht um ein einfaches Zukunftsbild, das klassisch prognostiziert werden kann, sondern um die Entwicklung komplexer Zukunftsbilder, die eine multiple Zukunft beschreiben.

dm-Partnergrundsätze: Wir wollen mit unseren Partnern eine langfristige, zuverlässige und faire Zusammenarbeit pflegen, damit für sie erkennbar wird, dass wir ein Partner sind, mit dem sie ihre Zielsetzungen verwirklichen können (*Erkennen seines Wesens und Anerkennen seiner Eigentümlichkeit*).

Quelle: dm-drogerie markt 2007, www.dm-drogeriemarkt.de.

In der **Unternehmensphilosophie** kommen Werthaltungen und die obersten Zielsetzungen des Unternehmens zum Ausdruck. Hier fließen neben sozialen, politischen und ökonomischen auch ökologische Grundhaltungen des Unternehmens ein. Diese Werthaltungen und Ziele werden oft in Form eines **Leitbildes** verankert und i.d.R. nach innen sowie außen kommuniziert, was Aufgabe der strategischen Kommunikation (Corporate Communications) ist. Obwohl also auch Leitbilder eher allgemeine Zukunftsperspektiven abbilden, sind sie eine wichtige Basis der Führung von Handelsunternehmen, da sie eine wichtige Orientierung für die Entscheidungsträger und Mitarbeiter, aber auch für Kunden und Lieferanten darstellen. Zu unterscheiden sind allerdings die nach außen kommunizierten und – auch von Konkurrenten einsehbaren – Leitbilder sowie die internen **Gesamtunternehmensgrundsätze**.

Ebene der Ziele und Strategien

Ziele sind operationale, von Entscheidern angestrebte Situationen, die als Ergebnis von Entscheidungen eintreten sollen. Bekanntlich können Ziele sehr unterschiedlich betrachtet werden, so nach der Fristigkeit (lang-, mittel-, kurzfristig), nach der Strategierelevanz (strategisch, taktisch, operativ) oder nach dem Inhalt (ökonomisch, psychografisch).

Im Handel ist eine situationsunabhängige Zielbetrachtung kaum möglich. In Kapitalgesellschaften dominieren bspw. das Wachstum und die Steigerung des Unternehmenswertes, in Nicht-Kapitalgesellschaften bspw. die Ertrags- und Umsatzsteigerung und bei Kleinunternehmen bspw. das Überleben.

Relativ klar ist in Handelsunternehmen die Existenz eines **Zielsystems**, in dem die unterschiedlichen Ober- und Unterverhältnisse von Zielen zum Ausdruck kommen (**Zielpyramide**). Zur Abgrenzung sind dimensionale Betrachtungen verbreitet. Inhaltlich ist es gebräuchlich, zwischen ökonomischen und vorökonomischen, z.B. psychografischen, Zielen zu unterscheiden. Hinsichtlich des **angestrebten Ausmaßes** eines Zieles werden Zielerreichungsgrade festgelegt, bspw. Anspruchsniveau- oder Extremwertorientierung. Unter **zeitlichem Bezug** werden Fristen definiert, innerhalb derer Ziele erreicht werden sollen. Der **Zielpyramide** liegt eine Vorstellung von einer Ziel-Mittel-Beziehung zu Grunde. Untergeordnete Ziele sind Mittel zur Erreichung von jeweiligen Oberzielen. Den Ausgangspunkt bilden die Vision, die Leitbilder, aber auch die Unternehmenskultur und damit die Gesamtunternehmensperspektive.

„Wer wachsen will, muss schrumpfen können!“

Götz W. Werner, in: Rundschau, 4/2003, S. 8.

Korrespondierend zu den Zielen sind Strategiesysteme zu betrachten, bspw. Gesamtunternehmens-, Geschäftsfeld- und funktionale Strategien bzw. Positionierungs- und Profilierungsstrategien, Wachstums-, Internationalisierungs- und Kooperationsstrategien (vgl. hierzu die Ausführungen im Zweiten Kapitel).

Ebene der Instrumente bzw. Implementierung/Umsetzung

Entsprechend der Strategiesysteme können Umsetzungs- bzw. Implementierungsprogramme bzw. Marketinginstrumente betrachtet werden. Der Erfolg von Handelsunternehmen beruht nicht nur auf der Generierung von Strategien, sondern vorrangig auf den Fähigkeiten, Strategien erfolgreich umzusetzen (Zentes 1998c). Typische Gründe für das Scheitern von Strategien durch mangelnde Umsetzungskraft sind:

1. Aktionismus und operative Verzettelung im Tagesgeschäft
2. Keine Identifikation mit Visionen, Leitbildern an der „Verkaufsfront“
3. Visionen und Leitbilder haben eine wenig konkrete Form, sodass sie bei der Strategieumsetzung keine Orientierung geben (können).

Die zentrale Herausforderung besteht also darin, Strategien erfolgreich in Maßnahmen umzuwandeln und mit Ressourcen zu versehen.

Ebene der Koordination und Kontrolle

Ausgangspunkt der strategischen Kontrolle bildet die Ermittlung jener Größen, die für die Überprüfung der entwickelten Strategie anhand von Abweichungen zwischen Plan- und Vergleichsgrößen herangezogen werden. Im Rahmen einer **Ergebniskontrolle** werden die zuvor geplanten Zielgrößen (Soll) mit den tatsächlich realisierten Ist-Größen verglichen. Bei einer **Prämissenkontrolle** wird ermittelt, inwieweit die der Strategieentwicklung zu Grunde gelegten Basisannahmen noch Gültigkeit haben. Im Rahmen einer **Durchführungskontrolle** wird ein Zwischenergebnis betrachtet, um möglichst rechtzeitig zu erkennen, ob die geplanten Zielgrößen erreichbar sind.

Konzepte wie die **Balanced Scorecard** ermöglichen die Verbindung zwischen strategischen und operativen Betrachtungen von Marktbedingungen (Kundenanforderungen, Wettbewerbsverhalten) und Unternehmensfähigkeiten (Ressourcen, Kompetenzen). Damit unterstützen sie ein vernetztes, ganzheitliches Denken im Unternehmen, indem diese aus mehreren Blickwinkeln betrachtet werden.[1] Die klassische Kontrolle hat v.a. im operativen Bereich Relevanz.

---

[1] Vgl. hierzu Kaplan/Norton 1997; Weber/Schäffer 2000; Töpfer 2000; Morschett 2004. Auf die Balanced Scorecard wird in Abschnitt D.III.2. des Sechsten Kapitels näher eingegangen.

III. Das fortschrittsfähige Handelsunternehmen als neues Leitbild

1. Vorüberlegungen

Handelsunternehmen sehen sich mit einer Vielzahl von tiefgreifenden Veränderungen konfrontiert, die nicht nur die Wettbewerbsbedingungen, sondern auch die Organisation und Führung betreffen. **Wandel** ist im Handel nicht neu. Die Einführung der Selbstbedienung oder das Auftreten der Fachmärkte haben zu großen Veränderungen in der Handelslandschaft geführt (Zentes/Swoboda 1999f). Dem Wandel, durch zunehmende Globalisierung und Verschärfung des Wettbewerbs, durch wachsende Innovationsdynamik, durch den Wertewandel der Kunden und die Potenziale neuer IuK-Technologien angetrieben, kommt eine neue Qualität zu. Es treten zunehmend Phänomene mit gravierendem Einfluss auf die Entwicklung von Handelsunternehmen auf. Die Beobachtung dieser neuen Phänomene lässt den Schluss zu, dass nach Jahren einer stetigen, relativ „logischen" Entwicklung eine Ära des schnellen und turbulenten Wandels angebrochen ist, bei dem vom Management immer weniger auf vergangene Erfahrungen oder bewährte Problemlösungsmuster zurückgegriffen werden kann. Die zentralen Fragen sind daher:

1. Wie können komplexe Probleme im Handelsunternehmen gelöst werden?
2. Was hilft überhaupt eine längerfristige Orientierung, wenn die zukünftige Entwicklung der eigenen Unternehmung immer unsicherer wird?

Abbildung 1.44: Konsequenzen zentraler Veränderungen

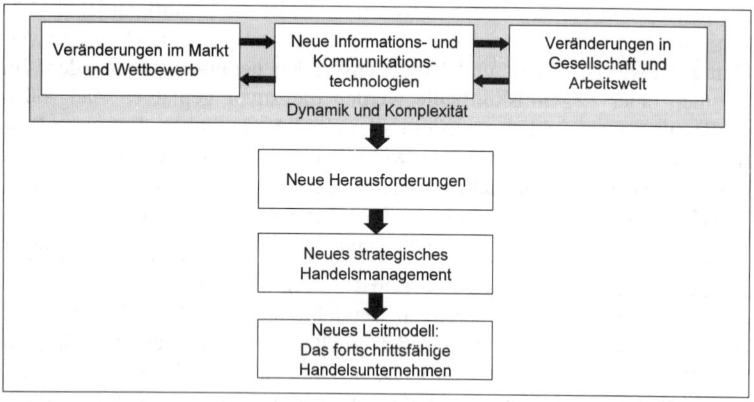

In diesem Abschnitt wird ein Rahmenkonzept zur Bewältigung der aufgezeigten Herausforderungen skizziert (siehe Abbildung 1.44), das in das Leitbild eines fortschrittsfähigen Handelsunternehmens mündet.

2. Die zentralen Veränderungen

Konzentrationsprozesse, neue Kooperationen, elektronischer Handel, zunehmende Verdrängung von Klein- und Mittelbetrieben sind einige der Phänomene, welche die Entwicklung prägen. Der Wandel ist aber nicht nur umfeldbedingt. Handelsunternehmen lösen intern z.T. überflüssige Stufen der Unternehmenshierarchie auf und „implementieren Unternehmertum" (**Entrepreneurship**) (Meyer 2001). Sie wollen Geschwindigkeit gewinnen, um Kundenwünsche schneller und besser erfüllen zu können als ihre Mitbewerber. Hinter diesen Phänomenen stehen tiefgreifende Veränderungen der Märkte und der Wettbewerber, der Gesellschaft und der Arbeitswelt und der neuen Informations- und Kommunikationstechnologien. Diese **Mega-Treiber** der Handelsentwicklung beeinflussen sich in ihrer Wirkung gegenseitig.

Dynamik und Komplexität als Kennzeichen der Entwicklung

Die sich immer schneller und unstetiger vollziehenden vielfältigen Veränderungen führen zu einer zunehmenden Komplexität und Dynamik vieler Märkte. Die Dynamik ist durch eine Vielzahl von Einflussgrößen, die sich in der Art und Intensität ihrer Beziehungen rasch verändern können, gekennzeichnet. Neue Einflussgrößen können dazu kommen, bisherige Einflussgrößen fallen weg, d.h., Einflussgrößen führen gewissermaßen ein „Eigenleben".

Komplexität bezieht sich auf die Vielfalt der Beziehungen zwischen den Einflussgrößen. Je mehr Einflussgrößen auftreten, desto komplexer wird eine Situation empfunden. Subjektives Empfinden von Komplexität ist meist mit **Informationsüberlastung** verbunden. Bei zunehmender Dynamik des Marktes ist Komplexität stets vorherrschend, was für das Handelsmanagement bedeutet, dass die Problemstellungen, die im Rahmen der Zukunftssicherung zu lösen sind, komplexere Probleme sind. Aber gerade den Umgang mit komplexeren Problemen sind Menschen nicht gewohnt und machen „strategische" Fehler (Dörner 1992, S. 12).

Auflösung von Strukturen und neue Netzwerkbildung als Folgen

Die Mega-Treiber und damit verbundene Detailentwicklungen haben gravierende Auswirkungen auf Märkte und Handelsunternehmen. Sie bestehen in der Auflösung klassischer Strukturen und in der Bildung neuer **Netzwerke** (Zentes/Swoboda/Morschett 2004, S. 179ff.; Zentes/Swoboda/Morschett 2005a).

Das Auftreten ausländischer Mitbewerber im Heimatmarkt, das Zusammenbrechen von jahrzehntelang festen Branchengrenzen durch das Angebot der Sortimente bei branchenfremden Mitbewerbern oder die neuen Formen des E-Commerce lassen die Vorstellungen von in sich abgegrenzten und abgeschlossenen Märkten und Unternehmen verschwimmen. Auch die Auflösung der klassischen informations- und kommunikationstechnischen Infrastrukturen, z.B. durch Mobilfunk und wachsende Bedeutung von Internet und Extranet bzw. Intranet, schafft neuartige Konstellationen, die eine wachsende Mobilität ermöglichen. Dies führt zur **Virtualisierung** von Handelsunternehmen und schafft elektronische Märkte, in denen Angebot und Nachfrage in neuen Formen zusammentreffen. Die Nutzung von neuen Technologien ermöglicht ferner neue Formen der Zusammenarbeit, z.B. im ECR-Ansatz, und schafft weltweiten Zugang zu Beschaffungsmärkten über Internet-Portale o.Ä.

Auch klassische, streng hierarchische Organisationsstrukturen beginnen sich umzuwandeln und werden durch neue Organisationsformen ersetzt, die sich durch Eigenverantwortung und unternehmerisches Denken und Handeln auszeichnen (**Intrapreneurship**); neue Formen der Teamarbeit, des Projektmanagements entstehen. Die Phänomene haben Auswirkungen auf die Art der Probleme, denen sich Führungskräfte wie auch Mitarbeiter gegenüber sehen.

Natürlich gibt es auch heute noch **einfache Probleme**[1] mit wenigen Einflussgrößen und Verknüpfungen. Das Management löst diese Probleme auf Grund von Erfahrungen und Kenntnissen routinemäßig. Auch wenn die Anzahl der Einflussgrößen steigt und die Verknüpfungen zunehmen, aber die Struktur des Problems relativ konstant bleibt, sind **kompliziertere Probleme** mit vorhandenen Problemlösungsmethoden lösbar. Schwierig ist es bei **komplexen Problemen** mit hoher Dynamik. Die Lösung dieser vorwiegend strategisch relevanten Fragen erfordert ein neues Denken und Handeln vom Management. Managementmethoden, die sich vorwiegend in Zeiten stabiler und überschaubarer Umfeldentwicklungen bewährt haben, reichen in stark dynamischen und turbulenten Umfeldern immer weniger aus. Klassisches Handelsmanagement, das vorwiegend auf dem Konzept der Planbarkeit und Fixierung der künftigen Unternehmensentwicklung basiert, funktioniert unter den veränderten Umfeldbedingungen immer weniger. Aus den veränderten Bedingungen ergeben sich daher Konsequenzen insbesondere hinsichtlich des Methodenverständnisses, auf dem die erfolgreiche Führung von Handelsunternehmen basiert.

3. Die neuen Herausforderungen

Die Bewältigung der tiefgreifenden und neuartigen Veränderungen, v.a. im Umfeld von Handelsunternehmen, erfordert vom Management unzweifelhaft neue Antworten. Abbildung 1.45 stellt die zentralen Herausforderungen dar, denen sich das Handelsmanagement stellen muss (vgl. hierzu auch Liebmann u.a. 2006).

Eine Herausforderung besteht grundsätzlich darin, die Fähigkeiten des Handelsunternehmens auf die Anforderungen des Marktes abzustimmen. Das setzt voraus, dass die Anforderungen im relevanten Markt wahrgenommen, richtig erkannt und interpretiert werden. Auf der anderen Seite ist das Handelsunternehmen so zu gestalten, dass es wettbewerbsfähig ist. Es muss weiterentwickelt werden. Erfolgreichen Handelsunternehmen gelingt es in her-

---

[1] Zur Unterscheidung von einfachen, komplizierten und komplexen Problemen vgl. Gomez 1997, S. 14.

vorragender Weise, sowohl ihre Leistungen als auch ihre Organisation marktgerecht zu gestalten, und zwar im Tagesgeschäft wie auch in strategischer Hinsicht. Insgesamt gilt es die Hebel für die Weiterentwicklung von Handelsunternehmen zu kennen, damit sie „überlebens- und zukunftsfähig" bleiben.

Abbildung 1.45: Markgerechte Effizienz und Effektivität als neue Herausforderungen

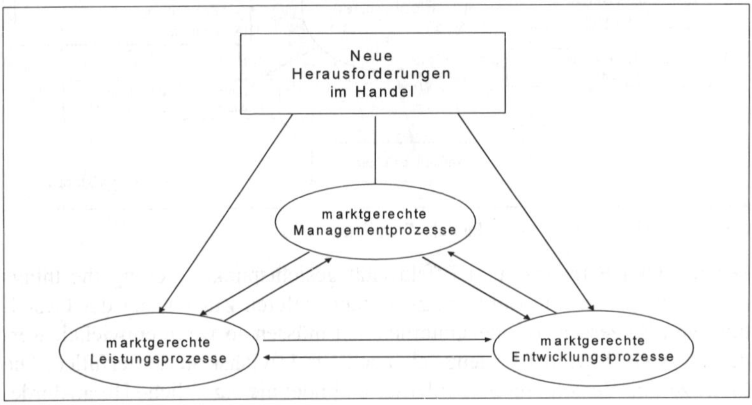

Marktgerechte Leistungsprozesse

Wenn Unternehmen weniger erfolgreich sind, so liegt das zum einen daran, dass die Entwicklungen des Marktes nicht erkannt und richtig eingeschätzt werden, und zum anderen daran, dass die organisatorischen Konsequenzen versäumt wurden. Die Misserfolgsfaktoren oder **Flopfaktoren** sind vielfältig (siehe Abbildung 1.46). Sie resultieren aus den eher „harten" Flopfaktoren (Strategiefehler, schlechte Führungssysteme, Finanzierungsfehler) als auch aus den eher „weichen" Flopfaktoren (schlechter Führungsstil und Unternehmenskultur, keine Spezialfähigkeiten). Demgegenüber werden in Krisensituationen oft nur die harten Erfolgs- und Flopfaktoren analysiert, selten die weichen. Hinzu kommt, dass Misserfolge häufig nur in einzelnen Funktionsbereichen des Unternehmens gesucht werden und nicht in der Gesamtorganisation.

Im Hinblick auf die marktgerechte Ausrichtung von Leistungen, der Organisation und des Managements kommt – wie erwähnt – der **Prozessorientierung** eine Schlüsselrolle zu. Bei der Weiterentwicklung von Handelsunternehmen bieten sich aus Prozessperspektive daher zwei Ansatzpunkte:

- der Leistungserstellungsprozess
- die Entwicklungsprozesse zur marktgerechten Veränderung der Organisation.

Abbildung 1.46: Flopfaktoren im Handel

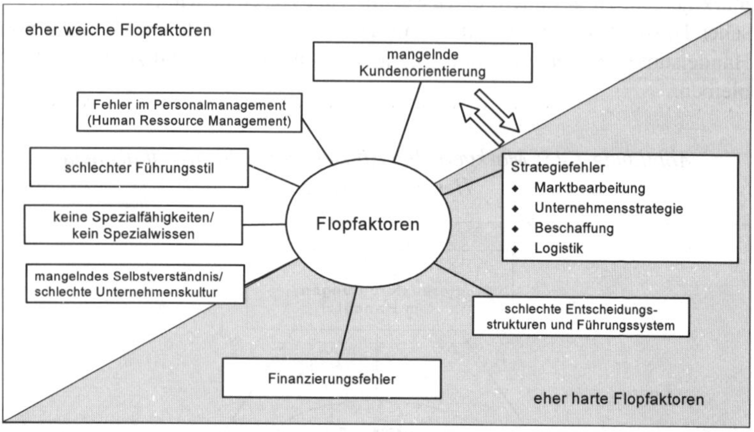

Quelle: in Anlehnung an GDI-Handels-Trendletter II/95.

Dabei bilden Effizienz- und Effektivitätsgesichtspunkte („doing the things right" und „doing the right things") einen tieferen Zugang bei der Gestaltung von Prozessen. Handelsunternehmen müssen so weiterentwickelt werden, dass sie sowohl Effizienz- als auch Effektivitätskriterien erfüllen. Die gleichzeitige Verfolgung beider Kriterien bildet die eigentliche Herausforderung.

Unter **Effizienzgesichtspunkten** gilt es beim Leistungsprozess, die vorgegebenen Ziele mit möglichst geringem Aufwand zu erreichen. Die Herausforderung für das Management besteht z.B. darin, die Kosten des Leistungserstellungsprozesses in der gesamten Wertschöpfungskette wettbewerbsfähig zu halten. Eine wichtige Herausforderung stellt die **Geschwindigkeit** dar. Die Leistungserstellungsprozesse müssen im Einklang mit dem Tempo des Wandels gestaltet werden, was nur aus der Sicht des Kunden abgeleitet werden kann. Da Kunden sich wandeln, ist die Bestimmung des richtigen, kundenspezifischen Tempos eine neue Herausforderung. In einzelnen Branchen ist dies dramatisch, bspw. im Fashion-Handel: Wo früher die Kollektion nur viermal pro Jahr gewechselt wurden, sind heute Kollektionswechsel von 12-18 mal pro Jahr üblich.

Für das Management daraus resultierende Probleme kommen im Bild der **Zeitschere** zum Ausdruck (siehe Abbildung 1.47): Während die benötigte Reaktionszeit mit wachsender Komplexität zunimmt, nimmt die verfügbare Reaktionszeit bei zunehmender Dynamik des Umfeldes dramatisch ab. Manager müssen immer schneller reagieren, haben dafür aber immer weniger Zeit zur Verfügung. Die Rolle, der strategischen Fundierung des Handelsmanagements ist evident, so in Form von entwickelten Szenarien, die bei Eintreten neuer Situationen umgesetzt werden können.

Abbildung 1.47: Die Zeitschere

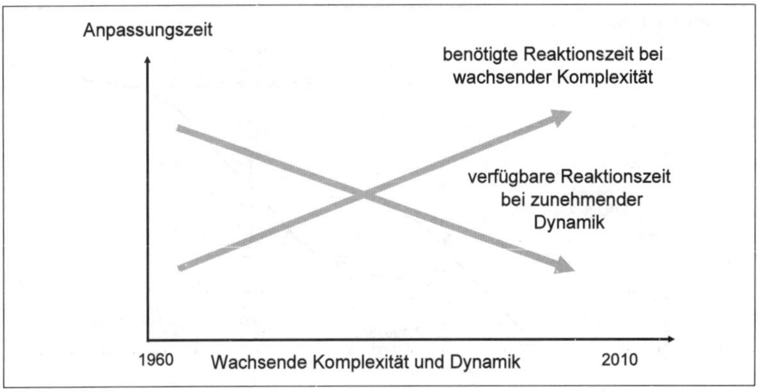

Quelle: Bleicher 2004, S. 45.

Leistungsprozesse nur unter **Effizienzgesichtspunkten** zu betrachten, greift im Wandel zu kurz. Hinzu kommen Kriterien wie Wachstum und Wertschöpfung, die durch marktgerechte Strategien erreicht werden sollen. Bei der Effektivität steht die Frage im Mittelpunkt, ob das Management die richtigen Ziele und Strategien wählt, um Kundennutzen zu schaffen. Die Frage nach der Effektivität provoziert z.B. Fragen nach den richtigen Märkten, Zielgruppen, Sortimenten und Standorten. Selbst Supportprozesse sind im turbulenten Umfeld zu überdenken und etwa mit der Frage des Outsourcing zu verbinden sowie mit Fragen nach den Kernkompetenzen schlechthin.

Das Zusammenspiel von Effizienz und Effektivität bei den Leistungsprozessen wird immer wichtiger. Der Erfolg von Handelsunternehmen basiert auf der effizienten Abwicklung der Kernprozesse und auf dem rechtzeitigen Erkennen jener Elemente, in denen die Leistungsprozesse marktgerecht innoviert werden müssen, also der Effektivität. In Abbildung 1.48 wird dies noch einmal verdeutlicht.

Jedes Erfolgspotenzial unterliegt einem Lebenszyklus und enthält idealtypisch die Phasen Entstehung, Wachstum, Reife und Alterung – dargestellt in Form einer S-förmigen Kurve. Wird die Fähigkeit eines Erfolgspotenzials, Wertschöpfung zu schaffen mit „Wertschöpfungsträchtigkeit" bezeichnet, so nimmt sie mit zunehmender Reife ab. In der Alterungsphase werden die Grenzbeiträge zur Wertschöpfung sogar negativ. Strategische Erfolgspotenziale müssen daher durch neue Erfolgspotenziale ergänzt bzw. ersetzt werden, um ein ausreichendes Wertschöpfungsniveau zu erreichen.

Abbildung 1.48: Zur Wahl der Veränderungsstrategie

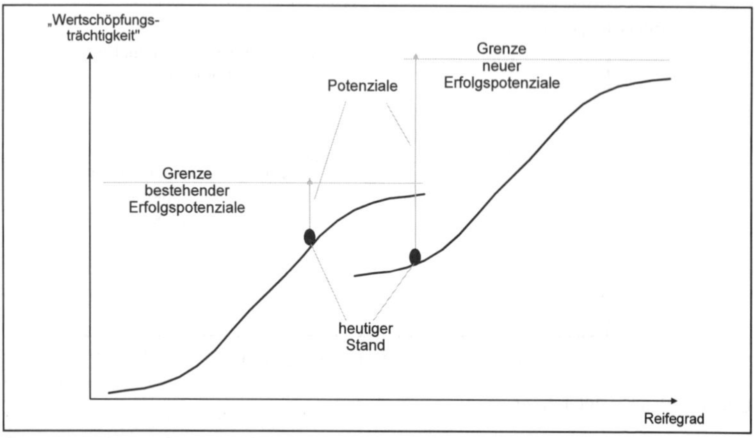

Quelle: in Anlehnung an Pümpin 1986, S. 76.

Marktgerechte Entwicklungsprozesse

Auch die effektive Gestaltung der Organisation und die Ausformung entsprechender Entwicklungsprozesse hat eine wichtige Rolle für den Erfolg von Handelsunternehmen. Unter Effizienzgesichtspunkten geht es bei der organisatorischen Dimension um die Schaffung jener Bedingungen, die eine reibungslose und rasche organisatorische Umsetzung ermöglichen.

Dabei stehen im Gegensatz zur klassischen Organisationsgestaltung, bei denen die Strukturen im Vordergrund stehen, eher die Prozesse im Zentrum des Interesses. Entscheidungen über die Form der Projektorganisation sind dabei ebenso zu fällen wie solche über flache Hierarchien. Unter Effektivitätsgesichtspunkten besteht die Herausforderung für das Management darin, die grundsätzliche Veränderung der Organisation und der Weiterentwicklung aller Menschen im Unternehmen zu lenken, sodass die zukünftige Entwicklung des eigenen Unternehmens sicherer wird. Unter dem Stichwort **Unternehmenswandel** werden dabei wichtige Theorien und Konzepte diskutiert, die auch für die Handelsbetriebslehre eine Bedeutung erlangen. Sie reichen von Theorien zur **Lernenden Organisation** bis hin zum **Change-Management**.

Marktgerechte Managementprozesse

Die Gestaltung und Lenkung sowohl der Leistungsprozesse als auch der Entwicklungsprozesse ist Aufgabe des Managements. Die Fokussierung des Managementprozesses auf diese beiden Schwerpunkte und letztlich deren Zusammenführung im Rahmen eines ganzheitlichen Managementkonzeptes stellt die Unternehmensführung im Handel vor neue Herausforderungen. Eine Analyse der zentralen Veränderungen im Hinblick auf die ihnen zu Grunde liegenden zentralen Trends, ergibt drei managementrelevante Trends, so

- zu dezentralen Entscheidungen und unternehmerischem Handeln,
- zu den bereits genannten flachen Hierarchien sowie
- zu neuen Formen der Arbeitsorganisation, z.B. Teamkonzepte, Networking und Telekooperationen.

Hieraus resultiert, dass den Eigenschaften, die mit dem Planen, Entwickeln und Lenken von Veränderungsprozessen verbunden sind, in Zukunft eine hohe Bedeutung zukommen wird. Die Rolle der Manager bewegt sich weg vom klassischen Arbeitszuweiser und „Kontrolleur" eher hin zum Berater, Förderer und Coach der Mitarbeiter.

Im Hinblick auf eine ganzheitliche, kundenorientierte Aufgabenerfüllung entlang der Wertschöpfungskette ist es wichtig, im Unternehmen ein Klima der **Veränderungsbereitschaft** zu schaffen, das Veränderungsprozesse eher als Chance bewusst werden lässt und weniger als Bedrohung ansieht. Während ein derartiges Klima, das Veränderungen und Wandel begünstigt, in Pionierphasen von Handelsunternehmen, die meist durch großes Wachstum gekennzeichnet sind, kaum ein Problem darstellt, ist seine Erzeugung in einer Entwicklungsphase, die bspw. durch Stagnation gekennzeichnet ist, viel schwieriger zu erreichen. Unter Effektivitätsgesichtspunkten stellt die kulturelle Verankerung der Veränderungsprozesse eine Herausforderung dar. Insgesamt gesehen, liegen hierin wichtige Chancen für das Management, sich mit der Bewusstseinsbildung für ganzheitliche und funktionsübergreifende Prozesse zu beschäftigen. Dass dabei **Sinnvermittlung** für das Handeln in der Organisation wichtig ist, ist plausibel.

4. Neues strategisches Handelsmanagement

Auf der Basis der bisherigen Überlegungen zeichnen sich die Konturen eines neuen strategischen Handelsmanagements im turbulenten Umfeld ab. Es enthält drei Schwerpunkte: Kompetenzentwicklung, Strategische Stoßrichtung und Strategische Transformation.

Weiterentwicklung von Kernkompetenzen

Um im verändernden Umfeld die Existenz zu sichern, ist es erforderlich, dass **Wettbewerbsvorteile** entstehen. Wettbewerbsvorteile gründen sich auf Faktoren, die vom Markt aus betrachtet Grundvoraussetzungen sind, um überhaupt erfolgreich zu sein. Gerade in einem sich schnell wandelnden Umfeld können Wettbewerbsvorteile und Kernkompetenzen schnell wieder zunichte gemacht werden. Die Gründe reichen von Imitation durch die Konkurrenz bis hin zu sich schnell wandelnden Wünschen und Anforderungen der Kunden. Häufig stellt die Zeit, die man selbst zur Entwicklung von Wettbewerbsvorteilen im eigenen Unternehmen aufgewandt hat, einen gewissen „Kopierschutz" dar. Dazu zählen aufwändige Systementwicklungen genauso wie die Entwicklung von Handelsmarken oder von neuen Betriebs- oder Vertriebstypen.

Damit Wettbewerbsvorteile tatsächlich entstehen, brauchen Handelsunternehmen – wie angedeutet – **Kernkompetenzen**. Kennzeichen eines neuen strategischen Handelsmanagements ist es, Kompetenz ständig auf der Basis von Prozess- und Kundenorientierung weiterzuentwickeln (siehe Abbildung 1.49). Die Weiterentwicklung von Kernkompetenz geht mit zunehmender Kundenorientierung und Prozessorientierung häufig einher, sodass es also **dynamische Kernkompetenzen** sind.

Abbildung 1.49: Weiterentwicklung von Kernkompetenzen

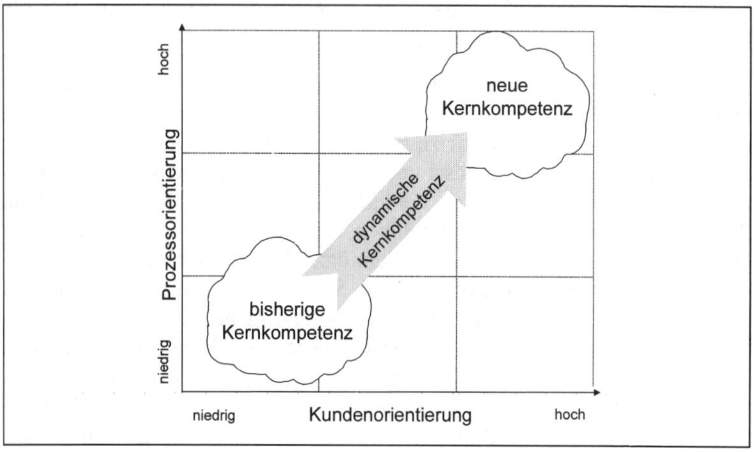

Strategische Stoßrichtung

Das zweite Element besteht in der strategischen Ausrichtung des gesamten Unternehmens im Wettbewerb bzw. in der Bestimmung seiner strategischen Stoßrichtung. Mit der Festlegung der strategischen Stoßrichtung ist eine Reihe von wichtigen Basisentscheidungen verbunden, die im Rahmen eines ganzheitlichen Konzeptes aufeinander zu beziehen und abzustimmen sind. Unter Erfolgs- und Wachstumsperspektiven geht es um die Festlegung bestehender und neuer Leistungen (Sortimente, Dienstleistungen und Rechte) für aktuelle und künftige Kunden.

Da Handelsunternehmungen oft in stagnierenden Märkten operieren, kommt der Frage „neue Leistungen für aktuelle, aber auch für neue Kunden" eine hohe Bedeutung zu. Auf den Entscheidungen bezüglich Leistungen und Kunden basieren Entscheidungen zur **Positionierung** und **Profilierung** im Wettbewerb. Basischarakter haben diese Entscheidungen aber auch für die Schaffung von Wettbewerbsvorteilen, in die neben dem Marketing auch weitere Aspekte einfließen, so finanzwirtschaftliche Faktoren (z.B. im Rahmen der Deckung des Kapitalbedarfs oder der Reduzierung der Finanzierungsrisiken aus internationalen Geschäften) oder beschaffungspolitische Faktoren (z.B. die Auswahl von Lieferanten und die Gestaltung des Lieferantennetzwerkes). Eine besondere Bedeutung im Rahmen der Festlegung der strategischen Stoßrichtung kommt den Entscheidungen über die Internationalisierung von Handelsunternehmungen zu. Ebenso wird die Beziehung zum Bild des Handelsunternehmens als Marke **(Retail-Branding)** hergestellt. Aus ganzheitlicher Sicht muss das Handelsunternehmen sich selbst als Marke etablieren, damit es von Kunden zunehmend als Markenartikel erlebt wird (vgl. hierzu Morschett 2002b) und den Stakeholdern eine wichtige Orientierung, auch im Hinblick auf den Unternehmenswert, bietet.[1]

Strategische Transformation

Das Handelsmanagement muss nicht nur Kernkompetenzen weiterentwickeln und klare strategische Stoßrichtungen festlegen, sondern es muss die erforderliche Erneuerung bzw. Transformation in einem umfassenden ganzheitlichen Bezugsrahmen vorantreiben. Die **Transformation** zielt auf die grundlegende Erneuerung des Unternehmens ab und bezieht sich auf mehrere Bereiche.[2]

Der erste Schritt zur Verbesserung der „Funktionstüchtigkeit" von Handelsunternehmen besteht gewöhnlich in der Veränderung von Strukturen, Prozessen und Systemen. Die Maßnahmen reichen von Personalabbau bis hin zu Outsourcing und der Einführung von Geschäftsprozessorganisationen. Im Handel dominieren häufig Maßnahmen zur Kostenreduzierung und weniger zur Steigerung der Wertschöpfung. Dies wirkt kurzfristig, bringt schneller sichtbaren Erfolg und kann Wettbewerbsnachteile abbauen. Derartige Maßnahmen führen zur „operativen Fitness", sie greifen aber im Hinblick auf eine umfassende Erneuerung oft zu kurz. Die eigentliche Herausforderung besteht darin, v.a. ihre „strategische Fitness" zu verbessern, wozu Innovationen erforderlich sind, die Fortschritte in Quantensprüngen bringen. Hierzu gehören bspw. die Erschließung neuer Märkte, die Einführung eines Kundenmanagements, die Offerierung von neuen kompletten Problemlösungen ebenso wie die Kopplung revolutionärer Dienstleistungen mit dem Produktkauf und der Produktnutzung. Die Transformation verlangt auch, Handelsunternehmen als Wertschöpfungsgemeinschaft weiterzuentwickeln. Die Erneuerung zielt auf die Entwicklung eines neuen Geschäftsverständnisses ab, womit das Verlernen alter Erfolgsrezepte und das Erlernen einer neuen „Erfolgslogik" verbunden sind.

5. Basisfähigkeiten fortschrittsfähiger Handelsunternehmen

Die Entwicklung von Handelsunternehmen zu einer fortschrittsfähigen Organisation ist, wie aufgezeigt, eine permanente Aufgabe des Handelsmanagements. Die Fortschrittsfähigkeit kann daher als **Sinnmodell** im Handel eingestuft werden. Damit steht die permanente Weiterentwicklung im engen Zusammenhang mit der Entfaltung von Fähigkeiten, bspw.:

- Die Basisfähigkeit zur schnellen und permanenten **Marktorientierung** betrifft die Fähigkeit, Früherkennungssignale vom Markt rechtzeitig zu identifizieren und in geeigneten Maßnahmen umsetzen zu können. Dabei spielt die Sensibilität des Managements und der ganzen Organisation ge-

---

[1] Vgl. zu diesen Strategien das Zweite Kapitel.

[2] Der Gedanke der Transformation zur Unternehmenserneuerung geht auf Gouillart/Kelly (1995) zurück. Der Erweiterung von Zahn (1997) wird im Folgenden gefolgt.

genüber Veränderungen im Markt und Veränderungen der Bedürfnisse bei Kunden eine wesentliche Rolle und setzt Vernetzungsfähigkeit voraus.[1]

- Die Fähigkeit zur **Vernetzung** mit den relevanten Partnern und Anspruchsgruppen am Markt stellt eine weitere Basisfähigkeit dar. Da sich die klassischen Strukturen immer mehr auflösen, gilt es, neue Netzwerke zu etablieren, in denen ein neues Zusammenwirken in neuen Mustern entsteht.
- Eine dritte Fähigkeit für die Gestaltung fortschrittsfähiger Handelsunternehmen betrifft die Entwicklung und Ausschöpfung von Potenzialen. Hierbei geht es um die Schaffung entsprechender Rahmenbedingungen zur Förderung der Marktorientierung und der Vernetzungsfähigkeit. Der Lernfähigkeit der Organisation kommt dabei eine treibende Rolle zu. Sie betrifft die Fähigkeit von Betrieben, durch systematische Lernprozesse Probleme effizienter und besser lösen zu können als die Mitbewerber.

Da die Basisfähigkeiten nicht unabhängig voneinander sind, sondern sich gegenseitig beeinflussen können, besteht eine besondere Form der **Lernfähigkeit** von Organisationen auch in der Erkundung neuer Zusammenhänge und Wechselwirkungen in den Basisfähigkeiten. Das Ziel besteht darin, mögliche Synergien zu erkennen und auszunutzen. Ferner bilden die Basisfähigkeiten die Grundlage für einen intelligenteren Umgang mit Komplexität und Dynamik im neuen Umfeld. Intelligenz betrifft dabei sowohl das neue Denken als auch neues Handeln. Handlungsfähigkeit kennzeichnet die Fähigkeit von Handelsunternehmen, dass sie über ein Führungs- und Managementsystem verfügen, um das Unternehmen auf Erfolgskurs zu halten. Die „**neue Intelligenz**" in Bezug auf Markt, Vernetzung und Management bildet dabei die Bezugspunkte für ein neues Management im Handel (siehe Abbildung 1.50).

Abbildung 1.50: Elemente eines Leitbildes zur Fortschritts- und Innovationsfähigkeit

Neue Vernetzungsintelligenz	Die Fähigkeit in Netzwerken zu agieren (im technischen und nicht technischen Sinne).
Neue Management- und Führungsintelligenz	Die Fähigkeit neue Stärken von innen heraus durch Entwicklung und Ausschöpfung der Potenziale aller im Unternehmen tätigen Menschen zu generieren.
Neue Marktintelligenz	Die Fähigkeit mit Überraschungen des Marktes umgehen zu können und Werte für die derzeitigen und künftigen Kunden zu schaffen.

Quelle: Liebmann/Zentes 2000, S. 7.

Zur weiteren Ausgestaltung des Bezugsrahmens für ein fortschrittsfähiges Handelsunternehmen sind handlungsleitende Prinzipien zweckmäßig, die mit dazu beitragen, dass die Forderung nach einer klaren strategischen Stoßrichtung entsteht (siehe Abbildung 1.51).

[1] Die Verwendung des Ausdrucks „Fortschritt" auf die fortlaufende Befriedigung der Bedürfnisse und Interessen der Betroffenen zu beziehen, stammt von Kirsch 1997.

Abbildung 1.51: Grundkonzeption eines fortschrittsfähigen Handelsunternehmens

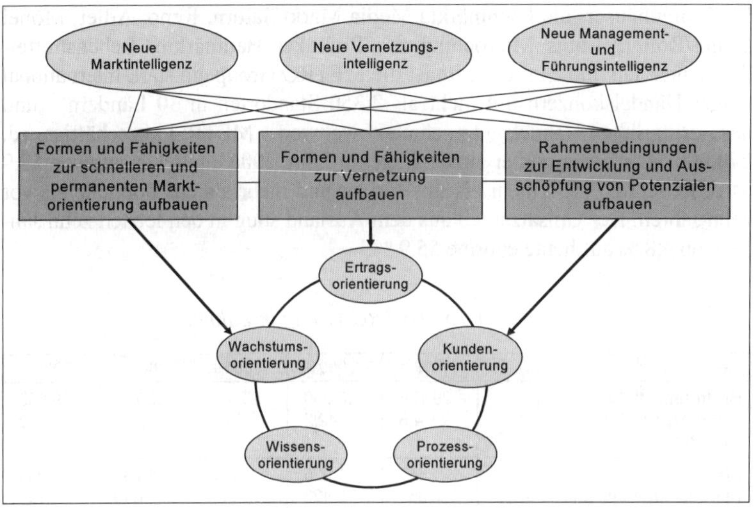

Neben den bereits beschriebenen Prinzipien der Prozess- und Kundenorientierung kommt den Handlungsprinzipien Ertrags-, Wachstums- und Wissensorientierung eine entscheidende Rolle zu, um den Prozess zur fortschrittsfähigen Organisation aufrecht zu erhalten. **Ertragsorientierung** stellt an das Handelsmanagement die Herausforderung nach der Erzielung eines überdurchschnittlichen Ertrages, einer strikten Kostenkontrolle, aber auch nach neuen Messkonzepten, um den entsprechenden Ertrag zu messen. **Wachstumsorientierung** fordert überdurchschnittliches Wachstum, das wiederum frühes Erkennen von Wachstumschancen voraussetzt. Das Prinzip **Wissensorientierung** fordert die Schaffung von neuem, firmenspezifischem Wissen und stellt neues Wissen als Basis für die Schaffung von Kernkompetenzen in den Mittelpunkt.

F. Fallstudie: METRO Group

I. Kurzvorstellung der METRO Group

Die METRO Group[1] ist 1996 aus der Fusion bedeutender Handelsunternehmen hervorgegangen. 1964 gilt als Geburtsjahr des METRO Konzerns: Otto Beisheim eröffnete den ersten METRO Cash & Carry-Markt, einen Abholmarkt für Gewerbetreibende. Die Weiterentwicklung begann mit der Übernahme des regional bedeutenden Verbrauchermarktunternehmens Meister.

[1] Die Fallstudie wurde auf folgender Basis erstellt: Studien der IGD (2005) sowie IGD (2006) und aktuelle Informationen des Unternehmens.

Dann folgte die Übernahme der Kaufhof AG, der Deutschen SB-Kauf, Asko mit ihrer Real-Schiene und des Warenhauskonzerns Horten. 1997 gehörten zur METRO eine Immobilien- und Dienstleistungsgesellschaft, die Waren-/ Kaufhäuser Kaufhof/Horten, die METRO Cash & Carry-Märkte, die Real SB-Warenhäuser, die Fachmärkte Media Markt/Saturn, Reno, Adler, Möbel Unger/Roller, Vobis Microcomputer, Praktiker Baumärkte, Lebensmitteldiscounter Tip und Extra. Heute ist die METRO Group ein stark international tätiger Handelskonzern mit mehr als 2.350 Standorten in 30 Ländern – und das drittgrößte Handelsunternehmen weltweit. METRO beschäftigt rd. 270.000 Mitarbeiter und erwirtschaftete im Jahre 2006 einen Umsatz von 59,9 Mrd. EUR, rd. 7,5 % mehr als im Vorjahr und mehr als das doppelte als vor zehn Jahren. Der Umsatzanteil aus dem Ausland stieg in den letzten zehn Jahren von 4,8 % auf heute enorme 55,9 %.

Tabelle 1.15: METRO Group in Zahlen

Jahr	1996	2000	2004	2005	2006
Bruttoumsatz (Mio. EUR)	28.138	46.930	53.475	55.722	59.882
darunter im Ausland (in Prozent)	4,8	42,2	51,6	53,4	55,9
EBIT	547	1.025	1.723	1.738	1.983
Periodenergebnis (Mio. EUR)	367	423	927	649	1.193
Marktkapitalisierung (Mrd. EUR)	12,1	16,1	13,3	13,4	15,8
Investitionen (Mio. EUR)	838	1.572	1.744	2.138	3.020
Eigenkapital (Mio. EUR)	2.467	4.146	4.849	5.313	6.047
Bilanzsumme (Mio. EUR)	10.623	22.333	28.352	28.767	32.148
Mitarbeiter (nach Köpfen)	176.500	225.215	231.841	246.875	263.794
darunter im Ausland	k.A.	k.A.	104.735	117.024	133.573
Geschäfte	1.821	2.013	2.110	2.171	2.378

Seit dem Jahre 1998 wurden mehrere Portfolio-Bereinigungen durchgeführt, in deren Zuge das Portfolio auf die in Tabelle 1.16 abgebildeten sieben Formate reduziert wurde. Heute setzt sich die METRO Group aus leistungsstarken, operativ eigenständig arbeitenden Einzelunternehmen und Gesellschaften zusammen. An der Spitze steht die METRO AG als strategische Management-Holding, während das operative Geschäft in die Geschäftsfelder Großhandel (mit den Retail-Brands METRO und Makro), Lebensmitteleinzelhandel (Real und Extra), Non-Food-Fachmärkte (Media Markt und Saturn) sowie Warenhäuser (Galeria Kaufhof) untergliedert ist. Die selbstständig am Markt tätigen Vertriebsmarken werden von Querschnittsgesellschaften unterstützt, die Dienstleistungen wie Beschaffung, Logistik, Informatik, Werbung, Finanzierung, Versicherung oder Gastronomie übernehmen. So, wie der Verbund von der Stärke der Einzelunternehmen profitiert, erhält jede Vertriebslinie Rückhalt und Stärke aus dem geschäftlichen Potenzial des Gesamtunternehmens. Alle Vertriebslinien partizipieren von Synergieeffekten.

Tabelle 1.16: Die Vertriebsmarken der METRO Group im Jahre 2006

Vertriebsmarke	Kurzcharakterisierung (ausgewählte Charakteristika)	Mitarbeiter*	Anzahl Länder	Umsatz in Mrd. EUR*
Cash & Carry: **METRO/Makro**	Weltweiter Marktführer im Selbstbedienungsgroßhandel, größte und am stärksten internationalisierte Vertriebslinie der Gruppe in 28 Ländern, gewerbliche Kunden	97.779	28	29,9
Lebensmitteleinzelhandel: **Real/Extra**	Marktführer in Deutschland und Polen im SB-Warenhausgeschäft, Real und Extra unter einem Dach, attraktives Preis-Leistungs-Verhältnis, Frischekompetenz	47.913	5	10,4
Non-Food-Fachmärkte: **Media Markt/ Saturn**	Europas Nummer 1 unter den Elektrofachmärkten, innovative, leistungsstarke und großflächige Vertriebs- und Marketingkonzepte mit dynamischem Wachstum	41.109	14	15,2
Warenhäuser: **Galeria Kaufhof**	Konzept-/Systemführer im deutschen Warenhaussegment mit Galeria-Konzept (lifestyleorientierte Warenwelten), Tochtergesellschaft Inno Marktführer in Belgien	19.043	2	3,6

* Ausgenommen sind die Querschnittsgesellschaften mit einem Umsatz von 0,8 Mrd. EUR und 15.100 Mitarbeitern. Mitarbeiterzahl auf Vollzeitbasis (nicht pro Kopf) erhoben.

Auf Grund der Größe und der enorm dynamisch wachsenden Internationalität der Gruppe – hier mit jährlichen organischen Umsatzzuwachsraten von weit über 10 % im Durchschnitt der letzten fünf Jahre – kann nahezu jeder der in diesem Kapitel dezidiert behandelten Aspekte analysiert werden. So haben – mit Bezug zu Abschnitt A. – in der METRO der Großhandel und der Einzelhandel eine nahezu gleichgewichtige Bedeutung, gemessen an den Umsätzen. In den internationalen Märkten und in den Non-Food-Sortimenten ist METRO im Außenhandel als integriertes Unternehmen involviert. Ferner besteht ein Spezifikum darin, dass die Gruppe – auf Grund der Historie – in unterschiedlichen Branchen tätig ist, was für internationale Handelskonzerne eher selten ist.

Die folgenden Ausführungen orientieren sich an der Gliederung dieses Kapitels, d.h., behandelt werden folgende Punkte:

- Management des Unternehmens (Ebenen der Führung und Managementsysteme sowie Share- und Stakeholder-Orientierung)
- Basischarakteristika und Umfeldbesonderheiten (wettbewerbliche, politisch-rechtliche und technologische), und zwar bezogen auf alle Vertriebslinien, wenngleich der stärkste C&C-Bereich betont wird.

Auf Grund der Größe, der Internationalität und der unterschiedlichen Branchen mit unterschiedlichen Zielgruppen, Stakeholdern und Wettbewerbern sind das Umfeld und die Aktivitäten des Unternehmens relativ komplex.

II. Ebenen der Führung und Managementsysteme

Unter dem Dach der METRO Group hat sich über die Geschäftsfelder hinweg in den vergangenen Jahren eine gemeinsame Unternehmenskultur mit identitätsstiftender Wertordnung entwickelt. Der Corporate Claim „*METRO – The Spirit of Commerce*“ spiegelt das Selbstverständnis der Group wider.

Übergeordnete strategische Ziele der METRO Group

Primäres Ziel ist es, den Unternehmenswert nachhaltig zu steigern. Diese auf profitables Wachstum ausgerichtete Konzernstrategie basiert auf drei wesentlichen Säulen, die in Abbildung 1.52 veranschaulicht sind:

Abbildung 1.52: Konzernstrategie der METRO Group

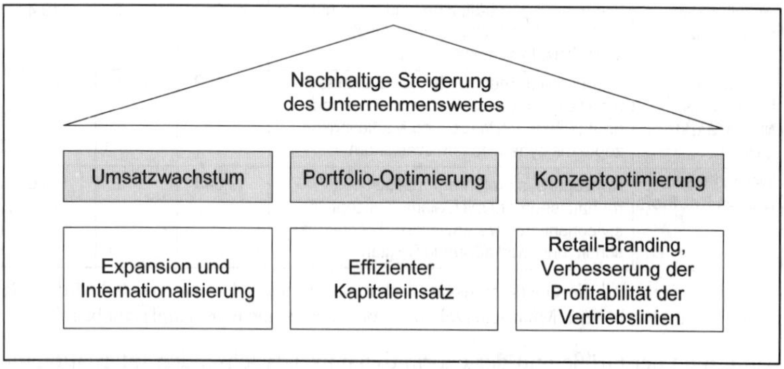

Der erste Pfeiler ist profitables Umsatzwachstum durch Expansion und Internationalisierung, d.h. einen Ausbau des Auslandsanteils am Konzernumsatz und Konzentration auf die renditestarken Vertriebslinien METRO Cash & Carry und Media Markt/Saturn. Im Fokus der Expansionsstrategie stehen Wachstumsmärkte in Osteuropa und Asien sowie die Weiterentwicklung des Vertriebsnetzes, d.h. die Penetration bereits erschlossener Märkte. METRO sieht sich als Kompetenzführer bei der Erschließung von „emerging markets" für moderne Handelsformate. **Portfolio-Optimierung** zielt auf einen effizienten Kapitaleinsatz durch Steigerung des Werts und der Rentabilität der Vertriebslinien ab. Mit diesem Ziel werden fortlaufend Vertriebskonzepte, Kostenstrukturen sowie das auf wachstumsrelevante Geschäftsfelder fokussierte Portfolio optimiert. Die konsequente, kundenorientierte Weiterentwicklung der Vertriebskonzepte dient der langfristigen Sicherung der Erträge. Dabei soll jede Vertriebslinie zu einer unverwechselbaren Marke (i.S. einer Retail-Brand) in ihrer Branche entwickelt werden.

Die Ziele finden Niederschlag in den folgenden Produkt-Markt-bezogenen Zielen der einzelnen Vertriebsgesellschaften.

Corporate Principles und Corporate Governance Code

Vertriebslinienübergreifend dienen verbindliche Corporate Principles als Basis einer identitätsstiftenden Wertordnung und der Umsetzung von Zielen auf Gesamtunternehmensebene, die auf folgenden Grundsätzen beruhen:

- **Leistungsidentität**: Wirtschaftliche Stärke, nachhaltige Marktdurchdringung, Marktposition, strategische Stärke, Innovationsfähigkeit.

- **Führungsidentität**: Strategische Steuerung, Konzepthoheit der Vertriebslinien, Vielfalt, Chancengleichheit und Toleranz, leistungsorientierte Führung nach dem Best-Practice-Prinzip.
- **Gesellschaftspolitische Identität**: Politische Mitgestaltung, Wahrnehmung öffentlicher Aufgaben, Corporate Social Responsibility.

Die Corporate Principles werden durch einen verbindlichen Corporate Governance Code ergänzt. Die Leitsätze einer verantwortungsvollen und wertorientierten Unternehmensführung und -kontrolle, die sich an den Anforderungen und Erwartungen der internationalen Kapitalmärkte orientieren, wurden darin bereits im Jahre 2002 beschrieben. Der Corporate Governance Code wird regelmäßig überprüft und ggf. angepasst. So wurden bspw. für das Geschäftsjahr 2004 erstmals die Vergütungen der Mitglieder des Vorstands und des Aufsichtsrats im Konzernabschluss individualisiert ausgewiesen.

Durch die offene und kontinuierliche Kommunikation der strategischen Ziele, der Corporate Principles und des Corporate Governance Codes nach innen und nach außen verfolgt die METRO das Ziel einer einheitlichen Corporate Identity, die zugleich das Image maßgeblich beeinflussen soll.

Steuerung, Planung und Kontrolle

Hinsichtlich der Steuerung, Planung und Kontrolle wird die METRO Group als Aktiengesellschaft auf oberster Ebene „klassisch" gesteuert. Ein vom Aufsichtsrat bestellter Vorstand – betraut mit dem Managementaufgaben der strategischen Geschäftsentwicklung und Unternehmensplanung – leitet die Aktiengesellschaft und vertritt sie nach außen. Der Aufsichtsrat, dem paritätisch Vertreter der Beschäftigten und Anteilseigner, 20 Mitglieder angehören, ist das oberste Kontrollorgan. Zu seinen zentralen Aufgaben gehören die Beratung und Überwachung der Geschäftsleitung und Konzernführung im Hinblick auf die langfristigen Unternehmensziele. Die Hauptversammlung dient als zentrales Organ der Willensbildung und der Beteiligung der Aktionäre an grundlegenden Unternehmensentscheidungen. Das Finanzmanagement der METRO Group wird zentral durch die METRO AG wahrgenommen. Sie sorgt dafür, dass eine stets ausreichende, kostengünstige Deckung des Finanzbedarfs der Konzerngesellschaften gewährleistet ist. Dies gilt für das operative Geschäft ebenso wie für Investitionen. Als Grundlage dient die zwölf Monate umfassende Konzernfinanzplanung. Diese wird nach dem Prinzip der rollierenden Planung vierteljährlich aktualisiert. Zusätzlich erstellt die METRO AG eine auf 14 Tage ausgerichtete Liquiditätsplanung.

Auf einer darunter liegenden Ebene basiert die Steuerung und Kontrolle auf dem in der Holding-Struktur verankerten Führungsprinzip der Dezentralität, wobei die nach Geschäftsfeldern gegliederten Einzelunternehmen als eigenständig arbeitende Vertriebsmarken zu verstehen sind und entsprechend selbstverantwortlich am Markt auftreten. Auch im Rahmen der Planung zeigt sich die Eigenverantwortung der Vertriebsmarken u.a darin, dass die Primärberichterstattung grundsätzlich nach Geschäftsfeldern erfolgt. Bei der Sekundärberichterstattung wird hingegen nach den Regionen Deutschland,

Westeuropa ohne Deutschland, Osteuropa und Asien/Afrika unterschieden. Zentral vorgegeben und für alle ausländischen Gesellschaften konzernweit bindend sind einheitliche Richtlinien, insbesondere die Corporate Principles. Die Verwaltung und Organisation wird zentral gesteuert. Das betriebswirtschaftliche Berichtswesen ist in Bezug auf Inhalte und Termine einheitlich geregelt.

Die Dezentralität kommt u.a. auch im Umgang mit Risiken zum Ausdruck, die am Ort des Entstehens analysiert, bewertet und gesteuert werden. Die Verantwortung dafür liegt bei den einzelnen Geschäftseinheiten. Ihre Wahrnehmung und Umsetzung wird durch die METRO AG überwacht. Ein sog. Risikohandbuch gibt Auskunft über die Funktion des Risikomanagementsystems, bietet eine umfassende Übersicht über mögliche Risikofelder, regelt die Verantwortung für deren Überwachung und bietet Handlungsanleitungen. Um zu vermeiden, dass relevante Geschäftsrisiken unbeachtet bleiben, erfolgt die Identifikation von Risiken konzernweit „von unten nach oben" über alle Führungsebenen. Geschäftsrisiken werden im Rahmen des Frühwarnsystems hinsichtlich ihrer Tragweite im Planungszeitraum von drei Jahren eingeschätzt. Das Konzernberichtswesen ist das wesentliche Element zur internen Kommunikation von Chancen und Risiken. Jährliche Risikoinventuren, Abschlüsse und monatliche Hochrechnungen sowie regelmäßige Kontakte zwischen den Geschäftseinheiten und den jeweils übergeordneten Gesellschaften sorgen für einen kontinuierlichen und zeitnahen Informationsaustausch. Die Überwachung der Risikofelder erfolgt mithilfe festgelegter Indikatoren.

In diesem Zusammenhang sei noch auf ein IT-basiertes Steuerungsinstrument hingewiesen, dem konzernweit immer stärkere Bedeutung zugesprochen wird. Im Zuge eines im Jahre 2004 initiierten Projekts unter dem Namen „METRO Group Networking" hat der Konzern eine einheitliche Arbeits- und Informationsplattform für alle Mitarbeiter geschaffen. Diese ermöglicht es, interne Verwaltungsprozesse mithilfe von innovativen, teilweise speziell für den Konzern entwickelten IT-Systemen abzubilden und zu optimieren. So erleichtert Networking Collaboration seit Mitte des abgelaufenen Geschäftsjahres die gesellschafts-, standort- und länderübergreifende Zusammenarbeit und Kommunikation innerhalb von Projektteams.

III. Share- und Stakeholderorientierung

Den Grundsätzen einer transparenten und verantwortungsvollen Unternehmensführung und -kontrolle misst die METRO AG einen hohen Stellenwert bei. Grundsätzlich steht der Renditeaspekt gegenüber dem bloßen Volumenzuwachs im Vordergrund. Ziel ist es, den Anlegern für ihren Kapitaleinsatz eine optimale Rendite zu bieten.

„2006 war das wachstumsstärkste Geschäftsjahr seit 1998. Wir haben den profitablen Wachstumskurs weiter fortgesetzt. Nachhaltige Wertsteigerung bleibt unser primäres Ziel.“

(Dr. Hans-Joachim Körber, Vorstandsvorsitzender der METRO Group, Bilanzpressekonferenz vom 21. März 2007)

Shareholder-Orientierung

Die zentrale Messgröße für den wirtschaftlichen Erfolg ist der Economic Value Added (EVA), zugleich Ausdruck einer expliziten Shareholder-Value-Orientierung. EVA ist ein international anerkanntes Steuerungs- und Managementsystem, das es ermöglicht, sämtliche strategischen, operativen sowie investiven Aktivitäten im Unternehmen nach ihrem Beitrag zur Steigerung des Unternehmenswerts zu beurteilen und danach zu entscheiden. Diese Messgröße wurde bei der METRO Group konzernweit in das Reporting-System eingeführt und ist wichtiger Bestandteil der wertorientierten Unternehmensführung.[1]

Der EVA errechnet sich aus dem Geschäftsergebnis der Vertriebslinien abzüglich der Kapitalkosten für das eingesetzte Geschäftsvermögen. Die Kapitalkosten entsprechen den Verzinsungsansprüchen der Fremd- und Eigenkapitalgeber. Ist der EVA größer null – d.h., übersteigt das Geschäftsergebnis die zur Finanzierung des Geschäftsvermögens notwendigen Kapitalkosten – ist ein Wert geschaffen worden. Entscheidend für die Beurteilung des unternehmerischen Erfolges eines Jahres ist der „Delta-EVA“, d.h. der Vergleich des aktuellen EVA mit dem des Vorjahres. Konsequent in der Unternehmenspraxis umgesetzt, führt der EVA dazu, dass Kapital jeweils in diejenigen Bereiche bzw. Vertriebslinien fließt, in denen die höchste Wertsteigerung zu erwarten ist. Dem EVA kommt insofern eine ressourcensteuernde Funktion zu (siehe Tabelle 1.17). Zudem ist die Entwicklung des EVA die zentrale Bemessungsgrundlage im variablen Vergütungssystem der Führungskräfte der METRO.

Tabelle 1.17: Entwicklung des EVA als zentrale Steuerungsgröße für profitables Wachstum

Vertriebsmarke	Geschäftsergebnis in Mio. EUR	Return on Capital Employed in Prozent	EVA in Mio. EUR	Delta-EVA in Mio. EUR
METRO/Makro	899	13,4	463	79
Real/Extra	202	2,7	- 285	5
Media Markt/Saturn	442	19,2	292	27
Galeria Kaufhof	67	4,6	- 27	0
Sonstige Gesellschaften	288	6,1	- 17	11
METRO insgesamt	1.898	8,4	426	121

[1] Vgl. hierzu auch die Ausführungen in Abschnitt D.III.2. des Sechsten Kapitels.

Stakeholder-Orientierung

Die offene und kontinuierliche Kommunikation mit Investoren und der Öffentlichkeit leistet einen bedeutenden Beitrag zur Unternehmenstransparenz i.S. einer Shareholder-Value-Orientierung. Bei der Weitergabe von Kapitalmarktinformationen folgt die METRO Group dem Grundsatz der Gleichbehandlung. Die Aktionäre erhalten zeitgleich mit Finanzanalysten und ähnlichen Stakeholder-Kreisen Zugang zu unternehmensrelevanten Informationen. Neben dem jährlich im Frühjahr in Düsseldorf stattfindenden Analystentreffen präsentierte sich der Konzern auch im Geschäftsjahr 2006 bei Investoren und Analysten an allen wichtigen Finanzplätzen in Europa, den USA und Asien. Die Teilnahme an zwölf Konferenzen diente als Plattform, den regelmäßigen Kontakt zu mehr als 1.300 institutionellen Anlegern weiter auszubauen.

Eine ausgeprägte Stakeholder-Orientierung, die sich sowohl auf interne als auch auf externe Stakeholder bezieht, manifestiert sich direkt bzw. indirekt insbesondere anhand verschiedener Initiativen, von denen einige wichtige an dieser Stelle exemplarisch skizziert werden:

- **Sozialverantwortliche Personalpolitik**: Qualifikations- und Ausbildungsprogramme, explizite Förderung einer internationalen Unternehmenskultur, Lernpartnerschaften mit Schulen, Corporate University usw.
- **Mitgliedschaft im European Retail Round Table**: Arbeitkreis großer Handelsunternehmen für Branchenlösungen, z.B. hinsichtlich EU-Umweltpolitik, Liberalisierung des Welthandels, Beschäftigungspolitik usw.
- **Corporate Citizenship Initiative**: Förderung von Kunst, Kultur und Sport (z.B. METRO Group Marathon Düsseldorf; METRO Stars) sowie Unterstützung einer Vielzahl sozialer Projekte und Private Public Partnership zur wirtschaftlichen Förderung in verschiedenen Ländern usw.
- **Umweltmanagement**: Nachhaltiges, verantwortungsbewusstes Energiemanagement zur Emissionsreduktion und Stromeinsparung, verantwortlicher Umgang mit Ressourcen, Regenwasseraufbereitung, Definition von Standards der Abfallentsorgung, regelmäßige Audits zu Umweltfragen, Abfallvermeidung usw.
- **Soziales Engagement**: Lebensmittelspenden für „Die Tafel“, Projekt zur Finanzierung der Schulausbildung sozial schwacher Mädchen in der Türkei, Familienerlebnistage mit Kindern aus sozial schwachen Familien usw.
- **Gesundheitsinitiative „Gut für Dich“**: Bundesweite Informationsinitiative für gesundheitsbewusste Ernährung, Bewegung und Lebensstil (mit Fußball-Bundestrainer Joachim Löw), neuartige und verbraucherorientierte Nährwertkennzeichnung auf Eigenmarken der METRO Group.

Alle zwei Jahre veröffentlicht die METRO einen **Nachhaltigkeitsbericht**, in dem die soziale und gesellschaftliche Verantwortung des Unternehmens dokumentiert und entsprechend kommuniziert wird.

„Unsere Geschäftstätigkeit wird nicht allein von ökonomischen Aspekten bestimmt. Wir sehen uns vielmehr in der unmittelbaren Verantwortung, die Interessen unserer Kunden, Kapitalgeber und Mitarbeiter angemessen bei der unternehmerischen Entscheidungsfindung [...] zu berücksichtigen."

Dr. Hans-Joachim Körber, Vorstandsvorsitzender der METRO Group, METRO Group 2006b, S. 5.

IV. Strategien und Umfeld der METRO

1. METRO Cash & Carry

Produkt-Markt-bezogene Ziele, Strategien und Kompetenzen

METRO Cash & Carry spricht gezielt gewerbliche Kunden und Großverbraucher an, und zwar Hotels, Restaurants, Kioskbetreiber, kleinere Lebensmitteleinzelhändler, Catering-Unternehmen, Krankenhäuser und Behörden sowie in wachsendem Umfang auch Dienstleistungsbetriebe. Als wichtigstes Ziel sieht das Unternehmen die Erwirtschaftung angemessener Gewinne zur Weiterentwicklung des Unternehmens und zur Sicherung seiner Arbeitsplätze an.

METRO Cash & Carry ist weltweit Marktführer im Selbstbedienungsgroßhandel und die am stärksten internationale Vertriebslinie des Konzerns mit einer Präsenz in 28 Ländern an 584 Standorten (siehe Tabelle 1.18). Über 82 % der Umsätze werden im Ausland realisiert und der Marktanteil in Deutschland liegt bei über 50 % (TradeDimensions 2005, S. 236). Im Jahre 2006 wurden 41 neue Großmärkte weltweit eröffnet.

Tabelle 1.18: Ausgewählte Kennzahlen von METRO Cash & Carry

Anzahl Läden		Verkaufsfläche in Mio. qm	Artikel im Sortiment	Heute bearbeitete Länder (Eintrittszeitpunkt)
Inland	Ausland			
120	464	4,5	50.000	Belgien (1970), Bulgarien (1999), China (1996), Dänemark (1971), Deutschland (1964), Frankreich (1971), Griechenland (1992), Großbritannien (1971), Indien (2003), Italien (1972), Japan (2002), Kroatien (2001), Marokko (1991), Moldawien (2004), Niederlande (1968), Österreich (1971), Polen (1994), Portugal (1990), Rumänien (1996), Russland (2001), Serbien (2005), Slowakei (2000), Spanien (1972), Tschechien (1997), Türkei (1990), Ukraine (2003), Ungarn (1994), Vietnam (2002)

Seit 1998 ist METRO Cash & Carry eine hundertprozentige Tochter der METRO AG. METRO Cash & Carry International verantwortet als Management-Holding die weltweiten Cash & Carry-Aktivitäten. Neben einem zentralen Management in der Holding werden die Landesgesellschaften in den jeweiligen Ländern durch ein eigenständiges Management geführt und durch übergeordnet verantwortliche Regionalmanager auf internationaler Ebene unterstützt.

Das Cash & Carry-Konzept ist ausgereift und leicht multiplizierbar, da die Kapitalintensität einer Neugründung relativ niedrig ist und die kritische Masse an Kunden relativ zum LEH schnell erreicht werden kann. Besondere Leistungsmerkmale liegen in einer hohen Frischekompetenz, dem Sortimentsumfang und den kundenfreundlichen Öffnungszeiten. Als wesentliches Marketinginstrument werden Direktmailings genutzt, da von allen Kunden auf Grund der obligatorischen Kundenkarte Daten vorliegen. Dieses Kommunikationsinstrument wird als zentraler Erfolgsfaktor der Vertriebslinie angesehen. Eine effiziente Logistik und ein konzernweit einheitliches Qualitätssicherungssystem gewährleisten, dass täglich eine breite Palette von frischem Fisch, Fleisch, Obst und Gemüse offeriert werden kann. Das Motto lautet „Von Profis für Profis". Die dauerhafte Verfügbarkeit von Waren eines gehobenen Sortiments und ein attraktives Preis-Leistungs-Verhältnis dienen der Profilierung. Je nach Betriebstyp und Größe der Märkte umfasst das Angebot bis zu 20.000 Artikel im Food- sowie 30.000 Artikel im Non-Food-Bereich (etwa 70 % des Umsatzes im Food-Bereich). Ein weiterer wichtiger Wettbewerbsfaktor ist die ausgeprägte Anpassungsfähigkeit an standortspezifische Bedürfnisse und Rahmenbedingungen. Drei nach Verkaufsfläche und Sortimentstiefe unterschiedlich modularisierte Betriebstypenformate, nämlich Classic-, Junior- und Eco-Märkte, ermöglichen ein auf die differenzierten Bedürfnisse abgestimmtes Angebot:

- Classic-Märkte: Größte Warenvielfalt im Food- und Non-Food-Bereich auf einer Verkaufsfläche von 10.000 bis 16.000 qm, v.a. in Westeuropa betrieben.
- Junior-Märkte: Attraktives, etwas engeres Warenangebot im Food- und Non-Food-Bereich auf einer Verkaufsfläche von 7.000 bis 9.000 qm, v.a. in den Wachstumsregionen Osteuropa und Asien bewährt.
- Eco-Märkte: Konzentration auf Frischeprodukte (Food) für Gastronomie- und Hotelbetriebe sowie Einzelhändler auf einer Verkaufsfläche von 2.500 bis 4.000 qm, v.a. in Frankreich und Südeuropa betrieben.

An allen Standorten wurden überwiegend alleinstehende Großmärkte geführt. In den Wachstumsregionen Asiens verfolgt METRO Cash & Carry seit 2006 ein neues Gebäudekonzept, bei dem Großmärkte in Gebäudekomplexe integriert werden. Dies ermöglicht Standorte in hochpreisigen Geschäftslagen zu niedrigen Erwerbs- bzw. Betriebskosten. Grundsätzlich führt die Bündelung großer Beschaffungsvolumina zu Kostenvorteilen im Einkauf, wovon letztlich auch die Kunden profitieren sollen. Im Bereich Logistik sorgen die Koordination und die ganzheitliche Steuerung sämtlicher Warenströme innerhalb der METRO Group für einen deutlich geringeren Transportaufwand. Dadurch sollen die Effizienz verbessert und die Wettbewerbsfähigkeit erhöht werden.

Umfeld von METRO Cash & Carry

Aus den vielfältigen Umfeldfaktoren der METRO Cash & Carry können hier nur einige ausgewählte Aspekte des politisch-rechtlichen, wettbewerblichen und technologischen Unfeldes aufgegriffen werden.

METRO Cash & Carry partizipiert – wie angedeutet – von den die Internationalisierung begünstigenden politisch-rechtlichen Faktoren. Auf Grund der Pionierrolle in vielen Auslandsmärkten sind i.d.R. **politisch-rechtliche Restriktionen** gegenüber anderen Betriebstypen der Konkurrenz vergleichsweise gering. In „emerging markets" wachsen nämlich i.d.R. erst mittelständische Unternehmensstrukturen, d.h. die Kunden eines modernen C&C-Händlers. National unterliegt man hingegen den jeweils spezifischen Vorschriften, so der Lebensmittelaufsicht usw.

Die **Kunden** und Absatzmärkte sind – wie erwähnt – Gewerbetreibende (vorrangig in West- und Osteuropa), wobei das C&C-Konzept eine Anpassung an regionale Kundenwünsche erlaubt. Die Entwicklung ist allerdings mit der **Wettbewerbersituation** verbunden. Vor allem der deutsche Markt ist sehr konzentriert: 2005 erwirtschafteten die TOP 3 87,7 % der Umsätze im Cash & Carry-Bereich, so die stärksten Wettbewerber Rewe Group (mit Fegro und Selgros) und die EDEKA (mit Union SB, Mios, ZAG und E Cash & Carry). Die daneben existierenden GV-Food-Services sind meist mittelständisch geprägte Verbundgruppen im Zustelllebensmittelgroßhandel. Die Marktvolumina des C&C-Großhandels betrugen im Jahre 2005 11,4 Mrd. EUR und die der Food-Services 4,9 Mrd. EUR (TradeDimensions 2005). METRO konnte im Jahre 2006 in Deutschland nur marginale Umsatzzuwächse erwirtschaften, nicht zuletzt lediglich auf Grund der Fußball-Weltmeisterschaft und ihrer Bedeutung für den Hotel- und Gaststättenbereich.

In den anderen westeuropäischen Ländern steigt das Marktvolumen. Die Entwicklung des Selbstbedienungsgroßhandels variierte zwischen moderatem Wachstum in Italien und Frankreich sowie deutlicherem Wachstum, bspw. in Spanien. Hier wurden, um das Markenprofil zu schärfen und den Kundendialog zu intensivieren, im Jahre 2006 die Kundenbetreuung verstärkt und eine Verbesserung der Serviceleistungen angestrebt, so in Frankreich, Italien, Portugal und Spanien durch die Veranstaltung „METRO Expo" als Kommunikationsplattform. In Osteuropa wächst die Branche enorm und das Kundenpotenzial wird weiterhin positiv eingeschätzt. Auch hier agiert METRO Cash & Carry in einer Marktnische, die wesentlich von nationalen und wenig internationalisierten Wettbewerbern gekennzeichnet ist. Das C&C-Format stößt der Einschätzung von IGD (2005, S. 6f., S. 115) zufolge auf gesättigten Märkten an Wachstumsgrenzen, während es auf den ostasiatischen Märkten noch ein junges Vertriebsformat ist. Demzufolge trifft METRO in diesen Ländern nur auf wenige Systemwettbewerber und aus der Position des Nischenanbieters heraus sollen Wachstumschancen durch den kontinuierlichen Ausbau des Filialnetzes entstehen. Auf Grund der Strategie eines möglichst frühzeitigen Markteintritts in attraktive Länder versucht das Unternehmen, konsequent **First-Mover-Advantages** gegenüber der Konkurrenz zu generieren, so z.B. im Hinblick auf eine bereits installierte, eigenständige Infrastruktur. Allerdings muss einem Pioniereintritt auch eine schnelle Penetration mit Filialen folgen, i.S. eines Time-based-Management, was etwa in Osteuropa erfolgt, nicht jedoch in gleicher Geschwindigkeit wie in Asien. Eine überdurchschnittlich gute Entwicklung wird u.a. in Russland und der Ukraine erwartet und auch in der Türkei werden Impulse durch die Fortsetzung der guten wirtschaftlichen Entwicklung und steigenden Konsum gesehen. Der asiatische Markt bietet großes Potenzial, sodass selbst bei steigendem Systemwettbewerb kein Verdrängungswettbewerb erwartet wird, weshalb etwa das Standortnetz im chinesischen Markt in naher Zukunft kontinuierlich ausgebaut und das Engagement in Indien forciert wird. Insgesamt ist für das Jahr 2007 die Eröffnung von weiteren 40 Standorten vorgesehen, u.a. auch der Markteintritt in Pakistan.[1]

METRO Cash & Carry bezieht nach eigenen Angaben etwa 90 % der angebotenen Produkte von lokalen Herstellern und Lieferanten vor Ort. Das Unternehmen besitzt ein eigenes Qualitätsnetzwerk mit einheitlichen und strengen Richtlinien, die über die gesetzlichen Bestimmungen hinausgehen. Auf jeder Stufe, vom Rohstofflieferanten über die Transporte bis hin zu den Fertigwaren, werden Kontrollen durchgeführt. METRO Link ist eine neue, IT-basierte Plattform für Lieferanten mit umfangreichen Informationen und Programmen zum Datenaustausch mit dem Ziel, die Zusammenarbeit mit Lieferanten zu intensivieren und Prozesse zu optimieren. Die METRO Group Buying International (MGBI) bildet eine zentrale Einkaufsplattform.

METRO gestaltet den **technischen Innovationsprozess** im Handel maßgeblich mit. Im Rahmen der METRO Group Future Store Initiative treibt man zusammen mit leistungsstarken Partnern aus anderen Branchen die Entwicklung und den praktischen Einsatz neuer Technologien (wie Self Scanning, Personal Shopping Assistant, Smart Chips, Future Card, intelligente Regale usw.) voran. Ziel ist es, die Geschäftsprozesse entlang der Wertschöpfungskette effizienter zu gestalten und den Einkaufskomfort für die Kunden weiter zu steigern. Zugleich war METRO der Pilot bei der Anwendung der in Abschnitt D.II.3. beschriebenen RFID-Technologie.

2. Media Markt/Saturn

Produkt-Markt-bezogene Ziele, Strategien und Kompetenzen

Das Ziel von Media Markt/Saturn liegt im Wesentlichen im Ausbau der Marktführerschaft im europäischen Elektronikfachhandel, insbesondere basierend auf einer Verdichtung des Standortnetzes und aggressiven Marketingaktivitäten.

Im Jahre 2006 baute die Unternehmensgruppe Media Markt/Saturn ihre Marktführerschaft im deutschen sowie europäischen Elektrofachhandel weiter aus. Media Markt/Saturn steigerte den Umsatz von 13,3 Mrd. EUR im Jahre 2005 auf insgesamt 15,2 Mrd. EUR im Jahre 2006, was einem Zuwachs von 13,9 % entspricht. Dies gelang v.a. durch die Verdichtung der Standortnetze und die weitere geografische Expansion, zu der die Markteintritte in Schweden und Russland zählen. Fast die Hälfte der Umsätze wurden

---

[1] Markteintritte werden von METRO C&C vornehmlich über organisches Wachstum, d.h. Gründung eigener Tochtergesellschaften und Joint Ventures in China und Japan, realisiert; vgl. hierzu Swoboda/Schwarz/Hälsig 2007 und Swoboda/Foscht/Schwarz 2005.

dabei im Ausland generiert. Mit 64 neuen Standorten – davon 42 im Ausland – trieben auch Media Markt/Saturn die internationale Expansion weiter voran. Bisher ist Media Markt/Saturn in 14 Ländern an 621 Standorten vertreten (siehe Tabelle 1.19). Dabei werden die beiden Retail-Brands Media Markt und Saturn unter der gemeinsamen Dach der Media Markt/Saturn Management Holding geführt. Ein wichtiges Element in der Unternehmensorganisation ist die Eigenständigkeit der Geschäftsführer der Märkte.

Das Elektrofachmarktkonzept wird grenzüberschreitend genutzt, kann aber in jedem Land individuell – bezogen auf die jeweiligen Kundeninteressen – angewendet werden. „All business is local" lautet die Maxime, d.h., jeder Geschäftsführer ist verantwortlich für Sortiments- und Preisgestaltung, für seine Mitarbeiter und das Marketing. Insgesamt ist das Konzept eher standardisiert. Profilierung strebt Media Markt/Saturn insbesondere durch ein möglichst breites Sortiment an Markenprodukten im Bereich Consumer Electronics, ein attraktives Preis-Leistungs-Verhältnis in Dauerniedrigpreispolitik mit Serviceleistungen wie Reparatur, Finanzierung, Einbau und aufmerksamkeitsstarke Werbung an. Das Sortiment umfasst insgesamt 45.000 Artikel aus den Feldern Unterhaltungselektronik, Haushaltsgeräte, neue Medien, Telekommunikation und Foto. Einige Flagship-Stores führen mehr als 100.000 Artikel. Dabei ist der Anspruch, regelmäßig Produktinnovationen anzubieten – besonders in Bereichen, die von rasantem technischem Wandel geprägt sind. Mit unkonventionellen Werbebotschaften wie „Ich bin doch nicht blöd" oder „Geiz ist geil!" erreichte Media Markt/Saturn in Deutschland einen Bekanntheitsgrad von nahezu 100 %. Die Verkaufsflächen liegen i.d.R. bei Größen zwischen 2.500 qm und 10.000 qm, mit Ausnahme einiger Flagship-Stores an attraktiven Standorten. Saturn wird häufig in der Innenstadt platziert, während Media Markt eher in citynahen Einkaufszentren eingerichtet wird.

Tabelle 1.19: Ausgewählte Kennzahlen von Media Markt/Saturn

Anzahl Läden		Verkaufsfläche in Mio. qm	Artikel im Sortiment	Heute bearbeitete Länder (Eintrittszeitpunkt)
Inland	Ausland			
340	281	1,9	45.000	Belgien (2002), Deutschland (1979), Frankreich (1989), Griechenland (2005), Italien (1999), Niederlande (2000), Österreich (1990), Polen (1998), Portugal (2004), Russland (2006), Schweden (2006), Schweiz (1994), Spanien (1999), Ungarn (1997)

Umfeld von Media Markt/Saturn

In Bezug auf **politisch-rechtliche Faktoren** sind die regionalen Vorschriften etwas anders als beim C&C-Format und eher auf den Standort als auf die Produkte bezogen. Hier existieren meist national geprägte, teils relativ restriktive Bestimmungen hinsichtlich der Vergabe von Standortlizenzen. Dennoch spielen im Produktbereich bspw. Vorschriften bezüglich Strahlungsemission und Entsorgung von Elektronikprodukten eine Rolle, die i.d.R. in Deutschland am strengsten gehandhabt werden. Hinsichtlich der aggressiven Werbestrategie und vergleichender Werbung gilt es ebenfalls, rechtliche Bestimmungen zu prüfen, auch wenn diese in den letzten Jahren zumindest in Westeuropa immer stärker gelockert wurden. Auf dem Heimatmarkt profitierte Media Markt/Saturn im Jahre 2006 insbesondere von Vorzieheffekten durch die Mehrwertsteuererhöhung.

Die **Kunden** sind maßgeblich private Verbraucher. Als europäischer Marktführer bedient Media Markt/Saturn etwa 225 Mio. Konsumenten mit einer preisaggressiven Strategie und relativ standardisiertem Konzept. Das Unternehmen zeichnet sich dabei durch eine hohe Magnetwirkung aus, d.h., es werden Kunden aus weiträumigen Einzugsgebieten und damit eine hohe Kaufkraft angezogen. In Deutschland konnte der Elektrofachhandel in einem schwierigen Umfeld insgesamt leichte Umsatzzuwächse verzeichnen. In Osteuropa prägten das Interesse der Kunden an neuen Technologien sowie ein Nachholbedarf bei der Erstausstattung mit klassischen Elektronikprodukten den Markt. Insbesondere in Polen und Ungarn konnte Media Markt/Saturn daher starke Zuwächse erwirtschaften. Aber auch in Spanien, Griechenland und Portugal profitierte das Unternehmen von deutlich höherer Umsatzpenetration je Kunde. Auf eine hohe Kundenakzeptanz, auch international, stößt auch die elektronische Einkaufsplattform von Media Markt, MediaOnline.

Hinsichtlich der deutschen **Wettbewerbssituation** folgen Media Markt/Saturn (Marktführer mit relativem Marktanteil innerhalb der TOP 6 von mehr als 45 % im Jahre 2005) Euronics (Mega Company), Electronic Partner (EP, MediMax) und Expert. Auf europäischer Ebene ist das Unternehmen ebenfalls Marktführer, gefolgt von der Dixons Group (Großbritannien), Euronics (Niederlande) und der Verbundgruppe Expert (Schweiz). Danach folgen kleinere Wettbewerber, meist Verbundgruppen (METRO Group 2006b).

Auf Grund der Fokussierung auf Markenprodukte im Sortiment sind die **Lieferanten** von Media Markt/Saturn vorzugsweise große Markenhersteller wie Sony, Microsoft, Samsung, Olympus usw. Synergieeffekte, wie sie die MGBI anstrebt, sind daher nur über große Bestellvolumina realisierbar.

Neben den bereits genannten unternehmensinternen Prozesstechnologien in Logistik usw. beeinflussen neue, innovative Technologien im **technologischen Umfeld** auch zukünftig die Geschäftsentwicklung des europäischen Elektrofachhandels. Wachstumstreiber sind die Digitaltechnik, so die Flachbildtechnologie im TV-Bereich, und die Mobiltelefonie.

3. Real/Extra

Produkt-Markt-bezogene Ziele, Strategien und Kompetenzen

Neben der Verbesserung der Kostenstrukturen liegt ein wichtiges strategisches Ziel von Real/Extra darin, eine Repositionierung vorzunehmen, um die Vertriebslinie als klar definierte, starke Marke in der Kundenwahrnehmung zu verankern. Zusätzliche Impulse werden außerdem von der Übernahme der deutschen SB-Warenhäuser von Wal-Mart und der französischen Warenhauskette Géant in Polen erwartet.

Durch die Akquisitionen von Wal-Mart in Deutschland und Géant in Polen sicherte sich Real in beiden Ländern die Marktführerschaft im SB-Warenhaussegment und erzielte eine Umsatzsteigerung um etwa 4,6 % auf 10,4 Mrd. EUR im Jahre 2006, deren Anstieg maßgeblich in diesen Akquisitionen begründet liegt. Auch auf anderen Auslandsmärkten konnte die Marktposition zumindest leicht ausgebaut werden. Insgesamt ist Real/Extra mit 701 Stores in fünf Ländern vertreten, davon 71 im Ausland (siehe Tabelle 1.20).

Drei Leistungsmerkmale stehen im Mittelpunkt des Konzepts: ein umfangreiches Angebot an Marken- und Eigenmarkenprodukten, eine hohe Frischekompetenz und ein attraktives Preis-Leistungs-Verhältnis. Beide treten zwar als eigenständige Retail-Brands nach außen hin auf, werden aber unter dem gemeinsamen Dach der Real SB-Warenhaus GmbH geführt. Das Markenprofil von Real ist auf junge Familien mit Kindern und die Generation 50+ ausgerichtet, Extra positioniert sich als preisgünstige, serviceorientierte und regional fokussierte Verbrauchermarktkette. Ein neues Ladenlayout und gesteigerte Preisattraktivität sollen das Profil weiter schärfen. Die Kombination von Selbstbedienung und Bedientheken hat zum Ziel, Real/Extra von Discountern und Mitbewerbern im SB-Warenhaussegment abzuheben. Fachkundige Kundenberatung spielt in diesem Zusammenhang ebenfalls eine wichtige Rolle, weshalb im Jahre 2006 verstärkt in die Mitarbeiterschulung investiert wurde. Zur Festigung der Kundenbindung nutzt Real/Extra das in Deutschland sehr erfolgreiche Payback-Programm, das auch bei Galeria Kaufhof eingesetzt und in Zusammenarbeit mit Partnern wie Apollo Optik, AOL, Sport Check Reisen, Rossmann, dm oder OBI betrieben wird. Das Angebot im Non-Food-Bereich wird durch eine Reihe neuer Shop-in-Shop-Konzepte erweitert, so z.B. durch Beauty & More, Best Books und Baby, Kids & Co.

Tabelle 1.20: Ausgewählte Kennzahlen von Real und Extra

Anzahl Läden		Verkaufsfläche in Mio. qm	Artikel im Sortiment	Heute bearbeitete Länder (Eintrittszeitpunkt)
Inland	Ausland			
259/ 371	71	3,6	80.000	Deutschland (1970/1992), Polen (1997), Russland (2005), Türkei (1998), Rumänien (2006)

Umfeld von Real/Extra

Im **politisch-rechtlichen Umfeld** beeinflussen u.a. hohe Benzinpreise die Geschäftsentwicklung auf dem Heimatmarkt. Zudem verhandelt Real/Extra in Deutschland über eine Erhöhung der wöchentlichen Arbeitszeit ohne Lohnerhöhung. In den Auslandsmärkten Polen, Rumänien, Russland und Türkei zählte das SB-Warenhaussegment zu den Marktanteilsgewinnern im Lebensmitteleinzelhandel, nicht zuletzt durch Infrastrukturmaßnahmen, Bevölkerungswachstum und die Tendenz der Ablösung des traditionellen Lebensmitteleinzelhandels durch moderne Formate. Begünstigt wurde dies durch die Expansion der Großflächenbetreiber bei gleichzeitig wachsender

Verbrauchernachfrage nach modernen Vertriebsformaten außerhalb der Innenstädte, was bspw. in Polen auch standortstrukturpolitisch gefördert wird.

Die **Kundenperspektive** ist auf die breite Masse auf der Großfläche ausgerichtet. Auf Grund einer wesentlich stärkeren Abhängigkeit vom deutschen Markt als etwa METRO Cash & Carry oder Media Markt/Saturn ist Real/Extra deutlich stärker von sozio-ökonomischen und sozio-psychologischen Umfelddeterminanten tangiert: sinkende Einwohnerzahlen, steigendes Durchschnittsalter, Zunahme der Migration. Die Umkehr der klassischen Alterspyramide zwingt Unternehmen dazu, ihre Angebote an die sich verändernden gesellschaftlichen Rahmenbedingungen anzupassen, wobei allerdings ein Aufschwung nur dann erwartet wird, wenn Kaufkraft und Beschäftigung deutlich steigen würden. Grundsätzlich ist im deutschen LEH eine hohe Discount-Orientierung der Kunden zu beobachten. In Polen hingegen steigen bspw. die Konsumausgaben der privaten Haushalte auf Grund steigenden Wohlstands an, wovon auch das SB-Warenhaussegment profitiert.

Auf dem Heimatmarkt war Real/Extra zwar im Jahre 2005 das umsatzstärkste Unternehmen im SB-Warenhaus- und Verbrauchermarktsegment, gefolgt von Kaufland und Marktkauf, im Vergleich zu den großen Discountern wie Aldi oder Lidl handelt es sich um jedoch deutlich kleinere **Wettbewerber** (METRO Group 2006b, S. 24f.). Darüber hinaus sind insbesondere in Polen und Russland bereits eine hohe Wettbewerbsintensität und ein Konsolidierungsprozess im Lebensmitteleinzelhandel zu beobachten.

Zu den **Lieferanten** gehören sowohl Handelsmarken wie auch Top-Markenartikelhersteller. Auch hier fungiert die MGBI als Zentralabteilung, die sich konsequent an den Strategien und Vermarktungskonzepten der Vertriebsmarken orientiert und diese zur Verbesserung der Erträge in klare Lieferantenstrategien umsetzt. Ziel ist es auch hier, eine Ausgewogenheit zwischen der Erfüllung der von Land zu Land unterschiedlichen Bedürfnisse, der Nutzung des Beschaffungspotenzials der METRO Group sowie der Harmonisierung von beschaffungsrelevanten Prozessen und Systemen zu schaffen.

Das **technische Umfeld** ist dem der Cash & Carry-Märkte vergleichbar, nicht zuletzt auf Grund des analogen Sortimentsschwerpunkts auf Food-Artikel und der Future Store Initiative.

4. Galeria Kaufhof

Produkt-Markt-bezogene Ziele, Strategien und Kompetenzen

Nach strategischer Neuausrichtung liegt ein wesentliches Ziel in der langfristigen Profilierung als unverwechselbare **Lifestyle-Marke** im Warenhausbzw. Galeria-Bereich mit anspruchvollem Sortiment, was allerdings auch der deutsche Marktführer KarstadtQuelle anstrebt. Im Zuge dessen wurde u.a. der Flagship-Store in Berlin am Alexanderplatz im Jahre 2006 wieder eröffnet.

Zu Kaufhof gehören neben den 127 Warenhäusern in Deutschland auch 15 in Belgien, die unter dem Namen Galeria Inno geführt werden. Mit der Übernahme der Inno S.A. expandierte Kaufhof im Jahre 2001 erstmals in ihrer Unternehmensgeschichte ins europäische Ausland und kann so erste Erfahrungen auf internationaler Ebene sammeln (siehe Tabelle 1.21). Ein Wachstum über großflächige Warenhäuser in Deutschland ist nur noch begrenzt möglich.

Das Warenhauskonzept basiert nach strategischer Neuausrichtung auf lifestyleorientierten Warenwelten mit erlebnisorientierter Warenpräsentation, mittlerem bis gehobenem Preisniveau und qualitativ höherwertigem Sortiment. Hinzu kommen weit reichende organisatorische Veränderungen in Einkauf, Verkauf und Marketing. Die neue Strategie zeichnet sich durch die Kombination aus international bekannten Markenartikeln, gehobenen Eigenmarken und Serviceleistungen aus. Bei der Kundenbindung setzt das Unternehmen – analog zu Real/Extra – auf das Payback-Programm, dem inzwischen fast 30 Mio. Kunden angehören, davon knapp 30 % von Galeria Kaufhof.

Tabelle 1.21: Ausgewählte Kennzahlen von Galeria Kaufhof

Anzahl Läden		Verkaufsfläche in Mio. qm	Artikel im Sortiment	Heute bearbeitete Länder (Eintrittszeitpunkt)
Inland	Ausland			
127	15	1,5	k.A.	Deutschland (1879, METRO: 1996), Belgien (2001)

Umfeld von Galeria Kaufhof

Politisch-rechtliches Umfeld und **technisches Umfeld** sind vergleichbar mit dem Umfeld von Real/Extra, insbesondere auf Grund der Konzentration auf den Heimatmarkt. Mit dem Einsatz moderner Technologien können entlang der Prozesskette, v.a. in der Logistik, erhebliche Einsparpotenziale generiert werden. Die gelockerten Ladenöffnungszeiten in Deutschland werden flexibel bedient, allerdings bleibt abzuwarten, ob sich daraus positive Effekte ergeben.

Zu den **Kunden** gehören insbesondere kaufkraftstarke Zielgruppen mittleren Alters, die hohe Erwartungen an Qualität und Mehrwert haben. Die Positionierung im mittleren Preissegment stellt die Warenhäuser vor eine besondere Herausforderung, denn die Polarisierung zwischen Vertriebskonzepten des Niedrig- und des Hochpreissegments dauert an. Obwohl auch in Belgien eine ausgeprägte Discount-Orientierung zu beobachten ist, konnte Kaufhof die Marktanteile und Umsätze in diesem Markt im Jahre 2006 leicht erhöhen.

Auf dem deutschen Markt gibt es nur einen ernst zu nehmenden **Wettbewerber** im Warenhaussegment, und zwar die KarstadtQuelle AG als Marktführer (vgl. Abschnitt C.IV.2. des Dritten Kapitels), in Europa befindet sich Galeria Kaufhof im Jahre 2005 auf Rang 6 (METRO Group 2006b, S. 57). Im Zuge der Weiterentwicklung des Galeria-Konzepts werden zur Gewinnung weiterer Lifestyle-Kompetenz intensive Gespräche mit profilierten internationalen Marken-Partnern als Lieferanten geführt, die zukünftig in ausgesuchten Filialen präsentiert werden sollen.

V. Ausblick

Bei der generellen Betrachtung interner Stärken und Schwächen sowie externer Chancen und Risiken für die Ableitung einer ganzheitlichen Strategie für die zukünftige Ausrichtung und Weiterentwicklung des Unternehmens i.S. einer SWOT-Analyse lassen sich folgende Aspekte identifizieren:

Abbildung 1.53: SWOT-Analyse der METRO Group

Stärken	Schwächen
- Cash & Carry als wichtigste und erfolgreichste Vertriebslinie für Markteintritte, Cashflow-Generierung usw. - Länderübergreifende Synergien in Verwaltung, Koordination von Logistik und Einkauf, Markteintrittsmanagement - Prozessoptimierung zur Effizienzsteigerung und Kostenreduktion - Diversifiziertes, internationales Portfolio als Schutz gegen Heimatmarktbedingungen - Synergien durch Service-Dienstleistungen der Querschnittsgesellschaften	- Geringe Investitionen auf dem Heimatmarkt (z.B. bei Real) und starker Fokus auf internationale Expansion, Neuausrichtung von Cash & Carry auf dem Heimatmarkt als Lösung - Fehlende Präsenz auf globaler Ebene wie z.B. Wal-Mart, insbesondere in der attraktiven NAFTA-Region - Fokus auf organisches Wachstum als langsamere Wachstumsstrategie im Vergleich zu Akquisitionen, wie sie z.B. Carrefour oder Arhold favorisieren - Schwieriges nationales Marktumfeld in Deutschland
Chancen	**Risiken**
- Internationale Expansion auf den emerging markets in Osteuropa und Asien mit sehr guten Wachstumschancen, insbesondere Russland und China mit sehr guten Aussichten - Länderübergreifende Beschaffung durch Reorganisation der METRO Group Buying International mit Optionen lokaler Beschaffung - Eigenmarkenentwicklung zur Erhöhung von Gewinnmargen auf internationaler Ebene - Prozessoptimierung, z.B. Verbesserung der Warenhaussysteme der METRO Cash & Carry - Weiterentwicklung der RFID- und Future Store-Technologie	- Unsichere wirtschaftliche Zukunftsperspektiven in Deutschland mit niedrigen Konsumausgaben der privaten Haushalte - Deutsches Marktumfeld im Handel mit starker Regulierung, hoher Wettbewerbsintensität, Überkapazitäten, Discount-Dominanz - Politische und wirtschaftliche Instabilität von emerging markets wie Russland oder China - Wettbewerbsintensität international agierender Konkurrenz - Rechtliches Umfeld mit tarifären und nicht-tarifären Handelshemmnissen, staatlichen Standortregulierungen, usw. - Limitierte langfristige Wachstumschancen für Cash & Carry in reifen Märkten

Auch die METRO Group hat frühzeitig damit begonnen, sich insbesondere auf die veränderten sozio-ökonomischen Bedingungen im Heimatmarkt, die sog. „Silberne Revolution“ einzustellen. Neben der innovativen Gestaltung von Märkten und der Verbesserung kundenorientierter Serviceleistungen gehören dazu auch Einstellungen zu zentralen Themen wie Arbeit, Ruhestand und Alter, Gesundheitsvorsorge und soziale Integration. Laut IGD (2005, S. 8) wird dieses in Deutschland – im europäischen Vergleich – zu einer weiterhin erhöhten Convenience-Orientierung der Konsumenten führen, die METRO z.B. durch lokale Anpassung von Öffnungszeiten, Convenience in Sortiment und Betriebstypen zu bedienen sucht.

Die METRO Group beabsichtigt, den Weg des profitablen Wachstums fortzusetzen. Durch systematische Investitionen vor dem Hintergrund des EVA werden die internationale Expansion in bestehende Vertriebskonzepte sowie die organische Expansion weiter vorangetrieben. IGD (2005) betonte als ein zentrales Risiko im Umfeld des Unternehmens die Präsenz von Wal-Mart auf dem Heimatmarkt in Deutschland. Mit der Übernahme der Wal-Mart-Stores im Jahre 2006 konnte hier der vielleicht stärkste Konkurrent aus dem Markt verdrängt werden. Dennoch wird auch in Zukunft die Entwicklung des zurzeit wenig profitablen und sehr discountorientierten Heimatmarktes eine wichtige Herausforderung für das Unternehmen bleiben. Um weiter zu expandieren, will der Konzern 2007 rd. 2,5 Mrd. EUR investieren. Die Mittel sollen v.a. für das internationale Wachstum der Cash & Carry-Märkte und der Ketten Media Markt/Saturn eingesetzt werden. METRO setzt v.a. auf Wachstum im Ausland, um noch unabhängiger vom Heimatmarkt zu werden.

Zweites Kapitel

Das Spektrum der wettbewerbsorientierten Strategien

A. Gegenstand

I. Begriff, Ebenen und Sichtweisen von Strategien

Im strategischen Management wird der Strategiebegriff in umfassender Abgrenzung als die verfolgten Unternehmensgrundsätze, Ziele und Strategien (i.e.S.) definiert. Nachfolgend wird einer engen Fassung gefolgt (Kreikebaum 1997, S. 17ff.):

> *In der engeren Sichtweise bilden Strategien Aktivitäten zur Erreichung von Unternehmenszielen. In diesem Sinne bilden sie grundlegende Mittel zur Erreichung von Unternehmenszielen.*

Konsens besteht darin, dass Unternehmen eine Hierarchie von Strategien besitzen, die mit den unterschiedlichen Zielhierarchien und Hierarchien von Unternehmensgrundsätzen korrespondiert. Entsprechend können Strategien auf drei Ebenen betrachtet werden (siehe Abbildung 2.1):

- **Unternehmensgesamtstrategien** charakterisieren die Geschäftsfelder, in denen ein Unternehmen tätig sein will (**Produkt/Markt-Strategien**) und wie es in diese eintreten will (**Eintrittsstrategien**). Definiert werden hier Breite, geografische Ausdehnung und Tiefe der Aktivitäten. Eintrittsstrategien beziehen sich auf die Wahl von Entwicklung und Akquisition, auf die marktliche oder hierarchische Betätigungsform und auf das Timing.
- **Geschäftsfeldstrategien** stellen Aktivitätsstrukturen in Bezug auf ein strategisches Geschäftsfeld (SGF) bzw. eine strategische Geschäftseinheit (SGE) dar. Die grundlegende Frage ist, wie die Ziele für ein strategisches Geschäftsfeld erreicht werden sollen. Eine Klassifizierung von Geschäftsfeldstrategien führt zur Betrachtung von Wettbewerbsstrategien (z.B. Kostenführerschaft) und von Entwicklungsstrategien (z.B. Rückzug).
- **Funktionale Strategien** betreffen Aktivitäten mit Bezug auf die Funktionsbereiche eines Unternehmens wie Marketing, Finanzen oder Personal. Das Ziel ist hier die Entwicklung und der Einsatz von Ressourcen, wobei sie für eine oder mehrere SGE bzw. SGF formuliert werden können.

Die Strategien auf den Ebenen sind interdependent und müssen – aus normativer Sicht – kohärent formuliert werden. In der Forschung werden selten alle Strategien gleichzeitig und definitorisch einmütig genutzt. Welche der Strategien wie betrachtet werden, hängt von dem Analysegegenstand, der theoretischen Perspektive der jeweiligen Forschungsdisziplin, oft von der Person des Forschers oder der Schule, aus der er stammt, ab. Zu berücksichtigen ist ferner, dass sich die Sichtweise der Strategien im Laufe der Jahre gewandelt hat.

Abbildung 2.1: Ebenen von Strategien in Unternehmen

<table>
<tr><th colspan="12">I. Grundlegende Unternehmensstrategien</th></tr>
<tr><td colspan="12">Produkt/Markt-Strategien
(Bestimmung der strategischen Geschäftsfelder)</td></tr>
<tr><td colspan="4">Diversifikation/Spezialisierung</td><td colspan="4">Internationalisierung</td><td colspan="4">Vertikale Integration</td></tr>
<tr><td colspan="12">Eintrittsstrategien</td></tr>
<tr><td colspan="4">Entwicklung/Akquisition</td><td colspan="4">Betätigungsform</td><td colspan="4">Zeitlicher Eintritt/Timing</td></tr>
<tr><th colspan="12">II. Geschäftsfeldstrategien</th></tr>
<tr><td colspan="12">Wettbewerbsstrategien (i.e.S.)</td></tr>
<tr><td colspan="4">Kostenführerschaft</td><td colspan="4">Differenzierung</td><td colspan="4">Fokussierung</td></tr>
<tr><td colspan="12">Geschäftsentwicklungsstrategien</td></tr>
<tr><td colspan="4">Expansion</td><td colspan="4">Konsolidierung</td><td colspan="4">Rückzug</td></tr>
<tr><th colspan="12">III. Funktionale Strategien</th></tr>
<tr><td colspan="3">Marketing</td><td colspan="3">Beschaffung</td><td colspan="3">Logistik</td><td colspan="3">Personal</td></tr>
</table>

Die Auseinandersetzung mit Strategien reicht bis in die Frühgeschichte zurück. Klassisch ist dabei die Darstellung der Schlacht von Chaeronea, in der Philip und sein Sohn Alexander die Macedonische Armee gegen die überlegenen Athener und Theber siegreich führten. Sie verwirklichten in ihrer „Grand Strategy" und ihrer „Battle Strategy" viele der Konzepte, die in der heutigen Planung wiederzufinden sind. Ähnliches trifft für spätere militärisch-diplomatische Strategien zu, wie die Abhandlungen über Machiavelli, Napoleon, von Clausewitz, Montgomery oder Mao Tse-Tung zeigen (Mintzberg/Quinn 1998, S. 5ff.). Heutige unternehmerische Konzepte der strategischen Planung basieren auf diesen militärisch-diplomatischen Komponenten. Zugleich sind sie weiterentwickelt worden, andere Ansätze kamen hinzu und eröffnen jeweils andere Sichtweisen „auf Strategien" (Mintzberg/Quinn 1998, S. 10ff.):

- **Strategy As Plan**: Strategien sind hier als Pläne definiert, die Ex-ante-Aktivitäten beschreiben und zukünftige Unternehmensentscheidungen und -handlungen steuern. Sie sind also Ex-ante-Modelle zukünftigen Verhaltens.
- **Strategy As Ploy**: Strategien können nur Manöver darstellen, die ergriffen werden, um einen Konkurrenten zu überlisten. Sie sind dann dynamische und temporäre Verhaltensweisen.
- **Strategy As Pattern**: Strategien stellen Verhaltensmuster dar, die sich ex post als eine Struktur in einem Fluss von Entscheidungen ergeben. Sie können vorab als Pläne formuliert werden oder auch das Ergebnis inkrementaler Entwicklungen sowie externer Ereignisse und folglich das Ergebnis ungeplanten Verhaltens sein: Strategien in diesem Sinne „bilden sich heraus".

- **Strategy As Position**: Hier erfolgt eine strategische Positionierung des Unternehmens in eine näher zu definierende Umwelt.
- **Strategy As Perspektive**: Hier entstehen Strategien im Inneren des Unternehmens, d.h., sie basieren nicht auf dem Streben nach einer Position im Markt, sondern auf der Internalisierung einer bestimmten Weltanschauung.

In Abhängigkeit von der Sichtweise variieren das Verständnis der Strategiebildung und die empirische Messung. Ferner hat Mintzberg gezeigt, dass in Unternehmen mehrere Strategien kombiniert auftreten. Ex ante beabsichtigte Strategien, die realisiert werden („**deliberate strategies**"), geplante Strategien, die z.B. wegen unrealistischer Erwartungen oder Änderungen während der Implementierung nicht realisiert werden („**unrealized strategies**") und „**emergent strategies**", realisierte Strategien, die nicht beabsichtigt waren, weil z.B. eine Strategie anfangs nicht vorgesehen war. Diese Abgrenzung zeigt, dass die strategische Planung in der Realität durch ein Verhalten überlagert werden kann, das als „muddling through" oder „trial and error" zu beschreiben ist.[1] Zugleich bilden die Überlegungen Vorläufer für die Unterscheidung von „Ten Schools of Thought", denen unterschiedliche Ansätze der Strategieformulierung zugeordnet sind (siehe Abbildung 2.2). Die Schulen sind nach dem abnehmenden Grad der Determiniertheit geordnet, d.h., die deterministische Design School begreift die Strategiebildung in Unternehmen als Reaktion auf Umweltveränderungen, während die Environmental School einen voluntaristischen, im Innern des Unternehmens entstehenden Strategiebildungsprozess annimmt. Eine Sonderposition nimmt die Configurational School ein, die eine situative Integration der Perspektiven anstrebt.

Das Strategieverständnis, das diesem Kapitel zu Grunde gelegt wird, ist der Design School und der Positioning School verhaftet. Dafür gibt es folgende Gründe:

- **Dominanz der strategischen Planung**: Auf Grund der ökonomischen Wurzeln der Handelsbetriebslehre bildet die strategische Planung ein zentrales Paradigma. Gleichwohl wird aus der Handelspraxis von Skepsis gegenüber langfristig ausgerichteten, strategischen Konzepten berichtet.
- **Dominanz der Kunden- und Wettbewerbsorientierung**: Da kaum eine andere Branche näher an seiner Zielgruppe ist als der Handel, sind Strategien primär deterministisch zu sehen, d.h., das unternehmerische Verhalten ist primär als Reaktion auf Marktänderungen (Verhalten der Abnehmer und der Konkurrenz) zu begreifen.
- **Dominanz der empirischen Forschung**: Die Bedeutung der empirischen Forschung leitet sich bereits aus den vorstehenden Begründungen ab, die beide auf die Relevanz empirischer Analysen hinauslaufen. Allerdings sollen intendierte, deliberate und emergente Strategien dafür sensibilisieren, in empirischen Untersuchungen zu berücksichtigen, dass von Managern verfolgte Strategien nicht klar auszudrücken sind, dass beab-

[1] Dies hat zur scharfen Diskussion zwischen Ansoff (1991) und Mintzberg (1991) geführt.

sichtigte Strategien nicht realisiert werden können bzw. auch Unternehmen existieren, die keine beabsichtigten Strategien besitzen.

Auf Grund der Dominanz der Kunden- und Wettbewerbsorientierung im Handel und weil die Trennung zwischen Unternehmens- und Geschäftsfeldebene nicht immer möglich ist, werden nachfolgend die zu betrachtenden Strategien aus wettbewerbsorientierter Sicht betrachtet.

Behandelt werden die Positionierungs- und Profilierungsstrategien (Abschnitt B.), die Wachstumsstrategien (Abschnitt C.), die Internationalisierungsstrategien (Abschnitt D.) und die Kooperationsstrategien (Abschnitt E.). Ein methodischer Abschnitt F. und eine Fallstudie runden das Kapitel ab.

Abbildung 2.2: Merkmale der „10 Schools of Thought" der Strategieforschung

	Design School	**Planning School**	**Positioning School**	**Entrepreneurial School**	**Cognitive School**	**Learning School**	**Political School**	**Cultural School**	**Environmental School**	**Configurational School**
Zu Grunde liegende Theorietradition	keine (Architektur als Metapher)	Verbindungen zur Stadtplanung, Systemtheorie und Kybernetik	Ökonomische Theorien (Ind. Organization) und Militärgeschichte	keine	Psychologische (kognitive) Theorie	keine (evtl. Verbindungen zur Lernth. in d. Psychologie u. Pädagogik)	Politikwissenschaft	Anthropologie	Biologie	Geschichte (Katastrophenth. in Mathematik u. Gleichgewichtsth. in Biologie)
Strategieverständnis	explizite Perspektive, einzigartig	expliziter Plan, dekomponiert in Unterstrategien u. Programme	explizite generische Position (ökonom. und bezüglich der Wettbewerbsposition)	implizite Perspektive (Vision), persönlich und einzigartig (Nische)	mentale Perspektive (individuelles Konzept)	Verhaltensmuster, häufig kollektiv	taktieren u. positionieren, Einheiten (Mikro) u. organisationsweit (Makro)	kollektive Perspektive, einzigartig und zumeist implizit	Spezifische Position (Nische in Pop.Ecol.)	alle aufgeführten Arten, abhängig von der Situation
Basisempfehlung (Aussage)	Denke!	Formalisiere! (Dekomponiere)	Analysiere!	Beobachte genau!	Überwinde!	Lerne!	Unterstütze!	Zusammenwachsen!	Reagiere!	Integriere!
Empfohlene Realisierungsmethode	Entwurf der Strategie als Fallstudie	Programmiere! (besser als formulieren)	Kalkuliere! (besser als kreieren oder festlegen)	Zentralisiere! (und hoffe)	Sorge Dich! (überwinden u. erfinden unmöglich)	Spiele! (besser als beabsichtigen)	Sammle! (besser als teilen oder produzieren)	Verweigere d. Zustand! (besser als verändern)	Kapituliere! (Pop. Ecol.) Teile! (Kontingenzth.)	Nimm es hin! (besser als nuancieren)
Bedeutung des Umfeldes	nützlich (ökonomische, soziale, technische ...), bietet manchmal Gefahren; zumeist Gelegenheiten	fügsam, Checkliste von Faktoren, die vorhergesehen oder bevorzugt gesteuert werden müssen	Anspruchsvoll hinsicht. d. bestehenden Wettbewerbs, in ökonomischen Größen analysierbar	Manövrierbar, um eine Nische zu finden	Erdrückend für die Kognition	Verlangend, schwierig	unlenkbar (Mikro) anpassungsfähig (Makro)	zufällig	Diktatorisch (Pop. Ecol) anspruchsvoll, allgemeine Dimensionen (Kontingenzth.)	alles, was kategorisierbar ist (z.B. nach den links aufgeführten Kategorien)

Zentrale Akteren	Top Manager („Architekten")	Planungsstab	Analysten	„Führer"	„Kopf"	jeder, der fähig ist zu lernen	jeder, der Macht hat	Kollektiv	Umwelt	alle aufgeführten, abhängig von der Situation
Gegenwärtiger u. zukünftiger Status der Forschung	nur auf der Grundlage präskriptiver Ansätze	gering, es sei denn sie wird empirisch ausgerichttet	sehr hoch, vermutlich auch weiterhin hoch	leicht zunehmende Bedeutung	Gegenwärtig mittel; zukünftig evtl. abnehmend	Zunehmende Bedeutung	Zunehmende Bedeutung	Gegenwärtig mittel; ohne konzeptionelle Innovation abnehmend	Momentan gering, wahrscheinlich abnehmend	Zunehmende Bedeutung

Quelle: Mintzberg 1990, S. 192f., übersetzt von Obring 1992, S. 59.

II. Begriff und Typologien der Wettbewerbsstrategie

Unter **Wettbewerb** wird eine Situation der Rivalität sowie die durch sie initiierten Aktionen und Prozesse verstanden. Er stellt ein Ordnungs- und Steuerungsprinzip der (Markt-)Wirtschaft dar, in der die egoistischen Wünsche und Bestrebungen der Wirtschaftseinheiten den Antriebsmotor bilden, wobei das Verbraucherinteresse umso besser verwirklicht wird, je konsequenter die Wirtschaftseinheiten ihre Eigeninteressen wahrnehmen (**marktwirtschaftliches Scheinparadoxon**). Die Ansätze der Wettbewerbstheorie bilden die Grundlage für die staatliche Wettbewerbspolitik und das -recht, wie das GWB oder die relevanten Artikel des EG-Vertrages. Darüber hinaus fanden die Ansätze – bspw. der Harvard School (z.B. Clark/Bain), der Chicago School (z.B. Stigler) oder des funktionsfähigen Wettbewerbs (z.B. Arndt, Kantzenbach) – früh Eingang in die Marketing- und Handelsforschung (Fritz 1990; Glöckner-Holme 1988, S. 116ff.) und betonten damit die Bedeutung des Wettbewerbs für das Unternehmensverhalten.

Ein grundlegendes Konzept der Wettbewerbsstrategie geht auf Porter (1980) zurück. Er fokussiert auf **„competitive strategies"**, d.h. die Ebene von strategischen Geschäftseinheiten, auf der sich der Wettbewerb vollzieht, weniger auf Gesamtunternehmensstrategien (**„corporate strategies"**). Der Kern sind Wettbewerbsvorteile (**„competitive advantages"**), d.h. überdurchschnittliche Leistungen. Das Merkmal erfolgreicher Unternehmen ist somit die Erzielung nachhaltiger Wettbewerbsvorteile gegenüber der Konkurrenz.

> *Wettbewerbsstrategien sind Strategien auf Ebene der Geschäftseinheiten, deren Ziel die Schaffung sowie der Ausbau bzw. die Verteidigung von Wettbewerbsvorteilen ist.*

Ein Wettbewerbsvorteil muss dabei sowohl (1) ein Merkmal betreffen, das für den Kunden wichtig ist, als auch (2) vom Kunden als relevant wahrgenommen werden und (3) eine gewisse Dauerhaftigkeit aufweisen (Simon 1988, S. 465). Diese Definition beinhaltet zwei Perspektiven:

- Aus kundenorientierter Perspektive können Wettbewerbsvorteile nur dann realisiert werden, wenn die Leistungen gegenüber der Konkurrenz von den Konsumenten als überlegen beurteilt werden (Gröppel-Klein 1998, S. 21).

- Aus konkurrentenorientierter Perspektive sind nach Porter Stärken- und Schwächenanalysen der eigenen Position entscheidend für die Realisierung von Wettbewerbsvorteilen.

In der Handelspraxis sind die Perspektiven oft nicht zu trennen. Für Unternehmen bildet die in Abschnitt E.II.2. im Ersten Kapitel dargestellte Wertkette ein Diagnose- und Analyseinstrument zur Identifikation von Wettbewerbsvorteilen in einzelnen Aktivitäten bzw. Prozessen. In der Managementliteratur werden Fragen der inhaltlichen Ausgestaltung von Wettbewerbsstrategien thematisiert. Neben dem Fallstudienansatz und der Erfolgsfaktorenforschung sind Ansätze der Strategieklassifizierung verbreitet. Diese **Strategietypologien** erheben den Anspruch einer situationsübergreifenden Gültigkeit. Ziel ist die Klassifikation der relevanten, interdependenten Strategiedimensionen bzw. die Identifikation von Strategiemustern, d.h. von „generischen Strategien" (vgl. für den Handel u.a. Hawes/Crittenden 1984, S. 275ff.).

Typologie von Porter

Die bekannteste deduktiv entwickelte Strategietypologie stammt von Porter (1980). Unter Berücksichtigung zentraler Wettbewerbsfaktoren beschreibt er unterschiedliche Wettbewerbsstrategien, die auf verschiedenen Wegen zum Aufbau und zur langfristigen Absicherung von Wettbewerbsvorteilen beitragen. Ein Unternehmen oder eine SGE kann über zwei Arten von Wettbewerbsvorteilen verfügen: niedrige Kosten oder Differenzierung. Das heißt, unterstellt wird, dass ein Unternehmen nur dann erfolgreich sein wird, wenn es Kostenvorteile oder Differenzierungsvorteile realisiert. Gelingt eines von beiden nicht, läuft das Unternehmen Gefahr, eine unprofilierte Mittelposition im Wettbewerb einzunehmen („stuck in the middle"). Für die Profilierung bzw. Positionierung können diese Typen von Wettbewerbsvorteilen entweder in einem breit definierten Zielmarkt (ganze Branche, „umfassend") oder in einem eng begrenzten Marktsegment (Marktnische, „fokussiert") angestrebt werden. Somit lauten die grundlegenden Wettbewerbsstrategien:

- Differenzierung
- umfassende Kostenführerschaft
- Konzentration auf Schwerpunkte (siehe Abbildung 2.3).

Das Ziel der **Differenzierungsstrategie** – nachfolgend im Handel als Strategie der Qualitätsführerschaft bezeichnet – ist die Schaffung von Leistungsvorteilen. So beabsichtigt die Erhöhung des Angebotsnutzens, z.B. durch eine hohe Qualität, eine besondere Breite des Sortimentes oder des Service, qualitative Präferenzen aufzubauen. Porter folgend, müssten die durch die Differenzierung entstehenden höheren Kosten mittel- bzw. langfristig durch höhere Preise kompensiert werden. Beispiele hierfür sind die Strategien der Warenhäuser: Galeria-Konzept (Kaufhof) oder Erlebniskonzept (Karstadt).

Das Ziel der Strategie der umfassenden **Kostenführerschaft** ist es, kostengünstigster (i.w.S. auch preisgünstigster) Anbieter einer Branche durch konsequente Nutzung von Kostenvorteilen zu werden. Voraussetzung ist ein relativ großer Marktanteil und ein hoher Standardisierungsgrad zur Ausschöpfung von Degressionseffekten. Weiterhin notwendig ist die Rationalisierung der Wertschöpfungsaktivitäten. Beispiele hierfür sind die Strategien der SB-Warenhäuser wie Kaufland in Deutschland oder Carrefour in Frankreich.

Abbildung 2.3: Typologie der Wettbewerbsstrategien nach Porter

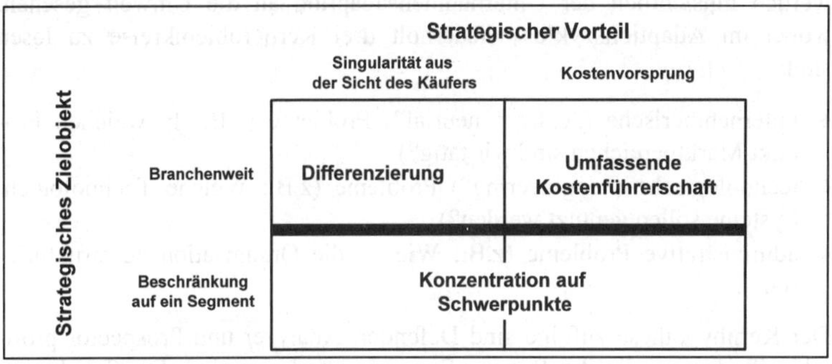

Quelle: Porter 1999b, S. 75.

Die Strategie der **Konzentration auf Schwerpunkte** zeichnet sich durch eine Beschränkung auf tragfähige Teilmärkte aus. Für Handelsunternehmen bedeutet dies im einfachsten Fall, dass kein Vollsortiment angeboten wird und Wettbewerbsvorteile auf Kosten- oder Differenzierungsvorteilen beruhen. Auf Grund der Spezialisierung gelingt es, durch Konzentration der Ressourcen auf ein Marktsegment eine Kostenführerschaft zu erreichen, wie bspw. im Fall der Lebensmitteldiscounter, z.B. Aldi oder Lidl, bei denen ein auf raschen Umschlag ausgerichtetes, eher schmales Sortiment zu niedrig kalkulierten Preisen angeboten und auf Service verzichtet wird. Beispiele für die Strategie der konzentrierten Differenzierung finden sich im Fachhandel.

Zusammenfassend sind für die Anwendung dieser Typologie im Handel drei Aspekte wichtig (vgl. aus Kundensicht Gröppel-Klein 1998 und aus Sicht der Kunden und der Unternehmen Morschett/Swoboda/Schramm-Klein 2006):

- die Unterscheidung der Wettbewerbsstrategien als solche
- die Hypothese, wonach eine Entweder-oder-Entscheidung zu treffen ist
- die Frage nach der Abgrenzung des relevanten Marktes (Branche), auf dem sich ein Unternehmen profilieren will.

Viele Kritiker bemängeln an dieser Typologie die fehlende Möglichkeit einer kurzfristigen strategischen Neuausrichtung, die Vernachlässigung der Innovation von Unternehmen, bestreiten bspw. mit Verweis auf Ikea die gegenseitige Ausschließlichkeit der Strategien oder heben die Orientierung an den (nationalen, wenig dienstleistungs-/prozessorientierten) Wettbewerbsverhältnissen der achtziger Jahre hervor. Dennoch wird diese Typologie in der Handelspraxis oft, so auch nachfolgend, als Basis der Betrachtung gewählt.

Typologie von Miles/Snow

Miles/Snow (1978) präsentieren „generic strategies", in dem sie anhand des Unternehmensverhaltens vier Strategietypen auf einem Kontinuum abtragen (siehe Abbildung 2.4).[1] Die Strategietypen auf Corporate- oder SGE-Ebene werden hinsichtlich der Unternehmensadaption an die Umwelt gesehen, wobei im Adaptionszyklus wiederholt drei Kernproblemkreise zu lösen sind:

- unternehmerische („entrepreneurial") Probleme (z.B.: In welchen Produkt/Marktbereichen sind wir tätig?)
- technologische („engineering") Probleme (z.B.: Welche Technologien/ Systeme sollen genutzt werden?)
- administrative Probleme (z.B.: Wie ist die Organisation zu strukturieren?).

Der Kernhypothese zufolge sind Defender, Analyzer und Prospector profitable Strategien, die der Reactor-Strategie überlegen sind. Darüber hinaus unterscheiden sich die Typen in ihrem Anpassungsverhalten an die Umwelt:

- Unternehmen, die der **Defender-Strategie** folgen, verteidigen ihre erreichte Marktposition, halten an ihren bewährten Systemen fest, die effektiv in der eigenen Organisation sind, und weisen typische zentrale Organisationsstrukturen auf. Oft zeigen sie Nischenverhalten, ein geringes Innovationsniveau und eine Konzentration auf Effizienzaspekte.
- „**Prospectors**" realisieren den aggressivsten Strategietyp, denn sie definieren unaufhörlich ihre Märkte neu, passen neue Systeme und Technologien an und weisen typische dezentrale Organisationsstrukturen auf. Oft haben sie eine weite Produkt/Marktdefinition und eine innovationsorientierte Unternehmenspolitik mit aktiver Suche nach Marktchancen.
- Die dazwischen stehenden Unternehmen mit einer **Analyzer-Strategie** folgen hoch analytisch und umsichtig dem Adaptionszyklus; sie weisen eine hybride Vorgehensweise auf, die in einzelnen Märkten der Defender-Strategie, in anderen der Prospector-Strategie ähnelt.
- Außerhalb des Kontinuums steht die **Reactor-Strategie**, da es sich hier um eine Strategie ohne Muster in der Reaktion auf die Adaption handelt.

---

[1] Im Hauptwerk und in Folgearbeiten (Miles/Snow 1986) wird die Typologie als Komplexstrategie begriffen, da hier die Gesamtunternehmensausrichtung sowie die Abstimmung der Funktionsfelder im Fokus stehen.

Abbildung 2.4: Charakteristika der Wettbewerbsstrategien nach Miles/Snow

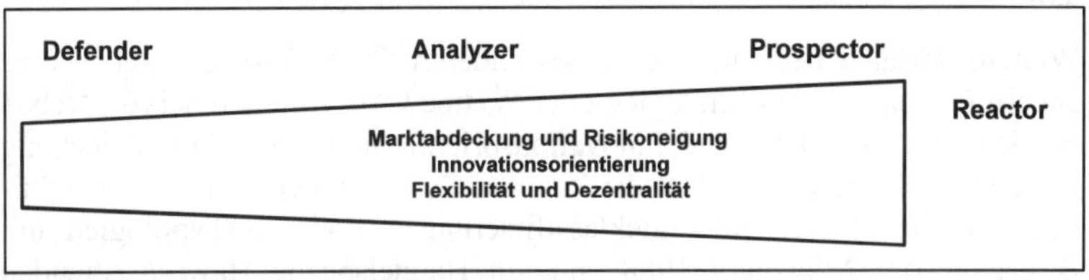

Quelle: Miles/Snow 1978, S. 112.

Auf Grund des Fokus auf interne Problemebenen der Anpassung von Unternehmen an ihr Umfeld ist der Ansatz in der Organisationsforschung verankert und in der empirischen Strategieforschung hinsichtlich Strategie-Erfolgs-Beziehungen für verschiedene Branchen untersucht worden (z.B. Banken, produktdominante Branchen). Im Handel zeigte Segev (1987) mit Unternehmensplanspieldaten, dass die Typologie effektiv ist, um im durch die isolierten Planspieldaten kontrollierten Umfeld Handelsstrategien zu erklären. Moore (2005) belegte den negativen Strategie-Erfolgs-Zusammenhang für „Reactors" und den positiven für „Prospectors" und „Defender/Analyzers", auch wenn Letztere konfirmatorisch nicht getrennt werden konnten.

Abbildung 2.5: Faktoren der Strategieaktivitäten – Operationalisierungen

Prospector	Defender/Analyzer	Reactor
- Is an innovation leader in the retailing industry - Frequently moves into new markets - Is known for being "first in" the industry for developing new ways to retail - Does not mind risking profits for developing new stores/formats - Is a leader in developing new ways to retail - Continuously adopts new technology	- Maintains a safe niche using a traditional store format (D) - Sticks with using current store (D) - Concentrates on improving current ways of retailing rather than developing new methods (D) - Researches only trends that impact our business directly (D) - Adoptions of industry innovations only after lengthy consideration (A) - Focuses first on serving current customers and second on capturing new customers (A)	- Always takes advantage of industry trends - Is known for frequently taking risks

Quelle: Moore 2005, S. 703.

Aus der Palette der erklärenden Größen (siehe Abbildung 2.5) erinnern etwa das Nischenverhalten oder das Effizienzstreben in der Organisation an Porters Ansatz; wesentlich neu ist die Innovation, die auch im Handel immer bedeutender wird, aber auch die Risikoneigung des Managements. Letzteres berücksichtigt zumindest implizit das Verhalten bzw. die Person des Managers, die bei Porter zugunsten einer Organisationsbetrachtung praktisch ausgeschaltet ist. Auch wenn der Ansatz im Handel oft zu undifferenziert mit Vorbehalten versehen wird, steht seine breite Anwendung noch aus, bspw.

im Branchenvergleich, bei innovativen Betriebstypen, Geschäftsmodellen usw.

Weitere Ansätze bedienen sich eines anderen Fokus und/oder heben eine andere Dimension von Strategien oder Wettbewerbsvorteilen hervor. Neben der Kosten-, Qualitäts- und Innovationsorientierung oder Marktabdeckung beziehen sich diese bspw. auf die Pionierrolle. Sie fußen meist auf deduktiven bzw. induktiven Strategieklassifizierungen (vgl. zu Typologien mit Basischarakter Mintzberg 1988 und mit Handelsbezug Hawes/Crittenden 1984).

III. Wettbewerbsverhalten

Das Wettbewerbsverhalten eines Handelsunternehmens bedeutet die Umsetzung einer wettbewerbsorientierten Strategie. Es äußert sich i.w.S. in allen Entscheidungen auf Märkten. Neben Typologien von Basisoptionen wird das Wettbewerbsverhalten von den Kompetenzen und der Wettbewerbsposition sowie der Wettbewerbsintensität oder -attraktivität eines Marktes determiniert.

Typologie des aktiven vs. passiven Verhaltens

Meffert (1994, S. 155f.) differenziert zwischen einem **passiven und aktiven Wettbewerbsverhalten**. Das Erstgenannte äußert sich darin, dass branchenübliche oder bewährte Ansätze gewählt und die Aktivitäten der Konkurrenz nicht in den Unternehmensentscheidungen berücksichtigt werden, so bei einer dominierenden, monopolartigen Stellung im Markt (**wettbewerbsautonomes Verhalten**) oder bei Ignoranz der Konkurrenz (**wettbewerbsignorantes Verhalten**). Aktives Verhalten berücksichtigt dagegen die Aktivitäten der Konkurrenz in der Strategieplanung und -umsetzung. Grundlegende Dimensionen zur Typologisierung sind hier „innovativ/imitativ" sowie „wettbewerbsvermeidend/wettbewerbsstellend" (siehe Abbildung 2.6).

Abbildung 2.6: Basisoptionen des aktiven Wettbewerbsverhaltens

Verhaltensdimension	Innovativ	Imitativ
Wettbewerbsvermeidend	Ausweichen	Anpassung
Wettbewerbsstellend	Konflikt	Kooperation

Quelle: Meffert 1994, S. 157.

Der Wettbewerbsprozess kann bei Anpassung an die langfristige Wettbewerbsentwicklung einer Imitation und bei technischem Fortschritt einer Entdeckung bzw. Innovation entsprechen. Ob ein Unternehmen sich dem Wettbewerb stellt oder ihn vermeidet, kommt insbesondere darin zum Ausdruck, zu welchem Zeitpunkt es Maßnahmen im Wettbewerbsumfeld einleitet. Ein **wettbewerbsvermeidendes Verhalten** beruht auf der Anpassung der eigenen Unternehmensentscheidungen an bereits umgesetzte Entscheidungen der Konkurrenz. Beim **wettbewerbsstellenden Verhalten** reagieren Unternehmen bereits auf erste schwache Signale von wettbewerblichen Anstrengungen ihrer Konkurrenten und antizipieren deren weiteres Vorgehen in ihren strategischen Entscheidungen. Die so klassifizierten Basisstrategien sind im Folgenden aufgeführt:

- **Kooperationsstrategien** werden häufig von Unternehmen angestrebt, die über wenig ausgeprägte Wettbewerbsvorteile bzw. Ressourcen verfügen.
- **Konfliktstrategien** beinhalten dagegen eine bewusste, direkte Konfrontation mit einem Wettbewerber.
- Ziel der **Ausweichstrategien** ist es, durch vergleichsweise innovative Aktivitäten dem Wettbewerbsdruck zu entgehen.
- Die **Anpassungsstrategien** sind auf die bloße Erhaltung der einmal realisierten Position ausgerichtet; sie sehen Aktivitäten erst dann vor, wenn diese Position durch Vorstöße der Konkurrenz ernsthaft gefährdet wird.

Situation des Unternehmens und der Branche als Determinanten

Die Situation des Unternehmens kann nach **Marktposition** und **Ressourcenausstattung** unterschieden werden (siehe Abbildung 2.7). Die Marktposition eines Unternehmens zeigt, wie erfolgreich die bisherigen Strategien im Markt umgesetzt wurden und gibt Auskunft über die Stärke der erreichten relativen Wettbewerbsvorteile und damit auch über die erreichte Marktmacht. Indikatoren hierfür sind bspw. der Marktanteil, die Rentabilität, künftige Risiken, das Betriebstypenimage und die Quelle der Wettbewerbsvorteile. Die Ressourcenausstattung umfasst i.w.S. die in Abschnitt E.II. des Ersten Kapitels behandelten tangiblen und intangiblen Ressourcen, inklusive Philosophie, Ziel, Marktstrategien oder -instrumente eines Handelsunternehmens.

Abbildung 2.7: Situative Bewertung des Wettbewerbsverhaltens

	Ressourcenausstattung		
Marktposition	**Gering**	**Mittel**	**Hoch**
Schwach	schwaches Potenzial	begrenztes Potenzial	sehr hohes Potenzial
Mittel	bedrohtes Unternehmen	mittelmäßiges Unternehmen	hohes Potenzial
Stark	stark bedrohtes Unternehmen	bedrohtes Unternehmen	Spitzen-unternehmen

Quelle: in Anlehnung an Tietz 1993c, S. 805.

Neben der Wettbewerbsposition hängt das Wettbewerbsverhalten von der **Attraktivität der Branche** und der **Intensität des Branchenwettbewerbs** ab. Damit sind die Wettbewerbskräfte von Porter (1999b) angesprochen, die in Abschnitt D.I. des Ersten Kapitels behandelt wurden. Sie bilden den Rahmen, der die strategischen Basisentscheidungen und das Wettbewerbsverhalten determiniert.

Entscheidung über wettbewerbsstrategische Optionen

Die gewählte Basisstrategie und das konkrete Wettbewerbsverhalten sind interdependent. Die Basisstrategie determiniert als Grundentscheidung Folgeentscheidungen, d.h. weitere Strategien, Programme und Maßnahmen im Rahmen des Wettbewerbsverhaltens eines Handelsunternehmens. Umgekehrt wirkt das Wettbewerbsverhalten auf die formulierte Strategie ein.

In einer konkreten Wettbewerbssituation gehen Unternehmen daher i.d.R. sequenziell vor. In einer ersten Entscheidungsprozessstufe wird meist von Interdependenzen abstrahiert. Vielmehr werden die denkbaren relevanten Problembereiche im Hinblick auf die Marktbearbeitungsfragen betrachtet, um einen umfassenden Überblick über die Gestaltungsmöglichkeiten des künftigen Marktbearbeitungskonzepts zu gewinnen. In weiteren Entscheidungsprozessstufen werden Prioritäten gesetzt und Interdependenzen in die Überlegungen einbezogen. So bilden die Entscheidungen einer vorgelagerten Determinante die Basis für eine nachgelagerte Prioritätenstufe. Einen exemplarischen, vorstellbaren Entscheidungsbaum skizziert Tietz (1988, S. 134).

B. Positionierungs- und Profilierungsstrategien

I. Begriff und Typologien der Positionierung und Profilierung

1. Begriffliche Abgrenzung und Besonderheiten im Handel

Positionierung kann als Segmentierungsentscheidung, als imagebezogene Fragestellung, als Objektbesonderheit oder als Resümee dieser Begriffe aufgefasst werden. Dahinter steht die Vorstellung, dass die Eigenschaften konkurrierender Positionierungsobjekte gegeneinander abgegrenzt und gegenüber Kunden herausgestellt werden, um Wettbewerbsvorteile zu realisieren. Nach Trommsdorff (1995, Sp. 2057) hat die Positionierung zwei Bedeutungen:

- die für das Management notwendige Abbildung des im Wettbewerb verbundenen Objekt/Markensystems mit den kaufrelevanten Eigenschaften der konkurrierenden Objekte/Marken
- die Strategien und Maßnahmen des (Produkt-)Managements, die auf der Basis dieser Informationen zu gezielten Veränderungen führen.

Dieses Begriffsverständnis stellt im traditionellen Sinne auf Produkte bzw. Marken und ihre Position im Wettbewerbsgefüge des Absatzmarktes ab.

> *Übertragen auf den Handel versteht Tietz (1993c, S. 124) unter dem Positionierungsbegriff die strategische und aktive Gestaltung der Stellung von Handelsunternehmen im relevanten Markt.*

In diesem Sinne sind nicht Produkte, sondern Einkaufsstätten mit ihrer Vielzahl von aus Sach- und Dienstleistungen zusammengesetzten Leistungsprogrammen Gegenstand der Positionierung. Daher wird im Zusammenhang mit der Einkaufsstätten- oder Unternehmenspositionierung von **Imagepositionierung** im Gegensatz zur Produktpositionierung gesprochen. Als Spezialfall der Positionierung ist der Begriff des **Positioning** zu sehen. Er bezeichnet die Tatsache, dass Einkaufsstätten auf verschiedenen Dimensionen, teilweise nur auf einer einzigen, profiliert sind und sich so von den Mitbewerbern abgrenzen. Speziell für Warenhäuser wurde bisher in der Erlebnispositionierung dieser Alleinstellungscharakter gesehen. Die Begriffe Unique Selling Proposition (USP) und Komparativer Konkurrenz-Vorteil (KKV) drücken dasselbe aus (Ries/Trout 1986; Frechen 1998, S. 76f.; Backhaus/Voeth 2007, S. 21ff.).

In dem Ziel, langfristige Erfolgspotenziale im Wettbewerb aufzubauen und zu sichern, kommt die hohe strategische Relevanz der Einkaufsstättenpositionierung im Handelsmanagement zum Ausdruck. Eine klare Positionierung bildet die Voraussetzung für den Aufbau einer **Einkaufsstättenidentität** i.S. eines einzigartigen Leistungsversprechens, das zur Profilierung bei Konsumenten und zum Distanzieren gegenüber den Mitbewerbern führt. Als übergeordnete Marketingstrategie verkörpert sie das Endergebnis komplexer strategischer Überlegungen. Dementsprechend wird die Positionierung in der Handelsforschung seit Jahren untersucht. Einen Überblick über ausgewählte empirische Studien und die darin analysierten Facetten der Positionierung gibt Abbildung 2.8 Die wesentlichen Besonderheiten der Einkaufsstättenpositionierung können im Kontrast zur Produktpositionierung wie folgt hervorgehoben werden:

- **Standort**: Die Bedeutung von Wettbewerbsaspekten im Handel ergibt sich nicht nur aus der starken Umsatzkonzentration, die zu einer Stärkung der Marktposition von Großbetrieben führt, sondern auch aus der Agglomeration mehrerer Handelsbetriebe einer Branche an einem Standort. Eine Positionierungsentscheidung ist daher auch aus einer regionalen und damit standortspezifischen Perspektive relevant.
- **Image**: Die Positionierung soll auf Basis der Kenntnis der Kundenvorstellungen Präferenzen für ein Handelsunternehmen schaffen. Die Positionierung einer Einkaufsstätte schlägt sich daher im Einkaufsstättenimage – eingebettet in weitere Imagekategorien, so das Image des Betriebstyps – nieder. Auch das bei den Konsumenten verankerte Standortimage einer Einkaufsstätte oder das Image der von den Handelsunternehmen vertriebenen Marken üben einen Einfluss auf das Einkaufsstättenimage aus.
- **Inter- und intratypische Konkurrenz**: Für die Positionierung ist die Unterscheidung in inter- und intratypische Konkurrenz bedeutend. Der Interbetriebstypenwettbewerb ist dadurch zu charakterisieren, dass verschiedene Betriebstypen auf Grund eines ähnlichen Warenangebots um dieselben potenziellen Abnehmer konkurrieren. Zum Interbetriebstypenwettbewerb eines Damenbekleidungsfachgeschäfts können z.B. die DOB-Abteilung des lokalen Warenhauses, eine Boutique und evtl. DOB-Angebote in SB-Warenhäusern zählen. Demgegenüber betrachtet der Intrabetriebstypenwettbewerb ausschließlich den Wettbewerb zwischen identischen Betriebstypen des Handels, so den Wettbewerb zwischen

Warenhäusern. Beispielsweise können sich SB-Warenhäuser gegenüber den Lebensmittelabteilungen der Warenhäuser durch ihre Sortimentsbreite, durch Preise oder kostenlose Parkplätze profilieren. Im Wettbewerb mit anderen SB-Warenhäusern büßen jedoch viele Instrumente ihre Profilierungskraft ein. So gewinnen Sortimentsbreite, schnelle Erreichbarkeit u.a. Instrumente an Bedeutung, z.B. freundliches Personal oder Kundengarantien.

Abbildung 2.8: Ausgewählte Positionierungsanalysen im Handel

Autor/Jahr	Forschungsgegenstand	Problemstellung
Weinberg 1986	Erlebnisorientierte Profilierung der Einkaufsstätten	Möglichkeiten der Erlebniswertvermittlung durch Ladenatmosphäre
Patt 1990	Erfolgsfaktoren im stationären Einzelhandel	Erfassung und Steuerung der zentralen Erfolgsfaktoren im Handel
Hildebrandt 1988	Erfolgsfaktoren im Lebensmitteleinzelhandel	Erfassung der zentralen Erfolgsfaktoren im Handel
Heinemann 1989	Erlebnisorientierte Profilierung von Betriebstypen	Möglichkeiten der Positionierung und Profilierung von Einzelhandelsbetrieben
Gröppel 1991	Erlebnisorientierte Profilierung von Betriebstypen	Instrumente und Chancen der Erlebniswertvermittlung im Einzelhandel
Theis 1992	Strategische Einkaufsstättenpositionierung	Eignung gängiger Positionierungsmodelle zur Einkaufsstättenpositionierung
Falter 1992	Wettbewerbsvorteile von Filialbetrieben im Non-Food-Handel	Erfassung und Analyse relativer Wettbewerbsvorteile von Filialbetrieben
Rudolph 1993	Einkaufsstättenpositionierung im europäischen Vergleich	Differenzierte Profilierungsdimensionen im europäischen Vergleich
Wöllenstein 1996	Betriebstypenprofilierung in vertraglichen Vertriebssystemen	Profilierungsinstrumente bei vertraglichen Vertriebssystemen und ihre Erfolgswirkung
Schmid 1996	Betriebstypenpositionierung im lokalen Markt	Profilierungsdimensionen von Betriebstypen im situativen Kontext
Frechen 1998	Profilierung von Warenhäusern	Profilierungsdimensionen von Warenhäusern
Ortmann 1999	Profilierung und Erfolgsfaktoren von SB-Warenhäusern	Erfassung und Zusammenhang der zentralen Erfolgsfaktoren von SB-Warenhäusern
Kenning 2002	Profilierungsmöglichkeiten im Lebensmitteleinzelhandel	Analyse der Möglichkeiten des Aufbaus von Vertrauen im Lebensmitteleinzelhandel
Homburg/Hoyer/Fass-nacht 2002	Serviceorientierte Profilierung von Handelsunternehmen	Instrumente und Chancen der Serviceorientierung im Einzelhandel
Moore/Fairhurst 2003	Einkaufsstättenpositionierung im Fashion/Textileinzelhandel	Profilierungsdimensionen im Fashion/ Textileinzelhandel
Siu/Chow 2003	Serviceorientierte Profilierung im Lebensmitteleinzelhandel	Möglichkeiten der Profilierung durch Service im Lebensmitteleinzelhandel

Dembeck 2004	Profilierung im Bekleidungs- und Lebensmitteleinzelhandel	Erfassung und Vergleich der zentralen Profilierungsdimensionen in zwei unterschiedlichen Branchen
Schmeisser/ Meyer/Waldhart 2005	Erfolgsfaktoren und Profilierung international agierender Unternehmen im dt. Einzelhandel	Erfassung der zentralen Erfolgsfaktoren in unterschiedlichen Einzelhandelsbranchen
Purper 2007	Betriebsformen des Einzelhandels aus Konsumentenperspektive	Prüfung und Analyse der Betriebsformenwahrnehmung aus Sicht der Konsumenten sowie Erarbeitung einer eigenständigen Betriebsformenklassifikation

2. Typologien und theoretische Positionierungsräume

Typologien zur Bestimmung der Unternehmensposition basieren oft auf den behandelten „generic strategies“ von Porter. Nachfolgend werden zwei empirische Typologien vorgestellt und die grundlegende Methodik kurz behandelt.

Typologie von Meffert

Meffert (1985b) kombiniert die Grunddimensionen Kosten- oder Leistungsvorteile mit der Entscheidung bezüglich der Gesamtmarkt- oder Teilmarktbearbeitung und bestimmt damit unterschiedliche Positionen ausgewählter Betriebstypen (siehe Abbildung 2.9). Die Betriebstypen werden entsprechend der Marktgröße zugeordnet, d.h., Bezugsbasis ist der Handel als Branche.[1]

Abbildung 2.9: Positionierung verschiedener Betriebstypen

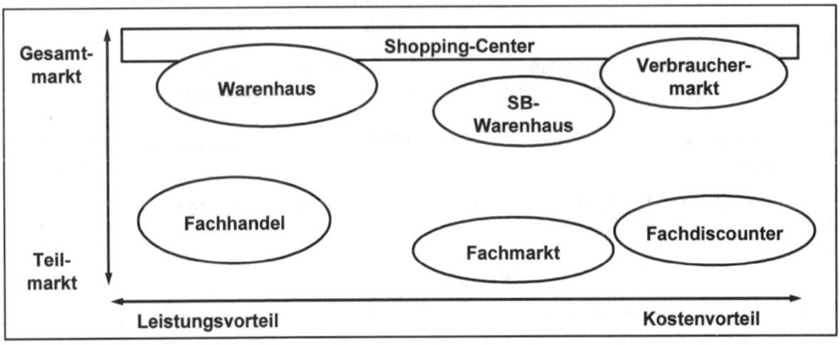

Quelle: in Anlehnung an Meffert 1985b, S. 22.

Typologie von Ahlert/Schröder

Vor dem Hintergrund der Diskussion um Erlebnis- und Versorgungshandel unterscheiden Ahlert/Schröder (1990; Schröder 1994) – neben der Preis- und Qualitätsorientierung – zwischen dem erlebnisorientierten und dem versorgungsorientierten Wettbewerb und spannen einen zweidimensionalen

[1] Die von Meffert (1985b; 1985a) angeregte Einteilung in erlebnis- und versorgungsorientierter Handel wie auch die Strategien für die Warenhäuser seien hier nur erwähnt.

Entscheidungsraum auf (siehe Abbildung 2.10), der die Ableitung von vier wettbewerbsorientierten Positionierungsstrategien ermöglicht:

- die **Discountstrategie**, die durch eine aggressive Preispolitik bei begrenztem Sortiment an Waren und Dienstleistungen geprägt ist
- die **Erlebnisstrategie**, die auf die Befriedigung von Erlebniswerten für die „Wohlstandskonsumenten" ausgerichtet ist
- die Mischstrategie vom Typ 1 (**Versorgungs-Qualitäts-Strategie**), bei der die Versorgung im Vordergrund steht, zugleich aber qualitative Zusatzleistungen angeboten werden
- die Mischstrategie vom Typ 2 (**Erlebnis-Discount-Strategie**), bei der bspw. Waren mit einem hohen Erlebnisprofil zu absoluten Niedrigpreisen angeboten werden.

Theoretische Positionierungsräume

Das Kernproblem der Positionierungsentscheidung besteht in der Identifikation relevanter Profilierungsdimensionen aus Sicht der Zielgruppen. Als empirische Entscheidungsgrundlage werden Kundenurteile zu Einkaufsstätten (z.B. Wahrnehmungen oder Einstellungen) herangezogen und in einem gemeinsamen theoretischen Positionierungsraum (**räumliches Marktmodell**) dargestellt, um Wettbewerbsbeziehungen sichtbar zu machen (Theis 1992, S. 54).

Abbildung 2.10: Ableitung wettbewerbsstrategischer Positionierungsstrategien

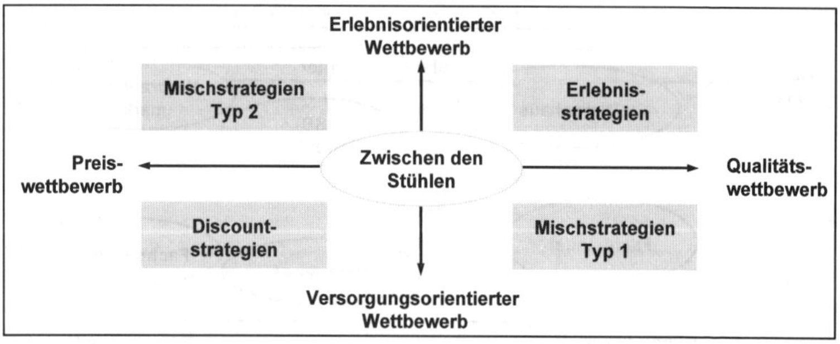

Quelle: Ahlert/Schröder 1990, S. 223.

Diese räumlichen Marktmodelle gehen auf mehrere Denkansätze zurück, so auf die psychologischen Ansätze, insbesondere das Feldmodell von Spiegel (Ermittlung von Marktnischen und -lücken), auf mehrdimensionale Modelle der Einstellungsforschung (Ausgangspunkt sind die Einstellungen der Konsumenten gegenüber dem Einstellungsobjekt) und auf Modelle der multidimensionalen Skalierung (MDS).[1]

[1] Verschiedene Verfahren können hier genutzt werden; vgl. hierzu Trommsdorff (1996) mit dem Sonderband zur Positionierung, Gröppel-Klein (1998, S. 98f.) mit MDS und Swoboda (2000b; 2000c) mit Conjoint-Analyse.

Als Basis einer Positionierungsentscheidung erlaubt ein derartiger Merkmalsraum die Beschreibung der Objekte und der zwischen ihnen bestehenden Beziehungen, so Konkurrenz-, Substitutions- oder Präferenzbeziehungen aus Sicht der Kunden. Die Bestandteile des in Abbildung 2.11 abgebildeten zweidimensionalen Modells lassen sich wie folgt charakterisieren:

- Die Dimensionen spannen den Wahrnehmungsraum auf, in dem die Konsumenten und Einkaufsstätten positioniert werden sollen, stellen die Basis für die Bestimmung von Einkaufsstättenpositionen dar und aus ihnen leiten sich diejenigen Einkaufsstätteneigenschaften ab, die bei der Einkaufsstättenwahrnehmung und -beurteilung für die Konsumenten relevant sind.
- Jede Einkaufsstätte wird anhand der als einstellungsrelevant erachteten Merkmale von den Konsumenten beurteilt, wodurch Imageprofile zu jeder Einkaufsstätte erzeugt werden. Die Positionierung im Modell spiegelt die subjektive Beurteilung der Konsumenten wider.
- Jeder Konsument besitzt spezifische Vorstellungen von einer für ihn idealen Einkaufsstätte. Darin drücken sich implizit die Erwartungen und Bedürfnisse der Konsumenten aus. Da sich die Konsumenten hinsichtlich ihrer Wünsche unterscheiden, gibt die Position der idealen Einkaufsstätte die „Positionierung von Konsumenten" im Eigenschaftsraum an. Dabei muss unterstellt werden, dass die Konsumenten anhand derselben Eigenschaften positioniert werden wie die Einkaufsstätte.

Abbildung 2.11: Zweidimensionaler Positionierungsraum

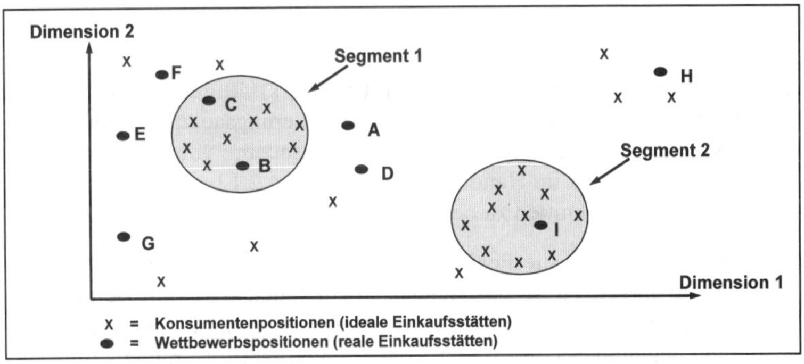

Quelle: in Anlehnung an Theis 1992, S. 33.

Die Gesamtdistanz zwischen Konsumenten und einer Einkaufsstätte resultiert im Modell durch eine Verrechnung der dimensionsspezifischen Einzeldistanzen zwischen dem Einkaufsstätten- und dem Anforderungsprofil der Konsumenten. Die Distanz zwischen der Position einer realen und einer idealen Einkaufsstätte drückt die Präferenz der Kunden für die Einkaufsstätte aus (**Real-Ideal-Distanz**). Pauschal ausgedrückt, liegt eine größtmögliche Präferenz bei der Zielgruppe dann vor, wenn die subjektiv wahrgenommenen Eigenschaften der Einkaufsstätte mit ihren Zielvorstellungen von ihrem

Idealtyp weitestgehend übereinstimmen. Die Einstellung der Zielgruppe gegenüber einem solchen Idealkonstrukt kann somit zum zentralen Ansatzpunkt der Positionierungsüberlegungen werden. Eine festgestellte Differenz kann zu den folgenden strategischen Stoßrichtungen führen:

- **Anpassungsstrategie**: Die Idealvorstellung der Zielgruppe wird als Datum gesehen und der Betriebstyp hin zu diesem Idealbild entwickelt.
- **Verdrängungsstrategie**: Das Leistungsangebot eines Betriebstyps wird als Datum gesehen und die Idealvorstellung wird hin zu diesem Leistungsangebot zu beeinflussen versucht.[1]

3. Erweiterte Sicht der Positionierung und Profilierung

Porter (1999b) zufolge sind für eine Wettbewerbsprofilierung weitere Marktteilnehmer zu berücksichtigen. Neben den in Abschnitt E.II.2. des Ersten Kapitels behandelten Stakeholdern sind es im Handel v.a. Akteure auf der Absatz- und Beschaffungsseite, da beide Zielmärkte interdependent sind.

„Wal-Mart saves the planet"

Wal-Mart – oftmals kritisiert – startete 2006 eine Kampagne, die eine nachhaltige Unternehmenspolitik propagierte und zunehmend positiv von Mitarbeitern, Kapitalgebern und Kunden gesehen wird. Die Argumente für einen Wechsel der Politik waren: „Wal-Mart could improve its image, motivate employees, and save money by going green". Institutionalisiert wurde dies durch „sustainable value networks", die das Wal-Mart-Management, Lieferanten, Umweltschützer und Aufsichtsbehörden zur Diskussion, Zielvereinbarung und Kontrolle bestimmter Themenkomplexe, wie bspw. Textilprodukte, Chemikalien oder Klimawandel, verbinden.

Quelle: *Fortune 2006, Nr. 3, S. 42ff.*

Obwohl auf Grund von Engpassdenken und Marktsättigung die Käuferseite dominiert, ist im Handel die Selektion positionierungsadäquater Lieferanten ein entscheidender Erfolgsfaktor für die Durchsetzung von Positionierungsstrategien. Somit sind im Handel die in Abbildung 2.12 visualisierten und in den folgenden Abschnitten zu behandelnden zwei Ebenen zu beachten:

- Kundenseitig stellt die Positionierung auf die Schaffung von **Einkaufsstättenpräferenzen** für das Handelsunternehmen ab; damit zielt die Profilierung auf den Aufbau von Erfolgspotenzialen im Wettbewerb (Profilierung gegenüber Kunden und Konkurrenten) ab. Im Ergebnis führt dies z.B. zum Aufbau von **Kundenloyalität**, was eine USP und eine Markteintrittsbarriere für neue Konkurrenten bildet.[2]
- Beschaffungsseitig geht es um die Sicherung einer stetigen und kostengünstigen Lieferung sowie weiterer (finanzieller, personeller) Ressour-

---

[1] Vgl. in diesem Zusammenhang zur Segmentierung Abschnitt A.III. des Vierten Kapitels.

[2] Zu Transaktions- und Relationship-Marketing, zur Bedeutungszunahme des Mikro-Marketing und dem Zusammenhang von Retail-Brand, Kundenbindung und Marktanteil vgl. Steenkamp/Dekimpe (1997).

cen. Damit sind die Profilierungsüberlegungen gegenüber **Stakeholdern** aus dem Umfeld des Unternehmens relevant, insbesondere gegenüber den Mitarbeitern und den Kapitalgebern (Freeman/Wicks/Pamar 2004).[1]

Abbildung 2.12: Ebenen der Profilierung von Handelsunternehmen

Quelle: in Anlehnung an Schmid 1996, S. 29.

II. Basisstrategien der Profilierung gegenüber Kunden und Konkurrenten

1. Strategie der Qualitätsführerschaft

Dem Porter'schen wettbewerbsstrategischen Konzept folgend, bietet ein Unternehmen bei der Strategie der Differenzierung ein aus Sicht der Kunden im Wettbewerb einzigartiges Produkt bzw. eine einzigartige Dienstleistung an.

Differenzierung ist eine kompetitive Strategie, weil diese Einzigartigkeit von Produkt und Dienstleitung die Preisempfindlichkeit der Abnehmer verringert und so höhere Preise bzw. hohe Ertragsspannen erzielt werden können (Porter 1999b, S. 71ff.). Wie angedeutet, wird die Strategie nachfolgend als Qualitätsführerschaft im Gegensatz zur Kosten-/Preisführerschaft bezeichnet. Qualitätsführerschaft zielt darauf ab, sich von den Konkurrenten in Leistungen, die für die Abnehmer wertvoll sind, abzuheben. Die Einzigartigkeit bzw. die USP eines Unternehmens manifestiert sich im Handel in einzelnen oder mehreren Qualitätsdimensionen, die zur Schaffung der **Einkaufsstättenidentität** führen.[2] In einer längerfristigen Perspektive geht es hier um den Aufbau eines dauerhaft im Bewusstsein der Konsumenten verankerten Qualitätsimages:

[1] Vgl. hierzu auch die Ausführungen in Abschnitt E.II.2. des Ersten Kapitels.

[2] Anders als in der Industrie geht es im Handel bei der Qualitätsführerschaft nicht nur pauschal um den Aufbau einer Identität bzw. einer Marke (die bei Produkten symbolhaft für ein einzigartiges Qualitäts-/Leistungsversprechen steht) (Esch/Levermann 1993, S. 95; Brauer 1997). Retail-Branding ist übergeordnet und kann auf der Qualität, aber auch auf dem Preis oder weiteren Dimensionen beruhen.

- Das Einkaufsstättenimage kann aus verhaltenswissenschaftlicher Sicht als Einstellung der Konsumenten zu einer Einkaufsstätte definiert werden, d.h. als die subjektiv wahrgenommene Eignung einer Einkaufsstätte zur Befriedigung einer Motivation.
- Aus einer strategischen Sicht beschreiben Imageziele eine Grundorientierung des Unternehmens, die aus den Unternehmensgrundsätzen und dem Planungskonzept abgeleitet und eingesetzt werden, um sich von den Konkurrenten abzuheben und im Markt zu profilieren.

Die Strategie der Qualitätsführerschaft ist durch bestimmte Voraussetzungen, Merkmale/Ausprägungen und Erfolgsfaktoren zu beschreiben.

Voraussetzungen

Nach Porter (1999b) verlangt eine Qualitätsführerschaft von Unternehmen v.a. technologisches Know-how, gutes Marketing, hohe Kreativität sowie die Fähigkeit, die Tätigkeiten in den innovativen Funktionen zu nutzen. Auf Grund dieser vermehrten Anstrengungen erhöhen sich die Kosten, was die komplette Marktabdeckung beeinträchtigt und der Realisierung von Economies of Scale entgegensteht. Obwohl die Strategie einen exklusiven Ruf und höhere Preise voraussetzt bzw. mit sich bringt, ist mit ihr im Handel ein hoher Marktanteil zu erzielen, wenn das Konzept multipliziert, d.h. filialisiert, werden kann. Dies sieht auch Porter, obwohl er als Regelfall unterstellt, dass primär Kostenführerschaft mit einem hohen Marktanteil einhergeht. Er folgert dementsprechend, dass die Beziehung zwischen Rentabilität und Marktanteil u-förmig ist, d.h., Unternehmen mit einem geringen oder hohen Marktanteil (Nischen- oder Gesamtmarktabdeckung) erzielen den höchsten ROI, die anderen sitzen „zwischen den Stühlen“. Zugleich nimmt Porter (1999b, S. 70ff.) an,

- dass auch bei der Differenzierungsstrategie die Kostenseite nicht ignoriert werden darf, obwohl sie nicht im primären strategischen Fokus liegt,
- dass es Branchen bzw. Unternehmen gibt, die mit der Differenzierungsstrategie trotz höherer Preise einen hohen Marktanteil realisieren und
- dass die Möglichkeit besteht, auch bei Differenzierungskonzepten mit relativ geringen Kosten zu operieren.

Merkmale/Ausprägungen

Qualitätsführerschaft umfasst nicht nur die objektiven Unterschiede im Produktangebot oder Sortiment; sie betrifft alle Aktivitäten eines Unternehmens (Ellis/Kelley 1992, S. 385). Für jeden Betriebstyp und jede Branche haben im Rahmen der Qualitätsführerschaftsstrategie eigenständige Merkmale besondere Bedeutung. Beispielsweise wird sich z.T. mit dem Problem der Einkaufsatmosphäre auseinandergesetzt, z.T. wird darauf verzichtet. Manchmal wird das Erlebnis in den Vordergrund der Profilierung gestellt (z.B. bei Warenhäusern), manchmal der persönliche Kontakt zum Verkäufer (z.B. in Fachgeschäften) oder aber der schnelle Kundendienst (z.B. im Reifenhandel) usw. Ansätze zur Qualitäts- und Leistungsführerschaft liegen v.a.

in den primären Aktivitäten der Wertkette, und zwar in denjenigen, die vom Kunden als relevant beurteilt werden, bspw.

- Sortiment (Qualitätsniveau, Auswahl, Marken),
- Kommunikationspolitik (Werbung, Promotion usw.),
- Pre- und After-Sales-Servicequalität,
- Architektur und Ladengestaltung oder
- Warenpräsentation,

wobei sich ein Unternehmen im Idealfall auf mehreren Ebenen vom Wettbewerb unterscheiden sollte. Dies ist bei der Kosten-/Preisführerschaft anders.

Karstadt – Mehr Kunden, weniger Ware

KarstadtQuelle will im Kaufhausgeschäft nach verlustreichen Jahren wieder gut verdienen. „Wir haben im vergangenen Jahr die Wende geschafft", sagt Spartenchef und Konzernvorstandsmitglied Peter Wolf in München. Vorantreiben will Wolf v.a. den Ausbau der Premiumsparte. [...] Damit meint er, dass sich die Karstadt-Luxushäuser an berühmten ausländischen Einkaufstempeln messen wollen, etwa in Paris an den Galeries Lafayette oder in London an Harvey Nichols oder Harrods. [...] Wir haben in der Vergangenheit zu viel in Marmor und Eisen investiert." Dies werde sich ändern. Karstadt werde in allen Häusern jeden Monat ein neues Thema präsentierten. Optisch aufgewertet werden soll v.a. die Präsentation der Waren. Das Sortiment werde zugleich um 8 bis 12 % gestrafft. „Weniger ist manchmal mehr. Man muss sich ein Profil schaffen, um sich von der Konkurrenz abzuheben", begründet Wolf. Das Marketingbudget von 100 Mio. EUR werde im Vergleich zum Vorjahr aber nicht erhöht, sondern umgeschichtet.

Einen hierzulande bislang unbekannten Service will Wolf ab Oktober in den drei Premiumhäusern anbieten: Kern des sog. Personal-Shopping-Konzepts ist eine Kundendatei, die etwa Kleidergröße, Markenpräferenz oder Lieblingsfarbe speichert. Wenn passende Ware geliefert wird, können Kunden individuell informiert werden und sich auch Ware nach Hause liefern lassen.

Quelle: *Süddeutsche Zeitung, 27. Februar 2007, S. 21.*

Da nahezu unendlich viele Kombinationsmöglichkeiten der Marketinginstrumente denkbar sind, sind die denkbaren Konzepte der Qualitätsführerschaft entsprechend vielfältig, wenngleich sie in Untersuchungen häufig auf wenige Dimensionen reduziert werden. Ellis/Kelley (1992, S. 385) betrachten als Profilierungsdimensionen im Wettbewerb: Produkte/Sortimente, Kommunikation und Service/Personal. Gröppel-Klein (1998, S. 52) hebt besonders die Erlebnisorientierung als Instrument der Differenzierung hervor und betrachtet diese neben dem Sortiment und dem Service.

Eine viel diskutierte Strategie bildet die **Erlebnisorientierung** im Einzelhandel. Sie bedeutet eine langfristige Positionierung, die für den Kunden v.a. durch die Ladengestaltung erlebbar wird, für welche die Corporate Identity prägend ist, sich an langfristigen Wertetrends der Konsumenten ausrichtet, beim Konsumenten angenehme Empfindungen auslöst, die über die Befriedigung reiner Versorgungsbedürfnisse hinaus gehen, und einen Beitrag zur Lebensqualität leistet. Die Anforderungen an eine derartige Strategie werden häufig programmatisch formuliert (vgl. ausführlich Weinberg 1992, S. 123; Gröppel-Klein 1998, S. 52f.; Foscht/Swoboda 2007):

- Es dürfen nicht einfach emotional ausgerichtete Erfolgskonzepte der Konkurrenz imitiert werden.
- Es muss ein unverwechselbares Erscheinungsbild aus Sicht der Kunden aufgebaut werden.
- Es soll ein Erlebnisthema gewählt werden, das in der Ladengestaltung visualisiert wird.
- Die Einkaufsatmosphäre nimmt eine besondere Rolle ein; Erlebnisgeschäfte sollten für die Besucher viele Überraschungen bereit halten, lebendig sein, ein Wechselspiel von entspannenden und aktivierenden Stimuli bieten, oder aber das Marketing konsequent an den zentralen Werten und Lebensstilen der Konsumenten ausrichten.
- Erlebnisorientierte Einkaufsstätten dürfen zudem nicht pauschal mit luxuriös schillernden Konsumpalästen aus Glas und Marmor gleichgesetzt werden. Neben Exklusivität/Luxus gibt es viele Möglichkeiten, Konsumenten emotional anzusprechen, so durch Kommunikation, Warenpräsentation, Rustikalität, Avantgarde usw.

Da Erlebniswerte in der sinnlichen Gefühls- und Erfahrungswelt der Kunden verankert werden sollen, ist die **Erlebnisstrategie** nicht (nur) von der Ware abhängig, wenngleich sie v.a mit der Ladengestaltung und Warenpräsentation verbunden wird. Wie die Beispiele in Abbildung 2.13 zeigen, findet sie sich seltener im Food-Handel, in autokundenorientierten und in kleinflächigen Betriebstypen, kann aber mit großen Flagship-Stores, mit innovativen Ladenbaukonzepten in Supermärkten oder an Einzelstandorten realisiert werden.

Eine darüber hinaus gehende Möglichkeit der Qualitätsprofilierung liegt im Produktangebot und damit im Sortiment begründet. Die Einzigartigkeit des Sortiments kann bspw. durch das Führen außergewöhnlicher bzw. sehr hochwertiger Marken erzeugt werden. Sie kann aber auch in der Breite des Sortiments, wie bei Warenhäusern, oder in der Frische, Natürlichkeit oder Einzigartigkeit der Produkte, wie im Lebensmitteleinzelhandel, liegen. Zunehmend verbreitet ist hierbei das Angebot von permanent neuen Sortimenten, v.a. im Fashion-Handel. Hierbei fußt die Positionierung nicht nur isoliert auf der Marketingkonzeption, sondern umfasst das gesamte Geschäftsmodell und die Wertkette (vgl. Abschnitt III.2. in diesem Kapitel).

Eine Bedeutung hat ferner der Service, der branchenübergreifend ein Retail-Branding-Faktor ist (Swoboda/Hälsig/Morschett 2006). Zentrale Bedeutung für das Gelingen der **Serviceführerschaft** bildet zugleich das Verkaufspersonal. Hier ist nicht nur fachliche Kompetenz gefragt, sondern darüber hinaus die Fähigkeit des Personals, sich auf jeden Kunden individuell einstellen zu können (Weinberg 1986). Die Bedeutung des Personals wird insbesondere durch den wachsenden Anspruch unterstrichen, die Mitarbeiter als Kunden zu behandeln (vgl. hierzu Abschnitt V.3. in diesem Kapitel).

Abbildung 2.13: Beispiele für erlebnisorientierte Ladengestaltung

Faktoren des Erfolgs/Misserfolgs

Die Gefahren der Strategie der Qualitätsführerschaft wurden ebenfalls von Porter beschrieben. Sie zeigen sich im Handel insbesondere dann, wenn

- die Preisunterschiede zur Konkurrenz so hoch sind oder als so hoch wahrgenommen werden, dass der Kunde trotz Qualitätsführerschaft nicht bereit ist, den entsprechenden Preis zu bezahlen und bewusst Einbußen in Bezug auf Qualität, Image oder Service in Kauf nimmt,
- die Qualitätsmerkmale den Konsumenten irrelevant erscheinen oder zuvor relevante Profilierungsdimensionen an Bedeutung verlieren,
- Nachahmungen der einzigartigen Leistung durch die Konkurrenz auftreten und die Einzigartigkeit des Qualitätsaspektes verschwindet.

Das Risiko ist besonders hoch, wenn die Einzigartigkeit auf einer schlichten bzw. technischen Leistungseigenschaft (z.B. nur Ladendesign) aufbaut, die leicht von den Wettbewerbern übernommen werden kann. Grundsätzlich sind die Nachahmungseffekte bei klar verankerten emotionalen Eigenschaften (z.B. einem Erlebniswert) geringer ausgeprägt (Gröppel-Klein 1998, S. 45); schwieriger ist auch die Nachahmung des Service oder der Kundennähe. Allerdings wird im Standortvergleich im Handel deutlich, dass gerade die Betriebstypen, die in der Vergangenheit auf Erlebnisse setzten, nicht zu den erfolgreichsten gehören, seien es die Waren- und Kaufhäuser, viele Bekleidungsgroßflächen usw. Dies deutet u.a. darauf hin, dass eine profitable und umsatzwachstumssichernde Multiplikation von Erlebniswerten an Standorten – mit unterschiedlichen Wettbewerbsbedingungen – im Mikro-

Marketing an ihre Grenzen stößt. Zugleich gibt es auch hier Gegenbeispiele.[1]

2. Strategie der Kosten-/Preisführerschaft

Die Strategie der Kosten-/Preisführerschaft besteht darin, durch konsequentes Kostenmanagement und damit einhergehend im Vergleich zur Konkurrenz relativ niedrigen Preisen einen Wettbewerbsvorteil zu erreichen.

Im Fall einer Preisführerschaft soll die konsequente Nutzung von Kostenvorteilen zur Position als kostengünstigster Anbieter einer ganzen Branche führen. In Märkten – v.a. in solchen mit hoher Preistransparenz – schützt die Kostenführerschaft gegenüber den Konkurrenten. Selbst bei einem Preisverfall im Markt kann das Unternehmen auf Grund der günstigen Kostensituation noch Erträge erwirtschaften, während andere, nicht so effiziente Unternehmen, ihre Gewinne „durch Rivalität untereinander wegkonkurriert haben" (Porter 1999b; Gröppel-Klein 1998, S. 41). Damit wirken niedrige Kosten als Markteintrittsbarriere. Potenziell neue Wettbewerber treten mit Ersatzleistungen i.d.R. dann in einen Markt ein, wenn die Substitutionsleistungen für den Kunden ein günstiges Preis-Leistungs-Verhältnis versprechen und die Chance einer breiten Marktdiffusion eröffnen.

Voraussetzungen

Ein Unternehmen, das sich für die Kostenführerschaft entscheidet und das Ziel verfolgt, kostengünstigster Anbieter im Zielmarkt zu werden, muss einen hohen Marktanteil oder einen alleinigen Zugang zu extrem günstigen Ressourcen haben. Da Letzteres v.a. im Handel nur selten ist – etwa bei Exklusivbelieferungsverträgen –, ist als wesentliche Voraussetzung für eine erfolgreiche Kostenstrategie die Realisierung eines hohen Marktanteils hervorzuheben. Die Verfolgung dieses Ziels ist mit massiven Einstiegsinvestitionen, preisaggressivem Verhalten und Anfangsverlusten verbunden. Dennoch kann ein hoher Marktanteil schließlich zu enormen Einsparungen im Einkauf und letztlich zu hohen Spannen führen. Übertragen auf den Handel sind zwei interdependente Voraussetzungen für die Realisation dieser Strategie zu erfüllen:

- ein relativ hoher Marktanteil zur Ausschöpfung von Degressions- und Erfahrungskurveneffekten
- die konsequente Ausrichtung auf möglichst standardisierte, kostenminimierende Maßnahmen in der Wertkette eines Unternehmens sowie an den Schnittstellen der eigenen Wertkette mit der Wertkette der Partner.

Eine weitere (Neben-)Bedingung betrifft die Mindestqualitätsstandards der erstellten Leistung, denn eine überdurchschnittliche Rendite kann nur dann

[1] Seit Jahren versuchen Studien, das Einkaufserlebnis zu betonen, so bspw. Chu/Morrison 2003.

erwirtschaftet werden, wenn die unter Kostengesichtspunkten erstellten Leistungen in der Qualität mit denen der Konkurrenz vergleichbar sind.

Merkmale/Ausprägungen

Eine wichtige Rolle bei der Realisierung der Kosten-/Preisführerschaft nehmen in der Handelspraxis die Konditionen ein, die ein Handelsunternehmen bei der Beschaffung von Leistungen realisieren kann. Günstige **Einkaufskonditionen** korrelieren positiv mit einem zunehmenden Marktanteil und relativer Nachfragemacht, die ein Händler gegenüber seinen Lieferanten ausübt. Das heißt, Einkaufspreise, Rabatte und Konditionen, Werbekostenzuschüsse oder sonstige Serviceleistungen der Industrie sind i.d.R. abhängig vom Beschaffungsvolumen, das ein Handelsunternehmen bei einem Hersteller verwirklicht. Zugleich müssen die günstigeren Konditionen nicht das Gesamtsortiment umfassen, sondern können sich auf Teile beziehen. Die darin realisierten Preisvorteile werden im Zuge von Mischkalkulationen dazu genutzt, um die preislichen Nachteile in anderen Sortimentsteilen auszugleichen und insgesamt eine aggressive Kosten- und Preisführerschaft zu verwirklichen.

Einkaufsbündelung und neue Billigstrategie bringt Wal-Mart den Erfolg

Seit der Zentralisierung des Einkaufs im Non-Food-Bereich vor drei Jahren nutzt Wal-Mart seine Einkaufsmacht und die damit korrespondierenden niedrigen Einkaufspreise stärker zur Preisprofilierung, jüngst auch im Food- und Near-Food-Bereich, in dem die Konditionen ungünstiger, da stärker national geprägt sind.

Der weltgrößte Händler hat trotz aggressiver Preissenkungen zur Weihnachtszeit seinen Gewinn überraschend deutlich gesteigert. Der US-Konzern bezifferte das Nettoergebnis auf 3,94 Mrd. USD, ein Anstieg von 10 % gegenüber dem Vorjahr. Der Umsatz kletterte um 11 %, fiel jedoch etwas geringer aus als an der Wall Street erwartet. Wal-Mart hatte im Weihnachtsgeschäft mit Preissenkungen für Spielwaren und Elektro-Produkte Kunden angelockt und damit das Wachstum angekurbelt. Demgegenüber legten in den vergangenen Monaten die Verkäufe in etablierten Läden langsamer zu, weil Wal-Mart viele Geschäfte modernisierte und mit teureren Modeartikeln nur gemischte Ergebnisse erzielte.

Quelle: *Handelsblatt, 21. Februar 2007, S. 15.*

Konsens herrscht darüber, dass Einkaufskonditionen ein überschätztes Merkmal im Rahmen der Konzeption der Kostenführerschaftsstrategie sind. Ellis/Kelley (1992, S. 384) zeigen, dass eine starke Position im Einkauf noch nicht viel über den Wettbewerbsvorteil einer Kostenführerschaftsstrategie aussagt, zumal diese nicht a priori zu niedrigen Gesamtbetriebskosten führen muss. Als wichtigste Kostenpositionen betrachten sie neben den „costs of goods sold" die „operating expenses". Insofern kommt der Ausschöpfung von **Effizienzpotenzialen** eine wichtige Rolle bei der Realisierung der Strategie zu. Um einen Kostenvorsprung im Vergleich zu den Konkurrenten zu erzielen, gilt es zunächst, die interne Wertschöpfungskette zu optimieren, d.h., alle verfügbaren Rationalisierungs- bzw. Effizienzsteigerungspotenziale auszuschöpfen. Im Unterschied zur Qualitätsführerschaft, bei der die absatzseitigen Instrumente der Wertkette dominieren, sind hier alle Wertkettenfunktionen einzubeziehen und unter Effizienzgesichtspunkten zu bewerten. Auf der Ebene der marktorientierten Wertkettenaktivitäten und -prozesse zählen dazu bspw.:

- Verzicht auf aufwändige Ladengestaltung und Durchsetzung standardisierter Konzepte
- günstige, verkehrsoptimale Mietobjekte mit großen Einzugsgebieten
- Sortimentsbeschränkung und Realisierung eines hohen Anteils von „Schnelldrehern“ am Gesamtsortiment
- Reduzierung der Serviceleistungen.

Auf der Ebene der Supply-Chain-orientierten Wertkettenfunktionen sind es:

- eine effiziente Beschaffungs- und Distributionslogistik
- eine möglichst effiziente Warenwirtschaft
- ein zeitnahes Informationssystem
- ein straffes Management.

SB-Warenhäuser, Hypermarchés und Supercenter

Als Beispiele für eine branchenweite Strategie der Kostenführerschaft unter den Großbetriebsformen des Handels galten bisher v.a. in Deutschland die SB-Warenhäuser wie Kaufland und Real, in Frankreich die Hypermarchés wie Carrefour, E.Leclerc und Géant (von Casino) oder die Wal-Mart-Supercenter.

Quelle: *Zentes 1998e, S. 220.*

Zentes (2000) betont bspw. die Rolle der **logistischen Prozesse** als Effizienzsteigerungspotenzial im Rahmen der Kostenführerschaft und hebt gleichzeitig die Ausschöpfung von Rationalisierungs- bzw. Effizienzsteigerungspotenzialen durch Outsourcing logistischer Teilprozesse an Logistik-Service-Provider hervor. Damit gewinnt auch die Ausschöpfung von Rationalisierungs- bzw. Effizienzsteigerungspotenzialen an den Schnittstellen der Supply-Chain zu den Lieferanten und damit eine **integrierte Sicht der Wertkette** an Bedeutung.[1] Des Weiteren verlangt die Kostenführerschaft ein straffes **Management**, das neben den genannten Größen eine aggressive Grundeinstellung, eine Konzentration auf das Kerngeschäft, ein strenges Controlling und ein straffes Timing verfolgt. Abbildung 2.14 fasst weitere Merkmale der Preisführerschaftsstrategie „checklistenartig“ zusammen.

[1] Die Kostenführerschaft setzt ein effizientes SCM voraus, das Kostensenkungs- bzw. Effizienzsteigerungsmaßnahmen auf allen Ebenen der Wertkette berücksichtigt, sodass ein effizientes Logistiksystem, eine hohe Lagerumschlagsgeschwindigkeit, geringe Bestellmengen bis hin zur Just-in-time-Belieferung möglich sind (vgl. hierzu das Fünfte Kapitel).

Abbildung 2.14: Merkmale der Preisführerschaft – „Discounting-Prüfliste"

Vereinf. der Unternehmens-strukturen/ -prozesse	Entscheidungen ohne Berücksichtigung ihrer Auswirkungen auf die Komplexität	Regelmäßige, systematische Analysen des gesamten Wertschöpfungsnetzwerkes zur Komplexitätsreduktion bzw. -vermeidung
Wachstums-orientierung	Keine Kenntnis größenabhängiger Kostensenkungspotenziale	Informationen über Kostenverläufe als Ansatzpunkt zur systematischen Identifikation von Wachstumsfeldern im Rahmen der strategischen Planung
Effizienz-orientierung	Kein bewusster Versuch zur Effizienzsensibilisierung der Mitarbeiter	Stetiges Bemühen der Mitarbeiter um bessere und/oder billigere Lösungen sowie schnelles Umsetzen der Ergebnisse
Innovatives Geschäfts-system	Keine Innovationsbereitschaft	Ständige Suche nach innovativen, den Wettbewerb verändernden Geschäftssystemen unter Einbindung aller Marktpartner
Konz. auf Produktfelder mit erkennb. Preisvorteilen	Preisverhalten der Kunden kein eigenständiges Kriterium bei Auswahl der zu bearbeitenden Märkte	Hohe bestehende bzw. erreichbare Preistransparenz als wesentliches Kriterium bei der Marktauswahl
Auf Dauer deutliche Preisvorteile	Keine koordinierte, aktive Preispolitik	(Regelmäßig leistungs-/unternehmensspezifisch systematisch ausgewertete) preisbezogene Kundenwahrnehmung als Basis der Preisbestimmung
Preisehrlich-keit	Vertrauensaufbau in die Preispolitik, kein eigenständiges Aufgabenfeld	Aktiver Vertrauensaufbau durch ständige, umfangreiche Preisinformation und konsequent kulantes Handeln
Preisaggres-sivität	Keine koordinierte, aktive Preispolitik	Aktive, initiative Preispolitik mit Inkaufnahme bzw. Absicht einer Schädigung von Wettbewerbsgegnern
Elimination der Qualitätsri-siken für die Kunden	Bestimmung d. Leistungsangebots nach dem (technisch) Machbaren/Angebotsspektrum der Konkurrenz	Konsequente Ausrichtung des Leistungsangebots an der Kundenzufriedenheit durch Gestaltung und Verbesserung einer wettbewerbsfähigen „Kernleistung"
Lean Con-sumption	Keine Berücksichtigung der Einkaufseffizienz der Kunden als Angebotskomponente	Einkaufseffizienz als systematischer Anknüpfungspunkt für die Ausgestaltung der Strukturen, Prozesse u. Standorte im Rahmen der strategischen Planung
Kunden-integration	Betrachtung des Kunden als rein externen Faktor („Marktgegenseite")	Optimale Aufteilung von Teilleistungen innerhalb eines integrierten Systems „Unternehmen-Kunde" auf beiden Marktseiten

Quelle: in Anlehnung an Diller/Haas/Hausruckinger 1998, S. 58.

Als „Paradebeispiel" für die Strategie der Kosten-/Preisführerschaft in Teilmärkten gilt seit Jahren v.a. der Food-Hard-Discounter Aldi, gefolgt von Lidl sowie abgestufter von Soft-Discountern wie Penny, Plus u.a. Auch in anderen Branchen, wie bspw. Möbel und jüngst Fashion, haben neue Discountanbieter wie Takko oder KiK in relativ kurzer Zeit einen Marktanteil von rd. 13 % erreicht (Swoboda/Hälsig/Meierer 2007).

Diese zeichnen sich in Abgrenzung zu den Gesamtmarktkonzepten durch eine hohe **vertikale Integration** und **Konzentration auf Schwerpunkte** aus, was die Ausschöpfung von Effizienzpotenzialen in Teilmärkten ermöglicht. So wird die Produktion des begrenzten, hauptsächlich aus **Handelsmarken** bestehenden Sortiments von Aldi kontrolliert, d.h., die oft mittelständischen Lieferanten arbeiten nach Weisung der Aldi-Zentrale. Dieses Dominanzsystem ist aus anderen Branchen, z.B. der Automobilindustrie, bekannt, denn die Ausschöpfung der Effizienzpotenziale in der gesamten Wertkette über alle Partner hinweg erfolgt nach der Maßgabe des dominierenden Partners (vgl. Abschnitt E.III. in diesem Kapitel). Eine weitere Besonderheit liegt darin, dass ein zentraler – meist nur in Verbindung mit der Qualitätsführerschaft betrachteter – Erfolgsfaktor beachtet wird, nämlich die **Betriebstypenprofilierung als „günstige" Marke** und dies als konstante Strategie über Jahre. Dies strahlt auf die Wahrnehmung der Angebotsleistungen aus und ermöglicht strategisch eine Differenzierung auf Basis eines Preisvertrauens bei den Kunden.

Da im Food-Einzelhandel Dominanzsysteme eher noch selten sind, ist zur Ausschöpfung der Effizienzpotenziale an der Schnittstelle zur Wertkette der Lieferanten eine partnerschaftliche Zusammenarbeit erforderlich. Ferner ist im Vergleich zur Industrie die Realisierung eines hohen Marktanteils als Voraussetzung zur Ausschöpfung von Economies of Scale differenzierter zu beurteilen.

Aldi als beliebte Marke in Deutschland

Der bekannteste Markenname in Deutschland ist Aldi. Bei einigen Kunden – zumindest 90 % der Deutschen kaufen gelegentlich bei Aldi ein – haben die Produkte Kultstatus, z.B. Aldi-Champagner. Aldi wurde sogar als der größte handelspolitische Markenerfolg bezeichnet, was sich in den langfristigen Gewinnen niederschlägt; die Albrecht-Brüder zählen zu den reichsten Menschen der Welt. Heute ist Aldi in Deutschland nach Porsche das Unternehmen mit dem besten Ruf und hat dabei unter allen Unternehmen das höchste Verbrauchervertrauen. Während die 15 bekanntesten Unternehmen auf einen Durchschnittswert von 57 Punkten kommen, schafft Aldi 84 Punkte. 95 % der 6.947 Befragten gaben außerdem an, bei Aldi viel fürs Geld zu bekommen; bei Schlecker sind es 76 %.

Bestnoten gibt es für Aldi bei der Frage nach der „emotionalen Ansprache". Hier lieferten sich die schmucklosen Läden ein Kopf-an-Kopf-Rennen mit Porsche und lassen BMW hinter sich. Spitzenwerte erntete Aldi in der Kategorie „Produkte und Services" und das, obwohl Aldi nur das Nötigste bietet, was den Service angeht. Die Artikel, meist Eigenmarken, genießen einen umso größeren Ruhm. Das Image ist hart erarbeitet: Die beiden Aldi-Gesellschaften Nord und Süd sind bei ihren Lieferanten nicht nur berüchtigt für die strengen Qualitätskontrollen. Regelmäßig schicken sie ihre Produkte zusätzlich der Stiftung Warentest, um sie dort gegen die renommierten – und meist teureren – Markenprodukte antreten zu lassen.

Quelle: Jary/Schneider/Wileman 1999, S. 119f.; Handelsblatt, 15. November, 2004, S. 13.

Zudem ist die Kostenführerschaft im Handel nicht nur auf Großunternehmen beschränkt. Straffe Vertriebssysteme wie Franchising ermöglichen es auch mittelständischen Unternehmen, an Economies of Scale-Effekten zu partizipieren. Hier resultiert der Kostenvorteil idealtypisch aus der Multiplikation einer standardisierten, zentral und straff geführten Konzeption, an deren Spitze eine Systemzentrale steht. Ob dies aber auch zur Preisführerschaft genutzt wird, ist eher fallweise zu beurteilen (vgl. hierzu Abschnitt C.III. in diesem Kapitel).

Faktoren des Erfolgs/Misserfolgs

Porter (1999b, S. 81ff.) erläutert die Problemfelder, die mit der Kostenführerschaftsstrategie bei produzierenden Unternehmen verbunden sind. Überträgt man diese auf Handelsunternehmen, sind folgende Punkte anzuführen:

- Management, Unternehmensstrukturen und -prozesse müssen konsequent auf die Kostenführerschaft ausgerichtet sein; neue Geschäftsfelder oder Produktlinien sind problematisch, da hierdurch die Kosten steigen.
- Technologische Umwälzungen, Nachahmungen oder Preissenkungen der Konkurrenz können Leistungs- und Lernprozesse zunichte machen.
- Trotz konsequenter Ausrichtung des Unternehmens auf den Kostenaspekt muss die Fähigkeit vorliegen, bei Bedarf notwendige Sortiments- oder Marketingänderungen vorzunehmen, da sich mit zunehmender Reife einer Warengruppe auch die Ansprüche an die Waren erhöhen können.
- Bei einer weit gehenden Teilmarktabdeckung und damit Marktpotenzialausschöpfung sind neue strategische Impulse notwendig.

III. Spezifische Strategien zur Profilierung gegenüber Kunden und Konkurrenten

1. Überblick

Über die Basisstrategien hinaus kann v.a. in jüngster Vergangenheit die Realisierung weiterführender strategischer Optionen beobachtet werden, die nicht mehr nur in Reinform die Preis- oder Qualitätsführerschaft betreffen oder branchenspezifische Ausprägungen aufweisen. Das obige Beispiel zu Preisführern im Food-Handel verdeutlicht dies insofern, als dass hier etwa Convenience als Profilierungsmerkmal genauso hinzukommt wie die Nachbarschaftsorientierung bei Aldi als Hard-Discounter. In der Bekleidungsbranche ist es nicht nur das Erlebnis, sondern eine Fashion- bzw. Speed-Orientierung, welche die gesamte Wertkette umfasst. Auch die sog. Category-Killer – also Ikea oder Media-Markt – realisieren seit Jahren eher eine Outpacing-Strategie.

Diese und weitere Entwicklungstendenzen in der Positionierung und Profilierung gegenüber den Kunden werden nachfolgend zunächst branchenspezifisch behandelt und um die Sicht der Multi-Channel-Strategie sowie der Virtualisierung ergänzt. Auf Grund der Besonderheiten werden die Strategien des Großhandels gesondert behandelt.

2. Convenience-Orientierung als Ausprägung im Food-Handel

Die Convenience-Orientierung von Konsumenten – insbesondere auf Grund des demografischen Wandels, so der Zunahme von Einpersonenhaushalten, aber auch des veränderten Käuferverhaltens – wird seit längerer Zeit diskutiert (vgl. im Überblick zum Käuferverhalten Swoboda 1999; 2002a; Swoboda/Morschett 2001a und zu den Formen von C-Stores im internationalen Vergleich als auch aus Sicht der Konsumenten Swoboda/Schwarz 2006a).

Diese institutionellen Formen sind an dieser Stelle aber nicht primär gemeint.[1]

Vielmehr steht Convenience hier für die zunehmende strategische Ausrichtung von Lebensmitteleinzelhandelsunternehmen, in deren Mittelpunkt die Zielsetzung steht, den Kunden das Einkaufen in allen Bereichen zu erleichtern. Bequemlichkeit kann durch eine Reihe von Instrumenten des Handelsmarketing in sehr unterschiedlichen Formen befriedigt werden. Aus strategischer Sicht sind es die angedeuteten praktischen Beobachtungen, wonach bspw. die Preisführer auch zunehmend convenienceorientiert agieren.

Aldi besetzt neue Nischen – Convenience-Ausbau mit frisch geschnittenen Früchten im Testlauf mit Spitzenqualität

Aldi Süd greift eines der letzten Refugien der Vollsortimenter an und nimmt frische Fruchtsalate ins Sortiment. Anregungen zur Gestaltung kann Aldi in Großbritannien sogar im kürzlich eröffneten eigenen Convenience Shop finden. Angespornt durch die spektakulären Erfolge in Großbritannien, wo „Fresh cut" bereits in jedem Laden zum Standard gehört, wollen die Mülheimer auch hier durchstarten. Damit bewegt sich Aldi weiter in Richtung Nachbarschaftsläden.

Quelle: *Lebensmittel-Zeitung, 16. März 2007, S. 1.*

Convenience spielt auch für andere Anbieter im Food-Handel eine Rolle und kann stellvertretend für eine Suche nach Profilierungsmöglichkeiten in der Branche gesehen werden, wie auch die folgenden Beispiele verdeutlichen. Im Fall der Discounter und auch in weiteren, noch zu zeigenden Fällen kann dies durchaus als Erweiterung der klassischen Positionierungsüberlegungen von Porter gesehen werden.

Im Handel geht etwas: Bio-Supermärkte und Ökobewusstsein

Nach Jahren der Stagnation geht es im Food-Handel aufwärts. Einen unzweifelhaften Boom erleben gerade Bio-Produkte und -Supermärkte. Überall in Deutschland macht ein Markt nach dem anderen auf oder Kunden drängen sich an entsprechenden Fleisch- und Gemüsetheken. Sie sind auch bereit, den einen oder anderen Euro zusätzlich für die Bio-Lebensmittel zu zahlen, da die Qualität stimmt. Jammern bringt geplagte Einzelhändler also unter keinen Umständen weiter, das ist klar. Wer sich etwas einfallen lässt, der wird belohnt und spürt nichts von einer Krise im Handel, denn in Deutschland spüren immer mehr Menschen Good Vibrations der ökologischen Art. Der Marktanteil von Öko-Lebensmitteln liegt zurzeit schon bei 6 %. In den kommenden Jahren sei eine Verdoppelung zu erwarten.

Quelle: *Handelsblatt, 11. Dezember 2006, S. 11; 18. Oktober 2006, S. 11.*

Voraussetzungen

Sind es die langen Ladenöffnungszeiten, die Möglichkeit des schnellen Einkaufs, die freundliche Bedienung, die Qualitätsorientierung und die geringe Preisreagibilität, welche die Präferenzen für C-Stores prägten (Swobo-

[1] Vgl. zu den convenienceorientierten Betriebstypen Abschnitt C.IV.3. des Dritten Kapitels.

da/Schwarz 2006a), verschwimmen im Interbetriebstypenwettbewerb des Food-Handels die Grenzen zunehmend. Beispielsweise zeigt dies Gonzáles-Benito (2005) bei der Betrachtung der räumlichen Wettbewerbssituation zwischen Discountern, Supermärkten und Hypermärkten. Discounter mit breitem Angebot an Parkplatzmöglichkeiten stehen in stärkerem und direkterem räumlichen Wettbewerb mit großen Hypermärkten als mit Supermärkten. Supermärkte stehen wiederum mit beiden in gleich starkem Wettbewerb, wenn die Discounter nicht so groß und weniger autokundenorientiert sind.

Die Bequemlichkeit der Konsumenten kann durch die Parkplatzsituation, aber auch durch umfassende Sortimente, ein One-Stop-Shopping, geeignete Warenplatzierungen, die trotz großer Verkaufsflächen ein schnelles Einkaufen ermöglichen, die Ausrichtung des Sortiments, so die Verfügbarkeit von („ready-to-cook"-, „ready-to-eat"-) **Convenience-Produkten**, kurze Wartezeiten an Kassen und Bedienungstheken gefördert werden. Die Orientierung am Convenience-Gedanken bezieht sich auf den gesamten Einkaufsvorgang, vom Betreten des Ladens, über die persönliche Beratung bis hin zum Checkout und darüber hinaus ggf. bei Geschenkverpackungen, im Zustellservice usw.

Merkmale/Ausprägungen

Unter Convenience bzw. „Bequemlichkeit" wird also ein eher breiteres Leistungsspektrum subsumiert. So wird die geringe Sortimentstiefe der Discounter als Vorteil interpretiert, da diese aus Kundensicht eine kognitive Entlastung der Konsumenten beim Einkauf im Vergleich zu herkömmlichen Supermärkten mit sich bringen kann. Darüber hinaus manifestiert sich Convenience-Orientierung nicht nur im Einzelhandel, sondern auch im Großhandel wird die Bedeutung dieses Faktors bspw. in der Forderung der entsprechenden Kunden nach Full-Service-Leistungen deutlich.

Abbildung 2.15: Positionierung von deutschen Lebensmitteleinzelhändlern anhand zentraler Wahrnehmungsdimensionen

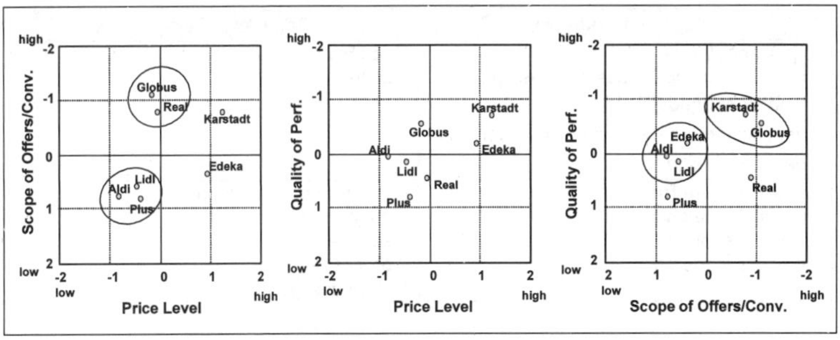

Quelle: Morschett/Swoboda/Schramm-Klein 2006, S. 285.

Für die Positionierungsentscheidung soll an dieser Stelle auf eine Studie verwiesen werden. Morschett/Swoboda/Schramm-Klein (2006) zeigen empirisch, dass im Lebensmitteleinzelhandel in Abhängigkeit von der Kundenwahrnehmung der Faktor Convenience bei der Positionierung eine wichtige Rolle spielt. In Abbildung 2.15 ist zu erkennen, dass die Lebensmitteleinzelhändler in Abhängigkeit von den Faktoren Preis und Qualität sowie des Faktors Convenience zu unterschiedlichen und sinnvoll interpretierbaren Clustern gebündelt werden können.

So resultiert in der Ausgangslösung mit den Dimensionen Qualität und Preis im mittleren Diagramm aus Kundensicht keine klare Clusterlösung, wenn auch Discounter, Hypermärkte und Lebensmitteleinzelhändler mit höherem Preisniveau nicht gänzlich willkürlich angeordnet sind.[1] Im linken Diagramm demgegenüber sind klare und sinnvoll zu interpretierende Cluster zu erkennen. Die SB-Warenhäuser Globus und Real liegen hinsichtlich der Faktoren Preis und Convenience in der Konsumentenwahrnehmung ebenso wie die Discounter Lidl, Aldi und Plus dicht beieinander. Edeka und die Lebensmittelabteilung von Karstadt werden keinem Cluster zugeordnet. Dies ist im rechten Diagramm anders, in dem die Positionierung auf Basis der Faktoren Qualität und Convenience abgebildet ist. Die Clusterlösung zeigt Heterogenitäten bezüglich der Betriebstypen der zusammengefassten Lebensmitteleinzelhändler. Die beiden Hard-Discounter Aldi und Lidl sind in einem Cluster mit dem Supermarkt Edeka, der Hypermarkt Globus in einem weiteren Cluster mit der Lebensmittelabteilung von Karstadt eingeordnet.

Insgesamt stützt die Studie die Bedeutung der Convenience für die Positionierung der Betriebstypen als auch einzelner Unternehmen. Sie deutet die Gefahr an, welche die Discounter für Supermärkte darstellen, da diese in der Konsumentenwahrnehmung bezüglich zwei der drei betrachteten Faktoren als ähnlich empfunden werden. Schließlich wird in Abbildung 2.16 die Bedeutung des Faktors Convenience unterstrichen, und zwar aus Sicht der Kunden, zugleich aber auch aus Sicht der parallel befragten rd. 60 Unternehmen.

Abbildung 2.16: Positionierungsfaktoren im deutschen Food-Handel

Company Perspective	Consumer Perspective
Experience/price - price leadership (-), cost leadership (-) - best store atmosphere - best customer relationship management - best advertising	**Price level** - price
Quality of core functions - quality leadership - service leadership - process leadership	**Quality of performance** - quality of assortment - service - processes - store design

[1] Die drei Faktoren sind: Erlebnis/Preis (Ladenatmosphäre, Kundenbeziehungen, Kostenführer, Werbung, Preisführer), Qualität (Qualitätsführer, Serviceführer, Führer in Kundenprozessen) und Convenience (Convenience-Führerschaft, beste Sortimentsauswahl).

Convenience - best variety of assortment (-) - convenience leadership	**Scope of offers/convenience** - variety of assortment, one-stop shopping

Quelle: Morschett/Swoboda/Schramm-Klein 2006, S. 285.

Faktoren des Erfolgs/Misserfolgs

Die Erfolgsfaktoren der Convenience können kaum allgemein formuliert werden. Studien beziehen sich eher auf C-Stores und heben folgende Punkte hervor (vgl. hierzu Swoboda/Schwarz 2006a und Mercer 2006a):

- **Sortimente**: Eine kundengerechte, ladenspezifische und die Kaufanlässe berücksichtigende Gestaltung des Angebots sowie möglichst eine Sortimentsrotation im Tagesverlauf sind relevante Erfolgsfaktoren.
- **Quick-Service-Gastronomieangebote**: Speisen und Getränke sollten das Warenangebot ergänzen, bei Berücksichtigung von Nachfrageunterschieden.
- **Dienstleistungsangebot**: Neben Telefonkarten, Lotto/Toto sind weitere Dienstleistungen wie Bank- oder Reisebürodienstleistungen zweckmäßig.
- **Serviceorientierung**: Damit sind v.a. gut ausgebildete, freundliche Mitarbeiter gemeint.
- **Preisgestaltung**: Die geringe Preissensitivität kann margenorientiert genutzt werden.

Welche Erfolge mit der konsequenten Umsetzung eines Convenience-Konzeptes bei Ausrichtung auf die spezifischen Kundenbedürfnisse erzielbar sind, zeigen die Benchmarks des japanischen 7-Eleven Convenience Stores (vgl. mit weiteren Beispielen Swoboda/Schwarz 2006a).

Aral-Shop-Geschäft – Convenience für mobile Kunden

Die zu BP gehörende Aral führt „Aral Stores", die über ein weit gehend ähnliches Erscheinungsbild verfügen, durchschnittlich 180 qm groß sind und 2.500 Artikel im Sortiment führen. Wesentlich für den Erfolg des Aral-Shop-Geschäftes ist die Sortimentsüberarbeitung, die im Jahre 2005 abgeschlossen wurde. Die Fokussierung im Shop-Geschäft auf Sortimente gegen "Hunger & Durst unterwegs" wurde sukzessive eingeführt. Neben Snacks und Getränken bieten die Shops das, was die Kunden unterwegs benötigen: Zeitschriften und Kartenmaterial, Motoröl und Kühlerfrostschutz, Autopflege- und Autozubehör, Hygiene-Artikel, abgepackte Lebensmittel, Plüsch- und Spielwaren, Blumen, Sonnenbrillen und Tabakwaren. Ergänzend dazu verfügen alle Stores über einen integrierten Bistro-Bereich. Das PetitBistro führt verzehrfertige Produkte, Kaffee, warme Gerichte und wurde in Deutschland, Luxemburg und Tschechien implementiert. Im Jahre 2005 generierte der Convenience-Bereich rd. 56 % des Ertrages im Shop- und Food-Service-Bereich. Fast drei Viertel aller Tankstellenkunden kamen auch oder nur zum Shop-Einkauf an die Tankstelle. Mit einem Food-Service-Nettoumsatz von 152,1 Mio. EUR liegt Aral unter den Fast-Food-Anbietern auf Rang 4 in Deutschland.

Abbildung 2.17: Beispiele für die Aral Store-Gestaltung

Quelle: *BP 2006; Aral 2006.*

3. Fashion-Orientierung und vertikale Integration im Fashion-Handel

Der Fashion-Handel, als zweitstärkste Handelsbranche, ist durch eine Reihe von Besonderheiten gekennzeichnet, welche die Basis für eine fundamentale Veränderung der Wettbewerbsstrategien bedingen (vgl. im Einzelnen Doherty 2004; Janz/Swoboda 2007).

Erstens sank das Marktvolumen in Deutschland um ca. 15 % in den Jahren 2000 bis 2005. Zudem verfolgen viele Unternehmen Teilmarktstrategien, d.h., sie segmentieren Kundengruppen (i.d.R. auf Basis von Lebensstilen) und konzentrieren ihre Sortimente, die neben der Ladengestaltung und damit der Erlebnisorientierung, den Kern vieler Positionierungsstrategien bilden.

Zweitens ist der Fashion-Handel strukturell geprägt durch mittelständische Unternehmen, lokale Platzhirsche, filialisierte nationale Handelssysteme und auch Warenhäuser, die den Großteil ihres Umsatzes mit Textilien erzielen. Zunehmend sind international tätige, vertikale und auf Grund ihrer Fashion-Orientierung in den Handelsaktivitäten standardisierte Haute-Couture-Designer präsent (wie Armani, Prada, Gucci usw.) als auch in den letzten Jahren in Deutschland aufgekommene Hard-Discounter (bspw. Takko, KiK, mit einem Marktanteil von ca. 13 %). Schließlich erweitern Hersteller wie Polo Ralph Lauren, Tommy Hilfiger und Esprit (nur um die weltweit drei umsatzstärksten zu nennen) ihre Wertschöpfungstiefe um Handelsaktivitäten.

Drittens operieren viele Industrieunternehmen v.a. im Segment des Young-Fashion vertikal integriert, mit monatlich wechselnden Themen bzw. Programmen, was bedeutet, dass jeden Monat ein z.T. neues Sortiment zu entwickeln, zu planen und zu steuern ist. Diese Gestaltung von Artikelprogrammen ist zugleich komplexer als in jenen Branchen, in denen Artikel eher langfristig gelistet sind, was ein eher graduelles Sortimentsmanagement ermöglicht.[1]

---

[1] Selten liegen für die Sortiments-/Bestandssteuerung nutzbare Abverkaufsverläufe vor. Kleidungsstücke sind modische Artikel, deren Abverkauf höheren kurzfristigeren Schwankungen unterliegt als der Abverkauf von Artikeln des täglichen Bedarfs (Swoboda u.a. 2006).

All dies führt auch in dieser Branche zu verschwimmenden Grenzen, allerdings zwischen Händlern und Herstellern, da Lifestyle-orientierte Hersteller wie Zara, Esprit, Street One, Mexx, s'Oliver usw. eigene Monobrand-Stores oder Flächen in den Handelsläden betreiben und Handelsunternehmen wie Charles Vögele, H&M usw. mit eigenen Handelsmarken vertikal arbeiten. Aus all diesen Besonderheiten sollen im Hinblick auf die spezifischen Positionierungs- und Profilierungsstrategien die starken Zuwächse dieser vertikalen Unternehmen als Ansatzpunkt gewählt werden. Einzelne dieser Unternehmen, wie Zara oder H&M, wuchsen um über 70 % seit dem Jahre 2000. Diese Erfolge basieren nicht auf der Preis- oder der Qualitätsführerschaft, sondern auf bis zu 24 neuen Sortimenten pro Jahr, d.h. der Schnelligkeit dieser „fast fashion retailer".

Voraussetzungen

Die Positionierung in Abbildung 2.18 suggeriert das Vorliegen von Basisstrategien mit der bekannten Preis- bzw. Qualitätsführerschaft (hier Fashion).

Abbildung 2.18: Beispiel einer Positionierung in der Fashion-Branche

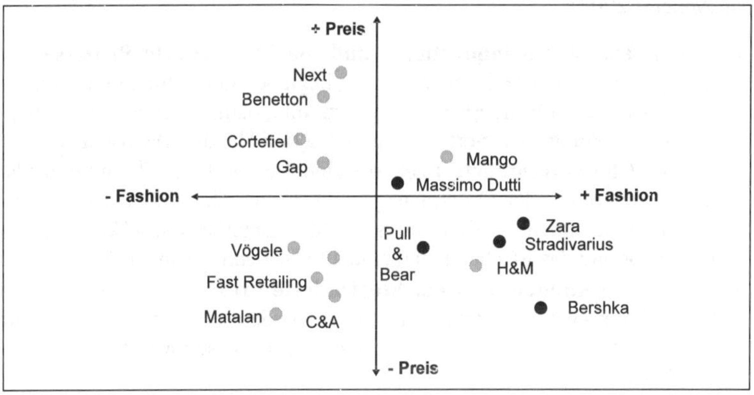

Quelle: www.inditex.com.

Um die Fashion-Orientierung zu erreichen, realisieren Massimo Dutti, Zara oder H&M allerdings die Wertschöpfungsflexibilität, die üblicherweise in Verbindung mit der Preisführerschaft im Handel diskutiert wird. Das heißt, hinter der Fashion-Orientierung stehen spezifische Ressourcen und Kompetenzen bis hin zu integrierten Geschäftsmodellen. Hier rücken also Aspekte in den Vordergrund, die bei Porter in dieser Form nicht abgedeckt sind, nämlich die Innovation, bezogen auf die Kollektion, und v.a. die Schnelligkeit, die alle anderen Überlegungen dominiert.

Andererseits stehen dahinter die von Porter bekannten Wertschöpfungsüberlegungen, d.h. die vertikale Zusammenfassung von vor- bzw. nachgelagerten Wertkettenfunktionen und -prozessen unter einer einheitlichen Unternehmensführung, welche die Zeitdauer von der Entwicklung bis zur Platzierung des Produktes am Markt („time to market") verringern und schnelle Reaktionen auf Konsumentenbedürfnisse ermöglichen. Allerdings sind die Wertschöpfungsaktivitäten andere und auch die Kosten, anders als bei einer strikten Supply-Chain-Orientierung, nicht der vordringliche Steuerungsfaktor.[1]

Merkmale/Ausprägungen

Ein Merkmal der Aktivitäten ist die Richtung der vertikalen Integration (Wertschöpfungstiefenerweiterung). Hersteller suchen den direkten Konsumentenkontakt und operieren über Distributionskonzepte (Vorwärtsintegration), während Handelsunternehmen eine beschaffungsmarktorientierte Rückwärtsintegration realisieren (Zentes/Neidhart 2006b, S. 31).[2] Bezüglich der Tiefe nennt Eggert (2006, S. 43) pauschal drei Unternehmen, nämlich C&A (deren vertikale Integration in der konzeptionellen Vorgabe besteht), H&M (die Konzeption und das Design selbst durchführen, während das Prototyping sowie die Produktion den Lieferanten überlassen wird) und Zara (die Konzeption, Design, Produktion, Logistik und Handel verbinden).

Abbildung 2.19 zeigt spezifische Wertschöpfungsfunktionen in der Fashion-Branche, die noch weiter differenziert werden können (vgl. Swoboda/Hälsig/Meierer 2007):

- Am Anfang stehen **innovations- und marktorientierte Prozesse**, die mit der Marktanalyse/Trenderkennung beginnen und schließlich auch deren Umsetzung auf die Fläche umfassen, d.h., damit zugleich die Kollektionsentwicklung bzw. Sortimentsplanung (bei Händlern) einschließen.
- **Supply-Chain-orientierte Prozesse** sind Beschaffung, Produktionsplanung/-steuerung oder Ordermanagement. Dazu zählen aber auch Distributionsmanagement/Auslieferungslogistik, Lagerbestands-/Auslieferungsmanagement und das Flächenmanagement (z.B. Renner-Penner-Artikel).
- Unmittelbar **kunden- und marktorientierte Prozesse**, die am Ende der Wertschöpfungskette stehen, umfassen Ladengestaltung, Verkauf an Konsumenten, Verkaufsunterstützung/-förderung sowie Verkaufspersonalplanung.

Neben den netzwerkartig verbundenen Wertschöpfungsprozessen und -aktivitäten wird in der Abbildung anhand der kunden- und marktorientierten Prozesse angedeutet, welche Optionen in der Gestaltung einzelner Wertschöpfungsaktivitäten bestehen, abhängig vom Grad der absatzseitigen Vertikalisierung.

---

[1] Vgl. dazu die Fallstudie zum Unternehmen Zara am Ende des Fünften Kapitels.

[2] Merkle (2004) nennt dies praktisch „back-end- and front-end-driven" Vertikalisierung.

Abbildung 2.19: Struktur der Wertschöpfungskette in Fashion-Unternehmen und beispielhafte Marketing-Optionen

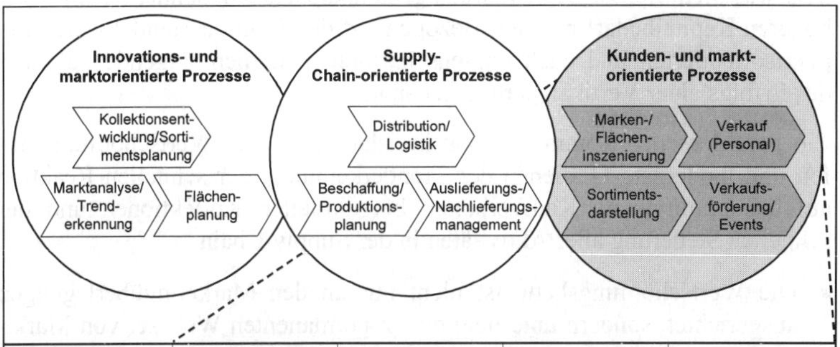

Grade/Stufen der Vertikalisierung	Verkaufsförderung/ Events	Sortimentsdarstellung am PoS	Markeninszenierung am PoS	Kontrolle des Verkaufs (Personal)
Stammabteilung/ Multilabelfläche	über temporäre Aktionen möglich	kaum möglich	nicht möglich	nicht möglich
Markenfläche (Mobiliar des Händlers)	möglich	begrenzt möglich, aber geringe Hebelwirkung	begrenzt möglich über PoS Material	kaum möglich
Markenshop (durch Hersteller)	umfassend möglich	umfassend möglich	umfassend möglich	temporär möglich über Verkaufshilfen
Voll-Concession/Filiale (Verkaufsverantwortung Hersteller)	umfassend möglich	umfassend möglich	umfassend möglich	umfassend möglich

Quelle: in Anlehnung an Swoboda/Janz 2007.

Speed ist das Kernmerkmal der genannten „fast fashion retailer", was zu fundamental geänderten Wettbewerbsstrategien führt und zur **„time based competition"**, die durch drei Dimensionen charakterisiert werden kann:

- **„time to market"**: Geschwindigkeit, mit der aus eigenen oder von führenden Designern adaptierten Ideen ein marktfertiges Produkt kreiert wird
- **„time to serve"**: Geschwindigkeit, mit der eine Order bedient werden kann
- **„time to react"**: Geschwindigkeit, mit der das Warenangebot auf eine volatile Nachfrage angepasst werden kann.

Anhand dieser Dimensionen werden Strategien des **„lead time management"** entwickelt, die eine erhöhte Umschlags- und Abverkaufsgeschwindigkeit von Kleidungsstücken sowie eine höhere Kundenfrequenz in den Outlets bewirken. Als Konsequenz entsteht bei Konsumenten die Erwartungshaltung, dass sich ständig neue Fashion-Sortimente in den Outlets befinden.

Faktoren des Erfolgs/Misserfolgs

Damit sich eine Vertikalisierung zur Optimierung der „time to market" positiv auf den Erfolg auswirkt, muss es sich bei den Produkten um solche handeln, die eine hohe Abhängigkeit von Trends bzw. kurzen Produktlebenszyklen aufweisen. Vieles spricht dafür, dass Unternehmen dies nur mit eigenen Marken realisieren können, da ein vergleichbarer Spielraum bei Kooperationen schwer umsetzbar ist (Swoboda/Hälsig/Meierer 2007; Janz/

Swoboda 2007). Zudem wird die Wertschöpfungstiefe erhöht und dies beeinflusst das Geschäftsmodell, d.h., der Organisationsaufwand steigt erheblich, was nicht nur zusätzliche Managementkapazitäten, sondern auch einen höheren Kapitalbedarf bedingt. Bezogen auf den Fashion-Handel werden in praxisorientierten und auch wissenschaftlichen Studien folgende Faktoren des Erfolgs einer Vertikalisierung genannt:

Ein geschlossener Kommunikationskreislauf über alle Wertschöpfungsstufen und modernste IT dienen der Trenderkennung, der schnellen Reaktion auf das unmittelbare Kaufverhalten bei aktuellen Kollektionen und der schnellen Steuerung aller Aktivitäten in der Supply-Chain.

- Die Wertschöpfungskette ist nicht nur an den Marketingüberlegungen ausgerichtet, sondern unterliegt einem permanenten Wechsel von Marktbeobachtung/Trends, deren Umsetzung in Leistungsangebote und deren Vermarktung unter Berücksichtigung der sich schnell wandelnden Kundenwünsche. Es handelt sich somit um ein Push-Pull-Push-Prinzip.
- Eine straffe Kontrolle und ein bedarfsorientiert organisiertes SCM sind Erfolgsfaktoren, ebenso wie der aus der „time to market" resultierende Wettbewerbsvorteil, der zur einzigartigen Profilierung aufgebaut werden kann.
- Selbst in vertikalen Systemen bildet in der bedienungsintensiven Fashion-Branche das (Verkaufs-)Personal einen entscheidenden Faktor.

Bedeutung des Personals für den Verkaufserfolg: Das Beispiel BiBA

Welche Bedeutung der Faktor Personal hat und wie sehr dieser Verantwortungsbereich im Handel mitunter vernachlässigt wird, zeigt das Beispiel BiBA. BiBA schafft es, auf Handelsflächen in 1b- oder 1c-Lagen, auf denen an verkaufsstarken Tagen eigene Verkaufsmitarbeiter im Rahmen einer Konzessionsvereinbarung stehen, höhere Umsätze zu erwirtschaften als auf manch anderen grösseren Flächen in 1a-Lagen, auf denen das Verkaufspersonal des Händlers für den Verkauf verantwortlich ist. Ähnliches führt dazu, dass immer mehr Hersteller eigenes Verkaufspersonal als Komponente in ihre Flächenbewirtschaftungskonzepte integrieren, wobei flexible Einsatz- und Entlohnungsmodelle als Leistungskomponente vereinbart werden.

Quelle: *Swoboda u.a. 2006, S. 42.*

4. Outpacing-Strategie

Empirische Untersuchungen zeigen, dass der Markt von Handelsunternehmen zunehmend das Angebot einer hohen Qualität zum niedrigen Preis fordert. Dies führt zu einer Strategie, die sowohl auf Kosten- als auch auf Qualitätsvorteilen aufbaut, der „strategy to outpace" (**Überholspur-Strategie**):

Die Outpacing-Strategie kann definiert werden als „the explicitly development capacity, depending on the competitive situation, to switch strategic emphasis between perceived product value and process cost reduction, in order to outdistance the competition" (Gilbert/Strebel 1987, S. 28).

Obwohl meist produzierende Unternehmen zu den Outpacern gezählt werden, hat die Outpacing-Strategie auch eine Relevanz in Handelsunternehmen. Diese resultiert aus der zunehmenden **Wettbewerbsdynamik** im Einzelhandel, die insbesondere durch die Ansprüche der Konsumenten bedingt ist und sich in einem parallelen Streben nach niedrigen Preisen bei einer hohen Angebotsqualität niederschlägt. In über zehn Panel-Befragungen des HandelsMonitor nannten die Manager aus Handel und Industrie die Qualitätsorientierung sowie Preisaggressivität als die bei weitem wichtigsten Aktivitäten zur Erzielung von Wettbewerbsvorteilen. Outpacing ist im Handel allerdings noch relativ wenig erforscht. Mindestens drei Gründe können dafür angeführt werden:

- Untersuchungen betrachten ausschließlich die Differenzierung, die Kostenführerschaft und die unprofilierte Positionierung als Kontrastgruppe.
- Aus theoretischer Perspektive wird die Entweder-Oder-Hypothese von Porter um dynamische Aspekte erweitert, was im Konfigurationsansatz und in evolutorischen Ansätzen zu finden ist.[1]
- Im streng wissenschaftlichen Sinne müsste ein Strategie- oder ein Positionierungswandel in Längsschnittsanalysen untersucht werden.

Anderer (1997, S. 26, S. 218, S. 302; vgl. auch Rudolph 1993) ermittelte Outpacer als eines von vier empirisch gewonnen, überschneidungsfreien Wettbewerbsclustern, neben Kostenführern, „Middle" und Qualitätsführern. Damit zeigt er, dass auch Handelsunternehmen die Outpacing-Strategie nutzen. Zudem gelingt ihm der Beleg der Erfolgswirksamkeit des Outpacing, denn ein Drittel der Unternehmen im Outpace-Cluster zählen zu den „Top Performern" ihrer Branche.

Voraussetzungen

Wie angedeutet, ist v.a. aus anderen Branchen bekannt, dass Unternehmen – neben einer reinen Kostenführerschaft oder einer reinen Qualitätsführerschaft – eine hohe Rendite erzielen, indem sie beide Wettbewerbsvorteile kombinieren. Miller/Dess (1993) zufolge handelt es sich dabei um die größten Unternehmen ihrer Branche, die zudem zu den Pionieren oder frühen Einsteigern zählen, was darauf schließen lässt, dass ein hoher Marktanteil, möglicherweise eine gewisse Marktmacht und eine gute Kenntnis des Marktes (lange Marktpräsenz) begünstigende Faktoren dieses Vorgehens sind.

Merkmale/Ausprägungen

Die Outpacing-Strategie nimmt eine Dynamisierung der statischen Betrachtung der Basisstrategien durch die Berücksichtigung der **Marktevolution** vor, da nach diesem Ansatz die Erfolgswirksamkeit einzelner Strategien auch von der Umweltsituation, insbesondere von Veränderungen der Nachfrage- und Wettbewerbssituation, beeinflusst wird (Kleinaltenkamp 1995, Sp. 2363). Sie stellt folglich eine Kombination aus den Grundformen der

---

[1] Vgl. Scholz 2000a und die Schulen der Strategieprozessforschung in Abschnitt A.I. in diesem Kapitel.

Wettbewerbsstrategien Kostenführerschaft und Differenzierung im Zeitablauf der Marktentwicklung dar und erfordert vom Unternehmen flexible strategische Akzente zwischen einer Orientierung an der maximalen Zahlungsbereitschaft des Kunden (Qualitätsführerschaft) einerseits und an den Kosten der Leistung (Kostenführerschaft) andererseits. Damit sind die Ziele des Outpacing langfristig ausgelegt und auf die gleichzeitige Preis- und Qualitätsdominanz hin ausgerichtet. Ein Unternehmen kann auf dem Weg zur Zielerreichung unterschiedliche Pfade beschreiten (siehe Abbildung 2.20):

- Bei der Realisierung des Outpacing-Strategie-Typs A wird die Dominanz über den Preis, danach die zusätzliche Erreichung von Dominanz über die Leistung angestrebt.
- Vor allem von Unternehmen der Technologiebranchen wird zunächst die Leistungsdominanz angestrebt, um die maximale Zahlungsbereitschaft der Käufer für die i.d.R. innovativen Leistungen abzuschöpfen. Nachdem sich die Innovation am Markt zum Standard entwickelt hat und von Wettbewerbern angeboten wird, verlagert sich die strategische Orientierung zu Kostensenkung und Produktivitätssteigerung mit dem Ziel der Preisdominanz (Typ B).
- Strategie-Typ C, die Realisierung der simultanen Preis- und Qualitätsdominanz, ist ein bisher wenig realisierter Fall.

Abbildung 2.20: Pfade zur Realisierung des Outpacing

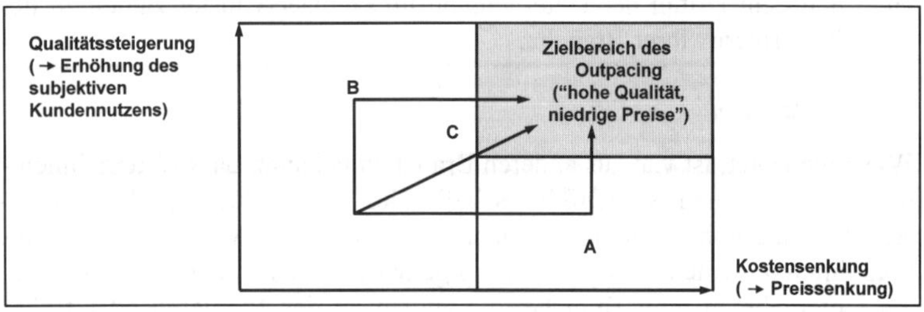

Quelle: in Anlehnung an Hünerberg 1994, S. 196.

Im Modell kann man die Ausprägungen des Outpacing im Einzelhandel nachvollziehen und auf vier Strategietypen zurückführen (siehe Abbildung 2.21):[1]

- Strategie-Typ A ist typisch für discountorientierte Anbieter auf bereits etablierten Märkten. Bei Beibehaltung der Preisorientierung erfolgt eine Anpassung an die wachsenden Qualitätsansprüche der Konsumenten, wie es sich ggf. bei der Convenience-Orientierung andeutet. Die Intensität des Wandels kann bis zur Neupositionierung reichen, die mit der sukzessiven Aufgabe der rein kostenorientierten Strategie einhergeht.

---

[1] Outpacing ist nicht zu verwechseln mit Strategien wie Trading-up (bzw. Trading- down oder Side-grading); vgl. hierzu Köhler 1990, S. 62.

- Bei der Strategie vom Typ B wird von einem Unternehmen zunächst die Leistungsdominanz angestrebt, um die maximale Zahlungsbereitschaft der Käufer für die i.d.R. innovativen Leistungen, bspw. Verkaufskonzepte, abzuschöpfen. Nachdem diese Verkaufskonzepte im Markt an Wirkung verlieren, weil sie etwa auch von Wettbewerbern realisiert werden, verlagert sich die strategische Orientierung zur Kostensenkung und Produktivitätssteigerung mit dem Ziel einer stärkeren Preisprofilierung.
- Strategie-Typ C, bei dem ausgehend von einer unprofilierten Position eine gleichzeitige Orientierung an Qualität und Preis angenommen wird, ist auch im Einzelhandel als wenig realistischer Grenzfall anzusehen, denn er setzt eine Neupositionierung von Unternehmen voraus, die „zwischen den Stühlen" sitzen und völlig unprofiliert sind.
- Zu berücksichtigen ist ein weiterer Strategie-Typ D, der für bisher im Markt nicht präsente Anbieter Gültigkeit besitzen kann. Es handelt sich dabei um neuere Betriebstypen wie Factory-Outlet-Center, die Qualität (sowohl der Sortimente bzw. Markenprodukte als auch der Verkaufskonzepte) mit einem niedrigen Preis kombinieren und damit eine hohe Qualitäts- und eine niedrige Preispositionierung realisieren.

Abbildung 2.21: Neupositionierung der Betriebstypen

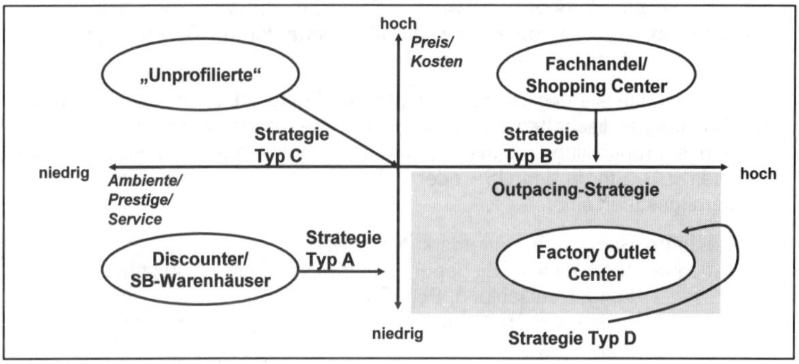

Faktoren des Erfolgs/Misserfolgs

Probleme einer Outpacing-Strategie können in drei Punkten liegen:

- Qualitätsvorteile dürfen nicht zu Lasten des Preisniveaus verwirklicht werden und umgekehrt, denn dann kann die Schwelle zu einer „stuck in the middle-Position" überschritten werden. Gelingt es einem Unternehmen, unter Beibehaltung des Preisniveaus zusätzliche Investitionen, bspw. im Bereich der Ladengestaltung oder im Service, vorzunehmen, dann dürfte Outpacing erfolgreich sein.
- Die Alternativen Kosten- und Qualitätsführerschaft postulieren unterschiedliche Führungspersonen und Unternehmenskulturen. Beim Outpacing erwachsen neue Führungstypen, Unternehmensstrukturen und -kulturen.

- Gröppel-Klein (1998, S. 100ff.) bezeichnet Outpacing als einen gewagten Spagat im Rahmen der „Low-Cost-Orientierung“, wie ihn in der Möbelbranche erfolgreich Ikea – mit einem niedrigen Preis und ansprechendem Ambiente der Geschäfte – einnimmt. Ikea ist mit der einzigartigen Stellung in der Stichprobe herausgefallen und die Discounter könnten auch Outpacer sein, denn ihre Verkaufskonzepte werden nur wenig niedriger eingestuft als die der Fachgeschäfte, bei deutlich niedrigerer Preiseinschätzung.

IKEA – Globaler Outpacer oder erfolgreicher Nischenanbieter?

IKEA-Zielkunden waren bei der Markteinführung in Deutschland 1974 junge Leute mit geringem Einkommen. Diese Kunden sind im Laufe der Jahre in andere Lebensphasen eingetreten. IKEA ist mit diesen Kunden mit gewachsen.

Das 1943 von Ingmar Kamprad gegründete Unternehmen ist deshalb interessant, weil es die Geschäftsidee – attraktive, funktionale Produkte zu einem ansprechenden (niedrigen) Preis anzubieten – stufenweise in einer standardisierten Positionierung weltweit umsetzte. IKEA stieß bei Gründung auf eine Marktlücke. Qualitativ höherwertige Möbel waren für die Masse der Bevölkerung nicht erschwinglich, Alternativen fehlten. IKEA bot mit einem überschaubaren Katalogsortiment eine Alternative. Ende 2006 verfügt das Unternehmen über 237 Geschäfte in 35 Ländern mit mehr als 90.000 Beschäftigten. Das Betriebstypenkonzept ist standardisiert: Ladenverkaufsfläche 15.000 qm, niedrige Kosten, Standorte vorzugsweise auf der Grünen Wiese und Selbstbedienungsprinzip. IKEA ist heute der weltgrößte sowie der am stärksten internationalisierte Möbel- und Haushaltswarenanbieter.

Die Internationalisierung ist ein wesentlicher Erfolgsfaktor, wobei der Aufbau von Tochtergesellschaften bevorzugt wird. Eine zweite Markteintrittsstrategie bildet das Franchising. Akquisition wird i.d.R. in betretenen Ländern vorgenommen, z.B. Stor in den USA oder Habitat in Großbritannien. Die Internationalisierungsstufen sind:

1960er Jahre: Schweden, Dänemark, Norwegen
1970er Jahre: Niederlande, Singapur, Österreich, Kanada, Australien, Hongkong, Deutschland, Schweiz
1980er Jahre: Italien, Großbritannien, USA, Saudi Arabien, Frankreich, Kuwait, Island, Spanien, Belgien
1990er Jahre: China, Finnland, Taiwan, Slowakei, Tschechien, Polen, Ungarn, Vereinigte Arabische Emirate, Malaysia
2000er Jahre: Russland, Israel, Griechenland, Portugal, Türkei, Japan.

Die Markterschließung erfolgt durch die – wenn möglich – standardisierte Kopie des Positionierungskonzeptes. Eigene Produktentwicklung, weit gehend harmonisierte Produktangebote, zentrale Steuerung der Aktivitäten sind die drei Erfolgsfaktoren von IKEA. Eine dosiert eingesetzte Marktforschung, sog. Cultural Agents, und Diskussionsrunden mit den lokalen Managern dienen zur Erkennung und Umsetzung lokaler Trends und Besonderheiten. In den USA ist man so dem Kundenwunsch nach mehr Service und geänderten Produktangeboten gefolgt.

Quelle: Lamey 1997, S. 35ff.; Sopanen 1996, S. 77; www.ikea.com.

5. Multi-Channel-Strategien und Virtualisierung

Nicht zuletzt in Verbindung mit dem Aufkommen des E-Commerce werden Optionen eines Multi-Channel-Handels diskutiert. Seit dieser Zeit ist eine ganze Reihe von Betrachtungen dem Multi-Channel-Retailing gewidmet, d.h. dem parallelen Einsatz mehrerer Betriebs- und Vertriebstypen durch ein Handelsunternehmen (Schramm-Klein 2003, S. 17).[1] Ohne an dieser Stelle die vielfachen und keinesfalls konsistenten Begriffsfassungen zu diskutieren, wird hier folgende Definition zu Grunde gelegt:

> *Multi-Channel-Retailing ist eine spezifische Ausprägungsform von Mehrbetriebsunternehmen des Einzelhandels, bei der ein paralleler Einsatz mehrerer, nicht zwingend inhaltlich-konzeptionell unterschiedlicher Betriebs- und/oder Vertriebstypen erfolgt. Zwischen den Absatzkanälen des Multi-Channel-Systems besteht ein wesentlicher Sortimentszusammenhang bzw. eine wesentliche Sortimentsüberlappung. Anhand der unterschiedlichen Betriebs- bzw. Vertriebstypen ist die Ansprache der gleichen, aber auch unterschiedlicher Zielgruppen und/oder Kundenbedürfnisse möglich (Schramm-Klein 2006, S. 506).*

Pauschale strategische Ziele der Realisierung derartiger Systeme sind Effektivitäts- und Effizienzziele, die vor dem Hintergrund der Definition primär auf Sortimente und Kundengruppen zu beziehen sind und sekundär auf weitere Wertschöpfungsaktivitäten. Ferner kann die wettbewerbsstrategische Verbindung zwischen den Kanälen als konstitutives Merkmal einer Multi-Channel-Strategie betrachtet und auf die Extremformen der vollständigen Integration oder der vollständigen Separation zurückgeführt werden:

- Bei der **Integrationsstrategie** erfolgt eine Abstimmung zwischen den Kanälen, um integrative Effektivitäts- und Effizienzziele zu erreichen, bspw. im Hinblick auf die Verbund- und Nutzeneffekte für die Kunden. Im Extremfall wird ein einheitliches Erscheinungsbild gegenüber den Kunden gewählt, d.h., die Zugehörigkeit zu einem Unternehmen kommuniziert.
- Bei einer **Separationsstrategie** erfolgt keine Abstimmung zwischen den autark handelnden Kanälen, um separate Effektivitäts- und Effizienzziele zu erreichen, bspw. durch die Ansprache überschneidungsfreier Kundengruppen. Die Zugehörigkeit zu einem Unternehmen wird nicht kommuniziert.

Beide Varianten könnten hinsichtlich der Breite und Tiefe der Integration bzw. Separation in der Wertschöpfung behandelt werden, was an dieser Stelle unterbleibt. In einer wettbewerbsstrategischen, prozessualen Sicht bildet die erste Extremform den Ansatzpunkt der Betrachtung, während die di-

[1] Dies ist nicht zu verwechseln mit dem Multi-Channel-Vertrieb, also dem Einsatz mehrerer Distributionskanäle als Regelfall bei der Konsumgüterindustrie (vgl. hierzu Schögel 1997).

versifizierten Unternehmen ausgeklammert werden, die zwischen den Betriebs- und Vertriebstypen denkbare Interdependenzen hinsichtlich Sortiment und Kunden bewusst nicht nutzen und auch solche, die in ihren Unternehmenszielen Multikanaleffekte nicht formulieren. Im Vordergrund stehen also die Unternehmen, die aus einem Multikanalsystem Effektivitäts- und Effizienzziele anstreben.

Voraussetzungen

Ein Unternehmen, das Multi-Channel-Retailing strategisch nutzen will, kann dies zumindest auf zwei Ebenen tun, einer adaptiven und einer voluntaristischen.

- Die wohl stärkste Verbreitung haben **Adaptionen** neuer, i.d.R. medialer Optionen als Informations- oder Absatzkanal, i.S. der Formen des Remote Ordering in Abschnitt C.IV.4. des Dritten Kapitels. Naheliegend ist dabei die Ergänzung des Versandhandelsgeschäfts um eine Internet-basierte Präsenz,[1] weshalb sich in der Allensbacher Computer- und Technik-Analyse im Jahre 2006 unter den TOP 10-Anbietern – gemessen an der Anzahl der Internetkunden – die Versender Otto, Quelle und Neckermann an den Stellen 4, 5 und 7 finden, neben Internetanbietern, Verlagen und stationären Händlern wie Amazon, Tchibo, Weltbild, Conrad Electronics, bon prix oder buch.de und buecher.de. Verbreitet ist die Präsenz stationärer Händler im Internet und (seltener) von Internethändlern im stationären Geschäft. Eher selten, ist die Internetpräsenz von (stationären) Händlern nicht unter der eigenen Marke.

Wal-Mart mit einer Milliarde Umsatz im Internet

Unter der Domain „walmart.com" hat der weltgrößte Händler Wal-Mart bereits im Jahre 2005 die Umsatzgrenze von einer Mrd. USD überschritten, wobei das Unternehmen hier eine Wachstumsrate von 50,2 % im gleichen Jahr realisierte.

Quelle: www.walmart.com.

- Mit der **voluntaristischen Option** soll hier die extensive Nutzung mehrerer Betriebs- und Vertriebstypen im Extremfall zur Ansprache derselben Zielgruppe und deren unterschiedlichen Bedürfnissen subsumiert werden. Ein Paradebeispiel für den Marketingerfolg im europäischen Handel bildet das Unternehmen Tesco, das die unterschiedlichsten Bedürfnisse an den Lebensmitteleinkauf mit einer einheitlichen Multi-Channel-Retail-Brand abdeckt, sei es beim Wocheneinkauf mit Tesco-Superstores oder -Hypermärkten oder dem kleineren Einkauf mit Tesco-Supermärkten oder -C-Stores und schließlich in Ballungsgebieten mit

[1] Grundsätzliche Formen sind „Clicks and Mortar" (Kombination des Online-Kanals mit dem stationären Geschäft), „Clicks and Sheets" (Kombination des Internets mit traditionellem (Katalog-)Versandhandel) und „Clicks, Bricks and Sheets" (als Mischform mit Internet, stationären Geschäften und traditionellem Versandhandel) (Schramm-Klein 2006, S. 510).

Tesco-E-Commerce oder -Geschenkkatalog (siehe Abbildung 2.22). Sowohl die Sortimentsüberlappungen als auch die Orientierung an den Kundenbedürfnissen entlang des Food-Lebenszyklus sind enorm. Da dies zugleich eine Ausnahme ist, wird nachfolgend primär auf die Integration des E-Commerce Bezug genommen.

Abbildung 2.22: Multi-Channel-Retailing – Das Beispiel Tesco

Merkmale/Ausprägungen

Nach Zentes/Swoboda (2000c) sind denkbare Wettbewerbsvorteile in einem Multi-Channel-Retailing aus der Sicht des traditionellen Handels naheliegend, da erstens das Kerngeschäft im stationären Bereich liegt, es zweitens zu einer sukzessiven Entwicklung des E-Commerce und damit zunehmend zum Nebeneinander verschiedener medialer und stationärer Handelsformen kommen wird, es drittens ein latentes Synergiepotenzial zwischen den einzelnen Formen gibt und es viertens im Zeitalter des Internets noch wichtiger, da schwieriger sein wird, die Kunden zu binden. Die Begründungen für die Wettbewerbsvorteile eines Multi-Channel-Handels liegen in den Potenzialen und Synergien, bspw. zur Individualisierung sowie Bindung der Kunden und zu Effizienzsteigerungen über verschiedene Angebotskanäle hinweg. Beispiele für entsprechende Angaben (geordnet nach der Häufigkeit der Nennung in einer empirischen Befragung) sind:

- Informationsquellen als Grundlage einer Kundennetzbildung
- Synergien in der Beschaffung
- Implementierung neuer Services
- kanalübergreifende Schnelligkeit der Maßnahmen zur Bedürfnisbefriedigung
- Synergien bei der Nutzung von Medien oder Kundendienstleistungen
- größerer Markt bei Spezialsortimenten und Kombination von Sortimenten
- kanalübergreifendes (integriertes) Marketing
- Ventures mit komplementären Partnern.

Zwei Ziele wurden von annähernd allen Unternehmen genannt, nämlich die Ansprache unterschiedlicher Kundensegmente, die mehrere Kanäle für ihren Einkauf nutzen wollen, und der Aufbau eines **Customer-Relationship-Managements** (CRM) auf der Basis eines umfassenden Datenrahmens über den einzelnen Kunden, und zwar über die verschiedenen Kanäle hinweg. Abbildung 2.23 deutet deratrige Überlegungen zur Kundensegmentsansprache und zum informationsbasierten CRM an dieser Stelle nur an. Darin wird die prozessuale Sichtweise unterstrichen.

Abbildung 2.23: Synopse der Wertschöpfungsprozesse eines Multi-Channel-Handelsunternehmens

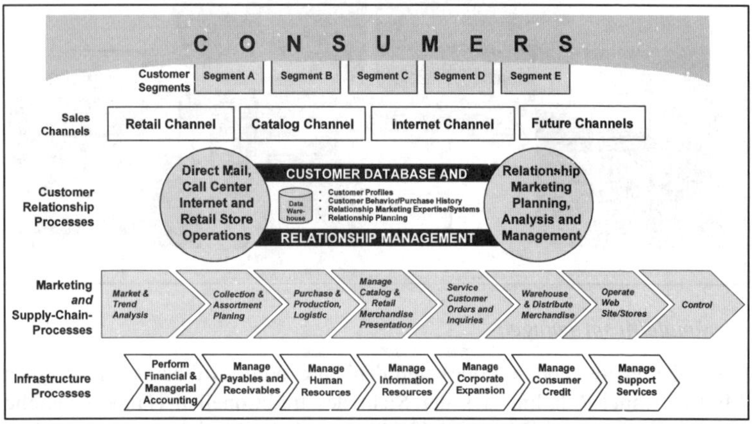

Quelle: in Anlehnung an Zentes/Swoboda 2000c, S. 701.

Während die meisten empirischen Untersuchungen eine Kundensicht einnehmen und dabei mit nicht-relationalen und v.a. statischen Daten operieren (vgl. aktuell Venkatesan/Kumar/Ravishanker 2007; Birgelen/Jong/Ruyter 2006), ist die strategische Entwicklung zu einem Cross-Channel-Handel als Prozess zu begreifen, der durch ein sukzessives Ausnutzen der Potenziale und Synergien in den Kanälen bzw. Geschäftsprozessen gekennzeichnet ist.

Nach einer Grundsatzentscheidung für die Nutzung eines zweiten Kanals kann aus prozessualer Sicht ein Vorteil des Multi-Channel-Retailing darin gesehen werden, dass die Aktivitäten und die Schwerpunkte von einem zum anderen Kanal verlagert werden können, je nach Entwicklung der Kundenpräferenzen. Andererseits können die Effekte idealtypischer Multi-Channel-Systeme anhand ausgewählter Wertschöpfungsfunktionen bewertet werden (vgl. nachfolgend Zentes/Swoboda 2000c in Anlehnung an die für Vergleiche von stationären und medialen Kanälen herangezogenen Wertschöpfungsaktivitäten):

- **Beratung und Kundendienst**: In Kundennähe greifen die Einsatzmöglichkeiten der Information und Produktvergleiche im Internet, die das stationäre Geschäft genauso stützen können wie das mediale Geschäft. Im After-Sales-Service verlaufen die Synergien in eine umgekehrte Richtung. Zu denken ist an bestehende Auslieferungs- und Kundendienste, an die Möglichkeit der Rückgabe medial bestellter Produkte im stationären Geschäft oder auch an den gemeinsamen Einsatz von Kunden-Call-Centern oder des Telemarketing für Sales und After-Sales-Services.

- **Marketing und Präsentation**: Vor dem Hintergrund der zunehmenden Bedeutung der individuellen Ansprache von Konsumenten kann die Gewinnung von Kundeninformationen über viele Kanäle zu einem bedeutenden Wettbewerbsfaktor werden. Zudem können Loyalitätsprogramme kanalübergreifend genutzt werden. Getrennt hiervon ist zu fragen, inwiefern Imagetransfer-Effekte zwischen den Kanälen ausgenutzt werden sollen oder können. Ein positives Image im stationären Geschäft kann vertrauensbildend wirken und auch die wechselseitige Kundenakquisition vereinfachen; es kann aber auch restriktiv wirken. Die übergreifende Positionierung der Handelsunternehmen als Marke (Retail-Branding) kann enorme Potenziale fördern. Der Aufbau von (virtuellen) Sortimenten im E-Commerce unterliegt ggf. in der ersten Phase Restriktionen (z.B. in der Warenbeschaffung) und verursacht verhältnismäßig hohe Koordinationskosten im Vergleich zu den denkbaren Synergien bei bestehenden Sortimenten von Handelsunternehmen, die selektiv medial angeboten und ausgeweitet werden können.
- **Physische Distribution**: Die Frage der Logistik ist differenziert zu beurteilen. Eine Direktbelieferung an Kunden im E-Commerce ist günstiger, wenn sie die Kosten der Abholung im Geschäft zuzüglich der Logistik der stationären Händler unterschreitet. Dem stehen Kundenpräferenzen und die Notwendigkeit, eine entsprechende Logistik aufzubauen, entgegen. In diesem Spannungsfeld ist die Frage nach der effizienten Form der Direktbelieferung bzw. generell der Logistik bei Multikanalstrategien zu beantworten.
- **Einkauf/Beschaffung**: Synergetische Effekte eines Cross-Channel-Managements, wie bestehende Lieferantenbeziehungen, eine profilierte Stellung oder größenbedingte Konditionenvorteile, liegen auf der Hand. Deren Ausschöpfung ist u.a. vom Grad der Sortimentsüberlappung abhängig.

Insgesamt ist es unschwer vorstellbar, dass die eigentliche Profilierung im Wettbewerb und gegenüber Konsumenten aus einer Kombination der einzelnen Wertschöpfungsfunktionen resultiert, wobei mediale und nichtmediale Aktivitäten zum Einsatz kommen. Sicherlich wird jedes Unternehmen andere Profilierungsakzente zu setzen versuchen, über deren Erfolg die Konsumenten entscheiden (vgl. hierzu Schramm-Klein 2003).

Faktoren des Erfolgs/Misserfolgs

Faktoren des Erfolgs werden auf der Konsumentenebene oft behandelt (vgl. zu Bewertungs-, Vertrauens-, Loyalitäts- oder Einstellungseffekten Schramm-Klein 2003; 2006), wobei das Cross-Selling-Potenzial, d.h. die gegenseitige Förderung der Umsätze in den Kanälen, sicherlich eine wichtige Effektivitätszielsetzung bildet. Schögel/Sauer (2002) sehen als zentrale Chancen von Mehrkanalsystemen v.a. eine erhöhte Marktabdeckung und einen höheren Kundennutzen sowie Effizienzgründe, wie z.B. Wirtschaftlichkeit, Risikoausgleich. Zugleich werden auf beiden Seiten Gefahren genannt, die aber meist die Effizienz betreffen, so die Konflikte auf Grund der Konkurrenz zwischen den Kanälen und Kontrollverluste. Eine Herausforderung besteht v.a. bezüglich der Koordination und der Führung von Multi-Channel-Unternehmen, die bspw. Schögel (1997) behandelt. So ist v.a. in der hier eingenommenen prozessualen Betrachtung zu entscheiden, wann bei wachsender strategischer Bedeutung des einen gegenüber dem anderen Kanal Verschiebungen der Prioritäten und Zuständigkeiten notwendig sind. Zentes/Schramm-Klein (2006) zeigen wie sich das Multi-Channel-Management im deutschen Handel zunehmend etabliert (hat).

IV. Retail-Branding als integrativer Ansatz

1. Begriffliche Abgrenzung und Bedeutung

Das im Marketing länger bekannte Corporate-Brand-Management als Konzeption und praktische Ausgestaltung von Unternehmensmarken hat nicht zuletzt auf Grund der Aktivierungsmöglichkeit des Markenwertes als Vermögensgegenstand eine erhöhte Bedeutung (Swoboda/Giersch 2007; Kranz 2003). Im Kontext des Handelsmanagements ist es angesichts diversifizierter Unternehmen sinnvoller, vom Begriff „Retail-Brand" auszugehen, der wie folgt definiert wird:[1]

> *Retail-Branding steht für die Markenpolitik eines Handelsunternehmens auf der Ebene der Verkaufsstellen, wobei die Marke als strategische Leitlinie für das gesamte Handelsmarketing anzusehen ist (Morschett 2002b; Swoboda/Hälsig/Foscht 2007).*

Gelingt es, eine Retail-Brand in Form von positiven inneren, unverwechselbaren (Gedächtnis-)Bildern in den Köpfen der Kunden aufzubauen, i.S. einer subjektiv wahrgenommenen Eignung zur Befriedigung von Motiven, dann handelt es sich um ein Wahrnehmungs-, Identifikations- und Vertrauenspotenzial, d.h., um einen Erfolgs- bzw. Wettbewerbsfaktor, der als Ressource bzw. Vermögensgegenstand eines Handelsunternehmens anzusehen ist. Eine „gute" Retail-Brand kann bspw. als Dach genutzt werden, das den darunter angebotenen Leistungen zugute kommt und umgekehrt – allerdings nur bei einer sorgsamen, gezielten Pflege der einzelnen Leistungen und der Beachtung der entsprechenden Transfer- und Synergieeffekte.

Diese Überlegungen erinnern insbesondere an die in Abschnitt B.I.2. in diesem Kapitel behandelten, theoretischen Positionierungsräume. Retail-

---

[1] Alternativ werden die Begriffe Betriebstypenmarke, Store-Brand usw. verwendet, was aber unzweckmäßig ist, denn ein einheitlich markiertes Multi-Channel-System, bspw. mehrere Betriebs- und/oder Vertriebstypen, kann ebenso eine Retail-Brand bilden; diese ist auch nicht nur auf Stores begrenzt. Zudem kann in einem Unternehmen derselbe Betriebstyp unter mehreren Marken auftreten.

Branding wird dennoch hier aus zwei Gründen separat betrachtet und als integrativer Ansatz bezeichnet. Zum einen hat Retail-Branding im Handel eine strategische Innen- und Außenperspektive (siehe Abbildung 2.24). Zum anderen sehen Handelsunternehmen sich selbst zunehmend als Retail-Brand; z.T. ist die Retail-Brand auf der Ebene der Unternehmensgesamtstrategien verankert. Der Handel emanzipiert sich gegenüber der Industrie und dies nicht nur in den Branchen, in denen er eine überlegene Position in der Wertschöpfungskette der Konsumgüterwirtschaft erreicht hat (vgl. zu den daraus resultierenden vertikalen Überlegungen Zentes/Swoboda 2005; Zentes/Swoboda/Morschett 2007).

Abbildung 2.24: Bildung von Retail-Brands

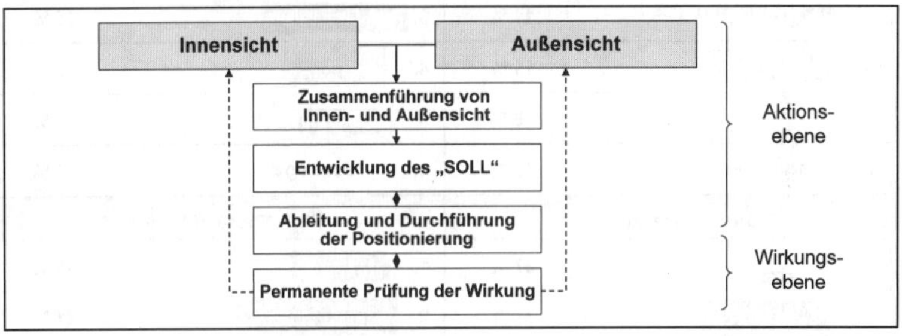

Insofern wird Retail-Branding als wettbewerbsstrategischer Ansatz begriffen, der im Extremfall dazu führt, dass Herstellermarken in den Hintergrund treten und die Retail-Brand die Markenführerschaft im Absatzkanal übernimmt. Zu denken ist hier an Paradebeispiele wie Aldi, Ikea oder H&M, die (fast) ohne klassische Markenartikel agieren, oder auch an dm-Drogeriemarkt, Lidl oder Saturn, die als „Retail-Brand" in den Köpfen der Kunden verankert wurden. In Relation zu den Basisstrategien der Preis- oder Qualitätsführerschaft bzw. den spezifischen Strategien ist dies eine integrative Sicht. Darüber hinaus deutet eine zunehmende Anzahl wissenschaftlicher Untersuchungen und auch praxisorientierter Studien die zunehmende Bedeutung eines ganzheitlichen Retail-Branding in Handelsunternehmen an.

Dass die Entwicklung noch relativ am Anfang steht, zeigen mehrere Studien. In der Studie von Interbrand, die jährlich die weltweit wertvollsten Marken (entsprechend ihres monetären Markenwertes) auflistet, tauchen in den TOP 100 lediglich drei Handelsunternehmen auf: The Gap (Nr. 36), Ikea (Nr. 43) und Tiffany (Nr. 70). Für Deutschland wurden von der Boston Consulting Group – unter Beachtung der Dimensionen Bekanntheit und Sympathie – u.a. Unternehmen wie Fielmann, Douglas, Esprit, Ikea und H&M als erfolgreiche Brands ausgewiesen (vgl. dazu Swoboda/Morschett/Foscht 2004; Swoboda/Hälsig/Foscht 2007). Andererseits ist es sinnvoll, in einzelne Handelsbranchen zu blicken, da hier die Rahmenbedingungen und auch der Entwicklungsstand des Retail-Branding unterschiedlich sind. Im HandelsMonitor 2001 wurden Experten danach befragt, in welchen Branchen Retail-Branding bereits erfolgreich betrieben würde. Als führend erwiesen sich Non-Food-Branchen wie Textilhandel, Elektrohandel oder der

Parfümeriebereich, während etwa im Möbel- oder Buchbereich nur wenige starke Marken etabliert waren. Die Lebensmittelbranche, Drogerien sowie Baumärkte und Computerhändler liegen in Bezug auf diese Frage im Mittelfeld, mit entsprechendem Potenzial (siehe Abbildung 2.25).

Abbildung 2.25: Stärkste Retail-Brands nach Branchen (ungestützte Nennung)

	Lebensmittelhandel			Textilhandel	
1.	ALDI ALDI	35 %	1.	H&M	42 %
2.	EDEKA	19 %	2.	C&A	25 %
3.	REWE	11 %	3.	Peek&Cloppenburg	15 %
4.	METRO	11 %	4.	UNITED COLORS OF BENETTON.	8 %
5.	LIDL	9 %	5.	ESPRIT	5 %
6.	*sonstige*	15 %	6.	*sonstige*	5 %
	Drogeriemärkte			**Do-It-Yourself-Handel**	
1.	dm	37 %	1.	OBI	49 %
2.	SCHLECKER	37 %	2.	Praktiker	21 %
3.	Müller	12 %	3.	BAUHAUS	12 %
4.	IhrPlatz	9 %	4.	HORNBACH	12 %
5.	ROSSMANN	3 %	5.	hagebaumarkt	4 %
6.	*sonstige*	2 %	6.	*sonstige*	2 %

Quelle: in Anlehnung an Zentes/Janz/Morschett 2001, S. 60ff.

2. Profilierungsansätze und Branchenvergleich

Im Handel sind einige Besonderheiten des Branding zu berücksichtigen, die zugleich den Erfolg bestimmen. So ist einerseits auf Grund der intangiblen Leistungselemente das Vertrauen der Kunden in den Anbieter ein zentraler Erfolgsfaktor und zugleich eine zentrale Funktion der Marke. Andererseits sind Retail-Brands durch enorme Komplexität gekennzeichnet. Diese geht v.a. einher mit einer schwierigen Standardisierbarkeit, da der Handelskontakt häufig durch mehrere hundert Verkaufsstellen mit oft Dutzenden von Mitarbeitern und teilweise unterschiedlichen Sortimenten geschieht. Schließlich ist durch den direkten Kontakt zwischen Handelsunternehmen und Konsument eine multimodale Beeinflussung des Konsumenten möglich, d.h. durch die Raumgestaltung, akustische Einflüsse, olfaktorische Reize usw. (Swoboda/Morschett/Foscht 2004). Dies erschwert eher die Bildung einer Retail-Brand.

Voraussetzungen

Auch bei der Konzeption von Retail-Brands entsteht der Markenwert in den Köpfen der Konsumenten (Bekmeier-Feuerhahn 1998; Aaker 1996; 2004). Die darauf basierenden Abläufe sind zunächst nicht wesentlich anders als bei traditionellen Brands, d.h., eine strategisch angestrebte Zielposition bildet den Ausgangspunkt der Überlegungen und zur Umsetzung dieser Position kommt ein breites Marketinginstrumentarium zum Einsatz, das wiederum das Markenbild in den Köpfen der Kunden verankert. Es sind also permanent Soll-Ist-Analysen und Aktionen durchzuführen. Dieses Prinzip visualisieren Abbildung 2.26 und Abbildung 2.27.

Abbildung 2.26: Retail-Brand als Markenbild und strategisches Dach – Prinzipiendarstellung

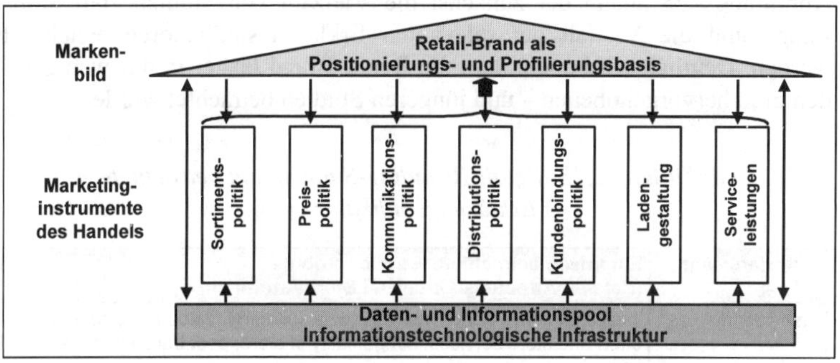

Quelle: in Anlehnung an Zentes/Janz/Morschett 2001, S. 18.

Abbildung 2.27: Markenbilder als Kombination von Marketinginstrumenten

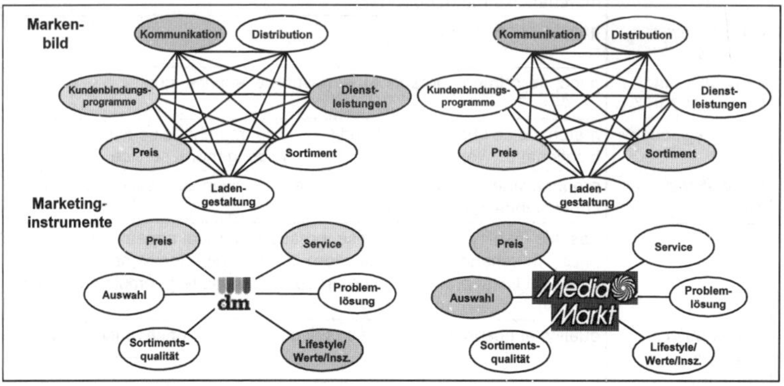

Quelle: in Anlehnung an Zentes/Janz/Morschett 2001, S. 48ff.

Die Marketinginstrumente – Sortiments-, Preis-, Kommunikations-, Standort- sowie Kundenbindungspolitik, aber auch die Ladengestaltung und Serviceleistungen – determinieren dabei, gestützt auf den Daten- und Informationspool aus Scanner-, Kundenkarten- und Marktforschungsdaten, gemeinsam die strategische Profilierung des Unternehmens (vgl. zu den Marketinginstrumenten das Vierte Kapitel).

Während sich bspw. Konsumgüterhersteller bei der Vermittlung von emotionalen Inhalten primär auf die (Massen-)Kommunikation stützen, sind alleine die Kommunikationsoptionen im Handel vielfältig. Wie Zentes/Swoboda (2007) zeigen, dominiert bei der Bildung der Retail-Brand – bei bekannten Unternehmen – mit Abstand der persönliche Verkauf vor der Massen- und Instore-Kommunikation. Dieser „menschliche Faktor" wird von Herstellern meist nicht eingebracht. Insofern unterliegt das Branding im Handel veränderten Gesetzmäßigkeiten.

Merkmale/Ausprägungen

Welche Bedeutung in der Forschung dem Retail-Branding zukommt, deutet Abbildung 2.28 an, in der zunächst die Vielzahl von Studien zum Store-Image und die Vielfalt der relevanten Erklärungsindikatoren ersichtlich werden. Deutlich wird auch, dass die Retail-Brand bisher in nur wenigen – den grau hervorgehobenen – und jüngeren Studien betrachtet wurde.

Abbildung 2.28: Retail-Branding-Studien und betrachtete Erklärungsindikatoren

Autor(en)/Jahr	Empirisch betrachtete Händlerattribute (Retailer Attributes/Perceived Store Attributes)
Fisk 1961/62	locational convenience, merchandise suitability, value for price, sales effort and store services, congeniality of store, post transaction satisfaction
Lindquist 1974/75	merchandise (e.g. quality, selection, styling, pricing), service, clientele, physical facilities, convenience (e.g. locational, parking), promotion (e.g. advertising, displays, trading stamps), store atmosphere, institutional factors (conservative vs. modern), post transaction satisfaction (such as merchandise return policy)
Doyle/Fenwick 1974/75	quality, price, variety
James/Durand/ Dreves 1976/77	price, assortment, personnel, atmosphere, service, quality
Mazursky/Jacoby 1986	merchandise quality, merchandise pricing, merchandise assortment, locational convenience, sales clerk service, general service
Barich/Srinivasan 1993	product variety, product quality, store attractiveness, reasonable prices, convenience, customer service
Teas 1994	upscale (quality of merchandise, prestige, physical appeal of store, price), merchandise (e.g. selection), transaction effectiveness (e.g. checkout lines, prompt service), responsiveness (e.g. employees willing to help)
Chowdhury/ Reardon/ Srivastava 1998	quality, atmosphere, employee, selection, convenience, price/value
Birtwistle/Clarke/ Freathy 1999	merchandise quality, merchandise price, merchandise fashion and style, merchandise selection, refund and company procedures, reputation, professional and friendly staff, internal layout and design
Burt/Carralero-Encinas 2000	customer service, store reputation, product range, physical characteristics, character, pricing policy

Morschett 2002	Preisniveau, Leistungsgestaltungsqualität, Leistungsumfang, Fit, Markenpräsenz
Burt/Sparks 2002*	building transaction and information linkages, extending and deepening infrastructure links, operational links for customers, personal links, service links, cementing financial links, emotional links
Collins-Dodd/ Lindley 2003	variety, product quality, low prices, value for money, pleasant atmosphere, overall attitude
Dembeck 2004	Service, Vertrauenswürdigkeit, Preis-Leistungs-Verhältnis, Innovation, Produktangebot, Affinität, Bequemlichkeit
Ailawadi/Keller 2004*	access, store atmosphere, price and promotion, cross-category assortment, within-category assortment
Große-Bölting 2005**	Personal, Sortiment, Bequemlichkeit, Ladenatmosphäre, Service, Sicherheit, Freude beim Einkauf
Swoboda/Hälsig/ Morschett 2006	service, value/price, assortment, advertising, store design

* konzeptionelle Studien ** Fokusgruppeninterviews.

Nicht abgebildet sind demgegenüber die in den Studien herangezogenen Markenwertmodelle, von denen eine Reihe existiert (Esch 2006). Exemplarisch kann hier das von Morschett (2002) in Anlehnung an das Markenwertmodell von Keller (2003) entwickelte psychografische Messmodell für den Markenwert einer Retail-Brand angesprochen werden in (siehe Abbildung 2.29), das Markenbekanntheit und Markenwertschätzung als Dimensionen der Stärke einer Retail-Brand erfasst (vgl. zur Bedeutung dieser beiden Dimensionen für das Käuferverhalten auch Foscht/Swoboda 2007).

Abbildung 2.29: Kausalmodell des Einflusses der Wahrnehmung der Marketinginstrumente auf den Markenwert

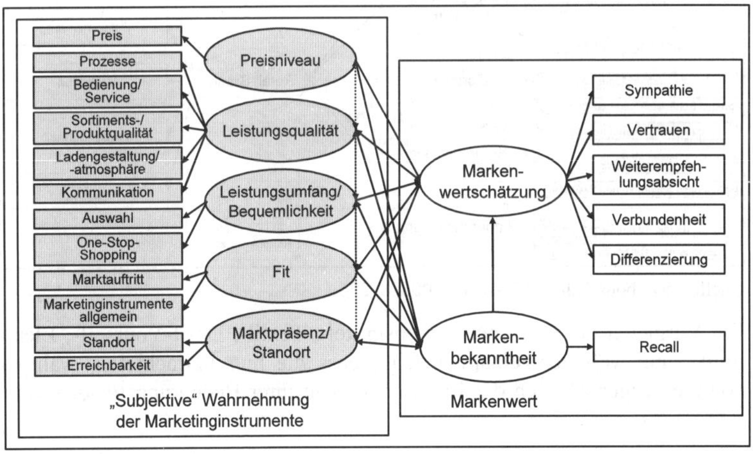

Quelle: Morschett 2002b, S. 453.

Wie in fast allen Ansätzen zur Erfassung des Markenwerts wird die **Markenbekanntheit** als Indikator betrachtet. Sie bewirkt i.S. der Aktivierung eines Markenschemas, dass Markeninformationen vorrangig wahrgenommen und positiver betrachtet werden. Die Markenbekanntheit wirkt ferner positiv auf die Wertschätzung der Marke (i.S. einer Vertrauens- oder Sicherheitsfunktion). Für Retail-Brands ist zu beachten, inwiefern Markenbekanntheit und geografischer Aktionsradius eines Handelsunternehmens im Einklang stehen, wobei die Markenbekanntheit zugleich einen wesentlichen Einfluss auf das maximale Einzugsgebiet eines Handelsunternehmens ausübt.[1] Die **Wertschätzung** einer Retail-Brand resultiert aus dem Bild, das ein Konsument von den Verkaufsstellen hat, wobei auch bei Retail-Brands die Einzigartigkeit ein zentrales Ziel bildet. Indikatoren zur Erfassung dieser Wertschätzung sind u.a. Vertrauen, Sympathie, Weiterempfehlung, Verbundenheit.

Auf Basis dieses Modells – so der links abgebildeten Marketinginstrumente sowie der wahrgenommenen Fit-Dimension zwischen den Instrumenten – gelangt Morschett (2002b) zu einem guten Erklärungsmodell im Lebensmittelhandel. Eine darüber hinaus gehende branchenvergleichende Betrachtung zeigt Abbildung 2.30, in der die Bekanntheit sowie der Fit vernachlässigt wurden.[2] Stattdessen wurden in dieser Teilstudie Eigenschaften wie Service, Preis-Leistungs-Verhältnis, Sortimentbreite und -tiefe, Kommunikation und Ladengestaltung umfassender berücksichtigt.

Abbildung 2.30: Integriertes Modell des Einflusses wahrgenommener Eigenschaften von Einzelhändlern auf den Wert der Retail-Brand über fünf Branchen

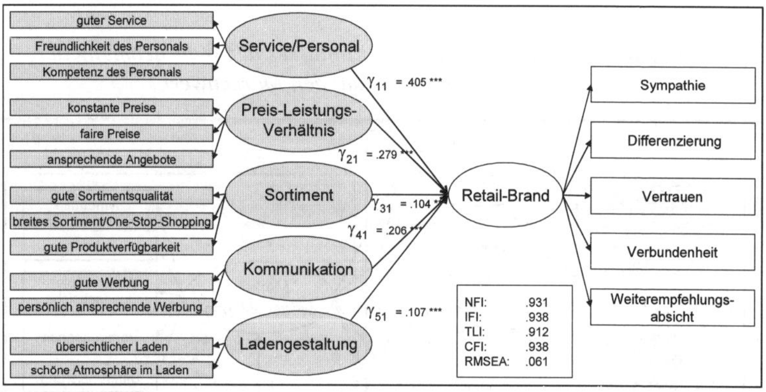

Quelle: Swoboda/Hälsig/Morschett 2006, S. 256.

Ein Vergleich der Branchen Lebensmittel-, Textil-, Do-it-Yourself-, Elektronik- und Möbeleinzelhandel zeigt, dass die hier betrachteten, wahrgenommen Eigenschaften der Einzelhändler in ihrer Bedeutung für den Wert

[1] Zahlreichen Einzelhandelsunternehmen gelingt eine regional begrenzte Profilierung in Bezug auf das dortige Umfeld. Diese „local heroes“ haben eine lokal starke Marke, sodass die Retail-Brand hier Wettbewerbsschutzfunktion hat. Beispiele sind hier der Lebensmittelhändler Tegut in Fulda und die Blaue Hand als Bekleidungshaus in Trier.

[2] Je stärker die Grenzen zwischen den Handelsbranchen verschwimmen, umso notwendiger wird eine branchenübergreifende und betriebstypenübergreifende Analyse.

der jeweiligen Retail-Brand branchenabhängig variieren (siehe Abbildung 2.31).

Abbildung 2.31: Branchenspezifischer Einfluss der wahrgenommenen Eigenschaften von Einzelhändlern auf den Wert der Retail-Brand

Retail Segment	Grocery retailing (n = 400)	Textile retailing (n = 400)	Electronic retailing (n = 400)	DIY retailing (n = 400)	Furniture retailing (n = 400)
SMC (Retail-Brand)	**.610**	**.625**	**.687**	**.627**	**.605**
γ_{11} (Service → Retail-Brand)	**.414*** **	**.315*** **	**.445*** **	**.449*** **	**.363*** **
γ_{21} (Value/price → Retail-Brand)	**.260*** **	**.310*** **	**.251*** **	**.193*** **	**.381*** **
γ_{31} (Assortment → Retail-Brand)	**.100 (n.s.)**	**.231*** **	**.041 (n.s.)**	**.162** **	**.064 (n.s.)**
γ_{41} (Advertising → Retail-Brand)	**.274*** **	**.157*** **	**.179*** **	**.186** **	**.230*** **
γ_{51} (Store Design → Retail-Brand)	**.085 (n.s.)**	**.133** **	**.226*** **	**.020 (n.s.)**	**.032 (n.s.)**
***p<.10; **p<.05; ***p<.01; n.s. = not significant;**			**NFI=0.90; IFI=0.93; TLI=0.90; CFI=0.93; RMSEA=0.031**		

Quelle: Swoboda/Hälsig/Morschett 2006, S. 256.

Dem Faktor Service kommt in allen Branchen eine kontinuierlich hohe Bedeutung zu. Interessant erscheint weiterhin, dass der Einfluss des Preis-Leistungs-Verhältnisses auf den Wert der Retail-Brand schwankt. Dementsprechend kann interpretiert werden, dass im Durchschnitt im Baumarktbereich der Preis kein primär geeignetes Mittel zur Differenzierung gegenüber dem Wettbewerb darstellt usw. Dies kann auf der Ebene einzelner Unternehmen anders sein. Eine unternehmensspezifische Intrabranchen-analyse wäre somit reizvoll.[1]

Faktoren des Erfolgs/Misserfolgs

Der Erfolg ist stets unternehmensspezifisch. In Abgrenzung zu klassischen Produktmarken sind dennoch einige Faktoren zu nennen:

- Auf Grund der intangiblen Leistungselemente sind Vertrauen, Sympathie und Verbundenheit der Konsumenten zentrale Erfolgsfaktoren. Sie sind es – wie gezeigt – zugleich auch bei der Retail-Brand.
- Retail-Brands sind durch eine enorme Komplexität gekennzeichnet, die aus den Dienstleistungscharakteristika der Handelsleistung resultiert. Während Hersteller relativ wenige Produkte unter einer Marke führen, Produktionsqualitätsprüfungen usw. durchführen können, sind es im Handel oft hunderte von Verkaufsstellen mit vielen Mitarbeitern, die mit unterschiedlichen Kunden kommunizieren und teilweise unterschiedliche Leistungsbündel anbieten, weshalb eine einheitliche Markenbotschaft kaum vorliegt. Umso wichtiger ist die Konsistenz und Kontinuität der Strategie und der Instrumentaleinsätze, also ein „Fit", auch im Zeitablauf.

---

[1] Die hier nicht behandelten Determinanten bezüglich der Wahrnehmung der Händlerattribute und der Retail-Brand sind in beiden Fällen zu beachten (vgl. zu Motiven als Determinanten Morschett/Swoboda/Foscht 2005a und Swoboda/Hälsig 2007a).

- Während Hersteller ihre Märkte segmentieren, erfolgt dies im Handel, insbesondere im Lebensmitteleinzelhandel, nur begrenzt. Die Outlets im Filialnetz sind i.d.R. in mehr oder weniger heterogenen Umfeldern tätig und großflächige Handelsunternehmen müssen die gesamte Bevölkerung im Einzugsgebiet ansprechen, d.h., der Standort definiert den anzusprechenden Kundenkreis. Zudem ist die Verkaufsstelle selbst meist standardisiert, was die differenzierte Ansprache verschiedener Segmente begrenzt.
- Schließlich ist – wie bereits erwähnt – durch den direkten Kontakt zwischen Handelsunternehmen und Konsument die angesprochene multimodale Beeinflussung möglich. Raumgestaltung, akustische Einflüsse (z.B. musikalische Gestaltung), olfaktorische Reize (z.B. durch den Duft der Brottheke), taktile Stimuli (z.B. durch die Gestaltung der Böden, so Holzböden in bestimmten Bereichen) tragen damit (emotional) zum Retail-Branding bei.

Retail-Branding bei Rewe – Eine vertane Chance

Die Rewe Group hat sich ein neues Logo gegeben. Der 1927 gegründete „Revisionsverband der Westkauf-Genossenschaften" wuchs durch etliche Zukäufe gewaltig, ohne sich viele Gedanken über die Markenführung zu machen. So gesehen ist die Entscheidung, acht der eigenen Marken unter eine Dachmarke zu gruppieren, der richtige Schritt, der auf Dauer zur Bildung einer wahren Marke führen könnte.

Dass dies bei Rewe noch nicht der Fall ist, dürfte dem Konzern klar gewesen sein, als man sich für den Relaunch-Claim entschied: „Jeden Tag ein bisschen besser". Der neue Weg sollte durch einen einheitlichen Markenauftritt signalisiert werden, aber das Logo ist einfallslos und daneben hat sich nicht viel verändert. Gutes Retail-Branding fängt mit der Strategie und dem Sortiment an; es wird mit guter Architektur, ansprechendem Licht-, Geruchs- und Sound-Design verfeinert, durch tadellosen Service vollendet und dann durch ein Logo über dem Eingang abgeschlossen.

Quelle: Handelsblatt, 25. Oktober 2006, S. 19.

V. Profilierung und Stakeholder-Ansatz

1. Überblick

Zur erweiterten Sichtweise der Positionierung und Profilierung im Handel sind insbesondere die in Abschnitt B.I.3. in diesem Kapitel genannten Stakeholder zu betrachten, nämlich

- Lieferanten,
- Mitarbeiter und
- Kapitalgeber/Eigentümer.

Auf weitere Stakeholder wird mit Verweis auf Abschnitt E.II. des Ersten Kapitels an dieser Stelle nicht eingegangen.

Der Schuheinzelhändler Deichmann engagiert sich sozial im In- und Ausland

Deichmann engagiert sich seit über 20 Jahren im In- und Ausland für gesellschaftliche Belange. Rund 80.000 Inder haben so Hilfe erfahren: Ziel ist es, die Lebensbedingungen für die Bevölkerung zu verbessern, bspw. durch den Bau von Wasserleitungen oder die regelmäßige Versorgung mit Milch für unterernährte Kleinkinder und ihre Mütter. In Israel unterstützt Deichmann an der Ben-Gurion Universität landwirtschaftliche Entwicklungsprojekte für die Wüstenregionen und fördert den Dialog zwischen Israelis und Palästinensern. In Tansania konzentriert sich die Hilfe auf den Aufbau von Gesundheitsdiensten, die Förderung der Landwirtschaft und Viehzucht sowie auf die handwerkliche Ausbildung Jugendlicher. Auch in Deutschland engagiert sich Deichmann, sei es mit der Hilfe für Obdachlose am Firmensitz in Essen oder dem Kampf gegen Jugendarbeitslosigkeit.

Quelle: www.deichmann.de.

2. Profilierung gegenüber Lieferanten

Von Lieferanten gehen Impulse für das Marktgeschehen aus; so ist die Exklusivität der beschafften Produkte im Handel wichtig. Somit ist für Handelsunternehmen der Zusammenhang zwischen **Beschaffungs-** und **Absatzkonkurrenz** deutlich. Selbst für kleine Handelsunternehmen, die über Verbundgruppen Waren aus Fernost beziehen, sind z.B. US-Konzerne Beschaffungskonkurrenten, während es auf der Absatzseite die Konkurrenten vor Ort sind. Insofern umfassen Profilierungsstrategien stets auch Lieferantenstrategien.

Zu **Lieferantenstrategien** zählen zunächst traditionelle Aspekte, wie z.B. die Suche, Analyse und Selektion der Lieferanten (Tietz 1988, S. 304ff.):[1]

- Primäres Ziel der Profilierung gegenüber Lieferanten bildet die Sicherung der Lieferung, die durch eine optimale Selektion der Lieferanten gewährleistet wird und letztlich zur Verbesserung der Marktposition und zur Erhöhung der Wettbewerbsfähigkeit des Handelsunternehmens beitragen soll. Weitere lieferantenbezogene Entscheidungen betreffen u.a. die angestrebte Lieferantenzahl, die Kontaktintensität mit Lieferanten, die Lieferantenqualität hinsichtlich Produkten und Liefersicherheit, die Erreichung einer Alleinstellung bei bestimmten Produkten, die Risikostreuung, die Übertragung von Servicefunktionen, die Internationalität und Länderherkunft von Waren.
- Die Lieferantenanalyse beruht auf Bewertungen der Lieferanten. Hierzu stehen mehrere Alternativen zur Verfügung, bspw. der Leistungsvergleich oder die Leistungsveränderungsbewertung gegenüber den Vorperioden.
- Die Segmentierung der Lieferanten resultiert aus den Beschaffungsstrategien und -richtlinien. Strategieelemente betreffen u.a.:
  - die Proportionen zwischen Stamm-, Nischen-, Gelegenheitslieferanten

[1] Vgl. hierzu die Ausführungen zum Supply-Chain-Management im Fünften Kapitel.

- die Festlegung der maximalen Beschaffungsmenge bei einem Lieferanten bezogen auf den relevanten Category-Umsatzanteil bzw. Umsatzanteil oder den Kapazitätsauslastungsanteil des jeweiligen Lieferanten
- die Dauer und Intensität der vertraglichen Lieferbindungen, z.B. in Form von Kontrakten mit Lieferanten.

Straffere Instrumente

In Anbetracht eines zunehmenden Strategiepatts auf der Absatzseite gewinnt die Exklusivität, verbunden mit der Drohung des Abbruchs der Geschäftsbeziehungen bei Belieferung von Konkurrenten, an Bedeutung. Sie ist ein Ziel der Beschaffungskonkurrenzstrategie. Verbreitet sind Eingriffe in die Absatzmarktbearbeitung der Lieferanten zur Absicherung eigener Produktideen (so bei Möbeln), eigener Marken und eigener Servicemodelle (so Qualitätskontrollen bei Lieferanten), die eine höhere Art der Exklusivität darstellen. In diesen Zusammenhang gehören auch Absicherungen der Belieferung bei knappen und gut gängigen Waren bis zum Kauf von Kapazitäten anstatt von Einzelprodukten, die dann – so bei modischen Waren – erst nach Feststellung des endgültigen Absatztrends belegt werden. Ein wesentlicher Aspekt ist auch das Erreichen niedriger Beschaffungspreise. Die konkreten Mittel sind die langfristige Bindung der Lieferanten durch Kontrakte, die eigene Produktentwicklung usw.

Reverse Marketing

Die strafferen Formen können dem **Reverse Marketing** des Handels zugeordnet werden:

> *Darunter werden diejenigen offensiven Aktivitäten der Lieferantenpolitik oder -kooperation zusammengefasst, bei denen der Käufer die Initiative mit dem Ziel der Beschaffungsoptimierung ergreift. Beispiele für vom Handel ausgehende Reverse-Marketing-Aktivitäten sind Beschaffungsinitiativen, Produktanforderungen an die Lieferanten, Single Sourcing, Forderungen nach Beschaffungsexklusivität bis hin zu Vertragsproduktion.*

Kern der Reverse-Marketing-Strategie ist es, Lieferanten zum Liefern zu motivieren.[1] Da viele Hersteller auch ohne Reverse Marketing liefern würden, steht hier die Motivation zur Produktion von Erzeugnissen nach Angaben des Handels im Zentrum. Infolge der Kooperation mit Lieferanten will das Handelsunternehmen eine bessere Anpassung an die Konsumentenbedürfnisse erreichen. Diese Fokussierung auf den Konsumenten als weiteren Beteiligten soll auch die Zusammenarbeit zwischen Handel und Industrie psychologisch verbessern und die Atmosphäre der Kommunikation erleich-

[1] Die Strategie wurde zunächst für die Beziehungen zwischen Produzenten und ihren Zulieferern entwickelt, so in der Automobilindustrie (vgl. dazu Leenders/Blenkhorn 1989, S. 30). Vgl. zu vertikalen Kooperationen Abschnitt E.III. in diesem Kapitel.

tern (Laurent 1996, S. 138ff.). Hierzu gehört auch die aktive Beeinflussung der Lieferfähigkeit der Lieferanten, so bei mittelständischen Handelsmarkenproduzenten. Zugleich bildet die Behandlung der Kunden im Rahmen der Kundenstrategie des Herstellers eine Einflussgröße für die Lieferantenstrategie des Handels. Je besser der Hersteller seine Kundenpolitik konturiert, desto günstiger sind die Bewertungskriterien aus Sicht des Kunden.

Beziehungsmanagement

Das letzte Argument leitet über zum Beziehungsmanagement (**Relationship-Management**), das die Entscheidung bezüglich der angestrebten Regelmäßigkeit, Dauerhaftigkeit und partnerschaftlichen Ausgestaltung der Lieferantenbeziehung umfasst. Diese Partnerpolitik wird in Form vertikaler Wertschöpfungspartnerschaften betrachtet, und zwar in Abschnitt E.III. in diesem Kapitel und ausführlich in Abschnitt B. des Fünften Kapitels.

Lieferantenphilosophie von "The Home Depot"

Eine offene Informationsphilosophie gegenüber den Lieferanten vertrat früh der US-amerikanische Baumarktfilialist „The Home Depot", Atlanta, der weltgrößte DIY-Händler mit Formaten wie „Expo Design Center, Home Depot Supply, Home Depot Landscape Supply". Während aber in der Vergangenheit der Fokus auf den Beschaffungsprozessen lag, orientiert sich Home Depot heute auf strategisches Beschaffungs- und Lieferantenmanagement. Das Unternehmen baute eine globale Einkaufs- und Beschaffungsabteilung auf, und zwar nach den Prinzipien der Digitalisierung, Optimierung und Globalisierung. Das Lieferantenmanagement umfasst u.a. "fulfillment (quality, capability, on-time delivery), supplier identification and qualification, supplier development, and supplier performance". Als Kontrollinstrument wird eine "supplier performance scorecard" genutzt (siehe Abbildung 2.32).

Abbildung 2.32: Global sourcing metrics of Home Depot

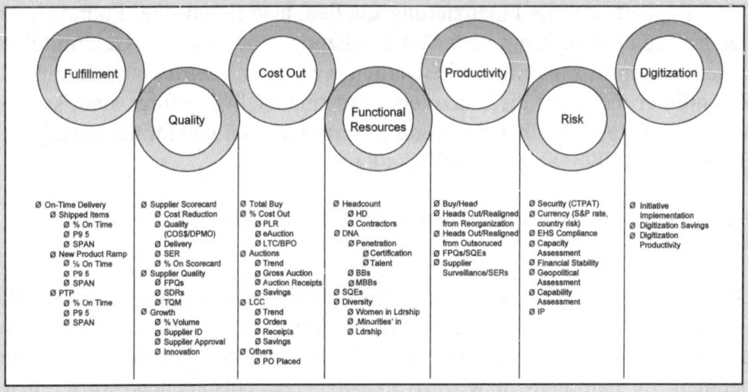

Quelle: Swoboda/Foscht/Cliquet 2008.

3. Profilierung gegenüber Eigentümern bzw. Kapitalgebern

Die kapitalgeberbezogenen Ziele haben in der Marktwirtschaft mit Blick auf den Finanzierungsbedarf von Unternehmen eine hohe Bedeutung. Trotz zunehmender Stakeholder-Orientierung orientieren sich Kapitalgesellschaften weiterhin am **Shareholder-Value** und damit an Kapitalgeberinteressen.[1] Die Bedeutung des Shareholder-Ansatzes hat nach Rappaport (1999b) mehrere Ursachen, so

- drohende Unternehmensübernahmen durch diejenigen, die ständig auf der Suche nach unterbewerteten und unzureichend geführten Aktiva sind;
- die Möglichkeit zur Beschaffung von Kapital auf den internationalen Finanzmärkten, sodass Unternehmen hier in weltweiter Konkurrenz stehen;
- beeindruckende Ergebnisse von Managern, die dem Ansatz folgen;
- die Einsicht, dass etablierte Maßstäbe wie Gewinn pro Aktie und ROI keine verlässliche Beziehung zum Unternehmenswert aufweisen;
- die Erkenntnis, dass langfristige Entlohnungssysteme für Führungskräfte enger mit der Eigentümerrendite verknüpft werden sollten, um damit auch die Interessenkonflikte von Management und Anteilseignern auszuschalten.

Die Zielsetzung grundlegender Unternehmensstrategien, ökonomische Renditen für die Anteilseigner zu schaffen (Macharzina/Wolf 2005, S. 224ff.), kollidiert nicht unmittelbar mit dem Stakeholder-Ansatz, sondern ist eher nach Ansicht seiner Verfechter die Grundlage für die Befriedigung der unterschiedlichen Ansprüche. Die Fähigkeit eines Unternehmens, Geldmittel an seine Anspruchsgruppen zu verteilen, hängt nämlich maßgeblich von seiner Fähigkeit ab, Geldmittel aus dem laufenden Geschäft zu erwirtschaften und Kapital von externen Quellen zu beschaffen.

Die Fähigkeit, externe Finanzierungsquellen, also Eigen- und Fremdkapitalquellen, zu nutzen, hängt aber von Schätzungen ab, wie viel Geldmittel das Unternehmen in Zukunft erwirtschaften wird. Somit wird deutlich, dass die Eigentümer nicht nur die Nutznießer des finanziellen Erfolgs sind, sondern auch diejenigen, die über die weitere Verteilung der Geldmittel entscheiden (Rappaport 1999b; Freemann/Wicks/Pamar 2004).

Familienunternehmen und börsennotierte Unternehmen im deutschen Handel

Die Besonderheit der Kapitalgeberstrukturen, insbesondere im deutschen Einzelhandel, liegt in den Eigentümerverhältnissen. Entgegen vielen ausländischen Handelskonkurrenten sind viele der deutschen Einzelhandelsunternehmen in Familien- bzw. Privatbesitz. Dementsprechend differenziert bspw. Tietz (1988, S. 409f.) die Kapitalgeber im Handel wie folgt: Kapital-

---

[1] Auf der wissenschaftlichen Ebene wurde die Bedeutung des Shareholder-Ansatzes eindrucksvoll unterstrichen durch die Verleihung des Nobelpreises für Wirtschaft an vier Vertreter dieser Theorie (Markowitz, Modigliani, Miller, Sharpe) (Bühner 1993, S. 764).

geber sind zunächst die Eigentümerunternehmer und eine zweite Gruppe sind die Erben von Eigentümern, die im Rahmen von Ein- und Mehrfamiliengesellschaften ohne aktive Tätigkeit mit den Unternehmen als Kapitalgeber verbunden sind. Der Vorteil dieser Besonderheit liegt im fehlenden Druck des Kapitalmarktes, an dessen Stelle die Interessen einzelner Familien oder sogar in der Unternehmensleitung aktiv tätiger Eigentümer treten.

Ahold-Konzern – Droht Aufspaltung?

Wenn es nach bestimmten Kapitalvertretern geht, wird der Ahold-Konzern in seine Einzelteile aufgelöst. Die Aktionäre wären mit dem Verlauf der Dinge keineswegs zufrieden. Es sei nur an der Zeit, einschneidende Veränderungen vorzunehmen, denn von den erhofften Synergien zwischen den Aktivitäten in den USA, Schweden, Holland und den osteuropäischen Ländern sei so gut wie nichts erkennbar. An sinnvollsten wäre es, Ahold würde sich auf die niederländischen Aktivitäten beschränken und das Amerika-Engagement könnte zu Geld gemacht werden.

Quelle: LPinternational 16/2006, S. 3.

Die Nachteile liegen in dem eingeschränkten Zugang zu (internationalen) Kapitalmärkten, aber auch in einer spezifischen Kapitalgeber-/Eigentümerpolitik. Letztgenannte liegt bspw. darin, dass die aktiven Eigentümer- oder Fremdmanager die Familienmitglieder von der Qualität ihrer unternehmerischen Fähigkeiten und der Absicherung des Kapitals überzeugen müssen. Die Kapitalgeberpolitik ist in diesen Fällen auch weit gehend **Familienpolitik**.

Daraus resultiert eine weitere Besonderheit, nämlich die starke Verflechtung von Unternehmensführung und -eigentum, insofern, als dass die Eigentümer bei Erreichung der Altersgrenze häufig ein Führungsvakuum hinterlassen, das nur unzureichend von den Erben oder externen Managern ausgefüllt werden kann. Dieses trifft v.a. für den mittelständischen Handel zu und ist damit für die Entwicklung der **Verbundgruppen** wichtig, denen Mitglieder und zugleich Kapital entzogen werden könnten.[1]

Dies entspricht nicht der Situation der an Börsen gelisteten Unternehmen und deren Gesellschaftern, bei denen Familieninteressen nicht bestehen müssen und die ihre Aufsichts- und Mitspracherechte oft nicht direkt, sondern bspw. über Banken wahrnehmen, sodass die Kapitalgeberpolitik hier sowohl auf den Kapitaleigentümer als auch auf dessen Vertreter auszurichten ist.

Kapitalbeschaffungsnotwendigkeiten

Vor dem Hintergrund der zu beobachtenden Fusionen und Akquisitionen – v.a. im internationalen Bereich – bleibt die Schlussfolgerung, dass die Finanzkraft eines Handelsunternehmens immer mehr an Bedeutung gewinnt. In Anbetracht dieses stärkeren Finanzierungsbedarfs werden sich Handelsunternehmen in Zukunft sicherlich in Richtung der Kapitalmärkte und der

[1] Vgl. zu den Verbundgruppen Abschnitt E.II. in diesem Kapitel.

externen Beteiligungspolitik bewegen (müssen). Neben anonymen Anteilseignern werden im zunehmenden Umfang Manager, Mitarbeiter und Kunden an den Unternehmen beteiligt.

Im Falle der Finanzierung durch anonyme Finanzmärkte sowie durch Kunden, Lieferanten und Mitarbeiter wird es wesentlich intensiver als bisher notwendig sein, sich um das Verständnis und die Affinität bei den Kapitalgebern zu bemühen. Im Rahmen der Marktbearbeitung für Kapitalgeber (**Finanzmarketing**) bilden daher die sachorientierten Ziele des Unternehmens eine Filterfunktion für die Kapitalgeberstrategien, so

- Kapitalgebergewinnungsstrategien, d.h. Kapitalgeberakquisition,
- Kapitalgebererhaltungsstrategien, d.h. Festigung der Bindung derzeitiger Kapitalgeber an das Unternehmen,
- Kapitalgeberintensivierungsstrategien und
- Kapitalgeberrückgewinnungsstrategien (Tietz 1988, S. 411).

Eine ähnliche strategische Behandlung der Kapitalgeber sieht Useem (1996, S. 22f.), indem er u.a. neben der Kapitalgebergewinnung und -einbindung das Beziehungsmanagement (**Investor Relations**) zu den Kapitalgebern betont. Im Kontext internationaler Handelsunternehmen zeigt Palmer/Quinn (2005) zudem, dass neben den ökonomischen Beziehungen zu den Shareholdern auch kulturelle und marktspezifische Besonderheiten zu berücksichtigen sind. Schließlich können die Aktivitäten des Unternehmens im Hinblick auf den (rechnerischen) Unternehmenswert hin modelliert werden (Swoboda/Giersch 2007).

4. Profilierung gegenüber Mitarbeitern

Eine Profilierung gegenüber Mitarbeitern ist gleichermaßen von Bedeutung, da die Mitarbeiter im Handel eine besondere Rolle spielen. Zunächst ist festzuhalten, dass sich die Basisinstrumente des Personalmanagements in Handelsunternehmen nicht von denen der Industrieunternehmen unterscheiden, was im Sechsten Kapitel verdeutlicht wird. Die Besonderheit in Handelsunternehmen liegt im direkten Kundenkontakt und damit einer stärkeren Beteiligung der Mitarbeiter an der Durchsetzung von Profilierungs- und Positionierungsstrategien. Dadurch gewinnen spezifische, mitarbeiterorientierte Strategien, die sich unmittelbar an der Unternehmensphilosophie orientieren und deren Übermittlung an die Kunden anstreben, zunehmend an Bedeutung. Im Bereich der unmittelbaren Kundenkontakte sind dies Maßnahmen

- zur Förderung der Dienstleistungsbereitschaft und des Dienstleistungsbewusstseins sowie
- zur Verbesserung der Qualität der Beratung (Tietz 1988, S. 476).

Beide Dimensionen sind von erheblicher Bedeutung für die Umsetzung einer Positionierungsstrategie. Wie Studien zeigen, beeinflusst die Personaldienstleistung die Beurteilung des Einzelhandelsunternehmens oder der Retail-Brand (Babin/Babin/Boles 1999; Girod 2005) und die Kundenzufriedenheit (Zentes/Swoboda 1999c, S. 82; Homburg/Stock 2001a). Gerade in Deutschland mangelt es aber oft an einer **Dienstleistungsmentalität**, die zur Erstellung einer hervorragenden Serviceleistung unabdingbar ist. Nur wenn die Verkäufer den Kunden, der sich schon seit Jahren „auf dem Thron wähnte", nun offiziell zum König krönen (Spannagel/Trommsdorff 1999, S. 59), kann ein Unternehmen Servicequalität bieten. Im Idealfall machen die Verkäufer die Probleme ihrer Kunden zu ihrem eigenen Anliegen und ziehen aus der Erfüllung der Kundenwünsche persönliche Befriedigung. Zur Verbesserung dieser Aspekte werden viele Möglichkeiten vorgeschlagen, von denen hier drei skizziert werden.

Mitarbeiterzufriedenheit

Die Bedeutung der Mitarbeiterzufriedenheit kann pragmatisch beschrieben werden: Nur zufriedene und motivierte Mitarbeiter, die sich mit den Zielen der Unternehmung identifizieren, engagieren sich für das Unternehmen und für die Zufriedenheit der Kunden.[1] Unzufriedene Mitarbeiter dagegen erledigen „ihren Dienst nach Vorschrift"; besondere Forderungen der Kunden empfinden sie als Belastung. Empirische Ergebnisse zeigen eine größere Leistungsbereitschaft von zufriedenen Mitarbeitern in Handelsunternehmen als von unzufriedenen Mitarbeitern und Interdependenzen zwischen Mitarbeiter- und Kundenzufriedenheit auf. Handelsunternehmen, die zufriedene Mitarbeiter haben, haben auch tendenziell zufriedene Kunden (Zentes/Morschett 1998, S. 58f.).

Individuelle Führung

Ihrer Bedeutung als Erfolgsdeterminante entsprechend, verdienen die Mitarbeiter ein Personalmanagement, das ihre Qualitäten und ihr Engagement fördert und nicht unterbindet. Die Erfolgsfaktoren in der Personalpolitik im Handel umfassen harte Faktoren (höhere/leistungsabhängige Bezahlung (vgl. hierzu Dressler 1998), eine Reihe von Maßnahmen (Schulung, regelmäßige Mitarbeitergespräche, regelmäßiges Feedback) und weiche Faktoren (Sinngebung, Wertschätzung, soziale Anerkennung). Auch hier deuten Studien an, dass sowohl harten Faktoren, z.B. leistungsabhängige Bezahlung, als auch weichen Faktoren, z.B. Wertschätzung durch Vorgesetzte, eine hohe Bedeutung beigemessen wird.

KarstadtQuelle betrachtet Mitarbeiter als das „wichtigste Kapital und Potenzial für das zukünftige profitable Wachstum"

Um im Wettbewerb zu bestehen, ist es für den Handelskonzern KarstadtQuelle – der Mitte 2007 seinen Unternehmensnamen in Arcandor ändern wird – essentiell, die Potenziale aller Mitarbeiter zu nutzen. Das Unternehmen versucht, mithilfe von entsprechenden Fördermaßnahmen die Fähigkeiten seiner Beschäftigten gezielt weiterzuentwickeln. So setzt KarstadtQuelle zur Stärkung der fachlichen und persönlichen Qualifikation der Mitarbeiter auf verschiedene Förderprogramme, wie bspw. „Innovation durch Erfahrung" für Führungskräfte

[1] Vgl. hierzu die Beiträge in Zentes (1997) und, wenngleich nicht im Kontext des Handels, Homburg/Stock (2001b; 2001c).

mit Berufserfahrung oder das Programm für den „Führungsnachwuchs im Versand". Tarifliche Mitarbeiter werden über das Programm „Mitarbeiter Xtra" in Kommunikation, Zusammenarbeit, Selbst- und Veränderungsmanagement geschult.

Den Führungskräften kommt dabei die Aufgabe zu, den individuellen Bedarf und Nutzen von Qualifizierungsmaßnahmen zu beurteilen. Sie beobachten Leistung und Potenzial jedes Beschäftigten und führen regelmäßig Mitarbeitergespräche. Bei Karstadt Warenhaus gelten hierfür seit 2004 neue Leitlinien. Quelle und neckermann.de haben die entsprechenden Regeln für das jährliche Feedback-Gespräch im Jahre 2005 überarbeitet. Insbesondere durch die Restrukturierung in den zurückliegenden Jahren bestand die Gefahr, dass sich Ängste unter den Mitarbeitern nachteilig auf das Geschäft auswirken. Karstadt Quelle führte daher im Jahre 2005 in allen Karstadt Warenhäusern eine tägliche Kundenzufriedenheitsmessung ein. Als deren Ergebnisse Verbesserungspotenziale aufzeigten, investierte das Handelsunternehmen daraufhin mit Erfolg in eine flächendeckende Qualifizierung seiner Mitarbeiter. Auch evaluiert KarstadtQuelle nun neben der Kunden- auch die Mitarbeiterzufriedenheit. „Denn", so fasst Dr. Matthias Bellmann, Personalvorstand von KarstadtQuelle, zusammen, „nur zufriedene Mitarbeiter führen zu zufriedenen Kunden. Dafür müssen die Arbeitsbedingungen nicht immer ideal, aber die Führung muss gut sein. Die Mitarbeiter sollen sich einbringen und ihre Ideen realisieren können. Hier haben wir noch viel zu tun".

Quelle: www.arcandor.com.

Mitarbeiter als Kunde

Die genannten Punkte stützen die hohe Bedeutung der mitarbeiterorientierten Führung. Es erweist sich im Handel als unabdingbar, dass die Vorgesetzten den Bezug „zur Basis" nicht verlieren. Schließlich lernen sie so die Probleme und Sorgen ihrer Mitarbeiter kennen und können darauf reagieren. Beseitigt der Vorgesetzte die Problembereiche der Mitarbeiter und sorgt er für ein positives Arbeitsumfeld und für anspruchsvolle Arbeitsinhalte, so sind damit die Voraussetzungen geschaffen, dass der Mitarbeiter sich „voll und ganz" auf seine Kunden konzentriert. Entsprechend sollen die Mitarbeiter von den Vorgesetzten als **interne Kunden** verstanden werden. Es bietet sich an, sowohl von externer, d.h. kundenorientierter, als auch von interner, d.h. mitarbeiterorientierter, Servicequalität zu sprechen. Hier liegt ein Schlüssel für die Verknüpfung personal- und kundenorientierter Ansätze im Handelsmanagement.

VI. Besonderheiten wettbewerbsorientierter Strategien des Großhandels

1. Überblick

Wie im Ersten Kapitel ausgeführt, weist der Großhandel eine enorme Bedeutung und zugleich eine Formenvielfalt, d.h. Fülle von Betriebstypen, auf (vgl. hierzu Abschnitt C.II. des Dritten Kapitels). Diese Formenvielfalt, die in der Praxis oft zu Mischtypen führt, u.a. Besonderheiten des Großhandels – bspw. die Position des Großhandels als Distributionsorgan zwischen Herstellern auf der Supply-Side (up-stream) und den Kundengruppen Gastronomie/Großverbraucher, Industrie sowie Handwerk auf der Demand-Side (down-stream), die oft direkten Kundenkontakte oder die mittelständisch geprägte Struktur der Großhandelsunternehmen usw. – legen es nahe, die wettbewerbsorientierten Strategien des Großhandels gesondert zu betrachten.

Abbildung 2.33: Faktoren und Indikatoren

Faktor	Kriterien
Beschaffungskompetenz	- Full-Service-Konzept für den Kunden bzw. das Management des Beschaffungsprozesses - Wissen/Know-how über (internationale) Beschaffungsmärkte - Fähigkeit, neue Beschaffungsmärkte zu identifizieren - Fähigkeit, innovative Produkte auf den (internat.) Beschaffungsmärkten zu identifizieren
Integrationskompetenz	- Identifikation und Auswahl der Systempartner - Koordination des gesamten Informationsflusses (Großhändler als Information-Hub) - Koordination des gesamten Warenflusses - Entwicklung eines gemeinsamen Marketing-Konzepts
Marketingkompetenz	- Werbehilfe/Marketingberatung - Zurverfügungstellen von Verkaufsförderungsmaterialien - Produkt-/Verkäuferschulungen - Marktforschung für den Kunden - Sortimentsplanungshilfe für den Kunden - Betriebsberatung (betriebswirtschaftlich/steuerlich/rechtlich) - Fachberatung des Kunden
Distributionskompetenz	- Übernahme der Markterschließung/-bearbeitung für den Hersteller - (Vor-)Selektion der Kunden für den Hersteller - Aufbau und Management der Kundenbeziehungen für den Hersteller
Logistikkompetenz	- hohe Warenverfügbarkeit im eigenen Lager - Übernahme der Entsorgung und des Recycling - Express-Lieferungen - Übernahme von Streckengeschäften
Versorgungskompetenz	- Übernahme der Artikelauswahl innerhalb eines definierten Bereichs für den Kunden - Koordination des gesamten Beschaffungsprozesses innerhalb eines definierten Bereichs - Übernahme der Regalpflege/Magazinpflege innerhalb eines definierten Bereichs
Bearbeitungskompetenz	- Übernahme von kundenspezifischen Be- und Verarbeitungen - Übernahme von Be-/Verarbeitungen für den gesamten Markt (standardisierte Be- und Verarbeitungen)

Quelle: Zentes u.a. 2007, S. 131.

Trotzdem werden entsprechende Strategien nur in wenigen Studien und (Lehr-)Büchern behandelt, weshalb hier auf eine aktuelle Studie von Zentes u.a. (2007) rekurriert wird, welche die Unterschiede in den Strategien in kombinierter Form empirisch aufzeigt. Analysiert wurden verschiedene Leistungsbereiche als **spezifische Kernkompetenzen**, die Großhandelsunternehmen gegenüber der Konkurrenz einen **Wettbewerbsvorteil** bieten.

Abbildung 2.34: Strategie-Matrix für Großhandelsunternehmen

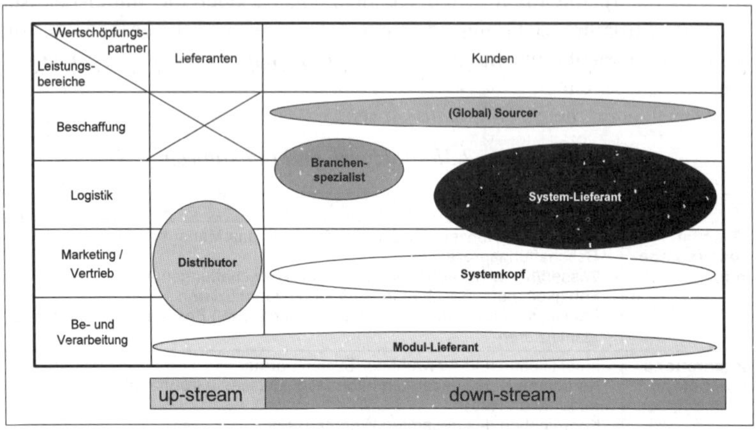

Quelle: Zentes u.a. 2007, S. 137.

Die Grundlage bildeten sieben Faktoren und eine ganze Reihe von Kriterien, die aus Gründen der Nachvollziehbarkeit in Abbildung 2.33 abgebildet sind.[1] Auf dieser Basis können sechs Geschäftsmodelle identifiziert werden, die für das Großhandelsunternehmen, seine Lieferanten und Abnehmer einen deutlichen Mehrwert generieren und eine Profilierung im horizontalen Wettbewerb ermöglichen. Damit wird akzentuiert, dass der Großhandel bei der Formulierung und Umsetzung einer Strategie – vor dem Hintergrund der Einbindung in die duale Beziehung als „middleman" zwischen Kunden und Herstellerunternehmen – diese sowohl an den Bedürfnissen und Anforderungen seiner Kunden als auch seiner Lieferanten ausrichten muss.

Tabelle 2.1: Kompetenzen im Vergleich zum Wettbewerb – Mittelwerte

	Beschaffung	Integration	Marketing	Distribution	Logistik	Versorgung	Bearbeitung
System-Lieferant	-0,7	-0,5	-1,2	+0,5	+0,2	+1,8	+0,2
Modul-Lieferant	+0,9	+0,1	+0,1	+0,3	+0,2	+0,6	+1,8
Systemkopf	-0,4	+1,1	+0,7	+0,2	+0,5	+0,3	-0,3
(Global) Sourcer	+1,7	-0,3	+0,2	0,0	0,0	-0,3	-0,5
Distributor	-0,3	0,0	-0,4	+1,2	+0,1	-0,5	-0,2
Branchenspezialist	+0,5	-0,5	+0,6	+0,6	+0,6	-0,2	0,0

Legende: <0 = unterdurchschnittlich; 0 = durchschnittlich; >0 = überdurchschnittlich.
Quelle: Zentes u.a. 2007, S. 143ff.

---

[1] Die erhobenen Erfolgskennzahlen – Umsatz und Gewinn – werden hier ausgeklammert, wenngleich sie profilierte und unprofilierten Cluster zu zeigen in der Lage sind.

Tabelle 2.1 ermöglicht einen unmittelbaren Vergleich zwischen den Strategien anhand quantitativer Daten. Für Großhandelsunternehmen ist es damit zwingend erforderlich, klare Kernkompetenzen auszubilden, die eine Differenzierung vom Wettbewerb und damit eine Profilierung des Unternehmens ermöglichen; wenngleich es auch Großhandelsunternehmen gibt, die Kernkompetenzen in mehreren Leistungsbereichen aufbauen und eine Positionierung im Markt über eine Kombination der idealtypischen Geschäftsmodelle erreichen.

Die einzelnen strategischen Modelle werden nachfolgend i.S. einer Definition des jeweiligen strategischen Modells, der Charakterisierung der Rahmenbedingungen und der Erläuterung der entsprechenden Merkmale behandelt.

2. System-Lieferant

Das Geschäftsmodell „System-Lieferant" kann in zwei Ausprägungen untergliedert werden, entsprechend den Kunden aus Industrie- und Handwerksunternehmen (MRO-Provider) und des Einzelhandels (Service-Merchandiser).

MRO-Provider als Modell gegenüber Kunden aus Industrie und Handwerk

> *„Der MRO-Provider übernimmt für einen definierten MRO-Güter- und/oder C-Teile-Warenbereich für den Kunden dessen Beschaffungsorganisation und die Versorgung des Kunden mit diesen Waren" (Zentes u.a. 2007, S. 151).*

Die Rahmenbedingungen entsprechender Großhandelsunternehmen können mit der Rückbesinnung der Industrie auf Kernkompetenzen und dem Outsourcing von Aktivitäten in vor- und nachgelagerten Branchen charakterisiert werden. Ferner streben Industrieunternehmen eine Reduzierung der Lieferantenzahl an, um die mit vielen Lieferanten verbundenen, hohen Prozesskosten zu reduzieren. Dies bezieht sich v.a. auf MRO-Güter sowie C-Teile, nachdem Beschaffungsprozesse bei direkten Produktionsgütern in der Vergangenheit bereits weitestgehend rationalisiert wurden. Bei den C-Teilen stehen zudem die Prozesskosten in keinem Verhältnis zum Wert der beschafften Güter.

Vor dem Hintergrund der Entwicklungen besteht für Großhandelsunternehmen die Möglichkeit, sich als MRO-Provider zu positionieren. Diese Unternehmen stammen meist aus dem Technischen Handel und beliefern überwiegend Industrieunternehmen und aus dem Bereich des Baustoff-Fachhandels und Elektrogroßhandels, die wiederum Handwerksunternehmen beliefern. Auf der Seite der Industrieunternehmen führt die Einschaltung von Großhandelsunternehmen als MRO-Provider zu einer **Lieferantenreduktion**, zu einer **Reduktion der Prozesskosten** und ferner zu einer **verminderten Anzahl an Kreditoren** und damit einhergehend zu geringeren Abwicklungskosten im Rahmen der Beschaffung. Das Großhandelsunternehmen als MRO-Provider bietet die erforderlichen MRO-Güter (z.B. des Bereichs Arbeitsschutz) sowie C-Teile „aus einer Hand" an und etabliert sich somit als **„Single-Source"**. Voraussetzung für eine erfolgreiche Umsetzung des Geschäftsmodells MRO-Provider ist – neben dem Vertrauen beider Marktpartner – die seitens des Großhandelsunternehmens gewährleistete hohe Versorgungskompetenz.

Abbildung 2.35: Ausprägungen des MRO-Providers

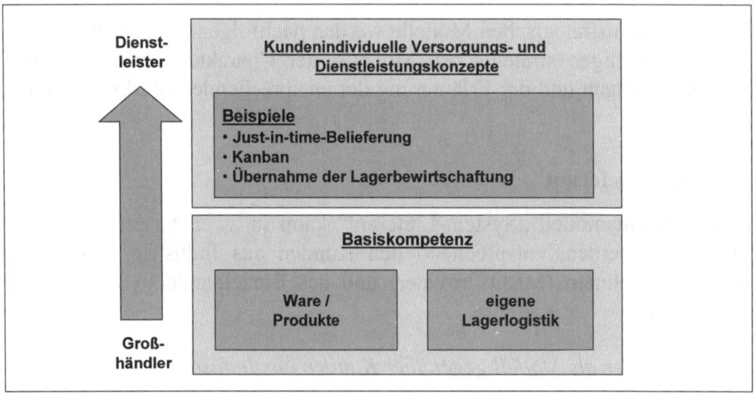

Quelle: Zentes u.a. 2007, S. 156.

In Abhängigkeit von der strategischen Ausrichtung und der Unternehmensgröße von Industrieunternehmen lassen sich verschiedene Implementierungstiefen des Geschäftsmodells MRO-Provider beobachten (siehe Abbildung 2.35):

- In vielen Fällen übernimmt das Großhandelsunternehmen die Belieferung mit den definierten MRO-Gütern sowie C-Teilen, ohne dass es weitere Funktionen im Rahmen der Beschaffungsorganisation (Bestandsführung, Warendisposition usw.) ausübt. Das Lager/Magazin des Kunden bleibt im herkömmlichen Sinne erhalten und das Management des Beschaffungsprozesses liegt in der Verantwortung des Kunden.
- Industrieunternehmen tendieren ferner dazu, den Beschaffungsprozess von MRO-Gütern sowie C-Teilen zu dezentralisieren, d.h., die einzelnen Bedarfsträger des Industrieunternehmens bestellen direkt beim MRO-Provider die für ihren Arbeitsbereich erforderlichen Güter. Diese dezentrale Auslösung von Bestellungen mittels **Desktop-Purchasing-Systemen** oder elektronischen Produktkatalogen durch die Bedarfsträger trägt zur Entlastung der Einkaufsmitarbeiter von operativen Aufgaben in der Beschaffung bei.
- Eine weitere Prozesskosteneinsparung liegt darin, dass das Großhandelsunternehmen die individuellen Beschaffungsprozesse des definierten Warenbereichs übernimmt, so die Bestandsführung vor Ort, die Bedarfsermittlung und die Lieferung. Hier lässt sich beobachten, dass Industrieunternehmen auch bestrebt sind, komplette Magazine an einen MRO-Provider abzugeben, der diese dann für das Industrieunternehmen führt.

- ♦ Des Weiteren gewinnen **Versorgungskonzepte** wie u.a. Kanban an Bedeutung. Im Rahmen dieser optimierten Lagerbefüllungs- und Nachschubsysteme realisiert das Großhandelsunternehmen die Steuerung des Kanban-Prozesses, v.a. die Wiederbefüllung der Kanban-Behälter, die abhängig von der Nachfrage unter Beachtung des Bedarfs angestoßen wird.

Da Industrieunternehmen den Umfang der MRO-Güter und/oder C-Teile komplett vergeben, sind kleinere Großhandelsunternehmen in vielen Fällen nicht mehr in der Lage, den geforderten Warenumfang „aus einer Hand" zu bieten; sie sind daher verstärkt gezwungen, **horizontale Kooperationen** mit anderen Großhandelsunternehmen einzugehen. Ähnlich sieht es im Handwerksbereich aus. Hier bietet sich dem Großhandel die Möglichkeit, den Handwerksbetrieben für MRO-Artikel die entsprechenden **Regalsysteme** zur Verfügung zu stellen und deren Bestandsführung, Disposition und Wiederauffüllung zu übernehmen; dies geht bis hin zu System-Containern direkt auf der Baustelle.

Service-Merchandiser als Modell gegenüber Kunden aus dem Einzelhandel

> *„Der Service-Merchandiser übernimmt für seine Kunden die Versorgung mit definierten Sortimentsbestandteilen. Er stellt dabei ein komplettes System inklusive des entsprechenden Marketing-Konzeptes, so der Materialien für die Warenpräsentation und Verkaufsförderungsmaterialien, zur Verfügung und übernimmt die kontinuierliche Pflege und Optimierung des Sortiments" (Zentes u.a. 2007, S. 160).*

Die Rahmenbedingungen in diesem Bereich sind ähnlich durch einen verschärften Wettbewerbs, eine Konzentration auf **Kernkompetenzen** und damit auch durch Outsourcing geprägt. Während das Einzelhandelspersonal sich seiner Kernkompetenz „Verkauf" widmen kann, werden die **Supportfunktionen** an externe Dienstleister übergeben. Eine optimale Warenverfügbarkeit, eine ansprechende Warenpräsentation und ein ausgefeiltes Sortiment werden vom Kunden erwartet, Out-of-Stock-Situationen meist nicht toleriert. Der Großhändler steht seinen Kunden durch Mitarbeit im **Category-Management** und durch eine exzellente Sortimentskompetenz als Partner zur Seite.

Eine Reihe von Großhandelsunternehmen bietet durch Übernahme von **Systemverantwortung** ein vollständiges System inklusive der notwendigen Marketing- und Verkaufsförderungsmaterialien an. Ein Vorläufer dieses Geschäftsmodells ist bereits seit langer Zeit bekannt und wird erfolgreich praktiziert (Rack Jobber).[1] Je nach Ausprägung der Systemaktivitäten stellt der Großhändler auch selbst die Regale zur Verfügung. Insbesondere kleinere, selbstständige Einzelhändler sind dabei auf die Unterstützung des Großhandels angewiesen, da sie ohne Einbindung in ein System mit kooperativen

---

[1] Vgl. hierzu Abschnitt C.II. des Dritten Kapitels.

Aktivitäten im Bereich des Marketing kaum in der Lage wären, entsprechende Maßnahmen zu entwickeln. Für den Einzelhandel bietet die Zusammenarbeit mit einem Service-Merchandiser zumindest zwei Vorteile:

- Durch Entlastung der eigenen Mitarbeiter können sich diese auf Kernkompetenzen im Vertrieb konzentrieren.
- In komplexen Beschaffungsmarktsituationen kann der Großhändler auf Grund seiner ausgeprägten Sortiments- und Lieferantenkenntnis sowie auf Grund größerer Beschaffungsvolumina i.d.R. bessere Einkaufspreise und -konditionen erzielen. Ähnlich stellt sich die Situation auch bei Warengruppen mit einer großen Sortimentstiefe dar, die aber nur sehr selten verkauft werden:

Die Leistungen des Service-Merchandisers können verschiedene Ausprägungen annehmen, die in erster Linie von dem vom Kunden gewünschten **Outsourcing-Grad** bestimmt werden:

- Ist der Einzelhändler nicht bereit, große Teile der Verantwortung für sein Sortiment aus der Hand zu geben, so muss der Service-Merchandiser seine Leistungen entsprechend adaptieren und lediglich eine starke beratende Funktion übernehmen sowie im Rahmen von Produktschulungen auch Kompetenzen an seine Kunden weitergeben.
- In der höchsten Ausprägung übernimmt der Service-Merchandiser vollständig die Verantwortung für die Befüllung der von ihm verwalteten Regale. Großhändler, die als Service-Merchandiser agieren, sind dann häufig auf genau abgegrenzte Sortimente spezialisiert.
- In einer extremen Ausprägung ist sogar eine **Abwälzung des Warenrisikos** vom Einzelhändler auf den Großhändler denkbar.

Eine weitere Dimension des Service-Merchandisers betrifft den **Standardisierungsgrad** der Leistungen. So kann einerseits ein standardisiertes Systemangebot für den Gesamtmarkt entwickelt werden oder es können kundenindividuelle Problemlösungen sein, so bei logistischen Fragestellungen und in Bezug auf Marketingaktivitäten, die für das Geschäftsmodell Service-Merchandiser häufig eine zentrale Rolle spielen. Der Großhändler ist an dieser Stelle gefordert, seine Kunden mithilfe eines aktiven **Customer-Relationship-Managements** zu klassifizieren und den jeweiligen **Kundenwert** zu bestimmen. Erst auf dieser Grundlage ist eine fundierte Entscheidung bezüglich der dem jeweiligen Kunden zukommenden Leistung möglich. Für die professionelle Entwicklung von standardisierten oder auch kundenspezifischen Systemlösungen, insbesondere der Marketingaufgaben, ist eine kritische Größe i.d.R. zwingend. Die hier notwendigen Vorinvestitionen und Wirkungs-Time-lags wirken nachteilig für kleinere Großhandelsunternehmen.

3. Modul-Lieferant

> *„Der Modul-Lieferant übernimmt sowohl für seine Lieferanten (up-stream) als auch für seine Kunden (down-stream) Be- und Verarbeitungsleistungen an den von ihm gehandelten Waren" (Zentes u.a. 2007, S. 178).*

Die Profilierung über das Geschäftsmodell Modul-Lieferant ist sowohl up-stream- als auch down-stream-orientiert, wobei down-stream die Kundengruppen Gastronomie/Großverbraucher, Industrie sowie Handwerk beliefert werden. Wie bereits als Rahmen bei den System-Lieferanten angedeutet, unterliegen in vielen Branchen Wertschöpfungsprozesse und Formen der Arbeitsteilung einem schnellen Wandel. Zunehmend fremdbezogene Leistungen oder auch das fehlende (Be- und Verarbeitungs-)Know-how vieler Unternehmen bilden die Grundlage für Wachstumsmöglichkeiten für Modul-Lieferanten, d.h. Unternehmen, die Be- und Verarbeitungsleistungen übernehmen.

Diese Be- und Verarbeitungsleistungen stellen dabei die nachträgliche Veränderung der gehandelten Waren durch das Großhandelsunternehmen dar. Vor allem Großhandelsunternehmen aus dem Technischen Großhandel und dem Baustoff-Fachhandel streben eine derartige Profilierung an, wenngleich auch Unternehmen des Elektrogroßhandels, des Food-Service/Großverbraucherzustellhandels und des Großhandels mit Haustechnik hierzu gehören. Neben Be- und Verarbeitung der gehandelten Waren profilieren sich diese Handelsunternehmen durch eine überdurchschnittliche Beschaffungskompetenz.

Die Be- und Verarbeitung der gehandelten Waren erfolgt in zwei Formen:

- Bei der **autonomen Leistungserstellung** wird die Gestaltung des Leistungsangebotes bzw. des Sortiments an den erwarteten Bedürfnissen eines anonymen Marktes ausgerichtet.
- Im Gegensatz dazu wird bei **kundenindividueller Leistungserstellung** eine spezifische Leistung für den Bedarf eines konkreten Kunden erstellt.

Bei autonomer Leistungserstellung besteht für den Kunden kein oder ein geringer Einfluss auf die Durchführung des Leistungserstellungsprozesses der Be- und Verarbeitung, wohingegen ein höherer Individualitätsgrad der Leistungserstellung mit einer starken Mitwirkung des Kunden an der Erstellung der Be- und Verarbeitungsleistung verbunden ist. Folgerichtig sind die Unternehmen bestrebt – neben der Durchführung einfacher Be- und Verarbeitungsleistungen (z.B. Schneiden, Stanzen) an den gehandelten Waren – dem Kunden komplette Baugruppen bzw. Module anzubieten. Diese Übernahme der Baugruppen- bzw. Modulmontage stellt eine Erhöhung der Wertschöpfungstiefe des Großhandelsunternehmens dar, welche die Position des „Komplett-Teile-Lieferanten" weiterhin stärkt. Neben der Profilierung im Wettbewerb werden eine erhöhte Kundenbindung und höhere Preisen realisiert, da die modifizierten Waren kundenindividuell sind und damit einen

Preisvergleich erschweren bzw. der Zusatznutzen für den Kunden zu erhöhter Preisbereitschaft führt.

Es kann gezeigt werden, dass die meisten kleineren Unternehmen (mit weniger als 10 Mio. EUR Jahresumsatz) schwerpunktmäßig ausgewählte leichte Be- und Verarbeitungsleistungen vornehmen, während die mittleren und großen Großhandelsunternehmen die Montage kompletter Baugruppen übernehmen und sich vom „Teile-Lieferanten" zu einem „Baugruppen-Lieferanten" entwickeln. Da die Übernahme kundenindividueller Be- und Verarbeitungsleistungen nicht notwendigerweise vollständig durch das Großhandelsunternehmen durchgeführt wird, besitzen die Unternehmen ebenfalls eine ausgezeichnete Beschaffungskompetenz bzw. einen umfangreichen Marktüberblick bezüglich der Zulieferunternehmen. Hieraus resultiert im Extremfall ein Be- und Verarbeitungsnetzwerk. Als „**Netzwerk-Koordinator**" ist das Großhandelsunternehmen in der Rolle des Informationsmanagers, der kundenspezifischen Bedürfnisse an die verschiedenen Unternehmen der unterschiedlichen Marktstufen weiterleitet.

4. Systemkopf

> *„Der Systemkopf tritt innerhalb einer durch ihn initiierten vertikalen Wertschöpfungspartnerschaft in Form von Kontraktsystemen mit seinen Kunden als Kontraktgeber auf. Dabei unterstützt er die an die vertikale Wertschöpfungspartnerschaft angeschlossenen Unternehmen durch exklusive Serviceleistungen im Rahmen der endverbraucherorientierten Profilierung und koordiniert als fokales Unternehmen die Aktivitäten der angeschlossenen Mitgliedsbetriebe" (Zentes u.a. 2007, S. 167).*

Vor allem im Bau- und Heimwerkermarkt entstehen Filialsysteme, die in klassische Domänen des Handwerks einbrechen, indem sie die steigende Nachfrage der mit dem „do-it-yourself"-Gedanken verbundenen Kundengruppe auf sich vereinigen können und mit preisaggressiven Strategien die Preisbereitschaft potenzieller Kunden von Handwerksbetrieben verringern. Handwerksbetriebe sind in weiten Bereichen überfordert, Marketingmethoden im Rahmen der Planung und Umsetzung (end-)verbrauchergerichteter Profilierungskonzepte anzuwenden, was sich vor dem Hintergrund der rückläufigen Baukonjunktur verschärfend auf die Gesamtsituation auswirkt. Ferner überfordern hohe Investitionsvolumen für neue Computertechnologien in vielen Fällen das kleinbetriebliche Handwerk, so CAD-Systeme, die z.B. im Sanitärhandwerk die Präsentation von Badplanungen ermöglichen.

Vor dem Hintergrund dieser Entwicklungen auf der Seite der Handwerksunternehmen bietet sich für Großhandelsunternehmen die Möglichkeit einer wertschöpfungsstufenübergreifenden Zusammenarbeit mit ihren Kunden, um sich als Systemkopf innerhalb einer **vertikalen Wertschöpfungspartnerschaft** zu positionieren und gemeinsam mit den an die vertikale Wertschöpfungspartnerschaft angeschlossenen Handwerksbetrieben eine optimierte Endkundenansprache und -bearbeitung zu erreichen. Das Großhandelsunternehmen nimmt dabei als Systemkopf eine zentrale Rolle innerhalb der vertikalen Wertschöpfungspartnerschaft ein. Es handelt sich hierbei primär um Unternehmen, welche die Kundengruppe Handwerk beliefern, so Baustoff-Fachhandel, Elektrogroßhandel sowie Großhandel mit Haustechnik. Desweiteren fallen hierunter auch Großhandelsunternehmen aus dem Food-Service/Großverbraucherzustellhandel.

Das Großhandelsunternehmen tritt als **Kontraktgeber** innerhalb der vertikalen Wertschöpfungspartnerschaft mit seinen Kunden auf. Ergebnis sind dabei längerfristige vertragliche Regelungen, die Vereinbarungen über servicepolitische Unterstützung des Großhändlers sowie entsprechende Gegenleistungen der im Rahmen der vertikalen Wertschöpfungspartnerschaft rechtlich selbstständig bleibenden Handwerksunternehmen umfassen. Die Handelsunternehmen besitzen ausgeprägte Marketing- und Absatzunterstützungskenntnisse, die sie nicht nur gegenüber den angeschlossenen Handwerksunternehmen, sondern auch „im Namen" der gesamten vertikalen Wertschöpfungspartnerschaft gegenüber den (End-)Verbrauchern einsetzen. Insofern steht die Prüfung der verbrauchergerichteten Profilierungskonzepte am Anfang der Überlegungen. Statt konventioneller Entlastungen im Bereich von Beschaffungs- und Produktionsprozessen bilden die Absatzprozesse der Handwerker den Dreh- und Angelpunkt des Geschäftsmodells. Die **Koordination des Warenflusses** ist somit von großer Bedeutung.

Des Weiteren übernimmt der Systemkopf neben der Steuerung der Warenflüsse auch die Koordination des gesamten Informationsflusses und agiert als sog. **„Information Hub"**. Eine informatorische Vernetzung der angeschlossenen Mitglieder, die durch das Großhandelsunternehmen als Systemkopf gefördert werden sollte, hilft dabei, den Koordinationsaufwand zu reduzieren.

KSM ServiceTechnik als Systemkopf

Der Autoteile-Großhändler KSM ServiceTechnik – entstanden aus dem Zusammenschluss dreier Bosch-Großhandelsunternehmen – kann als Benchmark für Unternehmen gelten, die das Geschäftsmodell Systemkopf einsetzen, da er gleich mehrere Konzepte anbietet, um alle Kundensegmente optimal abdecken zu können. Die Systemangebote werden dabei auf Basis einer hohen Innovationskraft systematisch weiterentwickelt und ergänzt. Die kontinuierliche Weiterentwicklung von mehreren Angeboten parallel sowie die effiziente Vernetzung des Großhändlers mit seinen Kunden spielen dabei eine entscheidende Rolle für den Vorbildcharakter des Unternehmens. KSM wählt die Kunden selbst aus, welche die erforderlichen Kriterien für eine Mitgliedschaft im System erfüllen, und managt die Konzeptumsetzung. Heute ist das Unternehmen an 36 Standorten in Deutschland und Europa aktiv und beschäftigt rd. 1.000 Mitarbeiter.

Quelle: Zentes u.a. 2007, S. 268ff.

Des Weiteren entwickeln die Großhandelsunternehmen ein gemeinsames Marketing-Konzept für die vertikale Wertschöpfungspartnerschaft und deren Mitglieder, in dessen Mittelpunkt die Etablierung einer gemeinsamen

Marke steht. Das vermittelte Erscheinungsbild soll so zur klaren Unterscheidbarkeit der angeschlossenen Mitglieder von den Leistungen der Konkurrenz beitragen. Es kann eine Corporate Identity geschaffen werden, die intern das Gefühl der Zusammengehörigkeit – und damit auch die Loyalität – stärkt. Ferner nimmt die Produkt- und Verkäuferschulung eine hohe Bedeutung ein, aber auch das Zurverfügungstellen von Verkaufsförderungsmaterialien sowie die Durchführung von Verkaufsförderungsaktionen beim Kunden ist nicht zu vernachlässigen. Derartige servicepolitische Anstrengungen zielen auf eine langfristige Partnerschaft. Doch nur wenn die Förderung der Absatzentwicklung im Handwerk auch beim Großhändler in steigenden Umsätzen zum Ausdruck kommt, ist eine Unterstützung verbrauchergerichteter Profilierungsmaßnahmen sinnvoll („Win-Win-Situation"). Diese Positionierung setzt eine entsprechende Kapitalausstattung voraus, sodass hier mittlere und große Großhandelsunternehmen im Vorteil sind.

5. (Global) Sourcer

> *„Der (Global) Sourcer profiliert sich über hohe Kompetenzen in der nationalen und/oder internationalen Beschaffung. So erschließt er als „Pionier" neue Beschaffungsmärkte und identifiziert innovative Produkte sowie neue, bislang nicht bekannte Lieferanten" (Zentes u.a. 2007, S. 186).*

Den Rahmen bildet hier die Internationalisierung der Wertschöpfungsprozesse, insbesondere die **internationale Beschaffung** als Basis der Profilierung. Der Großhandel ist gefordert, durch intensive Qualitätsprüfungen und durch eine aktive Informationspolitik die Vorteile einer internationalen Beschaffung herauszustellen, denn in Bezug auf das Geschäftsmodell eines (Global) Sourcers ist die Akzeptanz der ausländischen Produkte seitens der Kunden von entscheidender Bedeutung. Trotzdem wird Globalisierung im Großhandel vielfach noch als Bedrohung der eigenen Wettbewerbsposition gesehen.

Wenige Großhandelsunternehmen nutzen diese Profilierungsoption, obwohl die Beschaffung zu den Basisfunktionen des Großhandels zählt. Beim Geschäftsmodell Sourcer bzw. Global Sourcer handelt es sich vorrangig um Unternehmen aus dem Baustoff-Fachhandel, dem Großhandel mit Haustechnik, dem Food-Service/Großverbraucherzustellhandel, dem Technischen Großhandel und seltener dem Elektro-Großhandel. Hier nehmen z.T. sehr flexibel agierende Großhandelsunternehmen verstärkt die Funktion von **„Pionier"-Unternehmen auf Beschaffungsmärkten** im In- und Ausland ein und zwar mit dem vorrangigen Ziel, neue oder bisher nicht bekannte Produkte für den inländischen Bedarf „zu entdecken" und diese mit einem entsprechenden Dienstleistungsangebot auf dem Inlandsmarkt anzubieten. Dabei übernimmt der (Global) Sourcer nicht nur die Identifikation neuer Produkte und die operative Abwicklung des Beschaffungsprozesses, sondern erfüllt für seine Kunden auch entscheidende Funktionen im Rahmen der Sortimentsgestaltung und -pflege. Er greift (weltweite) Trends und Entwicklungen auf und transportiert diese zu seinen Kunden und somit indirekt zu den Endverbrauchern. So kann durch ein aktives Gobal Sourcing absatzseitig ein wesentlicher Einfluss auf Trends und die Nachfrageentwicklung genommen werden, bis hin zur Erschließung vollständig neuer Geschäftsfelder. Diese Sourcing-Kompetenz kann verschiedene Ausprägungen annehmen, die weit über die Identifikation neuer Produkte hinausgeht:

- Das übergeordnete Ziel stellt die ständige Erneuerung und Optimierung des Sortimentes des Großhandels und damit auch seiner Kunden dar.
- Ein Mehrwert kann in diesem Zusammenhang einerseits über innovative Produkte generiert werden, aber auch durch die Identifikation neuer Lieferanten sowie durch die Erschließung neuer Beschaffungsmärkte.
- Auch Engpässe in der Warenverfügbarkeit können auf diesem Wege vermieden oder reduziert sowie saisonale Schwankungen in Qualität und Mengen ausgeglichen werden. Ein systematisches **Lieferantenmanagement** ist damit für die Strategie des (Global) Sourcers unabdingbar.
- Über diese objektorientierte Sichtweise hinaus stellt auch der geografische Aktionsradius eines (Global) Sourcers eine Profilierungsmöglichkeit dar.

Ein Full-Service-Konzept umfasst das Management des Beschaffungsprozesses durch den Großhändler, das v.a. in der internationalen Beschaffung oft mit wesentlichen organisatorischen und infrastrukturellen Aufwendungen verbunden ist. Der (Global) Sourcer wird häufig in das **Category-Management** seiner Kunden eingebunden. Auf Grund seiner gut ausgeprägten Warengruppenkompetenz und seiner Kenntnisse über Trends und Entwicklungen auf den (internationalen) Produktmärkten kann er hier wichtige Informationen liefern. Im Rahmen der logistischen Leistungen, die ein Global Sourcer effizient erbringen muss, nehmen die Beschaffungslogistik sowie die Lagerhaltung eine herausragende Stellung ein. Das Geschäftsmodell ist im Grundsatz von Unternehmen jeder Größe anwendbar. Die konkrete Ausgestaltung sowie das Ausmaß der internationalen Beschaffungsaktivitäten und ein aktives Sourcing auf vielen verschiedenen Märkten und in einer Vielzahl unterschiedlicher Warengruppen setzt jedoch eine gewisse Ressourcenstärke voraus.

6. Distributor

> *„Der Distributor übernimmt für inländische oder ausländische Hersteller die Markterschließung und die Marktbearbeitung eines ausgewählten Marktes" (Zentes u.a. 2007, S. 195).*

Die Profilierung über das Geschäftsmodell Distributor ist up-stream-orientiert, d.h. an die Lieferanten des Großhandels gerichtet. Den Rahmen eines Distributors bilden die zunehmende Internationalisierung der Absatzaktivitäten von Produktions- und Dienstleistungsunternehmen und die damit verbundene inländische Übernahme der Vertriebs- bzw. Distributionsaufgaben für ausländische Produzenten. Gerade im gesättigten, hoch kompetitiven Wettbewerbsumfeld und vor dem Hintergrund der notwendigen hohen Investitionen in die Vertriebsstruktur liegt für ausländische Hersteller die Option nahe, die Aufgabe der Markterschließung und -bearbeitung einem Großhandelsunternehmen zu übertragen und auf diesem Wege das mit dem Markteintritt verbundene Risiko zu reduzieren.

Die Distribution bietet für Großhandelsunternehmen Potenzial für eine Differenzierung vom Wettbewerb, wobei i.d.R. ausländische Hersteller vertraglich geregelte Absatzkooperationen mit einer meist kleinen Zahl von Großhandelsunternehmen vereinbaren oder nur einem Großhändler exklusive Vermarktungsrechte übertragen. Der Distributor profiliert sich über die Distributionskompetenz und übernimmt somit in Form eines Full-Service-Konzeptes die vollständige Markterschließung und -bearbeitung für den Hersteller. Die über eine reine Lieferbeziehung hinausgehende Zusammenarbeit beinhaltet v.a. Aktivitäten der Großhandelsunternehmen für eine strategische Markterschließung und -bearbeitung sowie die Übernahme von Kundendienstleistungen für den Hersteller. Insbesondere der Aufbau und das Management der Kundenbeziehungen haben im Rahmen der Marktbearbeitung für ausländische Hersteller eine herausragende Bedeutung, da u.a. diese Funktionen nur selten international standardisiert werden können, sondern vielmehr eine jeweils ländermarktspezifische Kundenansprache, Kundenkommunikation usw. erforderlich sind. Somit wäre eine eigene Übernahme dieser Aufgabe mit erheblichem Einsatz finanzieller und personeller Ressourcen verbunden. Aufgabe des Großhändlers ist es, diese Funktionen besser oder günstiger zu erfüllen als der Hersteller selbst. Gerade bei Produkten, bei denen eine Vielzahl von kleinen und mittleren Unternehmen die Zielgruppe dominiert, übernehmen Großhandelsunternehmen die notwendige **Fein-Distribution**. Derartige Kunden sind üblicherweise eher in der Kundengruppe der Industrieunternehmen, im Einzelhandel oder bei der Systemgastronomie anzutreffen, als dies im Handwerk der Fall ist.

Gehe als Distributor in der Pharmabranche

Die heute zur Haniel-Gruppe gehörende Holding Celesio AG bearbeitet den Großhandel in Deutschland über die Gehe Pharma Handel GmbH, die nach Phoenix der zweitgrößte Pharmahändler in Deutschland ist. Das Konzept einer Profilierung als Distributor gegenüber der Industrie ist einzigartig in der stark regulierten Pharmabranche, in der dem Großhandel eine wichtige Position im Rahmen der Feinverteilung von Produkten zukommt. Mit dem Ziel einer engeren vertikalen Integration entlang der Wertschöpfungskette bindet Gehe im Rahmen eines Commitment-Programms ausgewählte Hersteller und Apotheken an sich und bietet beiden Seiten über die Distribution hinaus weit gehenden Zusatznutzen, z.B. verbesserte Zahlungsbedingungen, Unterstützung im Marketing, Schulungsangebote, preferred partnership mit den Herstellern.

Quelle: Zentes u.a. 2007, S. 315ff.

Ferner stellt der Großhändler die zentrale Verbindung zwischen dem Produzenten und seinen Nachfragern dar und sorgt für die Vermittlung und Übertragung von Informationen entlang der Distributionskette. Eine noch größere Relevanz als Differenzierungskriterium hat ferner die Unterstützung des Herstellers bei Produktinnovationen. Auch nach der (Neu-)Kundenakquisition im Zuge einer Produkteinführung kann der Distributor ein intensives Kundenmonitoring und damit verbunden eine fortdauernde Kundensegmentierung für den Hersteller umsetzen. Die Ausgestaltung des CRM bzw. des Marketing-Mix kann dabei je nach Einzelfall verschieden sein.

Insgesamt wird ein ausländischer Hersteller die Markterschließung und -bearbeitung nur einem Großhandelsunternehmen anvertrauen, von dem er sicher erwarten kann, dass es auch in der Lage ist, alle relevanten Kunden zu erreichen. Damit ist für den Distributor ein Vertriebsnetz erforderlich, das sich über den gesamten Markt erstreckt. In vielen Fällen verfügen nur größere Großhandelsunternehmen über derartige Voraussetzungen. Beschränkt sich der Markteintritt jedoch auf eine eng definierte Branche, kann durchaus auch ein kleineres Unternehmen über dieses Vertriebsnetz verfügen und die Marktbearbeitung als Full-Service-Konzept für den Hersteller anbieten. Ähnlich ist es, wenn der Eintritt auf eine bestimmte Region beschränkt ist.

7. Branchenspezialist

> *„Der Branchenspezialist profiliert sich als Multispezialist über eine optimale Ausgestaltung der genuinen Großhandelsleistungen. Von besonderer Bedeutung sind in diesem Zusammenhang eine exzellente Logistikleistung sowie das Angebot eines Vollsortiments" (Zentes u.a. 2007, S. 207).*

Den Rahmen bildet u.a. die Konzentration auf das Kerngeschäft, der Trend zum Abbau von Lagerflächen und Vorratshaltung, die Reduktion des Personals und die Reduktion des Lieferantenportfolios. Vor allem Kunden aus dem Bereich des Handwerks, aber auch der Gastronomie, des Einzelhandels/der Apotheken und der Industrie sind daher bemüht, mit einem Großhändler zusammenzuarbeiten, der ihnen i.S. eines „Vollsortimentes" alle benötigten Artikel anbieten kann und eine hohe Fachkompetenz und intensive Beratung gewährleistet.

Während ein bedeutender Teil der Großhändler sich auf verschiedene Zusatzdienstleistungen oder vertikale Kooperationen spezialisiert, differenziert sich eine ebenfalls bedeutende, höchst erfolgreich agierende Gruppe von Großhändlern – vor diesem Hintergrund – über eine optimale Umsetzung der genuinen Großhandelsleistungen. Bei diesen Branchenspezialisten wird eine Spezialisierung auf einen bestimmten Leistungsbereich bewusst vermieden, stattdessen wird über hohe Leistungsfähigkeit in mehreren branchenüblichen Dienstleistungsfeldern eine Differenzierung erreicht, v.a. in den Feldern Beschaffung, Marketing, Distribution und Logistik. Prinzipiell kann das Geschäftsmodell Branchenspezialist gegenüber allen Kundengruppen und in allen Branchen Anwendung finden; es wird von den Anforderungen der Kunden und den Rahmenbedingungen der Branche bestimmt.

Eine besondere Bedeutung kommt im Rahmen der von den Branchenspezialisten angebotenen Leistungen der **Logistik** als einer fundamentalen Großhandelsfunktion zu. Dabei steht die optimale Erbringung der logistischen Kernleistung im Vordergrund, zu deren Grundvoraussetzungen eine effiziente Disposition und hohe Warenverfügbarkeit im eigenen Lager zählen.

Der Branchenspezialist ist dabei in der Lage, die Anforderungen seiner Kunden an Zuverlässigkeit und Termintreue zu erfüllen und zeichnet sich durch eine große Schnelligkeit bei Lieferung und Bereitstellung der Ware aus.

Ferner bildet das **Angebot eines Vollsortiments** ein zentrales Kennzeichen des Branchenspezialisten. Wenngleich der Kunde des Großhandels eine entsprechende Sortimentsbreite beim Großhändler voraussetzt, ist er jedoch i.d.R. dafür nicht bereit, auf eine gewisse Tiefe des Sortiments zu verzichten. Der Großhändler ist daher gefordert, für alle seine Warengruppen auch die entsprechende Auswahl an verschiedenen Artikeln zu führen. Zudem vertrauen die Kunden auf die intensive Fachkenntnis des Großhändlers.

Neben den beiden Basisleistungen werden vom Branchenspezialisten branchenspezifische Zusatzleistungen angeboten. Im Gegensatz zu den übrigen Modellen dienen ein breites Angebot von branchenrelevanten Leistungen und die hoch professionelle Abwicklung als Profilierungskriterium, i.S. eines **Multispezialisten** in Bezug auf die verschiedenen Großhandelsfunktionen. Das individuelle Leistungsportfolio eines Branchenspezialisten ist – wie hervorgehoben – im Wesentlichen von den jeweiligen Anforderungen in der Branche bestimmt, wobei es sich um folgende Punkte handeln kann:

- **Finanzdienstleistungen** als Gewährung von langfristigen Zahlungszielen und damit Vorfinanzierung der Kunden durch den Pharmagroßhandel können eine Grundvoraussetzung sein, die erwartet wird, um den Zeitraum bis zur monatlichen Erstattung der Krankenkassen zu überbrücken.
- Auch eine optimale logistische Leistung durch **Selbstabholer-Konzepte** kann relevant sein, v.a. bei der Kundengruppe Handwerk, da die geringe Personalausstattung der Handwerksunternehmen zu erheblichen Produktivitäts- und damit Umsatzausfällen bei zeitintensiven Beschaffungsvorgängen führt. Im Rahmen derartiger Self-Service-Konzepte gewinnen auch neue Vertriebsmodelle zunehmend an Bedeutung, so Shop-in-Shop-Konzepte. Im Zuge letzterer wird den Herstellern die Möglichkeit geboten, auf dem Gelände des Großhandelsunternehmens Verkaufsflächen für eine eigene Warenpräsentation „anzumieten". Die dort platzierten Produkte ergänzen das Sortiment des Großhändlers um verwandte Warengruppen.
- In anderen Branchen, in denen die Kunden traditionell stark auf die Lieferdienste des Großhandels zurückgreifen, sind beim **Zustellservice** die schnelle Reaktion auf Bestellungen und damit wiederum kurze Durchlaufzeiten im eigenen Lager von hoher Relevanz, so im Pharmagroßhandel. Da die Apotheken selbst kaum ein Lager vorhalten hat der pharmazeutische Großhandel die Kompetenz entwickelt, Apotheken – zumindest in größeren Städten – bis zu fünfmal am Tag zu beliefern. Die Professionalisierung als Branchenspezialist kann es durchaus zweckmäßig erscheinen lassen, dass auch der Großhändler selbst Wertschöpfungsaktivitäten – mindestens partiell – outsourct, indem er für bestimmte Transporte unternehmensfremde Frachtführer einschaltet.

Auf Grund der regionalen Abgrenzung ihrer Aktivitäten ist es für kleinere Player häufig weniger komplex, ein Vollsortiment an einer geringen Zahl von Standorten vorzuhalten sowie die Logistik für eine abgegrenzte Region zu optimieren. Für größere Unternehmen bilden dabei die Ressourcenstärke und professionelle Organisation die Grundlage für eine erfolgreiche Positionierung als Branchenspezialist.

C. Wachstumsstrategien

I. Gegenstand

1. Begriff der Wachstumsstrategie

Wachstum bildet ein übergeordnetes Ziel und betrifft daher alle Ebenen der Strategiebildung in Unternehmen (Penrose 1959, S. 97f.). Wachstumsstrategien sind grundlegende **Gesamtunternehmensstrategien** (Produkt/Markt-Strategien) und bestimmen gemäß den Ebenen von Strategien in Unternehmen in Abschnitt A. in diesem Kapitel die Entwicklung des Gesamtunternehmens. Entsprechend kann Wachstum eines Handelsunternehmens durch

- Marktdurchdringung,
- Marktentwicklung,
- Betriebstypenentwicklung oder
- Diversifikation

erfolgen. Wachstum kann aber andererseits die Ebene von **Geschäftsfeldern/-einheiten** umfassen. Diese Unterscheidung von Ebenen bleibt häufig unbeachtet, wenngleich es einen Unterschied macht, ob aus der Sicht eines Handelskonzerns eine diversifizierende Akquisition vorgenommen oder ein bestehendes Geschäftsfeld mittels Akquisition erweitert wird. Im ersten Fall erfolgt eine Erweiterung der Produkt/Markt-Bereiche, während im zweiten Fall das Betriebskonzept unverändert bleibt. In diesem Fall wächst ein Unternehmen primär durch Marktdurchdringung (z.B. Umsatzwachstum im bestehenden Ladennetz oder Ausbau des Netzes durch **Filialisierung**, **Franchising**, **Akquisition**) und **Marktentwicklung** (z.B. Internationalisierung, die gleichwohl mit denselben Optionen denkbar ist).[1] In der Unternehmenspraxis treten alle diese Optionen parallel auf, wenngleich abhängig von der Unternehmensgröße unterschiedlich intensiv. Während bspw. der Aufbau erster Filialen für einen mittelständischen Händler oftmals eine Wachstumsschwelle bildet, gehört die parallele Nutzung aller genannten Wachstumsoptionen und Ebenen in Großkonzernen „zum Tagesgeschäft“.

[1] Internationalisierung und Kooperationen werden in den Abschnitten D. und E. in diesem Kapitel behandelt, den Betriebstypen ist das Dritte Kapitel gewidmet.

Ebenen des Wachstums im Europas größtem Handelskonzern: Carrefour

Carrefour ist mit rd. 7.000 Stores in 29 Ländern tätig. Gegründet im Jahre 1959, wurden zunächst Supermärkte, ab dem Jahre 1963 auch Hypermärkte geführt. Heute ist das Unternehmen konzentriert auf Hypermärkte, Supermärkte, Discounter und Convenience Stores. Durch die Fusion mit dem französischen Wettbewerber Promodès im Jahre 1999, die Carrefour ein großes Filialnetz im In- und Ausland brachte, wurde Carrefour zum zweitgrößten Handelsunternehmen weltweit. Zuvor hatte man in Frankreich bereits Flächen gewonnen durch die Akquisition der Hypermarktbetreiber Euromarché und Montlaur im Jahre 1991. Weitere Wachstumsaktivitäten im In- und Ausland betrafen z.B. 1997 die Akquisition der Supermarktkette Catteau, 1998 die Minderheitsbeteiligungen an GB in Belgien, Norte in Argentinien und GS in Italien, die im Jahre 2000 mehrheitlich übernommen wurden. Im März 2006 kamen in Norditalien die Outlets eines örtlichen Einzelhändlers hinzu und wurden ins GS-Format umgewandelt.

Der stagnierende Heimatmarkt wird verstärkt penetriert, z.B. durch Modernisierung der bestehenden Filialen und den Ausbau der Fläche bei sich bietenden Gelegenheiten, z.B. durch die Akquisition von 101 Penny-Markt-Filialen Ende 2005, die unter dem Banner Ed, ein Discount-Format von Carrefour, weitergeführt werden. Wachstum ist insbesondere bei den Convenience Stores zu verzeichnen, die meist im Franchising geführt werden. Im Jahre 2006 wurden rd. 200 neue Stores bzw. Filialen eröffnet, im Heimatmarkt unter den vier Bannern Shopi, 8 à huit, MarchéPlus und Proxi, im Ausland, insbesondere in Belgien, unter den Bannern Contact GB und GB Express, in Italien unter DiperDi und in Griechenland unter 5´Marinopoulos.

Die Marktentwicklung wird insbesondere mit dem Hypermarktformat Carrefour angestrebt. Hier wurden im Jahre 2006 im Ausland 87 Filialen eröffnet sowie 16 akquiriert. Per Joint Venture ist Carrefour z.B. in Oman, in Katar und in Ägypten vertreten, seit Dezember 2006 auch in Amman in Jordanien. Eine Partnerschaft mit AEON prägt die Carrefour-Hypermärkte in Japan. Im Ausland operiert Carrefour i.d.R. auch mit nationalen Retail-Brands.

Einen neuen Softdiscount-Betriebstyp „Maxidia" hat Carrefour im Jahre 2005 in Spanien eingeführt. Dieser erweitert die Discount-Schiene, die in Frankreich als Ed und in acht ausländischen Märkten als Dia vertreten ist, mit einem großflächigen Discount-Format (1.200 qm Verkaufsfläche).

Die Diversifikation reduziert Carrefour seit dem Jahre 2004, die starke Expansion erfordert Portfoliobereinigungen. So werden z.B. der Tiefkühlhändler Picard Surgelés 2001, die Anteile an PetSmart, einem Händler für Heimtierbedarf, 2002 und die Optik-Geschäfte in Frankreich und Spanien 2003 verkauft.

Quelle: www.carrefour.com.

Nachfolgend werden drei Basisstrategien – begriffen als Querdimensionen der Penetration und Marktentwicklung auf der Ebene von Geschäftsfeldern bzw. -einheiten – betrachtet: die Filialisierung, das Franchising und die Akquisition.

2. Schwerpunkte der Wachstumsstrategien im Handel

Abbildung 2.36 gibt einen Einblick in die Unterschiede der Schwerpunkstrategien. In der ersten Zeile wird darauf verwiesen, dass die Filialisierung, das Franchising und die Akquisition nachfolgend primär mit dem Ziel der Marktdurchdringung und der Marktentwicklung gesehen werden. Bezüglich der Art des Wachstums ist zwischen einer integrativen oder einer kooperativen Vorgehensweise zu unterscheiden. Bei der Filialisierung als auch bei der Akquisition handelt es sich um eine **integrative Vorgehensweise**. Bei der Gründung einer Filiale erfolgt das Wachstum von innen heraus (organisch in Eigenregie). Demgegenüber bedeutet die Akquisition, d.h. der Erwerb eines oder mehrerer Unternehmen, die in das bestehende, akquirierende Unternehmen integriert werden, **externes Wachstum** (Zentes/Ferring/Janz 2001, S. 676). Beim Franchising wird ein bestehendes Konzept mit Kooperationspartnern, d.h. selbstständigen Unternehmern, umgesetzt.

Abbildung 2.36: Merkmale ausgewählter Basisstrategien

Merkmal	Filialisierung	Franchising	Akquisition
Produkt/Markt-Bereich	i.d.R. Marktdurchdringung bzw. -entwicklung	Marktdurchdringung bzw. -entwicklung	Marktdurchdringung, -entwicklung, Diversifikation
Wachstumsart	integrativ/intern	kooperativ	integrativ/extern
Intensität des Wachstum	langsam	schnell	schnell
Interne Kontrolle des Wachstums	total	festgelegt	anfangs partiell/ später total
Finanzieller Aufwand	mittel	gering	hoch
Internationalisierungspotenzial	gut	sehr gut	gut (für kapitalstarke Unternehmen)
Standardisierung der Konzeption	hoch	sehr hoch	hoch
Lokale Differenzierung der Leistungen	hoch	mittel	hoch
Trägerschaft	Unternehmensleitung	Franchise-Geber	Unternehmensleitung
Systemsteuerung	Unternehmensziele	Vertrag	Unternehmensziele
Selbstständigkeit	Abhängigkeit	bedingte Selbstständigkeit	Abhängigkeit
Integration	vollständig	partiell	vollständig, aber anfangs u.U. Probleme
Image	einheitlich	einheitlich	nicht einheitlich
Ausstattung/Größe/ Standort	gesteuert	gesteuert	ausgewählt
Leistungsprogramm/ Werbung	gesteuert	vorgegeben	gesteuert
Bindung/Motivation (Leiter Verkaufseinheit)	Dienstvertrag/ Gehalt (+Prämie)	Vertrag/ Gewinn	Dienstvertrag/ Gehalt (+Prämie)

Quelle: in Anlehnung an Tietz 1991, S. 18.

Obwohl diese Basisstrategien nun getrennt betrachtet werden, treten auch auf dieser Ebene Interdependenzen auf. Eine „intra-unternehmerische Interdependenz“ liegt dann vor, wenn die unterschiedlichen Strategien parallel zum Wachstum genutzt werden, so Filialisierung im Stammmarkt, Akquisitionen für die Filialisierung in blockierten Volumenmärkten und Franchising in risikoreichen Märkten. Eine „intra-strategische Interdependenz“ liegt in zwei Fällen vor. Wenn im Zuge der Akquisition ganze Filialsysteme und/oder Franchise-Konzept akquiriert werden oder wenn das Franchising nicht in Reinform umgesetzt, sondern mit der Errichtung eigener Filialen kombiniert wird bzw. umgekehrt ein Filialsystem um Franchising-Partner ergänzt wird.

II. Filialisierung

1. Begriff und Bedeutung

Filialunternehmen werden üblicherweise nach der Zahl der Filialen differenziert. Der Ausschuss für Definitionen zu Handel und Distribution (2006, S. 67) definiert einen Filialbetrieb wie folgt:

> *Ein Filialunternehmen (Filialbetrieb) verfügt über mindestens fünf unter einheitlicher Leitung stehende Verkaufsfilialen an unterschiedlichen Standorten.*

Mit zehn und mehr Filialen gilt ein Filialunternehmen im Allgemeinen als **Großbetriebsform** des Einzelhandels. Letztere weist oft typische Merkmale auf, so einen „großhandelsmäßigen" Einkauf, das dafür charakteristische Warenlager sowie eine zentrale Betriebsabrechnung und -kontrolle. Filialunternehmen sind v.a. auf der Einzelhandelsstufe anzutreffen, wobei als wichtige Determinanten ihrer Entwicklung neben den Ressourcen (insbesondere der Unternehmensgröße) (Branchen-)Unterschiede zu beachten sind. Alleine diese Determinanten sind bezüglich einer Beschreibung des Grades der Filialisierung in einem Markt/Land oder einer Handelsbranche behilflich, so als Grundlage zur Abschätzung der Konzentration.[1]

Insofern ist Filialisierung als horizontale, dynamische und integrative Strategie zu sehen, die einem Handelsunternehmen organisches Wachstum ermöglicht, d.h. die Multiplikation eigener Ressourcen bei einer vollständigen, hierarchischen Koordination dieser Aktivitäten:

> *Die Strategie der Filialisierung ist charakterisiert durch ein integratives Vorgehen in Form der Errichtung von Verkaufsstandorten in Eigenregie (Zentes/Ferring/Janz 2001, S. 676).*

Sie kann als die bedeutendste Wachstumsstrategie des Einzelhandels angesehen werden. Für das Verständnis ihrer heutigen Bedeutung ist der Blick in die Historie des deutschen Handels ebenso sinnvoll wie der in die amtliche Statistik.

---

[1] Vgl. zur Konzentration das Erste Kapitel und Abschnitt C.IV. zu den Akquisitionen in diesem Kapitel.

Filialisierung und Selbstbedienung als Innovationen

Die Wurzeln der Filialisierung moderner Prägung sind in der Nachkriegszeit verankert. Die fünfziger Jahre waren gekennzeichnet durch eine wachsende Umsatzbedeutung der Kauf- und Warenhäuser sowie durch das Aufkommen der Massenfilialunternehmen des Lebensmitteleinzelhandels, deren Entwicklung eng mit dem damals aufkommenden Prinzip der Selbstbedienung einher ging. Eigentlich ist das Filialprinzip aber eine Erfindung der Konsumgenossenschaften, die in der Gründungsphase in Form sog. Konsumanstalten auftraten, so Gottlieb- oder Krupp-Konsumanstalt oder Kölner Konsumanstalt (Stüssgen). Meinl in Österreich (1865) und Kaiser´s Kaffeegeschäft (1890) – heute zu Tengelmann gehörend – waren die ersten Filialunternehmen im deutschen Sprachraum. Im Lebensmitteleinzelhandel war es das Prinzip der Selbstbedienung – zwar noch 1957 für den deutschen Konsumenten als abartig apostrophiert –, das die Entwicklung der Filialisierung begünstigte.

Quelle: Zentes/Swoboda 1999e, S. 96; Cornelius Stüssgen AG 1972.

Die Bedeutungszunahme der Filialisierung dokumentiert die amtliche Statistik. In den Jahren 1949 und 1959 hatten im Lebensmitteleinzelhandel nur 0,5 % der Unternehmen zehn und mehr Filialen (Tietz 1973a, S. 1024.). Im Jahre 1985 waren 7 % der Handelsunternehmen Filialunternehmen mit einer überdurchschnittlichen Bedeutung bei Bekleidung, Waren verschiedener Art und elektronischen Erzeugnissen. Die Umsatzbedeutung dieser Mehrbetriebunternehmen war mit 52 % des Gesamtumsatzes am Einzelhandel hoch. Dabei hatten Lebensmittel (68 %) einen überdurchschnittlichen, Bekleidung (52 %) einen durchschnittlichen und – wegen der Restriktionen für Apotheken – pharmazeutische, kosmetische und medizinische Erzeugnisse (17 %) einen weit unterdurchschnittlichen Anteil. Wie Tabelle 2.2 zeigt, gewinnen die markierten filialisierenden Betriebstypen branchenübergreifend weiter an Bedeutung.[1]

Tabelle 2.2: Marktanteile von wichtigen Organisationsformen des Einzelhandels in Deutschland (in Prozent)

	1990	1995	2000	2005
SB-Warenhäuser/Verbrauchermärkte	7,6	8,0	14,5	15,5
Fach- und Sortimentsversandhandel	5,1	5,2	5,6	6,0
Warenhäuser	5,8	6,0	6,0	5,4
Groß- bzw. Massenfilialunternehmen	21,4	22,5	25,0	27,8
Privatwirtschaftliche Kooperationen/ Verbundgruppen	14,8	15,5	14,5	12,5
Genossenschaftliche Einkaufsverbände	30,8	31,3	22,9	21,5
Nicht organisierter Handel	14,5	11,5	11,5	11,3

Quelle: EHI 2005.

Tabelle 2.3 zeigt in Ergänzung hierzu die Anzahl von Filialen in unterschiedlichen Betriebstypen in Deutschland im Jahre 2006.

1 Eine ganz ähnliche Entwicklung vollzieht sich heute im Übrigen in vielen „emerging markets", bspw. asiatischen oder südamerikanischen Märkten. Hier entstehen moderne Filialbetriebe erst seit rd. einer Dekade.

Tabelle 2.3: Anzahl der Filialen im deutschen Einzelhandel

	Verbrauchermärkte	Discounter	Traditioneller LEH	Drogeriefachhandel	Konzern-Warenhäuser	Getränkemärkte	C&C-Betriebe
Anzahl der Filialen 2006	7.930	14.800	26.870	19.850	280	12.100	370

Quelle: IRI Grundgesamtheiten 2006, www.infores.com.

Neben diesen Zahlen ist auf die besondere Bedeutung der Filialisierung für Klein- oder Nicht-Filialunternehmen hinzuweisen. Für diese stellt – wie noch verdeutlicht werden wird – gerade die erfolgreiche Gründung und Führung einer ersten Filiale, bspw. neben dem Stammsitz, eine besondere Herausforderung dar.

Dennoch ist es überraschend, dass Filialisierung kaum ausführlicher in Lehrbüchern zur Handelsbetriebslehre behandelt wird, wenngleich sich viele Studien implizit mit Herausforderungen, Entscheidungen, Erfolgsfaktoren, usw. von Filialsystemen beschäftigen. Nachfolgend wird neben den Zielen und Schwerpunkten der Filialisierung auf grundlegende strategische Optionen und Besonderheiten, inklusive ausgewählter Erfolgs- und Spezialfragen, eingegangen.

2. Ziele und Schwerpunkte

Der Strategie der Filialisierung liegt zunächst pauschal die Frage zu Grunde, ob die Unternehmensziele besser durch organisches Wachstum, so Multiplikation eigener Kompetenzen, oder durch die Alternativen der Kooperation bzw. Akquisition erreicht werden können. Ein Unternehmen, das die Frage im erstgenannten Sinne beantwortet, wird Filialisierung anstreben. Dieses dominante Ziel gilt für Filialisierung allgemein und ist im Hinblick auf die weiter gehenden Betrachtungen auf zumindest zwei (abgeleitete) Erklärungsdimensionen und zugleich Vorteile der Filialisierung zurückzuführen:

- marktbezogene Kriterien (z.B. Imagevorteile, Kundennähe)
- unternehmensbezogene Kriterien (z.B. Nutzung von Synergien im Aufbau, vereinfachte Unternehmensführung, Ressourcenverfügbarkeit).

Im Rahmen der Expansion von Handelsunternehmen skizziert Tietz die Filialisierung folgendermaßen (Tietz 1983, S. 846):

- Soweit möglich, werden Wachstumspotenziale am bestehenden Standort durch die Vergrößerung des vorhandenen Geschäfts ausgeschöpft.
- Falls diese Möglichkeit nicht gegeben ist, wird das Unternehmen außerhalb des bearbeiteten Standorts filialisieren.

Diese Ausprägungen können als sequenzielle Wachstumsstufen interpretiert werden, da sie dann dem Vorgehen vieler mittelständischer Unternehmen entsprechen. Diese wachsen zunächst am Stammsitz, bevor sie – oft in der Nähe – ein Zweitgeschäft eröffnen und bei Erfolg schließlich weiter filialisieren. Bei Großunternehmen, die eine Vielzahl von Filialen haben, werden die Handlungsoptionen oft an unterschiedlichen Standorten gleichzeitig umgesetzt. Dies verstärkt die wachsende Bedeutung der Filialisierung als erfolgreiche Strategie im Handel.

Neben dem Wachstum bestehender Filialsysteme sind Schübe in der Filialisierung zu beobachten:

- Eine Grundlage für derartige Schübe bilden neue Betriebstypenkonzepte, bspw. die Entwicklung der Fachmärkte in den achtziger Jahren, die jüngere Entwicklung von Convenience Stores usw.
- Eine andere, heute dominierende Grundlage des Wachstums bilden neue Märkte. Wie im Abschnitt D. in diesem Kapitel ausgeführt wird, verschiebt sich – bei einer zunehmenden Abdeckung heimischer Märkte – der Fokus der Filialisierungsstrategie seit rd. einer Dekade immer stärker in Richtung Ausland. Zugleich stellt Filialisierung bei den meisten der führenden Händler der Welt die präferierte Eintritts- sowie auch Penetrationsstrategie in Auslandsmärkten dar.

Beide Varianten vollzieht das Beispiel eines der ersten amerikanischen Unternehmen nach, das in den deutschen Markt eintrat – mit einem damals neuen Fachmarktkonzept.

Toys "R" Us: Ein internationales Fachmarktkonzept

In den achtziger Jahren war Toys "R" Us der erste Einzelhändler, der das Fachmarktkonzept umsetzte. Die Formel war einfach: Angebot eines breiten Sortiments von Spielzeugen und Kinderartikeln zu einem niedrigen Preis im Self Service. Das Store Design wurde den niedrigen Preisen entsprechend gestaltet; weltweit orientiert es sich an den US-Standards. Die Geschäfte waren durchschnittlich 9.000-14.000 qm groß und an frequenzstarken Standorten angesiedelt.

Dieses in den Anfangsjahren erfolgreiche Fachmarktkonzept – von 1980-1995 wurden jährlich zweistellige Umsatzzuwächse erzielt – wurde in andere Bereiche übertragen: So entstanden 1996 die Babies "R" Us-Stores, speziell auf die Bedürfnisse von Neugeborenen und Kleinkindern bis vier Jahre zugeschnitten, sowie die Kids "R" Us-Stores, die aber im Jahre 2005 geschlossen wurden. Im Zuge einer strategischen Neuausrichtung – auf Grund anhaltend schlechter Unternehmensentwicklung, insbesondere verursacht durch die unerwartet starke Marktstellung discountorientierter Konkurrenten, ökonomische Stagnation der Landesentwicklung, Fehleinschätzungen und erweiterten Konkurrenten im Stammmarkt, so Wal-Mart in den USA, was zu Preiseinbrüchen in der Branche führte – wurde Toys "R" Us im März 2005 an eine Investorengruppe verkauft.

Dennoch ist Toys "R" Us eines der am stärksten internationalisierten Handelsunternehmen mit über 1.400 Geschäften, wovon sich rd. 600 Läden in 30 Ländern außerhalb der USA befinden. In den USA werden im Jahre 2005 681 Toys "R" Us- und 217 Babies "R" Us-Stores betrieben, beliefert von zwölf Distributionszentren, die strategisch über die USA verteilt sind. Im Ausland befinden sich Tochterunternehmen in Australien, Deutschland, Frankreich, Kanada, Österreich, Portugal, Schweiz, Spanien und Großbritannien, die zusammen über 299 Stores verfügen und ca. 25 % des Gesamtumsatzes einbringen. Weitere 302 Stores außerhalb der USA werden per Franchising oder Lizenzen betrieben. In Japan hält man bspw. eine Minderheitsbeteiligung (48 %) an Toys

"R" Us Japan, die als Lizenznehmer fungieren. Die ausländischen Stores werden von acht internationalen Distributionszentren beliefert.

Tabelle 2.4: Entwicklungskennzahlen von Toys" R" Us

	1995	2000	2004	2005
Umsatz (Mio. USD)	8.746	11.862	11.320	11.100
davon Toys "R" Us - U.S.	6.645	6.911	6.326	6.104
davon Toys "R" Us - International	2.101	1.990	2.470	2.739
davon andere	0	2.961	2.524	2.257
Operativer Gewinn (Mio. USD)	732	520	217	304
davon Toys "R" Us - U.S.	n.v.	432	70	4
davon Toys "R" Us - International	n.v.	102	166	220
davon andere	n.v.	-14	-19	80
Anzahl Filialen (gesamt)	1.115	1.548	1.501	1.499
Anzahl Filialen im Ausland	293	462	574	601

Für die Zukunft sieht das Unternehmen Chancen insbesondere in der Expansion der Babies "R" Us-Stores in den USA. Zudem wird eine Chance im internationalen Wachstum gesehen. Hier sind 40 neue Stores geplant, von denen ein Viertel als eigene Filialen eröffnet werden soll.

Quelle: www.toysrus.com.

Hinzuweisen ist ferner darauf, dass sich bei bestehenden, flächendeckenden Filialsystemen die Ziele der Filialisierung insofern wandeln (können), als dass hier nicht mehr nur die Öffnung neuer Filialen angestrebt wird, sondern die Optimierung des Filialnetzes in den Fokus rückt. Das heißt, hier werden die Interdependenzen der einzelnen Standorte, deren einzelnen Potenziale usw. betrachtet.[1]

3. Strategische Optionen und Besonderheiten

a) Formen und Strategien der Filialisierung

Mit der Bedeutungszunahme der Filialisierung wurden auch die Filialisierungsstrategien im Zeitverlauf angepasst und mit vielfachen Varianten umgesetzt. Der Einzelhandel ist also durch eine Vielzahl unterschiedlicher Filialsysteme gekennzeichnet, die unterschiedlich systematisiert werden können. Wird das Klassifikationskriterium des Sortimentsumfangs zu Grunde gelegt, dann können **Universal-Filialisten** (z.B. Warenhaus, SB-Warenhaus), **Fach-Filialisten** (z.B. Discounter, Supermarkt) und **Spezial-Filialisten** (z.B. Fachdiscounter, Fachgeschäft) unterschieden werden, wobei hier die Betriebstypen variieren.

[1] Hier sei auf die anderen Abschnitte in diesem Buch hingewiesen, so die Standortpolitik oder andere Marketinginstrumente zur Potenzialabschöpfung im Vierten Kapitel bzw. das Controlling in Abschnitt D.II.2. des Sechsten Kapitels.

Wird das Kriterium der **Betriebstypen- und Sortimentsgröße** berücksichtigt, dann ist die intensive, viele Outlets umfassende Filialisierung kleinerer Betriebstypen (z.B. Convenience Stores, Supermärkte) der von größeren Betriebstypen gegenüber zu stellen (z.B. SB-Warenhäuser, Verbrauchermärkte). Hieraus erwachsen Herausforderungen hinsichtlich des Managements der Filialisierung als auch der zu berücksichtigenden Rahmenbedingungen, z.B. rechtlichen Restriktionen bei Großbetriebstypen. Die Differenzierung nach dem **Grad der Standardisierung** führt zur wichtigen Unterscheidung zwischen einer vollstandardisierten Filialisierung (z.B. bei Gucci, Escada) und einer volldifferenzierten Filialisierung (z.B. bei Engelhorn, C&A).

Wird einer oft als grundsätzlich bezeichneten Systematik gefolgt, dann können die **Monosystempolitik** mit nur einem Betriebstyp und die **Polysystempolitik** mit mehreren nach Märkten oder Segmenten differenzierten Betriebstypen unterschieden werden (Barth/Hartmann/Schröder 2007). Differenzierter sind folgende Formen bzw. **Filialisierungsstrategien**:

- Die **Monotypenfilialisierung**, wie sie etwa von Aldi, dm-Drogeriemarkt, Deichmann oder Fielmann verfolgt wird.
- Die **Multitypenfilialisierung** mit mehreren Filialnetzen innerhalb der gleichen Branche, z.B. arbeitet die Rewe Group im Lebensmittelbereich mit Rewe-Märkten als Supermarkt und Penny-Märkten als Discounter. Einer Doppelstrategie folgt die Schwarz-Gruppe mit den Lidl Discountern und den preisaggressiven Kaufland SB-Warenhäusern. Hier stehen die Filialnetze oftmals im unternehmensinternem Wettbewerb zueinander.
- Die **Multifilialstrategie** mit Aktivitäten in verschiedenen Branchen. Beispiele sind z.B. METRO Group (im Lebensmittelbereich, der Unterhaltungselektronik usw.) oder die Douglas Holding AG (in der Fashion-Branche, den Parfümerien, Buchhandlungen usw.) (vgl. hierzu die Fallstudien am Ende des Ersten und dieses Kapitels).
- **Sonderformen der Filialisierung**, bspw. die kombinierten Filial- und Franchise-Aktivitäten der „Kaffeeröster" wie Tchibo (die neben 1.000 Filialen und Franchise-Filialen weitere über 35.000 im Kommissionsagentursystem betriebene Kaffeedepots betreiben) oder unterschiedliche **Shop-in-Store-Filialisierungsstrategien** (z.B. Orsay, Gerry Weber).

Filialisierung über Shop-in-Store-Konzepte bei Cup&Cino und Gerry Weber

Der Erfolg des mittelständischen Kaffeehandelsunternehmens Cup&Cino basiert auf einem Shop-in-Store-System für Tankstellen, UCI-Kinos, Bäckereien und Einkaufszentren. Über Kaffeemaschinen, die im Modulsystem einfach zum Verkaufsstand umgebaut werden können, hat das Unternehmen heute bereits 4.000 Kunden und generiert seit fünf Jahren zweistellige Wachstumsraten.

Eines der zentralen strategischen Ziele von Gerry Weber ist aktuell der Ausbau der Retail-Aktivitäten. In diesem Zusammenhang wurden u.a. die Vertriebsallianzen mit dem Einzelhandel auf rd. 1.000 Shop-in-Store-Flächen im Jahre 2006 intensiviert. Gerry Weber plant zudem jährlich etwa 100 neue Shop-in-Shop-Flächen als wichtiges Konzept für ein weiterhin hohes Wachstumstempo.

Quelle: Handelsblatt, 21. September 2006, S. 16; www.gerryweber-ag.de.

Vor allem die multioptionalen Strategien eröffnen vielfache Handlungspotenziale, die Tietz (1993b, S. 1506) als **Multinetzpolitik** beschreibt:

- differenzierte Steuerung der Standortkombinationen von Betriebstypen
- spezifische Wachstumsstrategien für jeden Betriebstyp
- modulare Flächenstrategie innerhalb eines Betriebstyps
- Kostenoptimierungsstrategien bei Investitionen, Mieten, Ausbildung.

Ein Multinetzhändler hat somit spezifische strategische Alternativen, bspw. eine forcierte Expansion eines Betriebstyps (ggf. desjenigen, der gerade eine besonders hohe Akzeptanz findet), die Kombination mehrerer Betriebstypen unter einem Dach oder in räumlicher Verbindung zueinander usw.

Vor- und Nachteile der Filialisierung

Die grundsätzlichen **Vorteile der Filialisierung** sind – losgelöst von den Filialisierungsstrategien – vielfältig (vgl. im Überblick Falter 1992, S. 56ff.; Kube 1991, S. 161ff.). Es handelt sich um marktorientierte Vorteile, bspw. Kundennähe, und Imagevorteile sowie interne bzw. ressourcenorientierte Vorteile, bspw. Synergien bei Konzeptmultiplikation sowie Kontrollmöglichkeiten durch eine zentral gesteuerte Verwaltung und Organisation (siehe Abbildung 2.37).

Abbildung 2.37: Ausgewählte Vorteile der Filialisierung

Marktvorteile: - Kundennähe	Neben der Anzahl der Filialen können lokale Anpassungen des Betriebskonzeptes oder des Sortimentes die räumliche und qualitative Nähe zu den Kundenwünschen erhöhen.
- Imagevorteile	Es wird ein einheitliches Firmenimage an die Kunden kommuniziert. Die Imagetransfereffekte zwischen Firmenimage und Filialimage sind wechselseitig, da die Konsumenten das kommunizierte Image auf die Filiale übertragen, andererseits die Wahrnehmung der Filiale auf das Firmenimage ausstrahlt.
Interne Vorteile: - Synergien	Aus der Multiplikation bewährter Konzepte entstehen Synergievorteile, bspw. eine Kostendegression beim Filialaufbau (z.B. Standortanalyse, Warenbestückung, Einrichtung) oder bei der Beschaffung (z.B. Bündelungseffekte).
- Vorteile in der Unternehmensführung	Durch eine Zentralisierung von Strukturen und Abläufen entstehen positive Kostendegressions- und Synergieeffekte. Dazu zählen bspw.: - Reduktion des Verwaltungsaufwands durch Zentralisierung, - zentrale/verbesserte Erfolgskontrolle der Verkaufsstellen, - zentral gesteuerte Werbung, - die Möglichkeit der Funktionsspezialisierung , - die Qualifikation der Mitarbeiter durch Ausbildungsprogramme.
Kumulative Synergien	Summierung aller Einzelvorteile aus verschiedenen Standorten gegenüber dem nicht-filialisierten Handel.

Werden einzelne Phasen der Filialisierung betrachtet, dann bildet die Multiplikation einer bewährten Konzeption die Basis der Vorteile. Sie ermöglicht etwa bereits in der **Aufbauphase** eines Filialsystems die Ausnutzung von Synergieeffekten und eine vergleichsweise schnelle Expansion des Gesamtsystems. Damit korrespondieren die räumliche und qualitative Nähe zum Kunden, die mit der Anzahl der Filialen steigen. Während der **Betriebsphase** können schließlich kumulative Effekte genutzt werden, die etwa auf der Anzahl oder den Erfahrungen an verschiedenen Standorten basieren.

Als grundsätzliche **Nachteile der Filialisierung**, wie sie im Wesentlichen auf alle größere Unternehmen des filialisierten Einzelhandels zutreffen, sind neben den höheren Investitionsvolumina und entsprechend größeren Finanzierungsrisiken Kostenbelastungen für das laufende Geschäft, mangelndes Unternehmertum vor Ort und erweiterte Leitungsspannen in der Personalführung sowie Führungs- und Steuerungsprobleme der immer komplexer werdender Filialsysteme zu nennen (Mattmüller/Tunder 2004, S. 392; Möhlenbruch 2006, S. 349).

Standardisierte vs. differenzierte Filialisierung

Eine besondere Bedeutung kommt der bereits erwähnten standardisierten vs. differenzierten Filialisierung zu.

Ein standardisiertes Vorgehen ermöglicht die relativ schnelle Expansion sowie die Realisierung von teilweise erheblichen Kostensenkungspotenzialen, die sowohl auf sinkenden Kosten pro eröffneter Filiale auf Grund von Erfahrungskurven bei kumulierter Filialeröffnung, als auch auf vereinheitlichten absatzmarktbezogenen Anforderungen beruhen (vgl. hierzu Möhlenbruch 2006, S. 347ff. und die dort angegebene Literatur). Aus diesen Gründen erfolgt eine standardisierte Filialisierung einerseits bei preisaggressiven Anbietern, bei denen die Konsumenten überwiegend Präferenzen für einen niedrigen Preis entwickeln und geringere Ansprüche an die Handelsleitung stellen. Andererseits ist sie für eine einheitliche Konzeption, d.h. eine Modelinie (i.S. einer Kollektion) und/oder einen einheitlichen Kundenkreis, sinnvoll. Ein bedeutender Vorteil besteht in beiden Fällen im konsequent einheitlichen Marktauftritt mit hohem Wiedererkennungswert. Als nachteilig erweisen sich jedoch die Nichtansprache weiterer Segmente, eine geringe Flexibilität auf Grund der erforderlichen Entscheidungszentralisation sowie eine gesteigerte Störanfälligkeit gegenüber externen Faktoren.

Eine differenzierte Filialisierung – i.S. eines standortorientierten Marketing – sieht eine Anpassung der absatz- und beschaffungsmarktgerichteten Aktivitäten je Filiale an standortspezifische Besonderheiten vor. Häufig beruht sie auf einer Multiplikation standardisierter Basiskonzepte, die dann individuell an regionale Besonderheiten angepasst werden (Zentes/Ferring/Janz 2001, S. 682). Sie ermöglicht eine bessere und v.a. schnellere Anpassung an die lokalen Gegebenheiten und damit eine lokale Umsatzmaximierung. Da dem höhere Kosten gegenüber stehen, ist diese Strategie nur dann sinnvoll, wenn eine heterogene Zielgruppenstruktur vorliegt, wie sie bei Betriebstypen wie Warenhäusern, Fachgeschäften oder SB-Warenhäusern häufig anzutreffen ist (Möhlenbruch 2006, S. 348).

Eine Zwischenform liegt dann vor, wenn im i.d.R. zu Grunde liegenden Baukasten- und Modularprinzip lediglich eine näherungsweise Anpassung an unterschiedliche Standortbedingungen vorgenommen wird. Hierbei sind aber z.T. erhebliche organisatorische Aufwendungen im Filialnetz erforderlich (Overtheil 1983, S. 180ff.). Ferner ließen sich einzelne Stufen unterscheiden, so die „Build-in-Flexibility" und eine weiter gehende Anpassung, so des Standortes, des In-Store-Managements, der Sortimente (von einer Passformenanpassung im Fashion-Bereich bis hin zu einer umfassenden Sortimentsdifferenzierung) usw.[1]

b) Entscheidungsprozesse und Erfolg der Filialisierung

Die Entscheidungsprozesse bei der Filialisierung werden – wie angedeutet – entweder gar nicht behandelt oder vielfältig systematisiert, was allerdings auch bedeutet, dass es kein einheitliches Modell gibt. Tietz (1993b, S. 1485ff.) differenziert bspw. spezifische Phasenmodelle, so nach der Größe und dem Verhalten des Unternehmens in der Gründungsphase und der Filialnetzplanung, der Netzwerkpolitik usw. in späteren Phasen. Abbildung 2.38 versucht, derartige Überlegungen aufzugreifen und exemplarisch Entscheidungen in der bereits oben angedeuteten Aufbauphase und der Betriebsphase eines Filialsystems zu verdeutlichen und exemplarisch wichtige Determinanten der Entwicklung als Rahmen anzudeuten.

Abbildung 2.38: Aufbau- und Betreiberphase der Filialisierung

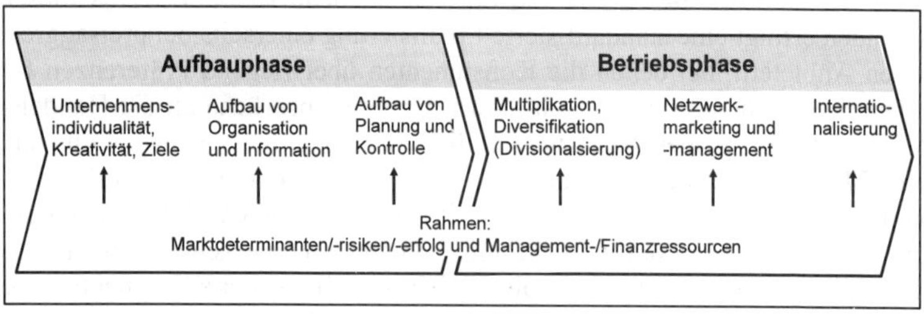

Quelle: in Anlehnung an Tietz 1993b, S. 1485ff.

Die **Aufbauphase eines Filialsystems** ist durch spezifische Probleme charakterisiert. Grundsätzlich sind hier sowohl die Gründung als auch das Wachstum zu zuordnen, wobei spezifische Determinanten relevant sind. Gerade die Gründung erster Filialen ist nicht unproblematisch – wie am Beispiel mittelständischer Unternehmen nachfolgend verdeutlicht wird – und beruht oft auf Individualität, Kreativität und Know-how in Bereichen, die i.d.R. nicht die Grundlage der späteren Dominanz sind.

[1] Vgl. dazu die Optionen der Marketinginstrumente im Vierten Kapitel.

Unterschiedliche Wurzeln heutiger Filialsysteme

Werner Otto, dessen Konzern heute das weltgrößte Versandhandelsunternehmen ist, begann mit stationärem Schuhverkauf. Hugo Mann, der Innovator der Non-Food-Selbstbedienung in Deutschland, hat die Entwicklung zum SB-Warenhaus als Möbeleinzelhandelskaufmann mit kleinen Möbelgeschäften begonnen. Die Unternehmer Eugen Vierhoff und Gerhard Ackermanns kamen aus dem Müllereigewerbe über den Großhandel und den C&C-Handel in den Einzelhandel und schufen das SB-Warenhausunternehmen Allkauf. Unternehmen wie Agros oder Divi waren Diversifikationsprojekte von Stinnes.

Quelle: Tietz 1993b, S. 1480.

Noch vor der eingehenden Planung und Kontrolle des Wachstums wird dem Aufbau der **Organisation** und der **Informationsbasis** eine erfolgskritische Bedeutung zugesprochen. Insofern spielen neben der Marktfähigkeit der Konzeption v.a. ausreichende Management- und Finanzressourcen eine determinierende Rolle. Da der Aufbau von Filialen finanzielle Ressourcen durch die Schaffung einer Infrastruktur bindet, sind auch die Risiken beim Engagement in einem neuen (ggf. internationalen) Markt besonders hoch.

Während der **Betriebsphase** nennt Tietz (1993b, S. 1481) eine ganze Reihe von Strategien, wie konsequente Planung der Distributionspunkte, der Lieferungen und des Image, aber auch Optionen der Diversifikation und der Steuerung des Filialnetzwerkes sowie am Ende die Internationalisierung. In ausgereiften Systemen bestimmt v.a. die Optimierung der Marketing- und Managementaktivitäten, v.a. der Zentralisation und Formalisierung und bei mehreren Betriebstypen der strukturellen Koordination (Divisionalisierung) den Erfolg.[1] Allerdings deutet ein pauschaler Blick in die Praxis an, dass je nach Betriebstyp und Unternehmenskultur unterschiedliche Koordinationsmechanismen, bspw. Zentralisationsgrade, als vorteilhaft gelten können.

KiK mit Erweiterung des Filialnetzes auf dem Vormarsch

In den kommenden drei Jahren plant der Textildiscounter KiK die Eröffnung weiterer 1.000 Filialen in Deutschland. Die Tochter der Handelsgruppe Tengelmann besitzt inzwischen mehr als 2.000 Filialen in Deutschland und Österreich und damit mehr als Europas bekannte Branchenführer, die mittelpreisigen Modeketten H&M und Zara. Ein Ende der Expansion erwartet KiK erst im Jahre 2010 mit einem flächendeckenden Filialnetz von etwa 4.000 Filialen an den wichtigsten Standorten Deutschlands.

Dabei möchte man gezielt in die Innenstädte gehen und das Filialnetz explizit für das weitere Umsatzwachstum nutzen. Im Jahre 2006 erzielte KiK einen Rekordumsatz von 1,1 Mrd. EUR – ein Plus von etwa 11 % gegenüber 2005.

Quelle: Handelsblatt, 30. Mai 2006, S. 18.

Das Steuerungssystem, dessen wesentliche Grundlage das operative Filialcontrolling bildet, ist von der Festlegung der Filialstrategie, den vorhandenen Netzwerken, der Unternehmensgröße usw. abhängig. Bei Differenzie-

[1] Vgl. zu einem generellen, ganzheitlichen und systemtheoretischen Ansatz Falter/Probst (1993), der allerdings wenig handelsspezifisch ist.

rung von Filialen sowie bei größeren Unternehmen sind die Steuerungsprobleme komplexer und Gesetzmäßigkeiten im Gesamtsystem schwieriger zu erkennen.

Wie Tabelle 2.5 zeigt, kann versucht werden, den Zusammenhang zwischen vier verschiedenen Kennzahlen herzustellen, während der Vergleich zu Monotypenfilialisierung (z.B. Rossmann) kaum zu Abweichungen von der Multifilialstrategie (Douglas, Tengelmann, METRO, Karstadt) führt. So kann bei Rossmann etwa eine enorme Expansion in Umsätzen, Filialanzahlen und Gesamtverkaufsfläche hervorgehoben werden, was allerdings mit einer deutlich sinkenden Flächenproduktivität einhergeht. Anders ist dies bei der METRO, mit Steigungen in allen drei Bereichen, oder Douglas, mit eher konstanten Daten, und bei Tengelmann, mit sinkenden Umsätzen bei steigender Filialanzahl und geringerer Flächenproduktivität.

Tabelle 2.5: Wachstum ausgewählter Unternehmen im Vergleich zum Basisjahr 2002

	Umsätze in Prozent		Filialanzahl in Prozent		Gesamtverkaufsfläche in 1000 qm			Flächenproduktivität in EUR/qm (ca.)		
	2003	2004	2003	2004	2002	2003	2004	2002	2003	2004
Douglas	2,7	5,7	0,1	0,3	348	331	350	6.500	6.800	6.600
Tengelmann	-8,4	-8,8	2,7	5,5	n.V.	n.V.	8.277	n.V.	n.V.	2.750
METRO	4,0	9,5	3,4	7,0	10.892	11.341	11.805	4.600	4.650	4.700
Karstadt	-5,0	-9,3	1,2	2,2	2.646	2.621	2.601	2.700	2.650	2.550
Rossmann	19,0	39,2	17,1	30,2	195	295	345	6500	4.700	4.680

Quelle: in Anlehnung an Möhlenbruch 2006, S. 354.

Besonderheiten der Filialisierung bei Kleinunternehmen

Wie angedeutet, ist die Strategie der Filialisierung dynamisch und insofern auch für Kleinunternehmen relevant, die an der Schwelle zu einem Filialunternehmen stehen. Gerade bei diesen bildet die Einrichtung der ersten Filialen eine beachtliche Herausforderung. Untersuchungen belegen, dass die Gruppe der kleinen und mittleren Unternehmen (KMU) mit einer Filiale und die größeren mittelständischen Mehrfilialunternehmen mit mehreren Filialen signifikant erfolgreicher sind als die Unternehmen, die gerade die zweite oder dritte Filiale eröffnen. Letztere haben Probleme, was sich in einer Wachstumsschwelle bezüglich der Umsatz- und Ertragsentwicklung niederschlägt, was in Tabelle 2.6 relativ deutlich anhand einfacher Mittelwerte erkennbar ist.

Tabelle 2.6: Wachstumsschwellen von Kleinunternehmen des Handels

	Mitarbeiter				Umsatz			
	1-9	10-49	**50-99**	≥ 100	< 2 Mio.	2 < 10 Mio	**10 < 50Mio.**	≥ 50
Umsatz	100	110	**94**	107	95	111	**101**	108
Ertrag	93	102	**83**	101	94	100	**89**	116

Quelle: Hurth 1998.

Die Gründe hierfür können auf drei Gruppen von Restriktionen zurückgeführt werden (Hurth 1998, S. 253ff. und ausführlich zu weiteren unternehmensinternen Faktoren Kube 1991, S. 110ff. sowie zu finanziellen Restriktionen Albach/Bock/Warnke 1985, S. 787ff.):

- marktlich – insbesondere die mangelnde Bekanntheit der heterogener werdenden Kundenbedürfnisse, ein fehlendes Vertrauen und die Verfügbarkeit geeigneter Standorte für klassische mittelständische Betriebstypen
- finanziell – insbesondere Eigenkapital- und Liquiditätsengpässe mittelständischer Händler
- managementorientiert – insbesondere die fehlende Bereitschaft bzw. Fähigkeit der Unternehmer, Verantwortung zu teilen und die operative Filialführungsverantwortung zu delegieren (Beibehaltung der Ein-Mann-Herrschaft).

Filialisten breiten sich aus – In den großen Einkaufsstraßen ist nur noch jeder fünfte Laden Fachhändler

Die Innenstädte verlieren ihr unverwechselbares Gesicht, weil immer mehr Filialisten wie Schlecker, Tchibo, McDonald´s, Fielmann, New Yorker usw. alteingesessene Fachhändler verdrängen. Eine jährliche Analyse von 528 Fußgängerzonen in 308 deutschen Städten, die erstmals auch die Verbreitung von Handelsketten betrachtete, zeigt einen Trend: Je größer die Stadt und je höher die Mietpreise, umso höher der Grad der Filialisierung. In Top-Lagen, wie der Schloßstraße in Steglitz und in Charlottenburg rd. um Tauentzienstraße und Kurfürstendamm beträgt der Filialisierungsgrad mehr als 78 % und die maximale Mietpreise liegen bei bis zu 100 EUR pro Quadratmeter. Demgegenüber finden sich in der Oranienburger Straße u.a. noch bis zu 70 % Nicht-Filialisten.

Quelle: Tagesspiegel, 04. Januar 2007, S. 16.

III. Franchising

1. Begriff und Bedeutung

Franchising ist eine kooperative Wachstumsstrategie. In Abgrenzung zu anderen Kooperationen ist es durch einen entsprechenden Vertrag sowie durch einen vertikalen, standardisierten und (meist) aggressiven Charakter gekennzeichnet. Die darunter subsumierten Formen vertikaler Arrangements und die Begriffsverständnisse sind uneinheitlich. In Deutschland und Europa ist folgende Definition gebräuchlich (Deutscher Franchise-Verband 1999, S. 218; Skaupy 1995, S. 2f.):

> *„Franchising ist ein vertikal-kooperativ organisiertes Absatzsystem rechtlich selbstständiger Unternehmen auf der Basis eines vertraglichen Dauerschuldverhältnisses. Das System tritt am Markt einheitlich auf und wird geprägt durch das arbeitsteilige Leistungsprogramm der Systempartner sowie durch ein Weisungs- und Kontrollsystem zur Sicherung eines systemkonformen Verhaltens."*

Zur Identifikation von Franchise-Unternehmen – etwa im Vorfeld empirischer Studien – bietet sich die European Franchise Federation (EFF, als Dachorganisation der nationalen Franchise-Verbände) als Quelle an. Der von ihr publizierte Ethik-Kodex für Franchising kann zur generellen Charakterisierung der Pflichten von Franchise-Gebern und -Nehmern genutzt werden – in Ergänzung der im Ersten Kapitel genannten Aspekte:

- „The Franchisor shall
  - have operated a business concept with success, for reasonable time and in at least one pilot unit before starting its franchising network
  - be the owner, or have legal rights to the use, of its network's trade name, trade mark or other distinguishing identification
  - provide the individual Franchisee with initial training and continuing commercial and/or technical assistance during the entire life of the agreement.

- The individual Franchisee shall
  - devote its best endeavours to the growth of the franchise business and to the maintenance of the common identity and reputation of the franchise network
  - supply the Franchisor with verifiable operation data to facilitate the determination of performance and the financial statements necessary for effective management guidance, and allow the Franchisor, and/or its agents, to have access to the individual Franchisee's premises and records at the Franchisor's request and at reasonable times
  - not disclose to third parties the know-how provided by the Franchisor, neither during nor after termination of the agreement."

Für das Verständnis der Bedeutung des Franchising lohnt ein Blick in die Historie, denn die Vorläufer in Europa waren Dispositäre, Konzessionäre und Gérants (Tietz 1991). Die ersten Franchise-Systeme i.e.S. entstanden in den USA, wie die von Singer (als Vertriebssystem für Nähmaschinen um 1860), Coca Cola, General Motors, Rexall. Die Entstehungsländer des Franchising und der Sitz der großen internationalen Zentralen sind v.a. die USA, Kanada, Japan, Frankreich und Großbritannien, wobei die Verbreitung innerhalb Europas unterschiedlich ist (sowohl bezüglich der Anzahl als auch der Größe der in Tabelle 1.5. im Ersten Kapitel abgebildeten Franchise-Systeme). Heute ist Franchising weit verbreitet (Perrigot 2006): In den USA sind es 1.500 Franchise-Systeme und 760.000 Franchise-Einheiten, in Japan 1.000 und 300.000, in Brasilien 900 und 60.000.

In Deutschland stieg der DFV-Homepage zufolge in den Jahren von 1996 bis 2005/06 die Anzahl der Franchise-Geber um über 50 %, die der Franchise-Nehmer um über 100 %, die Franchise-Umsätze um über 150 % und die der Franchise-Beschäftigten um fast 70 %. Anfang 2006 gab es 870 Franchise-Geber sowie 48.700 Franchise-Nehmer; die Anzahl der Beschäftigten betrug 421.000 und der Umsatz 32,8 Mrd. EUR. Es erfolgte aber eine Verlagerung der Umsatzanteile zwischen den erfassten vier Sparten. Der Anteil der noch im Jahre 2000 mit rd. 39 % stärksten Franchise-Sparte Handel sank auf 28 % im Jahre 2005/06, während der der Dienstleistungen von 31 % auf fast 49 % stieg. Die Gastronomie bzw. das Handwerk haben bei leichten Anteilssenkungen 15 % bzw. 8 %.

Tabelle 2.7: Die führenden Franchisesysteme in Deutschland im Jahre 2006

Franchisesystem	Branche	Anzahl Betriebe/ Anzahl Franchisees	durchschnittlicher Umsatz eines FN EUR/Jahr
TUI UrlaubCenter	Reisbüros	1.400/975	n.V.
Foto-Quelle	Fotohandel	1.245/945	n.V.
McDonald's	Fast Food	1.276/920	(ca. 2.000.000)
Studienkreis	Nachhilfe	1.094/429	(brutto) 140.000
Schülerhilfe	Nachhilfe	1.020/750	66.000
Kamps Bakeries	Bäckereien	950/870	n.V.
Ihr Platz	Einzelhandel (Drogerien)	700/100	(ca. 900.000)
Fressnapf	Einzelhandel (Tiernahrung)	625/625	(ca. 950.000)
Ad-Auto Dienst	Autoreparatur	600/600	500.000
Musikschule Fröhlich	Musikpädagogik	550/k.A.	n.V.
Sunpoint	Sonnenstudios	519/469	400.000
Apollo-Optik	Einzelhandel (Augenoptik)	511/161	> 500.000
Datac	Buchhaltung	524/524	n.V.
Burger King	Fast Food	>500/450	n.V.
Quick-Schuh	Einzelhandel (Schuh)	365/365	410.000
Avis Rent a Car	Autovermietung	340/k.A.	n.V.
OBI	Einzelhandel (DIY)	337/k.A.	10.390.000
Holiday Land	Reisebüros	336/336	1.100.400
Minit	Schuh- und Schlüsseldienst	315/60	100.000
Clean-Park	Auto-Waschanlagen	301/300	n.V.

Quelle: Unternehmensangaben; www.dfv-franchise.com.

Unter den führenden Franchisingsystemen sind in Deutschland einige Handelssysteme zu finden (siehe Tabelle 2.7). Folgende Charakteristika sind hervorzuheben (jeweils Median): Die Einstiegs-/Einmalgebühr beträgt 10.000 EUR, die laufende Gebühr vom Umsatz 5 %, die Werbegebühr vom Umsatz 2 %, die Franchise-Vertragslaufzeiten fünf bzw. zehn Jahre (je über 40 %) und meist existiert eine Verlängerungsoption. Allerdings sind die Streuungen hoch, ganz ähnlich wie in Frankreich. Perrigot (2006, S. 926) stellt hier „retailing" und „service" gegenüber (in Klammern Mittelwerte): Retailing-Franchise-Systeme sind signifikant älter (14 Jahre), die Einmalgebühr (15.000 EUR), die laufende Gebühr vom Umsatz (3 %), die Werbegebühr vom Umsatz (0,6 %) und die Vertragslaufzeiten sind geringer (fünf Jahre), der Durchschnittsgesamtumsatz ist wiederum höher (1,3 Mrd. EUR).

Trotz vieler Studien zum Franchising im anglo-amerikanischen Sprachraum werden im Folgenden neben den Zielen nur grundlegende strategische Optionen und Besonderheiten von Franchise-Systemen betrachtet.[1]

2. Ziele und Schwerpunkte

Wie angedeutet, ist wegen der Begriffsvielfalt und der vielen Franchise-nahen Kooperations- und Vertragskonzepte bezüglich der Ziele und Instrumente eine einzelfallbezogene Sicht angeraten (Tietz 1991, S. 633ff.).[2]

Da die nicht überschneidungsfreien Formen an dieser Stelle nicht behandelt werden können, stehen allgemeine Ziele im Vordergrund. Vorherrschend sind es Wachstumsziele, die angestrebt werden, wobei ein Unternehmen sich dafür entscheidet, diese nicht aus eigener Kraft oder durch den Erwerb Dritter, sondern durch vertikale Kooperation mit selbstständigen Partnern zu erreichen. Weitere Konkretisierungen können anhand der Grundprinzipien des Franchising erfolgen (siehe Abbildung 2.39), denn für die Wahl einer Franchise-Strategie spricht als Hauptgrund, dass der Franchise-Geber ein standardisiertes Konzept risikobegrenzt und relativ schnell – z.B. im Vergleich zur Filialisierung – multiplizieren kann. Der Franchise-Nehmer kann fremde Erfahrungen nutzen und damit sein unternehmerisches Risiko verringern. Insofern liegen die Ziele des Prinzipals, d.h. des Franchise-Gebers

- im marktbezogenen Bereich (insbesondere in schneller Expansion auf Basis eines einheitlichen Images und eines homogenen Systems sowie einer Maximierung der Umsätze und Franchise-Entgelte) und
- im unternehmensbezogenen Bereich (insbesondere in der tangiblen Ressourcenbeschaffung (z.B. Finanzmittel), Risikoreduktion).

Demgegenüber sind die Ziele der Agenten, d.h. der Franchise-Nehmer, in den beiden Dimensionen mit anderen Ausprägungen verbunden, bspw. mit

- unternehmensbezogenen Zielen (wie Risikoreduktion, intangible Ressourcenbeschaffung, so z.B. Unternehmensimage, Markenimage) und
- marketingbezogenen Zielen (wie regionale Umsatzmaximierung, Marktführerschaft und -penetration).

---

[1] Basisformen sind auch: Produktions-, Dienstleistungs-, Vertriebs-Franchising (letzteres als Hersteller- oder Handel-Franchising) (IBB/H.I.MA. 2003, S. 206).

[2] Franchisenahe Konzepte sind u.a.: Lieferungsverträge (z.B. der Brauereien), Lizenzverträge (z.B. der Textilbranche), Depotsysteme (z.B. Kosmetik, Kaffee), Vertragshändlersysteme (z.B. Automobil, Mineralöl), Verbundmodelle (z.B. im Food-Handel), herstellerorientierte Controlled oder Secured Distribution (vgl. das Erste Kapitel) oder Konzepte des Kontraktmarketing. in Abschnitt E.III.2. in diesem Kapitel.

Abbildung 2.39: Das Grundprinzip des Franchising

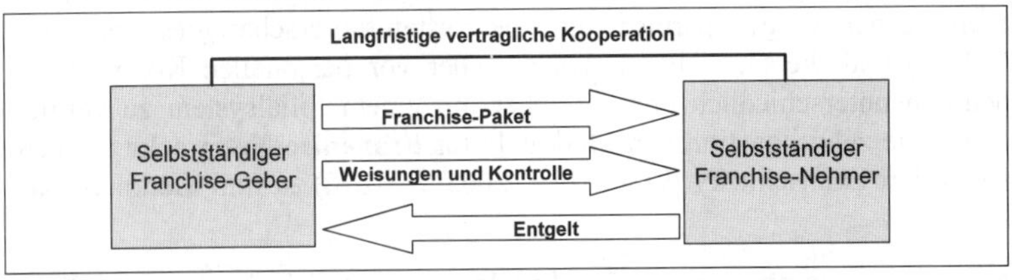

Quelle: in Anlehnung an Sydow 1994, S. 96.

Weitere Teilziele ließen sich für die jeweiligen Formen ableiten, so Auslandsfranchising usw. Die Grundprinzipien verweisen aber auf die Abgrenzungen zu traditionellen kooperativen Handelssystemen hin, d.h. zu Freiwilligen Ketten und Einkaufsgemeinschaften, die in Abschnitt E.II. in diesem Kapitel behandelt werden (siehe Abbildung 2.40). Alle beruhen auf einer Arbeitsteilung der rechtlich selbstständigen Partner und auch auf dem traditionellen Prinzip der **Funktionsdelegation**, d.h., die Funktionen des gesamten Systems werden jeweils den Stufen zugewiesen, die sie am besten wahrnehmen können (Oehme 2001a, S. 354ff.).

Abbildung 2.40: Merkmale ausgewählter Kooperationsstrategien

Merkmal	Franchising	Freiwillige Kette	Einkaufsgemeinschaft
Intensität des Wachstums	schnell	mittel	langsam
Zentrale Kontrolle des Wachstums	festgelegt	ohne	ohne
Internationalisierungspotenzial	sehr gut	gering	gering
Standardisierung der Konzeption	sehr hoch	mittel/gering	gering
Lokale Anpassungsmöglichkeit	bedingt/mittel	gegeben	gegeben
Trägerschaft	Franchise-Geber	Großhändler	Mitglieder
Systemsteuerung	Vertrag	Vereinbarung	Vereinbarung
Selbstständigkeit	bedingte Selbstständigkeit	Unabhängigkeit	Unabhängigkeit
Integration	partiell	gering	gering
Image	einheitlich	unterschiedlich	unterschiedlich
Ausstattung/Größe/Standort	gesteuert	individuell	individuell
Leistungsprogramm und Service	vorgegeben	uneinheitlich	uneinheitlich
Werbung	vorgegeben	freiwillig	freiwillig
Bindung/Motivation	Vertrag/Gewinn	ohne/Gewinn	ohne/Gewinn

Quelle: in Anlehnung an Tietz 1991, S. 18.

Beim Franchising sind aber die ökonomische Reichweite der Verträge (d.h. der Umfang der im Franchise-Paket vereinbarten Zusammenarbeit), die Stellung der Vertragspartner (d.h. die Systemführerschaft des Franchise-Gebers) und die Gewichtung systemischer vor personellen Kompetenzen deutlich unterschiedlich und z.T. eher mit einem Filialsystem zu vergleichen. Die zehn konstitutiven Merkmale für **Franchise-Netzwerke** verdichten Ahlert/Evanschitzky/Wunderlich (2005, S. 626f.) zu fünf Merkmalsklassen:

- In den **systembezogenen Merkmalen** spiegelt sich der intensive Netzwerkcharakter von Franchise-Systemen wider, wobei die vertikale Organisationsstruktur sowie die prinzipielle Zugehörigkeit des Franchise-Gebers zu einer Marktstufe, die konsumferner ist als die, auf der der Franchise-Nehmer agiert, kennzeichnend sind.
- Die **vertragsbezogenen Merkmale** legen die rechtlichen Grundlagen des Franchise-Systems fest, sodass der dauerhaft bindende, schriftliche, individualrechtliche Vertrag zwischen Franchise-Geber und -Nehmer (i.S. eines Dauerschuldverhältnisses) charakteristisch ist.
- **Statusbezogene Merkmale** beziehen sich auf die Stellung der Systempartner zueinander, insbesondere auf die Systemführerschaft des Franchise-Gebers, der die für das System wesentlichen Entscheidungen und die Aktivitäten der Kooperationspartner koordiniert, wofür er sich vertragliche Weisungs- und Kontrollrechte einräumen lässt. Die rechtliche Selbstständigkeit der Parteien wurde erwähnt, d.h., auch der Franchise-Nehmer ist auf eigenen Namen und auf eigene Rechnung geschäftlich tätig.
- Die **marketingbezogenen Merkmale** kennzeichnen das Franchising als absatzgerichteten, einheitlichen Marktauftritt durch eine systemweite und umfassende Standardisierung des Marketing-Mix, die sich v.a. in der intensiven Nutzung von Firmen-, Dienstleistungs- und Produktmarken, in der Durchsetzung einer Corporate Identity in Bezug auf die Geschäftsstätten und in Bedienungs- und Kontaktmodalitäten sowie in der Gestaltung des Sortiments- bzw. Dienstleistungsprogramms manifestiert.
- Bezüglich der **funktionalen Merkmale** ist das arbeitsteilige Leistungsprogramm charakteristisch, insbesondere die i.d.R. vollständige Übertragung der Vertriebsaufgaben vom Franchise-Geber an die Franchise-Nehmer, und zwar verknüpft mit den dauerhaften, bilateralen Rechten und Verpflichtungen zur Erfüllung des Systemzwecks (d.h. das Franchise-Paket und seine Weiterentwicklung werden als Kern zur Verfügung gestellt).

Franchising ist prinzipiell für alle Handelsstufen denkbar, allerdings sind bezüglich der Franchise-Schwerpunkte neben der Größe der Unternehmen v.a. Branchenunterschiede zu beachten. Während es im Food-Handel in Europa eher gering verbreitet ist, ist dies in der Fashion-Branche und v.a. in Dienstleistungsbranchen im internationalen Bereich (z.B. bei Restaurants, Hotels, Autovermietungen) weiter verbreitet. Viele der großen Systeme haben eine internationale und wachsende Relevanz, auch wenn hier die Formen des Franchising kombiniert auftreten, v.a. das filialisierte Franchising, in dem von einem Franchise-Geber auch Filialen betrieben werden und diese Form daher eine gesonderte Beachtung erfordert (vgl. dazu Zentes/Swoboda/Schram-Klein 2006). Nicht ein Schwerpunkt, aber ein Charakteristikum ist das oft schnelle Wachstum von Franchise-Systemen im Anschluss an ihre Gründung (vgl. zu weiteren Aspekten bspw. die Beiträge in Ahlert 2001).

Fressnapf – Ein erfolgreiches und schnell wachsendes Franchise-System

Die Fressnapf-Gruppe startete im Jahre 1990 mit einem Fachmarkt für Tiernahrung und -zubehör. Zwei Jahre später wurde das Ziel der Expansion durch Franchising entwickelt: In der Erkenntnis, dass die rasche Multiplikation zur Bildung von Synergien sowohl auf der Einkaufsseite als auch im Bereich des Kostenmanagements nur mit einem ständig wachsenden Team von Partnern zu erzielen sei, konstituierte der Gründer Torsten Toeller das Fressnapf-Franchise-System mit wachsender Zahl an Franchise-Nehmern. Der rasante Strukturwandel in der Tiernahrungsbranche hin zu endverbraucherfreundlichen, großflächigen Fachmärkten basierte insbesondere auf der Entwicklung und Realisation des Franchising-Konzeptes. Fressnapf unterstützt das Wachstum seiner Franchise-Partner u.a. durch zentrale Marketing-Maßnahmen, Mietvertragsverhandlungen, Unterstützung im operativen Tagesgeschäft, Schulungen, Standortanalysen oder enge Partnerschaften mit Lieferanten usw.

Fressnapf positioniert sich über ein großes Sortiment an Tierzubehör und -nahrung zu günstigen Preisen sowie die persönliche Ansprache des und Serviceleistungen gegenüber dem Kunden. Das Sortiment ist stark standardisiert und wesentlich straffer gesteuert als bei allen Konkurrenten, die – auch bei Franchising – meist nur kleine Pflichtsortimente haben. In einem Fressnapf-Laden werden über 10.000 Artikel angeboten. Die durchschnittlich 600 qm großen Läden sind verkehrsgünstig gelegen und bieten eine große Zahl an Parkplätzen für bequemes Einkaufen. Im Jahre 2006 erzielte Fressnapf mit 822 Fachmärkten einen Umsatz von 801 Mio. EUR, der zu 74,5 % in Deutschland (625 Märkte) erwirtschaftet wurde. Dies entspricht einem Umsatzwachstum gegenüber 2005 von 11,6 % in Deutschland und 23,6 % international.

Tabelle 2.8: Ausgewählte Entwicklungszahlen von Fressnapf in Deutschland

	1994	1997	2000	2004	2005	2006
Anzahl Franchise-Filialen	k.A.	149	296	526	575	625
Umsatz in Mio. EUR	24	108	262	508	553	597

Zur Fressnapf-Gruppe gehören rd. 4.000 Mitarbeiter, wovon rd. 500 in der Krefelder Fressnapf-Systemzentrale und im Logistikzentrum beschäftigt sind. Die internationale Expansion wird auf unterschiedliche Arten durchgeführt. In einigen Märkten ist Fressnapf mit direktem Auslandsfranchising tätig, in anderen wurde eine nationale Franchising-Zentrale gegründet oder Beteiligungen an bestehenden Franchise-Systemen realisiert, so z.B. in Holland.

Quelle: www.fressnapf.com.

3. Strategische Optionen und Besonderheiten

a) Formen und Strategien des Franchising

Die angedeutete Breite des Franchising schlägt sich in vielen Formen nieder. Ein Handelsunternehmen kann im Rahmen der Franchise-Strategie zwischen verschiedenen Optionen wählen. Entsprechend können die Formen des Franchising nach unterschiedlichen Kriterien systematisiert werden.[1]

Angedeutet wurde die unterschiedliche **Systemträgerschaft**, die auf allen Wirtschaftsstufen liegen kann, bei Herstellern, Dienstleistungs- und Handelsunternehmen. Die Grenzen verschwimmen aber, da McDonald's bspw. kein Hersteller ist, zumal er die Produktion an einige selbstständige Fleischverarbeitungsbetriebe oder Bäckereien ausgelagert hat. Ebenso wurde schon die Differenzierung hinsichtlich des Sortiments und Dienstleistungsprogramms erwähnt, die zum **Betriebs-Franchising** (der Kontraktnehmer ist mit seinem gesamten Leistungsprogramm integriert) und zum **Abteilungs-Franchising** (der Franchise-Nehmer ist nur mit einer oder mehreren Waren- oder Dienstleistungsgruppen mit dem Franchisor verbunden) führt. Vor allem das Abteilungs-Franchising umfasst die Vergabe von vielfachen Shop-in-Shop-Konzepten.

Breit ist die Unterscheidung nach Leistungsprogramm und rechtlichen Kontrakten. Zum **Warengruppen-Franchising** gehört der Vertrieb einzelner Produkte oder Dienstleistungen, z.B. Pkw- oder Ersatzteilhandel. Beim **Leistungsprogramm-Franchising** geht es um die Breite des Angebotspaketes, wobei das Handels- und Dienstleistungs-Franchising auf Grund der Abhängigkeit von der Qualität, dem Entwicklungsstand des Know-hows und der Kommunikationspolitik des Systemträgers als höchste Form des Franchising rangiert. Der Handel gilt ferner als die sachmittel- und kapitalintensivste Franchise-Branche, insbesondere gegenüber wenig kapitalintensiven Branchen wie Friseuren, Reparaturdiensten und Lehrinstituten. Die Kombinationen von Waren- und Leistungsprogrammen ist charakteristisch für den Computer- und Software-Vertrieb, Direct Mailing-Agenturen usw.

Als hybride Formen des Franchising können zwei Arten bezeichnet werden. Bei **filialisiertem Franchising** geht es darum, ob ein Franchise-Nehmer nur einen Betrieb oder möglichst bzw. generell mehrere Betriebe betreuen soll, im Extremfall sogar alle in einem Land. Im Fall der **Doppelstrategie** betreibt der Systemträger sowohl Filialisierung als auch Franchising, was auch Ausdruck einer dynamischen Veränderung sein kann und oft auf den Erfolg eines Systems und den damit verbundenen Zugang zu Ressourcen zurückgeführt wird (vgl. dazu generell für Franchise-Systeme Dant/Kaufmann 2003; Windsperger/Dant 2006).

Wandel der Franchise-Strategie bei Laura Ashley und The Body Shop

Es gibt einige Parallelen zwischen Laura Ashley und The Body Shop. Laura Ashley begann 1953 als Produzent von bedruckten Stoffen, entwickelte sich bis heute zu einem voll integrierten Anbieter von Laura-Ashley-Produkten. Im Zuge finanzieller Probleme wurden die ausländischen Stores in Franchise-Stores umgewandelt (z.T. auch geschlossen), sodass das Unternehmen heute nur noch 180 Stores in UK und zwei in Paris besitzt, während die 210 ausländischen Stores in 28 Ländern von Franchise-Partnern geführt werden. Zahlrei-

[1] Vgl. hierzu Tietz (1991, S. 29ff.) und eine andere Typologie bei Skaupy (1995, S. 30ff.).

che Produkte werden über Lizenzen (von der Produktion bis hin zum Vertrieb) unter der Marke Laura Ashley angeboten.

Auch The Body Shop begann 1976 in England, indem 25 handgefertigte Kosmetika in einem Shop angeboten wurden. Ab 1978 erfolgte die weltweite Expansion hauptsächlich mittels Franchising, sodass im Jahre 2006 nur 815 der 2.133 Body Shop-Stores in 54 Ländern dem Unternehmen gehörten. Ähnlich wie bei Laura Ashley befinden sich die meisten eigenen Stores im Heimatland. Im Gegensatz dazu jedoch hat The Body Shop in den letzten Jahren einige strategische Akquisitionen seiner Franchise-Stores im Ausland getätigt.

Quelle: www.lauraashley.com; www.thebodyshopinternational.com.

Franchising kann national oder international ausgerichtet sein, wozu viele Studien vorliegen (vgl. hierzu Doherty/Alexander 2006 und Pedersen/Welch 2000). Beim **direkten Auslandsfranchising** ist der Franchise-Geber im Inland mit den Franchise-Nehmern im Ausland direkt vertraglich verbunden. Beim **indirekten Auslandsfranchising** ist ein Systemträger im Land – der Franchise-Nehmer – zwischen dem Franchise-Geber und den Franchise-Nehmern eingeschaltet, der die Verträge abschließt. Dies kann ein Master-Franchise-Nehmer sein, aber auch eine Tochtergesellschaft des Franchise-Gebers oder ein Joint Venture mit einem lokalen Unternehmen. Dies ist oft die Regel, z.B. bei Holiday Inn, McDonald's, Benetton, Yves Rocher, Obi, Foto Quelle.

Determinanten für die Umsetzung einer der internationalen Franchise-Formen werden oft in der Entfernung der zu bearbeitenden Ländermärkte und der politischen Unsicherheit gesehen (Sashi/Karuppur 2002, S. 516). Handelt es sich bspw. bei der Zielregion um benachbarte Auslandsmärkte mit ähnlichem Profil zum Heimatmarkt, so bietet sich das direkte Franchising von der Systemzentrale in das Ausland an. Bei einem globalen (weltweiten) Engagement wird stärker die Möglichkeit genutzt, eine Gebiets- oder Nationallizenz an eine ausländische Tochtergesellschaft oder an einen kapitalmäßig von der Systemzentrale unabhängigen, kontraktmäßig jedoch eng angebundenen **Master-Franchise-Nehmer** zu vergeben, der über das Recht zur Vergabe von Franchising als Unterlizenz verfügt. Die Gründung eigener Tochtergesellschaften und Filialen durch den Franchise-Geber, wird tendenziell dann gewählt, wenn mit dem Eintritt in einen Markt unverhältnismäßig hohe Risiken (z.B. fehlende Kenntnis über die Marktbesonderheiten) verbunden sind und/oder wenn keine geeigneten Partner (potenzielle Franchise-Nehmer) gefunden werden können und/oder wenn neue innovative Betriebskonzepte getestet bzw. aus Prestigegründen realisiert werden.

Vor- und Nachteile des Franchising

Die strategischen (Wachstums-)Vorteile für den Franchise-Geber liegen in den relativ geringen Anfangsinvestitionen, der niedrigen Bindung der Managementkapazitäten vor Ort sowie einer ausgewogenen Risikoverteilung. Auf Grund der Kapitalbeteiligung des Franchise-Nehmers eröffnet Franchising – etwa im Vergleich zur Filialisierung – günstige Optionen für eine rasche Expansion ohne wesentlichen eigenen Kapitalbedarf.

Abbildung 2.41: Vorteile des Franchising

Vorteile für den Franchise-Geber	Vorteile für den Franchise-Nehmer
- Schnelle Multiplikation (auf Basis von Bekanntheit, Image, homogenes System) - Geringe Investitionen (Aufbringung finanzieller Mittel, Know-how-Abgeltung) - Marktausschöpfung (Marktabdeckung, -beeinflussung, -anpassung) - Kostenminimierung und Synergien (SCM, Marktforschung, Werbung, Ausbildung) - Koordination (Standortsicherung, Personalgewinnung und Dezentralisation von Vertriebsaufgaben, so Personalführung) - Verzinsung und Risikoprämie (Sicherheit, Rationalisierung, Umstrukturierung) - Diversifikation (neue Bereiche, Leistungsprogramme, Sortiment, Betriebstyp, Risikobeteiligung)	- Risikoabsicherung und Wettbewerbsvorteile (durch Bekanntheit, Markenimage, homogenes System) - Selbstständigkeit (Einkommen, Vermögen, Entscheidungsfreiheit) - Marktbearbeitungsunterstützung (Standort/Gebietsschutz, Marktforschung, Preispolitik, Werbung, international bis regional) - SCM-Vorteile (Beschaffung und Logistik von Nicht-Handelswaren, Handelswaren) - Ausbildungsunterstützung (Personalakquisition, Personaltraining, Umschulung) - Finanzierungsunterstützung (Umbau, Einrichtung, Kredithilfen, Bürgschaft) - BWL-Support (Beratung, EDV-Abrechnung, Handbücher, Rechtshilfe und Versicherung)

Quelle: in Anlehnung an Tietz 1991, S. 132.

Als Vorteile für den Franchise-Nehmer lassen sich die Wahrung der unternehmerischen Selbstständigkeit durch die partnerschaftliche Ausrichtung des Systems, die breite Palette an Unterstützungsleistungen durch die Systemzentrale und die Garantie des Gebietsschutzes im eigenen Absatzmarkt herausstellen, weshalb Franchising insbesondere für mittelständische Unternehmen von hoher Bedeutung ist. Weitere Vorteile sind in Abbildung 2.41 dargestellt.

b) Entscheidungsprozesse und Erfolg des Franchising

Eine Zusammenfassung der vielfachen (Teil-)Entscheidungsprozesse bei Franchising-Strategien kann in zwei idealtypischen und zugleich pauschalen Phasen und zugehörigen Teilentscheidungen erfolgen (siehe Abbildung 2.42).

Abbildung 2.42: Aufbau- und Betreiberphase eines Franchisesystems

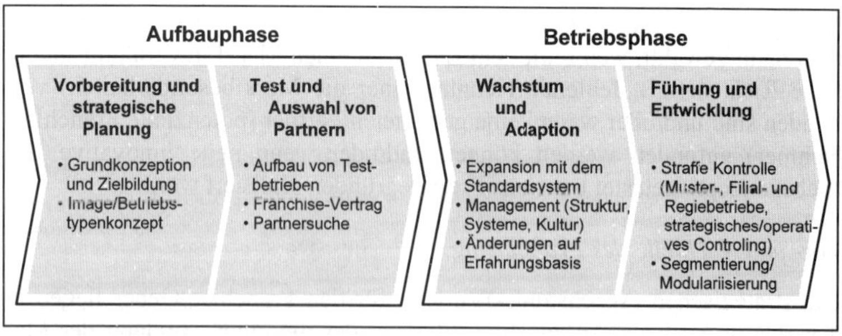

Nachfolgende werden einzelne exemplarisch herausgegriffen, wobei der Einfluss von Rahmenbedingungen ausgeblendet bleibt. Ferner sind die Teilentscheidungen in der Aufbauphase eher sequenziell, während in der Betriebsphase vielfache Interdependenzen zwischen der Führung und Entwicklung des gesamten Systems und der vorstehenden Partnersuche oder Adaption vorliegen.

Abbildung 2.43: Aufgaben bei der Entwicklung von Franchise-Systemen

I. GRUNDKONZEPTION

1. **Analyse der Unternehmensziele und des Erfahrungspotenzials** (Markt-, Personal-, Sachmittel-, Finanz-Innovationskapazitäten, Know-how-Potenzial)
2. **Marktanalyse** (Konsumenten, Anbieter, Lieferanten und deren Projektionen)
3. **Selektion einzusetzender Kreativtechniken** (z.B. Brainstorming, Synthetik, Szenarios)
4. **Elemente der Grundkonzeption** (Basisidee, Systemkern, Know-how, Image, Betriebstyp, Franchise-Paket)

II. IMAGE- UND BETRIEBSTYPENKONZEPT

1. **Zielimage** (Grundmerkmale, Betriebstypen, Leistungsprogramm, Personal)
2. **Betriebstypen** (Standorte, Flächen, Außen-/Innengestaltung, Anlagen/Einrichtungen, Personalausstattung, Dienstleistungen, Kommunikation)
3. **Leistungsprogramme** (Produkte, Sortimentsbreite, -tiefe, -schwerpunkte, Qualitätsniveau, Preisstruktur, Preisaktivität, Marken, Dienstleistungsarten und -qualitäten, Aktionsprogramme)
4. **Beschaffungsprogramm** (Beschaffungsmarktanalyse, Lieferantenselektion und -bindung, Lagerhaltung, Transport und Zustellung)
5. **Werbung und Verkaufsförderung** (Systemwerbung, PoS-Werbung, Franchise-Nehmerwerbung, Verkaufsförderungs- und Aktionsprogramme, Harmonisierung mit Franchise-Nehmerwerbung)

III. AUFBAU DES FRANCHISE-PAKETES

1. **Zusammenfassung des System-Know-how** (Nutzungsrechte wie Rechte, Patente, Warenzeichen u.ä. sowie kaufmännisches Know-how, Einkauf, Sortiment, Dienstleistungen, Betriebstyp, Vertriebskonzeption, Marketing, Organisation)
2. **Festlegung der Ziel-Franchise-Nehmer und des Akquisitionsverfahrens** (Erarbeitung des Anforderungsprofils, demografische, persönliche Merkmale, spezielle Imagemerkmale für den Fall der Betriebseinbringung, Festlegung des Selektionsverfahrens, Akquisitionsstrategien)
3. **Transfer des System-Know-how** (Ausbildungsprogramme für Franchise-Nehmer: theoretische und praktische Ausbildung in zentralen Ausbildungsstätten, On-the-Job-Training, Incentive-Pakete, Ausbildungsmittel)
4. **Schutz des System-Know-how** (Know-how-Dokumentation, Vermeidung von Imitationsrisiken, Verfolgung von Verletzungen durch Franchise-Nehmer, Verfolgung von Verletzungen der Schutzrechte durch Dritte, aktiver Systemschutz durch laufende Verbesserung)
5. **Motivationsprogramm** (Instrumente, Führungsgremien der Mitglieder, Veränderung der Entscheidungsbeteiligung im Zeitablauf, Integrationsansätze für die Beteiligung an der Systemzentrale)
6. **Beratung und zentrale Services** (Betriebsberatung (Leistungsprogramm, Betriebs-/Personalführung, Betriebstypenprofilierung, Finanzen), Versicherungs-, Rechts-, Steuerberatungsdienste, Buchhaltung und EDV)
7. **Finanzierungsleistungen** (Kreditvermittlung, Darlehensgewährung, Bürgschaften, Beteiligung des Systemträgers, Finanzierungsmodelle)
8. **Systemsteuerung** (Handbücher, Informationssystem, Betriebsvergleich, Erfahrungs-Gruppen, Ausschüsse, Gremien, Systemplanung, Planungskonzepte für Franchise-Nehmer, Kontrollkonzepte)
9. **Systemleistungen und -gebühren** (Vorleistungen des Franchise-Gebers, Entwicklungskosten, Abgeltung des System-Know-how, Investitions- und Finanzierungshilfen/-kosten, laufende Gebühren, Verrechnung von Serviceleistungen)

IV. AUFBAU DER TESTBETRIEBE

1. Standortanalyse und Standortselektion
2. Akquisition von Standorten
3. Personalselektion und -akquisition
4. Ausbildung des Personals
5. Realisation von Teilkonzepten
6. Betriebstypengesamtkonzepte
7. Bau, Umbau, Testbetriebeinrichtung
8. Führungs-, Organisationsregelungen
9. Analyse der Ergebnisse

V. FRANCHISE-VERTRAG

1. **Grundvertrag** (Präambel, Selbständigkeitsklausel, Grundklauseln, Verfahrensklauseln, Kündigung und Beendigung, Geheimhaltung, Vertragsänderungen, Rechtsänderungen, Teilnichtigkeit, Gerichtsstand, Inkraftsetzung, Schiedsgericht)
2. **Zusätzliche Verträge** (Mietvertrag, Pachtvertrag, sonstige Verträge)

VI. PARTNERSUCHE NACH VORGEGEBENEN RICHTLINIEN

VII. KONZEPTUELLE ÄNDERUNGEN AUF GRUND DER ERFAHRUNGEN VON FRANCHISE-NEHMERN UND EXPANSION MIT DEM SYSTEM

Quelle: in Anlehnung an Tietz 1991, S. 132.

Zur **Aufbauphase** von Franchise-Systemen gehören die Vorbereitung und strategische Planung sowie der Test und die Partnerauswahl. Dies unterstreicht eine (unternehmens-)spezifische Inside-Outside-Sicht. Abbildung 2.43 visualisiert die Schritte bei der Entwicklung von Franchise-Systemen. Den Ansatzpunkt bildet die Grundkonzeptprüfung, gefolgt von Überlegungen zum angestrebten Image (Positionierung) und dem zugehörigen Betriebstypenkonzept. Dem folgt der Aufbau des Franchise-Paketes, z.B. der Inhalte und der Systemsteuerung. Wie im Ethik-Kodex angedeutet, ist ein Test der Konzeption vor der eigentlichen Vertragsgestaltung und Institutionalisierung des Franchise-Systems, d.h. der Suche nach Partnern, vorgesehen. Exemplarisch sollen zwei wichtige Teilentscheidungen vertieft werden, nämlich die **Spezifika des Franchise-Vertrages** und die der **Partnersuche**.

Das **Leistungsprogramm** des Franchise-Gebers, das **Franchise-Paket**, besteht aus einem Marketing-, Supply-Chain- und Organisationskonzept, der Gewährung von Schutzrechten und der Verpflichtung, den Franchise-Nehmer aktiv und laufend zu unterstützen sowie das System weiterzuentwickeln. Abbildung 2.44 zeigt weitere Leistungen am Beispiel des Franchise-Systems von McDonald's.

Abbildung 2.44: Unterstützungsleistungen gegenüber den Franchise-Partnern und Abteilungen in der Franchise-Zentrale – Beispiel McDonald's

Abteilung	Aufgabenbereich
Lizenzen	- Auswahl der Franchise-Nehmer und Durchführung der Vertragsregelungen - Betreuung der Franchise-Bewerber während des Auswahlprozesses
Immobilien	- Standortsuche, -akquisition, -sicherung, Objektverwaltung
Bau und Equipment	- Bau und Ausstattung neuer Restaurants, Entwicklung der technischen Standards, ständige Anpassung des Erscheinungsbildes (etwa alle fünf Jahre wird ein McDonald's Restaurant renoviert)
Field Service	- Beratung und Unterstützung der Franchise-Nehmer sowie Kontrolle der Einhaltung der Richtlinien
Operations	- Weiterentwicklung von Arbeitsverfahren und Einhaltung der Richtlinien - Testen von Innovationen in der Praxis - Weiterentwicklung der Küchenausstattung
Training	- Entwicklung und Durchführung der Aus- und Weiterbildung
Einkauf	- Beschaffung der Systemprodukte, Preisverhandlungen, Neuentwicklung von Produkten, Ansprechpartner für generelle Reklamationen
Kommunikation und Marketing	- Marktforschung sowie Entwicklung von Werbe- und Verkaufsförderungskonzepten, Public Relations - Local Store Marketing, d.h. die Beratung und Organisation der Werbung der einzelnen Restaurants vor Ort
Finanzen und EDV	- Umsetzung von DV-Konzepten, Errechnung der Konditionen für neue Restaurants, Beratung bei der betriebswirtschaftlichen Analyse

Personal	- Beratung in Personalfragen, Überprüfung der Personalpolitik des Franchise-Nehmers in Zusammenarbeit mit dem Franchise-Berater - Informationen über Personalanwerbung, -führung und -entwicklung
Umwelt	- Aufbau und Umsetzung eines alle Geschäftsbereiche umfassenden Umweltprogramms

Quelle: in Anlehnung an Tietz 1991, S. 742.

Die **Partnersuche** ist eng mit dem Franchise-Paket verbunden, d.h., hier werden die zu dem standardisierten Konzept „passenden" Partner gesucht, um die Standardisierung des Systems zu gewährleisten. Dies führt v.a. in internationalen Märkten dazu, dass selbst starke Franchise-Systeme eigene Filialen aufbauen. So beruht bei McDonald's der Gesamtumsatz lediglich zu 75 % auf Franchising; der Rest sind eigene Filialen (auch solche an „attraktiven" Standorten). Neben dieser Doppelstrategie und weiteren Formen der Internationalisierung sind zwei Einbindungsoptionen zu unterscheiden:

- Einbindung eines Franchise-Nehmers (sog. „**Absentee Owner**") in ein Dreipartner-System, in dem der Franchise-Nehmer lediglich eine Kapitalanlage tätigt und die Betriebsführung überträgt, nämlich entweder auf eigene angestellte Mitarbeiter oder auf Mitarbeiter des Franchise-Gebers.
- Klassische Einbindung eines Franchise-Nehmers, der in eigener unternehmerischer Tätigkeit agiert und die Betriebsführung in einem oder in mehreren Betrieben selbst durchführt.

Insbesondere für den letzten Fall nennen IBB/H.I.MA. (2003, S. 227) – aus einer dynamischen Perspektive – drei Optionen der Partnerherkunft:

- Die idealtypische **Einbindung selbstständiger Existenzgründer**, die mit den Vorteilen einer hohen Systemhomogenität und einer erleichterten Führung sowie ggf. den Nachteilen eines geringen Eigenkapitals oder eines geringeren Markt- und Unternehmer-Know-hows verbunden ist.
- **Einbindung vorher unabhängiger Unternehmer** (Konversion), die – wenn sie aus der Branche kommen – ein Markt- und Unternehmer-Know-how und Verkaufsstellen sowie einen Kundenstamm haben. Zugleich entstehen hier hohe Anforderungen an die Systemzentrale und Probleme mit der Homogenität in einem standardisierten System. Letzteres spielt bei weniger straffem Systemaufbau eine geringe Rolle. Dann ist auch ein Co-Branding oder die Nutzung individueller Kompetenzen der Partner vor Ort denkbar.
- **Migration eigener Filialen** und zwar – wie angedeutet – in ein Franchise-System, et vice versa. Dies setzt voraus, dass ein Systemträger Filialen und Franchising betreibt, und ist mit unterschiedlichen – im Zuge der Internationalisierung oben angedeuteten – Zielen verbunden.

Ausgewählte Fragen in der Betriebsphase

Die Entscheidungen in der **Betriebsphase** eines Franchise-Systems sind vielfältig und interdependent. Zudem werden sie – aus dynamischer Sicht – von Änderungen des Umfeldes und der Ressourcen des Systems determiniert. Nachfolgend werden punktuelle Aspekte hervorgehoben. Anzunehmen ist dabei, dass die ersten Expansionsschritte von Franchise-Systemen eher mit standardisierten Konzepten erfolgen, d.h., eine Marktadaption erfolgt eher während einer längeren Präsenz im Markt.

Da das Franchising auf einer vertraglichen Vereinbarung basiert, ist es notwendig, **rechtliche Regelungen**, insbesondere die wettbewerbsrechtliche Handhabung zu beachten, zumal nach EU-Recht (Artikel 81ff. EG-Vertrag) wettbewerbsbeschränkende Vereinbarungen verboten sind.

Zu den Managementdimensionen zählen auch im Franchising strukturelle (Primär-, Sekundärorganisation) und systemische (Planungs-, Controlling-, Informationssystem) Aspekte, beide einschließlich der Governance-Dimensionen (Zentralisierung, Formalisierung) und der Kultur (HRM). Hinzu kommen Partnerschaftsaspekte, die bspw. als „Relationship Governance" bezeichnet werden (Hernández-Espallardo 2006). Da diese v.a. in Verbindung mit Kooperationsstrategien in Abschnitt E.V. in diesem Kapitel behandelt werden, sei hier lediglich auf die spezifischen **Schlüsselpositionen** der Führung eingegangen. Diese verdeutlichen die Orientierung der Systemträger in Richtung Markt und Partner in besonderem Maße (Tietz 1993b, S. 1550):

- Der **Director of Franchising** (Marketingleiter des Franchise-Systems) hat i.d.R. die volle Verantwortung für den Verkauf an Franchisees und den Absatz der franchisierten Produkte und Dienste.
- Dem **Director of Real Estate Operations** obliegt die Suche, der Erwerb und die Betreuung von Grundstücken, einschließlich der Verantwortung für die Konstruktion und die Bewirtschaftung der einzelnen Immobilien.
- Der **Director of Training** (Ausbildungsleiter) hat eine herausragende Stellung und verantwortet die breiten Ausbildungsprogramme (d.h. Instruktoren-, Ausbildungsstättenauswahl und den Ausbildungserfolg).
- Der **Field Supervisor** hat in Franchise-Unternehmen ähnliche Funktionen wie Bezirksleiter in Filialunternehmen. Er ist in einem Gebiet für die Absatzzielerreichung, die Betreuung bestehender und die Suche neuer Partner sowie die optimale Besetzung des Gebiets zuständig.

Der letzten Phase sind die **Kontrolle** und die **Segmentierung** bzw. **Modularisierung** zugeordnet, obwohl hier weitere Strategien und Aktivitäten denkbar sind, so Wachstumsstrategien (z.B. Filialisierung und Akquisition), parallel dazu Marktentwicklung und Penetration von Märkten (z.B. Sortimentsdifferenzierung) oder Diversifikation mit neuen Betriebstypen, was bei McDonald's in Deutschland seit dem Jahre 2006 mit Cafés der Fall ist.

Bezüglich der **Kontrolle** in Franchise-Systemen können die traditionellen, im Sechsten Kapitel behandelten Instrumente des strategischen und/oder operativen Controlling betrachtet werden (vgl. dazu auch IBB/H.I.MA. 2003, S. 264). Eine besondere Bedeutung haben Regiebetriebe oder Filialen (siehe Abbildung 2.45). Sie liefern die Basis für den autonom organisierbaren Test neuer Marketing- oder Führungsprogramme und auch für die Gewinnung von Planungsstandards und Leistungsvorgaben für die Franchise-Nehmer; insofern können sie Benchmarks bilden.

Abbildung 2.45: Bedeutung des Filialsystems für das Franchise-System

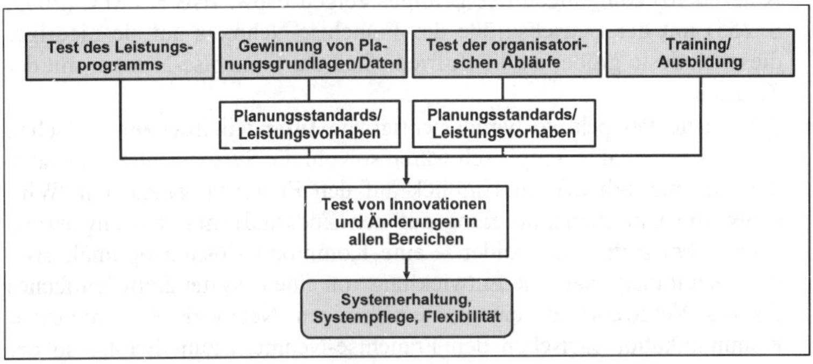

Quelle: in Anlehnung an Tietz 1991, S. 458.

Auf dieser Basis können die Segmentierung der Franchise-Partner und die Modularisierung der den Segmenten angebotenen Leistungen erfolgen. Die Bildung homogener Gruppen und deren Ansprache kann anhand eines konzentrischen **Schichtenmodells** erfolgen (IBB/H.I.MA. 2003, S. 245), mit

- einem Kern, der aus den leistungsfähigsten, langfristig gebundenen und mit dem maximalen Leistungspaket ausgestatteten Partnern besteht,
- den „normalen" Partnern/Mitgliedern, mit denen bspw. eine übliche Vertragslaufzeit und Leistungsausstattung vereinbart ist,
- assoziierten Unternehmen, die geringere Laufzeiten und Leistungsausstattungen haben, und
- Verkauf bestimmter Leistungen auch an Dritte.

Dies impliziert auch eine „Degradierung" oder Kündigung von Franchise-Nehmern. Letzteres ist bspw. bei Vertragsverletzungen im Rahmen straffer Systeme zu beobachten, die i.d.R. aber keine Segmentierung vornehmen.

Erfolgsindikatoren

Erfolgsbetrachtungen bzw. -indikatoren von Franchise-Systemen – seien es ökonomische bzw. behavioristische Erfolgsgrößen (wie Gewinn, Umsatz, Zufriedenheit, Commitment) – werden in vielfachen Facetten diskutiert, bspw. Konflikte in Franchise-Systemen (Tiko 2005), Verteilung der Entscheidungsrechte in Abhängigkeit von „intangible system-specific know-how and brand name assets" (Windsperger 2003) oder die Kontrolle (Doherty/Alexander 2006). Ohne dies hier weiter vertiefen zu können, sind allgemein drei Ebenen der Erfolgsbetrachtung hervorzuheben:

- Der Erfolg der **Systemzentrale** und des Gesamtsystems ist eine übergeordnete Perspektive, denn damit determiniert er alle folgenden Ebenen. Aus Sicht der Systemzentrale stehen zwei Märkte im Vordergrund: die Konsumenten und sekundär die Partner (IBB/H.I.MA. 2003, S. 252).
- Bei den einzelnen **Franchise-Nehmern** herrschen zwei Perspektiven vor, nämlich die Sichtweise des Systems und damit des Franchise-Gebers sowie die der eigenen (lokalen) Situation. Psychologisch gesehen dürfte der

Franchise-Geber für Vieles auch vor Ort verantwortlich gemacht werden. Antezedenzbedingungen des Erfolges zeigen bspw. IBB/H.I.MA. (2003, S. 255) mit der Betriebsgröße des Franchise-Nehmers auf. Je niedriger diese ist, desto größer ist die Zufriedenheit der Franchise-Nehmer mit der Zentrale.

- Eine dritte Perspektive berücksichtigt die **Interdependenzen** zwischen beiden Ebenen, d.h., empirisch wären sowohl die Systemzentrale als auch die Systemmitglieder im Hinblick auf den Erfolg zu betrachten. Wird bspw. die Umsatzmaximierung auf den Endkundenmärkten angestrebt, wäre – bei Befragung beider – eine Kompromisslösung optimal. Hier wird gemutmaßt, dass die Entwicklung von einem Systemkopf (einfaches fokales Netzwerk) zu einem sternförmigen Netzwerk mit intensiver Kommunikation zwischen den Franchise-Nehmern zum Erfolg, so der Partnerbindung, beiträgt (IBB/H.I.MA. 2003, S. 245).

Inwiefern dies so ist und aktiv vom Franchise-Geber angestoßen wird, ist offen. Stattdessen wird in der Literatur eine einfache Wachstumsspirale vorgestellt, bei der die Stärke der Finanzmittel des Systems die Investitionen in das System erhöht und beides die Attraktivität und die Zahl der Systemmitglieder wachsen lässt. Dies steigert wiederum den Systemwert, den Umsatz und den Kundenzuwachs (IBB/H.I.MA. 2003, S. 226).

IV. Akquisition

1. Begriff und Bedeutung

Der Ausschuss für Definitionen zu Handel und Distribution (2006, S. 160) definiert Akquisition u.a. als alle Maßnahmen, die darauf gerichtet sind, Beziehungen zu Marktteilnehmern herzustellen bzw. zu festigen und setzt diese mit den Begriffen der/des **akquisitorischen Distribution** bzw. **Potenzials** (d.h. der Anziehungs- und Ausstrahlungskraft eines Unternehmens) gleich. Demgegenüber wird nachfolgend Akquisition – in Abgrenzung zu Filialisierung und Franchising – als integrative Strategie gesehen, die einem Handelsunternehmen externes Wachstum durch den Erwerb eines anderen Unternehmens ermöglicht:

> *Die Akquisition umfasst prinzipiell jede Form von Beteiligungen an und Übernahmen von Unternehmen, mit dem Ziel, Ressourcen zu erwerben.*

Damit wird dem anglo-amerikanischen Verständnis von **Mergers & Acquisitions (M&A)** gefolgt, das die Möglichkeiten des Zusammengehens mit einem anderen Unternehmen beschreibt (vgl. Zentes/Swoboda/Morschett 2004, S. 250 und die dort angegebene Literatur):

- Mergers, auch **Verschmelzung** oder **Fusion**, führen zur Auflösung der rechtlichen Selbstständigkeit mindestens eines der beteiligten Unternehmen.

- Der Begriff Akquisition beinhaltet prinzipiell **jede Form von Beteiligung** eines Unternehmens an einem anderen; hier wird er auf die **vollständige Übernahme** eingeengt. Im Gegensatz zu Mergern verliert dabei nicht zwingend eines der beteiligten Unternehmen seine rechtliche Selbstständigkeit. Das heißt, jedes firmiert unter dem eigenen Namen, wirtschaftlich gehören sie zusammen, indem sind bspw. in einen Konzern eingebunden sind.

In der Handelsbetriebslehre wird selten auf die Akquisitionsstrategie, sondern eher auf den übergeordneten Begriff der **Konzentration** rekurriert, der u.a. auch die Bedeutung einer völligen Funktionsverbindung durch Konzerngründung, durch Verträge und durch Fusion umfasst. Meist werden der Prozess und die Strukturen der Branche betrachtet, d.h. die sinkende Anzahl von Handelsunternehmen und entsprechende Konsequenzen (Müller-Hagedorn 1998, S. 75ff.). Es ist einsichtig, dass in diese Sichtweise die Auswirkungen aller Wachstumsstrategien von Handelsunternehmen einfließen, wie Filialisierung usw. Die Konzentration ist aber insofern von beachtlicher Relevanz, da sie u.a. eine Grundlage für die Rechtsprechung im Falle von Akquisitionsvorhaben auch im Handel bildet. In diesem Zusammenhang wird die **Marktstruktur** als eine Grundlage zur Beurteilung der Konsequenzen einer Fusion herangezogen. Eine marktbeherrschende Stellung der fusionswilligen Unternehmen kann zum Fusionsverbot führen, sodass Konzentration einen zu beachtenden Rahmen für Akquisitionsvorhaben bildet. Allerdings wird dies bei internationalen Aktivitäten relativiert, d.h., wenn ausländische Unternehmen ein Akquisitionsvorhaben im Inland anstreben. Diese internationalen Akquisitionen (können) oft weit reichende Folgen haben.

Ein Beispiel ist der Eintritt von Wal-Mart in Deutschland, der temporär zum extremen Preiswettbewerb im Jahre 1999 führte.[1] Es unterstreicht die besondere Position der Akquisition innerhalb der Wachstumsstrategien, da sie u.a. Wachstumssprünge ermöglicht. Bei Wal-Mart war der (durch den Exit 2006 korrigierte) Deutschlandeintritt Teil einer auf schnelle internationale Expansion gerichteten Strategie, trotz einer relativ geringen Konzentration im Heimatmarkt (die TOP 10 US-Händler erzielen nur 40 % der Gesamtumsätze). Ein weiteres Beispiel ist die Übernahme des Cash-and-Carry-Geschäfts der SHV Makro N.V., Utrecht, Ende 1997 durch die METRO, denn dies betraf gleich Aktivitäten in acht Ländern. Zudem mutmaßen Szenarien, dass der europäische Food-Handel zukünftig aus wenigen Handelsgruppen bestehen wird (Hampl 1998, S. 315). Selbst wenn dem nicht zugestimmt wird, Akquisition hat, neben Kooperation, eine hohe Bedeutung im Handel.

---

[1] Dieses Beispiel ist nicht gültig für „nationale M&A", da bspw. Barros/Brito/Lucena (2006) für Mergers im portugiesischen Food-Handel aufzeigen, dass diese zur Erhöhung der Konsumpreise führten; sie plädieren für eine „antitrust legislation". Zu derartigen volkswirtschaftlichen Betrachtungen vgl. auch Inderst/Shaffer (2007).

Bereits Burt/Limmack (2001) identifizieren über tausend „retail takeovers" in Großbritannien in der Zeit von 1982 bis 1996; Kumar/Kerin/Pereira (1991) nennen 31.000 M&A-Transaktionen in einer Dekade in den USA, bei denen der Handel im Branchenvergleich an vierter Stelle stand. Meistens zielen derartige Studien auf Kapitalgesellschaften ab. Im deutschen Handel ist darüber hinaus auch die Übernahme von kleineren Unternehmen und/oder von Nicht-Kapitalgesellschaften zu berücksichtigen. Andererseits liegen zu Akquisitionen im Handel wenige Studien vor, was auf eine Forschungslücke, ggf. aber auch auf die Universalität von M&A, hindeutet.

Nachfolgend wird neben den Zielen auf grundlegende strategische Optionen und Besonderheiten, einschl. einzelner Erfolgsfaktoren von M&A, eingegangen.

2. Ziele und Schwerpunkte

Der Strategie der Akquisition liegt pauschal formuliert die Frage zu Grunde, ob die Unternehmensziele besser aus eigener Kraft, durch kooperative Strategien oder durch den Erwerb der Ressourcen anderer Unternehmen erreicht werden können. Ein Unternehmen, das diese Frage im letztgenannten Sinne beantwortet, wird die Ziele (vgl. allgemein Zentes/Swoboda 2001a; 1997)

- der Beschaffung von Ressourcen, die knapp und/oder auf dem freien Markt nicht zugänglich sind und/oder
- der Stärkung der Marktmacht durch Aus- oder Aufbau von Marktanteilen, die Umsatz- und Degressionseffekte nach sich ziehen können,

besonders hoch gewichten. Diese beiden Ziele gelten für Akquisitionen allgemein, d.h. in allen Branchen, und werden in weiter gehenden Betrachtungen von M&A auf drei Erklärungsdimensionen ausgeweitet (vgl. im Handel Kumar/Kerin/Pereira 1991, S. 323ff. und allgemein Glaum/Lindemann 2002, S. 275ff.):

- unternehmensbezogene Kriterien (Kostenvorteile-Argument)
- markt- bzw. marketingbezogene Kriterien (Marktmacht-Argument)
- finanzbezogene Kriterien (finanzwirtschaftliche Argumente).

Ähnliche Dimensionen können für den Handel gebildet werden, nämlich

- das ressourcenorientierte Streben nach Überwindung interner Schwächen in Ressourcenausstattung, Wissen bezüglich eines Marktein- oder -austritts, Synergien usw. und
- das marktgerichtete Streben nach:
  - regionaler oder nationaler Marktführerschaft
  - regionaler, nationaler, internationaler Erweiterung des Absatzgebietes
  - Diversifikation (was auch den internen Bestrebungen zuzuordnen ist).

Im Handel dominieren bei Akquisitionsüberlegungen direkt oder indirekt marktorientierte Ziele und – abhängig von der jeweiligen Akquisition – bspw. Synergien. In der marktgerichteten Sicht wird mit der Akquisitionsstrategie eine schnelle Steigerung des Umsatz- bzw. Unternehmenswachstums bzw. ein schneller Eintritt in einen Markt oder ein Marktsegment angestrebt, was je nach Ziel unterschiedliche Maßnahmen erfordert:

- Das Ziel der **regionalen oder nationalen Führerschaft** äußert sich in der Bestrebung, unmittelbare Konkurrenten zu übernehmen, z.B. ein Händler übernimmt vor Ort, etwa in einer Stadt, einen anderen.
- Die **Erweiterung des Absatzgebietes** ist bei Akquisitionen mit der Übernahme eines Konkurrenten in einem anderen Gebiet verbunden und zwar direkt – bei einer Cash-Übernahme – oder schrittweise durch Aufstocken der Beteiligung, die in einer Übernahme mündet.
- Die **Diversifikation** bedeutet bspw. die Übernahme eines neuen, innovativen Betriebstypenkonzeptes, das von einem anderen Unternehmen entwickelt wurde und durch die Akquisition im Vergleich zu einer eigenen Entwicklung kostengünstiger integriert werden kann.

Interdependenzen der Ziele und Auswirkungen auf die Marktbearbeitung

Die Ziele sind nicht unabhängig voneinander und haben bei ihrer Realisierung v.a. vielfache Implikationen, bspw. bezüglich der Marktbearbeitung oder der Organisation des Handelsunternehmens.

Eine durch Akquisition erreichte regionale oder nationale Führerschaft führt fast zwangsläufig zu alternativen Überlegungen, wenn das Unternehmen an Wachstumsgrenzen stößt. Eine nationale Führerschaft kann bspw. in eine Diversifikation münden, die gleichwohl die Akquisition eines oder mehrerer Unternehmen in anderen Märkten umfassen kann. Eine regionale bzw. nationale Führerschaft kann aber auch zu einer Erweiterung des Marktgebietes und damit bspw. zu nationaler und/oder internationaler Tätigkeit führen. Derartige Überlegungen sind aus der „dynamischen" Sicht der Ansoff'schen Wachstumsstrategien abzuleiten. Dabei bilden Akquisitionsstrategien – wie angedeutet – nicht die einzige Wachstumsoption, d.h., das interne oder kooperative Wachstum (z.B. über Filialisierung) kann unabhängig oder im Anschluss an die Akquisition vorangetrieben werden. Zugleich sind Akquisitionen meist in der **Post-Merger-Phase** zunächst mit Potenzialharmonisierungen belastet, was einige Zeit in Anspruch nehmen und v.a. den Post-Merger-Erfolg maßgeblich beeinflussen kann.

Dennoch treten die genannten Varianten in der Handelspraxis gleichzeitig auf und kennzeichnen v.a. die Entwicklung diversifizierter Konzerne, wie z.B. der METRO Group. Hier können – in Erweiterung der Fallstudie im Ersten Kapitel – die einzelnen Ziele der Akquisition, nämlich das Streben nach Marktführerschaft (z.B. im Cash-and-Carry-Bereich), das Streben nach Erweiterung des Absatzgebietes (z.B. in internationalen Märkten) und die Diversifikation sowie die hier ansonsten ausgeklammerte Trennung von früher aufgebauten und akquirierten Unternehmen nachvollzogen werden. Darin wird auch die veränderte Priorität der Akquisition in Richtung **Internationalität** deutlich, so die Verflechtung der Erschließung neuer und Penetration bereits erschlossener Auslandsmärkte, was beides mittels Akquisitionen erfolgen kann.

3. Strategische Optionen und Besonderheiten

a) Formen und Strategien der M&A im Handel

Die Ziele der Akquisition können – wie bei anderen Strategien – aktiv angestrebt werden, sie können aber auch eher passiven Überlegungen folgen. Im ersten Fall wird die **aktiv betriebene Akquisition** als langfristige, konsequent genutzte Wachstumsoption gesehen. Dies äußert sich bspw. darin, dass eine Unternehmung eine Abteilung unterhält, die fusionsgeeignete Unternehmen – Übernahmekandidaten bzw. sog. „Schläfer" – auf den einzelnen Märkten sucht. Eine eher **passive Akquisition** liegt dann vor, wenn sie fallweise dazu genutzt wird, Unternehmen zu übernehmen, quasi wenn sich eine Gelegenheit bietet. Darüber hinaus ist v.a. im Hinblick auf die Synergien in der Marktbearbeitung im Handel relevant, ob das akquirierte Unternehmen mit dem bestehenden Unternehmen unter einer **Retail-Brand** verschmilzt oder ob es im Konzern eingebunden unter eigenem Namen operiert.

Für den Fall, dass eine Akquisition angestoßen wurde, liegen idealtypische Phasenschemata für die erfolgsorientierte Planung des Akquisitions- bzw. Fusionsprozesses vor, was im folgenden Abschnitt gezeigt wird.[1]

Abbildung 2.46: Gründe und Vorteile für M&A im In- und Ausland

Nationale M&A sind vorteilhaft, ...	Ausländische M&A sind vorteilhaft, ...
♦ wenn die Lage des Unternehmens oder ein wenig stabiler Markt eine schnelle Marktdurchdringung erfordern. ♦ wenn die Möglichkeit besteht, ein fähiges Management zu gewinnen. ♦ wenn ein Betriebstyp, der von einem anderen Unternehmen entwickelt wurde, kostengünstiger integriert werden kann als eine eigene Entwicklung.	♦ wenn der Weg über das externe Wachstum schneller, kostengünstiger und/oder risikoärmer zum Ziel führt. ♦ wenn die Ressourcen/Leistungen intern nicht erzeugt werden können, oder es keinen freien Markt dafür gibt. ♦ wenn hinsichtlich Gewinn, Umsatz und/oder Marktanteil aus Synergiegründen mehr erreichbar ist als im Alleingang. ♦ wenn Eintrittsbarrieren eines Marktes nur über eine Akquisition überwunden werden können.

Quelle: in Anlehnung an Tietz 1993b, S. 283; Kutschker 1989, Sp. 3f.

Die wählbaren Formen bzw. **Strategien der M&A** können nach verschiedenen Kriterien systematisiert werden. Ein Kriterium mit wachsender, da internationaler Bedeutung, bildet die **geografische Ausrichtung**. Hier dominieren bspw. Ziele wie das Streben nach internationaler Erweiterung des Absatzgebietes oder Überwindung von Schwächen durch Akquisition von Ressourcen i.S. von Wissen oder Images eines Partners im ausländischen Markt. Die Gründe für die Wahl der Akquisitionsstrategie im In- und Ausland können entsprechend unterschieden werden (siehe Abbildung 2.46).

[1] Hinzuweisen ist darauf, dass die Strategie des M&A in den unternehmerischen Rahmen – Unternehmensgrundsätze, -prinzipien, -ziele, -strategien und bisherige Aktivitäten – eingebunden ist. Vgl. hierzu und zu weiteren Besonderheiten der internationalen Akquisition (u.a. als Markteintrittsstrategie) Abschnitt D. in diesem Kapitel.

Neben der geografischen Ausrichtung werden der **Umfang der Akquisition** (i.S. einer vollständigen Übernahme oder ggf. einer Teilakquisition eines Unternehmens) und der **zeitliche Akquisitionsablauf** (i.S. einer einphasigen und der mehrphasigen Akquisition, Erstere als einmaliger Vorgang, Letztere als mehrere, zeitlich getrennte Vorgänge, i.S. eines Übergangs von Partiell- zu Vollakquisition) als Systematisierungsoptionen genannt (Salk 1994, S. 491ff.; Anderson/Johanson/Vahlne 1997, S. 67ff.).

Verbreitet ist die Differenzierung nach der **Akquisitionsrichtung** und damit die Unterscheidung von horizontalen, vertikalen und konglomeraten (lateralen) Akquisitionen. **Horizontale M&A** liegen vor, wenn sich Unternehmen derselben Branche und gleicher Wirtschaftsstufe zusammenschließen. **Vertikale M&A** liegen vor, wenn sich Unternehmen aufeinander folgender Wertschöpfungsstufen miteinander verbinden. Als **konglomerate** oder nicht verbundene Zusammenschlüsse sind jene Formen zu bezeichnen, bei denen die eine Verknüpfung eingehenden Unternehmen in keinerlei leistungswirtschaftlicher Verbindung miteinander stehen (Macharzina/Wolf 2005, S. 697ff.).

Weiterhin ist auf die **Art der Übernahme** zu verweisen, wo zwischen **freundlichen und feindlichen Übernahmen** unterschieden wird. Entscheidend für die Beurteilung ist dabei, inwiefern sich das Management des zu übernehmenden Unternehmens mit der Transaktion einverstanden erklärt.

Vielfalt der M&A-Formen im Handel – Beispiele

Aktive Akquisitionen: Vor allem die anglo-amerikanischen Handelsunternehmen trieben ihre erste Expansion bis in die neunziger Jahre hinein mit geplanten internationalen Akquisitionen voran (vgl. Abschnitt D.II.4. in diesem Kapitel).

Passive Akquisitionen: Im jüngsten Fall die Übernahme von Wal-Mart in Deutschland durch METRO.

Verschmelzung mit einer Retail-Brand: Die Akquisitionsstrategie von Douglas Parfümerien führt stets zur einheitlichen Retail-Brand als zentralem Positionierungspfeiler. In Holland und Italien wurden kleine, angeschlagene und für das Douglas Konzept offene Händler übernommen.

Einbindung und separate Retail-Brand: In Mexiko als erstem Expansionsland operiert Wal-Mart (neben US-Formaten) mit lokalen Brands wie suburbia, vips, Bodegas, Superma. In UK firmieren erste Märkte unter ASDA Wal-Mart.

Geografische Ausdehnung: Um das eigene Verbreitungsgebiet der Hannaford-Supermärkte (Massachusetts, New Hampshire) zu verdichten, übernahm Delhaize Victory Supermärkte im Jahre 2004. Bereits 2003 wurde Harveys mit Märkten in Georgia und Florida übernommen (*LPinternational 19/2004, S. 5*).

Umfang der Akquisition: A&P, die US-Tochter von Tengelmann, hat im März 2007 Pathmark Stores komplett übernommen. Im Dezember 2006 steigt die Rewe Austria mit 24,9 % bei der Adeg ein (*LPinternational 23/2006, S. 2*).

Stufiger Akquisitionsablauf: Im Mai 2002 ist der US-Händler Wal-Mart durch Kauf von 6,1 % der Anteile von Seiyu in Japan eingestiegen. Im Dezember 2005 hat Wal-Mart seinen Anteil durch Zukauf auf 53,3 % gesteigert (*www.walmartstores. com*).

Horizontale M&A: Im März 2005 entsteht durch die Fusion des US-Einzelhändlers Kmart mit dem US-Kaufhauskonzern Sears, Roebuck & Co. die

Sears Holdings Corporation, die der drittgrößte US-Einzelhändler ist (*www.lz-net.de*).

Vertikale M&A: Das japanische Unternehmen 7-Eleven ist mit rd. 31.000 Stores das größte Franchise-Unternehmen der Welt. Gegründet wurde das Unternehmen in den USA, woraufhin der japanische Master-Franchiser Ito-Yokado den US-Franchisor nach dessen Zahlungsschwierigkeiten im Jahre 1991 übernahm.

Konglomerate M&A: Die KarstadtQuelle bzw. die vor einigen Jahren akquirierte Tochter Thomas Cook übernahmen Anfang 2007 den britischen Reiseveranstalter MyTravel und stiegen mit 12 Mrd. EUR Umsatz zu einem der weltweit größten Tourismusunternehmen auf *(www.thomascook.de)*.

Freundliche Übernahme: Nach Überzeugung der Aktionäre übernahm Wal-Mart 1999 ASDA für 20 Mrd. DM, das 21fache des ASDA-Gewinns. ASDA hatte eine hohe Kompatibilität zu Wal-Mart: Relativ große SB-Warenhäuser und Non-Food-Umsatzanteile, eine Dauerniedrigpreispolitik und eine von Wal-Mart abgeschaute Erfolgsstrategie *(Lebensmittel Zeitung, 25. Juni 1999, S. 32)*.

Feindliche Übernahme: Seit Stuart Rose die Führung von Marks & Spencer übernahm, geht es bergauf. Er konnte 2004 die feindliche Übernahme durch Multi-Milliardär Philip Green abwehren und die Aktionäre überzeugen, dass er das Unternehmen wieder in die Gewinnzone führen kann. 2006 wurden die besten Ergebnisse seit acht Jahren vermeldet (*LPinternational 22/2006, S. 16*).

Ohne dies an dieser Stelle eingehend zu betrachten, fasst Abbildung 2.47 die Basis- und Sonderformen der Akquisition bei börsennotierten Unternehmen zusammen. Abbildung 2.48 enthält einige Beispiele für die im Falle einer feindlichen Übernahme verbreiteten **Abwehrstrategien** bzw. **Präventivmaßnahmen**.[1]

Abbildung 2.47: Basis- und Sonderformen der Akquisition

Basisformen der Akquisition	
Fusionen bzw. Mergers	- Bilateral verhandelte (friedliche) Zusammenschlüsse von Unternehmen, und zwar im Rahmen von Kapital- und Personengesellschaften.
Übernahmeangebote („tender offers")	- Offerten einer Bietergesellschaft an die Aktionäre der Zielgesellschaft, deren Aktien innerhalb eines Zeitraumes zu festgesetzten Bedingungen zu erwerben sind, wobei der Preis pro Aktie i.d.R. deutlich über dem Börsenkurs liegt.
Stimmrechtskämpfe („Proxy contests")	- Bei dieser Option im US-Rechtssystem versucht man, mit geliehenen Stimmen von Aktionären und Mehrstimmrechtsaktien im Rahmen von Aktionärsversammlungen die Kontrolle über das Zielunternehmen zu gewinnen, etwa indem man Manager abwählt, die gegen die geplante Übernahme sind.

[1] Bei Nicht-Kapitalgesellschaften bilden die Besitzstrukturen einen Schutz.

Sonderformen der Akquisition	
Management-Buy-Outs	- Im Rahmen von MBO kaufen Manager ihr Unternehmen oder Teile davon auf. Im zweiten Falle wird auch von Spin-offs gesprochen.
Employee Stock Ownership Plans	- Eine ähnliche Struktur weisen die ESOP auf, bei denen nicht nur Manager, sondern auch Mitarbeiter am Unternehmen beteiligt werden.
Leveraged Buy-Outs	- Bei fehlendem Eigenkapital wird die Übernahme (z.B. bei MBO) stark fremdfinanziert; der Leverage-Effekt greift, nachdem die Eigenkapitalrendite durch einen zunehmenden Fremdkapitalanteil gesteigert werden kann und solange die Gesamtrentabilität des Unternehmens über den Fremdkapitalzinsen liegt.
Hostile Raider/ Asset Stripping	- Hier werden ertragsschwache, aber substanzstarke Unternehmen aufgekauft und mit dem Ziel der kurzfristigen Gewinnerzielung ausgeschlachtet.
Greenmailing	- Hier steht nicht die Übernahmeabsicht im Vordergrund, sondern ein Akteur kauft Aktien eines Unternehmens auf und zwingt es unter Androhung einer (destruktiven) Übernahme zum Rückkauf der Aktien zu überhöhten Preisen.

Quelle: in Anlehnung an Bühner 1990, S. 7f.; Macharzina/Wolf 2005, S. 697ff.

Abbildung 2.48: Abwehrstrategien gegenüber feindlichen Übernahmen

Abwehrreaktionen im Vorfeld einer Übernahme (Präventivmaßnahmen)	
Vinkulierte Namensaktien	- Hier ist die Übertragung von Aktien durch einen Aktionär an Dritte von der Zustimmung des Unternehmens abhängig. Allerdings ist eine nachträgliche Änderung bereits ausgegebener Aktien in vinkulierte Aktien sehr schwer.
Zeitliche Auffächerung der Amtszeit	- Durch die Auffächerung der Amtszeit der Aufsichtsratsmitglieder („staggered board") ist es nicht sofort möglich, das Leitungsorgan des Zielunternehmens auszutauschen und eine strategische Neuorientierung durchzusetzen.
Sonderrechte für bestimmte Aktionäre	- Sonderrechte für bestimmte Aktionäre („poison pills") beziehen sich auf bezugsrechtsselektive Kapitalerhöhungen, bei denen vinkulierte oder wandelbare Wertpapiere wie Options- oder Wandelanleihen ausgegeben werden, mit denen freundlich gesonnenen Aktionären Aktien zufließen.
Sonstiges	- Durch wechselseitige Beteilung „befreundeter" Unternehmen werden der Streubesitzanteil der Aktien reduziert und die Erlangung einer Mehrheit erschwert. - Ausgabe von Mehrstimmrechtsaktien - Absicherung der Managementpositionen durch extrem hohe Abfindungen bei einer Absetzung („golden parachutes").
Abwehrreaktionen nach Einleitung der Übernahme	
Vermögensumstrukturierungen	- Hier werden die für den potenziellen Aufkäufer interessanten Teile an ein befreundetes Unternehmen („white knight") verkauft oder verpfändet, um diese später wieder zurückzukaufen.
Gegenangebote	- Entgegengerichtetes Übernahmeangebot durch das attackierte Unternehmen („Pac-Man-Abwehr").
Verkauf von Unt.objekten	- Verkauf von Unternehmensobjekten, die mit hohen stillen Reserven belegt sind, um weniger attraktiv für eine Übernahme zu sein („Crown-Jewels-Abwehr").
Aktienrückkäufe	- Aktienrückkäufe, bei denen das Unternehmen eigene Aktien erwirbt und damit die Kurse für die am Markt verbleibenden Aktien erhöht.
Prozesse	- Prozesse, die gegen den Aufkäufer geführt werden, um damit die Übernahme zumindest zu verzögern und zu verteuern.

Quelle: in Anlehnung an Macharzina/Wolf 2005, S. 720ff.; Jansen 2001, S. 54.

b) Entscheidungsprozesse und Erfolg von M&A

Wie angedeutet, wird der Prozess der M&A idealtypisch in mehrere Phasen unterteilt (Lucks/Meckl 2002, S. 51ff.).[1] Abbildung 2.49 beruht auf der offensichtlichen Überlegung, dass die Erfolgsaussichten von Akquisitionen höher sind, wenn ihnen ein systematischer Planungsprozess zu Grunde liegt (Glaum/Lindemann 2002, S. 273).

Abbildung 2.49: Phasen des Akquisitions-/Fusionsprozesses

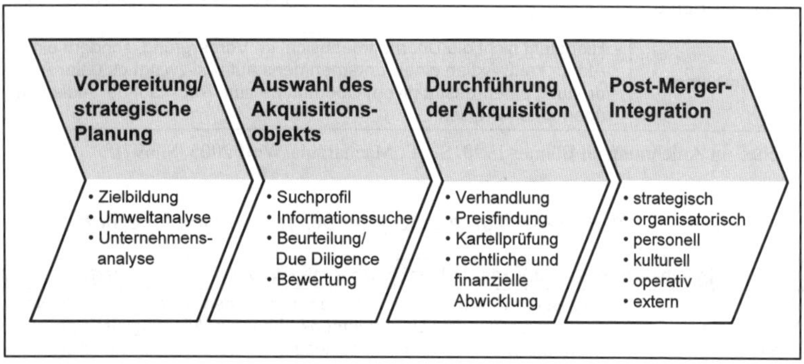

Quelle: Glaum/Lindemann 2002, S. 274.

In der **Pre-Merger-Phase**, i.e.S. in der Phase der Auswahl des Akquisitionsobjektes, spielt die fortschreitend detaillierter werdende „Feinauswahl" eine besondere Rolle, die i.d.R. in eine Sorgfaltsprüfung – meist unterstützt durch Berater – mündet. „Aufgabe der Sorgfaltsprüfung, des sog. **Due-Diligence-Verfahrens**, ist die zielgerichtete Informationsbeschaffung, d.h. die Erzielung größtmöglicher Transparenz über das Zielobjekt. Zwischen Veräußerer und Käufer muss klar kommuniziert werden, dass die zur Beurteilung des Zielobjektes notwendigen Informationen im ‚data room' zur Verfügung stehen müssen, mit welchen Know-how-Trägern zu sprechen ist und [was besichtigt werden muss]" (Kiel-Dixon 2002, S. 314). Studien deuten an, dass trotz detaillierter Analysen zur Abschätzung der Synergiepotenziale die Führungskräfte der übernehmenden Unternehmen häufig die aus den Übernahmen resultierenden Synergievorteile zu hoch und die Integrationskosten zu gering einschätzen (Glaum/Lindemann 2002, S. 295).

Synergien bei M&A im Handel liegen bspw. in produktiven bzw. kostensenkenden Potenzialen, wie der Straffung des Personalbestandes und der Managementebenen oder der Schließung überflüssiger Distributionszentren. Deren Abschöpfung hängt aber von den Zielen und davon ab, inwiefern Kompatibilitäten vorliegen, so im Hinblick auf Betriebstyp, Sortimentsbereiche, Preisposition, Kultur. Wichtig ist auch, ob eine räumliche Nähe zwischen dem akquirierten und übernehmenden Unternehmen gegeben ist,

[1] Im Folgenden wird pauschal von „Pre-Merger-" und „Post-Merger-Management" gesprochen; die Überlegungen sind auf Fusionen und auch auf Akquisitionen bezogen.

was oft eine Synergieausschöpfung einschränkt. Wie angedeutet, werden im Handel Synergien dann nicht priorisiert, wenn marktstrategische Entscheidungen im Vordergrund der M&A-Entscheidung stehen.

Über die Pre-Merger-Phase hinaus weisen Studien auf die hohe Bedeutung der **Post-Merger-Phase** im Hinblick auf den Erfolg hin. Beispielsweise zeigt eine von Braun (2002) zitierte Studie der Beratung A.T. Kearney auf Basis von 115 Unternehmenszusammenschlüssen, dass nur 42 % die Anteilseigner-Rendite erhöhten, 75 % nach zwei Jahren die strategische Ziele noch nicht realisiert hatten und 53 % der befragten Führungskräfte in der Post-Merger-Phase das höchste Risiko des Scheiterns von Zusammenschlüssen sehen. Vor dem Hintergrund dieser u.a. Berichte über hohe Misserfolgsquoten bei Akquisitionen wird oft die Frage gestellt, ob M&A ökonomisch sinnvoll oder bloß die „Folge der Hyperaktivität und Geltungssucht der Spitzenmanager von ohnehin riesigen Unternehmen" sind (Glaum/Lindemann 2002, S. 270).[1] Einblick in die Erfolge von Akquisitionen und auch die Merkmale der beteiligten Unternehmen im Handel geben einige wenige Studien.

Erfolgsfaktoren und Charakteristika der bei M&A beteiligten Unternehmen

Kumar/Pereira/Kerin (1991) charakterisieren die übernommenen und die übernehmenden Unternehmen anhand von finanz-, markt- und unternehmensbezogenen Kriterien im Fall von 36 **horizontalen und konglomeraten Mergern** im Handel (siehe Abbildung 2.50). Obwohl sie nur sekundär erfasste Längsschnittsdaten verwenden, können hieraus Schlussfolgerungen im Hinblick auf die Abgrenzung der Unternehmen und Managementimplikationen, v.a. für die Übernahmekandidaten, abgeleitet werden.

Abbildung 2.50: Wahrscheinlichkeitskriterien ein übernehmendes relativ zum übernommenen Handelsunternehmen zu sein

Finanzbezogene Kriterien	Marktbezogene Kriterien	Unternehmensbezogene Kriterien
- Market-to-book value (+) - Earning per share (-) - Cash flow/total asset (+) - Debit to equity (-)	- Actual growing rate (o) - Sustainable growing rate relative to actual growth (-) - Number of stores (+) - Number of states (+) - Number of years in existence (o) - Market share (+)	- Extent of diversification (+) - Number of pervious acquisitions (+)

Legende: (+) large/high; (-) low; (o) indifferent.

Quelle: in Anlehnung an Kumar/Pereira/Kerin 1991, S. 327ff.

Die Studie zeigt bezüglich der finanziellen Kriterien, dass übernehmende Unternehmen („bidder") höhere „market-to-book values" und „cash flows" haben, während demgegenüber die übernommenen Unternehmen („targets")

[1] Vgl. zu den Erfolgsfaktoren grenzüberschreitender Unternehmenszusammenschlüsse auch die Beiträge in Jansen/Picot/Schiereck (2001).

höhere „earnings per share" und „debit-to-equity ratios" haben. Darüber hinaus wird statistisch belegt, dass v.a. hohe „earnings per share" mit einer hohen Wahrscheinlichkeit einhergehen, als Übernahmekandidat zu gelten.

Die unternehmensbezogenen Größen zeigen eine höhere Diversifikation und eine höhere Anzahl bisheriger Akquisitionen für die „bidder". Sie unterstreichen damit die Bedeutung der bisherigen Unternehmensstrategie und der Erfahrung in vorhergehenden Akquisitionen, wobei aber auch die in der Studie betrachteten „targets" über eine solche, wenn auch geringer, verfügen.

Bezüglich der im Handel wichtigen marktbezogenen Kriterien kann beim „actual sales growth" kein Unterschied zwischen den Gruppen gezeigt werden, ebenso wie bezüglich des Unternehmensalters. „Bidder" sind allerdings wesentlich größer, gemessen an Filialnetz, Internationalität und Marktanteil. Ein hohes positives Verhältnis von langfristigem zu aktuellem Wachstum steigert die Wahrscheinlichkeit, als „target" wahrgenommen zu werden. Darüber hinaus wird deutlich, dass eine oft formulierte These zutrifft: Handelsunternehmen mit „actual sales growth" streben nach „sustainable growing rates" („bidders") und solche mit „sustainable growing rates" streben nach „actual sales growth" („targets"). Beide ziehen sich letztendlich an (vgl. hierzu Kumar/Pereira/Kerin 1991, S. 336f. und die dort angegebene Literatur).

Zum Schluss wirft die Studie zumindest heute noch in der Handelsforschung unbeantwortete Fragen auf, nämlich welche interdependenten Rahmenbedingungen bei M&A zur Steigerung des Shareholder-Value führen und wie finanz-, markt- und unternehmensbezogene Kriterien im Hinblick auf die Anbahnung von M&A im Handel interagieren.

Eine andere Längsschnittsstudie von 237 Akquisitionen in Großbritannien (Burt/Limmack 2001, S. 17f.) zeigt für den Handel – als auch für andere Branchen – auf, dass „bidders" vor dem M&A überdurchschnittliche Erträge aufweisen, diese aber während der Akquisition auf nahe Null sinken und zwei Jahre danach („post-bit") negative Werte aufweisen. Während aber in anderen Branchen die „cash-based acquisitions" typischerweise „post-bit" einen Ertrag nahe Null und in „equity-based acquisitions" sogar unter Null haben, ist dies in den betrachteten Handelsunternehmen in beiden Fällen negativ. Darüber hinaus weisen Akquisitionen von Gesamtunternehmen weniger negative „post-bit returns" auf als die von einzelnen Läden eines desinvestierenden Unternehmens. Die Autoren bewerten die Ergebnisse als „a further disappointing reading" für die Unternehmen bzw. die Shareholder, die im Handel Wachstum mittels Akquisition anstreben.

Ähnliches deuten fallstudiengestützte Analysen an, wie die der Übernahme von Habitat (eines britischen Möbelfachhändlers) durch IKEA. Warnaby (1999) beschreibt die Übernahme und die weiter relativ autonome Marktaktivität von Habitat. Ein Schluss lautet, dass IKEA, anstatt 50 Mio. englische Pfund in die Akquisition eines defizitären Unternehmens zu investieren, lieber ein eigenes, einzigartiges Format hätte entwickeln sollen.

Alle diese Befunde deuten auf die Bedeutung des Post-Merger-Managements hin. Neben Kiel-Dixon (2002) betrachtet bspw. Braun (2002, S. 298ff.) anhand eines über mehrere Jahre begleiteten Mergers die Bedeutung organisatorischer Gestaltungsmaßnahmen (Prozess- und Gebildestrukturen zur Steuerung menschlichen Verhaltens) für die Synergiepotenzialausschöpfung (Integrationserfolg). Der Autor macht deutlich, dass Synergiepotenzialgewinnung und -ausschöpfung Führungsaufgaben sind, die in Konkurrenz mit den übrigen Führungsaufgaben stehen, und letztlich zusammen nur in einem einheitlichen Managementsystem wahrgenommen werden können. Ferner zeigt er, dass die Ausrichtung der Gestaltungsmaßnahmen zur Integration oft weniger an der Erfüllung des laufenden Tagesgeschäfts ausgerichtet ist, wodurch die Synergieausschöpfung beeinträchtigt wird. Im Handel wäre – wie mehrfach angedeutet – diese synergieorientierte Sicht wesentlich um die marktstrategische Perspektive zu erweitern.

D. Internationalisierungsstrategien

I. Gegenstand

1. Begriffs- und Formenvielfalt der Internationalisierung

Internationalisierung ist eine Antriebskraft der Handelsentwicklung.[1] Sie umfasst viele Phänomene, z.B. Einzelentscheidungen wie Markteintritt und -bearbeitung oder grundlegende Aktivitäten und weltweite Wertschöpfungsprozesse. Auf der Unternehmensebene kann der Hierarchie von Strategien entsprechend von funktionsübergreifenden (gesamtunternehmerischen) und funktionsspezifischen Begriffsauffassungen ausgegangen werden (Zentes/ Swoboda 1997, S. 146 f.):

Aus funktionsübergreifender Sicht wird betont, dass Internationalisierung das Gesamtunternehmen betrifft und damit v.a. das Management jeder länderübergreifenden Ausdehnung der unternehmerischen Wertschöpfung umfasst.

Aus funktionsspezifischer Sicht wird die Internationalisierung i.d.R. auf Fragen des Absatzes bezogen, so etwa Marktauswahl, Markteintritt oder Marktbearbeitung, was der Sicht des Going International im traditionellen Marketing entspricht.

Auf Grund dieser Breite von Sichtweisen weist die **Forschung zur Internationalisierung** eine enorme Vielfalt auf, zumal darin auch die Sichtweisen all der Disziplinen einfließen, die sich in ihrem angestammten Fach mit Fragen der Internationalisierung konfrontiert sehen. Daraus erwächst ein

[1] Vgl. zu den Rahmenbedingungen die Ausführungen in Abschnitt D.II. des Ersten Kapitels.

breites Begriffsverständnis, gepaart mit einer Inflation von Theorien, Ansätzen und Konzepten.[1]

Empirisch sind Abgrenzungsversuche **internationaler Unternehmen** basierend auf dem Grad der Internationalität und die Festlegung von **Internationalitätsstufen** als unfruchtbar aufgegeben worden. Daher wird einer an anderer Stelle begründeten Unterscheidung gefolgt (Zentes/Swoboda/Morschett 2004 S. 7f.):

> *Bei internationalen Handelsunternehmen sind die Auslandsaktivitäten zur Erreichung und Sicherstellung der Unternehmensziele von wesentlicher Bedeutung. Dagegen ist die Bedeutung der Auslandsaktivitäten in international tätigen Handelsunternehmen kein Definitionsmerkmal; diese sind in mindestens einem ausländischen Staat aktiv.*

Weitere Begriffe werden nicht neutral genutzt, sondern i.S. einer strategischen Ausrichtung. Ein **globales Handelsunternehmen** verfolgt eine Integration aller Unternehmensaktivitäten in ein zusammenhängendes Gesamtsystem der (weit gehend standardisierten) Marktbearbeitung und (meist straffen) Führung der Operationen im Ausland, während ein **multinationales Unternehmen** sich durch eine Lokalisierung mit länderspezifischem Leistungsangebot und einer weit gehenden Entscheidungsautonomie der Führung der Vertretungen im Ausland auszeichnet. Das auf Bartlett/Ghoshal (1989, Bartlett/Ghoshal/Birkinshaw 2004) zurückgehende **transnationale bzw. glokale Unternehmen** wiederum versucht, Vorteile aus beiden Strategien zu vereinen und zwar insbesondere durch einen intensiven und flexiblen internen Integrations- bzw. Koordinationsprozess.[2]

2. Schwerpunkte der Internationalisierung im Handel

Einzelhandelsunternehmen weisen traditionell **internationale Beschaffungsaktivitäten** auf. Dies gilt seit Jahrzehnten für Großunternehmen und auch für kleine Unternehmen, die über ihre Zugehörigkeit zu Einkaufsgemeinschaften in indirekter Form importieren (vgl. zu den Facetten des **Global Sourcing** Arnold 1998, S. 235ff.; Zentes 1998f, S. 133ff.; Zentes/Hilt/Domma 2007).[3] Beschaffungs- und absatzseitig international sind viele Groß- bzw. Außenhändler, die von den wachsenden Außenhandelsströmen profitieren und enorme Potenziale im Ausland haben (vgl. zum Großhandel Zentes u.a. 2007; Swoboda 2002a).

---

1 Macharzina (1982, S. 111ff.) analysiert 37 Theorien, welche die internationale Unternehmenstätigkeit je nur partiell zu erklären vermögen; beim internationalen Lebensmittelhandelsunternehmen betrachtet Lingenfelder (1996, S. 65ff.) 16 Theorien bzw. Konzepte.

2 Zentes/Swoboda/Schramm-Klein (2006) sehen dies als Grundorientierungen von internationalen Unternehmen, die eine unterschiedliche Ausgestaltung des Marketing bedingen.

3 Vgl. hierzu Abschnitt D.II.2. des Fünften Kapitels.

Die Würth-Gruppe aus Künzelsau als Produktionsverbindungshändler

1945 gründete Adolf Würth eine Großhandelsfirma für Schrauben und Muttern, die zehn Jahre später einen Umsatz von 146.000 DM erzielte. 2006 erzielen rd. 37.000 Mitarbeiter (meistens im Außendienst) in rd. 270 Gesellschaften in 85 Ländern einen Umsatz von über 5 Mrd. EUR. Die 2 Mio. Kunden sind Autopflege-/Reparaturbetriebe, Holz- und Metallhandwerker, Haustechnik, Mittel- und Großindustriebetriebe usw. Das Sortiment umfasst im Kern 80.000 Artikel, bestehend aus Schrauben und Muttern, chemisch-technischen Produkten zum Kleben und Pflegen und den dazugehörigen Werkzeugen und Vorrichtungen. Bevorratungs- und Entnahmesysteme werden angeboten. Damit ist die Gruppe im C-Teile-Bereich tätig, dessen Anteil bei maximal 10 % des Gesamteinkaufsvolumens eines Kunden liegt. Der klassische Vertriebsweg ist der Direktvertrieb über den Außendienst. Tag für Tag werden rd. 250.000 Kunden besucht.

Quelle: Unkelbach 2002, S. 351ff.

Tabelle 2.9: Internationale Entwicklung der weltgrößten 28 Händler

		Ende 2005			Ende 1992					Ende 2005			Ende 1992		
Nr. in Welt	Unternehmen	GU Mrd. EUR	AU in Prozent	Anz. Länder	GU Mrd. EUR	AU in Prozent	Anz. Länder	Nr. in Welt	Unternehmen	GU Mrd. EUR	AU in Prozent	Anz. Länder	GU Mrd. EUR	AU in Prozent	Anz. Länder
7	Ahold (NL)	45	82	8	11	42	5	18	Safeway (USA)	32	16	2	12	kA	2
28	Delhaize Le Lion (B)	19	77	6	2	7	2	6	Sears (USA)[4]	46	12	2	kA	kA	kA
2	Carrefour (F)[1]	74	52	29	34	25	6	21	ITM (F)	30	10	8	17	< 1	2
3	METRO Group (D)[2]	56	52	29	40	19	11	27	WOOLWORTHS (AUS)	19	9	2	kA	kA	2
23	Tengelmann (D)	26	51	16	12	11	4	15	AEON (J)	34	8	9	kA	kA	kA
16	Auchan (F)	34	47	11	12	15	3	12	Edeka (D)	38	7	4	13	2	2
13	Aldi (D)*	38	45	16	16	22	8	22	Leclerc (F)	29	6	6	17	< 1	2
11	Schwarz Group (D)*	39	43	25	6	4	3	14	Walgreens (USA)	36	1	2	6	0	1
24	Casino (F)	23	42	14	9	< 1	3	26	Coles Myer (AUS)	23	1	2	8	1	2
20	Seven&i (J)	30	34	18	kA	kA	kA	4	Kroger (USA)	51	0	1	kA	0	1
10	REWE Group (D)	42	31	14	19	0	1	9	Target (USA)	44	0	1	14	0	1
5	Tesco (GB)	49	23	13	11	5	2	17	Albertsons (USA)[5]	34	0	1	8	0	1
1	Wal-Mart (USA)[3]	264	22	14	36	< 1	3	19	CVS (USA)	31	0	1	5	0	1
8	Costco (USA)	44	21	8	12	< 2	3	25	Sainsbury (GB)	23	0	1	12	0	1

Legende: GU = Gesamtumsatz (netto, * Schätzung); AU = Auslandsumsatz; kA = keine Angabe.

[1] 1992 Auslandsaktivitäten von Carrefour, Promodès, Comptoires Modernes.

[2] 1992 Aktivitäten der METRO und der Makro-SVH.

[3] Anzahl der Länder inklusive Divestments von Korea und Deutschland

[4] In 2004/05 Merger Sears/Kmart.

[5] Übernommen von Supervalu in 2006.

Quelle: M + M Planet Retail; LPinternational 10/2006.

Nachfolgend steht primär die absatzseitige Internationalisierung im Fokus, wo – gemessen an ihrer Gesamtanzahl – relativ wenige Handelsunternehmen international tätig sind. Als Gründe nennen Salmon/Tordjman (1989, S. 3):

- begrenzte Ressourcen, insbesondere Finanzkraft, ein wenig international orientiertes Management, gepaart mit fehlendem Wissen über Auslandsmärkte und Abläufe bezüglich der Gestaltung der Auslandstätigkeit
- eine hohe Priorität für die nationale Expansion, mit neuen Standorten und einer Fülle von Marketingaktivitäten an diesen.

Ein verstärktes internationales Wachstum kann v.a. seit den neunziger Jahren beobachtet werden (vgl. hierzu in westlichen Ländern Zentes/Swoboda 1998a; Sternquist 1998 sowie bereits Burt 1993 mit der Analyse von über 700 Einzeleintritten). Heute sind – abgesehen von einigen US-Unternehmen – die meisten der weltgrößten Händler international aktiv, während sie dies noch Anfang der neunziger Jahre nicht waren (siehe Tabelle 2.9). Die Anteile der Auslandsumsätze am Gesamtumsatz reichen bei manchen der Unternehmen über 50 % und viele sind in 15 und mehr Ländern aktiv. Auf Grund der relativ kleinen Heimatmärkte und den Akquisitionen in den USA sind die Auslandsumsatzanteile bei Ahold, Delhaize und auch Tengelmann besonders hoch. Carrefour und die METRO Group haben die meisten Märkte betreten und wurden bereits früh im Ausland tätig (erstmals im Jahre 1973 in Spanien bzw. im Jahre 1968 in den Niederlanden), während Wal-Mart mit Mexico das erste Land erst im Jahre 1991 betrat.

Antriebskräfte der Internationalisierung im Handel

Antriebskräfte („**Driving Forces**") der Dynamik lagen in der Vergangenheit primär im exogenen Bereich, d.h. der weiteren Umwelt der Unternehmen:

Die **Liberalisierung des Welthandels** (WTO) sowie **regionale Integrationstendenzen** (z.B. EU, NAFTA) und die **Öffnung von Märkten** (so in Osteuropa sowie Asien) bilden wichtige Antriebskräfte. Letztere bieten Handelsunternehmen neue Wachstumsoptionen, während WTO-Regelungen primär den länderübergreifenden Auf- und Ausbau von Supply-Chains vereinfachen, die bspw. im Food-Handel mit jedem Eintritt, der auf organischer Basis erfolgt, weit gehend neu aufzubauen sind.

- Fördernd wirkt die zunehmende **Konvergenz** der Bedürfnisse, der Konsumenten, der gewerblichen Kunden und des Handels selbst. Zwar entspricht die Entwicklung nicht der die **Triade** (USA, Europa und Japan) umfassenden „Extremkonvergenzthesen" von Levitt (1983), zumal v.a. bei den Konsumenten Divergenzfaktoren, wie z.B. Kulturunterschiede, wirken (Zentes/Swoboda/Schramm-Klein 2006, S. 28). Dennoch finden Unternehmen wie IKEA, H&M u.a. weltweit ähnliche Kundengruppen.
- **Technologische Entwicklungen** fördern nicht nur elektronische Möglichkeiten selbst für kleine, spezialisierte Unternehmen per Internet international anzubieten (vgl. eine entsprechende Analyse von Foscht/Swobo-

da/Morschett 2006), sondern v.a. die Cross-Border-Kommunikation und damit die vereinfachte Koordination der Auslandsaktivitäten.

- Die **Sättigung der Heimatmärkte** fördert als Push-Faktor die Internationalisierung.

Heute dominieren aktive Strategien und entsprechende Ziele die Expansion.

Differenzen der Internationalisierung von Handel und Industrie

Die Internationalisierung im Handel ist heute vielfach mit der Internationalisierung der Industrieunternehmen in den siebziger Jahren zu vergleichen, andererseits aber ist sie durch andere, spezifische Merkmale gekennzeichnet.

Abbildung 2.51 soll einen Vergleich und zugleich anhand der Entwicklung der Industrie über mehrere Dekaden Überlegungen bezüglich des zukünftigen Wandels im Handel ermöglichen. Handelsunternehmen sind oft noch in einer frühen Phase, haben noch nicht alle Wertschöpfungsfunktionen betreffende internationale Strategien entwickelt und der Wettbewerb zwischen internationalen Unternehmen auf Auslandsmärkten ist noch relativ gering, was Swoboda/Schwarz (2006c) für die weltgrößten Unternehmen verdeutlichen. Ob Handelsunternehmen sich international inkremental, schrittweise vortasteten – wie bei der Industrie in der frühen Phase angenommen –, indem sie langsam Lernen und Know-how aufbauen, ist wegen der Dynamik zu bezweifeln.

Abbildung 2.51: Veränderung der Internationalisierung in europäischen Industrieunternehmen und Vergleich zu Handelsunternehmen

	Industrieunternehmen		Handelsunternehmen
	70er/80er	90er/00er	90er/00er Jahre
Internationalisierungssituation	pioneers/ early starter	international among others	early starter
Internationaler Wettbewerb	gering	hoch	niedrig/mittel
Bedeutung int. Strategien	niedrig	hoch	mittel
Räumliche Orientierung	Nachbarländer	Welt	Europa
Eintritts- bzw. Betätigungsformen	Export, Agenten, Niederlassungen	Gründungen, Kooperationen	Gründungen, Akquisitionen, Kooperationen
vorherrschende Internationalisierungsdimension	Länder/ Absatzaktivitäten	Wertschöpfung/ Koordination	Länder/ Absatzaktivitäten
Geschwindigkeit der Internat.	niedrig	hoch	hoch

Quelle: Swoboda/Schwarz 2006b, S. 166.

Die Internationalisierung von Handelsunternehmen weist also Besonderheiten auf, z.B. “the balance between centralized and decentralized decision-making, the relative importance of organisation and establishment of scale economics, the degree of spatial dispersion in the multi-established enterprise, the relative exit costs if decision is reversed, different cash flow characteristics” (Dawson 1993 und ähnlich Sparks 1995). Als Rahmen für die nachfolgend zu behandelnden zwei Entscheidungsfelder – marketing- und wertschöpfungsorientiert – sind grundsätzlich **externe und interne Bestimmungsgrößen** relevant:

- **Gastlandbedingungen** haben im Handel u.a. auf Grund des direkten Kundenkontakts und des oft direktinvestiven Engagements eine relativ hohe Bedeutung. Die am Anfang dieses Kapitels angedeutete Orientierung an Kunden und Wettbewerbern gilt auch in den Gastländern, d.h., im Handel besteht die Tendenz, Leistungen länderspezifisch zu differenzieren. Zudem bestehen direkte Wechselwirkungen zwischen den Entscheidungen im Gast- und **Heimatmarkt**, wo noch meist die höchsten Umsätze realisiert werden.
- Im Handel sind **branchenspezifische Unterschiede** beachtenswert. Grundsätzlich haben Non-Food-Händler stärkere Standardisierungsoptionen, während Food-Händler stärker lokal differenzieren und jeweils Supply-Chains aufbauen müssen. Dies ist zwingend im Fall des organischen Markteintritts.
- **Interne Bestimmungsgrößen** bilden im Handel die auf der Gesamtunternehmensebene entwickelten **Prinzipien, Ziele und Strategien** sowie **Ressourcen.** Goldmann (2001, S. 228f.) hebt in einer der hochwertigsten Studien zur Internationalität im Handel neben den **Gastlandfaktoren** die Relevanz der „**long-term strategy**" und „**leverage of global advantages**" hervor.

II. Entscheidungsfelder bei der Gestaltung von Strategien im Internationalen Marketing

1. Überblick

Management-Beiträge betrachten Internationalisierung(sstrategien) auf der Gesamtunternehmensebene wie die Planung der Produkt/Markt-Bereiche, gefolgt von der Wahl der Eintrittsform, des Timing oder der Führung des Auslandsengagements.[1] Marketing-Beiträge fassen die Internationalisierung oft als Marktauswahl, -eintritt und -bearbeitung auf sowie ein vorgeschaltetes Planungsmodul, bspw. mit der Bestimmung der zu internationalisierenden Leistung, so des Betriebstyps (vgl. zu Abwandlungen im Handel Vida/Fairhurst 1998). Einiges spricht dafür, auch im Handel eine Anlehnung an Zentes/Swoboda/Schramm-Klein (2006) vorzunehmen und in dynamischer Sicht vier Entscheidungssequenzen zu behandeln (vgl. hierzu Swoboda/Schwarz 2006c, S. 484ff.):

- Ziele der Internationalisierung
- Marktengagement (Marktselektion/-eintritt und -austritt sowie Timing)
- Betätigungsform (Eintrittsstrategie und Strategieswitch/-anpassung)
- Marktbearbeitung (Primärarrangements und Adaption).

[1] Diese Vorgehensweise folgt der Hierarchie der Unternehmensstrategien.

Die Besonderheit einer derartigen Sicht liegt darin, dass sie den Blick auf die Marketingentscheidungen während des Going International (z.B. des Eintritts in einen Ländermarkt) und des Being International (z.B. des Managements mehrerer Ländermärkte) erlaubt. Damit werden ferner die Interdependenzen zwischen einzelnen Entscheidungen und Ländern betont.

Abbildung 2.52: Stufen eines Bezugsrahmens

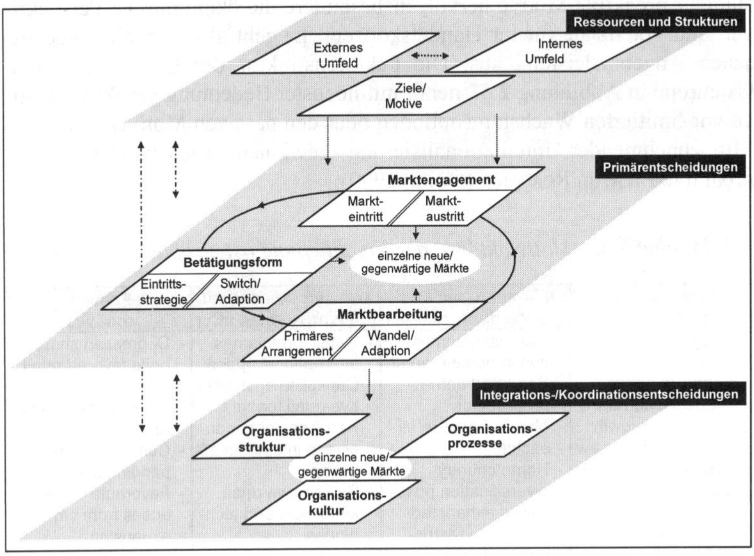

Diese Entscheidungen können in einen Bezugsrahmen zusammengefasst werden (siehe Abbildung 2.52), in dem etwa die externen und internen Bestimmungsfaktoren, i.S. der markt- und ressourcenorientierten Sicht, eingebettet sind. Das heißt, dass die externen bzw. internen Umfeldfaktoren sowohl die Ziele und Primärentscheidungen in Bezug auf einen Markt bestimmen (statisch) als auch selbst von den Entscheidungen determiniert werden, d.h., dynamischen Veränderungen unterliegen und die Basis der Folgeentscheidungen sind.

2. Ziele der Internationalisierung

Die Ziele des absatzseitigen „**Going International**" des Handels sind primär durch Umsatz-, weniger durch Kostenmotive geprägt. Dies ist naheliegend: Da der Handel i.d.R. nicht produziert, dominieren die marktorientierten Bereiche der Wertkette und die Internationalisierung des Handels befindet sich in einer frühen Phase, in der auch in der Industrie absatzorientierte Motive dominierten. Primär frühe Arbeiten hatten Ziele/Motive der Internationalisierung zum Gegenstand, oft in Verbindung mit den o.g. Antriebskräften (vgl. Swoboda/Schwarz 2006b und die dort angegebene Literatur). Sie führen zur Unterscheidung von

- Heimatmarkt- und Gastland-orientierten, d.h. Push- und Pull-Faktoren oder
- zu reaktiven und proaktiven Motiven.

Empirisch sieht Zentes (1998d) allgemein Absatzpotenziale im Gastland und Marktsättigung im Stammland als die wichtigsten Motive – mit Abstand gefolgt von unternehmerischen Ambitionen – für deutsche Händler bezüglich der Märkte in Ost- und Westeuropa. Alexander (1995) hebt für britische Händler proaktive Motive hervor, insbesondere die ökonomische Perspektiven und Potenziale für ihr Handelskonzept. Er geht also von einer spezifischen Angebotsleistung aus. Die Faktorenstruktur der Eintrittsmotive in Osteuropa in Abbildung 2.53 nennt mit höchster Bedeutung proaktive Motive vor limitierten Wachstumsoptionen oder den passiven Motiven am Ende. Mit zunehmender Internationalisierung gewinnen wachstumsorientierte, proaktive Ziele an Relevanz (Quinn 1999).

Abbildung 2.53: Motivfaktoren der Erschließung osteuropäischer Märkte

Proactive and growth-oriented	Limited domestic growth opportunities	Internat. Appealing/ innovative retail offer	Passive motives
- Long-run sales growth. - Long-run profits. - Attractive current and future growth prospect of the new market. - Economies of Scale. - Corporate objectives. - Knowledge of opportunities. - Senior management drive and support.	- Increased competition in home market. - Saturated home retail sector. - Mature home retail sector. - Home country diversification possibilities exhausted. - Excessive restrictions in home market. - Foreign government incentives.	- Retail formula has international appeal. - Capitalise an innovative retail formula. - Retail sector conducive to internationalisation. - Exploit own retail know-how and techniques. - Possesses unique competitive advantage.	- Depressed share price favored retail acquisitions. - Offers from foreign retailers. - Competitors expanding abroad. - Favorable experiences from older expansion. - Increased public standing and prestige. - Surplus organisational resources.

Quelle: Tatoglu/Demirbag/Kaplan 2003, S. 48.

Branchenspezifsch achten Food-Händler stärker auf Größendegression sowie Umfeldfaktoren (z.B. Marktgröße, Wachstum, geografische Nähe, Infrastruktur), während es bei Fashion-Händlern interne Faktoren sind (Tatoglu/Demirbag/Kaplan 2003). Ziele können sich im Zuge des **Being International** wandeln, so in Richtung der Penetration oder des Rückzugs aus einzelnen Märkten. Insofern ist es auch für die Internationalisierungsstrategien des Handels sinnvoll **Zielsysteme bzw. -hierarchien** zu beachten. Je nach Ebene und situativer Sicht beeinflusst das Ziel nämlich den gesamten Expansionsprozess oder nur Einzelentscheidungen. Swoboda/Schwarz/Hälsig (2007) deuten ein derartiges Zielsystem im Fall der METRO Group an:

- Einer der drei Pfeiler der Gesamtunternehmensstrategie lautet Unternehmenswachstums und verweist explizit auf das Ziel der Auslandsexpansion als Rahmen der Internationalisierungsstrategie.
- Auf der Ebene der langfristigen Internationalisierungsstrategie finden sich zwei länderübergreifende Ziele, nämlich die Öffnung neuer Märkte

und die Expansion (Penetration) in vorher betretenen Märkten. Konkret wird das etwa beim C&C-Format mit der Vorgabe, jedes Jahr ein neues Land zu betreten und 40 neue C&C-Outlets in bestehenden Ländern zu öffnen.

- Auf der länderspezifischen Marktebene liegen ebenso Ziele vor in Bezug auf die Entwicklung in jedem Land. Ferner existieren spezifische Ziele bei der Marktauswahl: Erschließung eines singulären Absatzmarktes (z.B. Indien), regionaler Fokus (z.B. eine Region wie VAE), Schließung von Lücken im Länderportfolio (z.B. Irland als eines der unbearbeiteten Länder Westeuropas) oder Ausnutzung von Synergien (z.B. bei Erschließung eines Landes vom Nachbarland aus, wie Moldawien von Rumänien aus).

3. Strategische Optionen des Marktengagements

a) Marktselektion und Markteintritt

> *Unter Marktengagement wird die aus Unternehmenssicht getroffene Entscheidung bezüglich der Aktivitäten in einem (Länder-)Markt bzw. in mehreren (Länder-)Märkten verstanden, wobei die Entscheidungen sowohl die Marktselektion als auch den Markteintritt und -austritt umfassen (Zentes/Swoboda/Schramm-Klein 2006, S. 89). Ferner werden länderspezifische und -übergreifende Timing-Entscheidungen hierzu gerechnet.*

Die Entscheidung bezüglich der **Marktselektion** wird oft idealtypisch (normativ) gesehen, wobei bspw. zwischen Segmentierung (Analyseebene) und Wahl der Märkte i.e.S. (Handlungsebene) differenziert wird. Dies ist insofern unzweckmäßig, da bspw. mit der Marktsegmentierung die Festlegung für eine bestimmte Funktion eines Marktselektionsmodells getroffen wird, nämlich dem Bilden homogener Gruppen von Märkten bzw. Kunden. Es liegt nahe, dass die Modellfunktion eine andere sein kann, z.B. eine Rangreihung von Märkten.

Obwohl fraglich ist, ob alle Handelsunternehmen ausgereifte Selektionsmodelle haben oder eher opportunistisch vorgehen, worauf viele Marktaustritte hindeuten, ist davon auszugehen, dass die Marktselektion nicht nur in einer Stufe auf Basis vieler Selektionskriterien erfolgt. Vielmehr erfolgt sie i.d.R. in Stufen, wobei auf den einzelnen Stufen unterschiedliche Beurteilungskriterien herangezogen werden. Im Handel erscheinen drei Stufen sinnvoll, so die länderübergreifende Betrachtung (von Ländern oder Kunden), eine länderspezifische Bewertung und die positive oder negative Entscheidung zum Markteintritt. An dieser Stelle soll auf drei Aspekte eingegangen werden (vgl. allgemein Zentes/Swoboda/Schramm-Klein 2006 und im Handel Swoboda/Schwarz/Hälsig 2007):

- grundsätzliche Ansätze der Marktselektion
- ländermarktübergreifende und -spezifische Bewertung sowie Eintritt

- Konstruktion von Marktselektionsmodellen, d.h., Wahl von Modellfunktion, Selektionsschritten und -kriterien sowie deren Bestimmungsfaktoren.

Grundsätzliche Ansätze der Marktselektion

Die grundsätzlichen Optionen der Selektion sind auch im Handel herauszustellen, die integrale und die internationale Marktselektion, wobei letztere in zwei Typen unterteilbar ist (siehe Abbildung 2.54).

Die **integrale** („inter-country“) **Marktselektion** basiert auf der Suche nach **homogenen Kundengruppen**, die länderübergreifend identifiziert werden (z.B. klassifiziert nach Lebensstilen, Kulturfaktoren oder kombinierten Kauf- und Ländermerkmalen, vgl. hierzu Steenkamp/Ter Hofstede 2002).[1] Länderspezifische Faktoren (z.B. BIP, politische Risiken) werden nachgeordnet berücksichtigt, z.B. als Eintrittsbarrieren. Dies ist als typisch zu sehen für Unternehmen mit homogenen Zielgruppen und standardisierten Wettbewerbsstrategien, bspw. bei den Top-Marken im Fashion-Handel.

Abbildung 2.54: Gegenüberstellung der Ansätze der Marktsegmentierung

Merkmale	Integrale Marktsegmentierung	Internationale Ländermarktwahl bzw. -segmentierung	
	Kunden/Massenmarkt	normativ	deskriptiv
Entscheidungs-problem	Auswahl von Kundengruppen	Länderselektion	Länderselektion
Ansatz	meistens deskriptiv	normativ/systematisch	deskriptiv/ unsystematisch
Entscheid.modell	unbestimmt	rational	„disjointed incrematalism“
Marketing-paradigma	meistens einzelne Transaktionen	einzelne Transaktionen	einzelne Transaktionen
Zeithorizont	Langfristorientierung	nicht spezifiziert	nicht spezifiziert
Verbindung zu anderen Ent-scheidungen	Segmentierung als Basis der unternehmerischen Internationalisierung	Marktwahl als isoliertes Entscheidungsproblem	Marktwahl als Funktion der unternehmerischen Internationalisierung
Informations suche	extensiv	extensiv (hoch)	limitiert (gering)/ impulsiv (keine)
Informations typen	Kundengruppen bzw. -cluster	Länder-/ Marktindikatoren	subjektive Wahrnehmung, kulturell- psychische Distanz
Quellen der Information	Primärdaten	(oftmals) Sekundärdaten	erfahrungsbasiertes Wissen

Quelle: Andersen/Buvik 2002, S. 351 ff.; Swoboda/Schwarz 2004.

Die **internationale Ländermarktselektion** basiert demgegenüber zunächst auf der **Bewertung von Ländern** anhand von Makro-Kriterien. Eine (intranationale) Kundensegmentierung in jedem Land folgt i.d.R. Dabei kann zwischen normativen und deskriptiven Modellen unterschieden werden:

- **Deskriptive Ansätze** beschreiben meist, welche Märkte Unternehmen betraten oder wie Unternehmen sich (behavioristisch) bei der Marktwahl verhalten. Damit handelt es sich meistens um empirische Ex-post-Stu-

[1] Vgl. hierzu bspw. die Lebensstilgruppen in Abschnitt D.III.1. des Ersten Kapitels.

dien. Die Unternehmensentscheidung zur Marktwahl wird allerdings eingebettet in den Managementprozess gesehen, d.h., abhängig von Vorentscheidungen und Einflussfaktoren betrachtet. Diese Studien zeigen, dass Handelsunternehmen nicht durchgängig rational vorgehen.

- **Normative Ansätze** postulieren systematische Entscheidungsstrukturen bzw. ein rational-logisches ein- oder mehrstufiges Entscheidungskalkül und folgen den Annahmen, dass die von anderen Entscheidungsprozessen isolierbare Marktwahl (immer) strukturierbar, formalisierbar ist und sich nach den Aktivitäten wie Problemdefinition, Identifizierung von Kriterien, optimale Entscheidung usw. richtet. Die Relevanz der Kriterien oder Stufen wird oft nur ex post untersucht, d.h., gefragt wird nach den Bündeln von Kriterien, die Unternehmen zur Bewertung herangezogen haben.

Im Handel liegen wenige Befunde zur Vorgehensweise von Unternehmen vor, sieht man von Ex-post-Studien zu den gewählten Ländern und zu ersten pauschalen Potenzialeinschätzungen einzelner Länder ab. Dabei stützt etwa Vida (2000) (behavioristische, inkrementale) Ansätze, welche die Ländermarktwahl als Funktion der geografischen und kulturellen Distanz begreifen. Sie zeigt, dass geografisch und kulturell nahe Märkte (in ihrem Fall Kanada) am attraktivsten für US-Händler sind, gefolgt von kulturell nahen, aber geografisch weiter entfernten europäischen Märkten. Ähnliches kann je nach Studie für westeuropäische Handelsunternehmen hinsichtlich der Attraktivität osteuropäischer Märkte festgestellt werden. Diese Studien stützen die Bedeutung der psychischen Distanz im internationalen Handel, was Evans/Treadgold/Mavondo (2000) für den Erfolg und Evans/Bridson (2005) für die Anpassung an Auslandsmärkte unterstreichen. Nur wenige Analysen gehen über diese Perspektive hinaus (z.B. mit der Analyse externer und interner Faktoren Maharajh/Heitmeyer 2005 oder der Entscheidungsschritte Swoboda/Schwarz/Hälsig 2007). In der Handelspraxis wird – neben den osteuropäischen Märkten – die Attraktivität bisher geschlossener Märkte in Asien gesehen.

Indien als „Hot-Spot-Markt“ für westliche Handelsunternehmen

Nach den Pionieren in Indien – Dairy Farm aus Hongkong, Shoprite aus Südafrika, Marks & Spencer (alle mit Kooperationen) und METRO – entdecken Wal-Mart und Tesco Indien. Mit JV-Partnern wollen die Unternehmen in den nächsten Jahren bis zu 1.000 Nachbarschaftsläden und Hypermärkte aufbauen, um am Wachstum des riesigen Marktes zu partizipieren. Analysten gehen bis zum Jahre 2010 von plus 50 % und einem Marktvolumen von 350 Mrd. USD aus. Auch METRO sieht Potenziale für weitere C&C-Märkte, primär in den 33 indischen Städten mit über einer Mio. Einwohnern, ist aber mit dem enormen Problem der hohen Mietpreise konfrontiert.

Quelle: LPinternational 23/2006, S. 4f.

Ländermarktübergreifende und -spezifische Bewertung sowie Eintritt

Wie angedeutet kann im Handel bei der internationalen Marktselektion eine länderübergreifende, gefolgt von der länderspezifischen Evaluation unterschieden werden. Das länderspezifische Vorgehen ist deshalb anders als bei industriellen Akteuren, da im Handel Filialen, Standorte, die Supply-Chain usw. zu planen sind. Abbildung 2.55 verdeutlicht einen derartigen Prozess.

Abbildung 2.55: Länderübergreifende und -spezifische Marktselektion – Das Beispiel METRO Group

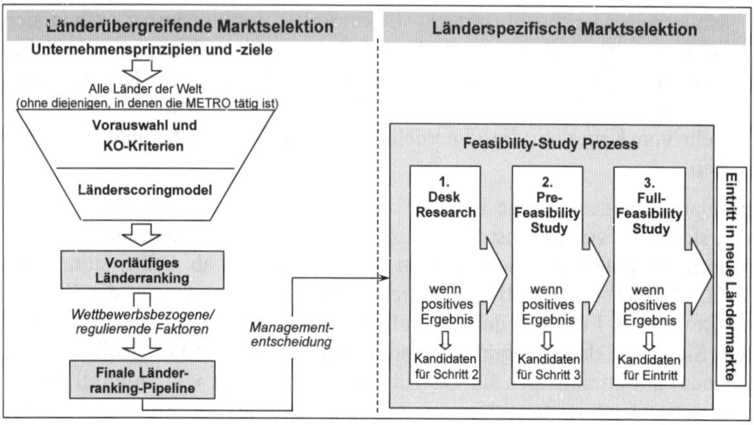

Quelle: Swoboda/Schwarz/Hälsig 2007.

Ziel der **länderübergreifenden Analyse** ist – sieht man vom integralen Vorgehen ab – die Evaluation einer mehr oder weniger großen Anzahl von Ländermärkten, um entweder eine Rangreihung („Pipeline") zu erhalten oder zu Clustern im Zuge der Anwendung von Segmentierungsverfahren zu gelangen. Wie in der Abbildung dargestellt, wird ausgehend von im Extremfall allen Ländern der Welt mit pauschalen Ausschlüssen oder einfachen KO-Kriterien (wie Rechtsunsicherheit, Marktzugangsblockaden, Währungskonvertibilität) eine erste Reduktion vorgenommen. Das Länderscoring-Modell fasst etwa makroökonomische Faktoren (wie BSP, Kaufkraftpotenzial), politische und administrative Faktoren zusammen. Alternativ wären an dieser Stelle bei individueller Eignung Attraktivitäts-Risiko-Portfolios oder Indizes als Vergleichsgrundlage der Länder denkbar (sie werden periodisch erstellt, z.B. A.T. Kearney's Portfolio, IGD's Market Index).

Die für ein Engagement in Frage kommenden Märkte werden in eine Rangfolge gebracht (z.B. gemäß ihres Punktwertes i.S.v. Attraktivität oder Unsicherheit). Es greift aber nicht ein Automatismus, wonach das Land zuerst erschlossen wird, das an der Spitze steht. Vielmehr wird – vor dem Hintergrund der oben genannten Ziele der Internationalisierung – eine **Managemententscheidung** getroffen, die auch zur Änderung der analytisch ermittelten Rangfolge führen kann. Möglicherweise werden auch die Ziele auf der Ebene der Internationalisierungsstrategie relevant, wenn etwa entschieden wird, dass die Öffnung eines neuen Marktes zu Gunsten der Öffnung weiterer Filialen in bestehenden Märkten unterbleibt. Hier existieren also Wechselwirkungen zur Marktbearbeitung einerseits und zu den Zielen andererseits. Auf jeden Fall liegt aber eine langfristig abzuarbeitende „Ranking-Pipeline" vor.

Der **länderspezifische Selektionsprozess** kann in den ersten beiden Stufen einerseits der persönlichen Inaugenscheinnahme der Länder und der Handelssituation dort (denkbar sind Begehungen, Gespräche mit aus anderen Märkten bekannten Lieferanten, Behörden usw.) dienen sowie einer vertieften Analyse weiterer Kriterien. Letzteres erfolgt mit Bezug zum Käuferverhalten. Im Handel sind auch Personal-, Lieferanten-, steuerliche, logistische und sonstige administrative Abwicklungsfragen relevant. Auch an dieser Stelle steht nach jedem Schritt eine Managemententscheidung, d.h., ein Abbruch ist denkbar. Ressourcenaufwändig ist die letzte Bewertungsstufe. Sie dauert oft über mehrere Monate und wird oft von einem ganzen Team von Experten für einzelne Wertschöpfungsfunktionen durchgeführt. Ein umfassender Bericht und die Empfehlung zum Eintritt (inklusive Timing) stehen hier am Ende.

Hiernach erfolgt der **Eintritt** i.e.S., d.h. die Ankündigung und der Vollzug desselben. In der Handelspraxis sind selbst hier noch Abbrüche festzustellen.

Lidl tritt nicht im Baltikum ein und verkauft Immobilien

Nachdem Lidl die baltischen Länder ins Visier nahm und hier bereits Standorte bestimmte und Immobilien erwarb, kam nun die Kehrtwende. Branchenexperten führen die späte Umentscheidung auf die mittlerweile zu groß gewordene Konkurrenz zurück. Lidl habe nach dem Kauf der Grundstücke zu langsam agiert.

Quelle: Handelsblatt, 02. November 2006, S. 13.

Konstruktion von Marktselektionsmodellen und deren Bestimmungsfaktoren

Abbildung 2.56 zeigt ein für den Handel entwickeltes **Marktselektionsmodell** mit der zentralen Rolle des Managements und zwei Ebenen: Konstruktion eines Länderselektionsmodells und Vorentscheidungen (Swoboda/Schwarz/Hälsig 2007). Dabei wird die Konstruktion von Länderselektionsmodellen dreigeteilt, mit der Modellfunktion im Zentrum:

- Die **Funktion eines Selektionsmodells** strukturiert die Folgeentscheidung und ist von Einflussfaktoren abhängig. Grundsätzlich führen die genannte Selektion von Kunden oder Ländern zu anderen Modellfunktionen. Selbst beim Fokus auf internationale Ländermarktselektion resultieren Differenzen in der Modellfunktion, z.B. in Abhängigkeit von
  - den Grundsätzen und Zielen (z.B. werden einzelne Länder aus der Betrachtung ausgeschlossen oder mit höherer Priorität bewertet, ggf. erfolgt eine Konzentration auf einen Markt oder erfolgt ein Ländervergleich),
  - der Unternehmens- bzw. Wettbewerbsstrategie (z.B. ist das Unternehmen fähig oder willens sich an die Bedingungen attraktiver Märkte anzupassen und daher werden eher große Volumenmärkte bevorzugt

oder es werden passende Länder für das feststehende Konzept gesucht) und
- den kritischen Faktoren/Ressourcen (z.B. bilden begrenzte Ressourcen den Ausgangspunkt der Betrachtung oder das Vorgehen ist marktorientiert) usw.

♦ Die Fragen nach der grundsätzlichen Notwendigkeit und dann der Festlegung von **Selektionsschritten** bilden eine zweite Konstruktionsebene. Bei der Ländersegmentierung ist z.B. im Handel die Festlegung einer mehrstufigen Struktur üblich: länderübergreifendes, generelles Screening und länderspezifische, tiefe Evaluation. Eine weiter gehende Untergliederung ist denkbar. Damit ist aber die Frage nach den heranzuziehenden Selektionskriterien (makro- und mikroökonomische Attraktivitätsfaktoren oder Barrieren usw.) und den Evaluationsmethoden oder -techniken (Scorings, Portfolios, Realoptionsansätzen usw.) verbunden, die breit in der Literatur diskutiert werden (vgl. dazu Zentes/Swoboda/Schramm-Klein 2006).

♦ Ziel bei der Wahl der **Selektionskriterien** ist es, die Kriterien zu identifizieren, welche die heutige und zukünftige Situation eines Marktes widerspiegeln. Die Kriterien (makro-/mikroökonomisch, sekundär/primär) werden von der Modellfunktion und den Selektionsschritten und von weiteren Aspekten (z.B. Daten-, Methoden-, Ressourcenverfügbarkeit) bestimmt. Naheliegend variieren die Anforderungen an die Kriterien, wenn etwa für eine standardisierte Konzeption passende (homogene) Länderbündel gesucht werden oder wenn die attraktivsten Märkte gesucht werden, um diese mit einer differenzierten Wettbewerbsstrategie tief zu durchdringen.

Abbildung 2.56: Konstruktionsebenen von Marktselektionsmodellen

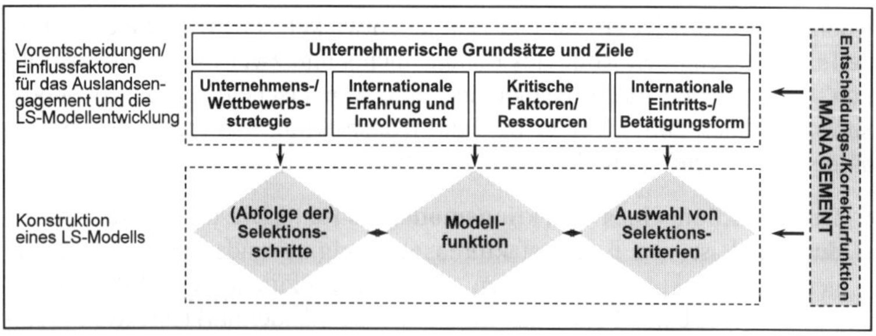

Quelle: Swoboda/Schwarz/Hälsig 2007.

Insgesamt sollte deutlich werden, dass der Selektionsprozess von verschiedenen Vorentscheidungen und Bestimmungsfaktoren determiniert wird. Die Tiefe des Selektionsprozesses ist mit der Qualität der Selektionskriterien, aber auch mit Kosten-Nutzen-Abwägungen eines Unternehmens im Hinblick auf den Gesamtprozess verbunden.

Auf einer praktischen Ebene kann nochmals branchenübergreifend hervorgehoben werden, dass für westeuropäische Unternehmen v.a. osteuropäische Märkte attraktiv sind und weltweit gesehen sog. „Global-Hot-Spots“ im Fokus stehen, z.B. Indien, China und Russland. In diesem Zusammenhang zeigt Tabelle 2.10 die Handelsvolumina ausgewählter Länder und Regionen der Welt, wobei die zweistelligen jährlichen Zuwachsraten im Handel in Osteuropa und v.a. in Asien zukünftig für Verschiebungen sorgen werden.

Tabelle 2.10: Rahmendaten in ausgewählten Regionen der Welt

Region	BSP Mrd. USD	Bevölkerung Mio.	Konsumausg. Mrd. USD	Gesamtes Handelsvolumen Mrd. USD	Anteil	„Grocery“-Volumen Mrd. USD	Anteil
Europa (inklusive GUS)	14.546	872	8.260	3.240	33.3 %	1.710	36.3 %
Westeuropa	13.046	467	7.412	2.679	27.5 %	1.380	29.3 %
darunter Deutschland	2.715	83	1.561	472	4.8 %	219	4.7 %
Mittel-/Osteuropa	745	124	447	271	2.8 %	162	3.4 %
GUS gesamt	755	281	401	290	3.0 %	168	3.6 %
Nordamerika (NAFTA)	13.324	430	9.167	2.986	30.7 %	934	19.9 %
USA	11.667	294	8.156	2.618	26.9 %	739	15.7 %
Südamerika	1.412	439	863	414	4.3 %	284	6.0 %
Asien/Pazifik	9.805	3.472	5.282	2.611	26.8 %	1.437	30.5 %
Japan	4.624	128	2.598	1.169	12.0 %	526	11.2 %
China	1.650	1.297	657	480	4.9 %	312	6.6 %
Indien	692	1,080	443	270	2.8 %	203	4.3 %
Afrika/Mittlerer Osten	1.568	1.044	834	432	4.4 %	315	6.7 %
TOTAL (inklusive andere)	40.888	6.350	24.545	9.738	100.0 %	4.706	100.0 %

Quelle: Euromonitor; IGD Research 2006; LP 12/2006.

b) Timing

Das Timing umfasst die Entscheidungen über die zeitliche Dimension des Engagements. **Länderspezifisches Timing** betrifft den richtigen Zeitpunkt, um ins Ausland vorzustoßen, um Wettbewerbsvorteile gegenüber der Konkurrenz zu erzielen, so durch ein „first to the market“ (Zentes/Swoboda/Schramm-Klein 2006, S. 11ff.). Indessen sind **Timing-Strategien** im internationalen Handel noch weit gehend unerforscht. Einige der größten Unternehmen – so Carrefour oder METRO – sehen Timing als Grundsatz beim Eintritt in neue Märkte. Dies verwundert nicht, da die Vielzahl bisher vom modernen Handel unerschlossener Märkte First-Mover-Vorteile verspricht. Auch ist bswp. klar, dass in Schwellenländern die Nachfrage zuerst für Großhändler entsteht, bevor Einzelhändler am langsamer wachsenden Wohlstand der Verbraucher partizipieren können.

„Obwohl das SB-Warenhaus für jede Einzelhandelskultur geeignet ist, ist es immer vorteilhafter in einen jungfräulichen Markt einzusteigen, in dem die Verbraucherausgaben zu steigen beginnen. Steigt man in einen ausgereiften Markt ein, ist er praktisch gezwungen, einen einheimischen Filialisten zu kaufen. Wir halten Deutschland für einen besonderen Markt, weil er übersättigt ist. Dagegen gibt es Schwellenländer auf der Welt, in denen die Erfolgsgeschichte von Carrefour – in einen jungfräulichen Markt einzusteigen und mit den zunehmend reicher werdenden Verbrauchern zu wachsen – wiederholt werden kann."

(Daniel Bernard, ehem. Vorstandsvorsitzender Carrefour S.A.)

Quelle: Lebensmittel Zeitung, 07. Oktober 1997, S. 44ff.

Länderübergreifendes Timing ist mit der dynamischen Internationalisierung verbunden und mit den sog. **Sprinkler-, Wasserfall-** oder **Selektivstrategien**. Diese gehen der Frage nach, ob die Internationalisierung im Zeitverlauf sprinklerartig (gleichzeitig in viele Länder), sequenziell (schrittweise) oder kombiniert geplant wird (Zentes/Swoboda/Schramm-Klein 2006, S. 133ff.). Die sequenzielle Vorgehensweise trifft für die Mehrheit der Handelsunternehmen zu, wenngleich ein selektives Vorgehen ebenso zu beobachten ist, so etwa bei einem Bündel von Ländern (typisch bspw. bei VAE). Eine Variante bildet die **Brückenkopfstrategie**, in deren Zuge ein Auslandsmarkt als Ausgangspunkt für das Betreten weiterer genutzt wird. Sicherlich verfügen aber nur wenige Handelsunternehmen über eine o.g. Pipeline von zukünftig zu betretenden Ländern. Die bisher wenigen Ex-post-Studien hierzu sind von limitierter Aussagekraft.

Schließlich kann Timing auch i.S. einer **„Time-to-Market"** verstanden werden (Swoboda 2002b). Das heißt, dass über die Pionierrolle oder eine Sprinklerstrategie hinaus ein Unternehmen fähig ist, schnell im Auslandsmarkt zu agieren – was bspw. eine Frage des vertikalen Geschäftsmodells, der finanziellen Ressourcen oder der Fähigkeiten der Expansionsmanager ist. Beim Markteintritt ist es v.a. die Kompetenz, eine neue Supply-Chain oder Netzwerke im Ausland effektiv und effizient aufzubauen (vgl. dazu Swoboda/Foscht 2005a). Bei Being International kann beobachtet werden, dass Unternehmen, die Timing und organisches Wachstum als Unternehmensprinzipien sehen, zwar oft Pioniere in einem Markt sind, dann aber eher langsam den Markt penetrieren und von anderen mit Akquisitionen oder Joint Ventures operierenden und später eintretenden Firmen überholt werden.

c) Portfoliobereinigungen und Marktaustritte

Mit zunehmender Internationalisierung werden die Märkte anders bewertet. Es geht eher um die unternehmensindividuelle Situation (i.S.v. Marktanteilen) in jedem Markt und um Erfolgspotenziale von Interdependenzen zwischen bearbeiteten Märkten. Spätestens an dieser Stelle sind bspw. **Länderportfolios** hilfreich, die eine Kategorisierung von Märkten ermöglichen, so nach Attraktivität und Barrieren oder Erträgen und Ertragsoptionen. Makroökonomische Daten verlieren als Bewertungsgrundlage an Bedeutung.

Entsprechende Betrachtungen können ein Grund für Austritte von Handelsunternehmen aus einzelnen Märkten sein. Austritte können in der Praxis auch proaktiv motiviert sein, z.B. bei fehlender Perspektive, die angestrebte marktführende Position unter den TOP 5 zu erreichen. Derartige **Austritte** können in jüngster Zeit verstärkt beobachtet werden, was mit zunehmender Internationalisierung auch zu erwarten ist, aber für einzelne Unternehmen doch unerwartet auftritt. Indessen sind die wissenschaftlichen Erkenntnisse bezüglich des unternehmerischen Wachstums – z.B. Wachstums- oder Eintrittsstrategien – enorm, die bezüglich **Desinvestition**, **Schrumpfung** oder **Marktaustritt** hingegen relativ gering (Zentes/Swoboda/Schramm-Klein 2006, S. 118ff. (länderspezifisch) und S. 141ff. (länderübergreifend)).

Viele, meist fallstudienbasierte Analysen wurden im Handel in jüngerer Vergangenheit vorgelegt. Sie fokussieren auf Formen und die Gründe eines Marktaustritts (ähnlich den Zielen der Internationalisierung). Beispielsweise wählen Burt/Dawson/Sparks (2003) den Misserfolg im Ausland als Ansatzpunkt und verfolgen damit eine eher reaktive Perspektive, die um eine proaktive Sicht der Marktaustritte wie folgt zu ergänzen ist (vgl. auch Swoboda/Schwarz 2006b mit Beispielen zu „Exits" im Handel):

- **Proaktive Entscheidungen** zum Austritt oder zur Reduktion von Aktivitäten fußen auf Bewertungen der externen und/oder internen Umfeldsituation durch das Management, z.B.:
  - Die zukünftigen externen Marktbedingungen werden verändert eingeschätzt, so bezüglich Kunden, Konkurrenten, Umfeld.
  - Aus interner Sicht ändert sich das relative Gewicht des Ländermarktes, so im Zuge eines Strategiewandels, einer veränderten Ressourcenallokation, Neubewertung bzw. (Re-)Konfiguration von Ländermärkten.
  - Ein neues Management verfolgt neue Visionen oder Ideen.

- **Failure** beschreibt einen Misserfolg („**underperformance**"), der sich in operativen Verlusten in einem Land niederschlägt. Aus strategischer Perspektive bestehen für Unternehmen folgende Optionen:
  - die (temporären) Verluste akzeptieren und nichts tun
  - die Investition erweitern
  - operative Veränderungen vornehmen
  - sich aus dem Markt zurückziehen („divestment").

- **Divestment** meint einen Prozess der Ressourcen-Reallokation bzw. einer Reduktion der Marktpräsenz mit zumindest drei Ausprägungen:
  - Verringerung bzw. Anpassung der Marktpräsenz, so Schließung einzelner Niederlassungen im Markt („**closure or adjustments**")

- organisationale Restrukturierung durch den Wandel von Ressourcen und Aktivitäten auf verschiedenen Niveaus, so Betätigungsform, Marktbearbeitung usw. („**organisational restructuring**")
- Verlassen des Marktes („**exit**"), Rückzug mit Aufgabe der Marktpräsenz.

Die **Gründe für eine Marktreduktion bzw. Exits** können konzeptionell auf vier Ebenen fixiert werden: Veränderungen im unternehmensexternen Umfeld (z.B. im Makroumfeld (politisch-rechtliche, sozio-ökonomische, technische Entwicklungen) oder im Wettbewerbsumfeld (Kunden, Konkurrenz)), Veränderungen im Unternehmen (z.B. Strategiewandel, ressourcenbezogene Entscheidungen, neues Management), Veränderungen bei den Managern (z.B. Wandel von Einstellungen oder Auslandsinvolvement) sowie Veränderungen in der Performance (im Ausland oder im Heimatland).

Im Handel ist oft eine Interdependenz zwischen Heimatland und Austritt im Ausland zu beobachten. Im Extremfall führen Probleme von Unternehmen auf dem Heimatmarkt zu länderübergreifenden Marktaustritten oder sogar zu einer vollständigen Re-Nationalisierung.

Konzentration auf den Heimatmarkt – Marks & Spencer schafft die Wende

Es geht wieder aufwärts bei dem Handelskonzern Marks & Spencer: Gemeldet werden steigende Gewinne, zum ersten Mal seit drei Jahren. Der Verkauf von Filialen auf internationaler Ebene, aber auch neue Kollektionen haben die Wende des Traditionskonzerns eingeleitet. „Wir haben gute Fortschritte gemacht und glauben, den Abwärtstrend durchbrochen zu haben", sagt Konzernchef Luc Vandevelde. „Jetzt ist es unsere Aufgabe, die Genesung des Konzerns abzusichern." Vandevelde rückte Anfang 2000 an die Spitze des Unternehmens vor. Der Belgier hat zahlreiche Filialen im Ausland abgestoßen und damit das jahrelange Hickhack um die Expansion des Konzerns nach Kontinentaleuropa beendet. Die Läden in Großbritannien wurden renoviert.

Quelle: Handelsblatt, 22. Mai 2005, S. 15.

4. Strategische Optionen bezüglich der Betätigungsformen

a) Wahl der Markteintrittsstrategie

Ein weiteres Entscheidungsfeld umfasst die Betätigungsform, d.h. die institutionellen Arrangements, die den Rahmen für die Leistungserstellung im Ausland konturieren (Zentes/Swoboda/Schramm-Klein 2006, S. 74):

Diese Entscheidungen bzw. ihre Resultate werden in der Literatur meist verkürzt als Markteintrittsstrategien bezeichnet. Vernachlässigt wird dabei, dass die praktizierte Betätigungsform auch innerhalb eines ausländischen Marktes angepasst oder fundamental verändert werden kann.

Zwar haben Veränderungen der Betätigungsform im Handel eine geringere Bedeutung als in der Industrie – wo Eintritte mittels Exporten in Folge oft geändert werden. Der Begriff Betätigungsform ist treffender zur Charakterisierung des Rahmens geeignet, unter dem ein Unternehmen im Ausland agiert. Markteintrittsstrategie skizziert hingegen ein Zeitpunktphänomen (Zentes 1995, Sp. 1037f.). Die Literatur zu beiden Aspekten ist mit Blick auf Industrieunternehmen breit. An dieser Stelle soll auf zwei Aspekte eingegangen werden (vgl. allgemein Zentes/Swoboda/Schramm-Klein 2006):

- grundsätzliche Optionen der Strategiewahl
- empirische Ergebnisse und Bestimmungsfaktoren der Wahl.

Grundsätzliche Optionen der Strategiewahl

Die einem Handelsunternehmen zur Verfügung stehenden Optionen können anhand verschiedener Kriterien systematisiert werden, so nach dem Kontrollniveau, das ein Händler über seine Auslandstätigkeit ausüben möchte, dem Ressourceneinsatz, den ein Händler in ein Wachstum ins Ausland bereit ist zu investieren, oder der Flexibilität, die Händler haben möchten, um Auslandsaktivitäten schnell und kostengünstig zu ändern (Treadgold/Davies 1988, S. 35). Eine konkrete Systematik hängt vom der Betrachtung zu Grunde gelegten theoretischen Ansatz ab. Nachfolgend erfolgt eine pragmatische Beschreibung der prinzipiellen Formen zwischen Markt und Hierarchie (Zentes 1992b, S. 22): Exporte, Kooperationen (franchiseähnliche Arrangements, Minderheitsbeteiligungen, Joint Ventures) sowie Filialisierung und Akquisitionen (vgl. ausführlich zu den einzelnen Formen Zentes/Swoboda/Morschett 2004).

Export als Eintrittsstrategie ist v.a. für Außenhandelsunternehmen relevant sowie für Versandhäuser, etwa in geringvolumigen Märkten, in denen keine Niederlassungen bestehen, und für die neueren medialen Handelsformen. Darüber hinaus ist Export bzw. Import Bestandteil jeder anderen Betätigungsform im Handel, soweit Güter und Dienstleistungen grenzübergreifend ausgetauscht werden. Das heißt, Handelsunternehmen können nach Exzellenz in Import- und Exportaktivitäten streben, um Wettbewerbsvorteile in der Supply-Chain zu erreichen.

Der Gründung von **Tochtergesellschaften** bzw. der **Filialisierung** kommt die wichtigste Bedeutung im Rahmen des Markteintritts von Handelsunternehmen zu. Mit dem internen internationalen Wachstum werden Vorteile und Nachteile verbunden, wie sie in Abbildung 2.57 dargestellt sind.[1]

Die bereits im Rahmen von Wachstumsstrategien behandelten „**Mergers & Acquisitions**" von ausländischen Handelsunternehmen haben eine beachtliche Bedeutung. Hervorzuheben sind hier die entsprechenden Markteintritte im Kontext der Übernahme von Unternehmen im Ausland, aber auch – von größerer empirischer Relevanz im Handel – spätere Akquisitionen während des Being International, was der Penetration eines Landes dient.

---

[1] Zur Filialisierung, Akquisitionen und Franchising siehe im Einzelnen Abschnitt C. in diesem Kapitel.

Abbildung 2.57: Vor- und Nachteile von internationalen Betätigungsformen

	Advantages	Disadvantages
Franchise type agreements	♦ Rapid expansion of presence possible. ♦ Low costs to franchise. ♦ Local management may be used and the franchise gives managerial advice to the franchisee. ♦ Wide range of forms of agreement available. ♦ Marginal markets can be addressed and the locally competitive marketing policy can be used.	♦ A franchise-suitable concept is needed. ♦ Possibly complex legal requirements and it is necessary to recruit suitable franchisees. ♦ Difficult to control foreign franchisees, therefore a strong controlling system is needed. ♦ May become locked into an unsatisfactory relationship. ♦ Risks of local operations for the franchisee.
Joint Ventures	♦ Access to resources, know-how, image; possibly rapid corporate growth. ♦ Share entry costs and risks with the partner. ♦ Help available to climb learning curve and to overcome non-tariff (trade) barriers. ♦ Possible to move later either to exit or make full entry into the market. ♦ Establishment of barriers to market entry.	♦ Relative high costs of market entry and difficulties in finding a suitable partner. ♦ Necessary to share benefits. ♦ (Possible) Partial loss of control over foreign operations. ♦ Difficult to coordinate, e.g. lack adequate procedures for protecting information.
Mergers & Acquisitions	♦ Speed and synergies, e.g. substantial market presence quickly achieved. ♦ (Possible) Buying of market position/image. ♦ Management in place and cash flow is immediate. ♦ Possibility of know-how transfer. ♦ May be used as a way to obtain locations quickly for conversion to the chosen format. ♦ For other modes closed markets can be addressed.	♦ High initial capital is necessary. ♦ High information and search costs, e.g. evaluation of takeover target. ♦ Suitable firms may not be available and top management commitment is necessary. ♦ Difficult to exit if mistake is made. ♦ Management of acquired firm may by unsuited to new operations; coordination in case of different cultures.
Internal Expansion	♦ Can be undertaken by any size of firm. ♦ Experimental openings are possible with modest risk and often modest cost. ♦ Ability to adapt operation with each subsequent opening; no problems with external decision-making. ♦ Allows rapid prototyping; exit is easier. ♦ No undermining of competitive position through transfer of know-how (creation of competitors).	♦ Takes long time and high costs to establish a substantial presence. ♦ May be seen by top management as a minor diversion. ♦ Requirement to undertake full location assessment. ♦ More difficult if host market is distant from home market. ♦ Requires company to become familiar with host country property market. ♦ Lack of suitable sites in host country.
Non-controlled interest	♦ Finding out about market with minimal risk. ♦ Allows those who know the market to manage the operation.	♦ Passive position. ♦ Investment made over which little influence.

Quelle: Swoboda/Schwarz 2006b, S. 177 und die dort angegebene Literatur.

Franchising kann gemeinsam mit **Lizenzen** zu den „franchiseartigen" Transaktionsformen gezählt werden. Franchising spielt dabei eine bedeutende Rolle u.a. im Textileinzelhandel, im Baumarktsektor, kaum jedoch im

Lebensmitteleinzelhandel, sodass seine Bedeutung gemessen am Gesamthandelsumsatz der Unternehmen im Ausland niedrig ist. In den genannten „Franchising-affinen" Branchen und besonders bei vertikal integrierten Konzepten hat Franchising eine hohe Bedeutung. Auch **Lizenzen** gewinnen im Handel zunehmend an Bedeutung, wenn z.B. eine Nutzungsüberlassung für die Retail-Brand erfolgt und das Handelsunternehmen die Supply-Chain gestaltet.

Joint Ventures (JV) eröffnen einen Marktzugang, bei dem Kosten, Gewinn und Risiko auf Partner verteilt werden. Damit wird der Eintritt in rechtlich, wirtschaftspolitisch oder -strukturell schwierige oder für andere Eintrittsformen blockierte Märkte ermöglicht. Heute bilden Schwellenländer das Hauptanwendungsgebiet im Handel. In China etwa haben nur wenige Unternehmen eine zentral vergebene, landesweite Expansionsgenehmigung, sodass viele lokale JV-Partner, oft sogar mehrere in einer Stadt, haben. Für den Erfolg von JV ist – wie bei anderen Kooperationen – ein Fit zwischen den beteiligten Unternehmen auf unternehmenspolitischer und -kultureller Ebene grundlegend (Zentes/Swoboda 1999b und Abschnitt E.V. in diesem Kapitel). Insgesamt überdauern viele JV nur wenige Jahre. **Minderheitsbeteiligungen** werden in der Handelsliteratur eher selten behandelt. Sie treten jedoch in der Praxis auf und zwar oft als Option für ein zukünftig stärkeres Engagement in Form einer Übernahme.

Empirische Ergebnisse und Bestimmungsfaktoren der Wahl

Studien zu den Markteintrittsformen im Handel sind auf Grund unterschiedlicher Untersuchungsobjekte, -zeiträume und -designs schwer vergleichbar, aber sie ermöglichen eine Betrachtung im Zeitverlauf.

Beispielsweise unterscheiden Barth u.a. (1996, S. 119) zwei Wellen der Internationalisierung. Während die erste Welle bis zu den frühen achtziger Jahren insbesondere durch Minderheitsbeteiligungen und Akquisitionen charakterisiert war, wurden diese in der zweiten Welle seit Ende der achtziger Jahre zunehmend durch Filialisierung und Joint Ventures verdrängt. Aus den Studien in Abbildung 2.58 bestätigen Burt (1991) und Gielens/Dekimpe (2001) die Existenz der beiden Phasen, zumindest für den Food- und Near-Food-Handel. Burt (1991, S. 502) zeigt, dass Akquisitionen bis in die späten achtziger Jahre die wichtigste Markteintrittsform darstellten, woraufhin ein starker Anstieg von Tochtergesellschaften zu verzeichnen war. Burt (1993) untermauert die Veränderungen in der gewählten Markteintrittsform bei international tätigen britischen Food- und Near-Food-Händlern. Gielens/Dekimpe (2001, S. 249) identifizieren Tochtergesellschaften als die dominante Eintrittsform in der Zeit von 1988 bis 1998 und stellen für diese eine bessere langfristige Umsatzperformance im Vergleich zu Akquisitionen und JV fest. Weitere Studien bestätigen, dass auch Handelsunternehmen mit schweizerischer und US-amerikanischer Herkunft überwiegend auf hierarchische Transaktionsformen zurückgreifen (Blümle/Halm, 1994, S. 216f.; Vida 2000, S. 467).

Abbildung 2.58: Empirische Studien zu Markteintrittsstrategien im Handel

Studie	Untern./ Aktionen	Daten-basis	Her-kunft	Zeit-raum	Sektor	Ergebnisse
Alexander (1990)	26 Unter-nehmen	Primär-daten	Großbri-tannien	bis 1988	Non-Food Food	Tochtergesellschaft: 73,1 % Akquisition: 46,2 % Joint Venture: 23,1 % Franchising: 15,4 %
Burt (1991)	230 Aktionen	Sekundär-daten	Europa	1953-1990	Food	Akquisition: 48,6 % Joint Venture: 21,4 % Tochtergesellschaft: 18,1 % Franchising: 4,7 % Sonstige: 7,1 %
Burt (1993)	726 Aktionen	Sekundär-daten	Großbri-tannien	1960-1990	Non-Food Food	Tochtergesellschaft: 42,7 % Akquisition:29,8 % Franchising: 18,2 % Joint Venture: 8,4 %
Blümle/ Halm (1995)	129 Aktionen; 33 Unter-nehmen	Sekundär-daten	Schweiz	bis 1993	Non-Food Food	Tochtergesellschaft: 48 % Akquisition: 29 % Joint Venture: 15 % Franchising: 8 %
Anderer (1997)	60 Unter-nehmen	Primär-daten	Europa	1995	Non-Food Food	Tochtergesellschaft: 61,7 % Akquisition: 18,3 % Franchising: 13,3 % Kooperation: 8,3 %
Vida (2000)	80 Unter-nehmen	Primär-daten	USA	keine Angabe	Non-Food Food	Tochtergesellschaft und Akquisition: 36,7 % Joint Venture: 26,7 % Franchising/Lizenzen: 20 % Sonstige: 16,7 %
Gielens/ Dekimpe (2001)	75 Unter-nehmen	Sekundär-daten	Europa	1988-1998	Food	Tochtergesellschaft: 67 %

Diese Studien deuten auf einige Einflussfaktoren für die Wahl hin, wenngleich sich keine umfassend den Entscheidungsdeterminanten widmet (vgl. im Überblick Doherty 1999; Picot-Coupey 2006). Denkbare Determinanten können auch hier nach solchen aus dem unternehmensexternen und -internen Umfeld unterteilt werden. Folgende externe Faktoren sind hervorzuheben:

- Bedeutend ist das **Heimatland**, insbesondere das Wettbewerbsumfeld. Burt (1991) zeigt eine relativ starke Präferenz französischer Händler für Joint Ventures (41 % der Aktivitäten), im Gegensatz zu Präferenzen für Akquisitionen britischer Händler (74 %). Er führt dies – etwas pauschal – auf das gängige Wachstum im Heimatmarkt, insbesondere im britischen Handel zurück.
- Der Mangel an modernen Handelsunternehmen in wenig entwickelten **Gastländern** schränkt die Anzahl potenzieller Übernahmekandidaten ein (Alexander 1997, S. 290). Demgegenüber „zwingen" große Märkte und/oder solche mit hoher Umsatzkonzentration zur Akquisition, bieten aber oft nur eine eingeschränkte Anzahl an Übernahmekandidaten mit attraktiven Flächen- und Marktanteilen. Meist sind zudem strategische Kaufpreise zu entrichten, wie sie finanzkräftige Handelskonzerne aufzubringen in der Lage sind. Gastländer können auch blockiert sein, wie Kontinentaleuropa, wo als Restriktion für ausländische Händler die hohe Bedeutung von Familienunternehmen gesehen wird (Treadgold/Davis

1988). **Makroökonomische Bedingungen** tangieren unmittelbar die Wahl der Markteintrittsformen, so in China, wo Intransparenz bzw. gesetzliche Vorschriften zu Joint Ventures mit lokalen Partnern „zwingen", um auch von guten „Guanxi" (persönliche Verbindungen, Netzwerke in der Gesellschaft) profitieren zu können.

- Eine **Branchendifferenzierung** erscheint zwingend. Vor allem Non-Food-Händler sind in der Lage, ein eigenes internationales Franchise-Netz aufzubauen, während im Lebensmittelhandel das Angebot in einem Land national geprägt ist und oft – wie bereits erwähnt – den Aufbau einer Supply-Chain erfordert.

In der Literatur werden ferner folgende internen Einflussfaktoren betrachtet:

- Die **Eigentumsstruktur** des Handelsunternehmens bedingt die Markteintrittsform. Organisches Wachstum ist bei Familienunternehmen Ausdruck einer langfristigen Perspektive, während Aktiengesellschaften stärker von Finanzmärkten abhängig sind und daher in kürzeren Zyklen sowie risikoorientierter agieren (Doherty 2000, S. 233).
- McGoldrick (2002, S. 551) berichtet von der Kombination des **strategischen Verhaltens** im Fall von Marks & Spencer, so Akquisitionen in Nordamerika, Filialen in europäischen Kernmärkten und Franchising im restlichen Europa und in anderen Märkten.
- Nach Alexander (1990) werden – auf Basis der **Erfahrung** – oft die Strategien aus dem Heimatland multipliziert.
- Die **wahrgenommene kulturelle Distanz** beeinflusst die Markteintrittsstrategie. Nach Burt (1993, S. 398ff.) werden Akquisitionen und Tochtergesellschaften von den britischen Unternehmen eher in Ländern mit einer geringen psychischen Distanz gewählt (z.B. den USA und Nordeuropa), während Franchising die bevorzugte Strategie in geografisch und kulturell weiter entfernten Märkten (z.B. Fernost) und Lizenzen in risikobehafteten Ländern darstellen (z.B. Afrika).

Die Einzelergebnisse bilden die Basis für konzeptionelle Betrachtungen. Zentes/Swoboda/Schramm-Klein (2006) kombinieren die Marktattraktivität und die Marktbarrieren in einer Matrix mit optimalen Markteintrittsformen in der Mitte. Alexander/Doherty (2004, S. 15) ordnen den Grad der psychischen Distanz auf der Ordinate und ein Kontrolle-Kosten-Risiko-Kontinuum auf der Abszisse an und raten die Wahl von Filialisierung und Akquisition bei geringer Distanz und hohen Ausprägungen des Kontinuums an, während bei hoher Distanz und geringer Ausprägung des Kontinuums Franchising angeraten wird.

Die genannten Einzelergebnisse können anhand neu zugänglicher Sekundärdaten im Einzelnen bestätiget und zugleich erweitert werden. In Tabelle 2.11 sind exemplarisch Ergebnisse einer Analyse von 248 Markteintritten von 18 Food- und Near-Food-Handelsunternehmen abgebildet. Es handelt sich um Schlüsselakteure, die in Studien des IGD London (Institute of Grocery and Distribution) seit Jahrzehnten erfasst werden, während weitere Unternehmen jährlich variieren (vgl. im Einzelnen Swoboda/Jager/Schwarz 2007).

Tabelle 2.11: Markteintrittsstrategien von Handelsunternehmen seit 1954

Unternehmen	Markteintrittsstrategie (Werte in Prozent) Filialisierung	Akquisition	Joint Venture	Franchising	Minderheitsbet.	Gesamt (n = 248)
Ahold	*18,5*	*11,1*	*66,7*	*0*	*3,7*	**27**
Aldi	*80,0*	*20,0*	*0*	*0*	*0*	**10**
Auchan	*64,3*	*7,1*	*28,6*	*0*	*0*	**14**
Carrefour	*40,6*	*6,3*	*31,3*	*18,8*	*3,1*	**32**
Casino	*15,4*	*46,2*	*15,4*	*7,7*	*15,4*	**13**
Dansk Supermarket	*60,0*	*0*	*40,0*	*0*	*0*	**5**
Delhaize „Le Lion"	*18,2*	*36,4*	*18,2*	*0*	*27,3*	**11**
Edeka	*57,1*	*14,3*	*0*	*0*	*28,6*	**7**
E. Leclerc	*0*	*0*	*20,0*	*80,0*	*0*	**5**
Intermarché	*77,8*	*11,1*	*0*	*11,1*	*0*	**9**
Louis Delhaize	*60,0*	*0*	*0*	*40*	*0*	**5**
METRO	*90,0*	*3,2*	*6,5*	*0*	*0*	**30**
Migros	*80,0*	*20,0*	*0*	*0*	*0*	**5**
Rewe	*60,0*	*26,7*	*6,7*	*0*	*6,7*	**15**
Schwarz	*94,4*	*5,6*	*0*	*0*	*0*	**18**
Tengelmann	*35,3*	*23,5*	*0*	*29,4*	*11,8*	**17**
Tesco	*0*	*71,4*	*28,6*	*0*	*0*	**14**
Wal-Mart	*18,2*	*36,4*	*36,4*	*0*	*9,1*	**11**

Keines dieser Handelsunternehmen nutzt nur eine Markteintrittsstrategie. Elf der 18 Unternehmen verfolgen zur Erschließung von Auslandsmärkten primär eine Filialisierungsstrategie, so die Discounter Aldi, Lidl und Dansk Supermarket (80 %, 95 % bzw. 60 % aller Markteintritte) und Auchan, Delhaize, Edeka, Intermarché, METRO, Migros und Rewe (alle mit über 60 %). Unternehmen wie Casino, Tesco und Wal-Mart bevorzugen Akquisitionen und Joint Ventures (60 % bis über 90 % der Markteintritte entfallen hierauf), während Leclerc Franchising bevorzugt (80 %). Nur bei vier Unternehmen ist eine eindeutige Präferenz nicht zu erkennen. Mit Ahold und Tengelmann handelt es sich um in den letzten Jahren international wenig erfolgreiche Unternehmen, bei Carrefour und Wal-Mart um die zwei größten Unternehmen.

Diese und weitere Befunde sprechen dafür, bei den führenden Food- und Near-Food-Händlern Kernstrategien zu beachten und andere eher wie ein „Critical Incident" während der internationalen Entwicklung zu sehen. Letzteres gilt bei diesen Händlern für Joint Ventures und Franchising. Die Wahl kann nämlich primär auf Determinanten des Gastlandes zurückgeführt werden. Länder in Asien und in Mittel- und Südamerika wurden von den 18 Unternehmen zu über 50 % mit Joint Ventures betreten. Risikoüberlegungen sind es, welche in Afrika zur Dominanz franchiseähnlicher Kontrakte führen (60 % aller Eintritte der Unternehmen in dieser Region). Auch die mehrheitliche Wahl von Akquisitionen (in Westeuropa und in den NAFTA-Ländern) kann in diesem Sinne interpretiert und auf die Notwendigkeit des massiven Eintritts zurückgeführt werden. Insofern kann für die Mehrheit der größten Unternehmen festgehalten werden, dass bestimmte Markteintrittsstrategien als Grundsatz gewählt werden, es sei denn, Märkte erfordern eine Abweichung hiervon. Dies gilt stärker für Unternehmen aus dem deutschsprachigen Raum (75 % aller Eintritte sind Filialen) im Vergleich zu solchen aus dem anglo-amerikanischen Raum (über 50 % sind Akquisitionen).

Wandel im Franchising-Konzept von Benetton

Viele Konsumenten sehen in Benetton primär ein Handelsunternehmen mit einem herausragenden Markenimage von United Colors of Benetton, oft durch kontroverse Werbung repräsentiert. Benetton steuert Produktdesign, -entwicklung und die Distribution aus Italien, produziert wird in Osteuropa, dem Mittelmeerraum (insbesondere in Tunesien und der Türkei) sowie in Asien (insbesondere China und Indien). Die in Europa produzierten Produkte laufen im europäischen Logistik-Hub zusammen, die aus Asien im asiatischen Hub. Von beiden werden die Produkte an rd. 5.000 Geschäfte in 120 Ländern vertrieben. Die Stores wurden ursprünglich nur per Franchising, dem sog. „Network of Partners" betrieben. In den letzten Jahren ist Benetton aber zunehmend bestrebt, in den Ländern eigene Stores zu betreiben – die Profitabilität dieser ist bislang problematisch.

Quelle: www.benetton.com.

b) Anpassungen und Switches

Die bisherige statische Sicht der primären Markteintritte soll nun um denkbare Veränderungen in der Betätigungsform – begriffen als Wandel der Eintrittsstrategie während des Being International – erweitert werden.

Die gewählte Markteintrittsstrategie erfährt dann eine Anpassung, wenn bei folgenden Markteintritten – z.B. mit anderen Betriebstypen – eine andere Strategie gewählt wird. Zu den Anpassungen müssen ferner die in diversen Ländermärkten beobachtbaren Akquisitionen oder Fusionen im Zuge des Being International oder der Exists oder der Konzentration gezählt werden. Zu den Switches liegen im Handel kaum Studien vor. Analogien zum Industriebereich lassen sich jedoch bspw. in Bezug auf den Bestand und Erfolg von Joint Ventures vermuten, nämlich dass diese als eine zeitlich befristete Lösung gelten können, die aufgelöst oder durch Akquisition abgelöst werden. Ähnliche Analogien ließen sich hinsichtlich der Gründe für die Veränderungen ziehen: Zu nennen sind die im Rahmen der Marktreduktion genannten Veränderungen im Umfeld, im Unternehmen, bei den Managern sowie in der Performance. Zu beiden Punkten können praktische Beobachtungen angeführt werden, etwa bei den vier weltgrößten Handelsunternehmen (Swoboda/Schwarz 2006c):

- **Switches** sind in China zu beobachten, wo die METRO Group das erste westliche Unternehmen war, dem die Erlaubnis zur Ablösung des Joint Ventures durch eine Tochtergesellschaft erteilt wurde. Aus Risikoüberlegungen wurde angepasst und eine Mehrheitsbeteiligung realisiert.
- Die in Wechselwirkung zu **Marktaustritten** stehenden Anpassungen sind vielfältiger, so beim Marktaustritt von Wal-Mart in Deutschland, was zur Übernahme durch die METRO führte. Auch Carrefour verkaufte seine Läden in Tschechien und Slowenien an Tesco und Tesco veräußerte seine Länden in Taiwan an Carrefour. Andere Beispiele lassen sich anführen, z.B. in Polen, wo Casino an Real und Tesco verkaufte.

5. Strategische Optionen der internationalen Marktbearbeitung

a) Überblick

Meffert/Bolz (1998, S. 145) verstehen unter einer grenzüberschreitenden Marktbearbeitungsstrategie einen langfristigen Verhaltensplan, der die Verwirklichung von Wettbewerbsvorteilen auf internationalen Märkten zum Inhalt hat. Dieses weite Begriffsverständnis deutet an, dass in die Marktbearbeitung alle getroffenen Entscheidungen einfließen, dort gebündelt und letztlich in operative Marketinginstrumente umgesetzt werden. Entsprechend komplex sind die zu beleuchtenden Sachverhalte:

> *Die Entscheidungen der Marktbearbeitung beziehen sich auf die Ausgestaltung des Marketing-Mix im Ausland (Zentes/Swoboda/Schramm-Klein 2006, S. 75).*

Konsens besteht darüber, die Optionen der Marktbearbeitung auf die Dichotomie zwischen vollständiger Standardisierung und Differenzierung zu beziehen und zwar bezüglich der gesamten Angebotskonzeption oder jedes Marketinginstruments.[1] Pauschal kann dabei in einer monopolistischen Entscheidungssituation angenommen werden, dass ein Unternehmen gemäß des Lehrsatzes so viel wie möglich standardisieren möchte und nur so viel differenzieren würde wie nötig. Im Handel ist dieses insofern hinterfragenswert, da viele Handelsunternehmen standortspezifisch ihre Leistungsangebote variieren, d.h. Differenzierung „gewohnt" sind.[2] Auf Grund der Fülle der denkbaren handelsspezifischen Perspektiven werden hier drei Aspekte hervorgehoben:

- grundsätzliche Ziele, Vorteile und Determinanten der Entscheidung
- grundsätzliche Ebenen der instrumentellen Gestaltung
- Interdependenzen und Dynamik.

Die länderspezifische und -übergreifende Perspektiven und die des Going und Being International fließen in die Ausführungen ein, ebenso wie Interdependenzen zwischen Marktbearbeitung, -engagement und Betätigungsform. Interdependenzen werden wegen ihrer Relevanz am Ende nochmals zusammengefasst.

b) Grundsätzliche Ziele, Vorteile und Determinanten der standardisierung und Differenzierung

Als Basis für die Überlegungen zur Dichotomie wird in der Literatur oft auf die zunehmende Homogenisierung der Märkte rekurriert (Meffert/Bolz 1998, S. 26ff.), was als Antriebskraft der Internationalisierung des Handels erwähnt wurde. Neben diesen reaktiven Motiven zielen strategisch geplante Konzepte und zugehörige Ziele des Handels auf die Ausschöpfung der Vor-

[1] Dies ist nicht zu verwechseln mit der generellen Globalisierung und/oder Lokalisierung, die eine übergeordnete Ebene bilden (Zentes/Swoboda/Schramm-Klein 2006, S. 53ff.).

[2] Vgl. zum Standortwettbewerb Abschnitt E.II. des Ersten Kapitels.

teilsbedingungen einer vollständigen Standardisierung, einer vollständigen Differenzierung oder einer Kombination der Extrempositionen. Nach Zentes (1998d) besitzen Händler diesbezüglich klare Vorstellung und Strategien.

Abbildung 2.59 zeigt grundsätzliche Ziele einer vollständigen Standardisierung bzw. Differenzierung. Es handelt sich um

- Kostenvorteile und Synergien, strategische Harmonisierung von Strategie, Marktauftritt und vereinfachte Expansion oder Cross-Border-Planung sowie
- Umsatz- und Marktanteilsziele, Marktdurchdringung und Profilierung im Wettbewerb.

Ebenso sind darin grundsätzliche Vor- und Nachteile einer vollständigen Standardisierung bzw. Differenzierung aufgelistet. Versucht wurde dabei, neben den in der Literatur primär genannten und unterstrichenen Argumenten, eine Trennung in unmittelbar umfeldrelevante und solche, die zunächst im Unternehmen anfallen, vorzunehmen. Dadurch wird pauschal ersichtlich, dass Vorteile der Differenzierung eher umfeldrelevant und mit Umsätzen verbunden sind, während Vorteile der Standardisierung v.a. solche im Unternehmen und primär mit Kosten, aber auch mit der Gesamtstrategie verbunden sind.

Abbildung 2.59: Ziele und Vorteile von Standardisierung und Differenzierung

Standardisierung	Differenzierung
Ziele: - Kostenvorteile und Synergien - Harmonisierung von Strategie/Marktauftritt - Vereinfachung von Cross-Border-Planung/Expansion **Vorteile (Umfeld)** - Wahrnehmungs- und Imagevorteile (z.B. als internationale Brand) **Vorteile (Unternehmen)** - Economies of Scale und kritische Masse - Erfahrungs- und Lernkurveneffekte - Etablierung einer langfristigen Strategie - Spezialisierungsvorteile im Wettbewerb - Zeitvorteile beim Going International - aktivitätsspezifische Wettbewerbsvorteile, so Cross-Border-Koordinationsvorteile	**Ziele:** - Umsatz- und Marktanteilsmaximierung - Marktdurchdringung und Profilierung im länderspezifischen Wettbewerb **Vorteile (Umfeld)** - Adaption zu den Gastlandwettbewerbsbedingungen (Kundenbedürfnisse oder -verhalten, Image als Heimatunternehmen) - Adaption zu den politisch-rechtlich und den ökonomisch-infrastrukturellen Bedingungen (z.B. Supply-Chain, Auslandshandelssystem) - Ausschöpfung der Umsatzpotenziale **Vorteile (Unternehmen)** - flexible Anpassung an spezifische Ländermarktveränderungen - Aufbau internationalen Wissens

Quelle: in Anlehnung an Swoboda/Schwarz 2006b, S. 181.

Die faktische Entscheidung basiert auf dem Zusammenwirken unternehmensinterner und -externer Bestimmungsfaktoren. Eine Besonderheit im Handel ist an dieser Stelle mit der Branche und der Strategie bzw. den unterschiedlichen Zielen hervorzuheben: Beispielsweise im Fall der den Gesamtmarkt abdeckenden Unternehmen (z.B. Food-Hypermärkte) und im Fall der Nischenanbieter (z.B. Textilspezialgeschäfte). In Fall 1 resultieren internationale Standardisierungsbestrebungen z.B. aus Synergie- und Kostenzielen heraus, während in Fall 2 Innovations- und Harmonisierungsziele im Vordergrund stehen, insbesondere die Multiplikation der periodisch neu zu entwickelnden Kollektion und das globale Gesamtkonzept. Umgekehrt bedeutet das Ziel einer Differenzierung in Fall 1 „nur" den Aufbau länderspezifischer Wertketten, wozu im Food-Bereich die Tendenz besteht, während es im Fall 2 zudem länderspezifische Kollektionen bzw. Änderungen der Strategie wären. Damit ist es im Handel sinnvoll, neben den **Gastlandmarktbedingungen** und den **Synergiepotenzialen** (so Interdependenzen) als Determinanten der Standardisierung auch die **Branche** und die **internationale Gesamtstrategie** zu berücksichtigen.[1] Werden dennoch nur pauschal unternehmensinterne und -externe Bestimmungsfaktoren simultan betrachtet, dann kann die Entscheidung wie folgt umrissen werden:

- Unternehmerische Ziele, so die Erreichung von Kostenvorteilen oder Synergieeffekte (z.B. im Food-Handel) oder die schnelle Multiplikation innovativer Leistungen (z.B. einer Kollektion im Fashion-Handel) führen – sofern sie auf homogene Kundenwünsche treffen – zu einer **vollständigen Standardisierung** bzw. einem standardisierten Marketing.
- Sind die Nachfragewünsche nicht einheitlich und wird bspw. eine möglichst starke Durchdringung eines Marktes angestrebt – ähnlich wie oft in Heimatmärkten – dann wird im Extremfall eine **vollständige Differenzierung** im jeweiligen Ländermarkt verfolgt.

Die Zwischenlösung kann aus dynamischer Sicht beschrieben werden. Sind die Nachfragewünsche nicht einheitlich oder können sie nicht vereinheitlicht werden, dann ist eine Differenzierung bisher standardisierter Konzepte sinnvoll. Im Fall eines bisher differenzierten Marketing kann der Blick auf die Kosten und Synergien zur stärkeren Standardisierung bisher differenzierter Konzepte führen. Damit wird eine praktisch vorherrschende Kombination von Standardisierungs- und Differenzierungsvorteilen realisiert.

Eine oder viele Determinanten der Entscheidung

Goldmann (2001) hebt hervor, dass einzelne oder viele Bestimmungsfaktoren betrachtet werden können, um die Entscheidung zu erklären. Wie für die Marktselektion und -eintrittsstrategie angedeutet, kann auch die Marktbearbeitung als sequenzielle oder simultane Entscheidung gesehen werden.

Vornehmlich in großzahligen Ex-post-Studien wird die Entscheidung simultan auf eine breite Palette von Determinanten bzw. Gründen zurückgeführt, so extern, intern, managementorientiert usw. Dies suggeriert, dass die prak-

---

[1] Da tiefe Analysen im Handel fehlen, kann auf die von Bolz (1992, S. 90ff.) für die Konsumgüterindustrie untersuchte Palette von Determinanten der Marktbearbeitung hingewiesen werden, so Wettbewerbssituation, -struktur und -strategie, Marktbearbeitungsziele (Effizienz, Wirkung, Koordination, Flexibilität), Steuerungsdeterminanten (Zentralisation, Koordination), Demografie (Geschäftserfahrung, Timing der Eintritte). In dieser Systematik dominieren unternehmensinterne Merkmale. Dies ist nicht konform mit den Studien im Handel, die bspw. die psychische Distanz thematisieren (Evans/ Bridson 2005).

tische Managemententscheidung auf einer Fülle von Determinanten beruht. Qualitative Studien, die den Entscheidungsprozess adressieren, sprechen für eine sequenzielle Betrachtung. Oft liegen nämlich Faktoren vor, die eine Wahl innerhalb der Marktbearbeitungsstrategie nicht zulassen, d.h., ein bestimmtes Vorgehen erzwingen. Derartige Determinanten mit KO-Charakter können wie folgt illustriert werden:

♦ Üblicherweise wird auf **unternehmensexterne Faktoren** fokussiert, so Gastlandbedingungen, welche die Umsetzung eines standardisierten, ggf. erfolgreichen Konzeptes verhindern (z.B. Normen, Zölle, technologische Standards). Sie zwingen zur Differenzierung. Das heißt, die unternehmerische Entscheidungsfreiheit ist beim Gastlandeintritt dann auf die Frage reduziert, ob für dieses Land Spezifisches entwickelt wird oder nicht. Im negativen Fall würde – wie bei der Marktselektion angedeutet – der Markt nicht betreten.

♦ Auch **unternehmensinterne Faktoren** können eine Standardisierung verhindern (z.B. Ressourcen bzw. Fähigkeiten oder länderübergreifende, generelle Ziele und Strategien).[1] Fehlende Fähigkeiten unterschiedliche Konzepte zu realisieren, innovative Kollektionen oder die langfristige Globalisierungsstrategie können Unternehmen zur Standardisierung zwingen. Auch dann besteht bei einem Markteintritt keine echte Wahl bzw. Option.

Insgesamt ist ein mehrstufiger **Entscheidungsbaum** zu beachten: interne und externe „Zwangskriterien", gefolgt von der eigentlichen Wahl (die dann mit frei gestaltbaren Faktoren erfolgt). Dies gilt auch für die Perspektive eines **Being International**, wobei in entsprechenden Studien üblicherweise auch die Dauer der Tätigkeit als Kontrollvariable erhoben wird, da davon auszugehen ist, dass ein Unternehmen mit zunehmender Dauer der Marktpräsenz stärker differenzieren kann. Darüber hinaus ist die Standardisierungs- und Differenzierungsentscheidung graduell, was die Frage nach den Ebenen der Gestaltung in den Marketinginstrumenten aufwirft.

c) Grundsätzliche Ebenen der instrumentellen Gestaltung der Standardisierung und Differenzierung

Die wenigen Arbeiten zu den Ebenen der Standardisierung oder Differenzierung der Marktbearbeitung im Handel fokussieren auf einzelne Marketinginstrumente oder betrachten viele Instrumente weit gehend unverbunden oder gleichgewichtig nebeneinander (Ferring 2001). Goldmann (2001) untersucht als einer der wenigen die Gründe für eine Gesamtkonzeptanpassung und dies länderspezifisch beim Betreten des chinesischen Marktes. Auf Basis von Marketinginstrumenten, die dichotom bewertet wurden, kommt er durch einfache Addition zu vier Handelsunternehmensgruppen: „no change,

---

[1] Hierzu ist die hier unbehandelte Grundsatzorientierung von Handelsunternehmen zu zählen, die länderübergreifend auf die Realisierung von Wettbewerbsvorteilen durch Globalisierung und/oder Lokalisierung abstellt, mit Optionen wie Globalisierung, Multinationalität oder Transanationalität (Zentes/Swoboda/Schramm-Klein 2006, S. 53ff.).

very few, few and extensive". Nicht überraschend sind die meisten Non-Food-Retailer stärker standardisiert als Food-Retailer und die weltweit tätigen Fashion-Brand-Firms differenzieren bzw. adaptieren nicht.

Die einfachen Additionen und Zuordnungen in dieser Studie sind genauso hinterfragenswert wie die Grenzziehung zwischen den vier Gruppen, denn hier wird die unterschiedliche strategische Relevanz der Instrumente im Handelsmarketing generell oder auch in einzelnen Branchen nicht berücksichtigt. Einblicke in eine alternative Perspektive gibt Lingenfelder (1998, S. 168ff.).

An dieser Stelle sollen eine eher strategische Gesamtkonzeptions- und eine eher operative Einzelinstrumentalebene beachtet werden. Dies führt zur Betrachtung von Standardisierung bzw. Differenzierung auf der Ebene von

- Betriebstypen,
- (weiteren) strategischen Marketinginstrumenten und
- einzelnen (operativen) Marketinginstrumenten.

Erneut wird angenommen, dass eine sequenzielle Abhandlung sinnvoll ist.

Standardisierung vs. Differenzierung auf der Ebene von Betriebstypen

Die Bestimmung der Betriebstypen für die Auslandsexpansion kann als eine zentrale Aufgabe des internationalen Handelsmanagements gesehen werden, denn sie bestimmt die Folgeentscheidungen bezüglich einzelner Marketinginstrumente und -prozesse. Betriebstypen werden hierbei typologisch i.S.v. Spezialgeschäfte, Supermärkte usw. verstanden und nicht auf einzelne Marketinginstrumente heruntergebrochen.[1]

Diese Betrachtung ermöglicht eine Anknüpfung der Standardisierungs- bzw. Differenzierungsentscheidung an die Besonderheiten der Produkt/Markt-Entscheidung, d.h. die Frage, mit welchem Betriebstypen ein Unternehmen einen oder generell Auslandsmärkte betritt. Beim Going International stellt bei Unternehmen mit nur einem Betriebstyp dieser die Kernkompetenz dar, was die Entscheidungsgrundlage bezüglich des Betriebstyps begrenzt, es sei denn, es wird eine Diversifikation im Ausland angestrebt. Bei mit mehreren Betriebstypen tätigen Unternehmen ist der Entscheidungshorizont erweitert, nämlich um die Frage nach der Wahl des optimalen Betriebstyps. Grundsätzlich kann davon ausgegangen werden, dass ein Handelsunternehmen möglichst den Betriebstyp für die Internationalisierung nutzen wird, den es bereits erfolgreich praktiziert und bei dem es glaubt, die nachhaltigsten Stärken gegenüber den etablierten und potenziellen Konkurrenten zu besitzen (Lingenfelder 1998, S. 158f.). Oftmals existieren diesbezüglich formulierte Unternehmensprinzipien. Im Handel kann das Multiplikationsprinzip, folgt man Beobachtungen, beim Eintritt in einen Markt zumindest durch zwei Aspekte durchbrochen werden:

[1] Vgl. hierzu die Ausführungen im Dritten Kapitel, während in der Studie von Goldmann (2001) „formats" direkt auf viele Marketinginstrumente heruntergebrochen werden.

- Eine Neigung zur Differenzierung ist in zukunftsträchtigen Volumenmärkten, so in „Hot-Spot-Märkten" wie China oder Indien oder strukturell komplexen und kulturell entfernten Märkten wie Japan, zu beobachten. Hier variiert allerdings die Größe des Betriebstyps.
- Der Markteintritt mittels Akquisition führt relativ oft zur Diversifikation im jeweiligen Markt.

Konkrete **externe Determinanten** im Hinblick auf die Eignung eines Betriebstyps für den Markt sind etwa rechtliche Vorschriften (z.B. Bauplanungsrecht, das die Ansiedlung großflächiger Einkaufsstätten in manchen Ländern erschwert), die Wettbewerbsbedingungen oder das Käuferverhalten. Beispielsweise wird die Eignung bestimmter Betriebstypen für einzelne Länder in Europa unterschiedlich bewertet (Zentes 1998e; 1998d). Ferner sind die Eintrittsobjekte in Europa oft die Betriebstypen, die sich im jeweiligen Stammland in der Wachstums- oder Reifephase befinden, so bei der Expansion von deutschen Discountern, französischen Hypermarkt- oder englischen Supermarktmarktbetreibern (Swoboda 1998, S. 5ff.).

Wal-Mart in Mexiko und Lateinamerika

Wal-Mart ist im Heimatmarkt im Wesentlichen mit vier Betriebstypen präsent: Discount Stores (mit im Durchschnitt 10.500 qm), Supercenter (16.000 qm), Convenience Stores (3.700 qm) und Sam's Club (10.000 qm) sowie der Plattform „Internetretailer.com" (mit über einer Mrd. USD Umsatz im Jahre 2005).

In Lateinamerika führten v.a. Akquisitionen dazu, dass Wal-Mart verschiedene Betriebstypen besitzt. In Mexiko sind es z.B. über 50 Suburbia Appareal Stores, fast 300 VIPS Restaurants, über 100 Bompreco Super- und Minimarkets, über 200 Bodega Discountläden und über 50 Superama Nachbarschaftsläden. In Brasilien und Puerto Rico finden sich ebenso „Kleinstflächen" von Wal-Mart.

Die betriebstypenbezogenen Entscheidungen während des Being International sind vielfältig, sodass nur drei im Überblick genannt werden. Nahe liegt eine Adaption i.S. einer Weiterentwicklung der Betriebstypen im jeweiligen Land. Ferner können Eintritte mit weiteren – in anderen Ländern erprobten oder entwickelten – Betriebstypen erfolgen oder die im Gastland entwickelten Betriebstypen können „exportiert" werden.

Eine weiter gehende, separate Entscheidung folgt der Frage, ob der Betriebstyp, also z.B. ein Hypermarkt in der **Größe** (i.S.v. **Quadratmeteranzahl)** unverändert multipliziert wird oder nicht. Die Entscheidungsdeterminanten sind hier vergleichbar (i.S.v. optimaler Betriebstyp, Unternehmensprinzipien usw.). Allerdings ist die Entscheidung für weit mehr Unternehmen relevant, denn selbst Monobetriebstypenunternehmen können die Größe ihrer Discounter, Super- oder Hypermärkte variieren. Diese gering erscheinende Variation in der Größe des Outlets hat weit gehende Konsequenzen, z.B. im Hinblick auf die Sortimentsbreite und die In-Store-Gestaltung, ggf. die Standorte.

Standardisierung vs. Differenzierung auf der Ebene strategischer Instrumente

Für Lingenfelder (1998) konkretisiert sich die Vereinheitlichung des Inhalts der Marktbearbeitung primär in der **Sortimentspolitik**. Branchenübergreifend können darüber hinaus Standort und In-Store-Management zu den strategischen Instrumenten im Handel gezählt werden, zumal deren Festlegung die folgenden (operativen) Handelsmarketingprozesse und -instrumente determiniert.[1] Typischerweise wird die Standardisierungs- und Differenzierungsentscheidung auf einer strategischen Ebene im Hinblick auf die Betriebstypen und die Leistungen bezogen, so die Sortimente (Tietz 1992b, S. 233ff.; Zentes 1998f, S. 171).

Während beim Betriebstyp ein relativ einfacher Vergleich im Heimat- und Gastland ausreicht, ist dies im Hinblick auf die Sortimente schwieriger, da hier mehrere Betrachtungsebenen denkbar sind, so Sortimentsbreite und -tiefe, Food-, Near- und Non-Food, Categories oder Artikel. Wie angedeutet, besteht bei Food-Händlern auf Grund von Geschmacksunterschieden, lokalen Kostendifferenzen usw. die Notwendigkeit, zumindest Artikel lokal zu differenzieren, nicht so bei Non-Food-Anbietern. Insofern differenzieren Food-Händler grundsätzlich Sortimente stärker als z.B. Fashion-Händler.

Waren Sie schon mal bei Aldi im mittleren Westen der USA?

Das traditionelle deutsche Aldi-Konzept ist bekannt für per Auto gut erreichbare, in der Gestaltung standardisierte Stores, die primär Food-Produkte und Non-Food-Rotationssortimente anbieten und insgesamt ca. 800-1.200 Artikel führen. Im mittleren Westen der USA ist das Konzept vergleichbar. Die Sortimentsbreite und -tiefe erscheint wie der Betriebstyp, das Store-Design oder der Standort gleich; ja sogar einzelne Artikel erkennt man wieder, andere nicht, da fast alles aus deutscher Sicht aus Überseeproduktion stammt. Die Anpassung des Discountkonzepts an die Bedingungen in den USA erfolgt auf Ebene einzelner Artikel, abgestufter auf der Ebene der Categories sowie der Zielgruppe, die eher niedrigen sozialen Schichten entstammt und neben dem „security man" auch mal deutsche Besucher umfasst.

Daher sind kombinative Betrachtungen von Betriebstyp und Sortiment (hier primär Breite und Tiefe) eher auf Branchenebene sinnvoll, wie sie Abbildung 2.60 jeweils in Gegenüberstellung von mehreren Handelsunternehmen in zwei Branchen zeigt. Damit lassen sich innerhalb des Food-Handels Unterschiede zwischen den führenden Unternehmen visualisieren. Ganz ähnlich ist es innerhalb der Fashion-Branche, bei der neben den eigenen Stores auch Shop-in-Store-Systeme zu berücksichtigen sind.

In der Praxis tragen Unternehmen im Food-Bereich den häufigeren Anpassungsnotwendigkeiten durch **modularisierte Konzepte** Rechnung. Systematisch international agierende Unternehmen verfügen über ein Spektrum

---

[1] Nicht thematisiert werden die auf den Instrumenten fußende Positionierung (mit Differenzen in Ost- und Westeuropa) oder das Retail-Branding (vgl. ohne Befunde bezüglich der Vorteile eines einheitlichen Corporate-Branding für die Internationalisierung Burt/Sparks 2002).

an Formaten und Sortimentsmodulen, mit denen bevorzugt internationalisiert wird. Im Food-Bereich hat bspw. die METRO verschiedene Formate des C&C-Betriebstyps und ein modularisiertes Sortimentskonzept. Die Sortimente betragen bis 20.000 Food- und bis zu 30.000 Non-Food-Artikel und die drei Formate – Classic, Junior and ECO – variieren in Standort, Größe und Sortimentsschwerpunkt. Das Junior-Format und die zugehörige, möglichst konforme Modularisierung des Sortiments bildet das bevorzugte Eintrittskonzept (Swoboda/Schwarz/Hälsig 2007). Dies widerspricht nicht der Tatsache, dass bspw. bis zu 90 % der Artikel lokal beschafft werden oder dass parallel bspw. in Frankreich auf das ECO-Konzept gesetzt wird, was als Adaption im Land entwickelt wurde. Auch Tesco verfügt über ein modularisiertes Grundspektrum an Betriebstypen und Sortimenten, das auf der Ebene der In-Store-Gestaltung auf der Homepage kommuniziert wird.

Abbildung 2.60: Beispiele für Standardisierung und Differenzierung im Food-/Near-Food- und Fashion-Handel

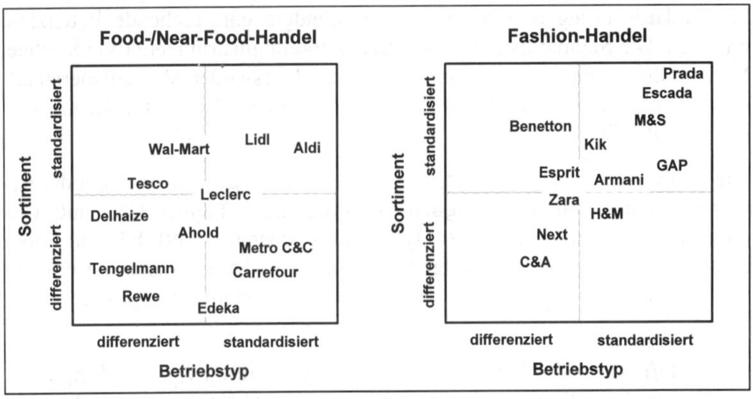

Fashion-Händler hingegen verfügen über **modularisierte Shop- und Shop-in-Store-Konzepte** für den Fall, wenn sie nicht vollständig standardisiert agieren und einer Globalstrategie folgen. Vertikal integrierte Unternehmen berücksichtigen sogar bereits während der Kollektionsentwicklung die modularisierten und damit standardisierten Flächen und die darauf geplanten Sortimente bzw. Kollektionen (Swoboda u.a. 2006).

Vertikales Sortimentsmanagement bei der Charles Vögele Gruppe

Das vertikal integrierte Textileinzelhandelsunternehmen bietet über die Store-Brand „Charles Vögele Switzerland" Kollektionen für Damen, Herren und Kinder in rd. 800 Filialen in sechs Ländern an. Diese werden nach Zielgruppen strukturiert und mit Vögele-eigenen Labels (mit Garantien von Modegrad, Preisniveau und Passform) angeboten. Das Portfolio an Filialgrössen (300-4.500 qm) wird mit individuellen Kollektions- und Sortimentsmodulen bestückt; so kann der Filialleiter lokale Bedürfnisschwerpunkte definieren. Diese Informationen sind im IT-System hinterlegt und werden bei der Sortimentsplanung und der Festlegung der Einkaufsvolumina sowie der Filialbelieferung berücksichtigt.

Quelle: Swoboda u.a. 2006, S. 39f.

Die Ausführungen sollen verdeutlichen, dass eine Modularisierung nicht einfache Artikelanpassung bedeutet, sondern einer graduellen Sicht folgt.

Standardisierung und Differenzierung auf der Ebene einzelner (operativer) Marketinginstrumente

Bei international tätigen Unternehmen ist die Frage der Standardisierung oder Differenzierung auf der Ebene eines jeden Marketinginstruments oder auch der Marketingprozesse lohnenswert. Dies betrifft v.a. die länderübergreifende Perspektive während des Being International.

Die Relevanz dieser Ebene kann mit einem einfachen Beispiel verdeutlicht werden. Gegenüberzustellen sind hier bspw. die Skaleneffekte, die „nur" ein standardisiertes Handelsmarkenprogramm in einem großen Land (z.B. den USA) bedeutet, im Vergleich zu vielen kleineren Programmen in einzelnen europäischen Ländern. Viele Sprachen, eine dezentrale Produktion usw. potenzieren die Kosten eines differenzierten **Handelsmarkenprogramms** in Europa. Demgegenüber kann eine diesbezüglich vollständige oder partielle Standardisierung in zwei oder mehr Ländern entsprechende Potenziale eröffnen. Die Standardisierung weiterer Marketinginstrumente (wie Service, Verkaufsförderung, Massenkommunikation, Preis- oder Verkaufspersonalpolitik) und auch der Prozesse (z.B. Service- oder Verkaufsförderungsplanung) sind offensichtlich.

Die empirischen Befunde hierzu sind eher grundlegend, wobei Ländervergleiche dominieren, so bezüglich der Programme kleiner UK- und US-Fashion- und Schuhhändler (Brady/Mills/Mendenhall 1989). Für den Food-Handel konstatierte Lingenfelder (1998), dass die Standardisierung in einer von Instrument zu Instrument unterschiedlichen Intensität angestrebt wird, wobei

- der Sortimentspolitik die höchste Bedeutung (gefolgt von Standortpolitik, Warenpräsentation bzw. In-Store-Management) beigemessen wird.
- Am wenigsten möglich wird die Standardisierung in der operativen Preispolitik, gefolgt von der Massenkommunikationspolitik gesehen.
- Das Ausmaß an Standardisierung ist bei der Verkaufsförderung, dem Service oder der Verkaufspersonalpolitik deutlich höher.

In der Praxis können Standardisierungstendenzen auf unterschiedlichen Ebenen beobachtet werden. So versucht z.B. Tesco seine in Lizenz bezogene Textil-Handelsmarke in einzelnen Ländern Osteuropas zu launchen, Carrefour standardisiert bei seinen Discountern, Media-Markt bei der europäischen Werbung, Neckermann bei der Werbemittelgestaltung für die drei deutschsprechenden Länder, Esprit bei der Schaufenstergestaltung usw. (Swoboda/Foscht/Schwarz 2005).

Insgesamt kann die Standardisierungsentscheidung bezüglich eines „mehr" oder „weniger" bei jedem Instrument gestellt werden. In den Ausführungen wurde eine Ebenenbetrachtung entsprechend der strategischen Relevanz in Handelsunternehmen vorgeschlagen. In einer umfassenden Betrachtung wären Konsequenzen für das Management der Instrumente und die zusammenhängenden Prozesse und Funktionsbereiche wie Logistik oder Beschaffung auszuführen (siehe Abbildung 2.61).

Abbildung 2.61: Ebenen der Standardisierungsoptionen im Handelsmarketing

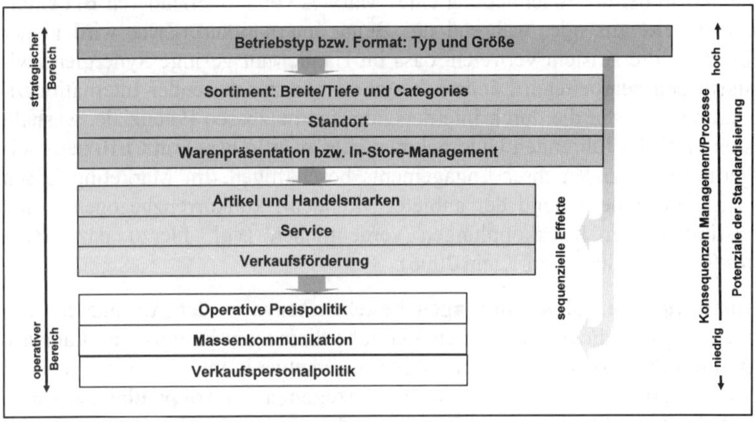

d) Interdependenzen und Dynamik

Das Being International erweitert die Entscheidungsoptionen für ein länderübergreifendes Management, d.h. die Gesamtunternehmensführung. Dies kann zum Wandel in einzelnen Ländern oder zu einer **regionalen** bzw. **Länderbündelstrategie**, z.B. Osteuropa-spezifische Gesamtkonzeption, führen. Damit sind also Interdependenzen und die Dynamik angesprochen. Ausgewählte Aspekte hierzu sollen nun hervorgehoben werden (vgl. hierzu umfassend Zentes/Swoboda/Schramm-Klein 2006).

Interdependenzen zwischen Marktwahl, -eintrittsform und -bearbeitung

Einige Interdependenzen zwischen dem Marktengagement, der Betätigungsform und der Art der Marktbearbeitung wurden bereits angedeutet. Bei der Marktselektion wurde gezeigt, dass die Betätigungsform und die Marktbearbeitungsstrategie determinierend wirken können. Das heißt, die behandelte Abfolge von Schritten – Marktwahl, -eintrittsform und -bearbeitung – ist idealtypisch.

Darüber hinaus führt z.B. der von den meisten der größten Handelsunternehmen bevorzugte Aufbau eigener Filialen im Ausland dazu, dass ein standardisiertes oder differenziertes Marketing möglich ist, d.h. mit zunehmender Kontrolle über das Auslandsengagement lassen sich – wie erwähnt – im Bedarfsfall Anpassungen vornehmen. Allerdings ist dies bei Akquisitionen mit einem Time-lag versehen, da hier zunächst Strukturharmonisierungen vorzunehmen wären, und bei Joint Ventures muss ein Partner von den Vorteilen einer Standardisierung überzeugt werden. Bei Franchising ist das Gesamtkonzept eher auf Standardisierung ausgelegt, sodass hier eher die

Differenzierung eine Herausforderung darstellt (vgl. hierzu ausführlich bereits Zentes/Ferring 1995, S. 429).

Interdependenzen bzw. Rückkopplungen zwischen Ländern

Auch die Interdependenzen zwischen den Ländern wurden mehrfach angedeutet, so bei der Erschließung eines Marktes von einem anderen **Brückenkopfmarkt** aus oder während des Being International. Zwar wird in der Literatur die Ansicht vertreten, dass im Handel nur geringe Synergien zwischen den bearbeiteten Ländern bestehen. Mit zunehmender Internationalisierung wachsen die durch Interdependenzen nutzbaren Potenziale, weshalb sich viele der führenden Unternehmen gegenwärtig bspw. mit Effizienzsteigerungspotenzialen ihrer Engagements beschäftigen. Im Marketing lassen sich Potenziale anhand der anbieter-, kunden-, konkurrenzbezogenen und institutionellen Rückkopplungen verdeutlichen (vgl. hierzu dazu Zentes/Swoboda/Schramm-Klein 2006).

Institutionelle Rückkopplungen bestehen bspw. in der Ausnutzung von rechtlichen und/oder politischen Vereinheitlichungen in einzelnen Ländern. **Anbieterbezogene Rückkopplungen** liegen etwa in internen Synergie- und Kostenvorteilen, während die **kundenbezogenen Interdependenzen** bspw. auf die Identifikation **homogener Kunden- und/oder Ländercluster** hinauslaufen. Zentes (1992a, S. 215ff.) hob bereits früh gravierende Unterschiede in den Marketinginstrumenten in West- und Osteuropa hervor, während die grundsätzliche Form der Marktbearbeitung, die sich in der Betriebstypenpolitik niederschlägt, i.d.R. ähnlich war. Dies eröffnet die Option zur Kombination einer standardisierten Betriebstypenpolitik und einem auf die jeweiligen Gegebenheiten vor Ort angepassten Marketing-Mix, d.h. auf die Vorteile einer partiellen Vereinheitlichung der Marktbearbeitung (z.B. Kostensenkung bei der Warenbeschaffung) und einer flexiblen Bearbeitung von Ländermärkten. Eine vergleichbare Bedeutung hätte die Identifikation **länderübergreifender Zielgruppen** für die öfter angesprochenen Fashion-Händler.

Ferner wäre es denkbar, den Ländermarkt mit der höchsten Wettbewerbsintensität als Referenzbasis für die Gestaltung eines regional bzw. weltweit identischen Marketing-Mix auszuwählen. Die Bearbeitung aller anderen Ländermärkte würde sich dann daran orientieren. Bei den Marketinginstrumenten, die von rechtlichen Normen betroffen sind, würde es sich anbieten, den kleinsten überall zulässigen Nenner zu finden. In den Ländermärkten, die tolerantere Regelungen besitzen, könnte dann ggf. davon abgewichen werden.

III. Entscheidungsfelder bei der Gestaltung von Strategien im Internationalen Wertschöpfungsmanagement

1. Ausgewählte Fragen der Koordination als Ausgangspunkt

Die **Implementierung** bzw. **Koordination** der Auslandsaktivitäten ist ein in der Handelsforschung nur selten betrachtetes Phänomen genauso wie die Gestaltung des **internationalen Wertschöpfungssystems**, d.h. der über das Marketing hinausgehenden Wertschöpfungsaktivitäten. Dabei liegen im gesamten Wertschöpfungssystem Wurzeln für Wettbewerbspotenziale und die Koordination ist letztlich für die Effizienz der Auslandsaktivitäten und damit – in Zusammenspiel mit effektiven Marketingaktivitäten – für die Erfolge im Ausland entscheidend.

Die Instrumente der Koordination oder Führung internationaler Aktivitäten können auf zwei Ebenen betrachtet werden: einerseits auf der Ebene funktionaler Strategien wie des Marketing (vgl. hierzu Zentes/Swoboda/Schramm-Klein 2006) und andererseits auf der Gesamtunternehmensebene und damit bezüglich aller Wertschöpfungsprozesse (vgl. dazu Zentes/Swoboda/Morschett 2004). Im zweiten Fall handelt sich um folgende Instrumente (vgl. in Handelsunternehmen bspw. Swoboda/Anderer 2008):

- **Organisationsstruktur** bzw. strukturelle Koordination, z.B. Primär- und Sekundärorganisation sowie Formalisierung (z.B. schriftliche Fixierung) und Zentralisierung (z.B. Entscheidung durch die Zentrale) organisatorischer Maßnahmen (im Marketing oder im Gesamtunternehmen),
- **Organisationsprozesse** und -systeme bzw. systemische Koordination, z.B. Planungs-, Kontroll- und Kommunikationssysteme sowie Formalisierung und Zentralisierung dieser Systeme (im Marketing oder im Gesamtunternehmen),
- **Unternehmenskultur** und Human-Resource-Management bzw. kulturelle Koordination, z.B. Firmenkonjunktur, interne Nutzung und Transfer der Kultur, Auslandsbesuche (im Marketing oder im Gesamtunternehmen).

An dieser Stelle sollen die Instrumente nur genannt werden, mit Verweis auf das Sechste Kapitel und auf die vielschichtige Abgrenzung in der Literatur.[1] Deren Bedeutung ist dann groß, wenn eine starke Arbeitsteilung vorliegt, eine hohe Komplexität und Intensität der Beziehungen zwischen den Elementen besteht, große räumliche, zeitliche, sachliche und menschliche Distanzen zu überwinden sind, dysfunktionales Verhalten die Zielerreichung des Systems gefährdet usw. Bei internationalen Aktivitäten ist der Koordinationsbedarf also davon abhängig, inwieweit ähnliche Aktivitäten und

[1] Koordination wird in der Organisationstheorie, im International Management und Marketing unterschiedlich gesehen. In der „competitive strategy theory for MNCs" wird von Integration gesprochen, während eher systemtheoretisch von Koordination ausgegangen wird (Swoboda/Foscht/Cliquet 2008). Die Governance-Mechanismen der Formalisierung und Zentralisierung bilden eine Querdimension zur strukturellen und systemischen Koordination.

Prozesse (länderübergreifend) aufeinander abgestimmt werden sollen, was etwa beim weltweit standardisierten oder beim transnationalen Konzept der Fall ist.

Abbildung 2.62: Ziele des Managements internationaler Handelsunternehmen

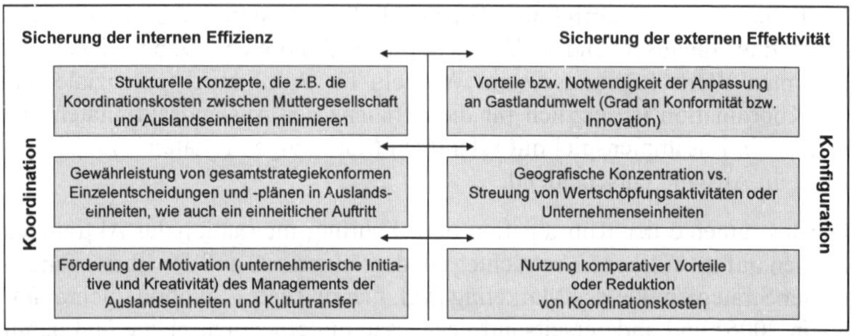

Quelle: in Anlehnung an Swoboda/Foscht/Cliquet 2008.

Abbildung 2.62 verdeutlicht, dass die Koordination primär für die interne Effizienz der internationalen Aktivitäten verantwortlich ist, während die Konfiguration – hier pauschal begriffen als Adaption und Ausgestaltung der Marketingaktivitäten in einzelnen Ländern – die Effektivität des Handelsunternehmens adressiert. Die jeweils drei angedeuteten Beispiele sollen andeuten, dass strukturelle, systemische oder kulturelle Koordinationsentscheidungen selbst bei einer differenzierten Bearbeitung einzelner Länder dazu führen können, dass Effizienzvorteile länderübergreifend realisiert werden können. Eine derartige Koordination bei gleichzeitiger ländermarktspezifischer Konfiguration, d.h. Adaption an die Kundenbedürfnisse, kann als Quelle der Exzellenz der Internationalisierung im Handel gesehen werden und als Basis für die Realisierung sog. transnationaler Unternehmen.

2. Gestaltung von Wertschöpfungsfunktionen im Ausland

Die zunehmend internationalen Marktaktivitäten im Handel bedingen – wie hervorgehoben – die Notwendigkeit zur Gestaltung der internationalen Supply-Chain und, umfassender, der Wertschöpfung. Der Gestaltung von internationalen Wertschöpfungsaktivitäten und -prozessen kommt in der internationalen Handelsforschung bisher eine eher geringe Bedeutung zu (vgl. dazu Swoboda/Foscht/Cliquet 2008).[1] Demgegenüber blicken Handelsunternehmen zunehmend auf die Cross-Border-Wertschöpfung, und zwar mit dem Ziel, in den Wertschöpfungsfunktionen Wettbewerbsvorteile zu generieren und/oder durch deren Optimierung die Gewinnsituation zu verbessern. Dabei ist es relativ klar, dass ein international tätiges Handelsunternehmen – etwa gegenüber einem nationalen – in der Wertschöpfung Vorteile hat, so auf Grund der Risikostreuung, der Economies of Scale oder

---

[1] Vgl. zum Ansatz der modifizierten Wertkette Abschnitt E.II.2. des Ersten Kapitels.

der höheren Flexibilität (in der Entscheidung wo investiert, wo beschafft oder logistisch abgewickelt wird).

Bei einer eingehenden Betrachtung greifen auch hier die behandelten Perspektiven eines länderspezifischen und -übergreifenden sowie eines Going und Being International. Hier soll nur angedeutet werden, dass beim internationalen Wertschöpfungsmanagement bspw. das in Abbildung 2.63 angedeutete Wertschöpfungsgebirge im Vordergrund der Betrachtung steht, in dem generische Wertschöpfungsaktivitäten angedeutet und „cross-border" zu gestalten sowie zu koordinieren sind. Die Entscheidungen liegen – bezogen auf jeder Wertschöpfungsaktivität – auf der Länderachse (Konfiguration oder geografisch-kulturelle Distanz) und der Integration/Koordination-Achse. In der Abbildung wird angedeutet, dass bspw. die Beschaffung stark integriert ist in Großbritannien und den USA während die Marketingaktivitäten in jedem Land mehr oder weniger stark ausgeprägt sind.

Abbildung 2.63: Internationalisierungsgebirge

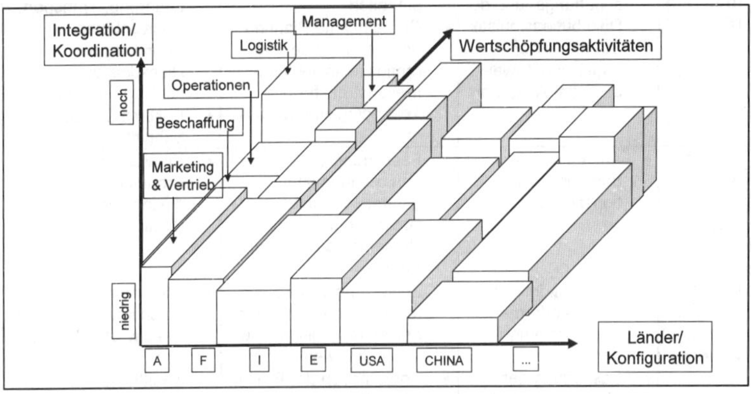

Quelle: in Anlehnung an Swoboda/Foscht/Cliquet 2008.

Während ein derartiges Gebirge illustrativ die Grundidee verdeutlicht, finden sich in der Literatur unterschiedliche theoretische Ansätze, welche die Entscheidungsoptionen zu strukturieren helfen. Ohne auf diese einzugehen, soll Abbildung 2.64 exemplarisch für jede Wertschöpfungsfunktion die zu beantwortenden Fragen (i.S.v. Entscheidungsoptionen) für Handelsunternehmen zeigen. Hierbei wird mit Externalisierung die Frage nach dem Niveau der vertikalen Integration verbunden. Im Einzelnen behandeln Swoboda/Foscht/Cliquet (2008) die Optionen der Gestaltung der internationalen Wertschöpfungsprozesse konzeptionell und anhand von Beispielen bzw. Kurzfallstudien.

Abbildung 2.64: Internationale Konfigurations-, Koordinations- und Externalisierungsoptionen von Wertschöpfungsfunktionen in Handelsunternehmen

	Konfiguration	Koordination/Adaption	Externalisierung
Beschaffung	♦ Standort der Einkaufsorganisation ♦ Auswahl der Märkte für Einkauf einzelner Artikel und Komponenten	♦ Planung der Beschaffungsprozesse von Artikeln und Komponenten ♦ Informationstransfer über Beschaffungsmärkte und Management der Zulieferer in verschiedenen Ländern	♦ Ermittlung der Lieferanten in verschiedenen Ländern ♦ Bestimmung der externen Schnittstellen zu den Lieferanten
Operationen	♦ Standorte der Produktionsstätten für Artikel (Handelsmarken) und Komponenten	♦ Aufgabenzuweisung an die einzelnen Fertigungsstätten bzw. Verbundsysteme bei geografischer Streuung und Transfer von Prozesstechnologie	♦ Entscheidung über Selbstproduktion oder Fremdbezug
Logistik (Beschaffung und Distribution)	♦ Standorte der Organisation in der Beschaffungs- und der Distributionslogistik ♦ Standorte der Läger und Zuweisung der Aufgaben	♦ Aufgabenzuweisung an die einzelnen Leistungseinheiten ♦ Gemeinsame Planung und Kontrolle der Warenflüsse sowie Informationstransfer und Technologiekoordination	♦ Entscheidung für Selbsterstellung von Lagerung, Transport, Rack Jobbing ♦ Ermittlung der Dienstleister in verschiedenen Ländern ♦ Bestimmung der Schnittstellen
Innovation	♦ Anzahl und Standorte von Innovationszentren	♦ Festlegung von Aufgaben der Innovationszentren, von Informationsaustausch und Reihenfolge der Einführung	♦ Entwicklung neuer Produkte/Formate für die in Ländermärkten Bedarf besteht
Marketing/ Verkauf/ Service	♦ Auswahl der Länder bzw. Ländermärkte oder Kundengruppen ♦ Festlegung der Marketingaktivitäten, z.B. Formate und Positionierung ♦ Standort der Kundendienstorganisation oder Werbemittelproduktion	♦ Zuweisung von Kompetenzen und Koordination der Absatzpolitik und der internationalen Kunden ♦ Koordination der Preispolitik in verschiedenen Ländern ♦ Weltweit Leistungsstandards und Arbeitsweisen des Kundendienstes	♦ Internationalisierung durch integriert/direktinvestiv oder Kooperation ♦ Ermittlung von Agenturen in verschiedenen Ländern oder länderübergreifend

Quelle: in Anlehnung an Swoboda/Foscht/Cliquet 2008.

Zudem können auf dieser Basis die Grundorientierungen international tätiger Unternehmen im Vergleich angedeutet werden. Auch hier zeigt Abbildung 2.65 nur exemplarisch ein Beispiel hierfür.

Abbildung 2.65: Dimensionen der Internationalisierung und Unternehmensbeispiele

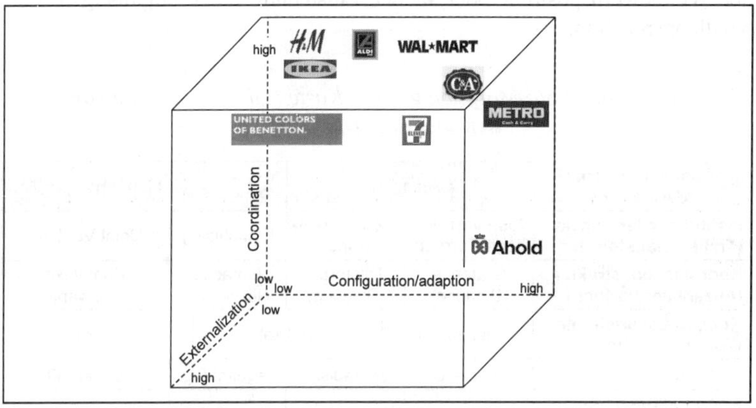

Quelle: in Anlehnung an Swoboda/Foscht/Cliquet 2008.

E. Kooperationsstrategien

I. Gegenstand

1. Begriffs- und Formenvielfalt der Kooperationen

Kooperationen haben in Forschung und Praxis eine hohe Bedeutung, wofür aber nicht die traditionellen Formen wie Genossenschaften oder Verbundgruppen, sondern neuere institutionelle Arrangements, wie **strategische Allianzen**, **fokale und regionale Netzwerke**, **globale Franchising-Systeme** oder **virtuelle Unternehmen**, sorgen (Zentes/Swoboda/Morschett 2005a, S. 5).

> *Kooperation wird verstanden als (unternehmerische) Zusammenarbeit, mit dem Kennzeichen der Harmonisierung oder gemeinsamen Erfüllung von betrieblichen Aufgaben durch selbstständige Wirtschaftseinheiten zur Erreichung übergeordneter Ziele (Tietz/Mathieu 1979, S. 9).*

Kooperationen kommen, pauschal formuliert, dann zu Stande, wenn die Partner erwarten, sich dadurch besser zu stellen. Aus strategischer Sicht werden **Wettbewerbsvorteile** durch die Ergänzung individueller Stärken bzw. durch die Kompensation von Schwächen angestrebt (Zentes 1992b, S. 20). Aus operativer Sicht werden in Kooperationen oft **Supportleistungen** gesucht. Managementtheoretisch liegen Vorteile von Kooperationen in Skalenerträgen, dem Zugang zu Märkten, in Ressourcen oder Kenntnissen, in der Teilung des Risikos oder in der Beeinflussung der Wettbewerbssituation.[1] Da Kooperation Bindung und Aufgabe von Freiheitsgraden bedeutet, liegen Nachteile in Koordinationskosten, in der Gefahr der Untergrabung der Wettbewerbsposition oder in der Entstehung einer ungünstigen Verhandlungsposition.

Abbildung 2.66: Morphologischer Kasten zur Bestimmung von Kooperationsformen

Ressourcenprofil der Partner	X-Allianzen		Y-Allianzen	
Institutioneller Aspekt (Transaktionsform)	lose vertragliche Formen	Lizenzvereinbarungen	Franchising	Joint Venture
Koordinationsstruktur (Anzahl der Partner)	Bilaterale Bindung	Trilaterale Bindung	Einfache Netzwerke	Komplexe Netzwerke
Kooperationsrichtung (Wirtschaftsstufe)	horizontal	vertikal		lateral
Zeitaspekt	einmalig	sporadisch	regelmäßig	dauerhaft
Kooperationsbereiche (Funktionen bzw. Felder)	HRM	Beschaffung	Logistik	Absatz
Raumaspekt	lokal	regional	national	international
Grad der Kooperationsintensität	Rahmenvereinbarungen	Bindungen/Kontrakte		(gemeinschaftliche) Integration
	Austausch von Informationen	koordiniertes Vorgehen	gemeinschaftliches Vorgehen	gemeinschaftliche Organisation

Quelle: in Anlehnung an Zentes/Swoboda/Morschett 2005, S. 22.

Während Allianzen synonym zur Kooperation verwendet werden, bilden **strategische Allianzen** eine besondere Form, da sie i.d.R. auf längere Sicht angelegt sind und für die Unternehmen eine subjektiv hohe Bedeutung haben. Der Begriff **Partnerschaften** wird als Unterform oft auf dyadische, vertikale Kooperationen angewandt und der Begriff **Netzwerke** wird als Unterform dann verwandt, wenn mindestens drei Akteure i.d.R. auf unterschiedlichen Wirtschaftsstufen unter Einbeziehung direkter und indirekter Beziehungen zusammenarbeiten (Zentes/Swoboda/Morschett 2005a, S. 5f.). Die vielen Kooperationsformen können durch eine Kombination ihrer Merkmale mithilfe eines morphologischen Kastens charakterisiert werden (siehe Abbildung 2.66):

- **Kooperationsfelder** können die gesamte Wertkette oder komplementär einzelne Wertschöpfungsaktivitäten umfassen, z.B. die Beschaffung.
- **Institutionelle Aspekte** umfassen unterschiedliche Transaktionsformen.
- Die **Koordinationsstruktur** sagt etwas über die Anzahl der Partner aus, die **Kooperationsrichtung** führt zur Differenzierung von horizontalen, vertikalen und lateralen Kooperationsformen und die **zeitliche Dauer** reicht von einmaligen bis hin zu dauerhaften Kooperationen.

[1] Die Vor- oder Nachteile von Kooperationen variieren je nach Erklärungsansatz. Zu den Theorien, Ansätzen und Konzepten, die für die Erklärung von Kooperationsfragen relevant sind, vgl. im Überblick Swoboda 2005 und die dort angegebene Literatur.

- Die **Koordinationsbereiche** beschreiben Wertschöpfungsaktivitäten und der **Raumaspekt** reicht von lokal bis international. Die **Kooperationsintensität** betrifft die Stärke der Zusammenarbeit; sie kann von losen Rahmenvereinbarungen bis zu gemeinschaftlichen Organisationen reichen.

Dieser kurze Blick auf die Formen von kooperativen Geschäftsbeziehungen unterstreicht deren Komplexität. Drei weitere Aspekte untermauern dies:

- Da Kooperationen v.a. in der Forschung mit Bezug zu verschiedenen Branchen, Wertschöpfungsfunktionen und -stufen usw. diskutiert werden, sind die Befunde breit und schwer zu vergleichen.
- In Kooperationen sind neben den behandelten **Managementfragen** (z.B. Profilierung) spezifische relevant, wie Kooperationsmotive/-ziele, Partnerfindung, inhaltliche/kontraktuelle Gestaltung, Führung, Auflösung.
- Der **Kooperationserfolg** wird durch spezifische Determinanten bestimmt, so externe (Wettbewerbsposition jedes Mitglieds und der Gruppe) und interne Faktoren (strategische Integration in die Verbundgruppe, Kongruenz von Struktur, Systemen und Kultur der Partner) sowie Antezedenzbedingungen wie Rechtsform, Zahl/Struktur/Strategien der Mitglieder, Konditionen/Leistungen der Zentrale oder die soziale/systemische „Governance".

Auf Grund dieser Komplexität sind die folgenden Ausführungen auf die grundlegenden Formen und Fragen der Kooperation aus Handelssicht begrenzt.

2. Schwerpunkte der Kooperation im Handel

Im deutschen Handel haben Kooperationen eine lange Tradition, v.a. im mittelständischen Handel, in Form von **Einkaufsgenossenschaften** (vgl. zur Historie und Bedeutung von Genossenschaften Peemöller 2005). Hier, wie auch in der Konsumgüterwirtschaft generell, ist es sinnvoll, die Kooperationsrichtung, d.h. die Wirtschafts- bzw. Handelsstufenzugehörigkeit der Partner, als primäres Unterscheidungskriterium zu Grunde zu legen (Zentes 1992b, S. 21). Hiernach kann zwischen horizontalen strategischen Allianzen von

- Handelsunternehmen, aber auch
- Konsumgüterherstellern

einerseits und vertikalen strategischen Partnerschaften zwischen

- Konsumgüterherstellern und Handelsunternehmen

andererseits differenziert werden. Behandelt werden nachfolgend die in Abbildung 2.67 hervorgehobenen drei Felder.[1]

Abbildung 2.67: Horizontale und vertikale Kooperationstypen

Kooperation mit einem...	Aus der Sicht des Herstellers	Aus der Sicht des Handels
Hersteller	- Horizontale Allianzen (z.B. JV, Lizenzen) - Vertikale Zulieferkooperation, Wertschöpfungspartnerschaft	- *Lieferantenkooperation (z.B. lose Vereinbarungen, Kontrakte)* - *Reverse Marketing* - *Wertschöpfungspartnerschaft (Partnerschaften)*

Händler	- *Kundenkooperation (z.B. lose Vereinbarungen, Kontrakte)*
	- *Trade-Marketing*
	- *Wertschöpfungspartnerschaft*
	- *Franchise-Systeme*
		- *Dyadische, lokale Kooperationen*
		- *Verbundgruppen*
		  - *Einkaufsverbände*
		  - *Freiwillige Ketten*
		- *Franchise-Systeme*

Quelle: in Anlehnung an Swoboda 1997b, S. 450.

Neben dyadischen oder lokalen Kooperationen an einem Standort sind im Handel v.a. **Verbundgruppen** relevant. Dazu gehören **Einkaufsverbände** bzw. **-kontore** als Zusammenschlüsse mittelständischer Einzel- bzw. Großhändler, d.h. horizontale Kooperationen von Unternehmen der gleichen Handelsstufe, und **Freiwillige Ketten**, d.h. Kooperationen zwischen der Groß- und der Einzelhandelsstufe. Hiervon abzugrenzen sind Franchise-Systeme, die auch vom Hersteller ausgehen können.

In **vertikalen Partnerschaften** rückt die jeweils nächste Institution im Absatzkanal in den Fokus: der Handel aus der Sicht der Industrie und umgekehrt. Es handelt sich um **Kundenkooperation** aus Herstellersicht und **Lieferantenkooperation** aus Händlersicht, die von losen Verbindungen bis hin zu straffen Kontrakten reichen. Das **Reverse Marketing** bedeutet dabei das auf die vorgelagerte Wirtschaftsstufe ausgerichtete Marketing der Händler. **Trade-Marketing** beschreibt das handelsorientierte Marketing der Hersteller. Eine besondere Rolle spielen **Wertschöpfungspartnerschaften**, i.d.R. unter gleichberechtigten Partnern der Industrie und des Handels.

Nicht in der Abbildung enthalten ist die Beobachtung, wonach Unternehmen in eine oder mehrere Allianzen eingebunden sein können (Backhaus/Piltz 1990, S. 4) und netzwerkartige oder laterale Kooperationen eingehen, die sogar ganze Branchen umfassen können. Die folgenden Ausführungen sind auf Formen der Kooperation aus Sicht des Handels konzentriert, und zwar auf Allianzen auf der Handelsstufe, Partnerschaften von Industrie- und

[1] Ausgeklammert werden die verstärkt diskutierten privaten Nachfragerkooperationen, in Verbindung mit Online-Medien (Weiber/Meyer 2005), die weitere und auf Grund ihrer Machtposition für den Einzelhandel wichtige Kooperationsstufen bilden und das Handelsmarketing betreffen. Gleiches gilt für die im Abschnitten C.III. in diesem Kapitel behandelten Franchise-Systeme und vertikalen Unternehmen.

Handelsunternehmen und Netzwerke. Aspekte des Managements von Kooperationen werden wegen ihrer Breite am Ende behandelt.

II. Allianzen von Handelsunternehmen

1. Überblick und Ziele

Allianzen mittelständischer Handelsunternehmen bilden ein westeuropäisches, insbesondere ein deutsches Phänomen.[1] Hieraus resultieren zumindest zwei Besonderheiten:

- In der internationalen Literatur existiert nur eine handvoll Beiträge, die sich mit „buying, voluntary, allied groups" beschäftigen; kaum einer im amerikanischen Sprachraum (vgl. im Überblick Hernández-Espallardo 2006).
- Einige Abhandlungen – v.a. volkswirtschaftlicher Prägung – thematisieren die Daseinsberechtigung oder relative Effizienz von Handelsallianzen und kommen auf Basis von Transaktionskostenüberlegungen z.T. zu reservierten Befunden (vgl. im Überblick Müller-Hagedorn 2005b, S. 1310f.).

Demgegenüber haben historisch gewachsene, mittelständische Allianzen eine hohe praktische Relevanz und helfen oft kleinen Handelsunternehmen, im Wettbewerb (auch mit Filialsystemen) zu überleben. Wissenschaftliche Studien zeigen, dass Verbundgruppenmitglieder ein geringeres Insolvenzrisiko und eine bessere Bonität aufweisen als vergleichbare Betriebe ohne Kooperationsanbindung.[2]

> *„Über drei Viertel aller mittelständischen Handelsunternehmen sind in Kooperationen eingebunden. Allein die im ZGV (Zentralverband Gewerblicher Verbundgruppen) organisierten Unternehmen (des Handels und des Handwerks) realisieren mit ihren 200.000 Anschlusshäusern in 45 Branchen einen Außenumsatz von 300 Mrd. EUR. Sie beschäftigen 2,4 Mio. Vollzeitbeschäftigte und stellen 440.000 Ausbildungsplätze bereit. Mittelständische Kooperationen sind ganz überwiegend ein deutsches Phänomen, denn von den 941 in Westeuropa ermittelten Verbundgruppen sind allein rund 600 in Deutschland ansässig (rund 350 entfallen auf den Handel), während weit abgeschlagen Spanien mit 69 auf dem zweiten Rang folgt."*
>
> *(Joachim Siebert, ZGV-Präsident und Dr. Ludwig Veltmann, ZGV-Hauptgeschäftsführer)*
>
> *Quelle: Der Handel, Sonderheft Verbundgruppen 2007, S. 10f.*

---

[1] Geschätzte Marktanteile von Verbundgruppen des Handels (gemessen am Außenumsatz) sind: Deutschland 40 %, Niederlande und Dänemark 30 %, Frankreich 20 %, Belgien 10 % und Großbritannien, Italien und Spanien < 5 % (Zentes/Scheer/Lehnert 2007, S. 18f.).

[2] Vgl. hierzu Der Handel, Sonderheft Verbundgruppen 2007, S. 17f.

Bei Betrachtung der Kooperationen im Handel ist also ein **situativer Ansatz** sinnvoll, der neben der Effizienz von Einzeltransaktionen auch **evolutions-, markt- und machttheoretische** sowie **-politische Aspekte** berücksichtigt. Die gewachsene marktwirtschaftliche Bedeutung wird durch regelmäßig vom Ifo-Institut ermittelte Anteile kooperierender Einzelhändler am gesamten institutionellen Einzelhandelsumsatz in Deutschland belegt und für das Jahr 2005 mit 34 % geschätzt (Müller-Hagedorn 2005b, S. 1309). Der Anteil aller kooperierender mittelständischer Händler wird branchenübergreifend auf 42 % geschätzt (o.V. 2001, S. 11, zit. nach Zentes/Scheer/Lehnert 2007, S. 16). Danach stieg im Zeitverlauf dieser Anteil von 36 % im Jahre 1970 auf 45 % im Jahre 1990 und sank dann auf 42 % im Jahre 2000. Im gleichen Zeitraum stieg der Marktanteil der Großfilialbetriebe kontinuierlich von 35 % auf 46 % und der der unabhängigen Betriebe sank von 29 % auf 12 % zwischen den Jahren 1990 und 2000. Eine Extrapolation ließe ein Wachstum der Großfilialbetriebe in Höhe von ca. drei Prozentpunkten pro Dekade erwarten und wäre konform mit der im Ersten Kapitel behandelten Konzentration im Handel. Politisch gesehen, werden diese Kooperationen auf nationaler Ebene durch den ZGV und auf europäischer Ebene durch den Dachverband UGAL (Union der Verbundgruppen selbstständiger Einzelhändler Europas) vertreten.

Ferner bietet es sich an, **behavioristische Erklärungsansätze** der Kooperationen im Handel zu beachten, da hier multiple, subjektive Interessen vorliegen, nämlich eines nur freiwillig einer Kooperation zugehörenden mittelständischen Händlers und der Kooperationsgruppenzentrale. Die spezifische Sichtweise soll bereits an dieser Stelle anhand der Zieldifferenzen und der dynamischen Sicht der strategischen Handlungsoptionen angedeutet werden.[1]

Aus Sicht des mittelständischen Händlers stehen individuelle Ziele im Vordergrund, so Gewinn, langfristiges Überleben, Wachstum des eigenen Betriebs und Ressourcenziele (standortspezifische Wettbewerbsvorteile). Die dynamischen, kooperativen Handlungsoptionen lauten bspw. Gründung einer oder Beitritt zu einer existenten Kooperation, Filialisierung usw. („**going cooperative**“) sowie intensive bzw. selektive Inanspruchnahme der Kooperationsleistungen, Wechsel der Kooperationsgruppe usw. („**being cooperative**“). Bei einer Kooperationszentrale sind es ähnliche Ziele, aber bezogen nicht nur auf das einzelne Mitglied, sondern den Verbund. Auch hier variieren die dynamischen Handlungsoptionen, bspw. der Fokus auf Mitgliederinteressen bei der Gründung („going cooperative“) und mit zunehmendem Erfolg der Gruppe ggf. Neumitgliederaufnahme, Filialisierung usw. („being cooperative“). Während oft – auch nachfolgend – pauschal von den Zielen oder Strategien von Verbundgruppen gesprochen wird, ist dies bei freiwilligen und oft kontraktuell schwach verwobenen Kooperationen dann zu einfach gedacht, wenn Hierarchien von Ziel- und Verhaltensoptionen vernachlässigt werden. Während etwa die internationale Expansion im

---

[1] Vgl. zur idealtypischen Zielharmonisierung Abschnitt E.V.2. in diesem Kapitel.

Filialbetrieb unmittelbar Absatzvolumenziele und vorausgehende Investitionen bedeutet, sind in Kooperationen abgeleitete Ziele zu beachten. Für die Kooperationszentrale steigt ggf. das Absatzvolumen, während Absatzziele jedes Mitglieds nicht direkt tangiert sind. Es profitiert indirekt und ggf. erst langfristig.[1]

2. Traditionelle Verbundgruppen

a) Einkaufsgemeinschaften und Freiwillige Ketten als Basis

Das Ziel der Gründung erster Kooperationen im Handel war der Selbsthilfegedanke. In der ursprünglichen Form stellen (horizontale) **Einkaufsgemeinschaften** – auch als **Einkaufsverbände** bezeichnet – den Zusammenschluss von Einzelhändlern zum Zweck des gemeinsamen Wareneinkaufs dar. Die Initiative zu ihrer Gründung ging vom Einzelhandel aus und die Rückwärtsintegration zielte auf eine Wertschöpfungsfunktion ab, oftmals verbunden mit einer Spezialisierung auf bestimmte Sortimentsbereiche. Entsprechend können Einkaufsgemeinschaften hinsichtlich der von ihnen vermittelten bzw. vertriebenen Sortimente differenziert werden. Somit lassen sich

- Spezialeinkaufsverbände, z.B. für einzelne Textilgruppen,
- Sortimentseinkaufsverbände für branchenübliche Sortimente und
- Mehrbrancheneinkaufsverbände für Waren mehrerer Branchen

unterscheiden. Aus Sicht des mittelständischen Händlers sind die individuellen Freiheiten in der Marktbearbeitung relativ groß, da die Autonomie nur in den rückwärtsorientierten Wertschöpfungsaktivitäten aufgegeben wird.

Einkaufsgemeinschaften treten in den meisten Branchen auf und betreiben Lager-, Strecken-, Eigen-, Kommissions- oder Fremdgeschäfte. Eigenarten der Finanzierung und Abrechnung beruhen auf der Rechtsform, wobei heute nach GmbH & Co. KG und GmbH noch Genossenschaften vorherrschen, Aktiengesellschaften sind kaum relevant (IBB/H.I.MA. 2003, S. 75).

> *„Die Genossenschaft ist nach den Vorstellungen der Väter des deutschen Genossenschaftswesens die einzige Rechtsform, welche die wirtschaftliche Freiheit des Einzelnen als gesetzlich garantierten Zweck hat. Sie wird durch das Prinzip geprägt, dass die Person und nicht das Kapital für die gemeinschaftliche Interessenverfolgung maßgeblich ist. Für das Zusammenwirken der Mitglieder in der Genossenschaft gelten die Spielregeln der Demokratie, insbesondere das Prinzip „ein Mann – eine Stimme" (Engelhard 1985, S. 17).*

Hiervon abzugrenzen sind **Freiwillige Ketten**: „Eine Freiwillige Kette ist eine Form der vertikalen Kooperation, bei der jeweils rechtlich und wirtschaftlich selbstständige Groß- und Einzelhandelsunternehmungen zur ge-

---

[1] Nachfolgend wird auf Grund des Fehlens entsprechender Studien nicht auf Ziele und strategische Optionen eingegangen, sondern auf Formen und Entwicklungen.

meinsamen Durchführung unternehmerischer Aufgaben unter der Führung einer Großhandlung zusammenarbeiten. Meistens wird dabei ein einheitliches Organisationszeichen (i.S. einer Retail-Brand) verwendet“ (Ausschuss für Definitionen zu Handel und Distribution 2006, S. 68f.). Der wesentliche Unterschied liegt im **Vorwärtsintegrationscharakter** der Kooperation, wobei i.d.R. auf bestehenden Kompetenzen, so Sortimente des Großhandels, aufgesetzt wird und die Kooperation tiefer angelegt ist.

Exemplarisch kann dies anhand des aus Marketingsicht wichtigen **Retail-Branding** verdeutlicht werden, da hieraus mehrere Konsequenzen resultieren. Hervorzuheben sind Größeneffekte, Kosteneinsparungen sowie Marktwirkungen durch Zugänge zu überregionalen Medien wie dem Fernsehen, was es ermöglicht, effektiver auf die Zielgrößen Markenbekanntheit, -image und -loyalität einzuwirken, und zwar bei Kunden und Mitarbeitern. Damit sinken die Koordinationskosten aus Sicht der Zentrale und die Marktorientierung der Gruppe steigt, bei geringerer Freiheit für jedes Mitglied.[1]

Rewe und Edeka als moderne Genossenschaften

Die EDEKA-Gruppe ist mit einem Umsatz von über 38 Mrd. EUR und 11.000 Märkten (traditionell Supermärkte, durch die Übernahmen der Spar Handels AG auch SB-Warenhäuser und Netto Marken-Discount) die Nummer 1 im deutschen Lebensmitteleinzelhandel mit einem Marktanteil von rd. 26 %. Die Struktur des genossenschaftlich organisierten Handelsunternehmens basiert auf drei Ebenen: der EDEKA Zentrale (strategische Steuerungsfunktion), den sieben Regionalgesellschaften (operativen Geschäftsverantwortung in Belieferung, Standort- und Markenpolitik) und dem lokalen Einzelhandel. Die entscheidenden Wettbewerbsvorteile sieht EDEKA in den eigenen Produktionsbetrieben. Zu erwähnen sind die Mitgliedschaft in der Einkaufsallianz Alidis/Agenor und die dyadische Kooperation mit der norwegischen Reitan Gruppe.

Die REWE Group ist mit über 40 Mrd. EUR (in den SGFs Lebensmittel und Touristik) und einem Vertriebsnetz von 12.000 Märkten in Deutschland (REWE Supermärkte, Penny Discounter, toom SB-Warenhäuser, Fachmärkte (toom Baumarkt, ProMarkt)) die Nummer 2 im deutschen Lebensmitteleinzelhandel. REWE forciert das Auslandsgeschäft (11 Mrd. EUR und 32 % der Umsätze entfallen auf 14 Länder und Töchter wie Billa, Merkur, Standa, XXL, Fegro/Selgros). Bei der genossenschaftlichen Gruppe bildet der selbstständige Einzelhandel die Basis, zumal der Aufbau Einzel-, Großhandel und Zentrale um die mittlere Stufe reduziert wurde. 2006 erfolgten die neue Firmierung als REWE Group, die Einführung der einheitlichen Vertriebsmarke REWE und die Delegation der Steuerung auf die regionalen SGEs, die auch die operativen Geschäfte verantworten.

Quelle: Der Handel, Sonderheft Verbundgruppen 2007, S. 46f., S. 88f.

Tabelle 2.12 zeigt Beispiele von horizontalen und vertikalen Handelskooperationen und die Summe der realisierten Außenumsätze der Unternehmen, unabhängig davon, ob diese Umsätze mit bei der Verbundgruppe beschafften Sortimenten, mit Regie- bzw. Filialbetrieben usw. realisiert wurden.

[1] Anders ist dies, wenn die Mitglieder selbst eine starke Marke vor Ort sind, d.h., eine hohe Individualkompetenz haben. Dann ist abzuwägen, inwiefern Stärken der Mitglieder bei einer einheitlichen Retail-Brand leiden.

Tabelle 2.12: Ausgewählte (horizontale und vertikale) Verbundgruppen in Deutschland – Außenumsatz in Mrd. EUR 2005

Branche und Unternehmen	Außen-umsatz	Branche und Unternehmen	Außen-umsatz
Nahrungs- und Genussmittel		**Elektronik- und Elektroartikel**	
- Rewe Group, Köln	40,8	- Electronic-Partner Dtld. GmbH, Düss.	3,4
- Edeka, Hamburg	38,6	- Euronics Deutschland eG, Ditzingen	3,2
Textilien und Bekleidung		- Expert AG, Langenhagen	2,3
- Katag AG, Bielefeld	3,3	**Baustoffe**	
Schuhe, Lederwaren und Sport		- EUROBAUSTOFF HGmbH&Co.KG, B.Nauh.	8,1
- Ariston-Nord-West-Ring eG, Mainh.	4,8	- hagebau HGmbH&Co.KG, Soltau	6,0
- Intersport Deutschland eG, Heilbronn	2,2	- Zedach eG, Hamm/Westfalen	2,0
- Garant Schuh + Mode AG, Düsseldorf	1,7	**Sonstige**	
Haushaltswaren/Glas und		- Noweda eG, Essen	6,0
Produktionsverbindungshandel		- VME Bielefeld, Bielefeld	2,4
- E/D/E GmbH, Wuppertal	7,5	- Nordwest Handel AG, Hagen	2,4
- EK/servicegroup eG	4,3	- Europa-Foto GmbH, Eschborn	0,7

Quelle: ZGV 2007.

b) Bedeutung und Spezifika traditioneller Verbundgruppen

Verbundgruppe ist ein Sammelbegriff für Zusammenschlüsse rechtlich und wirtschaftlich selbstständiger Handelsbetriebe zum Zweck der zwischenbetrieblichen Kooperation. Die Zusammenarbeit kann in der Beschaffung, im Absatz, im Investitions- und Finanzierungsbereich und in der Verwaltung erfolgen. Trägerbetriebe sind Verbundgruppenzentralen, meist in der Rechtsform der GmbH oder der Genossenschaft. Zu den Verbundgruppen zählen Einkaufsgemeinschaften des Groß- und Einzelhandels, des Handwerks und des Dienstleistungssektors sowie Freiwillige Ketten (Ausschuss Definitionen zu Handel und Distribution 2006, S. 72f.).

Der breite Begriff (vgl. zur Kritik Siebert/Veltmann 2006, S. 261) trägt der Tatsache Rechnung, dass Verbundgruppen im horizontalen Sinne die unterschiedlichen Ebenen der Handelskette, bspw. die Großhandels- und Einzelhandelsebene, und vertikal Groß- und Einzelhandel, aber auch i.w.S. Hersteller umfassen können.[1] Allgemein ist also nur klar, dass Verbundgruppen im Vergleich zu anderen Handelssystemen im Spannungsfeld zwischen Markt und Hierarchie eingeordnet werden können, neben dem auf der Handelsebene nichtorganisierten Einzel- und Großhandelsunternehmen stehen und weit weg von den voll integrierten Filialbetrieben anzusiedeln sind (siehe Abbildung 2.68). Verbundgruppen zählen damit zu Hybridformen zwischen marktlicher und hierarchischer Koordination und werden als Handelskooperationen i.e.S. bezeichnet; Franchise-Systeme bilden Handelskooperationen i.w.S. (Zentes/Scheer/Lehnert 2007).

[1] Verbundgruppen treten auch deshalb vielfach auf, da sie zwischen jeder Stufe der Handels- bzw. Handwerkskette gebildet werden können (IBB/H.I.MA. 2003, S. 73).

Abbildung 2.68: Handelssysteme zwischen Markt und Hierarchie

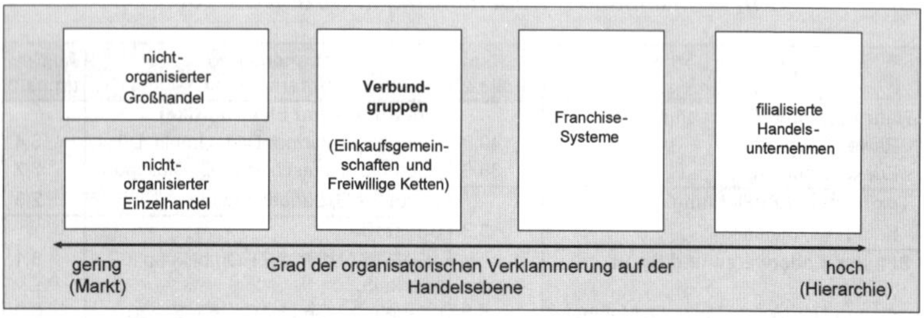

Quelle: in Anlehnung an Müller-Hagedorn 2005b, S. 1310.

Darüber hinaus ist es schwierig, Verbundgruppen zu kategorisieren, um etwa generelle Erfolgsfaktoren diskutieren zu können. Schwierig ist es bereits, die je nach **Handelsbranche** deutlich variierende Bedeutung zu erfassen. Tabelle 2.13 zeigt uneinheitliche Schätzungen bezüglich der Außenumsätze der Mitgliedsunternehmen.

Tabelle 2.13: Geschätzte Marktanteile von Verbundgruppen nach Branchen – Kumulation der Umsätze der Mitgliederunternehmen

Branche [1]	Marktanteil in Prozent	Branche [2]	Marktanteil in Prozent
Baustofffachhandel	76	Möbel	60
Möbeleinzelhandel	63	Getränke	60
Optiker	58	Sport/Freizeit	40
Lebensmitteleinzelhandel	52	Papier/Büro/Schreibwaren	35
Parfümerien	36	Schuhe	35
Sportfachhandel	36	Spielwaren	30
Elektrohandel	32	Lebensmittel	30
Pharmagroßhandel	28	Konsumelektronik	20
Bekleidungseinzelhandel	17	Textil/Bekleidung	10

Quelle: [1]IBB/H.I.MA. 2003, S. 82; [2]ifo institut; EHI; McKinsey, zit. nach Barrenstein/Kliger 2003, S. 11.

Die Innenumsätze – d.h. die über die Verbundgruppe abgewickelten und an den ZGV gemeldeten Umsätze – liegen z.T. deutlich darunter, was bedeutet, dass bspw. Verbundgruppenmitglieder an der Zentrale vorbei einkaufen. Zahlen hierzu, die u.a. die Abrechnungsbasis der Verbundgruppen an den ZGV bilden, werden unternehmensspezifisch nicht veröffentlicht. Tabelle 2.14 zeigt aber anhand der branchenspezifischen Innenumsätze mehr oder weniger starke Abweichungen beim Baustofffachhandel, beim Möbeleinzelhandel usw.

Tabelle 2.14: Anzahl der Verbundgruppen (Mitglieder des ZGV) und deren Innenumsatz in Mio. EUR im Jahre 2006

Branche	Anzahl	Innenumsatz	Branche	Anzahl	Innenumsatz
Augenoptik	4	120,0	Kfz-Teile	16	3.837,5
Bäckerhandwerk	36	2.364,2	Konsumelektronik/IT	8	5.066,0
Bauhandwerk	13	464,9	Küchen	6	1.969,7
Baustoffhandel/Sanitär	25	10.052,6	Lebensmittelhandel	13	59.186,9
Dachdecker	7	2.238,9	Lederwaren	4	208,7
Dienstleistungen	11	650,3	Maler	7	314,0
Eisenwaren/Hausrat	8	5.526,4	Möbel	16	9.562,2
Elektrotechnik	4	595,1	Papier/Büro/Schreibwaren	8	1.257,0
Fahrräder	4	398,2	Parfümerie/Kosmetik	9	752,0
Fleischer	19	555,3	Schuhe	5	2.090,9
Foto	2	474,0	Spielwaren	3	828,0
Garten-/Zoobedarf	4	425,8	Sport/Freizeit	5	1.779,5
Gesundheitswesen	11	5.374,2	Tabakwaren	3	151,4
Getränke	7	4.014,5	Textil	10	1.172,9
Heimtext./Tapeten/Farben	14	897,1	Sonstige	6	58,6
Hotel/Gastronomie	7	108,1	**Summe**	**295**	**122.495,0**

Quelle: ZGV 2007.

Aus allen bisher angeführten Tabellen ist ersichtlich, dass die **Größe von Verbundgruppen** enorm variiert. Meistens sind die aus (eher kleinflächigen) Einzelhändlern bestehenden Gruppen mit über 1.200 Mitgliedern bei Intersport Deutschland oder über 5.000 bei ElectronicPartner, Rewe oder Edeka größer. Demgegenüber haben andere, oft auf der Großhandelsebene, nur wenige Mitglieder, z.B. dagema, cobe, Intergast oder EURO-LEDER mit je rd. 30 Mitgliedern oder DEHA mit fünf Mitgliedern. Weitere liegen dazwischen.

Dies hat Konsequenzen, z.B. für die Zielbildung, das angebotene Leistungsprogramm, die „relationship governance" (Hernández-Espallardo 2006)[1] und ggf. die Verbindlichkeit der Entscheidungen. Dennoch kann – wie angedeutet – pauschal als Ziel von Verbundgruppen die Steigerung der Leistungs- und Wettbewerbsfähigkeit der Mitglieder sowie des Verbundes und damit ein Beitrag zur Wettbewerbsfähigkeit und Existenzsicherung gesehen werden.

Leistungsspektrum der Verbundgruppen

Die Leistungsschwerpunkte der Verbundgruppen sind zwar traditionell beschaffungsmarktorientiert, allerdings ist eine Ausdehnung der Leistungsspektras v.a. in der Wertschöpfungstiefe zu beobachten. Eine idealtypische Systematisierung auf der Ebene einzelner Instrumente bzw. Leistungen und eine Typologie zeigt in Ausschnitten Abbildung 2.69.

[1] Vgl. hierzu die Ansätze der Erfolgsmessung in Abschnitt E.V.3. in diesem Kapitel.

Abbildung 2.69: Exemplarische Kernfunktionen und Typologisierungen

Instrumente/ Leistungen \ Typen	Einkaufs-verbund	ZR-Verbund	DL-Verbund	Marketing-verbund	Logistik-verbund	Filial-verbund
Erfahrungsaustausch	x	x	x	x	x	x
Einkauf und Verhandlungen von Preisen/Konditionen	x	x	x	x	x	x
ZR- mit/ohne D-Geschäft		x	x	x	x	x
Warenunabhängige Dienst-leistungen/BWL-Support			x	x	x	x
Markt-/Sortimentskonzepte				x	x	x
Eigenes Warengeschäft/ Logistik					x	x
Eigene Absatzschienen						x

Quelle: in Anlehnung an IBB/H.I.MA. 2003, S. 129.

IBB/H.I.MA. (2003, S. 130ff.) diskutieren die Charakteristika der Instrumente hinsichtlich ihrer Legitimation für Mitglieder und Lieferanten. Hiernach folgt nach gemeinsamer Beschaffung im Sortimentsbereich die Zentralregulierung und das Delkredere, gefolgt von warenunabhängigen bzw. betriebswirtschaftlichen Supportaktivitäten und der Entwicklung von Marketinginstrumenten (z.B. Handelsmarken, Sonderpreisaktionen) bis hin zu umfassenderen Marketingdienstleistungen (etwa das Sortiment oder die Kommunikation betreffend). Diese fünf Instrumente werden seit Jahren diskutiert (Zentes 1992b). Die beiden weiteren sind hingegen eher bei größeren Verbundgruppen anzutreffen, wie im Folgenden noch verdeutlicht wird.

ZR- und ZR+D-Geschäft

Zentralregulierung (ZR) kann als ein Abrechnungssystem eingestuft werden, das sich auf den Zahlungsverkehr zwischen Lieferanten (i.d.R. Hersteller) und Mitgliedern bzw. Gesellschaftern einer Verbundgruppe bezieht. Ihre Funktion besteht somit in einer Dienstleistung gegenüber den Lieferanten und den Mitgliedern. Alle Forderungen, die Mitglieder aus Kaufverträgen schulden, werden von einer zentralen Stelle aus bearbeitet und zum Zeitpunkt der Skontofälligkeit in einer Summe an den Lieferanten bezahlt. Gleichzeitig erhalten die jeweiligen Mitglieder für die Vielzahl aller angeschlossenen Lieferanten die Abrechnung in einer Summe, aus einer Hand. Als zentrale Stelle kann die Verbundgruppe selbst tätig werden oder diese Aufgabe einem Dienstleister übertragen.

Oft ist Zentralregulierung mit der Übernahme des Delkredere durch die Zentrale verknüpft (ZR+D-Geschäft): Für die Erfüllung der Kaufpreisforderung durch die Mitglieder der Verbundgruppe übernimmt diese die selbstschuldnerische Bürgschaft. Damit besteht ein Dreiecksverhältnis: Das über ein Mitgliedschafts- oder Gesellschaftervertrag an die Verbundgruppe gebundene Mitglied schließt mit dem Vertragslieferanten einen Kaufvertrag und die Warenlieferung erfolgt an das Mitglied. Die Verbundgruppe ist zudem vertraglich mit dem Lieferanten über den Zentralregulierungs- und Delkredere-Vertrag verbunden.

Quelle: Zentes 2001a, S. 5f.

3. Situative Entwicklung und Neuorientierung von Verbundgruppen

a) Phasen der Handelskooperation als Überblick

Bezüglich der Neuorientierung der Verbundgruppen, insbesondere der Einkaufsgemeinschaften, wird von Zentes (1992b, S. 24ff.) und Olesch (1998, S. 3ff.) bereits auf drei Punkte verwiesen:

- Erweiterung der angebotenen Leistungen über die Beschaffung hinaus
- Arbeitsteilung zwischen Zentrale und Mitgliedern (Verbindlichkeit der Entscheidungen bzw. Adäquatheit von Kooperationsfeldern und -intensität)
- zunehmende Internationalisierung.

Swoboda/Hälsig/Meierer (2007) sehen zudem die wachsende Notwendigkeit der Verbundgruppen, über heutige Produkt-Markt-Bereiche hinaus auf Wachstumsoptionen wie neue Märkte und Diversifikation (bzw. Netzwerkbildung) zu setzen, da der deutsche Heimatmarkt bedingt durch Konzentration und Bevölkerungsrückgang schrumpfen dürfte. Verbundgruppen haben dabei nicht nur einen relevanten Markt, sondern Aktivitäten auf Beschaffungs-, Absatz-, internen und Konkurrenzmärkten zu kombinieren. Abbildung 2.70 skizziert entsprechende **Entwicklungsphasen von Verbundgruppen** sowie das damit verbundene Spektrum an Leistungsprogrammen und relevanten Märkten. Die Phasen werden nachfolgend „konzentrisch" interpretiert, d.h., die hinten liegenden schließen die vorhergehenden ein.

Die Ausweitung der Märkte ist in der **zweiten Phase** angedeutet, wenn traditionell beschaffungsmarktorientierte Aktivitäten um absatzmarktorientierte erweitert werden. Die Beschaffung verliert nicht an Bedeutung, vielmehr wird sie vertieft (z.B. durch Beschaffungsmarketing oder Teilnahme an Messen) und die Marktaktivitäten kommen hinzu (z.B. erste Handelsmarkenprogramme). Diese marktorientierten Aktivitäten werden in der **dritten Phase** um betriebswirtschaftliche Dienstleistungen für den internen Markt, d.h. Angebote für aktive und potenzielle Mitglieder, erweitert. Hierzu zählen Betriebsvergleiche, Standortanalysen, Aus- und Weiterbildungsprogramme, Nachfolgeberatungen usw. Bis hierhin sind die Aktivitäten in vielen der heutigen Verbundgruppen üblich. Anders ist es in der **vierten Phase**, in der marketingwirksam eine aktive Mitgliederpolitik (z.B. Selektion starker Mitglieder), die Standortsicherung (z.B. geografische Schwerpunkte) oder ein offensives Gruppenmarketing (z.B. Profilierung durch abgestimmte Kommunikations- oder Leistungspolitik) erfolgen. Partnerschaftsmodelle mit ausgewählten Mitgliedern oder Regiebetrieben bilden weitere Handlungsoptionen, die aber in kleineren Verbundgruppen eher unüblich sind.

Abbildung 2.70: Ausgewählte Phasen der Verbundgruppenentwicklung

Entwicklungs-phase	Leistungs- und Kooperationsprogramme	Relevante Märkte
1. Warenvolumenphase	Warenbeschaffung und Belieferung der Mitglieder, Eigen- und Fremdgeschäft, Lager- und Streckengeschäft, Zentralregulierung, Delkrederehaftung, Datenaustausch	Beschaffungsmarkt
2. Waren- und Servicephase	Beschaffungsmarketing, -markterschließung (Importe), Kommunikationsaktivitäten (Messen, Börsen) und Sortimentspolitik (Handelsmarken, Produktentwicklung)	Beschaffungsmarkt Absatzmarkt
3. Full-Service-Phase	Betriebswirtschaftliche Dienstleistungen (Betriebsvergleiche, Standortanalysen), Aus- und Weiterbildung der Mitglieder, Nachfolgeberatung	Beschaffungsmarkt Absatzmarkt Interner Markt
4. Marketingphase	Aktive Mitgliederpolitik, Standortsicherung, Gruppenprofilierung (offensives Gruppenmarketing), Leistungsprogrammkonturierung, Partnerschaftsmodelle, Regiebetriebe	Beschaffungsmarkt Absatzmarkt Konkurrenzmarkt Interner Markt
5. Segmentierungsphase	Gruppenhomogenisierung bei simultaner Leistungsdifferenzierung nach Sortimenten, Betriebstypen und -größen und Zielgruppen, organisatorische Differenzierung in fachgruppen-, modul-, betriebstypenorientierte Modelle	Absatzmarkt Konkurrenzmarkt Interner Markt
6. Diversifikationsphase	Erweiterung des Leistungsprogramms, insbesondere Aufnahme von Dienstleistungen, Betriebstypenauffächerung, Aufbau von Franchise- und Filialsystemen	Absatzmarkt Konkurrenzmarkt Interner Markt
7. Supervolumen-/ Internationalisierungsphase	National: Kooperation mit Einkaufsverbänden bzw. mit Großbetrieben, Beteiligung an anderen Gruppen; International: Aufnahme ausländischer Mitglieder, Abschluss von Partnerschaftsabkommen, Gründung von Niederlassungen im Ausland	Beschaffungsmarkt Absatzmarkt Konkurrenzmarkt Interner Markt

Quelle: in Anlehnung an Tietz 1992a, S. 343.

Darüber hinaus geht die **Segmentierungsphase**, die eine Gruppenhomogenisierung bei simultaner Leistungsdifferenzierung nach Sortimenten, Betriebstypen/-größen und Zielgruppen umfasst, d.h. praktisch eine standortübergreifende Standardisierung der Gruppe (z.B. Formate, Retail-Brand) bei einer standortspezifischen Differenzierung der Leistungen. Relativ wenige Verbundgruppen haben die **Diversifikations- oder Internationalisierungsphasen** erreicht. Hierbei meint Diversifikation eine weitere Erweiterung des Leistungsprogramms (insbesondere Aufnahme von Dienstleistungen) sowie eine Betriebstypenauffächerung und den Aufbau von Franchise-Systemen. Die Supervolumenphase zielt etwa auf **Mehrbranchenverbände** ab, während die Internationalität bspw. die Kooperation mit ausländischen Partnern oder Niederlassungen im Ausland einschließt. Dies gilt für branchenführende Verbundgruppen wie Edeka, Rewe, Intersport, Expert als Nummer 1 und Electronic Partner als europäische Nummer 5 in der europäische Elektrobranche usw.

Die beiden Blöcke von Entwicklungen werden von Olesch (1998, S. 5) als „**klassische Phasen**“ und als „**avantgardistische Phasen**“ (mit hoher Aktualität) bezeichnet. Wie angedeutet, ist dies situativ zu sehen, denn viele – v.a. kleinere – Verbundgruppen arbeiten im klassischen Bereich u.a. in der avantgardistischen Phase sind Sie relativ weit vorangeschritten, wie das Beispiel von INTERSPORT International Corporation zeigt.

Die Entwicklung der INTERSPORT International Corporation

INTERSPORT ist die größte mittelständische Verbundgruppe im deutschen und europäischen Sportfachhandel. INTERSPORT Deutschland eG umfasst rd. 1.200 Mitglieder, die über 1.500 Fachgeschäfte betreiben und 2,3 Mrd. EUR Umsatz realisieren (einen großen Teil des 7,1 Mrd. EUR umfassenden deutschen Sportartikel- und Sportmodemarktes). Gegründet wurde die INTERSPORT Deutschland im Jahre 1955 von einigen Sportfachhändlern unter dem Namen IGESPO (Interessengemeinschaft Sport) als eine Erfahrungsaustausch- und Einkaufskooperation. Bereits im Jahre 1956 wird die lose Kooperation zur Eingetragenen Genossenschaft Sport, die EGESPO. Es werden gemeinschaftliche Projekte durchgeführt und Verkaufshilfen geboten. Ebenfalls im Jahre 1956 entsteht durch die Fusion mit dem Dortmunder Sportring die INTERSPORT.

Im Jahre 1968 wird durch ein Zusammenschluss von zehn nationalen Einkaufsverbänden (A, B, CH, D, DK, F, I, N, NL, S) die INTERSPORT International Corporation (ICC) in Bern gegründet. Im Laufe der Jahre schließen sich weitere nationale Einkaufsverbände an: FIN 1970, CAN 1973, E + GB 1974, I 1997, CZ 1998, SLO + GR 1999, HR + BIH 2000, BG + RO 2001, SCG 2002, RU 2003, P, TR + HU 2005, UAE 2006. Im Laufe der Zeit werden die Aktivitätsfelder der ICC ständig ausgedehnt. So wird im Jahre 1971 das erste gemeinsame Logo präsentiert, unter dem angeschlossene Händler aus allen Landesverbänden firmieren können. Dieses wird im Jahre 1979 neu entworfen und 1982 weltweit in den Geschäften integriert. Ein weiterer Schritt erfolgt im Jahre 1990 durch die Vereinheitlichung des Ladenkonzeptes, das im Jahre 2003 komplett überarbeitet vorgestellt wird, um das einheitliche Auftreten der Gruppe zu verbessern. Dieses wird durch ein Shop-in-Shop-Konzept ergänzt, das auf die speziellen Bedürfnisse der weiblichen Kunden zugeschnitten ist. In einem Handbuch werden den Mitgliedern nun u.a. Architektur, Verkaufsfläche, Marken-, Produkt-, Preis- und Kommunikationspolitik vorgeschrieben. Hinzu kommt ein Verbindlichkeitsgrad, d.h., sowohl die Landesverbände als auch jedes einzelne Mitglied müssen dies unterschreiben, die ICC kann Sanktionen aussprechen bis hin zur Untersagung der Benutzung der INTERSPORT-Marke. Die Entwicklung des weltweiten INTERSPORT-Netzwerks, d.h., die Gewinnung neuer Mitglieder und die Implementierung des einheitlichen INTERSPORT-Formats, ist eine von drei Hauptrollen der ICC.

Die zweite Aufgabe der ICC ist die Entwicklung der Eigenmarken. So wurden den Händlern zunächst exklusive Produkte unter dem Gruppennamen angeboten. Ab dem Jahre 1983 wird dies umorganisiert und die Marken McKinley, Etirel und Rombo (später TecnoPro) werden lanciert. Dieser Trend wird in den folgenden Jahren durch weitere, neue Exklusivmarken gestützt, so z.B. Nakamura, Crazy Creek oder online ab dem Jahre 1988, ProTouch oder Energetics folgen 1992, Firefly als modische und jugendliche Marke 1998.

Im Rahmen der dritten Rolle führt die ICC Verhandlungen mit Produzenten, d.h., es werden Rahmenverträge für das Netzwerk geschlossen.

Das Angebot wird zudem mit dem Verleihkonzept „INTERSPORT Rent" im Jahre 2000 und der Kundenkarte „ActiveCard" im Jahre 2002 ergänzt. Eine neuartige Kooperation mit namhaften Sportartikelherstellern wird erstmals im Zuge der FIFA WM in Japan 2002 mit adidas und David Beckham durchgeführt. Durch den Erfolg – weltweit beteiligten sich über 800 angeschlossene Geschäfte – wird die Grundlage für weitere gemeinsame Marketingkampagnen gelegt. Eine spezielle Zusatz-Dienstleistung der INTERSPORT Deutschland eG ist das Messe- und Eventcenter, wodurch seit dem Jahre 2004 eine zentrale Order ermöglicht wird. Zudem kann das Center von den angeschlossenen Geschäften für Events, Kongresse u.ä. gemietet werden. Umrahmt werden die Maßnahmen von einer gemeinsamen Strategie, Vision und Zielen der Gruppe unter dem Namen „SPRINT", festgelegt im Jahre 1993. Um stärker die internationalen Ziele zu berücksichtigen, entsteht im Jahre 1997 die überarbeitete Version „Boosting SPRINT", gefolgt von der „Operation IS" im Jahre 2001, in der u.a. Kundenversprechen eingeführt werden. Operativ wirkt sich dies so aus, dass Produktreklamationen weltweit in den angeschlossenen INTERSPORT-Geschäften getätigt werden können, unabhängig vom Ort des Einkaufs.

Quelle: www.intersport.de; Pederzoli 2008.

Ebenso aus Sicht einer Verbundgruppe zu bewerten sind die zehn Mega-Trends der Verbundgruppenentwicklung, diese von IBB/H.I.MA. (2003, S. 269ff.) behandelt und hier in vier Punkte gebündelt werden:

- Ausweitung des Wertschöpfungsanteils (Ausweitung von Leistungsprogrammen bzw. Kooperationsfeldern),
- Straffung und Optimierung der Systemeffizienz (Kooperationsintensität und Konvergenz zum Franchising),
- Segmentierung, Partner-Relationship-Management und Diversifikation,
- Bildung von Meta-Kooperationen und Internationalisierung.

Die ersten beiden Punkte betreffen die Leistungen (klassische Phase) sowie die Prozesse. Demgegenüber sind die weiteren zwei Punkte fundamentaler, da mit neuen Produkt-Markt-Bereichen verbunden. Die Relevanz der Änderungen ist von der Situation und den Zielen einer Verbundgruppe abhängig und die Veränderungen treten oft parallel auf. Idealtypisch bedürfen sie einer strategischen Priorisierung unter Berücksichtigung von Interdependenzen zu den Veränderungen. Dieses wird im Rahmen des Managements in Abschnitt E.V. in diesem Kapitel verdeutlicht.

b) Entwicklung von Kooperationsfeldern und -intensität

Entgegen der oft diskutierten Reduktion der Wertschöpfungstiefe in vielen Unternehmen besteht in Verbundgruppen die Tendenz, diesen Anteil bzw. die Kooperationsfelder zu erweitern (IBB/H.I.MA. 2003, S. 270).

Entsprechende Abfolgen von Kooperationsfeldern wurden bei den exemplarischen Kernfunktionen und den Phasen der Verbundgruppenentwicklung angedeutet. Heute bilden ZR- und ZR+D-Geschäft, Einkauf und Marketingberatung zentrale Aufgaben in vielen Verbundgruppen, während zukünftig eher warenunabhängige Aufgaben im Fokus stehen. Müller-Hagedorn (2005b) nennt hier EDV-Dienstleistungen, betriebswirtschaftliche Beratung, Weiterbildung, Marketingberatung sowie Finanzierungsdienstleistungen (Beispiele für Vertriebsschienenkonzepte bzw. Betriebsformen oder Sortimentsmodule finden sich bei Olesch 1998; anschauliche Fallstudien zur Tätigkeit von Kooperationen bei RKW 2000; Finanzierungs- bzw. Abrechnungssysteme sind bei Zentes/Swoboda 2001b dargestellt).

Dies sagt aber nur etwas über die eingesetzten Instrumente bzw. die Kooperationsfelder aus. Die Tiefe und Qualität des Einsatzes – auch im Vergleich zu Filialsystemen – bildet eine darüber hinausgehende Frage. Letzteres wird nur selten behandelt. Ein Beispiel ist der Einsatz der Zentralregulierung als ein Basisinstrument der marktorientierten Führung des Kooperationssystems in proaktiven Verbundgruppen (Zentes/Swoboda 2001b, S. 75ff.). Weitere Beispiele zeigen IBB/H.I.MA. (2003, S. 269f.). Hervorgehoben werden die zentral wahrgenommenen kundenorientierten Dienstleistungen, wie z.B. CRM-Maßnahmen sowie Unterstützung beim Online-Vertrieb und Verwaltungstätigkeiten, wie z.B. Buchführung, Steuerwesen, Pflege von Warenwirtschaftssystemen u.a. Ziel dabei ist es, durch Arbeitsteilung Bündelungseffekte zu erreichen und zugleich die Mitglieder vor Ort hinsichtlich ihrer Kernkompetenzen in Verkauf und Personalführung zu entlasten.

Inwiefern diese Kooperationsfelder von den Mitgliedern (intensiv) genutzt werden, bildet eine weitere, separate Frage, die ganzheitlich zu betrachten ist.

Kombination von Leistungsprogrammen, Verbindlichkeit und Effizienz

Diese Arbeitsteilung zwischen der Verbundgruppenzentrale als Systemkopf und den Mitgliedern vor Ort wird seit Jahren im Spannungsfeld von drei Aspekten diskutiert: Leistungsprogramme, Verbindlichkeit der Entscheidungen (Zentes 1992b) und Effizienz der Systeme (IBB/H.I.MA. 2003).

Basis für die auf unterschiedliche Märkte gerichteten **Leistungsprogramme** sind z.B. ein harmonisierter Marktauftritt durch einheitliches Retail-Branding (Absatzmarkt), Full-Service-Betreuung der Mitglieder, so in Marketing, Logistik, Controlling, Warenwirtschaft und Angebot von Finanzierungspaketen (interner Markt), Standortsicherung durch Übernahme von Mitgliederstandorten (Konkurrenzmarkt) usw. Hierdurch erhalten die als Y-Allianzen auf die gemeinsame Durchführung einzelner Aktivitäten ausgerichteten horizontalen Verbundsysteme den aktivitätsübergreifenden Charakter einer X-Allianz. Dies entspricht Freiwilligen Ketten oder Franchise-Systemen, welche die Zusammenlegung komplementärer Potenziale in den Bereichen Beschaffung einerseits und Absatz/Konkurrenz andererseits bereits aufweisen.

Die **Verbindlichkeit der Entscheidungen** – auch als Straffheit bezeichnet – betrifft systemtheoretisch gesehen die **Entscheidungsstrukturen und -prozesse**. Darunter ist zunächst die **Zentralisierung**, d.h. die Umlenkung der Willensbildung von „bottom-up" zu „top-down" zu fassen, aber auch die **Formalisierung**, i.S. des Grades der schriftlich fixierten Entscheidungsvorgaben. Auch dies ist v.a. in Franchise- und Filialsystemen bekannt. Zugleich stellt dies in Gruppen mit basisdemokratischen Mustern eine enorme Herausforderung dar. Ohne die allgemeinen „governance bzw. coordination instruments" an dieser Stelle zu diskutieren,[1] ist für Verbundgruppen hervorzuheben, dass hier institutionelle Arrangements (Kontrakte und die Rechtsform der Verbundgruppe) den Rahmen bilden.

Eine Kombination beider Aspekte bedeutet, dass das Straffen der Entscheidungsprozesse bzw. die Erhöhung des Verbindlichkeitsgrades (Kooperationsintensität) einerseits für die Partner einen Autonomieverlust in den Bereichen, die zentralseitig gesteuert werden, bedeutet. Andererseits erfolgt idealtypisch parallel eine Ausweitung der instrumentellen Handlungsspielräume für die Mitglieder „vor Ort". Gruppen, die dies parallel realisieren, bilden **offensive, straffe Verbundgruppen** (siehe Abbildung 2.71). Demgegenüber führt der Ausbau der Kooperationsfelder ohne gleichzeitige Erhöhung der Kooperationsintensität Verbundgruppen in die **„Full-Service-Falle"** oder im anderen Extremfall zu **„Marketing-/Aktivisten-Kreisen"**.

Abbildung 2.71: Positionierung von Verbundgruppen

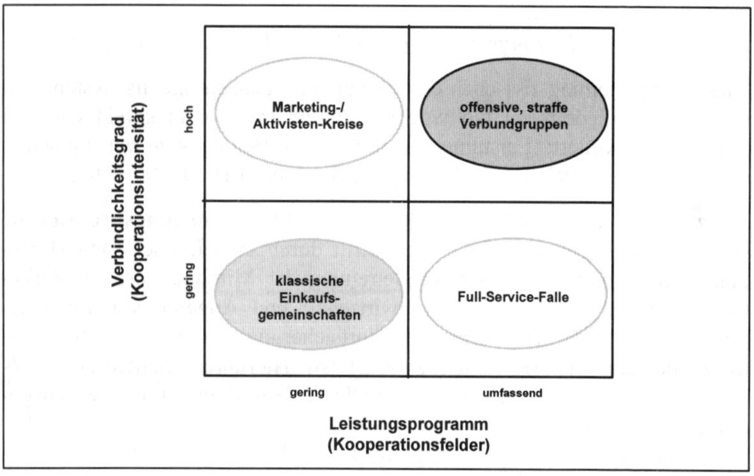

Allerdings ist eine derartige Straffung (IBB/H.I.MA. 2003, S. 272f.) der Entscheidungsstrukturen in Kooperationssystemen nur die notwendige Bedingung für eine Neuorientierung. Zudem erscheint sie in Gruppen mit einer überschaubaren Gesellschafteranzahl nicht sehr realistisch.

Zentrale und formale Vorgaben erhöhen zwar den Verbindlichkeitsgrad, gewährleisten aber nicht per se die **Systemeffizienz** (IBB/H.I.MA. 2003, S. 279f.). Selbst bei straffen Verbundgruppen kann das Time-based-Management, d.h. die Schnelligkeit und Flexibilität der Aktionen im Markt, länger dauern, wodurch ggf. Marktchancen zu spät wahrgenommen werden.

[1] Vgl. zu den Koordinationsdimensionen das Sechste Kapitel und Swoboda/Anderer 2008. Für eine detaillierte Entscheidung wären pauschal einzelne Leistungsprogramme oder systematisch strukturelle Entscheidungen (Zentralisation und Formalisierung von Wertschöpfungsfunktionen) und systemische/prozessuale Entscheidungen (Zentralisation und Formalisierung von Planung und Kontrolle) abzuwägen.

Dies liegt weniger in der Entscheidungsebene, sondern in der Verbundgruppenstruktur begründet, denn das Markt-Know-how liegt bei den Partnern vor Ort. Filialsysteme verfügen demgegenüber bspw. über eine ausgeprägte zentrale Marktforschung. In Verbundgruppen erscheinen daher die Implementierung sekundärorganisatorischer Strukturen und ein iteratives (bottom-up-top-down) Kommunikationssystem – eingebunden in ein entsprechendes prozessuales Planungs- und Controllingsystem – unerlässlich.

Diese systemischen Koordinationsdimensionen sind in Verbundgruppen nur ein Teil einer „relationship governance" (Johanson 1999; Hernández-Espallardo 2006). Darin sind kontraktuelle soziale Durchsetzungsmechanismen erfasst, d.h. Zufriedenheit, Vertrauen, Motivation, Kultur usw. Insgesamt ist zu beobachten, dass mit der Dauer des erfolgreichen kooperativen Engagements und mit einer damit wachsenden Vertrauensbasis weitere Leistungsanstrengungen erkannt und umgesetzt werden, bei denen in kooperativer Form Wettbewerbsvorteile gegenüber gruppenexternen Konkurrenten erzielt werden können (IBB/H.I.MA. 2003, S. 270).

Strategische Optionen zwischen Marktadaption und Koordination

Die Situation einer Gruppe, d.h. der eingangs genannten Determinanten, wie Verbundgruppengröße, Dominanz persönlicher Dienstleistung vs. standardisierbare Sachleistung, kann eine differenzierte Entwicklung nahe legen. Aus ressourcenbasierter Perspektive besteht das Funktionsprinzip der Verbundgruppen auf der Kombination von zwei **intangiblen Kompetenzfeldern**:

- den **Ressourcen** von Mittelständlern, die zutreffend als **personenabhängige Kompetenz** zu beschreiben sind, so die regionale Adaption und Präsenz, die Identifikation mit den Kunden vor Ort, das unternehmerische Engagement, die Flexibilität und Entscheidungsfreiheit
- den Ressourcen eines Systems, d.h. personenunabhängige, systemische Kompetenzen, so Größendegressionen, modularisierte Konzepte und Systeme, straffe Prozesse bzw. Verbindlichkeitsgrade.[1]

Deren Kombination kann zu unterschiedlichen, gleichwohl erfolgreichen Verbundgruppen führen. Drei Beispiele verdeutlichen dies:

- Die erste Option wurde als Kombination von persönlichen und systemischen Kompetenzen erläutert, d.h. einer möglichst hohen Adaption innerhalb einer modular vorgegebenen, möglichst straff durchgesetzten Systemleistung. Die Zentrale bündelt die Aktivitäten und verantwortet auf Absatzmärkten zunehmend Leistungsprogramme und -module.
- Die zweite Option wäre die vollständig zentrale und damit die systemischen Kompetenzen betonende Strategie (maximale Straffheit) bei einer Minimierung der personenabhängigen Kompetenz auf rein operative Ak-

[1] Verbundgruppen haben dann Limitationen bei den tangiblen Ressourcen, wenn sie bspw. auf Grund ihrer Rechtsform einen begrenzten Zugang zu Finanzmärkten haben. Andererseits bildet die Rechtsform eine Schutzfunktion, etwa gegen Übernahmen.

tivitäten. Dies würde zu einer geringen Adaption an lokale Anforderungen führen, aber straffen Franchise- und Filialsystemen entsprechen.

- Die dritte Option liegt im Fall einer Überbetonung personeller und einer nachgeordneten Gestaltung systemischer Kompetenzen vor. Diese Verbundgruppen versuchen eine maximale Adaption an die lokalen und tief penetrierten Märkte und verzichten auf absatzmarktorientierte systemische Kompetenzen (geringe Straffheit).

Entsprechend der Konzeption dieses Buches sind neben Ressourcen v.a. die Marktbedingungen zu berücksichtigen. Es wäre also bspw. einzuschätzen, wie die Konkurrenz im Markt aussieht. Handelt es sich um Filialsysteme, dann kann gerade eine vollständige Adaption den Vorteil für die Verbundgruppenmitglieder bedeuten. Sind Konkurrenten selbst maximal adaptiert, dann wären systemische Vorteile mit möglichst hoher Adaption sinnvoll.

c) Segmentierung, Partner-Relations und Diversifikation

IBB/H.I.MA. (2003, S. 269ff.) sehen im **Partner-Relationship-Management** einen wichtigen Trend der Verbundgruppenentwicklung. Auch bei Verbundgruppen treffen die bekannten Beobachtungen des CRM zu, wonach die Neuakquisition kostenintensiver als die Bindung ist.

Bezüglich der Segmentierung wurde als Option bspw. die Gruppenhomogenisierung bei simultaner Leistungsdifferenzierung hervorgehoben. Dies impliziert zunächst neben der Neugewinnung neuer und der Weiterentwicklung bestehender Mitglieder auch die Trennung von Mitgliedern. Letzteres kann etwa unter denjenigen erfolgen, die in ihren unterschiedlichen Geschäftsfeldern in unterschiedlichen Verbundgruppen agieren. Daher ist zu prüfen, ob nicht indirekte Konkurrenzeffekte entstehen können. Denkbar ist auch eine in der Gruppe vorzunehmende Differenzierung der Leistungen bezüglich Betriebstypen und -größen usw. Hierdurch stünden in einer Verbundgruppe fachgruppen-, modul-, betriebstypenorientierte Modelle nebeneinander. Dies bedeutet ein innerbetriebliches Management des **Allianz-Portfolios**.

Hagebau nimmt selektiv Neupartner auf und kooperiert mit Lieferanten

Die Handelsgesellschaft für Baustoffe mbh & Co. KG hat fast 50 Jahre nach der Gründung rd. 300 Gesellschafter, fast 1.100 Standorte und einem Rekordumsatz von 3,6 Mrd. EUR. Durch eine aktive Marktgestaltung und auch einen zunehmenden Zulauf von neuen Mitgliedern aus anderen Verbundgruppen – die vor der Aufnahme selektiv bewertet wurden – konnte die Kooperation ihre marktführende Position ausbauen. Auf Grund der wachsenden kritischen Massen wächst die Wertschöpfungstiefe und neue Dienstleistungen werden aufgebaut, so der eigene Einkauf von Natursteinen in China, der auf Grund der exzellenten Lagerhausstruktur lohnenswert ist, oder das Angebot von Dienstleistungen, die – so sie nicht im Kerngeschäft angeboten werden – auch Lieferanten oder Geschäftspartner mit einschließt, so Telekom-, Fahrzeugkauf usw.

Quelle: www.hagebau.de.

Die Diversifikation geht noch einen Schritt weiter, indem sie bspw. die Erweiterung des Leistungsprogramms, insbesondere die Aufnahme von branchenfremden Dienstleistungen (wie z.B. Finanzierung, Versicherung) und solcher aus dem Nicht-Kerngeschäft (wie Telefon, Fuhrpark), ggf. unter Einbindung von Lieferanten als Leistungsempfängern, skizziert. Auch hier wären Betriebstypen-Portfolios nach einer vorhergehenden Auffächerung denkbar und der Aufbau von eigenen Franchise- und Filialsystemen.

d) Meta-Kooperationen, Internationalisierung und internationale Handelsallianzen

Meta-Kooperationen bilden ebenso wie Fusionen zwischen Verbundgruppen einen Trend, d.h. Größenwachstum bei sinkender Gesamtzahl der Verbundgruppen (IBB/H.I.MA. 2003, S. 276f.). Dies umfasst die Kooperation von Kooperationssystemen, die Vernetzung unter Verbundgruppen und mit Lieferanten im Nicht-Kerngeschäft. Die Idee kann auf Beteiligungen und den internationalen Bereich ausgedehnt werden.

Die Internationalisierung wurde in die letzte Phase der Verbundgruppenentwicklung eingeordnet, so als Aufnahme ausländischer Mitglieder, Abschluss von Partnerschaften, Gründung von Niederlassungen und Beteiligung oder Übernahme anderer Gruppen usw. Zentes u.a. (2007) sehen in internationalen Märkten enorme Potenziale zum Ausbau, aber auch zur Gewinnung neuer Verbundgruppenmitglieder. In diesem Kontext der Internationalisierung von Verbundgruppen sollen auch internationale Allianzen von Filialsystemen angesprochen werden.

Internationalisierungsmuster von La Guilde des Lunetiers

La Guilde des Lunetiers ist eine vergleichsweise kleine Kooperation in der Augenoptik und internationalisiert in vielfältiger Form, so

- durch Beitritte neuer, ausländischer Gruppen (die Übernahme des Store-Brand Krys durch Partner in Belgien),
- das Eingehen von Cross-Border-Einkaufskooperation (mit unabhängigen Händlern in der Schweiz und Belgien),
- die Neugründungen (im Agreement mit der spanischen Cione und der Gründung der European Economic Interest Grouping) oder
- die Akquisition ausländischer Kooperationsgruppen (in Polen).

Quelle: Swoboda/Hälsig/Meierer 2007.

Internationalisierung von Verbundgruppen

Die Internationalisierung von Verbundgruppen wird in der Literatur eher grundlegend behandelt, z.B. als Teil der Kernherausforderung „Mitgliederwachstum“ (Dautzenberg 1996, S. 91ff.), als „die Herausforderung […] schlechthin“ (Olesch/Ewig 2003, S. 65), als eine Strategie neben Marktdurchdringung, Diversifizierung, Horizont- und Vertikalisierung (Groß 2003). Die wenigen systematischen Betrachtungen des internationalen Engagements fokussieren auf einfache Fragen: Wahl der Tätigkeit im Ausland (was?), des Zielmarktes (wo?) und der Strategie (wie?) (Blümle/Maass 1998, S. 324).

Neuere Erkenntnisse über die Motive/Barrieren, die Absatzmärkte und die Betätigungsformen legen Zentes/Scheer/Lehnert (2007) auf Basis der Befragung von 72 meist deutschen Verbundgruppenzentralen (41 davon international tätig) vor. Bei einer grundsätzlich als zunehmend beurteilten Internationalisierung sind folgende Kernergebnisse hervorzuheben:

- Die Motive des Going International unterscheiden sich nicht wesentlich von den bekannten Zielen wie Umsatzsteigerung, gesättigter Heimatmarkt oder neue Absatzmärkte, sieht man von den spezifischen Zielen wie „Gewinnerzielung für Inlandsmitglieder“ oder „konkurrierenden Verbundgruppe zuvorkommen“ ab.[1]
- Die gegenwärtigen Ländermarktaktivitäten von Verbundgruppen konzentrieren sich auf Europa und hier die deutschen Nachbarländer (insbesondere A, CH, NL), während es in zehn Jahren verstärkt Länder der EU 25 sein werden. Bei den 40 erfassten Länderselektionskriterien sticht die Anforderung des Vorhandenseins mittelständisch geprägter Handelsstrukturen hervor, während die folgenden Größen „Marktvolumen und -wachstum“ klassisch für internationale Aktivitäten des Handels sind.
- Spezifisch für Verbundgruppen sind die Betätigungsformen des Markteintritts und der -bearbeitung. Bevorzugt werden dabei (absolute Häufigkeiten):
  - Direktaufnahme ausländischer Mitglieder (79,5 %)
  - Kooperation mit ausländischen Verbundgruppen (50,0 %)
  - Gründung von Tochtergesellschaften (45,5 %)
  - Kooperation mit Partnern unterschiedlicher Vertriebsformen (27,3 %)
  - Gründung von/Beitritt zu internationalen Dachorganisationen (25,0 %)
  - Lizensierung/Franchising eigener Marketingkonzepte (25,0 %)
  - Akquisition ausländischer Verbundgruppen (18,2 %)
  - Initiierung ausländischer Verbundgruppen (13,6 %).

- Ebenso hervorhebenswert sind die Geschäftsmodelle im Ausland:
  - Zentralregulierer (32,0 % in Osteuropa und 60,5 % in Westeuropa)
  - Großhändler (Eigenhändler) (60,0 % und 53,5 %)
  - Marketing-Dienstleister (48,0 % und 51,2 %)
  - Full-Service-Dienstleister (Systemverbund) (36,0 % und 51,2 %)
  - Logistik-Dienstleister (32,0 % und 30,2 %)
  - Kontraktgeber (Franchising usw.) bzw. Eigenhändler (je unter 25 %).

Insgesamt zeigt diese Studie, dass die Geschwindigkeit der Internationalisierung in der Vergangenheit und in den nächsten zehn Jahren, gemessen an den Filialunternehmen, unterdurchschnittlich ist. Dies sieht auf der Beschaffungsseite anders aus (vgl. ausführlich Zentes/Scheer/Lehnert 2007, S. 151ff.).

---

[1] Vgl. zur Fragen der Internationalisierung des Handels Abschnitt D. in diesem Kapitel.

Internationale europäische Handelsallianzen

Ausgelöst durch zunehmende Europäisierungstendenzen des Handels steigt die Notwendigkeit für Kooperationsgruppen wie auch für absatzseitig nur national tätige Filialunternehmen für einen Aufbau **europäischer Allianzen**. Die Einbindung des mittelständischen Handels steht zwar noch am Anfang, was nahe liegt, da bei Verbundgruppen dann das gesamte Gebilde – bestehend aus Mitgliedern, nationalen Kooperationsgruppen, europäische Kooperation – eine enorme Komplexität erhält. Die Kooperationen der im internationalen Vergleich eher kleineren, filialisierenden Unternehmen des (Einzel-) Handels können als Einkaufskontore oder, wenn Verbundgruppen beteiligt sind, als **europäische Mischallianzen** bezeichnet werden. Hier kooperieren national tätige und international tätige Unternehmen, was primär auf die Beschaffungsbündelung bei ausgewählten Produkten abzielt. Dies richtet sich v.a. gegen die selbst stark internationalisierenden Großkonzernen des Handels (z.B. Wal-Mart, Carrefour).

Tabelle 2.15: Ausgewählte europäische Handelsallianzen im Jahre 2006

Name, Sitz, Gründungsjahr	Außenumsatz Mrd. EUR	Mitglieder
EMD, European Marketing Distribution AG, Schweiz, 1989	120	Markant AG (D), ZEV Markant (A), Musgrave (IRL), Système U (F), Nisa Today's (GB), Delhaize Europe (B), Superunie (NL), ESD Italia S.r.l. (I), Euromadi Ibérica (E), Mega Image (RO), SuperGros (DK), Axfood Sverige (S), Unil AS/Norges Gruppen ASA (N), Tuko Logistics (FIN)
COOPERNIC, Belgien, 2006	93	Colruyt (B), Rewe Group (D), Conad (I),Coop (CH), Leclerc (F)
Alidis/Agenor, Schweiz, 1997	77	Edeka (D), Eroski (E), Intermarché (F)
AMS Sourcing B.V., CH/NL, 1988	70	Ahold (NL), Caprabo (E), Dansk SG (DK), ICA (S), Jeronimo Martins (E), Kesko (FIN), Morrisons (UK), Superquinn (IRL)
S.C.R.L. BLOC C.V.B.A., Belgien, 1947	21	3663 First for Foodservice (UK), Cactus (L), Deli XL (B/NL), Francap (F), Hanos (NL), Horeca Tootal (B), Huyghebaert (B), Lambrechts (B), La Provencale (L), Louis Delhaize (B), S.A.Maximo (F), Specaly (B), VAC (B)

Quelle: (Alidis) www.zibb.nl; (AMS) www.ams-marketing.com; (COOPERNIC) www.rewe-group.com; (EMD) www.emd-ag.com; (BLOC) www.bloc.be.

In der Praxis haben einige der noch vor zehn Jahren vorhandenen europäischen Allianzen nicht überlebt (z.B. Eurogroup, Europartners, N.A.F.) oder wurden durch andere abgelöst (siehe Tabelle 2.15). Grundsätzlich steigen zwar seit Jahren die Außenumsätze derartiger Gruppierungen, aber die relativen Innenumsätze sind noch deutlich geringer als bei den traditionellen Verbundgruppen. In Konsequenz entwickeln sich Unternehmen wie EMD zunehmend zu fokalen Netzwerkknoten, denn sie koordinieren selektiv Hersteller und Händler. Auf der anderen Seite werden sie von den führenden Markenartikelherstellern anders gesehen als die internationalen Handelskonzerne.

Bezüglich der Durchsetzungskraft der international orientierten Einkaufsgruppierungen lässt sich eine nahe liegende Abstufung erkennen. Als integrative Gebilde haben die filialisierenden Unternehmen einen Wettbewerbsvorteil, da mit den Herstellern vereinbarte Leistungen durch Anordnung umgesetzt werden. Demgegenüber setzen Kooperationen interne Abstimmungsprozesse voraus, die im Ergebnis zu geringeren Verbindlichkeitsgraden gegenüber den Lieferanten führen (Zentes 1998, S. 138ff.). Zu erwähnen ist ferner, dass die weltgrößten Unternehmen international oft lose kooperieren, indem sie Erfahrungen in einzelnen Ländern in nicht wettbewerbsrelevanten Fragen austauschen, wie z.B. Supply-Chain-Aufbau, Umgang mit Behörden und Lieferanten usw.

EMD: Europäische Marketing- und Einkaufsallianz

Die im Jahre 1989 gegründete EMD AG (European Marketing Distribution) mit Sitz im Schweizer Pfäffikon versteht sich als:

- Garant für einen überlebensfähigen nationalen/regionalen Handel in Europa
- Garant für eine konkurrenzfähige mittelständige Konsumgüterindustrie
- kompetenter Ansprechpartner für multinationale Hersteller
- Erhalter der Marktvielfalt auf Seiten der Hersteller
- notwendige Alternative im Konzentrationsprozess der Filialisten.

Tabelle 2.16: Umsatz, Marktanteile und Strukturdaten der EMD in Europa (2006)

Land	EMD-Gesellschafter	Umsatz (Mio. EUR)	Verkaufsfläche (1.000 qm)	Land	EMD-Gesellschafter	Umsatz (Mio. EUR)	Verkaufsfläche (1.000 qm)
A	ZEV-Markant	2.641	778	GB	BML-Group	3.196	526
B	Delhaize Le Lion	3.900	621	GR	Delhaize/Alfa Beta	908	156
CZ	Markant Cesko	1.407	300	I	ESD Italia	13.738	2.292
D	Markant	39.500	13.342	IRL	Musgrave Limited	2.600	350
DK	SuperGros	5.663	1.000	N	Norges Gruppen	7.110	1.000
E	Euromadi Ibérica, S.A.	10.735	5.798	NL	Superunie	8.060	1.500
F	Système U	15.141	1.607	S	Axfood	3.006	400
FIN	Tuko Logistics	1.631	500	SK	Markant Slovensko	120	25
GB	Nisa Today´s	4.000	600	ROM	Delhaize/Mega Image	83	15
				Gesamt EMD Länder		123.439	30.800

EMD repräsentiert in 20 Ländern die Interessen von rd. 1.100 Mitgliedern, die über 51.000 Food- und 40.000 Convenience Stores und 30 Mio. qm Verkaufsfläche verfügen. Durch eine Bündelung regionaler Kräfte im europäischen Handel will die EMD im Jahre 2010 einen Marktanteil von 20 % erreichen und flächendeckend in den europäischen Ländern durch Mitgliedsunternehmen präsent sein. Hauptziel der „Strategie 2010" ist es, im Konzentrationsprozess des multinationalen Wettbewerbs die Position als Alternative für den unabhängigen Handel auszubauen. EMD will auch von multinationalen Herstellern als Koordinationsplattform akzeptiert sein.

Der strategisch wichtigste Tätigkeitsbereich ist die Kooperation mit 50 internationalen Herstellern, die 60 % des Beschaffungsvolumens der EMD abdecken. Die EMD-Zentrale wirkt koordinierend zwischen ihren Mitgliedern und den Herstellern und bietet internationale Aktivitäten an, die von Verkaufsförderungsaktionen, Neueinführungen und Relaunch von Produkten und Sortimenten, Europromotions bis hin zu Umsatz- und Mengengarantien reichen. Auch Partnerschaften bei der gemeinsamen Entwicklung „neuer" Ländermärkte in Mittel- und Osteuropa gehören dazu. Ein weiterer Leistungsbereich ist das Kooperationsangebot an nationale Hersteller, denen bei Internationalisierung ein Know-how-Transfer angeboten wird. Dieser reicht von der Aufbereitung von Zielmarktinformationen bis hin zu Vermittlung von Distributionspartnern. Im Rahmen des internationalen Warengeschäftes erfolgt bei EMD eine Bündelung der Einkaufsvolumina von ausgewählten Massenprodukten im Discount- bzw. Preiseinstiegsbereich. Bei 39 Warengruppen wird ein Beschaffungsvolumen von über 1 Mrd. EUR erreicht, woraus Mengen wie je 150 Mio. Liter Softdrinks und Mineralwasser oder 30.000 Tonnen Teigwaren resultieren. Die EMD bietet 500 preisaggressive Euromarken an, entwickelt nach dem Konzept von Dachmarken. Zudem wird im Rahmen des EMD Net ein B2B-Marktplatz angeboten, auf dem die Mitglieder über Auktionen Waren und Dienstleistungen kaufen und verkaufen sowie verbesserte Einkaufsbedingungen erzielen können.

Quelle: EMD 2007, www.emd-ag.com.

III. Partnerschaften von Industrie- und Handelsunternehmen

1. Überblick und Ziele

Wie zu Beginn angedeutet, rückt bei **vertikalen Partnerschaften** zwischen Industrie und Handel die jeweils „nächste" Institution im Absatzkanal in den Mittelpunkt der Betrachtung, was prinzipiell mit **Kundenkooperation** aus Herstellersicht und **Lieferantenkooperation** aus Händlersicht beschrieben wurde. Darunter existiert erneut eine Fülle von Formen, die im Einzelfall mit einem morphologischen Kasten zu beschreiben wäre, aber es kommen hier auch signifikant öfter nur bilaterale (dyadische) Konzepte vor. Nachfolgend sollen drei nicht überschneidungsfreie Punkte behandelt werden:

- **Traditionelle Kontraktformen**, die nach dem Grad der Kooperationsintensität von losen Vereinbarungen bis hin zu straffen Kontraktsystemen bzw. einer gemeinschaftlichen Organisation reichen.
- Die mit Kontrakten verbundene, davon aber losgelöst denkbare, d.h. freiwillige Bearbeitung der Marktgegenseite, das **Reverse Marketing** der Händler und das **Trade-Marketing** der Hersteller (letzteres begriffen als **Handelskundenbindung**, vgl. Zentes/Swoboda/Morschett 2007).
- Die freiwilligen, meist nicht kontraktuell basierten **Wertschöpfungspartnerschaften**, i.d.R. unter gleichberechtigten Partnern der Industrie und des Handels.

Zwei Überlegungen sollen zur Verdeutlichung ausgeführt werden, nämlich die Machtposition und die davon abhängigen Ziele der Partnerschaft.

Die **Marktdominanz** lag bekanntlich bis in die siebziger Jahre bei den Herstellern bzw. den „Markenartiklern", deren Position durch die Preisbindung der Zweiten Hand untermauert war. Die Liberalisierung, die zunehmende Expansion von Handelsketten und großflächigen Handelssystemen, die Ausweitung der Marketinginstrumente des Handels usw. trugen zur Veränderung der Marktgleichgewichte seit Anfang der achtziger Jahre bei. Die Absatzmittler rückten als Filter und Katalysatoren des Konsumentenmarketing in das Blickfeld der Hersteller, sodass es sinnvoll ist, heute die in Abbildung 2.72 visualisierten grundsätzlichen Machtkonstellationen zu beachten.

Abbildung 2.72: Abhängigkeitskonstellationen in Hersteller-Handels-Beziehungen

Händlermacht gegenüber dem Hersteller	Herstellermacht gegenüber dem Händler: *niedrig*	Herstellermacht gegenüber dem Händler: *hoch*
	Händlerdominanz	**Interdependenz**
hoch	• Wenige Handelsunternehmen/viele Hersteller • Hoher Marktanteil des Händlers • Niedrige Kosten des Lieferantenwechsels, z.B. wegen niedriger Suchkosten des Händlers für Alternativen • Hohe Kosten des Abnehmerwechsels • Kunden des Händlers sind wichtig für Hersteller • Angebot des Herstellers ist austauschbar • Händler hat deutlichen Informationsvorsprung • Schwache Herstellermarke/starke Retail-Brand	• Wenige Handelsunternehmen/wenige Hersteller • Relativ hoher Marktanteil des Händlers • Hohe Kosten des Lieferantenwechsels, z.B. wegen hoher Suchkosten des Händlers für Alternativen • Hohe Kosten des Abnehmerwechsels • Kunden des Händlers sind wichtig für Hersteller • Angebot des Herstellers ist einzigartig • Hersteller und Händler verfügen jeweils über spezifische Informationen • Starke Herstellermarke/starke Retail-Brand
	Unabhängigkeit	**Herstellerdominanz**
niedrig	• Viele Händler/viele Hersteller • Relativ niedriger Marktanteil des Händlers • Niedrige Kosten des Lieferantenwechsels, z.B. wegen relativ niedriger Suchkosten des Händlers für Alternativen • Niedrige Kosten des Abnehmerwechsels • Kunden des Händlers sind nicht besonders wichtig für Hersteller • Angebot des Herstellers ist austauschbar • Hersteller hat nur begrenzten Informationsvorsprung	• Viele Handelsunternehmen/wenige Hersteller • Niedriger Marktanteil des Händlers • Hohe Kosten des Lieferantenwechsels, z.B. wegen hoher Suchkosten des Händlers für Alternativen • Niedrige Kosten des Abnehmerwechsels • Kunden des Händlers sind nicht wichtig für Hersteller • Angebot des Herstellers ist einzigartig • Hersteller hat deutlichen Informationsvorsprung • Starke Herstellermarke/schwache Retail-Brand

Quelle: in Anlehnung an Cox 2001, S. 14; Zentes/Swoboda/Morschett 2007.

Diese können nach Dominanz- und Partnerschaftstypen unterteilt und wie folgt charakterisiert werden (Zentes/Swoboda/Morschett 2007):

- **Herstellerdominanz**: Hier treffen i.d.R. große Herstellersysteme auf kleinere Handelsunternehmen, d.h., das Marktübergewicht liegt beim Hersteller (typisch für den Non-Food-Facheinzelhandel).
- **Handelsdominanz**: Hier treffen i.d.R. große Handelssysteme auf Herstellerunternehmen, d.h., das Marktübergewicht liegt beim Händler (typisch für Handelsmarken, aber auch bei vielen (schwächeren) Markenartikeln).[1]
- **Interdependenzen/Partnerschaftstypen**: Hier treffen Hersteller- und Handelssysteme aufeinander, d.h. gleich starke und prinzipiell aufeinander angewiesene Partner (typisch für die Food- bzw. Near-Food-Branche).
- **Unabhängigkeit**: Hier sind Einzeltransaktionen anzunehmen.

Diese Machtverteilung zwischen Hersteller- und Handelsunternehmen ist für die Ausgestaltung der Koordination und die Realisierung der intendier-

[1] Insbesondere im Food- und Near-Food-Bereich liegt manchmal ein Machtübergewicht beim Handel vor. Selbst relativ große Markenartikelhersteller erzielen oft nur wenige Prozent des Umsatzes der großen Handelsunternehmen, während der Anteil eines Handelsunternehmens als Kunde am Umsatz eines Herstellers 20 % betragen kann.

ten eigenen Marketingkonzeption wichtig (Olbrich 1995, Sp. 2619). Je nach Machtposition variieren die Ziele und Instrumente der vertikalen Kooperation. Bei **traditionellen Kontraktformen** wird eine institutionelle Absicherung und Kontrolle der vertikalen Gegenseite, i.S. eines „Contractual Marketing bzw. Buying“ angestrebt. **Freiwillige Partnerschaftsformen** beruhen auf dem Einsatz spezifischer Instrumente im Hinblick auf die Sicherung bzw. die Beeinflussung von Lieferanten und Beschaffungsmärkten beim Reverse Marketing oder von Handelskunden beim Trade-Marketing. Bei **Wertschöpfungspartnerschaften** stehen Effektivität und dyadische Partnervorteile zwischen meist gleichberechtigten Partnern im Vordergrund.

2. Traditionelle Kontraktformen

Charakteristisch für Kontraktsysteme ist eine über die üblichen Austauschbeziehungen und -verträge hinausgehende **Institutionalisierung der Beziehungen** zwischen Industrie und Handel, für die als wesentliche Gründe genannt werden:

- Sicherstellung der Einhaltung der Kooperationsvereinbarung
- Verhaltensbindung durch Vertragsabschluss
- Regelung der Konsequenzen bei Verstößen gegen die Kooperationsvereinbarung
- organisatorische Erleichterung der Verhaltensbestimmung durch schriftliche und präzise Formulierung der Vereinbarungen in Verträgen
- Vereinfachung der Verhandlungen mit neuen Teilnehmern des Systems
- Schutz gegen die Außenseite durch lückenlose Vertragsgestaltung.

Kontraktmarketing

> *Kontraktmarketing (Kontraktvertrieb) kennzeichnet nach Tietz/Mathieu (1979, S. 19) „den Absatz von Waren unter Abstützung auf Verträge, die sich nicht auf einen Verkaufsakt beziehen, sondern für eine Periode oder eine Anzahl von Fällen gelten und die Dauerhaftigkeit des Ansatzes fördern“.*

Kontrakte sind somit primär im **vertikalen Marketing** relevant, das alle Maßnahmen umfasst, die ein Unternehmen ergreift, um über mehrere Marktstufen hinweg die Endabnehmer seiner Produkte zu beeinflussen. Damit handelt es sich um primär von Herstellern initiierte und oft dominierte Formen, die mit dem Ziel einer stärkeren Einflussnahme bzw. Kontrolle des Absatzweges durch Bindung der Handelsstufe eingesetzt werden. Die denkbaren vertraglichen Beziehungen sind rechts in Abbildung 2.73 angedeutet; links findet sich – unabhängig hiervon – die Fristigkeit denkbarer Verträge.[1]

---

[1] Vgl. hierzu auch die Ausführungen in Abschnitt C.IV.5. im Dritten Kapitel.

Abbildung 2.73: Ausgewählte Gestaltungsformen der vertraglichen Beziehungen mit Distributionspartnern und Fristigkeiten bei Key Accounts

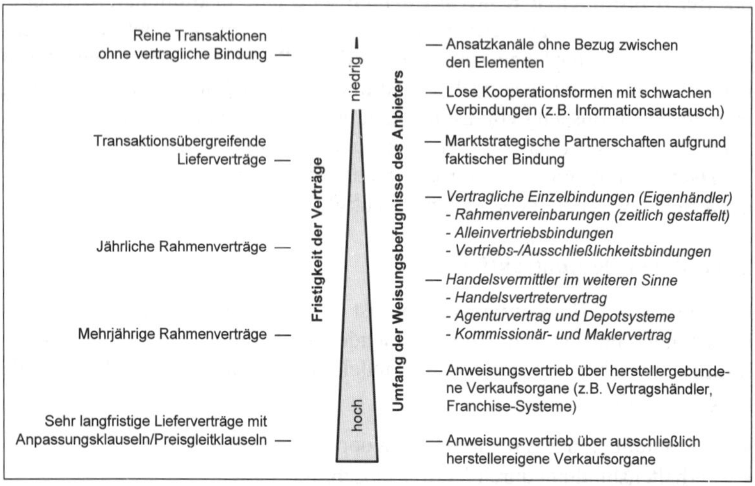

Quelle: in Anlehnung an Swoboda/Giersch 2004; Homburg/Kromer 2003, S. 734f.

Die Kontraktvertriebssysteme i.e.S. sind in der Abbildung kursiv hervorgehoben und treten in vielfältigen Formen auf, so als Alleinvertrieb, Exklusivvertrieb oder in Form von Handelsvertreter-, Kommissionärverträgen bis hin zu Agentur- oder Depotsystemen. In **losen Rahmenvereinbarungen** versucht ein Hersteller, den Jahresumsatz, die Aktionen, den Stammplatz der Ware im Laden oder die Leistungsvergütung abzusichern. **Alleinvertrieb** oder **Exklusivvertrieb** beinhaltet die Verpflichtung, bestimmte Produkte in einem festgelegten Gebiet ausschließlich über einen Vertragshändler abzusetzen (regionale Alleinvertriebsberechtigung), während der **Vertriebsbindungs- bzw. Ausschließlichkeitsvertrag** das Handelsunternehmen darin beschränkt, bspw. die Ware an andere (Einzel-)Händler weiter zu veräußern.

Abbildung 2.74: Exemplarische Vorteile von Alleinvertriebssystemen

Für den Hersteller (Kontraktgeber)	Für den Händler (Kontraktnehmer)
- rasche Einführung neuer Produkte - sicherer Basisumsatz - Rationalisierung des Vertriebs - Ertragssicherheit - Intensität der Händlerkontakte	- Exklusivität im Sortiment - gute Abstützung durch den Hersteller - Komplementaritätsvorteile - Ertragssicherheit - Intensität der Herstellerkontakte

Neben der Stabilisierung der Beziehungen und einer Reduzierung der Transaktionskosten stehen strategische Marketingziele im Vordergrund des Kontraktmarketing, die sowohl aus Sicht der Hersteller, als auch aus der Sicht der Handelsunternehmen Vorteile bedeuten können (siehe beispielhaft die Vorteile von Alleinvertriebssystemen in Abbildung 2.74). Für den Hersteller stehen den Vorteilen die Nachteile des Risikos der Wahl der falschen Partner, so beim Aufkommen neuer Betriebstypen im Handel und der nicht vollen Marktausschöpfung, gegenüber. Aus der Sicht des Handels ergeben sich als Nachteile v.a. der Verlust der Sortimentsflexibilität und die begrenzte Reagibilität gegenüber der Substitutionskonkurrenz.

Contractual Buying

Beim traditionellen Kontraktmarketing liegt die Entscheidungsdominanz beim Hersteller, sodass sich der Handel bei einer Entscheidung für ein derartiges System in der Regel dem Systemträger anpassen muss. Aus Handelssicht können beschaffungsorientierte Kooperationen mit ähnlichen Sichtweisen betrachtet werden (Contractual Buying). Im Sinne einer handelsdominierten (Lieferanten-)Kooperation bedeutet dies jedoch nicht die bloße Umkehr des Betrachtungsstandpunktes; sie ist gleichzeitig durch gemeinschaftliche Entwicklung von Verpackungen, Produkten u.ä. gekennzeichnet und kann zur Bildung von gemeinschaftlichen Abteilungen oder von Gemeinschaftsunternehmen führen.[1]

Während diese Form der Kooperation aus Sicht der Hersteller bereits seit längerer Zeit mit ihren Zulieferern von Rohstoffen, Halbfertigfabrikaten u.ä. praktiziert wird, ist es nicht selbstverständlich, sie zum Gegenstandsbereich des vertikalen Marketing zu zählen (Olbrich 1995, Sp. 2616 f.).[2]

3. Freiwillige Partnerschaftsformen

a) Trade-Marketing

> *Bei Trade-Marketing handelt es sich um Ausprägungen einer stärkeren Ausrichtung der absatzmarktorientierten Herstelleraktivitäten auf das „Nadelöhr Handel“ durch die Berücksichtigung handelsspezifischer Anforderungen in der Marktbearbeitung (Böhlke 1995, Sp. 2487).*

Im Gegensatz zum Consumer-Marketing, das endkundenorientiert ist und sich an den Bedürfnissen des Verbrauchers orientiert, geht das Trade-Marketing (handels-)kundenbezogen vor. Im Vordergrund steht damit nicht die Marke als strategische Einheit des Marketing, sondern der Handelskunde (vgl. hierzu Zentes/Swoboda/Morschett 2007). Durch eine explizite Handelskundenorientierung soll primär eine Positionierung als bevorzugter Lieferant („**Preferred Supplier**“) im Vergleich zur Konkurrenz erreicht werden. Es handelt sich um ein von den Herstellern initiiertes System, jedoch ohne zwangsläufig explizite vertragliche Bindung, wodurch es differenziertere Ziele verfolgen und Formen annehmen kann. Die Ziele des Trade-Marketing differieren bspw. in Abhängigkeit von der Marktbedeutung der Handelsunternehmen.

---

[1] Zum „Contractual Manufacturing“ und zu weiter gehenden Formen der Gestaltung der Lieferantenbeziehungen (z.B. Key-Supplier-Management) in Beschaffung und SCM vgl. Abschnitt B. des Fünften Kapitels.

[2] Zum Reverse Marketing vgl. Abschnitt B.V.2. in diesem Kapitel.

In einem ersten Fall kann eine eher interdependente Situation von Hersteller und Händler, d.h. das Aufeinandertreffen von Hersteller- und Handelssystemen, betrachtet werden. Dabei hat die Preferred-Supplier-Rolle eine vordringliche Bedeutung. Wird ferner auf die Transaktionsebene der Kundenbindung und der Marktbearbeitung als zwei Dimensionen der Beziehungen zwischen Hersteller- und Handelssystemen fokussiert, dann lassen sich zwei Primärziele des Trade-Marketing hervorheben:

- die Stärkung der Position des eigenen Unternehmens beim Abnehmer, d.h. die Verbesserung der Geschäftsbeziehungen zum Handel (Beziehungsebene)
- die Stärkung der eigenen Marken beim Abnehmer (Marktbearbeitungsebene).

Im Fall einer Herstellerdominanz, d.h. von Herstellersystemen gegenüber (Fach-)Händlern, können andere Primärziele genannt werden:

- die Stärkung der Bindung des Fachhändlers an den Hersteller (Beziehungsebene)
- die Stärkung der Position des Abnehmers im horizontalen Wettbewerb (Marktbearbeitungsebene) (Zentes/Swoboda 1999a, S. 285f.).

Dies kann mit selektiven Vertriebssystemen, d.h. traditionellen Kontraktinstrumenten, verbunden sein, was dann allerdings den auch als Partnerschaftssysteme bezeichneten, einseitigen Initiativen von Konsumgüterherstellern, meist im Non-Food-Sektor entspricht (Laurent 1996, S. 135ff.). Dies ist als Händlersegmentierung zu sehen, d.h. als Netz aus mit dem Hersteller kooperierenden **(Leit-)Händlern**, teilweise i.S. eines selektiven Vertriebskonzeptes.

Das Leithändlerkonzept von Egger und Leyendecker als Partner

Die Firma Egger Holzwerkstoffe Brilon GmbH & Co. KG – rd. 2 Mio. EUR Umsatz – agiert anders als alle Konkurrenten im Markt konsequent seit 15 Jahren mit einem Leithändlerkonzept, in dem 30 der erfolgreichsten sowie i.d.R. von Verbundgruppen unabhängigen der 1.500 Holzgroßhändler in Deutschland eingebunden sind. Neben der umfassenden Marketingkonzeption rd. um die Egger-Produkte wird den Leithändlern ein Produkt-, Gebiets- und Kundenschutz sowie eine intensive Betreuung geboten.

Leyendecker Holzland ist das marktführende und bezüglich des eigenen Marketing enorm agile Unternehmen in der Region Trier, dessen Kunden (u.a. Tischler/Schreiner, Bauträger) aus den Gebieten Eifel, Saarland, Luxemburg und Südbelgien kommen. Ein wesentlicher Teil des Umsatzes wird mit Egger-Produkten bestritten, und zwar im Rahmen des Leithändlerkonzeptes.

Quelle: www.egger.de.

Das Trade-Marketing geht jedoch darüber hinaus. Beim Anspruch auf eine Preferred-Supplier-Position muss der Hersteller dem Handelsunternehmen die Frage beantworten, warum sein Angebot eine bevorzugte Behandlung rechtfertigt. Dies versucht er durch einen Mix aus handels-, konsumenten- und wettbewerbsgerichteten Instrumenten zu erreichen (siehe Abbildung 2.75). Teils sind es neue Kooperationsinstrumente, teils Instrumente des traditionellen vertikalen Marketing. Gesondert hervorzuheben sind spezifische mittelständische Konzepte, wie Strategieberatung, Marktforschung, Standortanalysen, usw., die v.a. im zweiten der oben genannten Fälle zum Einsatz kommen.

Abbildung 2.75: Alternative Einteilungen des Instrumentenmix im Trade-Marketing

Zentes (1989b) - Logistik - Platzierung - Merchandising, Verkaufsförderung, Werbung Mittelstandsorientierte Konzepte: - Strategieberatung - Marktforschung/Standortanalysen - Ladengestaltung/Profilierung - Datenverarbeitung/Schulung	**Oehme (1992)** Neue Qualität der/des... - Jahresgespräche - Logistik - Warenplatzierung - Merchandising - Verkaufsförderung/Werbung - Hilfestellung bei der Einführung technischer Lösungen - vollständige Handelsmarketingkonzepte
Diller (1992/1993) Maßnahmen des/der... - Merchandising - Ladengestaltung - Verkaufsförderung - Verkaufstraining	**Böhlke (1995)** - Sortiment - Handelskonditionen - Logistik - Verkaufsförderung und Merchandising - Informations- u. Know-how-Transfer - Umweltkooperation - Trade Relationship - Managementkooperation
TIETZ (1994b) Traditionelle, direktkundenbindende Marketinginstrumente, z.B. - Merchandising, Ladengestaltung, Verkaufsförderung, Verkaufstraining Kooperative Instrumente, z.B. - Sortimentsfixierung im Handel unter Beachtung der eigenen und fremden Produkte - Fixierung der Verkaufsförderungsprogramme, auch Festlegung von Aktionen - Festlegung der Informations- und Know-how-Transaktionen - Festlegung der Kooperation in der medialen Kommunikation - Festlegung der Ökologiekooperation - Festlegung der Managementkooperation, z.B. Key Accounting - Entscheidung über die Controllingkooperation - Klärung der Servicekooperation – Regalmanagement - Fixierung des Konzeptes der Handelskonditionen - Klärung der Logistiklösung zwischen Hersteller und Handelspartner (Verpackung, Auftragsabwicklung, Lieferarten, -häufigkeit und -service).	

Quelle: Laurent 1996, S. 262; Zentes/Swoboda 1999a, S. 288.

Das Trade-Marketing hat wesentlich zur Ausweitung der Kooperationslandschaft beigetragen, zumal die den Handelsunternehmen als Kompensation für eine stärkere Einkaufsbündelung und -bindung (an einen Hersteller) angebotenen Leistungspakete oft ähnliche oder gleiche Dienstleistungen (z.B. Betriebstypenkonzepte, Schulungen) umfassen, wie sie Verbundgruppen des Handels ihren Mitgliedern anbieten. Zugleich weist es Parallelen zum Key-Account-Management auf, das hier jedoch nicht gesondert betrachtet werden soll (vgl. hierzu Zentes/Swoboda 2001a).

b) Wertschöpfungspartnerschaften

> *Bei Wertschöpfungspartnerschaften oder ECR-Partnerschaften (Efficient Consumer Response) in der Konsumgüterwirtschaft handelt es sich um vertikale Kooperationen von mindestens, aber oft nur zwei unabhängigen Unternehmen, die den Waren-, Dienst- und Informationsfluss im Hinblick auf eine gemeinsame Maximierung des Wertschöpfungspotenzials steuern, und zwar idealtypisch bei kooperativer Optimierung der Schnittstellen Hersteller-Handel-Konsument zwischen eher gleichberechtigten oder gleich mächtigen Partnern.*

Diese Idee ist nicht neu (Russel/Lawrance 1989, S. 81ff.), zumal theoretisch und aus anderen Branchen klar ist, dass die Realisierung von Effizienzsteigerungspotenzialen in einem Wertkettensystem durch die Verknüpfung der Wertkette eines Unternehmens mit den Wertketten der Lieferanten und Kunden möglich ist.[1] Insofern finden sich die den **Value-Adding-Partnerschaften** zu Grunde liegenden Ideen z.T. schon in frühen theoretischen Ansätzen von Seyffert (1931) und Gill/Stern (1969).

Indessen wurde in der Konsumgüterwirtschaft – auch auf Grund der interdependenten Beziehungen zwischen gleichberechtigten Hersteller- und Handelssystemen – die Diskussion insbesondere durch die Praxis geprägt. Als Ausgangspunkt galt v.a. eine anhaltende Ineffizienz in der Konsumgüterdistribution, bspw. bei (großvolumigen) Near-Food-Artikeln. Diese Ineffizienzen waren auf eine überhöhte Lagerhaltung bei Hersteller und Handel als Folge von Warenbeschaffung auf Vorrat zu Sonderpreisen und dadurch mitbegründete Querlieferungen zwischen Filialen und Regionen zurückzuführen. Die Folge dieser unzweckmäßig gesteuerten Logistik waren hohe Lager- und Transportkosten (Zentes 1996c; Swoboda/Morschett 2001b).

Die nahe liegenden Optionen zur Steigerung der Wertschöpfung durch **Wertschöpfungspartnerschaften** wurden in der Praxis – u.a. gepusht durch Beratungsgesellschaften – seit Mitte der neunziger Jahre stark diskutiert. Es geht um eine kooperative Optimierung der Schnittstellen Hersteller-Handel-Konsument, weshalb von **Win-Win-Win-Konzepten** gesprochen wird. ECR-Partnerschaften sind im Wesentlichen bezüglich zweier Bereiche mit einer Reihe von Instrumenten diskutiert worden (Strategiemix des ECR):

- Es handelt sich um **Kooperation im Supply-Chain-Management** (SCM), d.h. Strategien, welche die Reduzierung der Kosten von Lieferung und Lagerung zum Ziel haben. Entsprechende Bemühungen führen oft zu branchenweiten SCM-Lösungen, die heute technologiebedingt im Zuge des Continuous Replenishment diskutiert werden.
- Andererseits handelt es sich um **Kooperation im Marketing (Category-Management)**, d.h. Strategien, die auf die Erhöhung von Umsätzen und

[1] Anders als etwa in der Automobilindustrie fehlen bei Partnerschaften in der Konsumgüterwirtschaft allerdings fokale Unternehmen, die alle Wertschöpfungsströme steuern.

Erträgen abzielen und eine Optimierung ausgewählter Marketinginstrumente anstreben. Entsprechende Bemühungen führten oft zu dyadischen Lösungen bezüglich der kooperativen Sortimentsgestaltung, Verkaufsförderung und Produkteinführung.

Anstatt an dieser Stelle Beispiele für die realisierten Projekte anzuführen sei hier bezüglich des SCM auf das Fünfte Kapitel und bezüglich der Marketinginstrumente auf das Vierte Kapitel verwiesen.

Hinzuweisen ist darauf, dass wissenschaftliche Beiträge im Kontext der Hersteller-Handels-Beziehungen vornehmlich das SCM betrachten (vgl. dazu Golicic/Mentzer 2005; Stank/Crum/Arango 1999), während vertikale Marketingkooperationen selten betrachtet werden (vgl. dazu Corsten/Kumar 2005; Dhar/Hoch/Kumar 2001). Wenige fokussieren auf die Zusammenhänge von SCM und Marketing (Schramm-Klein/Morschett 2006).[1] Einzelne stellen die provokative Frage, ob ECR über Effizienzsteigerungen in der Branche hinaus Wettbewerbsvorteile oder gar Gewinn- und Unternehmenswertsteigerungen für die einzelnen Handelsunternehmen gebracht hat.

IV. Netzwerke

Auch in der Konsumgüterwirtschaft ist eine Zunahme von Kooperationen zu konstatieren: horizontal kooperierende (mittelständische) Handelsunternehmen, z.T. auch Handelssysteme, und vertikal kooperierende Herstellerunternehmen bzw. -systeme mit Handelsunternehmen bzw. -systemen (Zentes/Swoboda/Morschett 2007). Zugleich sind Unternehmen in mehrere Partnerschaften eingebunden, was u.a. dazu führen kann, dass sie in einzelnen Geschäftsfeldern Kooperationspartner sind, in anderen dagegen Konkurrenten.

Diese wachsende Zahl von Allianzen und Partnerschaften führt zu Netzwerken, die in anderen Branchen – wie Automobil-, Halbleiter-, Medienindustrie – seit Jahren zu beobachten sind. Auch die Konsumgüterwirtschaft gewinnt mit vertikalen, horizontalen und lateralen Beteiligungen und Allianzen immer mehr diesen Charakter. Diese in Netzwerkstrukturen mündende Entwicklung umfasst sowohl Großunternehmen der Handels- und Herstellerebene – zuzüglich der Dienstleistungsunternehmen –, Hersteller und Einzelhändler als auch traditionelle horizontal ausgerichtete Verbundgruppen.

Netzwerkartige Strukturen bei Verbundgruppen

Bei Verbundgruppen entstehen zunehmend netzwerkartige Strukturen. Die im schwierigen Lebensmittelgroßhandel entstehenden Verbundenheiten von Intergast und Service-Bund über die Markant gehen über den Charakter von „Meta-Kooperationen" oder „Kooperation der Kooperationen" hinaus, zumal die Markant und die EMD zunehmend Netzwerke mit Lieferanten, Kunden und Partnern knüpft. Derartige Kooperationen gewinnen einen lateralen Charakter,

[1] Oft wird auf Teilaspekte geblickt, bspw. die Langfristigkeit der Beziehungen (z.B. Koordinationsprozesse, bilaterales Commitment, Vertrauen), die Ineffizienz in Beziehungen sowie das Category-Management (Wuyts/Geyskens 2005; Vinahs/Anderson 2005).

d.h. eine Integration von Herstellern und Händlern mit einer dazwischen geschalteten Systemzentrale bzw. einem fokalen Unternehmen.

Quelle: Markant 2007; EMD 2007.

Zugleich ist eine andere Art von Netzwerken zu beobachten: Traditionelle **Verbundgruppen** entwickeln sich zu **Informationsnetzwerken**. Wie auch in anderen Branchen der Wirtschaft unterstützen Netzwerke auf der Basis moderner Informations- und Kommunikationstechnologien die heutigen Systeme und Strukturen. Die informationslogistische bzw. -technische Vernetzung der Partnerunternehmen mit der System- bzw. Verbundgruppenzentrale, ggf. auch die Vernetzung der Partner/Systemzentrale mit Lieferanten, Banken und sonstigen Institutionen, schaffen die infrastrukturelle Voraussetzung für eine strategische Neuorientierung der Verbundgruppen. Es entstehen administrative, marketingtechnische und sogar warenwirtschaftliche bzw. logistische Netzwerke, die kooperative Electronic-Commerce-Konzepte bis hin zu neueren Vertriebsformen ermöglichen (Zentes/Swoboda 1998b, S. 228ff.; Zentes/Swoboda 2000b, S. 133ff.).

V. Ausgewählte Aspekte des Managements von Kooperationen

1. Überblick

Wie angedeutet, wird im Kontrast zu den unternehmensinternen Strategien das Management von Kooperationsstrategien dadurch erschwert, Mitglieder – z.B. selbstständige Händler bei horizontalen Kooperationen oder Unternehmen unterschiedlicher Wirtschaftsstufen bei vertikalen Kooperationen – zu integrieren. Auf Grund der Vielfalt von Sichtweisen leisten viele Theorien, Ansätze und Konzepte einen Betrag zur Erklärung einzelner Managementfragen (vgl. dazu Swoboda 2005).[1] Nachfolgend wird eine Auswahl getroffen, welche die Differenzierung in horizontale und vertikale Kooperationen nachgeordnet berücksichtigt und zwei Sichtweisen adressiert:

- entscheidungsorientierte Konzepte der Bildung („**going cooperative**") sowie laufenden Managements einer Kooperation („**being cooperative**")
- ausgewählte Aspekte der Erfolgsmessung von Kooperationen.

2. Entscheidungsorientierte Konzepte

Ein grundlegendes Modell, das auch das „going cooperative" zu verdeutlichen in der Lage ist, visualisiert Abbildung 2.76 mit den beiden Phasen der Anbahnung und der Umsetzung einer Kooperation und dem Erfolg bzw. Lerneffekten als zwei denkbaren Resultaten. Ferner werden pauschal vier aufeinander aufbauende Entscheidungen systematisiert und in einen Kon-

[1] In der Kooperationsforschung werden oft drei theoretische Ansätze miteinander kombiniert, ressourcenbasierte Ansätze (die den Ressourcenbeitrag und die Organisation erfassen), die Transaktionskostentheorie (um die Prozesse abzubilden) und wechselnd behavioristische, kontingenz-, austausch- oder agententheoretische Ansätze.

textrahmen eingebettet. Auf dieser Basis können die in Kooperationen relevanten Größen und Teilentscheidungen systematisiert werden:

- Hierbei sind die Basisentscheidungen zur **Prüfung der Kooperation** als eine Strategie noch relativ einfach, so sie mit Kontextfaktoren wie Kooperationserfahrung, -neigung usw. unverbunden bleiben.
- Das **Finden geeigneter Partner** umfasst die Suche, die Bewertung und die Verhandlungen in unterschiedlichen Kontexten, so Gründung oder Beitritt zur horizontalen Kooperation, zu dyadischen Partnerschaftstypen.
- **Gründung** i.S. der Konkretisierung der Kooperation umfasst die Festlegungen von Kooperationsinhalten (Richtung/-ziele, Funktionsbereiche, spezifische Investition usw.) und die vertragliche Gestaltung (rechtliche Form, finanzielle Beteiligung, Einfluss der Partner, Kontrolle usw.).
- **Management** i.S. der Durchführung und Weiterentwicklung der Kooperation, umfasst z.B. die organisatorische Gestaltung (Organisationsstruktur, Systeme, Zentralisierungs-, Formalisierungsgrad, Weisungsbefugnisse) sowie die Kulturmuster (Normen, Werte, Verhalten, Vertrauen usw.).
- Als **Kooperationserfolg** können verschiedene Größen betrachtet werden (z.B. Überlebenswahrscheinlichkeit bzw. Insolvenzrisiko, subjektiver Zielerreichungsgrad, wirtschaftlicher Erfolg, Effektivität, Effizienz), und zwar aus Sicht eines Partners, aller Partner oder externer Stakeholder.
- Den determinierenden Rahmen bilden **Umfeldmerkmale** (politisch-rechtliche, sozio-ökonomische, technische Aspekte), **Branchenmerkmale** (Konzentration, Alter, Wachstum, Kapitalintensität), **Partnermerkmale** (Größe, Marktmacht, Kooperationserfahrung, Beziehungsnetze), **Entscheidermerkmale** (Unsicherheit, Risikoorientierung usw.).

Abbildung 2.76: Entscheidungsorientierte Phasenbetrachtung von Kooperationen

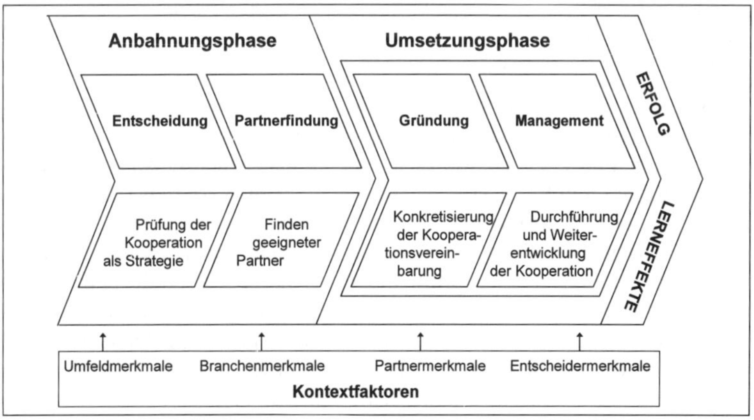

Quelle: in Anlehnung an Swoboda/Jager 2006, S. 18.

In der Literatur liegen unzählige Studien vor, welche die genannten und weitere Größen – theoretisch fundiert – in Beziehung setzen und empirischen Prüfungen unterziehen (vgl. dazu Zentes/Swoboda/Morschett 2005a und die dort angegebene Literatur).

Planungsrahmen bestehender Verbundgruppen

Tietz (1993b, S. 1527ff.) systematisiert die in Verbundgruppen zu fällenden Kooperationsmanagemententscheidungen (siehe Abbildung 2.77). Idealtypisch sieht er einen **Plan** und – neben den Umweltdaten (I) – **Zielhierarchien** als Grundlage des Verbundgruppenmanagements.

Abbildung 2.77: Elemente eines Grundmodells des Kooperationsmanagements

I. Die übergeordneten sozio-ökonomischen Daten II. Die Systemmitglieder 1. Die bereits in Kooperations-systeme integrierten Unter-nehmen a) Die Daten b) Die Ziele c) Das Leistungsprogramm 2. Die nicht in Kooperations-systeme integrierten Unter-nehmen a) Die Daten b) Die Ziele c) Das Leistungsprogramm III. Die Kooperationssysteme - Die Systemträger 1. Die Daten 2. Die Ziele 3. Das Leistungsprogramm IV. Die für eine Kooperation ge-eigneten Ziele der Entschei-dungsträger 1. Die Ziele nach Entschei-dungsebenen 2. Die Ziele der Mitglieder 3. Die Ziele der Systemträger 4. Die Zielselektion	V. Die Instrumente der Entschei-dungsträger unter dem Aspekt der Kooperation 1. Die Instrumente nach Ent-scheidungsebenen 2. Die Instrumente des Leis-tungsprogramms a) Die Grundstrukturpolitik b) Die Marktpolitik c) Die Faktorkombinations-politik d) Die Finanzierungspolitik 3. Die Instrumente der Unter-nehmen 4. Die Instrumente der Koopera-tionssysteme VI. Das leistungsprogramm-, insbe-sondere marktstrategische Entscheidungsfeld der Koope-ration 1. Das kooperative Instrumen-tenfeld 2. Die Kooperationsintensitäten VII. Das leistungsprogramm-, insbe-sondere markttechnologische Entscheidungsfeld der Koope-ration	VIII. Das managementstrategische Entscheidungsfeld der Kooperation 1. Das kooperative Instrumen-tenfeld 2. Die Kooperationsintensi-täten IX. Das managementtechnologi-sche Entscheidungsfeld der Kooperation X. Die Institutionalisierung der Kooperation 1. Das Anforderungsprofil der Kooperationspartner 2. Die Selektion der Koope-rationspartner 3. Das System der Institutio-nalisierung beim System-träger a) Die Zentrale b) Die sonstigen Institu-tionen XI. Die Kooperationstechno-logien 1. Die Verträge 2. Weitere Technologien 3. Die Kalkülisierungstechno-logie

Quelle: in Anlehnung an Tietz 1993b, S. 1538.

Hiernach bestimmen die Systemmitglieder und deren kooperative Verhaltensmuster die realisierte Kooperationsstruktur. Bei jeder Form der Kooperation müssen diese Daten, die Ziele und die gegebenen Leistungsprogramme der Systemmitglieder (II), der kooperationsinteressierten Unternehmen und des Systemträgers (III) als Basis aller Entscheidungen bekannt sein. Auf dieser Basis werden die für die Kooperation geeigneten Ziel(ebenen) der Entscheidungsträger (IV) geprüft; die Kooperation fördernde bzw. behindernde Effekte fließen in **Zielprioritäten** ein. Es folgt die Analyse des Leistungsprogramms, d.h. die Festlegung, welche Instrumente gemeinsam und welche von den Partnern isoliert eingesetzt werden. Hierdurch werden sich die Systemträger und Systemmitglieder darüber klar, welche Instrumente generell und mit welcher Intensität in der Kooperation eingesetzt werden. Mit der Festlegung der **Kooperationsintensität** wird der Umfang der Abstimmung des Instrumentaleinsatzes eines Mitglieds mit dem System bestimmt (V) und es wird geregelt, zu welchem Instrumentaleinsatz sich das

System verpflichtet (VI). Für jedes kooperativ eingesetzte Marketinginstrument wird zudem festgelegt, welche Intensität zur Erreichung der Marketingziele erforderlich ist und wie es faktisch eingesetzt wird, d.h. durch Mitglieder, Systemträger oder Dienstleistungsunternehmen. Das marketingtechnologische Entscheidungsfeld (VII) umfasst die entsprechenden **vertraglichen Regelungen**.

Die Inhalte der **Kooperationskontrakte** (managementtechnologisches Entscheidungsfeld IX) variieren in Abhängigkeit von den Kooperationsfeldern und der Kooperationsintensität (VIII). Die vertraglichen Bindungsmöglichkeiten der Verbundgruppen beruhen auf einer Gliederung nach Kooperationsfeldern(-inhalten) (z.B. Erfahrungsaustausch-, Informations-, Standortverträge) und erst sekundär nach Kooperationsintensitäten. Der Kontraktnehmer, der bspw. einen Vertrag für die Nutzung eines Absatzprogramms abschließt, verpflichtet sich i.d.R. zur Nutzung einer/eines festgelegten Ladeneinrichtung, Retail-Brand, Sortimenten, Dienstleistungs-/Kommunikationsprogramms usw.

Bezüglich der **Institutionalisierung** (X) ist bereits in der Konstitution einer Kooperation festzulegen, wer den Selektionsprozess der Marketinginstrumente initiiert, wer deren Aktivitätenniveaus festlegt und wer über die notwendigen Faktorkombinationen entscheidet. Beim Konsens über die Aufteilung der Marktaktivitäten muss die Systemzentrale sicherstellen, dass die Mitglieder sich an alle Vereinbarungen halten, d.h., die Verträge bilden das formale Rückgrat der Kooperation, sie müssen aber durch Entscheidungsbefugnisse oder allgemeiner ein **Führungskonzept** flankiert werden, zumal in Abhängigkeit von der Kooperationsintensität das Gewicht der Verträge unterschiedlich sein kann (Zentes 1992b, S. 20). Auf der organisatorischen Seite ist hervorzuheben, dass die Zentralen von Verbundgruppen oft von einem Management mit unterschiedlicher Qualifikation geführt werden. Bei kleineren Zusammenschlüssen werden die Führungsaufgaben von einem Mitglied nebenbei erledigt, während in großen Kooperationen diejenigen das größte Wachstum aufweisen, bei denen in zentralen Stellen Warenkenntnisse, organisatorisch-betriebswirtschaftliche Kenntnisse und Qualifikation zur Mitarbeiterführung kombiniert sind. Hinsichtlich einer Hierarchisierung können straffe Franchise-Systeme ein „Vorbild" bilden, in denen mehrere Schlüsselpositionen existieren, z.B. Marketing-, Vertriebs-, Ausbildungsleiter (Tietz 1993b, S. 1550).[1]

Interdependenzen zentraler Gestaltungsparameter von Verbundgruppen

Müller-Hagedorn (2005b) stellt einen Denkrahmen mit zentralen Entscheidungsfeldern und deren Beziehungen zueinander vor, der illustrativ ist, da er bestehende und neue Leistungen der Zentrale gegenüber bestehenden und neuen Mitgliedern/Partnern integriert (siehe Abbildung 2.78; vgl. auch Dautzenberg 1996, S. 78).

---

[1] Vgl. zur Organisation von Franchise-System Abschnitt C.III.3. in diesem Kapitel.

Abbildung 2.78: Zentrale Entscheidungsfelder in Verbundgruppen und deren Interdependenzen

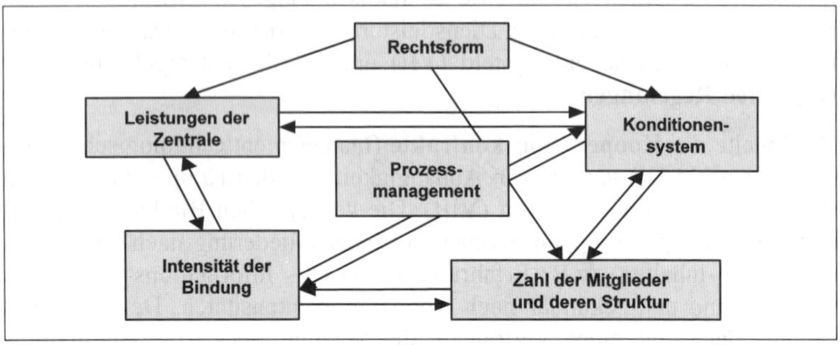

Quelle: in Anlehnung an Müller-Hagedorn 2005b, S. 1315.

Zuerst ist festzulegen, welche Leistungen die Kooperation erbringen soll, d.h., es erfolgt eine Auswahl der genannten Funktionen wie Einkauf, ZR, Beratung oder Marketing usw. In Befragungen werden indessen die Weiterentwicklung der Mitgliederintegration, -kommunikation und -partizipation noch vor der Weiterentwicklung derartiger Leistungsangebote gestellt (Wieselhuber & Partner 2000). Offensichtlich dominieren interne Probleme und erschweren ein gemeinsames Vorgehen bei differenten Zielen.

Festzulegen ist ein **Konditionensystem**, mit dem die Zentralen Einnahmen erzielen, aus denen wiederum die erbrachten Leistungen finanziert werden. Als **Abrechnungsmodalitäten** sind denkbar: Orientierung am Warenbezug, an der finanziellen Abwicklung oder Kopplung an den Bezug bestimmter Leistungen. Hier liegt ein bedeutender Unterschied zu Filialunternehmen vor, denn diese müssen nicht abklären, wie sie an den Einnahmen der Filialen beteiligt werden; sie können autonom Investitionspläne entwickeln.

Die Aufnahme von Mitgliedern bzw. deren Zahl stärkt die wirtschaftliche Kraft, geht aber mit der Gefahr einher, dass die wirtschaftlichen Ziele heterogener werden. Die Unterschiedlichkeit kann sich auf die Waren und Dienstleistungen oder die Prozesse beziehen (wie Planungszeiträume, wenn einzelne Mitglieder an einen langfristigen Ausbau ihrer Aktivitäten denken, andere nur den Zeitraum bis zum Erreichen der Altersgrenze überbrücken wollen).

Verträge zwischen den Beteiligten legen fest, wie stark die Freiheit der Mitglieder in betrieblichen Fragen beschränkt wird, z.B. bei der Verwendung der Retail-Brand, in der Ladengestaltung usw. (**Bindungsgrad**). Diese Richtlinien und die Verhaltensweisen variieren in einzelnen Kooperationen deutlich.

Im Hinblick auf die **Rechtsform** ist bspw. zu prüfen, ob eine Genossenschaft auch den wirtschaftlichen Wohlstand des Einzelnen gewährleisten kann. Insbesondere in straffen Systemen ist zu beobachten, dass die Rechtsform auch die Funktion übernimmt, das Verhalten der Mitglieder zu steuern.

Das Management in Kooperationen erstreckt sich über die Gestaltung von Strukturen und Leistungen bis hin zur Festlegung der Schritte, über die ein bestimmter Zustand angestrebt wird (**Prozessmanagement**).

Die einzelnen Entscheidungsfelder sind nicht unabhängig voneinander:

- Die Leistungen, die eine Zentrale gegenüber den Mitgliedern anbietet, sind auch von dem in der Verbundgruppe zum Einsatz kommenden Konditionensystem abhängig. Werden bestimmte Leitungen kostenlos angeboten (z.B. Betriebsvergleiche), ist zu erwarten, dass die Beteiligung größer ist. Kostenlose Leistungen bergen aber die Gefahr, dass die Leistung nicht richtig eingeschätzt wird. Andererseits ist es erwünscht, dass sich an bestimmten Maßnahmen alle beteiligen (z.B. Retail-Branding), sodass es aus Systemgründen sinnvoll ist, dies kostenlos anzubieten.
- Die Leistungen der Zentrale sind auch von dem Willen der Gesellschafter abhängig. Deren Einfluss hängt u.a. von der gewählten Rechtsform ab.
- Auch die Zahl der aufzunehmenden Mitglieder und deren Struktur sind in hohem Maße von den Vorstellungen der Mitglieder und deren Durchsetzungsmöglichkeiten abhängig.
- Die Bindung, die ein einzelnes Mitglied einzugehen bereit ist, hängt u.a. von den Leistungen und den Konditionen der Zentrale ab.

Wichtig ist hervorzuheben, dass es wegen derartiger Abhängigkeiten nur bedingt möglich ist, einzelne Entscheidungsfelder isoliert zu optimieren, obwohl sie in diesem Abschnitt isoliert vorgestellt wurden.

Vertikale Managementaspekte bei Dominanz- und Partnerschaftstypen

Einige der genannten Managementaspekte gelten auch für vertikale Hersteller-Handels-Kooperationen. Das oftmalige Vorliegen dyadischer Beziehungen – mit klareren Aufgaben-, Intensitäts- und Kontrollzuordnungen – vereinfacht indessen das Management (vgl. im Einzelnen Laurent 1996; Zentes/Swoboda/Morschett 2007), v.a. wenn die **Dominanz-** und **Partnerschaftstypen** gegenüber gestellt werden, wie in Abbildung 2.79 synoptisch dargestellt.

Abbildung 2.79: Management bei Dominanz- und Partnerschaftstypen der vertikalen Kooperation

Dominanztypen (Management durch eine Institution)	Partnerschaftstypen (Management durch beide Institutionen)
Allgemein	
- Kompetenzvorsprung und Attraktivitätssteigerung der dominanten Institution - niedrige bis mittlere Bedeutung für die kooperierenden Institutionen - implizite Berücksichtigung der Endkunden	- Kompetenz- und Attraktivitätssteigerung bei beiden Kooperationspartnern - hohe Bedeutung für beide Kooperationspartner nach innen und nach außen - explizite Berücksichtigung der Endkunden als Systempartner

Organisation	
- dominanter Akteur mit Systemfunktion - lose Institutionalisierung der Schnittstellenaktivitäten - Bildung von Gremien mit Vertretungen, z.B. Fachhandelsbeiräte, Key-Accounting	- Teilung der Systemkopffunktion je nach Kompetenz - Institutionalisierung in Stellen und Abteilungen - Bildung von funktions- und unternehmensübergreifenden Kooperationsteams, Neo-Key-Accounting
Führung	
- einseitige Führerschaft im Absatzkanal - eher autoritärer Führungsstil - geprägt durch Anweisungen, Richtlinien, Instruktionen	- beidseitig gleichberechtigte Führung - partnerschaftlicher und partizipativer Führungsstil - geprägt durch Konsultationen, Diskussionen und Koordination
Planung und Kontrolle	
- niedrige Beziehungsorientierung - erfolgen einseitig durch die dominante Institution - Kontrolle durch den dominierenden Akteur	- mittlere bis hohe Beziehungsorientierung - erfolgen gemeinschaftlich auf der Basis gemeinsamer Entscheidungen - Kontrolle jeweils einzeln durch den Akteur, der die Zielerreichung messen kann

Quelle: Laurent 1996, S. 164ff., S. 288ff.

3. Ansätze der Erfolgsmessung

Der Erfolg von Kooperationen wird unterschiedlich verstanden, als Überlebenswahrscheinlichkeit, Zielerreichungsgrad, objektiver oder wahrgenommener ökonomischer Erfolg, Effizienz usw., und kann aus Sicht aller Partner oder der Verbundgruppenmitglieder und -zentrale erfasst werden. Komplex ist der Blick auf die determinierenden Erfolgsfaktoren, denn praktisch können alle oben genannten Größen den Erfolg direkt oder indirekt bestimmen (zu umfassenden Systematiken von Faktoren vgl. Schrader 1993 oder die Beiträge in Zentes/Swoboda/Morschett 2005c). Aus der Vielfalt denkbarer Perspektiven sollen ausgewählte hervorgehoben werden.

Ökonomische Zufriedenheit mit der Verbundgruppenzugehörigkeit

Als eine der wenigen Studien zu Verbundgruppen befragte Hernández-Espallardo (2006) 134 Mitglieder bezüglich der Zufriedenheit mit dem ökonomischen Kooperationserfolg. Dieser wird in Abhängigkeit von der wahrgenommenen strategischen Integration des Mitglieds in die Verbundgruppe (als zentrales Konstrukt; Johanson 1999) sowie den Wettbewerbsvorteilen und der „relationship governance" modelliert und wie folgt erfasst (siehe Abbildung 2.80):

- ♦ **strategische Integration** (Unternehmensstrategie hängt von der guten Beziehung zur Verbundgruppe ab, es ist wichtig die Beziehung aufrechtzuerhalten, gute Beziehung ist für das Überleben wichtig usw.)
- ♦ **Zufriedenheit mit der Verbundgruppe** (Wettbewerbsposition gestärkt, attraktiv bezüglich der Beschaffungspreise, Anzahl der Kunden gesteigert)
- ♦ Relevanz von **Kosten** im „business context" (Minimierung der Gesamtkosten, Angebot von Promotionen, Kosten der Kundenbearbeitung)

- Relevanz von **Differenzierung** im „business context“ (Bekanntheit der Marke, Premium-Qualität der Produkte, exzellenter Service)
- **soziale Durchsetzungsmechanismen** (beide Parteien sind flexibel, um sich gegenseitig zu unterstützen, müssen zusammenarbeiten, um erfolgreich zu sein, achten auf die gegenseitige Profitabilität)
- **kontraktuelle Durchsetzungsmechanismen** (die Zentrale erinnert uns an unsere vertraglichen Pflichten, achtet auf übereinstimmendes Verhalten, kontrolliert Missverhalten).

Abbildung 2.80: Modelle strategischer Integration mittelständischer Händler auf die Zufriedenheit mit dem ökonomischen Kooperationserfolg

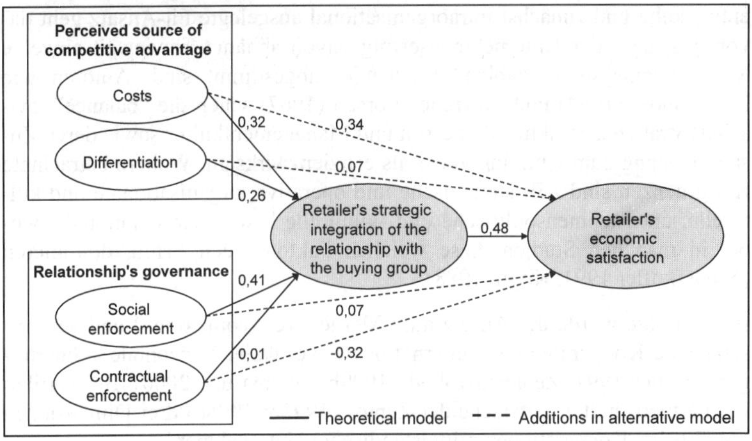

Quelle: Hernández-Espallardo 2006, S. 78.

Ein Kernergebnis ist, dass die wahrgenommene Integration der Mitglieder – als qualitativer Faktor – eine Filterfunktion im Hinblick auf die Zufriedenheit mit dem ökonomischen Ergebnis ausübt, d.h., der Integration der Mitglieder in die Gruppe kommt eine erfolgsentscheidende Bedeutung zu (vgl. auch Stoel 2002; Stoel/Sternquist 2004). Weitere relevante Befunde sind:

- Die Wahrnehmung der Kosten als Quelle der Wettbewerbsvorteile beeinflusst die Zufriedenheit mit der Verbundgruppe direkt und indirekt über die strategische Integration. Bei Differenzierung bringt die Integration in eine Verbundgruppe nur dann weitere Vorteile, wenn der Händler zugleich eine hohe Integration hat.
- Die Wahrnehmung der sozialen Aspekte in einer Kooperation beeinflusst die Zufriedenheit, aber nur indirekt, d.h. nur bei hoher strategischer Integration des jeweiligen Mitglieds. Demgegenüber wirkt eine eher hohe wahrgenommene kontraktuelle Bindung – ggf. vergleichbar mit der Straffheit der Verbundgruppe – aus Sicht der Mitglieder direkt auf die Zufriedenheit mit der Verbundgruppe, allerdings negativ. Dies würde in der Wahrnehmung der Befragten gegen eine Straffung sprechen.

Erfolgsdeterminanten im kontingenztheoretischen Fit-Ansatz

Zentes (1996c, S. 24ff.) sieht zentrale **Barrieren** von Wertschöpfungspartnerschaften im Fehlen bzw. den Ausprägungen der organisatorisch-technischen Struktur, der internen Koordination/Anreizsysteme, der Kooperationsbereitschaft und -fähigkeit sowie der kritischen Masse. Diese Barrieren können empirisch im Wesentlichen nachvollzogen (Swoboda 1997a, S. 36ff.) und mit der kontingenztheoretischen Erfolgsbetrachtung von Fits verbunden werden.

Fits sind bereits von Nadler/Tushman (1980) als Grad der Kongruenz zwischen den Bedürfnissen, Neigungen, Bestrebungen, Zielen und Strukturen von Unternehmen beschrieben worden. Der in der Organisationstheorie entwickelte und zunächst intraorganisational ausgelegte Fit-Ansatz geht davon aus, dass der Unternehmenserfolg davon abhängt, inwieweit einzelne Managementsystemvariablen aufeinander abgestimmt sind. Autoren wie Miles/Snow (1994) und Lawrence/Lorsch (1967) sehen die "balance" zwischen Strategie, Struktur, Prozessen und Managementkultur sowie deren Zusammenhang zum Umfeldkontext als effizienzwirksam. Weitere betrachtete Kongruenzen sind z.B. strategische und operative, organisationale und kulturelle, unternehmenspolitische und -kulturelle bzw. sozio-emotionale, wobei in manchen Studien diese weichen Faktoren den Erfolg dominieren (Niederkofler 1991; Kogut 1988).

In der Folge wurde der Ansatz auf „Mergers & Acquisitions“ und auf verschiedene Kooperationen – internationale, vertikale, horizontale – übertragen (Rumer 1994; Zentes/Swoboda 1999b; Douma u.a. 2000). Bei vertikalen Partnerschaften unterscheidet Zentes (1992b; 1998a) drei Dimensionen von Fits bei Kooperationen mittelständischer Unternehmen.

Fit-Dimensionen im ECR-Management

Der **strategische Fit** stellt auf die Übereinstimmung der von den ECR-Partnern verfolgten Ziele ab. Dies manifestiert sich bspw. in internen und übergreifenden Anreizsystemen. Eine reine Spannen- oder Margenorientierung, wie sie viele Jahre im Einkauf von Handelsunternehmen vorherrschte, steht Kooperationen entgegen. Daher müssen geeignete unternehmensinterne Anreizsysteme, die z.B. Effizienzsteigerungen stärker belohnen als Einkaufspreisreduzierungen, als Voraussetzungen für eine unternehmensübergreifende Zusammenarbeit geschaffen werden.

Gleichermaßen sind **organisatorische Fits**, so geeignete Anreizsysteme der Industrie gegenüber dem Handel, Voraussetzung für effiziente Lösungen. So sind Vergütungen der Hersteller für die EDI-Übermittlung von Bestellungen oder die Möglichkeit, Warennachschubkonzepte realisieren zu können, für das Zustandekommen kooperativer Konzepte förderlich. Die weit reichenden unternehmensinternen Veränderungen, die mit kooperativen Lösungen verbunden sind, so prozessorientierte Umstrukturierungen bisher funktional strukturierter Organisationen in Industrie und Handel, erfordern eine „Rückendeckung“ durch das Top-Management.

Wichtige Faktoren betreffen ferner die Beziehungsebene. Als Faktoren für den Erfolg unternehmensübergreifender Konzepte sind die Kooperationsbereitschaft und die **Kooperationsfähigkeit (Kooperationskultur)** herauszustellen. Der Mangel an Vertrauen in die Partner wird als eine der zentralen Herausforderungen in Kooperationen genannt (Kolodziej 1998).

Fit-Dimensionen bei horizontalen Unternehmenskooperationen

Ganz ähnlich sehen Swoboda/Jager (2006) die Dimensionen bei horizontalen, wenn auch internationalen Kooperationen. Es handelt sich hierbei um Kongruenzen bezüglich

- der Struktur und der Partner (mit Bedeutung der Kooperation, Ressourceneinsatz, Austrittsbarrieren, Verhandlungsposition und Kontrolle),
- der Ziele und Strategien (mit Innovationsorientierung, Qualitätsniveau, Marktorientierung und -flexibilität, strategische bzw. langfristige Ziele) sowie
- des Verhaltens und der Kultur (mit Vertrauen und Offenheit, Risikoneigung und Sicherheitsbedürfnis, ethische und moralische Grundwerte sowie Führungsstil).

Die Autoren zeigen ferner, dass diese Faktoren den Erfolg, i.S. der Zielerreichung und der Zufriedenheit (mit dem ökonomischen und nicht-ökonomischen Kooperationsresultat), bestimmen. Allerdings haben sie eine unterschiedliche Erfolgrelevanz, je nach Form der Kooperation. Zudem wird verdeutlicht, dass bereits die Anbahnungsphase einen direkt und indirekt erfolgsmindernden Einfluss hat, d.h. schwierige Kooperationsverhandlungen oder Probleme beim Eintritt sind positiv mit dem späteren Erfolg korreliert.

Erschwerende Faktoren

Erschwert wird das Management von Kooperationen durch eine Reihe von Aspekten. Den Erfolgspotenzialen stehen somit erhebliche Risiko- und Konfliktpotenziale gegenüber:

- In der Praxis zeigen sich nicht miteinander zu vereinbarende Zielvorstellungen bezüglich dessen, was von der Zentrale und was von den Mitgliedern getan werden soll. Die Zentrale wird nur solche Aufgaben aus dem großen Bereich möglicher Aufgaben übernehmen, von denen sie sich im Hinblick auf die Zielförderung ihrer Mitglieder einen möglichst großen Erfolg verspricht. Damit ändert sich auch die Leistung der Gruppe, was bisweilen von den Mitgliedern übersehen wird.
- Die einzelnen Unternehmen erwarten von der Zentrale oft ein weit reichendes Angebot an Dienstleistungen der verschiedensten Art, sind aber nicht bereit, die dafür erforderlichen Mittel aufzubringen. Die Zentrale kann aber nur die Aufgaben erfüllen, für die ihr durch die Mitglieder die finanziellen Grundlagen geschaffen werden.
- Handelsunternehmen haben die Wahl zwischen mehreren Verbundgruppen und entscheiden sich unter Beachtung ihrer persönlichen Eigenarten für die Verbundgruppe, von der sie sich am meisten versprechen. Nun

bleiben aber weder die Struktur des Unternehmens, noch die der Verbundgruppe über einen längeren Zeitraum konstant. Damit ändern sich auch die Anforderungen der Mitglieder an die Verbundgruppe.

F. Systeme und Methoden der strategischen Planung

I. Begriff und Schwerpunkte der strategischen Planung

Da die Führung von Handelsunternehmen im Sechsten Kapitel behandelt wird, sind die folgenden Ausführungen auf das strategische Planungssystem und ausgewählte Methoden zur Ableitung von Strategien beschränkt, auch vor dem Hintergrund, dass unterschiedliche Planungssysteme und unterschiedliche Prozess- oder Stufenmodelle der Planung für Handelsunternehmen existieren (vgl. im Überblick Müller-Hagedorn 1998, S. 147ff.).

> *Planung ist nach Wöhe (2005, S. 96) „die gedankliche Vorbereitung zielgerichteter Entscheidungen".*

Die Planung hat eine strategische und eine operative Ausprägung. Die **strategische Planung** befasst sich primär mit der langfristigen Planung von Produkt-Markt-Kombinationen (Geschäftsfeldern) und damit verbunden auch mit Plänen, welche die Schaffung und Erhaltung von Erfolgspotenzialen zum Gegenstand haben und die letztlich die langfristige Programmplanung bestimmen. Im Rahmen der nachgelagerten **operativen Planung** werden die konkreten Maßnahmen zur Realisierung der Strategien in den einzelnen Einheiten festgelegt. Aus Gründen der Komplexitätsreduktion ist die strategische Planung auf Teileinheiten, d.h. strategische Geschäftsfelder begrenzt. In Handelsunternehmen bedeutet dies, dass neben der Planung für das Gesamtunternehmen v.a. die Planung auf der Ebene von Betriebstypen vorzunehmen ist.

Zu den Elementen eines Planungssystems zählen: Planungsträger, Planungs- und Kontrollfunktionen (Zuständigkeiten), Planungsprozesse, Pläne, die Informationsbasis, die Strukturen, Regelungen (Festlegung bezüglich des Aufbaus des Planungs- und Kontrollsystems) sowie Verfahren und Instrumente der Planung. Diese Elemente sind aufeinander abzustimmen, um eine Koordination von Teilplänen zu gewährleisten. Zugleich müssen Systeme errichtet werden, in denen sichergestellt wird, dass

- die Teilpläne nach einheitlichen Kriterien erstellt werden,
- die Ergebnisse der Teilpläne zu einem Gesamtplan verdichtet werden,
- die Teilpläne sachlich und terminmäßig unter sich und mit dem Gesamtplan abgestimmt werden, und
- die Teilpläne unter sich verknüpft werden, damit Rückwirkungen u.a. Einflüsse berücksichtigt werden können.

Um dies zu erreichen, ist das Planungssystem eng mit dem Kontrollsystem verbunden, das i.S. eines **Controlling** die Gesamtkoordination der Planungs- und Kontrollaktivitäten vornimmt. In diesem Zusammenhang sind die Optionen der grundsätzlichen Gestaltung von Planungssystemen zu beachten (vgl. im Überblick Zentes/Swoboda/Morschett 2004):

- Bei der retrograden Planung (**Top-down-Planung**) geht der Planungsprozess von den hierarchisch höchsten Stellen aus und durchläuft die Hierarchie von oben nach unten, was mit der schrittweisen Konkretisierung der Planung und mit einer Konsistenz des Gesamtplans verbunden ist.
- Die umgekehrte Planungsreihenfolge wird bei der progressiven Planung (**Bottom-up-Planung**) verfolgt, d.h. untere hierarchischen Ebenen planen in einzelnen Märkten unabhängig voneinander und die jeweils höheren hierarchischen Stellen fassen diese Teilpläne zusammen und koordinieren sie.
- Eine Verknüpfung beider Planungsmethoden wird im **Gegenstromverfahren** versucht, bei dem das Top-Management vorläufige Oberziele und Rahmenpläne vorgibt, die in einem ersten Schritt wie bei der retrograden Planung schrittweise nach unten verfeinert werden und danach in Feedbacks als erste Planänderungen von unten nach oben verdichtet werden.

Im Handel erfolgt die Implementierung der Systeme und Methoden häufig integrativ in einer standardisierten Prozedur. Beispielsweise werden Standortentscheidungen nach einem standardisierten Analyseraster vorgenommen; Umfeldbeobachtungen erfolgen mithilfe einer standardisierten strategischen Früherkennung. Ländermärkte werden nach pauschalen Indikatoren wie Soziodemografie und Bruttosozialprodukt ausgewählt usw.

Typologisierung der Schritte zur Ableitung von Strategien

Als Instrument zur Erfüllung von Unternehmenszielen basiert die Planung auf der Analyse des Umfeldes und der Unternehmung und strebt die Ableitung von Strategien an, welche die Realisierung der Unternehmensziele ermöglichen. Drei Arbeitsschritte sind zu unterscheiden (Macharzina/Wolf 2005, S. 293): [1]

- **Strategisch orientierte Gegenwarts- und Zukunftsbeurteilung**: Ihre Aufgabe ist es, die Entwicklung interner und externer Rahmenbedingungen der Strategieformulierung zu prognostizieren; sie bezieht sich daher auf die generelle Umwelt, das unmittelbare Wettbewerbsumfeld und auf das Handelsunternehmen selbst. Auf Grund von Umweltdiskontinuitäten in Konsumgütermärkten bildet sie häufig den Kern von Analysen im Handel.
- **Entwicklung der strategischen Stoßrichtung**: In diesem Schritt wird die grundlegende Aktions- bzw. Marschrichtung des Unternehmens bestimmt; konkrete Strategien werden auf dieser Prozessstufe noch nicht entwickelt.
- **Formulierung der Produkt/Leistungs-Markt-Strategie**: In diesem Schritt werden die künftigen Angebote und Dienstleistungen des Unter-

[1] Vgl. hierzu auch die grundlegenden Ausführungen im Ersten Kapitel.

nehmens, die zu bearbeitenden Zielmärkte (Marktauswahl) sowie der Ressourcentransfer zwischen den strategischen Geschäftseinheiten festgelegt.

Die drei Arbeitsschritte beschreiben ein ideales, aus dem Prozessschema der strategischen Planung abgeleitetes Vorgehen. In der Handelspraxis verlaufen diese Schritte vielfach überlappend oder von dieser Abfolge abweichend. Beispielsweise werden vergleichsweise einfache Strategieoptionen – so die Entscheidung, ob eine Sortimentserweiterung in einer Produktgruppe vorzunehmen oder zu unterlassen ist – unmittelbar auf Basis von Kundenbefragungen oder von Erfahrungen oder im Zuge von Trial-and-Error-Tests getroffen. In mittelständischen Unternehmen liegt häufig kein formalisiertes Planungssystem vor; was aber nicht bedeutet, dass diese keine Pläne haben. Zudem bestehen auch im Handel kulturelle Unterschiede in der Anwendung der Planung, die hier ausgeklammert bleiben, da eine nahezu unüberschaubare Anzahl von Systemen oder Methoden existiert und hier nur eine Auswahl von Methoden beschrieben werden kann, während auf andere nur kurz verwiesen wird.[1]

II. Methoden der Evaluation und Strategieselektion

1. Methoden zur Gegenwarts- und Zukunftsbeurteilung

a) Methoden zur Analyse der Ist-Situation

Die Methoden zur Beurteilung der Gegenwart und der Zukunft sollen helfen, die Situation und die Entwicklungen des Unternehmens und der unternehmerischen Umwelt systematisch, umfassend und frühzeitig zu durchdringen. Dabei gilt der Grundsatz: Je eher Veränderungen im Unternehmen oder in der Umwelt wahrgenommen werden, um so eher ist es möglich, darauf zu reagieren, sei es durch Abwehr der Bedrohungen oder durch Nutzung der Chancen. Da i.d.R. diese Änderungen nicht überraschend auftauchen, sondern sich in „**schwachen Signalen**" frühzeitig abzeichnen, sollte ein Unternehmen nicht nur die Ist-Situation analysieren, sondern auch zukunftsorientierte Verfahren einsetzen. Nachfolgend wird diesem Anspruch als Gliederungskriterium gefolgt, auch wenn die Trennung analytischer Natur ist. Als Methoden zur Evaluation der Ist-Situation werden zunächst die traditionelle Umweltanalyse, die Branchenanalyse, die Wertkettenanalyse und das Benchmarking betrachtet.

Traditionelle Umweltanalyse

Der Erfolg der Strategieentwicklung hängt auf Grund der gesteigerten Dynamik der Unternehmensumwelt davon ab, inwieweit es dem Unternehmen

---

[1] Vgl. zu weiteren Instrumenten wie Image- oder Positionierungsanalysen Abschnitt B. in diesem Kapitel oder zur Standortanalyse das Vierte Kapitel sowie im Überblick Barth/Hartmann/Schröder 2007, S. 123ff.; Zentes/Swoboda/Morschett 2004; Zentes/Swoboda 2001a.

gelingt, sich auf diesen Wandel vorzubereiten. Demnach ist es folgerichtig, dass Unternehmen vermehrt Anstrengungen zur Analyse und Prognose der Veränderungen der Unternehmensumwelt sowie der Entwicklung unternehmensinterner Faktoren (Ziele und Ressourcen) unternehmen, die zur Bewältigung der Umweltveränderungen einzusetzen sind.

Durch Umweltanalysen („Environmental Forecasting“) sollen die relevanten Umweltstrukturen analysiert sowie sich abzeichnende Trends beschrieben werden.

Üblicherweise werden dabei die wirtschaftlichen, politisch-rechtlichen, sozialen, technologischen und geografischen Umweltfaktoren einer Analyse oder permanenten Beobachtung unterzogen. Für die Analyse steht ein breiter Methodenapparat bereit, bspw. in Form von umfassenden Checklistentechniken (vgl. die Checklisten bei Macharzina/Wolf 2005, S. 303f.).

Branchen- und Wettbewerbsanalyse

Die Branchen- und Wettbewerbsanalysen konzentrieren sich auf die strukturellen Merkmale, welche die Stärke der Wettbewerbskräfte und somit auch die Rentabilität – i.S.v. Attraktivität – der Märkte bestimmen (Porter 1999b, S. 35ff.).

Die Triebkräfte des Branchenwettbewerbs wurden in Abbildung 1.5 in Abschnitt D. des Ersten Kapitels visualisiert. Fünf Faktoren („**driving forces**“) determinieren die Wettbewerbsintensität und die Gewinnchancen einer Branche:

- **Rivalität unter den bestehenden Wettbewerbern der Branche:** Diese Wettbewerbskraft fußt auf den Bestrebungen der in der Branche bereits tätigen Unternehmen, ihre Position zu verbessern. Die Rivalität – generell und im Handel – ist dann besonders hoch, wenn der Konzentrationsgrad hoch ist, wenn die Branche nur langsam wächst oder wenn auf Grund hoher Fixkosten der Zwang zu Kapitalauslastung besteht.
- **Verhandlungsmacht der Käufer:** Im Handel beeinflussen die Kunden die Attraktivität der Märkte über ihre psychografischen Merkmale, z.B. Kaufverhalten, und soziodemografischen Merkmale, z.B. Einkommenshöhe oder Bevölkerungswachstum. Die Verhandlungsmacht der Abnehmer ist dann hoch, wenn die Käufer konzentriert sind, wenn die Produkte standardisiert sind oder direkt bei den Herstellen erworben werden können bzw. wenn die Produkte einen hohen Anteil am Gesamtbudget ausmachen usw.
- **Verhandlungsmacht der Lieferanten:** Lieferanten können mit Preiserhöhungen oder -variationen, Nichtbelieferungen usw. Druck auf die Branche ausüben. Ihre Verhandlungsmacht ist dann besonders hoch, wenn die Lieferstrukturen oligopolistisch ausgeprägt sind, wenn die Marken nicht substituiert werden können oder wenn die Lieferanten durch Direkt- oder Kontraktvertrieb den Handel ausschalten oder kontrollieren.

- **Bedrohung durch potenzielle Wettbewerber:** Die Gefahr des Eintritts neuer Wettbewerber hängt von der Höhe der Eintrittsbarrieren ab. Im Handel zählen zu den Eintrittsbarrieren hohe Marktanteile (z.B. bei der Strategie der Kostenführerschaft) oder hohe Differenzierungsvorteile (z.B. bei der Strategie der Qualitätsführerschaft). Ferner zählen dazu die Ressourcenausstattung (z.B. Finanzierung), der Kapital- und Marketingaufwand der neuen Anbieter.
- **Bedrohung durch Substitution:** Das Ausmaß der Bedrohung durch Substitutionsgüter oder -dienste wird durch deren Kosten-Nutzen-Relationen bestimmt, durch die latente Neigung der Kunden zum Umstieg und durch die in diesem Zusammenhang bei den Kunden anfallenden Umstellungskosten.

Wertkettenanalyse

Die Wertkette wurde bereits im Rahmen der Konkretisierung des integrativen Managementansatzes im Handel in Abschnitt E.II.2. des Ersten Kapitels behandelt und mit dem modifizierten Wertkettenmodell verbunden. Die **Wertkettenanalyse** als Methode kann wie folgt beschrieben werden:

> *Sie bildet ein Analyseinstrument zur Suche von Wettbewerbsvorteilen in Unternehmen, das nicht nur eine isolierte Analyse von Unternehmensfunktionen oder Prozessen im Unternehmen, sondern eine branchenbezogene Analyse des Unternehmens im Hinblick auf seine Wettbewerbsvorteile ermöglicht.*

Die Wertkettenanalyse bildet kein geschlossenes Modell, ähnlich einer Produktions- oder Preisabsatzfunktion, sondern ein offenes Modell der Unternehmensanalyse (Porter 2000, S. 67ff.). Ihr liegen sechs Grundannahmen zu Grunde:

- Der Gesamtwert einer Leistung ist derjenige Betrag, den die Kunden dafür anzulegen bereit sind; d.h., hier kommt die kundenorientierte Sichtweise in allen Konzepten von Porter zum Ausdruck.
- Für die Erzielung einer befriedigenden Gewinnspanne sind eine differenzierte Betrachtung und Ausgestaltung der Wertschöpfungsaktivitäten unabdingbar.
- Um zu einem Bezugsrahmen einer Analyse zu gelangen, müssen die Teilaktivitäten entlang des Wertschöpfungsprozesses geordnet werden.
- Ausgangspunkt der Analyse ist nicht nur das Unternehmen, sondern die Einbettung seiner Wertschöpfungskette in die Branche.
- Das Top-Management muss die Wertschöpfungskette des Unternehmens im Vergleich zu denjenigen der Konkurrenten analysieren und ggf. im Hinblick auf die Branchenverhältnisse neu definieren.
- Wettbewerbsvorteile bzw. -nachteile lassen sich nur ermitteln, wenn nicht nur einzelne Teilaktivitäten strukturiert und dokumentiert werden, sondern wenn auch die Art und Weise ihrer Erledigung überprüft wird.

Das Konzept der Wertkette hat eine enorme Verbreitung gefunden. Es wurde in komparativen Fallstudienanalysen von Unternehmen eingesetzt. Darin zeigte sich, dass bei verschiedenen Wettbewerbsstrategien die Wertketten von Unternehmen unterschiedlich gestaltet waren. Die Wertkette kann mit den Elementen der Branchen- und Wettbewerbsanalyse zu einem Analysesystem verbunden werden, das nicht nur das Strukturieren der Wertschöpfungsfunktionen in einem Unternehmen, sondern auch die Betrachtung der Einflussfaktoren ermöglicht. Insgesamt verbindet das Wertkettensystem verschiedene Bausteine unterschiedlichen Detailierungsgrades zu einem komplexen Aussagesystem. Darin liegt jedoch zugleich die Anwendungsproblematik, da die überwiegend qualitativen und aus Einzelbeispielen abgeleiteten Aussagen zuvor einer empirischen Überprüfung unterzogen werden müssten.

b) Zukunftsorientierte Verfahren

Chancen-Gefahren-Analyse

Die Chancen-Gefahren-Analyse basiert auf einer gleichzeitigen Unternehmens- und Umweltanalyse. Sie nimmt eine Verknüpfung unternehmensinterner und -externer Entwicklungen vor und erfüllt damit die heutigen Anforderungen an die Grundkonzeption der **Unternehmens-Umwelt-Koordination** in der Unternehmensführung. Dies geschieht dadurch, dass Informationen über die zukünftige Unternehmensumwelt sowie das zu erwartende Unternehmensprofil verknüpft werden, um im Vorhinein Entwicklungsmöglichkeiten (Chancen) und Bedrohungen (Gefahren) für das Unternehmen ableiten zu können. Im anglo-amerikanischen Sprachraum ist das Instrument unter der Bezeichnung **WOTS-UP-Analyse** bekannt geworden, wobei die Zusammenführung von „Weaknesses", „Opportunities", „Threats" und „Strengths" zum Ausdruck gebracht werden soll. Abbildung 2.81 zeigt, wie die Chancen-Gefahren-Analyse typischerweise durchgeführt werden kann. Das Instrument ist dazu geeignet, auch extreme Zukunftssituationen eines Unternehmens zu erfassen. Unmittelbare Handlungsempfehlungen – i.S.v. strategischen Stoßrichtungen – für die Zukunftsbewältigung werden allerdings nicht bereitgestellt.

Strategische Früherkennung und Frühwarnung

In der Regel treten Veränderungen nicht überraschend auf, sondern zeichnen sich – wie bereits erwähnt – in „schwachen Signalen" frühzeitig ab. Ein Verfahren zur frühzeitigen Erkennung derartiger „schwacher Signale" wird als **Früherkennungssystem** bezeichnet.

> *Die Frühaufklärung bzw. -erkennung beschäftigt sich mit der Antizipation und Prognose zukünftig für die Unternehmung relevanter Umwelt- wie auch Unternehmensentwicklungen. Im Gegensatz zur Frühwarnung signalisiert die Früherkennung nicht nur latente Bedrohungen, sondern auch spezifische Chancen.*

Abbildung 2.81: Konzeption der WOTS-UP-Analyse

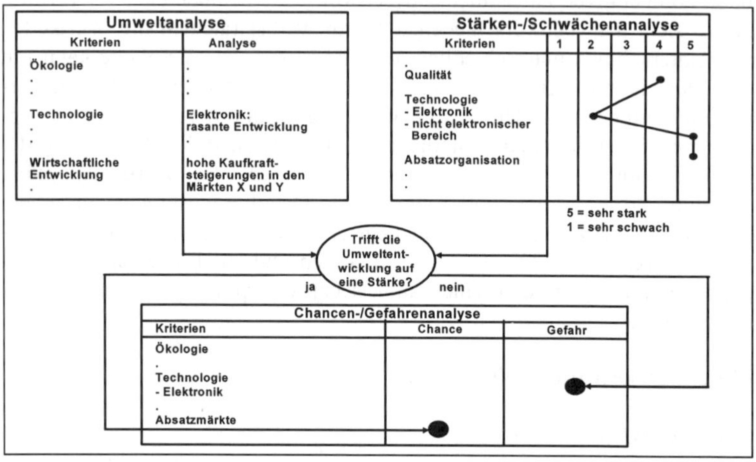

Quelle: Macharzina/Wolf 2005, S. 320.

Ihre Aufgabe ist die Schaffung einer frühzeitigen, zukunftsorientierten Informationsgrundlage für die strategische Unternehmensplanung mit dem Ziel „der Verlängerung der verfügbaren Reaktionszeiten, indem mögliche zukünftige Entwicklungen antizipiert, frühzeitige Hinweise auf tendenziell noch verborgene Tatbestände und Entwicklungen gegeben" (Muchna 1995, Sp. 721) und abgestufte Reaktionsstrategien hinsichtlich alternativ möglicher Zukunftsentwicklungen entworfen werden. Dazu müssen die relevanten Umweltfaktoren permanent und auf sensible Weise beobachtet werden. Gleichzeitig darf man nicht vergessen, dass Aspekte, die in der Vergangenheit nicht von Relevanz für die Situation des Unternehmens waren, evtl. zukünftig an Bedeutung gewinnen können. Im anglo-amerikanischen Sprachraum wird die strategische Früherkennung als Zusammenfassung der Begriffe Environmental Scanning und Environmental Monitoring zur **Environmental Analysis** aufgefasst. Monitoring bedeutet dabei die Beobachtung bereits bekannter Bereiche und Phänomene, während das Scanning neue, noch nicht analysierte Bereiche erfasst und analysiert.

Monitoring und **Scanning** werden im Rahmen der Früherkennung z.B. zur Suche nach neuen Geschäftsfeldern oder neuen Entwicklungen eingesetzt. Eine strategische Suchfeldanalyse ist eine Systemkonzeption zur Unterstützung, Analyse (i.e.S.), Bewertung und Auswahl neuer Geschäfte mit dem Ziel der Erreichung eines ausgeglichenen Geschäftsportfolios innerhalb eines Unternehmens. Viele Ansätze strategischer Früherkennung basieren auf der Diffusionstheorie und maßgeblich auf dem Konzept der „schwachen Signale" (Ansoff 1979, S. 21ff.). Als „schwache Signale" gelten u.a.:

- plötzliche Häufung gleichartiger Ereignisse in einem oder mehreren Ländern/Regionen
- Verbreitung von neuartigen Meinungen/Ideen in den Medien

- Meinungen und Stellungnahmen von Schlüsselpersonen und/oder (internationalen) Organisationen und Verbänden
- Tendenzen in der Rechtsprechung und Gesetzgebung sowie politische Strömungen im In- und Ausland.

Indikatorprognosen

Innerhalb der Gruppe der Früherkennungssysteme haben Indikatorprognosen eine hohe Bedeutung.

> *Indikatorprognosen gehen davon aus, dass ein Kausalzusammenhang zwischen ausgewählten Früherkennungsindikatoren – i.S. zuvor definierter Beobachtungsbereiche – und den zeitlich nachgelagerten Umweltentwicklungen besteht.*

Als externe Beobachtungsbereiche indikatororientierter Früherkennungssysteme kommen generelle Indikatoren wie wirtschaftliche, sozio-politische oder technologische Entwicklungen, unternehmensindividuelle (Absatz-, Beschaffungs-, Arbeitsmarkt usw.) und funktionsorientierte Indikatoren (Forschung & Entwicklung, Absatz, Produktion und Beschaffung usw.) zur Anwendung (Krystek/Walldorf 1992, S. 355f.). Für den Einzelhandel spielen die wirtschaftlichen und die sozio-politischen Indikatoren eine entscheidende Rolle. Im Rahmen der Marktauswahl (z.B. bei internationalen Engagements) bilden sie einen ersten Indikator für wirtschaftlich-politische Stabilität und die Kaufkraft. Schwierig ist die Erkennung zukünftiger Entwicklungen und „schwacher Signale" in dynamischen Umweltsituationen, die etwa durch das Auftreten von Diskontinuitäten, z.B. Richtungsänderung (Strukturbrüchen), Niveauänderungen (Unstetigkeiten) des Umweltsystems oder technologischen Änderungen (Innovationen) bedingt sind.

Szenarien

Die Szenariotechnik findet ihre Anwendung im Rahmen der strategischen Früherkennung und eignet sich – anders als die Indikatorprognosen – auch zur Ableitung zukunftsgerichteter Aussagen bei dynamischen Umweltentwicklungen. Szenarien nehmen eine systematische Einschätzung zukünftiger Entwicklungen vor. Dabei konzentrieren sie sich auf Entwicklungen der unternehmensrelevanten Felder, so wirtschaftspolitische, technologische, gesellschaftspolitische, geopolitische und ökologische Trends oder Veränderungen (vgl. hierzu Zentes/Swoboda/Morschett 2004).

Ratings und Profile

Ratings bilden ein einfaches, universelles (Hilfs-)Instrument, das bei verschiedenen Problemstellungen zur Anwendung gelangt. Sie lassen sich für Branchen, Betriebstypen oder Standorte erstellen und visualisieren bspw. die Konsumentenwahrnehmung verschiedener Merkmale von Einkaufsstätten. Im Internationalen Management spielen Country-Ratings (**Länderratings**) eine besondere Rolle. Ihre Aufgabe besteht darin, politische und wirtschaftliche Chancen und Bedrohungen, die in jeweiligen Auslandsmärkten zu erwarten sind, frühzeitig zu signalisieren (Zentes/Swoboda 1997, S. 186).

2. Methoden zur Bestimmung strategischer Stoßrichtungen

Methoden zur Bestimmung strategischer Stoßrichtungen basieren einerseits auf den im Unternehmen vorliegenden, häufig im Rahmen von Früherkennungsanalysen gewonnenen Erkenntnissen über die Umwelt und das Unternehmen. Letztere bilden die Grundlagenarbeit der Strategieformulierung, während die Methoden zur Bestimmung strategischer Stoßrichtungen bereits gestaltend in die Strategieformulierung eingreifen. Darunter ist eine Reihe von Verfahren zu subsumieren, die eigenständige Analysen und darauf aufbauend Evaluationen von strategischen Stoßrichtungen ermöglichen. Hierzu zählen u.a. die SPACE-Analyse, die Produkt-Markt-Matrix, die erweiterte GAP-Analyse, die Standort-Vertriebswege-Matrix, das MBD-Konzept, die SWOT-Analyse und – im Folgenden nicht betrachtet – das Strategische Spielbrett und die Misfit-Analyse (zu den Verfahren vgl. Macharzina/Wolf 2005, S. 331ff.).

SPACE-Analyse

> *Die SPACE-Analyse (Strategic Position and Action Evaluation) dient der Bestimmung der strategischen Grundhaltung von Unternehmen, wobei die Grundannahme die ist, dass die strategische Grundhaltung zur Umwelt des Unternehmens passen muss.*

Methodisch wird anhand von vier Bündeln von Schlüsselvariablen – der Umweltstabilität, der Branchenstärke, der Wettbewerbsvorteile und der Finanzkraft – ein Koordinatensystem aufgespannt. Unternehmen, die verschiedene Strategien verfolgen – z.B. Kosten- oder Qualitätsführer oder Risikostreuer, Prospektor, Verteidiger, Anpasser – werden in diesem System abgebildet. Damit wird die strategische Grundhaltung jeder der Strategien vergleichend gegenübergestellt. Man kann damit erfolgreiche von weniger erfolgreichen Strategien und Unternehmen in einer bestimmten Umweltsituation erkennen.

Produkt-Markt-Matrix

Neben der Formulierung von Produkt-Markt-Kombinationen besteht die Notwendigkeit, die Stoßrichtung zu bestimmen. Je nach der Geschäftsfeldsituation eignen sich Wachstums- oder Rückzugsstrategien. Die Produkt-Markt-Matrix ist ein heuristisches Konzept von Ansoff zur Bestimmung von Wachstumsstrategien (Ansoff 1957, S. 113ff.). Dabei wird festgelegt, welche Leistungen das Unternehmen auf welchem Markt in Zukunft anbieten soll. Die Grundlage bildet die Unterscheidung von Produkten und Märkten, die in dem Konzept jeweils die Ausprägung „alt“ und „neu“ einnehmen können. Daraus resultieren vier Produkt-Markt-Strategien (siehe Abbildung 2.82).

Abbildung 2.82: Produkt-Markt-Strategien nach Ansoff

Produkte / Märkte	Gegenwärtige Produkte	Neue Produkte
Gegenwärtige Märkte	Marktdurchdringung	Produktentwicklung
Neue Märkte	Marktentwicklung	Diversifikation

Da sich Ansoff auf produzierende Unternehmen bezieht, ist eine Übertragung auf die Belange des Handels notwendig. Die Produktdimension ist im Handel durch die Dimension Leistungsprogramm – Sortiment/Betriebstyp – zu ersetzen. Die Strategievarianten lassen sich dann wie folgt charakterisieren:

- **Marktdurchdringung**: Sie sieht die Abschöpfung des Marktpotenzials mit vorhandenen (alten) Leistungen in bestehenden (alten) Märkten vor, so durch eine Intensivierung der Aktivitäten im Rahmen des Marketing-Mix.
- **Marktentwicklung**: Mit gegenwärtigen Leistungen sollen neue Märkte erobert werden, so durch eine räumliche bzw. örtliche Ausweitung des Engagements. Dazu zählen bspw. die (inländische) Filialisierung oder die Internationalisierung.
- **Produkt-/Angebotsentwicklung**: Auf dem gegenwärtigen Markt werden neue bzw. verbesserte Betriebstypen positioniert oder es erfolgt die Integration neuer Sortimentsteile. Da allerdings neue Sortimentsteile zugleich neue Märkte, i.S.v. Kunden, ansprechen können, ist die Trennung zur Diversifikation fließend. Es kommt hier auf die Marktdefinition an.
- **Diversifikation**: Ein Unternehmen tritt mit neuen Leistungen auf neuen Märkten auf. Dies kann horizontal, vertikal oder lateral erfolgen.
  - Eine **horizontale Diversifikation** liegt vor, wenn das Handelsunternehmen auf der gleichen Wirtschaftsstufe (d.h. auf der Handelsstufe) bleibt, dort aber entweder das Warenangebot erweitert (z.B. ein Textilhaus eröffnet eine Schuhabteilung), den bisherigen Betriebstyp in eine neue Branche positioniert (z.B. ein Textilfachgeschäft entwickelt ein Schuhfachgeschäft), einen neuen Betriebstyp entwickelt (z.B. ein Textilhaus filialisiert über Boutiquen) oder schließlich eine sinnvolle Kombination der Varianten vornimmt. Bei dieser Sichtweise sind die Grenzen der Diversifikation und der Angebotsentwicklung fließend.
  - Bei **vertikaler Diversifikation** wird der Händler in einer vor- oder nachgelagerten Stufe tätig, z.B. mit eigenem Produktionsbetrieb.
  - Eine **laterale Diversifikation** liegt vor, wenn ein Handelsunternehmen in Tätigkeitsgebieten aktiv wird, die in keinem sachlichen Zusammenhang zu den bisherigen stehen, z.B. wenn ein Warenhaus im Immobilien- oder Bankengeschäft tätig wird bzw. ein Reisebüro oder eine Autovermietung betreibt (Barth/Hartmann/Schröder 2007, S. 150 und Müller-Hagedorn 1998, S. 202ff.).

Erweiterte GAP-Analyse

> *Ein Verfahren der unternehmerischen Gegenwarts- und Zukunftsbeurteilung bildet die GAP-Analyse (=Analyse der strategischen Lücke). Methodisch stellt sie die extrapolierten Vergangenheitsdaten (z.B. Erlös- oder Ertragsentwicklung) den gewünschten Soll-Entwicklungen gegenüber und zeigt dadurch an, inwiefern man mit einer Zielerreichung rechnen kann.*

In der Regel tritt eine **Ziellücke** zwischen der Soll- und der Ist-Entwicklung des Unternehmens auf. Damit ist die klassische GAP-Analyse lediglich eine Methode zur Zukunftsbeurteilung der Unternehmensentwicklung, nicht jedoch zur Bestimmung von strategischen Stoßrichtungen. Letzteres ist dann möglich, wenn man zur Schließung der Lücke auf die strategischen Stoßrichtungen der Produkt-Markt-Matrix zurückgreift, weswegen die erweiterte GAP-Analyse hier im Rahmen der Methoden zur Bestimmung strategischer Stoßrichtungen betrachtet wird. Die Rangfolge der vorgeschlagenen Strategien folgt dem Gesetz der abnehmenden Synergiepotenziale, d.h., das Synergiepotenzial zwischen den bisherigen Aktivitäten und Marktdurchdringung ist am größten, nimmt aber in Richtung Diversifikation ab. Infolge dieser Verbindung können erste strategische Stoßrichtungen abgeleitet werden (siehe Abbildung 2.83).

Abbildung 2.83: Erweiterte Gap-Analyse

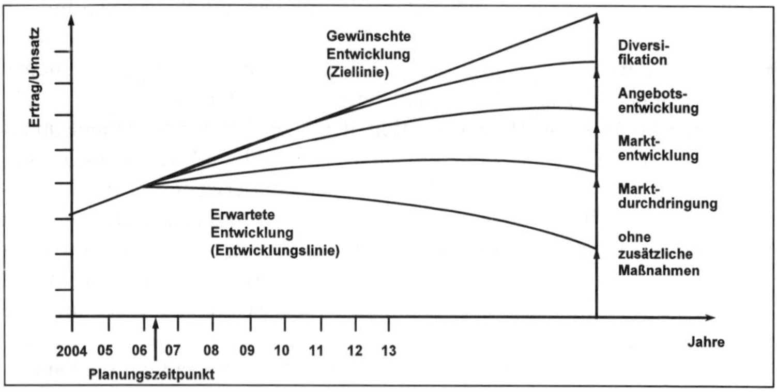

Standort-Vertriebswege-Matrix

> *Die Standort-Vertriebswege-Matrix bildet ein Konzept zur Ableitung von Handlungsoptionen für Handelsunternehmen im dynamischen Umfeld. Sie basiert auf zwei Ansatzpunkten, so neueren Angebotsformen und Angebotsbündelungen, die der Handel als Vertriebswege aktiv angehen und (fort-)entwickeln muss, und der Betroffenheit des traditionellen Einzelhandels.*

Aus der Kombination der Ansatzpunkte resultiert eine Matrix, die den strategischen Merkmalsraum aufspannt, differenziert nach alten/traditionellen Standorten und neuen Standorten einerseits sowie nach alten Vertriebswegen und neuen Vertriebswegen andererseits. Entsprechend liegen vier Basisstrategien des Wachstums für den Handel vor (siehe Abbildung 2.84):

- **Durchdringung**: Neue Angebotsformen bringen für traditionelle (stationäre) Handelsunternehmen enorme strategische Handlungsnotwendigkeiten an den angestammten Standorten und in den angestammten Vertriebswegen mit sich. Diese Notwendigkeiten korrespondieren mit einer marketingmäßigen Durchdringung angestammter Vertriebswege-Standort-Kombinationen, um dadurch Wachstumschancen zu realisieren. Ein Weg hierzu ist die klassische Strategie der Marktdurchdringung, so Erlebnisstrategien, Outpacing-Strategien. Hierzu zählen aber auch neuere Optionen, so Sortimentserweiterungen (z.B. Bio-, Rotationssortimente), Servicekonzepte (z.B. Öffnungszeiten, Abholpunkte) und Marketinginstrumente (z.B. Loyalitätssysteme).

Abbildung 2.84: Standort-Vertriebswege-Matrix

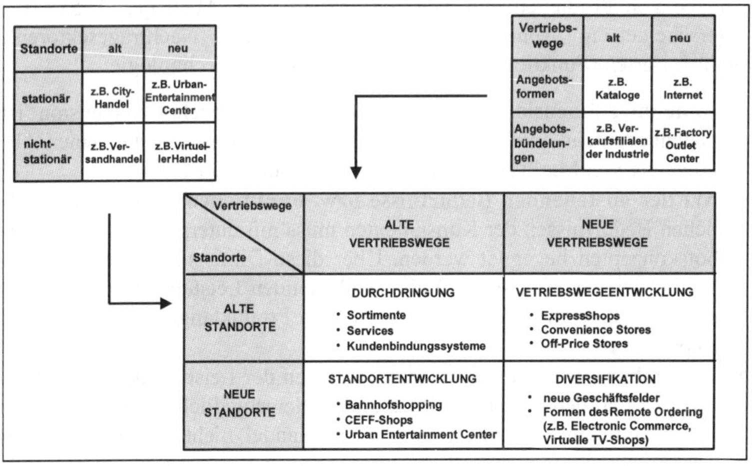

Quelle: Zentes/Swoboda 1999d, S. 50.

- **Vertriebswegeentwicklung**: Die Strategie der Vertriebswegeentwicklung umfasst die Option, an alten Standorten neue Vertriebswege zu etablieren. Hierbei kann es sich um traditionelle, zugleich in den letzten Jahren erfolgreiche Betriebstypen handeln, so die Entwicklung von Fachmärkten in innerstädtischen Lagen auf neuen Post-, Gewerbe- oder Bahnflächen.
- **Standortentwicklung**: Die Strategie der Standortentwicklung schließt prinzipiell alle Überlegungen ein, die eine Übertragung der bisherigen Vertriebsformen an neue Standorte mit dem Ziel des Wachstums betreffen. Vor dem Hintergrund der enormen Dynamik im Bereich neuer Standorte und Flächen dürfte in der Standortentwicklung eine Herausforderung der Zukunft liegen.
- **Diversifikation**: Die Diversifikation bildet die weitreichendste Wachstumsstrategie, in deren Zuge Einzelhandelsunternehmen an neuen Standorten mit neuen Vertriebswegen tätig werden. Hierzu gehören alle neuen Geschäftsfelder, die außerhalb der Kernwertschöpfung liegen, so die Produktherstellung, die Touristik bis hin zur Gastronomie. Im engeren Sinne gehören dazu die Implementierung von neuen Convenience Stores oder elektronischen Stores an neuen Standorten, z.B. an Tankstellen, ebenso auch die Entwicklung von Off-Price-Stores an Bahnhöfen bis hin zu neuen Partnerschaften, so im Bereich des Remote Ordering oder mit der Freizeitwirtschaft usw.

MBD-Konzept – das Abell-Schema

Abell hat ein dreidimensionales Schema vorgelegt, das zur Bestimmung von Tätigkeitsbereichen eines Unternehmens herangezogen wird. Das MDB-Konzept (Market-Boundary-Definition-Konzept) geht davon aus, dass es unzureichend ist, Betätigungsfelder eines Unternehmens lediglich über die Angabe von Produkten und Märkten abzugrenzen. Abell (1980, S. 17ff.) unterscheidet in Abnehmerdimension (potenzielle Nachfragesektoren), Bedürfnisarten (Funktionserfüllung) und einsetzbare Technologie:

- **Abnehmerdimension:** Die Betrachtung der Abnehmerdimension ist gleichbedeutend mit einer Segmentierung des Marktes, d.h. einer Abgrenzung von Marktsegmenten anhand relevanter Kriterien.
- **Art der anstehenden Bedürfnisse bzw. Funktionen:** Den unterschiedlichen Bedürfnissen der Konsumenten muss mit unterschiedlichen Angebotskonzepten begegnet werden. Über diese Dimension definieren sich folglich die Bedürfnisse und die anzubietenden Leistungen, die im Handel sehr unterschiedlich sein können, z.B. Produktangebote, Zustellung, Reparatur usw.
- **Einsetzbare Technologien:** Zum Erbringen der Leistungen für die Zielgruppen und deren Bedürfnisse können unterschiedliche Technologien in Frage kommen. Technologien sind im Handel nicht nur die medialen Technologien, sondern auch Technologien der Beratung oder der Zustellung.

Aus diesen Elementen resultiert ein dreidimensionales Analyseraster (siehe Abbildung 2.85), das für die strategische Betriebstypenplanung, so die Suche nach neuen Betriebstypen, eingesetzt werden kann. Die bewusst grob gehaltenen Dimensionen ermöglichen die flexible Berücksichtigung und Kombination verschiedener Ausprägungen/Items zur Beschreibung der Dimensionen in empirischen Untersuchungen. Es handelt sich um ein stufenweise zu vertiefendes Schema, das eine kreative Auslegung ermöglicht und daher für unkonventionelle Zukunftsüberlegungen der Betriebstypenplanung herangezogen werden kann.

Abbildung 2.85: Felder unternehmerischer Betätigung nach Abell

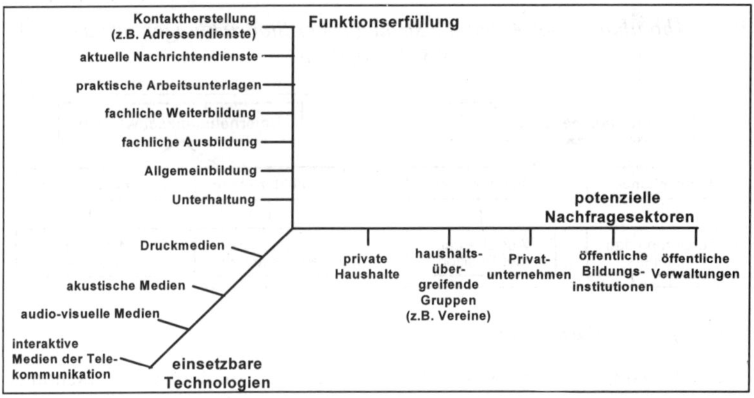

Quelle: Abell 1980, S. 29.

SWOT-Analyse

Von relativ hohem Informationswert für das strategische Marketing/Management erweist sich die SWOT-Analyse (Strengths-Weaknesses-Opportunities-Threats-Analyse), die eine Weiterentwicklung der WOTS-Up-Analyse (Chancen-Gefahren-Analyse) darstellt und aus zwei Teilkonzepten besteht: **Stärken-Schwächen**- und **Chancen-Risiken-Analyse** (Macharzina/Wolf 2005, S. 341f.). Ziel der Stärken-Schwächen-Analyse ist die Gegenüberstellung der Ist-Position des eigenen Unternehmens mit der der Konkurrenzunternehmen. Die Evaluierung erfolgt auf der Basis von Unternehmensdaten, Expertenurteilen sowie Schätzungen. Auf diese Weise lassen sich die komparativen Schwächen, die abgebaut werden müssen, und die komparativen Stärken, die ein Unternehmen halten oder gar ausbauen sollte, aufdecken. Aus dem Ausmaß der Vorsprünge bzw. Rückstände des Unternehmens gegenüber der Konkurrenz ergeben sich Hinweise bezüglich der Adäquanz einer offensiven Wachstums- oder einer defensiven Rückzugsstrategie.

Die Ist-Situation des Unternehmens ist immer auch vor dem Hintergrund der Umwelt- und Marktsituation bzw. -entwicklungen zu sehen. Im Rahmen der Chancen-Risiken-Analyse identifiziert man zunächst die Umweltkräfte, die für die Zielerreichung von Relevanz sind. Mittels Szenarien wird deren Entwicklung in die Zukunft fortgeschrieben und werden hypothetische Auswirkungen auf das Marktumfeld abgeleitet. Dabei bezeichnet man positive Entwicklungen als Chancen, negative hingegen als Risiken. Sowohl Chancen als auch Risiken werden im Hinblick auf ihre Wichtigkeit und Eintrittswahrscheinlichkeit bewertet. Die Ergebnisse der Stärken-Schwächen-Analyse und die der Chancen-Risiken-Analyse werden in der SWOT-Analyse zusammen geführt. Somit können die Stärken und Schwächen eines Handelsunternehmens unter dem Aspekt zukünftiger Chancen und Risiken untersucht werden, um anschließend Handlungsempfehlungen abzuleiten (siehe Abbildung 2.86).

Abbildung 2.86: Ableitung strategischer Stoßrichtungen aus der SWOT-Analyse

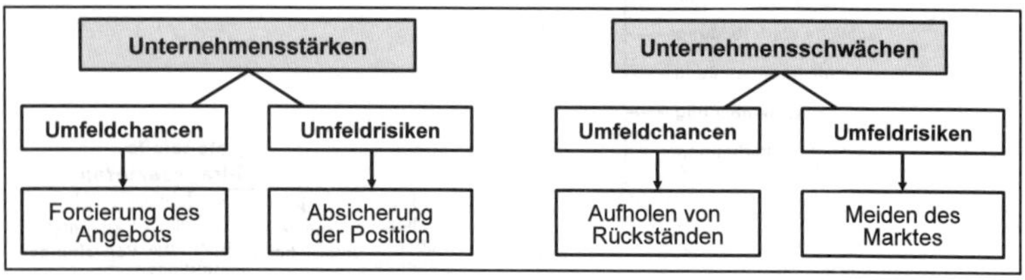

Erfolgsfaktorenforschung

Die Erfolgsfaktorenforschung ist keine Methode, sondern ein Forschungszweig, der sich verschiedener Methoden bedient. Ziel ist es, aus der Vielzahl denkbarer Einflussgrößen jene Bestimmungsfaktoren zu isolieren, die einen signifikanten Einfluss auf den Erfolg von Unternehmen ausüben. Entsprechend dieser ehrgeizigen Zielsetzung sind die denkbaren Erfolgsfaktoren im Handel umfassend, aus verschiedenen Perspektiven, für verschiedene Branchen und mithilfe verschiedener Verfahren diskutiert worden (vgl. hierzu die Analyse von Burmann 1995 und die Synopse in Schröder 1994).

3. Methoden zur Ableitung von Strategien

Im Rahmen der Strategieformulierung werden die künftigen Leistungen im Handel – Sortimente und Betriebstypen –, die zu bearbeiteten Zielmärkte sowie die Ressourcenkombinationen in den Leistungs-Markt-Kombinationen bzw. strategischen Geschäftseinheiten festgelegt. Dieser Schritt basiert zugleich auf den beiden vorangegangenen, in denen die Zukunftsentwicklung interner und externer Rahmenbedingungen prognostiziert sowie die strategische Stoßrichtung des Unternehmens festgelegt wurde. Allerdings werden hier nicht mehr wage Handlungsrichtungen bestimmt, sondern es wird geklärt, welche Unternehmensaktivitäten gefördert, welche zurückhaltend gehandhabt und welche aufgegeben werden sollen.

Mit den **Positionierungsmodellen** wurden im Abschnitt B. in diesem Kapitel Methoden angesprochen, die bei der Ableitung von Positionierungsstrategien hilfreich sein können, i.d.R. jedoch keine Entscheidungen zur Zuordnung von Ressourcen zu strategischen Geschäftseinheiten innerhalb eines Unternehmens vornehmen. Unter den Methoden, die dieses ermöglichen, haben in verschiedenen Varianten **Portfoliotechniken** eine zentrale Bedeutung erlangt. Sie können überall dort angewandt werden, wo das Problem ansteht, in welchem Maße und in welcher Form Ressourcen eingesetzt bzw. verlagert werden sollen (vgl. Macharzina/Wolf 2005, S. 345ff.). Ihre Wurzeln liegen im finanzwirtschaftlichen Bereich, wo über die Aufteilung des Vermögens von Wirtschaftssubjekten auf Anlageformen wie Geldvermögen, Wertpapiere und Sachgegenstände zum Zweck der Ertragsmaximierung und Risikominderung für den Anleger entschieden wird. Diese Grundidee wurde im Laufe der Jahre auf Unternehmen und ihre strategischen Geschäftseinheiten übertragen und mündet hier in die Suche nach der für die Gesamtunternehmung vorteilhaftesten Mischung einzelner Geschäftsfelder. Nach der Art der herangezogenen Kriterien kann man verschiedene Arten von Portfolios unterscheiden. Nachfolgend werden vier Konzepte erläutert, welche die Ableitung von **Normstrategien** für Produkte bzw. Geschäftsfelder zulassen und damit Hinweise zur effizienten Ressourcenallokation liefern.

Marktwachstums-Marktanteil-Portfolio

> *Die bekannteste Portfolio-Darstellung, die auf die Boston Consulting Group zurückgeht, orientiert sich an den Faktoren relativer Marktanteil und Marktwachstum (BCG-Matrix). Die Produkte oder strategischen Geschäftseinheiten werden nach den Ausprägungen dieser Merkmale in einem Portfolio positioniert, das durch die Aufteilung der beiden Kriterien in „hoch“ und „niedrig“ in vier Felder gegliedert wird (siehe Abbildung 2.87).*

In Abhängigkeit von dem (relativen) Marktanteil und dem Marktwachstum werden für jedes der Felder bzw. für jede der strategischen Geschäftseinheiten (SGE) in den Feldern Überlegungen angestellt, wie hoch der erwartete Cashflow sein wird. Zentrales Ziel ist ein **Cashflow-Gleichgewicht**, das über alle SGE erreicht werden muss. Entscheidend sind dabei die Cashflow-Freisetzung und der Cashflow-Bedarf, der in jedem der vier Felder unterschiedlich ausfällt.

Die Bezeichnung „**Cash-Cows**“ soll bspw. anzeigen, dass es sich um Aktivitäten handelt, bei denen ein Unternehmen oder eine SGE einen hohen relativen Marktanteil aufweist, damit relativ hohe Umsätze erzielen kann, aber auf Grund des niedrigen Marktwachstums lediglich niedrige Beträge im Markt investieren muss, so dass relativ hohe Cashflow-Überschüsse anfallen werden. „**Stars**“ sind diejenigen SGE, deren Markt sich in einem hohen Wachstum befindet, was hohe Investitionen erfordert (Cashflow-Bedarf). Auf Grund ihres hohen relativen Marktanteils generieren sie Cashflow-Überschüsse, die in den Markt investiert werden können. Bei den „**Question Marks**“ ist die Marktentwicklung dynamisch; sie haben es jedoch noch nicht geschafft, einen hohen Marktanteil und damit ein Cashflow-Generierungspotenzial aufzubauen. „**Poor Dogs**“ sind auf nicht mehr wachsenden Märkten tätig und haben hier einen geringen Marktanteil, sodass sich eine Investition voraussichtlich nicht lohnt. Für die Felder bieten sich spezifische Strategien, sog. **Normstrategien**, an, die das Ziel einer optimalen Allokation von Ressourcen verfolgen. So empfiehlt sich für die „Stars“ eine Investitionsstrategie, für die „Armen Hunde“ eine Desinvestitionsstrategie, für die „Cash-Kühe“ eine Abschöpfungsstrategie und für die „Fragezeichen“ – in Abhängigkeit von den verfügbaren Ressourcen – eine Investitions- oder Desinvestitionsstrategie. Dahinter stehen zwei Hypothesen:

- Eine Marktanteilserhöhung führt zur Senkung der Stückkosten und damit zur Erhöhung von Gewinnspanne und Cashflow (**Erfahrungskurveneffekt**).
- Ein starkes Marktwachstum erfordert Investitionen, d.h., je höher die Marktwachstumsrate, desto höher ist der Cashflow-Bedarf (eine Überlegung, die sich im **Produkt-** bzw. **Marktlebenszyklusmodell** wiederfindet).

Abbildung 2.87: Marktwachstums-Marktanteils-Portfolio

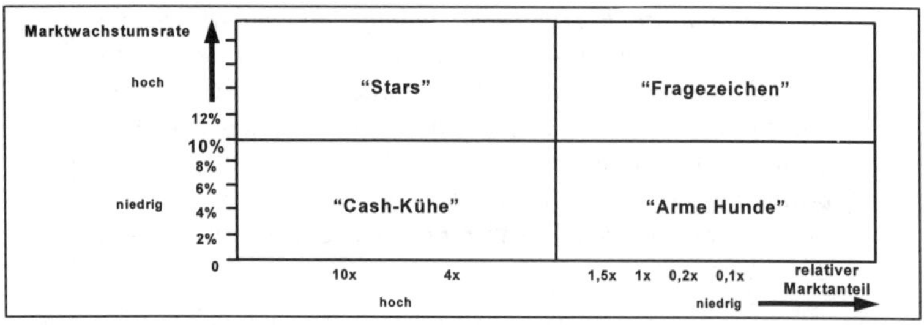

Quelle: Kreikebaum 1997, S. 76.

Die theoretische Basis für die Auswahl und die Beschränkung auf die beiden Schlüsselfaktoren relativer Marktanteil und Marktwachstum besteht im Konzept der Erfahrungskurve und im Produktlebenszyklus-Modell.

Erfahrungskurveneffekt

Die Erfahrungskurve beschreibt den Zusammenhang zwischen der kumulierten produzierten Menge eines Produktes und den Kosten dieses Produktes.

Der Erfahrungskurveneffekt besagt: Mit jeder Verdoppelung der im Zeitablauf kumulierten Produktionsmenge gehen die auf die Wertschöpfung bezogenen Stückkosten eines Produktes potenziell um 20 bis 30 % zurück.

Dieser Kostendegressionseffekt auf Grund der Erfahrungskurve beruht auf vier Teilkonzepten: Theorie der Lernkurven, Größendegressionseffekt (periodenbezogene statische Kostensenkung), technischer Fortschritt und Rationalisierung (Kreikebaum 1997, S. 98f.). Mit Hilfe der Erfahrungskurvenanalyse kann man auf die Kostensituation von Wettbewerbern schließen und so die eigene Wettbewerbsposition bestimmen. Da oftmals Informationen über die kumulierten Mengen fehlen, geht man davon aus, dass sich die kumulierten Mengen der Konkurrenten wie ihre Marktanteile verhalten. Dies ist insbesondere dann gerechtfertigt, wenn mehrere Anbieter etwa gleichzeitig in einen Markt einsteigen und ein in etwa konstantes Wachstum haben. Als Beispiel sei die Situation von vier Unternehmen dargestellt (siehe Abbildung 2.88).

Abbildung 2.88: Beziehung zwischen Marktanteilen und Erfolgspotenzialen

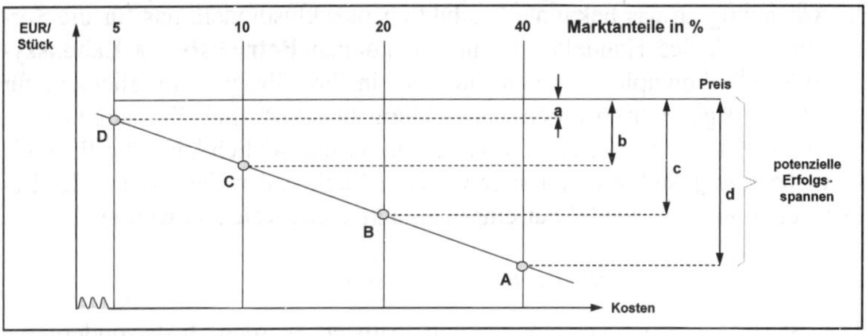

Quelle: Kreikebaum 1997, S. 105.

Das Beispiel zeigt, dass es dem Unternehmen mit dem höchsten (relativen) Marktanteil (Marktführer) gelungen ist, einen erheblichen Kostenvorteil gegenüber seinen Konkurrenten zu erzielen. Das Unternehmen A hat die höchste potenzielle Erfolgsspanne. Das Unternehmen D läuft dagegen Gefahr, bei einem Preiswettbewerb schnell aus dem Markt verdrängt zu werden. Als strategisches Marketingziel folgt daraus, hohe und sichere Marktpositionen anzustreben.

Es spricht nichts gegen die Annahme von Erfahrungseffekten im Handel, die sich in entsprechenden, wohl flacheren Erfahrungskurven als in der Produktion niederschlagen dürften. Entsprechende Effekte beim Personaleinsatz – in der Logistik – stützen diese Annahme. Sie stellen aber kein allgemeingültiges Gesetz dar. Kritik richtet sich auf die unscharfe Kostendefinition, die Problematik der Marktabgrenzung, die Definition eines neuen Produktes, die Nichtbeachtung des Sortimentsverbundes und generell auf die Monokausalität, da auch andere Faktoren auf die Erfolgspotenziale wirken. Unter Beachtung dieser Aspekte handelt es sich jedoch um ein praktikables Analyse- und Planungskonzept, das in der Portfolio-Analyse wie auch in Wettbewerbsstrategien berücksichtigt wird.

Lebenszyklus-Modell

Als **zeitbezogenes Marktreaktionsmodell** verknüpft das Lebenszyklus-Konzept unternehmerische Erfolgsgrößen, z.B. Deckungsbeitrag, Gewinn, Umsatz, mit dem Faktor Zeit.

> *Das Lebenszyklus-Modell beschreibt die Entwicklung der Erfolgsgrößen während der Zeit, in der sich ein Produkt, eine Einkaufsstätte oder auch eine Dienstleistung auf dem Markt befindet. Entsprechend der Modell-Annahme werden dabei verschiedene Phasen durchlaufen, die durch ein unterschiedliches Wachstum des Marktes gekennzeichnet sind und implizit unterschiedliche Investitionen von Seiten des Unternehmens erfordern.*

So sind in den ersten Phasen (dynamisch wachsender Markt) hohe, in den späteren Phasen (gesättigter Markt) niedrigere Investitionen vorzunehmen. In Anlehnung an das bekannte Produktlebenszyklusmodell, das für die Sortimentspolitik des Handels relevant ist, können **Betriebstypen-Lebenszyklusmodelle** konzipiert werden, die aber in ihrer Prognosemöglichkeit für die langfristige Betriebstypen-Entwicklung begrenzt sind. Bemängelt wird v.a. ihre fehlende theoretische Fundierung. Grundsätzlich kann die für viele Branchen festgestellte empirische Gesetzmäßigkeit der Verkürzung der Lebenszeiten für den Handel nur eingeschränkt nachgezeichnet werden.

Marktattraktivitäts-Wettbewerbsvorteils-Portfolio

Die BCG-Matrix ist verschiedentlich kritisiert worden. Insbesondere die Begrenzung auf lediglich zwei Dimensionen führte zu Weiterentwicklungen des Basisportfolios, so zur **McKinsey-Matrix**. In dem Marktattraktivitäts-Wettbewerbsvorteil-Portfolio werden zwei Variablen, die Marktattraktivität und die Wettbewerbsstärke (auch relative Geschäftsfeldstärke), verwendet, die sich allerdings jeweils aus mehreren Unterkriterien zusammensetzen. Als Subkriterien für die Marktattraktivität sind zu nennen: Marktgröße, jährliche Wachstumsrate, Gewinnspanne in der Branche, Wettbewerbsintensität, technologische Erfordernisse, Inflationsanfälligkeit, Energiebedarf, Umwelteinwirkungen und gesellschaftliches/politisch-rechtliches Umfeld. Als Subkriterien für die eigene Wettbewerbsstärke werden u.a. Marktanteil, Wachstum des Marktanteils, Produktqualität, Markenimage, Distributionsnetz und Stückkosten herangezogen.

Abbildung 2.89: Marktattraktivitäts-Wettbewerbsvorteils-Portfolio

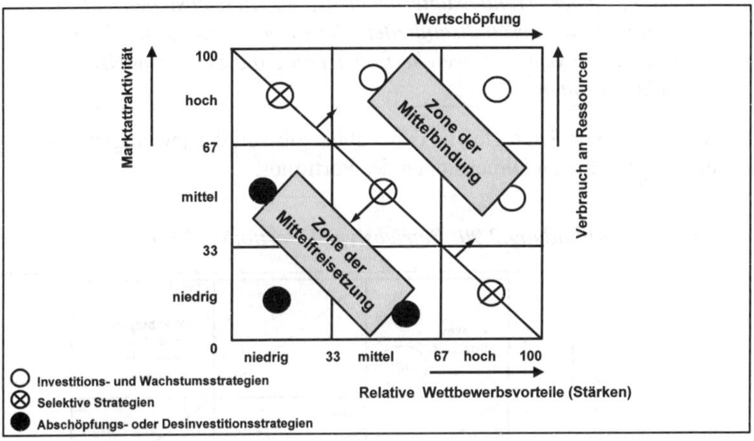

Quelle: Kreikebaum 1997, S. 79.

Die Verknüpfung der Unterkriterien zu den beiden Dimensionen Marktattraktivität und Wettbewerbsvorteil ermöglicht eine Vorgehensweise, wie sie für das BCG-Portfolio ausführlich beschrieben wurde. Die Matrix umfasst allerdings neun Felder (siehe Abbildung 2.89). Als Normstrategien der Marktattraktivitäts-Wettbewerbsvorteil-Matrix sind für die günstig positionierten SGE Investitions- und Wachstumsstrategien, für die ungünstig positionierten Abschöpfungs- oder Desinvestitionsstrategien empfehlenswert. Auch dieses Portfolio ist prinzipiell für die Belange des Handels nutzbar. Anpassungen sind notwendig bei den Unterkriterien. Hier sind neue Kriterien aufzunehmen oder anders zu gewichten. Aufzunehmen sind bspw. die Wettbewerbsvorteile Standort und Handelsmarken. Anders zu gewichten ist die Rohstoffversorgung, die sich im Handel auf die Bezugssicherheit bezieht (Müller-Hagedorn 1998, S. 173).

Betriebstypenportfolios im Handel

Für die Industrie gibt es weitere Portfolios, so die Umsatzanteils-Deckungsbeitragsanteils-Matrix von Drucker, die Produktlebenskurven-Wettbewerbsstellungs-Matrix von A.D. Little sowie Länder- und Technologieportfolios. Auf den Handel zugeschnitten sind Betriebstypenportfolios. Sie können für die Ableitung von Tendenzaussagen über die Entwicklung von Betriebstypen angewandt werden, z.B. neue Betriebstypen, oder für die generelle Identifikation der unternehmensinternen oder -externen Lage. Lassen sich Prognoseergebnisse als (sehr) plausibel begründen, ergeben sich mit einer gewissen Zwangsläufigkeit daraus die Normstrategien, und zwar vor dem Hintergrund der eigenen relativen Wettbewerbsvor- bzw. -nachteile. Ein Unternehmen mit mehreren Vertriebslinien muss dann also entscheiden, für welchen Betriebstyp Investitions- bzw. Wachstumsstrategien angebracht sind, wo die Positionen lediglich gehalten werden sollen und wo schließlich u.U. Desinvestitions- bzw. Schrumpfungsprozesse einzuleiten sind.

In den Betriebstypenportfolios werden die operativen Teilbereiche eines Handelsunternehmens, so Betriebstypen, als strategische Geschäftseinheiten deklariert, und es wird zu bestimmen versucht, welche Entwicklung die SGE langfristig nehmen sollen.

Die Ableitung von Strategien ist dabei abhängig von der jeweiligen Achsenbezeichnung, d.h. den Dimensionen des Portfolios.

Abbildung 2.90: Betriebstypen-Portfolio-Matrix

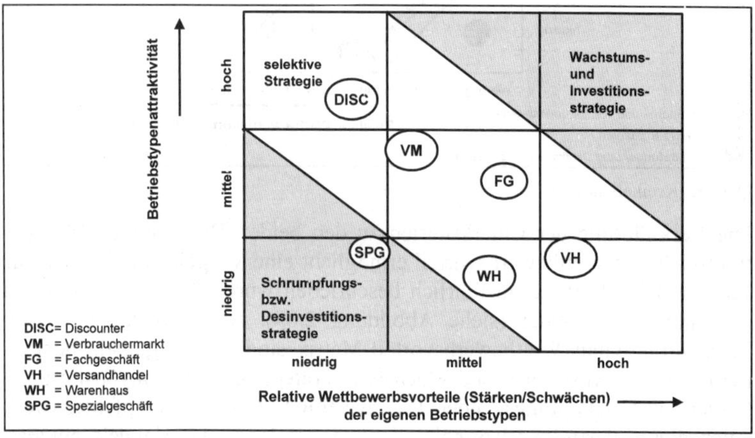

Quelle: Berekoven 1990, S. 420.

In Abbildung 2.90 sind es bspw. die Marktattraktivität (als externe Größe) und der eigene Wettbewerbsvorteil (als eher interne Größe). Tietz (1988, S. 636) unterscheidet die Dimensionen Preisattraktivität und Sortimentskompetenz in seinem Betriebstypen-Portfolio. Der Aussagewert dieser Dimensionen und der Portfolios richtet sich danach, wie richtig die getroffenen Analysen bzw. Prognosen sind. Ein **Ist-und-Ziel-Betriebstypenportfolio** zeigt Abbildung 2.91. Es bedient sich des Konzeptes der McKinsey-Matrix, um die Situation eines Unternehmens mit mehreren Betriebstypen (Vertriebsschienen) zu erfassen. Auch in diesem Ansatz werden Attraktivität und Wettbewerbsvorteile mithilfe von Einzelfaktoren ermittelt. An Stelle konkreter Strategien werden die Zielpositionen der Betriebstypen den Istpositionen gegenüber gestellt und strategische Stoßrichtungen abgeleitet.

Die Prognosemöglichkeiten der Betriebstypen-Portfolios sind insofern begrenzt, als bei ihrer Anwendung im Handel Besonderheiten zu beachten sind. So kann die Attraktivität der Verkaufsstellen desselben Betriebstyps beachtlich variieren. Gründe dafür können in unterschiedlichen örtlichen Gegebenheiten liegen, sodass ein Betriebstyp in einer Stadt auf andere Nachfrage- oder Wettbewerbsbedingungen treffen kann als in einer anderen Stadt. Es wären also regionenspezifische Positionierungen zu berücksichtigen, während Drexel mit allgemeinen Durchschnittswerten arbeitet. Dennoch werden entsprechende Überlegungen in der Praxis angestellt. Zeichnet sich bspw. bei einem Betriebstyp ein rasches Wachstum ab, und wird diese Tatsache u.U. noch durch Entwicklungen im Ausland forciert, dann wird dieser Betriebstyp schnell multipliziert. Zudem ist zu berücksichtigen, dass in der Praxis des strategischen Managements von Handelsunternehmen eine Fülle von Informationen möglichst schnell zu einer Entscheidung gebündelt werden müssen; dafür sind Portfolios gut geeignet.

Abbildung 2.91: Ist-und-Ziel-Betriebstypen-Portfolio eines Handelsunternehmens

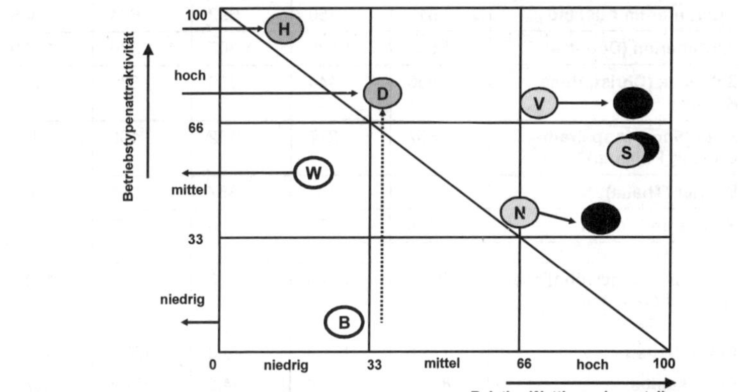

Anmerkung: Die Buchstaben repräsentieren einzelne Betriebstypen.

Quelle: Drexel 1981, S. 177.

Insgesamt beziehen sich die Portfolio-Techniken im Handel – wie bereits erwähnt – vornehmlich auf Betriebstypen oder Sortimente. Diese Begrenzung ist nicht zwangsläufig. Beispiele wie die Portfolio-Analyse auf andere Sachverhalte übertragen werden kann, betreffen den Großhandels mit sechs Portfolios: Abnehmer-, Lieferanten-, Warengruppen-, Filial-, Dienstleistungs- und Konkurrenz-Portfolio (vgl. hierzu den Überblick in Müller-Hagedorn 1998, S. 176f.).

G. Fallstudie: DOUGLAS-Gruppe

I. Kurzvorstellung der Gruppe

Die DOUGLAS-Gruppe[1], Hagen, wird im Jahre 2009 ihren sechszigsten Geburtstag feiern. Douglas sieht sich in der Tradition eines dezentral geführten, familiengeprägten Unternehmens, dessen Wurzeln bis ins Jahr 1821 nach Hamburg zurückreichen. Heutzutage hat man sich mit langfristigen Qualitäts- und Diversifizierungskonzepten zu einem führenden europäischen

[1] Die Fallstudie wurde auf folgender Basis erstellt: Kreke (1998), Zentes/Swoboda (2004) und aktuellen Informationen des Unternehmens.

Handelsunternehmen entwickelt. Aus dem einstmals kleinen, 1949 gegründeten Hussel-Süßwarenfilialbetrieb entstand ein fünf Geschäftsbereiche umfassender **Fachgeschäftskonzern** mit einem Bruttoumsatz von 2,680 Mrd. EUR im Geschäftsjahr 2005/06 und mehr als 1.500 Fachgeschäften in ganz Europa. Ein stetiges Umsatzwachstum im In- und Ausland prägt die Entwicklung der letzten Jahre (siehe Tabelle 2.17).

Tabelle 2.17: DOUGLAS-Gruppe in Zahlen

Jahr	1995[1]	2000	2003/04	2004/05	2005/06[2]
Nettoumsatz (in Mio. EUR)	4.196	2.139	2.288	2.419	2.680
darunter im Ausland	517	450	692	694	865
Parfümerien (Douglas)	1.566	1.120	1.307	1.370	1.559
Schmuck (Christ, René Kern)[3)]	866	444	389	332	297
Mode/Sport (Appelrath-Cüpper, Pohland)[4)]	657	277	182	195	191
Bücher (Thalia)	303	163	387	461	551
Süßwaren (Hussel)	178	74	76	76	80
Ergebnis der gewöhnlichen Geschäftstätigkeit	195,8	125,9	110,3	119,5	129,4
Investitionen	171,6	137,8	118,3	120,9	141,2
Eigenkapital	847,0	549,8	564,5	602,1	587,7
Bilanzsumme	1.734,1	1.290,3	1.229,9	1.391,7	1.590,0
Mitarbeiter (nach Köpfen)	16.773	18.668	18.698	19.588	21.002
darunter im Ausland	2.764	4.407	6.365	6.636	7.481
Geschäfte	1.821	1.665	1.573	1.599	1.549

[1] Umsatz = Bruttoumsatz, Angaben in DM (1 EUR = 1,96 DM).
[2] Umstellung der Rechnungslegung auf International Financial Reporting Standards.
[3] inklusive Christ Schweiz bis Ende GJ 2003/04; inklusive Gold Meister bis GJ 2004/05
[4] inklusive Sport Voswinkel in den Jahren 1995 und 2000

Quelle: DOUGLAS HOLDING AG 1995, 2001, 2005, 2006, 2007.

Die Gruppe gliedert sich in die fünf **Geschäftsbereiche** Parfümerien, Bücher, Schmuck, Mode und Süßwaren. Der größte und erfolgreichste Geschäftsbereich ist die Parfümerie Douglas, seit 1989 Namensgeber der gesamten Aktiengesellschaft; sie bildet auch die stärkste Marke innerhalb der Douglas-Gruppe. Die wertorientiert expandierende Parfümerie ist gemeinsam mit dem Geschäftsbereich Bücher (Thalia) für fast 80 % der Nettoumsätze der gesamten Gruppe verantwortlich. Beide Geschäftsbereiche weisen die stärksten Umsatzzuwächse auf. Alle Vertriebsschienen weisen im Branchenvergleich eine überaus hohe, erlebnisorientierte Qualitäts- und Liefestylepositionierung auf. Eine Kurzbeschreibung der Geschäftsbereiche gibt Tabelle 2.18.

Tabelle 2.18: Die Geschäftsbereiche der DOUGLAS-Gruppe im Überblick

Geschäftsbereich	Kurzcharakterisierung (ausgewählte Aspekte)	Anzahl Filialen
Parfümerien: Douglas	Hochpositionierte, innovative Parfümerien in 18 Ländern, europäische Marktführerschaft, hohe Service-Orientierung, 30 Premium-Parfümerien	937
Schmuck: Juwelier Christ	Fachgeschäft mit Standorten in Innenstadtlagen; Marktführerschaft in Deutschland im mittleren bis gehobenen Preissegment	195
René Kern	Juwelier-Fachgeschäft im Luxussegment in Top-Lagen deutscher Großstädte	7
Mode: Appelrath-Cüpper	Modehäuser mit anspruchsvoller Damenmode in absoluter Top-Lage und klarem Qualitätsprofil	15
Pohland	Modehäuser für exklusive Herrenmode mit Standorten in Großstädten, neues Filialnetzkonzept	11
Bücher: Thalia	Wachstum durch Eröffnung neuer Buchhandlungen und Akquisitionen mit hohem Expansionstempo, hohe Service-Orientierung	178
Süßwaren: Hussel	Süßwarenfachgeschäftskonzeption mit gehobenem Sortiment, Qualitäts- und Innovationsführer in Deutschland	206

II. Positionierungs- und Profilierungsstrategie

Kundenwünsche zu erkennen und diese dann bestmöglich zu erfüllen, ist oberstes Marketingziel der DOUGLAS-Gruppe.

> *„Wer kein freundliches Gesicht hat, sollte kein Geschäft betreiben.“*
>
> *(Chinesisches Sprichwort)*

Diese alte Weisheit ist bezeichnend für die Unternehmensphilosophie der DOUGLAS-Gruppe, die stets den Kunden in den Mittelpunkt aller Aktivitäten stellt. Im Vordergrund der Positionierungs- und Profilierungsstrategie stehen **Leistungsvorteile**. Eckpfeiler der gemeinsamen Lifestyle-Strategie aller fünf Geschäftsbereiche sind herausragender Service, erstklassige Sortimente und ein erlebnisorientiertes Ambiente. Vor allem die Parfümerie Douglas – auf die sich die folgenden Ausführungen beziehen – sieht in einer lifestyleorientierten Qualitätsführerschaft die wichtigste Erfolgsvoraussetzung und konzentriert sich darauf, große Marken(-produkte) mit entsprechendem Service und Flair anzubieten. Dabei werden die Marken gemäß ihrer Positionierung in den einzelnen Märkten angeboten und verkauft. Zugleich werden die Betriebstypen in den einzelnen Ländern – bspw. im Hinblick auf die Verkaufsfläche – entsprechend an regionale und nationale Besonderheiten angepasst, wie das Beispiel der Douglas-Parfümerien zeigt.

Klares Ziel der Profilierung ist es, im Vergleich zum meist discountorientierten Wettbewerb, konsequent auf Qualität zu setzen. Das seit Jahren konsistente **Positionierungskonzept** basiert auf folgenden Schwerpunkten:

- Top-Geschäfte an Top-Standorten
- erstklassige, dem Zeitgeist entsprechende Parfümerien mit Ambiente
- höchstmögliche Sortimentskompetenz in Duft und Pflege
- internationale Sortimente mit Konzentration auf die Weltmarken
- erstklassiger Service, fachkompetente Beratung von geschulten Mitarbeitern.

Bevorzugte Standorte sind innerstädtische 1a-Lagen und Einkaufszentren, die über eine hohe Kundenfrequenz verfügen. Da die Geschäftsflächen i.d.R. angemietet werden, verfügt das Unternehmen über die Flexibilität, unattraktive Standorte zu schließen und neue Filialen an Top-Standorten mit einem großflächigen Angebot und größtmöglicher Sortimentskompetenz zu eröffnen.

Des Weiteren strebt man eine explizite Erlebnisorientierung an, die u.a. durch das Store-Konzept „House of Beauty" mit einer Größe von mindestens 1.000 qm auf mehreren Etagen als Imageträger an ausgewählten Standorten, z.B. in Köln, München oder Wien, unterstrichen wird. Im September 2006 eröffnete Douglas das bisher neueste „House of Beauty" im Herzen von Hannover. Das neuartige Store-Konzept besticht durch seine hohe Sortimentsbreite und -tiefe und bietet den Kunden das komplette Douglas-Service-Konzept. Der Erfolg dieser modernen, internationalen Einkaufswelten zeigt, dass Douglas mit dem Konzept der großflächigen Parfümerien den Zeitgeist getroffen zu haben scheint. Da eine größere Verkaufsfläche entsprechende Anpassungen der Angebotspalette erforderlich macht, bieten die Parfümerien immer größer werdende Markenvielfalt an. Die Einführung verschiedener Kosmetik-Eigen- und Exklusivmarken war daher nur die logische Konsequenz dieser Entwicklung.

Unter dem Namen „Douglas Hairdesign" wurden in einigen großflächigen Parfümerien als Dienstleistung Friseur-Salons eingeführt. Speziell für kleinere Douglas-Geschäfte wurde das Konzept der Pflege- und Stylingcenter mit Beratung entwickelt. Zu den weiteren Service-Angeboten, die nach erfolgreicher Testphase nun multipliziert werden sollen, gehören in die Parfümerien integrierte Kosmetik-Kabinen. Das setzt die Wettbewerber unter Druck, sich qualitativ anzupassen.

III. Internationalisierungsstrategie

Die Douglas-Parfümerien expandierten bereits Mitte der siebziger Jahre ins europäische Ausland und starteten in Österreich und in den Niederlanden. Es folgten die Markteintritte in den USA, Frankreich, Italien, Schweiz, Spanien und Portugal. Die internationale Entwicklung seit 2001 ist insbesondere auf Osteuropa fokussiert. Vor diesem Hintergrund erfolgte der Markteintritt in Ungarn, Polen, Russland, Slowenien und der Slowakei. Das jüngste Engagement war die Eröffnung der ersten Parfümerie in der Türkei im Mai 2006 (siehe Tabelle 2.19). Aber auch in Spanien, Frankreich und Italien ist Douglas in den letzten Jahren stark gewachsen.

Tabelle 2.19: Internationalisierung der Douglas-Parfümerien

Land (Markteintritt)	Umsatz in Mio. EUR		Anzahl Geschäfte		Anzahl Mitarbeiter	
	2000	2005/06	2000	2005/06	2000	2005/06
Deutschland (1969)	774	838,5	447	433	6.145	6.030
Niederlande (1980)	104	148,7	71	80	1.219	1.325
Italien (1989)	72	134,6	75	111	646	1.014
Frankreich (1986)	55	133,2	34	98	530	1.187
Spanien (1998)	6	70,9	20	73	191	655
Österreich (1974)	59	65,6	30	40	481	571
Schweiz (1991)	29	37,1	8	11	147	203
Russland (2003)	--	35,6	--	18	--	448
Polen (2001)	--	28,1	--	25	--	388
Portugal (1998)	4	22,3	3	11	51	156
Ungarn (2001)	--	16,7	--	10	--	156
USA (1982)	17	15,7	11	11	153	102
Tschechien (2004)	--	4,1	--	5	--	45
Dänemark (2004)	--	2,7	--	3	--	32
Monaco (2002)	--	2,6	--	4	--	16
Slowenien (2003)	--	1,4	--	2	--	16
Slowakei (2005)	--	0,5	--	1	--	8
Türkei (2006)	--	0,5	--	1	--	26
GESAMT	1.120	1.558,8	699	937	9.563	12.378

Die Douglas-Parfümerien konnten ihre Marktposition gezielt ausbauen: Zum Ende des Geschäftsjahres 2005/06 (30.9.2006) war das Unternehmen international mit 937 Parfümerien vertreten und die 504 Geschäfte im Ausland erzielten einen Umsatz von 720 Mio. EUR. Mit einem Nettoumsatz von 1,559 Mrd. EUR hat Douglas somit eine europäische Spitzenposition inne, wobei die Netto-Umsatzsteigerung zwischen 2000 und 2005/06 in Deutschland etwa 8 % betrug und sich der Auslandsumsatz mehr als verdoppelte. Im gleichen Zeitraum wurde die Anzahl der Länder, in denen die Douglas-Parfümerien vertreten sind, von neun auf 18 verdoppelt. Dies verdeutlicht die enorme Bedeutung, die dem europäischen Ausland heute zukommt.

Mit der Internationalisierung verfolgt Douglas das Ziel des Ausbaus der Marktführerschaft im europäischen Parfümeriehandel, um auch die Position gegenüber der Industrie zu verbessern. Auf Grund einer erheblichen Konzentration in der Parfüm- und Kosmetikindustrie – die Vielzahl konkurrierender Marken wird von einigen wenigen Herstellern wie L'Oréal, LVMH, Unilever, P&G, Estée Lauder, Lancaster, Chanel geführt – wird die Rolle als internationaler Handelspartner, der die Philosophie der Markenführung versteht und in der Lage ist, Produktneueinführungen, Werbekonzepte usw. nicht nur regional, sondern international umzusetzen, immer bedeutender. Als Marktführer in Deutschland hat Douglas deshalb eine starke Stellung bei den deutschen Tochtergesellschaften der internationalen Kosmetikkonzerne. Diese Stellung baut Douglas auch im internationalen Kontext auf. International verhandeln die einzelnen Tochtergesellschaften von einer nationalen Basis aus. Daher ist es notwendig, die relative Marktbedeutung, die Douglas als Marktführer in Deutschland bereits hat, auch in jedem einzelnen Land gegenüber den internationalen Konzernen der Hersteller zu betonen und weiter zu steigern.

Die Duft- und Kosmetikindustrie arbeitet im internationalen Geschäft mit doppelten Margen, den sog. „Add-on-Margins“: erstens durch die Lieferung an die Auslandstöchter und zweitens durch Lieferung dieser Töchter an ihre eigenen Outlets. Hermès-, Dior- und Chanel-Boutiquen sind gute Beispiele für dieses Konzept. Douglas hat die Schlussfolgerung gezogen, international u.a. auch deshalb zu expandieren, um eine attraktive Alternative zum „Add-on-Margins“-System zu entwickeln und sich langfristig als kompetenter und attraktiver Partner der Industrie auszuzeichnen.

Bezüglich des Markteintritts ist Douglas für alle Formen offen, wie Neueröffnungen, Kooperationen und Akquisitionen, und hat auch alle Formen bereits umgesetzt. In den Niederlanden erfolgte bspw. der Markteintritt mittels einer Akquisition. Hier hatte das Unternehmen 1980 einen kleineren Parfümeriebetrieb, der vorher mehrfach den Besitzer gewechselt hatte, erworben. Die Banken glaubten nicht an ein Parfümeriekonzept in Holland und kündigten alle Kredite. Douglas traf aber auf eine Führungsmannschaft, die von dem Konzept begeistert war, denn – mit Douglas als Partner – brauchten diese ohnehin schon von der Idee überzeugten Mitarbeiter nur noch entsprechend geschult und motiviert zu werden. Die Markteintrittsform des Joint Venture praktizierte Douglas bspw. in Russland und durch eigene Eröffnungen von Douglas-Filialen erfolgte der Markteintritt in Dänemark, Polen, Ungarn, Slowenien, der Schweiz und der Türkei.

Aus Douglas-Sicht müssen folgende Erfolgsbedingungen für die **internationale Marktbearbeitung** erfüllt sein:

- exzellente Ausgangslage
- profiliertes Betriebstypenkonzept
- realistische Zielsetzung und Planung
- risikominimierter Markteintritt
- dezentrale Steuerung mit zentralen Vorgaben
- lokales Management
- unterstützendes Controlling.

Zur Vorbereitung des Markteintritts führt Douglas **Länderanalysen** durch, die innerhalb Europas erhebliche Unterschiede in den Kaufgewohnheiten zeigen. Während die deutschen Kunden seit Jahren an den Qualitätskauf in Fachgeschäften gewöhnt sind, sieht es in vielen europäischen Ländern anders aus; dort sind die Kunden quasi mit Discountgeschäften „groß geworden“. In Frankreich, in Italien und in der Schweiz waren die Margen anfangs so knapp, dass ein echtes Qualitätskonzept Marke „Douglas Deutschland“ kaum tragbar war. Douglas leistete hier Pionierarbeit:

„Douglas hat schnell gelernt, dass marketingmäßig zwischen Rotterdam, Wien, Mailand, Paris, Zürich oder Madrid Welten liegen können. Insofern ist es auch kaum möglich, mit einer uniformen europäischen Strategie zu agieren. Die Douglas-Maxime lautet darum auch: Retailing is Local."

(Jörn Kreke, ehemaliger Vorstandsvorsitzender der DOUGLAS HOLDING AG)

Da der Eintritt in einen Auslandsmarkt i.d.R. auch mit Risiken behaftet ist, müssen Umsatz- und Ertragsentwicklung für unterschiedliche Szenarien geplant werden, so bspw. für den Best Case, den Average Case und den Worst Case. Insbesondere unterschiedlich lange Anlaufzeiten des neuen Engagements sollten durchgerechnet werden, da sie die Amortisationsdauer entscheidend beeinflussen. Grundsätzlich empfiehlt es sich, im Rahmen der Worst-Case-Analyse ganz klar definierte Break-off-Points festzulegen. Sollten diese Mindestzielsetzungen unterschritten werden, wird das Engagement in jedem Fall abgebrochen.

In Zukunft bleiben die Investitionsschwerpunkte der DOUGLAS-Gruppe auf internationaler Ebene die Douglas-Parfümerien, wo im Geschäftsjahr 2006/07 etwa 90 Mio. EUR in das weitere internationale und renditeorientierte Wachstum investiert werden sollen. Europaweit sind rd. 50 Neueröffnungen geplant. Darüber hinaus wird der Markteintritt in neue Märkte wie Griechenland und die baltischen Staaten vorbereitet. Das Ziel dabei ist, aus der starken deutschen Marke Douglas eine starke europäische Marke zu machen. Dass Douglas bei der Erreichung dieses Ziels auf einem guten Weg ist, beweisen auch die mittlerweile über sechs Mio. Douglas Card-Kunden in ganz Europa, wobei das Serviceangebot rd. um die **Douglas Card** in den nächsten Jahren kontinuierlich ausgebaut und weiter ergänzt werden soll.

Im Rahmen der Expansionsstrategie prüft das Unternehmen aber auch, ob und wann ein Einstieg in die schnell wachsenden Märkte in China, Indien und den Vereinigten Arabischen Emiraten sinnvoll sein könnte. Bei aller internationaler Wachstumsdynamik will Douglas aber zugleich auch im Heimatmarkt Deutschland weiter wachsen. Hier soll die Zahl der Parfümerien in den nächsten Jahren auf rd. 500 erhöht werden.

IV. Kooperationsstrategie – Strategische Allianzen

Ein wichtiger Baustein der Strategie von Douglas besteht in der Entwicklung, Einführung und Positionierung attraktiver und exklusiver **Eigen- und Exklusivmarken**, um Expansionsbestrebungen zu stützen und die Abhängigkeit von großen Herstellermarken etwas zu reduzieren. Beispiele dafür sind u.a. Annayake, Douglas Beauty System, Douglas Hair, Baratti, Venus und BeYu.

Im Jahre 2006 wurde die Parfümerie Douglas auf der Efficient-Consumer Response-Konferenz gemeinsam mit der L'Oréal Luxusprodukte GmbH und der Thiel FashionLifestyle GmbH & Co. KG mit dem ECR-Award für vorbildliche Unternehmenskooperation ausgezeichnet. Dabei spielte insbesondere der ganzheitliche Ansatz bei der Optimierung der Supply-Chain, die intensive Vernetzung zwischen Handelsunternehmen, Hersteller und Logistik-Dienstleister auf jeder Stufe der Wertschöpfung eine entscheidende Rolle.

Ein wichtiges Ziel im Bereich der Beschaffungsaktivitäten liegt darin, über eine enge und langfristige Zusammenarbeit mit den Lieferanten Produktqualität und Liefertreue sicherzustellen und so dauerhaft Wettbewerbsvorteile zu erzielen. Die Douglas-Parfümerien arbeiten im Bereich Logistik mit sog. **Cross-Docking-Centern**. In den neun deutschen Cross-Docking-Standorten werden die Waren aller Lieferanten ohne nennenswerte Zwischenlagerung verkaufsfertig bearbeitet (Verpackungsentsorgung, Preisauszeichnung, Warensicherung, Verbuchung, Rechnungsabwicklung und -kontrolle) und gebündelt zu festen Terminen an die jeweiligen Filialen ausgeliefert. Dadurch sollen die Filialen von Nicht-Verkaufstätigkeiten weitestgehend entlastet sowie die Lagerverweildauer der bezogenen Produkte so weit wie möglich minimiert werden. Das Cross-Docking-Konzept wurde bereits auf die internationale Ebene übertragen. Neben den Cross-Docking-Centern in Österreich und den Niederlanden wurde im Juni 2006 ein weiteres Center im italienischen Bergamo eröffnet. Zugleich ist heute der elektronische Datenaustausch EDI Standard bei der Auftrags-, Lieferschein- und Rechnungsdatenübermittlung mit den strategisch wichtigsten Lieferanten. Der administrative Aufwand hat sich dadurch entscheidend reduziert, die Logistikkosten konnten gegenüber der Zentrallagerlösung um mehr als die Hälfte gesenkt werden. Inzwischen ist das Konzept auch in den Niederlanden, Österreich und Italien weit gehend umgesetzt. Neben der signifikanten Effizienzsteigerung entlang der Lieferkette zeichnet sich Douglas in diesem Zusammenhang somit v.a. durch die Möglichkeit aus, die standardisierte IT- und Logistikplattform auch international zu nutzen.

V. Implementierung der strategischen Gesamtkonzeption

Grundsätzlich erfolgt bei Douglas eine dezentrale Steuerung mit zentralen Vorgaben. Dies gilt umso stärker in Auslandsmärkten, um sich schnell auf die jeweilige Situation einstellen zu können. Dezentrale Steuerung und zentrale Vorgaben heißen für Douglas:

- überschaubare Betriebsgrößen
- höchstmögliche dezentrale Verantwortung
- Flexibilität zur schnellen Reaktion auf örtliche Marktverhältnisse/-änderungen

- zentrale Koordination der Verwaltung und Organisation
- Bewertung jedes Auslandsengagements unter DVA-Aspekten.[1]

Douglas ist ein Verfechter überschaubarer Betriebsgrößen. Entsprechend wird die einzelne Filiale als eigenständiger Betrieb angesehen. Die Douglas-Mitarbeiter tragen ein Höchstmaß an Verantwortung für die Vollständigkeit der Sortimente und für die Lagerbestände. Die unmittelbare und für Fachgeschäfte wichtige Beziehung der Mitarbeiter zur Ware wird durch dieses System intensiviert. Die Geschäftsführungsbereiche sind nach dem Prinzip der „überschaubaren Einheiten" organisiert. Bezüglich der Wahl des Betriebstyps liegt der Fokus dabei eindeutig auf einer Fachgeschäftskonzeption.

> *„Wir glauben fest an die Zukunft der Fachgeschäfte, denn nur in Fachgeschäften kann erstklassiger Service sichergestellt werden. Dabei wird das hohe Serviceniveau unserer Mitarbeiterinnen und Mitarbeiter in unseren Fachgeschäften durch zahlreiche Weiterbildungsprogramme ständig verbessert."*
>
> *(Dr. Henning Kreke, Vorstandsvorsitzender der DOUGLAS HOLDING AG)*

Douglas ist davon überzeugt, dass nur eine höchstmögliche dezentrale Verantwortung die Identifikation der Mitarbeiter mit ihrem Unternehmen optimal gewährleistet. Auch ist so die erforderliche Flexibilität gegeben, um auf örtliche Marktverhältnisse und Marktveränderungen schnell reagieren zu können. Dies erfordert ein spezifisches Qualifikationsprofil, bei dem die Mitarbeiter selbstbewusst, schnell und eigenständig Entscheidungen treffen müssen. Die interne Personalentwicklung ist daher insbesondere darauf ausgerichtet. Aus einem ständigen Dialog aller Beteiligten wird die optimale Strategie aus der Douglas-Philosophie und den länderspezifischen Anpassungserfordernissen entwickelt. Insbesondere im Zuge der Internationalisierung ist Strategiefähigkeit des Managements gefordert. Neben den wichtigen Aufgaben und Entscheidungen im Tagesgeschäft müssen die Manager einen Teil ihrer Arbeitszeit der strategischen Planung und Entwicklung ihrer Auslandsgesellschaft widmen.

Zentral vorgegeben und für alle ausländischen Gesellschaften konzernweit bindend sind einheitliche Richtlinien, insbesondere die Führungsgrundsätze. Daher wird die Verwaltung und Organisation zentral gesteuert. Das betriebswirtschaftliche Berichtswesen ist in Bezug auf Inhalte und Termine

---

[1] Im Zentrum der Unternehmenssteuerung steht die Ausrichtung der Investitionsentscheidungen auf ihren nachhaltigen Wertschöpfungsbeitrag. Dafür wurde in Zusammenarbeit mit der Unternehmensberatung Stern Stewart das auf dem EVA-Konzept basierende Prinzip des DOUGLAS Value Added (DVA) entwickelt, das seit 2001 ein wesentlicher Bestandteil der operativen und strategischen Planung sowie des internen Berichtswesens der Douglas-Gruppe ist: DVA = Geschäftsergebnis - (Geschäftsvermögen * Kapitalkostensatz).

einheitlich geregelt. Konkret heißt das: Den Managern vor Ort steht jeweils ein Controller zur Seite, der seinerseits sehr eng an die Hauptverwaltung angebunden ist. Da sich das zentrale Controlling auf die jeweilige landesspezifische Situation einstellen muss, arbeiten hier auch Mitarbeiter der jeweiligen Landeszugehörigkeit. Zugleich sind die Investitions- und Controllingrechnungen Grundlage von (Effizienz-)Analysen. Auch die organisatorischen Abläufe und Strukturen sind – trotz z.T. erheblicher landesbezogener Unterschiede – formal gleich gestaltet.

Das von Douglas seit Jahren praktizierte Holding-Konzept hat sich in diesem Zusammenhang bewährt: Die gesamtstrategischen Überlegungen werden mit den Verantwortlichen in den Geschäftsbereichen erörtert und umgesetzt. Aufsichtsrat, Vorstand und Mitarbeiter sind dem Ziel einer nachhaltigen Steigerung des Unternehmenswertes der DOUGLAS HOLDING AG verpflichtet. In diesem Zusammenhang dienen die **Corporate-Governance-Grundsätze** des Unternehmens der Umsetzung einer verantwortlichen, auf Wertschöpfung ausgerichteten Leitung und Kontrolle der gesamten DOUGLAS-Gruppe.

Drittes Kapitel

Die Dynamik der Betriebs- und Vertriebstypen

A. Gegenstand

Die Wahl der Betriebs- und Vertriebstypen stellt eine zentrale Aufgabe des Handelsmanagements dar. Deren Vielzahl und Dynamik begründen die Notwendigkeit einer Typologisierung, die der Differenzierung der unterschiedlichen Ausprägungen des Groß- und Einzelhandels dient.

Die Begriffe **Betriebsform** bzw. **Betriebstyp** werden zwar teilweise in der Literatur differenziert interpretiert (Barth/Hartmann/Schröder 2007, S. 43f.), analog zur Definition im Katalog E wird hier jedoch bei synonymer Verwendung auf den Begriff Betriebstyp zurückgegriffen:

> *Als Betriebstyp (Betriebsform) bezeichnet man eine Gruppe von Handelsbetrieben mit gleichen oder ähnlichen Merkmalsausprägungen, die über einen längeren Zeitraum beibehalten werden. Bei der Definition von Betriebstypen wird auf Merkmale zurückgegriffen, mit denen das Erscheinungsbild des Handelsbetriebes gegenüber den Kunden gestaltet wird (Ausschuss für Definitionen zu Handel und Distribution 2006, S. 22).*

Der Betriebstyp ist meist auf stationäre Erscheinungsformen des Handels einzuengen; nicht-stationäre Formen, z.B. der Versandhandel, sind als **Vertriebstypen** einzustufen (Tietz 1993b, S. 29ff.).

Im Folgenden werden nach einer Diskussion der theoretischen Grundlagen der Entwicklung von Betriebstypen wesentliche Betriebstypen des Groß- und Einzelhandels sowie der Handelsvermittlung behandelt. Darüber hinaus wird auf nicht-stationäre Erscheinungsformen sowie Entwicklungen bezüglich neuerer Standorte und der Konkurrenz zum Handel eingegangen. Der abschließende Abschnitt thematisiert die Bestimmungsfaktoren der Entwicklung und die Evaluationsmethoden zur Wahl von Betriebs- und Vertriebstypen.

B. Theoretische Grundlagen der Entwicklung der Betriebs- und Vertriebstypen

I. Eine Synopse zu den Ansätzen der Prozessforschung

Im Zeitablauf kann eine **Weiter- und Neuentwicklung der Betriebs-/Vertriebstypen** im Markt beobachtet werden, wobei einzelne Typen an Bedeutung verlieren, andere an Bedeutung gewinnen und neue entstehen. Konzeptionell können dieser **Wandel** und die **Wahl von Betriebs- und Vertriebstypen** auf Umfeld- und Unternehmensfaktoren, i.S. der markt- und ressourcenorientierten Sichtweise, zurückgeführt werden. Dies erfolgt in Abschnitt D. dieses Kapitels.[1] Erklärungen bieten Theorien, die unterschiedliche Begründungen für die Innovation, Modifikation und Abfolge der Betriebstypen behandeln (vgl. zur Systematisierung Glöckner-Holme 1988, S. 60ff.). Allerdings ist hier die Handelsforschung nicht mit den neuen Ansätzen der Organisationsforschung verbunden, die sich mit Prozessen, so Anpassungs-, Wandlungs- und Entwicklungsprozessen, von Unternehmen bzw. Organisationen beschäftigen. Eine Verbindung soll hier zumindest pauschal erfolgen.[2]

Die Grundlage bildet eine Systematik von Van de Ven (1992) und Van de Ven/Poole (1995), weil sie auf breiten Analysen beruht. Die Autoren haben in Datenbanken der Biologie, Meteorologie, Geografie, Medizin, Psychologie, Soziologie, Erziehungs- und Wirtschaftswissenschaften die Abstracts von 200.000 Publikationen ausgewertet, um Modelle und Theorien von Entwicklungs- und Wandlungsprozessen von Systemen zu finden und auf Unternehmen zu übertragen. Sie gelangen zu vier Klassen von **Prozesstheorien**,

- Lebenszyklus(prozess)theorien,
- Teleologische Prozesstheorien,
- Dialektische Prozesstheorien und
- Evolutionäre Prozesstheorien,

die gleichwohl nur eine idealtypische und keinesfalls vollständig trennscharfe Abgrenzung bilden. Abbildung 3.1 zeigt wesentlichste Attribute der vier Klassen von Prozesstheorien. Ihr gemeinsames Merkmal liegt in der Intention, die organisationale Entwicklung (Wachstum, Stagnation, Schrumpfung) in einem abstrakten Rahmen mit Prognosecharakter im Zeitablauf einzuordnen, wobei keine kausalen Zusammenhänge angestrebt werden. Insbesondere die Lebenszyklusmodelle und die evolutionären Prozesstheorien vollziehen „nur“ Analogieschlüsse von der Entwicklung natürlicher Systeme auf

1 Vgl. hierzu auch die Ausführungen im Ersten Kapitel.

2 Entsprechend vielfältig sind die Versuche der Erfassung und der Systematisierung dieser Prozesstheorien bzw. des organisationalen Wandels (vgl. hierzu Scholz 2000a; Swoboda 2002b).

Unternehmen, die aber zu neuen Forschungsfragen und zur Neubewertung älterer Erkenntnisse führen können (Stein 1999, S. 34).

Abbildung 3.1: Klassen von Theorien zu Entwicklungs- und Wandlungsprozessen

Theory / Criteria	Life cycle	Teleology	Dialectic	Evolution
Members	Developmentalism Biogenesis Ontogenesis Stage theories Methamorphosis	Functionalism Social construction Goal setting, planning Symbolic interaction Rational choice	Conflict theory Deconstruction Pluralism Bifurcation theories Collective action	Darwinian evolution Punctuated equilibrium Saltationism Gradualism Lamarckian evolution
Metaphor	Organic growth	Purposeful cooperation	Opposition conflict	Competitive survival
Pioneers/ Logic	Comte, Nisbet, Piaget Imminent program Prefigured sequence Compliant adaptation	Mead,Weber, Parsons Envisioned end state Social construction Equifinality	Hegel, Marx, Freud Contradictory forces Thesis, antithesis, synthesis T → X ← A (Synthesis)	Darwin, Mendel, Campbell; Natural selection among competitors in a population Var + Sel + Ret -
Event progression	Linear & irreversible, unitary sequence of stages moving to a progressive differentiation of entity regulated by natural or institutional laws	Recurrent, discontinuous sequence of goal setting, implementation, and adaptation of alternative means to reach desired end state	Recurrent convergence of multi discontinuous sequence of confrontation, conflict & synthesis between contradictory values or events	Recurrent, cumulative & probabilistic sequence of variation, selection & retention events
Conditions/ Generating force	Prefigured programs / routines or rules prescribed by nature, logic, or institutions	Purposeful, adaptive interactive choice, collective action and learning	Pluralistic, diverse contradictory, colliding sequences of events or values	Population scarcity Commensalism Competition Population dynamics

Quelle: in Anlehnung an Van de Ven 1992, S. 176; Van de Ven/Poole 1995, S. 514.

Neben den inhaltlichen Unterschieden können die Ansätze auf einer übergeordneten Betrachtungsebene anhand der beiden Dimensionen „Unit of Change" und „Mode of Change" zugeordnet werden (siehe Abbildung 3.2). Evolutionäre und dialektische Theorien operieren demnach auf einer systemvergleichenden Ebene, während Lebenszyklus- und teleologische Theorien einzelne Systeme analysieren. Bezüglich der Art der postulierten Prozessverläufe bzw. der Reichweite wird mit den Lebenszyklus- und evolutionären Theorien eine eher präskriptive Vorgehensweise apostrophiert, während die dialektischen und teleologischen Theorien den Verlauf des Prozesses konstruktiv, auch in Richtung einer problemabhängig-situationsspezifischen Analyse evaluieren. Das heißt, die Lebenszyklus- und teleologischen Theorien umfassen „a set of starting condition, a functional endpoint and an emergent process", während sich dialektische und evolutionäre Theorien auf die Beschreibung des Prozesses konzentrieren. Sie umschreiben, wie der Wandel bzw. die Entwicklung verlaufen und welche Indikatoren zur Beschreibung und zur Identifikation von Entwicklungskonstrukten (z.B. Selektionen, Konflikte) herangezogen werden müssen. Damit sind sie in der Lage, ein breites deskriptives Erklärungsspektrum für die Prozesse des Wandels auf Basis theoretischer oder empirischer Überlegungen zu liefern, ohne jedoch prognostische Empfehlungen für Unternehmen zu geben.

Abbildung 3.2: Merkmale der Prozesstheorien

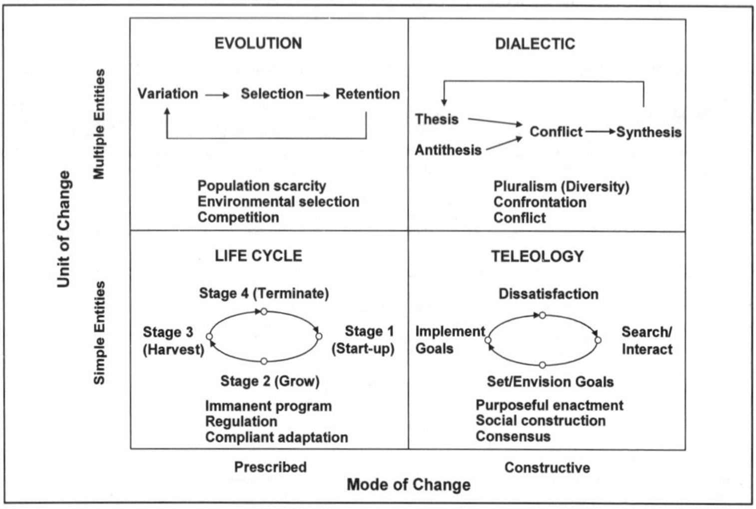

Quelle: Van de Ven/Poole 1995, S. 520.

Dies hat Konsequenzen für die Anwendbarkeit der Ansätze im Hinblick auf die jeweilige Problemstellung, hier die Betriebstypenentwicklung. Allerdings – und dies konstatiert auch Van de Ven (1992) – ist es in der Forschungspraxis und zugleich abhängig von der Komplexität der jeweiligen Fragestellung notwendig, Ansätze zu kombinieren.

II. Lebenszyklus(prozess)theorien

1. Allgemeine Charakteristika

Neben den **teleologischen Ansätzen** bilden die Lebenszyklustheorien die am häufigsten in der Managementliteratur herangezogenen Ansätze zur Erklärung der Entwicklung und des Wandels von Organisationen (zu Beispielen aus verschiedenen Wissenschaftsdisziplinen vgl. Van de Ven 1992; Van de Ven/Poole 1995). Die Ansätze unterstellen ein vorstrukturiertes Muster der Systementwicklung, d.h., mit der Entstehung sind bereits das Wachstum, die Reife und der Niedergang „vorprogrammiert". Externe Ereignisse beeinflussen zwar die Entwicklung, nicht jedoch den feststehenden Verlauf der Sequenzen. Das Durchlaufen der Sequenzen führt zu Lernprozessen und zu einer wachsenden Erfahrung des Systems, sodass es, aus einem autonomen intern oder extern induzierten Antrieb heraus, immer alle Phasen durchlaufen muss. Die Lebenszyklusmodelle lassen sich v.a. durch den angenommenen Verlauf der organisationalen Entwicklung, die betrachteten Dimensionen sowie die Anzahl der angenommenen Phasen unterscheiden. Nach dem erstgenannten Kriterium können lineare, stufenförmige und degressive Modelle sowie Loopmodelle unterschieden werden (Stein 1999, S. 35ff.):

- Den **linearen Phasenmodellen** können die bekannten Konzepte von Chandler und Greiner zugeordnet werden (vgl. im Überblick Scholz 2000a). Sie unterscheiden vier bzw. fünf evolutionär sowie revolutionär zu durchlaufende Phasen.
- **Stufenförmige Phasenmodelle** gehen von der Annahme eines schubweisen, diskontinuierlichen Wachstums unter Kriseneinfluss aus, d.h., das Unternehmenswachstum verläuft nicht kontinuierlich, sondern ist durch Wachstumsschübe, -pausen und -brüche charakterisiert.
- **Degressive Phasenmodelle** erweitern die Perspektive um Überlegungen des Niedergangs und des „Sterbens" von Organisationen am Ende ihres Entwicklungspfades. Sie weisen damit Parallelen zu klassischen S-förmigen oder ebenfalls degressiven Produktlebenszyklustheorien auf.
- Die **Loopmodelle** geben schleifenförmige Verläufe wieder, wobei die einzelnen Phasen im Zeitablauf mit einer mehr oder weniger bestimmten Dynamik öfter durchlaufen werden können, wodurch vermeintliche oder temporär tatsächlich erfolgte Rückschritte konsistent erklärbar werden.

2. Lebenszyklusorientierte Theorien im Handel

a) Degressive Lebenszyklusmodelle von Betriebstypen

In Anlehnung an das Konzept des Produktlebenszyklus (Wells/Gubar 1966, S. 355ff.) wird bei den **Lebenszyklustheorien** analog ein spezifischer Verlauf der Entwicklung der Betriebstypen im Zeitablauf abgeleitet:

> *Es wird angenommen, dass Betriebstypen dabei verschiedene Phasen durchlaufen. Diese können eingeteilt werden in Einführungsphase, Wachstumsphase, Reifephase, Sättigungsphase sowie Degenerationsphase (Glöckner-Holme 1988).*

Der Verlauf des **Betriebstypenlebenszyklus**` ist in der ersten Phase durch das Auftreten einer Betriebstypeninnovation gekennzeichnet (siehe Abbildung 3.3). In der Wachstumsphase zeigen sich starke Umsatz- und Gewinnzuwächse sowie Marktanteilsgewinne. Die Vorteile, die anhand des innovativen Betriebstyps bestanden haben, werden auf Grund von internen Veränderungen, so auf Grund eines Komplexitätszuwachses und damit zusammenhängenden Kostenzuwächsen, abgetragen. Mit Erreichen des Gewinn- bzw. Deckungsbeitragsmaximums beginnt die Reifephase, mit abnehmenden Grenzumsätzen. In der Sättigungsphase ist ein Verlust von Marktanteilen zu verzeichnen, was durch das Auftreten neuer Konzepte und Innovationen begründbar ist. Die Degenerationsphase zeichnet sich durch einen Verfall des Konzeptes, verbunden mit einem Absterben des Betriebstyps, aus.

Dieser dargestellte Verlauf ist idealtypisch. Jeder Betriebstyp durchläuft seine eigene spezifische Entwicklung. Die Länge der einzelnen Phasen ist dabei anhand spezifischer Marketinginstrumente beeinflussbar. Im Zusammenhang mit den Lebenszykluskonzepten bedeutet der Begriff der **„Store Erosion"**, dass ein Entwertungsprozess bezüglich der jeweiligen Betriebstypen einsetzt (vgl. zu diesem Konzept bereits Berger 1977, S. 9ff.). Dieser beinhaltet einen Verschleiß der Leistungskomponenten im Zeitablauf. Der Prozess der Veralterung setzt bereits in frühen Phasen des Lebenszyklus an. Um diesem entgegenzuwirken, ist der Einsatz des marketingpolitischen Instrumentariums notwendig, sodass eine Umpositionierung erreicht werden kann, die eine Verlängerung des Lebenszyklus ermöglichen soll.

Abbildung 3.3: Lebenszyklusmodell der Betriebstypen

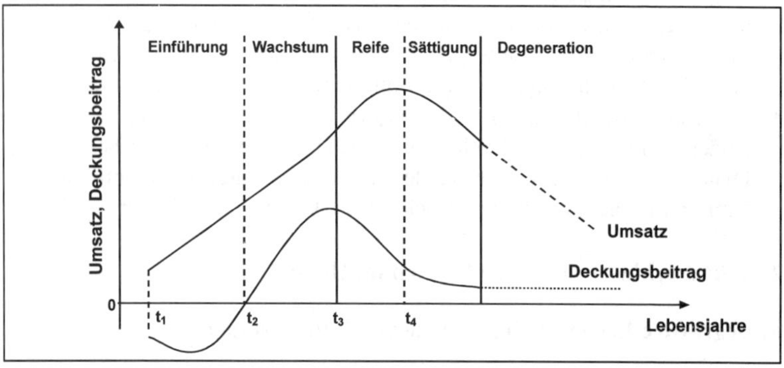

Quelle: in Anlehnung an Berger 1977, S. 194.

In Abbildung 3.4 ist ein solch praktisches und pragmatisches Lebenszyklusmodell von Betriebstypen exemplarisch dargestellt, das im Rahmen einer Marktanalyse für den deutschen Markt entwickelt wurde. Dies sieht in anderen Märkten anders aus. Auf die verschiedenen Betriebstypen im Einzelnen wird im Verlaufe dieses Kapitels noch genauer eingegangen.

Abbildung 3.4: Lebenszyklusmodell von KPMG und EHI

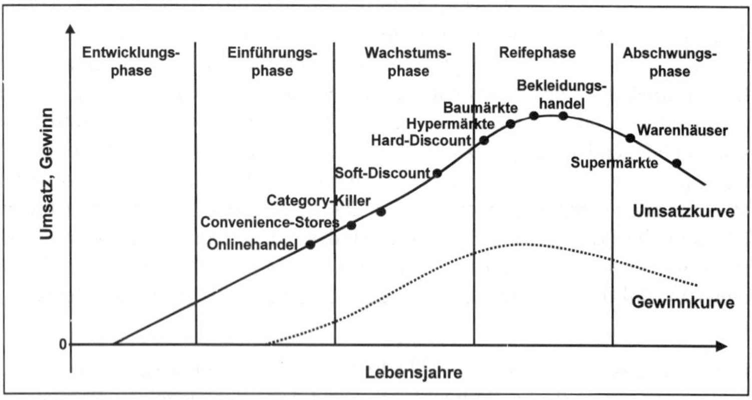

Quelle: KPMG/EHI 2004, S. 24.

Die Kritik an den Lebenszyklusmodellen setzt an unterschiedlichen Gegebenheiten an. So ist der Lebenszyklus eines Betriebstyps erst ex post feststellbar und verläuft bei jedem Betriebstyp individuell. Somit ist ein solcher Verlauf nicht allgemein gültig und nicht voraussagbar bzw. planbar. Die Lebenszyklusmodelle sind beschreibender Natur. Hintergründe des Verlaufs werden nicht explizit untersucht oder angegeben.

b) Verdrängungstheorien

Wheel of Retailing

Auch das erste Konzept der verdrängungstheoretischen Ansätze, das auf McNair (1931) zurückgeht, kann den Lebenszyklusmodellen zugeordnet werden. McNair geht davon aus, dass Betriebstypen im Zeitablauf bestimmte Phasen, konkret vier Stufen, durchlaufen (siehe Abbildung 3.5):

1. **Entstehung:** In der Entstehungsphase treten neue Betriebstypen auf. Der Markteintritt erfolgt anhand einer aggressiven Preisstrategie. Diese ist auf Grund niedriger Betriebskosten der neuen Betriebe möglich, denn die neuen Betriebstypen sind durch ein niedriges Niveau an Dienstleistungen und Sortimentsvielfalt sowie Ausstattung gekennzeichnet.
2. **Aufwertung:** In dieser Phase erfolgt ein Trading-up, d.h., es erfolgt eine Qualitätssteigerung der Sortimente. Dadurch werden die Kostenvorteile der Newcomer abgebaut.
3. **Annäherung:** Die Annäherungsphase ist durch einen Ausbau des Einsatzes des absatzpolitischen Instrumentariums gekennzeichnet. Die Kosten in den Unternehmen steigen dadurch an.
4. **Integration/Rückzug:** In dieser Phase treten neue Wettbewerber auf, die preisaggressive Strategien verfolgen. Dies kann dazu führen, dass die anderen Betriebstypen einen Rückzug vornehmen.

Abbildung 3.5: Wheel of Retailing nach McNair

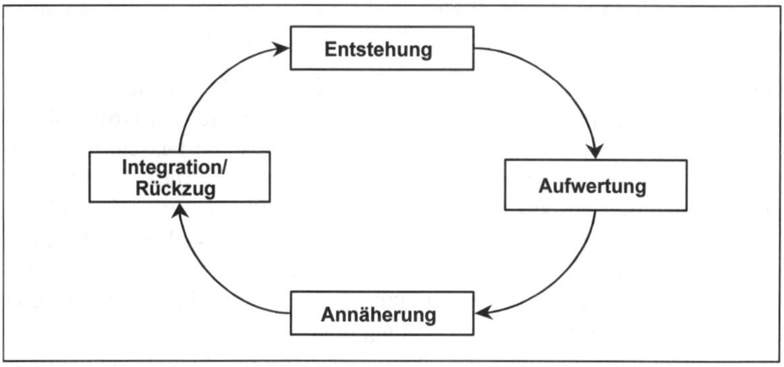

Quelle: in Anlehnung an McNair 1931.

Der Prozess des Wheel of Retailing wiederholt sich durch das Auftreten neuer Betriebstypen ständig. Dadurch entstehen zyklische Abfolgen auf dem Markt.

Dynamik der Betriebsformen

Das später entwickelte Konzept der Dynamik der Betriebsformen von Nieschlag/Kuhn (1980, S. 113ff.) ist inhaltlich mit dem Modell des Wheel of Retailing von McNair verwandt.[1] Nieschlag/Kuhn unterscheiden allerdings auf Grund von Abgrenzungsproblemen zwischen den verschiedenen Stufen der Entwicklung nur zwei Phasen.

1. **Entstehung und Aufstieg:** Neue Betriebsformen verfolgen beim Markteintritt eine aggressive Preisstrategie. Die Möglichkeit zur Durchsetzung einer solchen Strategie ist auf Grund der Tatsache gegeben, dass diese Neueinsteiger über eine besonders günstige Kostenstruktur verfügen. Die niedrigen Betriebskosten der Unternehmen sind v.a. in günstigen Beschaffungsmöglichkeiten, geringen Kundendienstleistungen sowie dem Angebot eines nur begrenzten Sortiments begründet. Anhand dieser Strategie niedriger Preise erfolgt ein Aufstieg der Betriebsformen.
2. **Reife und Assimilation:** In dieser Phase findet ein Wandel bezüglich der Ausgestaltung der Geschäftspolitik statt. Die Sortimente werden erweitert und die Ausstattung der Betriebsformen verbessert und aufgewertet. Begründungen hierfür liegen in der Befürchtung der jeweiligen Unternehmen, bei Unterlassung von Veränderungen die Attraktivität zu verlieren. Durch die Umorientierung, die eine Bewegung weg von der Preisorientierung hin zu einer Qualitätsorientierung mit Angebotserweiterung bedeutet, soll in stärkerem Maße eine Kundenbindung erreicht werden. Dieses Trading-up führt zu einer Assimilation der vormals innovativen Betriebsformen. Es erfolgt eine Annäherung an die etablierten Betriebsformen, d.h. ein Abbau der Gegensätzlichkeiten.

Der Prozess wird zu einem Zyklus, wenn Newcomer mit einer aggressiven Preisstrategie einen Markteintritt als neue Betriebsform vornehmen.

Das Wheel of Retailing bzw. die Dynamik der Betriebsformen sind umfassender Kritik unterworfen worden (vgl. dazu Tietz 1993b, S. 1316ff.; Böhler 1993, S. 11ff.; Müller-Hagedorn 2005a, S. 126ff.); so besteht ein Hauptkritikpunkt in dem monokausalen Erklärungsansatz. Für den Markteintritt eines neuen Betriebstyps werden in der ersten Phase nur preispolitische Aspekte als erfolgsbestimmend angeführt und keine anderen Strategien, d.h., es erfolgt eine Begrenzung der Betrachtung und der Erklärung des Erfolgs auf ein absatzpolitisches Instrument unter Vernachlässigung anderer Aspekte, bspw. der Sortimentsgestaltung oder Standortpolitik der Unternehmen. Zudem wird angeführt, dass bei diesen Ansätzen nicht die strategische

---

[1] Betriebsform (nach Nieschlag/Kuhn 1980) wird i.S. von Betriebstyp in der hier vorgenommenen synonymen Verwendung verstanden.

Reaktion der Handelsunternehmen mit den jeweils etablierten Betriebstypen auf die neuen Betriebstypen in die Betrachtung einbezogen wird.

Abbildung 3.6: Zyklus der Dynamik der Betriebsformen nach Nieschlag

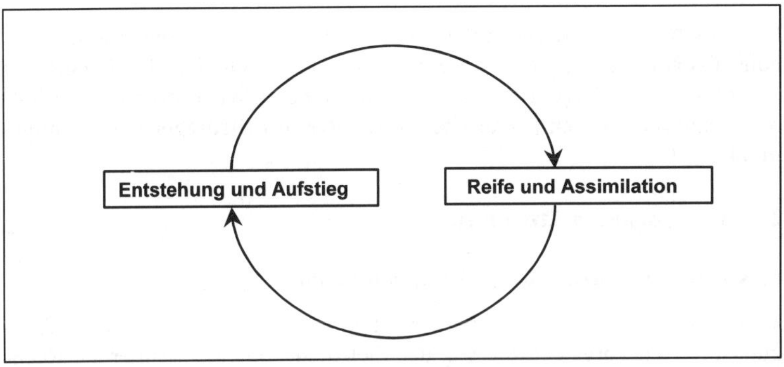

Quelle: in Anlehnung an Nieschlag/Kuhn 1980, S. 113ff.

Die Kritik hat zu einer Erweiterung der Konzepte geführt, die v.a. die strategischen Entscheidungsoptionen der Unternehmen betonen und damit den teleologischen Ansätzen zuzuordnen sind.

III. Teleologische Prozesstheorien

1. Allgemeine Charakteristika

Das gemeinsame Merkmal teleologischer Prozesstheorien ist das Postulat, dass soziale Systeme zielsuchend und -verfolgend agieren. Sie reagieren adaptiv auf Umfeldveränderungen oder in Interaktion mit anderen, sind aber zugleich bestrebt, aktiv ihre Ziele zu erreichen und überwachen den entsprechenden Prozess. Im Gegensatz zu den Lebenszyklustheorien gehen sie nicht von einer notwendigen Rangfolge von Prozessstufen aus, sondern postulieren wiederholte Entscheidungssequenzen, die auf der Zielebene wie folgt umrissen werden können: Formulierung, Implementierung, Entwicklung und Modifikation von Zielen. Als Basis der Entscheidung fungieren bspw. bisherige Erfahrungen, bisherige oder neue Intentionen der Unternehmung. Klar umrissen ist folglich das Ziel (als Endzustand), dem sich das Unternehmen auf unterschiedlichen Pfaden nähern kann. Die Pfade entsprechen den zur Zielerreichung zu ergreifenden Strategien, die vom Management in Abhängigkeit von Störungen aus der Umwelt des Unternehmens ausgewählt werden.

Es handelt sich dabei mehrheitlich um statische **Gleichgewichtsmodelle**, deren Fokus auf der Untersuchung funktionaler Abläufe sowie auf der Formalisierung von Retentionsmechanismen zur Sicherung und Optimierung vorgegebener Aufgabeninhalte liegt. Die Unternehmung wird als stationäres System charakterisiert, d.h., Bewegung tritt innerhalb der Organisation, bspw. innerhalb einzelner mechanischer Funktionsabläufe, auf. Das System als Ganzes verharrt (im Extremfall) in einer völligen Ruhelage. Wandlungsprozesse – sofern sie überhaupt thematisiert werden – gelten als Störungen des Systemablaufs und vollziehen sich nach einem Muster, wonach die Organisation nach einer Störung wieder in ihre Gleichgewichtslage zurückkehrt.

Die Ansätze teleologischer Prägung sind unverkennbar durch eine traditionelle ökonomische Modellvorstellung geprägt und bilden das Fundament der traditionellen Organisations- und Managementlehre. Entsprechend gehören hierzu die meisten („statischen") **Ansätze des Strategischen Managements**.

2. Teleologische Ansätze im Handel

a) Konzept der Strategie der Imagedominanz

Wie angedeutet, wurden diverse Erweiterungen der Konzepte der Verdrängungstheorien vorgelegt, die v.a. der Ziel- und Strategieorientierung Rechnung tragen. Hervorzuheben ist hier die Strategie der Imagedominanz.

Köhler (1990, S. 59ff.) betrachtet die Strategie des **Trading-up**, eine Imagedominanz durch Verbesserungen der betriebsindividuellen Leistungsstandards bei Sortiment, Personal, Ausstattung, Dienstleistungen, Zusatzleistungen usw., bei der es das Ziel ist, Qualität und Image durch weitere strategische Optionen zu Kaufargumenten zu entwickeln. Er systematisiert diese Strategieoptionen nach der Entwicklung der Preispolitik im Zeitablauf sowie der Verlaufsrichtung bezüglich der Image- und Qualitätsbetonung (siehe Abbildung 3.7).

Abbildung 3.7: Evolutionsmuster der Betriebstypen

	Entwicklungsrichtung	
	Up	Down
Veränderung der Preispolitik	Trading-up	Trading-down
Beibehaltung der Preispolitik	High-level-trading	Low-level-trading

Quelle: in Anlehnung an Köhler 1990, S. 61.

So stellt das **Trading-down** einen Übergang zu einer Niedrigpreispolitik dar, also eine Preisdominanz durch Senkung der Betriebskosten und Spannen. Strategiealternativen in diesem Zusammenhang liegen z.B. in der Wahl kostengünstiger Standorte, Sortimentsbegrenzungen bezüglich Breite und Tiefe oder Serviceeinschränkungen und Zugeständnissen in der Warenpräsentation und Geschäftsausstattung. Die beiden Strategien mit im Zeitablauf konstanter Preispolitik sind High-level-trading, d.h. Betriebstypen mit einer Schwerpunktlegung auf anderen marketingpolitischen Instrumenten bei einem hohen Preisniveau, bzw. Low-level-trading, also der Beibehaltung einer Politik, die durch ein niedriges Preisniveau gekennzeichnet ist.

Diese Strategien stellen dabei mögliche Handlungsalternativen dar, die bezüglich der Betriebstypenpolitik zur Wahl stehen, ohne dass dabei Determinanten festgelegt werden, die Anwendungsmöglichkeiten der einzelnen Alternativen betreffen (vgl. zur Kritik an diesem Ansatz Tietz 1993b, S. 1317f.). Dies bedeutet, dass präzise Voraussagen für einzelne Branchen, Betriebstypen oder Marktkonstellationen nicht abgeleitet werden können und weist zugleich darauf hin, dass das Konzept der Dynamik der Betriebsformen ein mögliches, aber keinesfalls ein generalisierbares Strategiemuster im Wettbewerb des Handels beschreibt (Lademann 2004, S. 93f.). Wenn die dem Konzept inhärente Erosion von Wettbewerbsvorsprüngen durch anhaltendes Marktwachstum kompensiert werden kann – dies war insbesondere im Verkäufermarkt der Fall oder bedarf heutzutage einer erfolgreichen Globalisierung –, scheint der beschriebene Entwicklungsprozess erfolgreich und in der Realität nachweisbar.

b) Transaktionskosten- und ressourcenbasierte Ansätze

Wie angedeutet, kann eine Reihe von ökonomischen Entscheidungstheorien den teleologischen Ansätzen zugeordnet werden, ohne dass sie explizit die Dynamik generell oder die Entwicklung von Betriebs- und Vertriebstypen vollständig zu erklären in der Lage sind.

Die auf Coase (1937) zurückgehende **Transaktionskostentheorie** besagt, dass diejenige Organisationsform im Kontinuum zwischen Markt und Unternehmen zur Abwicklung einer Transaktion genutzt wird – von Herstellern wie auch von Händlern und Kunden –, welche die niedrigsten Transaktionskosten verursacht. Je nach Transaktion wird der Handel den Betriebstyp einsetzen, bei dem die geringsten Transaktionskosten entstehen. Voraussetzung ist hier, dass das Handelsunternehmen mehrere Betriebstypen hat. Die Rolle der Kunden steht indessen außer Frage (vgl. Posselt/Gensler 2000 mit einer Studie zur transaktionskostenbasierten Wahl von Convenience Shops). Ferner hängt die Ausprägung des Betriebs- und Vertriebstypen von der Bereitschaft der Kunden ab, bestimmte Transaktionskosten selbst zu übernehmen, d.h., Entwicklungen entstehen je nach Ausmaß der Verlagerung der Transaktionskosten zwischen dem Handelsbetrieb und den Kunden.

Auch die **Resource-** bzw. **Competence-based-Ansätze**, mit klassischen teleologischen Wurzeln auf Penrose (1959), Barney (1991), Peteraf (1993) zurückgehend und bis in die jüngere Zeit weiterentwickelt (Barney/Wright/Ketchen 2001; Sanchez 2004), könnten partiell die Dynamik der Betriebs- und Vertriebstypen erklären helfen (vgl. hierzu Abschnitt E.II. des Ersten Kapitels). Da Handelsunternehmen oft nur über einen oder einige wenige Betriebstypen verfügen, stellt eine Betriebstypenentwicklung eine Erweiterung der Kernkompetenzen dar und fußt zugleich auf bestehenden (tangiblen und nicht-tangiblen) Ressourcen als Quelle des Erfolgs. Allerdings werden hier weniger die Bedingungen der Entwicklung als die Konstellationen betrachtet, unter denen eine bestimmte Ressourcenkonfiguration zu Wettbewerbsvorteilen führt. Implizit lässt sich so eine Begründung für grundlegende Charakteristika von Betriebstypen ableiten.

IV. Dialektische Prozesstheorien

1. Allgemeine Charakteristika

Dialektische Prozesstheorien fußen auf der Annahme, dass sich die Entwicklung von Systemen in einem pluralistischen Umfeld vollzieht; konfligierende Ziele und Werte innerhalb und außerhalb des Systems streben nach Dominanz und erzeugen Spannungen und Krisen, d.h. Ungleichgewichte in Form von konfligierenden Vorstellungen oder Erwartungen, die dann einen Wandel notwendig machen (Van de Ven 1992, S. 178). Ein darauf aufbauender Veränderungsprozess kann zu einem alten oder zu einem neuen Gleichgewicht führen, von dem eine eher evolutionäre Weiterentwicklung wieder in neue Spannungs- und Krisensituationen bzw. konkreter zu Oszillationen um ein Gleichgewicht oder zum Chaos übergehen kann. Diese Perspektive eines temporären, in einzelne Phasen aufteilbaren, schrittweisen Wandels bildet die historischen Wurzeln des (geplanten) Wandels schlechthin.

Entsprechend vielfältig sind die von Van de Ven genannten Anknüpfungspunkte einer dialektischen Sicht in der Managementforschung. Zu dieser gehören die Konflikttheorien, die Modelle der „**organisational power**" und des geplanten organisatorischen Wandels sowie die Ansätze der Kybernetik, des **organisationalen Lernens**, der kreativen Zerstörung usw. Hargrave/Van de Ven (2006, S. 864ff.) diskutieren dialektische Prozesse in Verbindung mit Ansätzen zu technologischem Innovationsmanagement und sozialem Wandel und leiten ein managementorientiertes „collective action model" ab, bei dem den beteiligten Personen eine zentrale Rolle zugesprochen wird. Unabhängig von der Breite der Perspektiven bestehen Parallelen zu den stufenförmigen Lebenszyklusmodellen, die ebenfalls eine krisengesteuerte Grundlage aufweisen, andererseits aber den Verlauf der Entwicklungsprozesse deterministisch vorgeben. Der Organisationsentwicklungsprozess folgt einem kybernetischen Feedback-Mechanismus.

2. Dialektische Ansätze im Handel

a) Dialektischer Dreischritt

Im Handel beziehen sich Erklärungen unmittelbar auf den **dialektischen Ansatz**. Durch gegensätzliche Behauptungen (These und Antithese) werden bei dieser Sichtweise die Ausgangspositionen in Frage gestellt und in der Synthese beider Positionen eine höhere Erkenntnis gewonnen.

> *Die Übertragung dieses Prinzips auf Entwicklungen im Bereich der Betriebstypen bedeutet, dass aus dem Aufeinandertreffen von zwei Betriebstypen (quasi als „These" und „Antithese") sich ein neuer Betriebstyp (als „Synthese") entwickelt. Dieser neue Betriebstyp verbindet die grundsätzlichen Elemente der beiden Betriebstypen in sich.*

Der neu entstandene Betriebstyp ist somit ein Betriebstyp höherer Ebene. Auf dieser neuen Ebene bildet er wieder eine These, der ein anderer Betriebstyp als Antithese gegenüber steht, sodass der Prozess der Evolution der Betriebstypen weiter fortfährt (Tietz 1993b, S. 1314). Die Kritik an diesem Ansatz setzt an der Tatsache an, dass die Theorie keine spezifischen Determinanten nennt, an denen eine Betriebstypenpolitik anknüpfen kann. Zudem stehen die Aussagen dieses dialektischen Ansatzes im Widerspruch zu dem empirisch beobachtbaren Phänomen einer längerfristig parallelen Existenz mehrerer Betriebstypen (Böhler 1993, S. 33; Tietz 1993b, S. 1314).

Abbildung 3.8: Dialektischer Dreischritt

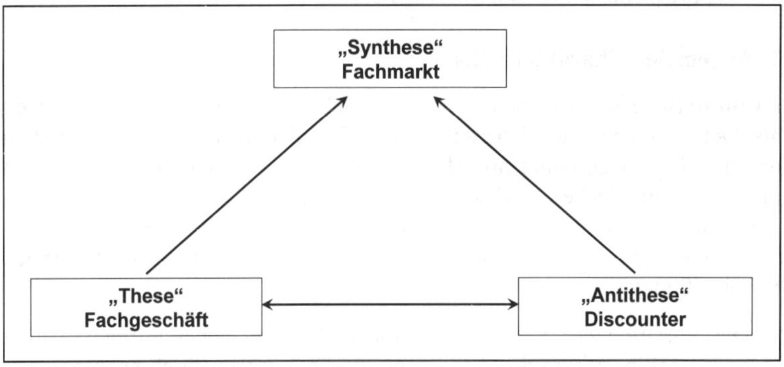

Quelle: in Anlehnung an Tietz 1993b, S. 1314.

b) Makro-, Polarisierungs- und Gegenmachttheoretische Ansätze

Drei eher wettbewerbs- und volkswirtschaftlich orientierte Ansätze sollen an dieser Stelle den dialektischen Theorien zugeordnet werden.

Der **Makrotheoretische Ansatz** (Smith 1776) beinhaltet eine Erklärung der Weiterentwicklung bzw. Neuentwicklung von Betriebstypen auf Grund von Änderungen im relevanten Umfeld. Modifikationen der Konstellationen führen zu Ungleichgewichten zwischen den Konsumentenbedürfnissen und den jeweiligen Betriebstypen, sodass zur Wiederherstellung des Gleichgewichtes eine Variation der Betriebstypen erforderlich wird.

Der **Polarisierungstheoretische Ansatz**, erstmals von Dawson/Kirby (1977) und Kirby (1978) im Zusammenhang mit Betriebstypengrößen erwähnt, bietet einen Ansatz zur Erklärung der gleichzeitigen Existenz mehrerer Betriebstypen des Handels unterschiedlicher Ausprägung. Die Polarisierungsausprägungen können dabei unterschiedlicher Art sein, bspw. qualitativer oder auch räumlicher Natur. Dabei fördern **Polaritäten in den Konsumentenbedürfnissen** unterschiedliche Ausprägungen von Betriebstypen.

Der Gegenmachttheoretische Ansatz beruht auf dem Konzept der **Countervailing Power**, das auf Galbraith (1956) zurückgeht. Bei diesem der Wettbewerbstheorie zuzuordnenden Konzept wird angeführt, dass der Aufbau wirtschaftlicher Macht zum Aufbau einer Gegenmacht führt, um ein Gleichgewicht in der Wettbewerbsstärke zu erreichen. Konzentrationstendenzen auf einer Seite bewirken Konzentrationsbestrebungen auf der Gegenseite. Übertragen auf den Bereich der Handelsbetriebe kann v.a. ein Bezug zu vertikalen Beziehungen hergestellt werden. So bewirkt die Entstehung großer Betriebe auf der Herstellerseite, d.h. die Machtkonzentration, den Aufbau einer Gegenmacht auf der Handelsseite. So werden u.a. die Konzentrationsbestrebungen und damit die Entstehung großer Handelsbetriebe begründet. Letztere verdrängen in horizontaler Betrachtung (kleinere) Wettbewerber.

V. Evolutionäre Prozesstheorien

1. Allgemeine Charakteristika

Evolutorische Ansätze betrachten die Selektionsmechanismen der Umwelt als Determinanten des Überlebens von Populationen. Entsprechend dem darwinistischen Grundlagenwerk der biologischen Evolution vollzieht sich die unternehmerische Entwicklung als ein kontinuierlicher Prozess der Variation, Selektion und Retention (vgl. dazu Van de Ven 1992, S. 179; Van de Ven/Poole 1995, S. 517f. sowie zu den folgenden Ansätzen im Überblick Scholz 2000a):

- Die Variation des Systems, d.h. die Entstehung neuer Formen, erfolgt rein zufällig infolge der Anpassung an die Umwelt durch spontane Abwandlungen der bisherigen Eigenschaften, durch entstehende neue Mischungen von Eigenschaften sowie durch die Trennung von Populationen.
- Die Auswahl einer neuen Form erfolgt, wenn sich diese der bisherigen als überlegen erweist. Das heißt, es erfolgt die Selektion der Eigenschaften, welche die beste Anpassung an die Umwelt ermöglichen und das Überleben der Individuen sichern („survival of the fittest").
- Die Retention beschreibt die Kräfte, die bestehende Formen unterstützen und die Entstehung neuer verhindern.

Solche Prozesse finden sich in einigen der evolutionären Theorien. Da diese dem biologischen Lebens- und Entwicklungsrhythmus realer Systeme folgen, z.B. dem von Lebewesen, gehen sie zwangsläufig von einem eher kontinuierlichen, inkrementalen Wandel aus. In der Managementforschung können die Ansätze danach unterschieden werden, ob sie den Veränderungsprozess inkremental, rapide oder revolutionär beschreiben und worauf sie fokussieren, auf Organisationen oder Subjekte. Sozialdarwinisten wie Hannan/Freeman (1977) oder Nelson/Winter (1982) gehen davon aus, dass organisationale Merkmale sich von Generation zu Generation „vererben"; Entwicklungsprozesse vollziehen sich zufällig, kontinuierlich und graduell, mit geringen Beeinflussungsmöglichkeiten. Kulturevolutionisten wie Weick (1979) oder Burgelman (1996) unterstellen eine Erlernbarkeit und Imitation von Verhaltensweisen in Organisationen. Luhmann (1987) betrachtet die Entstehung und das Überleben von Organisationen in Abhängigkeit von der

Kommunikation zwischen den Mitgliedern, die sich im Rahmen einer formalen Struktur vollzieht und dann eine rasch verlaufende Evolution bedingt.

Evolutorische Perspektiven beschränken sich nicht nur auf diese Perspektiven. In neueren Ansätzen der Organisationstheorie werden biologische Analogien zur Begründung geplanter, produktiver, chaotischer Führungs- und Entwicklungsprozesse von Systemen herangezogen, die u.a. in der Empfehlung eines bewussten Herbeiführens von Krisen und Chaos münden.

2. Evolutionäre Ansätze im Handel

a) Anpassungstheorien

Auch hier beziehen sich Erklärungen im Handel unmittelbar auf den Grundsatz des **„survival of the fittest"**, wobei eine zentrale Aussage in Darwins Originalwerk – in diesem Zusammenhang passender – folgende ist: „In the struggle for survival, the fittest win out at the expense of their rivals because they succeed in adapting themselves best to their environment" (vgl. zu den anpassungstheoretischen Ansätzen Tietz 1993b, S. 1314f.; Böhler 1993, S. 17ff.; Meyer-Ohle 1995, S. 9f. und weiterführend zu einer metatheoretischen Diskussion von Darwins Theorien im Zusammenhang mit dem Wandel von Organisationen Jones 2005, S. 13ff.):

> *Hierbei wird angenommen, dass Innovationen im Handel sich als Folge verändernder Umfeldbedingungen ergeben. Um Änderungen der Rahmenbedingungen zu überstehen, ist es notwendig, dass sich Handelsbetriebe bezüglich ihres Betriebstyps an die neue Situation anpassen. Nur solche Betriebstypen sind in der Lage weiterhin zu existieren, die sich an die veränderten Umfeldbedingungen anpassen können bzw. es entwickeln sich neue Betriebstypen.*

Durch den Wandel in den Rahmenbedingungen werden Veränderungen ausgelöst, die dazu führen, dass die bestehenden Betriebstypen nicht mehr vereinbar mit den Umfeldbedingungen sind, d.h., der **situative Fit** zwischen Betriebstyp und Umfeld ist nicht mehr gegeben. Auf Grund dieser Suboptimalitäten werden Veränderungen von Betriebstypen angestoßen. Bei besonders starken Störungen des Verhältnisses zwischen Betriebstyp und Umfeld kann es zudem zu einer Eliminierung von Betriebstypen und Neuentwicklung von Betriebstypen kommen. Dies hat wiederum Auswirkungen auf die bestehenden Betriebstypen, d.h., Letztere werden durch die Innovationen beeinflusst. Bei den etablierten Betriebstypen führt dies zu Assimilationen bzw. Differenzierungen in den spezifischen Bereichen.

Im Zeitablauf überleben nun diejenigen Betriebstypen, die sich am besten an die Umfeldbedingungen bzw. die Veränderungen anpassen können. Um im Zeitablauf weiterhin existieren zu können, ist es notwendig, dass die Unternehmen Beobachtungen und Analysen der Umfeldbedingungen vornehmen und geeignete Maßnahmen implementieren, um diesen zu begegnen. Die Philosophie in diesem Zusammenhang besteht darin, dass imkrementale

Verbesserungen zu einer wettbewerbsfähigeren Organisation führen, wenn sie kontinuierlich umgesetzt werden (Denton 2006, S. 7f.). In diesem Sinne handelt es sich bei der anpassungstheoretischen Betrachtung der Entwicklung von Betriebstypen vereinfacht um die Adaption und Wahrnehmung von Chancen, die sich insbesondere aus (dynamischen) Umfeldbedingungen ergeben.

Die **Anpassungstheorien** bieten unmittelbare Erklärungen für die Entwicklung neuer Betriebstypen bzw. die Weiterentwicklung und Veränderung bestehender Betriebstypen. Für die Innovation von Betriebstypen lässt sich ableiten, dass diese auch durch Fusion (bzw. Allianz) verschiedener Betriebstypen oder gar durch neue Kategorien – Darwin nennt das Kreuzung – entstehen können (Hermes 2004, S. 279). Beispiele für **Kategoriekreuzungen** wären z.B. Handel plus Wellness oder Warenhäuser plus Unterhaltungs- und Themenkonzepte. Kaufhof entwickelte sich so in den letzten Jahren vom Einheits-Warenhaus zum Inspirations-Warenhaus mit Unterhaltungselementen und einem aktuelleren Sortiment (Hermes 2004, S. 282). Allerdings werden keine konkreten Handlungsanweisungen für Unternehmen gegeben, in welcher Art und Weise Anpassungen an veränderte Umweltbedingungen optimal vorgenommen werden können.

b) Marktlückentheorie

Auch die auf Woll (1964) zurückgehende **Marktlückentheorie** soll hier – trotz ihrer Parallelen zu Dialektik und Lebenszyklusmodellen – den evolutionären Prozesstheorien zugeordnet werden, da sie das Entstehen neuer Betriebstypen primär anhand von Marktgegebenheiten und -anforderungen erklärt:

> *Neue Betriebstypen entstehen dadurch, dass auf Grund von bestimmten Rahmenbedingungen der Märkte spezifische Anforderungen der Kunden und der Warenstruktur nicht erfüllt sind, d.h., es bestehen Marktlücken. Um diesen noch nicht erfüllten Ansprüchen zu begegnen, entstehen neue Betriebstypen, die eine Spezialisierung auf diese Marktlücken beinhalten und dazu dienen sollen, Letztere zu erschließen (Tietz 1993b, S. 1318; Böhler 1993, S. 19f.).*

Einen zentralen Ansatzpunkt innerhalb dieses Konzeptes stellt die Erzielung von **Kostenvorsprüngen** anhand der neuen Betriebstypen dar. Hier zeigt sich eine Parallele zu den Verdrängungstheorien (Böhler 1993, S. 20). Solche Kostenvorteile können erzielt werden auf Grund verschiedener Kriterien, so günstigerer Kalkulationsbasis, rationeller Betriebsführung, hoher Umschlaggeschwindigkeit und hoher Kundenorientierung. Aus diesen Kriterien, welche die neuen Betriebstypen aufweisen, leitet Woll (1964, S. 131ff.) eine Art **Stufentheorie** ab: Die erste Stufe neuer Betriebstypen zeichnet sich durch eine Konzentration in der Wahl der Beschaffungsquellen aus, die folgende Stufe ist durch eine Reduktion des Service gekennzeichnet, die letzte Stufe beinhaltet eine komplette Selbstbedienung. Jeder weitere Schritt bedeutet insofern eine zunehmende Rationalisierung, die Kostenvorteile ermöglicht.

C. Systematik der Betriebs- und Vertriebstypen

I. Überblick

Die Vielfalt der Erscheinungsformen von Handelsbetrieben kann zu idealtypischen Betriebstypen des Großhandels, des Einzelhandels bzw. der Handelsvermittlung zusammengefasst werden. In der Praxis treten sie oft als Mischtypen und in einer breiten Palette der Erscheinungsformen auf. Lerchenmüller (2003, S. 256) hebt hervor, dass in der Handelspraxis durch Kombination von Betriebstypenmerkmalen permanent neue Betriebstypen entwickelt werden, auch als **morphologische Synthese** bezeichnet.

In der englischsprachigen Literatur werden Betriebstypen als wissenschaftlicher Forschungsgegenstand eher pauschaler und in den unterschiedlichen Ausprägungen nicht so detailliert betrachtet wie bspw. in der deutschsprachigen Literatur. Dies mag daran liegen, dass sich insbesondere in den USA nicht alle Betriebstypen, die nachfolgend detaillierter behandelt werden, durchgesetzt haben. Ferner steht häufig bspw. die Wahrnehmung durch Kunden oder deren Einkaufsstättenwahl deutlich stärker im Vordergrund des Forschungsinteresses als managementorientierte Entwicklungen der Betriebstypen (vgl. zu spezifisch kundenorientierten Aspekten bspw. Parker u.a. 2003, S. 29ff.; Severin/Louvière/Finn 2001, S. 188ff.; Smith 2004, S. 235ff.).

II. Betriebstypen des Großhandels

1. Unterscheidungskriterien der Betriebstypen des Großhandels

Eine Fülle von Betriebstypen des Großhandels und Kriterien der Systematisierung können genannt werden (vgl. Kysela 1994, S. 66ff.; Täger 1995, Sp. 260ff.).[1] Nachfolgend werden zunächst Kriterien aus der Tietz'schen (1993d, S. 16ff.) Gliederung in Grundstruktur und Marktbearbeitung sowie die zugehörigen Betriebstypen hervorgehoben (siehe Abbildung 3.9). Die Kriterien sind:

- **Marktgebiet bzw. geografisches Aktionsfeld**: Nach dem Ausdehnungsgebiet kann vom Großhandelsbetrieb bezüglich seiner Handelstätigkeit eine lokale, regionale, nationale oder internationale Markttätigkeit angestrebt werden. Wird die Grenzüberschreitung als Unterscheidungskriterium zu Grunde gelegt, kann beim **Außen(groß)handel** – in Abgrenzung zum **Binnengroßhandel** – zwischen Export-, Import- und/oder **Transithandel** unterschieden werden.

[1] Vgl. zur Entwicklung des Großhandels die Ausführungen im Ersten Kapitel.

- **Warenverwendungszweck**: Bezüglich der geplanten Verwendung der angebotenen Waren ist es üblich, den Konsumgüter- bzw. Konsumtionsverbindungsgroßhandel dem Produktionsgüter- bzw. Produktionsverbindungsgroßhandel gegenüber zu stellen. Dieses Kriterium trägt auch der Kundenstruktur (Wiederverkäufer oder gewerbliche Weiterverarbeiter) Rechnung.
- **Marktausrichtung**: Die Ausrichtung am Markt kann eher beschaffungsorientiert oder eher absatzorientiert erfolgen. Die Beschaffungsorientierung bedeutet eine Ausrichtung auf den **Warenaufkauf** (z.B. im Agrarbereich, so beim **Aufkauf-** oder **naturnahen Großhandel**). Die Verkaufsorientierung bedeutet eine Orientierung auf den **Warenabsatz** (z.B. **Vermarktungs-** oder **konsumnaher Großhandel**).
- **Sortimentsausrichtung**: Das Kriterium der Marktbearbeitungspolitik führt bei Differenzierung nach Breite und Tiefe des Sortiments zur graduellen Ausprägung von drei Hauptkategorien, so **Sortimentsgroßhandel**, **Fach-** bzw. **Spezialgroßhandel**. Bezüglich des Sortiments kann auch unterschieden werden, ob ein durchgängiges Programm angeboten wird, oder ob das Sortimentskonzept Posten vorsieht. Der Postengroßhandel ist nicht auf das Angebot eines durchgängigen Warenangebots ausgerichtet, sondern auf ein fallweises Angebot von meist hochaktuellen, modischen Waren.
- **Verkaufsform**: Es ist eine Unterscheidung danach möglich, ob der Großhandelsbetrieb Lieferungen vornimmt (sog. Domizilprinzip des Kunden) oder nicht (sog. Residenzprinzip des Großhändlers). In diesen Fällen kann zwischen **Zustell-** und **Versandgroßhandel** bzw. **Cash-and-Carry-Großhandel** unterschieden werden. Gesondert ist das **Rack Jobbing** zu nennen.
- **Dispositionsfähigkeit**: Hiernach wird zwischen **Strecken-** und **Lagergroßhandel** unterschieden.

2. Sortimentsgroßhandel

> *Der Sortimentsgroßhandel ist durch ein breites und i.d.R. flaches Sortiment gekennzeichnet. Zumeist umfasst das Sortiment Waren aus vielen unterschiedlichen Warengruppen (Ausschuss für Definitionen zu Handel und Distribution 2006, S. 40).*

Häufig werden anhand des Angebots mehrere Branchen abgedeckt; zumindest wird eine Branche vollständig abgedeckt, wenn auch anhand eines Sortiments von vergleichsweise geringer Tiefe. Ziel ist es, den Bedarf der jeweiligen Zielgruppe möglichst vollständig abzudecken. Das Sortiment ist insbesondere auf ein im Zeitablauf durchgängiges und relativ konstantes Angebot der Waren hin ausgerichtet (Koster 1996, S. 29; Lerchenmüller 2003, S. 258). Der Betriebstyp des Sortimentsgroßhandels ist häufig bei den Einkaufsgenossenschaften und Freiwilligen Ketten, so bei Edeka, Rewe oder Spar, zu finden, die für die angeschlossenen Partner Beschaffungsfunktionen sowohl im Food- als auch im Non-Food-Bereich übernehmen.

Abbildung 3.9: Erscheinungsformen des Großhandels

Gliederungskriterium	Erscheinungsform
1. Funktionsstufe	Zentralgroßhandel, nationaler, regionaler, lokaler Großhandel
2. Stufigkeit	einstufiger, zweistufiger, dreistufiger Großhandel
3. Verbindung mit anderen Wirtschaftsstufen	reiner Großhandel, Großhandel mit Produktion, mit Einzelhandel, mit Handwerk, mit Dienstleistungen, Kombinationen
4. Bindung an andere Unternehmen	Werkhandelsgesellschaft, Konzerngroßhandlung, ungebundene Großhandlung
5. Geografisches Aktionsfeld	lokaler, regionaler, nationaler und internationaler Großhandel
6. Grenzüberschreitung	Binnenhandel, Außenhandel (Export, Import, Transit, Kombinationen)
7. Marktausrichtung auf Beschaffung/Absatz	Aufkaufgroßhandel, Erfassungsgroßhandel, Absatzgroßhandel, Vermarktungsgroßhandel, kombinierter Aufkauf-/Vermarktungsgroßhandel
8. Warenverwendungszweck	a) Konsumgütergroßhandel; Produktionsgütergroßhandel b) Konsumtionsverbindungs-; Produktionsverbindungshandel
9. Verwertungszustand der Waren	Rohstoff-, Halbwaren-, Fertigwarengroßhandel
10. Branchenbezogenheit	Einbranchen-, Mehrbranchen-, Vielbranchengroßhandel
11. Branchengliederung	z.B. Lebensmittelgroßhandel, Landhandel, Stahlhandel, technischer Handel, Autozubehör- und Ersatzteilegroßhandel
12. Standort	zentrenfreier Standort, Standort in Dispositionszentren, Standort in Lager- oder Umschlagszentren
13. Filialisierung	Einbetriebsgroßhandlung, filialisierende Großhandlung
14. Unternehmensform	einzelwirtschaftlicher Großhandel, ohne/mit Bindung, Ein-/Verkaufsgemeinschaften genossenschaftlicher/sonstiger Rechtsform
15. Wareneigentum	Eigenhändler, Handelsvermittler, Handelsvertreter, Kommissionär, Kommissionsagentur, Handelsmakler
16. Kooperation	Mitgliedschaft in Großhandelsverbundgruppen/Kontoren, Kontraktmarketing mit Herstellern, Verbundgruppen mit Kunden, Kooperation mit komplementären Service-/Handwerksfirmen
17. Zahl Leistungsprogramme/Betriebstypen	Ein-Programm-Unternehmen, Mehr-Programm-Unternehmen
18. Funktionsausübung	Vollfunktionsgroßhandel, Teilfunktionsgroßhandel
19. Dienstleistungsintensität	Systemkopfgroßhandel, Servicegroßhandel, preisorientierter, servicereduzierter Großhandel
20. Sortimentsausrichtung	Sortimentsgroßhandel, Fach- bzw. Spezialgroßhandel, Postenhandel
21. Kontaktform	direkte Außendienstorientierung, Versandgroßhandel, Katalog, mediale Kontaktformen: Telefon, Telefax
22. Verkaufsform	Zustell- und Versandgroßhandel, Cash-and-Carry, Rack Jobber
23. Kundenbetreuung	ubiquitärer, selektiver Großhandel, segmentierter Großhandel
24. Warenzustand	Neuwaren, Altwaren
25. Vertragskategorien	Verkauf, Vermietung, Leasing, Sonstiges
26. Austauschprinzip	Ware-Geld-Prinzip, Ware-Ware-Prinzip
27. Dispositionsfähigkeit über Waren	Streckengeschäftsgroßhandel, Lagergroßhandel
28. Logistikintensität	Logistikspezialist, Großhandelsspediteur, logistikfreier Großhandel
29. Finanzielle Abhängigkeit	starke Lieferantenabhängigkeit, schwache Lieferantenabhängigkeit, keine Lieferantenabhängigkeit
30. Finanzielle Bindung	starke, schwache, keine Kundenbindung
31. Schwerpunkttyp der Kontraktpolitik	dominierende schriftliche Werbung, dominierende persönliche Werbung, dominierender Außendienst
32. Kundenkontakt/ Tätigkeitsschwerpunkt	Abholgroßhandel, Bemusterungsgroßhandel, Ausliefergroßhandel, reiner Streckengroßhandel
33. Marktbearbeitungsdominanz	Platzhirschunternehmen, Nischengroßhandel

Quelle: in Anlehnung an Tietz 1993d, S. 16ff.

Als Sonderform des Sortimentsgroßhandels hat der Großverbraucher-Zustellservice sich darauf spezialisiert, Großverbraucher – wie z.B. Krankenhäuser, Heime, Hotels und Restaurants, Großkantinen usw. – mit allen benötigten Waren zu versorgen (Lerchenmüller 2003, S. 259). Die Besonderheiten liegen insbesondere in der Notwendigkeit eines Spezialsortiments (Portionspackungen usw.), in der Notwendigkeit spezifisch geschulten Personals und in der Notwendigkeit eines kundengerechten Dienstleistungsangebots (Menuvorschläge, Küchenorganisationsberatung usw.).

3. Fach- bzw. Spezialgroßhandel

Kennzeichen des Spezialgroßhandels im Gegensatz zum Sortimentsgroßhandel ist das Angebot eines schmalen Sortiments, das sich durch eine ausgeprägte Tiefe auszeichnet (Ausschuss für Definitionen zu Handel und Distribution 2006, S. 40).

Es findet dabei im Allgemeinen eine Beschränkung der Waren und Dienstleistungen auf eine Branche bzw. auf einzelne Bereiche einer Branche statt. Es zeigt sich also eine starke **Spezialisierung** in der Ausrichtung. Auch beim Spezialgroßhandel erfolgt eine Ausrichtung auf eine zeitliche Konstanz und Durchgängigkeit des Sortiments im Zeitablauf. Meist zeichnen sich die Betriebe durch ein ausgeprägtes Know-how hinsichtlich Produkt und Service aus. Auf Grund der Tatsache, dass solche Betriebe insbesondere über ein ausgeprägtes Ausmaß an Spezialwissen verfügen und somit besondere Dienstleistungen gegenüber ihren Kunden erbringen können, handelt es sich bei Unternehmen, die diesen Betriebstyp gewählt haben, v.a. um „freie" Großhandelsunternehmen, d.h. um solche Unternehmen, die nicht in Kooperationen bzw. Ketten eingebunden sind. Auf diese Weise kann die Spezialistenfunktion als absatzpolitisches Instrument wirkungsvoll eingesetzt und zur Geltung gebracht werden (Lerchemüller 2003, S. 258).

4. Zustellgroßhandel

Der Warenübergang beim Zustellgroßhandel findet am Ort des Abnehmers statt, d.h., es erfolgt eine Vorgehensweise nach dem Domizilprinzip (des Kunden).

Der Zustellgroßhandel, d.h. der klassische bzw. traditionelle Großhandel, strebt einen hohen Grad an Lieferbereitschaft und -fähigkeit an. Auf Kundenanfrage erfolgt eine Auslieferung der jeweiligen Ware zum Betrieb des Kunden. In der Regel wird ein eigener Fuhrpark unterhalten oder es werden Logistik-Dienstleister mit der Lieferung beauftragt. Bei diesem Betriebstyp besteht ein wichtiges Kennzeichen in einer ausgeprägten **Serviceorientierung**. Neben der Lieferung werden auch weitere Dienstleistungen angeboten. So liegt eine ausgeprägte Informations- und Beratungsintensität in diesen Betrieben vor, z.B. technischer Kundendienst, Schulung der Mitarbeiter, Konzeption der Sortimentsgestaltung und Realisation von Werbemaßnahmen (Barth/Hartmann/Schröder 2007, S. 85). Dies erfordert ein hohes Maß an Know-how seitens des Großhandelsunternehmens bezüglich der Produktspezifika und Kundenanforderungen (Tietz 1993d, S. 468). Die ausgeprägte Serviceorientierung wird als wichtiges Instrument der Kundenbindung eingesetzt. Auf diese Weise sollen eine langfristige Markt- und Lieferbeziehung zu den Kunden aufgebaut werden. Der Zustellgroßhandel ist in seiner Liefertätigkeit zumeist auf die Belieferung an lokale bzw. regionale Kunden begrenzt.

5. Versandgroßhandel

In Abgrenzung zum Zustellgroßhandel zeichnet sich der Versandgroßhandel durch eine Lieferung über große räumliche Distanzen hinweg aus. Letztere können medial durch Kataloge, Prospekte, Anzeigen, elektronische Medien oder Außendienstpersonen überwunden werden (Ausschuss für Definitionen zu Handel und Distribution 2006, S. 61f.).

Hierbei unterhalten die Betriebe oft einen eigenen Fuhrpark. Dabei wird v.a. im überregionalen Raum frische bzw. leicht verderbliche Ware, z.B. Obst und Gemüse, versandt (Täger 1995, Sp. 263). Der Versandgroßhandel kann wiederum in Sortimentsversandgroßhandel und Spezialversandgroßhandel differenziert werden, je nach Breite und Tiefe des Sortiments (Ausschuss für Definitionen zu Handel und Distribution 2006, S. 61f.). Weiterhin kann der Versandgroßhandel neben dem zentralen Versandbetrieb auch stationäre Filialen unterhalten, in denen ein Teil des Sortiments auslieferungsbereit ist, ein anderer Teil medial, z.B. durch Kataloge, angeboten wird.

6. Cash-and-Carry-Großhandel

Der Cash-and-Carry-Großhandel, auch als Selbstbedienungsgroßhandel bezeichnet, ist eine Form des Abholgroßhandels. Im Unterschied zum traditionellen Großhandel stellt der Kunde seine Ware nach dem Prinzip der Selbstbedienung selbst zusammen, zahlt zumeist in bar und sorgt selbst für den Transport der Ware (Ausschuss für Definitionen zu Handel und Distribution 2006, S. 36f.).

Der Ort des Warenüberganges beim Cash-and-Carry-Großhandel ist also der Ort des Großhändlers; es findet dementsprechend eine Umsetzung des **Residenzprinzips** statt. Die Ausgestaltung des Lagers muss aus diesem Grund in kundengerechter Weise erfolgen. Cash-and-Carry-Großhandelsbetriebe sind nach dem Selbstbedienungsprinzip ausgerichtet. Der Inkasso-Vorgang erfolgt unmittelbar (Batzer/Lachner/Meyerhäfer 1991, S. 105f.; Ausschuss für Definitionen zu Handel und Distribution 2006, S. 36f.). Im Gegensatz zum konventionellen Abholgroßhandel, bei dem die Kunden ihre Einkäufe nach dem Bedienungsprinzip tätigen und ihre Ware durch Verkaufspersonal aus einem für die Abnehmer nicht zugänglichen Lager ausgehändigt bekommen, ist beim Cash-and-Carry-Großhandel das Lager für die Kunden zugänglich. Das Sortiment der Cash-and-Carry-Großhandelsbetriebe ist i.d.R. breit ausgerichtet. Es umfasst dabei meist Güter aus dem Konsumbereich, v.a. Nahrungs- und Genussmittel sowie Gebrauchs- und Verbrauchsgüter. Während bei Letzteren typischerweise ein Vollsortiment besteht, werden die übrigen Konsumgüter im Rahmen eines aus allen wesentlichen Warenbereichen bestehenden flachen, aber zugleich breiten Sortiments angeboten (Ausschuss für Definitionen zu Handel und Distribution 2006, S. 37). Die Nachfragemengen sind im Allgemeinen vergleichsweise gering. Die Kundengruppen sind i.d.R. weit gestreut; die Anzahl der Abnehmer ist dabei relativ hoch. Häufig rekrutiert der Cash-and-Carry-Großhandel seine Abnehmer aus dem Bereich des Kleingewerbes, v.a. aus dem Gastronomie- und Beherbergungswesen sowie aus einem Kreis kleinerer Einzelhandelsunternehmen (Täger 1995, Sp. 263f.). Im Gegensatz zum traditionellen Abholgroßhandel mit Bedienungsprinzip ist der Cash-and-Carry-Großhandel durch ein geringeres Maß an Spezialisierung in Sortiment und Beratungsdienstleistungen gekennzeichnet. Er ist deshalb i.d.R. im Bereich des Sortimentsgroßhandels angesiedelt. Im Zuge eines Trading-up ist eine Zunahme des Angebots zusätzlicher Dienstleistungen im Bereich des Transport- und Lieferwesens zu erkennen. Teilweise werden den Kunden entgeltliche Logistikleistungen angeboten, die vom Großhandelsunternehmen selbst oder durch Dienstleister ausgeführt werden (Tietz 1993d, S. 35).

7. Rack Jobber

Der Rack Jobber wird auch als Regalgroßhändler oder Service-Merchandiser bezeichnet. Hierbei handelt es sich um einen Betriebstyp, bei dem der Verkaufsraum bzw. die Regalflächen im Einzelhandel oder bei Cash-and-Carry-Großhändlern in eigener Regie mit eigenständigem Sortiment bestückt und wirtschaftlich betreut werden (Ausschuss für Definitionen zu Handel und Distribution 2006, S. 40).

Das Sortiment umfasst insbesondere Haushaltswaren, Kleintextilien, Papierwaren, Spielwaren, Bücher oder Kosmetika, meist in Ergänzung zum Kernsortiment, wie etwa Lebensmittel (Ausschuss für Definitionen zu Handel und Distribution 2006, S. 40). Der Serviceumfang geht also über die reine Warenverfügbarkeit hinaus. Durch die Unternehmen werden bei diesem Betriebstyp Groß- bzw. Einzelhandelsflächen, d.h. Regalplätze bzw. Teile der Verkaufsfläche, angemietet. Mitarbeiter des Großhandelsunternehmens übernehmen die fortlaufende Betreuung dieser Bereiche innerhalb der Einzelhandelsbetriebe oder innerhalb von Großhandelsbetrieben (insbesondere in Spezialgroßhandels- und Cash-and-Carry-Großhandelsbetrieben), d.h., sie übernehmen Auffüllung und Pflege der angemieteten Bereiche sowie die verkaufstechnische Unterstützung des Sortiments (Kysela 1994, S. 77f.). Die Rack Jobber bieten die Ware im Einzelhandelsbetrieb bzw. Großhandelsbetrieb auf eigene Rechnung an. Die Unternehmen erhalten von den **Regalgroßhändlern** für die Bereitstellung der Verkaufsfläche i.d.R. eine umsatzabhängige Vergütung. Durch die Betreuung der Einzelhandelsflächen seitens der Großhändler besteht für diese die Möglichkeit, ihr Marketingkonzept auf die Endverbraucher auszurichten (Lerchenmüller 2003, S. 260).

Die Groß- und Einzelhandelsbetriebe haben durch die Zusammenarbeit mit den Rack Jobbern auf der Basis der Überlassung von Verkaufsfläche die Möglichkeit, ihr Risiko und ihre Verantwortung für die betreffenden Sortimentsbereiche weitestgehend einzuschränken. Gerade im Bereich von Waren, bei denen das produktspezifische Know-how der jeweiligen Einzelhandelsunternehmen begrenzt ist, bietet sich diese Vorgehensweise an (Lerchenmüller 2003, S. 260). Man kann eine solche Zusammenarbeit zwischen Rack Jobber und Einzelhandelsanbieter als eine Form der vertikalen Kooperation ansehen (Barth/Hartmann/Schröder 2007, S. 86). Eine Sonderform des Rack Jobbing stellt der Betriebstyp des **Food-Brokers** bzw. **Service-Merchandisers** dar. In diesem Fall werden Auswahl, Pflege und Betreuung sowie die Kontrolle des Warenbestandes der Regalflächen im Einzelhandel durch den Großhandel im Auftrag des Herstellers übernommen (Tietz 1993b, S. 30).

8. Strecken- und Lagergroßhandel

> *Unter Streckengroßhandel versteht man den Handel, bei dem die Handelsware vom Vorlieferanten zum Abnehmer befördert wird, ohne dass sie von der dazwischengeschalteten, fakturierenden Handelsunternehmung eingelagert wird (Ausschuss für Definitionen zu Handel und Distribution 2006, S. 41).*

Bei dem Betriebstyp des Streckengroßhandels werden mehr als 50 % der Großhandelstätigkeit anhand von **Streckengeschäften** realisiert. Dabei wird die Ware von den Vorlieferanten direkt an die Abnehmer geliefert, ohne dass eine Einlagerung bei dem Großhandelsbetrieb stattfindet. Durch diese Vorgehensweise werden im Streckengroßhandel Transport- und Handlingkosten eingespart. Die Belieferung durch den Streckengroßhandel ist i.d.R. national bzw. international ausgerichtet. Es werden also große Distanzen überbrückt. Es besteht allerdings die Gefahr einer Ausschaltung des Streckengroßhandels. Die Kunden können seine Mittlerfunktion übergehen, indem sie eine direkte Marktbeziehung zu den jeweiligen Vorlieferanten bzw. Herstellern eingehen (Täger 1995, Sp. 268f.).

> *Der Lagergroßhandel ist durch eine schwerpunktmäßige Ausrichtung auf Funktionen der Lagerhaltung und Sortimentierung gekennzeichnet.*

Im Lagergroßhandel wird im Wesentlichen die **Zeitüberbrückungsfunktion** übernommen. Die Logistikleistung beinhaltet also hierbei die Warenlagerung. Der Lagergroßhandel ist bezüglich seiner Kundenstruktur eher auf kleinere Abnehmer ausgerichtet, im Allgemeinen im lokalen bzw. regionalen Raum (Kysela 1994, S. 79f.). Ein Beispiel für den Lagergroßhandel stellt der Handel mit Ersatzteilen aller Art dar (z.B. im Kfz-Bereich). Hier erwarten die Kunden des Großhandels eine ständige Verfügbarkeit zumindest der gängigsten Artikel.

9. Weitere Formen

Als weitere Formen sollen der Produktionsverbindungshandel und der Werkshandel hervorgehoben werden.

Der **Produktionsverbindungshandel** umfasst dabei diejenigen Zweige des Großhandels, die sich (überwiegend) mit der Belieferung von Produktionsbetrieben (industrielle Hersteller, Handwerksbetriebe oder andere gewerbliche Verwender) mit Investitionsgütern, Roh-, Hilfs- und Betriebsstoffen befassen (Ausschuss für Definitionen zu Handel und Distribution 2006, S. 40). Diese Investitionsgüter, Roh-, Hilfs- und Betriebsstoffe werden auf der Stufe der Abnehmer des Produktionsverbindungshandels in weiteren Wertschöpfungsprozessen be- oder verarbeitet. Der Produktionsverbindungshandel nimmt also die Funktion einer Verbindung zwischen den unterschiedlichen Stufen der Produktionsbetriebe ein.

Werkhandelsunternehmen sind rechtlich selbstständig, aber wirtschaftlich abhängig von einem oder mehreren herstellenden Unternehmen. Sie beziehen ihre Handelswaren überwiegend von einem oder mehreren Produktionsunternehmen, die gemeinsam zu mehr als 50 % am Kapital der Werkhandelsunternehmung beteiligt sind (Ausschuss für Definitionen zu Handel und Distribution 2006, S. 41). Die Abgrenzung der Werkhandelsunternehmen im Rahmen der Großhandelsbetriebe erfolgt anhand der Unternehmensform.

III. Betriebstypen der Handelsvermittlung

Handelsvermittlung liegt vor, wenn Betriebe ausschließlich bzw. überwiegend mit Waren in fremdem Namen und auf fremde Rechnung Handel tätigen (Fremdgeschäfte). Handelsvermittlung ist auf der Ebene des Großhandels oder des Einzelhandels möglich.

Es handelt sich um eine vermittelnde Tätigkeit, d.h., der Absatz der Ware wird getätigt, ohne dass Eigentum an der Ware entsteht. Die Handelsvermittlung grenzt sich durch das Vorliegen eines **Fremdgeschäftes** von dem Eigengeschäft, bei dem der Handelsbetrieb das Geschäft sowohl auf eigenen Namen als auch auf eigene Rechnung tätigt, ab. Eine Zwischenform stellt das **Kommissionsgeschäft** dar. Hier erfolgt der Geschäftsabschluss durch den Handelsbetrieb als selbstständiger Kommissionär, d.h. auf eigenen Namen und fremde Rechnung (Ausschuss für Definitionen zu Handel und Distribution 2006, S. 31). Mit der **Down-stream-** und der **Up-stream-Vermittlung** sind zwei Grundrichtungen der Handelsvermittlung abzugrenzen (siehe Abbildung 3.10).

Bei der **„Down-stream-Vermittlung“** erhalten Handelsvermittler von ihren Auftraggebern, z.B. Industrieunternehmen, Großhandelsunternehmen oder Importeuren, den Auftrag, geeignete Käufer für deren Waren zu ermitteln und Geschäftsabschlüsse vorzubereiten oder auszuführen. Als Formen sind zu unterscheiden: Handelsvertreter, Handelsmakler, Versandhandelsvertreter und Agenturen. Die Handelsvertreter und die Handelsmakler werden meistens der Handelsvermittlung auf der Großhandelsebene zugeordnet, d.h., Kunden und Auftraggeber sind jeweils Unternehmen. **Handelsvertreter** vermitteln bzw. tätigen Kaufabschlüsse für die jeweiligen Unternehmen in einem langfristigen bzw. dauerhaften Vertragsverhältnis. **Handelsmakler** vermitteln ebenso nur zwischen Unternehmen, weisen aber kein ständiges Vertragsverhältnis mit einem Auftraggeber auf, d.h., die Auftraggeber wechseln. Die **Vertriebsagenturen** und die **Versandhandelsvertreter** werden der Handelsvermittlung auf der Einzelhandelsebene zugeordnet, d.h., bei den Kunden handelt es sich meist um private Verbraucher (Paffhausen 1995, Sp. 891f.).

Abbildung 3.10: Erscheinungsformen der Handelsvermittlung

Erscheinungsform	Charakteristika	Beispiel
Handelsvermittlung Down-stream		
Handelsvertreter	Handelt als selbstständiger Gewerbetreibender im Namen und für die Rechnung (mehrerer) Anbieter und i.d.R. gegenüber anderen Unternehmen.	- Kosmetikvertreter - HV für Großkücheneinrichtungen, Augenärztebedarf, Herrenoberbekleidung usw.
Handelsmakler	Vermittelt Verträge in fremdem Namen und auf fremde Rechnung. Die Vermittlungstätigkeit erfolgt ohne Dauervertragsbindung im Interesse beider Marktpartner.	- Finanz-, Versicherungs-, Reisemakler - Internetmakler/Online-Auktionsplattformen
Vertriebsagentur	Unterstützt den Anbieter bei der Kontaktaufnahme zu potenziellen Kunden sowie bei der Auftragsabwicklung.	- Vertriebsagentur für technische Anlagen, Exporte
Versandhandelsvertreter	Handelt wie der Handelsvertreter im Versand- oder Internethandel.	- Vertreter der Versandhäuser oder Internethändler vor Ort
Handelsvermittlung Up-stream		
Zentralen von Verbundgruppen	Einkaufsaktivitäten für die angeschlossenen Unternehmen i.d.R. im Fremdgeschäft.	- Zentralen von Edeka, Büroring, dagema, Hagebau, Garant, Intersport usw.
Zwischenform		
Kommissionär	Handelt im eigenen Namen für die Rechnung des Anbieters (Kommitent) und unterliegt besonderen Weisungen des Anbieters (z.B. Preisvorgaben).	- Kommissionsbuchhandel - Kommissionäre für Antiquitäten, Kunstwerke

Bei der **„Up-stream"-Vermittlung** handelt es sich um die Vermittlung im Rahmen von Beschaffungsvorgängen seitens der Auftraggeber der Handelsvermittler, d.h. Suche der Handelsvermittler nach geeigneten Lieferanten für ihre Partner (Batzer/Lachner/Meyerhäfer 1991, S. 233ff.). Handelsvermittlung „Up-stream" betreiben z.B. Zentralen bzw. Einkaufsorganisationen von Verbundgruppen des Handels. Diese tätigen überwiegend Fremdgeschäfte.

Insbesondere im Zusammenhang mit dem elektronischen Handel wird für die Handelsvermittlung der Begriff **Intermediär** verwendet.[1] Je nach Zielsetzung der Intermediation kann zwischen Generalisten, Markt- oder Produktspezialisten als Anbieter unterschieden werden. Da sich auch im elektronischen Handel ein Hersteller direkt an die Endkonsumenten wenden kann und Zwischenhandelsstufen auf diese Art und Weise umgangen werden können, wird in diesem Zusammenhang auch von **Disintermediation** gesprochen (Zentes/Swoboda 2000a). Werden wiederum Zwischenhandelsstufen eingeschaltet, auf deren Basis neue Angebote entstehen, spricht man von **Reintermediation** (Ausschuss für Definitionen zu Handel und Distribution 2006, S. 31).

IV. Betriebs- und Vertriebstypen des Einzelhandels

1. Unterscheidungskriterien der Betriebs- und Vertriebstypen des Einzelhandels

Auch für die Systematisierung der Vielzahl der Betriebs- und Vertriebstypen des Einzelhandels sind Kriterien heranzuziehen, die – ebenso wie im Großhandel – nicht immer eindeutig die Erscheinungsformen von Betriebs- und Vertriebstypen in der Praxis abzugrenzen in der Lage sind. Häufig verwendete Kriterien sind (vgl. zur Einteilung von Systematisierungskriterien Bidlingmaier 1974, Sp. 526ff.; Müller-Hagedorn 1998, S. 43ff.):

- **Sortimentspolitik**: Die Wahl des angebotenen Sortiments bedingt meist die Branchenzugehörigkeit. Die Sortimentsbreite, d.h. die Anzahl der unter einem Sortiment geführten Warengruppen, und die Sortimentstiefe, d.h. die Anzahl der innerhalb einer Warengruppe geführten Waren, bedingen die Zugehörigkeit der Einzelhandelsunternehmen zu unterschiedlichen Kategorien. Entscheidend für die Einordnung ist die langfristige Ausrichtung des Sortiments. Ferner sind einzelne Sortimentsniveaus, so eine Abstufung bezüglich des Qualitätsniveaus, und unterschiedliche Sortimentsinhalte, was die Kaufbedeutung, Warenselbstverkäuflichkeit, Kauffristigkeit und ähnliche Dimensionen betrifft, unterscheidbar.
- **Betriebsgröße**: Die Betriebsgröße ist durch die eingesetzten Produktionsfaktoren gekennzeichnet. Sie kann anhand von Ergebnisgrößen (Umsatz- oder Gewinnkennzahlen) oder Produktionsfaktoren (z.B. die Anzahl der beschäftigten Personen, den Wert des Wareneinsatzes) gemessen werden. Für eine praktische Abgrenzung kommt v.a. der Betriebsgröße, gemessen an der Verkaufsfläche, eine hohe Bedeutung zu.
- **Bedienungsprinzip**: Als Möglichkeiten der Ausgestaltung des Bedienungsprinzips unterscheidet man die Optionen der Fremdbedienung (Warenübergabe an den Kunden durch das Verkaufspersonal) und der Selbstbedienung (Warenentnahme durch die Kunden, d.h., die Kunden entnehmen die Ware selbst den Regalen bzw. Warenträgern).

[1] Vgl. hierzu auch die Ausführungen in Abschnitt B.II des Ersten Kapitels.

- **Art des Inkasso und des Warenüberganges**: Bezüglich der Art des Inkasso unterscheidet man danach, wer die Zahlungsmittel des Kunden entgegennimmt. Dies kann durch das Verkaufspersonal oder eine technische Anlage erfolgen. Analog unterscheidet man bei der Art des Warenüberganges verschiedene Abgabeprinzipien, so die Abgabe durch technische Anlagen, durch persönliche Übergabe oder durch Selbstbedienung.
- **Distanzüberwindung**: Bezüglich des räumlichen Warenangebots unterscheidet man das Bringprinzip und das Holprinzip. Der Bringkauf ist dadurch gekennzeichnet, dass die jeweilige Ware dem Kunden geliefert wird. Die Distanzüberwindung erfolgt durch den Verkäufer bzw. wird von ihm initiiert. Beim Holkauf hingegen erfolgt diese Distanzüberwindung durch den Käufer selbst. Als eine Zwischenform, bei der ein gegenseitiges Entgegenkommen bezüglich der Raumüberbrückung gegeben ist, können bspw. Verkaufswagen oder Wochenmärkte aufgefasst werden.
- **Preispolitik**: Die relative Preisstrategie, d.h. die Höhe der Preise für das Sortiment verglichen mit den Preisen der Konkurrenz, bestimmt die Preisstellung des Betriebs. Hier sind eine Niedrig-, eine Mittel- bzw. eine Hochpreisstrategie denkbar. Liegen die Angebotspreise deutlich unterhalb der Preise der Konkurrenz, spricht man von dem Discount-Prinzip. Bei der Hochpreisstrategie liegt das Preisniveau erheblich über den üblichen Einzelhandelspreisen. Ein weiterer Bereich der Preisstrategie betrifft die Entwicklung der Preisgestaltung im Zeitablauf. Hier sind durchgängig starre Preise oder flexible Preise denkbar.
- **Integration eines Betriebes in eine Agglomeration**: Bezüglich der Auswahl des Standortes sind unterschiedliche Einbindungsmöglichkeiten in Agglomerationen denkbar. So kann einerseits eine Ansiedlung in einer gewachsenen städtischen Agglomeration erfolgen (innerstädtische Haupt-City-Lage oder Neben-City-Lage). Andererseits kann eine Standortwahl in Wohngebietslagen, Stadtrandlagen oder Vorortlagen in weit gehender Isolation von anderen Einzelhandelsbetrieben erfolgen. Ferner ist die Integration in Shopping Center in Innenstadtlagen oder in Randgebieten oder Außenlagen („Grüne Wiese“) denkbar.
- **Rechtliche Anbindung**: Die rechtliche Eingliederung der Betriebe kann in Form der Selbstständigkeit oder der Abhängigkeit, einerseits in horizontaler Form (z.B. Konzernbildung) oder andererseits in vertikaler Anbindung (z.B. Kontraktmarketing) erfolgen.

Betriebstypen sind i.d.R. durch mehrere der dargestellten Merkmale gekennzeichnet, wenngleich für die Definition häufig auf eines der Systematisierungskriterien als konstituierendes Merkmal abgestellt wird; dadurch ergeben sich Überschneidungen zwischen den einzelnen Kategorien. Im Folgenden werden wichtige Betriebs- und Vertriebstypen des Einzelhandels dargestellt, und zwar der Systematisierung in Abbildung 3.11 folgend.

Abbildung 3.11: Betriebstypen und Vertriebstypen des Einzelhandels

Traditionelle Betriebstypen	Food- und Near-Food-Betriebstypen	Non-Food- und neuere Betriebstypen	Traditionelle und neue Vertriebstypen
Fachgeschäft Spezialgeschäft Boutique Warenhaus Kaufhaus Gemeinschafts-warenhaus	Supermarkt Verbrauchermarkt SB-Warenhaus und Hypermarkt Discounter Convenience Store Drogeriemarkt und Drugstore	Fachmarkt Kiosk Gemischtwarengeschäft Ambulanter Handel Automatenhandel Factory Outlet Off-Price-Store	Direktvertrieb Versandhandel Internet-Handel

2. Traditionelle Betriebstypen

a) Fachgeschäft

Fachgeschäfte sind Einzelhandelsbetriebe, die ein branchenspezifisches oder bedarfsgruppenorientiertes Sortiment in großer Auswahl und in unterschiedlichen Qualitäten und Preislagen mit ergänzenden Dienstleistungen anbieten (Ausschuss für Definitionen zu Handel und Distribution 2006, S. 48).

Dabei wird eine möglichst hohe Vollständigkeit des Sortiments angestrebt, sodass ein Angebot von Waren unterschiedlicher Qualitäts- und Preislagen erfolgt. Das Sortimentsniveau hat im Allgemeinen in den Fachgeschäften eine eher gehobene Ausrichtung und das Preisniveau zeichnet sich insgesamt durch ein mittleres bis gehobenes Niveau, zumeist basierend auf einer Durchschnittspreiskalkulation aus gut verkäuflichen und umschlagschwachen Artikeln, aus. Ein weiteres Kennzeichen der Fachgeschäfte stellt die vergleichsweise hohe Beratungs- und Bedienungsintensität dar. Weitere charakteristische Merkmale an güterspezifischen Dienstleistungen in Fachgeschäften sind insbesondere Lieferung und Reparaturservice (Barth/Hartmann/Schröder 2007, S. 91). Aus diesem Grund sind Fachgeschäfte i.d.R. durch qualifizierte Mitarbeiter gekennzeichnet (Tietz 1992a, S. 250). Die Instore-Marketing, so die Raum- und Einrichtungsgestaltung, wird in Fachgeschäften als wichtiges absatzpolitisches Instrument eingesetzt. Typische Standorte für die Ansiedlung von Fachgeschäften sind insbesondere zentrale Innenstadtlagen sowie Einkaufszentren. Die Betriebsgröße von Fachgeschäften ist im Allgemeinen eher klein bis mittelgroß, meist zwischen 200 bis 600 qm.

Tabelle 3.1: Entwicklung des Anteils der Fachgeschäfte am Einzelhandelsumsatz in Deutschland und Prognose für 2010

	1980	1990	1995	2000	2002	2003	2004	2005	2010
Trad. Fachgeschäfte	55,4 %	42,4 %	38,2 %	27,4 %	25,9 %	24,8 %	24,1 %	24,0 %	22,0 %

Quelle: BAG/GfK-Prisma Institut 2005; BulwienGesa AG 2006.

Die Entwicklung im Bereich der Fachgeschäfte ist seit Jahren durch Marktanteilsverluste gekennzeichnet (siehe Tabelle 3.1). In Deutschland sank der Marktanteil der Fachgeschäfte von über 55 % im Jahre 1980 auf 24 % im Jahre 2005. Allerdings ist auch zu konstatieren, dass Fachgeschäfte in der Vergangenheit die mit Abstand häufigste Form des Handels bildeten.

Beispiele für Fachgeschäfte finden sich in nahezu allen Branchen. Stark verbreitet sind Sport-, Schuh- oder Elektronikfachgeschäfte und Parfümerien.

b) Spezialgeschäft

Spezialgeschäfte sind Einzelhandelsbetriebe, deren Warenangebot sich auf einen Ausschnitt des Sortiments eines Fachgeschäfts beschränkt, aber tiefer als jenes gegliedert ist (Ausschuss für Definitionen zu Handel und Distribution 2006, S. 56).

Die Auswahlansprüche des Kundenkreises der Spezialgeschäfte sind höher als in Fachgeschäften. Diesen hohen Ansprüchen muss anhand der Sortimentsgestaltung entsprochen werden (Ausschuss für Definitionen zu Handel und Distribution 2006, S. 56). Des Weiteren erfordern die Ansprüche der Kunden eine hohe Beratungs- und Serviceintensität. Die Dienstleistungen sind i.d.R. weiter gehend als in Fachgeschäften. Es erfolgt eine hochwertige und qualifizierte Beratung bei Umsetzung des Bedienungskonzeptes. Teilweise werden auch Einzelbestellungen und ähnliche exklusive Dienstleistungen angeboten (Theis 1999, S. 492). Spezialgeschäfte haben auf Grund ihres Warenangebots und des Spektrums der angebotenen Dienstleistungen einen exklusiven, teilweise luxuriösen Charakter. Dieser Charakter wird auch durch entsprechende Maßnahmen im Rahmen der Geschäftsausstattung und Warenpräsentation unterstützt. Entsprechend sind sie durch eine Politik hoher bis exklusiver Preise gekennzeichnet. Standorte von Spezialgeschäften sind fast ausschließlich Innenstadtlagen, wobei häufig Standorte mit einer hohen Frequenz gewählt werden, um einen hohen Kundeneinzug erreichen zu können, der für das angebotene Spektrum an Waren und Dienstleistungen notwendig ist. Die Betriebsgröße ist dabei, ähnlich den Fachgeschäften, relativ gering (Lerchenmüller 2003, S. 266).

Beispiele für Spezialgeschäfte finden sich insbesondere im Bereich der Feinkostgeschäfte, der Juweliere oder in Teilen des Kosmetik-Bereichs. Die Entwicklung im Bereich der Spezialgeschäfte ist durch ähnliche Merkmale gekennzeichnet wie im Fall der Fachgeschäfte.

c) Boutique

Boutiquen sind zumeist kleine Einzelhandelsbetriebe, die ein begrenztes, auf die jeweilige Zielgruppe ausgerichtetes, vorwiegend modisches Sortiment anbieten (Ausschuss für Definitionen zu Handel und Distribution 2006, S. 43).

Boutiquen sind i.d.R. durch relativ kleine Betriebsflächen gekennzeichnet und fokussieren auf spezielle Zielgruppen. Das Sortiment ist eng, d.h. auf bestimmte Warengruppen begrenzt, und dabei von ausgeprägter Tiefe. Die Preisstellung in Boutiquen ist häufig durch die Umsetzung einer mittleren bis hohen Preispolitik gekennzeichnet. Boutiquen finden sich meist im Bereich Bekleidung, Schmuck oder bei Einrichtungsgegenständen (Ausschuss für Definitionen zu Handel und Distribution 2006, S. 43). Oft wird eine auffällige Aufmachung und Ladengestaltung umgesetzt, wodurch die Ansprache der jeweiligen, meist aufgeschlossenen Zielgruppe erreicht werden soll. Teilweise wird versucht, Exklusivität zu erreichen. Die Imagebetonung ist in Boutiquen stark ausgeprägt. Die Standorte von Boutiquen sind Innenstadtlagen und Einkaufszentren, aber auch als **Shop-in-Store-Konzepte** in Waren- und Kaufhäusern. Dadurch werden die herkömmlichen Gliederungssysteme der Abteilungen ergänzt, mit dem Ziel, durch das im Boutiquenstil angeboten Sortiment eine Profilierung des Angebots zu erreichen.

d) Warenhaus

> *Warenhäuser sind großflächige Einzelhandelsbetriebe, die i.d.R. auf mehreren Etagen breite und überwiegend tiefe Sortimente mehrerer Branchen mit tendenziell hoher Serviceintensität und mittlerem bis hohem Preisniveau an Standorten in der Innenstadt oder in Einkaufszentren anbieten. Sie umfassen eine Verkaufsfläche von mindestens 3.000 qm (Ausschuss für Definitionen zu Handel und Distribution 2006, S. 62f.).*

Warenhäuser bilden einen traditionellen Betriebstyp im Einzelhandel, der das insgesamt eher „anspruchslosere" Sortiment nach dem Prinzip **„Alles unter einem Dach"** anbietet, d.h., es handelt sich meist um Vollsortimenter. In Abhängigkeit des jeweiligen Standortes umfasst das Sortiment von Warenhäusern durchschnittlich rund 100.000 Artikel (Theis 1999, S. 493). Es ist nach einzelnen Warengruppen in Abteilungen gegliedert und umfasst überwiegend Nichtlebensmittel, so Bekleidung, Heimtextilien, Sport, Hausrat, Einrichtung, Kosmetik, Drogeriewaren, Schmuck, Unterhaltung, aber auch Nahrungs- und Genussmittel usw. Zudem wird auch ein Dienstleistungsspektrum angeboten, das häufig Gastronomie, Finanzdienstleistungen oder Reisevermittlung umfasst. In den Warenhäusern herrscht weitestgehend das Prinzip der (Teil-)Selbstbedienung bzw. Bedienung mit Vorwahl vor. Im Lebensmittelbereich findet das Bedienungsprinzip Anwendung. Große Weltstadtwarenhäuser in Metropolen wie Berlin, Tokio, Paris oder London umfassen Verkaufsflächen von mehr als 10.000 qm (Lerchenmüller 2003, S. 271).

Tabelle 3.2: Entwicklung des Umsatzanteils der Warenhäuser am Einzelhandelsumsatz in Deutschland und Prognose für 2010

	1980	1990	1995	2000	2002	2003	2004	2005	2010
Waren-häuser	7,2 %	5,9 %	5,8 %	4,2 %	3,9 %	3,8 %	3,7 %	3,4 %	4,0 %

Quelle: BAG/GfK-Prisma Institut 2005; BulwienGesa AG 2006.

Die Warenhäuser hatten in der Vergangenheit zwar eine relativ hohe Bedeutung im Einzelhandel, die jedoch heutzutage abnimmt, insbesondere im innerstädtischen Bereich (siehe Tabelle 3.2). Ähnlich zeichnete sich bspw. in den USA Mitte der neunziger Jahre eine Krise der Warenhäuser ab, der durch Übernahmen zu begegnen versucht wurde. Wood (2002, S. 520ff.) zeigt in diesem Zusammenhang, wo die Möglichkeiten und Grenzen einer strategischen Restrukturierung des Sortimentsportfolios liegen. Auch hierzulande erfolgt ein Trading-up. Die klassische Warenhaus-Konzeption mit dem Prinzip „Alles unter einem Dach“ wird zunehmend aufgegeben, da die enorme Warenvielfalt nicht mehr darstellbar ist und Fachmärkte an günstigeren Standorten die Sortimente ihrer Warengruppe kostengünstiger anbieten (Lademann 2004, S. 89f.). Daher konzentrieren sich Warenhäuser zunehmend auf führende Markenartikel, um sich gegenüber Fachmärkten als bedarfsorientierte **Mehrbranchenfachhändler** zu profilieren. Neue Bedeutung erlangen Warenhäuser in Shopping Centern, zumeist als **Magnetbetriebe**.

Karstadt und Kaufhof als die letzten beiden Kaufhäuser in Deutschland?

In einem schwierigen gesamtwirtschaftlichen Umfeld haben die beiden verbliebenen deutschen Kaufhauskonzerne weit gehend konstante Ergebnisse erzielt.

Tabelle 3.3: Kennziffern von deutschen Waren- und Kaufhausunternehmen

Unternehmen (Gruppe)	Anzahl	Nettoumsatz in Mio. EUR	Verkaufsfläche in qm	Nettoumsatz je qm Verkaufsfläche
Karstadt Warenhaus AG (Karstadt Quelle AG)	2005			
	143	4,7	1.657	2.836
	2006			
	131	4,9	1.664	2.944
Kaufhof-Warenhaus-Gruppe (METRO Group)	2005			
	142	3,6	1.465	2.457
	2006			
	142	3,6	1.487	2.427

Quelle: KarstadtQuelle AG 2006; 2007; METRO Group 2006a; 2007.

Karstadt hat sich nach der Krise im Jahre 2004 im laufenden Turnaround von fast achtzig, meist kleineren Häusern getrennt und diese an eine Investorengruppe veräußert. Interessanterweise besitzt diese Gesellschaft auch die Markenrechte am von Karstadt vor Jahren akquirierten Unternehmen „Hertie“, das im Jahre 2007 erneut „zum Leben erwacht“ ist.

Kaufhof versucht sich durch den Aufbau einer starken Marke „Galeria-Kaufhof“ als moderner Lifestyle-Anbieter zu positionieren. Die Sortimentsstrategie wurde geändert und es erfolgte eine Konzentration auf internationale Markenartikel, ergänzt um Exklusivmarken. Zudem wird ein Konzept der zielgruppenspezifischen Warenwelten realisiert, z.B. Damenwelt, Junge Welt, Sport-Welt. Die Häuser versuchen, über ihr anspruchsvolles Markensortiment, großzügige und anspruchsvolle Raumgestaltung, umfangreiches Serviceangebot und Warenpräsentation spezifische Kaufanreize zu schaffen und so die innerstädtischen Zentren neu zu erobern. Gleichzeitig werden das Shop-in-Store-System ausgebaut, die Fortbildung der Mitarbeiter intensiviert und ein ansprechendes Preis-Leistungs-Verhältnis unterstrichen. Die Mischung aus Erlebniskauf, Dienstleistung und Unterhaltung soll verstärkt die über 35-jährigen ansprechen. In Aachen öffnete im Jahre 2005 die 100. Galeria-Filiale.

Quelle: *KarstadtQuelle AG 2006; 2007; METRO Group 2006a; 2007.*

e) Kaufhaus

Kaufhäuser sind größere Einzelhandelsbetriebe, die überwiegend im Wege der Bedienung Waren aus zwei oder mehr Branchen, davon wenigstens aus einer Branche in tiefer Gliederung, anbieten.

Kaufhäuser weisen Ähnlichkeiten zu den Warenhäusern bezüglich der Geschäftsprinzipien auf. So erfolgt die Standortwahl vorwiegend in Innenstadtlagen und die Geschäftsausstattung sowie das Dienstleistungsangebot sind in ähnlicher Weise ausgestaltet. Das mittlere bis hohe Preisniveau in Kaufhäusern entspricht dem in Warenhäusern vorherrschenden Preisniveau. In der Regel erfolgt der Verkauf in Kaufhäusern nach dem Bedienungsprinzip mit Vorwahlsystem oder in (Teil)-Selbstbedienung (Lerchenmüller 2003, S. 272).

Der wesentliche Unterschied zwischen Kauf- und Warenhäusern besteht in der Sortimentsausrichtung. In Kaufhäusern ist die Sortimentsbreite stärker eingeschränkt als in Warenhäusern, d.h., das Sortiment ist insgesamt schmaler und auf ausgewählte Warengruppen konzentriert. Traditionell war das Kaufhaus eher etwas anspruchsloser ausgestaltet, wobei aber auch in diesem Zusammenhang Trading-up-Tendenzen (z.B. Erlebnisorientierung) in zunehmendem Maße, teilweise abhängig von den Standorten, umgesetzt werden (Lerchenmüller 2003, S. 271f.). Am stärksten verbreitet sind Kaufhäuser mit Textilien, Bekleidung und verwandten Bedarfsrichtungen (z.B. Sinn Leffers, P&C, Marks&Spencer), die auch als **Textilkaufhäuser** bezeichnet werden (Ausschuss für Definitionen zu Handel und Distribution 2006, S. 50).

f) Gemeinschaftswarenhaus

Gemeinschaftswarenhäuser sind der Verbund von Fach- und Spezialgeschäften verschiedener Branchen und ergänzender Dienstleistungsbetriebe (z.B. Gaststätten) unter einem Dach in einem meist mehrstöckigen Gebäude (Ausschuss für Definitionen zu Handel und Distribution 2006, S. 49).

Einrichtung, Warenpräsentation und Visualisierung werden so abgestimmt, dass ein einheitlich profiliertes Erscheinungsbild entsteht, wenngleich auf jegliche Formen von Abgrenzungen zwischen den einzelnen Abteilungen der Warengruppen und Dienstleistungen verzichtet wird (Tietz 1992a, S. 283). Für die Kunden ist nicht erkennbar, dass es sich um den Zusammenschluss selbstständiger Handels- und Dienstleistungsunternehmen handelt. Das Sortiment ist in seiner Breite mit dem der Warenhäuser vergleichbar. Bezüglich der Sortimentstiefe weist es eher die Eigenschaften der Fach- und Spezialgeschäfte auf, ist also zumeist tiefer als in Warenhäusern. Ebenso sind die durch die selbstständigen Unternehmer angebotenen Dienstleistungen breiter. Die Standortwahl erfolgt analog zu derjenigen der Warenhäuser mit einer Fokussierung auf City-Lagen (Falk/Wolf 1992, S. 232f.). Gemeinschaftswarenhäuser sind in Schweden entstanden und haben im deutschsprachigen Raum eine relativ geringe Bedeutung (Lerchenmüller 2003, S. 276).

3. Food- und Near-Food-Betriebstypen

a) Supermarkt

> *In Supermärkten erfolgt ein Angebot von Waren mit dem Schwerpunkt im Bereich der Nahrungs- und Genussmittel einschließlich Frischwaren. Ergänzend werden dazu Waren des täglichen und des kurzfristigen Bedarfs anderer Branchen vorwiegend in Selbstbedienung angeboten (Ausschuss für Definitionen zu Handel und Distribution 2006, S. 56).*

Das Sortiment ist breit, aber relativ flach ausgerichtet. Das Sortimentsniveau ist eher auf kaum erklärungsbedürftige Waren begrenzt, die vorwiegend in Selbstbedienung angeboten werden, wobei v.a. im Bereich der Frischwaren häufig das Bedienungsprinzip vorliegt (Tietz 1993b, S. 32). Ein wichtiges Abgrenzungskriterium des Supermarktes von anderen Formen des Einzelhandels liegt in der Verkaufsfläche. Diese beträgt mindestens 400 qm, höchstens aber 1.000 qm (Ausschuss für Definitionen zu Handel und Distribution 2006, S. 56f.). Nach einer Studie von ACNielsen (2006, S. 16) ist im Jahre 2006 die Anzahl der Supermärkte in Deutschland gegenüber dem Vorjahr um 6,4 % und deren Umsatzanteil im Lebensmitteleinzelhandel um 6,8 % zurückgegangen (siehe Tabelle 3.4). In Supermärkten wird eine attraktive Ausstattung umgesetzt und die Qualifikation der Mitarbeiter im Bedienungsbereich ist relativ hoch. Sie sind meistens wohnortnah, aber auch in City- oder Vorortlagen angesiedelt.

Renaissance und zukünftige Konzepte der Supermärkte

Wettbewerbsfähige Supermärkte werden Branchenvertretern zufolge künftig über Verkaufsflächen von mindestens 1.500 qm verfügen (müssen), um Verbraucheransprüche an umfangreiche Frischesortimente kompetent erfüllen zu können. Denkbar ist die Weiterentwicklung zu City-Supermärkten in Innenstadt- oder Stadtteillagen, sofern sich eine Liberalisierung der Genehmigungen durchsetzt. Sie stehen für eine Verbindung von Convenience Store und klassischem Nachbarschaftsgeschäft.

Noch stärker als auf der Großfläche werden Frische und Convenience zukünftig zu wesentlichen Profilierungswarengruppen für Super- und kleinere Verbrauchermärkte. Gerade für diese Betriebstypen muss es das Ziel sein, durch die Schaffung von Erlebnisatmosphäre und einer angenehmen Ladengestaltung einen echten Mehrwert zu schaffen. Die zunehmende Homogenität der Sortimente erfordert individuelle, sich von Mitbewerbern unterscheidende, Verkaufsräume und Wareninszenierungen, um dem Verbraucher zunehmend Beiträge zur Lebensqualität und zum Lebensstil zu vermitteln. Zugleich gibt es in Deutschland in jüngster Zeit eine wachsende Anzahl von Bio-Supermärkten, deren entscheidendes Differenzierungsmerkmal die Vermarktung von Bio-Produkten als zentralem Profilierungsfeld innerhalb eines auch sonst stark ökologischen Engagements ist.

Quelle: KPMG/EHI 2004.

Tabelle 3.4: Entwicklung des Umsatzanteils der Supermärkte am Einzelhandelsumsatz in Deutschland und Prognose für 2010

	1980	1990	1995	2000	2002	2003	2004	2005	2010
Supermärkte	9,1 %	7,9 %	8,0 %	8,1 %	7,9 %	7,9 %	7,7 %	7,6 %	8,0 %

Quelle: BAG/GfK-Prisma Institut 2005; BulwienGesa AG 2006.

b) Verbrauchermarkt

Verbrauchermärkte sind großflächige Einzelhandelsbetriebe, die ein breites und tiefes Sortiment an Nahrungs- und Genussmitteln und an Ge- und Verbrauchsgütern des kurz- und mittelfristigen Bedarfs überwiegend in Selbstbedienung anbieten (Ausschuss für Definitionen zu Handel und Distribution 2006, S. 60).

Die Verkaufsfläche der Verbrauchermärkte liegt bei mindestens 1.000 qm (zunehmend 1.500 qm) und reicht bis hin zu 5.000 qm. Der Angebotsschwerpunkt liegt im Lebensmittelbereich, wo meist ein Vollsortiment angeboten wird. In Verbrauchermärkten liegt vorwiegend das Selbstbedienungsprinzip vor. Der Anteil angebotener Dienstleistungen ist relativ gering und i.d.R. auf Bedienung, v.a. im Bereich von Frischwaren, begrenzt. Die Ausstattung ist relativ einfach gehalten (Lerchenmüller 2003, S. 270). Die Preispolitik der Verbrauchermärkte ist meist durch eine aggressive und flexible Niedrigpreispolitik gekennzeichnet, häufig in Verbindung mit einer ausgeprägten Sonderangebotspolitik. Diese Vorgehensweise ist v.a. auf Grund der Unternehmenspolitik möglich, die sich durch die dargestellte begrenzte Serviceorientierung auszeichnet. Auf Grund einer starken Orientierung an **Autokunden** wird i.d.R. ein verkehrsorientierter Standort gewählt. Solche Standorte, die wiederum Ausdruck der Kostenorientierung sind, befinden sich meist in Stadtrandlagen oder auf der „Grünen Wiese", wobei isolierte Standorte denkbar sind, aber auch Standorte innerhalb von Einkaufszentren. Obligatorisch ist die Bereitstellung einer großen Anzahl von Parkplätzen (Theis 1999, S. 495). Die Tendenz zum Übergang zu Betriebstypen mit größeren Flächen im Lebensmitteleinzelhandel sowie die steigende **Convenience-Orientierung** der Konsumenten stützten eine steigende Bedeutung des Betriebstyps der Verbrauchermärkte. Herausragend ist dabei die Tendenz zum **One-Stop-Shopping**, das gerade in solchen Betriebstypen ermöglicht wird, die auf der größeren Fläche auch eine größere Sortimentsbreite anbieten können.

c) SB-Warenhaus und Hypermarkt

Selbstbedienungswarenhäuser (SB-Warenhäuser) sind großflächige, meist ebenerdige Einzelhandelsbetriebe, die ein umfassendes Sortiment mit einem Schwerpunkt bei Lebensmitteln ganz oder überwiegend in Selbstbedienung ohne kostenintensiven Kundendienst mit hoher Werbeaktivität in Dauerniedrigpreispolitik oder Sonderangebotspolitik anbieten (Ausschuss für Definitionen zu Handel und Distribution 2006, S. 55).

Das Grundprinzip ist mit dem der Verbrauchermärkte vergleichbar. In der Entstehungsphase dieses Betriebstyps fand dabei v.a. eine Ausrichtung auf eine Fläche von mindestens 3.000 qm (zunehmend 4.000 qm) statt. In neueren Entwicklungen hat zudem eine Annäherung an Warenhäuser stattgefunden, insbesondere auf Grund von Trading-up-Tendenzen im Bereich der Sortimente. Teilweise erfolgt die Bedienung durch das Verkaufspersonal, v.a. im Bereich frischer Lebensmittel. Insgesamt aber ist die Auswahl des Sortiments auf das Prinzip der Selbstbedienung ausgerichtet.

Ein wesentlicher Unterschied zum Verbrauchermarkt liegt in der Breite des Angebots sowie in einem Angebot von (wenigen) Dienstleistungen, z.B. Heimzustelldiensten für großvolumige und schwergewichtige Artikel (Lerchenmüller 2003, S. 270). Die Standortpolitik und die Preispolitik ähneln der Vorgehensweise der Verbrauchermärkte. Es findet eine Orientierung an **Autokunden** statt, d.h., die Standortwahl berücksichtigt v.a. eine verkehrsgünstige Lage unter Bereitstellung einer großen Anzahl an Parkplätzen. Dabei werden häufig Außenstandorte auf der „Grünen Wiese" gewählt, häufig mit Nähe zu Autobahnkreuzen oder stark befahrenen Bundesstraßen, sodass eine gute Erreichbarkeit garantiert ist (Theis 1999, S. 494). Die Niedrigpreisorientierung wird neben dem begrenzten Dienstleistungsangebot v.a. durch die kostengünstige Bauweise ermöglicht. Das Sortiment ist auf eine große Breite hin ausgerichtet, bei einer mittleren bzw. teilweise ausgeprägten Tiefe. Dadurch erlangt es einen warenhausähnlichen Charakter. Der Sortimentsschwerpunkt auf dem Bereich der Food- und Near-Food-Produkte wird durch Artikel aus nahezu allen Branchen ergänzt. Den Kunden wird dadurch die Konzentration ihrer Einkaufsaktivitäten i.S. eines One-Stop-Shopping ermöglicht.

Entwicklung der SB-Warenhäuser und Verbrauchermärkte in Deutschland

1966 existierten in (West-)Deutschland 61 SB-Warenhäuser und Verbrauchermärkte. Diese Anzahl erhöhte sich kontinuierlich bis auf 3.143 Anfang 2006*. Der Anteil der SB-Warenhäuser und Verbrauchermärkte an der Gesamtzahl von Lebensmittelgeschäften betrug 1966 0,1 %, wuchs aber relativ kontinuierlich bis zum Jahre 2006 auf 5,9 % an. Der absolute Umsatz stieg seit dem Jahre 1965 mit 0,04 Mrd. DM bis zu Anfang des Jahres 2006 auf 36,35 Mrd. EUR. Der Anteil am Gesamtumsatz des Lebensmitteleinzelhandels in Deutschland stieg im gleichen Zeitraum von 0,1 % auf 29,1 %, der Marktanteil im Einzelhandel insgesamt auf 11,3 %.

* *Neudefinition im Jahre 1975: Vorher wurden Betriebstypen mit einer Fläche von 1.000-1.499 qm den Verbrauchermärkten zugeordnet, danach erfolgte die Zuordnung zu Supermärkten.*

Quelle: ACNielsen 2006, S. 16.

Definiert man die Betriebstypen insbesondere auf Grund ihrer Verkaufsfläche, so lassen sich dem Betriebstyp SB-Warenhaus auch die sog. **Hypermärkte** zuordnen. Hypermärkte sind im Prinzip große SB-Warenhäuser mit entsprechend vergleichbaren Charakteristika, aber einer Verkaufsfläche von 5.000 bis 25.000 qm. Neben der Idee des One-Stop-Shopping definiert sich dieser Betriebstyp insbesondere über sein immens großes, teils überregionales Einzugsgebiet. Die weltgrößten Unternehmen zählen zu wichtigen Betreibern von Hypermärkten, so Wal-Mart (USA), Carrefour (F), Tesco (UK), METRO (D) und Casino (F). Gründe für die weltweite Expansion der Hypermärkte bestehen u.a. darin, dass das Format gut für die Multiplikation auf neue, wenig konzentrierte Märkte geeignet ist, da ein Hypermarkt im Hinblick auf Direktbelieferung, Sortimentsgestaltung, Personalplanung usw. eine gewisse kritische Masse hat. Hypermärkte generieren schnell hohe Umsätze pro Laden und benötigen keine komplexe Infrastruktur (Bordier 2001, S. 63f.).

„All leading retailers are strongly wedded to the hypermarket concept and they would not be doing that if they thought it wasn't going anywhere. Hypermarkets are a vibrant format with a long way to run, they've just got to raise their game if they want to compete with discounters."

(James Walton, Senior Economic Analyst, IGD, 15. November 2005)

d) Discounter

Discounter bieten ein enges, auf raschen Umschlag ausgerichtetes Sortiment zu niedrigen Preisen an. Da Discounter für diese Strategie große artikelspezifische Einkaufsvolumina und hohe Kundenfrequenzen benötigen, wird das Discountgeschäft fast ausschließlich von großen Einzelhandelsunternehmen nach dem Filialprinzip betrieben (Ausschuss für Definitionen zu Handel und Distribution 2006, S. 44).

Discount-Betriebe sind überwiegend im Food- und Near-Food-Bereich anzutreffen. Die ständige und aggressive Niedrigpreisstrategie (Discount-Orientierung) wird u.a. anhand der Auswahl des Sortiments ermöglicht. Letzteres ist bezüglich Breite und Tiefe weit gehend begrenzt. Vor allem in der Vergangenheit wurden überwiegend Produkte eines anspruchslosen Sortimentsniveaus angeboten, wobei es sich dabei v.a. um Discount-Eigenmarken bzw. Gattungsware (häufig dominierend) handelte (Schmalen/Schachtner 1999, S. 126ff.). Hard Discounter des Lebensmitteleinzelhandels hatten nur wenige Frischwaren und führten etwa 600 bis 800 Artikel. Dies wandelt sich zunehmend, denn auch Hard Discounter bieten ein begrenztes Sortiment an Frischwaren, wie etwa abgepackte Fleisch- und Molkereiprodukte, Obst und Gemüse oder Tiefkühlkost, an. Letzteres kennzeichnete v.a. Soft Discounter, welche Artikelzahlen von durchschnittlich 1.200 bis 1.500 hatten. Umfangreiche Kostensenkungsbestrebungen und der weitestgehende Verzicht auf Nebenleistungen wie Kundendienst, Bedienung, sonstige Dienstleistungen und anspruchsvolle Geschäftsausstattung kennzeichnen die Discounter noch heute. Sie zeichnen sich durch das Prinzip der ausschließlichen Selbstbedienung aus, wodurch der Personalbestand bei einer i.d.R. niedrigen Qualifikation der Mitarbeiter gering gehalten werden kann. Allerdings begreifen sich Hard Discounter zunehmend als Nahversorger (Vollversorger), nicht jedoch als Vollsortimenter.

Im Vergleich zu SB-Warenhäusern oder Hypermärkten ist das Preisniveau signifikant niedriger, auch wenn gerade Letztere aggressiv mit ihrer Sonderangebots- und Niedrigpreispolitik werben (Cataluna/Franco/Ramos 2005, S. 331ff.). Die Standorte von Discountern liegen zumeist in verkehrsgünstigen und kostengünstigen Stadtrandlagen bzw. in wohnortnahen Lagen mit einer ausreichenden Anzahl von Parkplätzen. In Deutschland wird Flächendeckung angestrebt.

Tabelle 3.5: Entwicklung der Lebensmitteldiscounter in Deutschland – in Mrd. EUR

	1994	1996	1998	2000	2002	2004	2005
Total	29,0	33,5	36,5	37,9	44,9	54,2	55,9
davon Aldi	15,5	15,6	16,6	17,1	22,0	26,1	25,8
davon Andere	13,5	17,9	19,9	20,8	22,9	28,1	30,1

Quelle: GfK Panel Services 2001; 2006a.

Die Bedeutung der Discounter im deutschsprachigen Raum ist hoch. Ihr Marktanteil im Lebensmitteleinzelhandel betrug in Deutschland – je nach leicht abweichender Definition – im Jahre 2005 etwa 39,8-40,8 % (ACNielsen 2006, S. 16). Ihr Umsatz hat sich seit 1990 mehr als verdoppelt, wobei Aldi dominiert. Auf der einen Seite wird die Ansicht vertreten, dass Discounter in Zukunft an „natürliche“ Grenzen durch Convenience, wie bspw. Zugang (Parkplätze), Erreichbarkeit (Nähe) oder Übersichtlichkeit des Sortiments, stoßen. Auf der anderen Seite sind die Entwicklungsperspektiven der Hard Discounter als positiv zu beurteilen, weil sie auf Basis ihrer zentralen Wettbewerbsvorteile Kosten und Preis in der Zukunft noch stärker eine Outpacing-Strategie als mögliche neue Option nutzen können. Bereits heute werten sie ihr Sortiment qualitativ auf und erweitern die Flächen, wobei eine verstärkte Service-Orientierung eine zukünftige Option bildet (Twardawa 2006, S. 390f.).

e) Convenience Store

Der Begriff Convenience lässt sich mit Bequemlichkeit oder Annehmlichkeit übersetzen. Er kann als Betriebstypenmerkmal aufgefasst werden, wonach jeder Betriebstyp einen spezifischen Grad an Convenience aufweist, oder aber mit dem Betriebstyp Convenience Store verbunden werden, der Bequemlichkeit betont. Convenience-Produkte bzw. -Dienstleistungen sind neben Waren des täglichen Bedarfs u.a. Restaurants und Imbiss, Lotto, Post, Geschenkartikel usw. Die hier interessierenden Convenience Stores, z.T. auch als **Nachbarschaftsläden** bezeichnet, wurden in den USA entwickelt und übernehmen ergänzende Funktionen zu großflächigen Einzelhandelsbetrieben (Swoboda/Morschett 2001a, S. 178; Swoboda/Schwarz 2006, S. 397a).

Convenience Stores sind kleinflächige Einzelhandelsbetriebe, die ein begrenztes Sortiment an Waren des täglichen Bedarfs sowie Dienstleistungen bis hin zu einer kleinen Gastronomie zu einem eher hohen Preisniveau anbieten. Convenience Stores zeichnen sich durch einen wohnungsnahen oder frequenzintensiven Standort aus (Ausschuss für Definitionen zu Handel und Distribution 2006, S. 44).

Convenience Stores sind neben der räumlichen Nähe zum Kunden und damit einer guten Erreichbarkeit durch die spezifische Gestaltung der Verkaufsflächen gekennzeichnet, die den Kunden einen bequemen Einkauf ermöglichen; deshalb wird die Verkaufsfläche i.d.R. relativ klein gehalten. Das Sortiment ist so ausgestaltet, dass ein bedarfsgerechtes **One-Stop-Shopping** ermöglicht werden kann. Die Zusatzleistungen, die in den Convenience Stores geboten werden, begründen das höhere Preisniveau. Die Anzahl der von den Kunden pro Kaufakt erworbenen Artikel ist zumeist relativ gering. Entsprechend ist auch der Durchschnittsbetrag pro Kassenbon vergleichsweise niedrig, die Kundenfrequenz aber hoch. Die Öffnungszeiten der Convenience Stores sind lang (bis zu 24 Stunden), wovon bereits einer der Pioniere in diesem Bereich profitierte, als er seinen Laden im Anschluss an ein Baseballspiel auf Grund der hohen Nachfrage länger offen ließ. Im Jahre 1927 entstand so das US-Unternehmen 7-Eleven, das für entsprechende Öffnungszeiten steht. Es wurde vor einer Dekade von dem japanischen Master-Franchise-Nehmer übernommen und ist heute der weltgrößte Convenience-Anbieter.

Je nachdem, welcher Sortimentsbestandteil den Hauptfrequenzbringer darstellt, wird zwischen **G-Stores**, also Gasoline-Stores, bei denen der Schwerpunkt auf dem Kraftstoffverkauf liegt, und **C-Stores**, bei denen das Shopgeschäft dominiert, unterschieden. Zu den C-Stores (i.w.S.) zählen neben modernen Convenience Stores auch die klassischen Nachbarschaftsläden, also wohnortnahe Lebensmittelfachgeschäfte, Bäckereien und Metzgereien, die ein ergänzendes Food-Sortiment führen, sowie Kioske und v.a. Tankstellen-Shops (Zentes/Swoboda 1998c, S. 81ff). C-Stores können nach ihrer Fläche und nach Sortimentsmerkmalen differenziert werden (Auer/Koidl 1997, S. 72f.):

- **Mini C-Store**: Verkaufsfläche zwischen 25 und 40 qm, Food-Sortiment
- **Selektierter C-Store**: Verkaufsfläche zwischen 40 und 78 qm, begrenztes Food-Sortiment, teilweise Food-Service
- **Traditioneller C-Store**: Verkaufsfläche zwischen 78 und 91 qm, breites Lebensmittelsortiment mit ausgebautem Food-Service-Bereich
- **Erweiterter C-Store**: Verkaufsfläche zwischen 92 und 130 qm, sehr stark ausgebautes Lebensmittel- und Food-Service-Sortiment
- **Super C-Store**: Verkaufsfläche größer als 130 qm, sehr stark ausgebautes Lebensmittel- und Food-Service-Sortiment, zusätzlich Verzehr vor Ort mit Betonung des gastronomischen Bereichs.

Im deutschsprachigen Raum stellen die Tankstellen-Shops den bedeutendsten Convenience-Betriebstyp dar. Der Shop-Umsatz am Gesamtumsatz der Tankstellen ist bedeutend, wobei die wichtigsten Warengruppen Tabakwaren, Getränke und Süßwaren sind. Versuche, Shops ohne Zapfsäule zu eröffnen, scheiterten weit gehend, so das Pilotprojekt von Aral im Jahre 2001. Anders sieht es im dynamischen internationalen Convenience-Markt aus. Auf Grund des günstigen gesetzlichen Rahmens (Restriktionen für die Eröffnung großformatiger Betriebstypen), der demografischen Lifestyle-Entwicklungen usw. blühen regelmäßig neue Store-Konzepte auf (Bordier 2004, S. 66ff.). Sie werden zunehmend für international agierende Handelsunternehmen interessant. Insgesamt kann das Zukunftspotenzial von Convenience Stores sowohl in Ländern mit vergleichsweise hoher Convenience- und Serviceorientierung (z.B. Großbritannien) als auch in Ländern mit geringerer Service-Orientierung (z.B. Deutschland) durch Besetzung attraktiver Marktnischensegmente als positiv eingeschätzt werden (Ahlert/Blut/Evanschitzky 2006, S. 305f.).

Convenience-Orientierung bei Casino/Spar

Die 1898 gegründete Casino-Gruppe ist ein Multibetriebstypenunternehmen im Lebensmitteleinzelhandel: Ende des Jahres 2005 betrieb Casino 344 Hypermärkte, 2.396 Supermärkte, 1.130 Discounter, 247 Restaurants und 5.038 Convenience Stores. Die Convenience Stores definiert Casino über Petit Casino, Spar, Vival sowie Éco Service und generiert damit 1,527 Mrd. EUR Umsatz.

Spar ist als Franchise-Format in über 30 Ländern der Welt eines der erfolgreichsten Convenience-Unternehmen und steht dabei für Frische, Bequemlichkeit, Erlebnisorientierung und gutes Preis-Leistungsverhältnis in einem gehobenen und kundenfreundlichen Segment. Es hat drei Marktgrößen: Spar Märkte mit einer Größe von 70 bis 200 qm, Spar Classic mit einer Größe von 200 bis 400 qm und Spar Supermärkte ab 400 qm (die in Deutschland dem Betriebstyp Supermarkt zugeordnet werden, aber von Casino als C-Stores verstanden werden). Spar hat ferner in den letzten Jahren ein spezifisch an Convenience orientiertes und erfolgversprechendes Ladengestaltungskonzept – die Millennium Stores – entwickelt und umgesetzt, die den Kunden ein angenehmes Einkaufserlebnis in gemütlicher Atmosphäre bieten sollen. Seitdem sind die Umsätze in manchen Stores um bis zu 70 % gestiegen. Standorte für die Convenience Stores von Spar sind u.a. überregionale Flughäfen, Bahnhöfe, Militärgelände sowie City- und Innenstadtlagen.

Quelle: Casino Group 2006.

f) Drogeriemarkt und Drugstore

Drogeriemärkte sind im deutschsprachigen Raum mit dem Angebot von Drogerieartikeln sowie ergänzend zahlreichen anderen Warengruppen verbunden, u.a. von Zeitungen und Zeitschriften, Parfümeriewaren, Fotoartikeln, Süßwaren, Schreib- und Spielwaren sowie Geschenkartikeln und Schmuckwaren.

> *Es handelt sich i.d.R. um mittelflächige Einzelhandelsbetriebe mit einem breiten, im Bereich Drogerieartikel stellenweise auch tiefen Sortiment in übersichtlicher Warenpräsentation. Das Prinzip der Selbstbedienung wird durch die Möglichkeit ergänzt, dass Kunden im Bedarfsfall auch eine fachliche Beratung erhalten können. Charakteristisch sind Drogeriemärkte als Nahversorger überwiegend in integrierten und wohnortnahen Standorten angesiedelt, wobei neben Endkunden auch gewerbliche Kunden (z.B. Gaststätten) denkbar sind. Auf Grund ihrer Merkmale weisen sie eine enge Verwandtschaft zu den großflächigeren Fachmärkten auf (Ausschuss für Definitionen zu Handel und Distribution 2006, S. 45f.).*

Zu den umsatzstärksten Drogeriemärkten in Deutschland gehören insbesondere die Unternehmen Schlecker, dm, Rossmann und Müller.

Eine in den USA zu den deutschen Drogeriemärkten komplementär verbreitete Form des Einzelhandels ist der **Drugstore**, der mit großen filialisierten Unternehmen, wie z.B. Walgreens, verbunden ist:

> *In diesem Betriebstyp umfasst das Sortiment außer Drogeriewaren auch Waren des Apothekenbedarfs und weitere Warengruppen. In den USA sind an Drugstores z.T. auch Gastronomiebereiche angegliedert (in Anlehnung an Ausschuss für Definitionen zu Handel und Distribution 2006, S. 48).*

4. Non-Food- und neuere Betriebstypen

a) Fachmarkt

> *Fachmärkte sind großflächige Einzelhandelsbetriebe, die ein breites und tiefes Sortiment aus einem Warenbereich (z.B. Bekleidungsfachmarkt, Schuhfachmarkt), einem Bedarfsbereich (Baufachmarkt, Sportfachmarkt) oder einem Zielgruppenbereich (z.B. Möbel- und Haushaltswarenfachmarkt für designorientierte Kunden) in übersichtlicher Warenpräsentation bei tendenziell niedrigem bis mittlerem Preisniveau anbieten (Ausschuss für Definitionen zu Handel und Distribution 2006, S. 48).*

In Fachmärkten wird zumeist das Selbstbedienungsprinzip eingesetzt oder es besteht die Möglichkeit zur Vorwahl. Die Kunden können sich bei Bedarf auf eine sortimentsspezifisch qualitativ gute bis sehr gute Fachberatung stützen, andere Fachmärkte verzichten darauf und transferieren die geringeren Kosten in niedrigere Preise. Das Preisniveau in Fachmärkten ist insgesamt tendenziell niedrig bis mittelhoch, teilweise im Rahmen einer flexiblen Preisgestaltung auch aggressiv. Insbesondere im Bereich der Fachmärkte mit starker Discount-Orientierung, auch als **Fachdiscounter** bezeichnet, findet ein intensiver Einsatz der Sonderangebotspolitik statt. Fachdiscounter sind eine Zwischenform zwischen Fachgeschäft und Fachmarkt und konzentrieren sich häufig auf Waren des täglichen Bedarfs in Selbstbedienung. Auf Grund des steigenden Informationsniveaus der Kunden weisen sie positive Zukunftschancen auf (Ausschuss für Definitionen zu Handel und Distribution 2006, S. 47).

Bezüglich der Standortpolitik zeigt sich, dass sich Fachmärkte i.d.R. autokundenorientiert an verkehrsgünstigen Standorten in Stadtrandlagen oder auf der „Grünen Wiese" ansiedeln. Es werden ausreichend Parkmöglichkeiten zur Verfügung gestellt. Diese Standorte können isoliert gewählt werden; häufig wird eine räumliche Nähe zu Verbrauchermärkten oder SB-Warenhäusern bevorzugt. Teilweise finden sich Fachmärkte auch in zentralen Innenstadtlagen (Zentes/Swoboda 1998d, S. 100). Die Fachmärkte bieten zwar ein dem Fachgeschäft vergleichbares Sortiment an, nutzen dabei jedoch zugleich durch die größere Verkaufsfläche verstärkt Möglichkeiten der Selbstbedienung und der attraktiven Warenpräsentation (Lerchenmüller 2003, S. 268). Auch auf Grund rationellerer Arbeitsabläufe liegen sie üblicherweise unter dem Preisniveau der Fach- und Spezialgeschäfte, bei meist breiterem und tieferem Sortiment. Sie gewinnen im deutschsprachigen Raum zunehmend an Bedeutung (siehe Tabelle 3.6).

Tabelle 3.6: Entwicklung des Umsatzanteils der Fachmärkte am Einzelhandelsumsatz in Deutschland und Prognose für 2010

	1980	1990	1995	2000	2002	2003	2004	2005	2010
Fachmärkte	2,0 %	10,2 %	14,0 %	21,0 %	21,4 %	22,0 %	22,7 %	23,0 %	24,0 %

Quelle: BAG/GfK-Prisma Institut 2005; BulwienGesa AG 2006.

Baufachmärkte: Wettbewerb und Aktivitäten bei Hagebau und Praktiker

Baufachmärkte haben in den vergangenen Jahren von der „Geiz-ist-geil"-Mentalität profitiert. Um zu sparen, riefen immer weniger Kunden einen Handwerker. Der deutsche Markt ist noch zersplittert. 56 Baumarktbetreiber betreiben 4.200 Märkte, im Jahre 2005 öffneten 64. Der Wettbewerb wird über Fläche und Preis ausgetragen. Weil mit immer neuen Märkten gegen die Konkurrenz angetreten wird, sinkt die Flächenproduktivität: Brachte 1985 jeder qm einen Jahresumsatz von 2.250 EUR, waren es im Jahre 2005 nur noch 1.500 EUR. Studien zufolge werden in Deutschland bis 2015 nur die drei stärksten Baumarktketten dem Wettbewerb standhalten.

Baumarktbetreiber Hagebau hält daher Ausschau nach kooperationswilligen Wettbewerbern, um das Einkaufsvolumen zu vergrößern und gab erstmals

Einblick in die Ertragslage. Der von 245 Baustoffhändlern getragene Verbund hat im Jahre 2005 eine Umsatzrendite vor Zinsen und Steuern von 6 % erzielt, ein Wert, den börsennotierten Wettbewerber wie Praktiker (2,7 %) oder Hornbach (4,5 %) nicht erzielen. Die angepeilte Verstärkung soll Hagebau davor schützen, bei der sich abzeichnenden Branchenkonsolidierung den Anschluss zu verpassen. Nach eigenen Angaben setzte die Hagebau-Gruppe zuletzt 1,44 Mrd. EUR um, womit sie nach Obi, Praktiker, Bauhaus und Hornbach in Deutschland derzeit Platz 5 belegt.

Praktiker reagierte auf die Wettbewerbssituation, indem er ein Bietergefecht um die Baumarktkette Max Bahr für sich entschieden hat. Praktiker, die Nummer 2 in Deutschland, wird die bundesweit 77 Standorte des Hamburger Konkurrenten übernehmen. Praktiker beabsichtigt nach eigener Aussage, Max Bahr als serviceorientierte Premiummarke weiterzuführen. Neben dem preisaggressiven und discountorientierten Praktiker-Konzept (Eigenwerbung: „Hier spricht der Preis") für kleinere und mittelgroße Verkaufsflächen bekomme man nun mit Max Bahr ein Unternehmen, das sich in der Vergangenheit als Premiumkonzept für die Großfläche bewährt habe.

Quelle: Handelsblatt, 21. Februar 2006, S. 14.; Tagesspiegel, 17. August 2006, S. 15ff.

b) Kiosk

Kioske sind kleinflächige Einzelhandelsbetriebe, die ein enges Sortiment des kurzfristigen Bedarfs, wie Tabakwaren, Süßwaren, Getränke und Zeitungen/Zeitschriften, häufig in Kombination mit Getränkeausschank, Eisverkauf oder Imbissecke, anbieten. Je nach Sortiment wird diese Betriebsform auch als Trinkhalle oder Zeitungskiosk bezeichnet (Ausschuss für Definitionen zu Handel und Distribution 2006, S. 51).

Oft wird bei den Kiosken die Ware dem Kunden durch eine schalterähnliche Öffnung aus dem Verkaufsraum ausgehändigt. Die Wartezeiten für die Kunden sind dabei relativ kurz (Ausschuss für Definitionen zu Handel und Distribution 2006, S. 51). Kioske sind auf die Befriedigung des spontanen Bedarfs nach bestimmten Produkten ausgerichtet. Auf Grund dieser Tatsache befinden sie sich häufig in wohnnahen oder in stark frequentierten Lagen. Das Preisniveau der Kioske ist relativ hoch und Ladenschlusszeiten können auf Grund des spezialisierten Sortiments umgangen werden, woraus sich auch eine positive Beurteilung der Zukunftsfähigkeit zumindest bis zum gänzlichen Wegfall des Ladenschlussgesetzes ableiten lässt (Lerchenmüller 2003, S. 275).

K Kiosk der Valora Gruppe

Die Kiosk AG ist ein Unternehmen der K-Group, die zur Schweizer Valora Gruppe gehört. Das Unternehmen ist konzentriert auf den Betrieb kleinflächiger Verkaufsstellen in sehr gut frequentierten Lagen. Im Jahre 2006 verfügte die Kiosk AG über mehr als 1.400 Verkaufsstellen, wobei mit 82,8 % der größte Teil des Gesamtumsatzes der Kiosk AG in der Schweiz realisiert wurde. Die Verkaufsstellen sind schwerpunktmäßig an verkehrsgünstigen Hochfrequenz-Standorten, wie z.B. Bahnhöfen, Flughäfen, Einkaufszentren, usw., positioniert. Das Sortiment umfasst v.a. Tabak- und Presseartikel, Süßwaren, Food- und Non-Food-Artikel sowie Geschenkartikel, bei einer prinzipiellen Konzentration auf Convenience. Weiterhin werden Dienstleistungen wie Toto/Lotto, der Verkauf von Abonnements und die Verteilung von Katalogen an den Kiosken angeboten. K Kiosk hat im Jahre 2005 umfassende Restrukturierungsmaßnahmen eingeleitet und die Rechnungslegung angepasst, wodurch sich der Umsatzsprung im Jahre 2005 erklärt. Insgesamt war die Entwicklung in den letzten Jahren auf Grund der neuen Konkurrenz durch Convenience-Anbieter negativ, die Talsohle scheint aber durchschritten.

Tabelle 3.7: Kennzahlen der Valora Retail (K Kiosk)

	1990	1995	2000	2005	2006
Anzahl Verkaufsstellen	473	1.325	1.680	1.464	1.414
Umsatz (in Mio. CHF)	420	1.256	1.742	1.688*	1.633*

** nach Restrukturierung und Desinvestition von Einheiten.*

Quelle: Valora AG 2001; 2006; 2007

c) Gemischtwarengeschäft

Gemischtwarengeschäfte sind Einzelhandelsbetriebe, die vorwiegend eine kleine bis mittelgroße Betriebsgröße aufweisen. Das Sortiment dieses Betriebstyps ist durch eine ausgeprägte Breite bei einer relativ geringen Tiefe gekennzeichnet.

Die Gemischtwarengeschäfte sind auf einen Kundenkreis von Bewohnern eines relativ engen Einzugsgebietes, von dem aus andere Einkaufsstätten schlecht erreichbar sind, ausgerichtet. Das Sortiment umfasst v.a. Güter des täglichen Bedarfs von geringer Erklärungsbedürftigkeit, so Nahrungs- und Genussmittel sowie Near-Food-Produkte, aber auch Textilien, Spielwaren oder Hausratswaren auf etwa 200 bis 400 qm Verkaufsfläche. Häufig findet man solche Einzelhandelsbetriebe in ländlichen Gebieten, wo sie den Charakter eines **Alleinversorgers** haben (Lerchenmüller 2003, S. 267). Die angebotenen Dienstleistungen in diesem Betriebstyp sind i.d.R. relativ umfangreich, inklusive Zustelldienst, Beratung und Finanzierung. Ihre Bedeutung nimmt mit der zunehmenden Mobilität der Kunden in immer stärkerem Maße ab.

d) Ambulanter Handel

Der ambulante Handel (mobile Verkaufsstellen) ist nicht an feste Standorte und offene Verkaufsstellen gebunden. Bei diesem Betriebstyp bietet der jeweilige Inhaber, teils als Spezialist, Waren (Obst, Gemüse, Eier und sonstige Frischwaren) an, führt teils größere Sortimente und ist vorzugsweise in Regionen mit dünnem Einzelhandelsnetz zu finden (Ausschuss für Definitionen zu Handel und Distribution 2006, S. 42).

Der ambulante Handel ist dadurch gekennzeichnet, dass die Einzelhändler i.d.R. zum Kunden kommen. Die Sortimente umfassen v.a. Lebensmittel, wobei deren Ausgestaltung bezüglich der Breite von einer „Quasi-Miniatur“

stationärer Einzelhandelsbetriebe bis hin zu absoluten Spezialisten im Direktvertrieb (z.B. Ökobauern) unterschiedlich sein kann. Gängige Formen sind:

- Markthandel (z.B. auf Wochenmärkten, Weihnachtsmärkten)
- Straßenhandel (z.B. Obstkarren)
- Verkaufswagenhandel (z.B. Gemüsewagen, Bäckereiwagen)
- Hausierhandel (z.B. Haustürverkauf).

Der ambulante Handel ist von Relevanz und mit guter Zukunftsperspektive verbunden in Gebieten, in denen der stationäre Einzelhandel in geringem Maße repräsentiert ist und in denen **Versorgungslücken** bestehen. Ambulanter Handel ist ferner für den Teil der Bevölkerung relevant, der sich durch ein vergleichsweise hohes Maß an Immobilität charakterisieren lässt (Barth/Hartmann/Schröder 2007, S. 96). Auf Grund der besonderen Kostenintensität, die im Zusammenhang mit den mobilen Verkaufsstellen besteht, ist das Preisniveau bei dieser Betriebsform verglichen mit dem stationären Einzelhandel meist relativ hoch, bei landwirtschaftlicher Direktvermarktung durch das Umgehen diverser Handelsstufen u.U. niedrig. Die hohen Kosten erklären sich dadurch, dass Fahrzeuge, die i.d.R. eine spezielle Ausstattung erfordern, und Fahrer benötigt werden.

e) Automatenhandel

> *Automatenhandel ist eine mechanisierte Verkaufsmethode im Einzelhandel, bei der der Käufer nach Eingabe von Bargeld oder unter Nutzung bargeldloser Zahlungsmittel (z.B. Chips, Abbuchungskarten, Kreditkarten) die gewünschte Ware dem Automaten entnimmt (Ausschuss für Definitionen zu Handel und Distribution 2006, S. 42).*

Bei diesem Betriebstyp liegt eine Form der totalen Selbstbedienung vor. Die in Automaten angebotene Ware ist i.d.R. auf wenige, nicht erklärungsbedürftige Bereiche beschränkt, bspw. auf Zigaretten, Getränke, Briefmarken, CDs/Spielfilm-DVDs oder Süßigkeiten. Das angebotene Sortiment ist meist sehr schmal. Die Eignung der angebotenen Waren stellt die Voraussetzung für den Einsatz von Automatenverkauf dar. Automatenhandel kann über Innenautomaten in Gebäuden, Außenautomaten oder über **Automatenläden** stattfinden.

f) Factory Outlet

> *Factory Outlets (Manufacturer's Outlets) oder Fabrikläden sind mittel- bis großflächige Handelsbetriebe mit einfacher Ausstattung, über die Hersteller im Direktvertrieb insbesondere Waren zweiter Wahl, Überbestände und Retouren der Waren ihres Produktionsprogramms oder ihres Zukaufssortiments meist in Selbstbedienung an fabriknahen oder verkehrsorientierten Standorten absetzen (Ausschuss für Definitionen zu Handel und Distribution 2006, S. 47).*

Im Vergleich zu den Off-Price-Stores ist das Sortiment von Factory Outlets i.S. des Betriebstyps eingeschränkter, da i.d.R. nur Produkte eines Herstellers angeboten werden. Auch die Sortimentstiefe ist teils eingeschränkter. Beispiele für Fabrikverkaufsläden sind WMF in Geislingen oder Esprit in Ratingen. Generell liegt in diesem Fall Einzelhandel vor, da es sich um Absatz an Endkonsumenten handelt, nicht aber Einzelhandel im institutionellen Sinn, da aus der Einzelhandelstätigkeit des Herstellers eine geringere Wertschöpfung resultiert als aus dessen Kerngeschäft. Factory Outlets werden zudem zunehmend in sog. **Factory Outlet Centern** (FOC) bzw. **Factory Outlet Malls** zusammengefasst. Dies erfolgte bspw. beim Fabrikationsladen von Hugo Boss in Metzingen, wo durch fortschreitende Ansiedlung weiterer Fabrikverkaufsläden in unmittelbarer Nähe (u.a. Escada, Joop, Bally) ein gewachsenes FOC entstand.

g) Off-Price-Store

Off-Price-Stores sind ein aus den USA stammendes, relativ neues Konzept, das aber in Deutschland bisher wenig Marktbedeutung besitzt:

> *Off-Price-Stores, eine spezielle Form des Fachdiscounters, sind mittel- bis großflächige Einzelhandelsbetriebe, die vorwiegend bekannte Markenartikel des Nichtlebensmittelbereichs (z.B. Textilien, Schuhe, Glaswaren, Porzellan) in Selbstbedienung wesentlich unter dem dafür üblichen Preisniveau anbieten, d.h., es wird eine aggressive Preispolitik angewandt (Ausschuss für Definitionen zu Handel und Distribution 2006, S. 52).*

Im Gegensatz zu Factory Outlets werden in Off-Price-Stores meist breitere Sortimente und ein paralleles Angebot von Artikeln mehrerer Markenartikelhersteller angeboten. Demgegenüber bestand das Sortiment früher überwiegend aus nicht-regulärer Ware, d.h. aus Überschuss- bzw. Auslaufware. Dadurch unterlag die Sortimentszusammensetzung einem raschen Wandel, denn ein Nachordern war nicht möglich. Mögliche Zukunftsperspektiven beinhalten ein Trading-up, etwa durch eine Verstärkung der Systematik des Sortiments, eine verstärkte Planung der Sortimentszusammenstellung nach Qualität und Markenwahl sowie eine stärkere Kontinuität im Sortiment. Zudem können insbesondere in den USA Agglomerationstendenzen konstatiert werden, d.h. die Kombination mehrerer Off-Price-Stores zu **Off-Price-Centern** oder **Off-Price-Malls** bzw. die Einbindung in FOC. Typische Kunden von Off-Price-Stores sind Smart Shopper, Kunden mit überdurchschnittlichem Einkommensniveau, die hochwertige Markenartikel zu einem günstigen Preisniveau suchen und hierzu eine weitere Entfernung in Kauf nehmen.

5. Traditionelle und neuere Vertriebstypen

a) Direktvertrieb

Direktvertrieb (Direktabsatz) ist der Absatz von Herstellern an gewerbliche Verwender und private Haushalte ohne Einschaltung von selbstständigen Handelsbetrieben (Ausschuss für Definitionen zu Handel und Distribution 2006, S. 67).

Direktvertrieb ist auf Grund der Möglichkeit der unmittelbaren Einflussnahme auf die Endabnehmer und die Einbehaltung der Handelsspanne für Hersteller vorteilhaft. Andererseits bestehen i.d.R. höhere Kosten der Distribution sowie ein ggf. geringerer Distributionsgrad. Übergeordnet lassen sich integrative Formen (Secured Distribution) und vertikal-kooperative Formen (Controlled Distribution) unterscheiden (vgl. dazu weiterführend Zentes/Neidhart/Scheer 2006, S. 19ff.). Aus Herstellersicht kann der Vertrieb unterschiedlich realisiert werden. Erste Optionen **bestehen im Direktvertrieb** über unternehmenseigene **Distributionsorgane**. Hierzu zählen der Einsatz

- spezifischer organisatorischer Einheiten, so Vertriebsaußen- und -innendienst, Kundendienst, Herstellerversandhandel (inklusive E-Commerce) oder eigener Verkaufsstellen (z.B. herstellereigene Einzelhandelsfilialen, Shop-in-Store-Systeme, Factory Outlets), und
- der Einsatz einzelner Personen, so Geschäftsführer, Key-Account-Manager oder Vertriebsleiter.

(Indirekter) Vertrieb über externe Verkaufsorgane erfolgt über unternehmensgebundene Organe (z.B. Vertragshändler, Franchising-Nehmer), über Organe der Handelsvermittlung (z.B. Handelsvertreter) oder den unabhängigen Handel. In den ersten beiden Fällen kann der Hersteller den Vertrieb stärker kontrollieren.

Die häufigsten Formen des Direktvertriebs bilden der Einsatz von Außendienstmitarbeitern oder Handelsvermittlern, was als **Direct Selling** bezeichnet wird. Hierbei suchen Außendienstmitarbeiter den Endverbraucher auf und unterbreiten ihm im direkten Kontakt Angebote (Zentes/Swoboda 2001a, S. 98f.). Beim **Herstellerversandhandel** werden Endabnehmer i.d.R. anhand von Direktwerbung, so durch Werbebriefe, Prospekte oder Kataloge, aber auch durch **Telefon-Selling** angesprochen. Diese können die Ware beim Hersteller direkt bestellen und Letztere wird ihnen dann zugestellt.

b) Versandhandel und Remote Ordering

Versandhandel ist eine Form des Distanzhandels. Zwischen Anbietern und Nachfragern besteht eine räumliche Distanz, die medial zu überwinden ist. Als Medien setzt der Versandhandel Kataloge, Prospekte, Anzeigen, elektronische Medien (insbesondere das Internet) oder Außendienstmitarbeiter ein, um seine Angebote abzugeben. Die Käufer erhalten die schriftlich, telefonisch oder mündlich bestellten Waren durch die Post, sonstige Logistik-Dienstleister oder eigene Logistiksysteme (Ausschuss für Definitionen zu Handel und Distribution 2006, S. 61f.).

Hinsichtlich der Sortimentspolitik unterscheidet man den Fach- bzw. Spezialversandhandel und den Sortiments- bzw. Universalversandhandel:

- Der **Fach**- oder **Spezialversandhandel** ist durch eine Spezialisierung auf bestimmte Warengruppen (z.B. Textilien, Feinkost, Sportartikel) gekennzeichnet. Das Sortiment ist dabei eng, aber tief ausgerichtet.
- Der **Sortiments**- oder **Universalversandhandel** (z.B. die Unternehmen Quelle und Otto) bietet dagegen ein breites, aber relativ flaches Sortiment an. Dieses ist vergleichbar mit dem Sortiment von Waren- oder Kaufhäusern (meist ohne Lebensmittel).

Deutschland stellte jahrelang den wichtigsten Versandhandelsmarkt in Europa dar. Der Umsatz lag im Jahre 2006 in Deutschland bei knapp 26,3 Mrd. EUR, dies entspricht einem Pro-Kopf-Umsatz von etwa 318 EUR (BVH 2006, S. 2).

Tabelle 3.8: Entwicklung des Umsatzanteils des Versandhandels am Einzelhandelsumsatz im deutschsprachigen Raum

	1980	1985	1995	2000	2002	2003	2004	2005	2006
Deutschland	5,5 %	5,4 %	5,5 %	5,7 %	5,9 %	5,8 %	5,5 %	5,3 %	6,8 %*
Österreich	–	–	3,9 %	3,4 %	–	4,2 %	4,3 %	4,2 %	–
Schweiz	–	–	2,5 %	2,2 %	2,6 %	2,8 %	2,9 %	2,9 %	3,0 %*

* Schätzungen für 2006, veränderte Erhebungsmethode)

Quelle: BAG/GfK-Prisma Institut 2005; BulwienGesa AG 2006; Verband des Schweizerischen Versandhandels 2007; Wirtschaftskammern Österreich 2006.

Die Bedeutung des Versandhandels ist u.a. in der Convenience-Orientierung begründet. Es werden stetig neue Formen des Versandhandels entwickelt, so insbesondere anhand der technisch unterstützten Systeme und Formen des Remote Ordering. Abbildung 3.12 zeigt traditionelle (printmedial, telefonisch oder PC-gestützte) und neuere Bestellformen des Remote Ordering, so:

- **Home Scanning**, sprich Handscanner, anhand derer die Kunden durch Einscannen der Barcodes Bestellvorgänge auslösen können
- **Elektronische Kiosksysteme**, die zu Hause oder an frequenzreichen Standorten Bestellungen ermöglichen
- **Automatic Replenishment**, sprich Bestellsysteme (z.B. beim Kühlschrank), bei denen die Bestellung automatisch ausgelöst wird
- **Portable Devices**, sprich Bestellsysteme, die anhand von Scansystemen über tragbare Computer (Personal Digital Assistant) ausgelöst werden.

Abbildung 3.12: Bestell- und Logistikformen des Remote Ordering

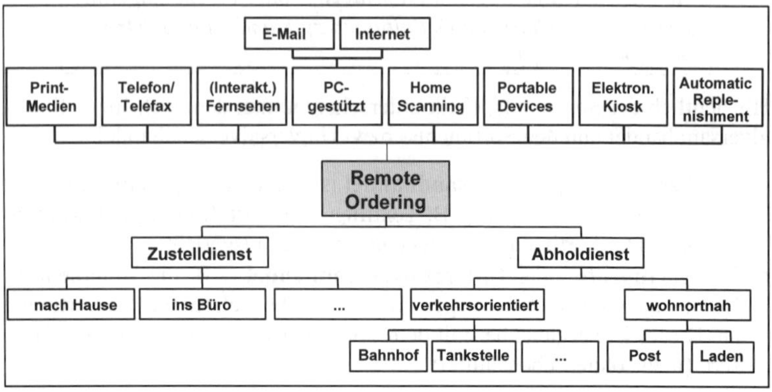

Diese innovativen Bestellformen des Remote Ordering befinden sich z.T. noch in den Anfangsstadien der Entwicklung. Unter logistischen Gesichtspunkten sind die in Abbildung 3.12 dargestellten Zustell- und Abholvarianten zu unterscheiden.

c) Elektronischer Handel (E-Commerce)

Unter elektronischem Handel (E-Commerce) werden diejenigen Transaktionen auf einem Markt verstanden, durch die der Austausch von wirtschaftlichen Gütern gegen Entgelt begründet wird und bei denen nicht nur das Angebot elektronisch offeriert, sondern auch die Bestellung elektronisch unter Verwendung eines computergestützten Netzwerks (insbesondere Internet) erfolgt (Ausschuss für Definitionen zu Handel und Distribution 2006, S. 24f.).

Prinzipiell umfasst der elektronische Handel ein weites Feld heterogener Unterformen, Subsysteme und eine Begriffs- bzw. Definitionsvielfalt, die bspw. anhand des Umfangs der elektronischen Unterstützung charakterisiert und abgegrenzt werden kann. In hiesigem Zusammenhang sind jedoch die Transaktionen zwischen den beteiligten Institutionen, d.h. insbesondere der Bereich des sog. „Business-to-Consumer Electronic Commerce“ zwischen Unternehmen und Konsumenten von Bedeutung. Barth/Hartmann/Schröder (2007, S. 98ff.) sprechen dabei von **Electronic Retailing** und verweisen darauf, dass im E-Commerce nicht von Betriebstypen, sondern von (elektronischen) Geschäftsmodellen gesprochen wird und keine brauchbaren Systematiken zur Einordnung und Beschreibung vorliegen.

Virtueller Handel, Internet-Handel oder **Electronic Shopping** sind eine spezifische Form des Remote Ordering und damit eine neue Form des Versandhandels, die neben die traditionellen Formen tritt. Zugleich handelt es sich dabei um eine spezifische Variante des Convenience-Shopping. Grundsätzlich wird durch elektronisch basierten Versandhandel das Distanzprinzip des klassischen Versandhandels – sprich Annahme der Bestellung des Kunden aus Distanz und anschließende Zustellung der Ware zum Haushalt des Kunden – im Kern nicht verändert, wodurch eine Systematisierung unter dem Begriff Internet-Handel bzw. Internet Shopping zu kurz greift.

Mit Electronic Shopping wird der Teilbereich des Business-to-Consumer Electronic Commerce bezeichnet, der sich auf Transaktionen von Konsumgütern bezieht. Neben dem interaktiven Teleshopping und PC-gestütztem Shopping umfasst E-Shopping auch den elektronischen Einkauf über Kiosksysteme im stationären Einzelhandel. Verschiedene Teilfunktionen werden dabei elektronisch unterstützt (Ausschuss für Definitionen zu Handel und Distribution 2006, S. 46f.).

Electronic Shopping existiert in mehreren Erscheinungsformen. Als mögliche Bereiche lassen sich Instore-Systeme, Inhome-Systeme und mobile Systeme unterscheiden (siehe Abbildung 3.13).

- **Instore-Systeme** (Kioske) umfassen interaktive, visuelle oder audiovisuelle, rechnergestützte Medien innerhalb oder außerhalb des stationären Einzelhandels und zeichnen sich durch Aktualisierbarkeit der gespeicherten Informationen und benutzergesteuerte Dialogführung aus.
- **Inhome-Systeme** (Electronic-Home-Shopping-Systeme) umfassen das Teleshopping (TV-Shopping), so Online-Bestellsysteme über interaktives Fernsehen, sowie PC-gestütztes Shopping, so Offline-Shopping, bspw. über interaktive CD-ROM-Kataloge, und Online-Shopping, sprich Electronic Shopping i.e.S.
- **Mobile Systeme** (z.B. Mobilfunkgerät oder PDA) unterstützen das Electronic Shopping orts- und zeitunabhängig über computerbasierte Netze.

Abbildung 3.13: Formen des Electronic Shopping

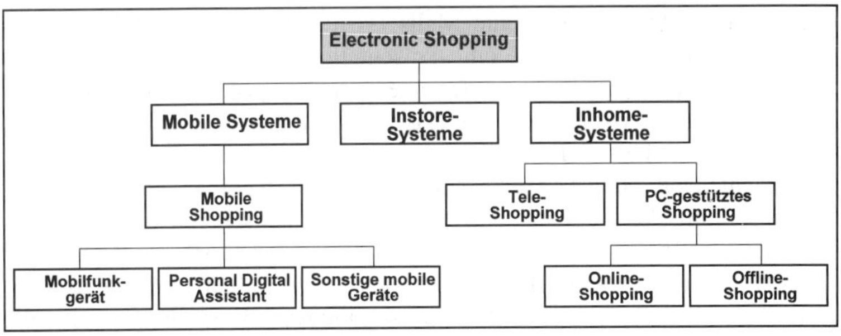

Die Zustellung der Waren erfolgt entsprechend dem im Remote Ordering dargestellten Sinne, wobei i.d.R. bereits vorhandene Zustelldienste genutzt werden. Zudem kann die Einrichtung von **Pickup-Stationen** erfolgen, bei denen die Kunden die Ware an bestimmten Stationen selbst abholen, z.B. verkehrsorientiert an Tankstellen oder Bahnhöfen bzw. wohnortorientiert in Läden oder Post-Filialen (Zentes/Swoboda 1998c, S. 105). Zu den wichtigsten Ausprägungsformen des elektronischen Handels gehören:

- **Direkter Kontakt zwischen den Partnern**: In diesem Fall sucht jeder Marktteilnehmer in Eigeninitiative den für ihn passenden Partner. Auf Grund der großen Anzahl der Anbieter, der mangelnden Transparenz und der Dynamik sowie der fehlenden Marktorganisation gestaltet sich eine solche Vorgehensweise schwierig und erscheint nur bei Märkten mit einer beschränkten Zahl bekannter Anbieter sinnvoll.
- **Vermittlung durch Broker**: Broker bieten spezialisierte Suchdienste für Käufer und Verkäufer an. Auf Grund häufiger Kontakte mit den Marktteilnehmern besitzen sie Spezialkenntnisse über Angebot und Nachfrage spezieller Produktbereiche. Oft betreiben sie Online-Datenbanken, auf die als Informationsmedium selbstständig durch die Kunden zugegriffen werden kann und in denen diese teilweise Vermittlungsinformationen auch selbst einspeichern und abrufen können. Die Kosten für die Dienste der Broker sind geringer als die tangiblen und intangiblen Kosten, die bei einer direkten und eigenständigen Suche entstehen.
- Daneben existiert eine Reihe spezieller **Suchdienste** ("Suchmaschinen") für eng abgegrenzte Themenbereiche, so mobile Softwareagenten, die in individuellem Auftrag das Internet nach den günstigsten Einkaufsquellen durchsuchen. Sie können v.a. in solchen Fällen größere Bedeutung erlangen, in denen die Käufer genaue Vorstellungen bezüglich der gewünschten Produktspezifikationen haben und in denen mehrere Anbieter für genau spezifizierbare Produkte existieren.
- **Online-Shops:** Online-Shops bilden als wichtiger Bestandteil des elektronischen Handels elektronische Einkaufsstätten, bei denen alle Funktionen eines Bestellvorgangs unterstützt werden. Analog zum stationären Handel können hier Waren vor dem Hintergrund des Distanzprinzips aus dem Angebot des Einzelhändlers online ausgewählt, in einen Warenkorb aufgenommen und mit Übermittlung der Bestellung als Bestellvorgang abgeschlossen werden (Ausschuss für Definitionen zu Handel und Distribution 2006, S. 52).
- **Electronic Malls**: Electronic Malls (virtuelle Shopping Malls) stellen Internet-Angebote dar, die eine Präsentation des Warenangebots unterschiedlicher Unternehmen „unter einem Dach", quasi in Form eines Einkaufszentrums, vornehmen. Die Basis bildet eine gemeinsame Plattform, von der aus die unterschiedlichen Anbieter angewählt werden können. Verschiedene Mall-Konzepte sind dabei identifizierbar, so als Zusammenstellung des Angebots analog zu einem klassischen Warenhaus, thematisch orientierte Malls (z.B. Reisen, Reiseversicherungen, Reisekoffer usw.) und regionale Malls, in denen sich lokale Anbieter analog zu traditionellen Einkaufszentren zusammenschließen. Beispiele für virtuelle Shopping Malls sind Shopping 24 oder Le Centre du Monde. Mall-Systeme sollen einerseits die Besucherfrequenz der einzelnen Online-Shops erhöhen, andererseits durch Shop-übergreifende Warenkörbe und gemeinsamen Online-Service spezifischen Mehrwert bieten (Ausschuss für Definitionen zu Handel und Distribution 2006, S. 79).

Grundsätzlich nimmt der Handel im Internet ähnliche Raum-, Zeit-, Qualitäts- und Quantitätsausgleichsfunktionen wahr wie in der realen Welt. Zeitaufwändige Suchprozesse der Kunden und Interessenten werden durch multimediale Produktkataloge mit leistungsfähigen Informationsfunktionen reduziert. Der elektronische Handel gewinnt Marktanteile hinzu. Bedeutende Vertreter sind eBay, Amazon, Barnes & Noble oder Dell. Einige davon sind in den Markt neu eingetreten, andere haben nur die Handelsform ersetzt bzw. ergänzt. Nach der GfK-Studie WebScope (2006) belief sich die Zahl der Internet-Käufer in Deutschland im Jahre 2005 auf 21,1 Mio. Der E-Commerce-Umsatz ist auf 13 Mrd. EUR im Jahre 2005 gestiegen und für 2006 wird ein weiterer Umsatzanstieg um 15 % erwartet; im Versandhandel gehen bereits über 40 % der Bestellungen elektronisch ein. Nach der Allensbacher Computer- und Technik-Analyse (2006) gehören zu den größten zehn E-Retailern in Deutschland Amazon (mit 6,88 Mio. Kundenbestellungen), Tchibo (2,49), Weltbild (1,89), Otto (1,70), Quelle (1,51), Conrad (1,30), Neckermann (1,02), bonprix (0,95), buch.de (0,76) und buecher.de (0,74).

Auch als Distributionskanal spielt das Internet heutzutage eine immer wichtigere Rolle, z.B. im Zusammenhang mit Musik-Downloads.

Internet als zunehmend bedeutender Distributionskanal für die Musikindustrie

Das Downloadgeschäft für die Musikindustrie läuft zunehmend besser. Laut Internationalem Verband der Phonoindustrie (IFPI) macht der Gesamtumsatz der Musikdownloads weltweit rund 2 Mrd. USD aus. Der Anteil am gesamten Musikverkauf ist innerhalb eines Jahres von 5,5 % auf knapp 10 % im Jahre 2006 gestiegen. IFPI-Chef John Kennedy wagte im jährlichen Report "Digital Music in 2007 - A Brave New World" eine hoffnungsvolle Prognose: „Bis 2010 kann der Downloadmarkt 25 % des Gesamtmarktes erreichen.“ In vier Jahren können somit die Verluste der schrumpfenden Musikindustrie aus dem Verkauf von CDs aufgefangen werden.

Quelle: Handelsblatt, 26. Januar 2007, S. 8.

Insgesamt wird davon ausgegangen, dass der elektronische (Versand)-Handel weiter Marktanteile gewinnen wird. Zukünftig wird ein Teil des Marktes von stationären Einzelhändlern, von Versandhändlern und von Nischenanbietern (Spezialisten) gemacht, wobei Hersteller und **Online-Provider** in das Geschäft einsteigen. Weitz (2006, S. 309ff.) weist darauf hin, dass elektronischer Handel idealtypisch sowohl Nachteile (wie z.B. kein Einkaufserlebnis im Shop mit allen fünf Sinnen, Barbezahlung, direkte Warenverfügbarkeit, direkte soziale Interaktion im Shop usw.) als auch Vorteile (höhere Zahl an Alternativen, höheres Informationsniveau, Personalisierung, Convenience usw.) gegenüber dem stationären Einzelhandel bietet. Daraus lässt sich folgern, dass durch Multi-Channel-Retailing als integriertes System aus elektronischem und stationärem Handel Synergien entstehen und sich Potenziale einer erhöhten Kundenorientierung ergeben (Zentes/Swoboda 2000c).

Amazon.com – der weltweit erfolgreichste Online-Einzelhändler

Amazon.com gehört zu den Fortune-500-Unternehmen. Die Firma hat ihren Sitz in Seattle im US-Bundesstaat Washington. Seit Gründung des Unternehmens durch Jeff Bezos im Jahre 1995 wurde das Produktangebot kontinuierlich erweitert und ein weltweites Netz von Logistik- und Kundenservice-Zentren aufgebaut. In zahlreichen Ländern ist Amazon.com mit eigenen Websites vertreten. Heute kann man bei Amazon.com von Büchern und elektronischen Geräten bis hin zu Tennisschlägern und Diamantschmuck alles kaufen. Die Unternehmensstrategie umschreibt Amazon wie folgt: „Our business strategy is to relentlessly focus on consumer experience by offering our customers low prices, convenience, and a wide selection of merchandise, to provide e-commerce solutions and services to other businesses and to offer web services applications to developers." Der Umsatz betrug im Jahre 2005 weltweit 8,49 Mrd. USD, der operative Gewinn lag bei 359 Mio. USD, nachdem das Unternehmen als Online-Pionier im Jahre 2002 noch 149 Mio. USD Verlust, 2001 sogar 567 Mio. USD Verlust im Zuge der Börsenkrise der dot-com-Unternehmen aufwies.

Amazon.de öffnete seine virtuellen Tore in Deutschland im Oktober 1998 und hat Ende 2006 sein neues Headquarter für Europa in Luxemburg eröffnet. Im Weihnachtsgeschäft 2006 konnten sich alle deutschen Online-Kaufhäuser über ein Rekordgeschäft mit einem geschätzten Gesamtumsatz von etwa 2,2 Mrd. EUR freuen.

Quelle: www.amazon.de; Handelsblatt, 27. Dezember 2006, S. 12.

V. Entwicklung der Standortstruktur

1. Traditionelle Standorte

Die traditionellen Standorte weisen v.a. Ausprägungen der Absatz- und Kostenorientierung auf (Barth/Hartmann/Schröder 2007, S. 48f.):

- Bei der Absatzorientierung wird die (optimale) Nähe zum Kunden gesucht, wobei zwei Standortalternativen denkbar sind. Zum einen kann die Nutzung einer hohen Passantendichte erfolgen, indem die Innenstadt bzw. City-Lagen als Betriebsstätten gewählt werden. Zum anderen können Wohngebiete als Standort gewählt werden. Die Absatzorientierung wird v.a. von Fachgeschäften oder Nachbarschaftsläden gewählt.
- Die Kostenorientierung ist Ausdruck des Ziels einer Minimierung der Raumkosten von Handelsbetrieben, u.a. um eine akquisitorisch wirksame Preispolitik umsetzen zu können. Hierbei erfolgt eine Wahl solcher Standorte, die sich durch niedrige Standortkosten auszeichnen. Für Betriebe, die große Verkaufs-, Lager- und Serviceflächen benötigen, bietet sich diese Vorgehensweise an. Dabei werden häufig Peripherielagen mit guter Verkehrsanbindung gewählt, wobei auch gesetzliche Bestimmungen der Raumplanung zu beachten sind (Müller-Hagedorn 2005a, S. 134f.). Eine solche Standortpolitik wird häufig von Verbrauchermärkten, SB-Warenhäusern u.a. großflächigen Betrieben angewandt.

Die Entwicklung der Standorte des Einzelhandels im deutschsprachigen Raum lässt sich in fünf Phasen gliedern (Zentes/Swoboda 1999e, S. 94ff.):

1. **Dominanz der Stadtkerne und der Wohngebietslagen**: Die Nachkriegszeit war geprägt durch den Facheinzelhandel, das Aufkommen von Kauf-/Warenhäusern und von ersten Selbstbedienungsläden.

2. **Drang zur Grünen Wiese**: Verbrauchermärkte, die außerhalb der Städte auf Autokunden angewiesen waren, und das Aufkommen der ersten Einkaufszentren prägten die sechziger Jahre.

3. **Reaktivierung der Innenstädte**: Mit dem Slogan „Rettet die City" in den siebziger/achtziger Jahren entstand eine Bewegung, die eine Vielzahl von Maßnahmen zur Steigerung der Attraktivität der Innenstädte umfasste, so die Errichtung von Fußgängerzonen und Einkaufszentren in Form von Passagen und Galerien.

4. **Neue Grüne Wiese**: Die späten achtziger Jahre waren durch das Aufkommen von Mega Malls (z.B. West Edmonton Mall mit 470.000 qm Nutzfläche oder Mall of America mit 390.000 qm Nutzfläche auf vier Ebenen) geprägt. Mitte der neunziger Jahre entstand mit dem CentrO in Oberhausen die erste Mega Mall dieser Prägung auf deutschem Boden.

5. **Comeback der Innenstädte**: In den letzten Jahren ist ein Comeback der Innenstädte festzustellen. Bahnhöfe beginnen, sich zu „Konsumtempeln" zu wandeln; in Innenstädten entstehen neue Erlebnis-, Handels- und Dienstleistungszentren.

Die drei letzten Phasen sind Ausdruck einer Neuorientierung in der Standortpolitik von Handelsbetrieben, die im Folgenden erläutert werden.

2. Neuere Standorte

a) Shopping Center

> *Shopping Center sind eine im Zeitablauf gewachsene (Geschäftszentren) oder als Einheit geplante Agglomeration (Einkaufszentren, Malls) von Einzelhandels- und Dienstleistungsbetrieben (z.B. Gaststätten, Reisebüros, Kinos), die als zusammengehörig empfunden werden (Ausschuss für Definitionen zu Handel und Distribution 2006, S. 77).*

Einkaufszentren werden nach ihrer Standortwahl unterschieden. Integrierte Shopping Center können in die City- bzw. Innenstadtlagen eingegliedert werden, nicht-integrierte Shopping Center werden auf der „Grünen Wiese" bzw. in Stadtrand- bzw. Peripherielagen geplant. Hier besteht eine ausgeprägte Autokundenorientierung (Ausschuss für Definitionen zu Handel und Distribution 2006, S. 78; Falk/Falk 2006, S. 92). Geplante Einkaufszentren sind mit folgenden Merkmalen zu beschreiben (Tietz 1993b, S. 1356f.).

- Sie werden einheitlich verwaltet und treten als Einheit im Außenauftritt auf. Die Verwaltung, Koordination und Umsetzung einer Corporate Identity sowie der Marketingstrategie erfolgt durch ein zentrales Management (Center-Management). Dieses übernimmt die Auswahl der Einzelhandels- und Dienstleistungsbetriebe für das Zentrum, die Standortwahl und die raumkompatible Standortzuordnung, Aufgaben im Bereich Gemeinschaftsmarketing, die Koordination von Gemeinschaftsaufgaben (z.B. Bewachung, Reinigung, Pflege) und gemeinsamen Veranstaltungen sowie die Verkehrsleitfunktion (z.B. Parkleitsysteme, Straßenentlastung).

- Es erfolgt eine Abstimmung auf das Einzugsgebiet und die Kundenstruktur bezüglich der Lage, der Größe und der Angebotsstruktur.
- Es besteht i.d.R. eine ausgeprägte Autokundenorientierung, weshalb ein umfassendes Parkplatzangebot zur Verfügung gestellt wird.
- Es werden zumeist gemeinsame Veranstaltungen und Maßnahmen der in dem Shopping Center integrierten Betriebe durchgeführt, so Werbung.

Übergeordnet kommt dem Center-Management eine erfolgskritische Funktion zu, die sich durch eine geeignete Auswahl aus internen Strategieoptionen sowie darauf abgestimmte Marketingmaßnahmen charakterisieren lässt (Arentze/Oppewal/Timmermans 2005, S. 109ff.). Einheitlich geplante Einkaufszentren können in zwei Ausprägungsformen umgesetzt werden. Zum einen können sie als **Shopping Mall** realisiert werden, bei der die Einzelhandelsbetriebe in Form einer Ladenstraße in überdachten Gebäudekomplexen, Passagen oder Galerien angeordnet werden. Meist sind am Ende der Ladenstraße Warenhäuser oder Kaufhäuser als Kundenmagneten platziert. Zum anderen stellen „**Open Air Strip Center**" offene Ladenstraßen dar. Shopping Center werden in die Ausprägungsformen Nachbarschaftszentren, Gemeinde- bzw. Stadtteilzentren sowie Regionale Shopping Center gegliedert (Falk/Falk 2006, S. 95ff.):

1. **Nachbarschaftszentren** sind durch ein eng begrenztes Einzugsgebiet gekennzeichnet. Ihr Angebot beschränkt sich i.d.R. auf Güter des täglichen Bedarfs und ergänzende Dienstleistungen (z.B. Reinigung, Friseur). Magnetmieter bzw. Leitbetriebe sind zumeist Supermärkte. Nachbarschaftszentren umfassen etwa 15 bis 20 Betriebe aus Einzelhandel und Dienstleistung und eine Bandbreite von 3.000 bis 8.000 qm sowie ein Einzugsgebiet bis zu 15.000 Personen.

2. **Gemeinde- bzw. Stadtteilzentren** haben ein größeres Einzugsgebiet von bis zu 100.000 Personen. Hier besteht ein breiteres und tieferes Angebot an Waren und Dienstleistungen als in den Nachbarschaftszentren. Die Magnetbetriebe sind dabei Supermärkte und zumindest ein Leitbetrieb, bspw. ein Warenhaus. Die Größe beträgt 8.000 bis 15.000 qm.

3. **Regionale Shopping Center** verfügen über ein Einzugsgebiet ab 100.000 Personen und das Angebot ist umfangreich. Als Betriebstypen sind dabei Fachgeschäfte, Dienstleistungsbetriebe, Gastronomie-Betriebe sowie Waren- und Kaufhäuser, SB-Warenhäuser und Fachmärkte als Magnetbetriebe vertreten. In Deutschland werden Shopping Center ab einer Größe von 15.000 qm als Regionale Shopping Center eingeordnet. Diese zeichnen sich durch eine besonders gute Erreichbarkeit aus, die durch Lagen auf der „Grünen Wiese" oder in Peripheriegebieten gekennzeichnet ist. Die Autokundenorientierung ist ausgeprägt.

Die wachsende Bedeutung der als Einheit geplanten Shopping Center (bezüglich Anzahl und Verkaufsfläche) ist für Deutschland in Tabelle 3.9 abgebildet. Die Anzahl hat sich seit dem Jahre 1970 fast auf das 30-fache erhöht und der prozentuale Anteil des Standorts Innenstadt betrug im Jahre 2000 noch 45,7 %, im Jahre 2005 bereits 65,0 % (EHI 2006).

Tabelle 3.9: Entwicklung der als Einheit realisierten Shopping Center in Deutschland

	1970	1980	1985	1990	2000	2004	2005
Anzahl Shopping Center	14	65	81	93	300	352	372
Geschäftsfläche je Center in 1.000 qm	32,8	30,1	29,8	29,9	32,4	31,6	31,4

Quelle: BAG/GfK-Prisma Institut 2005; EHI 2006.

Neben diesen traditionellen Formen existieren neuere Formen von Einkaufszentren. Hier sind die Galerien und Passagen, Power-Center sowie die Spezial- bzw. Themen-Center hervorzuheben.

Galerien und Passagen

Bei Galerien und Passagen handelt es sich um bauliche Einheiten in Innenstadtlagen. In den Einheiten sind meist kleine und mittlere Handels-, Gastronomie- und Dienstleistungsbetriebe angesiedelt. Galerien sind i.d.R. mit mehrstöckigen Verkaufsebenen ausgestattet, die häufig durch Tageslichteinfall gekennzeichnet sind, wobei i.d.R. der Blick vom Basement auf die Dachkonstruktion frei möglich ist. Falk/Falk (2006, S. 105) weisen darauf hin, dass sich gerade kleinere Einkaufspassagen und Galerien bisher selten am Markt behaupten konnten und führen pauschale Erfolgskriterien für ein effizientes und effektives Management, so Standortauswahl, Branchenmix und Marketingkonzeption, an. Passagen entstanden als Verbindungsgänge zwischen mehreren Straßen, an deren Seiten die Angebote angeordnet sind (EHI 1999, S. 2f.).

Power-Center

Power-Center sind Ausprägungsformen von Einkaufszentren, bei denen mindestens drei Magnetbetriebe einen flächenmäßigen Anteil von ca. 75 % belegen. Die Leitbetriebe sind dabei i.d.R. Fachmärkte. Power-Center sind v.a. in Ballungsgebieten angesiedelt, da sie ein großes Einzugsgebiet benötigen. Dieser Betriebstyp ist insbesondere in den USA verbreitet. Im deutschsprachigen Raum und in Europa sind v.a. die Fachmarktzentren damit vergleichbar (Falk/Falk 2006, S. 104f.).

Spezial-/Themen-Center

Spezial- oder Themen-Center stellen eine räumliche Agglomeration von Einzelhandels- und Dienstleistungsbetrieben mit speziellen Warengattungen bzw. mit Waren und Dienstleistungen in spezifischem thematischen Bezug zueinander dar. Durch eine Akkumulation diverser Anbieter entsteht eine entsprechende Magnetwirkung (Falk/Falk 2006, S. 102f.). So entwickelt bspw. Villeroy & Boch in Lübeck ein Themen-Center unter dem Namen House of Living, in dem ein konzentriertes Angebot aus den Bereichen Interior Design, Lifestyle und Freizeit zu finden sein wird. Profilierungschancen bestehen auch im ökologischen Bereich.

Im europäischen Vergleich liegen Einkaufszentren in Deutschland bei der Gesamtfläche auf Rang 3. Gemessen an der Verkaufsfläche pro 1.000 Einwohner hingegen weisen sie eine unter dem EU-15 Durchschnitt von 159 qm liegende Bedeutung auf (siehe Tabelle 3.10).

Tabelle 3.10: Einkaufszentrenflächen im europäischen Vergleich im Jahre 2005

	Gesamt-Einkaufszentren-Fläche in Mio. qm	Einkaufszentrenfläche pro 1.000 Einwohner in qm
Großbritannien	13,9	233
Frankreich	12,9	211
Deutschland	11,3	138
Spanien	8,5	197
Italien	7,6	132
Niederlande	5,3	322
Polen	4,1	106
Russland	2,0	14

Quelle: Cushman & Wakefield Healey & Baker 2005, zit. nach: Der Offene Fondsbrief, April 2006, S. 6.

Nova Eventis in Leipzig

Mit Nova Eventis entstand im Herbst 2006 eine vollkommen neue, moderne Shopping-, Service- und Erlebniswelt am Autobahnanschluss Leipzig-West (A9). Mittelpunkt des Konzeptes ist der zweigeschossige, glasüberdachte Einkaufsbereich mit zwei parallel verlaufenden Malls, insgesamt 3000 m Schaufensterfronten, vier Rotunden sowie drei ellipsenförmigen Event Malls. Auf ca. 76.000 qm Verkaufsfläche präsentieren über 200 Shops das größte und vielfältigste Einzelhandelsangebot in Ostdeutschland. Nova Eventis soll zum Anziehungspunkt für ein Einzugsgebiet von ca. 2,7 Mio. Menschen werden. Magnetbetreiber sind neben Real u.a. die fünf großen Textilkaufhäuser C&A, H&M, P&C, Sinn Leffers und Zara sowie Media-Markt, Drogerie Müller, Toys'R'Us, Thalia, ein UCI-Kino und Mc Donald's. Weitere Betreiber sind bspw. Douglas, Leiser Schuhe, Mexx, We Fashion, Gerry Weber, Villeroy & Boch, Marc O´Polo, Springfield usw. Marken wie Tommy Hilfiger, Clarks, Swarovski, Gabor, Ecco, Mustang und Comma prägen die Qualitätsausrichtung des Einkaufszentrums. Service- und Dienstleistung spielen ebenfalls eine wichtige Rolle. Es gibt über 7.000 Parkplätze, ein Servicebereich mit eigenem Empfangs-Counter, Kinderbetreuung, Behindertenhilfe, Mobilitäts- und Shuttle-Service. Abwechslungsreich ist auch die geplante Sport-, Freizeit- und Erlebnislandschaft für die Familie (u.a. mit einer Esplanade, einem Abenteuerspielplatz, einem Bootsverleih, einer Eisbahn und einem Skater-Parcours), womit Züge eines Urban Entertainment Center vorliegen.

Quelle: ECE/Deka Immobilien Invest 2006.

b) Urban Entertainment Center

> *Urban Entertainment Center (UEC) sind i.w.S. als spezifische Form der Einkaufszentren aufzufassen. Sie stellen eine Kombination von Einzelhandels-, Unterhaltungs- und Gastronomieangeboten dar.*

Bis zu zwei Drittel der Fläche werden für Unterhaltungszwecke und Themenrestaurants reserviert, ein Drittel verbleibt für den Einzelhandel (Vogelbacher 1998, S. 322). Insbesondere durch die spezifische Ausgestaltung der Unterhaltungskomponenten können UEC ein spezifisches, erlebnisorientiertes Image aufbauen und sich von reinen Shopping Centern differenzieren (Sit/Merrilees/Birch 2003, S. 92f.). Doury (2000, S. 119f.) spricht u.a. auf Grund der Integration von Mulitplex-Kinos in UEC von einer „One-Stop-Leisure-Destination“. Der Unterschied liegt also im Angebotsmix, wenngleich die Grenzen zwischen Shopping Centern und UEC fließend sind, zumal es sich um überdachte Gebäudekomplexe oder offene Ladenstraßen an verschiedensten Standorten handelt. Das Entstehen von UEC ist v.a. auf strategische Konzepte von Investoren und Betreibern zurückzuführen, die primär den aktuellen Werte- und Verhaltenstrends der Verbraucher Rechnung tragen, so der Erlebnis-, Freizeit- und Fun-Orientierung als Verbindung von Einkauf und Freizeitgestaltung (Zentes/Swoboda 1998c, S. 74ff., Opaschowski 2000, S. 44ff.).

Das Begriffsverständnis von UEC ist uneinheitlich. So werden kleine, mit Einkaufszentren vergleichbare Komplexe wie auch ausgedehnte, revitalisierte städtische Bezirke mit der Bezeichnung UEC belegt. Dazu können auch Themenparks (z.B. Vergnügungs-, Tierparks) gehören, obwohl sie sich hinsichtlich der Größe, des Angebots und der Umgebung deutlich unterscheiden (Kemperman u.a. 2000, S. 1ff.). UEC sind zu definieren als eine synergetische Agglomeration von Einzelhandels-, Dienstleistungs-, Unterhaltungs- und Gastronomiebetrieben, die miteinander harmonieren und Besucher aus mehreren Zielgruppen anziehen. Genutzt werden Synergien zwischen den einzelnen Angeboten und es wird eine eigene Kundenfrequenz geschaffen. Besonderheiten sind insbesondere Gastronomie- und große Unterhaltungsbetriebe (z.B. Multiplex-Kinos, Musical-Theater, Erlebnisgastronomien), die außerhalb der Öffnungszeiten des Handels die Magneten des UEC sind. Hinsichtlich der Standorte werden Citylagen mit touristischer Kapazität ebenso genutzt wie außerstädtische Gebiete oder Randlagen (Besemer 2004, S. 28). In diesem Fall sind **Mega Malls** auf der „Grünen Wiese“ als UEC anzusehen (Falk 1998, S. 44). Das Einzugsgebiet beträgt hier nicht selten mehrere 100 km. Ein Überblick über die Komponenten gibt Abbildung 3.14.

Abbildung 3.14: Komponenten eines UEC

Komponenten	Beispiele
Multiplex-Kinos, Theater	IMAX 3D-Kino (Edmonton), Caesars Palace Colosseum (Las Vegas)
Unterhaltungsor. Einzelhandel	NikeTown, Disney, Warner Bros., Virgin Records
High Tech-Attraktionen	Sega Arcades, Virtual World, Simulationsrides
Wasserparks, Schwimmbäder	World Waterpark (Edmonton), Aquadrom (Ruhr-Park)
Aquarium	Sea Life Caverns (Edmonton)
Kinderunterhaltung	Lego Center (Mall of America), Berjaya Times Square Kidz Town (Kuala Lumpur)
Spielcasinos	Caesar's Palace (Las Vegas)
Großarenen	König Pilsener Arena (Oberhausen), San Francisco 49ers Stadion
Abend-/Nachtunterhaltung	Universal Walk (Orlando), Dallas Alley (Dallas)
Freizeitparks	The Park at MOA (Mall of America), Galaxyland (Edmonton), Berjaya Times Square Cosmo's World (Kuala Lumpur)
Themenrestaurants	Hard Rock Cafe, Planet Hollywood, Harley Davidson Café, Rainforest Café

Quelle: in Anlehnung an Wenzel/Frank 1998, S. 279f.

Das Potenzial der Kombination von Freizeit und Handel kann wie folgt beurteilt werden (Wenzel/Frank 1998, S. 279ff.):

- Freizeitangebote induzieren Kundenfrequenzen für die Einzelhandelsbetriebe und umgekehrt.
- Durch Konzentration von Freizeit- und Handelsangeboten wird eine Destination geschaffen und so eine Vergrößerung des Einzugsgebiets erreicht.
- Touristische Frequenzen können genutzt werden.
- Durch den Angebotsmix können Zielgruppen erweitert werden.
- Die mit der Ausgabebereitschaft korrelierende Verweildauer wird erhöht.
- Die mit der Ausgabebereitschaft korrelierende Einkaufsatmosphäre wird verbessert.
- Die vorhandenen Freizeitangebote überbrücken Wartezeiten.
- Synergien, z.B. Kosten für Parkplätze, Werbung, können genutzt werden.
- Für den Erfolg ist der Angebotsmix entscheidend, der dem Erwartungs- und Erlebnisspektrum der Zielgruppen entsprechen sollte.

Dubailand – Das größte UEC der Welt!

Für etwa 4,5 Mrd. EUR entsteht entlang der Emirates Road in Dubai bis voraussichtlich 2008 das größte UEC der Welt auf einer Bebauungsfläche von mehr als 180 qkm. Das Projekt Dubailand umfasst sechs verschiedene Themenwelten.

- Die *Attractions and Experiences World* bietet Attraktionen von Achterbahnen bis zu Themen- und Wasserparks (z.B. Phaharo's Theme Park, Snow Dome, Space Hotel).
- Die Sports and Outdoor World umfasst u.a. drei Sportstadien, Kletterlandschaften und Skaterbahnen.
- In der *Eco Tourism World* liegt der Themenschwerpunkt auf natur- und kulturbezogenen Attraktionen, so einem interaktiven Wissenschafts- und Ge-

schichtsmuseum, einem Streichelzoo oder einem Dinosaurier-Park mit modernster Animationstechnik.

- Bei der *Themed Leisure and Vacation World* steht Wellness mit Spa-Einrichtungen, pittoresken Residenzen und großen Ressorthotels im Vordergrund.
- Die *Retail and Entertainment World* befindet sich in der Mall of Arabia, der größten Shopping Mall der Welt mit einer Fläche von 1.800.000 qm. Große internationale Marken und lokale Hersteller betreiben zahlreiche Boutiquen, Factory Outlets, Warenhäuser, Entertainment- und Gastronomie-Einrichtungen usw.
- Das größte Themenuniversum ist *Downtown*, das Herz von Dubailand. Am Tage entführt der Wadi Walk Besucher entlang einer Wasserpromenade nach Venedig (inklusive Gondelfahrt). Cafés und Restaurants, Kinos, Bowlingbahnen, Theater und Spielhallen stellen nur einen kleinen Teil des Unterhaltungsangebots dar. Nach Sonnenuntergang öffnen in Downtown Nachtclubs und Großraumdiskotheken.

Quelle: www.dubailand.ae.

Eine Unausgewogenheit der Kombination von Freizeit- und Einkaufsangeboten leitet über zu den denkbaren Barrieren bzw. Konflikten in UEC. So können die Zielgruppen für Freizeit- und Shopping-Angebote voneinander abweichen, wodurch sich das Problem von Shopping Centern, dass Jugendliche zwar bummeln, aber nicht einkaufen, in UEC verstärkt. Störungen umfassen Lärm (z.B. Roller-Coaster in der Mall of America), Gedränge bei Events usw. Ebenso können unterschiedliche Öffnungszeiten der Verkaufsstellen und der Freizeitangebote (Besuch abends oder am Wochenende) problematisch sein. Interessenskonflikten zwischen den heterogenen Mietern, so bezüglich des Marketing, der gemeinsamen Events, der Kostenverteilung usw., wird – analog zu Shopping Centern – mit einem zentralen **Center-Management** begegnet. In diesem Zusammenhang besteht neben permanenten Marktanalysen eine wichtige Aufgabe darin, die Kundenströme nach Standortlagen innerhalb des UEC möglichst effizient und durch entsprechend optimierten Shop-Mix möglichst profitabel zu steuern (Rajaram/Ahmadi 2003, S. 176ff.).

c) Factory Outlet Center

Als Factory Outlet Center (FOC) werden mittel- bis großflächige Agglomerationen von Einzelhandelsgeschäften bezeichnet, in denen mehrere Herstellerunternehmen ihre Waren jeweils im Direktvertrieb in separaten Ladeneinheiten anbieten. Neben Markenshops befinden sich in FOC meist auch gastronomische Angebote im gleichen Gebäudekomplex (Ausschuss für Definitionen zu Handel und Distribution 2006, S. 81f.)

FOC sind – aufgefasst unter Standortaspekten – i.d.R. abseits urbaner Zentren in verkehrsgünstiger Lage mit großem Einzugsgebiet angesiedelt (Zentes/Swoboda 1999e, S. 113). Sie fassen bevorzugt Markenartikelhersteller und Off-Price-Stores zu einem Komplex zusammen, i.d.R. in Sortimentsbereichen wie Bekleidung, Schuhe, Lederwaren, Hausrat, Glas und Porzellan in höheren Preislagen, jedoch deutlich unterhalb des üblichen Niveaus des konventionellen Einzelhandels. Magnetmieter in den FOC sind zumeist Markenhersteller mit einem besonders hohen Bekanntheitsgrad (Ausschuss für Definitionen zu Handel und Distribution 2006, S. 82). Parker u.a. (2003) zeigen empirisch auf, dass u.a. die Ladengestaltung in FOC gegenüber traditionellen Warenhäusern aus Sicht der Kunden weniger anspruchsvoll ist, die Serviceorientierung – eigentlich ein zentraler Wettbewerbsvorteil der Warenhäuser – hingegen keine signifikanten Unterschiede aufweist. Dies mag ein Indiz dafür sein, dass in FOC aus Kundensicht ebenfalls Trading-up-Tendenzen erkennbar sind.

Mills Corporation

Die Mills Corporation entwickelte Anfang der achtziger Jahre ein Konzept, das eine Integration von Off-Price-Anbietern aus Handel und Industrie in einem Center-Konzept vorsah. Das erste dieser „Mills"-Projekte wurde im September 1985 entwickelt („Potomac Mills" in Prince Williams, Virginia). In dieser Mall mit einer Gesamtfläche von rd. 60.500 qm wurden 120 Händler zusammengefasst. In „Potomac Mills" sollte den Kunden anhand umfangreicher Auswahl- und Preisvergleichsmöglichkeiten bei gleichzeitiger Off-Price-Orientierung ein Smart Shopping ermöglicht werden. Das Konzept der „Super Regional Outlet Malls" nach dem Mills-Konzept war durch substanziell niedrigere Preise (ca. 30-70 %) als im konventionellen Handel gekennzeichnet, die v.a. auch durch Klauseln in den Mietverträgen, die zu einem Mindestpreisnachlass von 30 % gegenüber den klassischen Vertriebskanälen auf alle Waren verpflichteten, garantiert wurden. In diesen „Outlet Malls" oder „Value Centers" wurden Fabrikverkaufsläden, Category Killer, Off-Price-Stores und Outlets von Designern und Warenhauskonzernen in architektonisch ansprechender Atmosphäre zusammengefasst. Bei der Auswahl der Mieter wird Wert auf einen gewissen Bekanntheitsgrad der Handels- bzw. Herstellerunternehmen gelegt. Die unternehmenseigene Mission lautet: „Our mission is to deliver superior shareholder value by creatively developing, acquiring, merchandising and managing a diversified portfolio of exceptional domestic and international retail and entertainment destinations." Bis 2006 wurden insgesamt 42 dieser überregionalen Mills-Projekte in den USA, Kanada (Ontario) und Europa (je ein Standort in Spanien, Italien und Schottland) eröffnet. 2006 verfügte die Mills Corporation über 4,83 Mio. qm vermietbare Fläche, wovon etwa 96 % vermietet sind. Der Gesamtumsatz der Händler und Hersteller in den Mills-Centern betrug im Geschäftsjahr 2004/2005 684,8 Mio. USD.

Quelle: www.millscorp.com.

Die Entwicklung der FOC ist Ausdruck von Änderungen im Verbraucherverhalten, so der Discount-Orientierung und der (parallelen) Marken-Orientierung. Die Verbraucher sind dabei immer weniger bereit, für (Premium-)Marken auch einen entsprechend höheren (Premium-)Preis zu zahlen. Dies gilt auch für Verbraucher, die nicht aus ökonomischen Zwängen stärker „auf das Geld achten" müssen (Zentes/Swoboda 1998c, S. 89). Im europäischen Vergleich liegt die dominante Position Großbritanniens bezüglich der Verbreitung von FOC insbesondere darin begründet, dass Investoren aus den USA hier bereits sehr früh einen europäischen Referenzmarkt für die Internationalisierung ihres Standortkonzeptes – mit dem Push-Faktor eines saturierten Heimatmarktes in den USA – gesehen haben (siehe Tabelle 3.11; Ferny/Ferny 1997, S. 347ff.).

Tabelle 3.11: Factory Outlet Center im europäischen Raum im Jahre 2006

	Anzahl Standorte FOC	Verkaufsfläche insgesamt in qm	Ø Verkaufsfläche je Center in qm	Verkaufsfläche je 1.000 Einwohner in qm	Anzahl Standorte FOC in Planung
Großbritannien	41	560.470	13.670	9,3	7
Italien	22	362.120	16.460	6,2	7
Spanien	16	218.080	13.630	4,9	2
Frankreich	13	190.450	14.650	3,1	8
Schweiz	6	59.520	9.920	8,0	2
Polen	5	81.700	16.340	2,1	7
Schweden	5	73.700	14.740	8,1	1
Deutschland	5	66.500	13.300	0,6	25
Portugal	4	83.480	20.870	7,9	1
Niederlande	3	56.100	18.700	3,4	1
Österreich	3	50.880	16.960	6,1	2
Belgien	3	43.220	14.410	4,1	2
Irland	3	25.000	8.333	5,9	3

Quelle: GMA 2006.

Im Gegensatz zur sukzessiven Etablierung von FOC in Europa gestaltet sich die Situation in Deutschland nach wie vor (noch) als relativ reserviert. Das Potenzial von FOC wird hierzulande als nicht unerschöpflich bewertet; eine Begrenzung dieses Potenzials ist ihnen inhärent: Der Reiz liegt für den Verbraucher in dem äußerst preisgünstigen Kauf einer renommierten Marke. Eine ubiquitäre Verfügbarkeit hochwertiger Marken zu günstigen Bedingungen in einer Vielzahl von FOC, also eine hohe FOC-Dichte, würde den Kaufanreiz jedoch deutlich schmälern (Zentes/Swoboda 1999e, S. 114). Zudem sind die Raumplanungsgesetze in Deutschland relativ restriktiv, was die Umsetzung der zahlreich geplanten FOC erheblich erschwert (Beul 2006, S. b03).

d) Bahnhof- und Airport Shopping

Das Aufkommen neuer Angebotsformen ist in starkem Maße mit dem Bestreben einer Belebung und Aufwertung der Innenstädte verbunden. Hervorzuheben sind dabei politisch-rechtliche Tendenzen, wie die Urbanisierung neuer (inner-)städtischer Flächen auf Grund der Nutzung durch Post-, Bahn-, Industrie-, Gewerbe- und „Bankbranchen“, die dazu führt, dass in vielen Städten große Areale neu gewonnen und für Handelsagglomerationen genutzt werden können (Zentes/Swoboda 1998c, S. 33ff.). Die Entwicklung dieser neuen Standorte basiert zudem auf veränderten Werte- und Verhaltenstrends in der Bevölkerung, so erhöhter Erlebnis- und Freizeit-Orientierung sowie gestiegener Convenience-Orientierung. Auch die

„großzügigeren“ Öffnungszeitenregelungen waren bisher für Standorte wie Bahnhöfe oder Flughäfen relevant.

Hervorzuheben ist die Tendenz zur Umwidmung bzw. Neuorientierung der Bahnhofs- und Airport-Flächen. So entstehen an Bahnhöfen und Airports neue Angebotsformen und Angebotsbündelungen, welche die Erscheinungsform moderner Verkehrsstationen mit starken Erlebnis-, Handels- und Dienstleistungsangeboten annehmen (Zentes/Swoboda 1998c, S. 49).

Flughafen Amsterdam als Airport City

Der Flughafen Amsterdam, europaweit Nummer 4 nach Passagieraufkommen, versteht sich als moderne Airport City, die versucht, die Bedürfnisse der Passagiere bestmöglich zu erfüllen. Der Kunde steht im Zentrum der Aufmerksamkeit und hat die Möglichkeit, in eine unverwechselbare, authentische Erlebniswelt einzutauchen. So findet sich in Schiphol neben länderspezifischen Produkten wie Holzschuhen, Käse oder Tulpen, klassischer Gastronomie und Take-Away-Restaurants auch eine Zweigstelle des Amsterdamer Rijks-Museums. Neben Fitness- und Wellnessangeboten bieten sich Geschäftsfelder wie Unterhaltung, Aus- und Weiterbildung oder Gesundheit zur Eingliederung in das Airport City-Konzept an.

Zukünftige Erfolgsrezepte basieren auf Kriterien wie geografischer Authentizität oder strategischer Abstimmung von Shopping und Gastronomie, bis zu Take-Away-Konzepten und der Ansiedlung von Megastores. Zudem können Flughäfen, wie z.B. in Dubai mit einer Planungsfläche von 140 qkm, ganz neue Stadtteile umfassen.

Quelle: A.T. Kearney 2006.

Das Airport-Shopping war in den Anfangszeiten stark auf **Duty-free-Handel** fokussiert. Das ursprünglich aus einer Entscheidung des irischen Parlaments aus dem Jahre 1947 über den „Custom Free Act“ entwickelte Duty-free-Shopping nimmt an Umsatzbedeutung ab, v.a. seit der Abschaffung des Duty-free-Handels in der EU. Somit steigt die Bedeutung des „normalen“ Ladeneinzelhandels, der heute bis zu drei Viertel der Einzelhandelsumsätze an Flughäfen erzielt. Die Kundenstruktur ist besonders attraktiv, da es sich um einen hohen Anteil an Kunden aus gehobenen Einkommensgruppen handelt und die Einkaufsaktivitäten oft von Impulscharakter und Kaufdruck geprägt sind. Omar/Kent (2001, S. 226ff.) zeigen, dass Airport-Shopper nicht in die bekannten Lifestyle- bzw. Socio-Style-Segmente eingeordnet werden können. Sie identifizieren in diesem Zusammenhang vielmehr die drei Basissegmente Shopping Travellers, Browsers und Fast-Track-Travellers bzw. Gelegenheits-Shopper, die durch einen jeweils spezifischen Marketing-Mix angesprochen werden können (Omar/Kent 2001, S. 234f.).

VI. Verdrängung traditioneller Betriebs- und Vertriebstypen

1. Club-, Event-, Fun-, Fan-, Tourist Shopping

Das Club-, Event-, Fun-, Fan- und Tourist Shopping (CEFFT-Shopping) ist im Wesentlichen Ausdruck der neuen Tendenzen im Verhalten der Konsumenten. Von besonderer Bedeutung sind dabei Erlebnis-, Freizeit-, Action- und Fun-Orientierungen der Konsumenten, verbunden mit einem ausgeprägten Markenbewusstsein und zunehmender Mobilität.

Die Erscheinungsformen des CEFFT-Shopping können in das Kult-Shopping, das in neuartigen Outlets und/oder an neuartigen Standorten stattfindet, und das Tourist-Shopping, in traditionellen Outlets und an traditionellen Standorten stattfindend, differenziert werden.

Kult-Shopping stellt einen besonderen Ausdruck von Marken- oder Event-Identifikation dar. Die Standorte, an denen Kult-Shopping stattfindet, sind immer neue Standorte, und die Betriebe zeichnen sich zumeist durch die Umsetzung neuartiger Konzepte aus. Die Orte, an denen ein solches Kult-Shopping stattfindet, können z.B. Szene-Lokale, Freizeitparks oder Events und Veranstaltungen sein. Es handelt sich um Orte oder Veranstaltungen, zu denen die Konsumenten einen besonderen Bezug aufbauen, der in einem Kult-Status resultieren kann (Zentes/Schramm-Klein 1999, S. 274ff.).

Tourist-Shopping stellt den Einkauf durch Konsumenten dar, der im Rahmen von Reisen an anderen Standorten realisiert wird. Das Tourist-Shopping umfasst Einkaufsaktivitäten der Konsumenten, die sich v.a. in den klassischen Einzelhandelsbetrieben, also Fachgeschäften, Warenhäusern, Boutiquen u.ä. vollziehen; zunehmend werden auch neuere Formen, so FOCs oder UECs, als Ziele gewählt. Diese Standorte werden i.S. eines **Einkaufstourismus** von den Konsumenten genutzt. Hierunter fallen zum einen die Einkäufe der Touristen an ihren Urlaubsorten oder von Managern am Rande von Geschäftsreisen; zum anderen findet auch ein gezielter Einkaufstourismus statt, d.h. Reisen bzw. **Einkaufstrips** in geografisch entfernte Gebiete. Hier zeigt sich eine Ausprägung des Smart Shopping, indem Ziele anvisiert werden, die sich durch günstigere Preisgefüge auszeichnen. Zudem zeigt sich auch eine Erlebnis-, Freizeit- und Fun-Orientierung, bei der das Einkaufserlebnis an anderen Standorten im Vordergrund steht (Zentes/Swoboda 1998a, S. 73). Bezüglich des Tourist-Shopping haben Yoon-Jung Oh u.a. (2004) auf Basis einer empirischen Untersuchung festgestellt, dass soziodemografische Faktoren (Frauen kaufen signifikant mehr als Männer und ältere mehr als jüngere Touristen) und der Erlebniswert des Standortes (Atmosphäre, Attraktivität, Wohlfühlfaktor der Stadt usw.) für das Kaufverhalten eine entscheidende Rolle spielen.

Hard Rock Cafe – Professionelles Kult Shopping

Neben den Szene- bzw. Themen-Lokalen ist der Verkauf von Merchandising-Artikeln (z.B. T-Shirts, Accessoires) in meist integrierten Shops in Cafés ein innovativer Ansatz. Das erste Hard Rock Cafe wurde 1971 von zwei US-Amerikanern in London eröffnet. Das damalige Konzept umfasste einen Gastronomiebereich amerikanischen Stils im Rahmen eines musikbezogenen Ambientes. Später wurden Artikel aus der Musik-Szene zur Dekoration integriert. Die weltweite Multiplikation des Konzeptes begann im Herbst des Jahres 1982 mit der Eröffnung des ersten Hard Rock Cafes in den USA. Ende 2005 existierten 123 Hard Rock Cafes in 41 Ländern, 67 im Besitz der „Hard Rock Cafe International" (unter dem Dach der britischen Holding „Rank Group"); 56 Cafes werden als Franchise-System geführt. Von 1971 bis 2005 haben über 50 Mio. Kunden weltweit Hard Rock Cafes besucht.

Der Verkauf von Merchandising-Artikeln macht etwa 50 % des Gesamtumsatzes aus. Initiiert wurde dieser Verkauf auf Grund der hohen Nachfrage nach T-Shirts des Londoner Hard Rock Cafes, nachdem dieses eine Fußball-Mannschaft gesponsert und mit Outfit ausgestattet hatte. Zunächst erfolgte der Verkauf von Merchandising-Artikeln integriert in den Hard Rock Cafes. Im Jahre 1988 entstand in New York der erste vom Gastronomiebereich abgetrennte „Hard Rock Cafe Full Service Merchandise Shop". Über das Basiskonzept hinaus wird versucht, das Marken-Image und das damit verbundene „Kult-Shopping" auf weitere Vertriebskanäle auszuweiten. Der Bereich der Produkte wird auf „Hard Rock Records" und „Hard Rock Beer" ausgeweitet. Diese Artikel werden auch im Einzelhandel und im Internet vertrieben. Ferner wurden Hard Rock Hotels, Hard Rock Casinos und Beach Clubs sowie Hard Rock Veranstaltungszentren für Konzertveranstaltungen aufgebaut, in denen der Verkauf von Merchandising-Artikeln nach dem gleichen Konzept wie in den Cafés erfolgt.

Quelle: Rank Group Plc. 2006.

2. Landwirtschaftliche Direktvermarktung/Bauernmärkte

Die landwirtschaftliche Direktvermarktung, bei der von Landwirten individuell, so beim **„Ab-Hof-Verkauf"**, oder in gemeinschaftlicher Direktvermarktung, so auf Bauernmärkten, in stationärer oder ambulanter Form ein Direktvertrieb der Waren erfolgt, ist als Reaktion auf die erhöhte Sensibilisierung der Konsumenten bezüglich einer biologischen und ökologischen Orientierung im Rahmen eines ausgeprägten Gesundheitsbewusstseins zu sehen.

Beim Ab-Hof-Verkauf handelt es sich um Aktivitäten eines Betriebes, der Einzelhandel im funktionellen Sinne betreibt. Landwirtschaftliche Erzeugerbetriebe erweitern ihr originäres Tätigkeitsfeld, indem die von ihnen produzierten bzw. angebauten Waren direkt an Konsumenten verkauft werden. V.a. der ökologische Anbau, regionale Spezialitäten oder besondere Rezepturen dienen der Profilierung (Ausschuss für Definitionen zu Handel und Distribution 2006, S. 42).

Landwirtschaftliche Direktvermarktung ist durch einen direkten Kauf beim Produkterzeuger gekennzeichnet. Hierin drückt sich ein besonderes Vertrauen der Kunden bezüglich der Herkunft der jeweiligen Produkte aus, das anderen Betriebstypen nicht entgegengebracht wird, weil dort eine Mehrstufigkeit gegeben ist, bei der es oft nicht möglich ist, die Herkunft der Ware nachzuvollziehen.

Im Zusammenhang mit frischen Produkten ist dies von besonderer Bedeutung (Zentes/Swoboda 1998c, S. 113f.). Insbesondere der Markt für biologische bzw. ökologische Lebensmittel entwickelte sich in Deutschland in den letzten Jahren enorm und bietet den landwirtschaftlichen Direktvermarktern attraktive Positionierungsmöglichkeiten (siehe Tabelle 3.12). Allerdings steigt der Wettbewerb und die Marktanteile der landwirtschaftlichen Direktvermarkter sinken, da die traditionellen Lebensmitteleinzelhändler und Bio-Supermärkte in jüngster Vergangenheit verstärkt auf die Vermarktung von Bio-Lebensmitteln setzten und in Zukunft setzen werden (Hamm/Rippin 2005, S. 122f.).

Tabelle 3.12: Umsätze und Marktanteile der landwirtschaftlichen Direktvermarkter für Ökolebensmittel in Deutschland

	1997	2000	2001	2002	2003	2004	2005
Umsätze der Direktvermarkter in Mrd. EUR	0,28	0,35	0,45	0,52	0,52	0,56	0,54
Umsätze des Gesamtmarkts in Mrd. EUR	1,48	2,05	2,70	3,01	3,10	3,50	3,90
Marktanteil der Direktvermarkter	19 %	17 %	17 %	17 %	17 %	16 %	14 %

Quelle: www.ökolandbau.de.

3. Außer-Haus-Verzehr/Consumer Catering

Der Außer-Haus-Verzehr stellt einen Bereich dar, in dem Angebotsformen gegenüber dem Einzelhandel – hier insbesondere gegenüber dem Lebensmitteleinzelhandel – als Konkurrenten auftreten, die nicht dem Handel zuzuordnen sind (siehe Tabelle 3.13). Durch eine Zunahme des Außer-Haus-Verzehrs, die sich nicht zuletzt aus einer Veränderung im Ernährungsverhalten der Konsumenten ergibt, sinkt der Anteil des Lebensmitteleinzelhandels am sog. „**share of stomach**" in zunehmendem Maße. Der traditionelle stationäre und ambulante Lebensmitteleinzelhandel konkurriert in diesem Zusammenhang nicht nur mit Betrieben wie Bäckereien oder Metzgereien, sondern auch mit jeglichen Formen der Gastronomie, so Restaurants, Imbissstuben, Caféterien oder Kantinen (Zentes 1999b, S. 298f.). Auch die zunehmende Convenience-Orientierung der Konsumenten spielt eine Rolle im Kontext des Wettbewerbsumfeldes des Lebensmitteleinzelhandels. In diesem Zusammenhang stellen nicht nur die stationären Formen des Bereichs der Gastronomie Konkurrenten dar. Auch die Zustelldienste von Restaurants und Gaststätten, so Pizza-Kuriere und Party-Service-Anbieter treten als potenzielle und aktuelle Konkurrenten des Lebensmitteleinzelhandels auf. Das „Consumer Catering" stellt somit einen wichtigen Bereich für den Nahrungsmittel- und Getränkeumsatz in Deutschland dar.

Tabelle 3.13: Entwicklung der Konsumausgaben für Außer-Haus-Verzehr – Ausgewählte Formen

	2001	2002	2003	2004	2005
Kommerzielle Gastronomie (Mrd. EUR)	38,80	37,10	36,05	36,04	36,17
Arbeitsplatz-Gastronomie (Mrd. EUR)	--	--	5,06	5,20	5,28

Quelle: www.cma-marketing.de.

D. Bestimmungsfaktoren der Entwicklung und Methoden zur Wahl von Betriebs- und Vertriebstypen im Überblick

I. Generelle Bestimmungsfaktoren

Die **Entwicklung der Betriebs- und Vertriebstypen** des Handels kann – über die Erklärungsperspektive der theoretischen Ansätze in Abschnitt B. hinaus – in Abhängigkeit von unterschiedlichen Einflussfaktoren, so Umfeldfaktoren und unternehmensinternen Faktoren, gesehen werden.[1] Diese Faktoren sowie deren Veränderungen im Zeitverlauf können in unterschiedlichem Maße für die Weiterentwicklung bestehender sowie die Neuentwicklung von Betriebs- und Vertriebstypen von Bedeutung sein. Sie determinieren auch die konkrete **Wahl eines Betriebs- und Vertriebstyps** aus Sicht von Handelsunternehmen, die von der Wahl der Betriebs- oder Vertriebsformen durch Hersteller abzugrenzen ist. Diese Wahl ist eine Entscheidung mit langfristigem und bindendem Charakter, i.S. einer strategischen Grundausrichtung. Sie ist damit als Teil eines strategischen Entscheidungsprozesses anzusehen und richtet sich in dieser Sicht nach den Ziel(ebenen) eines Handelsunternehmens.

Generelle Umfeldfaktoren und Marktfaktoren

Aus den Veränderungen der Faktoren der weiteren Umwelt und unter der Annahme der Notwendigkeit eines Fits zwischen Umfeldanforderungen und Angebotskonzept resultieren Veränderungen von Betriebs- und Vertriebstypen im Zeitablauf. Das weitere Umfeld und seine Veränderungen bedingen, dass bestimmte Betriebs- und Vertriebstypen ihre Anwendungs- und Umsetzungsmöglichkeit verlieren und keine sinnvollen Lösungen mehr für die jeweiligen Umfeldsituationen darstellen. Neu- oder Weiterentwicklungen mit einer Umorientierung oder eine Elimination werden notwendig.

- Im Bereich des sozio-ökonomischen Umfeldes bildet die **gesamtwirtschaftliche Entwicklung** einen Rahmen. Beispielsweise bedingen die Konsumausgaben der Bevölkerung die Entwicklungsmöglichkeiten des Handels und die notwendige Ausgestaltung der Betriebs- und Vertriebs-

[1] Vgl. hierzu auch die Ausführungen i.S. der markt- und ressourcenorientierten Sichtweise in Abschnitt E. des Ersten Kapitels.

typenpolitik. Ähnlich wirken Konjunkturveränderungen bzw. wirtschaftliche Entwicklungsverschiebungen. Das **sozio-kulturelle Umfeld** umfasst gesellschaftliche Rahmenbedingungen, so generelle **Einstellungen** und **Werte** mit entsprechenden Konsequenzen für die Kundenbedürfnisse, und letztendlich Präferenzen für die Betriebs- und Vertriebstypen.

- Dem politisch-rechtlichen Umfeld sind gesetzliche Rahmenbedingungen zuzuordnen, die Handelsunternehmen bezüglich ihrer Betriebstypenwahl beeinflussen, so wettbewerbsrechtliche Regelungen oder die Standortgenehmigungspolitik. Die politisch-rechtlichen Faktoren können ferner sowohl fördernde als auch einschränkende Wirkung auf die Entwicklung von Betriebs- und Vertriebstypen haben.
- Das technologische Umfeld wirkt als Rahmenbedingung auf die Betriebs- und Vertriebstypenentwicklung. Neue Technologien wie das Internet, aber auch Scanning, PoS-Cash-Systeme oder sonstige moderne Informations- und Kommunikationssysteme sind von Relevanz.

Für die Entwicklung und Wahl eines Betriebs- oder Vertriebstyps ist die Struktur der aktuellen und der potenziellen Konkurrenten und Kunden wichtig. Die Betriebstypenpolitik ist in besonderem Maße Ausdruck einer **Kundenorientierung**, da Kunden auf Basis ihrer Bedürfnisse und Wünsche die Einkaufsstätten wählen und die Frequenz darin bestimmen. Hierbei sind neben den aktuellen auch mögliche zukünftige Entwicklungen zu berücksichtigen, um Zukunftsstrategien und Veränderungen in der Betriebs- und Vertriebstypenpolitik frühzeitig einzuleiten. Das **Wettbewerbsumfeld** einzelner Unternehmen umfasst v.a. die Konkurrenzstruktur, die Kundenbeziehungen und die Beschaffungsbedingungen:

- Die **Konkurrenten** des Unternehmens sind mehrfach relevant, so bezüglich der Marktentwicklungen und -abdeckungen, des Wettbewerbsverhaltens und der Struktur des relevanten Marktumfelds. Hierbei sind neben den aktuellen auch potenzielle Konkurrenten, so (neue) Handels- oder Herstellerunternehmen, relevant. Letztere können auch als Benchmarks oder i.S. eines Nachahmungsverhaltens die Betriebs- und Vertriebstypenkonzepte beeinflussen, so im internationalen Bereich.
- Entwicklungen im Bereich der **Kunden** betreffen soziodemografische und insbesondere psychografische Merkmale, v.a. Einstellungen, Werte und Bedürfnisse gegenüber dem Unternehmen. Weinberg/Purper (2004, S. 58) zeigen bspw., dass Handelsanbieter mit gleichem Betriebstyp Konsumenten stärker durch ihr Markenimage beeinflussen als über ihren Betriebstyp selbst. Bhatnagar/Ratchford (2004, S. 39ff.) entwickelten bei kurzlebigen Konsumgütern ein Entscheidungsmodell für die Betriebstypenwahl, das neben Kundenpräferenzen (z.B. Anreisekosten, Konsumraten und Einkaufshäufigkeiten) auch unternehmensinternen Faktoren (z.B. Kostenstrukturen oder Ladengestaltungskosten) berücksichtigt.
- Die **Beschaffungsbedingungen** umfassen die Struktur und Ausgestaltung der Beziehungen zu Lieferanten, die angebotenen Produkte, Dienstleistungen und Entwicklungen in diesen Bereichen. Die Verfügbarkeit

von Lieferanten bedingt die Realisierung von Betriebs- und Vertriebstypenkonzepten unmittelbar.

Unternehmensinterne Faktoren

Die internen Gegebenheiten der Unternehmen sind von unmittelbarer Bedeutung für die Entwicklung und die Wahl des Betriebs- oder Vertriebstyps, denn konkrete Betriebs- bzw. Vertriebstypeninnovationen entstehen stets auf der Ebene der Unternehmen. Die Entscheidungen können proaktiv (i.S. einer strategischen Planung) oder reaktiv als Reaktion auf Umfeldveränderungen erfolgen. Die unternehmensinternen Faktoren, welche die Entwicklung der Betriebs- bzw. Vertriebstypen eines Unternehmens beeinflussen, können zweigeteilt betrachtet werden:

- Primär bedeutend sind neben der Ressourcenausstattung die Organisations- und Personalstruktur und das Führungssystem sowie die Faktoren, die die generelle Unternehmensstrategie oder auch die Innovationsorientierung und -planung betreffen.
- Konkreten Einfluss auf die Wahl haben die unterschiedlichen Anforderungen eines Betriebs- und Vertriebstyps und die bisherige Erfahrungen und das Know-how bezüglich der Standortstruktur, der Preis- und Qualitätspolitik, der Service- und Kommunikationspolitik sowie des Sortiments.

II. Innovationsbewegungen und Entscheidungshilfen der Wahl

Die Determinanten der Betriebs- und Vertriebstypenwahl sind für die Betriebs- bzw. Vertriebstypen des Großhandels und des Einzelhandels unterschiedlich, da hier Differenzen hinsichtlich der Kundenstruktur sowie der Unternehmensziele bestehen. Im Zusammenhang mit der Betriebstypenpolitik im Großhandel wie auch im Einzelhandel werden im Wesentlichen die Optionen, die in den Abschnitten C.II.1. und C.IV.1. in diesem Kapitel ausgeführt wurden, als Unterscheidungskriterien angeführt. Im Großhandel sind dies das Marktgebiet, der Warenverwendungszweck, die Sortimentsausrichtung usw. Im Einzelhandel handelt es dabei um die Sortimentspolitik, die Betriebsgröße usw.

Die Innovationsbewegungen einzelner Unternehmen des Großhandels und des Einzelhandels in ihrer Betriebs- bzw. Vertriebstypenpolitik führen dazu, dass sich in der Aggregation der Verhaltensrichtungen bestimmte Entwicklungen im Gesamtzusammenhang aller Handelsunternehmen zeigen. Gleichläufige Entwicklungsrichtungen, d.h. die breite Durchsetzung von den Typen im Markt, können sich aus ähnlichen Umfeldbedingungen, Strategie- oder Imitationsschritten ergeben. Um bspw. an neue bzw. veränderte Rahmenbedingungen eine möglichst optimale Anpassung der Betriebs- und Vertriebstypen erreichen zu können, sind verschiedene Vorgehensweisen abgrenzbar:

- Bei einer **Innovationsstrategie** erfolgt die Entwicklung (für das jeweilige Unternehmen und/oder den Markt) neuer Betriebs- und Vertriebstypen. Diese Strategie stellt eine grundsätzliche Basis für alle folgenden von Tietz (1993b, S. 1330ff.) genannten Vorgehensweisen dar, zumal Innovationen auf geplanten Produkt-Markt-Strategien, Wettbewerbsstrategien, so z.B. Segmentierungsoptionen, Leistungsprogrammentwicklungen oder Marktbeobachtungen beruhen können.

- Beispielsweise erfolgt bei der **Nachahmungsstrategie** die Entwicklung neuer Typen (für das jeweilige Unternehmen) anhand von Anpassungen an beobachtete Vorbilder.
- Bei der **Segmentierungsstrategie** liegt die Grundlage der Bildung von Betriebs- und Vertriebstypen in einer Aufteilung des relevanten Marktes in Marktsegmente. Diese Segmente weisen zueinander eine Heterogenität auf, welche die Anwendung unterschiedlicher Typen je Segment erfordert. Änderungen von Zahl oder Struktur der Marktsegmente können Umgruppierungen, Differenzierungen oder Aggregationen erforderlich machen. Mit den Segmenten verbunden ist die **Selektions- und Spezialisierungsstrategie**, da sie die Ausrichtung an bestimmten Zielgruppen bzw. Zielmärkten bedeutet. Diese Ausrichtung kann sich auf die unterschiedlichen Bestandteile des Produkt- und Leistungsprogramms, so auf bestimmte Warengruppen, beziehen oder eine Fokussierung auf bestimmte Kundengruppen umfassen (i.d.R. Marktnischenstrategie).
- Die Strategie der Verbindung von Betriebstypen beinhaltet die Kombination mehrerer bestehender Typen zu einem neuen Typ, während die Strategie der Mischung von Bausteinen bestehender Typen eine Kombination einzelner Elemente unterschiedlicher bestehender Betriebs- und Vertriebstypen zu neuen Typen beschreibt.
- **Strategie der Standardisierung bzw. Differenzierung**: Hier werden bestimmte Merkmale festgelegt, die als grundlegende Bestandteile in allen Betriebs- bzw. Vertriebstypen standardisiert (bzw. differenziert) angewendet werden. Je nach Kombination dieser Bestandteile ergeben sich dadurch letztlich unterschiedliche Betriebs- und Vertriebstypen.

Analytische und heuristische Methoden der Wahl

Begreift man die Entscheidungen im Rahmen der Betriebs- und Vertriebstypenstrategie auf Grund der zeitlich weit reichenden Auswirkungen als reine **Investitionsentscheidungen**, dann können unterschiedliche finanzwirtschaftliche Verfahren zur Bewertung und Auswahl alternativer Inhalte und Ausgestaltungsmöglichkeiten einer Betriebs- bzw. Vertriebstypenstrategie und ihres Entwicklungspfades im Zeitablauf angewandt werden, so u.a. die Methoden **Kapitalwert**, **Interner Zinsfuß**, **Annuitäten** usw. (vgl. zu den Entscheidungs- und Beurteilungsverfahren von Investitionen aus statischer und dynamischer Sicht im Allgemeinen bspw. Kruschwitz 2005, S. 27ff.; Blohm/Lüder/Schaefer 2006, S. 47ff., S. 155ff.). Dabei können vier Einflussfaktoren ausgemacht werden, die eine Rolle für eine Bewertung alternativer Investitionen in Betriebstypen spielen, nämlich

- heutige und künftige Auszahlungen,
- heutige und künftig erwartete Umsätze,

- Kalkulationszinsfuß als Spiegelung alternativer Anlagemöglichkeiten und
- Länge des Planungszeitraums.

Insbesondere die Prognose des Umsatzes hängt damit zusammen, inwieweit ein Betriebstyp mit seinem Zielgruppenkonzept den Erwartungen seines Konsumentenkreises auch tatsächlich gerecht wird. Damit verbunden erweist sich auch die Bestimmung des Kalkulationszinsfusses als planstrategische Schwierigkeit (Müller-Hagedorn 1998, S. 213f). Einen Schritt weiter gehen **Realoptionsansätze**, die aber prinzipiell ähnlichen Limitierungen unterliegen.

Heuristische Methoden, welche die Attraktivität einzelner Betriebsformen beurteilen helfen sind vielfältig, zumal hier alle Analyseverfahren der Erfolgsfaktoren einsetzbar sind (so Analysen der Chancen/Risiken, Stärken/Schwächen, WOTS-UP- oder SWOT-Analysen, Benchmarks oder allgemeiner Punktbewertungsmodelle). Müller-Hagedorn (1998, S. 214ff.) hebt folgende Methoden als handelsspezifisch hervor:

- **Polaritätenprofil**: Entstehung eines Betriebstypenprofils auf Basis eines Vergleichs zweier Betriebsformen anhand relevanter Merkmale durch die (potenziellen) Konsumenten (i.d.R. auf einpoligen Rating-Skalen).
- **Joint-Space-Modelle**: Positionierung alternativer Betriebstypen im mehrdimensionalen Merkmalsraum (insbesondere durch faktorenanalytisch verdichtete Ableitung relevanter Wahrnehmungsdimensionen) und Integration der gewünschten Konsumentenpräferenzen auf Basis von Idealpunkt- bzw. Idealvektormodellen.
- **Angebotsvektoren im Technologieraum**: Betriebstypen ermöglichen auf Grund ihrer unterschiedlichen Leistungspotenziale (z.B. Verkaufsfläche, Sortiment, Standortnähe, Bedienungsprinzip, Parkplatzangebot) unterschiedliche Formen der Inanspruchnahme und werden i.S. spezifischer Angebotsvektoren interpretiert. Zudem werden die Budgets der Konsumenten und die jeweiligen Preisniveaus in der Einkaufsstätte berücksichtigt, woraus die Maximalleistung eines Betriebstyps ableitbar ist.

Bezüglich der konkreten Ausgestaltung sind mit einer Bewertung von Betriebstypen im Hinblick auf deren Attraktivität und die Investitionsentscheidungen Strategien zur Erreichung von Unternehmenszielen verbunden.[1] An dieser Stelle sei vor dem Hintergrund von Investitionsentscheidungen insbesondere auf Portfoliokonzepte hingewiesen, wonach Betriebs- und Vertriebstypen in einem Portfolio positioniert und entsprechende Normstrategien der Investition bzw. Desinvestition abgeleitet werden können. Auf der Basis einer solchen Betriebstypen-Portfolio-Matrix können auch das Ist-Portfolio mit dem anvisierten Soll-Portfolio verglichen und Rückschlüsse auf strategische Gestaltungsoptionen gezogen werden.[2]

---

[1] Auf der Ebene von Geschäftseinheiten, worunter die Betriebs- und Vertriebstypen verstanden werden können, eröffnet sich ein Spektrum wettbewerbsorientierter Strategien, wie sie im Zweiten Kapitel behandelt werden.

[2] Vgl. hierzu Berekoven (1995, S. 405ff.) und Abschnitt F.II.3. des Zweiten Kapitels.

E. Fallstudie: Coop (Schweiz)

I. Darstellung des Unternehmens

Der Schweizer Einzelhandel (Detailhandel) ist dadurch gekennzeichnet, dass die zwei **Großverteiler** Coop und Migros, die beide jeweils in der Rechtsform der Genossenschaft auftreten, gemeinsam einen großen Teil des Umsatzes im Lebensmitteleinzelhandel der Schweiz realisieren; zusammen tätigen sie etwa 34,1 % des gesamten Einzelhandelsumsatzes. Die Migros nimmt dabei die Marktführerstellung ein.

Abbildung 3.15: Struktur der Coop

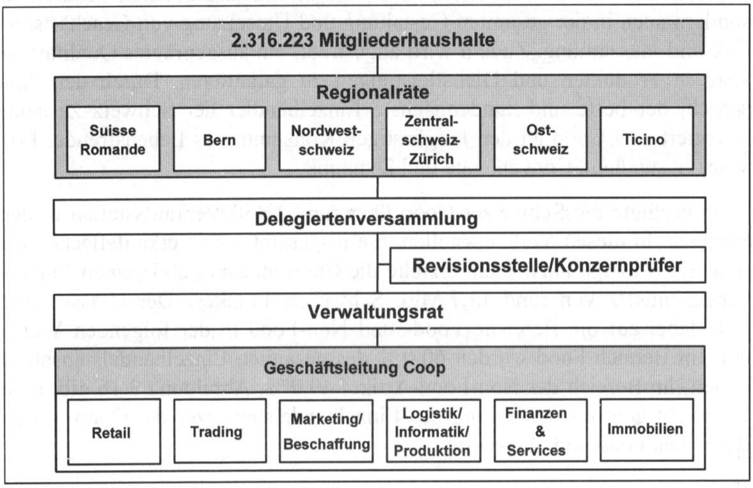

Quelle: www.coop.ch.

Die Coop wird in der Rechtsform einer Genossenschaft geführt[1]; sie stellt somit eine Gesellschaft nicht geschlossener Mitgliederzahl dar, deren Ziel die Förderung ihrer Mitglieder ist. Diese Zielsetzung soll anhand des gemeinschaftlichen Geschäftsbetriebes erreicht werden. Als genossenschaftlich organisiertes Unternehmen fühlt sich Coop in erster Linie den mehr als zwei Mio. Mitgliederhaushalten verpflichtet. Mit ihren knapp 45.000 Mitarbeitern (davon rund 37.000 Vollzeitbeschäftigte) erwirtschaftete die Coop im Geschäftsjahr 2005 einen konsolidierten Umsatz von 14,1 Mrd. Schweizer Franken. Zu Beginn des Jahres 2001 erfolgte eine Restrukturierung der Organisationsform der Coop anhand der Umsetzung des Projektes „Coop-Forte", um eine sinnvolle Zentralisierung und Zusammenfassung von Aufgaben zu ermöglichen. Hierbei erfolgte eine Fusion sämtlicher regionaler Coop-Genossenschaften und der Coop Schweiz zu einer einzigen Genossen-

[1] Vgl. zu der Darstellung des Unternehmens Coop (Schweiz) und seiner Betriebstypen den Geschäftsbericht der Coop-Gruppe 2005 sowie IHA-GfK 2005, S. 109ff.

schaft. In diesem Zuge wurden alle bisherigen Mitglieder der fusionierenden Coop-Genossenschaften Mitglieder der „neuen“ Coop. Die aktuelle Organisationsstruktur ist in der Abbildung 3.15 dargestellt.

Das Kerngeschäft der Coop besteht im Einzelhandel (Detailhandel). Weiterhin werden Produktionsleistungen sowie Dienstleistungen erbracht, die allerdings in ihrem Volumen relativ zur Gesamtleistung der Coop von eher nachrangiger Bedeutung sind.

Die Philosophie der Schweizer Coop lässt sich durch mehrere Dimensionen beschreiben. Zum einen erfolgt eine Betonung und Verfolgung von Effizienz und Ökologie bei der Herstellung, beim Einkauf, bei der Lagerung, bei der Distribution und an den Verkaufspunkten. Des Weiteren ist es das Ziel, den Kunden Frische zu bieten, nicht nur in den angebotenen Produkten, sondern auch in der gesamten Gestaltung und Umsetzung von Geschäftspolitik und -ausstattung. Zudem wird angestrebt, ein ausgeprägtes Qualitätsniveau in Produkten und Dienstleistungen zu garantieren. Durch den Anspruch, der beste und kundennächste Einzelhändler der Schweiz zu sein, orientiert sich Coop an den langfristigen Konsumtrends Lebensfreude, Frische, Gesundheit, Convenience und Dynamik.

2005 verfügte die Schweizer Coop über rund 1.450 Verkaufsstellen in der Schweiz. In diesen Verkaufsstellen, die insgesamt eine Verkaufsfläche von rund 1,5 Mio. qm aufwiesen, erzielte die Coop im Jahre 2005 einen Einzelhandelsumsatz von rund 13,7 Mio. Schweizer Franken. Der Umsatz teilt sich dabei auf die Bereiche Food- und Non-Food in der folgenden Weise auf. Im Bereich Food wurden 60,0 % des gesamten Einzelhandelsumsatzes erzielt, im Bereich der Non-Food-Artikel 40,0 %. Abbildung 3.16 gibt eine Übersicht über die Aufteilung des Einzelhandelsumsatzes der Coop in den Bereichen Food und Non-Food.

Abbildung 3.16: Umsatzaufteilung nach Warengruppen im Geschäftsjahr 2005

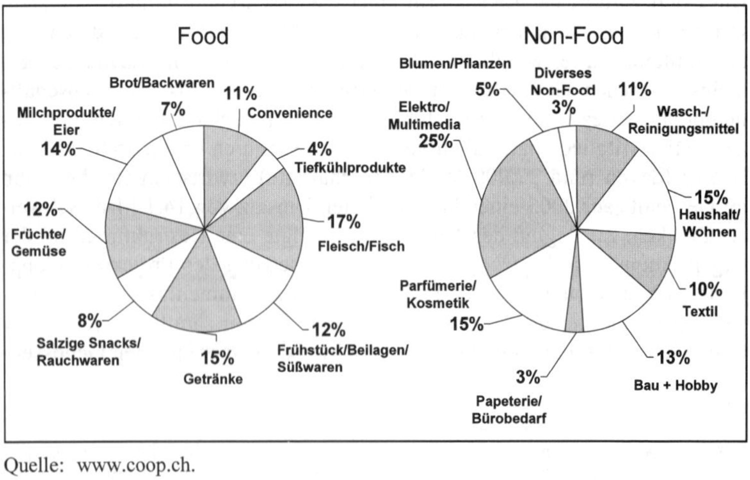

Quelle: www.coop.ch.

Die Coop realisiert anhand ihrer Einzelhandelstätigkeit einen Marktanteil in der Schweiz von 20,6 % im Bereich der Lebensmittel sowie einen Marktanteil von 9,9 % im Bereich Non-Food. Insgesamt beträgt ihr Anteil am gesamten Einzelhandelsumsatz der Schweiz gut 15 %.

II. Die Betriebstypen der Coop: Food-Formate

Die Schweizer Coop stellt ein **Multibetriebstypenunternehmen** dar, d.h., mehrere Betriebstypen unterschiedlicher Art werden nebeneinander geführt. Die Betriebstypen der Coop im Bereich des klassischen lebensmittelorientierten Handels sind die Coop Supermärkte, die Coop Megastores, die Coop Pronto Shops an Tankstellen und Bahnhöfen sowie der Online-Shop Coop@home. Des Weiteren verfügt die Coop über Warenhäuser. Bei der Betriebstypenentwicklung in diesen Bereichen zeigt sich eine Tendenz zu einer Flächenausdehnung und -erweiterung, die von der Coop durchgesetzt wird. Die Multibetriebstypenstrategie liegt in einer optimalen Ausschöpfung des Marktpotenzials begründet, da sowohl verschiedenen Einkaufsmotiven (etwa Wochenendeinkauf oder schneller Impulseinkauf) als auch unterschiedlichen Kundensegmenten gezielt Rechnung getragen werden kann.

Coop Supermärkte

Die Kategorie der Coop Supermärkte beinhaltet Lebensmitteleinzelhandelsgeschäfte mit einer Verkaufsfläche zwischen 250 qm und 3.000 qm, wobei hier nochmals unterschieden werden kann zwischen Supermärkten mit einer Fläche von 250 qm-600 qm, 800 qm-1.400 qm sowie 1.800 qm-3.000 qm, die intern als Typ A, Typ B und Typ C bezeichnet werden. Die Coop Supermärkte stellen das Kerngeschäft der Gruppe dar. Sie erwirtschafteten in 2005 einen Umsatz von über 8,8 Mrd. Franken auf einer gesamten Verkaufsfläche von 771.056 qm.

Das Sortiment dieses Betriebstyps umfasst Nahrungs- und Genussmittel, Frischwaren und Waren des kurzfristigen und täglichen Bedarfs. Mit 10.000 bis 15.000 angebotenen Artikeln werden sämtliche Bedürfnisse des täglichen Einkaufs abgedeckt.

Mit insgesamt 791 Verkaufsstellen in allen Regionen der Schweiz verfügt die Coop über das dichteste Verkaufsstellennetz und erfüllt somit einen wichtigen Versorgungsauftrag. So erreichen 99 % der Schweizer Bevölkerung innerhalb von zehn Minuten die nächste Verkaufsstelle. 2006 wurde die Integration von Tchibo-Shops in allen größeren Supermärkte vollzogen, um das Leistungsangebot im Non-Food-Bereich zu ergänzen.

Coop Megastore

Bei den Coop Megastores handelt es sich um großflächige Betriebe mit einer Verkaufsfläche von über 4.500 qm. Dieser Betriebstyp bietet mit einem kompletten Angebot von Nahrungs- und Genussmitteln sowie Frischwaren und einem tiefen Non-Food-Sortiment ein Einkaufserlebnis, das alle Wünsche erfüllt und Bedürfnisse abdeckt. Durchschnittlich werden in einem

Coop Megastore 40.000 Produkte angeboten. Damit ist dieser Betriebstyp das Flagschiff der Coop.

Im Geschäftsjahr 2006 lag die Gesamtanzahl der Coop Megastores bei 13; für 2007 ist die Eröffnung von mindestens einem weiteren Megastores geplant. Der Umsatz belief sich in 2006 auf 751 Mio. Franken.

Coop Pronto

Coop Pronto ist der Convenience-Betriebstyp der Coop, der schnelle Einkaufsmöglichkeiten rund um die Uhr bietet. Dieser bis zu 300 qm Verkaufsfläche umfassende Betriebstyp ist entweder an Tankstellen oder Bahnhöfen integriert; weiterhin existieren auch einige sog. Stand-Alone-Stores innerhalb der Stadt.

In 2006 konnten die Coop Pronto Shops vom allgemeinen Trend hin zu Convenience-Einkäufen mit langen Öffnungszeiten profitieren und erwirtschafteten mit ihrem Umsatz von 317 Mio. Franken eine Steigerung von 26,8 % im Vergleich zum Vorjahr. Nunmehr verfügt die Gruppe über mehr als 170 Pronto-Shops; für 2007 ist die Eröffnung von 20 weiteren Shops geplant. Neben dem üblichen Convenience-Sortiment wird das Frischesortiment gezielt ausgebaut, das etwa Salate, Früchte oder Antipasti umfasst. Der bisher größte Pronto-Shop bietet auf 340 qm neben Convenience- und Frischeangebot weiterhin ein Touristiksortiment sowie eine Auswahl an regionalen Produkten an.

Geführt werden die Coop Pronto-Shops von der Tochtergesellschaft Coop Mineraloel AG, die auch die Coop Tankstellen sowie den Heizölverkauf betreibt und den Umsatz in 2006 um 14,9 % auf 1,367 Mrd. Franken steigern konnte.

Coop@home

Der Online-Supermarkt mit Lieferdienst konnte in 2005 durch einen konsequent verfolgten Ausbau seinen Umsatz um 57,2 % auf 25 Mio. Franken steigern. Mittlerweile erreicht der Internet-Shop über 60 % aller Schweizer Haushalte und ist in den 40 größten Städten verfügbar. Täglich sind 54 Fahrzeuge zur Auslieferung des Sortiments unterwegs. Im Jahre 2005 betrug der durchschnittliche Einkaufswert der ungefähr 135.000 Lieferungen etwa 190 Franken. Mitte 2006 wurde das Sortiment auf über 10.000 Artikel erweitert und der seit 2000 bestehende Online-Shop bekam mit „Coop@home“ eine eigene Brand.

Coop Restaurants

Dieser Betriebstyp, zu dem neben den Coop Restaurants ebenfalls Bistros und Take-Its gehören, zählt bisher 23 Mio. Gäste. Mit den Restaurants erfolgt eine Profilierung über ein gutes Preis-Leistungs-Verhältnis bei hoher Qualität sowie über das große Angebot an Bio-Produkten, so mit der Eigenmarke Naturaplan, die im Fleischbereich ausschließlich angeboten wird.

Coop City

In 2002 wurde die EPA-Warenhauskette übernommen und im Zuge der Integration in die bestehenden Coop City Warenhäuser wurde eine Reihe von Restrukturierungen, Erweiterungen und Schließungen nötig, um das Stellennetz zu bereinigen. Aktuell besitzt die Coop insgesamt 34 Warenhäuser in der ganzen Schweiz. Nachdem der Gesamtumsatz von Coop City auf Grund notwendiger Schließungen und Umbauten 2005 auf 938 Mio. Franken abgenommen hatte, was einem Rückgang um 13,9 % entsprach, konnte für 2006 wieder eine leichte Umsatzsteigerung um 0,1 % auf 939 Mio. Franken erreicht werden. Neben einer Straffung des Textilsortiments wurde das Angebot in den Bereichen Papeterie, Haushaltswaren sowie Parfümerie erweitert. Zudem wurden in allen Coop City Warenhäuser Coop Naturaline-Shops lanciert.

III. Die Betriebstypen der Coop: Non-Food-Formate

Wie im Food-Bereich verfügt die Coop auch im Non-Food-Bereich über eine Vielzahl parallel existierender Betriebstypen. So können die verschiedenen attraktiven Warenbereiche über ein jeweils spezifisches Format, das über ein spezifisches Branding und Image verfügt und so verschiedene Kundengruppen anspricht, ausgeschöpft werden.

Bau + Hobby

Mit der Baumarktkette Bau + Hobby konnte die Coop im Jahre 2006 ihren Umsatz um 1,2 % auf 642 Mio. Franken steigern und ihre Marktführerschaft in diesem sehr wettbewerbsintensiven Umfeld halten. Dies ist u.a. zurückzuführen auf das Angebot, das sowohl den Preiseinstiegsbereich, günstige Eigenmarken, qualitativ hervorragende Markenartikel sowie ökologisch bzw. sozial profilierte Kompetenzmarken beinhaltet. Das Verkaufsstellennetz, das gegenwärtig bei 67 Baumärkten liegt, soll bis 2008 auf 80 Verkaufsstellen erweitert werden.

Toptip und Luminart

Bei dem Möbel-, Heim- und Wohntextilien-Fachmarkt Toptip steht der Handel mit Polster- und Holzmöbeln und sowie Wohntextilien im Vordergrund. Es handelt sich dabei um einen Mitnahmemarkt mit günstigen Preisen. Als Akquisitionsmittel wird in ausgeprägtem Maß die Katalogwerbung eingesetzt. Der Beleuchtungsspezialist Luminart wurde 2002 in den Fachmarkt Toptip integriert, operiert aber weiterhin unter seinem am Markt etablierten Namen. 2005 verfügte die Coop über insgesamt 58 Toptip- und Luminart-Betriebe, die einen Gesamtumsatz von 245 Mio. Franken erzielten.

Import Parfumerie

In 2004 wurde die Niedrigpreisstrategie der Import Parfumerie AG, einer im Filialbetrieb geführten Kette, bei der der Handel mit Markenparfüms und

Markenkosmetika im Vordergrund steht, nochmals verschärft. Zur Verfolgung dieser Strategie wurde das Sortiment auf die 4.000 beliebtesten Artikel gestrafft und die Preise der 300 wichtigsten Artikel dauerhaft gesenkt. In 2005 konnte der Umsatz leicht auf 142 Mio. Franken gesteigert werden. Nach einer Reihe von Standortbereinigungen und Neueröffnungen verfügte das Unternehmen in 2005 über 86 Verkaufsstellen.

Interdiscount AG

In 2001 erfolgte die Integration von Radio TV Steiner in Interdiscount und die Fusion der SIMECO Management AG, Radio TV Steiner AG, Interdiscount AG und Cinematic AG zur Interdiscount AG, dem Marktführer im Schweizer Unterhaltungselektronikmarkt. Der Marktauftritt wurde in diesem Zuge komplett auf Interdiscount fokussiert. Basis für den Zuwachs an Marktanteilen sind einerseits die Verfolgung der Discountstrategie als auch der neue, modernisierte Verkaufsstellenauftritt. Zudem sorgen auch die großflächigen XXL-Verkaufsstellen mit 1.500-4.000 qm Verkaufsfläche für positive Zuwachsraten. Aktuell besitzt Interdiscount 13 XXL-Shops sowie 161 Interdiscount-Stores, mit denen in 2005 ein Umsatz von 886 Mio. Franken erwirtschaftet wurde, was einem Zuwachs von 6,9 % im Vergleich zum Vorjahr entspricht.

Coop Vitality-Apotheke

Mit aktuell 19 Verkaufsstellen erwirtschafteten die Vitality-Apotheken einen Umsatz von 31 Mio. Franken in 2005, wobei eine Steigerung um 56,1 % erzielt werden konnte. Das Sortiment umfasst rezeptpflichtige und -freie Arzneimittel sowie Naturheilmittel, Sporternährung, Produkte aus der Diätetik sowie der Kinder- und Säuglingspflege. Ergänzt wird das Angebot durch Dienstleistungen, so Cholesterin-, Blutdruck- und Blutzuckermessungen. Das mittelfristige Ziel für die Anzahl der Verkaufsstellen beträgt 50.

Christ

In 2006 wurde die Fachgeschäftkette Christ, der Schweizer Marktführer für Uhren und Schmuck, von der deutschen Douglas Holding übernommen. Seitdem gehören 74 Verkaufsstellen in der Schweiz zur Coop, die als ideale Ergänzung zur Import Parfümerie gesehen wird.

IV. Zusammenfassung

Die einzelnen Betriebstypen tragen in unterschiedlichem Maße zum Gesamtumsatz der Coop bei. Dabei zeigt sich eine überwiegende Bedeutung der Bereiche des Lebensmitteleinzelhandels. Den höchsten Anteil erzielen die Coop Supermärkte und Coop Megastores mit gemeinsam 60,4 % am Gesamteinzelhandelsumsatz der Coop.

In der Struktur der Coop zeigt sich einerseits eine Tendenz zur Betonung größerer bzw. großer Flächen. Hier findet ein Ausbau der größeren Betriebstypen statt. Weiterhin wurde der Betriebstyp Coop Laden, der durch eine

Verkaufsfläche von unter 400 qm gekennzeichnet war, komplett aufgegeben. Zudem erfolgt eine Betonung des Betriebstyps der Fachmärkte. Innerhalb der letzten Jahre wurde der Trend zur Verkaufsstellenbereinigung, d.h. weniger Verkaufsstellen bei annähernd gleich großer Verkaufsfläche, verstärkt.

Viertes Kapitel

Die Optionen des Absatzmarketing

A. Gegenstand

I. Begriffliche Abgrenzungen

Die **Marktorientierung** von Handelsunternehmen umfasst die Ausrichtung des gesamten Unternehmens auf seine Kunden und Mitbewerber. Dabei stehen Austauschvorgänge zwischen zwei oder mehreren Partnern im Mittelpunkt, bei denen erwartete Leistungen und Gegenleistungen eine zentrale Rolle spielen. Die **Leistungen** eines Handelsunternehmens für seine Kunden bestehen nicht nur aus den angebotenen Artikeln, sondern beinhalten auch Dienstleistungen, Erlebnisse, Informationen und Rechte. So offeriert das Einrichtungshaus IKEA bspw. nicht nur die entsprechenden Möbelstücke und Heimtextilien, sondern darüber hinaus einen Möbelmontage- und Nähservice, den Planungsservice „IKEA Homecoach" und damit Informationen über eine optimale Raumgestaltung sowie Umtausch- und Rückgaberechte.[1] Dieses gesamte Leistungsspektrum muss i.S. der Marktorientierung an die Bedürfnisse der Kunden angepasst werden. Die **Gegenleistung** der Kunden besteht in einem entsprechenden Kaufpreis, etwaigen Informationen (z.B. Kundendaten), Ressourcen zur Erbringung bestimmter Beschaffungsleistungen (z.B. Selbstmontage von Möbelstücken) oder Rechten, die dem Handelsunternehmen bspw. im Rahmen des sog. **Permission-Marketing** eingeräumt werden. Denn Kommunikationsmaßnahmen, die ein Handelsunternehmen über Internet-Verbindungen (Online-Marketing) oder mobile Endgeräte (Mobile Marketing) durchführt, setzen die vorherige Einwilligung der Rezipienten voraus (Kracklauer u.a. 2001, S. 153; Bauer/Reichardt/Neumann 2005, S. 59f.). Ob es letztlich zu einem Kauf bzw. Verkauf kommt, hängt zum einen von der Nutzenstiftung ab, die das Leistungsbündel für den Kunden erzeugt, und zum anderen vom Nutzen, den die Transaktion für den Händler mit sich bringt (Diller 2007, S. 17).

Bei den Austauschprozessen zwischen dem Händler und seinen Kunden treten eine Reihe von Absatzproblemen auf. So können sich Händler und Käufer auf Grund der teils nicht unmittelbaren Einsichtigkeit (Intangibilität) der Leistung nicht sicher sein, ob und inwieweit bestimmte (Teil-)Leistungen und Gegenleistungen tatsächlich erbracht werden. Zudem ist ein Handelsunternehmen mit Problemen konfrontiert, die zu weiteren Marktunsicherheiten führen können. Der horizontale und vertikale Wettbewerb sowie die wachsende Komplexität und Dynamik von Märkten bergen hohe Risi-

---

[1] www.ikea.com.

kopotenziale in sich. Die Dynamik der Märkte verweist darauf, dass sich die Marktbedingungen im Zeitablauf schnell verändern können.[1] Die Komplexität der Marktbedingungen deutet darauf hin, dass die Anzahl der zu berücksichtigenden Einflussgrößen und die damit verbundenen Wirkungsmuster zugenommen haben und einer starken Veränderung unterliegen. Auch die falsche Bestimmung von Zielgruppen und Marktsegmenten kann den Absatzerfolg in Frage stellen (**Marktselektionsproblem**). Diese Faktoren, die bei der Gestaltung des Absatzgeschehens eine zentrale Rolle spielen, führen zu höheren Marktrisiken. Ein erfolgreicher Umgang mit den Absatzproblemen erfordert folglich eine rasche Anpassungsfähigkeit und Flexibilität des Handelsmanagements. Zur Lösung der Absatzproblematik wird in der vorherrschenden Literatur auf verschiedene Konzepte verwiesen (vgl. hierzu Diller 2007, S. 21ff.).

In einem umfassenden Konzept des **Handelsmarketing** werden alle Aktivitäten eines Unternehmens unter dem Primat der Marktorientierung ausgerichtet. Das Handelsmarketing schließt dann – neben den Absatz- und Beschaffungsmärkten – u.a. auch die betriebliche Faktorkombinationspolitik, wie z.B. die Personalpolitik und Logistik, aber auch die Unternehmenskultur und Führungssysteme, mit ein. Dagegen fokussiert das **Handelsmarketing i.e.S.** auf die absatzpolitischen Aktivitäten des Unternehmens und rückt die Absatzinstrumente in den Vordergrund.

In diesem Abschnitt stehen die marktpolitischen Aktivitäten von Handelsunternehmen zur aktiven Gestaltung der Absatzmärkte im Mittelpunkt, wobei das System der Instrumente des Handelsmarketing im Rahmen des strategischen Dreiecks betrachtet wird.

Absatzmarketing beinhaltet die aktive und systematische Planung, Koordination und Kontrolle aller auf die aktuellen und potenziellen Märkte ausgerichteten Unternehmensaktivitäten mit dem Ziel der Verwirklichung der Unternehmensziele durch eine dauerhafte Befriedigung der Kundenbedürfnisse (Meffert 2001, S. 957).

In diesem Kapitel wird zunächst die eher klassische und derzeit dominierende instrumentelle Perspektive diskutiert, da sie im Zentrum des Handelsmarketing steht. Im Rahmen der Ganzheitlichkeit als Leitidee spielt anschließend die Prozessbetrachtung im Absatzmarketing eine zentrale Rolle. Die Prozessorientierung geht davon aus, alle zusammenhängenden Aktivitäten, die bspw. zur Schaffung von Kundennutzen wichtig sind, in durchgängige und funktionsübergreifende Abläufe zu bündeln und zu einem Ganzen zu verknüpfen.

[1] Vgl. hierzu die Ausführungen in Abschnitt E.III. des Ersten Kapitels.

II. Die absatzpolitischen Instrumente im Überblick

Die absatzpolitischen Instrumente eines Handelsbetriebs umfassen sämtliche Aktionsparameter, mit denen ein Handelsbetrieb das Verhalten der Nachfrager beeinflussen kann (Müller-Hagedorn 2005a, S. 8). In der Handelsliteratur werden die absatzpolitischen Instrumente unterschiedlich strukturiert. Je nach Perspektive und Schwerpunktsetzung des jeweiligen Autors werden zwischen drei und zehn Instrumentalbereiche unterschieden.[1] Müller-Hagedorn (2005, S. 11ff.) systematisiert die marketingpolitischen Instrumente in Sortiment, Personal, Standort, Werbung, Preise und Konditionen und Verkaufsraum, wohingegen die Instrumente der Kundenpolitik nicht erwähnt werden. Der Grund hierfür kann im spezifischen Grundverständnis über die Ausrichtung und Wirkung der marketingpolitischen Instrumente zur Beeinflussung des Kundenverhaltens gesehen werden. In der Literatur wird diese Problematik unter den Stichwörtern **„Inside-Out-Perspektive"** und **„Outside-In-Perspektive"** diskutiert.[2] In den vorherrschenden Systematiken, wie sie auch dem genannten Katalog der absatzpolitischen Instrumente zu Grunde liegen, dominiert die Inside-Out-Perspektive, wonach die Instrumente gewissermaßen von innen (von der Organisation) nach außen (auf die Kunden) gerichtet werden, um am Markt erfolgreich zu sein. Dagegen setzt die Outside-In-Perspektive, die das Handelsmarketing von außen nach innen betrachtet, am Markt, an den Problemen und Bedürfnissen der Kunden, an und bringt diese sozusagen nach innen (in das Unternehmen), um die Leistungsprozesse kundenorientiert auszurichten.

Im Folgenden werden die klassischen Instrumente des Handelsmarketing durch Instrumente ergänzt, in denen die Outside-In-Perspektive besonders zum Ausdruck kommt. Im Sinne der Marktorientierung liegt dabei ein Fokus auf der **Kundenpolitik**, die stellvertretend für eine Erweiterung der Perspektive stehen soll. Es wird ein Katalog von absatzpolitischen Instrumenten zu Grunde gelegt, hinter dem sich, wie Abbildung 4.1 zeigt, die vielfältigsten Entscheidungsparameter verbergen.

Die Vielzahl der Aktionsparameter muss im Rahmen des Marketing-Mix aufeinander abgestimmt werden und ergibt das Spektrum der absatzpolitischen Optionen eines Handelsunternehmens. Um die jeweils spezifischen Grundprobleme der einzelnen Instrumente darzustellen, werden die Sortimentspolitik, die Standortpolitik, die Markenpolitik, die Servicepolitik, die Preispolitik, die Verkaufsraumgestaltung, die Kommunikationspolitik sowie die Kundenpolitik im Folgenden getrennt betrachtet. Weitere absatzpolitische Instrumente, die u.a. von Müller-Hagedorn (2005a, S. 8) aufgegriffen werden, so die Betriebstypenwahl und die Personalpolitik, werden auf Grund ihrer hohen Bedeutung separat im Dritten bzw. Sechsten Kapitel behandelt.

---

[1] Eine Übersicht zur Systematisierung der absatzpolitischen Instrumente verschiedener Autoren findet sich bei Müller-Hagedorn 2005, S. 9ff., der neben dem Instrumentencharakter weitere Sichtweisen zur Behandlung absatzpolitischer Instrumente anführt.

[2] Vgl. hierzu die Ausführungen in Abschnitt E.I. des Ersten Kapitels.

Abbildung 4.1: Absatzpolitische Instrumente des Handelsbetriebes

Instrumente	Ausgewählte Entscheidungsparameter
Sortimentspolitik	♦ Sortimentsbreite und -tiefe ♦ Sortimentsentscheidungen
Standortpolitik	♦ Abgrenzung des Einzugsgebietes ♦ Standortwahl
Markenpolitik	♦ Handelsmarken ♦ Einsatz von Markenartikeln
Servicepolitik	♦ Art der Serviceleistung ♦ Umfang der Serviceleistung
Preispolitik	♦ Höhe des Preises ♦ Zeitlicher Verlauf ♦ Konditionen
Verkaufsraumgestaltung (In-Store-Management)	♦ Ladenlayout ♦ Quantitative und qualitative Raumzuteilung
Kommunikationspolitik	♦ Kommunikationsinstrumente ♦ Verteilung der Budgets
Kundenpolitik	♦ Individuelle Ansprache von Kunden ♦ Kundenbindungsprogramme

III. Marktsegmente und Auswahl von Zielmärkten

Ein zentrales Entscheidungsfeld im Handelsmarketing liegt darin, an welche Kunden das Handelsunternehmen mit seinen Sach- und Dienstleistungen herantreten will. Die Frage „Wer sind unsere Zielgruppen?" ist für die Ausgestaltung der Marketinginstrumente von zentraler Bedeutung. Handelsunternehmen können sich dafür entscheiden, möglichst viele Käuferschichten anzusprechen oder ihre Leistungen auf ausgewählte Segmente auszurichten. Dabei müssen sie eine Vorstellung darüber haben, ob ihre Sortimente für alle oder nur für bestimmte Kundengruppen attraktiv erscheinen sollen. Unabhängig davon, ob sich ein Handelsunternehmen an viele Käufer oder wenige Gruppen des Gesamtmarktes richtet, ist die **Zielgruppenbestimmung** für den Erfolg des Handelsunternehmens bedeutend. Sprechen Handelsunternehmen Massenmärkte an, geht es um Sortimente, die sich alle leisten können und über die wenig soziale oder andere Unterschiede zum Ausdruck gebracht werden können (Karmasin 2004, S. 97).

Beim zielgruppenspezifischen Marketing steht die Bestimmung entsprechender Marktsegmente (**Marktsegmentierung**), die Auswahl der Zielsegmente und die standortspezifische Positionierung des Betriebstyps im Vordergrund (Kotler/Bliemel 2005, S. 416ff.; Kotler/Keller 2006, S. 240ff.). Ein differenziertes Marketing erfordert eine Zerlegung des relevanten Marktes in Teilmärkte mit dem Ziel, die spätere Marktbearbeitung zu optimieren. Der Entscheidungsbereich der Segmentierung des zu bearbeitenden Marktes hat durch die zunehmende Individualisierung der Nachfragebedürfnisse an Bedeutung gewonnen. Die Käufer in einem Absatzgebiet unterscheiden sich durch eine Reihe von Merkmalen: in ihren Bedürfnissen und Wünschen, in ihren Einstellungen zum Kauf, in ihren Kaufgewohnheiten, in ihren Wohnorten usw. Diese Kriterien dienen dazu, innerhalb eines Marktes verschiedene Käufergruppen zu beschreiben und zu charakterisieren. Es lassen sich eine Vielzahl von Kriterien für eine sinnvolle Marktsegmentierung unterscheiden, die üblicherweise in demografische, geografische, psychografische und verhaltensbezogene Kriterien eingeteilt werden (Bruhn 2007, S. 60). Eine Übersicht über die Segmentierungskriterien gibt Abbildung 4.2.

Abbildung 4.2: Segmentierungskriterien

Demografische Kriterien	Alter, Geschlecht, Familiengröße, Familienzyklus usw.
Geografische Kriterien	Region/Gebiet, Ortsgröße, Bevölkerungsdichte usw.
Psychografische Kriterien	Persönlichkeit, soziale Schicht usw.
Verhaltensbezogene Kriterien	Verwenderstatus, Kaufhäufigkeit, Geschäftsstättentreue usw.

Eine wichtige Hilfe bei der Abgrenzung von Zielgruppen liefern folgende Ansätze, die – abgesehen von den angeführten Basisvariablen – weitere Merkmale berücksichtigen:

- Lebensstilkonzepte/Lebenswelten
- Typologiebildung über Werthaltungen
- Einbeziehung von Persönlichkeitsmerkmalen.

Der **Lebensstil**, der auch für den Handel ein wichtiges Konzept darstellt, ist Ausdruck für ein Grundmuster einer Person im Hinblick darauf, wie sie ihr Leben sieht und führt, sowie welche Werte und Lebensziele dabei wichtig sind. Die Lebensstilforschung versucht über die soziale Schicht, der ein Konsument angehört, und seine Persönlichkeit hinaus, Lebensstil und Werthaltungen einer Zielgruppe zu erfassen. Als Ergebnis entstehen abgegrenzte Lebensstilgruppen.[1] Das Konzept der **Lebenswelten** geht einen Schritt weiter und bezieht konkrete Alltagskulturen mit ein. Es wird z.B. erforscht, wie sich Menschen kleiden, ihre Wohnung einrichten, die Freizeit verbringen und welche Ernährungsvorlieben sie haben. Im Handel haben auch **Typologien über Werthaltungen** einen hohen Stellenwert, wenn sie warengruppenspezifisch ausgerichtet sind. Als Ergebnis entstehen Käufer- und Verwendungstypologien, die sich für die Betriebs- und Sortimentsprofilierung nutzen lassen.

---

[1] Vgl. hierzu die Ausführungen zu den Euro-Socio-Styles in Abschnitt D.III. des Ersten Kapitels.

Die Segmentierung des Marktes in relevante Kundengruppen ist im Handel wesentlich komplexer als bei Herstellern. Grundsätzlich lassen sich zwei Vorgehensweisen unterscheiden:

- die strategische Segmentierung auf der Geschäftsfeldebene
- die Segmentierung an einem Standort bzw. im Zuge der Marktbearbeitung.

Strategische Segmentierung auf der Geschäftsfeldebene

Die strategische Segmentierung auf der Geschäftsfeldebene muss im Handel branchenspezifisch betrachtet werden (**Branchenspezifität** der Marktsegmentierung). Im Food- und Near-Food-Handel – und hier insbesondere bei Großbetriebsformen – wird häufig ein Betriebstyp als Kernkompetenz geführt und mit diesem eine möglichst hohe Gesamtmarktpenetration durch Filialisierung angestrebt. Die Kundensegmentierung erfolgt hier standortspezifisch. Demgegenüber wird die strategische Segmentierung im Fashion-Handel auf der Basis des modischen Charakters der Sortimente vorgenommen.

Outfit 5 Typologie: Segmentierung des deutschen Bekleidungsmarktes

Der Spiegel-Verlag veröffentlicht ca. alle fünf Jahre die sog. Outfit-Studie. Diese nimmt – auf der Basis einer repräsentativen Befragung von 10.000 Personen – eine psychografische Segmentierung vor, die u.a. auf den Sinus-Milieus von Sinus Sociovision aufbaut. Neben beschreibenden Merkmalen bzw. markenbezogenen Daten werden die Einstellungen der Probanden zu Kleidung, Mode und Marken erhoben. Das Ergebnis bilden jeweils sieben in sich homogene Kleidungstypen für Frauen und Männer.

Abbildung 4.3: Kleidungstypen bei Damenmode

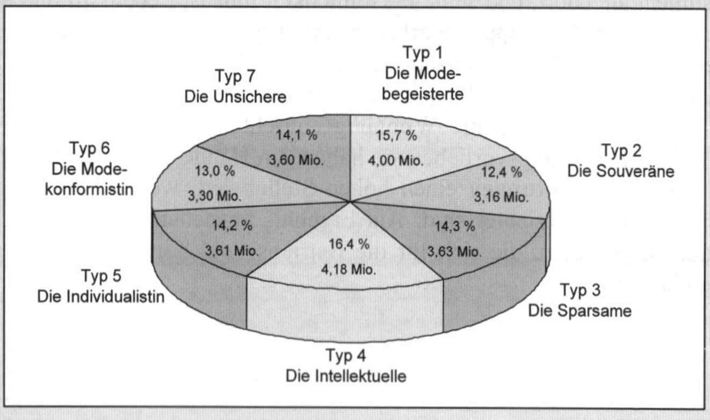

Quelle: in Anlehnung an Spiegel-Verlag 2002.

„Die Intellektuelle", die überwiegend der Altersgruppe der über 40-Jährigen angehört, stellt hohe Ansprüche. Sie bevorzugt natürliche und hautverträgliche Materialien, hat ein starkes Bedürfnis nach Individualität und ist auf der Suche nach etwas Besonderem, mit dem sie sich vom Mainstream abheben kann.

„Die Modebegeisterte“ liebt es, sich mit topmodischer und körperbetonter Kleidung effektvoll in Szene zu setzen. Sie ist eher jung, identifiziert sich mit der jeweils aktuellen Mode und bevorzugt exklusive, innovative Marken.

„Die Sparsame“, die v.a. auf Sonderangebote achtet und meist über 40 Jahre alt ist, kleidet sich – getreu dem Motto „Hauptsache praktisch und bequem“ – meist einfach und unauffällig. Aktuelle Modetrends haben für sie keine Bedeutung.

„Die Individualistin“ ist jünger als 30 Jahre und experimentiert mit unterschiedlichen Modestilen. Mode wenig bekannter Designer findet sie spannend und sie stöbert gerne in Secondhand-Läden oder auf Flohmärkten.

„Die Unsichere“ ist meist über 50 Jahre alt, kennt sich bei Mode wenig aus und fühlt sich der Jugendkultur der Modebranche ausgegrenzt. Sie bestellt ihre Kleidung überwiegend bei Versandhäusern oder kauft sie in großen Geschäften ein, wobei sie v.a. auf günstige Angebote achtet.

„Die Modekonformistin“ ist statusorientiert, meist über 40 Jahre alt und misst Mode und Kleidung einen hohen Stellenwert bei. Ihr Outfit muss gepflegt, vorzeigbar sein und soll sozialen oder beruflichen Erfolg demonstrieren. Sie kauft gerne Kleidung ein, geht dabei aber stets auf Nummer sicher und orientiert sich deshalb an Bewährtem.

„Die Souveräne“ trägt vorzugsweise feminine Kleidung mit lässigem Touch. Sie gehört überwiegend der Altersgruppe der 30- bis 50-Jährigen an, ist selbstsicher und stellt hohe Anforderungen an Material und Tragekomfort. Beim Kauf geht sie keine Kompromisse ein und investiert viel Zeit in die Auswahl.

Quelle: Spiegel-Verlag 2002.

Ähnlich wie in anderen Branchen besteht auch in der Unternehmenspraxis des Fashion-Handels häufig ein Gap zwischen den Modellen der Marktsegmentierung und dem tatsächlichen Vorgehen bei der Segmentierung. Deshalb wird der Ansatz von Kotler/Keller (2005, S. 238ff.), in dem die Segmentierung als Phasenabfolge von Segmentierung, Zielformulierung und Positionierung angesehen wird, nicht strikt eingehalten. Vielmehr wird ein iterativer Feedbackprozess unterstellt, bei dem eine eingehende Segmentierung nicht a priori, sondern erst im Zuge der Marktbearbeitung vorgenommen werden soll (vgl. hierzu Danneels 1996, S. 36ff.). Anders gehen Großunternehmen des Fashion-Handels vor. So wird bspw. bei The Gap für die Betriebstypenbildung eine Segmentierung auf der Basis von Lebensstilen vorgenommen, um verschiedene Zielgruppen gezielt anzusprechen.

Im Food- und Near-Food-Handel ist die strategische Segmentierung eng mit den standortpolitischen Entscheidungen des Unternehmens und damit mit den Entscheidungen über den Einzugsbereich bzw. über das Ausmaß der Marktbearbeitung verknüpft.[1] Sie basiert in diesen Branchen in der Regel auf einer Ex-post-Analyse der Kundengruppen.

[1] Vgl. hierzu die Ausführungen zur Standortpolitik in Abschnitt C. dieses Kapitels.

Kundensegmentierung an einem Standort bzw. im Zuge der Marktbearbeitung

Wie angedeutet, umfasst das Geschäftsmodell eines Handelsunternehmens oft nur einen oder einige wenige Betriebstypen, welche die Kernkompetenz bilden und den Ausgangspunkt für Segmentierungsüberlegungen darstellen (**Betriebstypenabhängigkeit** der Marktsegmentierung). Eine Segmentierung wird ex post erst dann vorgenommen, wenn bestehende Geschäftsmodelle hinter den Erwartungen zurückbleiben, eine stärkere Marktdurchdringung an einem Standort angestrebt wird (Danneels 1996, S. 49) oder alternative Vertriebskanäle in Betracht gezogen werden (Davies 1995, S. 23), da diese Vorhaben eine detaillierte Kenntnis der Kunden bedingen.

Nachdem untersucht wurde, nach welchen Merkmalen die Zielgruppen beschrieben und segmentiert werden können, steht die Entscheidung an, welche Segmente das Handelsunternehmen tatsächlich als Zielgruppe ansprechen will. Dabei kommen im Handel auch den grundsätzlichen Strategien, die auf der Basis der Produkt- bzw. Leistungs-/Marktmatrix gebildet werden können, große Bedeutung zu. Die Ansprache möglichst vieler Zielgruppen läuft auf eine **Marktabdeckung** hinaus, die Spezialisierung wäre hingegen die **Konzentration** auf nur ein Nachfragesegment mit einem Leistungsangebot.

Problembereiche der Marktsegmentierung im Handel

Zwischen den wissenschaftlichen Segmentierungsansätzen, die stark auf normative Aspekte fokussieren, und den Herausforderungen, denen sich Handelsunternehmen im Rahmen der Segmentierung in der Praxis gegenüber sehen, klafft eine beachtliche Lücke (Cross/Belich/Rudelius 1990, S. 532). Aber auch die Nichtbeachtung normativer Kriterien, so Identifizierbarkeit, Wirtschaftlichkeit, Erreichbarkeit, Stabilität, Reaktionshomogenität und Ansprechbarkeit der Segmente (vgl. hierzu Smith 1956; Wedel/Kamakura 2000, S. 4f.), stellt ein Problem dar und kann die Planung und Umsetzung segmentspezifischer Maßnahmen einschränken.

Darüber hinaus ist bei der Anwendung von Segmentierungskonzepten zu berücksichtigen, dass das Konsumentenverhalten einer Dynamik unterliegt[1], wobei die Segmentierung i.S. einer detaillierten Kenntnis aktueller und potenzieller Kunden sowie der Ausrichtung der Handelsleistungen an deren Bedürfnissen dann einen Wettbewerbsvorteil begründet, wenn Änderungen der Konsumgewohnheiten bei den strategischen Entscheidungen antizipiert werden können (Weinstein 1987, S. 15). Die Dynamik des Konsumentenverhaltens hat zur Folge, dass die Ergebnisse von Segmentierungsüberlegungen auf der Basis von Lebensstilen und die darauf aufbauenden Konzepte periodisch auf ihre Gültigkeit hin überprüft werden müssen. Hinzu kommt, dass im Zeitablauf attraktive Segmente in den Mittelpunkt rücken können, die bisher weniger Beachtung gefunden haben. So ist das Zielgrup-

[1] Vgl. zur Dynamik des Konsumentenverhaltens die Ausführungen in Abschnitt D.III. des Ersten Kapitels.

pensegment der Senioren und der Jugendlichen in letzter Zeit für viele Branchen des Handels besonders attraktiv geworden und verspricht Wachstumschancen.

Marketing für die Zielgruppe 50plus

Auf Grund des demografischen Wandels und der Überalterung der Gesellschaft stellt die Generation 50plus für die Zukunft ein attraktives Zielgruppensegment mit hohem Marktpotenzial dar. Ein intergenerativer Ansatz im Marketing, der die Gruppe der Senioren explizit mit einbezieht, wird jedoch nur selten betrieben. Ein Grund hierfür sind möglicherweise Missverständnisse und Irrtümer, die im Umgang mit der Zielgruppe 50plus noch immer vorherrschen.

So brachte eine Studie, an der 700 Probanden teilnahmen, hervor, dass die Einstellung der Generation 50plus gegenüber der Bezeichnung von Produkten als „Senioren-Produkte" durchwegs positiv ist und diesbezüglich keine signifikannten altersspezifischen Unterschiede existieren. Ebenso hatten derartige Produktbezeichnungen keine negativen Auswirkungen auf die Kaufabsicht der Probanden. Weiterhin zeigte eine empirische Untersuchung, in der 400 Personen befragt wurden, dass sich ältere Konsumenten vorrangig eine Vereinfachung von Produkten und Prozessen, eine Vergrößerung von Produkten und Produktteilen (z.B. größere Schriften), eine übersichtliche Vermittlung von Informationen (bspw. über Bilder), andere Verschlüsse an Produkten und seniorengerecht gestaltete Geschäfte wünschten. Schließlich ging aus einer weiteren Studie, an der ebenfalls 400 Probanden teilnahmen, hervor, dass den Mitarbeitern in der Kundenbeziehung mit älteren Konsumenten eine herausragende Bedeutung zukommt.

Quelle: Foscht/Angerer/Swoboda 2005, S. 2ff.

Die Ausrichtung des Leistungsangebots auf spezielle Zielgruppen bedeutet einerseits eine Beschränkung des Kundenpotenzials. Hinzu kommt, dass an einem bestimmten Filialstandort in einem Einzugsgebiet das Kundenpotenzial häufig gegeben und nicht beliebig vermehrbar ist. Andererseits eröffnet die gezielte Ansprache von Zielgruppen die Chance, bei den Nachfragern aus dem jeweiligen Segment Präferenzen zu schaffen, indem Angebote offeriert werden, die im Vergleich zu den Sortimenten der anderen Anbieter als bedürfnisgerechter wahrgenommen werden (Müller-Hagedorn 2005a, S. 37). Diese Faktoren sind in ihrer Erfolgswirkung gegeneinander abzuwägen.

Abschließend sei angemerkt, dass die Sinnhaftigkeit der Bildung von Zielgruppen gelegentlich in Frage gestellt wird. So wird das Argument vorgebracht, dass Konsumenten nebeneinander verschiedene Lebensstile, z.B. gleichzeitig einen preisbewussten und einen verschwenderischen Lebensstil, pflegen können. Das zunehmende Streben nach Individualität erschwert es Handelsunternehmen, Konsumenten in Zielgruppen einzuteilen. Dies bedeutet allerdings nicht, dass Einzelpersonen nicht das Bedürfnis haben, einer Lebenswelt oder Stilgruppe anzugehören. Gerade in der Jugendkultur zeigt sich der Wunsch nach Gruppenzugehörigkeit, aber auch ein starkes Bestreben, sich als Gruppe von anderen abzugrenzen. Hinzu kommt, dass sich Sortimente im Handel an soziodemografischen Kriterien ausrichten können, so bspw. an Frauen oder Männern, Jugendlichen oder Senioren oder an Personen mit unterschiedlichem Einkommen (Karmasin 2004, S. 97f.).

Galeries Lafayette: „In unserem Haus müssen sich die Marken anpassen"

Die Ladengeschäfte der 1983 gegründeten französischen Kaufhauskette Galeries Lafayette entwickeln sich immer mehr von Warenhäusern zu Multi-Konzept-Geschäften: Unter dem Dach der Galeries Lafayettes finden sich nicht mehr nur Produkte und Marken, sondern spezielle Konzepte für Kinder, Jugendliche, Damen und Herren. Zentral ist dabei die sorgfältig gestaltete Ladenatmosphäre.

Die Segmentierung des Marktes und der Kunden spielt in diesem Rahmen eine bedeutende Rolle. Dabei wird das „gefühlte Alter" mit einbezogen, das laut Michael Roulleau, Vice CEO der Galeries Lafayette, von besonderer Bedeutung ist, denn Menschen fühlen sich meist zehn oder 15 Jahre jünger als sie tatsächlich sind. Darüber hinaus wird eine Segmentierung nach Lebensstilen, wie sportlich, Couture oder Designer-Produkte, vorgenommen. Auch wenn 17- und 70-Jährige die gleiche Sportkleidung tragen, die Atmosphäre und die Ansprache müssen segmentspezifisch sein.

Quelle: Schrader 2006, S. 8f.

Bedeutung der Marktsegmentierung im Handel

Die Relevanz der Kundensegmentierung ist im Handel geringer als bei Dienstleistungsunternehmen oder Herstellern. Wie Sausen/Tomczak (2003, S. 3ff.; vgl. auch Sausen/Tomczak/Herrmann 2005, S. 170) am Beispiel von 62 Schweizer Unternehmen zeigen, ist die Marktsegmentierung in weniger als der Hälfte der Handelsunternehmen strategisch auf der Ebene der Geschäftsleitung angesiedelt und es werden im Vergleich zu Dienstleistungsunternehmen und Konsumgüterherstellern wesentlich weniger Segmentierungskriterien (meist nur zwei bis vier Variablen) herangezogen. Ein Viertel der Handelsunternehmen nahm keine Marktsegmentierung i.e.S. vor, sondern nutzte ABC-Analysen des Kundenstamms. In Zukunft dürfte der Stellenwert der Marktsegmentierung – auch im kompetitiven Lebensmitteleinzelhandel – auf Grund der zunehmenden Fragmentierung der Märkte steigen (Segal/Giacobbe 1994, S. 38ff.). Dies auch vor dem Hintergrund, dass Fragen der Zielgruppenbildung für die Profilierung von Betriebstypen und für ein erfolgreiches Handelsmarketing eine hohe Bedeutung besitzen.

B. Sortimentspolitik

I. Bedeutung der Sortimentspolitik

Bei einem Sortiment handelt es sich um die Summe aller Absatzobjekte (Sachleistungen bzw. Sachgüter, Dienstleistungen, Rechte), die ein Handelsunternehmen in einer bestimmten Zeitspanne (z.B. Tag, Woche, Saison) physisch oder auf andere Weise anbietet, wobei es idealtypisch beschaffte Güter sind.

Die Sortimentspolitik umfasst die Summe aller Maßnahmen, die auf die Gestaltung und Beeinflussung des Waren- und Dienstleistungsangebots eines Handelsunternehmens gerichtet sind (Theis 2007, S. 291).

Demnach bezieht sich die Sortimentspolitik nicht nur auf einzelne Artikel bzw. Marken, sondern auf die Zusammenstellung verschiedener Artikel oder Warengruppen zu einer Gesamtheit (Diller 2007, S. 102). Sie stellt den zentralen Leistungsbereich eines Handelsunternehmens dar, da sich weitere Marketinginstrumente, wie etwa die Preispolitik, die Ladengestaltung oder der Service am Sortiment orientieren.

Tabelle 4.1: Die Bedeutung von Instrumenten des Handelsmarketing aus Sicht der Handelsmanager

Instrumente des Handelsmarketing	sehr hohe/hohe Bedeutung	neutral	niedrige/gar keine Bedeutung
Sortimentspolitik	79,4	19,6	1,0
Ladengestaltung	75,5	21,4	3,1
Kommunikationspolitik	73,1	21,5	5,4
Preispolitik	71,4	24,5	4,1
Kundenpolitik/Kundenbindung	65,7	29,3	5,0
Servicepolitik	64,3	32,7	3,0

Quelle: Liebmann/Jungwirth/Klug 1999, S. 124.

Diese dominierende Stellung der Sortimentspolitik innerhalb des Handelsmarketing wird durch Befragungen untermauert: Rund 80 % der im Rahmen des HandelsMonitor 2000 befragten Führungskräfte schätzten die Bedeutung der Produkt- und Sortimentspolitik als sehr hoch bzw. hoch ein (siehe Tabelle 4.1).

Durch die Sortimentsgestaltung wird nicht nur die **Profitabilität** (so der Umsatz und Ertrag) eines Handelsunternehmens bestimmt, sondern sie trägt auch entscheidend zur **Profilierung**, zum Aufbau eines Images bzw. einer Retail-Brand bei.[1] Insofern sind im Rahmen der Sortimentsgestaltung strategische und operative Ziele sowie Instrumente zu differenzieren. Diese beziehen sich auf das gesamte Sortiment (**Sortimentsstruktur**), auf einzelne Warengruppen (**Categories**) und letztlich auf einzelne **Artikel** (bspw. die Listung oder Auslistung von Artikeln). Obwohl im Handel in letzter Zeit eine Hinwendung zur kundenorientierten Sortimentsgestaltung erfolgt, liegen relativ wenige Forschungsergebnisse zur strategischen oder operativen Sortimentsplanung vor. Diesen Umstand verdeutlicht Abbildung 4.4 am Beispiel der Imageforschung.

[1] Vgl. hierzu die Ausführungen in Abschnitt B.IV. des Zweiten Kapitels.

Abbildung 4.4: Betrachtung und Bedeutung von Sortimentsanalysen im Einzelhandel am Beispiel der Imageforschung

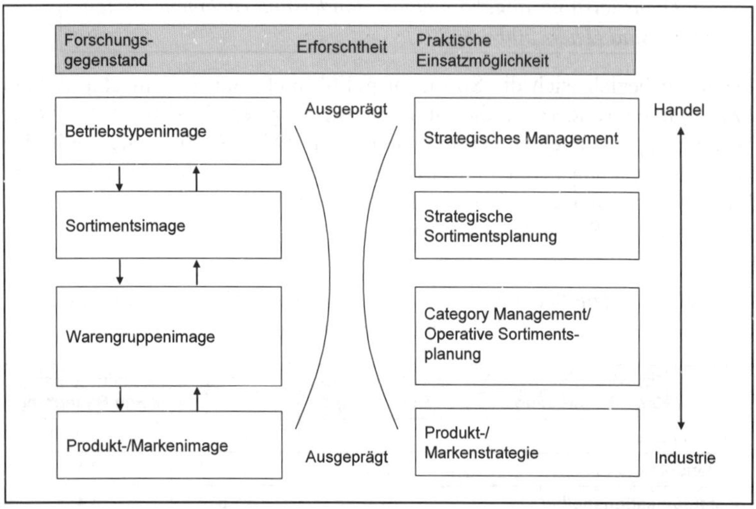

Quelle: in Anlehnung an Kotouc 2006, S. 53.

Darüber hinaus wird die Sortimentspolitik durch vielfältige Determinanten bestimmt. So beeinflussen die unternehmerischen Kompetenzen bezüglich der objektiven Sortimentsstruktur die Branchenzugehörigkeit oder den Betriebstyp. Die Kompetenzen des Handelsunternehmens hinsichtlich der (Kern-)Warengruppen wirken sich auf das Image und die Profitabiliät der Categories aus. Schließlich bestimmt die subjektive Wahrnehmung des Sortiments und der Categories durch die Konsumenten die Bewertung der Breite, Struktur, Vielfalt bzw. Zusammensetzung des Sortiments und damit letztlich die Sortiments- und Einkaufsstättenwahl (Kahn/Wansink 2004, S. 519ff.; Oppewal/Koelemeijer 2005, S. 45ff.). Entsprechend komplex sind die Entscheidungsoptionen und Perspektiven im Rahmen der Analyse der Sortimentspolitik (vgl. hierzu Kahn 1999, S. 289ff.). Im Folgenden wird auf ausgewählte Entscheidungsfelder der Sortimentspolitik – differenziert nach Strukturentscheidungen, Ablaufentscheidungen und dem idealtypischen Category-Management – eingegangen.

II. Grundlagen und Strukturentscheidungen der Sortimentspolitik

1. Ziele der Sortimentspolitik

Die Ziele der Sortimentspolitik können aus unterschiedlichen Perspektiven betrachtet werden. Dabei sehen Rudolph/Kotouc (2005, S. 64ff.) kundenorientierte Ziele bzw. Perspektiven als Steuergrößen für ökonomische Ziele bzw. Perspektiven der Sortimentspolitik (siehe Abbildung 4.5).

Abbildung 4.5: Zwei Betrachtungsweisen der Sortimentspolitik

Perspektive	Kundenperspektive	Handelsperspektive
Ziele	Profilierung/Nutzen	Profitabilität/Wirtschaftlichkeit
Definition Sortiment	Leistungsbündel zur gleichzeitigen Erfüllung verschiedener Kundenbedürfnisse	Zusammenfassung der zu einem Zeitpunkt getroffenen Auswahl verschiedener Sachleistungen
Bewertung der Leistungsfähigkeit	Vielfalt, Qualität, Präsentation und Preis-Leistungs-Verhältnis des Sortiments	Ökonomische Performance eines Sortiments
Datenquellen	Kundenbeobachtung und -befragung, Fokusgruppen	Scannerkasse, Kundenkarte, RFID

Quelle: in Anlehnung an Rudolph/Kotouc 2005, S. 67.

Auch wenn beide Sichtweisen – v.a. bezüglich der Datenquellen – in der Unternehmenspraxis oft nicht eindeutig trennbar und branchenspezifisch unterschiedlich ausgeprägt sind, ist eine kundenorientierte Sortimentsgestaltung für den Erfolg eines Handelsunternehmens unabdingbar.[1] Dabei gilt es, die Konsumentenperspektive, die auch in neueren Studien zur Optimierung der Sortimente im Vordergrund steht, von der Sortimentsstrukturierung und -entwicklung bis hin zu den aus der Sortimentspolitik abgeleiteten Prozessen des Supply-Chain-Managements zu berücksichtigen.[2]

Strategische und operative Sortimentsziele

Marktorientierte Zielsetzungen der Sortimentspolitik zielen zunächst auf die langfristigen Sortimentstrukturentscheidungen sowie auf Entscheidungen bezüglich der Bündelung des Artikelprogramms in Categories (Warengruppen) ab, um eine größtmögliche **Anziehungskraft** auf die Käufer auszuüben. Damit ist die Erhöhung des akquisitorischen Potenzials eines Handelsunternehmens als Primärziel der Sortimentspolitik angesprochen (Theis 2007, S. 315). Grundlage hierfür bildet die Identifizierung der für die Kunden subjektiv relevanten Bewertungsattribute, anhand derer sie die Leistungsfähigkeit eines Sortiments beurteilen (Außensicht). Dieser **subjektiven Sichtweise** steht die **objektive Sortimentsplanung** des Handelsunternehmens (Innensicht) gegenüber, in deren Rahmen die Sortimentsbreite und -tiefe festgelegt werden sowie die Rollen einzelner Categories definiert werden. Dabei bildet eine Category, wie in Abbildung 4.6 angedeutet, eine abgrenzbare, eigenständig steuerbare Gruppe von Artikeln und Dienstleistungen, die von den Konsumenten hinsichtlich der Befriedigung ihrer Bedürfnisse idealtypisch als zusammengehörend wahrgenommen werden. Die Strukturierung und Koordination einzelner Sortimentsteile obliegt dem **Category-Management**.

---

[1] Branchenunterschiede bestehen insbesondere zwischen dem Sortimentsmanagement in der Fashion-Branche und jenem des Lebensmitteleinzelhandels (vgl. hierzu Swoboda u.a. 2006, S. 38ff. sowie die Fallbeispiele in Abschnitt D. des Fünften Kapitels).

[2] Vgl. zum Supply-Chain-Management die Ausführungen im Fünften Kapitel.

Abbildung 4.6: Rolle der Warengruppe als strategische Basis

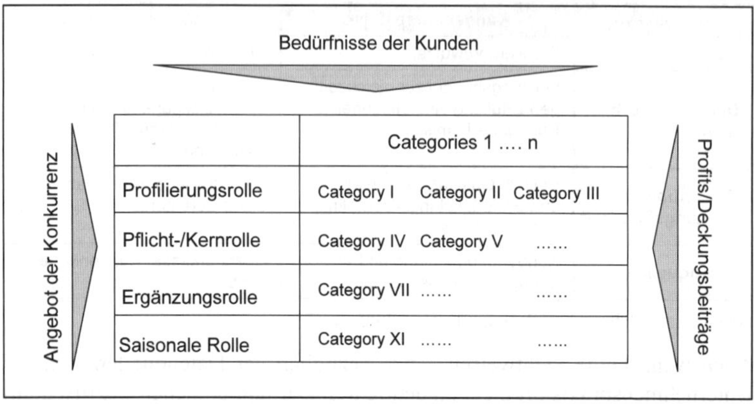

Somit kann eine Category bspw. „Baby“ lauten, worunter idealtypisch eine Fülle von bisher in getrennten Warengruppen geführten Artikeln, so Babynahrung, Babytees, Babybekleidung usw., entsprechend den Bedürfnissen einer Kundengruppe (z.B. junge Eltern) subsumiert werden. Diese Category könnte die Profilierung eines Lebensmitteleinzelhandelsunternehmens bei der Zielgruppe prägen und würde – idealtypisch – Aufmerksamkeit wecken, die Kundenfrequenz fördern, die Standort- bzw. Marktposition stützen und die Transaktionswerte erhöhen.

Die Pflicht- und Kernrolle nehmen im Lebensmitteleinzelhandel Categories ein, die als Cash-Cows fungieren, d.h. hohen Transaktionswerten und der Gewinnerzielung förderlich sind. Eine Ergänzungsrolle haben Categories, die das Sortiment ggf. aperiodisch erweitern, die Aufmerksam der Kunden auf sich ziehen und Gewinne erzielen. Saisonale Artikel nehmen eine besondere, da zeitlich begrenzte Rolle ein und sollen die Kundenfrequenz fördern.

Insgesamt umfassen die grundsätzlichen strategischen Ziele der Sortimentspolitik sowohl finanzwirtschaftliche als auch kundenorientierte Aspekte, so

- die Bestimmung des Beitrags der Sortimente zum Unternehmenserfolg (z.B. Markterfolg, wirtschaftlicher Erfolg, Shareholder-Value) und
- die Festlegung der angestrebten kundenbezogenen Auswirkungen der Sortimentsgestaltung (z.B. auf die Wahrnehmung, Preisbereitschaft, Kundenzufriedenheit, Kundenloyalität).

Vorab müssen jedoch subjektiv relevante Bewertungsattribute identifiziert werden und Innen- sowie Außensicht der Sortimentspolitik aufeinander abgestimmt werden. Weitere strategische Teilziele werden situativ formuliert und betreffen Entscheidungen über:

- die Struktur des Sortiments (so Breite, Tiefe bzw. Zusammensetzung)
- die Rolle und Bedeutung der Categories
- den Differenzierungs- bzw. Standardisierungsgrad des Artikelprogramms in einzelnen Ländern, Regionen oder Standorten

- die Relation von Markenartikeln zu Handelsmarken
- den Innovationsgrad des Sortiments
- den Service- bzw. Selbstbedienungsgrad.

Voraussetzung für die Erreichung dieser strategischen Ziele ist eine Sortimentspolitik, die operative, mit den anderen Marketinginstrumenten abgestimmte Ziele verfolgt. Diese beziehen sich auf folgende Aspekte (Flach 1996, S. 127):

- ablauforientierte Gestaltung eines klaren Erscheinungsbildes des Sortiments
- Abbau, Halten und Erweiterung des Sortiments
- Pflege eines individuellen Sortimentstils.

2. Determinanten der Sortimentspolitik

a) Unternehmensinterne Determinanten

Die unternehmensinternen und -externen Determinanten sind im Hinblick auf jedes strategische oder operative Ziel bzw. Instrument relevant und werden daher im jeweiligen Kontext noch aufzugreifen sein. Die im Handelsunternehmen vorhandenen tangiblen (wie finanzielle Mittel) und die intangiblen, personenunabhängigen bzw. -abhängigen **Ressourcen**, so Sachmittel, Rechte und v.a. das Wissen über Kunden oder Konkurrenten, können ebenso entscheidenden Einfluss auf die Gestaltung des Sortiments haben wie übergeordnete Unternehmensgrundsätze. Wenn Ressourcen für die Sortimentsgestaltung knapp oder nicht vorhanden sind, müssen fehlende Ressourcen beschafft oder neu kombiniert werden. Deshalb hängt der Erfolg der Sortimentspolitik im Handel auch zunehmend von der **Planungs-**, **Vernetzungs-** und **Konfliktregelungskompetenz** des Unternehmens ab. Aus unternehmensinterner Perspektive ist es erfolgskritisch, ob es der Unternehmensführung gelingt, die komplexen Entscheidungs- und Durchsetzungsprozesse zieladäquat zu gestalten. Weitere interne Bestimmungsfaktoren sind der Betriebstyp und die damit verbundene Bedienungsform (Bedienung/Selbstbedienung), die Wettbewerbsstrategie, die Art der Beschaffung[1] und die Position auf den Beschaffungsmärkten. So sind in Filialunternehmen zunehmend regionale Sortimente zu berücksichtigen.

Verkaufsschlager Heimat

Regionale Produkte liegen im Trend. Was viele selbstständige Einzelhändler schon seit langem erkannt haben, wird nun auch verstärkt von Handelszentralen unterstützt und im Filialgeschäft gepflegt. Mit regionalen Produkten, wie z.B. Spargel, Kartoffeln und Erdbeeren von den benachbarten Bauern, Brot vom Dorfbäcker, Mehl aus der heimischen Mühle und Schnaps aus der örtlichen Brennerei, können sich Vollsortimenter von der Discount-Konkurrenz abheben.

Quelle: Lebensmittel Zeitung, 25. August 2006, S. 32.

[1] Vgl. zur Gestaltung der Supply-Chain die Ausführungen im Fünften Kapitel.

b) Unternehmensexterne Determinanten

Zu den unternehmensexternen Bestimmungsfaktoren der Sortimentspolitik zählen – neben den nachfolgend in den Vordergrund zu stellenden psychografischen Aspekten des Kundenverhaltens – weitere **marktbezogene Determinanten**, wie Besonderheiten der Branche und spezifische Konkurrenzverhältnisse. Nicht zuletzt wird die Attraktivität von Artikelprogrammen auch durch sozio-ökonomische Veränderungen und Gesellschaftstrends (z.B. Bio-Lebensmittel) beeinflusst. Schließlich spielen **rechtliche** und **technologische Determinanten** eine wichtige Rolle, etwa in Form von Gesetzen, welche die Aufnahme bestimmter Produkte ins Sortiment limitieren (z.B. Arzneimittelrecht, Lebensmittelrecht) oder die Errichtung bestimmter Betriebstypen verhindern und somit den geplanten Sortimentsumfang einschränken können (z.B. Baunutzungsverordnung). Die technologische Entwicklung kann die Nachfrage verändern. Gedacht sei in diesem Zusammenhang bspw. an Film- und Musikartikel.

3. Strukturierungsoptionen des Sortiments

a) Grundlegende Optionen und Überblick

Die Struktur eines Sortiments kann – abhängig von der Zielsetzung – nach verschiedenen Kriterien beschrieben werden. Berekoven (1995, S. 75f.) unterscheidet Handelssortimente bzw. Categories nach folgenden betriebsinternen Kriterien:

- Bedeutung innerhalb des Sortiments, z.B. Standardsortimente bzw. Standardcategories (Grund-, Kern-, Basissortimente/-categories) und Zusatzsortimente/-categories
- Aktualität (z.B. Stapelsortiment, modisches Sortiment oder Frischesortiment)
- Verweildauer (z.B. Dauer-, Saison- oder Aktionssortiment)
- Lebenszyklus (z.B. Trend-, Test-, Auslauf- oder Nachverwertungssortiment)
- Präsenz der Waren (z.B. Lager- bzw. Bestellsortiment)
- Dispositionsfreiheit des Verkaufsstellenleiters (z.B. Muss-, Soll-, Kann- oder Freisortiment).

Dabei umfasst das Kernsortiment Handelswaren, welche die Branche und den Betriebstyp prägen und auf die sich das Handelsunternehmen spezialisiert hat. Es bildet daher den Hauptumsatzträger. Das Zusatzsortiment besteht aus Handelswaren, die hinsichtlich der Bedarfsorientierung und des Nachfrageverbundes eine sinnvolle Ergänzung zum Kernsortiment darstellen. Zusatz- und Randsortiment bilden überwiegend die dynamischen Kernkompetenzen eines Handelsunternehmens, wobei das Randsortiment problematische Artikel und Sorten beinhaltet, so Artikel in Übergrößen oder Artikel mit kurzen Produktlebenszyklen. Hinsichtlich der Planung und Gestaltung optimaler Sortimente sind v.a.

- warenwirtschaftliche Kriterien (Sortimentspyramide),
- Sortimentsdimensionen (Breite und Tiefe),
- erfolgsgrößenorientierte Kriterien (ABC-Analyse) sowie
- Sortimentsverbundbeziehungen

anzusprechen (Theis 2007, S. 291ff.).

b) Warenwirtschaftliche Kriterien

Ein Handelssortiment kann nach zahlreichen warenwirtschaftlichen Kriterien untergliedert werden, wozu v.a. stoffliche, organisatorische und absatzwirtschaftliche Merkmale gehören, durch die eine hierarchische Anordnung verschiedener Sortimentsebenen, die sog. **Sortimentspyramide**, entsteht (siehe Abbildung 4.7).

Abbildung 4.7: Sortimentspyramide

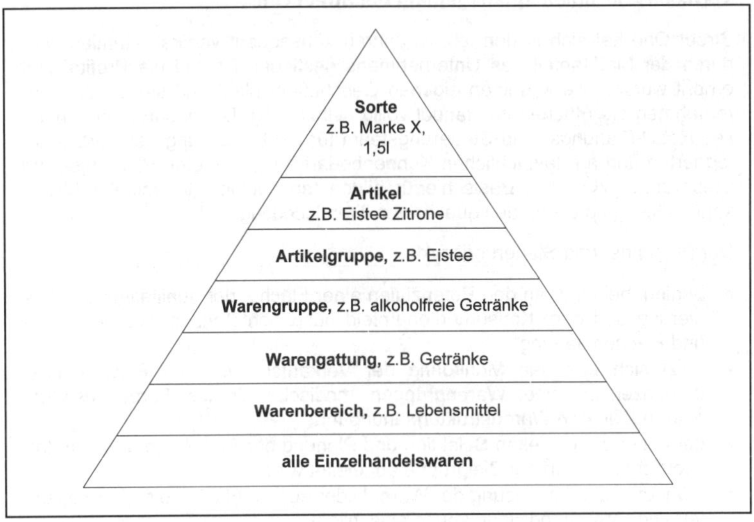

Quelle: Berekoven 1995, S. 74.

Die kleinste Einheit der Sortimentspyramide stellt die einzelne Sorte dar, die sich von anderen Produkten durch Menge, Größe, Farbe, Verpackungseinheit usw. unterscheidet. Eng verwandte Sorten werden zu Artikeln (Sortengruppen) zusammengefasst. So ist z.B. ein Schuh in einer bestimmten Ausführung ein Artikel, die verschiedenen Größen werden als Sorten bezeichnet. Die Anzahl der Sorten eines Artikels werden generell durch Multiplikation der verschiedenen Packungs-, Größen- sowie Muster- oder Farbarten ermittelt (Tietz 1993b, S. 325). Durch stufenweise Aggregation von Waren zu größeren Sortimentseinheiten lassen sich in weiterer Folge immer umfangreichere Warenkomplexe klassifizieren.

Branchenspezifische Planung und Steuerung der Sortimente

Die warenwirtschaftlichen Kriterien sind im Hinblick auf die Strukturierung des Gesamtsortiments, der Categories oder der Artikel relevant (vgl. die Ausführungen in Abschnitt B.III.) und haben je nach geführtem Sortiment abweichende Bedeutungen, weshalb ein branchenspezifisches Sortimentsmanagement erforderlich ist. So bedingt eine vertikale Sortimentssteuerung bei monatlich wechselnden Themen und Programmen sowie kurzfristigen Schwankungen des Abverkaufs in der Fashion-Branche ein anderes Sortimentsmanagement-Konzept als in einem klassischen zweistufigen Distributionssystem (bspw. im Lebensmitteleinzelhandel), in dem Händler und Hersteller relativ unvernetzt agieren (Swoboda u.a. 2006, S. 46). Letztlich werden in der Fashion-Branche die einzelnen Teilprozesse bei der Sortimentsplanung und Sortimentssteuerung an die Anforderungen der Flächen angepasst.

Vertikales Sortimentsmanagement bei Street One

Street One hat sich in den letzten Jahren konsequent vertikal orientiert, wodurch der Marktanteil des Unternehmens gestiegen ist und die Profitabilität erhöht wurde. Wie in seinen eigenen Geschäften, plant und steuert das Unternehmen die Flächen im Handel völlig selbständig. Dabei sorgt ein schlankes Retail-Planungs- und Steuerungsteam für die Umsetzung des vertikal integrierten und am tatsächlichen Kundenbedarf ausgerichteten Planungs- und Steuerungszyklus. Die Basis hierfür bilden tagesaktuell übermittelte Abverkaufszahlen und Daten des qualitativen Trendscouting.

Der Planungs- und Steuerungszyklus

- beginnt bei einer an den Potenzialen einer Fläche, der qualitativen Positionierung und dem Konsumentenumfeld ausgerichteten, rollierenden Filial- und Flächenplanung,
- setzt sich über ein Monitoring der Verkaufsmuster und Entwicklungstendenzen einzelner Warengruppen, modischer Trends, Farben usw. zu einer adäquaten Warenstrukturplanung fort,
- geht über zur gezielten Selektion und Planung der Artikel, die aus dem tatsächlichen Bedarf der Zielgruppe abgeleitet wird,
- mündet in der Umsetzung der Warenbilder auf der Fläche, die eine Kapazitäts- und Merchandisingplanung einschließt.

Somit liegt die Verantwortung der prozessorientierten Steuerung der gesamten Wertkette (von der Produktentwicklung bis hin zur Umsetzung der Warenbilder auf der Fläche) ausschließlich bei Street One – einem der ersten Unternehmen, das ein Category-Management in Reinform umgesetzt hat.

Quelle: Swoboda u.a. 2006, S. 40ff.

Den ersten Schritt im Rahmen der Sortimentsplanung und Sortimentssteuerung stellt die **Filial- und Flächenplanung** dar. Ziel ist es, Flächen mit ähnlichen Verkaufsmustern zu einem Cluster zusammenzufassen und auf diesen ein einheitliches Sortiment anzubieten. Durch dieses Vorgehen wird der Planungsaufwand reduziert und ein stimmiger Auftritt am PoS gewährleistet. Als Kriterien zur Flächenbewertung werden häufig qualitative Gruppierungsvariablen, so der Modegrad oder die Preislage, herangezogen. Quantitative Kriterien bilden bspw. das Umsatzpotenzial der Fläche (ggf. differenziert nach Warenbereichen) sowie deren Größe und Kapazität.

Die darauf basierende **Warenstrukturplanung** für ähnliche Filial- bzw. Flächengruppen umfasst:

- die Bestimmung eines für das Filialcluster optimalen Gesamtjahresumsatzes (auf Ebene der Warengruppen und im Monatsverlauf)
- die zu erzielenden Durchschnittspreise
- die Ableitung der mengen- und wertmäßigen Wareneingangsverläufe.

Wie bereits angeführt, weisen Warengruppen in der Fashion-Branche im Saisonverlauf unterschiedliche Verkaufsverläufe auf (z.B. T-Shirts im Sommer, Strick im Herbst). Daher werden beim Herunterbrechen der zu planenden Gesamtumsätze häufig warengruppenspezifische Verkaufsmuster zu Grunde gelegt (Warengruppenstrukturplanung im Saisonverlauf). Darüber hinaus schwanken die erzielbaren Durchschnittspreise pro Warengruppe im Zeitverlauf. So werden in der zweiten Saisonhälfte i.d.R. Artikel in unteren Preislagen verkauft, während die modischen Highlights eher zu Saisonbeginn präsentiert werden. Um der häufig eintretenden Erhöhung der Abschreibungsquote entgegen zu wirken, wird versucht, auch in der zweiten Saisonhälfte aktuelle Ware anzubieten. Dabei wird auf Artikel mit aggressivem Preisprofil gesetzt. Diese Aspekte sind bei der Umrechnung von Durchschnittspreisen in Stückzahlen zu beachten.

Abbildung 4.8: Kundentypen- und segmentspezifische Umsatzpotenziale als Grundlage der Artikelplanung

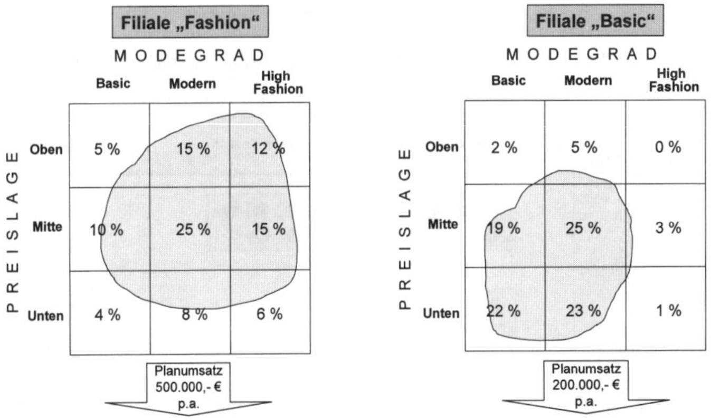

Umsatzverteilung auf die Segmente (in T€)

	Basic	Modern	High Fashion
Oben	25	75	60
Mitte	60	125	75
Unten	20	40	30

Umsatzverteilung auf die Segmente (in T€)

	Basic	Modern	High Fashion
Oben	4	10	0
Mitte	38	50	6
Unten	44	46	2

Als Ergebnis dieses Teilschrittes resultiert das nach Warengruppen differenzierte Mengengerüst an Artikeln, die innerhalb eines Liefertermins (meist binnen eines Monats) auf eine Fläche im jeweiligen Flächencluster zugeteilt werden (**Artikelplanung**). Um anzuzeigen, wie sich das Umsatzpotenzial einer Fläche verteilt, kann die in Abbildung 4.8 dargestellte Matrix herangezogen werden.

Das Mengengerüst wird dem Modegrad- und Preislagenprofil entsprechend auf die einzelnen Felder der Matrix verteilt. Anschließend werden – auf der Grundlage der ermittelten Teile pro Größe – die Anzahl der Styles (Artikel in mehreren Farben bzw. Sorten) und die Anzahl der Optionen (Artikel in einer Farbe) berechnet. Diese repräsentieren einen aus den Abverkaufspotenzialen der Flächen abgeleiteten Kollektionsrahmenplan und bilden die Vorgabe für das Design-, Kapazitäts- und Beschaffungsmanagement. Hier geht die Sortiments- in die Lieferplanung über, wobei je nach Beschaffungsoptionen 50 bis 70 % der Sortimente auf die eben beschriebene Art geplant werden. So genannte Nachorder-, Repeat- oder Flash-Puffer ergänzen das Sortiment, wobei Renner-Artikel als „Repeats" neu aufgelegt werden können.

c) Sortimentsdimensionen

Sortimente werden meist nach Breiten- und Tiefendimensionen unterschieden. Aus Unternehmenssicht wird die **Breite** eines Sortiments durch die Anzahl verschiedener Warenbereiche bestimmt. Handelsunternehmen mit breitem Sortiment (z.B. Warenhäuser) ermöglichen es Kunden, verschiedene Bedürfnisse während eines Einkaufsvorganges zu befriedigen. Fach- oder Spezialgeschäfte weisen hingegen ein enges Sortiment mit wenigen Warengruppen auf.

Abbildung 4.9: Sortimentsstruktur in der Breiten- und Tiefendimension

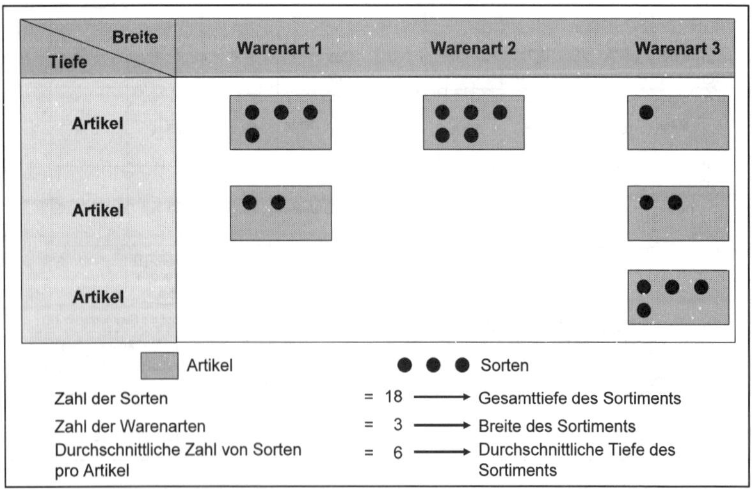

Quelle: Hansen 1990, S. 208.

Aus Kundenperspektive liegt ein breites Sortiment vor, wenn ein großes Spektrum additiver Kaufmöglichkeiten wahrgenommen wird. Im Gegensatz dazu, wird die **Tiefe** eines Sortiments von der Anzahl gleichartiger Artikel in einer Warengruppe bestimmt. Aus Kundensicht verfügt das Handelsunternehmen über eine „große Auswahl". Abbildung 4.9 verdeutlicht exemplarisch eine mögliche Sortimentsstruktur. Die Sortimentsdimensionen verschiedener Betriebstypen werden in Abbildung 4.10 aufgezeigt.

Abbildung 4.10: Sortimentsdimensionen verschiedener Betriebstypen

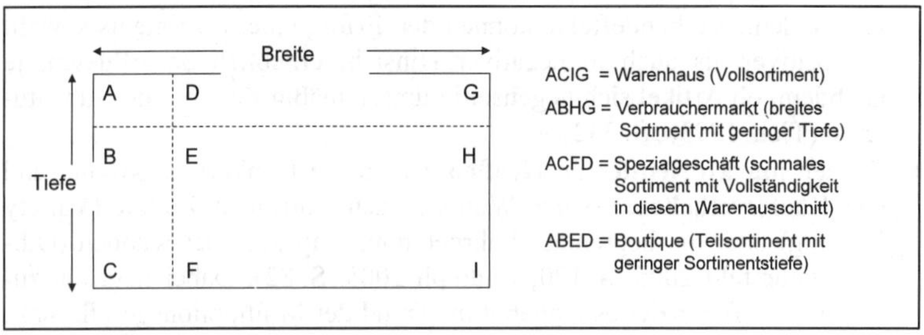

Quelle: in Anlehnung an Möhlenbruch 1994, S. 18.

Sortimentsbreite und -tiefe bedingen den **Sortimentsumfang** (die Anzahl der insgesamt angebotenen Artikel), der vom Kleinsortiment eines Autohändlers, dem Magersortiment eines Discounters (ca. 800 Artikel)[1] über das der Supermärkte (ca. 6.500), der Verbrauchermärkte (ca. 13.000) und Fachmärkte (ca. 50.000) bis hin zu den Universalsortimenten der Waren- und Versandhäuser (mehr als 100.000 Artikel) reicht (Berekoven 1995, S. 73). Große Warenhäuser wie Macy's in New York, Harrods in London, Galeries Lafayette in Paris oder das KaDeWe in Berlin, bieten noch größere Sortimente an. In der Praxis verschwimmen allerdings die Grenzen zwischen den Betriebstypen und die Sortimentsdimensionen sind oft schwer zu erkennen. Einzelne Verbrauchermärkte, die prinzipiell über ein breites, aber flaches Sortiment verfügen, sind bspw. in einzelnen Waren- oder Artikelgruppen (z.B. Wein) verhältnismäßig tief sortiert. Ebenso ist ein Getränkehändler, der im Warenbereich Lebensmittel ein schmales Sortiment aufweisen, bei der Kern-Category (Getränke) aber breit sortiert ist, schwer einzuordnen (Theis 2007, S. 297).

Bei der Bestimmung der **optimalen Sortimentsbreite und -tiefe** sind finanz- bzw. kostenorientierte, verbundorientierte und marktorientierte Größen zu berücksichtigen:

- Zu den **kostenorientierten Größen** zählen bspw. Lagerkosten, die mit der Anzahl der angebotenen Artikel steigen können. Zudem wird die Sortimentsgestaltung durch die Lagerumschlagshäufigkeit beeinflusst: Während Handelsbetriebe mit flachen Sortimenten üblicherweise Artikel mit

[1] Vgl. zur Unterscheidung zwischen „Hard Discountern" und „Soft Discountern" die Ausführungen in Abschnitt C.IV. des Dritten Kapitels.

einem hohen Lagerumschlag wählen, führen Unternehmen mit einem tiefen Handelssortiment meist Artikel mit einer niedrigeren Umschlagshäufigkeit (Haller 2001, S. 109). Aber auch die zur Verfügung stehenden Verkaufsflächen wirken sich auf die Gestaltung der optimalen Sortimentsbreite und -tiefe aus – zumal eine Differenzierung des Angebots auf Grund limitierter Verkaufsflächen nur begrenzt möglich ist (Rudolph 2005, S. 82). **Finanzorientierte Größen** umfassen bspw. Deckungsbeiträge oder Umsatzerwartungen.

- **Verbundeffekte** im Sortiment (zwischen Categories bzw. Artikeln) wirken sich unmittelbar auf die Gestaltung der Sortimentsbreite und -tiefe aus, denn Verbundeffekte können den Erfolg eines Sortiments sowohl in positiver als auch in negativer Hinsicht erheblich beeinflussen, je nachdem, ob Artikel sich gegenseitig umsatzmäßig fördern oder substituieren (Tietz 1993b, S. 332).
- Zu den **marktorientierten Größen** zählen die Konkurrenzaktivität und das Käuferverhalten, so der Wunsch nach Sortimentsvielfalt (Variety Seeking) oder die begrenzte Wahrnehmungskapazität der Kunden (Olbrich/Battenfeld 2005, S. 170; Rudolph 2005, S. 82). Dabei liegt ein zunehmend differenziertes Angebot im Trend der Multioptionsgesellschaft. Studien zeigen, dass Konsumenten eine große Sortimentsvielfalt bevorzugen und diese prinzipiell mit einer positiven Wahrnehmung der Einkaufsstätte einhergeht (Berger/Draganska 2005; Chernev 2005a). Ist aber der spezifische Nutzen der Variantenvielfalt für den Kunden nicht mehr erkennbar, führt dies zu einer Reizüberflutung, die den Kunden verwirrt. Diese „Consumer Confusion" kann zu Abstumpfung, Desinteresse oder zu mangelnder Unterscheidbarkeit von Artikeln führen (Liebmann u.a. 2006, S. 29).[1]

Consumer Confusion auf Grund zu ähnlicher Produktalternativen

Allein in Deutschland werden in zwei Jahren 100.000 neue Produkte, d.h. im Durchschnitt 910 Produkte pro Woche, auf den Markt gebracht, wobei der Lebensmittelbereich mit jährlich über 20.000 neuen Artikeln an der Spitze steht. Gleichzeitig ist in vielen Produktkategorien eine kaum überschaubare Angebotsvielfalt zu konstatieren, so werden in Deutschland rund 40.000 verschiedene Süßwaren oder 800 Automodelle angeboten. Diese Angebotsvielfalt macht Einkaufen für viele Kunden zu einem „decision-making-marathon".

Quelle: Liebmann u.a. 2006, S. 37.

Die optimale Sortimentsbreite und -tiefe hängen auch von der **Komplexität der Kaufentscheidung** und der **Motivation der Kunden** ab. Um die Komplexität individueller Kaufentscheidungen zu systematisieren, können in Abhängigkeit vom Grad der kognitiven Steuerung Kaufentscheidungstypen gebildet werden. Sie bilden das wahrgenommene Risiko eines Kunden bei der Kaufentscheidung ab. Die Motivation des Kunden reflektiert die affektiven

[1] Die Variantenvielfalt stellt hohe Ansprüche an die Vertriebsorganisation des Handels, da Koordinationsaufgaben zwischen Organisationseinheiten zunehmend komplexer werden.

Prozesse in einer Kaufentscheidung. Der Zusammenhang zwischen der wahrgenommenen Komplexität der Kaufentscheidung und der Motivation des Kunden wird in Abbildung 4.11 dargestellt.

Abbildung 4.11: Zusammenhang zwischen Komplexität einer Kaufentscheidung und Motivation des Kunden

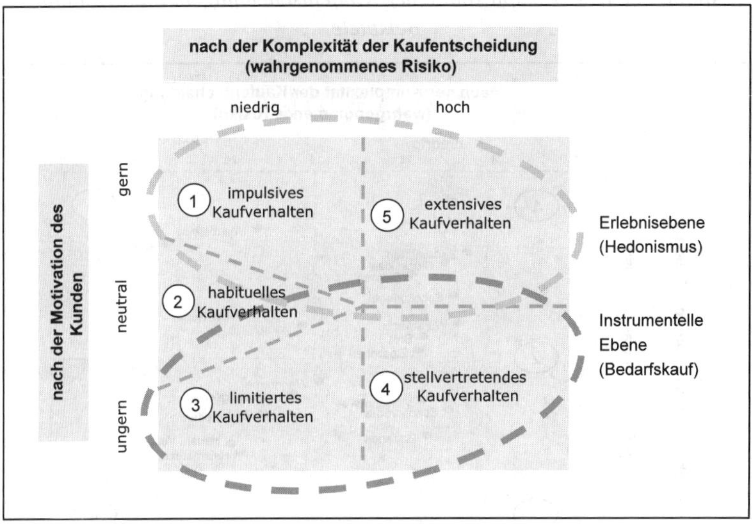

Quelle: Kraigher-Krainer 2005, S. 254.

Impulsives Kaufverhalten ist ungeplant, unterliegt einer starken Reizsituation und zeichnet sich oft durch eine hohe emotionale Aufladung (Lust) aus (Foscht/Swoboda 2007, S. 153). Es ist meist durch Persönlichkeitsmerkmale, wie eine hohe Impulsivität und geringe Reflektivität, geprägt, kann jedoch durch ein einkaufsstimulierendes- und erlebnisorientiertes Sortiment (z.B. TrendsetterImage) begünstigt werden. Eine Studie von Kraigher-Krainer (2005, S. 136) zeigt, dass Zeitschriften, Glückslose, Blumen oder Schokoriegel oft zu impulsiven Käufen führen (siehe Abbildung 4.12). Bei **extensivem Kaufverhalten** ist die kognitive und affektive Beteiligung der Kunden hoch. Charakteristisch für diesen Kaufverhaltenstyp sind eine lange Entscheidungsdauer und ein erhöhter Informationsbedarf, wie es bspw. beim Kauf eines Autos, eines Fernsehers oder eines Handys der Fall ist.

Habituelles Kaufverhalten (z.B. beim Kauf von Zigaretten oder Brot) basiert auf Einkaufsgewohnheiten, d.h., der Kunde hat gedankliche Lagepläne und möchte genau das in der Einkaufsstätte vorfinden, was er erwartet. Veränderungen im Sortiment stellen für ihn negative Störungen dar. Bei **limitierten Kaufentscheidungen** vermeidet der Kunde kognitive Anstrengungen. Folglich schätzt er ein übersichtliches und einfaches Sortiment. **Stellvertretendes Kaufverhalten** unterscheidet sich vom limitierten Kaufverhalten dadurch, dass neben der extrinsischen Motivation des Kunden auch ein hohes subjektiv wahrgenommenes Risiko vorliegt. Auf Grund der hohen wahrgenommenen Komplexität der Kaufentscheidung empfindet der Kunde einen starken Wunsch nach vertrauenswürdigen Hinweisen für die richtige Entscheidung. Im Kern handelt es sich um ein Vertrauen in das Wissen eines anderen Menschen, der dem Kunden die Kaufentscheidung abnimmt (Kraigher-Krainer 2005, S. 313ff.).

Abbildung 4.12: Komplexität einer Kaufentscheidung und Motivation – Beispiele

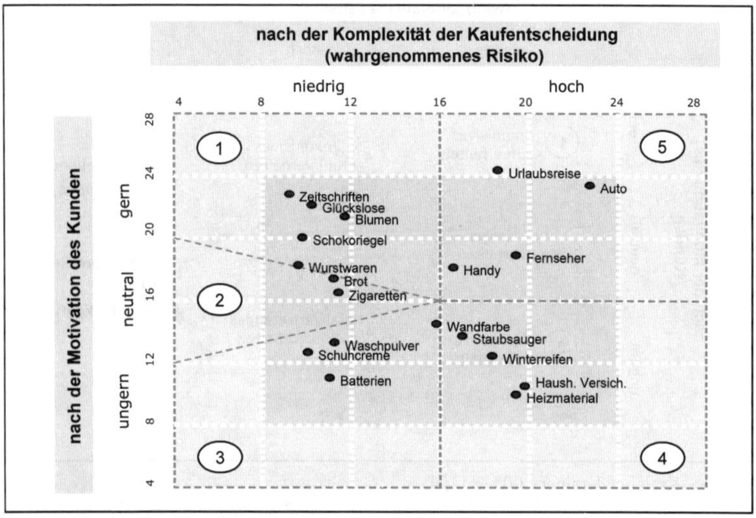

Quelle: Kraigher-Krainer 2005, S. 136.

d) Erfolgsgrößenorientierte Kriterien

Die Erfolgsträchtigkeit einzelner Sortimentsteile lässt sich mit verschiedenen erfolgsgrößenorientierten Kriterien näher charakterisieren (Theis 2007, S. 300), wobei das Sortiment mithilfe klassischer Kennzahlen (absatz- und umsatzbezogene, deckungsbeitragsbezogene Kennzahlen und Rentabilitätskennzahlen) betriebswirtschaftlich bewertet werden kann.[1] Ein Beispiel für die Anwendung umsatzorientierter Kennzahlen bildet die ABC-Analyse, die eine Aufteilung des Sortiments in starke bzw. schwache Umsatzträger ermöglicht und in vielen Unternehmen zum Einsatz kommt. Dafür wird meist ein zweistufiges Verfahren gewählt: Zuerst wird die Umsatzstärke einzelner Categories bewertet, um danach eine Analyse auf Artikelebene durchzuführen. Durch die ABC-Analyse wird bspw. ersichtlich, wie viel Prozent des Gesamtumsatzes mit wie vielen Artikeln erwirtschaftet wird (siehe Abbildung 4.13).

[1] Auf die Sortimentskennzahlen wird in Abschnitt D.II. des Sechsten Kapitels eingegangen.

Abbildung 4.13: ABC-Analyse

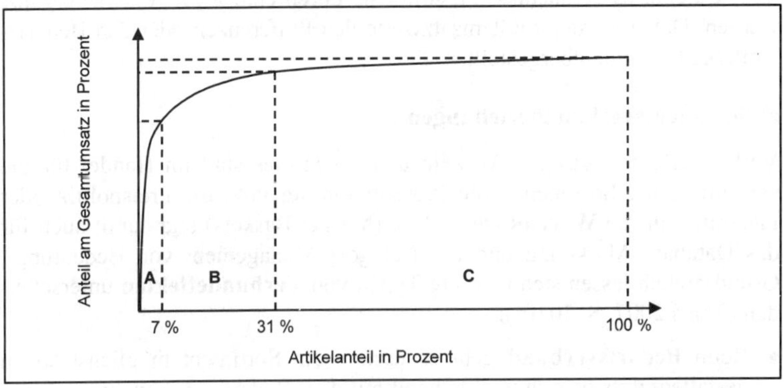

Da die Nachfrage oft auf wenige Artikel konzentriert ist („**Pareto-Regel**" bzw. „**80:20 Regel**", d.h., 20 % der Artikel erbringen 80 % des Umsatzes)[1], können mit steigendem Sortimentsumfang zunächst hohe Sortimentszuwächse erzielt werden. Bei einer weiteren Ausweitung der Artikelanzahl sinkt jedoch die Zahl zusätzlicher Kunden, die solche Artikel präferieren. Dementsprechend sinkt das Umsatzwachstum. Wird das Sortiment für den Kunden unübersichtlich, ist sogar ein absoluter Rückgang denkbar (siehe Abbildung 4.14).

Abbildung 4.14: Typische Reaktionsfunktionen für den Sortimentsumfang

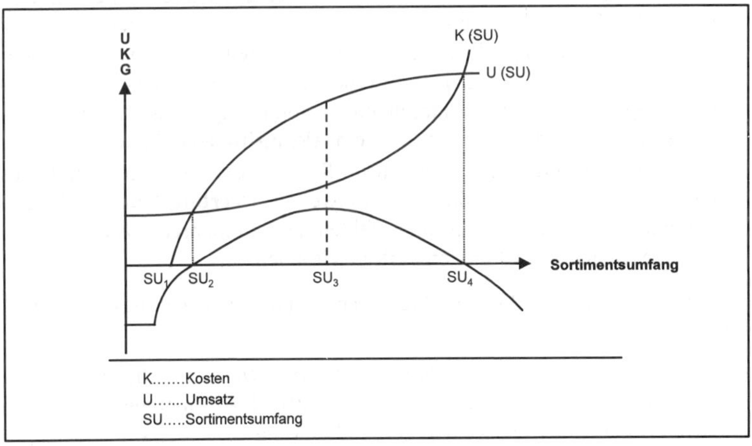

Quelle: Diller 2007, S. 102.

Eine ABC-Analyse ist bei einer geringen Anzahl von Categories, v.a., wenn die Sortimentsprofilierung darauf beruht, nicht unproblematisch. Da sie

[1] Diese Regel kann sich auch auf andere Zahlenverhältnisse (z.B. 25:75 Prozent) beziehen.

kundenseitige Aspekte und Verbundbeziehungen zwischen den Artikeln bzw. Categories vernachlässigt, sollte sie durch eine XYZ-Analyse ergänzt werden. Dabei werden die Umsatzwerte den Präferenzen oder den Bedarfshäufigkeiten gegenübergestellt.

e) Sortimentsverbundbeziehungen

Verbundeffekte zwischen Artikeln und Categories sind im Handel für die Gestaltung der Sortimente, die Präsentation am PoS, die Preispolitik oder integrativ für die **Warenkorbanalyse** (Market Baskets) und damit auch für das Database Marketing und das Category-Management von Bedeutung.[1] Grundsätzlich lassen sich mehrere Typen von **Verbundeffekten** unterscheiden (Theis 2007, S. 302ff.):

- Beim **Bedarfsverbund** geht es darum, ein Sortiment möglichst so zu gestalten, dass es sich weit gehend mit dem Bedarf der Abnehmer deckt. Ziel ist es daher, die einzelnen Teile des Sortiments so aufeinander abzustimmen, dass der Kunde seinen Bedarf an bestimmten Artikeln mit dem Sortimentsangebot eines bestimmten Geschäftes abdecken kann. Dieser Bedarfsverbund ist positiv, wenn sich zwei oder mehr Produkte beim Ge- oder Verbrauch ergänzen, also komplementär zueinander sind (z.B. Farbe und Pinsel). Ein negativer Bedarfsverbund liegt vor, wenn ein Produkt den Kauf eines anderen völlig oder z.T. substituiert (z.B. Kaffee und Tee).
- Der **Nachfrageverbund** kommt dem Bestreben der Konsumenten, einen möglichst großen Teil ihrer Nachfrage in nur einer Einkaufsstätte zu erledigen (One-Stop-Shopping) entgegen. Ziel des Handelsunternehmens ist es, den Einkaufsvorgang für den Endverbraucher rationeller und bequemer zu gestalten (z.B. Angebot von Tageszeitungen, Zigaretten oder Schreibwaren im Supermarkt). Werden dabei verschiedene Artikel zusammengefasst, die im Rahmen eines Sonderangebotssortiments auch gemeinsam beworben werden, liegt ein **Akquisitionsverbund** vor.
- Ein **Kaufverbund** liegt vor, wenn im Rahmen eines einzigen Kaufaktes gleichzeitig mehrere Artikel gekauft werden (**Verbundkauf**), während die anderen Typen von Verbundeffekten auch in mehreren zeitlich nacheinander liegenden Kaufakten auftreten können.

Ferner lassen sich Verbundeffekte anhand von vier Richtungszusammenhängen gliedern:

- **Symmetrische Verbundeffekte** zwischen zwei Artikeln liegen vor, wenn die Stärke der Wirkung des ersten Artikels in Richtung des zweiten Artikels gleich der reziproken Verbundwirkung ist.
- **Asymmetrische Verbundeffekte** bestehen, wenn einseitige Verbundwirkungen zwischen zwei Artikeln in unterschiedlicher Stärke wirken.
- **Reflexive Verbundeffekte** liegen vor, wenn ein Artikel eine Verbundwirkung auf sich selbst aufweist.

---

[1] Vgl. zur Analyse von Verbundeffekten auch die Ausführungen in Abschnitt D.II. des Sechsten Kapitels.

- Eine **Transitivität von Verbundeffekten** existiert, wenn die Beziehung zwischen zwei Artikeln A und B einerseits und den Artikeln B und C andererseits zu einer Verbundbeziehung zwischen den Artikeln A und C führen.

Grundlagen zur Bestimmung des Sortimentsverbunds

Zumindest bei Fast-Moving-Consumer-Goods, bei denen die Kaufentscheidung am PoS getroffen wird, ist die Kenntnis von Verbundeffekten von zentraler Bedeutung für das Handelsmarketing. Dem steht in der Praxis häufig die Komplexität des Entscheidungsfeldes gegenüber. So führt eine artikelgenaue Bestimmung von Verbundbeziehungen selbst bei einem Sortiment von nur 1.200 Artikeln eines Discounters zu 1,4 Mio. denkbaren Zweierbeziehungen zwischen den Artikeln. Auch die Frage nach den Bestimmungsfaktoren von Verbundeffekten (siehe Abbildung 4.15) wird nur spärlich behandelt. Neuere Ansätze nennen drei Faktoren, die einen Verbundkauf begründen (Manchanda/Ansari/Gupta 1999, S. 95ff.):

- **Komplementarität**, wenn der Angebotspreis eines Produktes die Entscheidung für den Kauf eines anderen Produktes beeinflusst
- **Heterogenität**, wenn Präferenzen, Nutzen oder Verhalten der Konsumenten über Artikelgruppen hinweg in Beziehung stehen
- **Mitnahmeeffekte** auf Grund sonstiger ökonomischer und psychologischer Gründe, wie Kaufzyklen oder Gewohnheit.

Während das Handelsunternehmen auf die Komplementarität Einfluss nehmen kann, ist eine Beeinflussung der Heterogenität und des Mitnahmeeffekts schwer möglich – zumal Letzterer auch nicht direkt beobachtbar ist.

Abbildung 4.15: Bestimmungsfaktoren des Sortimentsverbunds

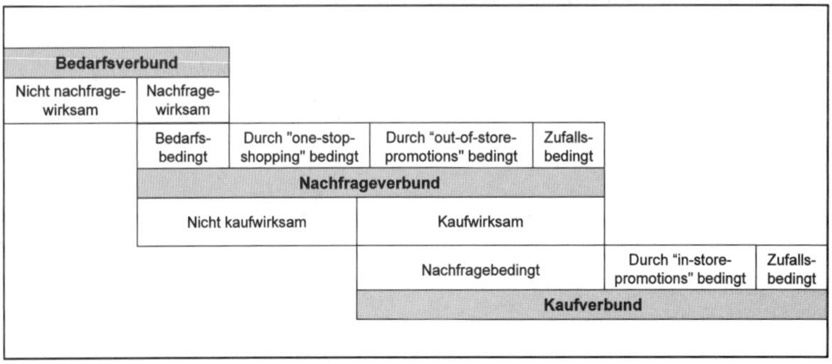

Quelle: Boztuğ/Silberhorn 2006, S. 110.

Angestoßen durch das Aufkommen des Category-Managements, beschäftigt sich die Einzelhandelspraxis seit Mitte der 1990er Jahre mit der Erfassung und Nutzung des Sortimentsverbunds. Aus dieser Tradition heraus werden Verbundeffekte auch heute noch v.a. im Rahmen der Sortimentspolitik diskutiert. Hier dienen die aus der Sortimentsverbundsanalyse gewonnenen Erkenntnisse neben der Sortimentsoptimierung i.S. des Category-Managements v.a. als Basis für **Auslistungsentscheidungen**. Des Weiteren werden Verbundeffekte bei der Warenpräsentation u.a. für Umplatzierungsmaßnahmen oder zur zielgerichteten Zweitplatzierung berücksichtigt. Im Rahmen der Aktionspolitik wird bspw. durch die gezielte Aktionierung komplementärer Güter versucht, die Tiefenleistung des Sortiments hervorzuheben oder durch Bewerbung eines verbundintensiven Artikels eine möglichst große Zahl an Folgekäufen auszulösen. Schließlich werden Verbundeffekte bei preispolitischen Entscheidungen berücksichtigt. Abbildung 4.16 veranschaulicht die Evolution der in der Forschung zur Ermittlung von Verbundeffekten herangezogenen Methoden.

Abbildung 4.16: Evolution der Erhebungsmethoden

1950er Jahre	1960/70er Jahre	1980er Jahre	1990er Jahre	ab 2000
♦ lineare Programmierung	♦ Kreuzelastizitäten ♦ bedingte Wahrscheinlichkeiten ♦ Assoziationskoeffizienten ♦ Korrelationsmodelle ♦ lineare Regression	♦ polynominale Lag-Regression ♦ logistische Regression	♦ multivariate Logitmodelle ♦ neuronale Netze ♦ Binomialverteilungsmodelle ♦ Assoziationsregel	♦ Ansätze aus der räumlichen Statistik ♦ multivariate Probitmodelle

Quelle: Boztuğ/Silberhorn 2006, S. 112.

Abbildung 4.17 veranschaulicht eine qualitative Analyse der Verbundeffekte auf Warengruppenebene in einer SB-Warenhausfiliale, die auf der Basis der wöchentlichen Abverkaufszahlen ermittelt wurden.

Abbildung 4.17: Qualitative Analyse der Verbundeffekte auf Warengruppenebene

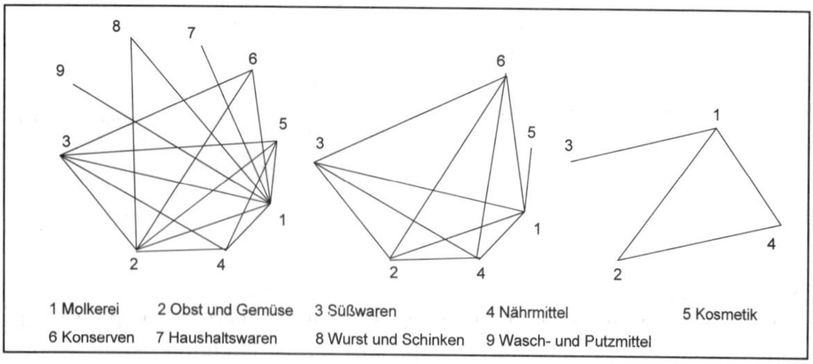

Im linken Bild sind neun Produktgruppen des Sortiments mit den stärksten Verbundbeziehungen zu sehen, wobei die Warengruppe Molkerei die meisten Verbundwirkungen aufweist. Artikel dieser Warengruppe werden am häufigsten verkauft, wodurch das Auftreten von Verbundeffekten wahrscheinlich wird. Die schwächsten Verbindungen liegen für die Warengruppen Haushaltswaren sowie für Wasch- und Putzmittel vor, die nur mit der Warengruppe Molkerei in Beziehung stehen. Da diese dennoch zu den Gruppen mit den stärksten Verbundeffekten zählen, ist anzunehmen, dass es Verbindungen zu anderen, im Diagramm nicht dargestellten, Warengruppen gibt. Da insbesondere Waschmittel als klassische Aktionsprodukte gelten, läge hier ein Ansatzpunkt, um durch nähere Analyse festzustellen, ob die häufigen und großzügigen Aktionierungen gerechtfertigt werden können.

Das Bild in der Mitte zeigt den gleichen Sachverhalt, wobei eine höhere Anforderung an die Signifikanz der gefundenen Beziehungen gestellt wurde. Deshalb werden nur noch sechs Produktgruppen mit den stärksten Verbundwirkungen ausgewiesen. Die schwächsten Verbindungen hat die Gruppe Kosmetik, die auf diesem Niveau nur noch mit der Warengruppe Molkerei in Verbindung steht. Schließlich zeigt das Bild rechts jene vier Warengruppen auf, die die stärksten Verbundbeziehungen haben. Demnach bestehen die stärksten Beziehungen des Sortiments zwischen den Gruppen Molkerei und Obst- und Gemüse, Süßwaren sowie Nährmittel.

III. Sortimentspolitische Gestaltungsoptionen

1. Begriffsabgrenzung

Im Gegensatz zu den Entscheidungstatbeständen der **Sortimentsstrukturpolitik**, geht es im Folgenden um Aspekte der **Sortimentsablaufpolitik** (Zentes/Swoboda 2001a, S. 494). Die Sortimentsgestaltung umfasst die Entwicklung verschiedener Sortimente und deren Bewertung im Hinblick auf die maßgeblichen Ziele. Hierzu gehören die Konzeption neuer ertragreicher Warengruppen und gleichzeitig die Eliminierung unrentabler Sortimentsteile, wobei, neben reinen Ertrags- und Kostengesichtspunkten, Verbundeffekte und Kundenpräferenzen zu beachtet sind (Möhlenbruch 1994, S. 98).[1] Rusche (1991, S. 175f.) unterscheidet varietätserzeugende, varietätsreduzierende und varietätsüberprüfende Sortimentsgestaltung. In Abbildung 4.18 sind sortimentspolitische Entscheidungsalternativen, so der **Abbau** (Sorten- und Typenreduktion) sowie die dauerhafte und temporäre Aufnahme neuer Artikel in das Sortiment (**Ausweitung**, **Strukturveränderung**) ersichtlich.

[1] Die Möglichkeiten der Sortimentsgestaltung hängen vom gewählten Standort, dem Betriebstyp, der Wettbewerbsstrategie oder der verfügbare Verkaufs- und Lagerfläche ab (Oehme 2001a, S. 180f.).

Abbildung 4.18: Sortimentspolitische Entscheidungsalternativen

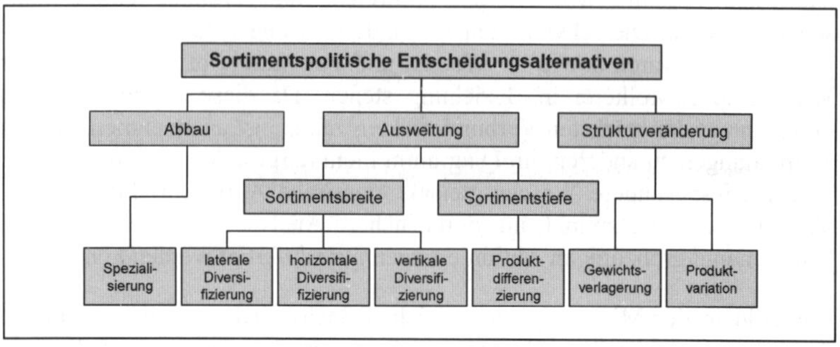

2. Gestaltungsleitlinien des Sortiments

a) Überblick

Da die Artikel bzw. Sorten eines Handelssortiments mit ihren verschiedenen Größen, Farben und Geschmacksrichtungen in unterschiedlicher Menge nachgefragt werden, versucht ein Handelsunternehmen beim Aufbau und der Gestaltung des Sortiments ein **Artikelgleichgewicht** herzustellen. Dies ist dann erreicht, wenn die Häufigkeitsverteilung der nachgefragten Produkte der Angebotsstruktur entspricht. Das Pendant hierzu bildet das sog. **Sortimentsgleichgewicht**, das die Leistungsfähigkeit jedes Artikels kennzeichnet, im Rahmen betriebstypenspezifischer Sortimentsproportionen zum Umsatz beizutragen (Zentes/Swoboda 2001a, S. 494f.). Hierfür kann zwischen einer Detailplanung und einer **Rahmenplanung** unterschieden werden, wobei bei Letzterer die folgenden **Orientierungsprinzipien** für die generelle Ausrichtung des Sortiments herangezogen werden (Theis 2007, S. 317):

- die Herkunftsorientierung, die Orientierung an den Lieferanten und den Wettbewerbern
- die zunehmende Orientierung am Bedarf der Kunden.

In Handelsunternehmen werden alle vier Prinzipien berücksichtigt, wobei sich in der Ausrichtung von Handelssortimenten ein grundlegender Wandel vom branchenspezifischen (insbesondere herkunftsorientierten) zum kundenorientierten (hinkunftsorientierten) Sortiment vollzieht (Theis 2007, S. 317f.).

b) Herkunfts-, lieferanten- und wettbewerberorientierte Sortimentsgestaltung

Herkunftsorientierte Sortimentsgestaltung

Herkunftsorientierte (materialbezogene) Sortimente beziehen sich auf die produktions- bzw. distributionsbedingte Warenordnung der Vorstufe, ohne dass der Handelsbetrieb gravierende Warenumgruppierungen vornimmt. Beispiele dafür sind u.a. Lebensmittel, Möbel, Schuhe und Lederwaren. Bei der Zusammenstellung eines Sortiments werden die einzelnen Produkte oft nach der Zugehörigkeit zu bestimmten Preislagen ausgewählt, die meist eng mit der Qualität der Waren verbunden sind (Meffert 2000, S. 1185). Ein solches Vorgehen findet sich bspw. bei Aldi, C&A oder H&M. Weitere Unterscheidungskriterien für herkunftsorientierte Sortimente sind (Berekoven 1995, S. 76f.):

- ähnliche Herstellungsmaterialien (z.B. Textilien, Holz)
- gleiche Herstellungsgebiete (z.B. China-Waren, italienische Mode)
- ähnliche Technik (z.B. Kraftfahrzeuge, Unterhaltungselektronik, Computer)
- gemeinsame Einkaufsquelle (z.B. FOC, herstellereigene Franchise-Systeme)
- ökologische Gesichtspunkte (z.B. Bio-Lebensmittel).

Das Reinheits-Versprechen für tegut... Eigenmarken

Bei tegut... wurde im Januar 2007 für alle Eigenmarken das Reinheitsversprechen eingeführt, das im Wesentlichen drei Kriterien umfasst: Eigenmarkenprodukte sind ohne Farbstoffe, ohne Geschmacksverstärker und ohne Einsatz gentechnisch veränderter Organismen. Um die Qualität der Eigenmarken zu sichern, bedarf es einer Zusammenarbeit mit vertrauenswürdigen Lieferanten, die diesen ökologischen Kriterien sorgfältig nachkommen.

Quelle: www.tegut.de.

Lieferantenorientierte Sortimentsgestaltung

Lieferantenorientierte Sortimente liegen v.a. bei straffen Vertriebssystemen vor, so in Franchise-Systemen oder bei Vertragshändlersystemen (z.B. im Automobilbereich). Hersteller legen hier in weiten Teilen die Gestaltung des gesamten Sortiments oder die des (Kern-)Sortiments fest. Darüber hinaus bewirken die die umfassenden Werbeausgaben der Konsumgüterindustrie oft, dass die Verbraucher die beworbenen Produkte von sich aus im Handel nachfragen (**Pull-Strategie**).[1] Da Handelsbetriebe mit den „vorverkauften" Herstellermarken nicht nur einen positiven Imagetransfer auf die eigenen Leistungen übertragen, sondern meist auch hohe Ertragserwartungen auf Grund der oft überdurchschnittlichen Umschlagshäufigkeit und Handelsspanne realisieren, führen viele Händler bevorzugt Markenartikel. Andere entscheiden sich verstärkt dafür, solche Produkte (Eigenmarken) in das Sortiment aufzunehmen, für die sie selbst alle oder einen Großteil der Vermarktungsaufgaben wahrnehmen müssen (Hansen 1990, S. 223), die aber im Gegenzug ein einzigartiges Image bzw. eine USP versprechen.

---

[1] Zum Push- bzw. Pull-Prinzip vgl. auch die Ausführungen in Abschnitt B.II. des Fünften Kapitels.

Aldi blickt auf die Marke

Aldi zeigt verstärkt Interesse an Markenartikeln, wobei Wrigley's Kaugummi das neueste Beispiel ist. Gleichzeitig denkt Aldi intensiv über Co-Branding nach, wobei Markenartikel im Design der Aldi-Eigenmarken heute schon angeboten werden. In die Welt der Aldi Süd-Eigenmarke „Belight", unter der sämtliche Leichtprodukte, die fett- und zuckerreduziert sind, gebündelt sind, wurden bereits designorientiert die Käsemarke-Babybel und TUC-Kräcker integriert. Für Aldi ist es ein Weg das eigene Markenprofil zu stärken und Imagetransfereffekte zu nutzen.

Quelle: Lebensmittel Zeitung, 01. Juni 2007, S. 1.

Wettbewerbsorientierte Sortimentsgestaltung

Durch die Gestaltung des Sortiments legt ein Handelsunternehmen nicht nur den Kreis seiner Konkurrenten fest, es kann sich dadurch auch gezielt von den Wettbewerbern differenzieren. Hansen (1990, S. 222) unterscheidet folgende an Wettbewerbern orientierte Prinzipien der Sortimentspolitik:

- positive Abhebung bei sortimentspolitischen Vorteilsaspekten
- Anpassung an gegebene Standards
- Wettbewerbsmeidung durch gegenseitige Abstimmung oder Ergänzung.

Die positive Abhebungspolitik richtet sich vorrangig auf die sog. kritischen Sortimentsbereiche, d.h. jene Artikel bzw. Categories, die von Endverbrauchern als Maßstab für die Beurteilung des Gesamtsortiments herangezogen werden. Folgende Gestaltungsmaßnahmen können zur Abgrenzung des eigenen Sortiments von jenem der Mitbewerber beitragen (Theis 2007, S. 322):

- Sortimentstiefe bzw. -breite
- bedarfsträger- und problemorientierte Vorselektion des Angebots
- Einmaligkeit und Originalität der angebotenen Produkte
- lokale Monopolstellung durch Exklusivbelieferungsverträge mit Herstellern
- Entwicklung von Handelsmarken (geeignet für den Massenbedarf).

Die Anpassung an gegebene Standards in der Sortimentspolitik dient der Neutralisierung von Vorteilen der Wettbewerber. Dieser **Assimilierungsprozess** birgt aber die Gefahr der Verwässerung ursprünglicher Sortimentskonzepte, wodurch akquisitorische Vorteile bei bestimmten Zielgruppen verloren gehen können. Die Wettbewerbsmeidung durch gegenseitige Abstimmung oder Ergänzung der Sortimente stellt nur dann eine realistische Vorgehensweise dar, wenn an einem Standort eine geringe Zahl an Mitbewerbern mit unterschiedlichen Sortimentsschwerpunkten nebeneinander existieren kann (Hansen 1990, S. 223).

c) Kundenorientierte Sortimentsgestaltung

Im Gegensatz zu den bisher genannten Formen werden bei der kundenorientierten Sortimentsgestaltung Waren(gruppen) verschiedener Herkunft zu Bedarfs- oder Erlebnisbereichen zusammengefasst. Ein Beispiel hierfür sind moderne Einrichtungshäuser, die unter dem Motto „Alles zum Thema Wohnen unter einem Dach“ die traditionellen und oftmals eng fokussierten Möbelgeschäfte verdrängen. Generell lassen sich vier Ausprägungen kundenorientierter Sortimentsgestaltung unterscheiden (Hansen 1990, S. 215ff.):

- Eine **Orientierung an Bedarfsbereichen** liegt vor, wenn für alle relevanten Kunden ein spezifischer Bedarfsausschnitt verhältnismäßig vollständig abgedeckt wird. Die Zielgruppe wird dabei unterschiedlich eingegrenzt, woraus schmale Sortimente (z.B. Krawatten) wie auch breite Bedarfskreise (z.B. Bekleidung) resultieren können. Diese Orientierung an Bedarfsarten entspricht der traditionellen Sortimentsgestaltung von Fach- und Spezialgeschäften sowie von Kaufhäusern (Theis 2007, S. 318).
- Eine **Orientierung an Bedarfsträgern bzw. Zielgruppen** ist insbesondere dann sinnvoll, wenn sich Konsumentengruppen segmentieren lassen. Die Bestimmung dieser Kundensegmente erfolgt in der Praxis meist nach soziodemografischen sowie psychografischen Kriterien. Als Beispiele lassen sich spezialisierte Boutiquen (z.B. „Mode für die Frau ab 40“), berufsorientierte Fachgeschäfte (z.B. Friseurbedarf), die Kaufhof-Vertriebsschiene „Lust for Life“, die sich auf die einkommensstarke Zielgruppe der 25- bis 45-jährigen konzentriert, oder die „InScene-Abteilungen“ von Karstadt, die mit trendorientierten Eigenmarken und Young-Fashion-Labels die Zielgruppe der Jugendlichen umwirbt, anführen (Theis 2007, S. 321f.).
- Bei der **Orientierung an einzelnen Verwendungsanlässen** ist es von Bedeutung, ob Artikel selbst oder als Geschenk verwendet werden, aber auch andere Anlässe (z.B. die Einladung von Gästen) können Kriterien für die Sortimentsgestaltung liefern.
- Bei einer **Orientierung an einzelnen Erlebnisbereichen** wird im Gegensatz zum Sortimentsaufbau nach Bedarfsbereichen versucht, nicht nur den Bedarf nach einzelnen Produkten oder Produktgruppen abzudecken, sondern den Gesamtbedarf aus einem bestimmten Erlebnisbereich zu befriedigen. Hier steht der Erlebniswert von Artikel und Umwelt und nicht die Bedürfnisbefriedigung im Vordergrund. Eine Einkaufsstätte, die ihr Sortiment bspw. nach dem Erlebnisbereich „Badezimmer“ oder „Alles fürs Bad“ zusammengestellt hat, erspart es dem Kunden, eine Reihe von Fachgeschäften aufzusuchen, deren Sortimente nach Bedarfsbereichen (mit den Produktgruppen Fliesen, Sanitär, Beleuchtung, Heimtextilien usw.) aufgebaut sind. Diese Form der Sortimentsgestaltung zielt auf das schon angeführte One-Stop-Shopping ab, bei dem der Endverbraucher möglichst in nur einer Einkaufsstätte alle Waren für seine Problemlösung erwerben kann (Möhlenbruch 1994, S. 201).

Orientierung an Erlebnisbereichen bei Karstadt Mülheim

Karstadt Mülheim setzte im Oktober 2002 ein gänzlich neues Warenhaus-Konzept um. Im Mittelpunkt der ringförmig angelegten Shopping Mall steht die erlebnisorientierte Integration von drei Themenbereichen: „Living“ im Untergeschoss des Hauses (12.000 qm), „Fashion & Style" im ersten Obergeschoss (12.000 qm) und „Fun & Sports" im zweiten Obergeschoß (8.000 qm).

Quelle: Stores and shops 4/2002, S. 6.

d) Aspekte einer Category-orientierten Sortimentsgestaltung

Für die Gestaltung optimaler Sortimente werden von Rudolph/Kotouc (2005, S. 72f.) folgende Aspekte angeführt:

- Ermittlung der subjektiv relevanten Bewertungsattribute der Sortimentsteile aus Sicht der Kunden
- Abgleich zwischen der Außen- und Innensicht, d.h. zwischen den subjektiv von Kunden wahrgenommenen und den objektiv von den Handelsunternehmen geplanten Sortimentsteilen
- Kombination finanzwirtschaftlicher und kundenorientierter Kennzahlen.

Die Ermittlung der **subjektiv relevanten Bewertungsattribute** der Sortimentsteile ist von zentraler Bedeutung, denn die Vielfalt des Sortimentes und die damit bereitstehende Auswahl zur Befriedigung der Bedürfnisse ist der Hauptgrund dafür, ein bestimmtes Handelsunternehmen aufzusuchen (Amine/Cadenat 2003, S. 486f.). Deshalb sollte ein Sortiment so präsentiert werden, dass es vom Konsumenten in besonderer Weise wahrgenommen wird. Die in der Literatur vorgeschlagenen Attribute zur Sortimentsbewertung beziehen sich auf die Vielfalt, die Qualität, das Preis-Leistungs-Verhältnis und die Präsentation (sog. Signalelemente der Sortimentswahrnehmung) (Rudolph/Kotouc 2005, S. 66ff.).[1] Dabei wird von der Grundannahme ausgegangen, dass sich die Konsumenten nur an wenigen Attributen orientieren. Studien zeigen, dass die Wahrnehmung der Artikelvielfalt von der objektiven Anzahl der Artikel abhängt und durch weitere Größen moderiert wird (Kahn/Wansink 2004, S. 520):

- Die **Anordnung des Sortiments** führt zu Wahrnehmungsunterschieden, wobei die Vielfalt einer kleinen Auswahl an Artikeln bei einer desorganisierten Anordnung überschätzt wird und bei einer organisierten Anordnung unterschätzt wird (vgl. hierzu Hoch/Bradlow/Wansink 1999, S. 539).

---

[1] Empirische Studien hierzu wurden u.a. von Hoch/Bradlow/Wansink 1999; Simonson 1999 oder Oppewal/Koelemeijer 2005 durchgeführt.

- Das Angebot **gleichartiger Artikel** mit nicht-komplementären Charakter führt zu einer größeren Überschätzung der Vielfalt als das von Artikeln mit komplementären Charakter (vgl. hierzu Chernev 2005b, S. 170ff.).

Abbildung 4.19 zeigt, dass die Wahrnehmung des Sortiments u.a. von der Vielfalt und der Regalfläche[1] sowie von der Verfügbarkeit der bevorzugten Marke bzw. des bevorzugten Artikels abhängt. So geht aus einer Studie von Chernev (2005b, S. 171) hervor, dass die Verfügbarkeit des bevorzugten Artikels die Präferenzen des Kunden bezüglich dieses Artikels festigt und die Zufriedenheit fördert, was sich letztlich positiv auf die Wahrnehmung des Sortiments auswirkt.

Abbildung 4.19: Sortimentswahrnehmung und Einkaufsstättenwahl

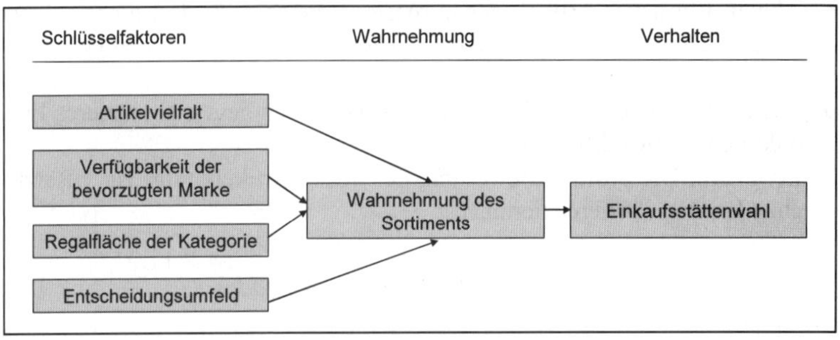

Quelle: in Anlehnung an Broniarczyk/Hoyer/McAlister 1998, S. 16.

Darüber hinaus wird die Wahrnehmung des Sortiments durch das Entscheidungsumfeld, so die verfügbare Zeit, die Verkaufsberatung oder die Einkaufsatmosphäre in den Präsentationsräumen beeinflusst (Koelemeijer/Oppewal 1999, S. 325).

Ein Abgleich der Innen- und Außensicht bedingt die Berücksichtigung von Kundenurteilen im Rahmen der Sortimentsgestaltung und kann den Erfolg eines Handelsunternehmens steigern. So zeigt eine Studie von Boatwright/Nunes (2001, S. 51ff.), dass durch die Eliminierung von Artikeln, die von den Kunden als Duplikate wahrgenommen wurden, die Kosten eines Online-Lebensmittelhändlers gesenkt und Verkaufszuwächse von 11 % erzielt werden konnten.

3. Variation der Artikel im Handelssortiment

a) Dauerhafte Aufnahme neuer Artikel

Entscheidungen über die Aufnahme neuer Produkte oder die Auslistung bestehender Produkte müssen laufend getroffen werden. Dafür zeichnet sich der Innovationsdruck bei Produkten und Sortimenten, der zu immer kürzer

[1] Erkenntnisse der Gestaltpsychologie zeigen, dass größere Regalflächen für eine Category positiv auf die Wahrnehmung des Sortiments wirken.

werdenden Produktlebenszyklen führt, ebenso verantwortlich wie begrenzte Regalflächen. Letztere bedingen, dass in der Regel für jeden neuen Artikel ein anderer ausgelistet werden muss (**Sortimentsmodifikation**).[1] Derartige Variationen können anhand eines **Sortimentsportfolios** verdeutlich werden. Darin werden Categories anhand der Dimensionen Marktentwicklung und Sortimentspotenzial positioniert.[2] Während die Marktentwicklung v.a. von der allgemeinen Wirtschaftsentwicklung, dem Wertewandel, dem Marktwachstum oder dem Marktvolumen abhängt, lässt sich das Sortimentspotenzial anhand des Umsatzwachstums, der Stellung im Lebenszyklus sowie der Sortimentsstruktur (Breite/Tiefe) beurteilen. Schließlich können für die Warengruppen je nach Position im Portfolio Normstrategien abgeleitet werden (siehe Abbildung 4.20 links). Zu diesen zählen (Rudolph/Brandstetter 1995, S. 102):

- Abbau: Ein neuer Artikel, der in diesen Bereich fällt, darf nicht gelistet werden. Bereits vorhandene Artikel sollten ausgelistet werden (Elimination).
- Halten: Ein neuer Artikel wird nur im Austausch gegen ein anderes Produkt gelistet (Modifikation).
- Erweitern: Die positive Bewertung des neuen Artikels führt zur zusätzlichen Listung (Differenzierung).

Abbildung 4.20: Sortimentsportfolios

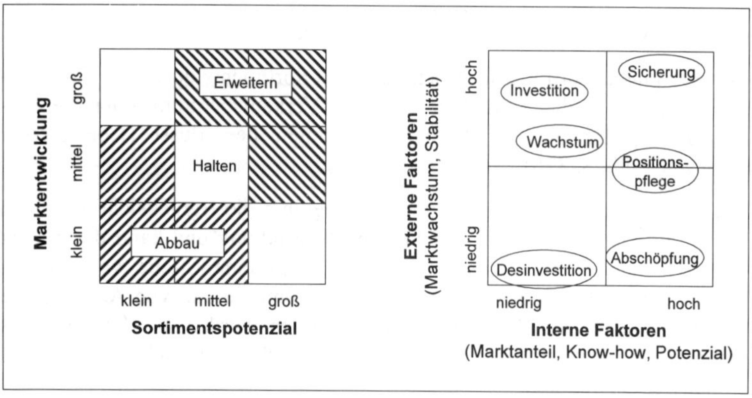

Quelle: in Anlehnung an Rusche 1991, S. 178; Möhlenbruch 1994, S. 115.

Die Portfolioanalyse kann auf die Ebene des Gesamtsortiments übertragen werden. Dabei wird das Gesamtsortiment in Sortimentsbereiche, die als strategische Geschäftseinheiten zu verstehen sind, eingeteilt. Diese werden in

[1] Anders verhält es sich in lifestyleorientierten Branchen, in denen z.T. jeden Monat neue Sortimente entwickelt werden (Swoboda u.a. 2006, S. 38).

[2] In der Praxis weist jede Category fixe und variable Bereiche mit sog. Muss- bzw. Kann-Artikeln auf, die in Abhängigkeit von der Marktentwicklung sowie dem Sortimentspotenzial unterschiedlich ausgeprägt sein können (vgl. zu den Artikelkategorien Tietz 1993b, S. 339).

eine Matrix mit den Dimensionen „externe Faktoren" und „interne Faktoren" überführt (siehe Abbildung 4.20 rechts). So kann auf Grund der jeweiligen Ist-Position der Geschäftseinheit eine strategische Stoßrichtung verfolgt werden, die der Sortimentsstrategie und Ressourcenplanung des Handelsunternehmens entspricht.

Kennzahlen und Entscheidungshilfen

Im Anschluss an eine strategische Beurteilung erfolgt meist eine operative Bewertung eines neuen Artikels, wofür u.a. folgende Kriterien herangezogen werden können (Rudolph/Brandstetter 1995, S. 102):

- grundsätzliches Marktpotenzial des neuen Artikels
- Image und Werbebudget des Herstellers
- Konditionen und Logistikleistung des Herstellers
- exakte Positionierung des neuen Artikels
- positive Produkt-, Store- bzw. Markttests (Analyse der generellen Marktchance und der Verbundeffekte mit anderen Artikeln des Teilsortiments)
- Innovationsgehalt des Artikels.

Abbildung 4.21: Entscheidungsrahmen über die Aufnahme neuer Produkte

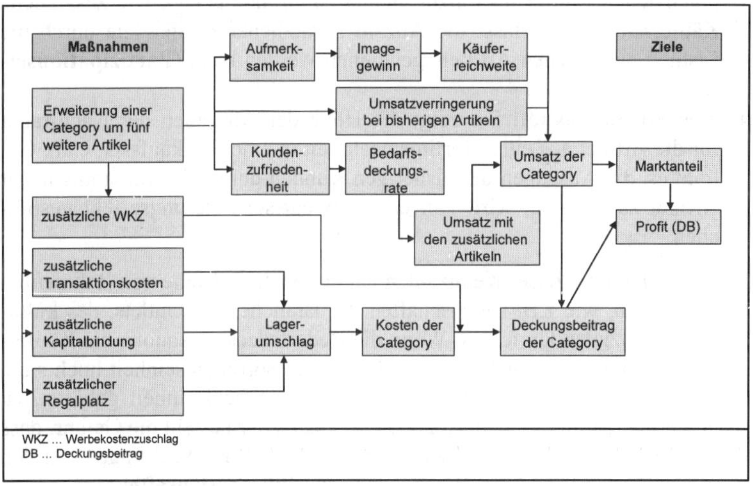

Quelle: in Anlehnung an Müller-Hagedorn 2005a, S. 229.

Sortimentserstellung und Leistungsinnovation

Neue Produkte bzw. Produktinnovationen stellen grundsätzlich die wichtigsten Maßnahmen dar, um hohe Erträge zu erzielen. Zu diesem Ergebnis kam auch eine Umfrage der Lebensmittel Zeitung (LZ) unter LZ-Net-Usern. Demzufolge gaben in Summe 88 % der befragten Handelsexperten an, dass die Produktinnovation das geeignetste Instrument zur Erzielung hoher Erträge ist, gefolgt vom Saisongeschäft (87 %) und der Sortimentsoptimierung in Zusammenarbeit mit der Industrie (85 %). Allerdings wird der durchschnittliche Anteil der nicht erfolgreichen Produktinnovationen (Floprate) in den letzten Jahren vom

Handel mit 48,6 % eingeschätzt. Diese hohe Floprate zeigt, dass auf dem Gebiet der Produktinnovationen viel Kapital vernichtet wird.

Quelle: Zentes/Janz/Morschett 2001, S. 171.

In neueren Betrachtungen werden Kennzahlen aus Theorien zur Erklärung der Einkaufsstättenwahl und des Kaufverhaltens diskutiert. Ein Entscheidungsrahmen, der bei Listungsentscheidungen mehrere Kennzahlen berücksichtigt, wird in Abbildung 4.21 dargestellt.

Hier knüpfen die folgenden Kennzahlen an (Speer 2000, S. 223; Schröder/Feller/Rödl 2003, S. 160):

- **Bedarfsdeckungsquote**: Diese Kennzahl gibt Auskunft darüber, welchen Anteil die jährlichen Ausgaben einer Kundengruppe in der Sortimentseinheit A in dem Geschäft X ausmachen, wenn als Basis die jährlichen Gesamtausgaben dieser Kundengruppe für diese Sortimentseinheit in allen Einkaufsstätten ausgewählt werden. Kunden können somit in loyale Käufer (Bedarfdeckungsquote von mehr als 60 %), in Wechselkäufer und in Gelegenheitskäufer unterteilt werden.
- **Käuferreichweite**: Sie gibt den Anteil jener Käufer an, die in einer Einkaufsstätte einen Artikel aus einer definierten Sortimentseinheit mindestens einmal in einer Periode gekauft haben. Als Basis wird die Zahl der potenziellen Käufer im Einzugsgebiet zu Grunde gelegt. Die zusätzliche Käuferreichweite erfasst die Anzahl zusätzlicher Käufer, die durch die Listung eines neuen Artikels gewonnen werden kann (**Partizipationseffekt**).
- **Ausgabenintensität**: Sie zeigt die Höhe der Ausgaben der Nachfrager für die Artikel aus einer Sortimentseinheit in einer Einkaufsstätte an. Gelingt es, die Ausgaben der bisherigen Kunden durch die Aufnahme neuer Artikel zu steigern, wird von einem Bedarfserweiterungseffekt gesprochen.

Die Interpretation dieser Kennzahlen hängt von einer Reihe von Rahmenbedingungen ab, wie z.B. Eigenschaften der Branche, des Outlets, des kulturellen und sozialen Umfeldes. Wenn die Bedarfsdeckungsquote, die Käuferreichweite und die Ausgabenintensität in einer Sortimentseinheit hoch sind, ist der Anreiz, neue Artikel, die zu dieser Sortimentseinheit gehören, zu listen gering (Müller-Hagedorn 2005a, S. 252). Hier besteht die Gefahr, dass durch die Aufnahme eines neuen Artikels ein Teil der Nachfrager von den bereits geführten Produkten abgezogen wird (**Substitutionseffekt**).

b) Temporäre Aufnahme neuer Artikel

Mit Produkten, die nicht zum Kernsortiment zählen, wird versucht, die Attraktivität des Angebotes zu erhöhen und den Gesamtdeckungsbeitrag zu verbessern. Diese Artikel, die vorübergehend ins Sortiment aufgenommen werden, werden als **Selfliquidating Offers** (SLO) oder Self-Liquidators bezeichnet. Der Name deutet an, dass sie sich selbst finanzieren und die entstehenden Kosten durch die Erlöse voll abgedeckt sein sollten (Oehme 2001a, S. 212). Durch ihr meist hervorragendes Preis-Leistungs-Verhältnis stellen sie eine Form der Verkaufsförderung dar, durch die auch die Einkaufsfrequenz eines Handelsunternehmens gesteigert werden kann. Von diesem wechselnden Angebot profitieren insbesondere Einkaufsstätten mit geringer Sortimentsbreite. Typische Self-Liquidators sind Haushaltsartikel, Schmuck und Bekleidung (Haller 2001, S. 134). Handelsunternehmen, die seit Jahren auf temporäre Sonderposten **(Rotationssortimente)** setzen, sind u.a. Aldi, Lidl, Tchibo oder Eduscho. Saisonale Schwankungen der Nachfrage können ebenso zu temporären Sortimentsvariationen führen. Davon sind bspw. Sportartikel betroffen, die nur zu gewissen Jahreszeiten angeboten werden (z.B. Ski-Ausrüstung) oder auch Produkte, die zu bestimmten Anlässen (z.B. Schulbeginn) nachgefragt werden (Hansen 1990, S. 237f.).

Generell lässt sich der Trend feststellen, dass immer mehr Handelsunternehmen bei der Aufnahme neuer Produkte in „fremde" Sortimentsbereiche vordringen. So bietet Aldi bspw. Artikel aus der Unterhaltungselektronik an und der Drogeriemarkt dm führt (freiverkäufliche) Arzneimittel. Diese verschwimmenden Branchengrenzen (sog. **Category-Migration**), führt zu einer weiteren Verschärfung des Wettbewerbs (Zentes/Schramm-Klein/ Neidhart 2005, S. 53).

c) Reduktion der Sortimente

Lange Zeit ging man davon aus, dass ein breites und tiefes Sortiment die Nachfrage erhöht und sich positiv auf die Kundenzufriedenheit auswirkt (Boatwright/Nunes 2001, S. 50) – zumal sich die meisten Verbraucher auch beim Einkauf eine Optionenvielfalt erwarten (Dhar/Hoch/Kumar 2001, S. 171f.). Nachteile zu großer Sortimente sind z.B. in der Nicht-Wahrnehmung von Neuerungen (Oppewal/Koelemeijer 2005, S. 48), dem kognitiven „Overload", der Verwirrung sowie in der Demotivation des Käufers zu sehen, die letztlich zum Abbruch des Kaufs führen kann (Iyengar/Lepper 2000, S. 995ff.). Hieraus kann langfristig eine Konsummüdigkeit erwachsen, die Loyalitätsverluste in Bezug auf Marken und Einkaufsstätten nach sich zieht.

Die Vorteile eines kleineren Sortiments liegen aus Kundensicht in der Vermeidung übermäßiger Suchkomplexität, die auch neue Käufer anziehen kann (Sloot/Fok/Verhoef 2006, S. 538). Nachteilig kann sich ein kleineres Sortiment aus Kundensicht dann auswirken, wenn sich der Kunde in seiner Auswahlentscheidung eingeengt fühlt und bei ihm der Eindruck entsteht, er kann seinen Kaufwunsch nicht realisieren. Aus der Sicht der Handelsunternehmen äußern sich die Vorteile insbesondere in einer Reduktion der Kosten und der Komplexität. In der Praxis zeigen Handelsunternehmen, dass reduzierte Sortimente auch mit zunehmender Attraktivität, Rentabilität und Effektivität einhergehen können. Entsprechend wird die Sortimentsreduktion als eine „strategisch geplante, dauerhafte Verkleinerung der Sortimentstiefe und/oder Sortimentsbreite innerhalb eines definierten Wirkungsbereiches" gesehen (Kotouc 2006, S. 38).

Die meisten Analysen zur Sortimentsreduktion beziehen sich aber weniger auf die Sortimentsbreite als vielmehr auf die Sortimentstiefe. Ein möglicher

Grund hierfür ist, dass das Kundenbedürfnis nach Sortimentsvielfalt bei der Entscheidung für ein Sortiment größer ist als bei Entscheidungen innerhalb eines bereits ausgewählten Teilsortiments (also einer Category) (Chernev 2006, S. 50ff.). Abbildung 4.22 zeigt eine Reihe von Studien, die sich dem Aspekt der Sortimentsreduktion widmeten.

Abbildung 4.22: Ausgewählte Studien zur Sortimentsreduktion

Auswirkungen einer Sortimentsreduktion auf die Wahrnehmung	**Auswirkungen einer Sortimentsreduktion auf das Kaufverhalten/den Absatz**
♦ Broniarczyk/Hoyer/McAlister (1998)	♦ Broniarczyk/Hoyer/McAlister (1998)
♦ Hoch/Bradlow/Wansik (1999)	♦ Boatwright/Nunes (2001)
♦ Van Herpen/Pieters (2002)	♦ Borle u.a. (2005)
♦ Oppewal/Koelemeijer (2005)	♦ Zhang/Krishna (2005)
	♦ Sloot/Fok/Verhoef (2006)
	♦ Kotouc (2006)

Quelle: in Anlehnung an Sloot/Fok/Verhoef 2006, S. 537.

Mögliche Auswirkungen einer Sortimentsreduktion auf die Wahrnehmung der Konsumenten sind (vgl. hierzu Broniarczyk/Hoyer/McAlister 1998; Hoch/Bradlow/Wansink 1999; Oppewal/Koelemeijer 2005):

- Aufwertung der Sortimentswahrnehmung, da die Produkte bei gleich bleibender Regalfläche besser zu finden sind
- negative Wahrnehmung des Sortiments bei einer Reduktion um 50 bis 75 % der Artikel innerhalb einer Kategorie
- generell bessere Bewertung eines umfangreichen Sortiments
- Unterschätzung der Sortimentsvielfalt bei redundanten Präsentationen oder nicht einzigartigen Produktattributen.

Demgegenüber können folgende Auswirkungen einer Sortimentsreduktion auf das Kaufverhalten angeführt werden (Broniarczyk/Hoyer/McAlister 1998; Borle u.a. 2005; Zhang/Krishna 2005; Sloot/Fok/Verhoef 2006):

- kein negativer Einfluss auf die Kaufabsicht bei einer Reduktion der Artikelzahl um 25 % innerhalb einer Warengruppe
- Erhöhung des Absatzes zwischen 4 und 11 %, wenn weniger präferierte Produkte eliminiert werden
- rückläufige Absatzzahlen und sinkende Kauffrequenz bei einer Sortimentsreduktion einiger „slow-selling-items“
- kurzfristige negative Auswirkung auf den Absatz v.a. bei Bestandskäufern der eliminierten Artikel
- positive Auswirkungen auf den Absatz, da Neukunden gewonnen werden, die „Verkaufsdefizite“ ausgleichen
- die durch eine Artikelreduktion verursachten Effekte auf ein Markenprodukt sind nicht nur von der Veränderung des Sortiments an sich, sondern auch von den Eigenschaften der Marke und jenen des Konsumenten abhängig,

- positive Absatzentwicklungen zeigen sich bei teureren, viel beworbenen Markenprodukten mit hohem Marktanteil
- beim Vergleich von Hersteller- und Handelsmarken zeigen sich insbesondere bei Letzteren negative Konsequenzen, sodass bei Reduktionen die Anzahl der Handelsmarken(artikel) möglichst beibehalten werden sollte.

Insgesamt ist zu erkennen, wie komplex das Entscheidungsfeld in Bezug auf die Gestaltung von Sortimenten bzw. deren Reduktion ist. Die bislang durchgeführten empirischen Studien stellten jeweils ausgewählte Variablen als mögliche Einflussfaktoren der Sortimentsreduktion in den Mittelpunkt ihrer Betrachtungen. Insofern stehen umfassende Befunde aus Kundensicht noch aus.

IV. Warengruppenmanagement durch Category-Management

1. Überblick

Während sich die Sortimentspolitik in der Vergangenheit stark an der Einzelbetrachtung von Artikeln orientierte (z.B. im Konzept der Direkten Produktrentabilität), streben Handelsunternehmen heute im Rahmen des sog. Category-Managements (Warengruppenmanagement) an, Warengruppen zu schaffen, die konsequent auf Bedürfnisse des Kunden ausgerichtet sind und Verbundkäufe fördern. Aufgabe des Category-Management ist es dabei, weniger den Erfolg einzelner Artikel zu Lasten anderer zu fördern, sondern dafür zu sorgen, dass die idealtypisch hinkunfts-/kundenorientiert und nicht herkunftsorientiert gestaltete Warengruppe hinsichtlich des Erfolges optimiert wird. Zu berücksichtigen sind dabei die – eingangs erwähnten – unterschiedlichen Rollen der Categories, die diese im Hinblick auf die Profilierung und den Profit des Gesamtsortiments und damit des Handelsunternehmen einnehmen. Dabei setzt die erfolgreiche Umsetzung des Category-Managements eine Reorganisation traditionell meist getrennter Absatz- und Beschaffungsstrukturen bzw. -stellen im Handelsunternehmen voraus.

Das Category-Management hat im Handel seit der zweiten Hälfte der 1990er-Jahre an Bedeutung gewonnen und umfasst im Wesentlichen drei Problembereiche:

- Optimierung von Warengruppen im Hinblick auf ähnliche Kundenbedürfnisse bzw. Bedürfniskategorien
- Organisation des Category-Managements (Teamorganisation)
- Gestaltung der Schnittstelle zu den Herstellern.

Bedeutung von Category-Management im Handel

Bier ist eine sehr komplexe Warengruppe. In Deutschland bieten 1.200 Brauereien über 5.000 Marken an. Eine Sortimentssteuerung ohne IT-Unterstützung ist nicht mehr denkbar. Die Karlsberg Brauerei in Homburg hat daher drei Globus-SB-Warenhäuser mittels Category-Management optimiert. Die Investition hat sich gelohnt: der Bierabsatz stieg, die Fehlerartikelquote bei den Schnelldrehern sank und es kam zu kürzeren Standzeiten bei Spezialitäten.

Quelle: Lebensmittel Zeitung Spezial, Januar 2003, S. 46ff.

2. Teilentscheidungen im Category-Management

a) Prozess der Warengruppengestaltung

Die Optimierung von Warengruppen hat hohen strategischen Charakter, wobei im Rahmen des Category-Managements versucht wird, die Sortimentspolitik so auszurichten, dass nicht nur die eigenen Zielkunden einen noch höheren Kundennutzen realisieren können, sondern es ebenfalls zu einer Ergebnisverbesserung kommt (Zentes/Janz/Morschett 1999, S. 68). Idealtypisch verläuft der Gestaltungsprozess im Category-Management in acht Stufen, die in Abbildung 4.23 dargestellt sind.

Abbildung 4.23: Der Geschäftsplanungsprozess des Category-Managements

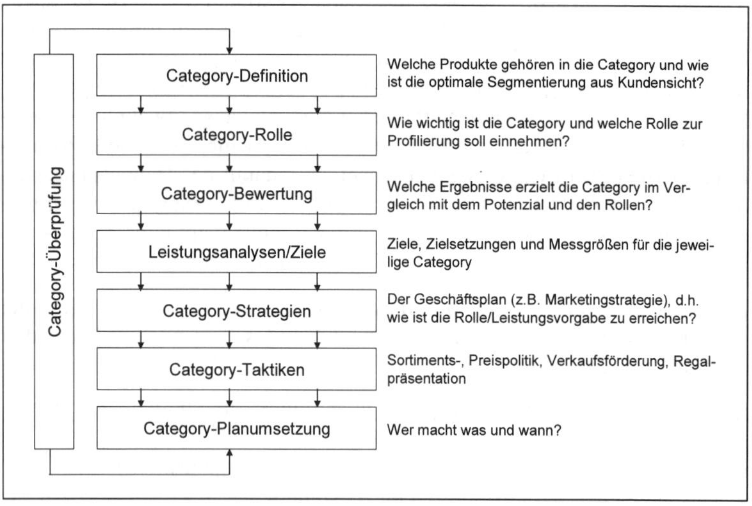

Quelle: in Anlehnung an The Partnering Group/Roland Berger & Partners 1997.

Zu Beginn dieses Prozesses werden zunächst die einzelnen Produktkategorien definiert sowie deren Wichtigkeit innerhalb des gesamten Sortiments festgelegt. Die Definition der Produktkategorien bildet einen der zentralen Prozessteile und ist daher in Abbildung 4.24 visualisiert.

Abbildung 4.24: Category-Definitionsprozess

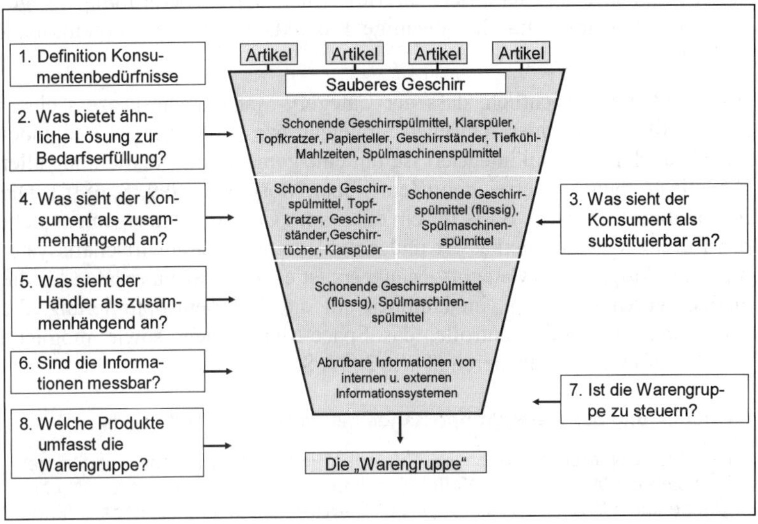

Quelle: in Anlehnung an The Partnering Group/Roland Berger & Partners 1997, S. 38.

Die Bestimmung der Category-Rolle (vgl. hierzu die Ausführungen zu Beginn dieses Abschnitts) wird nach qualitativen Kriterien vorgenommen. Dabei wird die Bedeutung der Category aus Kundensicht, aus Sicht des Handelsunternehmens, aus Sicht der Konkurrenten und die Entwicklung der Category am Markt berücksichtigt. Anschließend wird für jede Category eine Potenzialanalyse unter Berücksichtigung zusätzlicher Analysen und der Beschaffungsoptionen durchgeführt.

In einem nächsten Schritt wird die aktuelle Leistung der Categories gemessen und mit den Zielen bzw. Potenzialen verglichen. Hierzu werden für jede Category unterschiedliche Kennzahlen vorgeschlagen, so Haushaltspenetration und Zufriedenheit (Kunden), Umsatz, Umsatzwachstum, Bruttogewinn, Marge usw. (Finanzen), Bestand, Reichweite, Serviceniveau usw. (Produktivität) sowie Marktanteil (Markt).

Eine zentrale Stufe im Geschäftsplanungsprozess des Category-Managements stellt die Entwicklung von Category-Strategien dar. Mögliche Strategien stellen die Steigerung der Kundenfrequenz, das Erzielen von Aufmerksamkeit bei Categories, denen eine Profilierungsrolle zukommt, oder die Verbesserung der Bruttomarge bei Categories, die eine Pflichtrolle erfüllen, dar. Diese Strategien bilden zugleich die Basis für die Erarbeitung von Category-Taktiken im Bereich einzelner Marketinginstrumente des Handels. Dahinter verbergen sich Ideen bezüglich der gegenwärtigen und zukünftigen Category-spezifischen Gestaltung der Marketinginstrumente (z.B. Preispolitik, Verkaufsförderung).

Die letzte Stufe betrifft die detaillierte Planumsetzung, so z.B. die Planung der warengruppenspezifischen Marketing-Strategien, die Terminierung,

Budgetierung und Kompetenzzuteilung sowie flankierende Maßnahmen, in deren Rahmen bspw. Kriterien zur Bewertung bzw. Überprüfung der geplanten Maßnahmen für die jeweilige Produktkategorie und organisatorischen Schritte festgelegt werden.

Insgesamt wird ersichtlich, dass der Category-Management-Prozess einerseits vertikal in den hierarchischen Strategieprozess integriert ist und andererseits auch horizontal integriert ist, um eine gemeinsame Ausrichtung aller Einzelinstrumente zu erreichen (Zentes/Janz/Morschett 1999, S. 68ff.). Die informationstechnische Basis für ein effizientes Category-Management stellt der Einsatz von Scannerkassen und geschlossenen Warenwirtschaftssystemen dar. Aufgabe des Category-Managers ist es, diese Scannerdaten für die eigene Warengruppe v.a. im Hinblick auf die Sortimentsoptimierung, die Aktionsplanung und -kontrolle, das Space-Management sowie mögliche Verbundeffekte zu analysieren (Theis 2007, S. 344).

Optimierung der Warengruppe Kaffee bei Edeka und Kraft Foods

Die Edeka Nordbayern-Sachsen-Thüringen und Kraft Foods optimierten gemeinsam die Warengruppe Kaffee und konnten damit den gesamten Warengruppenumsatz um 10 % steigern. Der Category-Management Prozess führte bspw. zu einer Reduktion der Artikelanzahl um 5 %. Als Ergebnis der Flächenplanung nimmt der traditionelle Filterkaffee nun 40 %, Kaffee auf Knopfdruck und lösliche Spezialitäten jeweils 25 % und der traditionelle Löskaffee 10 % der Regalfläche ein.

Quelle: Lebensmittel Zeitung, 06. Oktober 2006, S. 23.

Neben praktischen Beispielen belegen Studien systematische Differenzen in der Wirkung von Preis-, Promotions- und Sortimentsvariablen auf den Erfolg in einzelnen Categories (Dhar/Hoch/Kumar 2001).

b) Re-Organisation des Warengruppenmanagements

In organisatorischer Hinsicht stellt Category-Management ein ganzheitliches Führungs- und Organisationskonzept dar (siehe Abbildung 4.25), das insbesondere durch die Aufhebung der traditionellen Trennung von Einkauf, Verkauf und Logistik ein höheres Maß an Kundenorientierung beim Aufbau und der Gestaltung der Sortimente bewirken soll.

Abbildung 4.25: Organisatorische Rahmenbedingungen

Komponente	Beschreibung
Organisatorische Struktur	Wahl der Sortimentssteuerungs- und Unterstützungsstrukturen auf Grundlage richtiger Warengruppenpositionierung (Händler) und Konsumentenbedürfnisse (Hersteller)
Verantwortlichkeiten/ Stellenbeschreibungen	Erarbeitung von Stellenbeschreibungen für alle Positionen im Bereich des Category-Managements

Erforderliche Fähigkeiten	Festlegung zu erwartender Fähigkeiten für Schlüsselpositionen im Category-Management; Empfehlungen bezüglich nötigen Ausbildungen
Leistungsbewertung	Spezifizierung von Leistungsbewertungen auf Grundlage vordefinierter Verantwortlichkeiten im Tätigkeitsbereich
Vergütungs- und Anreizsystem	Methoden, Category-Management-Mitarbeiter zu guten Leistungen anzuregen; Karrieremöglichkeiten

Quelle: in Anlehnung an The Partnering Group/Roland Berger & Partners 1997, S. 86f.

Der Category-Manager einer Warengruppe, die als strategische Geschäftseinheit definiert ist (z.B. Haut- und Haarpflege, Wasch-, Putz- und Reinigungsmittel, Babynahrung und -pflege) sorgt bspw. für den optimalen Ausgleich von Industrie- und Handelsmarken im Artikelprogramm der Category, die Optimierung der Regalplätze, die Abstimmung der Sortimente auf regionale Besonderheiten, die Beschaffung von Saisonartikeln und berücksichtigt Artikel, die von der Konkurrenz angeboten werden. Vor allem stimmt er die Category auf die Bedürfnisse der aktuellen und potenziellen Kunden ab und ist dabei bereichsübergreifend für unterschiedliche Funktionen, so Einkauf, Logistik, Preisgestaltung, Marktforschung, Warenplatzierung, Regaloptimierung, Verkaufsförderung und Werbung verantwortlich. Der Erfolg der Tätigkeit eines Category-Teamleades wird nicht nur am erzielten Deckungsbeitrag und dem Marktanteil seiner Warengruppe, sondern auch an der Zufriedenheit der Kunden gemessen (Haller 2001, S. 161).

Ein Category-Team setzt sich, den wahrzunehmenden Aufgaben entsprechend, aus unternehmensinternen Experten aus den Bereichen Marketing und Vertrieb, Einkauf, Logistik und Disposition, IT und Controlling zusammen. Organisatorisch kann das Category-Management als Stabstelle implementiert werden. Es übernimmt dann eine beratende Funktion gegenüber dem Verkauf, der Leitung einer Vertriebslinie oder der Geschäftsführung. Als Linienfunktion ist das Category-Management dem Sortimentsmanagement übergeordnet oder gleichgestellt.

c) Gestaltung der Schnittstelle Handel-Lieferant

Category-Management umfasst nicht die Koordination von Aufgaben zur Optimierung der Warengruppen innerhalb eines Handelsunternehmens, sondern auch die der Schnittstellen zu den Lieferenten. Die kundenwertbezogene Optimierung einer Warengruppe zielt darauf ab, Ineffizienzen und Schnittstellenprobleme entlang der Wertschöpfungskette – v.a. im Marketing und im Supply-Chain-Management – weit gehend abzubauen und so den Gesamtprozess zu optimieren bzw. Transaktionskosten zu senken.[1]

Die Schnittstellenproblematik wird grundsätzlich dadurch charakterisiert, dass bisher unterschiedliche Entscheidungs- und Durchsetzungsprozesse in Handel und Industrie koordiniert werden müssen. Aus Sicht des Handels ist

[1] Vgl. zur Schnittstellproblematik die Ausführungen in den Abschnitten C.III. bzw. C.IV. des Fünften Kapitels.

die Auswahl des industriellen Kooperationspartners für die Warengruppenoptimierung ein wichtiger erster Schritt.

Relativ klar scheint zu sein, dass Umsatzgewinne bei Händlern, die Category-Management praktizieren, bei anderen Händlern zu Umsatzverlusten führen, da der Gesamtmarkt nicht wesentlich größer wird. Auch auf Seite der industriellen Partner des Handels führt die enge Kooperation mit ausgewählten Herstellern häufig zu einer teilweisen Verdrängung anderer Hersteller. Die Auswahl dieser Category-Partner beeinflusst somit auch die Entscheidung über die Zusammensetzung des Sortiments. Die zunehmende Marktmacht des Handels führt dazu, dass bei der Auswahl des industriellen Category-Partners die Fähigkeit zur gemeinsamen Schaffung von Wettbewerbsvorteilen eine zentrale Rolle spielt. Darüber hinaus sind Fähigkeiten zur Vernetzung und Konfliktregulierung entscheidende Faktoren für die Zusammenarbeit.

Allerdings ist eine zu weit gehende Kooperation weder von den beteiligten Handelsbetrieben noch von den industriellen Partnern erwünscht. So könnte das detaillierte Marketing-Know-how der Hersteller dem Handel bei der Konzipierung von Eigenmarken behilflich sein. Auf der anderen Seite wird es auch in Zukunft im Interesse des Handels sein, die eigene Kernkompetenz der Sortimentsgestaltung nicht an die Lieferanten abzugeben. Überhaupt wird der Handel nur solange mit Herstellern kooperieren, als er gewisse Informationen entweder gar nicht oder nur sehr schwer selbst beschaffen kann.

Einen bedeutenden Fortschritt stellen Computerprogramme dar, die das Category-Management für Hersteller und Handelsunternehmen erleichtern. Um die Arbeit des Category-Managers noch effizienter zu gestalten, stellen die meisten Programme Schnittstellen zu Marktforschungsdaten zur Verfügung. Zu den führenden CM-Softwareprogrammen zählen u.a.:

- AC Nielsen's Category Business Planner (www.acnielsen.com) und Spaceman (www.acnielsenspaceman.com)
- MEMBR Retail Tracking Services' verschiedene Versionen der Apollo Merchandising Software (www.memrb.com)
- Logic Planning Systems' Shelf Logit Pro Category Software und Shelf Logit Quick plan (www.shelflogic.com)
- GfK's CatmanGuide (www.gfk.com).

3. Kritik am Category-Management-Konzept

Der Category-Management-Ansatz wird bei aller Euphorie über Einsparpotenziale und mögliche Erlössteigerungen aus den folgenden Gründen häufig kritisiert bzw. relativiert (Battenfeld 2001b, S. 88; Zentes/Janz/Morschett 1999, S. 72f.):

- Praktische Lösungen zur Abgrenzung der einzelnen Categories orientieren sich noch zu sehr an den traditionellen Warengruppen.

- Beim Category-Management wird zwar von individueller Kundenorientierung gesprochen, das Marketing richtet sich aber noch zu sehr an einen „Durchschnittskunden".
- Category-Management fördert zwar die Ausrichtung an einzelnen Warengruppen, vernachlässigt allerdings kategorienübergreifende Analysen bzw. Marketingmaßnahmen.
- Verbundeffekte zwischen Produkten, die verschiedenen Categories angehören, können verloren gehen, da die Koordination zwischen Category-Managern problematisch ist.
- Einkaufssynergien können einfacher durch eine zentrale Funktionsabteilung als durch ein Category-Management realisiert werden.
- Category-Management führt zu einer starken gegenseitigen Abhängigkeit von Hersteller und Handel.

C. Standortpolitik

I. Grundlagen

Die Standortpolitik ist im Handel ein wichtiger Teil der Absatzpolitik und bezieht sich auf die marktorientierte Wahl eines geografischen Ortes, an dem Handelsunternehmen Ressourcen einsetzen, um Leistungen für ihre Kunden zu erstellen (Zentes/Swoboda 2001a, S. 505). Bei Standorten bzw. Standortlagen lassen sich unterschiedliche Typen unterscheiden. Sie reichen von Standorten im stationären Handel (Ladeneinzelhandel), über Standorte im ambulanten Handel bis hin zu Standorten im Versandhandel.

Abbildung 4.26: Systematisierung von Standorttypen

	Standorttyp 1	Standorttyp 2	Standorttyp 3
Deutschsprachige Literatur	integrierter Standort, Nahversorgungsbetrieb, wohnorientierter Standort, haushaltsnaher Standort	City-Standort, agglomerationsorientierter Standort, konkurrenzorientierter Standort, passantenorientierter Standort	verkehrsorientierter Standort, autogerechter Standort, nicht-integrierter Standort
Englischsprachige Literatur	unplanned Cluster, unplanned business district, central business district, urban shopping district	planned cluster, planned shopping centers, shopping centers	isolated location/site, freestanding stores/sites

Quelle: in Anlehnung an Bienert 1996, S. 42.

Nachfolgende Abbildung gibt einen Überblick über die Systematisierung in drei Standort-Basistypen, differenziert nach der deutschen und der eher amerikanisch geprägten Literatur, wobei diese Systematisierung nur auf Standorte des Ladenhandels fokussiert und sich weder auf den ambulanten noch den Versandhandel bezieht.

Die Wahl des Standortes steht in engem Zusammenhang mit dem gewählten Betriebstyp. So werden bspw. für Fachgeschäfte sowohl Innenstadtlagen als Lagen auf der Grünen Wiese (Agglomerationseffekte), für Convenience Shops eher verkehrsgünstig gelegene Standorte bevorzugt.[1] Betrachtet man die Standortentwicklung aus einer historischen Perspektive, so lassen sich fünf Phasen herausstellen.

Abbildung 4.27: Phasen der Standortentwicklung

Phase	Entwicklung
Phase I	Dominanz der Stadtkerne und der Wohngebietslagen
Phase II	Drang zur Grünen Wiese
Phase III	Reaktivierung der Innenstädte
Phase IV	Neue Grüne Wiese
Phase V	Comeback der Innenstädte

Quelle: in Anlehnung an Zentes/Swoboda 1998d, S. 94.

Phase I ist durch die Dominanz der Facheinzelhandlungen gekennzeichnet, wobei die Standorte dieser dominierenden Betriebsform die Stadtkerne und Stadtrandlagen sowie die Wohngebietslagen sind.

Anfang der sechziger Jahre entstehen die ersten Verbrauchermärkte und SB-Warenhäuser. Bezogen auf die Standortwahl ist diesen beiden Betriebsformen gemeinsam, dass sie (meist) nicht den Standortverbund mit anderen Betrieben suchen. Vielmehr siedeln sich diese an verkehrsgünstigen, mit Parkflächen ausgestatteten Standorten, die sich außerhalb der traditionellen Geschäftszentren befinden, an. Auch die später entstandenen Fachmärkte sind der Phase II zuzuordnen, da sie gleichermaßen auf autokundenorientierte Standorte abzielen. Zudem kann festgehalten werden, dass sie sich hinsichtlich ihrer Standortpolitik oftmals in der Nähe der zuvor entstandenen Verbrauchermärkte und SB-Warenhäuser niederlassen. Der Drang zur Grünen Wiese zeigt sich zudem im Aufkommen neuer Einkaufszentren (Shopping Center), die außerhalb geschlossener Siedlungskomplexe errichtet werden.

Mit der Reaktivierung der Innenstädte durch eine Neuausrichtung und Neupositionierung des Facheinzelhandels und der Kauf- und Warenhäuser sowie der Errichtung von Einkaufspassagen folgt Phase III, die zudem durch das Aufkommen meist kleinflächiger Discounter geprägt ist. Die Entstehung neuer Handelsformen wie sog. Mega-Malls und Factory Outlet Center prägt Phase IV mit der Tendenz zur Neuen Grünen Wiese. Beinahe zeitgleich verzeichnet man in Phase V das Comeback der Innenstädte mit dem Schwerpunkt Convenience in Form von Tankstellenshops oder zu Einzelhandelsflächen umstrukturierter Post-, Bahn- und Industriebrachen.

[1] Vgl. zur differenzierenden Typologie Müller-Hagedorn 2005, S. 133.

Große Pläne mit kleinen Läden

Das Erfolgsbeispiel 7-Eleven zeigt, welches Potenzial eine optimale Convenience-Strategie mit sich bringt. Als Standorte kommen generell Bahnhöfe u.a. Verkehrsknotenpunkte, aber auch hochfrequentierte City-Lagen in Frage. In den Anfangsphasen konzentriert man sich auf etwa 100 qm große Märkte, wobei ein solcher Standort mindestens zwei bis drei Mio. EUR jährlich umsetzen muss.

Bis zum Jahr 2016 ist geplant, 7-Eleven, das die größte Kette von Einzelhandelsgeschäften in 20 Ländern betreibt, auch in Hamburg, München und Köln zu etablieren.

Quelle: LZ Net, 10. August 2004.

Standorte lassen sich grundsätzlich Netzstrukturen zuordnen, zwischen denen vielfältige Konkurrenzbeziehungen bestehen. Tietz (1993b, S. 206ff.) unterscheidet zwischen:

- dem Primärnetz: Handelsbetriebe in Innenstadtlagen und innenstadtorientierten Shopping Center
- dem Sekundärnetz: Standorte am Rande von Siedlungsgebieten oder auf der Grünen Wiese, die sich vorwiegend an Autokunden richten
- dem Tertiärnetz: Katalog- und Versandhandel.

Abbildung 4.28 soll nach dieser groben Aufgliederung in drei Netzstrukturen eine weiter gehende Differenzierung von Standorttypen aufzeigen. Angemerkt sei hierbei, dass es sich um eine Vereinfachung handelt, da es unzulässig wäre, die Vorteilhaftigkeit eines Standortes für einen bestimmten Handelsbetrieb lediglich an einem Merkmal auszumachen (Müller-Hagedorn 1993, S. 111).

Auch im Rahmen des Supply-Chain-Managements bzw. der Logistik spielt die Standortwahl von Warenverteilzentren im Hinblick auf den Service für die Filialen und indirekt in Bezug auf die Erfüllung von Kundennutzen eine wichtige Rolle (vgl. hierzu das Fünfte Kapitel). Im Folgenden steht die Standortwahl des stationären Handels im Mittelpunkt.

Abbildung 4.28: Standorttypen

	Standorttyp	Häufig bevorzugt von	Bevorzugte Güterarten
Typ 1	in großer räumlicher Nähe zu den Wohnorten der Haushaltungen, die als Kunden gewonnen werden sollen	Nachbarschaftsgeschäften Lebensmittelfilialbetrieben	regelmäßig anfallender Bedarf geplante, routinierte Einkäufe Einkäufe, die zu Fuß erledigt werden
Typ 2	in großer räumlicher Nähe zu Konkurrenzbetrieben	Fachgeschäften (z.B. Möbelhandlungen)	Güter, deren Beschaffung eingehende Informationssuche erfordert
Typ 3	in großer räumlicher Nähe zu Betrieben mit ergänzendem Sortiment	Fachgeschäften, Shopping Center	
Typ 4	in großer räumlicher Nähe zu Passantenströmen	relativ kleinen Geschäften	Güter mit hohem Impulskaufanteil
Typ 5	verkehrsgünstig gelegen	Geschäften mit großem Flächenbedarf	Güter mit hohem Flächenbedarf

Quelle: Müller-Hagedorn 1993, S. 111.

Das spezifische Problem der Wahl des Standortes wird von möglichen Anlässen (siehe Abbildung 4.29) geprägt, auf Grund derer eine Standortwahl getroffen werden muss.

Abbildung 4.29: Mögliche Anlässe für Standortentscheidungen

Anlass	Beispiel
Neugründung	Suche nach Ladenlokal zum Aufbau einer neuen Vertriebslinie
Umsiedlung ohne Veränderung der Betriebsgröße	Verlagerung eines Großhandelsstandortes nach Veränderung der Straßenführung
Erweiternde Verlagerung	Umzug an Stadtrand in größere Räumlichkeiten mit größerem Parkplatzangebot
Quantitative Unternehmensausweitung	Erschließung neuer Filialen ohne Veränderung des bisherigen Konzepts

Funktionale Differenzierung	Räumliche Aufspaltung der Funktionsausübung: Großhandelsverwaltung an einem Standort, Lager für Zustellgeschäft an einem zweiten, C&C-Markt an einem dritten Standort
Sortimentsbezogene Differenzierung	Auslagerung von Sortimenten eines Warenhauses in spezielle Sportgeschäfte und Möbelhäuser

Quelle: in Anlehnung an Lerchenmüller 1998, S. 81.

In Bezug auf Standortentscheidungen lassen sich in der Regel mehrere Phasen unterscheiden. Typische Phasen im Fall eines „greenfield investments" sind:

- die Wahl des Absatzgebietes (z.B. eines internationalen Ländermarktes oder einer neuen Region) (Makroanalyse)
- die Suche des geografischen Ortes innerhalb der Region (Mikroanalyse mit Einzugsgebietsabgrenzung usw.) und die punktuelle Analyse des spezifischen Standorts („site evaluation")
- die Flächenplanung (z.B. Verkaufsfläche, Lager-, Büro-, Nebenräume, Parkplätze) für das Grundstück.

Demgegenüber bedeuten „brownfield investments" die Übernahme vorhandener Gebäude bzw. Flächen, die dann i.d.R. umgebaut oder einer anderen Nutzung zugeführt werden. Dies ist wiederum von Akquisitionen abzugrenzen, in deren Rahmen ganze Unternehmen inklusive ihrer Flächen übernommen werden und dabei ggf. einzelne Outlets bzw. Flächen wieder veräußert werden (vgl. zu Akquisitionen als Wachstumsstrategie Abschnitt C.IV. des Zweiten Kapitels).

Standortoptimierung als Markenwertmultiplikator

Vor allem für Anbieter von bspw. Prestige- und Lifestyle-Artikeln im hochpreisigen Segment ist die Strategie der Ansiedlung der eigenen Geschäfte in sog. 1a-Lagen der großen Metropolen Erfolg versprechend. Zentral ist hierbei, dass mit solchen Läden oftmals nicht die Gewinnerzielung auf Grund der hohen Frequenz im Vordergrund steht, sondern vielmehr die Präsentation der Marke an prestigeträchtigen Standorten. Ein Unternehmen, das diese Strategie konsequent anwendet, ist die Parfümeriemarktkette Sephora. Mit Standorten in der 5th Avenue in New York, in der Regent Street in London sowie an der Pariser Champs-Elysées versucht das Unternehmen, sich durch Präsenz an solchen 1a-Lagen ein entsprechendes Image zu schaffen.

Diese Entwicklung wird zunehmend für einen verschärften Wettbewerb um diese Standorte sorgen. Vorreiter ist in diesem Bereich die Unternehmensgruppe Virgin. Wie unten ersichtlich, kann die Palette der Virgin Megastores an diesen Prestigestandorten als beinahe ausgereift bezeichnet werden.

Chicago 540, Michigan Anvenue

New York 1540, Broadway at Times Square

Los Angeles 8000, Sunset Boulevard

Miami 5701, Sunset Drive

Mailand 8, Piazza Duomo

London 14-16, Oxford Street

Paris Avenue des Champs-Elysées

London 225-229, Picadilly Circus

Quelle: Zentes/Janz/Morschett 2001, S. 147, www.virgin.com.

II. Bestimmungsfaktoren der Standortwahl

1. Überblick

Da die Standortwahl im Handel den Unternehmenserfolg maßgeblich beeinflusst, stehen diese Faktoren in ihrer erlös-, kosten-, und finanzwirtschaftlichen Auswirkung auf die Zielerreichung des Unternehmens im Mittelpunkt der Beurteilung der Standortqualität. Im Rahmen einer Investitionsrechnung lässt sich die Güte eines Standortes im Hinblick auf rentabilitätsbezogene Erfolgskriterien abschätzen.[1] Neben der Ermittlung der standortspezifischen Ein- und Auszahlungen spielt bspw. die Höhe des Kalkulationszinsfußes als Alternativrendite eine wichtige Rolle. Ein schwieriges Problem besteht auch darin, die standortspezifischen Zahlungsströme bis zum Planungshorizont zu erfassen.

In der Literatur ist es üblich, diese bei der Standortwahl wirkenden Faktoren (Standortfaktoren) zunächst in Checklisten zusammenzufassen bzw. in Katalogen zu systematisieren um diese dann einer Bewertung zuzuführen, etwa mittels eines Punktbewertungsverfahrens, denn ein Scoring-Modell ermöglicht die Kombination ökonomischer und nicht-ökonomischer Potenzialgrößen. In Abbildung 4.30 sind solche spezifischen – vorwiegend auf die Erlöse wirkenden – Standortfaktoren zusammengefasst.

Abbildung 4.30: Katalog der Standortfaktoren

Faktorengruppe	Untergruppe	Einzelne Faktoren
Demografische Faktoren	Bevölkerungsbestand und Verteilung	Gesamteinwohnerzahl, Zahl der Einwohner und Haushaltungen nach Entfernungszonen, Bevölkerungsdichte, Bevölkerungsentwicklung
	Bevölkerungsstruktur	Altersklassen, Zivilstand, Nationalität, Haushaltsstruktur
	Erwerbs- und Sozialstruktur	Erwerbsquote, selbstständig Erwerbende, unselbstständig Erwerbende, berufstätige Frauen, soziale Einstufung
Wirtschaftliche Faktoren	Einkommensverhältnisse	Einkommen je Kopf der Bevölkerung, Aufteilung nach Einkommensklassen, Sparquote pro Kopf der Bevölkerung
	Einkommensverwendung	konsumtive Kaufkraft pro Einwohner, durchschnittlicher Mietwert der Wohnungen, Haushaltsausgaben (Statistik und Panels), Kaufneigung (Anzahl an Autos, Eigenheimen, Telefonanschlüssen pro 100 Einwohner), regionale Verbrauchskennziffern
	Marktpotenzial	regionale konsumtive Kaufkraft, Berufspendlerströme, Fremdenverkehr, Passantenströme
Psychologische und sozialpsychologische Faktoren	Lebensgewohnheiten	Lebensstandard, Freizeit, Arbeitszeit, Motorisierung
	Konsumgewohnheiten	Einkaufsintervall, durchschnittlicher Einkaufsbetrag, in Kauf genommene Wegstrecke, benutzte Verkehrsmittel, Einkaufszeiten
	Mentalität	Anziehungskraft des Geschäftes, Image des Geschäftes, Ansprüche der Konsumenten in Bezug auf Verkaufsatmosphäre, Warendarbietung usw.

[1] Vgl. zur Standortwahl als Investitionsproblem Liebmann 1971; Tietz 1969; Müller-Hagedorn 2005.

Infrastruktur	Städtebau	Projekte der Regional- und Ortsplanung, Funktionen der Stadt, Entwicklung von City und Agglomerationen, öffentliche und private Bauprojekte, Zentralitätswirkung der Stadt (Schulen, Verwaltung, kulturelle Einrichtungen, sonstige öffentliche Dienstleistungen)
	Verkehr	Verkehrslage (Haupt- oder Nebenverkehrslage), Bedeutung der öffentlichen Verkehrseinrichtungen, Bedeutung des privaten Verkehrs, Ausmaß des Verkehrsstromes, zeitlicher Anfall des Verkehrsstromes, Anzahl vorhandener Parkplätze nach Entfernungszonen, natürliche und künstliche Hindernisse (z.B. Eisenbahnlinien oder Berge)
Konkurrenzverhältnisse	Konkurrenzbestand und -formen	Anzahl der Betriebe, Größe der Betriebe, Distributionsform, Rechtsform, Umsatz, Filialbetriebe, Einkaufsgenossenschaften, freiwillige Ketten
	Konkurrenzwirkung in Bezug auf die Sortimentsstruktur	Fachkonkurrenz (gleiche Güter), Funktionskonkurrenz (ergänzendes Sortiment), Kaufkraftkonkurrenz (Substitutionsgüter)
	räumliche Präferenzen	Kundennähe, Lage in Bezug auf „Passantenmagnete"
	sachliche Präferenzen	Preisvorteile, Qualitätsvorteile, größere Auswahl, besseres Image, besserer Kundendienst
Objektbewertung	Bewertung des Lokals	Größe des Objektes (Verkaufsfläche), Gestaltung der Ladenfront, Ausbaumöglichkeiten, Zufahrtsmöglichkeiten (Wirtschaftsverkehr), Lagerräume
	Bewertung des Platzes	Wert und Zusammensetzung der Nachbargeschäfte, Passantenmagnete, Lage innerhalb des Verkehrsnetzes, Parkplatzangebot
Standortabhängige Kosten	Beschaffung und Vertrieb	Zulieferungskosten, Transportkosten (Außenlager-Stammhaus), Hauszustellungskosten, Kosten für Fuhr- und Wagenpark
	Gebäude und Unterhalt	Grundstücks- und Gebäudekosten, Miete und Pacht, Einrichtungskosten, Reparaturen und Unterhalt, Energiekosten
	Verkauf und Diverse	Personalkosten, Steuern und Abgaben, Beteiligung an Gemeinschaftsaktionen (z.B. Parkhäuser)
Störfaktoren	gesetzliche Bestimmungen	Ladenöffnungszeiten, baupolizeiliche Vorschriften, sonstige Einschränkungen
	Immissionen	klimatische und topografische Nachteile, Lärm-, Rauch- und Geruchsentwicklung benachbarter Objekte

Quelle: Müller-Hagedorn 2005a, S. 140ff.

In einem nächsten Schritt sind die an einem bestimmten Standort erzielbaren Umsätze bzw. Erlöse abzuschätzen. Dieser Schritt macht die Abgrenzung des Einzugsgebietes und die Durchführung einer **Kaufkraftanalyse** notwendig. Im Rahmen einer „Kaufkraftwanderungsanalyse" werden z.B. Pendlerströme erfasst, aber auch die Rolle von Faktoren wie das Image des Unternehmens berücksichtigt. Im Rahmen von Imageanalysen wird bspw. ermittelt, wie sich die Einkaufsstätten-Attraktivität für Kunden in Abhängigkeit von der Entfernung entwickelt. Je attraktiver eine Einkaufsstätte auf die Nachfrager wirkt, desto größer kann das Einzugsgebiet sein. Neben Kaufkraftkennziffern, die von Marktforschungsinstituten (wie z.B. der GfK

Nürnberg) ermittelt werden, gibt es eine Reihe standorttheoretischer Ansätze, die zur Ermittlung der standortspezifischen Erlöse herangezogen werden können. Diese stehen im Mittelpunkt der folgenden Ausführungen.

2. Bestimmung des Einzugsgebiets

a) Überblick

Für die Standortwahl ist der maximal erzielbare Umsatz an der Betriebsstätte ein wichtiges Entscheidungskriterium. Dabei steht die Frage im Mittelpunkt, wie weit das Gebiet reicht, aus dem das Handelsunternehmen Kunden gewinnen kann. Im Einzelnen sind bei der Festlegung des Einzugsgebietes u.a. folgende Fragen zu beantworten:

- Aus welchen Entfernungen ist damit zu rechnen, dass Kunden die Einkaufsstätte besuchen?
- Welche Rolle spielen dabei Faktoren wie Infrastruktur, Verkehrsanbindung, Mobilität der Konsumenten und Anzahl branchengleicher Konkurrenten?
- Inwieweit beeinflussen Sortimentscharakteristika (Breite, Tiefe und Güterkategorie usw.) und Einkaufsstättenattraktivität die Bereitschaft von Kunden, größere Entfernungen in Kauf zu nehmen?

Zur Bestimmung des Einzugsgebietes können verschiedene Methoden herangezogen werden. Diese reichen von relativ einfachen Verfahren mit geringem Erhebungsaufwand wie bspw. Kreis-, Zeitdistanz-, Gehminutenzonenmethode bis hin zu mathematisch-statistischen Verfahren wie die Modelle von Reilly, Converse oder Huff.[1] Im Folgenden werden zwei – dafür charakteristische – Verfahren dargestellt.

b) Zeitdistanz-Methode

Während bei der **Kreismethode** konzentrische Kreise gleicher Distanzen zum potenziellen Standort gezogen werden (Luftdistanz), werden bei der Zeitdistanz-Methode die geografischen Besonderheiten berücksichtigt, die in Form von effektiven Geh- bzw. Autofahrminuten ihren Niederschlag finden. Das Fußgängereinzugsgebiet kann z.B. so bestimmt werden, indem ermittelt wird, wie weit man vom Geschäftslokal zu Fuß in jede Richtung in der gleichen Zeiteinheit (z.B. in 10 Minuten) kommt. Diese Linien werden miteinander verbunden und bilden sog. **Isochronen**. Entsprechend kann das Einzugsgebiet bspw. für Autokunden festgelegt werden. Abbildung 4.31 enthält ein Beispiel zur Anwendung der Zeitdistanz-Methode.

---

[1] Für eine detaillierte Diskussion des Huff-Modells vgl. Bienert 1996; Müller-Hagedorn 2005.

Abbildung 4.31: Beispiel zur Anwendung der Zeitdistanz-Methode

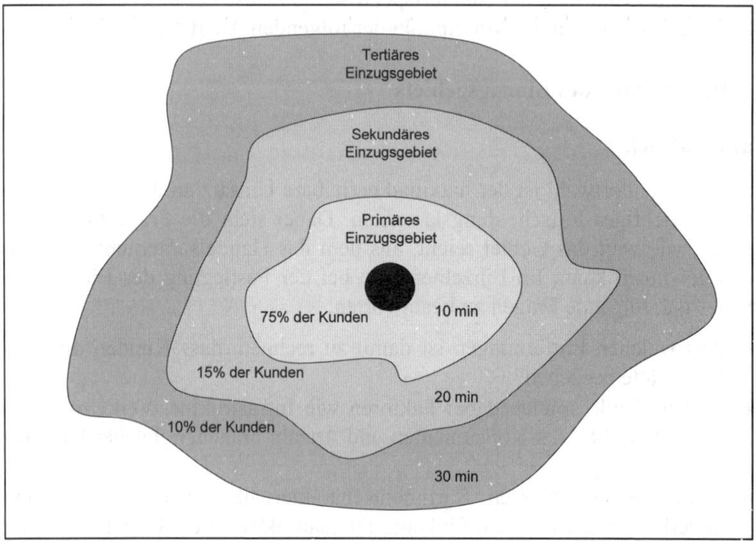

Quelle: in Anlehnung an Mattmüller/Tunder 2004, S. 329.

Für die Bestimmung des Einzugsgebietes liegen in Handelsbetrieben häufig Erfahrungswerte vor. So kennt man aus bereits realisierten Projekten bspw. kritische Zeiten, die Fußgänger bzw. Autofahrer in Kauf nehmen, um zu einer bestimmten Einkaufsstätte zu gelangen. Bei der Zeitdistanz-Methode steht also die räumliche Erreichbarkeit zur Bestimmung des Einzugsgebietes im Vordergrund. Faktoren wie Konkurrenzverhältnisse und Kaufkraft bleiben allerdings unberücksichtigt.

Gigantisch ist nicht groß genug

Anders gestaltet sich dies bei der Konzeption von großflächigen Handelsagglomerationen, wie bspw. bei Shopping Center unterschiedlicher Größe. So lockt das größte Einkaufszentrum der USA, die „Mall of America" mit 520 Geschäften und 20 Restaurants jährlich 40 Mio. Besucher an. Diese Frequenz ist umso erstaunlicher, als der Konsumtempel in der tiefen Provinz und damit fernab großer Reiseziele liegt. Nicht selten fahren Besucher mehr als 1000 Kilometer um ein verlängertes Wochenende im größten überdachten Einkaufszentrum der USA zu verbringen.

Quelle: Spiegel online, 10. Februar 2006.

c) Huff-Modell

Die Huff-Methode gehört zur Gruppe der **Gravitationsmodelle** und geht auf Reilly (1929, S. 194f.) zurück. Reilly versuchte die Newton'schen Gravitationsgesetze auf das räumliche Einkaufsverhalten von Kunden zu übertragen. In seinem „Law of Retail Gravitation" postuliert er, dass sich die Anziehungskraft zweier zentraler Orte A und B (z.B. zwei Einkaufszentren) auf die Bevölkerung eines zwischen diesen Orten gelegenen Gebietes C (z.B. Wohnsiedlung) ungefähr im direkten Verhältnis zum Quadrat ihrer Entfernung vom untersuchten Gebiet C (Wohnsiedlung) verhält (Gümbel u.a. 1969, S. 145). Formal lässt sich dies wie folgt darstellen:[1]

$$(4.1)\quad \frac{\text{Anziehungskraft von A auf C}}{\text{Anziehungskraft von B auf C}} = \left(\frac{\text{Bevölkerung von A}}{\text{Bevölkerung von B}}\right)\left(\frac{\text{Entfernung BC}}{\text{Entfernung AC}}\right)^2$$

Für eine praktische Anwendung greift der Ansatz von Reilly auf Grund zahlreicher Faktoren, welche die Attraktivität und Anziehungskraft eines Einkaufszentrums ausmachen, zu kurz.

Eine größere Bedeutung kommt dem Modell von Huff (1964) zu. Mit diesem Ansatz lässt sich ein Umsatzerwartungswert für ein Einkaufszentrum errechnen, indem die voraussichtlichen Konsumausgaben der in einem Gebiet wohnenden Konsumenten mit Kaufwahrscheinlichkeiten multipliziert werden. Formal kann das Modell wie folgt dargestellt werden (Müller-Hagedorn 2005a, S. 161):

[1] Für eine detaillierte Diskussion des Modells vgl. Gijsbrechts/Campo/Nisol 2005, S. 1ff.

$$(4.2) \quad W_{ij} = \frac{U_{ij}}{\sum_{J=1}^{m} U_{ij}}$$

W_{ij} = Wahrscheinlichkeit, dass ein Konsument aus dem Verbrauchsgebiet i das Handelszentrum aufsucht

U_{ij} = Nutzen, den der Konsument aus dem Verbrauchsgebiet i empfindet, wenn er ein Handelszentrum am Ort j aufsucht.

Obwohl mehrfach versucht wurde, das Modell von Huff empirisch zu testen (z.B. bei der Eröffnung des CentrO in Oberhausen), erheben sich zahlreiche Kritikpunkte, die z.T. stark an den Modellannahmen ansetzen (Müller-Hagedorn 2005a, S. 164). So bleiben bspw. wichtige Faktoren für die Wahl einer Einkaufsstätte ausgeklammert. Huff misst primär die Attraktivität anhand der Verkaufsfläche und die Distanz anhand der Anfahrtszeit. Hier setzen viele Modellerweiterungen an, die bspw. eine multiattributive Messung der Attraktivitätsparameter (des „Nutzens") vornehmen.

d) Die Wahl des Standorts im Rahmen der Einkaufsstättenforschung

In der neueren Forschung wird die Standortwahl im Rahmen umfassender Modelle zur Wahl einer Einkaufsstätte untersucht und entsprechend modelliert. Im Mittelpunkt steht dabei die Frage, wie viele Geschäfte – auf Basis eines nutzenmaximierenden Verhaltens – von den Konsumenten aufgesucht werden, um einen bestimmten Bedarf zu decken. Die Größen von denen diese Entscheidung abhängt, sind in Abbildung 4.32 dargestellt.

Abbildung 4.32: Ein Modell zum Einkaufsverhalten

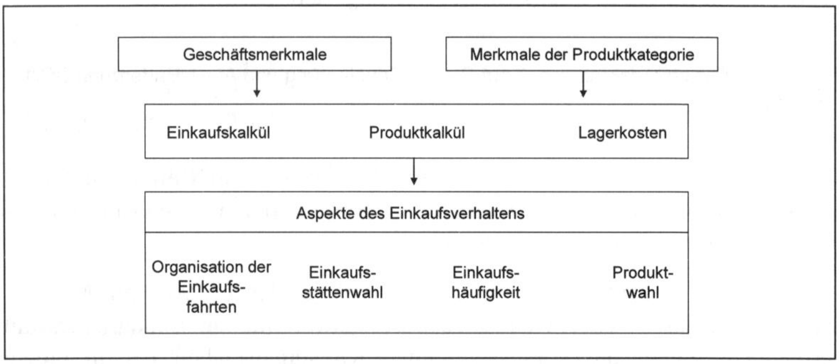

Quelle: in Anlehnung an Gijsbrechts/Campo/Nisol 2005, S. 27.

Wählt ein Kunde eine bestimmte Einkaufsstätte, ist diese Wahl auf Grund unterschiedlicher Faktoren wie Größe, Erreichbarkeit, Service, Preis und Sortiment sowohl mit Kosten als auch mit Nutzenwerten verbunden. Unter den Kosten werden in diesem Zusammenhang der Preis der gekauften Produkte, die mit dem Kauf anfallenden Lagerkosten, Transportkosten und auch die Aufenthaltsdauer bzw. die Wartezeiten im Geschäft subsumiert. Als Nutzen hingegen wird dem Kunden jener, der sich aus den gekauften Produkten und bspw. der Atmosphäre, dem Erlebnis oder auch dem Service im Zuge des Kaufs ergibt, betrachtet (Gijsbrechts/Campo/Nisol 2005, S. 27).

e) Das STORELOC-Modell zur betriebswirtschaftlichen Beurteilung eines Standortes

Wie bereits erwähnt, wurden in den vergangenen Jahren eine Vielzahl unterschiedlicher Modelle zur Standortbewertung diskutiert und entwickelt. Die meisten dieser Verfahren erfordern Konsumentendaten, um die Attraktivität alternativer Standorte bestimmen zu können. Neuere Befunde haben allerdings gezeigt, dass sich die Ergebnisgenauigkeit signifikant erhöhen lässt, wenn u.a. betriebswirtschaftliche Daten in die Analyse miteinbezogen werden. Der Vorteil eines solchen Modells liegt in der einfacheren Verständlichkeit und bequemeren Handhabung für das Management, wenn es mit Standortentscheidungen konfrontiert wird.

Das STORELOC-Modell berücksichtigt als zentralen Faktor den möglichen Ausstrahlungseffekt eines neuen Geschäftes auf die Gesamtnachfrage. Zur genaueren Verständlichkeit stelle man sich ein Shopping Center vor, in dem ein erfolgreicher Einzelhändler eine neue Filiale eröffnet. Diese neue Filiale wird zusätzlichen Kunden einen Besuchsanreiz liefern und damit das Nachfragepotenzial der gesamten Einkaufsstätte erhöhen. Um nun den Einfluss dieses Ausstrahlungseffektes abschätzen zu können, werden grundsätzlich zwei Prozedere vorgeschlagen,

- zum einen erfolgt eine Schätzung auf Basis der Marktanteile des Wettbewerbs,
- zum anderen auf Grund der relativen Stärke der unmittelbaren Konkurrenten (Durvasula/Sharma/Andrews 1992, S. 440f.).

Eine weitere Schlüsseleigenschaft des STORELOC-Modells zeigt sich im Abschätzen des Marktanteils eines neuen Standortes, unter Einbeziehung des konkurrierenden Umfeldes. In der Praxis besitzen Einzelhändler eher selten fundiertes Wissen über die zukünftigen Pläne der Konkurrenten. Durch die Analyse der relativen Wettbewerbsstärke lassen sich Szenarien identifizieren, die das zukünftige Wettbewerbsumfeld beschreiben.

Weitere Vorteile des Modells liegen in der relativ leichten Handhabung und dem geringen Kosten- und Zeitaufwand. Jedoch bleibt festzuhalten, dass das STORELOC-Modell keinesfalls den Anspruch der Vollständigkeit erhebt. Eine Einschränkung ergibt sich bspw. aus der Tatsache, dass es lediglich dazu dient, einen Standort isoliert zu bewerten und nicht die Möglichkeit bietet, gleichzeitig mehrere attraktive Standorte zu identifizieren. Zudem impliziert das STORELOC-Modell, dass ein Einzelhändler seine Expansion an jenen Standorten intensivieren sollte, an denen der größte Marktanteil zu erwarten ist. Dennoch kann es vorteilhafter sein, einen kleinen Marktanteil in einem großen Markt, als einen großen Marktanteil in einem verhältnismäßig kleinen Markt zu halten.

Zusammenfassend bleibt festzuhalten, dass es beim STORELOC-Modell v.a. um die Entwicklung eines Leitfadens („Retail Location Flow Chart") für Manager geht, wobei im Grundsatz die Abschätzung des potenziellen Marktanteils, den man mit einem neuen Standort realisieren könnte, im Vordergrund steht. Betrachtet werden bspw. die stärksten und schwächsten Konkurrenten, die Bedeutung von Store Attributes usw. Dabei bildet die Einschätzung von Managern die Basis. Indem jedoch betriebswirtschaftliche Beurteilungen in den Entscheidungsprozess mit einbezogen werden, stellt das STORELOC-Modell ein wertvolles Werkzeug zur Selektion attraktiver Standorte für Einzelhandelsgeschäfte dar.

III. Zusammenfassender Überblick über Methoden und Modelle der Standortplanung

In der Betriebswirtschaftslehre haben die Entscheidungsverfahren der Standortwahl eine lange modelltheoretische Tradition. Auch im Handel gibt es eine große Fülle unterschiedlicher Modelle und Methoden, die in der Regel anhand von Simulationsmodellen oder empirischen Untersuchungen gestützt oder entwickelt wurden. Abschließend soll ein Überblick über ausgewählte Methoden und Modelle der Standortwahl gegeben werden.

Abbildung 4.33: Überblick über unterschiedliche Methoden/Modelle der Standortplanung

Modell	Ausgewählte Autoren	Vorgehensweise
Analog Method	Cohen/Apple-baum 1960; Applebaum 1968	Existierende Geschäfte mit vergleichbarer Situation/vergleichbaren Charakteristika werden mit dem zu eröffnenden Geschäft verglichen, um die zukünftigen Umsätze/Marktanteile des neuen Geschäfts abzuschätzen.
Checklist-Method	Applebaum 1965; Nelson 1958	Standard-Checklisten zur Standortplanung, bei denen Faktoren wie z.B. sozioökonomische Entwicklungen/ soziodemografische Entwicklungen, Wettbewerb, Ausgabenstruktur der Konsumenten in der betrachteten Region sowie standortspezifische Faktoren wie z.B. Verkehr, Parkplätze, Erreichbarkeit, Sichtbarkeit u.Ä. betrachtet werden.
Interaktions-/ Gravitations-modelle	Huff 1964; Eppli/Shilling 1996	Analyse von sozial-räumlichen Interaktionen; Basierend auf gravitationstheoretischen Annahmen des Newton'schen Gravitationsgesetztes (Reilly 1929) wird das räumliche Wahlverhalten von Konsumenten zur Einzugsgebietsabschätzung analysiert bzw. prognostiziert.

Location Allocation Models	Huff 1966; Achabal/Gorr/Mahajan 1982; Drezner/Drezner 1996; Ghosh/Craig 1991; Ghosh/McLaff-erty 1984; Nakanishi/Cooper 1974; Kaufmann/ Donthu/Brooks 2000	Nutzung von Interaktionsmodellen zur simultanen Planung mehrerer Outlets, Berücksichtigung von Beziehungen zwischen mehreren Outlets.
Portfolio-Ansätze	Mahajan/Sharma/Srinivas 1985	Portfolio-Analysen zur Standortplanung mit Dimensionen wie z.B. Marktwachstum (in der betrachteten Region) und Break-Even-Marktanteil; Portfolio-Dimensionen werden z.B. beeinflusst durch Faktoren der Region (Bevölkerungsanzahl, Bevölkerungsdichte, Sozioökonomie, Soziodemografie, Haushaltsgrößen usw.) und Stärke des Standorts (z.B. Wettbewerbssituation, Art, Größe, Sichtbarkeit, Form des Standorts/Gebäudes/Grundstücks, Verkehrsbedingungen usw.).
Regressionsmodelle	Simkin 1989; Kelly/Freeman/Emlen 1993; Anderson 1985; Smith/Sanchez 2003	Betrachtung der Wirkung unterschiedlicher Einflussfaktoren auf die Performance von zukünftigen Standorten (z.B. Standortattribute, Marktattribute, Geschäftsattribute).

D. Markenpolitik im Handel

I. Bedeutung der Markenpolitik im Handel

Eine häufig angewendete Unterscheidung markenpolitischer Strategieoptionen ist jene in vertikale und horizontale Markenstrategien. Zu den **vertikalen Markenstrategien** zählen die Hersteller- und die Handelsmarkenstrategie. Markenstrategien im horizontalen Wettbewerb umfassen die Monomarken-, Mehrmarken-, Markenfamilien- und Dachmarkenstrategie (Meffert 2000, S. 869ff.). Da der Handel im Wesentlichen auf die vertikalen Markenstrategien Einfluss nehmen kann, wird in diesem Kapitel v.a. auf die Hersteller- und Handelsmarkenpolitik eingegangen.

Die Entwicklung einer erfolgreichen Markenstrategie wird wegen des Wettbewerbs zwischen Herstellermarken sowie zwischen Hersteller- und Handelsmarken zu einer anspruchsvollen Herausforderung (Bruhn 2004, S. 146). Analysen zeigen, dass den Handelsmarken eine zunehmende Bedeutung zukommt. So schätzten 52 % deutscher, österreichischer und Schweizer Führungskräfte die Bedeutung der Handelsmarken für den Unternehmenserfolg als hoch bzw. sehr hoch ein (Liebmann/Jungwirth/Klug 1999, S. 493) und aus Kundenbefragungen geht hervor, dass die Unterschiede von Hersteller- und Handelsmarken in Bezug auf das Markenimage zunehmend nivelliert werden. Zwar wird den Herstellermarken eine höhere Qualität zugeschrieben, doch dominieren Handelsmarken hinsichtlich des Preis-Leistungs-Verhältnisses und sind in Bezug auf das Vertrauen, das Konsumenten in die Marke setzen, mit Herstellermarken vergleichbar (Peters 1999, S. 28). Der Bedeutungszuwachs wird aber insbesondere durch den stetig wachsenden Marktanteil von Handelsmarken untermauert. Dieser stieg z.B. bei Fast Moving Consumer Goods in Deutschland in den letzten 30 Jahren von 12 % im Jahre 1975 auf über 30 % im Jahre 2004 (Swoboda/Samadi/Foscht 2006, S. 84). Abbildung 4.34 veranschaulicht den Marktanteil von Handelsmarken in ausgewählten europäischen Ländern und zeigt auch die Entwicklung im Zeitablauf an.

Abbildung 4.34: Bedeutung von Handelsmarken in Europa

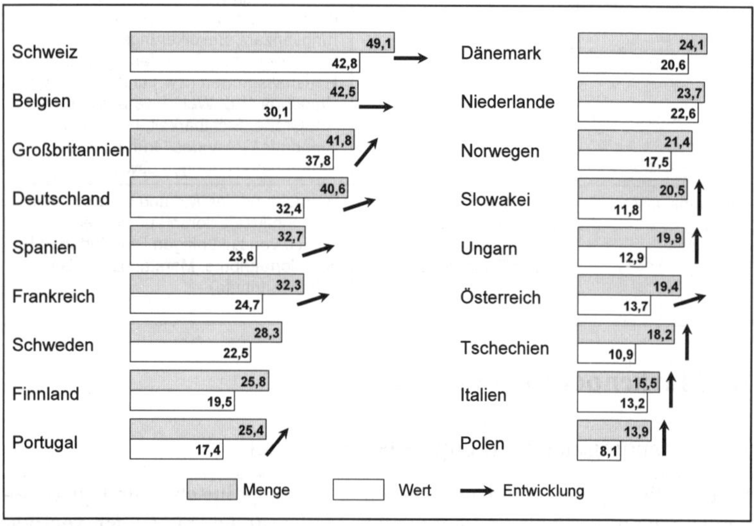

Quelle: PLMA/LPinternational 2006.

Die wesentlichsten Entwicklungen bei den Handelsmarken können wie folgt zusammengefasst werden (Theis 2007, S. 325f.):

- ein Bedeutungszuwachs in den meisten Ländern
- eine leichte Verschiebung bei der Zielsetzung, warum Handelsunternehmen Handelsmarken einsetzen
- eine Bewegung hin zu sortimentsübergreifenden Sortiments- und Hausmarken, welche die Profilierung der Unternehmen durch Handelsmarken noch verstärkt
- eine Schwerpunktsetzung auf Qualität statt auf Quantität, sodass der Einzelhandel seine hauseigenen Produkte stärker in Premiumsegmenten platziert
- eine Anpassung der Handelsmarke an den Lebensstil und an die Werte der Kunden
- eine Bewegung weg von dem reinen Verkaufsargument Preis hin zur Bewerbung weiterer Attribute, wie z.B. „bio" oder „gesundheitsfördernd".

Einer der Hauptgründe für die steigende Bedeutung der Handelsmarken dürfte – neben der zunehmenden Konzentration im Handel – in der durch die Marke begründeten marketingpolitischen Entscheidungsfreiheit liegen. Denn der Handel kann sich durch eigenmarkierte Produkte den häufig autonomen Absatzaktivitäten der Hersteller entziehen und sich dadurch von den Mitbewerbern abheben. Darüber hinaus werden Handelsunternehmen selbst vermehrt als Marke positioniert (**Retail-Branding**). Hier können Handelsmarken einen wesentlichen Beitrag leisten.[1]

II. Eigenmarkenpolitik des Handels

1. Begriffliche Abgrenzungen

Der klassischen Definition von Mellerowicz (1963, S. 39) folgend, sind **Markenartikel** „die für den privaten Bedarf geschaffenen Fertigwaren, die in einem größeren Absatzraum unter einem besonderen, die Herkunft kennzeichnenden Merkmal (Marke) in einheitlicher Aufmachung, gleicher Menge sowie in gleich bleibender oder verbesserter Güte erhältlich sind und sich dadurch sowie durch die für sie betriebene Werbung die Anerkennung der beteiligten Wirtschaftskreise (Verbraucher, Händler und Hersteller) erworben haben". Aus Kundensicht bezeichnet ein Markenartikel das Versprechen, auf Kundennutzen ausgerichtete, unverwechselbare Sachgüter oder Dienstleistungen standardisiert in gleich bleibender oder verbesserter Qualität zur Erfüllung gegebener Erfordernisse anzubieten. Eine Marke erfüllt darüber hinaus eine Orientierungsfunktion im Rahmen des Kaufentscheidungsprozesses und minimiert durch das in die Marke gesetzte Vertrauen das Risiko der Konsumenten, Fehlkäufe zu tätigen (Bruhn 2004, S. 145f.). Somit lässt sich mit Esch (2005a, S. 23) folgende Definition formulieren:

> *„Marken sind Vorstellungsbilder in den Köpfen der Konsumenten, die eine Identifikations- und Differenzierungsfunktion übernehmen und das Wahlverhalten prägen."*

Hersteller- und Handelsmarken können als Unterformen der Marken angesehen werden, indem danach unterschieden wird, bei wem das Eigentum an der Marke und damit das Recht liegt, die Marke zu verwenden und zu bewerben (Müller-Hagedorn 2005a, S. 57).

> *„Handelsmarken sind Waren- oder Firmenkennzeichen, mit denen Handelsbetriebe Waren versehen oder versehen lassen, wodurch sie als Eigner oder Dispositionsträger der Marke auftreten"(Bruhn 2001, S. 10).*

Zu den Erscheinungsformen der Handelsmarke, die auch als Eigenmarken bezeichnet werden, zählen v.a. die klassische Handelsmarke, die Gattungsmarke und die Handels-Premiummarke. **Klassische Handelsmarken** be-

[1] Zur strategischen Bedeutung des Retail-Branding vgl. Zentes/Morschett 2005, S. 1141ff. sowie die Ausführungen in Abschnitt B.IV. des Zweiten Kapitels.

zeichnen Produkte, die sich bei ähnlicher Qualität wie Herstellermarken durch einen Preisvorteil auszeichnen, aber nur bei einer bestimmten Handelskette erhältlich sind. **Gattungsmarken**, häufig auch als No Names, namenlose Produkte, Weiße Ware oder Generika bezeichnet, heben sich v.a. durch eine einfachere Produktgestaltung und einen sehr niedrigen Preis bei gleichzeitiger Sicherung einer Mindestproduktqualität von anderen Marken ab (Gröppel-Klein 2005, S. 1120). Ihr Preis liegt häufig bis zu 40 % unter jenem von Herstellermarken. **Handels-Premiummarken** hingegen zeichnen sich durch ihre hohe Qualität und entsprechend höhere Preise aus. In der Regel handelt es sich um Produkte mit hohem Zusatznutzen für den Verbraucher, der zu einer starken Kundenbindung beitragen soll. Bei diesen emotional angereicherten Produkten ist der Innovationsgrad meistens hoch und der Preis tritt als Kaufkriterium in den Hintergrund (Theis 2007, S. 331).

Einen Überblick über die verschiedenen Erscheinungsformen von Handels- und Herstellermarken und ihre Positionierung anhand der Wahrnehmungsdimensionen Preis und Qualität gibt Abbildung 4.35.

Abbildung 4.35: Positionierung der Erscheinungsformen von Handelsmarken gegenüber Herstellermarken

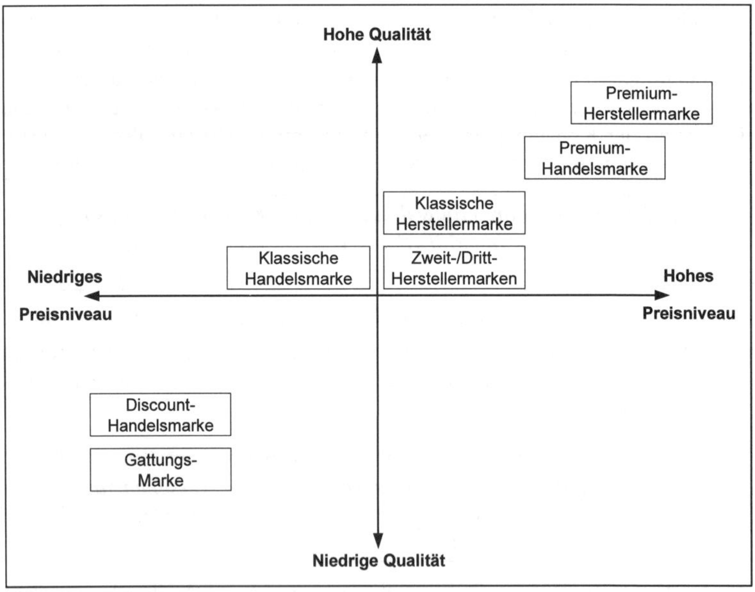

Quelle: Bruhn 2001, S. 12.

Premium-Herstellermarken sind im Segment rechts oben angesiedelt und zeichnen sich demnach durch eine hohe Qualität und ein hohes Preisniveau aus. Sie genießen in der Regel ein hohes Ansehen beim Kunden. Ziel der Konsumenten ist es, sich durch den Kauf dieser Produkte von der Masse der übrigen Endverbraucher abzuheben. Auch bei Premium-Handelsmarken spielt die überragende Produktqualität eine wichtige Rolle. Dabei ist anzumerken, dass sie klassische Herstellermarken hinsichtlich Qualität und Preis teils sogar übertreffen. Die klassische Herstellermarke zeichnet sich durch einen hohen Distributionsgrad und stetige Innovationszyklen aus. Darüber hinaus wird sie intensiv durch Werbemaßnahmen unterstützt und hat ein hohes Stammkäuferpotenzial. Zweit- bzw. Dritthherstellermarken weisen im Vergleich zu den klassischen Herstellermarken einen geringeren Distributionsgrad sowie ein geringeres Preis- und Qualitätsniveau auf. Mittels Discount-Handelsmarke und Gattungsmarke versuchen Handelsunternehmen, das Niedrigpreissegment zu bedienen, wobei ein Mindestqualitätsniveau gehalten wird (Bruhn 2001, S. 12).

Einige Unternehmen, so bspw. Tesco, bieten mehrere Arten von Handelsmarken an und verfolgen damit unterschiedliche Zielsetzungen: Gattungsmarken werden geführt, um im Wettbewerb mit den Discountern Preisgünstigkeit zu demonstrieren. Premium-Handelsmarken werden angeboten, um die Qualität oder die spezifische Kompetenz bei Lebensmitteln aus biologischem Anbau herauszustellen. Dadurch treten Handelsunternehmen mit Anbietern von Premium-Herstellermarken in Konkurrenz – zumal Bio- und Öko-Handelsmarken von Konsumenten häufig mit höherer Qualität assoziiert werden.

„Ja! Natürlich"

Immer mehr Handelsunternehmen überlegen die Einführung von Premium-Eigenmarken. Als Erfolgsbeispiel wird dafür u.a. die Bio-Dachmarke „Ja! Natürlich" der österreichischen Rewe-Vertriebsschienen Billa und Merkur angeführt. Das 1994 eingeführte Bio-Sortiment liegt durchschnittlich um etwa 20 % über den Preisen der Nicht-Bio-Produkte und umfasst mittlerweile rund 600 Artikel aus unterschiedlichen Warengruppen (z.B. Obst, Gemüse, Babynahrung, Fleisch- und Wurstwaren, Molkereiprodukte, Tiefkühl- und Backwaren). Über 7.000 österreichische Bio-Bauern liefern die Eigenmarkenartikel zu Billa-, Merkur-, Sutterlüty- und Bipa-Filialen.

Quelle: www.janatuerlich.at.

Die Bedeutung der Handelsmarken variiert sowohl branchen- als auch betriebstypenspezifisch. So führen Discounter (z.B. Aldi) branchenübergreifend vorrangig Handelsmarken und auch vertikal integrierte Unternehmen, die auf ein schnell verfügbares Angebot setzen, wie z.B. Zara oder H&M im Fashion-Handel, führen insbesondere Handelsmarken in ihrem Sortiment. Dies resultiert nicht zuletzt aus Kontrollüberlegungen, die bei Markenartikeln nicht in gleichem Maße gegeben sind.

2. Funktionen und Ziele von Handelsmarken

Markenwaren, Hersteller- wie auch Handelsmarken, erfüllen drei Grundfunktionen:

- **Identifizierungsfunktion**: Sie erleichtert die Wiedererkennbarkeit der Ware und Unterscheidung von anderen Waren.

- **Herkunftsbestimmung**: Sie hat die Funktion, eine „chiffrierte Visitenkarte für den Markeneigner" darzustellen.
- **Unterstützungsfunktion**: Sie bietet Unterstützung im Hinblick auf andere absatzwirtschaftliche Aktivitäten, wie etwa bei der Werbe- oder Imagepolitik.

Mit dem zunehmenden Erfolg von Handelsmarken und der Positionierung als originäre, strategische Sortimentseinheit kommen der Handelsmarke weitere handelsspezifische Funktionen zu (Schenk 2001, S. 82):

- **Preisleistungsfunktion**: Dokumentation der preislichen Leistungsfähigkeit durch niedriges Preisniveau bei der Handelsmarke im Vergleich zu den, auch von der Konkurrenz geführten, Herstellermarken.
- **Sortimentsleistungsfunktion**: Dokumentation des exklusiven Sortiments und unverwechselbaren Alternativangebotes.
- **Profilierungsfunktion**: Erzeugung eines eigenständigen Sortimentsprofils als Teilprofil des gesamten Unternehmensimage und dadurch deutliche Abhebung von der Konkurrenz.
- **Polarisierungsfunktion**: Deutliche Abgrenzung von anderen eigenen Betriebstypen bzw. von Betriebstypen der Konkurrenz.
- **Spannensicherungs-/Ertragsverbesserungsfunktion**: Größerer Spielraum bei der Kalkulation der eigenen Marke, kein Preiskampf und keine Preisschleuderei.
- **Gewerbliche Schutzfunktion**: Inanspruchnahme des Warenzeichenschutzes als Schutz vor Konkurrenten und/oder Nachahmern.
- **Solidarisierungsfunktion**: Einsatz der Handelsmarke in Verbundgruppen des Handels zur Kräftigung des Zusammengehörigkeitsgefühls unter den Kooperationspartnern.
- **Innovationsfunktion**: Möglichkeit zur Entwicklung neuer Produkte oder eines neuen Markenkonzeptes.

Voraussetzung für eine erfolgreiche Handelsmarkenpolitik ist die genaue Festlegung der damit verfolgten Ziele, die von Unternehmen zu Unternehmen stark differieren können. Das Ziel der Entscheidungsfreiheit wird heute durch weitere Zielsetzungen ergänzt, die von Handelsunternehmen, die Eigenmarken führen, in unterschiedlicher Intensität verfolgt werden (Theis 2007, S. 326f.):

- unternehmensinterne Ziele (Spannensicherungsfunktion, Solidarisierungsfunktion, Ertragssteigerung, Umsatzsteigerung, Gewinnung logistischer Synergien)
- kundenbezogene Ziele (Einkaufsstättentreue, Dokumentation preislicher oder qualitativer Leistungsfähigkeit, Arrondierung des Sortimentangebots in bestimmten Bereichen)
- konkurrenzbezogene Ziele (Differenzierung gegenüber den Mitbewerbern, Polarisierungsfunktion, Vermeidung von Preiswettbewerb, gewerbliche Schutzfunktion)

- herstellerbezogene Ziele (Sicherung von Beschaffungsalternativen, Innovationsfunktion, Reduzierung der Lieferantenvielfalt, Emanzipation von der Marktmacht großer Hersteller).

Vorrangig wird mit dem Angebot von Handelsmarken jedoch weiterhin eine Verbesserung der Umsatzrendite und damit eine Erhöhung des Unternehmensgewinnes angestrebt (Bruhn 2001, S. 29ff.). Der Zusammenhang zwischen Handelsmarkenanteil und Umsatzrendite wird in der handelswissenschaftlichen Literatur vielfach thematisiert. Da sich die Zuordnung der Stückkosten zu den einzelnen Handelsmarken als problematisch erweist (Ahlert/Kenning/Schneider 2000, S. 44), werden die Kosten der Handels- und Herstellermarken meist nach Kostenblöcken aufgespaltet, um so erste Hinweise auf die Kostenstruktur zu erhalten (siehe Abbildung 4.36).

Abbildung 4.36: Kostenblöcke von Hersteller- und Handelsmarken im konzeptionellen Vergleich

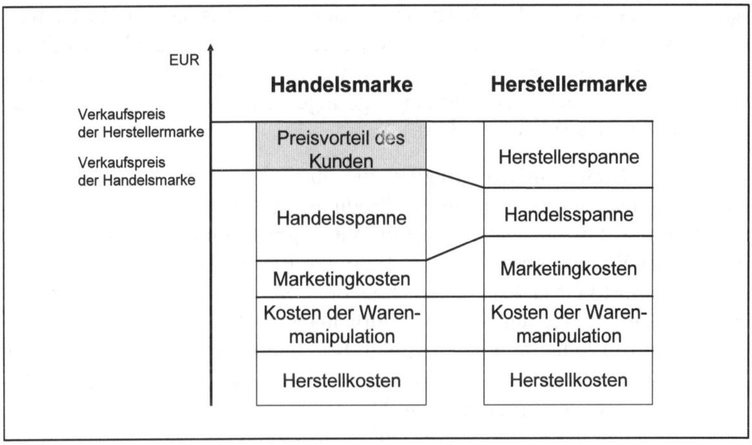

Quelle: in Anlehnung an Ahlert/Kenning/Schneider 2000, S. 44.

3. Strategische Optionen der Handelsmarkenpolitik

Um Markenstrategien zu klassifizieren, gibt es in Forschung und Praxis zahlreiche Kriterien. Das häufig verwendete Kriterium des produktbezogenen Anwendungsbereiches unterscheidet zwischen vier verschiedenen Markenstrategien:

- Monomarkenstrategie
- Mehrmarkenstrategie
- Markenfamilienstrategie
- Dachmarkenstrategie.

Diese Klassifikation bezieht sich auf die **horizontalen Markenstrategien**, die üblicherweise für die Profilierung und Differenzierung von Herstellermarken herangezogen werden. Im Folgenden wird versucht, diese Einteilung auch auf Handelsmarken anzuwenden.

Bei der **Monomarkenstrategie**, auch Einzelmarkenstrategie genannt, wird jedes Produkt unter einem eigenen Namen angeboten (z.B. Tandil von Aldi). Hinsichtlich Optik, Gestaltung und Qualitätsniveau besteht eine große Ähnlichkeit mit Herstellermarken. Dies ist zugleich auch der wesentliche Vorteil, die positive Wirkung auf den Kunden durch den markenartikelähnlichen Auftritt. Allerdings treten auch Risiken mit dieser Strategie auf, da mit einem hohen Kostenaufwand für die Markenführung zu rechnen ist. Jeder Artikel braucht eine adäquate optische Ausstattung und entsprechende kommunikative Unterstützung (Esch 2005a, S. 276).

Bei der **Mehrmarkenstrategie** führt das Unternehmen gleichzeitig mindestens zwei Marken in derselben Warengruppe, die sich in den Produkteigenschaft, dem Preis und im kommunikativen Auftritt voneinander unterscheiden (Meffert 2000, S. 858). Insgesamt kommt der Mehrmarkenstrategie im Rahmen der Handelsmarkenpolitik nur insofern Bedeutung zu, als Zweit- oder Drittmarken der Hersteller häufig durch Handelsmarken ersetzt werden. Zweit- und Drittmarken werden meist preis- und qualitätspolitisch unterhalb der Erstmarke eingesetzt und weniger beworben. Die Markenakzeptanz beim Kunden ist allerdings geringer und sie sind daher leichter austauschbar (Theis 2007, S. 333f.).

Zu den **Markenfamilienstrategien**, die eine einheitliche Markenbezeichnung für eine Gruppe verwandter Produkte vorsehen, zählen die Warengruppen- und Sortimentsmarken. Bei **Warengruppenmarken** werden Produkte einer Warengruppe, wie z.B. Salto von Rewe oder Mibell von Edeka, unter einem gemeinsamen Namen angeboten. Sie weisen den Vorteil möglicher Synergieeffekte auf, da eine Werbemaßnahme für den Markennamen auf die ganze Produktfamilie ausstrahlt. **Sortimentsmarken** (z.B. A&P von Tengelmann) werden für ganze Warenbereiche geführt, wodurch hohe Synergieeffekte erzielt werden können. Die Nachteile von Markenfamilienstrategien bestehen darin, dass die Produkte auf Grund der meist starken Heterogenität der Artikel schwer unter einen Markennamen zusammengefasst werden können und ein homogenes Qualitätsniveau teils schwierig zu halten ist.

Bei der **Dachmarkenstrategie** werden sämtliche Produkte eines Unternehmens unter einer Marke zusammengefasst (z.B. St. Michael von Marks & Spencer) (Meffert 2000, S. 862). Handelt es sich dabei um Firmennamen, kann auch von **Firmen-, Unternehmensmarken** bzw. **Corporate Brands** (z.B. H&M oder IKEA) gesprochen werden. Eine Kombination von Dachmarken- und Unternehmensmarkenstrategie verfolgt bspw. das Handelsunternehmen Tesco. Da dieses Unternehmen zudem vier verschiedene Betriebstypen (vom Hypermarkt bis zum Convenience Store) führt und die Waren unter derselben Marke über verschiedene Vertriebstypen (Katalog, E-Commerce und Außendienst bei Versicherungsprodukten) anbietet, ist eine umfassende Bindung der Kunden an diese Marke möglich (vgl. hierzu auch die Ausführungen in Abschnitt B.IV. des Zweiten Kapitels).

Marktorientierte Konzipierung und Führung von Handelsmarken

Oftmals sind die Strategien der Handelsmarkenpolitik durch pauschale Kosten-, Profilierungs- und Umsatzüberlegungen geprägt und stehen damit in Gegensatz zu jenen der Markenartikelindustrie, die ihre Markenartikel markt- und damit kundenorientiert führen, also Kundenpräferenzen konsequent berücksichtigen. Zwei empirische Studien verdeutlichen die Unterschiede zwischen Hersteller- und Handelsmarken.

Den Wert von Handels- und Herstellermarken aus Kundensicht analysierten Reutterer/Sicking (2005, S. 123ff.). Die Ergebnisse zeigen, dass es in der untersuchten Produktkategorie Orangensaft beträchtliche Markenwertunterschiede zwischen Handelsmarken und Herstellermarken gibt (siehe Tabelle 4.2). In Bezug auf die Determinanten des Markenwerts wurde aufgezeigt, dass die hohe wahrgenommene Qualität bei Handelsmarken den größten Beitrag zum Markenwert liefert, während Herstellermarken eine höhere Markentreue aufweisen. Die Zerlegung der monetären Markenwerte in ihre Herkunftskomponenten macht deutlich, dass die Markenpersönlichkeit bei allen sechs untersuchten Orangensaftmarken die wichtigste Komponente des Markenwertes ist.

Tabelle 4.2: Markenwert von Hersteller- und Handelsmarken

Parameter	Herstellermarken			Handelsmarken		
	Rauch	Cappy	Pfanner	Spar	Clever	Sweet Valley
Markenwert	€ 1,07	€ 1,04	€ 1,00	€ 0,72	€ 0,60	€ 0,56
Markenbekanntheit	€ 0,07	€ 0,07	€ 0,05	€ 0,04	€ 0,05	€ 0,01
Markenpersönlichkeit	€ 0,34	€ 0,35	€ 0,33	€ 0,24	€ 0,20	€ 0,20
Wahrgenommene Qualität	€ 0,24	€ 0,24	€ 0,24	€ 0,20	€ 0,18	€ 0,17
Organisationssympathie	€ 0,25	€ 0,25	€ 0,24	€ 0,20	€ 0,17	€ 0,16
Organisationsvertrauen	€ 0,00	€ 0,00	€ 0,00	€ 0,00	€ 0,00	€ 0,00
Markentreue	€ 0,16	€ 0,14	€ 0,14	€ 0,04	€ 0,00	€ 0,01

Quelle: Reutterer/Sicking 2005, S. 123ff.

Vor allem bei Familien- und Dachhandelsmarken stellt sich die Frage, auf welche Art und Weise neue Produkte unter das gemeinsame Dach gestellt werden sollen. Bei Markenartikeln wird diese Thematik unter dem Begriff der „Line Extension“ oder „Brand Extension“, d.h. der Markendehnung, diskutiert. Swoboda/Samadi/Foscht (2005, S. 145ff.; 2006, S. 84ff.) analysierten die Erfolgs- und Wirkungsfaktoren der **Markendehnung** und stellten dabei Hersteller- und Handelsmarken gegenüber. Im Falle der Handelsmarken, Balea von dm und Mibell von Edeka, wurde eine Produktlinienerweiterung bzw. eine Sortimentserweiterung unterstellt (siehe Abbildung 4.37).

Abbildung 4.37: Formen der Markendehnung

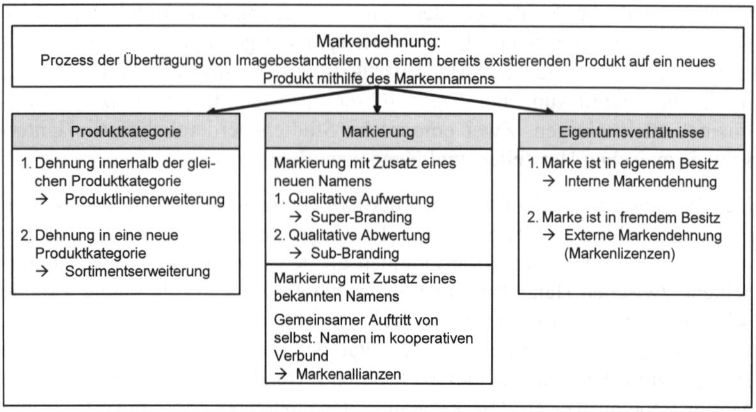

Quelle: Swoboda/Samadi/Foscht 2005, S. 147 (basierend auf Esch 2003, S. 174; Meffert 2002, S. 151; Park/Jun/Shocker 1996, S. 453; Binder 1997, S. 179).

Als Herstellermarken wurden Nivea von Beiersdorf und Landliebe von Campina in die Studie einbezogen. Wie in Abbildung 4.38 angedeutet, unterscheiden sich Handelsmarken und Herstellermarken deutlich in der Art und der Anzahl der Assoziationen, die Konsumenten mit dem Markennamen verbinden.

Abbildung 4.38: Assoziationen zu den Marken Nivea von Beiersdorf und Balea von dm

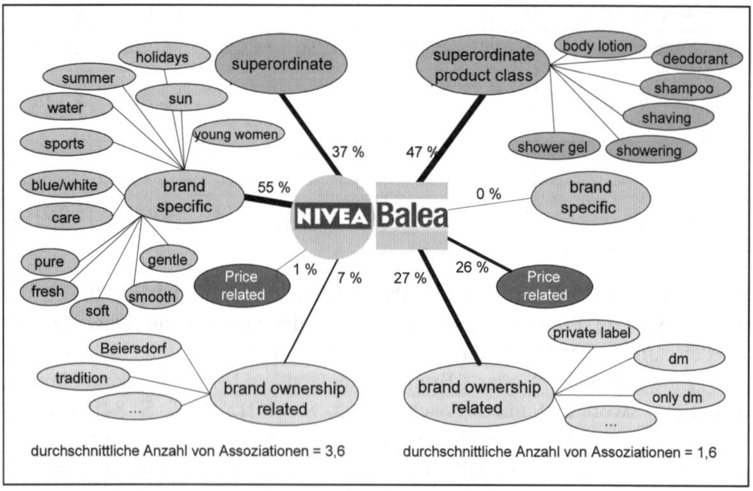

Demnach rief die Marke Nivea deutlich mehr Assoziationen bei den 120 Probanden hervor als die Handelsmarke Balea, wobei insgesamt 436 Assoziationen mit Nivea (durchschnittlich drei bis vier Assoziationen pro Proband) und 158 Assoziationen mit Balea (durchschnittlich ein oder zwei Assoziationen pro Proband) genannt wurden. Auch die Art der mit den beiden Marken verbundenen Assoziationen unterschied sich deutlich: Assoziationen mit Balea bezogen sich insbesondere auf das Handelsunternehmen dm und das Attribut „günstig“, wogegen bei der Herstellermarke markenspezifische Elemente (z.B. die Farben blau, weiß) am häufigsten genannt wurden.

Tabelle 4.3 gibt Auskunft über die durchschnittlich wahrgenommene Qualität, das durchschnittlich wahrgenommene Preisniveau sowie das durchschnittlich wahrgenommene Preis-Leistungs-Verhältnis der Hersteller- und Handelsmarken. Die Gegenüberstellung der Marken zeigt, dass die Probanden mit den Herstellermarken eine höhere Qualität, ein höheres Preisniveau und ein geringeres Preis-Leistungs-Verhältnis verbanden.

Tabelle 4.3: Qualität, Preisniveau und Preis-Leistungs-Verhältnis der Stammmarken

Mittelwerte[1] / Marken	Qualität	Preisniveau	Preis-Leistungs-Verhältnis
Nivea	6,08**[2]	5,16**	3,73**
Balea	5,12	2,12	5,15
Landliebe	6,07**	5,82**	3,57*
Mibell	4,97	2,88	4,58
Hersteller insgesamt	6,05**	5,44**	3,64**
Handel insgesamt	5,06	2,49	4,85

[1] Skalenwerte: 1 = sehr niedrig bzw. sehr schlecht; 7 = sehr hoch bzw. sehr gut.
[2] Die Mittelwertdifferenzen sind auf dem Niveau von * 0,05 bzw. ** 0,001 signifikant.

Quelle: Swoboda/Samadi/Foscht 2005, S. 157.

Beim Vergleich mit Tabelle 4.4 zeigt sich, dass der Erfolg einer Handelsmarkendehnung insbesondere durch einen niedrigen Preis und ein gutes Preis-Leistungs-Verhältnis determiniert wird – zumal die Kaufwahrscheinlichkeit der sechs fiktiven Transferprodukte bei der Handelsmarke jeweils höher ausfiel als jene bei den Transferprodukten der Herstellermarke. Die einzige Ausnahme bildet das Produkt Parfum. Hier zogen die Probanden die Marke Nivea der Marke Balea vor. Eine mögliche Erklärung hierfür ist, dass die Probanden die Herstellung dieses Produktes als relativ schwierig einschätzten.

Tabelle 4.4: Kaufwahrscheinlichkeit und wahrgenommene Schwierigkeit der Produktherstellung der Transferprodukte

Mittelwerte[1] / Produkte	Kaufwahrscheinlichkeit	Wahrgenommene Schwierigkeit der Produktherstellung
Nivea Toilettenpapier	2,35**[2]	2,71
Balea Toilettenpapier	5,67	
Nivea Parfum	3,65	5,18
Balea Parfum	3,22	

Nivea Reinigungsmittel Balea Reinigungsmittel	2,56** 5,20	4,12
Landliebe Müsli-Riegel Mibell Müsli-Riegel	3,44 3,79	3,61
Landliebe Cornflakes Mibell Cornflakes	3,06** 3,80	2,60
Landliebe Frischkäse Mibell Frischkäse	3,72** 4,75	3,18

[1] Skalenwerte: 1 = sehr niedrig bzw. sehr schlecht; 7 = sehr hoch bzw. sehr gut.
[2] Die Mittelwertdifferenzen sind auf dem Niveau von * 0,05 bzw. ** 0,001 signifikant.
Quelle: Swoboda/Samadi/Foscht 2005, S. 158.

Ein Vergleich der Mittelwerte über die vier Marken und die zwölf Produkte hinweg ergibt ein ähnliches Bild: Bei den Herstellermarken wurden die Qualität generell höher und das Preis-Leistungs-Verhältnis generell schlechter eingeschätzt als bei den Handelsmarken, wobei Letztere eine höhere Kaufwahrscheinlichkeit aufwiesen.

Tabelle 4.5 zeigt, dass die Kaufabsicht der Transferprodukte bei Handelsmarken v.a. vom wahrgenommenen Preis-Leistungs-Verhältnis der Stammmarke abhängt. Hinsichtlich des Einflusses der wahrgenommenen Qualität der Stammmarke liegen v.a. bei den Transferprodukten des Lebensmittelbereichs uneinheitliche Befunde vor.

Tabelle 4.5: Zusammenhang zwischen den Leistungsmerkmalen und der Kaufwahrscheinlichkeit bei Transferprodukten

Koeffizienten nach Pearson / Unabhängige Variablen	Transferprodukte Balea			Transferprodukte Mibell		
	Toiletten-papier	**Parfum**	**Reini-gungs-mittel**	**Müsli-Riegel**	**Corn-flakes**	**Frisch-käse**
Qualität	0,297*[1]	0,359**	0,266*	0,208*	0,166	0,136
Preisniveau	-0,280*	-0,098	-0,280*	-0,246*	-0,279*	-0,305**
Preis-Leistungs-Verhältnis	0,393**	0,298*	0,329*	0,224*	0,268*	0,259*
Schwierigkeit der Herstellung	0,039	-0,260*	-0,014	-0,023	0,072	0,096

[1] Die Mittelwertdifferenzen sind auf dem Niveau von * 0,05 bzw. ** 0,001 signifikant.
Quelle: Swoboda/Samadi/Foscht 2005, S. 159.

Insgesamt belegen die Ergebnisse dieser Studie die relativ geringe Bedeutung der wahrgenommenen Qualität der Stammmarke für den Markendehnungserfolg bei Handelsmarken und verweisen auf die relativ große Bedeutung des wahrgenommenen Preisniveaus und des wahrgenommenen Preis-Leistungs-Verhältnisses. Ergebnisse vorangegangener Forschungsarbeiten, die bei einer höher wahrgenommenen Qualität einen größeren Erfolg des Transferproduktes prognostizieren, scheinen für Handelsmarken nur eingeschränkt gültig. Dennoch darf die Qualität im Hinblick auf die übergreifende Effizienz und Effektivität einer Markendehnung nicht außer Acht gelassen werden.

Auch Völckner (2004, S. 1137ff.) stellte im Rahmen ihrer Analyse über die Erfolgsfaktoren einer Markendehnung bei kurzlebigen Konsumgütern fest, dass die relative Bedeutung der Qualitätseinschätzung der Muttermarke im Vergleich zu anderen Faktoren, wie der Handelsakzeptanz des Transferproduktes (operationalisiert über die wahrgenommene Verfügbarkeit des Markenartikels) oder dem Markeninvolevement, eher gering ist.

4. Arbeitsteilung zwischen Industrie und Handel

Einige Handelsunternehmen setzen ausschließlich auf Herstellermarken, bei denen die Industrie die Rechte an der Marke hat und in der Regel auch alle mit der Markenführung zusammenhängenden Aktivitäten selbst ausführt. Zu denken ist in diesem Zusammenhang bspw. an exklusiv, selektiv oder franchiseartig von den Herstellern gebundene Händler (bspw. im Autohandel oder im Fashion-Handel). Andere Handelsunternehmen listen bewusst Markenartikel, um sich auf diesem Wege gegenüber den Wettbewerbern zu profilieren.

Vertikales Marketing von Systemmarken

In der Fashion-Branche setzen Hersteller, so bspw. Mexx oder s.Oliver, die auch als Systemmarken bezeichnet werden, in Kooperation mit dem Handel teilvertikale Marketingkonzepte um. Sie reagieren damit auf ein sinkendes Marktvolumen in der Branche, den Markteintritt von Discountern, die enormen Zuwächse vollvertikaler Unternehmen (z.B. H&M) und die Tendenz zur Vorwärtsintegration traditioneller Hersteller. Dabei bildet die Markeninszenierung am PoS, die vom Hersteller vorgenommen wird, eine von vier Komponenten des vertikalen Marketing. Dieses umfasst sämtliche Marketingaktivitäten, die direkt auf das Umfeld am PoS ausgerichtet sind.

Die Vorteile für den Händler sind in einem möglichen Imagetransfer und in der Aufwertung des Handelshauses zu sehen. Für eine erfolgreiche Markeninszenierung ist jedoch ein stimmiges Bild der Marke am PoS umzusetzen und die Retail-Brand nicht durch die Aneinanderreihung von Herstellershops zu schädigen.

Quelle: Swoboda/Janz 2007, S. 12ff.

Bei der Handelsmarke sind unterschiedliche Formen der Zusammenarbeit zwischen Industrie und Handel vorstellbar. Denkbar wäre, dass der Handel nur die Rechte an der Marke hat und die Kommunikation und den Abverkauf übernimmt. Alle anderen Aktivitäten der **Markenführung** werden von anderen Unternehmen vorgenommen, wie dies der Handelsmarken-Typ 1 in Abbildung 4.39 verdeutlicht. Von einem Handelsmarken-Typ 2 wird gesprochen, wenn das Handelsunternehmen – abgesehen von der Werbung und dem Abverkauf die Ware – auch die Produktion der Artikel, etwa in eigenen Regiebetrieben, selbst vornimmt (vgl. hierzu auch die Ausführungen in Abschnitt D.II. des Fünften Kapitels).

Abbildung 4.39: Varianten der Handelsmarkenpolitik nach übernommenen Funktionen

Handelsmarken	Analyse	Produktentwicklung	Markttests	Produktion	Kommunikation	Abverkauf
Typ 1					x	x
Typ 2				x	x	x
Typ 3	x	x	x	x	x	x

Quelle: Müller-Hagedorn 2005a, S. 59.

Überwiegend werden Handelsmarken aber von externen Herstellern, die selbst Marken anbieten und über die Handelsmarkenproduktion ein Zusatzgeschäft tätigen, bezogen oder bei sog. Kontraktfertigern in Auftrag gegeben, denn die Produktion von Waren zählt vielfach noch nicht zu den Kernkompetenzen eines Handelsunternehmens. Diese **Contract Manufacturer** haben sich im Extremfall auf die effiziente Produktion von Handelsmarken spezialisiert. Auf der Suche nach geeigneten Produzenten für Handelsmarken kann nicht nur auf heimische Markenartikelhersteller, sondern auch auf Hersteller aus dem Ausland zurückgegriffen werden (Zentes/Swoboda 2006, S. 1081).[1]

Handelsunternehmen können aber auch – von der Analyse, der Entwicklung von Produkten bis hin zum Abverkauf der Artikel – alle Funktionen übernehmen (Handelsmarken-Typ 3). Zwischen den beiden Extrempositionen des Handelsmarkentyps 1 und des Handelsmarkentyps 3 sind weitere Zwischenformen möglich (Müller-Hagedorn 2005a, S. 58ff.).

Abbildung 4.40: Prüfschema für die Eignung von Handelsmarken

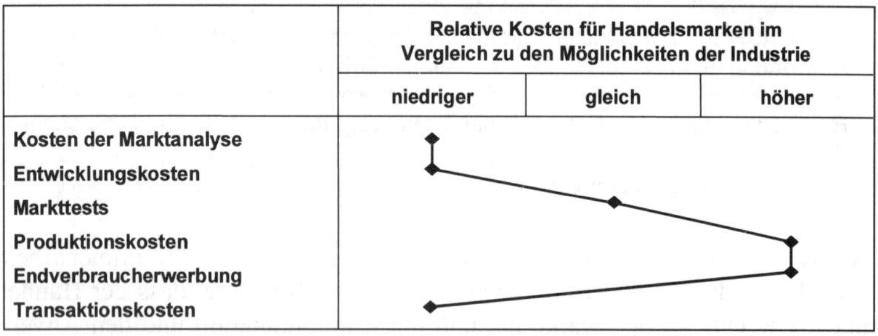

Quelle: Müller-Hagedorn 2005a, S. 64.

Abbildung 4.40 zeigt eine Abfolge einzelner Aktivitäten, ob von der Industrie oder dem Handel ausgeführt, die bei der Führung einer Marke notwendig sind. Bei jeder einzelnen Aktivität gilt es nun, die Effizienz der Leistungserstellung durch Industrie oder Handel zu messen, die durch die mit

[1] Zur Auswirkung der Internationalisierung auf die Hersteller-Handels-Beziehungen vgl. Zentes/Swoboda 2006, S. 1085.

den einzelnen Aktivitäten verbundenen Kosten, die jeweiligen Zeitvorsprünge und die Höhe des mit der selbstständigen Durchführung der einzelnen Aktivitäten verbundenen Risikos determiniert wird. Zugleich verdeutlicht Abbildung 4.40 anhand eines Beispiels den möglichen Kostenvorteil von Handel bzw. Industrie in den einzelnen Prozessphasen der Markenführung.

Ist das Profil vorwiegend in der linken Hälfte (rechten Hälfte) der Abbildung angesiedelt, ist für das jeweilige Produkt eine Handelsmarke (Herstellermarke) anzudenken. Ergibt sich kein eindeutiges Profil, so muss die Bedeutung der Kosten in den einzelnen Phasen genauer geprüft werden (Müller-Hagedorn 2005a, S. 64f.).

Insgesamt lässt sich festhalten, dass Handelsunternehmen zunehmend bestrebt sind, alle marketingrelevanten Aktivitäten entlang der gesamten Wertschöpfungskette selbst durchzuführen, um sich von der Industrie unabhängiger zu machen und sich vom Wettbewerb zu differenzieren (vgl. hierzu bereits Zentes/Janz/Morschett 1999, S. 25).

III. Zukunftsperspektiven der Handelsmarkenpolitik

Mittelfristig ist zu erwarten, dass die vom Konsumenten wahrnehmbaren Unterschiede zwischen Hersteller- und Handelsmarken nivelliert werden, denn Handelsmarken werden in der heutigen Handelslandschaft vom Kunden zunehmend als stark und imagebildend wahrgenommen (Reutterer/Sicking 2005, S. 124).

Grundsätzlich ist ein Trend in Richtung höherpreisiger Handelsmarken (Premiumsegment), die auch stark beworben werden, beobachtbar. Somit nehmen Handelsmarken einen exklusiven Charakter an und tragen verstärkt zur Profilierung des Unternehmens bei (Janz/Swoboda 2002b, S. 6). Davon abgesehen, ist – je nach Wettbewerbsstrategie – auch eine Mehrfachpositionierung von Handelsmarken im Sortiment zu beobachten.

Mibelle will mit exklusiven Neueinführungen punkten

Die Mibelle Cosmetics AG hat mit der bei dm angebotenen Körperpflegeserie Balea nach Branchenmeinung Markenstatus erlangt. Damit hat die Produktionstochter der Schweizer Migros im Geschäft mit Private Labels ein Ziel erreicht, dass viele Handelsmarkenlieferanten anstreben. „Private Labels sind längst nicht mehr nur die schnellen Nachahmer. Sie werden zunehmend eigenständig und bringen selbst Innovationen auf den Markt", erklärt Dr. Luigi Pedrocchi, Leiter der Mibelle Cosmetics AG. Angesichts des harten Wettbewerbs sieht er eine Konsolidierung bei den Handelsmarkenherstellern voraus: „Das Geschäft wird sich spalten in diejenigen, die nur über den Preis gehen u.a., die sich die gesamte Prozesskette anschauen und den Kunden einen Zusatznutzen bieten."

Quelle: LZ Net, 08. Juni 2006.

Einen Überblick über die historische Entwicklung der Handelsmarken im deutschsprachigem Raum von sog. No Names hin zur „Gestalt-Marke“, die als gleich gut oder sogar besser als vergleichbare Herstellermarken empfunden werden, gibt Abbildung 4.41:

Abbildung 4.41: Phasen der Handelsmarkenentwicklung

Zeit	70er Jahre	80er Jahre	90er Jahre	2010
Generation / Merkmal	Generation 2	Generation 3	Generation 4	Generation 5
Marke	No Names	„Quasi-Marken"	Dachmarke/ Einzelmarke	segmentierte Handelsmarken „Gestalt-Marken"
Produkte	Grundbedarf	markenvergleichbare Einzelartikel	Artikelgruppen	imagebildende Produkte
Technologie	Basistechnologie mit niedrigen Barrieren	gleiche Produktbasis	Kopie der Marktführer	Marktführer gleich innovativ
Qualität/ Image	Basis-/ Einstiegsqualität	niedriger als der Markenartikel	wie führende Marken, Qualitätsgarantie des Handels	besser oder genauso gut wie führende Marke, Imageaura des Handels
Kaufmotivation	Niedrigpreis Low-interest	Preis Discountpreis	Preis, Qualität, Produktnutzen	hohe Qualität und Preis
Hersteller	national, meist nicht spezialisiert	national, z.T. Handelsmarkenspezialist	national, meist Handelsmarkenspezialist	international, meist Handelsmarkenspezialist
Marketing	beschaffungsorientiert	konzept-/ strategiebetont	klassische Markenführungsansätze	markenadäquate Führung und Investition

Quelle: in Ahnlehnung an Dölle 2001.

Die Grenze zwischen klassischen Markenartikeln und Handelsmarken wird zunehmend fließender, wobei Handelsmarken auch vermehrt im Non-Food-Bereich vorzufinden sind. Deshalb müssen Handelsmarken – wie Herstellermarken – als eigenständige Markenprodukte angesehen werden (Bruhn 2001, S. 43), wobei sie in den verschiedenen Warengruppen zukünftig so zu positionieren sind, dass sie den Erlebnischarakter einer Einkaufsstätte unterstützen.

Markenproblem bei Karstadt

Karstadt weist in Deutschland eine Markenbekanntheit von 96 % auf. Dennoch sinken die Umsatzzahlen, weil es der Marke an emotionalem Wert mangelt. Emotionale Werte entscheiden aber letztlich über Kauf oder Nichtkauf. Deshalb muss Karstadt wärmer und menschlicher werden, dem potenziellen Kunden einen Mehrwert bieten und ihn gezielt ansprechen.

Quelle: Willenbrock 2002, S. 16ff.

Vor diesem Hintergrund nimmt die strategische Führung von Handelsmarken in Handelsunternehmen einen immer größeren Stellenwert ein. Dies nicht nur im Hinblick auf eine Erhöhung der Renditen, sondern auch hinsichtlich der Sicherung von strategischen Wettbewerbsvorteilen. In Zeiten, in denen sich Handelsunternehmen immer stärker angleichen, bieten Handelsmarken eine Möglichkeit, um sich aus Kundensicht sortimentspolitisch von den Wettbewerbern zu unterscheiden und sich gegenüber anderen Handelsunternehmen zu profilieren. Von einem strategischen Wettbewerbsvorteil kann insofern gesprochen werden, als wesentliche Teile einer Handelsmarke schwer bis gar nicht kopierbar sind. Handelsmarken sind in diesem Sinne sogar ein Kundenbindungsinstrument, da der Verbraucher die Handelsmarke im Gegensatz zu den überall erhältlichen Markenartikeln ausschließlich bei einem bestimmten Handelsunternehmen bekommt.

Bei der Entwicklung und Vermarktung von Handelsmarken nimmt die Kooperation von Handels- und Herstellerunternehmen in manchen Bereichen zu. Im Rahmen des ECR-Ansatzes existiert prinzipiell eine Plattform, die für eine stärkere Zusammenarbeit genutzt werden könnte und durch die der gesamte **Markenführungsprozess** noch besser auf die Kundenwünsche und -bedürfnisse abgestimmt werden kann. Allerdings nimmt die Umsetzung des ECR-Ansatzes noch zu wenig Rücksicht auf die Bildung von Handelssortimenten und ist deshalb zurzeit stark industrielastig. Einer der Hauptgründe dafür dürfte darin liegen, dass sich die Bemühungen bislang noch auf die Optimierung der Versorgungskette (Supply-Chain) konzentrieren.

Insgesamt wird deutlich, dass Handelsmarken im Hinblick auf eine erfolgreiche Sortimentspolitik den gleichen Stellenwert wie Herstellermarken einnehmen können.

E. Servicepolitik

I. Bedeutung

Mit traditionellen Erfolgsfaktoren wie Standort, Sortiment und Preis wird es immer schwieriger, im Handel Wettbewerbsvorteile zu erzielen. Auf Grund der zunehmenden Vergleichbarkeit der Produktqualitäten, der Zunahme des Margendrucks, der geringen Wachstumsmöglichkeit bei klassischen Produkten sowie der verstärkten Nachfrage nach Service- und Dienstleistungen setzen sich immer mehr Handelsunternehmen systematisch mit dem Thema **Dienstleistungsorientierung** auseinander (Beutin 2005, S. 299). Nach Ansicht vieler Experten eröffnet die Servicepolitik dem Handel in den nächsten Jahren große Wachstums- und Ertragschancen.

Innovative Serviceleistungen können die Attraktivität eines Handelsunternehmens erhöhen und zur Differenzierung sowie Profilierung gegenüber den Wettbewerbern beitragen. Dabei eröffnet die Servicepolitik durch vielfältige Kombinationsmöglichkeiten der einzelnen Erscheinungsformen bzw. Arten von Serviceleistungen einerseits einen großen Handlungsspielraum. Andererseits sind einfache Serviceleistungen gerade im Handel relativ leicht ersichtlich und kopierbar, sodass der auf Serviceleistungen basierende strategische Wettbewerbsvorteil keine dauerhafte Unique Selling Proposition (USP) schafft. Insofern müssen Handelsunternehmen ein am Kundennutzen ausgerichtetes Paket von Serviceleistungen kreieren, um sich dem Preiswettbewerb partiell entziehen zu können (Berekoven 1995, S. 168).

Wachsende Bedeutung der Servicepolitik im Handel

Im Rahmen einer Studie, die von der Lebensmittel Zeitung in Zusammenarbeit mit der Roland-Berger-Marktforschung in Deutschland durchgeführt wurde, ermittelten Testkäufer in 444 Handelsoutlets die Servicequalität. Dabei zeigte sich, dass Servicekriterien in zunehmendem Maße erfüllt werden: In der Studie aus 2001/2002 erfüllten Handelsunternehmen 84,8 % der servicerelevanten Kriterien. Drei Jahre zuvor lag der entsprechende Wert bei 82,2 %. V.a. die mit Personal verbundenen Serviceelemente schnitten um 8 % besser ab als drei Jahre vorher. Während Kaufland den traditionellen Einzelhandel anführte, nahm Aldi unter den Discountern die Spitzenposition ein.

Quelle: Swoboda/Giersch 2003, S. 9.

Daher wird der Service – wie angedeutet und entgegen den Betrachtungen in der vorherrschenden Literatur – nicht als Ergänzung der Angebotsleistungen, sondern als eigenständiges Instrument gesehen.

II. Grundlagen der Servicepolitik

1. Begriffsdefinition

Der Begriff Service bzw. Dienstleistung[1] ist mit einer gewissen Unschärfe behaftet, da darunter eine Vielzahl von Maßnahmen und Instrumenten verstanden wird, die von kleineren Bequemlichkeiten beim Einkauf bis hin zu produktbezogenen Dienstleistungen und eigenständigen Serviceleistungen reichen können (Zentes/Janz/Morschett 1999, S. 27).

Handelsbezogene Dienstleistungen sind intangible (immaterielle bzw. nicht greifbare) Leistungen, die ein Handelsunternehmen seinen Kunden zur Förderung des Absatzes seiner Waren (Sachgüter) anbietet (Fassnacht 2003, S. 1).

Dem Servicebegriff werden folgende Merkmale zugeordnet, die allerdings v.a. zur Kennzeichnung von Dienstleistungsunternehmen und weniger von Servicedienstleistungen dienen (Zeithaml/Parasuraman/Berry 1985, S. 33f.; Swoboda/Foscht 2005b, S. 46f.; Homburg/Krohmer 2006, S. 809ff.):[2]

- **Intangibilität**: Das Ergebnis von Serviceaktivitäten ist im Gegensatz zur Herstellung von Sachgütern nicht greifbar.
- **Nicht Lagerfähigkeit**: Serviceleistungen sind nicht „lagerbar" und können daher auch nicht auf Vorrat produziert werden.

---

[1] Die Begriffe Service und Dienstleistung werden im Folgenden synonym verwendet. Zum Dienstleistungsbegriff, seiner terminologischen Abgrenzung sowie zu den verschiedenen Definitionsansätzen vgl. z.B. Meffert/Bruhn 2006, S. 28ff.

[2] Zur Eingrenzung von Dienstleistungsbranchen kann pauschal die zwölfteilige Services Sectoral Classification List der World Trade Organization (WTO) zu Grunde gelegt werden.

- **Integration eines externen Faktors**: Zur Erstellung von Serviceleistungen bedarf es eines externen Faktors, so des Kunden, eines materiellen Gutes, eines nominalen Gutes (z.B. Geldanlage bei der KarstadtQuelle Bank) oder einer Information (z.B. Information über das Angebot eines Handelsunternehmens).
- **Wahrgenommenes Kaufrisiko**: Im Gegensatz zur Qualitätsbeurteilung von Sachgütern, ist es für Kunden schwieriger, die Qualität von Dienstleistungen zu bewerten.
- **Individualität**: Dienstleistungen müssen sich noch besser als Sachgüter an die individuellen Kundenanforderungen anpassen.

Garantierter Service bei dm

dm setzt auf Kundenzufriedenheit und bietet deshalb eine Reihe von Servicegarantien an:

- Hin & Zurück-Garantie: Sollten Kunden mit den bei dm gekauften Waren nicht zufrieden sein, können sie diese umtauschen oder erhalten den Kaufpreis rückerstattet.
- Kassa-stimmt-Garantie: Sollte auf dem Kassabon ein anderer Preis stehen als am Regal oder auf der Liste, erhalten Kunden den betreffenden Artikel oder die jeweilige Leistung gratis.
- Dauerpreis-Garantie: Die Preise bei dm werden vier Monate lang nicht erhöht.
- Bankomat-Service: Im Handel, im Friseur- und Kosmetikstudio können Kunden bei dm bargeldlos bezahlen.
- Papier & Mascherl-Service: Bei dm gekaufte Geschenke werden gratis verpackt.
- Sackerl-Service: Kunden erhalten bei jedem Einkauf eine Einkaufstasche gratis.
- Zufriedenheits-Garantie: Sollten Kunden des Friseur- oder Kosmetikstudios nicht zufrieden sein, erhalten sie eine Nachbehandlung gratis.
- Pflege-Service: Beim Besuch des Friseurstudios ist die Rasur bei Männern bzw. das Stirnfransenschneiden bei Frauen gratis.
- Frei bis drei-Service: Kinder bis zum Alter von drei Jahren können sich im Friseurstudio bei dm die Haare gratis schneiden lassen.

Quelle: www.dm-drogeriemarkt.at.

2. Ziele und Funktionen von Serviceleistungen

Die operationale Formulierung von Servicezielen, die nach Inhalt, Ausmaß, Zeit- und Segmentbezug aus übergeordneten Marketing- und Unternehmenszielen abgeleitet werden, ist ein wesentlicher Bestandteil der strategischen Planung der Servicepolitik, um zieladäquate Instrumente entwickeln und einsetzen sowie deren Ergebnisse messbar und kontrollierbar machen zu können. Grundsätzlich kann eine Systematisierung der Ziele nach ihren Inhalten in zwei Basiskategorien vorgenommen werden (Meffert/Bruhn 2006, S. 205):

- ökonomische Ziele
- psychografische Ziele.

Ökonomische Ziele knüpfen an den Erwerbszielen des Unternehmens an. Zu den zentralen ökonomischen Zielen zählen Gewinn, Umsatz, Deckungsbeitrag, Rentabilität, Marktanteil und Marktgeltung von Serviceleistungen. **Psychografische Ziele** nehmen auf mentale Prozesse des Käufers Bezug und tragen indirekt zur Realisierung ökonomischer Ziele bei. Zu ihnen zählen z.B. die Verbesserung der Servicequalität, die Erhöhung der Kundenzufriedenheit und -bindung und die Verbesserung des Unternehmensimages. Durch den Einfluss der Mitarbeitermotivation auf das quantitative Arbeitspensum, das qualitative Leistungsverhalten und damit auf die Servicequalität, kommt mitarbeitergerichteten Zielen eine hohe Bedeutung zu.

Im Rahmen dieser Zielsetzungen erfüllen Serviceleistungen unterschiedliche Funktionen:

- **Differenzierungs- und Profilierungsfunktion**: Schaffung von Präferenzen und Wettbewerbsvorteilen.
- **Kundenbindungs- bzw. Kundengewinnungsfunktion**: Nutzenstiftende Serviceleistungen tragen zur Kundenbindung, aber auch zur Neuakquisition von Kunden bei.
- **Informations- und Kommunikationsfunktion**: Diese Funktionen ergeben sich aus dem Wesen einzelner Serviceleistungen wie z.B. Beratung.

Im Hinblick auf die optimale **Servicequalität** lassen sich die angeführten Ziele in Analogie zum Ansatz von Donabedian (1980) auf folgende drei Dimensionen verdichten:

- Ziele im Bezug auf die **Potenzialqualität** (z.B. Einkaufsstätte, Qualifikation des Personals, logistische Infrastruktur)
- Ziele im Bezug auf die **Prozessqualität** (z.B. Freundlichkeit des Servicepersonals, Wartezeiten in der Kassenzone)
- Ziele im Bezug auf die **Ergebnisqualität** (z.B. Image, Produktnutzen nach Reparaturleistungen).

Der Vorteil dieses Ansatzes liegt darin, dass er auf jede Dienstleistung anwendbar ist (Homburg/Krohmer 2006, S. 982).

3. Arten und Erscheinungsformen von Serviceleistungen

Vor allem in der Unternehmenspraxis gibt es zahlreiche Arten und Erscheinungsformen von Serviceleistungen, denen im Großhandel eine stärkere Bedeutung zukommt. Wird der Fokus – wie in den folgenden Ausführungen – auf den Einzelhandel gelegt, kann auf zahlreiche Typologien zurückgegriffen werden, welche die Serviceleistungen kategorisieren. Da in der vorherrschenden Literatur kein Konsens in Bezug auf die Kategorisierung von Serviceleistungen existiert, werden einige ausgewählte Differenzierungsmerkmale exemplarisch angeführt.

Eine eindimensionale Typologie[1] von Serviceleistungen nach der **Erwartungshaltung der Kunden** führt nach Beutin (2005, S. 302ff.) zur Differenzierung in:

- **Frill Services** werden vom Kunden nicht unbedingt erwartet. Das Anbieten bzw. Fehlen der Leistung hat weder positive noch negative Auswirkungen auf die Geschäftsbeziehung mit dem Kunden oder auf die Kundenbindung.
- **Penalty Services** umfassen jene Leistungen, die Anbieter aus rechtlichen und/oder produktspezifischen Gründen erbringen müssen, so z.B. branchenübliche Standardleistungen, Gewährleistungspflichten oder Garantieleistungen usw.
- **Reward Services** machen auf ein Handelsunternehmen aufmerksam und können zu Image- und Zufriedenheitsgewinnen führen. Werden diese Services nicht angeboten, wird dies vom Kunden jedoch nicht negativ bewertet. Hierunter fallen bspw. gemeinsame Entwicklungsdienstleistungen.

Frill Services bei der Rewe Group Austria

Die Zeitschrift maxima der Rewe Group Austria liegt bei Merkur, Billa und BIPA gratis aus und informiert die Kunden monatlich über die Themenbereiche Wellness, Beauty, Lifestyle und Mode, Reisen und Rezepte. Darüber hinaus liegen der Zeitschrift Einkaufsgutscheine für die drei genannten Unternehmen bei.

Quelle: www.rewe-group.at.

Eine Klassifikation[2] von Serviceleistungen nach dem **Leistungsinhalt** führt zu einer Unterteilung in (vgl. hierzu Berekoven 1995, S. 166):

- **produktbezogene Serviceleistungen**
  - Informations- und Beratungsservices: Diese Services bestehen in erster Linie aus Informationen und Hinweisen bzw. Optimierungsvorschlägen für die Beschaffung oder Nutzung von Artikeln. Ein Beispiel hierfür ist der News-Service von Volkswagen.
  - Technische Serviceleistungen: Diese Dienstleistungen bieten den Kunden technische oder anwendungstechnische Beratung, z.B. technische Hotline des IT-Unternehmens Dell.
  - Logistische Serviceleistungen: Diese Leistungen haben meist einen hohen Einfluss auf die Kundenbindung, da sie oft einen erheblichen Teil des Produktes darstellen. Gedacht sei in diesem Zusammenhang

---

[1] Typologien lassen sich in eindimensionale und mehrdimensionale Ansätze unterscheiden. Bei eindimensionalen Typologien werden Dienstleistungen auf Grund eines Kriteriums (z.B. der Kaufphase) differenziert. Bei mehrdimensionalen Typologien werden mindestens zwei Dimensionen herangezogen (z.B. Grad der Individualisierung und Personalkosten im Verhältnis zum Wert der Infrastruktur).

[2] Unter einer Klassifikation werden Systematisierungen anhand eines Differenzierungsmerkmals verstanden (eindimensionale Systematisierungsansätze).

bspw. an den Abhol- und Lieferservice von Waschmaschinen gegen einen geringen Aufpreis bei dem Versandhaus Neckermann.

- **personenbezogene Serviceleistungen**
  - Kaufmännische Serviceleistungen: Im Rahmen dieser Leistungen werden dem Kunden v.a. Versicherungen, Leasingverträge usw. angeboten, z.B. die Handy-Versicherung des Elektrofachhändlers Saturn.
  - Individualisierungs-Services: Hierzu zählen Zusatzleistungen, die ein Produkt individuell auf die Bedürfnisse des Kunden anpassen, z.B. Individualserie eines BMW.
  - Convenience-Services: Diese Leistungen, die dem Kunden Unannehmlichkeiten abnehmen sollen, haben im Handel eine hohe Bedeutung (z.B. der Autoanmeldeservice bei Autohändlern).

Weitere Differenzierungsmerkmale und Merkmalsausprägungen sind:

- **Leistungsbasis**: Die Erbringung der Serviceleistung kann auf freiwilliger, vertraglicher oder gesetzlicher Basis erfolgen.
- **Leistungsort**: Serviceleistungen können beim Kunden, beim Händler oder bei Dritten erbracht werden.
- **Leistungsersteller**: Die Serviceleistung kann vom Händler selbst oder von Händlerkooperationen, Herstellern oder selbstständigen Dienstleistern erbracht werden.
- **Berechnungsmodus**: Serviceleistungen können unentgeltlich oder entgeltlich erbracht werden.

Fassnacht (2000, S. 89ff.) sieht für die Kategorisierung von 24 Dienstleistungen sechs Dienstleistungsarten vor (siehe Abbildung 4.42).

Abbildung 4.42: Dienstleistungsarten

Informationsdienstleistungen	**Bestellungs-Dienstleistungen**
♦ Warenberatung ♦ Beratung zur Nutzung und Wartung/Pflege der Ware ♦ Informationsstand ♦ Einladung zu speziellen Veranstaltungen (z.B. Modeschauen, Schlussverkäufe)	♦ Bestellmöglichkeit per Post ♦ Bestellmöglichkeit per Telefon/ Fax ♦ Bestellmöglichkeit über Internet
Risikominimierende Dienstleistungen	**Bezahlungs-Dienstleistungen**
♦ Verlängerte Garantie auf Ware ♦ Großzügiger Umtausch von Waren ♦ Reparatur von Waren ♦ Änderung/Anpassung von Waren	♦ Bezahlung mit Schecks ♦ Bezahlung mit Kredit-/Scheck-/ Debitkarte ♦ Verfügbarkeit von Kreditangeboten ♦ Verfügbarkeit von Geschenkgutscheinen

Hausdienstleistungen	Einkaufserleichternde Dienstleistungen
♦ Besuche beim Kunden zur Beratung ♦ Zustellung der Ware zum Kunden ♦ Abholung der Ware beim Kunden zur Reparatur und Wartung ♦ Installation/Zusammenbau der Ware	♦ Kinderbetreuung ♦ kostenloses Parken ♦ verlängerte Ladenöffnungszeiten ♦ Angebot von kostenlosen Getränken während des Verkaufsvorgangs ♦ mehrwöchiges Zurücklegen einer bestimmten Ware für den Kunden nach Anzahlung bis zur vollständigen Bezahlung

Quelle: Fassnacht 2000, S. 89ff.

Ausmaß angebotener Dienstleistungen im Einzelhandel

Um das Ausmaß der Herstellung von sechs Dienstleistungsarten gegenüber Kunden bei 245 Einzelhändlern der Textil- und Möbelhandelsbranche zu analysieren, wurde eine Befragung duchgeführt, deren Ergebnisse in *Tabelle 4.6* dargestellt werden.

Tabelle 4.6: Ausmaß angebotener Dienstleistungen im Handel

Dienstleistungsart	Ausmaß der Herausstellung*
Insgesamt angebotene Dienstleistungen	3,58
Informations-Dienstleistungen	3,71
Risikominimierende Dienstleistungen	3,56
Haus-Dienstleistungen	3,41
Bestellungs-Dienstleistungen	2,84
Bezahlungs-Dienstleistungen	3,67
Einkaufserleichternde Dienstleistungen	3,53

** Skala: 1 = überhaupt nicht, 5 = sehr aktiv.*

Quelle: Fassnacht 2000, S. 96.

Eine weitere und häufig verwendete Klassifikation von Serviceleistungen ist nach dem Kriterium der tatsächlichen Leistungserbringung, dem **Leistungszeitpunkt**, möglich. Hierbei kann zwischen der

- Pre-Sales-Phase (vor dem Kaufabschluss),
- Sales-Phase (während des Kaufabschlusses) und
- After-Sales-Phase (nach dem Kaufabschluss)

unterschieden werden, auf die im folgenden Abschnitt näher eingegangen wird.

III. Handlungsmöglichkeiten in der Servicepolitik

1. Überblick

Ein gewisses Mindestmaß an Serviceleistungen ist im Handel auf Grund gesetzlicher und produktspezifischer Anforderungen unabdingbar (Muss-Serviceleistungen). Profilierungschancen durch die Schaffung eines **Mehrwertes** für den Kunden sind jedoch v.a. in Serviceleistungen zu sehen, die der Handel freiwillig und zusätzlich zum Warenangebot erbringt (Soll-Serviceleistungen, Kann-Serviceleistungen), um den Einkaufsvorgang, der von vielen Kunden insbesondere beim Kauf von Gütern des täglichen Bedarfs nach wie vor als Last empfunden wird, angenehmer zu gestalten.

Um Kunden längerfristig an das Handelsunternehmen binden zu können, ist es notwendig, alle Phasen des Kaufprozesses zu betrachten (siehe Abbildung 4.43).

Abbildung 4.43: Der Zusammenhang zwischen Kundennutzen, Leistungszeitpunkt und Marketingmaßnahmen

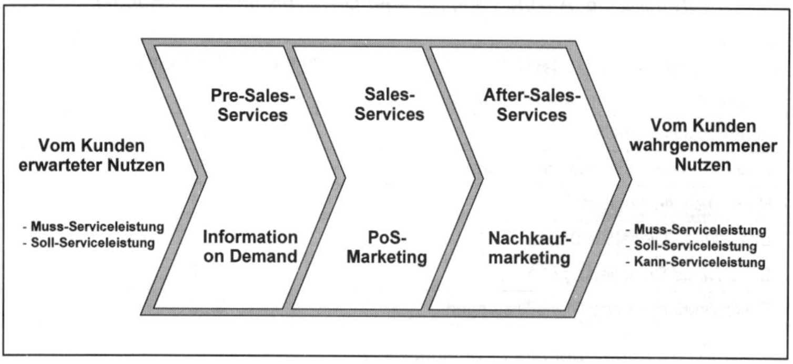

Ansatzpunkte zur angenehmeren Gestaltung des Einkaufsvorgangs sind in der Pre-Sales-, der Sales- und der After-Sales-Phase auszumachen (Zentes/Janz/Morschett 1999, S. 28ff.).

In der **Pre-Sales-Phase** geht es v.a. darum, den Kunden mit den gewünschten und auf ihn zugeschnittenen Informationen zu versorgen (Information on Demand). Beispiele hierfür stellen der Versand von Prospektmaterial, das kostenlose Zusenden von Kleidern auf Probe sowie eine unverbindliche und kostenlose Beratung dar. In der **Sales-Phase** gilt es, den Einkaufsvorgang des Kunden durch Maßnahmen im Rahmen des PoS-Marketing erlebnisorientiert und/oder convenient zu gestalten. Dabei spielen v.a. Aspekte des In-Store-Managements, aber auch Faktoren wie persönliche Beratung, Öffnungszeiten des Outlets, Kinderbetreuungseinrichtungen oder die Effizienz des Checkouts eine wichtige Rolle. Hierunter fällt bspw. auch die Akzeptanz unterschiedlicher bargeldloser Zahlungsmethoden (Kundenkarten mit Zahlungsfunktion, Kreditkarten und Smart Cards). Der **After-Sales-Phase** kommt eine bedeutende Rolle beim Aufbau von langfristigen Kundenbeziehungen zu. Entsprechende Maßnahmen des Nachkaufmarketing können die Kundenzufriedenheit beträchtlich erhöhen und zur Kundenbindung beitragen. Solchen Maßnahmen sind z.B. die Installation einer Waschmaschine, Reparaturen, die Nachkaufberatung bei komplexen Produkten durch Hotlines, Umtausch- und Garantieleistungen, aber auch ein professionelles Beschwerdemanagement und die individuelle Ansprache des Kunden mit Direktmailings, Kundenabenden usw. zuzurechnen.

Kundeninformationsmanagement als Basis des Kundenservicemanagements

Der immer stärker werdende Kampf um den Kunden erfordert, dass Handelsunternehmen Kundendaten über eine Vielzahl von Kanälen sammeln, also ein konsequentes Kundeninformationskanalmanagement betreiben. Dieses stellt die Basis für ein erfolgreiches Kundenservice- und Kundenbindungsmanagement dar. Eine effektive Steuerung des Kundenservices ist allerdings nur dann möglich, wenn diese Kundeninformationen mit Warenwirtschaftsinformationen, d.h. Abverkaufsdaten, verbunden werden, die in weiterer Folge zur Bildung von Zielgruppen, Sortiments-/Verbundsanalysen oder zur individualisierten und damit emotionalen Kundenansprache herangezogen werden können.

Quelle: Janz/Swoboda 2002a, S. 43f.

2. Implementierung des Serviceprogramms

Das Handelsunternehmen hat sich bei der Festlegung des **Serviceprogramms** bzw. der **Servicekonzeption** die Frage zu stellen,

- an welche Zielgruppen,
- welche Leistungen,
- in welcher Qualität,
- zu welcher Zeit,
- über welchen Vertriebsweg,
- mit welchen kommunikationspolitischen Maßnahmen und
- mit welchem Berechnungsmodus

angeboten werden sollen. Dabei spielen kunden-, unternehmens- und konkurrenzbezogene Einflussfaktoren, wie z.B. Kenntnisse über die gewünschte Verbraucherzielgruppe, betriebsinterne Fähigkeiten zur Erkennung und Erfüllung der Konsumentenerwartungen, sowie die klare Abgrenzung von der Konkurrenz eine entscheidende Rolle bei der Gestaltung des Service-Mix.

Bei der Festlegung der **Zielgruppe** ist zu überlegen, ob einzelne Serviceleistungen allen oder nur bestimmten Kunden angeboten werden sollen. Zu beachten ist dabei, dass sich Kunden zwar recht schnell an zusätzliche Serviceleistungen gewöhnen, auf deren Streichung aber häufig negativ reagieren. Die **Art** der angebotenen **Serviceleistung** hängt vom Betriebstyp, dem angebotenen Sortiment, den Serviceerwartungen der Verbraucher sowie vom Serviceangebot der Konkurrenz ab. Beim Angebot spezieller Zusatzleistungen spielen rechtliche Restriktionen eine bedeutende Rolle (z.B. Gesetz gegen unlauteren Wettbewerb).

Aktuelle Bedeutung von Großhandelsdienstleistungen

Der Großhandel sieht die Beratung und die Kundenbetreuung durch Außendienstmitarbeiter als seine bedeutendsten Dienstleistungen an. So schätzen 72 % der in Österreich befragten Manager die Bedeutung der Beratung als hoch ein und 71 % der Probanden die Bedeutung der Kundenbetreuung durch den Außendienst. Auch Logistikdienstleistungen und Produktschulungen wurden von über 50 % der Befragten als bedeutsam eingestuft. Anders verhielt es sich mit der Auszeichnung des Erstpreises und der Regalbetreuung. Diesen Dienstleistungen maßen die Manager überwiegend nur eine geringe oder keine Bedeutung bei.

Quelle: Gittenberger/Gavac/Hölzl 2007, S. 16.

Der **Qualität** der erbrachten Serviceleistung kommt ebenfalls eine bedeutende Rolle zu. Einen ersten Schritt zur systematischen Analyse der Servicequalität stellt die **Kontaktpunktanalyse** dar, bei der alle Kontaktpunkte zwischen Kunden und Unternehmen auf das angestrebte Servicequalitätsniveau hin untersucht werden (Zentes/Janz/Morschett 1999, S. 28). Es ist zu beachten, dass die Verbraucher in der Regel die Serviceleistungen nicht isoliert, sondern als Ganzes betrachten. Aus dieser Überlegung heraus erscheint ein homogenes Qualitätsniveau erstrebenswert (Berekoven 1995, S. 171).

Dimensionen der Servicequalität im Online-Handel

Im Online-Handel wird die E-Servicequalität durch folgende sechs Dimensionen bestimmt:

- Funktionalität (z.B. personalisierte Informationen, Effizienz der Navigationsstruktur)
- technische Qualität (z.B. Erreichbarkeit der Website, geringe Lade- und Wartezeiten)
- Zuverlässigkeit (z.B. fehlerfreie und aktuelle Informationen)
- Sicherheit (z.B. Verschlüsselung persönlicher Daten)
- Reaktionsfähigkeit (z.B. umgehende Beantwortung von Anfragen, Erreichbarkeit des Anbieters)
- Erlebnisqualität (z.B. Qualität von Grafiken und Animationen).

Dabei wird das Gesamtqualitätsurteil der Kunden v.a. durch die Dimensionen Funktionalität und technische Qualität bestimmt. Im Hinblick auf die Entstehung von Kundenzufriedenheit und -loyalität müssen Serviceleistungen aber auf allen Dimensionen in einem für den einzelnen Kunden ausreichenden Maße entlang der gesamten virtuellen Transaktionskette erbracht werden.

Quelle: Bauer/Falk/Hammerschmidt 2004, S. 3ff.

Hinsichtlich des **Zeitraumes** müssen sich Unternehmen die Frage stellen, in welcher Phase des Kaufprozesses Serviceleistungen angeboten werden und in welcher Häufigkeit (permanent, saisonabhängig oder nur einmalig) diese offeriert werden sollen. Bezüglich des Zeitpunktes spielt es eine Rolle, ob Unternehmen in ihrer Branche Servicepioniere, Serviceinnovatoren oder Serviceimitatoren sein möchten (Fend 1998, S. 1449). Serviceleistungen können direkt, indirekt oder online abgesetzt werden. Die Frage nach direktem oder indirektem Absatz ist mit der „**Make-or-Buy**"-Entscheidung gleichzusetzen. Neben Wirtschaftlichkeitsaspekten spielen qualitative Faktoren eine wichtige Rolle. Die Fremdvergabe kann an eine gemeinschaftliche Serviceeinrichtung, an den Hersteller oder an selbstständige Dienstleistungsunternehmen erfolgen (Berekoven 1995, S. 174).

Die **Kommunikationspolitik** übernimmt hier die Aufgabe, dem Kunden die Serviceleistung verständlich und sichtbar zu machen. Dabei sollen unterschiedlichste, aufeinander abgestimmte Kommunikationsinstrumente zum Einsatz kommen. Moderne Informations- und Kommunikationstechnologien bieten Handelsunternehmen zahlreiche Ansatzpunkte zur kundenorientierten Neugestaltung der Servicepolitik in den verschiedenen Phasen des Kaufprozesses. In der Vorkaufphase kann den Kunden über einen **individualisierten Internetauftritt** eines Handelsunternehmens „Information on Demand" zur Verfügung gestellt werden, wobei die Internetpräsenz den Aufbau von Präferenzen begünstigen und über die Schaffung von Mehrwert eine längerfristige Kundenbeziehung begründen kann. In weiterer Folge kann sich ein Handelsunternehmen durch die Nutzung neuer Informations- und Kommunikationstechnologien und der damit verbundenen Möglichkeit zur Personalisierung bzw. Individualisierung des Angebots einen entscheidenden Wettbewerbsvorteil verschaffen.

Individuelle Kaufempfehlungen

Unter „MY BOL" können sich Kunden des Online-Medien-Shops von Bertelsmann eine individualisierte Site mit personalisierten Kaufempfehlungen einrichten.

Quelle: www.bol.de.

Auch Wal-Mart setzt mit „my WAL-MART" auf die Personalisierung des Angebots: Durch die Online-Registrierung erhält der Kunde Statusberichte über seine bestellten Artikel, er kann ein eigenes Adressbuch anlegen, sich ein Photocenter einrichten und jederzeit bereits getätigte Einkäufe und erstellte Einkaufslisten einsehen.

Quelle: www.wal-mart.com.

Schließlich stellt die Wahl des **Berechnungsmodus** eine der schwierigsten Aufgaben im Bereich der Implementierung der Servicepolitik dar. Als Möglichkeiten bieten sich die direkte und die indirekte Berechnung an. Im Gegensatz zur direkten Berechnung wird dem Kunden bei der indirekten Berechnung kein gesonderter Preis für die Inanspruchnahme der Serviceleistung in Rechnung gestellt. Die Wahlmöglichkeit im Bereich der kostenlosen Serviceleistungen wird jedoch von rechtlichen Rahmenbedingungen eingeschränkt (z.B. UWG). Preispolitische Maßnahmen mit dem Ziel einer möglichst hohen Ausschöpfung von Marktpotenzialen bei den unterschiedlichen Zielgruppen können v.a. durch Maßnahmen der Preisdifferenzierung und Preisbündelung (**Price Bundling**) umgesetzt werden (Levy/Weitz 2007, S. 416).

Für die erfolgreiche Implementierung eines festgelegten Serviceprogramms sind einige Rahmenbedingungen zu beachten. Dazu zählen organisatorische Merkmale (z.B. flache und flexible Strukturen, Teamorientierung, Kommunikationsbeziehungen im Unternehmen und zum Kunden) und personelle Rahmenbedingungen (Personalbeschaffung, -entwicklung, -führung, Anreizsysteme) (Wörwag 1996, S. 243). Speziell im Bereich der Personalentwicklung und -führung ist darauf zu achten, dass neben der Verbesserung der Fach- und Methodenkompetenzen der Mitarbeiter auch soziale und kommunikative Kompetenzen vermittelt werden. Die Fähigkeit der Mitarbeiter, kundenorientiert zu handeln, ist Bestandteil der Entwicklung einer spezifischen Servicekompetenz. Weitere Erfolgsfaktoren liegen z.B. im Kostenmanagement, im internen Marketing oder im Service-Audit.

Personalentwicklung als kritischer Erfolgsfaktor in der Servicepolitik

Das Warenhaus Karstadt schafft durch seine Personalentwicklung die Voraussetzungen für die unternehmensweite Umsetzung des Servicegedankens. Zu den zentralen Bausteinen der Personalentwicklung zählen folgende transparente Leitlinien für das Kundenkontaktpersonal:

- Sie unterbrechen jede Arbeit, wenn ein Kunde Sie braucht!
- Sie begrüßen Ihren Kunden!
- Sie bedanken sich für den Besuch und verabschieden sich!
- Wenn Sie einem Kunden selbst nicht weiterhelfen können, kümmern Sie sich solange um ihn, bis ein Kollege ihm hilft!

Quelle: Swoboda/Giersch 2003, S. 9.

3. Lenkung und Kontrolle

Für das Management der Dienstleistungsqualität können drei Ansätze unterschieden werden. Neben den Ansätzen zur Messung und Analyse der Dienstleistungsqualität stehen dabei Ansätze zur Beeinflussung der Dienstleistungsqualität im Vordergrund (Bruhn/Stauss 1999; Benkenstein 2001; Homburg/Krohmer 2006, S. 983). Im Folgenden werden die Ansätze zur Messung der Servicequalität näher betrachtet, da diesen im Rahmen der Steuerung und Kontrolle der Servicemaßnahmen eine entscheidende Bedeutung zukommt. Eine Systematisierung der Ansätze zur Messung der Servicequalität vermittelt Abbildung 4.44.

Abbildung 4.44: Systematisierung der Ansätze zur Messung der Servicequalität

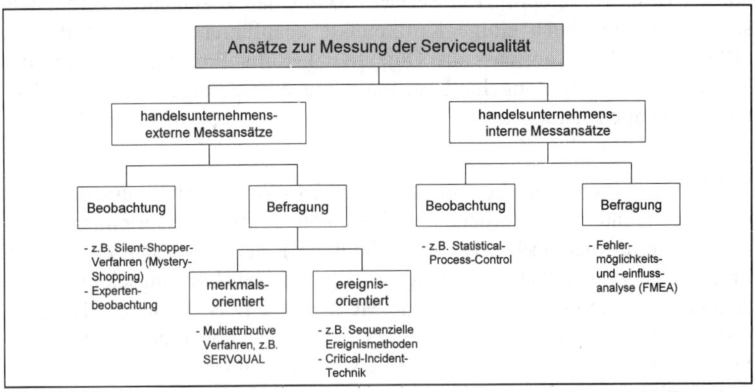

Die **handelsunternehmensexternen Messansätze** (kundenorientierte Messansätze) können in Beobachtungen (objektive Messansätze) und Befragungen (subjektive Messansätze) untergliedert werden. Bei der **Beobachtung** wird die Leistungsqualität aus Kundensicht, nicht jedoch auf Grund der subjektiven Einschätzung einzelner Kunden durchgeführt. So kommen bspw. Expertenbeobachtung, Silent-Shopper-Verfahren bzw. das **Mystery-Shopping** zur Anwendung. Bei Letzterem können dafür autorisierte Mitarbeiter (sog. Checker), Experten oder Kunden eingesetzt werden (Drees/ Schiller 2000, S. 69f.). Neben der Kontrolle von Service- bzw. Qualitätsstandards stellen die Ermittlung von Schwachstellen und von Verbesserungspotenzial, die Sensibilisierung und Motivation der Mitarbeiter zu kundenorientiertem Verhalten, inner- und außerbetriebliche Leistungsvergleiche sowie die Außendarstellung des Unternehmens mögliche Zielsetzungen dar, die mit dem Mystery-Shopping verfolgt werden (Platzek 1997, S. 364). Typische Fragestellungen, denen im Rahmen dieses Verfahrens nachgegangen wird, sind (vgl. hierzu auch Höhner/Schaper 2004, S. 3):

- Wie lange dauert es, bis Kunden bedient werden?
- Sind die Mitarbeiter kompetent genug, um die Produkte angemessen erklären und empfehlen zu können?
- Werden etwaige Kundenbeschwerden ernst genommen?

Mystery-Shopping bei Selfridges & Co.

Um beständig ein exzellentes Einkaufserlebnis zu vermitteln, werden Besucher der Websites des Handelsunternehmens Selfridges & Co. aufgefordert, sich als Mystery-Shopper registrieren zu lassen. Diese müssen dann im Anschluss an den Einkauf bei Selfridges & Co. einen Fragebogen zur wahrgenommenen Servicequalität ausfüllen und erhalten dafür GBP 10. Dabei achtet das Unternehmen darauf, dass die Mystery-Shopper nicht über einen zu langen Zeitraum im Untersuchungspanel sind.

Quelle: www.selfridges.com.

Der Einsatz des Mystery-Shopping ist aber nicht nur mit Vorteilen, wie der guten Vergleichbarkeit der erzielten Ergebnisse oder der klaren Beurteilung auf der Basis vorab definierter Service- bzw. Qualitätsstandards verbunden, sondern es sind auch einige Kritikpunkte anzuführen. So merkt Platzek (1997, S. 366) u.a. an, dass die Objektivität, Reliabilität und Validität des Messvorganges oft mangelhaft ist, meist nur eine geringe Anzahl an Beobachtungsfällen herangezogen wird und die Ergebnisse nicht repräsentativ sind.

Bei **Befragungen** steht die subjektive Service-Wahrnehmung aus der Sicht einzelner Kunden im Vordergrund. Hier können merkmalsorientierte/attributorientierte Messansätze (z.B. SERVQUAL), bei denen sich die Bewertung der Servicequalität aus der Bewertung einzelner Leistungselemente zusammensetzt, und ereignisorientierte Messansätze (z.B. Sequenzielle Ereignismethode, Critical-Incident-Technik) unterschieden werden. Letztere stellen den prozessualen Charakter der Leistungserstellung aus Kundensicht in den Vordergrund.

Bei den **handelsunternehmensinternen Ansätzen** können ebenfalls objektive (z.B. Statistical-Process-Control) und subjektive Messverfahren (z.B. Fehlermöglichkeits- und Einflussanalyse (FMEA)) unterschieden werden. Die Servicequalität wird hier nicht aus Sicht der Kunden, sondern aus Unternehmenssicht beurteilt. Während sich die Beobachtungen mit der statistischen Analyse festgelegter Servicestandards und Verbesserungsmöglichkeiten befassen, stehen bei den Befragungen die Suche nach Schwachstellen und die Entwicklung von Maßnahmen zur Fehlervermeidung im Vordergrund.

Neben der operativen Kontrolle der Serviceaktivitäten kommt dem **Service-Audit**, wie bereits angeführt, eine bedeutende Rolle im Rahmen der strategischen Servicekontrolle zu. Hier werden auch die zu Grunde liegenden Planungsprämissen, Serviceziele, Servicestrategien, das bestehende Servicesystem sowie die Serviceorganisation überprüft.

4. Ausgewählte empirische Befunde im Handel

Aus einer empirischen Studie von Homburg/Hoyer/Fassnacht (2002), an der 411 Manager aus Deutschland und den USA teilnahmen, geht hervor, dass die Serviceorientierung bei innovativen, kundenorientierten Handelsunternehmen, die qualitativ höherwertige Produkte anboten und mehr Arbeitnehmer beschäftigten, höher ausfiel. Zudem zeigt die Studie, dass Handelsunternehmen, deren Kunden preisbewusster waren, weniger serviceorientiert agierten und dass sich die Serviceorientierung eines Unternehmens positiv auf die Kundenzufriedenheit und -loyalität und damit letztlich positiv auf den Gewinn des Unternehmens auswirkte.

Gemäß einer empirischen Studie von Swoboda/Hälsig (2007a), in deren Rahmen 3.026 Konsumenten in Deutschland befragt wurden, wird der Markenwert eines Handelsunternehmens (operationalisiert über das Markenimage) insbesondere durch den vom Kunden wahrgenommenen Service positiv beeinflusst. Preis-Leistungs-Verhältnis, Werbung, Ladengestaltung und Sortiment wirkten sich hingegen in geringerem Ausmaß aus. Dabei zeigte sich in der branchenspezifischen Analyse ein ähnliches Bild: Im Lebensmitteleinzelhandel, Fashion-Handel, Elektronikhandel und im Do-it-yourself-Handel fällt im Hinblick auf den Markenwert v.a. der Service ins Gewicht. Lediglich im Möbelhandel wirkte das wahrgenommene Preis-Leistungs-Verhältnis in gleich hohem Ausmaß wie der Service auf den Markenwert ein.

IV. Neuere Entwicklungen in der Servicepolitik

Ein beobachtbarer Trend in der Servicepolitik ist, dass im Geschäftsmodell vieler Handelsunternehmen der Faktor Service, aber auch Faktoren wie z.B. Geschwindigkeit (z.B. kurze Antwort- und Lieferzeiten) in Zukunft eine wichtige Rolle spielen werden (vgl. hierzu die Fallstudie Zara in Abschnitt G. des Fünften Kapitels sowie die Ausführungen in Abschnitt B.III. des Zweiten Kapitels). Darüber hinaus gewinnt die Differenzierung von Serviceleistungen nach Kaufverhaltenstypen an Bedeutung. Dabei kann z.B. eine Unterscheidung von Serviceleistungen und deren Wirkungen je nach Involvement- oder Commitmentsituation einen Erkenntnisfortschritt für die Unternehmenspraxis bringen. Gedacht sei in diesem Zusammenhang an den Kauf von Gebrauchsgütern (z.B. CDs) oder an den Kauf von Gütern des täglichen Bedarfs (z.B. Lebensmittel). Da die Konsumenten bei Letzterem meist wenig involviert sind, wird der Kauf hier meist als lästige Pflichterfüllung angesehen.

Einen weiteren Ansatzpunkt, den Kaufprozess für den Kunden angenehm zu gestalten, liegt im Angebot des **One-Stop-Shopping**. Hierbei geht es darum, durch die Bündelung möglichst vieler Dienstleistungsangebote „unter einem Dach" dem Kunden ein möglichst effizientes Einkaufen zu ermöglichen, da er viele Dinge auf einmal erledigen kann. Neben den klassischen Dienstleistungsangeboten (z.B. Friseur, Reisebüros und Reinigungen) stellen Apothekendienste, Postämter, Behördenstellen und Bank- und Versicherungsleistungen in einem Shopping Center entsprechende Beispiele dar. Speziell im Lebensmitteleinzelhandel kann durch das Anbieten von z.B. In-Store-Kiosk-Lösungen (Rezepte, Zutatenliste und Wegbeschreibungen), Kochkursen oder Ready-to-eat- bzw. Ready-to-cook-Mahlzeiten das Einkaufserlebnis erhöht werden.

Weiterhin kann sich der Handel durch das Anbieten von **Produkt-Dienstleistungs-Bündeln** von Mitbewerbern abheben (vgl. hierzu Zentes/Janz/Morschett 1999, S. 34ff.). Diese Bündel sind Grundlage umfassender Problemlösungen, die der Kunde „aus einer Hand" erhalten möchte. Beispiele dafür sind der Verleih oder die Vermietung von Geräten.

KarstadtQuelle macht Einzelhandel zur Nebensache

Handelsmanager sehen im Dienstleistungssektor vermehrt Wachstumschancen und entschließen sich, ihr Geschäftsfeld durch Zukäufe zu erweitern. Ein Beispiel hierfür stellt KarstadtQuelle dar. Der Konzern hat die wohl gravierendste Neupositionierung in der Firmengeschichte durchlebt. Seit der Fusion von Thomas Cook mit dem britischen Reiseunternehmen My Travel, wird der Umsatz nicht mehr vorrangig durch den Einzelhandel, sondern durch das Reisegeschäft erwirtschaftet.

Abbildung 4.45: Umsatzverteilung bei KarstadtQuelle nach der Übernahme von My Travel

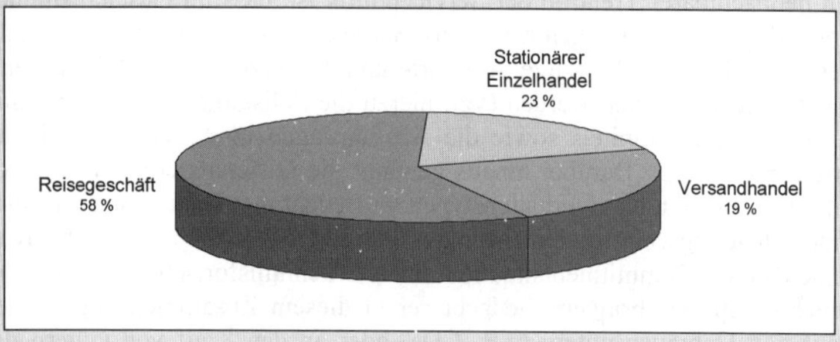

Künftig soll der Umsatz im Reisegeschäft auf 60 % steigen, während auf die angestammten Geschäftsfelder stationärer Einzelhandel und Versandhandel nur noch ca. 40 % entfallen sollen. Damit wird der Einzelhandel, der ursprünglich einen Umsatzanteil von 74 % erwirtschaftete, zur Nebensache.

Quelle: LZ Net, 15. Februar 2007.

Auch im Online-Handel bilden sich neue Einkaufsformen mit neuen Serviceleistungen heraus (z.B. Optimierung der Produktsuchfunktion im Internet durch sog. semantische Technologien) (Potts 2005, S. 23).

Mass Customizing als spezifisches Serviceinstrument

Mass Customizing („Massen-Maßproduktion") – die preiswerte Herstellung individualisierter Produkte – wird künftig im Handel an Bedeutung gewinnen. Von dieser Entwicklung sind 73,5 % der Handelsmanager überzeugt (Liebmann/Jungwirth/Klug 1999, S. 165). Neben dem Textilhandel eröffnet die „Massen-Maßproduktion" auch in anderen Bereichen (z.B. CD-Shops, Uhrenhändler, Sportfachgeschäfte, Buchhändler) die Möglichkeit zur Herstellung individueller Produkte.

Mass Customizing

Nike bietet in seinem Internet-Shop Schuhe mit Customizing an. Für 60 bis 85 USD bekommen Online-Kunden ein individuell auf sie zugeschnittenes Modell aus vier zur Auswahl stehenden Sportschuhen. Der Kunde kann Basis- und Zusatzfarben wählen. Außerdem können bis zu acht Buchstaben ins Design integriert werden, wie z.B. der Name des Käufers.

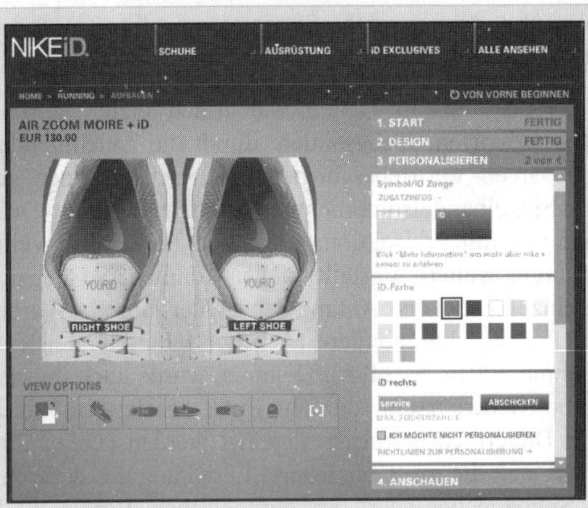

Quelle: www.nike.com.

F. Preispolitik

I. Bedeutung der Preispolitik

Der Preis für eine vom Handel angebotene Ware inklusive der damit verbundenen Serviceleistungen stellt einerseits das monetäre Äquivalent für den Einzelhandel und andererseits das Maß an Wertschätzung durch den Abnehmer dar (Tietz 1993b, S. 357). Der Preis ist dabei immer im Verhältnis zur angebotenen Leistung zu betrachten.

Die Preispolitik umfasst alle von den Zielen des Anbieters geleiteten und gesteuerten Aktivitäten zur Suche, Auswahl und Durchsetzung von Preis-Leistungs-Relationen und die damit verbundenen Problemlösungen für Kunden (Diller 2007, S. 114).

Die Preispolitik[1] beschäftigt sich mit

- der Entwicklung und Umsetzung der Preisstrategie, die im Einklang mit den Unternehmenszielen stehen muss und zur Profilierung des Handelsunternehmens gegenüber den Wettbewerbern beiträgt,
- der Entwicklung von Preis- und Konditionskonzepten sowie
- der laufenden Steuerung und Kontrolle der Preis- und Konditionenentwicklung (Herrmann 2003, S. 736).

Diese Aufgaben erweisen sich insbesondere für Handelsunternehmen als komplexes Unterfangen – zumal sich der Handel nicht über einzelne Pro-

[1] Herrmann (2003, S. 736) führt in diesem Zusammenhang den Begriff des Preismanagements an.

dukte, sondern über umfangreiche Sortimente profiliert und damit Interdependenzen zwischen den Produkten zu berücksichtigen hat.

Die Rolle der Preispolitik im Handel war in den letzten Jahren einem starken Wandel unterworfen. Insbesondere durch die zunehmende Bedeutung von preisaggressiven Vertriebsschienen bzw. Betriebstypen gerieten auch (traditionelle) Einzelhandelsunternehmen zunehmend unter Druck und reagierten darauf v.a. mit Preisaktionen, die den Preisdruck weiter erhöhten, woraus Discounter weitere Vorteile ziehen konnten. So begann bspw. der Lebensmitteleinzelhandel erst Anfang der 1990er Jahre in Werbebotschaften nicht nur auf Preisaspekte, sondern auch auf seine Handelsleistungen hinzuweisen (Oehme 2001a, S. 247f.). Dennoch wurde auch diese Dekade von Schlagerangeboten beherrscht, die seit Ende des letzten Jahrtausends zunehmend von Dauerniedrigpreisen abgelöst werden (Diller 2000, S. 472). Dabei offenbart sich die oft thematisierte Erziehung des deutschen Verbrauchers zum „Schnäppchenjäger" im europäischen Vergleich: Neben dem Preisniveau für Lebensmittel ist auch der Anteil der Nahrungs- und Genussmittel an den gesamten Konsumausgaben unter den niedrigsten in Europa und der Marktanteil discountorientierter Betriebsformen bildet mit ca. 38 % die europäische Spitze (Mercer 2006b).

In vielen Handelsbranchen herrscht demnach ein aggressiver Wettbewerb. Liebmann u.a. (2006, S. 19) sprechen in diesem Zusammenhang von einem „anhaltenden Preiskrieg". Dieser stellt eine zentrale Ursache dafür dar, dass Profile von Handelsunternehmen aus Kundensicht zunehmend verschwimmen.

Preiskonfusion im Handel

Der Kunde, der sich von Preispromotionen nicht mehr belohnt fühlt, erlebt das vom Institut Rheingold so bezeichnete „Preisflimmern" in ungeahntem Maße. Die beim Kunden ohnehin vorhandene Verunsicherung wird durch die „Rabattschlachten" zusätzlich geschürt, denn einen Normalpreis, mit dem ein Kunde Preisreduktionen vergleichen kann, gibt es kaum noch. Dabei suchen viele Kunden in einer immer komplexer werdenden Welt nach einem Einkaufsort, der Vertrauen, Orientierung und Vereinfachung verheißt.

Einen Ausweg aus dem „Rabatt-Irrsinn" bieten einerseits starke Marken, bei denen ein höherer Preis akzeptiert wird, und andererseits die Vermittlung von Werten und Einkaufserlebnissen, die eine alternative Möglichkeit zur Differenzierung im preisfixierten Handel darstellen.

Quelle: Hanke 2006, S. 2; www.horizont.net.

Abbildung 4.46 veranschaulicht im unteren Teil der Abbildung den Einfluss einer einprozentigen Preisänderung auf das Betriebsergebnis ausgewählter Handelsunternehmen. Bei der METRO Group hätte eine einprozentige Erhöhung des Preises im Jahre 2004 bspw. zu einer absoluten Gewinnsteigerung von 327 Mio. EUR geführt. Im Vergleich dazu wird im oberen Teil der Abbildung der Einfluss einer zehnprozentigen Änderung unterschiedlicher Parameter auf das Betriebsergebnis eines Handelsunternehmens aufgezeigt. Beachtlich ist hier v.a. die große Diskrepanz zwischen der Wirkung einer Kostenreduktion und jener einer Preiserhöhung.

Abbildung 4.46: Einfluss des Preises auf das Betriebsergebnis

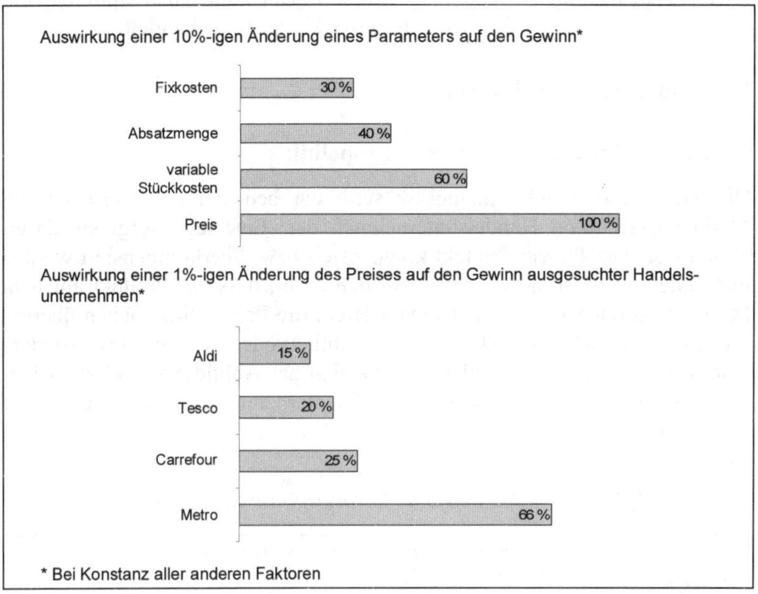

Quelle: in Anlehnung an Simon/Von der Gathen/Daus 2006, S. 273; Simon/Dolan 1997, S. 36.

Mit der Gestaltung der Preis- und Konditionenpolitik sind Chancen, aber auch Risiken verbunden, die sich auf Grund der folgenden Charakteristika ergeben (Meffert 2000, S. 483):

- Preispolitische Instrumente weisen eine hohe Flexibilität auf, denn Preise und Rabatte sind kurzfristig variierbar und haben deshalb oft eine akquisitorische Wirkung.
- Preisänderungen wirken unmittelbarer und wesentlich stärker als entsprechende Variation bei anderen Instrumenten auf das Kaufverhalten.
- Die Veränderung von Preisen wird sowohl von Konsumenten als auch von der Konkurrenz wesentlich schneller wahrgenommen als entsprechende Veränderungen bei anderen Marketinginstrumenten.

Wenngleich diese Charakteristika dazu verleiten mögen, das Instrument der Preis- und Konditionenpolitik übermäßig zu strapazieren, muss berücksichtigt werden, dass entsprechende Entscheidungen längerfristig von Bedeutung sind – zumal preispolitische Entscheidungen (v.a. Preissenkungen) schwer rückgängig gemacht werden können. Bezüglich der Partnerschaft zwischen Handels- und Industrieunternehmen kann festgehalten werden, dass sich beide Partner der zentralen Bedeutung des Preises bewusst sind. Die Preis- und Konditionenpolitik stellt in der Einschätzung von Handels- und Industriemanagern das größte Konfliktfeld zwischen Handel und Industrie dar (vgl. Liebmann/Jungwirth/Klug 1999, S. 58).

Nachfolgend werden ausgewählte Entscheidungsfelder der Preispolitik – differenziert nach den Grundlagen, den sortimentspolitischen Optionen, der Konditionenpolitik und den neueren Entwicklungen – behandelt.

II. Grundlagen der Preispolitik

1. Ziele und Strategieebenen der Preispolitik

Die Preis- und Konditionenpolitik stellt ein bedeutendes Instrument im Marketing-Mix von Handelsunternehmen dar. Einerseits sorgt sie dafür, dass die Kosten für ein Produkt kompensiert bzw. überkompensiert werden und andererseits ist sie mitverantwortlich dafür, dass ein Produkt auf dem Markt erfolgreich ist. Darüber hinaus strebt die Preispolitik, neben übergeordneten Unternehmenszielen (z.B. Rentabilität oder Gewinn), insbesondere eine Verbesserung der Wettbewerbsposition an. Abbildung 4.47 stellt beispielhaft preispolitische Zielinhalte auf Unternehmens- und Kundenebene dar.

Abbildung 4.47: Beispiele für preispolitische Zielinhalte

Unternehmensbezogene Ziele	♦ Erhöhung von Absatz bzw. Umsatz ♦ Erhöhung des Marktanteils ♦ Erhöhung der Deckungsbeiträge und des Gewinns ♦ Verbesserung der Rentabilität ♦ Erhöhung der Präsenz in Handelskanälen ♦ Verbesserung der Marktabdeckung ♦ Erhöhung des Distributionsgrades ♦ Sicherstellung eines einheitlichen Preisniveaus in unterschiedlichen Vertriebskanälen
Kundenbezogene Ziele	♦ Verbesserung der wahrgenommenen Preiswürdigkeit (Preisbeurteilung in Relation zum Qualitätsniveau) ♦ Verbesserung der wahrgenommenen Preisgünstigkeit (Preisbeurteilung gegenüber Kon-kurrenzprodukten) ♦ Beeinflussung der Wahrnehmung in eine bestimmte Richtung (z.B. Preis als Qualitätsindikator) ♦ Gestaltung der Preiserwartung (z.B. Vermeidung der Annahme zukünftig sinkender Preise)

Quelle: in Anlehnung an Bruhn 2007, S. 166.

Im Gegensatz zur Theorie ist eine streng geordnete Zielhierarchie in der Praxis oft nicht umsetzbar, sodass mehrere Ziele gleichzeitig berücksichtigt werden (müssen). Eine Ausrichtung preispolitischer Maßnahmen am Gewinn ist zwar nahe liegend, in der mittel- und kurzfristigen Betrachtung ist eine Orientierung an teils konfliktären Teilzielen (z.B. Preisimage und Margenerhalt) jedoch unumgänglich. Zudem müssen Handelsunternehmen häufig kurzfristig auf lokale Veränderungen des Wettbewerbsumfeldes oder die Marketingaktionen der Konkurrenten reagieren.

Branchenspezifika der Preispolitik

Die bereits angesprochenen Besonderheiten des Lebensmitteleinzelhandels können für die Ausgestaltung der Preispolitik und deren operative Umsetzung sensibilisieren. Im LEH nehmen die Wareneinstandskosten mit einem Anteil von 50 bis 85 % der Gesamtkosten eine dominierende Rolle ein und prägen damit die spezifische Kostenstruktur dieser Branche (Diller 2000, S. 464ff.). Folglich ist der Anteil der variablen Kosten überdurchschnittlich hoch und (preisbedingte) Absatzschwankungen haben zunächst eine geringere Auswirkung auf den Gewinn als bspw. solche in der Fashion-Branche. Neben der dominanten Rolle der Beschaffungskosten (Oehme 2001a, S. 247) kommt im Rahmen preispolitischer Entscheidungen der Lage der Einkaufsstätte eine zentrale Bedeutung zu. Die Tendenz des Konsumenten, Güter des täglichen Bedarfs in der unmittelbaren Umgebung zu kaufen und auch größere Einkäufe in der Nähe des Wohnortes (oder des Arbeitsplatzes) zu tätigen, führt zu lokalen Marktunvollkommenheiten. Darüber hinaus eröffnet der Trend zum One-Stop-Shopping für Teile des Sortiments quasimonopolistische Spielräume in der Preisgestaltung. Preispolitische Entscheidungen des Lebensmitteleinzelhandels werden darüber hinaus durch die **Vielzahl an Einzelpreisentscheidungen** geprägt, denn ein Einzelhandelssortiment umfasst je nach Betriebstyp bis zu 100.000 Artikel, die einzeln zu bepreisen sind. Dies macht einen extensiven Entscheidungsprozess für jeden Einzelpreis unmöglich.

Deshalb orientiert sich der Handel häufig an der Preissetzung der Wettbewerber (sog. „**Schaufensterkalkulation**") oder greift auf vereinfachte Preisermittlungsverfahren, wie z.B. „Faustregeln" oder **Kosten-Plus-Kalkulationen**, zurück. Bei Letzteren nehmen konditionen- und kostenzentrierte Überlegungen eine zentrale Rolle ein, wobei der jeweilige Einstandspreis den Ausgangspunkt der Kalkulation darstellt. Die Handelsspanne, als Differenz zwischen Einstands- und Verkaufspreis, bildet dabei den alleinigen Aktionsparameter, den es zu optimieren gilt. Aus diesem Grund wird im Handel häufig nicht von Preispolitik, sondern von Handelsspannenrechnung (Diller 2000, S. 474ff.) oder Wareneingangskalkulation (Müller-Hagedorn 2005a, S. 258) gesprochen.

Faktisch wird mit den genannten Preissetzungsverfahren keine systematische und v.a. keine marktorientierte Umsetzung der Preispolitik vorgenommen. Dies spiegelt sich auch in der Organisation der Handelsunternehmen wider: Bei 73 % der deutschen Handelsunternehmen liegt die Preisverantwortung bei der Einkaufsabteilung und nicht bei jener der Marketingabteilung (Mercer 2006b). Eine mögliche Trendwende könnte der Einsatz neuer Informations- und Kommunikationstechnologien mit sich bringen, da diese eine gezielte operative Bearbeitung der Artikelvielzahl in der Praxis ermöglichen.

Betrachtungsebenen in der Preispolitik

Von den verschiedenen Ebenen der Preisbetrachtung kann als strategische Entscheidung die sortimentsübergreifende Preishöhe und somit das angestrebten Preisimage hervorgehoben werden, das die Preisstruktur eines Handelsunternehmens beeinflusst. Dabei sind in Abhängigkeit von der Höhe des Preises der Artikel bzw. Sortimente und der durch die Kunden wahrgenommenen Leistung (Qualität) **Hochpreisstrategie**, **Mittelpreisstrategie** und **Niedrigpreisstrategie** zu unterscheiden. Im Gegensatz zu diesen Normstrategien, bei denen der Preis und die Leistung in einem ausgewogenen Verhältnis stehen, wird von einer Übervorteilungsstrategie gesprochen, wenn der Preis relativ zur Leistung zu hoch angesetzt ist. Eine Discount-Strategie liegt dagegen vor, wenn eine relativ hohe Leistung zu einem günstigen Preis angeboten wird.

Dynamische Strategieentscheidungen, die die Preisabfolge betreffen, sind auf einer weiteren Ebene zu verorten. Hierbei lassen sich folgende Strategien unterscheiden (Meffert 2000, S. 565ff.):

- **Penetrationsstrategie**, bei der ein neues Sortiment zu einem relativ niedrigen Preis auf den Markt gebracht wird, um eine rasche Diffusion zu realisieren.
- **Skimmingstrategie**, bei der ein relativ hoher Preis für ein neues Sortiment angesetzt und in der Folge gesenkt werden kann, um die Zahlungsbereitschaften und die Konsumentenrente abzuschöpfen.

Letztere ist im Handel häufig zu beobachten. Darüber hinaus sind im Handel aus dynamischer Sicht v.a. Preisverlaufsprinzipien relevant, so bspw. die Festlegungen saisonaler, monatlicher oder täglicher Preise. Dies wird im nachfolgenden Abschnitt behandelt.

Eine zweite, wenn auch verwandte Sicht betrifft das Objekt der Preisbetrachtung, so

- die Ebene der Einkaufsstätten (bzw. Gesamtunternehmen) sowie
- die Ebene der Preisfestlegung/-setzung bei Sortimenten bzw. Warengruppen und v.a. bei Artikeln.

Diese Ebenen können aus einer (objektiven) Unternehmenssicht und aus einer (subjektiven) Kundensicht betrachtet werden. Im ersten Fall werden Fragen der Positionierung[1], aber auch objektive Preisvergleiche unterschiedlicher Betriebstypen behandelt. So gehen Cataluna/Franco/Ramos (2005) bspw. der Frage nach, ob die Preise in SB-Warenhäusern und bei Discountern differieren und Swoboda (2000b) vergleicht Convenience Stores mit Supermärkten aus Kundensicht. Im zweiten, wesentlich öfter betrachteten Fall geht es um die operative Preisfestlegung/-setzung, die auch nachfolgend im Vordergrund steht. Die erste Ebene bildet dementsprechend die Basis für die zweite Ebene.

Strategischer Rahmen als Basis aller Entscheidungen

Sowohl Unternehmens- als auch Kundenperspektive werden im strategischen Rahmen berücksichtigt, der die Basis aller preispolitischen Entschei-

[1] Zur preislichen Positionierung von Aldi und Sainsbury vgl. Wood/Pierson 2006.

dungen darstellt. Dabei bildet die angestrebte **Positionierung** des Unternehmens am Markt den Ausgangspunkt für den preispolitischen Aktionsrahmen, der mit der Wettbewerbsstrategie, der selektierten Zielgruppe, der Sortimentsstrategie, u.a. Parametern in untrennbarem Zusammenhang steht. Anders als bei den Positionierungsstrategien i.e.S., auf die im Zweiten Kapitel eingegangen wurde, wird in der Preispolitik relativ pauschal zwischen der bereits angeführten Hoch-, Mittel- und Niedrigpreisstrategie unterschieden. Diese Basisstrategien können aber unter Einbeziehung anderer Marketinginstrumente weiter präzisiert und systematisiert werden (vgl. hierzu Oehme 2001a, S. 260ff.).

III. Preispolitische Gestaltungsoptionen

1. Überblick

Eine weitere strategische Entscheidung betrifft die Ausgestaltung der im Allgemeinen als Preisverlaufs- oder Preisablaufspolitik bezeichneten Änderung der Preise im Zeitablauf. Hier können **Sonderangebotsstrategie** (auch High-Low- oder HiLo-Strategie genannt), **Dauerniedrigpreisstrategie** (Everyday-low-prices oder EDLP), pulsierende Preise oder Hyper-HiLo-Strategie unterschieden werden. In einigen Sortimentsteilen, wie bspw. bei Textilien, können weitere Ausprägungen beobachtet werden.

Abbildung 4.48: Systemzusammenhang der Preisentscheidung im Handel

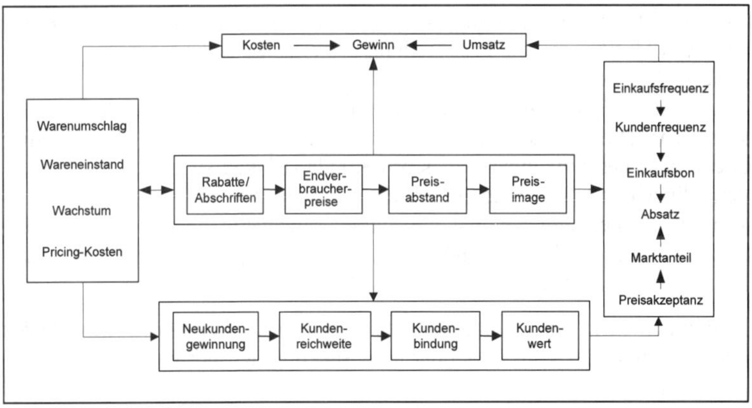

Quelle: Diller/Anselstetter 2006, S. 601.

Zuvor ist hinsichtlich der strategischen Ausrichtung der Preispolitik auf statische und dynamische Konzepte hinzuweisen. Während die Preisfestlegung bei einer **statischen Strategie** auf der Basis zeitpunktorientierter Informationen erfolgt und die zukünftige Marktentwicklung kaum mit einfließt, werden im Rahmen **dynamischer Strategien** sämtliche Determinanten der Preisbildung einer mehrperiodigen Betrachtung unterzogen (Meffert 2000, S. 548, 564f.). Innerhalb statischer und dynamischer Strategien muss die Preisbildung, i.S. des Marketingdreiecks, kosten-, kunden- und konkurrenzorientiert erfolgen, da nur eine integrative Betrachtung dazu beiträgt, Erfolgspotenziale zu sichern (Diller 2003, S. 15). Diesen Systemzusammenhang deutet Abbildung 4.48 an. Demnach werden im preispolitischen Zielsystem eines Handelsunternehmens kosten-, absatz-, kunden- und gewinnpolitische Effekte unterschieden, wobei die Preisnachlässe auf die geforderten Endverbraucherpreise (EVP) die Höhe der EVP bestimmen, die sich auf den Preisabstand zur Konkurrenz und letztlich auf das Preisimage des Unternehmens auswirken.

Kosten und Preise stehen in einem interdependenten Verhältnis, zumal die Kosten eines Unternehmens sowohl Determinanten als auch Folgen der Preisstellung sind. Zu den kostenseitigen Bestimmungsfaktoren der Preisfindung zählen Warenumschlag, Wareneinstand, Wachstum und Pricing-Kosten. Der Warenumschlag wird einerseits durch niedrige Preise erhöht, andererseits wirkt er sich auf die Handelsspanne aus, denn Artikel mit hoher Umschlagsgeschwindigkeit erwirtschaften bei geringer Handelsspanne einen ähnlichen Nutzen wie Artikel mit geringer Umschlagshäufigkeit und hoher Handelsspanne (Diller/Anselstetter 2006, S. 602). Dass sich der Wareneinstandspreis unmittelbar auf die Preisstellung auswirken muss, ist intuitiv verständlich. Ebenso ist der Umstand plausibel, dass auf Grund der Betriebsgröße (Wachstum) Economies of Scale erwirtschaftet werden können, die Kostenvorteile begründen und damit Einfluss auf die Gestaltung der EVP nehmen. Schließlich sind Pricing-Kosten anzuführen, die bspw. durch die Preisfindung oder Preisauszeichnung begründet werden und sich ebenfalls auf die Preisstellung auswirken.

Absatzpolitische Stoßrichtungen beziehen sich auf die kurzfristigen Reaktionen des Marktes auf die Preisstellung des eigenen Unternehmens. Preispolitische Ziele, die nur umgesetzt werden können, wenn der Preis am Markt akzeptiert wird, stellen dabei die Erhöhung des Marktanteiles oder des Absatzes dar. Diese Ziele werden bspw. über eine Erhöhung der Einkaufsfrequenz oder des Einkaufsbetrages pro Kunde (Einkaufsbon) realisiert. Kundenpolitische Stoßrichtungen richten sich dagegen auf langfristige Wirkungszusammenhänge, wobei die Kundenreichweite über die Gewinnung neuer Kunden erhöht wird und die Kundenbindung zu einer Steigerung des Kundenwertes beitragen kann.

Schließlich zeigt der gewinnpolitische Effekt auf, dass der Gewinn durch eine Erhöhung des Umsatzes oder eine Senkung der Kosten gesteigert werden kann.

2. Determinanten der Preispolitik

In der Praxis berücksichtigen Handelsunternehmen bei der Preisfestsetzung oft nur wenige oder u.U. nur eine einzige Determinante. Die Preispolitik eines Handelsunternehmens im Allgemeinen und die Preissetzung im Speziellen wird jedoch von einer Fülle von Determinanten beeinflusst. Shanker/Bolton (2004, S. 30) nennen sieben Gruppen von Determinanten, die für Preisstrategien im Handel relevant sind und die exemplarisch in Abbildung

4.49 visualisiert werden. Die größte Erklärungskraft für die Ausgestaltung der Strategiedimensionen kommt dabei den Wettbewerbsfaktoren zu.

Abbildung 4.49: Determinanten der Preisstrategie im Handel

Determinanten		Strategische Dimensionen	
Standortfaktoren	z.B. Groß- oder Kleinstadt	**Preiskonsistenz**	z.B. Preispolitik
Filialisierungsfaktoren	z.B. Anzahl der Filialen	**Intensität der Preis-Promotion**	z.B. Häufigkeit, Dauer
Einkaufsstättenfaktoren	z.B. Größe des Ladens		
Warengruppenfaktoren	z.B. Lagerfähigkeit	**Koordination der Preis-Promotion**	z.B. Displays
Wettbewerbsfaktoren	z.B. Preisniveau		
Markenfaktoren	z.B. Markenpräferenzen	**Relativer Markenpreis**	z.B. Durchschnittsmarkenpreis
Konsumentenfaktoren	z.B. Preissensibilität, Cross-Preis-Sensibilität		

Quelle: in Anlehnung an Shanker/Bolton 2004, S. 30.

Ausgehend von den in der Abbildung angeführten strategischen Rahmenbedingungen wird im Folgenden auf drei Gruppen von Determinanten eingegangen:

- **interne Faktoren**, die innerbetrieblich anfallen und wozu bspw. die Kosten zu rechnen sind
- **marktorientierte Faktoren**, die sich auf die Umwelt beziehen und lieferanten-, hersteller-, standortspezifische sowie wettbewerbsspezifische Aspekte umfassen
- **kunden- bzw. nachfrageorientierte Faktoren**, wozu insbesondere die Zahlungsbereitschaft der Konsumenten, das Behavioral Pricing und sortimentsstrategische Aspekte zu zählen sind.

3. Interne Faktoren

Eine Kostenorientierung im Rahmen der Preisfestsetzung liegt dann vor, wenn die für eine Leistung des Handels anfallenden Kosten der maßgebende Faktor für die Preisbildung sind (Hansen 1990, S. 322). Die Preise werden auf Basis von Kosteninformationen bestimmt, die vom Rechnungswesen bzw. der Kostenrechnung (speziell der Kostenträgerrechnung) zur Verfügung gestellt werden (Becker 2006, S. 516). Die Kosten haben damit eine preisbegründende Funktion, wobei, gemäß des Kostenverursachungsprinzips, auf den Stückerfolg der einzelnen Handelsleistung abgezielt wird. Je nachdem, ob nur die Einzelkosten oder auch alle Gemeinkosten den Einzelkostenträgern zugerechnet werden, kann zwischen einer Kalkulation auf Teil- und Vollkostenbasis unterschieden werden (Theis 2007, S. 569). Die

Divisions-, die Zuschlags- und die Kostenstellenkalkulation zählen zu den traditionellen Methoden der Preiskalkulation auf Vollkostenbasis.[1] Die Deckungsbeitragsrechnung dient der Preiskalkulation auf Teilkostenbasis. Im Rahmen der Deckungsbeitragsrechnung hat das Verfahren der stufenweisen Deckungsbeitragsrechnung die größte Bedeutung.[2]

In der Praxis bildet meistens eine **Teilkostenkalkulation** auf der Basis der dominanten Wareneinstandskosten die Ausgangsbasis für die Preisfestsetzung. Dabei werden die übrigen Kosten, so bspw. jene für Personal, Raum, Fuhrpark, Werbung, Zinsen, Abschreibungen oder Verwaltung, unter dem Begriff der Handlungskosten aufsummiert (Diller 2000, S. 466f.). Sie tragen überwiegend Fix- bzw. Gemeinkostencharakter. Eine genaue, artikelspezifische Zurechnung nach dem Kostenverursachungsprinzip ist meist nicht möglich. Auch die Verwendung verursachungsgerechter Gemeinkostenschlüssel, wie bspw. die Zuordnung der Verkaufsfläche – deren Wertigkeit innerhalb eines Geschäftes variiert – mittels Raumkostenschlüssel erweist sich als schwierig und ungenau. Auf eine Vollkostenkalkulation wird daher i.d.R. verzichtet. Bei der Teilkostenkalkulation sind jedoch häufig selbst die dominanten Einstandskosten nicht exakt zurechenbar, so bspw., wenn ein Lieferant mehrerer Artikel Sach- oder Dienstleistungen bzw. pauschale Rückvergütungen für den Gesamtumsatz erbringt. Lediglich die auf Kostenführerschaft bedachten discountorientierten Betriebsformen schaffen auf Grund eines kleinen Sortiments sowie einer Vereinfachung der Kostenstrukturen eine exaktere Zuordnung der Kosten und sind oft in der Lage, artikelspezifische Einstandspreise zu beziffern.

Bei 95 % der Handelsunternehmen ist die **Handelsspannenrechnung** das vorherrschende Verfahren zur Preissetzung (Mercer 2006b). Dabei werden – neben den Kosten – häufig auch andere interne Faktoren zur Preisbestimmung herangezogen. In der Praxis sind dies v.a. die Umschlagsgeschwindigkeit und der Umsatz pro Regal- oder Verkaufsflächeneinheit. Da die Umschlagsgeschwindigkeit negativ mit dem Kapitaleinsatz und der Umsatz pro Regal- oder Verkaufsflächeneinheit negativ mit der Flächeneffizienz korreliert sind, dienen diese Indikatoren der Bewertung bzw. der kalkulatorischen Berücksichtigung der Kapital- und Raumintensivität der Artikel (Barth/Hartmann/Schröder 2007, S. 386). Somit handelt es sich hierbei um Kostengrößen, da durch ihre Berücksichtigung die Kosten für die Kapitalbindung und die Raumkosten einbezogen werden. Bei der Verwendung dieser Indikatoren im Kontext der Preisfindung wird jedoch übersehen, dass diese selbst vom Preis abhängen und somit ein Zirkelschluss begründet wird. Indikatoren wie der Lagerbestand und die Nachversorgung werden häufig für dynamische preispolitische Entscheidungen – und hier v.a. im Rahmen der Gestaltung von Sonderangeboten – herangezogen. In Einzelfällen, so bei modischen Produkten, Luxus- oder Saisonartikeln, können Indi-

[1] Vgl. zu den einzelnen Methoden der Preiskalkulation auf Vollkostenbasis Theis 2007, S. 569ff.

[2] Vgl. zur Deckungsbeitragsrechnung im Einzelnen Tietz 1993b, S. 1153.

katoren, wie bspw. vorhersehbare Lieferengpässe oder temporäre Verfügbarkeit der Artikel, auch für statische Entscheidungen relevant sein.

Im Handel zieht die reine Kostenorientierung vielfältige Probleme nach sich, die in anderen Wirtschaftssektoren in der Form nicht vorliegen. Abgesehen von der oft nicht möglichen exakten Zuordnung der distributiven Leistungen zu einzelnen Artikeln, wird dieses Problem einerseits durch umfangreiche Sortimente und andererseits durch Beschäftigungsschwankungen verschärft. Dennoch kommt der Kostenorientierung auf Grund ihrer einfachen Handhabung und der damit verbundenen scheinbaren Sicherheit bei der Preisfestlegung erhebliche praktische Relevanz zu.

4. Marktorientierte Faktoren

Die preispolitischen Entscheidungen eines Handelsunternehmens werden auch durch die Charakteristika des relevanten Marktes, so durch die Anzahl und Größe der Marktteilnehmer, deren Verhalten und die Intensität der Konkurrenzbeziehungen, determiniert. Dabei agieren Handelsunternehmen üblicherweise auf oligopolistischen Märkten, die sich dadurch auszeichnen, dass viele Nachfrager wenigen Anbietern gegenüberstehen. Für die Preisbildung bedeutet dies, dass sowohl die Reaktion der Konsumenten als auch jene der **Konkurrenten** zu berücksichtigen ist (Theis 2007, S. 580). Dennoch bestehen preispolitische Spielräume, die bei polypolistischen Marktstrukturen auf Grund der Vielzahl der Anbieter und dem damit einhergehenden Wettbewerbsdruck stark eingeschränkt sind. Deshalb wird bei einem Polypol meist auf eine aktive Preispolitik verzichtet, indem der herrschende Marktpreis übernommen wird. In der Literatur werden grundsätzlich zwei Arten der Konkurrenzorientierung unterschieden (Pechtl 2005, S. 130ff.):

- Der **Cournot-Preisanpasser** reagiert mit der Preisfindung taktisch auf die Impulse der Wettbewerber, indem er die eigene Preissetzung zwar frei gestaltet, die Konkurrenzpreise aber als Rahmenbedingungen und Hauptanhaltspunkt sieht. Er geht damit implizit davon aus, dass seine Entscheidungen die Preissetzungen der Konkurrenzunternehmen nicht beeinflussen.
- Der **Chamberlin-Preisanpasser** hingegen hält eine bestimmte absolute oder relative Preisrelation zwischen dem eigenen und dem Preis der Wettbewerber. Im für den stationären Handel atypischen Fall, dass ein markteinheitliches Preisniveau (ein Marktpreis) nach der Vorstellung eines homogenen Polypols besteht, mag eine solche, unreflektierte Imitation des Konkurrenzpreises gerechtfertigt erscheinen.

Um optimale Preise zu ermitteln, können Handelsunternehmen auf das sog. Mystery-Shopping zurückgreifen, das nicht nur ein Instrument zur Überprüfung der Beratungs-, Bedienungs- und Servicequalität in den Filialen des eigenen Handelsunternehmens darstellt, sondern auch außerbetriebliche

Leistungsvergleiche, so bspw. die preisbezogene Positionierung eines Unternehmens im Vergleich zur Konkurrenz, ermöglicht.[1]

Darüber hinaus können Handelsunternehmen Preisabstandsanalysen durchführen, die sich auf Scanning-Daten stützen. Dabei wird mittels Regressionsanalyse geprüft, ob der Absatz eines Artikels und damit der erzielte Marktanteil durch die Verkaufspreise von Konkurrenzartikeln beeinflusst wird (Battenfeld/Grünblatt 2004, S. 401ff.). Hier kann eine Preisklassenanalyse Aufschluss darüber geben, welche Artikel hinsichtlich des Preises ähnlich positioniert sind. Abbildung 4.50 zeigt exemplarisch die Anzahl der Kalenderwochen (Ist-KW-Häufigkeiten), in denen die Artikel A, B und C jeweils in einer bestimmten Preisklasse angeboten werden.

Abbildung 4.50: Ist-KW-Häufigkeiten nach Preisklassen

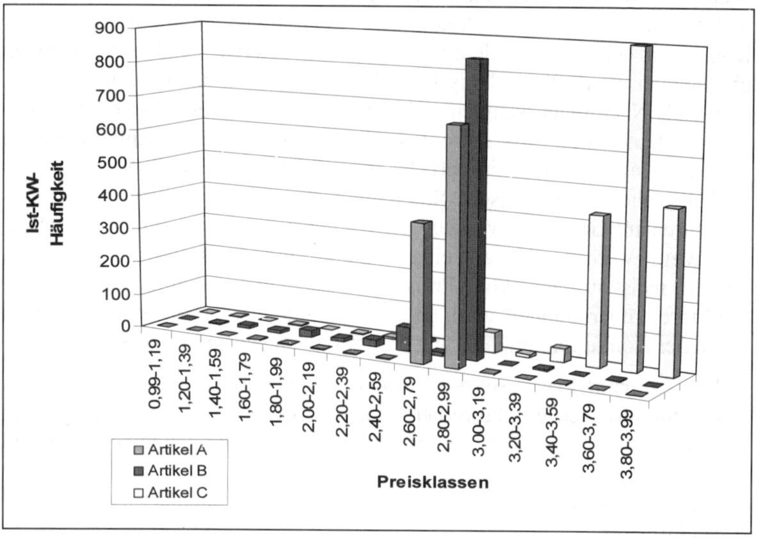

Quelle: Battenfeld/Grünblatt 2004, S. 411.

Demnach steht Artikel B auf Grund der ähnlichen preislichen Positionierung in direkter Konkurrenz zu Artikel A und ist für eine Preisabstandsanalyse von Interesse. Anzumerken bleibt, dass die divergierende Anzahl der Kalenderwochen, in denen ein Artikel zu einem bestimmten Preis angeboten wird, v.a. aus einem passiven Preissetzungsverhalten des Handels resultiert. Allerdings gibt der Händler durch einen Verzicht auf eine eigenständige Preiskalkulation ein wichtiges Instrument aus der Hand. Ein solches Vorgehen kann unterschiedlich motiviert sein (Barth/Hartmann/Schröder 2007, S. 200). Einerseits kann der Konkurrenzgedanke, andererseits auch der Nachfragegedanke im Vordergrund stehen. Im letzteren Fall wird von der

[1] Zum Einsatz des Mystery-Shoppings im Rahmen der Servicepolitik des Handels vgl. die Ausführungen in Abschnitt E.III. dieses Kapitels.

Annahme ausgegangen, dass der Konsument den eigenen Preis unmittelbar mit jenem der Konkurrenz vergleicht. In der Praxis ist dieses Verhalten v.a. bei der Preisvariation häufig aktionierter Artikel zu beobachten.

Grundsätzlich kann in Bezug auf eine **konkurrenzorientierte Preissetzung** davon ausgegangen werden, dass Mitbewerber eher auf Preissenkungen als auf Preiserhöhungen reagieren. Preissenkungen werden üblicherweise mit dem Ziel eingesetzt, Marktanteile zu gewinnen. Meist werden dazu jene Artikel ausgewählt, von denen angenommen wird, dass eine Preissenkung eine besondere akquisitorische Wirkung hat (Hansen 1990, S. 354). Allerdings besteht gerade bei dieser Überlegung die Gefahr, dass sich auch die Konkurrenz dieser Wirkung bewusst ist und ebenfalls die Preise senkt. Dieses gegenseitige Unterbieten kann zu einem Preisverfall führen, wofür es gerade im Handel genügend Beispiele gibt.

Hersteller und Lieferanten

Die **unverbindliche Preisempfehlung** stellt eine von zwei Möglichkeiten der Einflussnahme des Herstellers auf die Preissetzung des Einzelhandels dar. Dabei darf der Produzent dem Handel zwar einen exakten Verkaufspreis vorschlagen, die Vorgabe von Preisspannen ist allerdings nicht erlaubt. Ursprünglich als Zugeständnis gegenüber dem Handel gedacht, dient sie häufig als **Referenzpreis**, um Sonderangebote schlagkräftig in Szene zu setzen, kaum aber als Grundlage der Preisfindung (Oehme 2001a, S. 295). Einen höheren Stellenwert nehmen **Konditionsvereinbarungen** ein. Hier bieten sich dem Hersteller oder Lieferanten vielfältige Gelegenheiten, auf die Aktivitäten des Handels einzuwirken (vgl. hierzu die Ausführungen in Abschnitt F.IV. dieses Kapitels). Prekär sind aus rechtlicher Sicht die zu beobachtenden Konsequenzen, mit denen Lieferanten Abweichungen des Handels vom gewünschten Preisrahmen ahnden. Nicht selten kommt es zu einer eingeschränkten oder kompletten Einstellung der Belieferung.

Standortspezifische Einflüsse

Schließlich bietet auch die unmittelbare Umwelt eines Einzelhandelsbetriebes Anhaltspunkte für die Preissetzung – zumal der Standort, wie bereits erwähnt, häufig die Ursache für unvollkommene, oligopolistische Lokalmärkte ist (Hansen 1990, S. 354). Dies gilt v.a. für den Lebensmitteleinzelhandel. Während in vielen anderen Handelsbranchen, so bspw. im Elektronikhandel, der Distanzhandel an Bedeutung gewonnen hat, herrscht hier weiterhin der Residenzhandel vor. Darüber hinaus schränkt die Baunutzungsverordnung (BauNVO) die Möglichkeiten der freien Standortwahl ein und wird von Gemeinden auch gezielt zum Schutz mittelständischer Einzelhändler genutzt. Dies führt dazu, dass oft nur wenige Wettbewerber das Marktgeschehen vor Ort beeinflussen und folglich auch nur diese für die Preissetzung relevant sind. Zudem unterscheiden sich die Standorte auf Grund der vorherrschenden Kaufkraft der Konsumenten, die Berekoven (1995, S. 181) für den preispolitischen Spielraum als entscheidend erachtet. Hinzu kommen lokale Besonderheiten, die bei der Preissetzung berücksichtigt werden können, wie Feiertage, Veranstaltungen oder lokale Konsumgewohnheiten.

5. Kundenorientierte Faktoren

a) Zahlungsbereitschaft

Der Zahlungsbereitschaft der Konsumenten kommt im Rahmen der kunden- bzw. nachfrageorientierten Preisfindung ein zentraler Stellenwert zu. Damit ist die Frage, wie Konsumenten auf Preisänderungen reagieren, eng verbunden. Dieser Zusammenhang kann mittels **Preis-Absatz-Funktionen** dargestellt werden. Inwieweit eine Preisänderung auch zu einer Absatzänderung führen kann, wird durch die **Preiselastizität** ausgedrückt.

Tabelle 4.7 veranschaulicht die Preiselastizitäten der Nachfrage für einzelne Sortimentsbereiche in Deutschland. Eine Elastizität größer |1| weist auf eine elastische Nachfrage hin, d.h., dass die relative Mengenänderung größer ist als die relative Preisänderung. Eine Preissenkung führt zu einer Umsatzzunahme. Beträgt die Elastizität |1|, liegt eine indifferente Nachfrage vor, d.h. eine Preissenkung hat keine Auswirkung auf den Umsatz. Ist die Preiselastizität kleiner |1|, herrscht eine unelastische Nachfrage vor, d.h., dass die relative Mengenänderung kleiner ist als die relative Preisänderung. Eine Preissenkung führt hier zu einer Umsatzabnahme.

Tabelle 4.7: Preiselastizitäten der Nachfrage in einzelnen Sortimentsbereichen in Deutschland

Waren/Dienstleistungen	Preiselastizität der Nachfrage
Möbel, Heimtextilien	|-3,9| = 3,9
Schuhe	|-2,3| = 2,3
Bücher, Zeitschriften, Zeitungen	|-1,1| = 1,1
Kraftstoffe	|-0,8| = 0,8
Tapeten, Farben, Baustoffe	|-0,5| = 0,5
Heizöl	|-0,5| = 0,5
Metall- und Glaswaren	|-0,2| = 0,2
Nahrungs- und Genussmittel	|-0,1| = 0,1
Kleidung	|0| = 0

Quelle: Weis 2004, S. 333.

Da sich Nachfrager i.d.R. in ihrer maximalen Zahlungsbereitschaft voneinander unterscheiden, wäre es aus betriebswirtschaftlicher Sicht ideal, jedem Nachfrager diesen individuellen Maximalpreis abzufordern (Simon 1992, S. 42f.). Diese Preisindividualisierung ist eher als Optimalziel anzusehen (Diller 2000, S. 287f.) und allenfalls bei **Auktionen** (vgl. hierzu die Ausführungen in Abschnitt F.V. dieses Kapitels) oder im Gebrauchtwarenhandel zu finden. In anderen Fällen lassen sich Verbrauchergruppen mit ähnlichen Zahlungsbereitschaften auch zu Segmenten zusammenfassen (Simon 1992, S. 44). In der Einzelhandelspraxis wird die Zahlungsbereitschaft der Konsumenten noch kaum als Determinante der Preissetzung herangezogen. Eine Quantifizierung ist auf Grund der großen Zahl der Artikel eines Handelssortiments und des dynamischen Charakters der Zahlungsbereitschaft problembehaftet, obwohl ein großes Instrumentarium zur Messung der Zahlungsbereitschaft bereit steht (Diller 2000, S. 193ff.).

Bei der Festsetzung von Preisen ist aber zu berücksichtigen, dass es nicht die Preise an sich sind, die für die Reaktion der Konsumenten verantwortlich sind, sondern die subjektiven Preiswahrnehmungen (Theis 2007, S. 576). Eine besondere Bedeutung haben in diesem Zusammenhang sog. **gebrochene Preise** erlangt. Diese liegen einerseits vor, wenn Preise unmittelbar unter der Preisschwelle liegen. Es zeigt sich, dass die Nachfrage im Schwellenbereich unelastischer reagiert als bei gebrochenen Preisen, die knapp darunter liegen. Als Beispiel kann eine Preisschwelle von 10 EUR und ein gebrochener Preis von 9,90 EUR angeführt werden. Andererseits werden auch jene Preise, die mit einer gebrochenen Zahl enden, als gebrochene Preise bezeichnet (Tietz 1993b, S. 381). Die entsprechende Preis-Absatz-Funktion könnte dann wie in Abbildung 4.51 aussehen.

Abbildung 4.51: Preis-Absatz-Funktionen bei gebrochenen Preisen

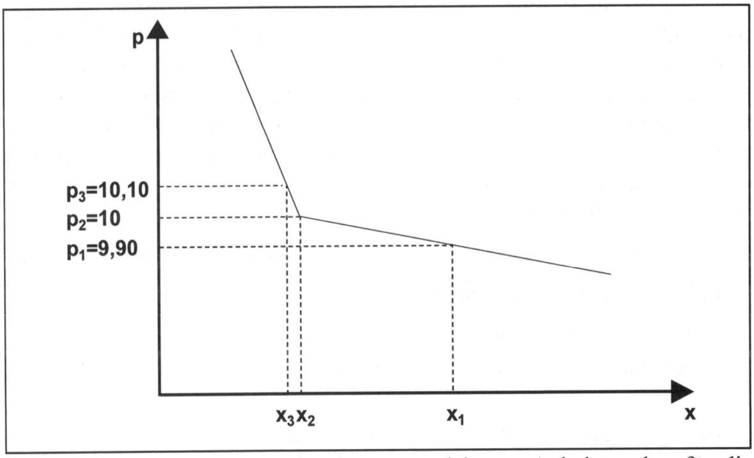

Um den optimalen Preis zu bestimmen und bspw. Anhaltspunkte für die Ableitung einer Preis-Absatz-Funktion zu erhalten, kann auf unterschiedliche empirische Methoden zurückgegriffen werden (vgl. hierzu Swoboda 2000c, S. 1284ff.). Im Folgenden wird auf

- Expertenbefragungen,
- Konsumentenbefragungen,

- Preisexperimente und
- Ex-post-facto-Analysen

eingegangen.[1]

Expertenbefragungen stellen eine einfache und kostengünstige Methode dar, um Preis-Absatz-Funktionen zu bestimmen bzw. eine Einschätzung der Preissensibilität der Verbraucher vornehmen zu lassen. Bei der Durchführung ist darauf zu achten, dass ca. zehn Experten aus dem eigenen Unternehmen befragt werden, die dazu in der Lage sind, Kundenpräferenzen einzuschätzen. Problematisch erweist sich dieses Verfahren, wenn die Experten verschiedene Ansichten vertreten. Darüber hinaus ist anzumerken, dass eine Beurteilung des Konsumentenverhaltens durch Dritte zu Fehleinschätzungen und damit zu ineffizienten Preisentscheidungen führen kann.

Um die Preissensibilität der Verbraucher im Rahmen von **Konsumentenbefragungen** zu evaluieren, kommen unterschiedliche Methoden in Frage. Bei Pauschalurteilen können bspw. Urteile in Bezug auf das Preisniveau des Sortiments oder einer Einkaufsstätte abgefragt werden. Im Falle von produktgruppenspezifischen Urteilen wird z.B. die Preiskenntnis oder die Preisbereitschaft evaluiert. Rangreihenverfahren, bipolare Messung und Polaritätsprofile liefern nur Implikationen für die Bedeutung des Preises im Hinblick auf die Profilierung einer Einkaufsstätte, geben jedoch keine Anhaltspunkte für die Gestaltung des Preisniveaus. Um eine Preis-Absatz-Funktion abzuleiten, kann auf das **Conjoint-Measurement** zurückgegriffen werden. Bei diesem Verfahren werden zuerst direkte Bewertungen der Merkmalsausprägungen und dann Präferenzen für Merkmalskombinationen abgefragt. Es erfolgt also eine Verknüpfung einer kompositionellen und dekompositionellen Analysesequenz. Die Durchführung des Conjoint-Measurements beinhaltet folgende Schritte:

1. Festlegung der relevanten Merkmale im Rahmen einer Voruntersuchung
2. Festlegung der Ausprägung für jedes Merkmal
3. Design des Fragebogens
4. Durchführung der Erhebung, die überwiegend IT-gestützt durchgeführt wird
5. Berechnung der Präferenzfunktionen/Teilwerte
6. Berechnung der Preis-Absatzfunktion.

Im Rahmen von **Preisexperimenten** werden den Verbrauchern alternative Preise vorgegeben und deren Wirkung auf den Absatz oder den Marktanteil überprüft. Schließlich können reale Marktdaten im Rahmen von **Ex-post-facto-Analysen** zur Bestimmung der Preis-Absatz-Funktion herangezogen werden, wobei aktuelle Paneldaten kaum verfügbar sind. Demnach können auf der Basis dieser Verfahren angesichts der Dynamik des Konsumenten-

[1] Vgl. zur Möglichkeit der Bestimmung der Preisbereitschaft mittels Vickrey-Auktionen die Ausführungen in Abschnitt F.IV.

verhaltens kaum zuverlässige Aussagen über die Preissensibilität der Verbraucher getroffen werden.

Die Bedeutung des Preises für die Einkaufsstättenpräferenz

Um zu überprüfen, welchen Beitrag einzelne Einkaufsstättenmerkmale für die Ausbildung einer Einkaufsstättenpräferenz leisten, wurden im Rahmen einer empirischen Studie 535 Probanden in sechs deutschen Großstädten befragt und die Teilpräferenzfunktionen für acht, auf Grund einer Vorstudie ermittelten, Merkmale berechnet. Diese Untersuchung ergab, dass der Preis den höchsten Teilnutzen stiftet und damit das wichtigste Kriterium bei der Wahl der Einkaufsstätte ist. Die Bedienung und die Zeitdauer des Einkaufs stellen weitere Faktoren dar, die sich stark auf die Einkaufsstättenpräferenz auswirken.

Darüber hinaus wurde auf der Basis der Präferenzurteile hinsichtlich der acht Einkaufsstättenmerkmale eine Clusteranalyse durchgeführt, um die Kunden zu segmentieren. Für 26 % der Befragten war der Preis ausschlaggebend für die Wahl der Einkaufsstätte. Sie bildeten das Cluster 2, indem insbesondere Frauen im Alter von 25 bis 34 Jahren vertreten waren, die überwiegend bei Discountern einkauften. Die verbleibenden 74 % der Probanden, die den Clustern 1 und 3 zugeordnet wurden, maßen dem Merkmal „Preis" dagegen eine untergeordnete Bedeutung zu.

Quelle: Swoboda 2000b, S. 153ff.

b) Behavioral Pricing

Das Behavioral Pricing stützt sich auf die Erkenntnis, dass Kunden Preisinformationen nicht rational, ökonomisch aufnehmen und verarbeiten, sondern sich in der Wahrnehmung und Präferenzbildung beeinflussen lassen. Vor diesem Hintergrund verbirgt sich hinter dem Begriff kein geschlossenes Theoriegebäude, sondern Analysen einer Vielzahl von Einzelaspekten aus verhaltenswissenschaftlicher Sicht. Ausgewählte Aspekte werden im Folgenden erläutert.

Neben der objektiven, kommt der subjektiven Preisbeurteilung durch den Konsumenten eine zentrale Rolle zu. Letztendlich entscheidet die **Preiswahrnehmung** durch den Konsumenten über Kauf oder Nichtkauf. Die Preiswahrnehmung bezeichnet die sensorische Aufnahme von Preisinformationen, bei der Kunden objektive Preise in subjektive Preiseindrücke enkodieren (Diller 2000, S. 128). Die damit verbundenen kognitiven und emotionalen Prozesse der Preiswahrnehmung im Zusammenhang mit der Beurteilung der Preisgünstigkeit und Preiswürdigkeit von Einkaufsstätten, die deren Preisimage beeinflusst, werden in Abbildung 4.52 verdeutlicht.

Je nachdem, worauf der Konsument den jeweiligen Preis bezieht, kann von einem **Preiswürdigkeitsurteil** oder von einem **Preisgünstigkeitsurteil** gesprochen werden. Bezieht der Konsument im Rahmen der Preisbeurteilung den Preis auf den vom Produkt zu erwartenden Nutzen, so liegt ein Preiswürdigkeitsurteil vor. Wird der Preis dagegen mit jenen von konkurrierenden Unternehmen verglichen, wird von einem Preisgünstigkeitsurteil gesprochen. Dieses wird auf der Ebene einzelner Artikel v.a. durch das Preiswissen der Konsumenten, dem von ihnen herangezogenen **Referenzpreis** sowie durch Kontextvariablen, so bspw. die Preisoptik, die Preisstruktur oder die Gestaltung der Sonderangebotspolitik des Handelsunternehmens beeinflusst. Fehlen anderweitige Informationen, werden die Urteile über die Preisgünstigkeit eines Artikels generalisiert, also auf die jeweilige Artikelgruppe oder das gesamte Sortiment einer Einkaufsstätte übertragen. Sowohl auf der Ebene einzelner Artikel als auch auf jener der gesamten Artikelgruppe werden Glattpreise und unübliche Preise ungünstiger wahrgenommen als auf neun endende Preise (Müller-Hagedorn/Wierich 2005, S. 46ff.). Darüber hinaus hat der niedrigste Preis in einer Artikelgruppe einen starken Einfluss auf die Beurteilung deren Preisgünstigkeit, wohingegen sich der höchste Preis in einer Artikelgruppe auf das Preisgünstigkeitsurteil nur schwach auswirkt (Müller-Hagdorn/Wierich 2005, S. 51ff.). Letztlich beeinflusst das Preisgünstigkeitsurteil über eine Artikelgruppe jenes über die Einkaufsstätte und die empfundene Preisgünstigkeit einer Artikelgruppe bzw. einer Einkaufsstätte wirkt sich auf die Kaufabsicht der Konsumenten aus (Müller-Hagedorn/Wierich 2005, S. 50f.).

Abbildung 4.52: Prozess der Preiswahrnehmung

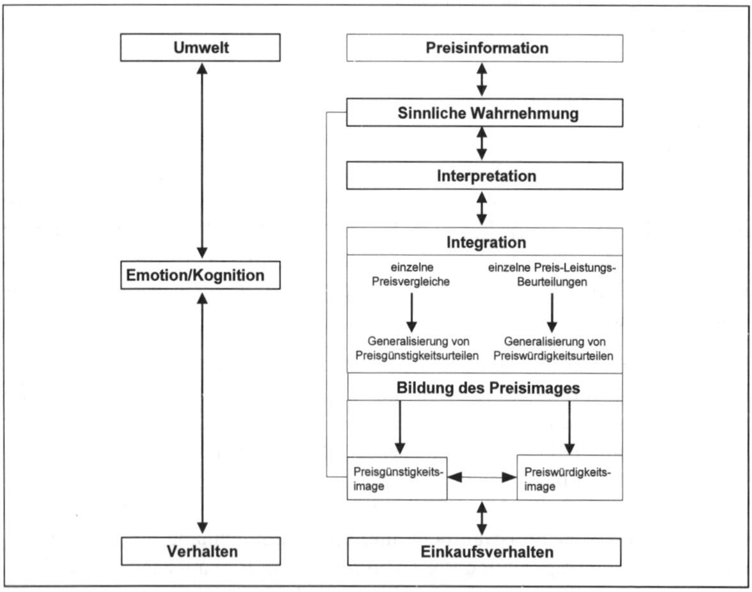

Quelle: Rudolph/Wagner 2003, S. 184.

Determinanten des Preisimages im SB-Warenhaus

In einem Pilotprojekt wurden 600 Kunden eines Selbstbedienungs (SB)-Warenhauses über ihre Preiskenntnis von ca. 30 ausgewählten Artikeln aus verschiedenen Warengruppen befragt. Darüber hinaus wurden sie gebeten, für jeden Artikel anzugeben, welcher Preis ihrer Meinung nach als „hoch“, „normal“ oder „niedrig“ einzustufen wäre. Die Studie ergab, dass der Großteil der Konsumenten keine Preiskenntnis hatte, also nicht dazu in der Lage war, einen Preis für einzelne Artikel anzugeben. Bei jenen Probanden, die einen Artikelpreis nannten, zeigte sich, dass der tatsächliche Preis meist überschätzt wurde.

Um die Erhebung des Preiswissens zu vervollständigen, wurden die Probanden vor der Abfrage der Preiskenntnis aufgefordert, die Warengruppen hinsichtlich ihres Preisimages (in *Abbildung 4.53* als „Preisgünstigkeit" bezeichnet) zu bewerten. Basierend auf den erhobenen Daten wurden die Regressionskoeffizienten der einzelnen Warengruppen berechnet. Ein hoher Regressionskoeffizient (ein Wert nahe 1) bei einer Warengruppe zeigte an, dass diese tendenziell einen starken Einfluss auf das globale Preisimage des untersuchten SB-Warenhauses hatte. Folglich waren Preissenkungen bei Warengruppen mit hohen Regressionskoeffizienten (z.B. Hygieneartikel, Süßwaren, Molkereiprodukte) sinnvoll, da sie das Preisimage des Unternehmens verbessern konnten. Warengruppen mit niedrigen Regressionskoeffizienten (z.B. Textilien, Elektroartikel, Getränke) boten sich für Preiserhöhungen an und konnten so die Preissenkung anderer Warengruppen finanzieren.

Abbildung 4.53: Einfluss des Preisimages ausgewählter Warengruppen auf das globale Preisimage des Unternehmens[1]

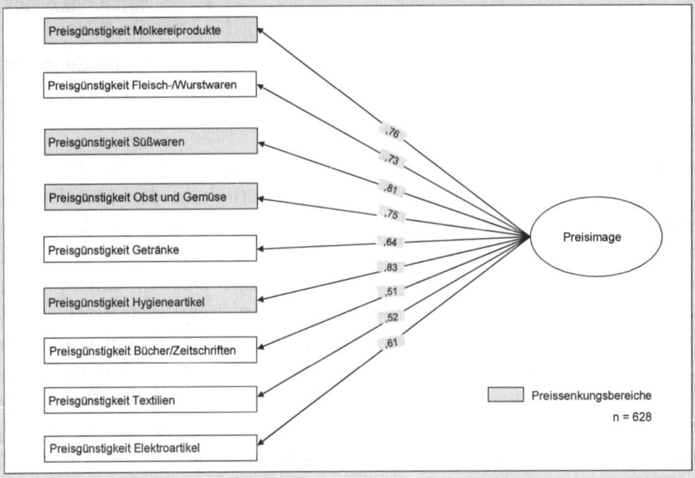

[1] Die durchwegs hohen Regressionskoeffizienten bei allen in der Abbildung dargestellten Warengruppen könnten u.U. darauf zurückgeführt werden, dass an dieser Stelle nur ausgewählte Warengruppen berücksichtigt wurden.

Quelle: Kenning 2003, S. 91ff.

Die Preiswahrnehmung und -beurteilung wird von mehreren Faktoren determiniert, die in Abbildung 4.54 in drei Gruppen, nämlich in motivationale, kognitive und situative Faktoren, untergliedert sind.

Abbildung 4.54: Determinanten der Preiswahrnehmung und -beurteilung

Motivationale Faktoren	Kognitive Faktoren	Situative Faktoren
♦ persönliche Beteiligung (Involvement) ♦ Streben nach ♦ sozialer Anerkennung ♦ Qualität ♦ kognitiver Konsistenz ♦ Bequemlichkeit beim Einkauf ♦ Sparsamkeit	♦ Gedächtniskapazität (Preiskenntnis, Preiserinnerung) ♦ geistige Fähigkeiten (z.B. Preisvergleiche, Umrechnungen) ♦ Konsum- und Einkaufserfahrung ♦ Selbstvertrauen ♦ Anwendung vereinfachter Entscheidungsregeln (z.B. Markentreue)	♦ Art der Preisdarbietung (z.B. Form, Preisstruktur, Mengenbezug) ♦ Zahlungsmodalitäten ♦ Zeitdruck ♦ Konkurrenzangebot und -preise ♦ Komplexität der Einkaufsaufgabe ♦ Variabilität der Preise ♦ Preisauszeichnung (z.B. Sonderpreis) ♦ Verwendungszweck des Produktes ♦ finanzielle Situation des Käufers

Quelle: Rudolph/Wagner 2003, S. 186.

Die **motivationalen Faktoren** der Preiswahrnehmung und -beurteilung stellen die Antriebskräfte des menschlichen Verhaltens dar. Mit dem Streben nach sozialer Anerkennung kann ein Teil des Verhaltens erklärt werden. Einen bedeutsamen Faktor stellt dabei auch das Involvement dar. Im Bereich der **kognitiven Faktoren** finden sich jene Determinanten, die mit Fähigkeiten und Wissen zusammenhängen. Ein kognitiver Einflussfaktor, dem v.a. in der Handelspraxis große Bedeutung beigemessen wird, ist die Existenz von sog. **Preisschwellen**. Dabei wird unterstellt, dass es zu überproportionalen Absatzrückgängen kommt, wenn bestimmte Preisgrenzen überschritten werden. Im Preis-Absatz-Diagramm würde das zu einer geknickten Preis-Absatz-Funktion führen (siehe Abbildung 4.51). Eine besondere Bedeutung haben kognitive Faktoren, wenn es um Kaufentscheidungen bei komplexen Produkten geht, die nicht unmittelbar vergleichbar sind, wie bspw. bei Autos oder verschiedenen Versicherungsprodukten. In diesem Zusammenhang ist vermehrt zu beobachten, dass Konsumenten versuchen, komplexe Entscheidungen zu vereinfachen, indem sie bspw. einer Marke oder einem Geschäft treu bleiben.

Preiswissen deutscher Konsumenten

Um die Preiskenntnis deutscher Konsumenten zu erheben, wurden im Jahre 2002 993 Probanden beim Betreten der Testfilialen einer deutschen Handelskette befragt. Sie sollten für insgesamt 69 Artikel der Warengruppen „Kosmetik/Waschmittel“ und „Milchprodukte“ sowie für die fiktive Warengruppe „Aktionsware“ und für einen Warenkorb, der sich aus starken Markenprodukten zusammensetzte, einen Normalpreis, einen niedrigen und einen hohen Preis angeben. Aus dieser Studie ging hervor, dass weniger als 50 % der Probanden eine Vorstellung vom Normalpreis eines Artikels hatten, wobei die Preiskenntnis bei Artikeln der Warengruppe „Kosmetik/Waschmittel" am niedrigsten war – gefolgt von der fiktiv zusammengestellten Warengruppe mit Aktionsartikeln. Die Verkaufspreise wurden von den Konsumenten in 75 % der Fälle überschätzt. Lediglich bei bestimmten Markenprodukten verfügten die Befragten über eine nahezu perfekte Preiskenntnis.

Quelle: Ahlert u.a. 2005, S. 259ff.

Schließlich spielen im Rahmen der Preiswahrnehmung und -beurteilung auch **situative Faktoren** eine Rolle. So nimmt ein Konsument Preise anders wahr und beurteilt diese auch anders, wenn er bspw. unter Zeitdruck steht oder ein Artikel als Sonderangebot ausgewiesen ist.

Zusätzlich zu den bereits dargestellten, verhaltenstheoretischen Determinanten ist in den letzten Jahren ein Phänomen aufgetaucht, das als Motiv der Konsumenten für viele Kaufentscheidungen relevant sein dürfte. Es handelt sich dabei um das sog. **Smart Shopping,** bei dem es nicht nur um rationale Überlegungen, sondern auch um das Ansprechen eines „Jagdinstinktes" und das Stillen des Bedürfnisses nach Sensationen im Alltag geht (Karmasin 2004, S. 240ff.).

c) Sortimentsbezogene Grundlagen

Eine der komplexesten Determinanten der Preissetzung stellt die sortimentsstrategische Bedeutung des zu bepreisenden Artikels dar. Hier stellt sich die Frage, welche Rolle ein betrachteter Artikel gegenüber dem Restsortiment einnimmt. Auch dabei ist die Wahrnehmung der Konsumenten ausschlaggebend. **Eck-**, **Konkurrenz**- oder **Schlüsselartikeln** wird eine besonders starke Wirkung auf das Preisgünstigkeitsurteil eines Verbrauchers und damit auf das Preisimage einer Niederlassung unterstellt (Pechtl 2005, S. 38). Dabei handelt es sich um Artikel, bei denen Konsumenten über ein hohes Maß an Preisbewusstsein und über umfassende Preis- und Qualitätsinformationen verfügen (Barth/Hartmann/Schröder 2007, S. 197). Verbraucher kennen zwar nur wenige Preise genau, besitzen jedoch in vielen Fällen eine vage Preisvorstellung, die je nach Produktgruppe variiert. Eine Identifizierung dieser Artikel scheint es in der Praxis nur sporadisch zu geben. Erfolgt eine Bestimmung, so geschieht dies häufig anhand der Abverkaufsmengen und nicht anhand der Preiswahrnehmung der Kunden. Des Weiteren ordnen Händler den Warengruppen oder Artikeln gelegentlich eindeutige Rollen innerhalb des Sortiments zu, wie etwa **Profilierungs-**, **Pflicht**- oder **Ergänzungsrollen** (vgl. hierzu die Ausführungen zum Category-Management in Abschnitt B.II. dieses Kapitels). Auch in den jeweiligen Produktgruppen können einzelne Artikel eine besondere Rolle einnehmen. Einen Spezialfall bilden hier die Eigenmarken. Meist fungieren diese als preisgünstige Alternative, können aber auch im Premiumsegment angesiedelt sein. Bestimmte, meist schnell drehende Produkte, werden hingegen als **A-Artikel** oder **Frequenzbringer** bezeichnet.[1]

Aus verhaltenswissenschaftlicher Sicht dient der Preis als Schlüsselmerkmal, von dem die Konsumenten auf die Qualität einer Produkt- oder Leistungsalternative schließen, wenn anderweitige Informationen über Produkte oder Leistungen, die den Konsumenten Hinweise auf die Qualität geben, fehlen. Dabei wird eine **preisabhängige Qualitätsbeurteilung** auf Grund mangelnden Wissens v.a. bei innovativen Sortimenten vorgenommen, was den preispolitischen Handlungsspielraum der Handelunternehmen bei der Festsetzung des optimalen Preises ausweitet. Darüber hinaus ziehen Konsumenten den Preis als Qualitätsindikator heran, wenn mit dem Kauf eines Produktes bzw. einer Leistung ein hohes subjektiv empfundenes soziales, psychologisches und/oder ökonomisches Risiko einhergeht.[2] Dessen Höhe wird durch motivationale, kognitive und situative Faktoren beeinflusst (vgl. hierzu bereits Diller 1977, S. 221). Während bspw. das Streben nach kognitiver Konsistenz, das Sparsamkeits- und Qualitätsstreben den motivationalen Faktoren zuzurechnen ist und die Kauf- und Produkterfahrung oder die Fähigkeit zur objektiven Qualitätsbeurteilung in die Kategorie der kognitiven Faktoren fällt, bilden der Zeitdruck oder die Komplexität der Einkaufsaufgabe situative Bestimmungsfaktoren des subjektiv empfundenen Kaufrisikos.[3]

Bestimmungsfaktoren der preisorientierten Qualitätsbeurteilung

Um die relative Bedeutung von 17 potenziellen Determinanten der preisorientierten Qualitätsbeurteilung beim Kauf von Konfitüre zu analysieren, wurden im Jahre 2003 314 Konsumenten in Deutschland befragt. Auf Grund einer Regressionsanalyse, die im Anschluss an die Befragung durchgeführt wurde, zeigte sich, dass das Sparsamkeitsstreben, das den motivationalen Bestimmungsfaktoren der preisorientierten Qualitätsbeurteilung zuzurechnen ist, mit einem Bedeutungsgewicht von 18,7 % den stärksten Einfluss darauf ausübte, ob der Preis als Qualitätsindikator herangezogen wurde. Demnach verminderte der sparsame Umgang mit Geld die Informationsfunktion des Preises und damit die Neigung zur preisorientierten Qualitätsbeurteilung. Ebenfalls von Bedeutung waren das Streben nach Exklusivität (Bedeutungsgewicht von 16,8 %) und das Streben nach Prestige (Bedeutungsgewicht von 15,9 %). Hinsichtlich der kognitiven Faktoren konnte nur für den Kenntnisstand der Konsumenten in der Produktkategorie ein signifikanter negativer Einfluss festgestellt werden. Unter den situativen Determinanten erwiesen sich die Komplexität der Einkaufsaufgabe und das Ausmaß der wahrgenommenen Qualitätsunterschiede in der Produktkategorie als signifikant.

Darüber hinaus wurde im Rahmen der Datenanalyse eine Latent-Class-Regressionsanalyse durchgeführt, um die Neigung zur preisorientierten Quali-

---

[1] Im Lebensmitteleinzelhandel werden v.a. Artikel wie Kaffee, Waschmittel oder Margarine als Eckartikel angesehen, die als die populärsten Aktionsartikel gelten (Diller 2000, S. 479).

[2] Zu den Bestimmungsgründen für eine preisabhängige Qualitätsbeurteilung vgl. z.B. Meffert 2000, S. 500f.

[3] Für eine detaillierte Diskussion der Einflussfaktoren des subjektiv empfundenen Kaufrisikos vgl. Diller 1977, S. 219ff.

tätsbeurteilung in unterschiedlichen Kundensegmenten zu prüfen und damit der Konsumentenheterogenität Rechnung zu tragen. Aus dieser Analyse gingen zwei Kundensegmente hervor, wobei die Faktoren „Streben nach kognitiver Konsistenz“ (negativer Einfluss auf eine preisorientierte Qualitätsbeurteilung), „Qualitätsinteresse“ (positiver Einfluss), „Exklusivitätsstreben“ (positiver Einfluss), „Kenntnisstand der Konsumenten in der Produktkategorie“ (negativer Einfluss) und „Markentreue“ (positiver Einfluss) nur in Segment 2 signifikante Ergebnisse erzielten. Darauf aufbauend wurden folgende Anhaltspunkte für die gezielte Ansprache dieses Segments mittels preis- und kommunikationspolitischer Maßnahmen formuliert:

- Es ist auf eine aggressive Preispolitik (z.B. Dauerniedrigpreisstrategie) zu verzichten, da diese die Informationsfunktion des Preises reduziert.
- Preispolitische Spielräume, die sich auf Grund der erhöhten Preisbereitschaft ergeben, sind auszunutzen.
- Niedrigpreisanbieter sollen die Konsumenten mit einer starken Neigung zur preisorientierten Qualitätsbeurteilung gezielt über die Qualität der Produkte informieren.
- Anbieter hochpreisiger Produkte können den Informationseffekt des Preises durch Kommunikationsmaßnahmen, die auf das Prestige oder die Exklusivität des Produktes abstellen, verstärken.

Quelle: Völckner 2005, S. 1ff.

Der Preis übernimmt jedoch nicht nur im Hinblick auf die Qualität eines Produktes oder einer Leistung eine Informations- bzw. Signalfunktion (Sattler/Rao 1997, S. 1285ff.).[1] Er kann auch als Prestigesignal dienen, wenn Konsumenten hochpreisige Produkte oder Leistungen in Anspruch nehmen, um der Öffentlichkeit zu demonstrieren, dass sie sich teure Anschaffungen leisten können. Zudem kann der Preis Hedonismus signalisieren, wenn sich Konsumenten durch den Kauf teurer Produkte oder die Inanspruchnahme hochpreisiger Leistungen verwöhnen möchten (Esch/Herrmann/Sattler 2006, S. 300).

6. Preisverlaufsprinzipien

Insbesondere vor dem Hintergrund der Konkurrenzorientierung haben sich im Handel verschiedene Preisverlaufsprinzipien etabliert. Dabei geht es um die zeitliche Abstimmung von Preisänderungen verschiedener Artikel bzw. um die Abstimmung mit anderen, z.B. kommunikativen Maßnahmen. Einen Überblick über Preisverlaufsprinzipien gibt Abbildung 4.55.

Grundsätzlich kann bei den Preisverlaufsprinzipien zwischen konstanten Preisen und flexiblen Preisen unterschieden werden. Im Falle einer **Preiskonstanz** wird der Preis über einen bestimmten Zeitraum konstant gehalten. Konstante Preise, die sich auf das gesamte Sortiment oder auch nur auf Teilbereiche beziehen können, sind geeignet, dem Konsumenten das Gefühl eines gleich bleibenden Preis-Qualitäts-Verhältnisses zu geben. Das Prinzip der Preiskonstanz findet sich bspw. bei Handelsunternehmen, die Eigenmar-

---

[1] Davon ist der Sacrifice-Effekt des Preises abzugrenzen, wonach dem Preis eine allokative Funktion zukommt, indem er den Allokationsnutzen des Kaufes bestimmt (vgl. hierzu Esch/Herrmann/Sattler 2006, S. 299ff.; Sattler/Rao 1997, S. 1285ff.).

ken führen und damit ein konstantes Qualitätsimage aufbauen wollen. Hinzu kommt, dass es relativ einfach ist, die Preise bei diesen Artikeln konstant zu halten, da diese nicht direkt mit Herstellermarken vergleichbar sind. Daher spielt sich der unmittelbare preisliche Wettbewerb eher bei Herstellermarken als bei Eigenmarken ab. Als ein weiteres Beispiel für das Prinzip der Preiskonstanz kann der Versandhandel angeführt werden. Bei klassischen Universalversendern werden meist neben einigen Spezialkatalogen zwei Hauptkataloge pro Jahr verschickt. In diesen werden jeweils stabile Preise für ein halbes Jahr garantiert.

Abbildung 4.55: Preisverlaufsprinzipien

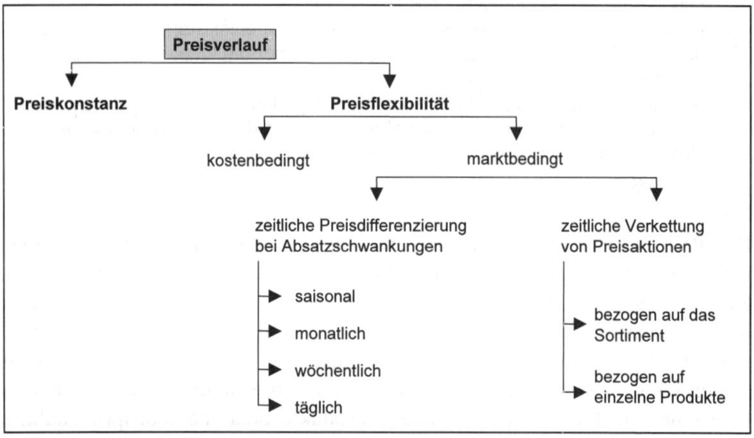

Quelle: Hansen 1990, S. 357.

Preiskonstanz als Merkmal des Discounting

Mittels Discounting, worunter eine preisbetonte Marketingstrategie zu verstehen ist, wollen sich Handelsunternehmen als Preisführer am Markt positionieren. Um von den Konsumenten als preisgünstigster Anbieter wahrgenommen zu werden, muss ein Unternehmen folgende Prinzipien befolgen:

- Preisvorteil vor Gewinnabschöpfung, wobei Kosteneinsparungen vorrangig in Form von Preissenkungen an die Kunden weitergegeben werden
- dauerhaft niedrige Preispositionierung (Preiskonstanz) v.a. bei Produkten oder Serviceleistungen, die als „Leitartikel" oder „Eckleistungen" das Preisimage des gesamten Handelsunternehmens wesentlich beeinflussen
- Preisaggressivität, um den Konsumenten zu vermitteln, dass das eigene Unternehmen das Preisgeschehen am Markt bestimmt
- Preisehrlichkeit, indem Kunden alle subjektiv relevanten Informationen erhalten und Preisangaben klar, übersichtlich und ungeschönt vermittelt werden.

Neben der Preisführerschaft zeichnet sich die Discounting-Strategie auch durch eine Kostenführerschaft und eine Leistungsvereinfachung aus. Letzterer kommt angesichts der zunehmenden „Consumer Confusion" eine große Bedeutung zu, ermöglicht sie doch eine kognitive Entlastung der Kunden, indem das Leistungsangebot auf das Wesentliche beschränkt wird.

Quelle: Haas 2003, S. 216ff.

Abgesehen von den angeführten Beispielen sind im Handel in vielen Branchen **flexible Preise** üblich. Diese können im Wesentlichen durch zwei Einflussgrößen determiniert werden: Den Kostenfaktor, der im Rahmen der kostenorientierten Kalkulation bei jeder Kostenänderung zu einer entsprechenden Preisänderung führt, und marktbedingte Einflussgrößen. Ziel der nachfrage- und konkurrenzorientierten Gestaltung von Preisen ist die Ausschöpfung der Marktpotenziale über mehrere Perioden, wobei wiederum zwischen einer auf Absatzschwankungen basierenden und einer auf einer zeitlichen Abfolge von Preisaktionen basierenden Preisflexibilität differenziert werden kann. Absatzschwankungen im Handel treten meist regelmäßig auf, wobei zwischen folgenden Schwankungsrhythmen unterschieden wird (Hansen 1990, S. 359):

- **Saisonale Absatzschwankungen**: Diese Form der Schwankung ist bei hohem Absatz auf eine besondere Dringlichkeit des Bedarfs und bei niedrigem Absatz auf eine besonders geringe Bedeutung des jeweiligen Produkts zurückzuführen. Eine institutionalisierte Form der saisonalen Preisdifferenzierung ist der Saisonschlussverkauf. Dabei wird versucht, die Nachfrage durch niedrige Preise zu beleben, um einerseits wieder Lagerraum und andererseits die Liquidität für neue Einkäufe zu schaffen (Theis 2007, S. 597f.).
- **Monatliche Absatzschwankungen**: Sie werden durch die Zeitpunkte der Lohn- und Gehaltszahlungen bestimmt.
- **Wöchentliche und tägliche Absatzschwankungen**: Diese Form der Schwankungen ergibt sich im Wesentlichen aus den Arbeitszeitregelungen, nach denen die Konsumenten ihre für das Einkaufen notwendige Zeit ausrichten.

Vor dem Hintergrund der unterschiedlichen Absatzschwankungen kann mittels einer entsprechenden **Preisdifferenzierung** einerseits die **Konsumentenrente** besser abgeschöpft und andererseits die Nachfrage gelenkt werden. Damit können Beschäftigungsengpässe bzw. Überkapazitäten vermieden werden. Die Basis für diese Überlegungen bilden unterschiedliche Preiselastizitäten in den einzelnen Phasen.

Hinsichtlich der zeitlichen Abfolge von **Preisaktionen** ergeben sich folgende Entscheidungstatbestände: Häufigkeit, Dauer, Höhe und Gegenstand der Aktion (Hansen 1990, S. 361). Preisänderungen werden von Konsumenten tendenziell nicht absolut, sondern relativ zum bisherigen Preis bzw. zum mittleren Preisempfinden wahrgenommen. In diesem Zusammenhang wird vom Bezugspunkt oder vom sog. **Ankerpreis** gesprochen. Für eine geplante Preisänderung ist somit die Kenntnis der Ankerpreise, die empirisch erhoben werden können, von großer Bedeutung. Die Preisänderung kann aber nicht nur zu einer Änderung der Nachfrage, sondern auch zu einer Änderung des Ankerpreises führen. Daher ist es auch bedeutsam, die Veränderung des Ankerpreises abschätzen zu können bzw. diese nach der Preisänderung zu beobachten. Diese Erkenntnisse können wiederum als Basis für weitere Preisentscheidungen dienen.

Abbildung 4.56: Effekte von Preisaktionen und Änderungen des Normalpreises

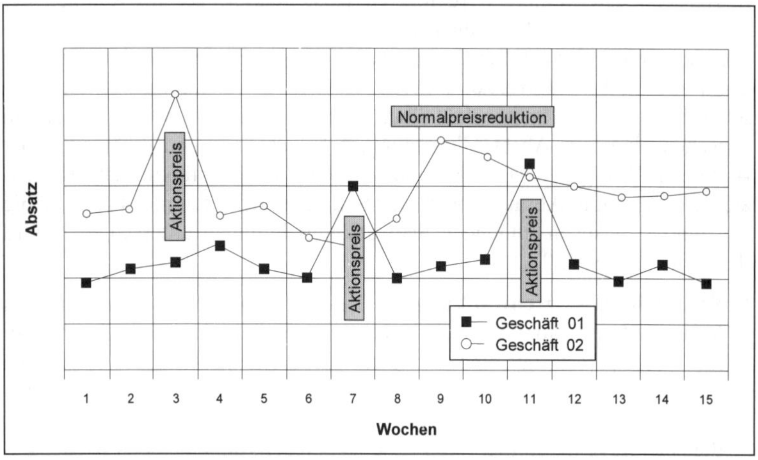

Quelle: Kronshage 2003, S. 414.

Die in Abbildung 4.56 dargestellten Nachfragereaktionen auf Preisänderungen verdeutlichen die Notwendigkeit, Schlussfolgerungen über die Absatzwirkung nicht unmittelbar nach einer Preisänderung zu ziehen, sondern die Entwicklung des Absatzes sowie jene des Ankerpreises in Zeitabständen zu betrachten. Es zeigt sich nämlich, dass die Reaktion auf Aktionspreise zwar kurzfristig relativ groß sein kann, die Wirkung auf das Absatzniveau aber auf Grund der Anpassung des Ankerpreises mittel- bis langfristig geringer ist als bei einer Reduktion des Normalpreises, also einer mittel- bis langfristigen Preissenkung. Dieses Phänomen ist sowohl bei Preissenkungen als auch bei Preiserhöhungen zu beobachten.

7. Instrumente der Preispolitik

a) Preisdifferenzierung

Mittels Preisdifferenzierung wird versucht, verschiedenen Kunden dasselbe Produkt zu verschiedenen Preisen anzubieten. Durch dicsc Vorgchensweise soll die Konsumentenrente besser abgeschöpft werden als mit einem Einheitspreis. An konkreten Ausprägungen sind folgende Formen der Preisdifferenzierung denkbar (Bruhn 2007, S. 172ff.; Theis 2007, S. 596):

- Die Preisgestaltung in Abhängigkeit von der gekauften Menge wird als **mengenmäßige Preisdifferenzierung** oder auch als nicht-lineare Preispolitik bezeichnet. Grundsätzlich wird dabei der Preis pro Stück umso niedriger festgesetzt, je größer die abgenommene Menge ist. Der Ansatz beruht auf der Überlegung, dass der Grenznutzen einer Leistung mit zunehmender Menge sinkt. Diese Form der Preisdifferenzierung spielt im Großhandel eine zentrale Rolle. Als Beispiel sind Mengenrabatte anzuführen.
- Im Rahmen der **zeitlichen Preisdifferenzierung** werden den Kunden Produkte zu verschiedenen Zeiten zu unterschiedlichen Preisen angeboten. Dies kann auf differierende Präferenzen und damit einhergehenden variierenden Zahlungsbereitschaften oder auf unterschiedliche Kosten (z.B. die Personalkosten bei ausgedehnten Öffnungszeiten) zurückgeführt werden.
- Bei der **räumlichen Preisdifferenzierung** werden dieselben Produkte in verschiedenen geografischen Räumen (z.B. in verschiedenen Regionen) zu unterschiedlichen Preisen angeboten. Dies kann wiederum auf Präferenz- oder Kaufkraftunterschiede zurückgeführt werden, aber auch auf unterschiedliche Kosten, die mit der Lage des Marktes zusammenhängen (z.B. Transportkosten).
- Persönliche Merkmale (bspw. Alter oder Geschlecht) bilden die Basis für die **personelle Preisdifferenzierung**. Als konkrete Formen der persönlichen Preisdifferenzierung können individualisierte Coupons oder Kundenkarten genannt werden.

b) Preisbündelung

Die Preisbündelung stellt eine Sonderform der Preisdifferenzierung dar. Im Rahmen der Preisbündelung wird der Preis nicht nur für einzelne Artikel, sondern auch für mehrere grundsätzlich selbstständige Leistungen gemeinsam festgelegt (Bruhn 2007, S. 174).[1] Üblicherweise liegt der Preis für das Leistungsbündel unter der Summe der Einzelpreise, sodass jene Konsumenten, für die die Einzelpreise nicht ausreichend attraktiv erscheinen, beim Preis für das Bündel u.U. einen Kauf in Erwägung ziehen. Grundsätzlich lassen sich bei der Preisbündelung drei Arten unterscheiden (Priemer 2003, S. 508):

- **Additive Bundles**: Der Bündelpreis setzt sich aus der Summe der Einzelpreise zusammen. Ein Additive Bundle liegt bspw. bei einem Damenkostüm vor, bei dem der Blazer und der Rock einzeln ausgezeichnet werden.
- **Superadditive Bundles**: Hier muss der Kunde für das vorgefertigte Produktbündel einen Aufpreis bezahlen. Der Wert des Bündels ergibt sich aus seiner Vollständigkeit. Anwendung findet diese Form der Preisbündelung bspw. im Antiquitäten- und Raritätenhandel.

---

[1] Vgl. hierzu auch die Ausführungen zur Drauf- und Dreingabe in Abschnitt F.IV. dieses Kapitels.

♦ **Subadditive Bundles**: Das Bündel ist hier günstiger als die Summe der Einzelpreise. Die Ersparnismöglichkeit soll Kunden zum Bündelkauf veranlassen. Der Vorteil für das Handelsunternehmen ist, dass ein Kunde mehrere Komplementärgüter zusammen einkauft, die er ansonsten in einem anderen Handelsbetrieb oder gar nicht erworben hätte (Theis 2007, S. 600). Die subadditiven Bundles lassen sich weiter in folgende Formen untergliedern:

- **Joint Bundle Pricing**: Hier werden die Einzelpreise und der Bündelpreis angegeben, wobei der Bündelpreis günstiger ist (bspw. Prozessor: 799 EUR, Monitor: 179 EUR, Drucker: 99 EUR, Tastatur: 49 EUR, Komplettpreis: 900 EUR).
- **Leader Bundle Pricing**: Der Kunde bekommt das Leaderprodukt zum regulären Preis und weitere Bündelbestandteile gratis oder zu einem Sonderpreis (z.B. beim Kauf einer Daunendecke kann der Kunde für einen weiteren EUR ein Daunenkissen erwerben). Diese Maßnahme wird von Kunden oft stärker wahrgenommen als klassische Preisreduktionen (bspw. 20 % Preisnachlass auf Daunenware).
- **Composite Bundle Pricing**: Hier erhält der Kunde im Falle eines Bündelkaufs jede einzelne Komponente zu einem günstigeren Preis (z.B. ein französisches Baguette: 1,49 EUR, ab dem Kauf von zwei französischen Baguettes erhält man jedes für 99 Cent.)

Abbildung 4.57: Kaufakte bei Einzel- und Bündelangeboten

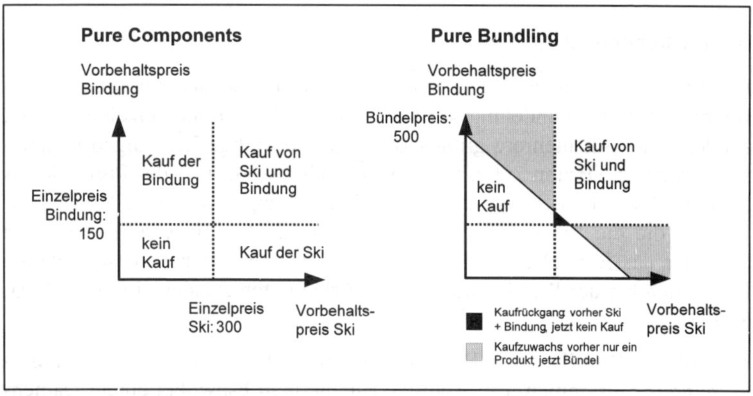

Quelle: Priemer 2003, S. 513.

Abbildung 4.57 zeigt die Wirkung von Einzel- und Bündelangeboten auf den Absatz. Der Kauf des Bündels (bzw. jeder einzelnen Leistung) findet genau dann statt, wenn die Preisbereitschaft für das Bündel (bzw. für die Leistung) über dem verlangten Bündelpreis (bzw. dem verlangten Einzelpreis) liegt. Im Beispiel werden zwei fiktive Kunden unterstellt, wobei Kunde A bereit ist, für ein Paar Ski 300 Geldeinheiten (GE) und für die Skibindung 200 GE zu zahlen. Die maximale Preisbereitschaft für den Kunden B liegt bei den Skiern bei 450 GE und bei der Bindung bei 150 GE. Das Unternehmen kann demnach für das Paar Ski maximal 300 GE und für die

Bindung höchstens 150 GE verlangen. Der Umsatz, der für jeden Kunden bei 450 GE liegt, kann also nicht maximiert werden, da ansonsten einer der beiden Kunden auf den Kauf verzichten würde. Wird hingegen ein Produktbündel zu einem Preis von 500 GE verkauft, werden im Vergleich zu Einzelangeboten Mehreinnahmen von 50 GE pro Kunde erwirtschaftet. Kunde A bezahlt entsprechend seiner Zahlungsbereitschaft 500 GE für das Bündel und seine Konsumentenrente wird vollständig abgeschöpft. Kunde B ist bereit, 450 GE für das Paar Ski zu bezahlen und würde 150 GE für die Bindung ausgeben. Seine maximale Zahlungsbereitschaft läge demnach bei 600 GE und somit über dem Bündelpreis, wodurch seine Konsumentenrente nicht vollends abgeschöpft wird (Priemer 2003, S. 509ff.).

Die Abbildung macht zudem deutlich, dass durch die Preisbündelung ein Kaufzuwachs ausgelöst werden kann, wenn die maximale Zahlungsbereitschaft für die Einzelprodukte in Summe der Zahlungsbereitschaft für das Produktbündel entspricht oder diese übertrifft. Ist dies nicht der Fall, wird ein Kaufrückgang provoziert.

Eine Preisbündelung mag zwar kurzfristig zu einer Erhöhung der Nachfrage führen, langfristig schlägt sie sich jedoch meist in einer Reduktion der Ge- und Verbrauchsintensität und damit des tatsächlichen Konsums nieder (Herrmann 2003, S. 38ff.). Dies lässt sich damit begründen, dass Zahlung und Konsum zeitlich auseinander fallen, wodurch die sog. Sunk Costs aus Nachfragersicht nicht so schwer ins Gewicht fallen. Diese „versunkenen Kosten" entstehen, wenn ein bereits erworbenes Produkt nicht genutzt oder eine bezahlte Leistung nicht voll in Anspruch genommen wird. Durch die Loslösung des Produkterlebnisses vom Kaufakt sinkt letztlich die Bereitschaft des Kunden, das betreffende Produkt wieder zu kaufen, was einer längerfristigen Kundenbindung entgegenwirkt. Dieser negative Effekt kann durch eine ge- bzw. verbrauchsorientierte Preisstellung, so bspw. durch das bereits angeführte „joint bundle pricing"[1] abgeschwächt werden, da hier die relative Bedeutung der einzelnen Artikel oder Leistungen durch die getrennte Bepreisung für den Kunden ersichtlich wird.

c) Sonderangebotspolitik

Sonderangebote werden im Handel im Rahmen der laufenden Preispolitik als Nachweis der Leistungsfähigkeit eingesetzt (Tietz 1993b, S. 380). Dabei kann zwischen aktiven und passiven Sonderangeboten unterschieden werden. Aktive Sonderangebote werden vom Unternehmen bewusst und geplant eingesetzt, passive Sonderangebote sind hingegen Reaktionen auf Preismaßnahmen der Konkurrenz (so auf die v.a. im Food- und Near-Food-Handel eingesetzten Mystery-Shopper, die Preisbeobachtungen bei Konkurrenten vornehmen und an das beauftragende Unternehmen weiterleiten). Sonderangebote sind durch die folgenden Merkmale charakterisiert (Schnedlitz 1995, S. 2308f.):

---

[1] Herrmann (2003, S. 43) spricht in diesem Zusammenhang vom sog. mixed bundling.

- relative Niedrigpreisstellung
- Kurzfristigkeit des Angebots
- Beschränkung auf Sortimentsteile.

Sonderangebote können sich auf das Marketinginstrument Preis beschränken, umfassen allerdings meist mehrere Instrumentalbereiche (Barth/Hartmann/Schröder 2007, S. 267). Abbildung 4.58 gibt einen Überblick über die verschiedenen Ausprägungen der Sonderangebotspolitik im Handel.

Bei der Gestaltung von Sonderangeboten ist grundsätzlich zu berücksichtigen, dass durch die Preisreduktion ein Teil der Handelsspanne verloren geht. Um diesen Verlust zu kompensieren, ist es erforderlich, **Absatzmengeneffekte** (größere Absatzmenge desselben Artikels) oder **Verbundeffekte** (Absatz anderer Artikel) auszulösen. Diese Sortimentsverbundeffekte können sich substitutiv (der Abverkauf eines Artikels führt zu einem geringeren Verkauf des Substitutionsartikels) oder komplementär (der Abverkauf eines Artikels führt zu einer höheren Nachfrage nach weiteren Artikeln) auswirken (Haller 2001, S. 201).

Abbildung 4.58: Ausprägungen von Sonderaktionen im Einzelhandel

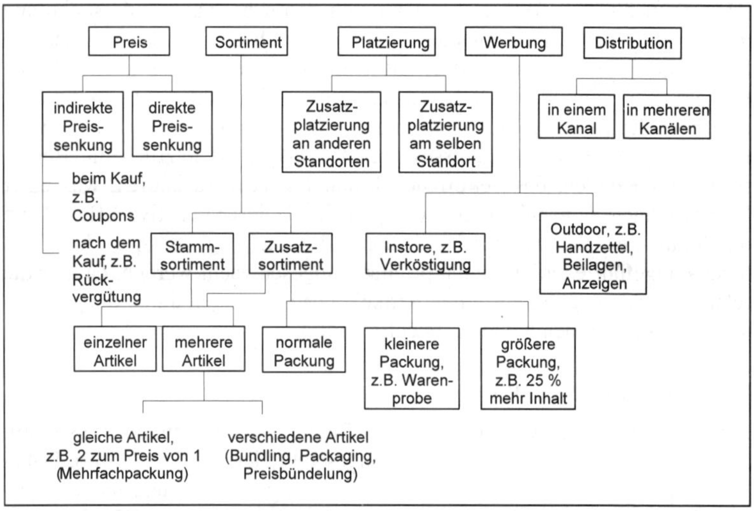

Quelle: in Anlehnung an Barth/Hartmann/Schröder 2007, S. 268.

Preispromotionen schlagen sich jedoch nicht nur in Absatzeffekten nieder, sie wirken sich auf den Erfolg einer Filiale aus (Walters/MacKenzie 1988). Walters (1991) unterscheidet Wirkungen auf die Substitution von Produkten, auf zusätzliche, ungeplante Käufe und auf das „In-Store Sales Displacement".

In neueren Studien werden über derartige Basiseffekte hinaus v.a. die langfristigen Wirkungen betrachtet. So stehen bei Pauwels/Hanssens/Siddarth (2002) langfristige Wirkungen auf warengruppenspezifische Verbundkäufe,

Markenwahl und Einkaufsmenge im Vordergrund, wobei bei nicht-verderblichen und verderblichen Herstellermarken unterschiedliche Wirkungen hervorgerufen wurden. In beiden Fällen dominieren die Verbundkäufe, was v.a. dem Handelsunternehmen zu Gute kommt und weniger den an der Promotion beteiligten Herstellern. Bei nicht-verderblichen Marken zeigt sich eine geringere Auswirkung auf die Markenwahl und eine höhere Auswirkung auf das längerfristige Käuferverhalten. Chandon/Wansink/Laurent (2000) stellen schließlich die Effekte monetärer und nicht-monetäre Promotionsaktivitäten gegenüber und unterscheiden zwischen unterschiedlichen (hedonistischen und utilitaristischen) Nutzendimensionen. Dabei zeigte sich, dass monetäre Promotionsaktivitäten bei Produkten mit hohem Markenwert effektiver sind, was im Hinblick auf Dauerniedrigpreisstrategien von Interesse ist.

d) Dauerniedrigpreispolitik

Neben der Sonderangebotspolitik stellt die Dauerniedrigpreispolitik ein wichtiges Instrument vieler Handelsunternehmen dar. Im Rahmen einer Dauerniedrigpreisstrategie wird versucht, einzelne Artikel oder auch alle Artikel des Sortiments zu niedrigeren oder zumindest zu gleichen Preisen wie die Konkurrenz anzubieten. Ein Beispiel für ein Unternehmen, das diese Strategie sehr konsequent verfolgt, ist Wal-Mart, dessen Dauerniedrigpreispolitik auch im Werbeslogan „Every day low prices" (EDLP) zum Ausdruck kommt. Allerdings koppelte Wal-Mart diese mit Sonderangeboten („Roll Back"-Aktionen).

Reine Dauertiefpreisstrategien sind im Einzelhandel eher die Ausnahme

Die schwache Umsatzentwicklung führt im Einzelhandel oft zur Reaktion, den Preis zu drücken. Dabei stehen Aktionspreise im Vordergrund. Reine Dauertiefpreise gehören auf Grund der niedrigen Handelsspanne inzwischen zur Ausnahme, obwohl Dauerniedrigpreise von Kunden bevorzugt werden, wie das Kölner Institut für Handelsforschung zeigte. Kunden nahmen das Preisniveau von Handelsunternehmen, die mit Dauertiefpreisen werben, insgesamt niedriger wahr. Im Lebensmitteleinzelhandel kommen beide preispolitischen Instrumente gleichzeitig zur Anwendung: Dauertiefpreise werden meist für Preiseinstiegssortimente und Aktionspreise für Frischware und Markenartikel gewählt.

Quelle: Lebensmittel Zeitung, 19. August 2005, S. 9.

e) Preisvergleichsgarantien und Referenzpreise

Einzelne Handelsunternehmen nutzen Preisvergleichsgarantien, d.h. Garantien, für einen Artikel die Differenz zwischen dem eigenen Verkaufspreis und jenem der Konkurrenz zurückzuerstatten, wenn der Kunden bei einem Konkurrenten denselben Artikel zu einem niedrigeren Preise vorfindet. Diese Preisvergleichsgarantien sind als Instrument zur Verbesserung des eigenen Preisimages anzusehen. Wie Studien zeigen, entfaltet dieses Preisinstrument dann eine Wirkung, wenn bestimmte Markteffekte vorliegen (vgl. hierzu bspw. Srivastava/Lurie 2004, S. 125ff.).

Auch Referenzpreise, also Preisangaben, die vom Anbieter zusätzlich zum tatsächlichen Verkaufspreis angegeben werden, stellen ein weit verbreitetes preispolitisches Instrument dar. Werden Referenzpreise auf Gesamtunternehmensebene eingesetzt, so bspw. bei der „Geiz ist geil"-Kampagne von Saturn, wird damit das Preisimage des gesamten Unternehmens gestärkt. Auf der Ebene einzelner Artikel, lassen sich diesbezüglich sog. Vergangenheitspreise (nach dem Motto „jetzt und früher"), sog. Richtpreise („unverbindliche Preisempfehlung EUR 89,99, bei uns EUR 49,98") oder sog. Wettbewerbspreise (Vergleich des eigenen Preises mit jenem der lokalen Konkurrenz) unterscheiden. Obwohl in der Praxis bezüglich der Wirkung von Referenzpreisen oft Skepsis herrscht, liegen hierzu relativ viele Studien, v.a. aus dem anglo-amerikanischen Bereich, vor, die einen positiven Einfluss von Referenzpreisen nachweisen konnten (vgl. hierzu Mazumdar/ Ray/Sinha 2005). Eschweiler (2006) bestätigte die grundsätzlich positive Wirkung von Vergangenheits- und Wettbewerbspreisen auf kognitive, affektive und konative Konsumentenverhaltensgrößen unter bestimmten Nebenbedingungen, wie der Höhe des Verkaufspreises und jener der Wettbewerbs- bzw. Vergangenheitspreise.

IV. Konditionenpolitik

Grundsätzlich muss im Rahmen der Konditionenpolitik, die Entscheidungen über die Rabatt- und Absatzkreditpolitik sowie über die Lieferungs- und Zahlungsbedingungen beinhaltet, zwischen jenen Konditionen, welche die Industrie dem Handel bietet und jenen, die der Handel seinen Kunden anbietet, unterschieden werden.[1] Im Folgenden wird auf diese Differenzierung verzichtet.

Rabattpolitik

Zu den Konditionen zählen Rabatte und Skonti. Werden die unterschiedlichen Rabattarten strukturiert, ist zwischen Waren- bzw. Naturalrabatten und Geldrabatten zu differenzieren. Im Folgenden wird auf einige bedeutende Rabattarten näher eingegangen:

- Zur Gruppe der Warenrabatte zählen die **Drauf-** und die **Dreingabe**. Im Falle einer Draufgabe erhält der Kunde zur gewünschten und bezahlten zusätzlich eine kostenlose Ware. Bei der Dreingabe bezahlt der Kunde dagegen nur einen Teil der gekauften Artikel und erhält den Rest gratis.
- In Bezug auf **Geldrabatte** herrschen vielfältige Varianten vor (bspw. direkter Preisabschlag oder Gutscheine).
- Der **Skonto** ist ein Entgelt für die Nichtinanspruchnahme eines Lieferantenkredits. Er wird daher bei Vorkasse oder prompter Bezahlung nach Lieferung in Form eines Preisnachlasses gewährt, wobei zwischen einem Waren- und einem Kassenskonto unterschieden werden kann. Ein Wa-

[1] Vgl. zur Gestaltung der Finanzströme in der Supply-Chain den Abschnitt A.III. des Fünften Kapitels.

renskonto wird in Form einer unberechneten Mehrlieferung ausgezahlt, beim Kassenskonto wird hingegen ein Preisabschlag gewährt.

Absatzkreditpolitik

Absatzkredite werden von Handelsunternehmen an Kunden im Zusammenhang mit dem Güterabsatz gewährt[1] und richten sich insbesondere an jene Kunden, die zum Zeitpunkt des Kaufes zwar kaufwillig, aber nicht zahlungsfähig sind. Durch die Vergabe von Absatzkrediten können Handelsunternehmen neue Kunden ansprechen und die Kaufintensität bestehender Kunden erhöhen, wodurch letztlich das Absatzvolumen gesteigert wird.

Lieferungs- und Zahlungsbedingungen

Obwohl die Lieferungs- und Zahlungsbedingungen in Form allgemeiner Geschäftsbedingungen häufig standardisiert sind, kann eine individuelle Ausgestaltung als Instrument der Preisdifferenzierung angesehen werden und trägt zur Profilierung gegenüber der Konkurrenz bei. Dabei legen die Lieferungsbedingungen den Umfang der Lieferungsverpflichtung des Handelsunternehmens sowie deren Erfüllung durch das Handelsunternehmen fest (Meffert 2000, S. 591) und regeln u.a. den Ort und die Zeit der Warenübergabe, die Modalitäten der Warenzustellung, die Berechnung der Versandkosten oder das Umtauschrecht und Garantieleistungen.

Gestaffelte Liefer- und Montagekosten bei Möbelix

Beim größten Möbeldiskonter in Österreich werden die Liefer- und Montagekosten für zugestellte Waren in Abhängigkeit von der Kaufsumme gestaffelt. Dabei ist hinsichtlich der Lieferkosten eine Deckelung von 150 EUR vorgesehen, die für eine Kaufsumme ab 3.500 EUR zu entrichten sind. In Bezug auf die Montagekosten sind maximal 540 EUR zu bezahlen.

Quelle: www.moebelix.at.

Zahlungsbedingungen umfassen Bestimmungen über Zahlungsverpflichtungen des Käufers und deren Erfüllung durch den Käufer (Meffert 2000, S. 593). Sie regeln den Zeitpunkt der Zahlung, die Zahlungsfristen, Zahlungsmittel, Zahlungsarten und legen fest, ob eine Gesamt- oder Teilzahlung vorgesehen ist.

Ratenfinanzierung im Handel

Nicht nur im Versandhandel, wie bspw. bei der Quelle AG, wird den Kunden eine Ratenfinanzierung ermöglicht. So bietet z.B. MediaMarkt seinen volljährigen Käufern ab einem Verkaufspreis von EUR 250,- eine Ratenzahlung mit Laufzeiten von sechs bis 60 Monaten an.

Quelle: www.quelle.at; www.mediamarkt.at.

---

[1] Meffert (2000, S. 590) spricht in diesem Zusammenhang auch von Absatzgüterkrediten, da die Vergabe an den Bezug von Gütern geknüpft ist.

V. Neuere Instrumente der Preispolitik

Im Rahmen des Preismanagements kommen auch neue Informations- und Kommunikationstechnologien zum Einsatz. So greifen Handelsmanager bspw. auf **Softwareprogramme** zurück, um ihre Preisentscheidungen zu optimieren. Mittels sog. Retail Simulation Engines können z.B. die Auswirkungen von Preisänderungen auf das Konsumentenverhalten und auf den Rohertrag prozentgenau simuliert werden (vgl. hierzu Hertel 2007). Dafür werden Preisänderungen für die Artikel einer Warengruppe berechnet, welche die Aufmerksamkeit der Konsumenten auf ertragsstarke Artikel lenken, wobei in die Berechnung auch Kannibalisierungs- und Preiselastizitätseffekte eingehen, die mithilfe der Verkaufsdaten ermittelt werden können. Letztlich ermöglichen diese Programme, die Verkaufspreise so abzuändern, dass der Rohertrag pro Warengruppe – unter Berücksichtigung der Preiserwartung der Konsumenten – maximiert wird. Darüber hinaus kann mit geeigneten Programmen die Reaktion der Wettbewerber auf eine Preisänderung simuliert werden.

Mehr Erfolg durch Preisoptimierungsprogramme

Einige der größten amerikanischen Handelsunternehmen (z.B. HomeDepot und JCPenny) haben mehrere Mio. USD in fortschrittliche Preisoptimierungsprogramme investiert. Der kanadische Textilhändler Northern Group Retail Ltd. arbeitet mit der ProfitLogic Price Optimization (Cambridge MA) Software. In einem Testverlauf konnte der Textilhändler 60.000 USD zusätzlich erzielen, indem er seine Oberbekleidung zum vollen Preis anbot. Eine Preisstrategie, die auf Erfahrungswerten basiert, hätte eine Preisreduktion von 30 % vorgesehen und wohl nicht zu diesem positiven Ergebnis geführt.

Quelle: Levy u.a. 2004, S. XIV.

Weitere Entwicklungen in der Preispolitik ergeben sich auf Grund von Internet-Angeboten. Auch wenn viele Gründe für einen Kauf im Internet sprechen, spielt der Preis eine zentrale Rolle. Der hohen Bedeutung des Preises im Internet entsprechend, sind auch die neuen Formen der Preisgestaltung vielfältig. Eine Entwicklung, welche die Transparenz der Preise verschärfen könnte, ist der Aufbau von **Preisbüros** im Internet. Diese verfügen über eine Datenbank, in der die jeweils niedrigsten Preise für Produkte bestimmter Kategorien gespeichert sind. Der Konsument kann sich so vorinformieren oder das Produkt zum jeweils niedrigsten Preis über das Internet kaufen. Als Beispiel kann der Anbieter preisauskunft (www.preisauskunft.de) angeführt werden.

Bedeutung von Preisagenturen aus Nachfragersicht

Im Jahre 2002 wurde eine telefonische Befragung von 40 Probanden durchgeführt, aus der hervorging, dass 62 % der befragten Personen es grundsätzlich ablehnten, Preisagenturen in Anspruch zu nehmen. Für die verbleibenden 38 % war es denkbar, Preisinformationen von Preisagenturen abzurufen. Lediglich 3 % der Probanden hatten zum Zeitpunkt der Befragung bereits Erfahrung in der Nutzung von Preisbüros. Als Gründe für die Nicht-Nutzung von Preisagenturen wurden insbesondere die Bevorzugung einer eigenen Informationssuche, der mangelnde Bedarf an von Agenturen recherchierten

Preisen sowie die fehlende Bereitschaft, eine Prämie bzw. Provision zu zahlen, angeführt.

Quelle: Lauer/Lingenfelder 2003, S. 821ff.

Aus der Sicht der Handelsunternehmen kann die Kooperation mit Preisagenturen auch mit Vorteilen verbunden sein. Gedacht sei in diesem Zusammenhang bspw. an kostenlose Werbe- und Absatzmöglichkeiten, die Ausweitung des Kundenstammes und die damit verbundene Umsatzsteigerung (Lauer/Lingenfelder 2003, S. 820).

Eine weitere Form der Preisbildung stellen **Auktionen** im Internet dar, über die Produkte aus den verschiedensten Bereichen versteigert werden. Wenngleich das „reale" Erlebnis nach wie vor bedeutend ist, können Internet-Auktionen eine alternative Form des Erlebniskaufs darstellen (z.B. Ebay).

Preisbereitschaft bei Online-Auktionen

Um die Preisbereitschaft bei Auktionen im Internet zu analysieren, wurden die Daten von 21.952 Bietern für Notebooks herangezogen, die sich im Jahre 2001 bei 2.322 englischen Auktionen beteiligt hatten. Dabei zeigte sich, dass das Ausmaß, in dem ein Produkt bestimmte Leistungsmerkmale aufwies, die Preisbereitschaft positiv beeinflusste. Ebenso trugen positive Bewertungen der Anbieter zu einer Erhöhung der Preisbereitschaft bei, wogegen negative Feedbacks keine Auswirkung zeigten. Darüber hinaus wurde festgestellt, dass eine Ausweitung des Angebotes an gleichen Produkten mit ähnlichen Eigenschaften eine geringere Preisbereitschaft auslöste und dass jene Bieter, die bereits Erfahrungen mit Auktionen gesammelt hatten, eine geringere Zahlungsbereitschaft aufwiesen.

Quelle: Chan u.a. 2007, S. 324ff.

Vickrey-Auktionen, bei denen die Nachfrager ihr Gebot verdeckt abgeben und der Bieter mit dem höchsten Gebot den Zuschlag erhält, bieten den Anreiz, die Höhe des Gebotes so zu wählen, dass sie der tatsächlichen Zahlungsbereitschaft entspricht. Dies lässt sich damit begründen, dass die Auktionsteilnehmer den Kaufpreis nicht direkt bestimmen, denn dieser richtet sich nach dem zweithöchsten und nicht nach dem höchsten Gebot (Skiera/Revenstorff 1999, S. 226). Somit eignet sich diese Auktionsform, um die Zahlungsbereitschaft der Nachfrager zu erheben und kann deshalb als Marktforschungsinstrument eingesetzt werden.

Durch die **Transparenz** im Internet erfährt das Instrument der Preispolitik auch eine neue strategische Bedeutung. Für Konsumenten und Mitbewerber ist es nun möglich, Preise weltweit zu vergleichen. Dabei gilt: Wer bei den ersten Suchen der Internt-User am billigsten ist, positioniert sich in den Köpfen der Konsumenten als Preisführer (Simon u.a. 1999, S. 54). Dies könnte dazu führen, dass Preise öfter als bisher an die Nachfrage angepasst werden. In diesem Zusammenhang wird auch vom sog. **Echtzeit-Pricing** gesprochen, das die preispolitischen Spielräume eines Handelsunternehmens einschränkt und damit eine Profilierung gegenüber den Wettbewerbern erschwert.

G. Kommunikationspolitik

I. Überblick

Die Kommunikationspolitik im Handel beschäftigt sich mit der Darstellung der Unternehmensleistungen nach innen (ausgerichtet auf das Unternehmen und seine Mitarbeiter) und nach außen (auf den Markt gerichtet).

> *Die Kommunikationspolitik umfasst die Gesamtheit der Kommunikationsinstrumente und -maßnahmen eines Unternehmens, die eingesetzt werden, um das Unternehmen und seine Leistungen den relevanten Zielgruppen darzustellen und/oder mit den Anspruchsgruppen eines Unternehmens in Interaktion zu treten (Bruhn 2007, S. 199).*

Neben der Verhaltenssteuerung treten neuerdings die Schaffung konsensueller Bereiche und gemeinsame Orientierungen (z.B. in der Umweltpolitik) mit Kunden und Lieferanten in den Vordergrund und ergänzen die klassischen Auffassungen von Kommunikationswirkungen.

Die zunehmende Bedeutung der Kommunikationspolitik im Handel spiegelt sich auch in aktuellen Zahlen wider. Laut Nielsen Media Research (2007) war der Handel im Jahre 2006 mit einem Budget von 1,97 Mrd. EUR der größte Kunde der deutschen Werbewirtschaft (siehe Tabelle 4.8). Allerdings wird erwartet, dass die neueren Medien (Werbesendungen (2.700 Mio. EUR Budget im Jahre 2006), Internet (596) und Kino (74)) in Relation zu den klassischen Medien (Fernsehen (8.298), Zeitungen (5.307), Publikumszeitschriften (4.173), Radio (1.220), Plakate (681) und Fachzeitschriften (440)) an Bedeutung gewinnen. Wird die Entwicklung der Medien – gemäß den Daten von Nielsen Media Research – im Zeitverlauf betrachtet, weist das Fernsehen jedoch weiterhin die – nominal gesehen – höchsten Steigerungsraten auf.

Neben der Bedeutung der angesprochenen Medienwerbung spielt im Handel die Prospektwerbung und die Kommunikation am **PoS** eine besondere Rolle. Der Grund dafür liegt darin, dass abhängig vom jeweiligen Sortiment, ein relativ großer Anteil der Kaufentscheidungen im Laden fällt. Man bezeichnet den Anteil der im Laden getroffenen Kaufentscheidungen auch als **In-Store-Decision-Rate**. Mit ähnlicher Begründung aber in direkter Form kommt im Handel auch dem Personal (i.S. des **persönlichen Verkaufs**) eine beachtliche kommunikative Wirkung zu, denn der direkte Kundenkontakt sorgt für ein Transportieren aller Botschaften in indirekter Form.

Tabelle 4.8: Am stärksten beworbene „Produkte" und am stärksten werbetreibende Unternehmen in den klassischen Mediengattungen

Produkte[1]	2006	2000	Unternehmen	2006	Unternehmen	2001
Lidl	356.780[2]	136.495	Media Markt & Saturn	454.350	Procter & Gamble	229.748
Aldi	275.710	94.201	Lidl	359.074	Ferrero	180.420
Media Markt	268.473	112.044	Unilever	325.626	L'Oréal	167.794
Saturn	184.027	44.453	Procter & Gamble	304.110	Media Markt & Saturn	156.676
C&A	130.564	74.666	Aldi	275.734	Springer Verlag	154.774
Schlecker	113.722	43.234	L'Oréal	275.419	Unilever	144.156
McDonald's	90.623	81.472	Axel Springer Verlag	242.815	Lidl	136.887
Penny	69.787	k.A.	Ferrero	242.399	Opel	125.393
Danone Actimel	68.521	k.A.	Gruner+Jahr Verlag	184.201	Daimler Chrysler	119.897
Ing-Direkt Bank	66.483	k.A.	Deutsche Telekom	169.717	Volkswagen	114.446

[1] Im Jahre 2000 gehörten Plus (68.151), Ikea (39.921) und die Deutsche Bahn (38.763) noch zu den Top-Ten.
[2] Werbeausgaben in Tsd. EUR.
Quelle: Nielsen Media Research 2007.

Das Werbebudget eines durchschnittlichen Handelsunternehmens lässt sich wie folgt aufteilen: Anzeigenwerbung 18,6 %, TV 2,5 %, Radio 6,8 %, Plakatwerbung 4,9 %, Handzettel 40,4 %, Kundenbindungsprogramme 16,9 %, In-Store-Marketing 6,7 % u.a. Werbemaßnahmen 3,2 % (EHI Retail Institute 2006a). Allerdings variiert die Aufteilung des Werbebudgets in Abhängigkeit von der Unternehmensgröße sowie dem Betriebs- und Vertriebstyp. So dominieren im Lebensmitteleinzelhandel und im Do-it-yourself-Handel wöchentliche Handzettel, während im Fashion-Handel eher auf In-Store-Instrumente und auf den persönlichen Verkauf gesetzt wird. Hinzu kommt, dass die Kommunikation von Handelsunternehmen stark situationsspezifisch zu sehen ist. Beispielsweise reagieren Handelsunternehmen auch auf aktuelle werbepolitische Aktivitäten der Mitbewerber.

Den Marktbedingungen, der kommunikativen Ausgangslage, der Kaufphase (Vorkaufphase, Kaufphase, Nachkaufphase) und ggf. dem Betriebstypenlebenszyklus entsprechend, verfolgt ein Handelsunternehmen spezifische **Kommunikationsziele**. Dabei lassen sich ökonomische und nicht-ökonomische Ziele unterscheiden. Letztere umfassen kognitive, affektive und konative Kommunikationsziele (Bruhn 2007, S. 206). **Kognitive Ziele** betreffen die Erkenntnis bzw. das Wissen, **affektive Ziele** das Gefühl bzw. die Emotionen und **konative Ziele** das Verhalten. Beispiele zu den einzelnen Zielen, an denen die Auswahl und der Einsatz der Kommunikationsstrategie und der

Kommunikationsinstrumente auszurichten sind, werden in Abbildung 4.59 aufgezeigt.

Abbildung 4.59: Beispiele für Kommunikationsziele im Handel

Kognitive Werbeziele	Affektive Werbeziele	Konative Werbeziele
♦ Lenkung der Aufmerksamkeit und Wahrnehmung auf Aktionsartikel ♦ Steigerung der Markenbekanntheit ♦ Steigerung des Kundenwissens	♦ Ansprache neuer Bedürfnisse ♦ Verstärkung der emotionalen Positionierung ♦ verstärkte Vermittlung emotionaler Konsumerlebnisse	♦ Steigerung der Weiterempfehlungsabsicht ♦ Steigerung der Probierkäufe ♦ Steigerung der Wiederholungskäufe

Quelle: in Anlehnung an Bruhn 2007, S. 206.

Die Kommunikationspolitik des Handels kann in Teilen mit jener der Industrie verglichen werden, dennoch lassen sich einige Besonderheiten herausstellen, welche die Kommunikationspolitik des Handels maßgeblich auszeichnen. Dabei kann zwischen **prinzipiellen Besonderheiten** und **graduellen Besonderheiten** unterschieden werden (Berekoven 1995, S. 225ff.). Die prinzipiellen Besonderheiten sind:

- Das kommunizierende Unternehmen ist gleichzeitig auch das verkaufende Unternehmen. Der Handel hat dadurch den Vorteil, dass er seine Kunden und deren Verhalten kennt bzw. die Kommunikationswirkung genau messen kann.
- Der Handel kann auch mit seiner „Produktionsstätte“, also mit dem Laden, bzw. seinem Verkaufspersonal kommunizieren. Damit stehen ihm wesentlich mehr Beeinflussungsmöglichkeiten zur Verfügung als der Industrie.
- In der Kommunikation des Handels werden Produkte angeboten, die grundsätzlich nicht vom Handel hergestellt wurden. Somit ist die Qualitätskompetenz und -verantwortung des Handels nur abgeleitet.
- Die Kernleistung des Handels, nämlich das händlerisch-dispositive ist ein immaterielles Gut, das schlechter kommunizierbar ist als die materiellen Güter der Industrie.
- Den Industrieunternehmen ist die hohe Bedeutung der PoS-Kommunikation bewusst. Daher wird der Handel bei der PoS-Kommunikation oft von der Industrie unterstützt.

Hinsichtlich der graduellen Besonderheiten sind u.a. folgende Aspekte anzuführen:

- Insbesondere bei Handelsunternehmen, die nur über einen begrenzten Absatzradius verfügen (z.B. regional tätige Händler), ist an die Kommunikation die Anforderung einer möglichst hohen Ausschöpfung des vorhandenen Potenzials zu stellen. Dem gegenüber steht die Kommunikation der Industrie und überregional tätiger Handelsunternehmen, die ihre Werbebotschaften wesentlich breiter streuen können.

- Wenngleich im Handel starke Konzentrationstendenzen bestehen, sind viele Handelsunternehmen nach wie vor eher kleinbetrieblich strukturiert. Geht man davon aus, dass auch in der Kommunikation Economies of Scale vorliegen, so haben dadurch größere Handels- oder Industrieunternehmen deutliche Vorteile.
- Der Handel verfügt über ein breiteres, oft auch heterogeneres Sortiment als die Industrie. Somit kann die Industrie relativ konzentriert einige wenige Produkte in den Vordergrund stellen, während der Handel ein gesamtes Sortiment kommunizieren muss.
- Neben einer erforderlichen langfristigen Kommunikationsplanung ist im Handel auch eine kurzfristige Planung, die sich meist aus dem Tagesgeschäft ergibt, erforderlich. Dieses Erfordernis ist in der Industrie nicht im selben Ausmaß vorhanden.
- Die Reaktionen der Konsumenten auf die Kommunikationsmaßnahmen des Handels erfolgen in wesentlich kürzeren Zeiträumen als auf Maßnahmen der Industrie. Zusätzlich verfügt der Handel auch über die besseren Messmöglichkeiten (z.B. Scanner-Kassen) und kann daher besser experimentieren.

Im Folgenden werden die Besonderheiten der Kommunikationsinstrumente im Handel hervorgehoben.

II. Die Kommunikationsinstrumente

1. Überblick

Bei der externen Kommunikation des traditionellen Einzelhandels steht die Darstellung der Unternehmensleistung nach außen im Mittelpunkt der Kommunikationspolitik. Ziel ist es, Emotionen, Kognitionen und letztlich das Verhalten der Konsumenten zu beeinflussen oder zur Kundenbindung beizutragen (Zentes/Swoboda/Morschett 2007). Darüber hinaus erlangen in der Kommunikationspolitik des Handels Konzepte der integrierten Kommunikation zunehmende Bedeutung (vgl. hierzu die Ausführungen in Abschnitt G.III. dieses Kapitels). Nachfolgend werden ausgewählte Instrumente der Kommunikationspolitik dargestellt (siehe Abbildung 4.60), wobei auf die **Ladengestaltung**, als Teil der In-Store-Kommunikation, in Abschnitt H. dieses Kapitels eingegangen wird.

Abbildung 4.60: Ausgewählte Kommunikationsinstrumente im Handel

Klassische Massen- und Individualkommunikation	In-Store-Kommunikation
♦ Medienwerbung ♦ Öffentlichkeitsarbeit ♦ direkte Kommunikation ♦ Sponsoring ♦ Event Marketing	♦ Verkaufsförderung ♦ persönlicher Verkauf ♦ Ladengestaltung

2. Medienwerbung

Die Kommunikation durch Medienwerbung, die sich als öffentlich, indirekt, einseitig und auf ein heterogenes Publikum gerichtet, charakterisieren lässt, ist sehr vielfältig und im Handel unterschiedlich relevant (EHI Retail Institute 2006a). Bruhn (2007, S. 204) definiert Medienwerbung als den „Transport und die Verbreitung werblicher Informationen über die Belegung von Werbeträgern mit Werbemitteln im Umfeld öffentlicher Kommunikation gegen ein leistungsbezogenes Entgelt, um eine Realisierung unternehmensspezifischer Kommunikationsziele zu erreichen“. Werden die Ziele, die mit klassischer Werbung verfolgt werden, näher betrachtet, lassen sich grundsätzlich vorökonomische und ökonomische Ziele unterscheiden (Hansen 1990, S. 395). In Abbildung 4.61 sind diese beiden übergeordneten Ziele detailliert dargestellt.

Abbildung 4.61: Werbeziele im Handel

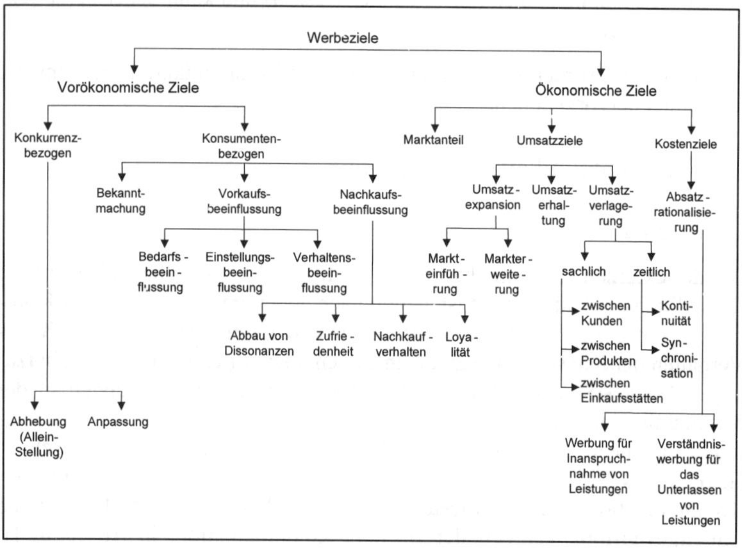

Quelle: Hansen 1990, S. 395.

Die zu beobachtenden Werbeformen können anhand von unterschiedlichen Kriterien strukturiert werden. Eine weit verbreitete Kategorisierung orientiert sich an den Werbeträgern. Im Einzelnen zählen hierzu (vgl. hierzu auch Zentes/Swoboda 2007):

- TV-Werbung
- Kinowerbung
- Rundfunkwerbung
- Zeitschriftenwerbung
- Zeitungswerbung
- Werbung in Anzeigeblättern

- Werbung auf Handzetteln
- Werbung in Prospekten/Beilagen
- Außenwerbung.

Mittels dieser Werbeträger können spezifische Werbemittel, wie z.B. Inserate, eingesetzt werden. Im Folgenden wird auf die jeweiligen Besonderheiten der unterschiedlichen Werbeträger eingegangen.

Die **TV-Werbung** entfaltet durch die Ansprache mehrerer Sinneskanäle, so Bild, Ton und Text, eine besondere multisensorische Wirkung. Dadurch ist es eher möglich, eine Mehrfachwirkung (wie Aktivierungswirkungen, gedankliche Verarbeitungswirkungen, Erlebniswirkungen und Gedächtniswirkungen) auszulösen als mit anderen Medien (Kroeber-Riel/Esch 2000, S. 143ff.). Zusätzlich ist dieses Medium auch für erklärungsbedürftige Produkte geeignet. Im Handel wird die TV-Werbung v.a. von größeren, marktführenden und meist filialisierten Einzelhandelsunternehmen (z.B. Media Markt, Saturn) oder von Verbundgruppen des Handels (z.B. Edeka, Rewe) genutzt. Um von den Zielgruppen der Kommunikation wahrgenommen zu werden, ist eine hohe Schaltfrequenz der TV-Werbemaßnahmen und damit ein nicht unerhebliches Budget erforderlich. Dabei ist anzumerken, dass die Kosten für Werbespots auch abhängig von der Sendezeit variieren. So sind Werbemaßnahmen zur sog. Primetime am teuersten. Ein weiterer Nachteil, der mit der TV-Werbung verbunden sein kann, sind die hohen Streuverluste. Diese resultieren daraus, dass die Zielgruppen des Unternehmens nicht immer mit den Nutzerschaften des Mediums übereinstimmen (Bruhn 2007, S. 218). Angesichts des Preiskampfes ist die Werbegestaltung bzw. der Werbeinhalt bei vielen Handelsunternehmen auf die Dimension des Preises gerichtet. Es handelt sich also häufig um Preiswerbung, die eine einseitig informative Positionierungsstrategie verfolgt. Erst in jüngerer Zeit kommunizieren (deutsche) Händler alternative Positionierungen im TV, so bspw. Frische und Qualität im Lebensmittelhandel, oder ziehen dieses Medium heran, um die Zielgruppen des Unternehmens über Re-positionierungen bzw. Strategiewechsel zu informieren (Zentes/Swoboda 2007).

Die **Kinowerbung** ist eine Werbeform mit hoher Kontaktwahrscheinlichkeit und Kontaktintensität. Allerdings ist die Reichweite relativ gering und meist auf bestimmte Zielgruppen beschränkt (Barth/Hartmann/Schröder 2007, S. 235). Daher hat sie für Handelsunternehmen eine begrenzte, regionale bzw. mittelständische Bedeutung. Die eng eingrenzbare Zielgruppe kann aber auch als Vorteil angesehen und für eine differenziertere Kommunikation genutzt werden.

Ein klassisches Kommunikationsinstrument im Handel stellt die **Rundfunkwerbung** dar.[1] Problematisch sind hier die relativ geringe Aufmerksamkeit und die eher beiläufige Wahrnehmung. Geeignet ist diese Werbeform für eine schnelle Steigerung des Bekanntheitsgrades eines Unterneh-

[1] Rundfunkwerbung wird auch spezifisch als Ladenfunk im Rahmen der In-Store-Werbung eingesetzt (vgl. hierzu die Ausführungen zum In-Store-Marketing in Abschnitt H.IV. dieses Kapitels).

mens oder einer Marke. Besondere Bedeutung hat die Radiowerbung durch die Inbetriebnahme zahlreicher privater Radiosender erfahren. Da diese ihr Programm meist nur regional ausstrahlen, ist es für werbende Unternehmen möglich, ihre Radiospots differenziert zu schalten. Dies kann sowohl für Handelsunternehmen, welche die Wirkung ihrer werbepolitischen Maßnahmen auf Testmärkten prüfen möchten, als auch für relativ kleine Handelsunternehmen von Interesse sein, die nur regional tätig sind und ihre Zielgruppen kostengünstig erreichen möchten (Berekoven 1995, S. 249). Abschließend ist anzuführen, dass die Rundfunkwerbung einerseits von den führenden Fernsehwerbern im Handel (z.B. Obi) integriert und andererseits von lokalen Unternehmen isoliert, als einziges Nicht-Print-Massenmedium, genutzt wird.

Ebenso wie die Kinowerbung hat die **Zeitschriftenwerbung** für Handelsunternehmen eine begrenzte, regionale bzw. mittelständische Bedeutung. Allerdings bietet Zeitschriftenwerbung den Vorteil, dass auf Grund der Themenschwerpunkte der Zeitschrift genauer definierbare Zielgruppen angesprochen werden können. Deshalb wird dieser Werbeträger häufig von Handelsunternehmen genutzt, die eine Konzentrationsstrategie verfolgen (Zentes/Swoboda 2007).

Zu den ältesten, klassischen Werbeformen im Handel zählen die Werbung in Zeitungen und auf Anzeigenblättern (wie Handzettel, Beilagen oder Prospekte). Beide Werbeformen werden häufig von Lebensmitteldiscountern, bspw. von Aldi, eingesetzt. Für eine **Zeitungswerbung** kommen vielfältig platzierbare Anzeigen verschiedener Größe in Frage. Handzettel, Beilagen bzw. Prospekte informieren die Zielgruppe über Aktionen oder neue Produkte und liegen in Läden auf bzw. werden den Haushalten im Einzugsgebiet zugestellt. Somit können diese Werbemittel nicht nur Bestandteil der klassischen Kommunikation, sondern auch der In-Store-Kommunikation sein.

Im Rahmen der **Außenwerbung** kommen Plakate an Plakatwänden, an Haltestellen oder Litfasssäulen im öffentlichen Raum, Plakate an den Fassaden der Handelsunternehmen, Werbung auf Fahrzeugen usw. zum Einsatz, wobei die Kontakthäufigkeit je nach Werbeträger bzw. Werbemittel variiert.

Entscheidungen im Rahmen der Werbepolitik

Die Entscheidungen, die im Rahmen der Werbepolitik gefällt werden müssen, betreffen u.a. die Auswahl der Werbeträgergruppe(n), die als Basismedium und/oder als flankierendes Medium zum Einsatz kommen sollen. Damit ist die **Inter-Mediaselektion** angesprochen. Dagegen wird im Rahmen der **Intra-Mediaselektion** eine Auswahl zwischen einzelnen Werbeträgergruppen vorgenommen.

Beim Einsatz der Werbung im Handel sind, wie bereits erwähnt, branchenspezifische Unterschiede erkennbar. So wird im Lebensmitteleinzelhandel v.a. mittels Handzettel geworben, wogegen im Elektronik- und im Do-it-yourself-Handel sowie von Großunternehmen im Möbelhandel insbesondere

TV-Werbespots geschaltet werden und kleinere Handelsunternehmen mit regionaler Ausrichtung bspw. Rundfunkwerbung einsetzen (Zentes/Swoboda 2007).

3. Öffentlichkeitsarbeit

Die Öffentlichkeitsarbeit, die auch als **Public Relations** oder PR bezeichnet wird, beschäftigt sich mit der Pflege der Beziehungen zwischen dem Handelsunternehmen und der Öffentlichkeit. Die Öffentlichkeit kann dabei in Teilöffentlichkeiten unterteilt werden, zu denen bspw. die Kunden, die Lieferanten, die Aktionäre, verschiedene Institutionen, der Staat, aber auch die eigenen oder potenziellen Mitarbeiter zählen (Bruhn 2005, S. 379f.). Public Relations ist für das Bild des Unternehmens in der Öffentlichkeit, also sein Image, verantwortlich und somit von höchster Bedeutung. Bei Handelsunternehmen, die nur über einen Betriebstyp verfügen (z.B. Aldi) und bei betriebstypenspezifisch organisierten Handelsunternehmen (z.B. Rewe mit den internationalen Handelsvertriebslinien PENNY MARKET, BILLA, MERKUR, BIPA, STANDA, SELGROS bzw. den auf nationaler Ebene etablierten Vertriebslinien REWE, NAHKAUF, TOOM, PROMARKT, REWE GVS und FEGRO) wirkt die Öffentlichkeitsarbeit direkt auf das Image eines Betriebstyps bzw. auf die jeweilige Marke.

Zu den zentralen Instrumenten der Öffentlichkeitsarbeit zählen (Homburg/Krohmer 2006, S. 830):

- **Medienarbeit** (z.B. Presseberichte, Presseveröffentlichungen, Websites, Interviews)
- **Veranstaltungen** (bspw. Pressekonferenzen, Vorträge, Seminare, Kongresse, Jahreshauptversammlungen, Tag der offenen Tür)
- **Beziehungsmanagement** (z.B. Aufnahme und Pflege von Beziehungen zu Meinungsführern und Multiplikatoren zur Verbreitung von Botschaften mit Medienpräsenz, Branchentreffen, Lobbying, Journalismus, Spenden)
- **Krisenmanagement** (Minimierung von Schäden an der Glaubwürdigkeit bspw. bei Unfällen und Skandalen).

Krisenmanagement bei Wal-Mart

In den USA riefen zwei christliche Fundamentalistenorganisationen (American Family Association und Operation Rescue) wegen angeblicher Förderung von Homosexuellen-Organisationen zu einem Boykott gegen Wal-Mart auf. Die American Family Association forderte nach eigenen Angaben über drei Mio. Sympathisanten per Email auf, am kaufstarken Thanksgiving-Wochenende den Kauf bei Wal-Mart zu verweigern. Um die Imageschäden zu minimieren, betonte Wal-Mart in einer Presseerklärung, dass das Center über den Affiliate-Link zu einer homosexuellen Organisation nur einen einzigen Kauf vermittelt hatte. Das Unternehmen erklärte weiter, dass Wal-Mart.com über 43.000 Affiliates (Sites mit Link zu einem Web-Shop) habe, wovon mehr als 100 christliche Organisationen seien.

Quelle: Lebensmittel Zeitung, 17. November 2006, S. 26.

Einige Beispiele für PR-Instrumente im Handel sind in Abbildung 4.62 angeführt.

Abbildung 4.62: Beispiele für PR-Instrumente im Handel

Kontaktpflege	**Publikationen**	**Audiovisuelle Medien**
♦ Einzelgespräche ♦ Telefongespräche ♦ Besuche ♦ Besprechungen ♦ Arbeitsgruppen ♦ Videokonferenzen ♦ Reden/Vorträge ♦ Infobriefe ♦ Journalistenpreise ♦ Incentives **Corporate Advertising** ♦ PR-Anzeigen ♦ Imageanzeigen ♦ Finanzanzeigen ♦ Personalanzeigen ♦ Bilanzanzeigen ♦ Zwischenberichtsanzeigen ♦ Geschäftsberichtsanzeigen ♦ Börsenanzeigen ♦ Beilagen/Supplements	♦ Mitarbeiterzeitschrift/ -zeitung ♦ Interner Newsletter ♦ Pressespiegel ♦ Rundschreiben ♦ Schwarzes Brett ♦ Geschäftsbericht ♦ Sozialbericht ♦ Umweltreport ♦ Zwischenberichte ♦ Aktionärsbriefe ♦ Börsenprospekte ♦ Pressemitteilungen ♦ Pressemappen ♦ Kundenzeitschrift ♦ Unternehmensbroschüre ♦ Themenbroschüre ♦ Produktprospekt ♦ Jubiläumsschrift ♦ Betriebshandbücher ♦ Handzettel ♦ Kalender	♦ Unternehmensfilm ♦ Informationsfilm ♦ Tonbildschau ♦ TV-Spots ♦ Hörfunkspots ♦ Kinospots ♦ Videos ♦ Ladenfunk **PR-Veranstaltungen** ♦ Hauptversammlungen ♦ Firmenpräsentationen ♦ Informationsveranstaltungen ♦ Betriebsversammlungen ♦ Betriebsbesichtigungen ♦ Tag der offenen Tür ♦ Geschäftseröffnung ♦ Pressekonferenz ♦ Ausstellung ♦ Messe ♦ Symposium ♦ Kongress ♦ Round-Table-Gespräche ♦ Seminare ♦ Workshops ♦ Journalistenreisen ♦ Aktionen ♦ Special Events

Quelle: Lebensmittel Zeitung, 08. Mai 1998, S. 76.

Die Effizienz und Effektivität der Kommunikationspolitik des Handels im Allgemeinen bzw. der Public Relations im Speziellen wird in Zukunft eine wichtige Rolle spielen. Dabei geht es sowohl um die Erarbeitung eines längerfristigen PR-Stils als auch um eine konsequente Zielgruppenorientierung, so bspw. die Ansprache bestimmter Bürgerinitiativen.

4. Direkte Kommunikation

Die direkte Kommunikation wurde in der Vergangenheit hinsichtlich des Umfangs und der gegebenen Anwendungsmöglichkeiten rasant weiterentwickelt (Bruhn 2005, S. 363). Charakteristisch für diese Form der Kommunikation ist der direkte Kontakt zwischen Unternehmen und Kunden, wobei dieser individuell gestaltet wird. Die direkte Kommunikation kann im Bereich des **Direkt-Marketing** angesiedelt werden. Durch die individuelle Ansprache von Konsumenten können nicht nur neue Kunden gewonnen, sondern auch bestehende Kunden besser an das Unternehmen gebunden werden. Basis für eine individualisierte Ansprache von bestehenden Kunden ist eine Datenbank, in der entsprechende Informationen gespeichert sind. Man spricht daher auch von **Database-Marketing.**

Theis (2007, S. 659) unterscheidet zwischen klassischer direkter Kommunikation und direkter Kommunikation in klassischen Medien. Beispiele für beide Arten der direkten Kommunikation sind in Abbildung 4.63 aufgelistet.

Abbildung 4.63: Instrumente der direkten Kommunikation

Klassische direkte Kommunikation	Direkte Kommunikation in klassischen Medien
♦ adressierte Werbesendungen ♦ Haushaltdirektwerbung (z.B. Prospekte, Kataloge, Postwurf-sendungen) ♦ teiladressierte Werbesendungen ♦ aktives und passives Telefonmarketing ♦ interaktive Medien (z.B. Telefonmarketing, Teleshopping, E-Mail-Marketing)	♦ Anzeigen und Beilagen mit Response-Element ♦ Funk- und Fernsehwerbung mit Response-Element ♦ Plakat- und Außenwerbung mit Response-Element

Quelle: in Anlehnung an Theis 2007, S. 659.

Eine zentrale Bedeutung nimmt das Direkt-Marketing auch im Versandhandel ein, wo dieses Instrument meist als Hauptkommunikationsinstrument eingesetzt wird. Allerdings sind auch im stationären Handel vermehrt Direkt-Marketing-Aktivitäten, insbesondere im Zusammenhang mit Kundenkarten und Kundenclubs, zu beobachten (vgl. hierzu auch die Ausführungen zum Mobile-Marketing in Abschnitt G.IV. dieses Kapitels).

5. Sponsoring

„Sponsoring hat sich als Kommunikations-Instrument etabliert und wird ein bedeutendes Tool im Marketing-Mix der Unternehmen bleiben." Zu diesem Ergebnis ist das „1. Business Forum Sportsponsoring" der Fachzeitung „Horizont" und der „Lebensmittel Zeitung" gekommen (Lebensmittel Zeitung, 25. November 2005, S. 49). Sponsoring kann die Bereitstellung von Geld, Sachmitteln oder Dienstleistungen durch das Unternehmen umfassen, womit Personen oder Organisationen gefördert werden sollen, um damit kommunikationspolitische Ziele zu erreichen. Meist ist damit auch ein **Imagetransfer** bezüglich bestimmter Imagedimensionen von der geförderten Person oder Organisation auf das fördernde Unternehmen intendiert (Bruhn 2005, S. 236). Damit ist das Sponsoring auch klar vom sog. **Mäzenatentum,** das keinerlei geschäftliche Nutzenerwartung des Mäzens beinhaltet, und vom Spendenwesen abgegrenzt. Für Handelsunternehmen kommen grundsätzlich vier Sponsoringarten in Betracht (Homburg/Krohmer 2006, S. 840f.):

- Das **Sportsponsoring** zählt bereits zu den klassischen Sponsoringformen und kann zur Förderung von Einzelsportlern, Mannschaften, aber auch von Sportveranstaltungen eingesetzt werden. Bezüglich eines Imagetransfers muss darauf geachtet werden, dass das Image der Sportart oder des Sportlers mit dem des Unternehmens kompatibel ist. Für ein Handelsunternehmen, das seine Kompetenz eher im technischen Bereich sieht, ist bspw. das Sponsoring im Rahmen einer technischen Sportart, wie z.B. der Formel 1 empfehlenswert. Das Sportsponsoring kann insbesondere durch die Breitenwirkung vieler Sportarten zur Erreichung von Kommunikationszielen, wie z.B. zur Steigerung der Bekanntheit, beitragen. An konkreten Ausprägungen kann die Anbringung von Firmenlogos an der Bekleidung der Sportler (z.B. Rennanzüge, Trikots usw.), am Sportgerät (z.B. Formel 1-Autos, Sprungski) oder an Banden (z.B. in Fußballstadien oder bei Skirennen) angeführt werden.

- Im Rahmen des **Programmsponsorings** werden Programminhalte in TV, Radio oder Internet gefördert (z.B. das Einblenden des Firmennamens nach oder vor einer Sportübertragung).
- Beim **Sozial- und Umweltsponsoring** werden ausschließlich nichtkommerzielle Organisationen bzw. Institutionen gefördert. Gerade in diesem Bereich ist es von größter Bedeutung, dass die Ziele des Unternehmens mit jenen der Organisation kompatibel sind, um die Glaubwürdigkeit zu erhalten bzw. auszubauen. Beispiele hierfür sind die Förderung einer Forschungseinrichtung zur Erforschung einer Krankheit oder die Förderung eines Naturschutzparks. Da mit der Förderung die Verantwortung des Unternehmens gegenüber der Öffentlichkeit demonstriert werden soll, kann eine Inkompatibilität sehr negative Auswirkungen haben.
- Gegenstand des **Kultursponsorings** ist die Förderung von kulturellen Ereignissen, bspw. die Unterstützung von Ausstellungen, Konzerten oder Theateraufführungen. Migros sponsert z.B. eine Vielzahl von Kulturveranstaltungen und Institutionen in der Schweiz, wie Openair-Festivals, Musicals im Theater St. Gallen und einheimische Künstler.
- **Wissenschaftssponsoring** kann in unterschiedlichen Formen, wie der Ausstattung von Institutionen, der Förderung von Projekten, der Gründung eigener Institute (z.B. Stiftungs-Lehrstühle) oder der Ausschreibung von Wettbewerben, vorliegen.

Edeka setzt auf Sport-Sponsoring

Auf Grund der Breitenwirkung des Radsports tritt die Edeka-Gruppe seit 2004 als Hauptsponsor der Deutschland-Tour auf, die im Jahre 2007 in neun Etappen durch Deutschland und das angrenzende Ausland führt. Durch die Förderung dieser Massensportart kann der Marktführer im deutschen Lebensmitteleinzelhandel ein konsistentes Image vermitteln – fühlt sich Edeka doch für die Themen Ernährung und Fitness besonders verantwortlich.

Quelle: Lebensmittel Zeitung, 08. April 2004; www.edeka.de.

6. Event-Marketing

Event-Marketing ist ein relativ „junges" Kommunikations-Instrument, bei dem im Rahmen von besonderen Ereignissen die Leistungen eines Handelsunternehmens präsentiert werden sollen. Die Grundidee der Inszenierung von Ereignissen besteht im Einsatz einer stark erlebnisorientierten Kommunikationsform, von der entsprechende emotionale und physische Reize ausgehen können bzw. eine entsprechende Aktivierung ausgelöst wird (Bruhn

2005, S. 417f.). Charakteristisch für das Event-Marketing ist, dass es für die Besucher in erster Linie um das Event geht und somit eine Atmosphäre entsteht, in der Leistungen des Unternehmens entsprechend präsentiert werden können. Bruhn (2007, S. 241) spricht in diesem Zusammenhang von **Infotainment**. Mit diesem Kommunikations-Instrument können die Bekanntheit erhöht und eine Imagepositionierung bei ausgewählten Zielgruppen erreicht werden. Im Gegensatz zum Veranstaltungssponsoring geht es beim Event-Marketing immer auch um die Verbindung zu den eigenen Leistungen (Meffert 2000, S. 737).

Events bei Selfridges & Co.

Das letzte Event des Handelsunternehmens Selfridges & Co. stand unter dem Motto „This is not a Shop". In der Niederlassung in London stellten zahlreiche zeitgenössische Künstler und Designer ihre surrealistischen Werke aus, um so eine einzigartige Ladenatmosphäre zu schaffen. Darüber hinaus wurden bspw. die Schaufenster von surrealistischen Künstlern gestaltet und die Küche in einem der Cafés von Selfridges & Co. an das Thema des Events angepasst.

Quelle: www.selfridges.com.

Event-Marketing richtet sich aber nicht nur an den Konsumenten. Ziel kann es auch sein, die Führungskräfte und die Mitarbeiter, z.B. durch interne Konferenzen oder Veranstaltungen, anzusprechen.

7. Persönlicher Verkauf

Der persönliche Verkauf, als direkte, zweiseitige Kommunikation, beruht auf dem unmittelbaren Kontakt zwischen Verkäufer und Käufer beim Absatz von Waren. Die Bedeutung des persönlichen Verkaufs variiert je nach Betriebstyp und Art der angebotenen Waren. Sie ist grundsätzlich umso höher, je erklärungsbedürftiger, neuartiger und hochwertiger die angebotenen Artikel sind (Meffert 2000, S. 389). Darüber hinaus ist die Bedeutung des persönlichen Verkaufs von der Art der Kaufentscheidung und dem damit verbundenen Involvement des Käufers abhängig.

Die direkte Kommunikation mit dem Kunden ermöglicht es, Informationen zu gewinnen und weiterzugeben. Potenzielle Kunden sollen von der Leistungsfähigkeit des Angebots so überzeugt sein, dass sie bereit sind, die Waren zu kaufen (Berman/Evans 2007, S. 577). Ein klassisches Beispiel für den persönlichen Verkauf ist Tupperware, der führende Hersteller von Kunststoffhaushaltsprodukten, der seit 1951 seine Produkte ausschließlich über eigene Berater und Gruppenberater vertreibt.

Persönlicher Verkauf bei J.C. Penney

J.C. Penney verfolgt das Ziel, durch eine kompetente Kundenberatung im persönlichen Verkauf ein modebewusstes Image zu verkörpern, Cross Selling zu betreiben und die Rücktauschquote der gekauften Artikel zu senken. Eine eigens von J.C. Penney entwickelte Liste mit Verkaufstipps soll das Verkaufspersonal bei der Umsetzung dieser Zielsetzung unterstützen.

J.C. Penney's Tips for Sale Associates:

- Greet the customer. This sets the tone for the customer's visit to your department.
- Listen to customers to determine their needs.
- Know your merchandise. For example, describe the quality features of Penney's private brands.
- Know merchandise in related departments. This can increase sales and lessen a customer's shopping time.
- Learn to juggle several shoppers at once.
- Pack merchandise carefully. Ask if customer wants an item on a hanger to prevent creasing.
- Constantly work at keeping the department looking its best.
- Refer to the customer by his or her name; this can be gotten from the personal credit card.
- Stress Penney's "hassle-free" return policy.

Quelle: Berman/Evans 2007, S. 577.

Im Handel hat der klassische persönliche Verkauf auf Grund der weiten Verbreitung der Selbstbedienung und verschiedener Mischformen von Selbst- und Fremdbedienung in den letzten Jahrzehnten allerdings an Bedeutung verloren.[1]

8. Verkaufsförderung

Die Verkaufsförderung – auch als **Sales Promotion** bezeichnet – besteht in einer kurzfristigen Stimulation der Abverkäufe durch einmalige Aktionen (Esch/Herrmann/Sattler 2006, S. 272). In Handelsunternehmen können folgende Formen der Verkaufsförderung unterschieden werden:

- Die **verkaufspersonalgerichtete Verkaufsförderung** zielt auf die Motivierung der Verkaufsmitarbeiter und auf die Erhöhung der Qualität beim Verkauf ab. Als Beispiele können Schulungen oder Verkaufsunterlagen sowie Incentives beim Erreichen bestimmter Ziele angeführt werden.
- Die **konsumentengerichtete Verkaufsförderung**, die hier im Vordergrund steht, zielt auf die Aufmerksamkeitserregung und auf die kurzfristige Förderung von Käufen am PoS ab. Diese Form der Verkaufsförderung wird auch als Merchandising bezeichnet. Konkret können konsumentengerichtete Verkaufsförderungsaktionen z.B. in Form von Verkostungsständen, Aktionsständen oder Sonderplatzierungen durchgeführt werden. Eine weitere Form der konsumentengerichteten Verkaufsförderung ist die direkte Sales Promotion. Dabei wird der Konsument direkt vom Hersteller kontaktiert (z.B. Versenden einer Waschmittelprobe an jeden Haushalt).[2]

---

1 Zu den einzelnen Faktoren, welche die kundenseitige Akzeptanz von Selbstbedienungsmodi beeinflussen, vgl. Meuter u.a. 2005, S. 61ff.

2 Der Vollständigkeit halber sei auf die handelsgerichtete Verkaufsförderung hingewiesen, in deren Rahmen der Verkauf von Produkten gefördert werden soll, indem der Handel über neue Produkte frühzeitig informiert wird.

In den letzten Jahren hat die Verbreitung neuer PoS-Medien, die auch als In-Store-Medien bezeichnet werden, zugenommen. Beispielsweise sind (elektronische) Einkaufswagenposter, Großflächenplakate, PoS-Radioprogramme oder Bodengrafiken zu nennen.

Verkaufsförderung am Point-of-Sale

Im Rahmen einer GfK-Consumer-Tracking-Studie wurden 240 Marktleiter und über 1.500 Kunden dazu befragt, welche Verkaufsförderungsmaßnahmen am PoS im vergangenen Jahr eingesetzt wurden. Die Ergebnisse der von den Marktleitern genannten Sales Promotions zeigen, dass im Handel v.a. Werbedamen, Displays und Verbrauchergewinnspiele zur Förderung des Verkaufs eingesetzt wurden.

Tabelle 4.9: Häufigkeit des Einsatzes unterschiedlicher Verkaufsförderungsmaßnahmen am PoS

Einsatz der PoS-Maßnahmen	
Welche der folgenden PoS-Maßnahmen wurden in diesem Verbrauchermarkt in den letzten 12 Monaten eingesetzt?	
Werbedamen/Hostesseneinsatz	98 %
Displays	97 %
Verbrauchergewinnspiele	92 %
Handzettel	90 %
Produkt-Sampling/Probenverteilung	87 %
Ladenfunk/In-Store-Radio	86 %
Deckenhänger/Deckenplakate	63 %
Floor Graphics/Bodenaufkleber	56 %
Einkaufswagenwerbung	53 %
PoS-TV/Videomonitore	52 %
Couponing	52 %
Regalwobbler/Regalwipper	51 %
Regalschiene/Regaleinsatz	44 %
Werbesäulen/Duftterminals	34 %

Quelle: GfK AG 2003.

Die Bedeutung der Verkaufsförderung ist im Handel zentral und wird weiter zunehmen (EHI Retail Institute 2006a). Dennoch ist auch im Bereich der Sales Promotions, ähnlich wie bei der Mediawerbung, bereits eine Informationsüberlastung der Konsumenten festzustellen (Fuchs/Unger 2003, S. 218).

Schließlich sei auf die Bedeutung weiterer Kommunikationsinstrumente im Handel hingewiesen. So werden einige **Sonderwerbeformen**, wie bspw. die Werbung auf dem Kassenbon, in Zukunft einen höheren Stellenwert einnehmen, wogegen das **Product Placement** im Handel auch weiterhin von untergeordneter Bedeutung sein wird (Zentes/Swoboda 2007).

III. Integrierte Kommunikation

Die **integrierte Kommunikation** als bedeutende strategische Aufgabe ist darauf ausgerichtet, „aus den differenzierten Quellen der internen und externen Kommunikation eine Einheit herzustellen, um ein für die Zielgruppen der Kommunikation konsistenes Erscheinungsbild des Unternehmens [...] zu vermitteln“ (Bruhn 2007, S. 242). Dabei ist eine inhaltliche, formale und zeitliche Abstimmung aller Kommunikationsmaßnahmen sicherzustellen, um die durch Kommunikation erzeugten Eindrücke zu vereinheitlichen und zu verstärken (Kroeber-Riel/Esch 2004, S. 108). Die Notwendigkeit zur integrierten Kommunikation ist sowohl auf veränderte Markt- und Kommunikationsbedingungen als auch auf die Zersplitterung der Kommunikationswirkung zurückzuführen. Denn einem wachsenden Angebot von Kommunikationsbotschaften, Marken und Medien steht eine Informationsüberlastung der Konsumenten gegenüber. Zudem sinkt die Effizienz der eingesetzten finanziellen Mittel für Kommunikation zunehmend, d.h., die Wirkung einzelner Kommunikationskontakte wird schwächer (Esch 2005b, S. 711).

Um die Effizienz von Werbeaktivitäten eines Handelsunternehmens zu bestimmen, bieten sich auch Formen der nicht-parametrischen Effizienzmessung, so bspw. die Advanced Data Envelopment Analysis (Advanced DEA) an. Die DEA erfordert keine A-priori-Kenntnisse über die funktionale Form des Input-Output-Zusammenhangs, sondern stützt sich auf relativ einfache, intuitiv verständliche Prämissen (Bauer/Hammerschmidt 2006, S. 34) und kann darüber hinaus unterschiedlich skalierte Variablen einbeziehen (Diller/Metz/Keller 2006, S. 112). Im Rahmen der Ermittlung der Werbeausgabeneffizienz können z.B. die einzelnen Werbeaktivitäten eines Handelsunternehmens mit dem jeweiligen Werbebudget und/oder der entsprechenden TV-Sendezeit den Input bzw. Aufwand darstellen und der Output bzw. Ertrag kann bspw. über den Umsatz operationalisiert werden (vgl. hierzu Dyckhoff 2006, S. 167ff.). Schließlich wird für jede Werbeaktivität das absolute Effizienzmaß (Output/Input) und das relative Effizienzmaß (in Prozent) errechnet. Alle effizienten Werbeaktivitäten, welche die höchsten Durchschnittsproduktivitäten aufweisen, bekommen den Wert 100 % bzw. eins zugewiesen. Sie bilden die Randproduktionsfunktion und damit den Benchmark für alle ineffzienten Werbeaktivitäten. Diesen wird – im Falle einer Inputorientierung – ein Wert größer 100 % bzw. größer eins zugewiesen. Anschließend wird für jede Aktivität analysiert, auf welche Weise sich der Input der ineffizienten Einheiten bei gegebenem Output verringern lässt.

Integrierte Kommunikation aus der Sicht österreichischer Unternehmer

Im Rahmen einer Studie wurde die Nutzung unterschiedlicher Kommunikationsinstrumente in 67 österreichischen Unternehmen überprüft. Die Analyse zeigte, dass die integrierte Kommunikation von 85 % der untersuchten Unternehmen eingesetzt wurde. Als bedeutendste Einflussfaktoren eines integrierten Kommunikationsauftritts nannten die befragten Kommunikationsverantwortlichen die Informationsüberlastung (85 %), die wachsende Anzahl der Kommunikations-Instrumente (81 %) und die zunehmende Medienvielfalt (80 %).

Tabelle 4.10: Bedeutung ausgewählter Treiber der integrierten Kommunikation

Treiber der integrierten Kommunikation	sehr großer/ großer influss [in Prozent]	mittlerer Einfluss [in Prozent]	geringer/kein Einfluss [in Prozent]
Informationsüberlastung	85	13	2
wachsende Anzahl der Kommunikationsinstrumente	81	15	4
wachsende Medienvielfalt	80	15	5
neue Medien als Kommunikationsinstrumente	79	16	5
Qualitätsangleichung der Produkte	62	24	14
wachsendes Produktangebot	56	29	15
steigende Mediakosten	39	41	20

Quelle: Liebmann/Angerer/Foscht 2002, S. 6ff.

Abbildung 4.64: Erweiterung der kommunikativen Wirkung

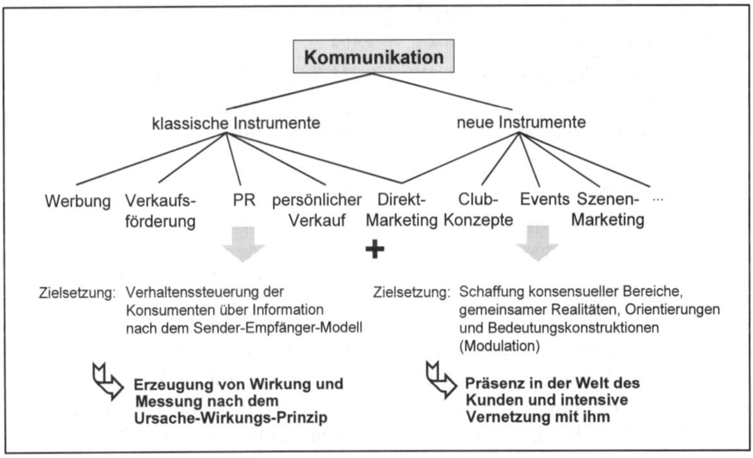

Quelle: Liebmann/Jungwirth/Klug 1999, S. 152.

Die integrierte Kommunikation stellt eine zentrale Herausforderung für das Handelsmanagement dar (Esch 2005b, S. 711f.). Im Hinblick auf eine optimale Kombination und Abstimmung von Kommunikationsinstrumenten im Handel ist zu berücksichtigen, dass die einzelnen Kommunikationsinstrumente unterschiedliche Wirkungsebenen betreffen. Die klassischen Instrumente, denen bspw. die Verkaufsförderung zuzurechnen ist, verfolgen eher das Ziel der Verhaltenssteuerung der Konsumenten nach dem Sender-Empfänger-Modell und basieren damit letztlich auf dem klassischen Ursache-Wirkungs-Denken. Diese klassischen Kommunikationsinstrumente werden zunehmend durch neuere Instrumente, wie z.B. das Event-Marketing, ergänzt. Letztere versuchen, das handelnde Individuum in den Mittelpunkt zu stellen und mit diesem konsensuelle Bereiche und gemeinsame Realitäten zu entwickeln. Damit kann es einem Handelsunternehmen gelingen, in der Welt des Kunden präsent zu sein und sich mit ihm zu vernetzen (siehe Abbildung 4.64).

Wie stark die Integration sein muss, um vom Kunden wahrgenommen zu werden, ist u.a. vom **Involvement** der Verbraucher abhängig. Prinzipiell gilt: Je niedriger das Involvement des Empfängers, desto stärker muss die Integration sein und umso mehr Wiederholungen sind nötig, damit Lernprozesse initiiert werden können (Kroeber-Riel/Esch 2004, S. 106). Während es einerseits immer bedeutsamer wird, die Kommunikation integrativ auszurichten, nimmt andererseits die Bedeutung der Individualisierung in der Kommunikation zu. Diese Entwicklungen werden von den neuen Informations- und Kommunikationstechnologien und durch das Multi-Channel-Marketing stark beeinflusst (Liebmann/Angerer/Foscht 2002, S. 11).

Tabelle 4.11: Branchenvergleich basierend auf einer Mehrgruppenkausalanalyse

Einzelhandelsbranche	Lebensmittel[1]	Bekleidung	Elektronik	Baumärkte	Möbel
SMC (Retail-Brand)	0,532	0,480	0,639	0,607	0,474
γ_{11} (Persönlicher Verkauf → Retail-Brand)	0,421***	0,271***	0,393***	0,433***	0,356***
γ_{21} (Massenkommunikation → Retail-Brand)	0,363***	0,268***	0,237***	0,193***	0,403***
γ_{31} (Ladengestaltung → Retail-Brand)	0,107*	0,358***	0,353***	0,310***	0,125*

[1] n = 400.

* p<.10; ** p<.05; *** p<.01; NFI=0.935; IFI=0.960; TLI=0.939; CFI=0.959; RMSEA=0.028

Quelle: Zentes/Swoboda 2007.

Tabelle 4.11 zeigt die Ergebnisse einer branchenvergleichenden Analyse der Bedeutung der Faktoren „Persönlicher Verkauf“, „Massenkommunikation“ und „Ladengestaltung“, in deren Rahmen 2.000 Probanden in einer deutschen Großstadt befragt wurden (vgl. hierzu Zentes/Swoboda 2007). Dabei fällt die hohe Bedeutung des persönlichen Verkaufs auf: In vier von fünf Branchen besitzt dieser Faktor den höchsten Einfluss auf die Wahrnehmung der Retail-Brand seitens der Konsumenten. Lediglich im Bekleidungseinzelhandel dominiert die Ladengestaltung, die ihrerseits im Lebensmitteleinzelhandel lediglich einen geringen Einfluss auf die Wahrnehmung der Retail-Brand ausübt. Der Massenkommunikation kommt in der Do-it-yourself-Branche der geringste Einfluss zu, obwohl sich die Branchenführer (z.B. Obi, Praktiker, Hornbach oder Hagebau) gerade durch einen intensiven Einsatz von TV-Werbespots von der Konkurrenz abheben möchten. Eine mögliche Erklärung hierfür ist in der aggressiven Preiswerbung sämtlicher

Baumärkte zu sehen, die aus Kundensicht nicht zur Profilierung bzw. Differenzierung beitragen kann.

Die Daten in Tabelle 4.11 spiegeln allerdings eine aggregierte Betrachtung auf Branchenebene wider. In der Praxis wäre eine unternehmensspezifische Sicht einzunehmen, wobei die Massenkommunikation – etwa in einem filialisierten Unternehmen – auf die Wahrnehmung jeder Filiale Einfluss nimmt, wohingegen der persönliche Verkauf – und unter Einschränkungen die Ladengestaltung – in jeder Niederlassung variiert werden kann. Insofern greifen die unterschiedlichen Kommunikationsinstrumente ineinander, wobei in der angeführten Analyse erstmals eine integrierte Untersuchung verschiedener Instrumente vorgenommen wurde.

IV. Neuere Formen der Kommunikation

Im Handel rückt die Suche nach alternativen Kommunikationsinstrumenten in den Vordergrund, denn Handelsunternehmen sind mit einem veränderten Mediennutzungsverhalten konfrontiert, das auf die zunehmende Individualisierung des Kundenverhaltens, auf die Informationsüberlastung der Konsumenten, die zunehmend kritische Verbraucherhaltung in Bezug auf klassische Medien und auf die Nutzung neuer Informations- und Kommunikationstechnologien zurückzuführen ist (Liebmann/Angerer/Gruber 2003, S. 54f.; Foscht/Angerer 2006, S. 695). Folglich wird die Unternehmenskommunikation zu einem Kampf um Aufmerksamkeit.

Situationsabhängige Werbespots

Visible World hat eine Software entwickelt, die es ermöglicht, Werbungen innerhalb kürzester Zeit auf die Situation der Absatzmärkte, das Programmgeschehen oder das Wetter abzustimmen. So kann ein Autohändler bspw. bei Schönwetter für Cabrios und bei Schlechtwetter für Fahrsicherheit werben.

Quelle: www.visibleworld.com.

Noch werden vorrangig klassische Medien für werbepolitische Maßnahmen im Handel genutzt. Allerdings nimmt die Nachfrage nach personalisierten und cross-medialen Kampagnen stetig zu. Die Digitalisierung des Fernsehens wird den Markt und die Werbeausgaben weiter fragmentieren. Das Fernsehen der Zukunft ist digital, interaktiv, mobil und personalisiert, weshalb die Bedeutung von Sonderwerbeformen, wie **Splitscreens**, **Sponsorings**, **Telepromotions**, **Infomercials** und **Programming** zunehmen wird (EHI Retail Institute 2005, S. 11). Dabei sind unter Telepromotions redaktionell gestaltete Sondersendungen mit einer Mindestlänge von 90 Sekunden zu verstehen. Bei Infomercials werden Information und Unterhaltung in dokumentarähnlichen Filmen geboten und das Programming bezieht sich auf Product Placements mit Drehbuch.

Ein starkes Wachstum werden das **Online-Marketing** und das **Mobile-Marketing** erfahren. Die Vorteile des Online-Marketing sind in der Orts- und Zeitungebundenheit der Kommunikation, in der Personalisierung und in der Interaktivität zu sehen, die es dem User ermöglicht, selbst Handlungen zu setzen und bspw. von sich aus Informationen über das Handelsunternehmen oder dessen Leistungen online abzurufen. Experten sehen Potenziale u.a. in der **Video-Werbung** auf Webseiten, da die Zahl der Breitbandbenutzer steigt. Das Mobile-Marketing, das sich darüber hinaus durch die Lokalisierbarkeit des Empfängers auszeichnet, ermöglicht eine maximale Reichweite bei minimalen Streuverlusten (EHI Retail Institute 2005, S. 11f.). Durch den Vorteil der Nutzung des Mobile-Marketing als Medium on-demand (z.B. ein Kunde betritt einen Laden und bekommt individuelle Information über Aktionen und Bonusprogramme) wird es künftig ein fester Bestandteil cross-medialer Kampagnen im Handel werden. Generell bieten sich für das Mobile-Marketing folgende Einsatzmöglichkeiten an (Dickinger/Haghirian/Schlegelmilch 2003, S. 110ff.):

- **werbegetriebene Informationsdienste**, bei denen die Werbung an die eigentliche Nachricht (z.B. Börsenkurse, Nachrichten) angehängt wird
- **Location Based Services**, die Informationen für den Empfänger umfassen, die für ihn zu einem bestimmten Zeitpunkt und an einem bestimmten Ort (z.B. im Urlaub) wichtig sind
- **mobile Coupons**, die als Barcode oder Zifferncode aufs Handy gesendet werden und dann an der Kasse vor Ort eingelöst werden können
- **Gewinnspiele**, die das Interesse der Kunden erregen und ihre Bereitschaft erhöhen, persönliche Daten preiszugeben
- **mobile Auktionen**, die es dem Konsumenten erlauben, zeit- und ortsungebunden an Auktionen teilzunehmen
- **Incentives**, die teils auch gratis zur Verfügung gestellt werden (z.B. Klingeltöne, Logos).

Die Akzeptanz des Mobile-Marketing ist dabei u.a. abhängig von der persönlichen Einstellung des Empfängers zu dieser Werbeform und zu Werbung im Allgemeinen, vom vorhanden Wissen über das Mobile-Marketing, vom wahrgenommenen Informations-, Unterhaltungsnutzen und sozialen Nutzen sowie vom wahrgenommenen Risiko des Mobile-Marketing (Bauer/Reichardt/Neumann 2005, S. 61ff.).

Schließlich wird auch den **„At-retail"-Medien**, die am PoS die Gefühls- und Markenwelten aus anderen Medien in Erinnerung rufen sollen, für die Zukunft eine hohe Bedeutung zugesprochen (EHI Retail Institute 2005, S. 12).

Aus strategischer Sicht ist eine verbesserte Abstimmung aller Kommunikationsinstrumente und -maßnahmen von zentraler Bedeutung. Vor dem Hintergrund der **integrierten Kommunikation** ist die Positionierung des Unternehmens nicht zu vernachlässigen, denn die Handelskommunikation und ihre Instrumente als mögliche Leitinstrumente einer integrierten Kommunikation können bei der Positionierung des Handels als eigene Marke (Retail-Branding) einen wichtigen Beitrag leisten (Foscht/Angerer 2006, S. 710).

Abbildung 4.65: Entwicklungen in der Kommunikationspolitik

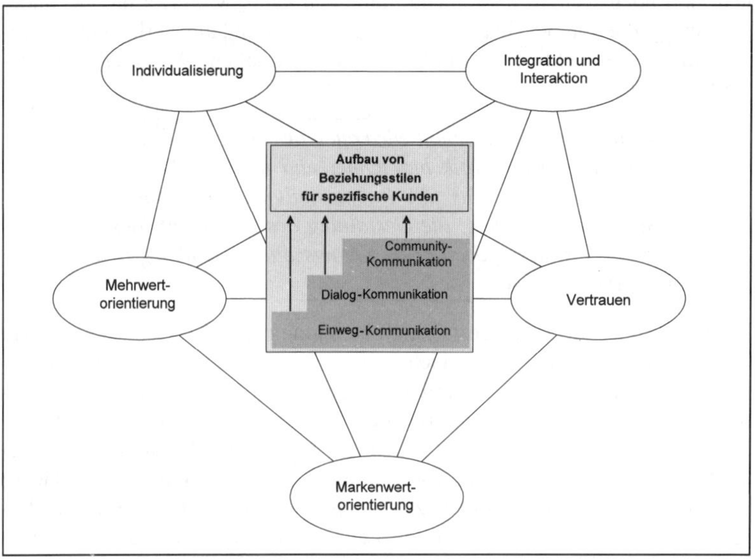

Zusammenfassend kann festgehalten werden, dass in Zukunft jene Kommunikationsformen an Bedeutung gewinnen werden, die den Aufbau eines Beziehungsstils für spezifische Kunden unterstützen, denn die Kundenbindung an das Unternehmen erfordert neue Kommunikationsformen. Handelsunternehmen werden sich von der klassischen Einweg-Kommunikation, bei der die Information der Kunden hierarchisch organisiert ist, über die Dialog-Kommunikation, in deren Rahmen die Kommunikation mit dem Kunden bilateral organisiert ist, zu einem Community-Modell der Kommunikation bewegen. Bei Letzteren ist die Interaktion mit den einzelnen Kunden lateral organisiert. Durch die Entwicklungen im Bereich der neuen Medien und durch die Informationssouveränität der Konsumenten werden interaktive Kommunikations- und Werbeformen zunehmend an Bedeutung gewinnen und klassische Kommunikationsformen verdrängen. Die damit im Zusammenhang stehende Einbindung der Konsumenten in die Wertschöpfungsprozesse des Unternehmens wird von folgenden Merkmalen geprägt sein: Die zukünftige Kommunikation muss mehrwertorientiert, individualisiert, integrativ, interaktiv und vertrauensbildend sein. Ein Überblick über die Entwicklungen in der Kommunikationspolitik findet sich in Abbildung 4.65.

H. In-Store-Management

I. Überblick

Die Gestaltung des Verkaufraumes zählt zu den bedeutendsten Möglichkeiten des stationären Handels, um das Verhalten der Konsumenten zu beeinflussen. In Verbindung mit dieser Effektivitätsbetrachtung wird auch vom sog. **In-Store-Marketing** gesprochen, das über die Ladengestaltung hinausgeht und noch weitere Instrumente umfassen kann, wie etwa die Gebäudegestaltung, die v.a. bei filialisierten Unternehmen und aus verhaltenswissenschaftlicher Perspektive als Markenzeichen mit hohem Wiedererkennungswert gelten kann.

Das In-Store-Management wird auch als Verkaufsraumgestaltung oder Profilpolitik bezeichnet und umfasst die Gestaltung des Ladenlayouts, die Raumzuteilung, die atmosphärische Ladengestaltung, die Gestaltung des Ladenumfeldes sowie die Gestaltung der Ladenöffnungszeiten (Homburg/Krohmer 2006, S. 1040).

Zugleich bildet die Ladengestaltung eine strategische Basisentscheidung in Handelsunternehmen, da sie viele andere Marketinginstrumente determiniert. Eine strategische Standardisierung von Gebäuden und Verkaufsräumen im Zuge der Wachstumsstrategien ermöglicht Effizienz- und letztlich auch Effektivitätspotenziale. Zu den Gestaltungsmöglichkeiten im Verkaufsraum zählen das Ladenlayout, die quantitative (Zuteilung der Fläche) und qualitative Raumzuteilung (Zuteilung des Platzes im Laden), die Warenpräsentation, die atmosphärische Ladengestaltung sowie die Gestaltung des Ladenumfeldes. Den Ansatzpunkt bilden die Bedeutung und die Ziele der Verkaufsraumgestaltung.

II. Bedeutung und Ziele der Verkaufsraumgestaltung

1. Grundlegende Motive und Perspektiven

Die zentrale Bedeutung der Verkaufsraumgestaltung aus wissenschaftlicher Sicht spiegelt sich in zahlreichen Untersuchungen der Handelsforschung zu diesem Themenbereich wider. So wurde der Einfluss der Ladengestaltung auf unterschiedliche Reaktionsvariablen untersucht (Weinberg/Purper 2006, S. 660). Beispielsweise wurden Einflüsse der Verkaufsraumgestaltung auf das Einkaufsstättenimage (Baker/Grewal/Parasuraman 1994, S. 334f.), die Einkaufsstättenpräferenz (Swoboda 2000b, S. 156f.; Thang/Tan 2003, S. 198) und die Einkaufsstättenwahl (Severin/Louviere/Finn 2001, S. 192ff.) bestätigt.

Darüber hinaus ist eine managementorientierte Sicht zu berücksichtigen. Hierfür ist eine ganzheitliche strategische Perspektive einzunehmen, bei der die sonstigen Managemententscheidungen des Unternehmens mit einfließen. Exemplarisch kann diese erweiterte Bedeutung der Verkaufsraumgestaltung am Beispiel international tätiger Handelsunternehmen verdeutlicht werden (vgl. hierzu die Ausführungen in Abschnitt D.II. des Zweiten Kapitels). Diese Unternehmen streben häufig ein standardisiertes In-Store-Marketing an. Im Hinblick auf eine isolierte Betrachtung des Käuferverhaltens wäre hier, ähnlich wie bei produzierenden Unternehmen, eine Anpassung an länderspezifische Gegebenheiten effektivitätswirksam. Das Effektivitätspotenzial wird aber – gerade bei der Entwicklung neuer Märkte – eindeutig überkompensiert durch Koordinationsvorteile einer standardisierten Verkaufsraumgestaltung.

Untermauert werden die Vorteile eines In-Store-Managements auch durch die Beispiele der Filialisierung oder des Franchising als Wachstumsstrategie (vgl. hierzu die Ausführungen in den Abschnitten C.II. und C.III. des Zweiten Kapitels). In diesem Zusammenhang ist hervorzuheben, dass ein standardisiertes In-Store-Marketing, wie in Abschnitt B.III. des Zweiten Kapitels und im Zusammenhang mit der Gestaltung der Supply-Chain im Fünften Kapitel dargestellt, auch die Strategie des Fast-Fashion unterstützt (vgl. hierzu auch die Fallstudie von Zara in Abschnitt G. des Fünften Kapitels). Hier fließen standardisierte In-Store-Konzepte bereits in die Konzeption der Kollektion bzw. Sortimente ein. Zugleich bildet die Sortimentspräsentation am PoS eine zentrale Kernkompetenz.

Insgesamt stellt sich somit die Frage, ob die Verkaufsraumgestaltung

- isoliert und nur hinsichtlich der Wirkung auf das Käuferverhalten betrachtet wird und damit praktisch lediglich die Umsatzseite behandelt, oder
- ob sie als Teil einer Gesamtstrategie bzw. -konzeption betrachtet wird, damit neben den Umsätzen auch Kosten und damit Gewinne bzw. letztlich alternative Wettbewerbsstrategien berücksichtigt werden.

Wie erwähnt, dominiert in der Literatur die isolierte Sichtweise, die im Wesentlichen zwei Perspektiven folgt:

- die gedächtnistheoretisch fundierten Orientierungsstudien
- die aktivierungs- bzw. erlebnistheoretisch fundierten Studien des Annäherungs- oder Meidungsverhaltens der Konsumenten an die Ladenumwelt.

2. Erlebnisorientierung als Schwerpunkt der Ladengestaltung

Seit Jahren wird hinsichtlich einer modernen Ladengestaltung der Trend zur Erlebnisorientierung propagiert (vgl. zu dieser Strategie die Ausführungen in Abschnitt B. des Zweiten Kapitels). In einer Erlebnisgesellschaft (Schulze 1992) ist die Suche nach Erlebnissen eine Antwort auf die Multioptionalität und auf die damit verbundene Sinnproblematik. Nicht nur der Grundnutzen und funktionale Nutzen, sondern auch die Erlebnishaltigkeit eines Gutes oder einer Dienstleistung sind kaufrelevant. Bei der Vermittlung von Erlebniswerten von Sortimenten spielt die Gestaltung von Einkaufsstätten eine zentrale Rolle. Sie können Orte sein, an denen man nicht nur Produkte oder Sortimente kaufen, sondern auch erleben kann. Abbildung 4.66 visualisiert die Ziele der erlebnisorientierten Ladengestaltung.

Abbildung 4.66: Ziele einer erlebnisorientierten Ladengestaltung

Erhöhung der Verkaufsflächenrentabilität		
Erhöhung der Kundenzahl	**Erhöhung der Einkaufssumme pro Kunde**	**Schaffung optimaler Kundenfrequenzen im Verkaufsraum**
♦ Schaffung eines individuellen Profils der Einkaufsstätte (Image) ♦ Aufbau von Kundenpräferenzen ♦ Erhöhung der Ladentreue ♦ Erhöhung der Besuchshäufigkeit ♦ Erhöhung der Einkaufsbequemlichkeit	♦ Verlängerung der Verweildauer ♦ Anregung zum Impulskauf ♦ Erzeugung von Kauflust ♦ Förderung von Nachfrage bzw. Bedarfsverbundkäufen	♦ Ausgleich unterschiedlicher Wertigkeiten einzelner Ladenelemente

Quelle: in Anlehnung an Diller/Kusterer 1986, S. 105.

Umweltpsychologische Basis

In der Umweltpsychologie lassen sich strategische und sozialtechnische Wirkungen der Ladengestaltung auf den Kunden unterscheiden (Esch/Herrmann/Sattler 2006, S. 74f.). Die strategische Wirkung ergibt sich aus dem, durch die Ladengestaltung vermittelten, Image. Beispielsweise setzt der Discounter Lidl eher einfachere Regale in seinen Einkaufsstätten ein, um das Image, günstige Produkte anzubieten, zu untersteichen.

Zu den sozialtechnischen Wirkungen der Ladengestaltung zählen die atmosphärische Wirkung und die Orientierungswirkung. Nach dem Ansatz der Umweltpsychologie werden Verkaufsräume von Kunden ganzheitlich wahrgenommen und verarbeitet. Die Umweltpsychologie geht davon aus, dass die Kunden stets bestrebt sind, ihre Umwelt zu verstehen, um darin Orientierung zu finden (Gröppel-Klein/Germelmann 2002, S. 512f.). In diesem Prozess der Annäherung treten sowohl kognitive, emotionale als auch psychologische Prozesse auf. In der Vergangenheit hat überwiegend der emotionale Ansatz Beachtung in der Umweltpsychologie gefunden. Den emotionspsychologischen Diskurs haben Mehrabian/Russell mit ihrem Verhaltensmodell eröffnet (siehe Abbildung 4.67, die auch auf die auf diesem Modell basierenden Studien verweist).[1]

[1] Zur Erläuterung des Verhaltensmodells von Mehrabian und Russel vgl. Esch/Herrmann/Sattler 2006, S. 75f. oder Mehrabian/Russell 1974, S. 8ff.

Abbildung 4.67: Das umweltpsychologische Modell

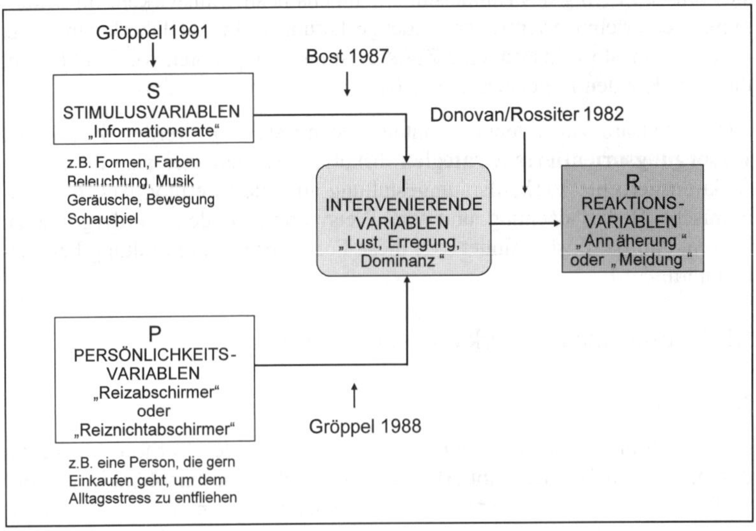

Quelle: in Anlehnung an Mehrabian/Russell 1974, S. 8.

Die Bedeutung der Ladengestaltung nimmt auch aus der **Sicht der Handelsunternehmen** zu (Weinberg/Purper 2006, S. 661). Dies geht aus zahlreichen Beiträgen mit praktischen Anregungen zur Ladengestaltung (Rosenthal/Koller 2002), aus den Diskussionen zu diesem Themenbereich in der Fachpresse und aus empirischen Befunden (Swoboda/Giersch 2003; Gruber 2004; Schrimpf 2004;), die den Bedeutungszuwachs der Ladengestaltung im Handel andeuten (Liebmann/Jungwirth/Klug 1999, S. 175ff.), hervor. Letztendlich ist die Ladengestaltung aus der **Sicht der Kunden** von Interesse. Basiert der Kauf auf nutzenorientierten Motiven, so möchte der Kunde in einer angemessenen Zeitspanne ohne lästiges Suchen geplante Einkäufe tätigen und auf Produktinnovationen oder besondere Angebote aufmerksam gemacht werden. Basiert der Kauf jedoch auf erlebnisorientierten Motiven, erwartet der Kunde eine Ladengestaltung, die sich von anderen abhebt, Aktivierung, Vergnügen und Dominanz auslöst, oftmals alle Sinne anspricht und den vom Kunden angestrebten Lebensstil visualisiert (Gröppel-Klein 2006, S. 676).

Praktische Umsetzung der erlebnisorientierten Ladengestaltung

Grundsätzlich hat der Handel die Möglichkeit, mit allen Instrumenten des Marketing, Erlebniswerte zu vermitteln (Swoboda/Giersch 2003, S. 7). Neben den anderen Instrumenten des Erlebnismarketing, z.B. erlebnisbezogene Produktgestaltung, Design und Verpackung, erlebnisbetonte Kommunikation und Verkaufsgespräche, nimmt die Ladengestaltung bei der Vermittlung eines emotionalen Mehrwertes eine Schlüsselposition ein. Die erlebnisorientierte Ladengestaltung soll nicht nur zu einer Erhöhung der Verkaufsflächenrentabilität beitragen (Diller/Kusterer 1986, S. 109ff.), sondern darüber hinaus auch positive Emotionen beim Kunden auslösen, die sich auf den Erfolg des Handelsunternehmens positiv auswirken. Im Mittelpunkt der erlebnisorientierten Ladengestaltung steht die Überlegung, wie durch die In-Store-Instrumente Zusatzleistungen angeboten werden können, die beim Kunden Begeisterung auslösen.

Als Gegensatz zur erlebnisbetonten Ladengestaltung werden klassische, **versorgungsorientierte Strategien** diskutiert. Sie zeichnen sich durch eine funktionsgerechte Verkaufsraumgestaltung aus, die es ermöglicht, die ökonomische Bedarfsdeckung und v.a. Preisvorteile in den Vordergrund zu rücken. Am häufigsten findet sich diese Form der Ladengestaltung bei Discountern.

III. Instrumente der Verkaufsraumgestaltung

1. Überblick

Einen Überblick über die wichtigsten Instrumente des In-Store-Marketing des stationären Handels gibt Abbildung 4.68. Sie sind unabhängig von der verfolgten Strategie relevant. Einen besonderen Stellenwert bei der erlebnisorientierten Verkaufsraumgestaltung nimmt die atmosphärische Ladengestaltung ein, bei der versucht wird, alle Sinne des Konsumenten anzusprechen.

Abbildung 4.68: Instrumente der Verkaufsraumgestaltung

In-Store-Marketing des stationären Handels	
Ladenlayout	♦ Raumaufteilung ♦ Raumanordnung
Qualitative Raumzuteilung	♦ qualitative Warengruppenzuteilung ♦ Verbundpräsentation ♦ Shop-in-Shop-Konzept ♦ Artikelplatzierung
Quantitative Raumzuteilung	♦ Regaloptimierung
Atmosphärische Ladengestaltung	♦ visuelle Kommunikation ♦ akustische Kommunikation ♦ Gerüche, Düfte und Temperatur
Gestaltung des Ladenumfelds	♦ Schaufenster ♦ Eingangsbereich

2. Ladenlayout

Hinsichtlich des Ladenlayouts ist zum einen die Aufteilung des Raumes auf die verschiedenen Funktionszonen (Raumaufteilung) und zum anderen die Anordnung in Funktionszonen (Raumanordnung) vorzunehmen.

Raumaufteilung

Im Allgemeinen wird bei der Aufteilung des Verkaufsraumes zwischen vier Funktionszonen unterschieden (Theis 2007, S. 683):

- der **Warenfläche**, die der Präsentation von Waren dient
- der **Beratungsfläche**, die außerhalb des Kundenstroms liegt, um eine ungestörte Kundenberatung bieten zu können
- der **Kundenfläche**, welche die Verkehrswege, wie Ein- und Ausgänge oder Treppen umfasst
- **übrigen Verkaufsflächen**, die je nach Betriebstyp Kassenanlagen, Zusatzräume, Vorführ- oder Anprobierräume und ähnliche Flächen beinhalten.

Für die Erlebnisvermittlung ist es wichtig, dass neben der Warenfläche auch die Beratungsfläche, die Kundenfläche und die übrige Verkaufsfläche in das Konzept einbezogen werden. In die Raumarchitektur werden zunehmend Kommunikationsbereiche integriert, die auf verschiedenste Weise gestaltet werden können, wie bspw. Ruhezonen in Buchhandlungen, in denen der Kunde verweilen und evtl. auch etwas lesen kann.

Raumanordnung

In Rahmen der Raumanordnung werden die Funktionszonen zueinander angeordnet, sodass Gänge für die Kunden zwischen den verschiedenen Regalflächen entstehen. Das Hauptanliegen der Raum- bzw. Regalanordnung ist es, die Kunden in möglichst viele Zonen des Verkaufsraumes zu lenken, um die Kontakthäufigkeit mit dem Gesamtsortiment zu erhöhen und eine flüssige, raumausnutzende Kundenzirkulation zu gewährleisten.

Abbildung 4.69: Grundprinzipien der Regalaufteilung

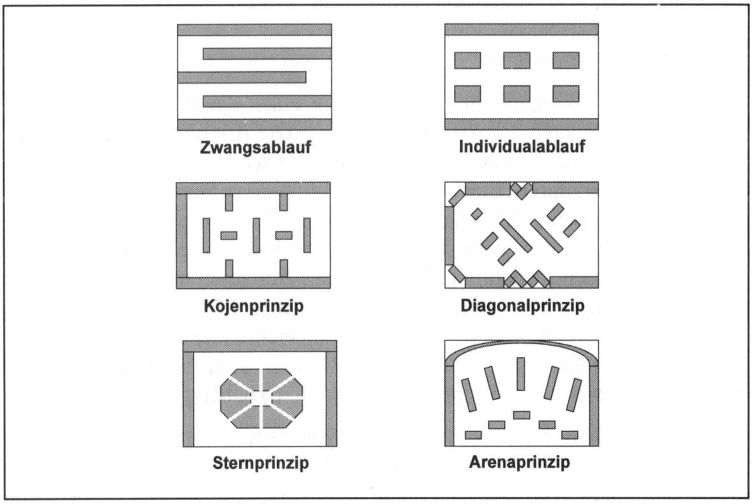

Quelle: in Anlehnung an Berekoven 1995, S. 288.

Grundsätzlich wird zwischen Zwangs- und Individualablauf unterschieden (siehe Abbildung 4.69). Beim **Zwangsablauf** wird dem Kunden ein Weg vorgegeben, der es nicht ermöglicht, einzelne Sortimentsbereiche mittels eines alternativen Weges zu erreichen. Der **Individualablauf** hingegen offeriert dem Kunden alternative Wege und Weglängen durch den gesamten Verkaufsraum.

Der Zwangsablauf und der Individualablauf stellen zwei Extrempositionen auf einem Kontinuum dar, zwischen denen es viele verschiedene Gestaltungsvarianten gibt. Die individuelle Gestaltungsmöglichkeit des Kundenlaufs kann dazu führen, dass Käufe auf Grund kurzer Wege immer rationeller durchgeführt werden (vgl. dazu Abschnitt B.III. des Zweiten Kapitels). Vor allem im Hinblick auf eine angestrebte Erlebnisvermittlung ist es unerlässlich, dass die Regale so angeordnet sind, dass jeder Kunde ohne Zwang durch das Geschäft geführt wird. Dies ist allerdings branchenspezifisch zu werten.

Einen anderen Ablauf stellt bspw. das **Kojenprinzip** dar, das viele Kontaktzonen zwischen Konsument und Ware ermöglicht. Das **Sternprinzip** sieht eine Steuerung von der Mitte aus vor und ist insbesondere für Fachgeschäfte mit unterschiedlichen Waren geeignet. Das **Arenaprinzip** bietet v.a. dann eine gute Übersicht, wenn die Warenträger terrassenartig nach hinten höher werden.

3. Qualitative und quantitative Raumzuteilung

Bei der Raumzuteilung bzw. bei der sog. **Space Utilization** geht es einerseits um die Anordnung der einzelnen Warengruppen innerhalb des Verkaufsraumes (= qualitative Raumzuteilung) und andererseits um die Größenzuteilung von Verkaufsflächen auf einzelne Warengruppen (= quantitative Raumzuteilung) (Weinberg/Purper 2006, S. 662).

Qualitative Raumzuteilung

Die qualitative Raumzuteilung umfasst zum einen die Warengruppenzuteilung und zum anderen die Artikelplatzierung. Die Anordnung der einzelnen Warengruppen innerhalb des Verkaufsraumes beschäftigt sich hauptsächlich damit, die nicht durch Einrichtungsrestriktionen verplante Ware auf die verbleibende Verkaufsfläche zu verteilen. Hauptziele sind dabei das leichte Auffinden und Erreichen der Ware durch den Kunden, eine optimale Nutzung der gesamten Verkaufsfläche sowie das Forcieren ungeplanter Käufe. Bei der Optimierung der Warengruppenzuteilung müssen unterschiedliche **Verkaufszonenwertigkeiten** sowie die unterschiedliche Attraktivität der einzelnen Warengruppen berücksichtigt werden. Empirische Kundenlaufstudien (Barth/Hartmann/Schröder 2007, S. 257f.) haben gezeigt, dass

- Kunden Außengänge bevorzugen, sich vorwiegend rechts halten und sich eher entgegen dem Uhrzeigersinn bewegen
- Kunden einen gewissen Geschwindigkeitsrhythmus haben; sie bewegen sich zwar im ersten Teil des Einkaufes eher schnell, dann langsam und werden gegen Ende des Einkaufes wieder schneller
- Kunden ein stark wandbezogenes Laufverhalten erkennen lassen

- Kunden Kehrtwendungen und Ladenecken so weit wie möglich meiden
- Kunden ihren Blick vornehmlich nach rechts lenken.

Aus dem oben beschriebenen Kundenverhalten resultieren schließlich unterschiedliche Verkaufzonenwertigkeiten:

Abbildung 4.70: Verkaufszonenwertigkeiten

Hochwertige Verkaufszonen	Minderwertige Verkaufszonen
♦ Hauptwege des Geschäftes ♦ rechts vom Kundenstrom liegende Verkaufsflächen ♦ Auflaufflächen, auf die der Kunde automatisch blickt ♦ Gangkreuzungen ♦ Kassenzonen ♦ Zonen um Beförderungseinrichtungen (z.B. Lifte, Treppen)	♦ Mittelgänge ♦ links vom Kundenstrom liegende Verkaufsflächen ♦ Einlaufzonen, die schnell passiert werden ♦ Sackgassen des Verkaufsraums ♦ Räume hinter den Kassen ♦ die höheren und tieferen Etagen

Quelle: Kroeber-Riel/Weinberg 2003, S. 437.

Spitzenerträge in der Kassenzone

Die Impulskaufzone an der Kasse ist eine hochwertige Verkaufszone, denn die Flächenproduktivität liegt bis zu fünfmal über dem Normalwert. Zu diesem Ergebnis kam das EHI Retailing Institute, das von den Markenartikelunternehmen BAT, Ferrero, Langnese und Wrigley beauftragt wurde, Umsätze, Erträge und Kosten des Kassensortiments zu analysieren. Drei Vertriebsschienen (Supermarkt/kleiner Verbrauchermarkt, großer Verbrauchermarkt, SB-Warenhaus) wurden überregional und kettenübergreifend artikelgenau nach Bruttoverkaufsfläche, Bruttoumsatz und Nettoertrag erfasst und nach Warengruppen strukturiert. Die Ergebnisse zeigten, dass Tabakwaren und Süßwaren hohe Nettoerträge erzielen, während Nonfoods (z.B. Rasierer, Kosmetika) ein „teures Spielfeld für unsinnige und damit Platz verschwendende Artikel" sind.

Tabelle 4.12: Nettoerträge von Artikeln in der Kassenzone

Artikel	Bruttoverkaufsfläche in Prozent	Bruttoumsatz in Prozent	Nettoertrag in Prozent
Tabakwaren	33,3	84,2	62,6
Süßwaren	27,7	11,0	26,7
Eis in Kleinpackungen	19,1	1,3	4,2
Kleinspirituosen/ Alkoholfreie Getränke	13,6	1,3	2,3
Nonfoods	6,2	2,2	4,2

Quelle: Dellbrügge/Atzberger 2005, S. 49ft.

Aber nicht nur der Verkaufsraum selbst, sondern auch die Warengruppen haben unterschiedliche Wertigkeiten. So gibt es Waren mit hohem Kontaktpotenzial, die eine sehr starke Magnetwirkung auf den Kunden ausüben. Häufig werden diese umschlagstarken Warengruppen, auch **Magnetgruppen** genannt, in entlegenen Ecken des Geschäftes platziert. Dies kann jedoch schnell als Einkaufsmühe empfunden werden und es wird sich kaum ein positives Einkaufserlebnis einstellen. Daher sollte die Platzierung von Magnetgruppen in „toten Zonen" des Verkaufsraumes vermieden und ein sinnvolles und verkaufswirksames Nebeneinander der Produkte angestrebt werden. Der Idealfall wäre, wenn der Kunde von Kontakt zu Kontakt durch den gesamten Verkaufsraum geführt wird (Berekoven 1995, S. 291). Hierfür bieten sich die Verbundpräsentation und das Shop-in-Shop-Konzept an.

Bei der **Verbundpräsentation** handelt es sich um die Zusammenführung von Artikeln, die für den Kunden in einem engen Verwendungs- und Bedarfszusammenhang stehen. Die im Verbund präsentierten Waren können einander in ihrer Wertigkeit entsprechen, wie bspw. Rock und Bluse, oder es können auch Rangunterschiede bestehen, wie im Falle von Kamera und Film. Es gibt eine Vielzahl möglicher Bedarfszusammenhänge, die in der Vielschichtigkeit der menschlichen Bedürfnisstruktur liegen. Diese Bedürfnisse lassen sich in der Regel nicht mit einem einzigen Produkt, sondern nur mit einer Produktpalette befriedigen, denn der Kunde denkt in ganz bestimmten Bedürfniskategorien, z.B. Reisen, Freizeit usw. Die Verbundpräsentation wirkt auf den Kunden anregend und trägt zur Orientierungsfreundlichkeit bei. Die Orientierungsfreundlichkeit wirkt sich wiederum positiv auf die Einkaufsstimmung aus (Bost 1987, S. 17f.).

Unter dem **Shop-in-Shop-Konzept** (auch als Shop-in-Store-Konzept bezeichnet) wird eine ladenbauliche Maßnahme verstanden, bei der bestimmte aktuelle Teile des Sortiments als Spezialabteilungen oder Spezialangebote herausgehoben werden. Der Konsument trifft innerhalb einer meist großflächigen Einkaufsstätte auf Sortimentsteile, die sich durch Anordnung und Darbietung optisch vom Umfeld abheben. Ziel einer derartigen Warenpräsentation ist es, dass bestimmte Kundensegmente ein abgegrenztes Warensortiment vorfinden und der Einzelhandel einen besonderen Service bieten kann, so etwa durch persönliche Beratung oder durch spezielle Displays. Betreiber des Shop-in-Shop kann der Einzelhändler selbst oder ein selbstständiger Shopmieter (z.B. ein Spezialhändler, Handwerkshändler oder ein Hersteller mit einem Markenshop) sein (Theis 2007, S. 686f.). Diese Formen haben auch eine strategische Bedeutung, denn sie werden von den Herstellern eingesetzt, um die Distribution der eigenen Produkte bzw. Marken bis zum Konsumenten stärker kontrollieren zu können.

Neben diesen beiden Sonderformen der Warenpräsentation gibt es zahlreiche Möglichkeiten Waren zu platzieren bzw. zu gruppieren. Grundsätzlich kann man zwischen einer Hinkunfts- und einer Herkunftsorientierung unterscheiden. Bei der **Hinkunftsorientierung** wird nach Bedarfsarten (typische Abteilungsgruppierung in Fachgeschäften und Warenhäusern), Erlebniszusammenhängen (Produkt- und Erlebniszusammenhang) und Bedarfsträgern (Warengruppierungen mit homogenem Kundenverkehr wie Normalpreisartikel, Niedrigpreisartikel und Exklusivartikel) gruppiert. Bedarfsträger können auch Zielgruppen (z.B. Senioren und Kinder) sein.

Seniorengerechter Ladenbau bedeutet Ladenbau für die Zukunft

Senioren sind auf Grund der zunehmenden Anzahl und der durchschnittlich höheren Kaufkraft eine bedeutende Zielgruppe im Handel. Die Zielgruppe der Senioren reicht von lebensfrohen und aktiven Sechzigjährigen (die sog. 50+ Zielgruppe) bis hin zu älteren Menschen mit körperlichen Einschränkungen und einer begrenzten Sinneswahrnehmung. Eine optimale, seniorengerechte Ladengestaltung ist demnach eine Herausforderung für Handelsunternehmen und Shop-Designer. Die übergeordneten Leitlinien des Ladendesigns sind Übersichtlichkeit und Klarheit. Für die Warenpräsentation bedeutet dies eine klar abgegrenzte und übersichtliche Anordnung der Warenträger. Große Übersichtstafeln erleichtern die Orientierung. Zudem sollte zwischen den Warenträgern ausreichend Platz für Menschen mit Gehhilfen geschaffen und Regale an die reduzierten Griffhöhen älterer Menschen angepasst werden.

Quelle: Dudek 2005, S. 61.

Bei der **Herkunftsorientierung** könnte nach Herkunftsgebieten, Materialien oder Verarbeitungsweise und Herstellern gruppiert werden. Die Hinkunftsorientierung hat die Herkunftsorientierung zurückgedrängt. Eine Kombination beider Prinzipien ist in Form von Zweitplatzierungen und Sonderdisplays zu finden.

Neben der qualitativen Raumzuteilung für Warengruppen stellt sich auch die Frage der Raumzuteilung für einzelne Artikel innerhalb des Regals. Bei der **Artikelplatzierung** geht es in erster Linie um die Zuweisung eines in horizontaler und vertikaler Hinsicht definierten Regalplatzes. Diese Zuweisung wird durch die unterschiedlichen Wertigkeiten der Regalflächen erschwert. Aus horizontaler Sicht betrachtet, bietet das Regal die besten Plätze in der Regalmitte und bei Platzierungsfeldern rechts von der Mitte. Aus vertikaler Sicht lässt sich das Regal in verschiedene Verkaufszonen einteilen. Daraus können die in Abbildung 4.71 dargestellten Empfehlungen für die Regalbelegung abgleitet werden.

Abbildung 4.71: Einteilung des Regals und Empfehlungen für die Regalbelegung

Regalhöhe	Regalzone	Regalbelegung
ab 161 cm	**Reckzone**	♦ Signal-Artikel ♦ weniger verkaufsintensiv ♦ leichte Artikel ♦ großvolumige Paketware bis 1,5 kg
121 bis 160 cm	**Sichtzone**	♦ Profil- und Impulsartikel ♦ Super-Premium und Premium-Artikel (Kleinpackungen) ♦ Artikel mit hohem Deckungsbeitrag ♦ Artikel, die forciert werden sollen

81 bis 120 cm	**Greifzone**	♦ Profil- und Suchartikel ♦ mittleres Preissegment ♦ Artikel mit hohem Deckungsbeitrag (z.B. Spezialitäten) ♦ Forcierartikel mit geringem Marktanteil
bis 80 cm	**Bückzone**	♦ Suchartikel ♦ weniger verkaufsintensiv ♦ schwere Artikel ♦ Niedrigpreisartikel ♦ Artikel mit niedrigem Deckungsbeitrag

Quelle: in Anlehnung an Birker/Voss 2000, S. 58.

Kunden lenken ihre Aufmerksamkeit v.a auf die Sicht- und Greifzone. Da diese Zone jedoch nur begrenzt zur Verfügung steht, müssen zusätzlich Zonen geschaffen werden. Bezug nehmend auf die unterschiedliche Regalzonen- und Artikelwertigkeit können folgende Empfehlungen, die auf der praktischen Erfahrung im Lebensmittelhandel basieren, aufgezeigt werden (Berekoven 1995, S. 293).

Platzierung weiter oben:

- Artikel, die gefördert werden sollen
- teure Artikel
- qualitativ hochwertige Artikel
- empfindliche Artikel
- Artikel mit hohen Deckungsbeiträgen.

Platzierung weiter unten:

- billige Artikel
- qualitativ geringwertige Artikel
- Magnet- und Mussartikel
- schwere und große Artikel
- Artikel mit niedrigen Deckungsbeiträgen.

Wie bereits angeführt, sind bei der qualitativen Artikelplatzierung – neben den Regalwertigkeiten – die unterschiedlichen **Einkaufsmotive**, die Kunden beim Einkauf verfolgen, zu berücksichtigen. Dominieren Versorgungsmotive, kommt es in erster Linie darauf an, Kunden durch eine optimale Warenplatzierung bei Such- und Entscheidungsprozessen zu entlasten. Stehen hedonistische Motive im Vordergrund, soll die Warenplatzierung stimulierend auf den Kunden wirken. Je nach der Bedeutung der Motive aus Sicht der Zielgruppe, können Händler unterschiedliche **Platzierungsstrategien** verfolgen. In den meisten Fällen ist eine Mischstrategie sinnvoll, die den Kunden eine effiziente Abwicklung ihrer Einkäufe ermöglicht und zugleich stimuliert. Die Umsetzung von kundenorientierten Platzierungsstrategien erfordert Instrumente, mit deren Hilfe bspw. Regalkapazitäten suchzeitoptimal auf einzelne Artikel verteilt werden können (Zielke 2004, S. 395f.). Ein Instrument, das unbewusste Wahrnehmungsprozesse von Kunden erfasst, ist die Blickregistrierung (**Eyetracking**). Mithilfe dieses Instruments können Blickverlaufstudien erstellt werden, die zeigen, in welcher Reihenfolge und wie lange Produkte vom Kunden betrachtet werden (Schröder/

Berghaus/Zimmermann 2005, S. 31). Sie sind aber nur auf im Regal geführte Produkte bezogen und damit nur branchenspezifisch zu bewerten.

Das Blickverhalten von Kunden als Grundlage für die Warenplatzierung im Lebensmitteleinzelhandel

Um den Blickverlauf von Konsumenten zu analysieren, wurde in drei Geschäften eines SB-Warenhauses eine Blickverlaufstudie für die Warengruppe Frischkäse durchgeführt. Die Stichprobe umfasste 51 Probanden im Alter von 20 bis 60 Jahren. Verschiedene Kennziffern (z.B. die Fixationsdauer[1] von Artikel und Verweildauer am Regal) charakterisierten das Such- und Orientierungsverhalten der Kunden am Regal und lieferten Aussagen über die Wertigkeit von Artikeln und Regalbereichen. Ein zentrales Ergebnis war, dass der Blickverlauf bestimmten Mustern folgt. In den untersuchten Einkaufsstätten wechselten die Probanden die Blicke zwischen den Segmenten, die über- und untereinander liegen, deutlich häufiger als zwischen nebeneinander angeordneten Regalbereichen. Die Probanden suchten Regale eher vertikal in Regalböden ab als horizontal nach Spalten. Folglich konnte eine vertikale Platzierung von Produktblöcken das Such- und Orientierungsverhalten von Kunden unterstützen. Ein weiteres bedeutendes Resultat der Studie war, dass sich bestimmte Artikel (z.B. Artikel, die auf Grund prägnanter Marken, Verpackungen und Farben oder wegen ihrer hohen Bekanntheit einen hohen Wiedererkennungswert haben) von der Regalplatzwertigkeit emanzipieren konnten.

Abbildung 4.72: Der Blickverlauf des Konsumenten

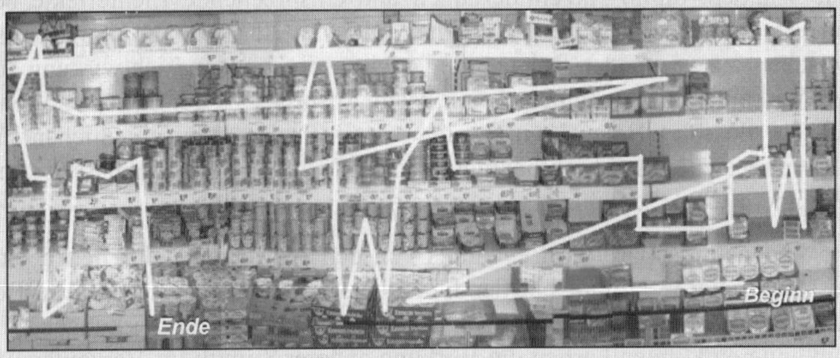

Quelle: Schröder/Berghaus/Zimmermann 2005, S. 31ff.

Quantitative Raumzuteilung

Die Größenzuteilung von Verkaufsflächen auf die einzelnen Warengruppen wird angesichts des rapide steigenden Warenangebots einerseits und der oft nicht möglichen Flächenexpansion andererseits zunehmend komplexer. In der Regel ist die Verkaufsfläche so ausgelastet, dass die Flächenbeanspruchung eines Produktes nur auf Kosten eines anderen ausgedehnt werden kann. Damit steht die quantitative Raumzuteilung vor einem Optimierungsproblem, das sich wie folgt formulieren lässt: Erreichung größtmöglicher

[1] Die Fixationsdauer bezieht sich auf die Zeit, in der ein Betrachtungsobjekt stillstehend auf der Netzhaut abgebildet wird.

Raumproduktivität durch Flächensubstitution unter den Produkten (Hansen 1990, S. 301). Um dieses Optimierungsproblem lösen zu können, sind entsprechende Daten sowie komplexe Softwarelösungen notwendig. Dazu werden in der Praxis **Regaloptimierungsprogramme** (sog. Spacemanagement-Programme) eingesetzt (Barth/Hartmann/Schröder 2007, S. 264f., 455f.).

4. Atmosphärische Ladengestaltung

Im Rahmen der atmosphärischen Ladengestaltung bieten sich vielfältige Möglichkeiten. Zur atmosphärischen Ladengestaltung zählen die visuelle und die akustische Kommunikation sowie die Kommunikation mithilfe von Gerüchen, Düften und Temperatur.

Visuelle Kommunikation

Die visuelle Kommunikation spielt bei der Erlebnisvermittlung eine besondere Rolle, denn sie unterliegt weniger den Restriktionen kognitiver Informationsverarbeitung und eignet sich damit besonders für die Vermittlung emotionalen Erlebens (Kroeber-Riel/Weinberg 2003, S. 119). Die visuelle Kommunikation lässt sich v.a. mit Beleuchtung, Farbe und Dekoration vermitteln.

Die **Beleuchtung** kann unterschiedliche Emotionen auslösen. Deshalb lässt sich der Erlebniskauf durch Beleuchtung und ihre Wirkung von Helligkeit und Schatten, durch Akzentuierungen und entsprechende Lichteffekte besonders gut realisieren. Hauptaufgabe von Licht ist es, einen Kompromiss zwischen ausreichender Beleuchtung und ansprechender Lichtwirkung für den Verkaufsraum zu finden. Um diesem Anspruch zu genügen, empfiehlt sich ein flexibles Beleuchtungssystem, das sich den unterschiedlichen Erlebnisintensitäten und Lichtbedingungen der Kunden optimal anpassen kann (Weinberg 1992, S. 161).

Die Ladenatmosphäre wird ebenfalls von den verwendeten **Farben** beeinflusst. Der Farbe kommt bei der Innenraumgestaltung eine zweifache Bedeutung zu. Zum einen gehen von Farben psychologische Wirkungen aus, zum anderen können Farben die Wirkung anderer Stimuli im Verkaufsraum intensivieren oder abschwächen (intermodale Wirkung). Anhand einiger empirischer Studien konnte belegt werden, dass rot als stimulierend, aktiv, vital, abenteuerlich und energiegeladen empfunden wird. Farben wie blau oder grün wirken eher beruhigend, entspannend. Gelb ruft Gefühle hervor, die als fröhlich oder glücklich umschrieben werden können (Gröppel 1991, S. 74ff.; Brengman/Geuens 2003, S. 122; Chebat/Morrin 2007, S. 189; S. 60). Bei der Farbgestaltung sollte auch darauf geachtet werden, dass Farben die Wirkungen anderer Reize verstärken oder modifizieren. So können etwa Raumdimensionen, Raumwärme und das Zeitempfinden durch die Farbwahl subjektiv beeinflusst werden (Gorn u.a. 2004, S. 221; Chebat/Morrin 2007, S. 189).

Trends in der Ladenbeleuchtung

Auf der EuroShop, der internationalen Messe zu den Themen Einrichten, Werben und Verkaufen, zeigten 126 Aussteller ihre neuesten Entwicklungen im Bereich Grund- und Akzentbeleuchtung im Shop. Die neuen Produktentwicklungen mussten etlichen Anforderungen (z.B. Wirtschaftlichkeit, Erlebnisorientierung) des Handels gerecht werden. Die Aussteller setzten folgende Trends:

- **Miniaturisierung** (kompakte Leuchten- und Lampenformate)
- **Flexibilisierung/Modularität** (einheitliche Maße und Bauformen von Lampen und Vorschaltgeräten)
- **einheitliches Design** (klare, einheitliche Optik von Strahlern)
- **Wirtschaftlichkeit** (energieeffiziente Lampen mit hohen Lichtströmen und optimalen Farbwiedergabe-Eigenschaften, wie Metalldampfhalogenlampen)
- **Farbdynamik** (Lichtrohre für einen dynamischen Farbwechsel und das Setzen von Farbakzenten).

Quelle: Oltmanns 2005, S. 40f.

Auch die **Dekoration** leistet einen wesentlichen Beitrag zur Ladenatmosphäre. Der Dekoration steht ein großer Spielraum zur Verfügung, denn es können nicht nur herkömmliche Dekorationsstoffe, Behänge, Kunstwerke u.ä. verwendet werden, sondern es können auch „branchenfremde“ Schaustücke zum Einsatz kommen.

Akustische Kommunikation

Akustische Reize stellen ein effektives Instrument psychotaktischer Verkaufsraumgestaltung dar. Der Einsatz von akustischen Reizen bedarf allerdings eines besonderen Feingefühls, denn die Hörempfindungen sind subjektiv sehr unterschiedlich (Schenk 1995, S. 211). Akustische Reize oder Musik lösen beim Menschen eine Vielzahl von Wirkungen aus, die in zahlreichen Experimenten erforscht wurden. Beim Einsatz von **Hintergrundmusik** ist es wichtig, einige Grundregeln zu beachten: Die ausgewählten Musiktitel müssen auf die visualisierte Erlebniswelt abgestimmt werden. Dabei stellt sich das Problem, dass viele Erlebniswelten nicht automatisch mit bestimmten Musikrichtungen in Verbindung gebracht werden können. Eine zweite Grundregel ist, dass Musikstücke unterschiedliche Erregungswirkungen auslösen, die beachtet werden müssen (Bailey/Areni 2006, S. 189). Daraus ergeben sich die wahrscheinlich größten Schwierigkeiten des Einsatzes von Musik am PoS. Es stellen sich nämlich Fragen wie, welche Hintergrundmusik als angenehm empfunden wird, oder ob die Hintergrundmusik aktivierend oder entspannend wirken soll.

Neben der Hintergrundmusik gewinnt das **In-Store-Radio** an Bedeutung. Dieses Unterhaltungsmedium, das eine individuell auf die jeweilige Zielgruppe eines Handelsunternehmens zusammengestellte Auswahl an Musik, Kundeninformationen und Werbung sendet, verfolgt zwei Ziele (EHI Retail Institute 2006b, S. 40):

- **Unterhaltung**, denn durch das zielgruppengerechte Programm wird eine freundliche, erlebnisorientierte Ladenatmosphäre geschaffen, die zu einer längeren Verweildauer des Kunden im Handelsunternehmen führen soll
- **Information** über das Handelsunternehmen, über Sortimente und Sonderangebote oder über Sortimentsinnovationen.

Bei der akustischen Kommunikation sollte beachtet werden, dass eine falsch gewählte Hintergrundmusik oder ein gedankenlos zusammengestelltes In-Store-Radio-Programm die positive Ausstrahlung eines gelungenen Ladendesigns sogar zunichte machen kann (Levy/Weitz 2007, S. 511).

Gerüche, Düfte und Temperatur

Jedes Marketingkonzept, das zum Ziel hat, eine multisensuale Erlebniswelt zu schaffen, bleibt unvollständig, wenn es nicht den Geruchssinn in die Erlebnisvermittlung einbezieht. Doch gerade dieser Aspekt blieb in der Vergangenheit oft unberücksichtigt. Düfte im Verkaufsraum schienen eher zufälliger Natur zu sein, denn sie konnten meist auf das angebotene Sortiment mit starkem Eigenduft zurückgeführt werden oder gelangten unbeabsichtigt durch Kunden oder auf anderen Wegen in den Verkaufsraum (Stöhr 1998, S. 21). Mittlerweile nimmt die Duftverwendung im Handel allerdings zu, denn ein Erlebniskonzept, das die Menschen ansprechen und welches das Wohlbefinden signifikant erhöhen will, muss auch den **olfaktorischen Sinn** einbeziehen. Es ist sogar so, dass die Frage, ob sich ein Mensch in einem Raum wohl fühlt oder nicht, und ob er den Wunsch verspürt, in ihm zu verweilen, nicht so sehr durch optische und akustische Gestaltung geprägt wird, wie durch die in der Luft befindlichen Geruchsstoffe (Gröppel 1991, S. 80f.). Bereits niedrige Konzentrationen bestimmter Duftstoffe, die nicht bewusst wahrgenommen werden, lösen signifikante Veränderungen der Gehirnstromaktivitäten aus. Dies v.a. in Bereichen, die für die Aufmerksamkeit und Konzentration von hoher Bedeutung sind. Olfaktorische Reize, ob sie nun positiv oder negativ sind, können vom Menschen nicht abgeblockt werden. Außerdem bleiben sie dem Menschen am längsten in Erinnerung (Kempski 1996, S. 105f.).

Ein umfassendes, multisensuales Ladengestaltungskonzept muss das Grundbedürfnis der Menschen nach einer positiv stimulierenden Atmosphäre berücksichtigen. Dabei reicht es nicht aus, nur die negativen Stoffe zu vermeiden oder zu filtern, vielmehr müssen der Luft olfaktorische Stoffe hinzugefügt werden, um eine Atmosphäre zu schaffen, in der sich der Kunde wohl fühlt. Zwei Methoden des Duftmarketing eignen sich hierfür. Die erste Methode ist die **Allgemein-Beduftung** von Räumen, die eine angenehme Atmosphäre schaffen und damit die Verweildauer erhöhen soll. Die zweite Methode sieht Duftterminals für eine **partielle Beduftung** vor. Es gibt einerseits Systeme, die vom Kunden selbst auszulösen sind (z.B. Parfum-Terminals von Dior) und andererseits Systeme, die bspw. durch die Präsenz des Kunden ausgelöst werden (z.B. Bergluft in der Abteilung für Molkereiprodukte) (EHI Retail Institute 2006b, S. 44).

Möchte der Handel „über die Luft mit dem Kunden kommunizieren", so muss er ein olfaktorisches Ambiente schaffen, das der Erwartungshaltung des Kunden in einer Erlebniswelt, die seine Emotionen und Affekte anregt, entspricht. Zusammenfassend kann festgestellt werden, dass die Olfaktorik einen ganz wesentlichen Beitrag zur Ladenatmosphäre leistet und damit das Wohlbefinden der Menschen steuert (Kempski 1996, S. 116f.). Empirische Ergebnisse zeigen, dass der Einsatz von Gerüchen und Musik einen positiven Einfluss auf das Kaufverhalten und die Kundenzufriedenheit ausübt (Chebat/Michon 2003, S. 529). Daraus folgend ist es unmöglich, angenehme Erlebnisse zu kommunizieren, wenn für den Konsumenten im Laden ein unangenehmer Geruch herrscht. Andererseits können mit angenehmen Düften ganz spezielle Erlebnisse kommuniziert werden.

Abbildung 4.73: Emotionale Geruchswirkungsschemata mit Geruchsbezeichnungen

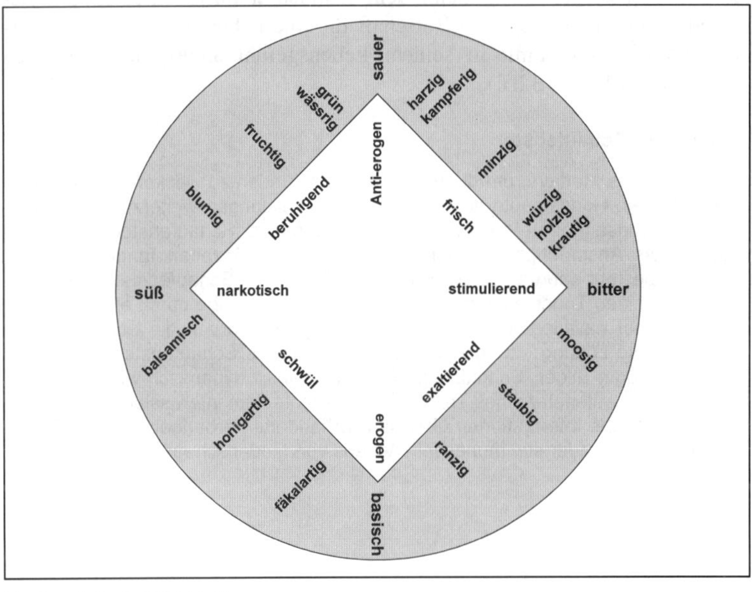

Quelle: Jelinek 1994, S. 89.

Eine grobe Orientierung, welche Riechstoff- oder Komplexgruppen welche Effekte verstärken oder abrunden, können **Geruchswirkungsschemata**, wie bspw. jenes von Jelinek (1994, S. 89) geben (vgl. Abbildung 4.73). In diesem Schema werden einzelne geläufige Geruchsbezeichnungen angeführt und eingeordnet, sodass deren Stellung im Schema Aufschluss über die vermutliche Wirkung gibt.

Die Qualität der Raumluft steht nicht nur in einem engen Zusammenhang mit der olfaktorischen Behaglichkeit, sondern auch mit der **Raumtemperatur**. Der Mensch ist in der Lage, Temperatur zu speichern und erwartet aus diesem Grund spezifische Geschäftstemperaturen. Untersuchungen ergaben, dass je nach Branche oder Abteilung, in der sich der Kunde gerade befindet, eine spezifische Temperatur erwünscht ist. In der Obst- und Gemüseabteilung rechnet man mit kühlen, frischen Temperaturen, während in Ruhezonen oder Boutiquen warme Temperaturen erwartet werden (Weinberg 1992, S. 60). Es gilt zu klären, welcher Temperaturmix sich sowohl aus Unternehmens- wie auch aus Kundensicht eignet.

5. Gestaltung des Ladenumfeldes

Schaufenster stellen eine Art „Visitenkarte“ des Einzelhandelsgeschäftes dar. Die Passanten gehen in zwei bis drei Sekunden an einem Schaufenster vorbei. In diesem kurzen Augenblick muss das Warenbild mit seiner Botschaft den Passanten erreichen, ihn ansprechen und festhalten. Neben den Aufgaben des Schaufensters, wie Kompetenz zeigen, über das Sortiment informieren, Neugierde wecken und eine Sogwirkung auslösen, ist es bedeutend, dass über das Schaufenster Erlebnisse kommuniziert werden. Durch die Schaufenstergestaltung kann dem Kunden mithilfe einer **Life-Style-Präsentation** der Waren eine Botschaft für eine Lebensart übermittelt werden und er kann damit in seinem Lebensgefühl angesprochen werden (Weinberg 1992, S. 132ff.).

Interaktive Schaufenster

Ein modernes Medium, um die Neugierde der Kunden zu wecken, Informationen über ein Handelsunternehmen und seine Leistungen weiterzugeben und Unterhaltungsangebote zu bieten, ist das interaktive Schaufenster. Es kann zudem als Ansprechpartner außerhalb der Geschäftszeiten fungieren. Die Technik besteht darin, dass der Kunde ein Display im Schaufenster sieht und sich über einen Touch-Screen an der Schaufensterscheibe durch ein Informationsangebot navigiert. Der Druckimpuls geht dabei durch die Scheibe hindurch. Diese Lösung ermöglicht, dass eine statische Schaufenstergestaltung durch bewegte Bilder, Schriftbilder, Töne und Musik dynamisch wird. Das interaktive Schaufenster eines Textilhändlers könnte dem interessierten Kunden bspw. sachliche Informationen über das vorhandene Farbangebot der geführten Textilartikel oder stimmungsvolle Videos von Modenschauen präsentieren.

Abbildung 4.74: Interaktives Schaufenster

Quelle: EHI Retail Institute 2006b, S. 48.

Der Kundenleitweg beginnt schon vor dem eigentlichen Verkaufsraum mit dem **Eingangsbereich**. Aspekte die im Zusammenhang mit dem Eingangsbereich zu beachten sind, sind in der folgenden Abbildung zusammengefasst:

Abbildung 4.75: Gestaltungselemente im Eingangsbereich

Außenbereich	bauliche Belange	Leitfunktionen
beste Außenwirkung	Werden Stufen gebraucht?	erforderliche Breite des Eingangs
erforderliche Einsicht von außen	Wo ist der geringste Niveauunterschied zwischen innen und außen?	die ersten Meter der Information hinter der Tür
Laufrichtungen der Konsumenten	Wird ein Sonnendach gebraucht?	die Weiterführung zur Treppe, zu Infopools
Fußgängerüberwege	Wird ein Regenschutz gebraucht?	Aktionsflächen
Parkmöglichkeiten	Ist eine automatische Türanlage erforderlich?	die Kasse – ist eine Abrechnung im Eingangsbereich erforderlich?
Haltestellen öffentlicher Verkehrsmittel	Wird eine Tür oder ein Tor gebraucht?	Informationen, Hinweise und Beschriftungen

Quelle: Kreft 1993, S. 476.

IV. Neuere Entwicklungen in der Verkaufsraumgestaltung

1. Multimediale Medien

Beim Einsatz von Multimedia am PoS handelt es sich im Wesentlichen um Informations- und Präsentationssysteme, die auch als **Kiosksysteme** bezeichnet werden können (vgl. bereits Swoboda 1996). Dabei können grundsätzlich zwei Gruppen unterschieden werden: PoI (Point-of-Information)-Systeme, die Informations- und Präsentationsaufgaben übernehmen und den Kunden zum Kauf anregen sollen, und PoS-Systeme, welche die Möglichkeit bieten, Produkte direkt am Terminal im Geschäft zu kaufen oder zu bestellen (Swoboda 1996; Gruninger-Hermann 1997, S. 139; Swoboda 1998). Elektronische Kiosksysteme haben in den letzten Jahren an Bedeutung gewonnen. Sie bieten Zusatzinformationen (Swoboda 1998) und beeinflussen die Wahrnehmung des Ladens positiv und bewirken tendenziell eine Zunahme der getätigten Käufe (z.B. der ungeplanten Käufe). Insofern ist multimediale Kommunikation in der Lage, die Informationsaufnahme und -verarbeitung zu steigern und erhöht gleichermaßen auch den Erlebnis- und Unterhaltungswert. Allerdings ist die Nutzung derartiger Terminals abhängig vom Involvement, der Erfahrung mit dem PC-Umgang usw. (vgl. hierzu bereits Swoboda 1998).

Moderne elektronische Kiosksysteme im Handel

Der Drogeriemarkt dm baute seine elektronischen Kiosksysteme aus. Neben dem Abrufen des Payback-Punktestands, dem Ausdruck von Werteschecks und dem Korrigieren von Adressen können Kunden auch mit dem „Gesundheitsberater" Informationen zum Pharma- und Al-Natura-Sortiment abrufen.

Quelle: Lebensmittel Zeitung, 04. Februar 2005, S. 32.

Das Warenhaus Karstadt installierte weitere Kiosksysteme für maßgeschneiderte Herrenkonfektion. Ein 3D-Bodyscanner erfasst Kundenmaße mittels Laser und leitet die digitalen Daten online an das Odermark weiter.

Quelle: Lebensmittel Zeitung, 14. Mai 2004, S. 28.

Mit multimedialen Erlebnistechnologien werden heute Informationen erfolgreich an den Kunden gebracht. Der **Personal-Shopping-Assistent** ist neben dem elektronischen Kiosksystem eine weitere moderne Technologie, die den Kunden durch den Markt navigiert. Der portable Computer, der z.B. auf dem Einkaufswagen montiert wird, bietet dem Kunden, als Scout und Einkaufsberater, Such- und Orientierungshilfe.

2. Die inszenierte Ladengestaltung

Neuere Konzepte der Ladengestaltung, die z.T. aus dem Bereich der Theaterwissenschaften kommen, gehen von einer Inszenierung des gesamten Verkaufsraumes aus. Der Verkaufsraum wird wie eine Bühne betrachtet, auf der es Erlebnisse zu inszenieren gilt. Inszenierungsspiele sollen exotische, weniger übliche Zuordnungsspiele zwischen Ware und Sortiment schaffen.

So genannte **Cognitive Maps** können dabei das Orientieren und Erinnern erleichtern (Mikunda 2005, S. 51).

Die **kognitiven Landkarten** enthalten ganz bestimmte Bezugspunkte, mit deren Hilfe der Mensch zu navigieren versucht (Esch/Billen 1996). Achsen stellen Ausgangspunkte dar und schaffen Beziehungen zwischen verschiedenen Orten. Der Schnittpunkt mehrerer Achsen ergibt einen Knoten. Dieser stellt psychologisch den Eindruck eines Zentrums dar und macht damit einen solchen Ort bedeutsam. Kognitive Karten erleichtern das Erinnern und Orientieren und bringen eine gewisse Vertrautheit (Scheuch 2001, S. 230f.). Bei der Gestaltung der Achsen, die Knoten verbinden, gilt es zu beachten, dass sie „von Ende zu Ende" konstruiert sind, mit optischen Akzenten am Anfang und Schluss, also eine Tiefenperspektive bieten (Mikunda 2005, S. 64). Die Tiefe einer Achse erzeugt Spannung über das, was am Ende der Achse erwartet werden kann. Für die inszenierte Ladengestaltung bedeutet dies, dass am Ende jedes Ganges für den Kunden ein erkennbares Ziel postiert sein sollte.

Entrance Maps

Ein Beispiel für Entrance Maps gibt das Grazer Einkaufszentrum „Shopping City Seiersberg". Das Zentrum verfügt über eine Gesamtfläche von 75.000 qm, wovon 55.000 qm reine Verkaufsfläche darstellen. Das Unternehmen stellt mithilfe von kognitiven Karten alle 140 im Hause befindlichen Shops vor und bietet dem Kunden eine gute Orientierungsmöglichkeit.

Abbildung 4.76: Entrance Map

Quelle: www.shoppingcityseiersberg.at.

Eine ähnliche Funktion wie kognitive Landkarten haben sog. **Entrance Maps**, die man bspw. am Tor jedes Vergnügungsparks erhält. Ähnliche Funktionen können Übersichtspläne am Eingang eines (großflächigen) Geschäftes oder eines Shopping Centers geben, die auch mithilfe von Kiosksystemen präsentiert werden können.

Ein weiteres Mittel zur Inszenierung ist die Betonung von Achsen. Eine Möglichkeit ist die Bepflasterung oder farbliche Hervorhebung der Achsen. Unwillkürlich fogt man einem steinernen Bodenmuster, das Einkaufsstraßen ziert (Mikunda 2005, S. 66). Diesem Phänomen kann mithilfe von Leitsystemen im Verkaufsraum Rechnung getragen werden.

I. Kundenpolitik

I. Bedeutungszunahme der Kundenorientierung

Im Rahmen unternehmerischer Marktbearbeitungsprozesse hat sich die Gestaltung der Geschäftsbeziehung zu Kunden erheblich gewandelt. Während im klassischen Handelsmarketing die Kundenpolitik durch Transaktionen mit nicht näher bekannten Kunden die Geschäftspolitik prägte, gewinnt auf Grund des zunehmenden Wettbewerbs- und Kostendrucks der Aufbau und Erhalt einer langfristigen **Geschäftsbeziehung** immer mehr an Bedeutung. Veränderungen im politisch-rechtlichen, sozioökonomischen, soziokulturellen und technologischen Umfeld zwingen viele Handelsunternehmen dazu, die Beziehung zu ihren Kunden neu zu gestalten.[1] Die Unternehmen sind zunehmend mit Individualität, Multioptionalität und Instabilität von Verhaltensmustern konfrontiert, die sich sowohl auf das Kaufverhalten als auch auf die Distributionskanäle auswirken und somit die Pflege und Intensivierung von Kundenbeziehungen erschweren (Liebmann/Gruber 2006, S. 549).

Die Kundenorientierung ist nicht nur Kern des modernen Handelsmarketing-Begriffes, sie gilt mittlerweile auch als einer der zentralen Erfolgsfaktoren der Unternehmensführung im Handel. Primäres Ziel der Kundenorientierung ist es, durch die Erfüllung von Erwartungen **Kundennutzen** entstehen zu lassen, der zu langfristig stabilen und ökonomisch vorteilhaften Beziehungen zwischen einem Handelsunternehmen und seinen Kunden führt. Der anzubietende Kundennutzen lässt sich inhaltlich wie folgt kategorisieren (Homburg/Krohmer 2006, S. 513):

- **Funktionaler Nutzen** entsteht aus den Basisfunktionen eines Artikels und ist mit seiner unmittelbaren Leistung verbunden (z.B. optimal gekühlte Weine durch einen Weinkühlschrank).
- **Ökonomischer Nutzen** steht mit den unmittelbaren Artikeleigenschaften in Verbindung (z.B. geringer Energieverbrauch des Weinkühlschranks).
- **Prozessbezogener Nutzen** resultiert aus einfachen Beschaffungs- oder Nutzungsvorgängen (z.B. Lieferung des Weinkühlschranks nach Hause).

---

[1] Vgl. zu den Rahmenbedingungen die Ausführungen in Abschnitt D. des Ersten Kapitels.

- **Emotionaler Nutzen** entsteht aus den positiven Gefühlen, die durch den Artikel hervorgerufen werden (z.B. der Stolz eines Besitzers eines Weinkühlschranks).
- **Sozialer Nutzen** steht ebenso mit positiven Gefühlen in Verbindung, allerdings entsteht sozialer Nutzen erst in einem sozialen Umfeld (z.B. Bewunderung durch andere Weinliebhaber, die aus dem Besitz eines besonderen Weinkühlschranks resultiert).

> *Die Kundenpolitik ist eine komplexe Managementherausforderung und beschäftigt sich im Kern mit der regelmäßigen Messung der Kundenzufriedenheit, mit dem Management der Kundenbeziehungen und der kundenorientierten Organisation des gesamten Handelsunternehmens.*

In Wissenschaft und Handelspraxis kann zurzeit ein Paradigmenwechsel in Bezug auf die Ziele und Schwerpunkte der Kundenpolitik festgestellt werden. Während in den letzten Jahrzehnten v.a. die Gewinnung neuer Kunden im Vordergrund stand, werden immer größere Budgets auf Maßnahmen zur intensiveren Bindung der vorhandenen Kunden verlagert (**Beziehungsmanagement**). Die abnehmende Effizienz vieler klassischer Marketinginstrumente trägt ebenfalls zu dieser Etatverschiebung bei. Das Beziehungsmarketing ist wiederum in den letzten Jahren z.T. mit dem Online- und Mobile-Marketing verschmolzen, weil dort die Interaktivität und Individualität der Kundenansprache ebenfalls eine dominierende Rolle spielen (Diller 2007, S. 55; Bauer/Reichardt/Neumann 2005, S. 60).[1]

Bedeutung kundenorientierter Maßnahmen

Die Ergebnisse des Zentralverbands der deutschen Werbewirtschaft zeigen die Bedeutung kundenorientierter Maßnahmen in deutschen Unternehmen auf: Im Jahre 2005 investierte der deutsche Einzelhandel in erster Linie in Kundenbindung (56 % der erfassten Unternehmen), in Geschäftsausstattung (54 %) und in die Qualifizierung von Personal (41 %).

Quelle: Zentralverband der deutschen Werbewirtschaft 2006, S. 164.

Insbesondere im Handel wurden in den letzten Jahren eine Reihe kundenpolitischer Maßnahmen und Instrumente entwickelt, um mehr über die eigenen Kunden zu erfahren, einen regelmäßigen Dialog sowie langfristige Beziehungen zu den Kunden aufzubauen und diese dadurch enger an das eigene Unternehmen zu binden. Da v.a. Aktivitäten zur Steigerung der Kundenzufriedenheit sowie zur Intensivierung der Kundenbindung oft erst eingesetzt werden können, wenn zumindest ein Kaufakt bereits stattgefunden hat, wird in diesem Zusammenhang auch vom sog. **Nachkaufmarketing** (After-Sales-Marketing) gesprochen (Hansen/Jeschke 1992, S. 88f.; Kroeber-Riel/Weinberg 2003, S. 186). Wird der Kundenpolitik ein sehr weites Begriffsverständnis zu Grunde gelegt, können weite Teile der Gestaltung der

[1] Vgl. zum Online- bzw. Mobile-Marketing die Ausführungen in Abschnitt G.IV. dieses Kapitels.

Absatzinstrumente unter dem Begriff der Kundenpolitik subsumiert werden, denn innerhalb der absatzpolitischen Instrumente gibt es bereits Ansatzpunkte zur Kundenpolitik. Beispielsweise könnte die abnehmerorientierte Sortimentsgestaltung als Ansatzpunkt zur Schaffung von Kundenzufriedenheit und damit im weitesten Sinne als Ansatzpunkt für die Kundenpolitik angesehen werden. Daher sei darauf hingewiesen, dass in diesem Abschnitt lediglich auf die **Kundenpolitik i.e.S.** eingegangen wird. Es werden Ansätze diskutiert, die explizit auf die Förderung der Kundenzufriedenheit, Kundenbindung und Kundenloyalität abzielen.

II. Kundenzufriedenheit als Basiskonzept

1. Überblick

Das Konzept der Kundenzufriedenheit spielt in der Handelspraxis mittlerweile eine bedeutende Rolle. Eine hohe Kundenzufriedenheit ist einer der aussagekräftigsten Indikatoren für den zukünftigen Erfolg eines Handelsunternehmens, da sie meist positiv mit der Kundenloyalität korreliert (Bailom u.a. 1996, S. 117). Auch wenn die Zufriedenheit von Kunden noch keine Garantie für deren Bindung darstellt, so ist sie doch zweifellos die zentrale Voraussetzung für ein **Wiederholungskaufverhalten** (Homburg/Becker/Hentschel 2005, S. 100).

2. Konzeptionelle Grundlagen der Kundenzufriedenheit

Kundenzufriedenheit wird generell als Ergebnis eines komplexen psychischen Vergleichsprozesses verstanden, bei dem der Kunde seine wahrgenommenen Erfahrungen (Ist-Leistung) – bspw. mit einzelnen Artikeln oder einer Einkaufsstätte – mit den Erwartungen und Wünschen (Soll-Leistung) vergleicht, die er vor seinem Einkauf hatte (Homburg/Stock-Homburg 2006, S. 20f.). Sowohl die Erwartungen als auch die wahrgenommenen Leistungen können bei diesem **Soll-Ist-Vergleich** von einer Reihe von Faktoren beeinflusst werden, die u.a. von der subjektiven Wahrnehmung einer bestimmten Leistung oder vom individuellen Anspruchsniveau eines Kunden abhängig sind (siehe Abbildung 4.77). Diese Beeinflussungsfaktoren der Kundenzufriedenheit können sich im Zeitablauf bspw. infolge von Änderungen der Lebensphase, des Einkommens, des wirtschaftlichen oder gesellschaftlichen Umfeldes oder auch des Lebensstiles ändern. So zeigen gerontopsychologische Untersuchungen, dass Ansprüche und Erwartung im höheren Alter auf Grund kognitiver und affektiver Prozesse reduziert werden, um so die Zufriedenheit zu erhalten oder zu steigern (Foscht/Angerer/Swoboda 2005, S. 4).

Werden die Erwartungen eines Kunden durch die Leistung deutlich übertroffen, so ensteht hohe Kundenzufriedenheit. Liegt die Leistung deutlich unter seinen Erwartungen, wird er enttäuscht und es entsteht Unzufriedenheit. Entspricht die Leistung in etwa den Erwartungen, so ist der Kunde zufrieden gestellt. Da in diesem Vergleichsprozess alle bewusst und unbewusst vom Kunden wahrgenommenen Leistungen ebenso einfließen wie bspw. das Image des Handelsunternehmens, kann die Kundenzufriedenheit auch als Maßstab für die wahrgenommene Qualität bezeichnet werden.

Abbildung 4.77: Die Beeinflussungsfaktoren der Kundenzufriedenheit

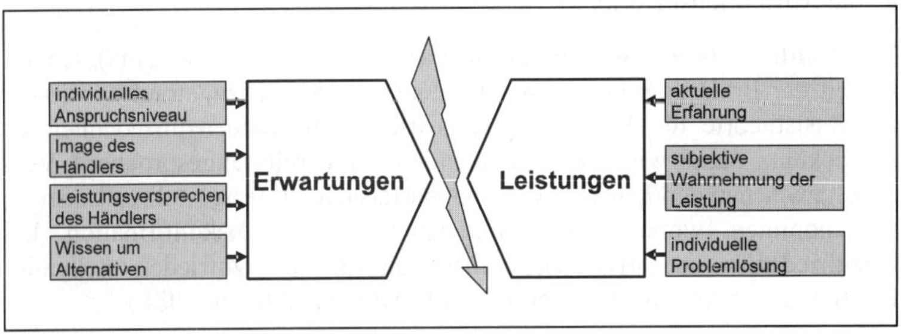

Quelle: in Anlehnung an Meyer/Dornach 1998, S. 250.

Während sich die sog. **Globalzufriedenheit** auf das gesamte Handelsunternehmen bezieht, ermöglicht die Zufriedenheit mit einzelnen Leistungsmerkmalen (z.B. Freundlichkeit der Mitarbeiter, Preis-Leistungs-Verhältnis oder Sortimentsumfang) ein differenziertes Urteil und stellt somit die Basis für konkrete Verbesserungsmaßnahmen dar.

Globalzufriedenheit im deutschen Handel

Seit 1992 untersucht der Kundenmonitor Deutschland jährlich die Kundenorientierung von Unternehmen und Organisationen in Deutschland, insbesondere die Kundenzufriedenheit von privaten Letztnachfragern ab 16 Jahren. Die Ergebnisse des Kundenmonitors Deutschland 2006 basieren auf 21.140 Einzelinterviews. In ausgewählten Einzelhandelsbranchen ergaben sich die in *Tabelle 4.13* angeführten Mittelwerte.

Tabelle 4.13: Globalzufriedenheit in ausgewählten Branchen

	Globalzufriedenheit in Deutschland[1]	
Branchen	2006	Veränderung gegenüber 2005
Optiker	1,96	-2
Buchversand und -clubs	2,10	+6*
Drogeriemärkte	2,22	+1
Lebensmittelmärkte	2,34	+1
Bau- und Heimwerkermärkte	2,47	+1

[1] Skala: „vollkommen zufrieden" (1) bis „vollkommen unzufrieden" (5)
* signifikante Veränderung
Quelle: www.servicebarometer.de.

Bezüglich der theoretischen Grundlagen der Kundenzufriedenheit besteht in der Literatur kein allgemeiner Konsens. Daher werden im Folgenden aus der großen Zahl divergierender Ansätze zur Konzeptualisierung und Operationalisierung dieses Konstrukts nur die drei am häufigsten genannten Ansätze kurz dargestellt. Dies sind:

- das Confirmation/Disconfirmation-Paradigma
- die Equity Theory
- die Attributionstheorie.

Das **Confirmation/Disconfirmation-Paradigma** (C/D-Paradigma) scheint zurzeit der Erklärungsansatz zu sein, dem am ehesten zugetraut wird, sich zur Basistheorie für die Konzeptualisierung von Kundenzufriedenheit zu entwickeln. Dabei wird von den Kunden der bereits angesprochene Vergleich zwischen den Erwartungen und der tatsächlich festgestellten Leistung vorgenommen, woraus bei Zufriedenheit positive Diskonfirmation, bei Unzufriedenheit negative Diskonfirmation und bei zufrieden stellender Leistung Konfirmation resultiert (Foscht/Swoboda 2007, S. 208f.).

Abbildung 4.78: Das Confirmation/Disconfirmation-Paradigma

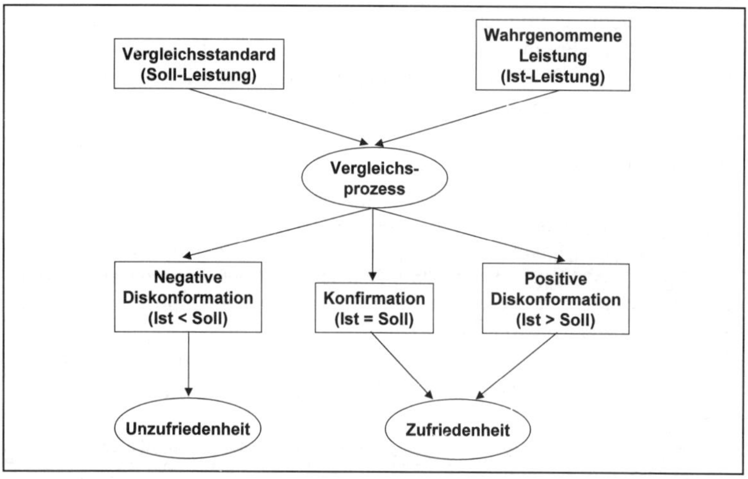

Quelle: Homburg/Giering/Hentschel 1998, S. 85.

Die **Equity Theory** (Gerechtigkeits-Paradigma) basiert ebenfalls auf einem Vergleichsprozess, wobei sich dieser nicht auf ein Objekt (z.B. Produkt oder Einkaufsstätte), sondern auf eine Austauschsituation bezieht (Homburg/ Stock-Homburg 2006, S. 38). Es wird davon ausgegangen, dass Kunden eine gewisse Vorstellung von Fairness und Gerechtigkeit in Bezug darauf haben, was sie im Austausch für ihren „Einsatz" (z.B. Kaufpreis) erwarten dürfen. Wird das Einsatz/Ergebnis-Verhältnis als fair empfunden, entsteht beim Kunden Zufriedenheit. Ein als ungerecht empfundener Austausch führt hingegen zu Unzufriedenheit. Besonders geeignet erscheint die Equity Theory bei der Bewertung von Geschäftsbeziehungen, bei denen eine Fülle von Austauschprozessen bzw. Transaktionen einfließen.

Im Mittelpunkt der **Attributionstheorie** stehen kognitive Prozesse, auf deren Basis sich die Ursachen des eigenen sowie fremden Verhaltens ableiten lassen. Dabei wird von der These ausgegangen, dass jedes Individuum versucht, Erfolge und Misserfolge (z.B. beim Einkauf) anhand eines mehrdimensionalen Schemas auf bestimmtc Ursachen zurückzuführen. Macht ein Kunde z.B. mit erworbenen Produkten oder Dienstleistungen positive Erfahrungen, so könnte sich dies durch Zufriedenheit mit dem (Einkaufs-)Ort ausdrücken, den er für diesen (Kauf-)Erfolg verantwortlich macht. Es muss allerdings erwähnt werden, dass der Zusammenhang zwischen Attributen und Zufriedenheitsurteilen bislang weit stärker in Modelle des **Beschwerdeverhaltens** als in Modelle der Kundenzufriedenheit eingeflossen ist (Homburg/Stock-Homburg 2006, S. 24f.).

Abschließend ist anzuführen, dass in qualitativer Hinsicht zwischen verschiedenen Arten der Zufriedenheit bzw. Unzufriedenheit unterschieden werden kann. So schlagen Stauss/Neuhaus (1995, S. 16f.) bspw. vor, zwischen fordernder und stabiler Zufriedenheit sowie zwischen fordernder, stabiler und resignativer Unzufriedenheit zu differenzieren.

3. Messung der Kundenzufriedenheit

Bei der Messung des Konstrukts Kundenzufriedenheit können v.a. objektive und subjektive Verfahren unterschieden werden (siehe Abbildung 4.79).

Abbildung 4.79: Ansätze zur Messung der Kundenzufriedenheit

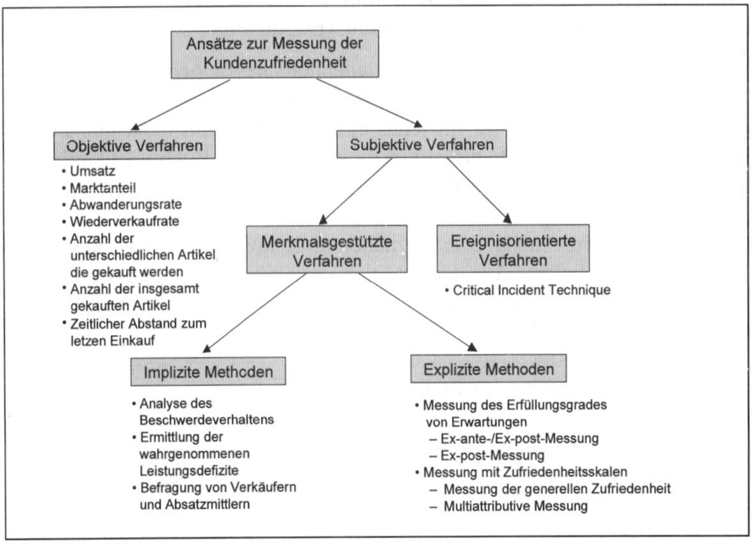

Quelle: in Anlehnung an Beutin 2006, S. 124.

Mittels **objektiver Verfahren** wird versucht, die Zufriedenheit über Indikatoren zu messen, die eine hohe Korrelation mit der Zufriedenheit aufweisen und nicht durch subjektive Wahrnehmungen verzerrt werden können. Dabei wird von der These ausgegangen, dass sich die Zufriedenheit von Kunden auch in Kennzahlen wie Marktanteil, Umsatz und Gewinn widerspiegelt. Die Validität der objektiven Verfahren muss allerdings angezweifelt werden, da Indikatoren (z.B. der Umsatz eines Handelsunternehmens) nicht nur von der Zufriedenheit der Kunden, sondern von einer Vielzahl anderer Einflussfaktoren (z.B. von der Existenz starker Mitbewerber im unmittelbaren Einzugsgebiet) abhängen (Beutin 2006, S. 124f.).

Im Gegensatz dazu zielen die **subjektiven Verfahren** auf die Erfassung interindividuell unterschiedlich ausgeprägter psychischer Sachverhalte und der damit verbundenen Verhaltensweisen ab. Da die Zufriedenheit in Form subjektiv wahrgenommener Bewertungen erhoben wird, sind die Ergebnisse subjektiver Verfahren wesentlich aussagekräftiger als jene der objektiven Verfahren der Zufriedenheitsmessung. Bei subjektiven Verfahren spielt der Zeitpunkt der Messung eine zentrale Rolle, da jüngste Kontakterlebnisse mit dem Handelsunternehmen das Zufriedenheitsurteil der Kunden stark prägen. Während die sog. ereignisorientierten Verfahren (**Critical Incident Technique**) die Kundenmeinung in besonders wichtigen Kontaktphasen (z.B. nach dem erstmaligen Besuch einer Einkaufsstätte) ermitteln, kommen die merkmalsgestützten Verfahren in regelmäßigen Abständen und unabhängig von bestimmten Ereignissen zum Einsatz (Töpfer/China 1997, S. 14f.). Bei den merkmalsgestützten Verfahren wird zwischen impliziten und expliziten Methoden unterschieden. Implizite Methoden werden insbesondere zur Analyse der Beschwerden verwendet, sie setzen allerdings ein in der Praxis meist nicht gegebenes aktives Beschwerdeverhalten der Kunden voraus. Lediglich die expliziten Methoden messen die Zufriedenheit durch verschiedene Formen der direkten Befragung (Beutin 2006, S. 127).

Eine Erweiterung herkömmlicher Zufriedenheitsmessungen stellt die Ermittlung des sog. **Customer Satisfaction Index (CSI)** dar. Bei diesem kompositionellen Messansatz wird für jedes einzelne Kriterium nicht nur die Zufriedenheit, sondern auch die subjektiv empfundene Wichtigkeit erhoben. Wird nun das Ausmaß der Zufriedenheit mit der Bedeutung eines bestimmten Kriteriums multipliziert, erhält man gewichtete Zufriedenheitsurteile, die eine differenzierte Analyse ermöglichen und konkrete Ansatzpunkte für Verbesserungen liefern. Aus der Addition der einzelnen Zufriedenheitsurteile geht schließlich – als Maß für die Gesamtzufriedenheit – der CSI hervor (Töpfer/China 1997, S. 14).[1]

Zufriedenheitskriterien aus Kundensicht

In einer umfangreichen Analyse verschiedener Studien wurde untersucht, nach welchen Kriterien Einzelhandelsunternehmen aus Kundensicht beurteilt werden. So ist die Kundenzufriedenheit im Einzelhandel häufig auf folgende Faktoren zurückzuführen:

- Zufriedenheit mit dem Sortiment (Breite, Tiefe, Zusammenstellung, Warenpräsentation)

[1] Zur Kritik am CSI vgl. u.a. Homburg/Klarmann 2006, S. 244ff.

- Zufriedenheit mit dem Verkaufspersonal (Freundlichkeit, Fachkompetenz)
- Zufriedenheit mit dem Standort des Geschäfts (Erreichbarkeit, Parkplätze)
- Zufriedenheit mit dem Preis-Leistungs-Verhältnis der Einkaufsstätte (Warenqualität, Sonderangebote)
- Zufriedenheit mit den angebotenen Serviceleistungen bzw. dem Kundendienst (Garantie, Umtausch)
- Zufriedenheit mit der Ladengestaltung (Geschäftsatmosphäre, Sauberkeit, Übersichtlichkeit)
- Zufriedenheit mit der Kommunikation (Werbung, Image, Informationspolitik).

Quelle: Deppisch 1997, S. 72f.

Die Kundenzufriedenheit als Gesamtzufriedenheits-Index oder als Beurteilung einzelner Teilleistungen wird immer öfter als nicht-ökonomische Kennzahl für den Vergleich mit Konkurrenten, mit den Werten des eigenen Unternehmens vorangegangener Untersuchungen sowie für Vergleiche zwischen den einzelnen Filialen eines Handelsunternehmens herangezogen.

4. Auswirkungen von Kunden(un)zufriedenheit

Der Hauptgrund, warum die Kundenzufriedenheit mittlerweile eine zentrale Rolle im Marketing einnimmt, liegt im häufig festgestellten positiven Zusammenhang mit der Kundenbindung bzw. dem **Wiederkaufverhalten** (Homburg/Becker/Hentschel 2005, S. 99). Das loyale Einkaufsverhalten schließt oft auch durchschnittlich höhere Ausgaben sowie eine höhere Einkaufsfrequenz mit ein. Auch wenn hohe Kundenzufriedenheit meist die Voraussetzung für Kundenloyalität bzw. -treue ist[1], so beweisen Phänomene wie **Variety-Seeking-Behavior**, dass zufriedene Kunden nicht notwendigerweise auch treue Kunden sein müssen (Bänsch 1995, S. 342ff.).

Abbildung 4.80: Mögliche Kundenreaktionen auf Kunden(un)zufriedenheit

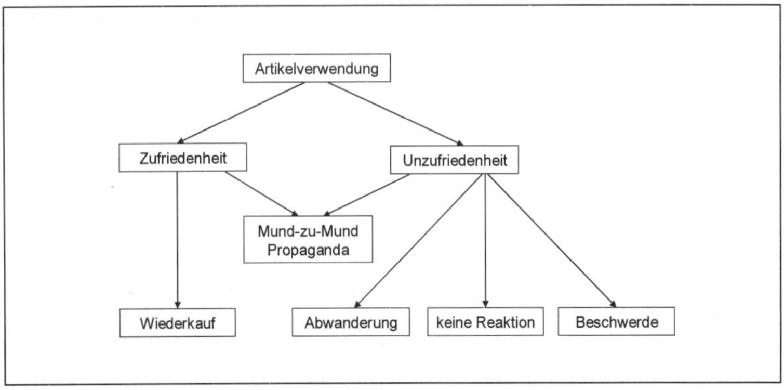

Quelle: in Anlehnung an Homburg/Becker/Hentschel 2005, S. 98.

[1] Vgl. hierzu die Abgrenzung der Begriffe Kundenbindung, Kundentreue, Loyalität und Kundenbindungsmanagement im folgenden Abschnitt.

Eine weitere Reaktion zufriedener Kunden kann die positive Mund-zu-Mund-Propaganda sein, durch die kostenlos und sehr glaubwürdig Werbung für ein bestimmtes Unternehmen bzw. seine Produkte gemacht wird. Wie aus Abbildung 4.80 ersichtlich wird, kann eine **Mund-zu-Mund-Kommunikation** („word-of-mouth") jedoch auch das Resultat von Unzufriedenheit sein. Allerdings erzählen unzufriedene Kunden ihre negativen Einkaufserlebnisse wesentlich mehr Personen, als dies zufriedene Verbraucher in ihrem sozialen Umfeld tun (vgl. hierzu u.a. Wilson 1991, S. 37). Unzufriedenheit kann den Kunden aber auch zu einer **Beschwerde** beim Handelsunternehmen bzw. seinen Mitarbeitern veranlassen. Wie noch gezeigt wird, kann sich aktives Beschwerdemanagement positiv auf die Kundentreue auswirken. Besonders unangenehm sind Reklamationen gegenüber Drittinstitutionen (z.B. gegenüber Konsumentenschutzorganisationen oder dem Ombudsmann), da bei einer weiteren Verbreitung über Massenmedien negative **Multiplikatoreffekte** drohen. Es ist allerdings auch möglich, dass Kunden überhaupt nicht reagieren, denn nur ein kleiner Teil der unzufriedenen Kunden gibt dem Unternehmen durch eine Beschwerde die Chance, den Grund der Unzufriedenheit kennen zu lernen und diesen evtl. zu beseitigen. Dies ist umso unwahrscheinlicher,

- je mehr Einkaufsalternativen es im Umkreis gibt,
- je wichtiger der potenzielle Beschwerdeanlass in finanzieller oder sozialer Hinsicht ist,
- je mehr es sich um Probleme mit geringem subjektiven Ermessens- und Beurteilungsspielraum handelt,
- je geringer die erwarteten Beschwerdekosten in materieller, zeitlicher und psychologischer Hinsicht sind,
- je größer die Erfolgswahrscheinlichkeit für die wunschgemäße Erledigung der Beschwerde eingeschätzt wird (Jungwirth 1997, S. 186).

Die **Abwanderung** zu Mitbewerbern ist mit Abstand die häufigste Kundenreaktion auf Unzufriedenheit. Gelegentlich ist auch ein Konsumverzicht in abgegrenzten Produkt- oder Dienstleistungskategorien zu beobachten (Beutin 2006, S. 127; Fornell/Wernerfelt 1987, S. 337ff; Meffert/Bruhn 1981, S. 597ff).

III. Kundenbindung

1. Begriffliche Abgrenzung und Ziele

Die Kundenbindung ist ein zentrales Ziel der kundenorientierten Unternehmensführung. Der Begriff Kundenbindung stellt ein sehr vielschichtiges Konstrukt dar. In der Praxis wird Kundenbindung oft gleichbedeutend mit den Termini Kundentreue, Loyalität oder Kundenbindungsmanagement verwendet, weshalb im Folgenden zunächst eine Abgrenzung dieser Begriffe vorgenommen wird. Mit Zentes/Swoboda (2001a, S. 307) lässt sich Kundenbindung wie folgt definieren:

> *Kundenbindung ist die Intensivierung und Schaffung einer dauerhaften Beziehung zwischen Kunden und Handelsunternehmen.*

Die Marketingaktivitäten beziehen sich daher nicht ausschließlich auf die Gewinnung von Neukunden, sondern schwerpunktmäßig auf den bestehenden Kundenstamm (**Kundenstamm-Marketing**). Während Kundenbindung aus Anbietersicht eine aktive Tätigkeit darstellt, kann sie aus Kundensicht – ähnlich wie die Kundentreue oder die Kundenloyalität – auch als Zustand bezeichnet werden, der die Gebundenheit eines Konsumenten an seine Einkaufsstätte und damit auch seine verringerte Wechselbereitschaft widerspiegelt.

Die Loyalität bzw. Treue von Kunden kann sich auf verschiedene Objekte beziehen. Es lassen sich nachstehende Formen von Loyalität unterscheiden (Foscht/Swoboda 2007, S. 213):

- **Kundenbeziehungstreue** – bezogen auf die Geschäftsbeziehung
- **Markentreue** – bezogen auf eine Hersteller- oder Eigenmarke
- **Produkttreue** – bezogen auf ein Produkt, eine Packungsgröße oder eine Leistung
- **Geschäftstreue** – bezogen auf ein Handelsunternehmen.

In den folgenden Ausführungen steht die Kundenbeziehungstreue, als umfangreichste Form der Loyalität, im Mittelpunkt der Betrachtungen. Diese zeichnet sich dadurch aus, dass nicht nur wiederholt in demselben Geschäft eingekauft wird, sondern dass auch eine positive Einstellung dieser Einkaufsstätte gegenüber vorliegt. Andernfalls besteht die Gefahr, zufällige Kaufwiederholungen oder wiederholte Einkäufe in demselben Geschäft bspw. auf Grund der geografischen Nähe (Pseudoloyalität) als Treue zu interpretieren (Foscht/Swoboda 2007 S. 215).

Darüber hinaus ist zwischen den Begriffen **Gebundenheit** und **Verbundenheit** zu differenzieren. Verbundenheit liegt immer dann vor, wenn eine Anbieter-Kunden-Beziehung auf guten Erfahrungen in der Vergangenheit beruht und Vertrauen auf zukünftige gute Erfahrungen besteht. Während also ein Kunde, der einem Handelsunternehmen „verbunden" ist, nicht wechseln will, kann ein „gebundener" Kunde meist auf Grund bestehender Wechselbarrieren gar nicht den Anbieter wechseln – oder nur mit beträchtlichem Aufwand (Bliemel/Eggert 1998, S. 39ff.). Im Einzelhandel spielt die Gebundenheit von Endverbrauchern allerdings eine unbedeutende Rolle.

Schließlich kann für das **Kundenbindungsmanagement** mit Homburg/Bruhn (2005, S. 8) folgende Begriffsdefinition vorgenommen werden:

> *Das Kundenbindungsmanagement beschäftigt sich mit der systematischen Analyse, Planung, Durchführung sowie Kontrolle sämtlicher auf den aktuellen Kundenstamm gerichteter Maßnahmen mit dem Ziel, dass diese Kunden in Zukunft die Geschäftsbeziehung aufrechterhalten oder intensivieren.*

Im Rahmen des Kundenbindungsmanagements wird eine Vielzahl von ökonomischen und außerökonomischen Zielsetzungen verfolgt, die in der Regel komplementär zueinander sind. Die ökonomischen oder auch **primären Kundenbindungsziele** orientieren sich vorrangig an der Sicherung bzw. Steigerung des Umsatzes und des Marktanteils sowie an der Verbesserung der Gewinnsituation des Unternehmens. Im Mittelpunkt der außerökonomischen oder auch **sekundären Kundenbindungsziele** stehen hingegen die Erhöhung der Nachkaufzufriedenheit sowie der Verbundenheit der Kunden mit dem Handelsunternehmen (Jungwirth 1997, S. 34f.).

Die vor zehn Jahren bereits festgestellte Tendenz zur abnehmenden Bindungsbereitschaft des Kunden (Liebmann 1996, S. 43) hält weiter an. Die Trends zur Individualisierung, aber auch zum multioptionalen Kunden liefern dafür wichtige Erklärungsansätze.

2. Kundenbindungsprogramme im Handel

a) Überblick

Die Bindung von Kunden an eine Einkaufsstätte wird von zahlreichen Faktoren beeinflusst. In erster Linie sind hier zunächst die klassischen Basisdeterminanten oder auch **Teilqualitäten einer Einkaufsstätte** zu nennen (Hansen 1990, S. 110; Jungwirth 1997, S. 138f.). Darunter sind diejenigen Faktoren zu verstehen, die bei Untersuchungen häufig als primäre Gründe für die Einkaufsstättenwahl ermittelt werden (Arend-Fuchs 1995, S. 124f.). Dazu zählen u.a. die Faktoren Sortiment, Freundlichkeit und Fachkompetenz des Verkaufspersonals, Standort, Preis-Leistungs-Verhältnis, Qualität der Waren sowie der angebotenen Serviceleistungen. Wird ein Handelsunternehmen bezüglich dieser Variablen als attraktiv eingeschätzt, so bestehen auch hervorragende Voraussetzungen für einen hohen Anteil treuer Stammkunden.

Kundenbindungsprogramme in deutschen und österreichischen Unternehmen

Im Rahmen einer Untersuchung über den Einsatz von Kundenbindungsprogrammen in deutschen und österreichischen Unternehmen wurden 82 Entscheidungsträger – primär Mitarbeiter der Marketingabteilungen – interviewt. Dabei wurde auf vier Arten von Kundenbindungsprogrammen, nämlich Kundenclubs, Kundenkarten ohne Bonusprogramm, Bonusprogramme und Couponing bzw. Rabattmarken fokussiert. Das Ergebnis zeigt, dass in jenen Handelsbranchen mit hohem Anteil an Kundenbindungsprogrammen Bonusprogramme und Kundenkarten am häufigsten eingesetzt wurden.

Tabelle 4.14: Einsatz von Kundenbindungsprogrammen in ausgewählten Handelsbranchen

Branchen	**Vorhandensein von Kundenbindungsprogrammen (KBG)** (Anzahl der Nennungen in Prozent)		**Art des vorhandenen Kundenbindungsprogrammes** (Anzahl der Nennungen in Prozent)			
	ohne KBG	**mit KBG**	**Kundenclub**	**Kundenkarte**	**Bonusprogramm**	**Couponing**
Baumärkte	0	100	0	0	100	50
Versandhandel	0	100	33	67	33	0
Lebensmittel	40	60	33	33	33	33
Bekleidung/ Warenhäuser	50	50	33	33	50	0
Drogeriemärkte	50	50	0	100	0	0

Quelle: Roland Berger Strategy Consultants 2003, S. 1ff.

Im Handel exisitieren eine Reihe von Instrumenten, um die Kundenbindung aktiv zu beeinflussen. Manche Autoren unterscheiden in diesem Zusammenhang bspw. zwischen verschiedenen Kundenbindungsmaßnahmen aus dem Bereich der vier klassischen Marketinginstrumente (**4 P's**) (Homburg/Bruhn 2005, S. 20). Diesem Ansatz folgend, werden z.B. der Produktpolitik die Kundenbindungsinstrumente Leistungsgarantien, individuelles Sortiment und Servicestandards zugeordnet, der Preispolitik Preisgarantien und der Kommunikationspolitik Event Marketing, Direct Mail, Kundenzeitschriften, Telefonmarketing sowie Kundenclubs und Kundenkarten. Da die Kundenpolitik hier als eigenständiges Instrument angesehen wird, wird in den folgenden Ausführungen auf eine Zuordnung der Kundenbindungsinstrumente zu den klassischen Marketinginstrumenten verzichtet.

Kundenbindungsprogramme lassen sich anhand von zwei Dimensionen systematisieren. Die erste Dimension bezieht sich auf den **Kooperationsgrad** von Handelsunternehmen und Herstellern hinsichtlich des Kundenbindungsprogrammes. So lassen sich Kundenbindungsprogramme, die von einem einzigen Handelsunternehmen oder Hersteller autonom betrieben werden (isolierte Kundenbindungsprogramme) von Kundenbindungsprogrammen, die von mehreren Unternehmen einer oder verschiedener Branchen getragen werden (kooperative Kundenbindungsprogramme), unterscheiden (Swoboda/Janz 2001, S. 9). Beispiele für kooperative und isolierte Ansätze von Handelsunternehmen und Herstellern werden in Abbildung 4.81 dargestellt.

Abbildung 4.81: Beispiele für kooperative und isolierte Kundenbindungsprogramme im vertikalen Marketing

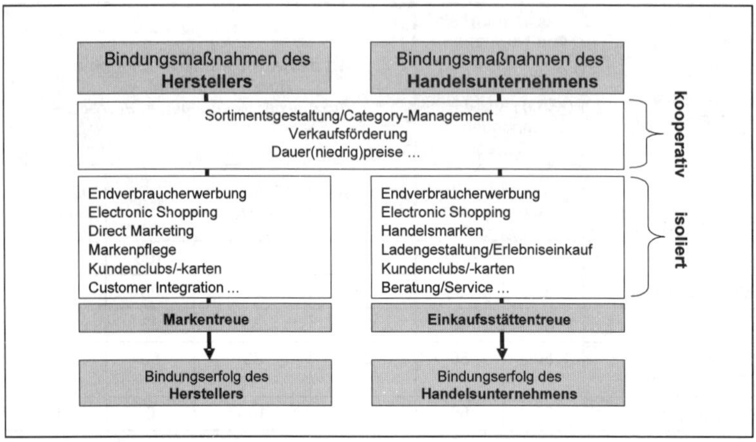

Quelle: in Anlehnung an Diller/Goerdt 2005, S. 1213.

Die zweite Dimension erfasst den **erwarteten Kundennutzen**. Hier kann zwischen Kundenbindungsprogrammen, die eher einen funktionalen oder ökonomischen Nutzen bieten und Programmen, die primär auf einer emotionalen, sozialen oder serviceorientierten Nutzenkomponente beruhen, unterschieden werden.

Wichtige **Kundenbindungsmaßnahmen** im Handel sind:

- Kundenkarten
- Kundenclubs
- Bonus- und Treueprogramme
- Beschwerdemanagement
- Dienstleistung/Serviceleistung
- Event-Marketing
- Kundenzeitungen- und Zeitschriften.

b) Kundenkarten

Während in den USA bereits zu Beginn des 20. Jahrhunderts sog. **Charge Cards** von Handelsunternehmen wie Sears, Roebuck & Co. herausgegeben wurden, entdeckte der deutschsprachige Handel dieses Kundenbindungsinstrument erst relativ spät. Die Stuttgarter Kaufhauskette Breuninger war 1959 das erste deutsche Handelsunternehmen, das eine Kundenkarte ausgab. Weitere Handelsbetriebe, wie Quelle, Hertie, Adler oder Douglas, folgten diesem Beispiel z.T. erst nach vielen Jahren (Schmalen/Schachtner 1999, S. 140). Grundsätzlich wird unter einer Kundenkarte ein „Identifikationsbeleg, […] in Form einer normierten Plastikkarte, den ein Unternehmen oder eine Unternehmensgruppe unter eigenem Namen an Verbraucher ausgibt“ verstanden (Mohme 1993, S. 22).

Von einem **Kundenkartensystem** wird gesprochen, wenn eine Kundenkarte in Programme zur Datenerfassung, -speicherung, -übertragung und -verarbeitung integriert wird. Die Kartenausgabe erscheint allerdings nur sinnvoll, wenn die technischen Begleitmaßnahmen vorhanden sind, um eine Verknüpfung der beim Kartenantrag erhobenen Stammdaten mit den Informationen über das individuelle Kaufverhalten zu ermöglichen. Modernes **Database-Marketing** setzt zudem voraus, dass das Handelsunternehmen über Scannerkassen verfügt, und erfordert die Bereitschaft der Kunden, durch Vorzeigen der Kundenkarte ihre Anonymität aufzugeben, sodass die getätigten Umsätze den jeweiligen Verbrauchern zugeordnet und in der Kundendatei gespeichert werden können.

Kundenkarten erfüllen unterschiedliche Funktionen, wobei die Karte selbst als Zusatznutzen zu dem angebotenen Leistungsbündel zu betrachten ist. Durch den Besitz einer Kundenkarte weist sich der Kunde aus (**Ausweisfunktion**). Zudem wird der Kunde regelmäßig an das Handelsunternehmen erinnert (**Erinnerungsfunktion**). Mitunter bringt eine Kundenkarte Imagevorteile, da sich der Inhaber einer ausgewählten Gruppe zugehörig fühlt (**Prestigefunktion**). Einen weiteren Zusatznutzen stellen die mit der Nutzung der Kundenkarte verbundenen Funktionen dar. Zu diesen zählen einerseits **Finanzierungsfunktionen**, d.h. spezielle preis- und kreditpolitische Vorteile (z.B. exklusive Sonderangebote oder eine bequeme bargeldlose Zahlung) und andererseits **Marketingfunktionen**, d.h. zusätzliche Dienst- und Serviceleistungen, die ein Kartenbesitzer in Anspruch nehmen kann (z.B. verlängerte Umtauschfristen oder gebührenfreies Parken).

Wie intensiv eine Kundenkarte verwendet wird bzw. wie sehr sie zur Verbesserung der Kundenbindung beiträgt, hängt in erster Linie von der Attraktivität der über den Grundnutzen hinausgehenden Vorteile ab, die Karteninhabern zusätzlich geboten werden. Diese Vorteile bieten dem Handelsunternehmen schließlich die Möglichkeit sich von Mitbewerbern abzuheben (Helm/Ludl 2005, S. 1137). Es gibt einen deutlichen Trend von monofunktionalen Kundenkarten hin zu multifunktionalen Kundenkarten. Die zukünftigen Funktionalitäten sollen neben Rabatten, Status, Gutscheinen und der Zahlungsfunktion auch Fahrscheine, Ausweis- und Authentifizierungsfunktion umfassen. Grund für diesen Trend ist der begrenzte Platz für Kundenkarten im Portemonnaie (Roland Berger Strategy Consultants 2003, S. 24).

Daneben gewinnen **Smart Cards**, die auch als Chip-Karten bezeichnet werden, an Bedeutung. Diese spezielle Kundenkarte mit eingebautem Chip, der einen Speicher oder Mikroprozessor enthält, wird bspw. vom Drogeriemarkt BIPA eingesetzt. Wird der Einkauf mit dieser Debitkarte über die entsprechenden Terminals im Handel bezahlt, bestehen dieselben Möglichkeiten für die effiziente Nutzung der gesammelten Informationen wie bei klassischen Kundenkarten.

Im Gegensatz dazu weisen **Rabattkarten** meist keine Zahlungsfunktion auf. Stattdessen werden alle unter Vorweis der Karte getätigten Umsätze dem persönlichen Kundenkonto zugerechnet. Die Abrechnung dieses Kontos erfolgt üblicherweise ein- bis zweimal jährlich in der Form, dass der Kunde eine Gutschrift im Ausmaß von meist 3 % seines Gesamtumsatzes erhält.

Das Connect-Programm bei Mexx

Mexx bietet je nach Umsatz, den ein Kunde im Kalenderjahr tätigt, drei unterschiedliche Kundenkarten an. Zu Beginn erhält der Kunde die Mexx Connect-Karte und kann damit spezielle Produktangebote erwerben und an zwei Abenden im Jahre am Mexx Pre-Sale teilnehmen. Die Mexx Connect X-tra-Karte ermöglicht den Kunden darüber hinaus, an speziellen Promotion-Aktionen teilzunehmen. Zudem werden Besitzer dieser Karte per E-Mail über Fashion News informiert. Inhaber der Mexx Connect X-ellent-Karte können darüber hinaus neu erworbene Mexx Outfits kostenlos ändern lassen und sich mit einem Fashionberater treffen.

Quelle: www.mexx.com.

Der Vollständigkeit halber sei auf die sog. **Affinity-** oder **Co-Branded-Cards** hingewiesen. Dabei handelt es sich um Kundenkarten, die von Unternehmen in Zusammenarbeit mit Kreditkartenunternehmen wie VISA, Mastercard/Eurocard oder Diners Club herausgegeben werden. Als Beispiel lässt sich hier die Amazon Visa-Karte anführen. Der Hauptvorteil von Affinity-Cards kann zugleich auch als Nachteil betrachtet werden, da der Kunde auf Grund der Offenheit des Systems auch Konkurrenzunternehmen zu mehr Umsatz verhelfen kann.

Obwohl die Kundenkarte im Handel ein anerkanntes Kundenbindungsinstrument ist, zeigen empirische Studien, dass Kundenkarten nicht immer zu einer erhöhten Kundenloyalität führen. So üben andere Faktoren, wie die gute Erreichbarkeit eines Handelsunternehmens oder ein schneller Checkout, einen stärkeren Einflus auf die Kundenloyalität aus als Kundenkarten (Mägi 2003, S. 97).

Akzeptanz von Kundenkarten in Deutschland

Aus einer empirischen Studie über die Nutzung von Kundenkarten, in der 979 Bundesbürger ab 16 Jahren befragt wurden, ging hervor, dass deutsche Kunden im Durchschnitt drei Kundenkarten im Portemonnaie bei sich tragen. Den Probanden waren folgende Kartenfunktionen wichtig:

- Multifunktionalität der Karte (72 %)
- Gesammelte Punkte und Rabatte werden ausbezahlt (59 %)
- Sonderangebote und Aktionen speziell für Kundenkartenbesitzer (56 %)
- Prämien nach kurzer Zeit des Sammelns (50 %)
- Punkte und Rabatte beim Online-Shopping (48 %)
- Kreditkartenfunktion (37 %).

Quelle: TNS EMNID.

c) Bonus- und Treueprogramme

Neben den herkömmlichen Kundenkarten werden im Handel Treueprogramme auf der Basis von Bonuspunkten angeboten. Ähnlich wie bei den **Frequent-Flyer-Programmen** der Fluglinien versuchen viele Handelsunternehmen, den „Sammeltrieb“ ihrer Kunden zu aktivieren, indem sie getätigte Umsätze in Punkte umrechnen und bei Erreichen bestimmter Schwellen Geschenke oder Boni ausschütten (Jungwirth 1997, S. 174f.). Im Gegensatz zu den meisten Kundenkarten liegt dabei der Wert dieser Geschenke z.T. unter einem Prozent vom Umsatz.

Frequent-Buyer-Programme bieten auch die Möglichkeit, zusätzliche Bonuspunkte zu vergeben, die nicht vom getätigten Umsatz abhängen. Ähnlich wie Fluglinien Bonusmeilen für wenig ausgelastete Flugrouten und frequenzschwache Monate gutschreiben, können Handelsunternehmen Bonuspunkte zur Verkaufsförderung bestimmter Artikel sowie zur Belohnung für den Einkauf an frequenzschwachen Tagen einsetzen.

Die Attraktivität von Bonus- und Treueprogrammen auf Punktebasis steigt – wie bei der Kundenkarte – mit der Zahl der Kooperationspartner, bei denen Einkäufe ebenfalls in Punkte umgerechnet werden.

Die Power Card Kärnten

Ein Beispiel für ein kooperatives Bonuspunkteprogramm ist die Power Card im österreichischen Bundesland Kärnten, für die eine Jahresgebühr in Höhe von 4 EUR zu bezahlen ist. Über 50.000 Kärntner sammeln bereits bei über 450 Vertragspartnern Bonuspunkte. Für einen ausgegebenen EUR bei einem Vertragspartner erhält der Karteninhaber zwei Bonuspunkte, wobei ein Bonuspunkt wiederum einem Cent entspricht. Die gesammelten Punkte kann der Inhaber der Power Card bei allen Vertragspartnern einlösen oder im folgenden Jahr ein Freizeitpaket damit bezahlen.

Quelle: www.kaernten-power-card.at.

Ähnlich wie bei den Kundenkarten wird bei kartenbasierten Bonusprogrammen verstärkt auf die Zahlungsfunktion gesetzt. Happy Digits, das kartenbasierte Bonusprogramm von KarstadtQuelle und der Deutschen Telekom, und der Marktführer Payback bieten bereits eine Zahlungsfunktion an. Partner sind Eurocard bzw. Visa International. Beide Bonusprogramme sind erfolgreich: Payback hat bislang über 30 Mio. Karten ausgegegeben, KarstadtQuelle und Deutsche Telekom – das Konkurrenzprogramm – bisher mehr als 25 Mio. Karten (LZ Net, 02. Februar 2006).

Allerdings hat die anfängliche Euphorie, Bonus- und Treueprogramme anzubieten, nachgelassen, denn für einige Unternehmen haben sich die Investitionen für die Einführung und den Erhalt dieser Programme nicht rentiert.

Marktkauf und REWE geben ihre Bonuskarten auf

Die Marktkauf-Treuekarte ist Ende 2006 eingestellt worden, da sich die Kosten von 20 Mio. EUR pro Jahr für die Edeka-Tochter nicht gelohnt haben. Auch der Handelskonzern REWE stellt seine Haushaltskarte ein. Anzunehmen ist, dass beide Handelsunternehmen nicht mit den aus den Bonusprogrammen erhaltenen Kundendaten gearbeitet haben.

Quelle: Lebensmittel Zeitung, 20. Oktober 2006, S. 35.

d) Kundenclubs

Ähnlich wie Kundenkarten und Bonusprogramme werden auch Kundenclubs dazu eingesetzt, jene Verbraucher, die sich entweder bereits in der Vergangenheit mit dem Unternehmen und seinen Produkten stärker identifiziert haben oder die auf Grund ihres Umsatzpotenzials bzw. ihrer Funktion als Meinungsführer zu den Wunschkunden zählen, möglichst eng an das Unternehmen zu binden. Homburg/Krohmer (2006, S. 948) definieren einen Kundenclub als „eine von einem oder mehreren Unternehmen initiierte, organisierte oder zumindest geförderte Vereinigung mit einem bestimmten Organisationsgrad". Als Identifikationsmerkmal oder Mitgliedsausweis dient abermals eine Karte, allerdings weisen Clubkarten in der Regel weder eine Zahlungs- noch eine Rabattfunktion auf. Sie berechtigen ihren Besitzer lediglich zur Inanspruchnahme von Leistungen, die Nichtmitgliedern verwehrt bleiben.

Stammkundenvorteile für Clubmitglieder (z.B. Club-Zeitung, Club-Events und sonstige Treffen) stellen für das Handelsunternehmen nicht nur einen Anknüpfungspunkt für regelmäßigen Informationsaustausch und Dialog dar, sondern fördern auch den Aufbau einer emotionalen Beziehung sowie eine stärkere Identifikation der Clubmitglieder mit dem Handelsunternehmen (Jungwirth 1997, S. 169). Hinter der Gründung eines Kundenclubs steht meist ein umfassendes Zielsystem (siehe Abbildung 4.82).

Abbildung 4.82: Zielsystem von Kundenclubs

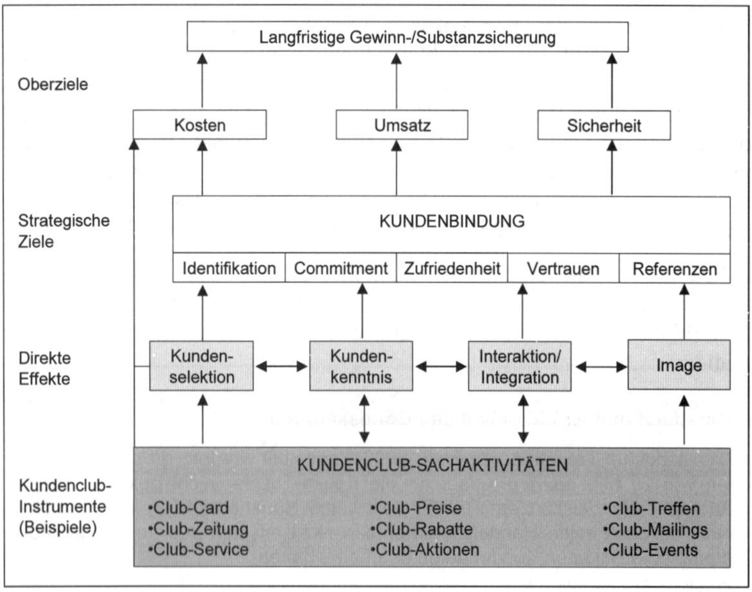

Quelle: Diller 1997, S. 34.

Während die meisten dieser Ziele strategischer bzw. ökonomischer Art sind, gilt es zunächst, die „richtigen" Kunden zur Mitgliedschaft und zur regelmäßigen Inanspruchnahme der Clubleistungen zu bewegen (Holz 1998, S. 41). Diese Kundenselektion scheint einer der zentralen Effekte zu sein, da in der Regel nur solche Kunden einem Club beitreten, die gegenüber dem Betreiberunternehmen positiv eingestellt sind (Diller 1997, S. 40). Insbesondere scheint sich dieser **Kundenselektionseffekt** immer dann einzustellen, wenn es sich um ein „geschlossenes Clubsystem" handelt, bei dem eine Aufnahme- oder Mitgliedsgebühr zu entrichten ist.

Ein weiterer Effekt, der sich durch die Aufnahme von Clubmitgliedern rasch einstellt, ist die bessere Kundenkenntnis, da allein durch das Ausfüllen eines Antragformulars persönliche Daten, Interessen und Hobbys mitgeteilt werden. Diese Informationen können gemeinsam mit jenen, die aus der Auswertung des Einkaufsverhaltens gewonnen werden, u.a. zur attraktiveren und zielgruppenorientierten Gestaltung der verschiedenen Clubaktivitäten genutzt werden.

Die Verbesserung der Kundenbindung ist das zentrale strategische Ziel einer Clubgründung und resultiert z.T. aus den verschiedenen „direkten Effekten". Kundenclubs tragen üblicherweise auch stark zur Erreichung der Subziele der Kundenbindung bei, da über die enge Interaktion bzw. Integration der Clubmitglieder Vertrauen, Commitment und Identifikation mit einem Unternehmen aufgebaut werden können. Bei Zufriedenheit werden Clubmitglieder darüber hinaus häufig zu kostenlosen Multiplikatoren bzw. Referenzkunden für das Unternehmen und verbessern dadurch nicht nur den Bekanntheitsgrad und das Image des Clubs, sondern über die sog. Freundschaftswerbung auch meist die Zahl der Clubmitglieder (Meinert 1994, S. 115).

Wie bereits gezeigt wurde, wirkt sich ein hoher Anteil zufriedener Stammkunden nicht nur positiv auf die Oberziele Umsatzsteigerung sowie Kostenreduktion aus, sondern erhöht auch die Sicherheit, dass die eigenen Kunden gegenüber den Abwerbungsversuchen der Mitbewerber resistent bleiben. Allerdings scheint die Kundenbindung häufig Voraussetzung und nicht Folge von Kundenclubs zu sein. So stellte Diller (1997, S. 41) bei der Analyse des Kundenclubs eines Fachhändlers fest, dass Clubs meist nur in geringem Maße die schon vorhandene Kundenbindung verstärken. Die tatsächlich festgestellte höhere Kundenbindung der Clubmitglieder an das Handelsunternehmen scheint weniger eine Leistung des Kundenclubs als vielmehr ein Resultat der Selbstselektion zu sein.

Der IKEA FAMILY Club

Eines der erfolgreichsten Clubkonzepte im Einzelhandel stammt vom schwedischen Möbelhauskonzern IKEA, der die große „Familie der Stammkunden" im sog. IKEA FAMILY Club zusammenfasst. Zu den Vorteilen und Leistungen dieses Clubs zählen u.a.:

- spezielle Angebotsartikel
- spezielles Clubsortiment im IKEA FAMILY Shop

- IKEA Restaurant Vorteile
- Einladungen zu Aktionen und schwedischen Events
- Einrichtungsworkshops
- IKEA FAMILY LIVE Einrichtungsmagazin (viermal jährlich)
- Transportversicherung bei Beschädigung der Ware im Zuge des Eigentransports.

Quelle: www.ikea.com.

Erfolgreiche Kundenclubs versuchen gezielt, möglichst homogene Kundengruppen zusammenzufassen und spezifisch anzusprechen. Dies gilt nicht nur für verschiedene Altersgruppen, sondern auch für Kunden mit ähnlichem Lebensstil (z.B. Tesco Wine Club und Tesco Healthyliving Club) oder vergleichbarem umsatzabhängigen Kundenstatus (z.B. Anderson Wine Club Basic und Executive Membership). Neben den **Erlösen** der Kundenclubs, wie z.B. den Clubmitgliedsbeiträgen, den Erlösen aus dem Verkauf von Clubprodukten und den Zuschüssen von Club-Kooperationspartnern (Finanzdienstleistern, Versandhandel usw.) fallen auch Kosten an. So müssen u.a. **Kosten** für den Aufbau und Erhalt einer Database, für Mailings und Telefonakquisitionen, für zusätzliche Serviceleistungen und Personalkosten gedeckt werden (Haller 2001, S. 353). Berekoven (1995, S. 257) beziffert die Kosten eines Kundenclubs auf drei bis sieben Prozent des Umsatzes. Die Kosten, die beim Aufbau und der Betreibung eines Kundenclubs anfallen, werden immer wieder unterschätzt und sind die Hauptursache für die gelegentliche Schließung eines Clubs.

Gewisse Clubleistungen werden bereits vermehrt über das Medium Internet angeboten (wie z.B. die Leistungen des Sam's Club von Wal-Mart), das insbesondere im Bereich der interaktiven Kommunikation (z.B. Online-Auktionen) neue Möglichkeiten für die Förderung des Gemeinschaftsgefühls der Clubmitglieder eröffnet. Darüber hinaus lässt sich über dieses Medium auch ein relativ preiswerter virtueller Kundenclub für eine geschlossene Benutzergruppe konzipieren.

e) Beschwerdemanagement

Kundenbindungsprogramme zeichnen sich üblicherweise dadurch aus, dass versucht wird, die Beziehung zu den zufriedenen Kunden zu stärken. Häufig wird allerdings die zweite Ebene der Kundenbindung, nämlich die Stabilisierung gefährdeter Beziehungen zu den unzufriedenen Kunden, vernachlässigt. In diesem Zusammenhang kommt dem Beschwerdemanagement eine zentrale Rolle zu. Darunter wird „die Planung, Durchführung und Kontrolle aller Maßnahmen, die ein Unternehmen im Hinblick auf Kundenbeschwerden ergreift" verstanden (Zentes/Swoboda 2001a, S. 57). Im Gegensatz zu Reklamationen, bei denen ein Kunde einen Rechtsanspruch auf bestimmte Leistungen hat, ist ein kundenfreundliches Beschwerdemanagement eine freiwillige Leistung des Handelsunternehmens (Foscht/Swoboda 2007, S. 204).

Abbildung 4.83: Aufgaben im Beschwerdemanagementprozess

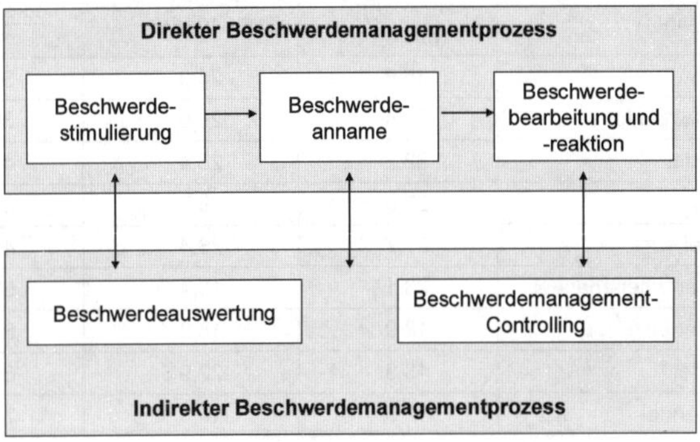

Quelle: in Anlehnung an Stauss 1998, S. 1258.

Primäres Ziel des Beschwerdemanagements ist es, die Zufriedenheit der Kunden durch kulante und rasche Beschwerdebearbeitung wieder herzustellen und damit die Loyalität positiv zu beeinflussen (vgl. hierzu schon Hansen/Jeschke/Schöber 1995, S. 81) – zumal sich eine für den Kunden zufriedenstellende Beschwerdebearbeitung positiv auf das Vertrauen und die Kundenbindung auswirkt (Tax/Brown/Chandrashekaran 1998, S. 63ff.). Davon abgesehen, zielt das Beschwerdemanagement auch darauf ab, die Wiederkaufabsicht zu verbessern, die Anzahl der unzufriedenen Nichtbeschwerdeführer („unvoiced complainers") zu reduzieren und Abwanderungsprozesse von Kunden zu verhindern. Eine zentrale Aufgabe des Beschwerdemanagements ist es daher, für unzufriedene Kunden leicht zugängliche Beschwerdekanäle zu schaffen, um in weiterer Folge den direkten bzw. indirekten Beschwerdemanagementprozess in Gang setzen zu können (siehe Abbildung 4.83).

Branchenvergleich: Wie häufig ärgern sich Kunden beim Einkauf?

Bei der Kundenbefragung zum HandelsMonitor 2006/07 wurden 609 Kunden aus Deutschland und Österreich befragt, wie häufig sie sich beim Einkauf in neun verschiedenen Handelsbranchen ärgern. Die Ergebnisse zeigen, dass sich Kunden über alle befragten Branchen hinweg ärgerten, wobei der Anteil jener, die sich sehr häufig oder häufig während ihres Einkaufs ärgerten, bei Baumärkten am höchsten war.

Tabelle 4.15: Häufigkeit des Ärgerns während des Einkaufs

Branchenvergleich: Wie häufig ärgern sich Kunden beim Kauf?[1]			
Branche	**sehr häufig/ häufig**	**manchmal**	**selten/ nie**
Baumärkte	35,8	24,6	39,6
Lebensmittelhandel	34,4	29,6	36,0
Elektrohandel	32,2	26,4	41,4
Möbelhandel	27,8	19,7	52,5
Textilhandel	27,7	26,4	45,9
Drogerie/Parfumeriehandel	23,1	18,4	58,5
Versandhandel	18,9	18,2	62,9
Schuhhandel	13,3	22,9	63,8
Fahrzeughandel	12,9	16,9	70,2

[1] *Angaben in Prozent.*

Nachdem bereits ein negatives Erlebnis eine Diffusionsreichweite von 400 Personen haben kann, wird die Wichtigkeit eines kundenfreundlichen Beschwerdemanagements deutlich.

Quelle: Liebmann u.a. 2006, S. 46f.

Im Rahmen des **direkten Beschwerdemanagementprozesses** sollen unzufriedene Kunden zunächst dazu bewegt werden, dem Unternehmen die von ihnen wahrgenommenen Probleme mitzuteilen (Beschwerdestimulierung). Von großer Bedeutung ist die Phase der Beschwerdeannahme, da die unmittelbare Reaktion der Unternehmensvertreter bei diesem Erstkontakt darüber entscheidet, ob die Unzufriedenheit des Kunden abgebaut oder noch gesteigert wird. Die Beschwerdebearbeitung und -reaktion ist für die rasche Festlegung von Zuständigkeiten und Fristen sowie für die Überwachung des Beschwerdebearbeitungsprozesses verantwortlich.

Die Aufgaben des **indirekten Beschwerdemanagementprozesses** liegen v.a. in der Auswertung und dem Controlling der erhaltenen Beschwerden. Die Beschwerdeauswertung zielt darauf ab, Schwachstellen im eigenen Leistungserstellungsprozess frühzeitig aufzuzeigen und durch deren Behebung die künftige Kundenzufriedenheit positiv zu beeinflussen. Beim Beschwerdemanagement-Controlling geht es insbesondere darum, ein Kosten-Nutzen-Controlling vorzunehmen, um so Informationen über die Rentabilität des Beschwerdemanagements (**Return on Complaint Management**) zu erhalten (Stauss 1998, S. 1257).

Eine neue Herausforderung für Handelsunternehmen stellt das Beschwerdemanagement im Internet dar. In diesem Medium haben sich Plattformen entwickelt, die Beschwerde- und Diskussionsforen über viele Sortimentsdimensionen hinweg anbieten (z.B. www.epinions.com) oder sich auf ein bestimmtes Handelsunternehmen beziehen (z.B. www.walmartwatch.com) (Foscht/Swoboda 2007, S. 206). Handelsunternehmen reagieren auf diese Entwicklung, indem sie ihren Kunden Beschwerde- oder Diskussionsplattformen auf der eigenen Web-Site anbieten (z.B. das Bewertungsportal von ebay).

Beschwerden im E-Commerce

Das Netzwerk der Europäischen Verbraucherzentren hat über einen Zeitraum von zehn Monaten mehr als 1.800 Verbraucheranfragen zum Thema E-Commerce gesammelt und ausgewertet. Das Ergebnis macht deutlich, dass die (Nicht-)Lieferung von Artikeln (41 %), produktspezifische Mängel (23 %) und Probleme mit Preisen und Bezahlung (11 %) im Mittelpunkt der Beschwerden stehen.

Quelle: www.europakonsument.at.

f) Cross-Selling-Instrumente

Kundenbindung wird zurzeit auch über Instrumente des sog. **Cross-Sellings** („Überkreuz-Verkauf") zu erreichen versucht. Handelsunternehmen sind hierbei bestrebt, den Kundenwert entlang des gesamten **Kundenlebenszyklus**` zu steigern (Verhoef/Franses/Hoekstra 2001, S. 359f.).[1] Ausgangspunkt des Cross-Sellings ist eine bestehende Geschäftsbeziehung, in der ein Kunde einen Artikel des Handelsunternehmens kauft. Im Zuge des Cross-Sellings versucht das jeweilige Unternehmen, Zusatzprodukte zu verkaufen. Da die Geschäftsbeziehung auf einer größeren Zahl gekaufter Produkte basiert, ist die Stabilität der Beziehung gegenüber Veränderungen der Kundenbedürfnisse im Hinblick auf ein einzelnes Produkt größer. Die Supermarktkette Stop & Shop Co. hat bspw. einige Einkaufswagen mit einem „Shopping Buddy" – einem kabellosen Computer – ausgestattet. Dieser Computer ruft Daten von der Kundenkarte und der Kaufhistorie ab, um Kunden während des Einkaufs auf Angebote aufmerksam zu machen. Zeigt die Kaufhistorie eines Kunden bspw. an, dass er oft Hamburger, aber kein Ketchup kauft, bietet der „Shopping Buddy" dem Kunden spezielle Gutscheine für Hamburger und Ketchup an (Levy/Weitz 2007, S. 308f.).

Die grundsätzliche Orientierung des Cross-Sellings kann anhand zweier Dimensionen dargestellt werden. Die erste Dimension beschreibt, inwieweit der Bedarf des Kunden nach Zusatzprodukten bereits gedeckt ist. Hier wird unterschieden, ob das Handelsunternehmen seinen Kunden solche Zusatzleistungen anbietet, die von den Kunden bisher bei den Wettbewerbern bezogen wurden, oder ob ein Unternehmen Zusatzleistungen anbietet, die von den Kunden bisher noch gar nicht gekauft wurden. Im ersten Fall wird eine Verdrängung von Wettbewerbern angestrebt. Im zweiten Fall ist es das Ziel, Ergänzungsprodukte anzubieten. Die zweite Dimension bezieht sich auf die Innovativität der im Rahmen des Cross-Sellings angebotenen zusätzlichen Handelsleistungen. Werden die beiden Dimensionen zusammen geführt, so ergibt sich die in Abbildung 4.84 abgebildete Matrix. Während die Cross-Selling-Aktivitäten in den Feldern 1a und 2a mit dem bestehenden

---

[1] Hiervon sind die Cross-Selling-Effekte, die durch den Einsatz mehrerer Betriebs- bzw. Vertriebstypen im Zuge der Multi-Channel-Strategie erzielt werden, abzugrenzen (vgl. hierzu die Ausführungen in Abschnitt B.III. des Zweiten Kapitels).

Sortiment eines Handelsunternehmens gedeckt werden können, bedarf es bei den Cross-Selling-Aktivitäten in den Feldern 1b, 2b, 2c einer Sortimentserweiterung.

Abbildung 4.84: Die Dimensionen des Cross-Sellings

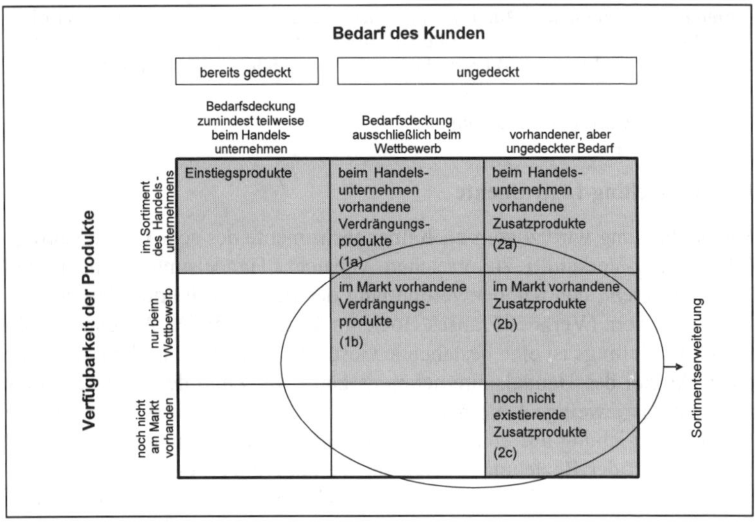

Quelle: in Anlehnung an Homburg/Krohmer 2006, S. 963.

Cross-Selling im Online-Handel

Internet-Shops entwickeln eigene Programme für erfolgreiches Cross-Selling, um umsatz-, kosten- und stabilitätsbezogene Vorteile langfristiger Kundenbeziehungen realisieren zu können.

Beispielsweise unterbreitet der Internet-Buchladen Amazon einem Kunden, sobald er sich auf der Website authentifiziert hat, Kaufvorschläge, die auf der Kaufhistorie des Kunden basieren. Gibt der Kunde eine Bestellung auf, bekommt er Hinweise, welche weiteren Bücher andere Kunden des Unternehmens gleichzeitig mit dem gewählten Buch bestellt haben. Hierfür werden Warenkorbanalysen durchgeführt und Verfahren wie Data-Mining, neuronale Netzwerke oder genetische Algorithmen eingesetzt.

Quelle: Foscht/Swoboda 2007, S. 201.

g) Weitere Kundenbindungsinstrumente

Abgesehen von den bereits dargestellten Kundenbindungsinstrumenten existiert eine Vielzahl weiterer Ansätze, durch die Endverbraucher enger an ein Handelsunternehmen gebunden werden können. Einige dieser Instrumente basieren auf dem Konzept der **Rabattmarken**, die sich nach dem Zweiten Weltkrieg großer Beliebtheit erfreuten (Berekoven 1995, S. 257). So sind bspw. spezielle Stammkunden- und Treuerabatte in Form von herkömmlichen oder **elektronischen Coupons** wieder auf dem Vormarsch (Köhler/Tomczak/Rumler 2005, S. 43).

Handel startet Online-Couponing

„Couponing geht in die nächste Runde" – das kündigte die Lebensmittelzeitung an. Denn anstatt mit einer Schere können Kunden Rabattgutscheine vermehrt per Mausklick sammeln und im stationären Einzelhandel einlösen. Procter & Gamble, die Spar Gruppe und das Internetportal Lycos bieten bereits eine Vielzahl von Markenartikel-Coupons online an.

Quelle: Lebensmittel Zeitung, 28. Februar 2003, S. 25.

Auch **Serviceleistungen** eignen sich meist sehr gut dafür, Kunden enger an das eigene Unternehmen zu binden.[1] Als Beispiele lassen sich in diesem Zusammenhang die umfassenden Globus-Garantien (z.B. 50 Cent für jedes vom Kunden entdeckte Produkt mit abgelaufenem Haltbarkeitsdatum), verschiedene Formen des Zustell- bzw. Lieferservice oder die bevorzugte Behandlung von Stammkunden beim britischen Handelsunternehmen Safeway (z.B. Selfscanning-Geräte und eigene Kassen) anführen. Eine hohe Kundenbindungswirkung wird auch im Handel dem **Event Marketing** sowie verschiedenen Formen des **Direkt-Marketing** zugeschrieben (Silberer/Mau 2005, S. 337). In beiden Fällen ist es allerdings erforderlich, über eine umfangreiche Kundendatenbank (Database Marketing) zu verfügen, um den Kunden differenziert und zielgruppenorientiert attraktive Angebote unterbreiten zu können. Mithilfe verschiedener Data-Mining-Methoden können die Kundendaten nach unterschiedlichen Kriterien durchsucht und für das jeweilige Kundenbindungsprogramm passend aufbereitet werden (Becker 2006, S. 633).

Abschließend soll in diesem Zusammenhang noch auf die weiterhin wachsende Bedeutung der neuen Medien hingewiesen werden, deren spezifische Eigenschaften, insbesondere die Interaktivität sowie die multimediale Ansprache, eine Nutzung als Kundenbindungsinstrument nahe legen. **Interaktive Medien** und mobile Technologien bieten vielfältige Möglichkeiten, Kundennähe zu realisieren und das Käuferverhalten i.S. eigener Marketing- und Unternehmensziele zu beeinflussen (Becker 2006, S. 639).

IV. Zukunftsperspektiven der Kundenpolitik

1. Elektronische Optionen

Während in der Vergangenheit die Akquisition möglichst vieler Neukunden das vorrangige strategische Ziel vieler Unternehmen darstellte und demnach der Marketing-Fokus verkaufsorientiert auf die einzelne Transaktion ausgerichtet war, rückte – wie bereits erwähnt – in den letzten Jahren der Aufbau langfristiger Kundenbeziehungen in den Mittelpunkt der Marketing-Aktivitäten. Das Beziehungsmanagement in der Kundenpolitik (**Customer-Relationship-Management** – CRM) verfolgt das Ziel, durch ein kundenorientiertes Leistungsangebot sowie regelmäßigen Dialog eine Beziehung zu den Kunden aufzubauen, die von Vertrauen und persönlicher Verbundenheit

[1] Vgl. hierzu die Ausführungen in Abschnitt E. dieses Kapitels.

zu einem Unternehmen geprägt ist. Dies impliziert auch, dass der gesamte Leistungserstellungsprozess eines Unternehmens, seine Ziele, Grundsätze und Leitbilder auf die Zufriedenheit der Kunden und eine möglichst langfristige Kundenbeziehung auszurichten sind. CRM besitzt auch künftig eine hohe strategische Bedeutung für Handelsunternehmen und kann unter Verwendung neuer Informations- und Kommunikationstechnologien ausgebaut werden. Rainer/Puschmann/Österle (2005, S. 203) führen in ihrer Untersuchung über zukünftige Erfolgsfaktoren im CRM folgende Aspekte an:

- Eine zunehmende Integration der Kundenkontaktkanäle im kooperativen CRM („Closed Loop"), da Unternehmen ihre Internetportale auf Grund der wachsenden Bedeutung elektronischer Kanäle verstärkt mit dem CRM-System verbinden werden. Beispielsweise sollen Kunden künftig erste Informationen über das Internetportal erhalten, dann eine persönliche Beratung in Anspruch nehmen und schließlich telefonisch bestellen können. Die elektronischen Kanäle werden dabei über mobile Technologien evaluiert (wie es bspw. beim Patient Monitoring im Gesundheitsbereich in Ansätzen der Fall ist).
- Die Entwicklung von Strategien, um die Kundeninteraktion über elektronische Kanäle zu intensivieren. Beispielsweise sollen Online-Communities stärker zur Interaktion mit Kundenberatern genutzt und FAQ-Foren mit dem CRM-System verbunden werden.
- Die Zunahme von CRM-Initiativen, die künftige Kundenbedürfnisse vorhersagen können (Predicitve Customer Care), wobei Kunden – basierend auf Data-Warehouse- und Data-Mining-Systemen – über den gesamten Lebenszyklus analysiert werden.
- Die Verbindung des CRM mit vor- und nachgelagerten internen Prozessen (z.B. die Integration von CRM- und Supply-Chain-Lösungen bei Bertelsmann), wobei Standard-Software-Anbieter, so SAP und ORACLE, führende Softwaresysteme für eine verbesserte Kundeninteraktion anbieten.

ORACLE entwickelt umfassende CRM-Lösungen

Oracle hat eine neue Version von Siebel CRM (8.0) entwickelt, die eine umfassende CRM-Lösung zur Optimierung und Organisation von Kundenbeziehungen darstellt. Das mittelfristige Ziel von Oracle ist es, die verschiedenen angebotenen Software-Reihen mit der CRM-Lösung mittelfristig in einem neuen Produkt namens „Oracle Fusion Applications" zusammenzuführen.

Quelle: LZ Net, 06. Februar 2007.

2. Customer Lifetime Value

Im Zusammenhang mit der Diskussion über das Customer-Relationship-Management wird das Konzept des Kunden- bzw. Kundenlebenswertes (Customer Lifetime Value) als Erfolgs- und Steuergröße auch im Handel zunehmend diskutiert. Vom Kundenwert aus Kundensicht („value to the customer") ist der Kundenwert aus Sicht des Handelsunternehmens („value from the customer") zu unterscheiden. Der Kundenwert setzt sich aus einer

Reihe von Komponenten zusammen. So ermittelten Sweeney/Soutar (2001, S. 211) folgende Faktoren, die den Kundenwert aus Kundensicht im Einzelhandel ausmachen können:

- emotionaler Wert, der sich auf Emotionen und Werte, die ein Artikel vermittelt, gründet,
- sozialer Wert, der auf sozialer Anerkennung und dem Prestige, das mit dem Besitz des Artikels verbunden ist, fußt,
- funktionaler Wert, der sich auf das Preis-Leistungs-Verhältnis, die wahrgenommene Qualität oder die Performance eines Artikels stützt.

Abbildung 4.85: Determinanten des Kundenwerts

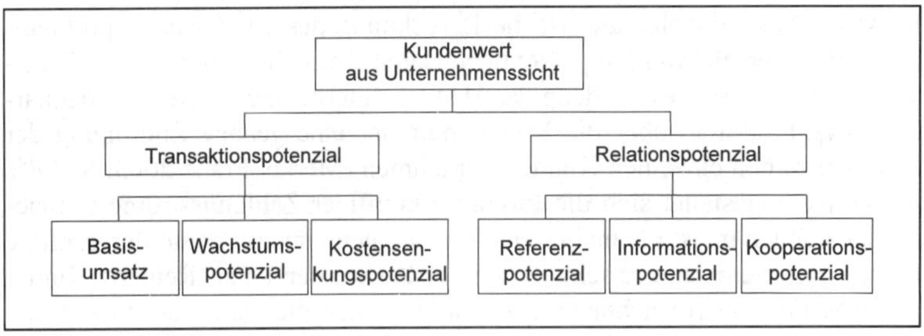

Quelle: in Anlehnung an Hippner/Wilde 2006, S. 27.

Aus der Sicht eines Handelsunternehmens bestimmen Transaktionspotenziale und Relationspotenziale den Kundenwert (Hippner/Wilde 2006, S. 27). Das **Transaktionspotenzial** bezieht sich auf das Potenzial, das ein Kunde zurzeit und künftig im Rahmen einer Geschäftsbeziehung mit dem Handelsunternehmen bietet. Neben dem Basisumsatz spielen Wachstumsmöglichkeiten und Kostensenkungspotenziale eine wichtige Rolle. Eine weitere Dimension des Kundenwertes stellt das **Relationspotenzial** dar, das sich aus dem Referenz-, Informations- und Kooperationspotenzial eines Kunden zusammensetzt.

Bei diesem Konzept steht die wirtschaftliche Bedeutung langfristiger Kundenbeziehungen im Vordergrund (Foscht/Swoboda 2007, S. 163). Die Berechnung des Customer Lifetime Values (CLV) kann bspw. mithilfe der **Kapitalwertmethode** erfolgen. Hier errechnet sich der Wert eines Kunden aus den diskontierten, dem Kunden direkt zurechenbaren Ein- und Auszahlungen während einer gesamten Geschäftsbeziehung. Dabei wird durch das Einnehmen einer langfristigen Perspektive dem Investitionscharakter von Marketingkosten Rechnung getragen, was auch den Grundsätzen des Customer-Relationship-Marketing entspricht (Foscht/Swoboda 2007, S. 233). Investitionen im Versandhandel können bspw. Druckkosten für Direct-Mailings und Kataloge, Kosten für Bonitätsprüfungen, Auftragsbearbeitung, Rechnungserstellung und Warenversendung sowie Retourkosten sein, während Investitionen im stationären Handel z.B. Kosten der segmentbezogenen Umpositionierung von Waren- und Artikelgruppen nach Tageszeiten oder die auf Kunden individuell zugeschnittenen Angebotserstellungen beinhalten (Barth/Hartmann/Schröder 2007, S. 458f.). Konkret können mit dem Konzept des Kundenwerts die Auswirkungen von Marketingkosten, die in den Kunden investiert werden, oder jene von Preiszugeständnissen auf den Mittelrückfluss kalkuliert werden. Auf dieser Basis kann entschieden werden, welche Investitionen für einen Kunden noch wirtschaftlich sinnvoll erscheinen. Neben dem monetären Rentabilitätswert können in die Berechnung des Kundenwerts auch noch weitere Größen einfließen. Eine besondere Rolle spielen hier jene Werte, die durch das **Weiterempfehlungsverhalten** der Kunden die Neukundenakquisition unterstützen oder durch ein aktives Beschwerdeverhalten der Kunden Mängel des Handelsunternehmen aufdecken und somit Abwanderungen von Kunden verhindern (Foscht/Swoboda 2007, S. 233).

Im stationären Einzelhandel ist die Berechnung des CLV jedoch problembehaftet. Einerseits werden persönliche Daten eines Kunden bei einer Transaktion nicht erfasst, es sei denn das Handelsunternehmen bietet Kundenkarten an und kann so über die Kundennummer eine genaue Zuordnung der Umsätze zu den einzelnen Kunden vornehmen (Merkel/Franz 2003, S. 790). Andererseits gestaltet sich die Prognose künftiger Zahlungsströme schwierig, da Kunden meist bei mehreren Unternehmen einkaufen und der künftige Bedarf eines Kunden nur schwer abgeschätzt werden kann (Reinartz/Kumar 2000, S. 17f.). Darüber hinaus entzieht sich auch die Dauer der Geschäftsbeziehung einer exakten Prognose. Besser als Basismodelle, denen auch die angeführte Kapitalwertmethode zuzurechnen ist, eignen sich die Modelle von Kumar/Shah/Venkatesan und Rödl für die Berechnung des Kundenwerts im Einzelhandel. Im Modell von Kumar/Shah/Venkatesan (2006, S. 281ff.) wird der CLV eines Kunden berechnet, indem die Deckungsbeiträge über alle im jeweiligen Betrachtungszeitraum getätigten Käufe addiert und diskontiert werden, wobei die Kaufhäufigkeit in den Diskontierungssatz eingeht. Anschließend werden die gesamten diskontierten Marketingkosten, die im jeweiligen Betrachtungszeitraum für den Kunden anfallen, von den diskontierten Deckungsbeiträgen abgezogen. Die Marketingkosten eines Kunden bestimmen sich dabei aus dem Produkt der Kontaktkosten je Kommunikationskanal und der Anzahl der Kontakte im Betrachtungszeitraum. Im Modell von Rödl (2003, S. 236ff.) werden zur Berechnung des CLV die allgemeinen Auszahlungen für einen Kunden, die im Betrachtungszeitraum anfallen, von den aufsummierten Zahlungsüberschüssen (kundenspezifische Einnahmen abzüglich kundenspezifischer Ausgaben, wie z.B. Einstandspreis eines Artikels) subtrahiert und das Ergebnis anschließend diskontiert.

Ein weiterer Zukunftsaspekt betrifft die ganzheitliche und **integrative Sicht der Kundenpolitik** entlang der Wertschöpfungskette. Während bereits viele Handelsunternehmen die Weichen in Richtung stärkerer Kundenorientierung gestellt und Kundenbindungsprogramme bereits implementiert haben, muss künftig verstärkt versucht werden, die Interaktion mit Kunden und Lieferanten, aber auch die gemeinsame Sinnpflege (im Hinblick auf Social Responsibility und Umweltverantwortung) einzubeziehen.

J. Handelsmarketing aus prozessorientierter Perspektive

I. Vorüberlegungen

Die Aktivitäten im Rahmen der Absatz- bzw. Marketingpolitik von Handelsunternehmen wurden bisher getrennt und unabhängig voneinander betrachtet. Dabei diente die Einteilung der absatzpolitischen Aktivitäten nach Instrumenten als Ordnungsrahmen. Die einzelnen Instrumente der Absatzpolitik hängen allerdings eng zusammen und müssen i.S. einer ganzheitlichen Problemlösung aufeinander abgestimmt werden. Zur Lösung des Abstimmungsproblems wird meist das Konzept des Marketing-Mix angeboten oder es wird integrativ auf das Image, die Profilierung oder die Retail-Brand rekurriert.[1] Im Rahmen einer Prozessorientierung geht das Marketing neue Wege und versucht alle zusammenhängenden Aktivitäten in durchgängigen und abteilungsübergreifenden Abläufen zu bündeln und zu einem Ganzen zu verknüpfen. Handelsmarketing wird damit zu einem integrierten Teil eines ganzheitlichen Konzepts. Im Folgenden wird zunächst das Konzept des Marketing-Mix im Handel kritisch reflektiert. Anschließend wird das Handelsmarketing im Rahmen der Prozessorientierung behandelt.

II. Die Abstimmung der Instrumente im Rahmen des Marketing-Mix

Das Konzept des Marketing-Mix hat eine lange Tradition in der Marketinglehre (vgl. hierzu bereits McCarthy 1967, S. 45f.). Der Grundgedanke, die Interdependenzen zwischen den Instrumenten zu erfassen, ist in die Handelsbetriebslehre allerdings nur in modifizierter Form eingeflossen. Im Betriebstypenkonzept werden die Marketingaktivitäten gebündelt und stellen einen integrierten Bestandteil des gesamten Leistungsangebots des Handels dar. Die Begründung hierfür ist darin zu suchen, dass Konsumenten Betriebstypen ganzheitlich wahrnehmen und erleben. Aus dieser Perspektive zielen also alle Marketingaktivitäten darauf ab, den Betriebstyp, als kreatives Angebot des Handelsunternehmens an seine Kunden, gegenüber den Mitbewerbern zu profilieren (Tietz 1993b, S. 1310). Die Grundmerkmale des Betriebstyps determinieren das Leistungsprogramm und bestimmen den Marktauftritt des Handelsunternehmens. Es kann also festgehalten werden, dass mit der Bündelung der absatzpolitischen Aktivitäten im Betriebstypenkonzept schon früh der Versuch unternommen wurde, ganzheitliche Perspektiven im Handelsmarketing zu berücksichtigen. Dennoch bleiben Kritikpunkte, die auch gegen den klassischen Marketing-Mix vorgebracht werden, bestehen. Die Einwände beziehen sich insbesondere darauf, dass das Betriebstypenkonzept zu sehr leistungsprogramm- und zu wenig kundenorientiert sei. Hinzu kommt, dass es eher mechanistisch und eindeutig auf die Beeinflussung und Steuerbarkeit der Kunden ausgelegt ist. Insgesamt greift

[1] Vgl. hierzu die Ausführungen in Abschnitt B. des Zweiten Kapitels.

also die instrumentelle Betrachtung innerhalb des Betriebstypenkonzeptes zu kurz, obwohl sie im Gegensatz zum klassischen Marketing-Mix im Handel einen wesentlich höheren Integrationsgrad erreicht hat. Fraglich ist nun, inwieweit die Anwendung der Prozessorientierung im Rahmen des Handelsmarketing einen Fortschritt mit sich bringt. Dieser Fortschritt ist danach zu beurteilen, inwiefern eine bessere Berücksichtigung der Interaktivität der Beziehungen zu den Kunden über den gesamten Leistungsprozess ermöglicht wird.

III. Prozessorientiertes Handelsmarketing

Ausgangs- und Bezugspunkt sämtlicher Leistungsprozesse eines Handelsunternehmens sind die Kunden bzw. deren Anforderungen und Bedürfnisse. Damit wird der Marketingphilosophie, welche die Kundenorientierung als Leitbild für die Gestaltung der Beziehung zwischen dem Unternehmen und seinen Kunden betrachtet, Rechnung getragen. Kundenorientierung fließt in alle Stufen des Wertschöpfungsprozesses ein. Aufgabe des Handelsmarketing ist es, sicherzustellen, dass Kundenorientierung nicht nur am Ende des Wertschöpfungsprozesses zum Tragen kommt und nicht nur Aufgabe einer Marketing-Abteilung ist. Ein „neues" Handelsmarketing sorgt dafür, dass alle Leistungsprozesse des Handelsunternehmens kundenorientiert ausgerichtet werden. Somit wird das Denken vom Markt her gewissermaßen „stromaufwärts" in der gesamten Wertschöpfungskette verankert.

Am Beispiel eines Kernprozesses, der gemeinsam mit Supportprozessen den Leistungsprozess darstellt, wird die Implementierung der Kundenorientierung als Leitidee verdeutlicht. Den Ausgangpunkt für die Ableitung von Kernprozessen können dabei die folgenden Fragen bilden:

1. Welche Teilprozesse der Leistungsbildung sind aus Kundensicht für die Entscheidungen und Urteilsbildungen im Hinblick auf die Kundenzufriedenheit wichtig?
2. Welche Phasen des Leistungserstellungsprozesses sind für Kunden sichtbar und erlebbar?
3. Worin bestehen die Kernkompetenzen des Unternehmens und inwieweit sind diese geeignet, als Kernprozesse abgebildet zu werden?
4. Inwieweit stimmen jene Teile des Leistungserstellungsprozesses, die aus Kundensicht wichtig sind, und jene Teile, die sich aus der Kernkompetenz ableiten lassen, überein?

Prozessorientiertes Handelsmarketing am Beispiel eines Möbelhauses

Am (fiktiven) Beispiel eines Möbelhauses werden diese Zusammenhänge nun dargestellt. Grundlage für den Kontakt zwischen einem Möbelhaus und seinen Kunden ist, dass das Unternehmen sein Leistungsangebot im Rahmen eines Betriebstyps festgelegt und an einem konkreten Standort realisiert hat. Im Rahmen des Handelsmarketing werden werbepolitische Aktivitäten gesetzt. Die Mediawerbung hat den Kunden erreicht und den Wunsch ausgelöst, das Möbelhaus zu besuchen und sich einen modernen Fernsehsessel anzusehen, der ihm im Prospekt besonders gut gefallen hat.

Herr Maier, ein Kunde, besucht das Möbelhaus und wird in der Abteilung für moderne Wohnmöbel von Frau Müller, einer Mitarbeiterin des Möbelhauses, kompetent informiert und beraten. Ein Fernsehsessel sagt Herrn Maier besonders gut zu, er hätte den Sessel allerdings gerne innerhalb von sechs Wochen geliefert. Frau Müller loggt sich in das Computersystem des Lieferanten ein und prüft den gewünschten Liefertermin. Sie stellt fest, dass dem Liefertermin nachgekommen werden kann und sagt den Termin verbindlich zu. Herr Maier bezahlt 20 % des Rechnungsbetrages bar an. Eine Woche vor dem vereinbarten Liefertermin bekommt Herr Maier einen Anruf, bei dem ihm ein Mitarbeiter des Möbelhauses die Lieferung nochmals bestätigt. Am vereinbarten Liefertag fährt pünktlich um 16.00 Uhr ein Klein-Lkw des Möbelhauses beim Kunden vor. Der sorgfältig verpackte Sessel wird von zwei Mitarbeitern des Möbelhauses im Wohnzimmer von Herrn Maier am gewünschten Ort aufgestellt. Herr Maier bekommt noch einige Tipps zur Pflege seines Ledersessels und erhält ein kleines Fläschchen des Pflegemittels als Probe geschenkt. Die beiden Mitarbeiter nehmen das Verpackungsmaterial mit und Herr Maier begleicht die restliche Kaufsumme noch am selben Tag. Er ist sehr überrascht, dass er nach drei Tagen einen Anruf von Frau Müller bekommt, die sich danach erkundigt, ob alles in Ordnung gegangen sei, was er auch bestätigt. Besonders zufrieden war er mit der pünktlichen Lieferung, da er den neuen Fernsehsessel am darauf folgenden Wochenende stolz seinen Besuchern präsentieren konnte.

Der bisher geschilderte Ablaufprozess ist für den Kunden sichtbar und erlebbar. Es gibt aber auch Teile des Leistungserstellungsprozesses, die für den Kunden nicht sichtbar sind und ihm verborgen bleiben (Stauss/Seidel 2006, S. 176f.). Dazu gehören die Phasen der Auftragsabwicklung beim Lieferanten und die damit verbundenen logistischen Prozesse zwischen dem Möbelhaus und dem Lieferanten. Diese Phasen werden vom Kunden allerdings dann wahrgenommen, wenn Probleme auftreten und bspw. vereinbarte Liefertermine nicht eingehalten werden können. In diesem Fall wirken sich nicht sichtbare Prozessphasen der Leistungserstellung stark auf die Kundenzufriedenheit aus.

In diesem Zusammenhang stellt sich die Frage, welche Aufgaben und Tätigkeiten die **Kernkompetenzen** des Handelsunternehmens bilden, und ob sie zum Inhalt von Kernprozessen gemacht werden können. Kernprozesse sind jene Phasen des Leistungsprozesses, die für den Kaufentschluss und die Kundenzufriedenheit von besonderer Bedeutung sind. Im vorliegenden Beispiel ist die verbindliche Zusage durch Frau Müller zentral für die Kaufentscheidung. Die Einhaltung des Liefertermins beeinflusst die Kundenzufriedenheit in hohem Maße. Somit ist diese Phase des Leistungsprozesses Gegenstand der Bildung eines Kernprozesses.

Abbildung 4.86: Prozessgliederung des Absatzbereichs

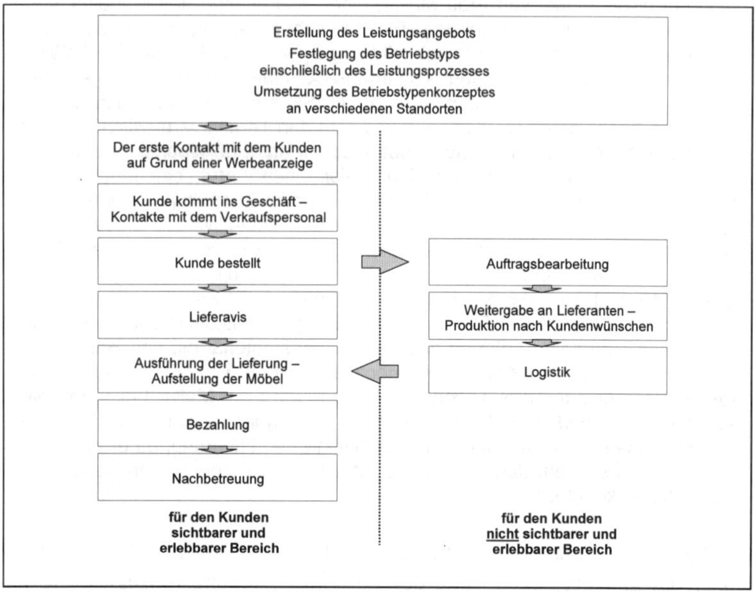

Quelle: in Anlehnung an Stauss/Seidel 1997, S. 196.

Um im Falle des Möbelhauses Kundenorientierung zu verankern, sind weitere Kernprozesse zu identifizieren und detaillierte Ablaufpläne zu erstellen. So können der Kommunikationsprozess ebenso wie der Beschwerdeprozess und die Prozesse der Nachbetreuung der Kunden den Charakter von Kernprozessen annehmen.

Marketing aus prozessorientierter Sicht erfordert also, Kernprozesse im Handelsunternehmen ausfindig zu machen und diese durchgängig und funktionsübergreifend zu implementieren. Damit soll sichergestellt werden, dass das Handelsunternehmen über eine Kernkompetenz verfügt, die letztlich zur Profilierung im Wettbewerb beiträgt. Aus dem Konzept der dynamischen Kernkompetenz (Osterloh/Frost 2006, S. 163ff.) folgt, dass Kernprozesse laufend überwacht und neu hervorgebracht werden müssen, wenn sie nicht mehr zur Differenzierung des Handelsunternehmens gegenüber der Konkurrenz beitragen. Die Fähigkeit, Kernprozesse zu identifizieren, stellt somit eine zentrale Herausforderung für das Handelsmarketing dar.

Abschließend kann festgehalten werden, dass die Ausrichtung des gesamten Handelsunternehmens auf die Bedürfnisse und Wünsche der Kunden – dem Grundanliegen des Handelsmarketing – durch den prozessorientierten Ansatz besser gelingt als in einer nach Funktionen gegliederten Organisation. Im besten Fall umfasst die Markt- bzw. Kundenorientierung das gesamte Geschäftsmodell und ermöglicht eine schnelle Reaktion auf die sich ändernden Kundenbedürfnisse und Markttrends. Darüber hinaus kann dem **Fit** zwischen den Marketinginstrumenten eines Handelsunternehmens im Rahmen einer prozessorientierten Perspektive stärker Rechnung getragen werden. Dieser Fit kann sich positiv auf die Konsistenz, also das Ausmaß, in dem jede Komponente des Marketing-Mix das Ganze reflektiert (Morschett/Schramm-Klein 2007 basierend auf Erdem/Swait 1998, S. 137), und damit positiv auf die Beurteilung der Handelsleistung aus Konsumentensicht auswirken.

K. Fallstudie: bauMax

I. Darstellung des Unternehmens

Mitte der siebziger Jahre des letzten Jahrhunderts wurde der Grundstein für die Erfolgsgeschichte von bauMax durch den österreichischen Unternehmer Karlheinz Essl gelegt.[1] Mit der Errichtung des ersten Baumarktes 1976 – damals noch unter dem Firmennamen Hobbymax – wurde nicht nur der Do-it-yourself-Idee in Österreich zum Durchbruch verholfen, sondern es gelang dem Unternehmen 1983 auch, die unumstrittene Position des Marktführers zu erringen und auszubauen. Nach ersten Testfilialen wurde bereits in den achtziger Jahren stark expandiert. Der Expansionskurs soll auch in den nächsten Jahren fortgesetzt werden. Mittlerweile zählt das Unternehmen zu den Top 12 in der europäischen Do-it-yourself-Branche und gilt in Zentraleuropa als Synonym für Bauen und Heimwerken. In Österreich verfügt das Unternehmen über einen Bekanntheitsgrad von 98 %.

Sitz der Schömer-Unternehmensgruppe, der auch bauMax angehört – einem Unternehmen, das sich ausschließlich im Besitz der Familie Essl befindet – ist Klosterneuburg bei Wien. bauMax wird seit 1990 in der Rechtform einer Aktiengesellschaft geführt, ist seit 2004 jedoch nicht mehr an der Börse kotiert. 2006 wurde die Firmenstruktur vereinfacht – die bauMax Handels GmbH ging in die bauMax AG über.

bauMax beschäftigt derzeit durchschnittlich 7.000 Mitarbeiter, wovon 3.600 in den Filialen im Heimatmarkt tätig sind. Das Unternehmen konnte im Jahre 2006 insgesamt einen Umsatz von EUR 1,16 Mrd. erwirtschaften, was einem Zuwachs von sechs Prozent gegenüber dem Jahr 2005 entspricht. Der Umsatzanteil der Expansionsländer betrug ca. 50 % (siehe Abbildung 4.87).

Im Jahre 2002 startete das Unternehmen das Projekt „bauMax best in class", dessen Kernprojektbereiche das Sortimentsmanagement, das Lieferanten- und Werbemanagement, die Warenversorgung und der Verkauf in den Filialen bildeten. So wurden neue Vertriebstypen entwickelt und die Marktgestaltung sowie die Sortimentsgestaltung einem Relaunch unterzogen. Dem neuen Marketingkonzept „Vier-Welten" entsprechend, wurde das Sortiment

[1] Die Fallstudie wurde auf folgender Basis erstellt: Pressetexte von bauMax 2007, Jahresbericht von bauMax 2006, Jahresbericht von bauMax 2005, Geschäftsbericht von bauMax 2003, Halbjahresbericht von bauMax 2003, Essl/Penninger/Wiedenhofer 2003, bauMax-Buch zum 30-jährigen Jubiläum, www.baumax.at, www.marketagent.com sowie Gespräche mit Mag. Georg Wiedenhofer, Leitung Konzernmarketing.

in die Bereiche „Garten“, „Bauen“, „Wohnen“ und „Werkzeug“ eingeteilt. Diese vier Sortimentswelten finden auch in der Ladengestaltung ihren Niederschlag. Im Rahmen der Umsetzung des Vier-Welten-Konzepts auf den Auslandsmärkten werden lokale Anpassungen vorgenommen.

Abbildung 4.87: Umsatz der bauMax-Gruppe im Jahre 2006

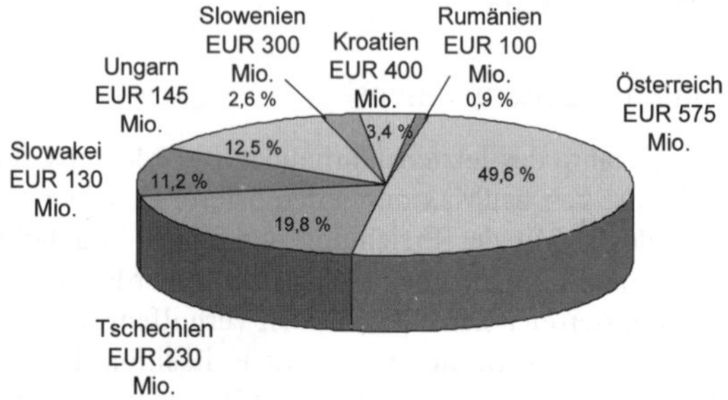

Quelle: bauMax Jahresbericht 2006.

II. Standortpolitik

bauMax war einer der ersten westeuropäischen Do-it-yourself-Anbieter, der auf den osteuropäischen Markt gegangen ist und ist nun der führende Baumarktbetreiber in Zentral- und Osteuropa. Neben Österreich verfügt das Unternehmen über Filialen in Tschechien (23 Baumärkte), der Slowakei (11 Märkte), in Ungarn (14 Baumärkte), Slowenien (3 Filialen), Kroatien (3 Märkte) und Rumänien (2 Baumärkte). Auf allen sieben Märkten konnte bauMax die Stellung als Marktführer erlangen bzw. absichern. Weitere Markteintritte sind in Bulgarien und in der Türkei geplant. Darüber hinaus werden mögliche Expansionsziele, so bspw. die Ukraine, einem Prüfungsverfahren unterzogen.

Derzeit werden von bauMax in Österreich 68 Baumärkte betrieben, wobei im Jahre 2005 73 % der österreichischen Bevölkerung einen Markt in ihrer Nähe hatten. Dies unterstreicht die Bedeutung des Unternehmens als „Nahversorger“. In den Auslandsmärkten ist bauMax zurzeit mit 56 Filialen vertreten. Bis zum Jahre 2010 ist eine Expansion auf insgesamt 169 Märkte in mindestens acht Ländern vorgesehen.

Abbildung 4.88: bauMax-Markt in Budapest

Quelle: www.baumax.at.

„Unser Auftrag ist es, das Heimwerken in Zentral- und Osteuropa zu intensivieren. Seit 30 Jahren unterstützen wir unsere Kunden bei der Verwirklichung ihrer Wohnträume.“

(KR Martin Essl, Vorstandsvorsitzender bauMax AG)

Im Rahmen der Expansionspolitik des Unternehmens werden folgende drei Schwerpunkte gesetzt:

- Standortoptimierung und Ausbau des Marktanteils in Österreich,
- Weiterführung der Expansion in den bestehenden Auslandsmärkten,
- Ausweitung des Geschäftes auf neue Märkte.

Die Vertriebstypen weisen je nach Größe des Einzugsgebietes Verkaufsflächen von 6.500, 8.500 oder 10.500 qm auf. Ende 2006 betrug die Verkaufsfläche aller bauMax-Märkte 766.000 qm. Dies entspricht einer Steigerung von 3,1 % im Vorjahresvergleich, die v.a. auf die Eröffnung neuer Märkte, so bspw. in Rumänien, und die Erweiterung bestehender Standorte (z.B. in der Wiener Neustadt) zurückzuführen ist.

III. Kunden- und Servicepolitik

1. Ausgangssituation

In den letzten Jahren haben sich die Sortimente der Anbieter in der Do-it-yourself-Branche stark angeglichen. Deshalb sind Baumarktunternehmen bestrebt, sich über eine marktorientiert gestaltete Kunden- und Servicepolitik von den Wettbewerbern abzuheben. Diesen Überlegungen folgt bauMax, indem auf absolute Kundennähe gesetzt wird und der Kunden- und Servicepolitik ein hoher Stellenwert eingeräumt wird. Im Jahre 2006 kauften insgesamt 37,6 Mio. Kunden bei bauMax ein. Dies entspricht einer Erhöhung der Kundenfrequenz um 2 % im Vergleich zum Jahr 2005.

2. Kundensegmente

Auf der Basis einer Heimwerkerstudie, die im Jahre 2002 von DUAL CONSULT durchgeführt wurde, konnten in der Do-it-yourself-Branche in Abhängigkeit der Intention der „Heimwerker" drei Kundensegmente identifiziert werden: Bastel- und Verschönerungskunden, Renovierungskunden und Neubaukunden. Bei bauMax konnten 80,2 % der Kunden dem Segment der Bastel- und Verschönerungskunden zugerechnet werden. 15,2 % der Kunden entfielen auf die Gruppe der Renovierungskunden und 4,6 % auf jene der Neubaukunden.

Darüber hinaus wurde im Rahmen der empirischen Untersuchung festgestellt, dass Renovierungs- und Neubaukunden ca. die Hälfte des gesamten Baumarkt-Umsatzes verursachten. Daraus leitete bauMax zwei Ziele für das Customer-Relationship-Management ab. Erstens sollten diese Kundensegmente über die Kommunikationspolitik gezielt angesprochen werden, um auf diesem Weg zusätzliche „Heavy User" (Renovierungs- und Neubaukunden) zu akquirieren. Zweitens galt es, bestehende Renovierungs- und Neubaukunden an das Unternehmen zu binden, um so den Durchschnittsumsatz zu steigern.

3. Kundenkarten bei bauMax

a) Preissäge-Kundenkarte

Treue Kunden werden bei bauMax belohnt. Kundenkartenbesitzer können folgende Vorteile geltend machen:

- **Sofort-Rabatt**: Bei einem einmaligen Einkauf ab 350 EUR erhält der Kunde einen Sofort-Rabatt in Form eines Gutscheines, der auch bar ablösbar ist. Die Höhe des Rabattes richtet sich dabei nach der Höhe der Einkaufssumme.
- **Sammel-Jahresbonus**: Mit jedem Einkauf bei bauMax stockt der Kunde seinen Jahresumsatz auf und erhält ab einem Jahresumsatz von 3.500 EUR 10 % Jahresbonus (abzüglich der Sofort-Rabatte) in Form eines Gutscheines, der auch in bar abgelöst werden kann. Ab 1.000 EUR Jahresumsatz erhält der Kunde ein Scheckheft mit zahlreichen Belohnungen und Vergünstigungen. Dabei besteht auch die Möglichkeit, eine Hauptkarte mit bis zu fünf Zusatzkarten zu verknüpfen, um mit anderen Kunden gemeinsam zu sammeln.
- **Zusatzleistungen**: Inhabern der Preissäge-Kundenkarte werden bei Inanspruchnahme bestimmter Zusatzleistungen, so bspw. Bilderrahmen- oder Holzzuschnitte, Preisabschläge gewährt. Sie erhalten darüber hinaus Vergünstigungen bei Partnerfirmen.

b) Die Gratis-Preissäge-Zahlkarte

bauMax bietet neben der Preissäge-Kundenkarte auch eine Kundenkarte mit Zahlungsfunktion an, mit der Kunden in allen bauMax-Märkten in Österreich bargeldlos zahlen können. Der Verfügungsrahmen ist dabei auf EUR 1.500 begrenzt.

4. Neue Serviceoffensive

Im Oktober 1998 startete bauMax eine Serviceoffensive mit dem Ziel der absoluten Kundenzufriedenheit. Für diese Serviceoffensive wurden im Anschluss an einige empirische Studien sog. Key-Faktoren definiert, die aus jenen Variablen abgeleitet wurden, die beim Kunden zu Unzufriedenheit führen können (z.B. lange Wartezeiten bei den Kassen, ausverkaufte Aktionsprodukte, falsche Preisauszeichnung, Unfreundlichkeit der Mitarbeiter, unzufriedenstellende Reklamationsbearbeitung oder schlechte Beratungsqualität). Diese Serviceoffensive wird nun unter dem Motto „Wir wollen zufriedene Kunden“ fortgesetzt, wobei sich bauMax-Märkte durch neun Extras für den Kunden auszeichnen:

- Freundlichkeit
- beste Beratung
- rasche Hilfe bei Reklamationen
- Geld-zurück-Garantie
- rasche Kassenabwicklung
- Preisgarantie
- Warenverfügbarkeit
- angenehme Einkaufsatmosphäre
- Serviceleistungen.

Garantien bei bauMax

Warenverfügbarkeit: Ist ein Artikel, insbesondere ein Aktionsprodukt, einmal nicht lagernd, wird es von bauMax sofort nachbestellt. Nach Eintreffen der Lieferung wird der Kunde telefonisch verständigt. Kann das Produkt nicht innerhalb einer angemessenen Zeitspanne geliefert werden, erhält der Kunde einen gleichwertigen Artikel zum selben Preis.

Geld-zurück-Garantie: Gegen Vorlage des Kassabons werden originalverpackte Waren vier Wochen lang zurückgenommen und der Kunde erhält den Einkaufsbetrag refundiert.

Wachstumsgarantie: bauMax führt nur ausgesuchte und erstklassige Qualitäten. Bei allen Gärtnermeister-Topfpflanzen und -Hydrokulturen sowie bei Laubgehölzen, Rosen und Koniferen wird ein Jahr Garantie gewährt. Im Falle einer berechtigten Reklamation erhält der Kunde gegen Vorlage des Kassabons Ersatz oder er bekommt den Kaufpreis rückerstattet.

Quelle: www.baumax.at

Die Serviceoffensive ist in zwei Richtungen konzipiert: Einerseits wird ein internes Programm forciert, bei dem eine Vielzahl von Aktivitäten, so Schulungen, Präsentationen, Mitarbeitermehreinsatz bis hin zu einer starken internen Kommunikation, eingesetzt werden. Andererseits werden diese Maßnahmen auch in die Massenkommunikation nach außen hin vermittelt: Der Kunde soll darauf aufmerksam gemacht werden, dass bauMax im Servicebereich neue Maßstäbe setzt.

5. Die Serviceleistungen im Überblick

bauMax bietet seinen Kunden zahlreiche Serviceleistungen an:

- **Zustellservice:** Auf Wunsch werden den Kunden die bei bauMax gekauften Produkte nach Hause geliefert, wobei die Preise für die Zustellung danach gestaffelt sind, wie weit der Wohnort des Kunden von der jeweiligen Filiale entfernt ist.
- **Montageservice:** Ausgesuchte Partnerbetriebe von bauMax führen für Kunden bspw. Elektro-, Heizungs- oder Sanitärinstallationen durch, kümmern sich um den Einbau von Türen, verlegen Teppich-, Laminat- und Parkettböden oder nehmen die Gartenplanung vor.
- **Bestellservice:** Sollte ein Artikel nicht lagernd oder ausverkauft sein, wird das gewünschte Produkt – auch zum Aktionspreis – besorgt.
- **Geräteverleih:** Verschiedenste Geräte – vom Winkelschleifer, über Bohrhammer, Flachdübelfräse, Fußbodenschleifmaschine, Gartenwalze bis hin zum Klimagerät oder Pkw-Anhänger – können bei bauMax gegen Bezahlung einer Gebühr ausgeliehen werden.
- **Reparaturservice:** Auch nicht bei bauMax erworbene Produkte, die dem Sortiment des Unternehmens zuzurechnen sind, werden repariert.
- **Heimwerkerkurse:** bauMax bietet zahlreiche Heimwerkerkurse für Anfänger wie für Fortgeschrittene (z.B. Fliesenlegerkurs) in diversen Niederlassungen an.
- **Nachrichtenbörse:** In jedem bauMax-Markt können Kunden Nachrichten aller Art auf einem „Schwarzen Brett“ anbringen.
- **Transporterverleih**: bauMax bietet Kleintransporter zum Ausleihen an.
- **Kundentelefon** (0810/008390): Anregungen, Fragen oder Beschwerden können über das Kundentelefon zum Ortstarif mitgeteilt gegeben werden.
- **Teilzahlung:** Ab einem Kaufpreis von 300 EUR können volljährige, kreditwürdige Kunden eine Teilzahlung vereinbaren, wobei 20 % des Kaufpreises anzuzahlen sind.
- **Bankomatkassa:** Kunden der bauMax-Märkte können mittels Bankomat- oder Euroscheckkarte an allen Kassen bargeldlos bezahlen.

Darüber hinaus bietet bauMax einen Kabelzuschnitt, einen Spülenausschnitt, Holz nach Maß sowie einen Schärfdienst für Klingen, Kanten oder Bohrer an. In den Mega-bauMax-Märkten werden weitere Services angeboten, so bspw. Farbenmischungen, Bodenbelags- oder Bilderrahmenzuschnitte und im Schlemmer-Max können sich Kunden während ihres Einkaufs stärken. Anregungen, Wünsche und Beschwerden können auch über die Website des Unternehmens mitgeteilt werden.

6. bauMax Image-Analyse

Im Jahre 2003 wurde von DUAL CONSULT eine Befragung über die Zufriedenheit der bauMax-Kunden durchgeführt, an der mehr als 6.000 Probanden teilnahmen. Abbildung 4.89 veranschaulicht Auszüge der Ergebnisse dieser empirischen Studie.

Abbildung 4.89: Kundenzufriedenheit bei bauMax

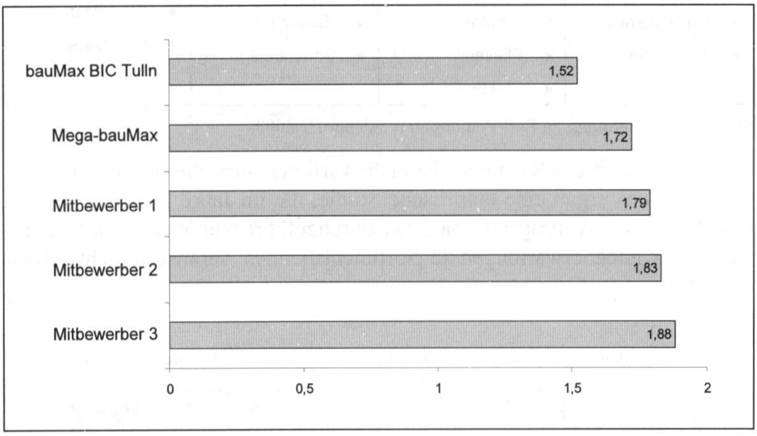

Quelle: Essl/Penninger/Wiedenhofer 2003.

Demnach wiesen bauMax- und Mega-bauMax-Kunden im Vergleich zu jenen der Konkurrenzunternehmen höhere Zufriedenheitswerte auf.

bauMax gewinnt CRM Best Practice Award 2006

2006 wurde bauMax im Rahmen der CRM-expo, der bedeutendsten Messe für Customer-Relationship-Management, für die gezielte CRM-Strategie mit dem Best Practice Award in der Kategorie B2C ausgezeichnet.

Ausschlaggebend für die Entscheidung der Jury war die hohe Erfolgs- und Mitarbeiterorientierung des CRM-Projekts. So war die Projektleitung von Anfang an bemüht, ein praxisorientiertes CRM-System, das nahe am Mitarbeiter und Kunden ist, einzuführen. Über dieses CRM-System ist es bauMax seit 2005 gelungen, den breiten Kundenstamm weiter auszubauen und das Zielgruppenmarketing zu optimieren.

Quelle: www.baumax.at

Generell wird bauMax in Österreich im Vergleich zu seinen Wettbewerbern als sympathischer und vertrauenswürdiger eingeschätzt. Dies geht aus einer Online-Befragung von 500 Probanden hervor, die im Jahre 2006 von MARKETAGENT durchgeführt wurde.

IV. Sortiments- und Markenpolitik

Wie eingangs erwähnt, wurde das reichhaltige Sortiment auf der Basis von Kundenbefragungen in die vier Sortimentsbereiche „Garten“, „Bauen“,

„Wohnen“ und „Werkzeug“ eingeteilt. Abbildung 4.90 gibt einen Überblick über die den Sortimentsbereichen zugeordneten Artikelgruppen.

Abbildung 4.90: Artikelgruppen in den vier Sortimentsbereichen

Garten	Bauen	Wohnen	Werkzeug
♦ Pflanzen ♦ Gartenmöbel ♦ Gartengeräte ♦ Tiernahrung ♦ Boutique	♦ Baustoffe ♦ Holz ♦ Sanitär ♦ Fliesen ♦ Elektro	♦ Farben ♦ Tapeten ♦ Beleuchtung ♦ Bodenbeläge	♦ Werkzeug und -zubehör ♦ Kleineisen ♦ Beschläge

Quelle: in Anlehnung an Essl/Penninger/Wiedenhofer 2003.

In Abhängigkeit des Sortimentsbereichs variieren auch die Erwartungen des Kunden. Dies ergab eine empirische Studie, die im Jahre 2002 von DUAL CONSULT im Auftrag von bauMax durchgeführt wurde. Die vier bedeutendsten Kundenerwartungen je Sortimentsbereich veranschaulicht Abbildung 4.91.

Abbildung 4.91: Kundenerwartungen in den vier Sortimentsbereichen

Garten	Bauen	Wohnen	Werkzeug
große Auswahl	Warenverfügbarkeit	Produktqualität	kompetente Beratung
Qualität/Frische	rasche Abwicklung	umfangreiches Sortiment	große Auswahl/ unterschiedliche Hersteller
stressfreier Einkauf in angenehmer Atmosphäre	Preisvorteile bei Mengenabnahme	ausgefallene Produkte/Raritäten bei Materialien und Farben	Warenverfügbarkeit
Beratungsqualität	kompetente Beratung	ausgefallenes Design	Produktqualität

Quelle: in Anlehnung an Essl/Penninger/Wiedenhofer 2003.

Die Breite und Tiefe der in den bauMax-Märkten angebotenen Sortimente wird in Abhängigkeit des Markttyps festgelegt, wobei in jeder Filiale sämtliche Produkte für die Realisierung eines Projektes, so bspw. dem Einbau einer Badewanne, zur Verfügung stehen. Grundsätzlich gilt die Regel: Je größer die Verkaufsfläche, desto tiefer ist das Angebot. Bei Mega-bauMax, einem Großflächenkonzept, sind durchschnittlich 40.000 Artikel auf Lager. Der modulare Sortimentsaufbau erfolgt EDV-gestützt, wobei Verkaufsdaten die wesentlichen Variablen darstellen.

Abbildung 4.92: Das Marken-Erlebnis bei bauMax

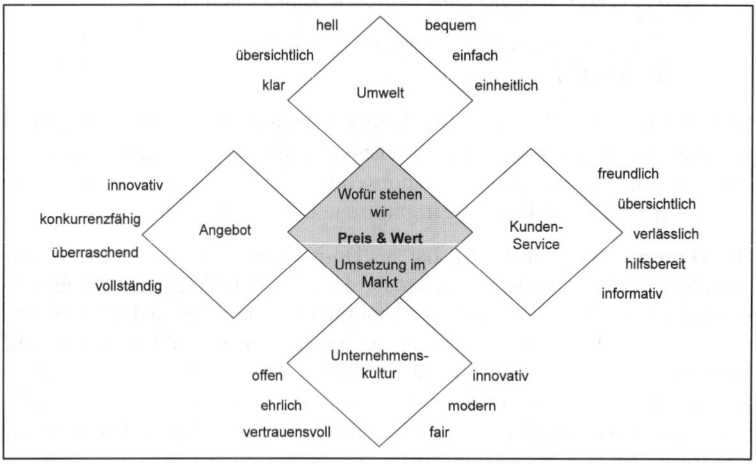

Quelle: in Anlehnung an Essl/Penninger/Wiedenhofer 2003.

Schon seit mehreren Jahren versucht bauMax, sich mit qualitativ hochwertigen **Eigenmarken** gegenüber seinen Wettbewerbern zu profilieren. Dabei wurde die Anzahl der Eigenmarken in den letzten Jahren sukzessive erhöht. Geplant ist es, die Eigenmarkenstrategie auch weiterhin massiv zu forcieren. bauMax hat sich für eine **Markenfamilienstrategie** entschieden, d.h., für jeden Sortimentsbereich gibt es mindestens eine Eigenmarke. Derzeit führt das Unternehmen folgende Eigenmarken:

- Garden Trend (im Sortimentsbereich Garten)
- Aqua Garden (im Sortimentsbereich Garten)
- Pool Master (im Sortimentsbereich Garten)
- Genius Pro (in den Sortimentsbereichen Garten und Wohnen)
- La Cultura (in den Sortimentsbereichen Bauen und Wohnen)
- Master Fix (im Sortimentsbereich Bauen)
- Merox (in den Sortimentsbereichen Garten, Werkzeug und Wohnen).

Diese Eigenmarken werden von bauMax als Exklusivmarken geführt. Darüber hinaus bietet bauMax mit O.K. eine Billig- oder Einstiegsqualitätsmarke an, die sich durch das gesamte Sortiment zieht. Abbildung 4.92 zeigt auf, welche Begriffe die Kunden mit der Marke bauMax generell verbinden.

V. Preispolitik

Auf Grund des ausgeprägten Wettbewerbs in der Do-it-yourself-Branche und des strengen Kostenbewusstseins der Konsumenten muss sich bauMax einem harten Preiskampf stellen. Insgesamt ist das Preisniveau in den letzten Jahren kontinuierlich gesunken. So sind die Verkaufspreise bei Baumarktartikeln im Jahre 2005 im Vergleich zu 2004 um 1,54 % gefallen.

„Die Preisspannen werden immer geringer. Der Einkauf ist von unserer Seite her eine beinharte Kalkulation.“

(Hans-Jörg Greimel, Vorstand Beschaffung und Vertrieb bauMax AG)

Viele Artikel, die früher typische Sonderangebotsartikel waren, sind bereits mit dem Normalpreis auf einem Preisniveau, das kaum zu unterbieten ist. Unter diesen Bedingungen war es notwendig, die Preispolitik auf zwei neue Eckpfeiler zu stützen: Dauerniedrigpreise und Preisgarantien.

Die **Dauerniedrigpreispolitik** hat im Do-it-yourself-Bereich stark an Bedeutung gewonnen. Eine Studie ergab, dass Dauerniedrigpreise die Glaubwürdigkeit in die Preisstrategie des Unternehmens erhöhen und die Kundentreue fördern. Um dem Rechnung zu tragen, bietet bauMax Artikel auf breiter Front zu Dauertiefpreisen an. Daneben gibt es spezielle Sonderangebote, die auch online abgerufen werden können. Dabei handelt es sich meist um interessante Einzelartikel aus den höherpreisigen Segmenten oder aus Randsortimenten.

Im Rahmen der **Preisgarantie** wird den Kunden zugesagt, dass sie einen Artikel, den sie vor dem Kauf oder bis zu 14 Tage nach dem Kauf bei in einem anderen Geschäft zu einem niedrigeren Preis finden, zum günstigeren Preis erhalten bzw. den Differenzbetrag rückerstattet bekommen. Schließlich garantiert bauMax auch eine korrekte Preisauszeichnung. Wenn ein Artikel nicht mit dem richtigen Preis ausgezeichnet ist, erhält der Kunde das jeweilige Produkt zum niedrigeren Preis.

Online-Auktionen bei bauMax

bauMax bietet auf seiner Website auch die Möglichkeit, sich online an einer Auktion zu beteiligen, wobei der Höchstbieter das ersteigerte Produkt bei einem beliebigen bauMax-Markt in Österreich abholen kann.

Quelle: www.baumax.at.

VI. Kommunikationspolitik

Der Slogan von bauMax „Großer Wert und kleiner Preis“ spiegelt sich auch in der Kommunikationspolitik wider. Der „große Wert“ wird über die Faktoren Kompetenz, Sortiment, Personal, Freundlichkeit, Beratungsleistung, Service, Einkaufsatmosphäre usw. definiert und dargestellt, die Preiswürdigkeit über Angebote und verschiedene Preisschienen bis hin zur Preisauszeichnung im Markt. Um diesen Slogan emotional aufzuladen, führte bauMax im Jahre 2007 unter dem Motto „I do it my way“ eine neue Kommunikationslinie ein, die

- in allen bauMax-Ländern und in allen Kommunikationskanälen umgesetzt wird
- die Einzigartigkeit von bauMax stärker hervorhebt und eine noch deutlichere Differenzierung zum Wettbewerb gestattet

- die Unternehmensphilosophie vermittelt, indem der Mensch in den Mittelpunkt gerückt wird.

Generell setzt bauMax für Werbemaßnahmen auf folgende Kommunikationskanäle:

- Printmedien
- Hörfunk
- TV
- Kataloge
- Flugblatt
- Direkt-Marketing
- Internet.

Um die „Heavy User" gezielt bewerben zu können, nahm bauMax auf der Basis der getätigten Umsätze der Kunden und in Abhängigkeit davon, ob und wie lange die Kunden bereits eine Preissäge-Kundenkarte hatten, eine Detailsegmentierung vor. Jene Kunden, die noch keine Preissäge-Karte besaßen, sollten bspw. mittels bauMax-Scheckheften akquiriert werden. Kunden, die bereits seit drei Monaten eine Kundenkarte besaßen und bislang um insgesamt EUR 500 bis EUR 1.499 bei bauMax eingekauft hatten, sollten mithilfe persönlicher Anschreiben und Gutscheinen zu Folgekäufen bewogen werden. Jene Kunden, die schon seit sechs Monaten eine Kundenkarte hatten und bislang einen Umsatz von EUR 1.500 bis 3.499 getätigt hatten, sollten mittels persönlicher Anrufe oder persönlicher E-Mails beworben werden. Schließlich war für jene Kunden, die ihre Kundenkarte schon länger als sechs Monate besaßen und bislang für einen Umsatz von EUR 3.500 bis EUR 6.999 gesorgt hatten, bspw. Events als Werbemaßnahme vorgesehen.

bauMax fördert zeitgenössische Kunst

Mit dem Essl Museum, das im Jahre 1999 in Klosterneuburg bei Wien eröffnet wurde, bietet bauMax seinen Mitarbeitern sowie einem breiten Publikum die Möglichkeit, Kunst als Kraftquelle für den Alltag zu erfahren. Die Sammlung umfasst mittlerweile mehr als 6.000 Werke zeitgenössischer Kunst und zählt zu den wichtigsten Privatsammlungen Europas.

Quelle: www.baumax.at.

VII. In-Store-Management

Das neue Marketing-Konzept wird auch bei der Ladengestaltung nach und nach umgesetzt. So ist in Österreich derzeit ein Drittel der bauMax-Märkte im Vier-Welten-Design gestaltet. Die Farbleitsysteme, die zu einer leichteren Orientierung der Kunden beitragen sollen, sind den vier Sortimentswelten entsprechend gestaltet (siehe Abbildung 4.93). So wird der Sortimentsbereich „Garten" bei der Ladengestaltung durch die Farbe grün umgesetzt. Abteilungen des Sortimentsbereichs „Bauen" sind in blau gehalten, jene des Bereiches „Wohnen" in lila und jene der Sortimentswelt „Werkzeug" in orange.

Abbildung 4.93: Ladengestaltung nach dem Vier-Welten-Konzept

Quelle: www.baumax.at.

Die Abteilungen der Sortimentsbereiche „Garten" und „Wohnen" werden darüber hinaus so gestaltet, dass sich Kunden emotional angesprochen fühlen. Neben der übersichtlichen Präsentation der Artikel ist das einheitliche Corporate Design ein zentrales Kriterium der Ladengestaltung.

Abbildung 4.94: Mega-bauMax in Wien 21/Brünnerstrasse

Quelle: www.baumax.at.

Abbildung 4.94 zeigt die Außenansicht des Mega-bauMax im 21. Wiener Gemeindebezirk. Hier wurden das Gartencenter und der Baumarkt unter einem Dach integriert. Durch die glasverkleidete Stahlkonstruktion gelangt viel Tageslicht in den Verkaufsraum, wodurch eine angenehme Einkaufsatmosphäre geschaffen wird.

Fünftes Kapitel

Die Gestaltung der Supply-Chain

A. Gegenstand

I. Überblick

Die Supply-Chain-Prozesse bilden – wie in Abbildung 1.39 dargestellt – zusammen mit den Marktbearbeitungs-Prozessen die Kernprozesse von Handelsunternehmen und stehen zugleich mit diesen in enger Verbindung (siehe auch Abbildung 1.42). So setzt die Gestaltung der Supply-Chain im Handel an der Nachfrage an, d.h., sie geht von den Absatzmärkten aus und nicht – wie dies in der Vergangenheit der Fall war – von den Beschaffungsmärkten. Insofern hat sich diesbezüglich ein Paradigmenwechsel im Handel vollzogen. Daher wird auch von „**Demand- & Supply-Chain-Management**" gesprochen (Hertel/Zentes/Schramm-Klein 2005, S. 3f.).

Eine weitere fundamentale Neuorientierung kommt bereits in dem Begriff „Supply-Chain" selbst zum Ausdruck: Das Prozessdenken fordert nicht nur, die Beziehungen zwischen den logistischen Subsystemen innerhalb des Handelsunternehmens zu betrachten, sondern auch die Wirkungszusammenhänge mit den Logistiksystemen der anderen, in die **Versorgungskette** integrierten Unternehmen. Die Supply-Chain bezeichnet dabei sowohl die beteiligten Partner bzw. Akteure als auch die Verbindungen und Prozesse, die zwischen ihnen auftreten.

Dieser unternehmensübergreifende Ansatz, der somit auf eine **Gesamtsystemoptimierung** abzielt und von einer partnerschaftlichen Grundhaltung ausgeht, die zu sog. **Win-Win-Lösungen** führen soll, wird ermöglicht durch die Verfügbarkeit kostengünstiger und leistungsstarker Informations- und Kommunikationstechnologien: Integrierte (rechnergestützte) **Warenwirtschaftssysteme** stellen das technische „Rückgrat" der modernen Supply-Chain-Lösungen dar. Sie bilden auch die Grundlage moderner Logistikkonzepte, die im Bereich der Lagerhaltung auf Bestandsreduzierung oder gar -abbau oder im Bereich des Transports auf die Optimierung der Kapazitätsauslastung, einschließlich der Reduzierung von Leerfahrten o.Ä., abzielen.

IT-gestützte Warenwirtschaftssysteme haben zugleich eine weiter gehende Funktion. Sie liefern nicht nur die informatorischen Grundlagen zur Steuerung der Supply-Chain, sondern auch zur Messung und Evaluierung im Hinblick auf ihre **Performance**. Darüber hinaus bilden sie eine wichtige Basis zur Lieferantenanalyse und -bewertung im Rahmen des **Supplier-**

Relationship-Managements sowie zur Sortimentsanalyse und zum Wirkungscontrolling im Rahmen des **Category-Managements** und des **Customer-Relationship-Managements**.

Im Folgenden stehen die Supply-Chain-Prozesse im Vordergrund; sie werden aus analytischen Gründen getrennt nach Beschaffungsprozessen, Logistikprozessen und Informationsprozessen, wenngleich diese Prozesse stets simultan ablaufen. Die prozessuale Sichtweise wird ergänzt um eine Charakterisierung der wesentlichen Ausprägungsformen, Komponenten und Funktionalitäten der Beschaffung, der Logistik und der Warenwirtschaftssysteme.

II. Begriffliche Abgrenzungen

Bei der Gestaltung der Supply-Chain wird in der Literatur eine Reihe von Begriffen verwendet, denen keine einheitliche Definition zu Grunde liegt; sie sind mehr oder weniger umfassend. Im Folgenden sollen daher die Begriffe Beschaffung, Logistik und Warenwirtschaft zunächst näher abgegrenzt werden.

Die Beschaffung dient i.w.S. der Unternehmensversorgung. Zur Versorgung des Unternehmens kann die Beschaffung von Arbeitskräften (Personal), von Informationen, von Kapital, von Rechten, Sachgütern und Dienstleistungen, der Technologieerwerb usw. gezählt werden.[1]

> *Beschaffung i.e.S. umfasst alle unternehmens- und marktbezogenen Tätigkeiten zur Versorgung des Unternehmens mit Waren, (direktem und indirektem) Material, Dienstleistungen, Rechten sowie Maschinen und Anlagen aus „unternehmensexternen" Quellen mit dem Ziel, zum Erreichen nachhaltiger Wettbewerbsvorteile beizutragen (Kaufmann 2001, S. 39f.).*

Im Folgenden wird die Beschaffung eingeengt auf Ware (Handelsware bzw. „direkte Güter"), da die handelsspezifischen Aspekte im Vordergrund stehen und die Beschaffung von Ware, die i.d.R. nicht selbst be- oder verarbeitet wird, und an Dritte abgesetzt wird, geradezu konstitutiv für den Handel ist (vgl. hierzu die definitorischen Abgrenzungen im Ersten Kapitel).

Synonym zu Beschaffung wird „**Sourcing**" verwendet. Der Begriff Einkauf („**Purchasing**") wird unterschiedlich abgegrenzt. Einerseits wird er auf die Ebene der operativen Abwicklung bezogen, andererseits spricht man von „strategischem Einkauf" und meint damit u.a. die Festlegung von Rahmenkonditionen bezüglich Zahlung und Lieferung (z.B. Rabatte, Boni, Skonti, Zahlungsziele u.Ä.) mit Lieferanten. Procurement wird heute meist im Zusammenhang mit elektronischen Prozessen, so auf der Basis der Internet-Technologie, verwendet: „**E-Procurement**" meint dann die operative Ab-

---

[1] Vgl. hierzu Zentes/Swoboda/Morschett 2004, S. 304ff. und die dort angegebene Literatur.

wicklung aller Beschaffungsaktivitäten, so die Online-Suche nach Lieferanten, das Aushandeln der Preise und Konditionen, z.B. in Form von „reverse auctions" über Internet, wie auch die elektronische Übermittlung von Bestellungen oder die elektronische Übermittlung von Verkaufsdaten im Rahmen von herstellergesteuerten Nachschubversorgungssystemen.

Der Logistikbegriff kann im Kontext der hier zu behandelnden Phänomene als der weitestgehende betrachtet werden. In der Literatur wird die Vielzahl der vorliegenden Definitionen oftmals in drei Gruppen zusammengefasst (Pfohl 2004b, S. 12ff.). Der erste Definitionsansatz, dem hier gefolgt wird, kann als **flussorientierte Definition** bezeichnet werden. Er lautet in Anlehnung an Pfohl (2004b, S. 12) wie folgt:

> *„Zur Logistik gehören alle Tätigkeiten, durch die die raumzeitliche Gütertransformation und die damit zusammenhängenden Transformationen hinsichtlich der Gütermengen und -sorten, der Güterhandhabungseigenschaften sowie der logistischen Determiniertheit der Güter geplant, gesteuert, realisiert oder kontrolliert werden. Durch das Zusammenwirken dieser Tätigkeiten soll ein Güterfluss in Gang gesetzt werden, der einen Lieferpunkt mit einem Empfangspunkt möglichst effizient verbindet."*

Bereits in diesem Ansatz kommt das Streben nach Effizienz zum Ausdruck, was in der betriebswirtschaftlichen Logistikliteratur mit dem sog. **„4 r"-Konzept** charakterisiert wird (Pfohl 2004b, S. 12): „Die Logistik hat dafür zu sorgen, dass ein Empfangspunkt gemäß seines Bedarfs von einem Lieferpunkt mit dem richtigen Produkt (in Menge und Sorte), im richtigen Zustand, zur richtigen Zeit, am richtigen Ort zu den dafür minimalen Kosten versorgt wird."

Aus der hier im Vordergrund stehenden Perspektive wird der Begriff „Güter" auf Waren im i.S.v. Endprodukten eingeengt, da dies für den Wertschöpfungsprozess des Handels typisch ist.

Zur Steuerung der Güter- und Finanzflüsse stehen Planungs-, Koordinations- und Transaktionsinformationen im Vordergrund. Im Handel haben in diesem Zusammenhang die **Warenwirtschaftssysteme** als Basis der informatorischen Unterstützung eine herausragende Bedeutung. Allgemein besteht die Hauptaufgabe der Warenwirtschaftssysteme in der mengen- und wertmäßigen Steuerung des Güter- bzw. Warenflusses im Rahmen der Supply-Chain von Handelsunternehmen.

> *Abgrenzungen bzw. Definitionen von Warenwirtschaftssystemen fokussieren zumeist auf die inhaltlichen Bestandteile bzw. die Funktionen von Warenwirtschaftssystemen, wobei Warenwirtschaftssysteme allgemein als immaterielles Abbild der warenorientierten dispositiven, logistischen und abrechnungsbezogenen Prozesse für die Durchführung der Geschäftsprozesse in Handelsunternehmen – also als Abbild des*

physischen Warenflusses auf der informatorischen Seite – definiert werden. Dabei stehen Prozesse wie u.a. Dispositions-, Bestell-, Wareneingangs-, Lagerungs-, Warenausgangs-, Kassenabwicklungs-, Inventur- oder Berichtsprozesse im Vordergrund (Zentes 1985; 1988; Hertel 1999; Becker/ Schütte 2004).[1]

III. Ströme und Partner in der Supply-Chain

1. Relevante Ströme

a) Verfügungsrechte als Basis

Die Steuerung der Ströme wie gleichermaßen der Einfluss auf die Partner in der Supply-Chain hängt wesentlich von der Verteilung der Verfügungsrechte bezüglich der gehandelten Waren ab. Agiert ein Handelsunternehmen z.B. als Franchise-Nehmer oder als Agent (Handelsvermittler) in einem vertikalen Kontraktsystem, dann prägt dieses kontraktuelle Arrangement wesentlich die Waren-, Informations- und Finanzströme. Dies gilt gleichermaßen für einen (selbstständigen) Händler, der als Mitglied einer Einkaufsgenossenschaft die Ware vollständig über deren Zentrallager oder Warenverteilzentrum bezieht und im Rahmen einer Zentralregulierungsvereinbarung mit dieser Einkaufsgenossenschaft alle Zahlungen im Lastschriftverfahren abwickelt. Demgegenüber stehen Handelsunternehmen, die bspw. weltweit direkt bei Herstellern beschaffen und lieferantenspezifisch die korrespondierenden Logistik- und Finanzströme selbst gestalten.

b) Warenströme

Als wesentliche Grundfunktion des Handels wird die Bedarfsanpassungsfunktion, insbesondere die raum- und zeitbezogene Überbrückungsfunktion, gesehen. Diese Grundfunktion wird durch die Initiierung von Warenströmen wahrgenommen. Charakteristisch für Warenströme in der Supply-Chain ist dabei, dass ab der Herstellungsstufe die Ware weitestgehend unverändert durch die Versorgungskette geführt wird.

Dabei wird die Gestaltung der Supply-Chain, so die Wahl der Transportmittel, die Entscheidung über Lagerhaltung und der optimale Transportweg, von den Eigenschaften der zu transportierenden Ware beeinflusst, z.B. durch die Größe der einzelnen Artikel bzw. Ladungseinheiten, den Wert der Artikel (auch in Relation zur Größe), die Transportempfindlichkeit, die Temperaturempfindlichkeit, die Verderblichkeit sowie durch bestimmte Nachfragemuster. Handelsunternehmen mit einem breiten Sortiment unterscheiden traditionell zwischen Sortimentsbereichen mit unterschiedlichen logistischen Anforderungen. Ein Beispiel dafür ist die Sortimentseinteilung eines Warenhauses (vgl. hierzu bereits Lendzion 1991, S. 37f.):

---

[1] Vgl. zu den unterschiedlichen begrifflichen Abgrenzungen Hertel/Zentes/Schramm-Klein 2005, S. 219ff.

- **Stapel**: Kontinuierlich geführte Artikel, von denen einzelne Artikel immer wieder unverändert und normalerweise von den gleichen Lieferanten nachgekauft werden, wenn der Vorrat zu Ende geht, werden als Stapelware bezeichnet. Der größte Teil der Hartwaren, aber auch Teile des Textilsortiments, gehören in diesen Bereich.
- **Mode (Fashion)**: Bei diesem Sortimentsbereich mit ständig wechselnden Artikeln ist es üblich, dass modische Ware, die gleichzeitig in hohem Maße saisonabhängig ist, von der Industrie nur einmal produziert wird, und zwar weit gehend nur in einer Auflage.
- **Lebensmittel**: Definitionsgemäß gehören Lebensmittel, soweit es sich um das „Trockensortiment" (z.B. Konserven, Spirituosen) handelt, zum Bereich Stapel. Da aber Besonderheiten zu berücksichtigen sind, wie große Mengen und Gewicht je Artikel sowie die Notwendigkeit kürzester Wiederbeschaffungszeiten für die Filialen, gibt es i.d.R. für Lebensmittel ein eigenes Logistiksystem.
- **Frischware**: Als Unterbereich der Lebensmittel kann die Frischware genannt werden, so Obst und Gemüse oder Molkereiprodukte, die zusätzliche Anforderungen durch Verderblichkeit, Gewicht, Pfandabwicklung usw. stellt und daher ebenfalls meist einer eigenen Logistikstruktur bedarf.
- **Großstücke**: Großvolumige Ware, z.B. Möbel und Elektrogroßgeräte, haben wiederum eigene Anforderungen, die z.B. im großen Raumbedarf oder der Auslieferung zum Kunden bestehen.
- **Spezielle Sortimentsbereiche**: In einem Voll-Sortiment-Warenhaus fordern auch Bereiche mit relativ geringen Umsatzanteilen spezielle logistische Lösungen, z.B. Tonträger und Bücher, augenoptische Erzeugnisse, Gastronomie oder Meterware.

c) Informationsströme

Zur Realisierung der Warenströme ist eine Reihe von Informationsströmen notwendig, wobei Waren- und Informationsströme in einer engen Interdependenz stehen. So können Informationsströme Warenströme anstoßen, sie umleiten und optimieren; Informationen können u.U. auch Warenbestände entlang der Kette reduzieren, was ein zentrales Ziel des Supply-Chain-Managements darstellt. Als relevante Informationen, die in den nachfolgenden Abschnitten näher betrachtet werden, sind z.B.

- Bestellungen,
- Preis- und Artikelinformationen,
- Abverkaufs- und Bestandsinformationen sowie
- Lieferavise und Annahmebestätigungen

zu nennen.

d) Finanzströme

Zur wertmäßigen Verrechnung von Waren- und Leistungsströmen fließen entlang der Logistikkette – zwischen verschiedenen Partnern – Finanz- bzw.

Zahlungsmittelströme. So erhält der Handel Zahlungen vom Kunden in bar oder über den Umweg von Banken, über sonstige Zahlungsmittel wie Scheck, Kreditkarte oder Kundenkarte, hat Zahlungen an den Hersteller (bei Integration der Lieferkosten in die Lieferantenwertkette) oder an Hersteller und Logistik-Dienstleister zu leisten und die Hersteller sowie die Logistik-Dienstleister müssen Zahlungsmittel an ihre Vorlieferanten und Unterauftragnehmer weiterleiten.

2. Relevante Partner

a) Charakterisierung der Struktur

An einer typischen Supply-Chain in der Konsumgüterwirtschaft sind eine Vielzahl von Unternehmen und Personen beteiligt, sodass sich ein kompliziertes Beziehungsgefüge in der Prozesskette bzw. dem logistischen Netzwerk ergibt. In der Konsumgüterwirtschaft steht der Konsument als Ziel aller Bemühungen im Mittelpunkt. **Wertschöpfungspartner**, die gemeinsam seine Bedürfnisse befriedigen, sind

- der Handel als Gate-Keeper zum Kunden,
- der Hersteller als Erzeuger der vom Kunden gewünschten Produkte,
- die Logistik-Dienstleister, die inner- und überbetriebliche logistische Leistungen erbringen,
- die Kreditinstitute, die in den Transfer der Zahlungsströme eingeschaltet sind, sowie
- weitere Partner.

Trotz einer tendenziell immer geringeren Wertschöpfungstiefe der einzelnen Partner, welche die Anzahl der Partner in einer Kette tendenziell erhöht, zeigt sich, dass die Handelsunternehmen versuchen, die Anzahl der Lieferanten und der Logistik-Dienstleister zu reduzieren. Dies geschieht z.B., indem die gelisteten Sortimente gestrafft und Leistungen über Systemdienstleister eingekauft werden, anstatt Teilleistungen zu beschaffen. Auf diese Aspekte wird in den nachfolgenden Abschnitten näher eingegangen.

b) Kunden

Während im stationären Handel in der Vergangenheit der Kunde meist nicht direkt in die logistischen Betrachtungen einbezogen wurde – er kommissioniert, verpackt und transportiert seine „Lieferungen“ auf der Verkaufsfläche praktisch selbst – führen neue Vertriebsformen, so das **Internet-Shopping**, dazu, dass die Ware dem Kunden außerhalb der Verkaufsfläche übergeben wird, sie also entweder im Rahmen von **Abholkonzepten** an bestimmte Orte gebracht wird, von denen der Kunde den Weitertransport übernimmt, oder sie im Rahmen von **Zustelldiensten** dem Kunden bis nach Hause geliefert wird, wie dies typischerweise beim traditionellen Versandhandel gegeben ist. Verschiedene Formen dieser Zustell- und Abholdienste setzen sich immer stärker durch. Die Betrachtung der Versorgungskette endet somit nicht beim Einzelhandel, sondern beim Endverbraucher bzw. sie setzt dort an (vgl. hierzu u.a. Fernie/McKinnon 2004).

c) Handel und Hersteller

Letztes Glied in der logistischen Kette, bevor die Ware zum Verbraucher gelangt, bzw. erstes Glied in der Kette, durch die der Kunde seine Ware i.d.R. bezieht, ist der Handel. Folgende Charakteristika und Entwicklungen im Handel sind besonders relevant für die Betrachtung der Supply-Chain:

- Die Unterteilung des Handels in Groß- und Einzelhandel ist zu beachten, da hierdurch in vielen Fällen auch die **Stufigkeit** der logistischen Abläufe beeinflusst wird.
- Der zunehmende **Konzentrationsprozess** im Handel führt zu einem Machtzuwachs, der sich auch in einer verstärkten Vertikalisierung („up-stream") des Handels im Wertschöpfungskanal zeigt.
- Mit der zunehmenden **Internationalisierung** des Handels und der schon etablierten internationalen Unternehmenstätigkeit der Konsumgüterhersteller ergibt sich zunehmend die Notwendigkeit für eine Internationalisierung der Logistik. Eine Kernfrage dabei ist die Interdependenz der Logistiksysteme zwischen den einzelnen nationalen Märkten.

Die Konsumgüterindustrie befindet sich bereits seit vielen Jahren in einem Prozess der Internationalisierung, der in den meisten Teilmärkten globale Strukturen hervorgebracht hat. Eine Vielzahl von Herstellern agiert als **Global Player**. Daneben existiert eine Vielzahl kleinerer, mittelständischer Hersteller, die nur einzelne Ländermärkte oder nur einen Ländermarkt, oftmals sogar nur einzelne Regionen beliefern.

Als weitere Supply-Chain-relevante Entwicklung im Industriebereich zeigt sich die zunehmende **Produktionsflexibilität**, also die Fähigkeit, jede Variante eines Produktes in jeder Menge ohne signifikante Mehrkosten zu produzieren. Während in der Vergangenheit das Denken der Konsumgüterindustrie sehr stark von Economies of Scale im Produktionsbereich getrieben wurde, ist es heute das Ziel der Hersteller, die effiziente Produktion sehr kleiner Losgrößen zu realisieren.

Im Rahmen der europäischen Integration trat eine weitere Entwicklung auf, die bei der Optimierung der Supply-Chain zu beachten ist. So haben die großen, international tätigen Konsumgüterhersteller eine Neukonzeption ihrer Produktionskonfiguration durchgeführt. Während früher die Konsumgüterhersteller in ihren jeweiligen Ländermärkten Produktionsstätten unterhielten, werden heute europaweite Strategien realisiert. Die Produktion eines Artikels wird für Gesamteuropa nur noch an einem bzw. an wenigen Standorten durchgeführt.

d) Logistik-Dienstleister, Kreditinstitute und weitere Partner

Logistik-Dienstleister stellen ein wichtiges Glied bei der Optimierung der Versorgungskette dar. Die Tendenz zur Ausgliederung (**Outsourcing**) von logistischen Unternehmensaktivitäten, z.B. Lagerung, Transport oder auch ganzen Logistikkonzeptionen, unter einer immer stärkeren Fokussierung von Industrie und Handel auf ihre **Kernkompetenzen**, führt zu einer steigenden Nachfrage nach kompetenten und professionellen Logistik-Dienstleistern. Gerade im Zuge der Optimierung der gesamten Wertschöpfungskette, insbesondere des Ausbaus der Wertschöpfung des Handels, spielen Logistik-Dienstleister eine immer größere Rolle, weil von ihnen erwartet wird, dass sie die Durchführung der (operativen) logistischen Aktivitäten kostengünstiger und schneller realisieren können. (vgl. bereits Zentes 1994, S. 110).

In Abhängigkeit ihres Dienstleistungsangebotes kann man Logistikunternehmen in System- und Komponentenanbieter differenzieren. Während **Komponentenanbieter** nur Teilleistungen des Logistiksystems erbringen, z.B. nur Transporte abwickeln, bieten **Systemanbieter** ganzheitliche und komplexe logistische Problemlösungen im „Paket" an, indem sie alle Leistungen selbst erbringen oder aber, was meistens der Fall ist, indem sie die Leistungen von Anbietern logistischer Komponenten koordinieren.

Das Leistungsangebot moderner Logistik-Dienstleister wird zunehmend dem Bedarf nach integrierten Komplettlösungen angepasst. Entsprechend wird die Komplexität des Leistungsangebotes erweitert und der angebotene Dienstleistungsumfang und die Dienstleistungstiefe werden vergrößert. Das bisher traditionelle Dienstleistungen umfassende Angebot wird um integrierte Dienstleistungen wie die komplette Übernahme der Lagerhaltung mit Bestandsmanagement, Kommissionierung, Etikettierung, Verpackung, Montage, Fakturierung und Inkasso bis hin zur Steuerung des kompletten vorauseilenden, begleitenden und nachfolgenden Informationsflusses erweitert (Müller 1998, S. 111f.). Im Bereich der Anbieter logistischer Dienstleistungen entsteht so ein pyramidenförmiges System, bei dem die Systemanbieter an der Spitze stehen und die Anbieter von Teilsystemen und Logistikkomponenten in einem vorgelagerten Markt agieren.

Zur Abwicklung der Zahlungsströme zwischen den an der Supply-Chain beteiligten Partner sind Banken/Kreditinstitute sowie sonstige Finanzdienstleister in die Kette integriert. Finanzdienstleister sind dabei als Intermediäre der Zahlungsmittelübertragung von Kunden zu Handelsunternehmen, von Händlern zu Herstellern, von Herstellern bzw. Händlern zu Logistik-Dienstleistern usw. zu sehen. Sie spielen bspw. für die **Zentralregulierung** bei Verbundgruppen eine bedeutende Rolle (vgl. Zentes/Swoboda 2001c). Auch für sie ergeben sich durch die Neuorientierung der Supply-Chain relevante Veränderungen, die sich v.a. durch die Tendenz zur **effizienten Administration**, z.B. der papierlosen Verwaltung, zeigen.

Als weitere Akteure in der Supply-Chain müssen eine Vielzahl von Unternehmen eingebunden werden, die mehr oder weniger komplexe Aufgaben übernehmen. Dies reicht von eher herstellungsorientierten Unternehmen (wie Rohmateriallieferanten der Konsumgüterhersteller, Verpackungsherstellern oder den Lieferanten von Betriebs- und Hilfsstoffen) über logistik- und marketingorientierte Partner (wie Kühlhausbetreiber, Merchandising-Unternehmen, Kundendienstunternehmen) bis hin zu eher handelsorientierten Unternehmen (wie Importeuren usw.).

B. Supply-Chain-Management

I. Überblick

Das Konzept des Supply-Chain-Managements (SCM), d.h. des Managements der Versorgungskette, setzt an einer prozessorientierten Sichtweise an, die in der Definition der Supply-Chain in Abschnitt A. dieses Kapitels bereits zum Ausdruck kommt. Es steht zugleich für einen unternehmensübergreifenden Ansatz. In diesem Sinne kann in Anlehnung an Kotzab (1997, S. 12) SCM wie folgt definiert werden:

> *Das Supply-Chain-Management steht für einen unternehmensübergreifenden Ansatz der Planung und Durchführung des Warenflusses unter Berücksichtigung von Lagerbestandsreduktionen im gesamten Kanal.*

Die unternehmensübergreifende Perspektive schließt unter dem Aspekt der „Lagerbestandsreduktion im gesamten Kanal" auch Prozesskostenreduktionen in der distributiven Wertschöpfungskette ein. Supply-Chain-Management kann dabei als eine Konkretisierung des **flussorientierten Logistikbegriffes** gesehen werden, der in einer weiten Auslegung bereits eine Optimierung sämtlicher „Flüsse" von der Produktion bis zum Kunden beinhaltet.

Im Mittelpunkt der modernen SCM-Konzepte stehen einerseits Ansätze auf der **dispositiven Ebene** der Versorgungskette. Sie sind auf eine Optimierung des **Bestandsmanagements** bzw. Nachschubmanagements ausgerichtet. Andererseits umfassen moderne SCM-Konzepte Lösungen auf der **logistischen Ebene** der Versorgungskette. Hier stehen physische Verteil- und Transportlösungen im Mittelpunkt. Eng verbunden mit den zugehörigen **Warenströmen** und **Informationsströmen** sind in diesem Kontext die **Finanzströme** zwischen den an der Supply-Chain beteiligten Partnern. Wie bereits an anderer Stelle erwähnt, liefern **Warenwirtschaftssysteme** (WWS) die informatorischen Grundlagen der Supply-Chain-Konzepte, auf die in Abschnitt E. dieses Kapitels näher eingegangen wird.

Der Ansatz des Supply-Chain-Managements erfährt in neueren Entwicklungen eine inhaltliche Erweiterung, der hier gefolgt wird (Hertel/Zentes/Schramm-Klein 2005, S. 3). So sind unternehmensübergreifende Anstrengungen von Handels- und Industrieunternehmen nicht nur darauf ausgerichtet, die sich am Markt manifestierende Nachfrage möglichst effizient, so kostenoptimal unter Vermeidung von Out-of-Stock-Situationen, zu erfüllen („**demand supply**"), sondern auch Nachfrage zu intensivieren oder Nachfrage nach neuen Gütern (Waren und Dienstleistungen) zu generieren („**demand creation**") und zugleich zu erfüllen (Zentes 2004a). Diese Überlegungen münden – wie bereits vorne erwähnt – in neuere Konzepte des **Demand- & Supply-Chain-Managements**, das auch die Konzepte des Category-Managements (CM) und des Customer-Relationship-Managements (CRM) einschließt (Marbacher 2001). Letztlich basieren auch diese Konzepte weit gehend auf Informationen, die moderne Warenwirtschaftssysteme liefern, so Daten über Warenkörbe, die zusammenhängend eingekauft (und an der Kasse registriert) werden, und kundenspezifische Daten, so über Kundenkarten, die eine Zuordnung der einzelnen Artikel oder Warenkörbe zu Konsumenten ermöglichen. Ein integriertes „Demand- & Supply-Chain-Management" basiert somit – dem Marketingkonzept folgend – auf dem Prinzip der gestaltbaren Nachfrage, wobei auch hier ein kooperativer Ansatz dominiert.[1]

Im Folgenden werden zunächst zwei Grundkonzepte der Gestaltung der Supply-Chain-Prozesse dargestellt, das **Pull-Prinzip** und das **Push-Pull-Prinzip**. Hieran schließen sich die Diskussion der Logistikprozesse, der Beschaffungsprozesse und der Supply-Chain-bezogenen Informationsprozesse an.

II. Grundprinzipien der Gestaltung der Supply-Chain-Prozesse

1. Pull-Prinzip

a) Vorläufer und Entwicklungstendenzen

Das Pull-Prinzip beinhaltet eine Umorientierung im Rahmen der Wertschöpfungskette. Während die traditionelle Supply-Chain dadurch gekennzeichnet war, dass die Produktionsplanung der Konsumgüterhersteller zumeist relativ unabhängig von der tatsächlichen Nachfrage auf der Konsumentenebene erfolgte und Fertiglagerbestände produziert wurden, die dann durch die Distributionslogistik über den Handel bis hin zum Kunden „gedrückt" wurden, indem durch große Mengen am PoS ein Abverkaufsdruck an die Konsumenten erzeugt wurde *(**„Push-Prinzip"**)*, beinhaltet die Pull-Denkweise eine Umkehrung des Verständnisses (Zentes/Swoboda/Morschett 2004, S. 646f.; siehe Abbildung 5.1). Den Ausgangspunkt bildet dabei die konsequente Kundenorientierung, bei der die Nachfrage, die von den Konsumenten ausgeht, die gesamte Supply-Chain steuert (Corsten 2002, S. 948). Da die Steuerung der Nachfrage in diesem Fall von den Konsumenten ausgeht, wird in diesem Zusammenhang oftmals von der „demand chain" gesprochen (Zentes/Swoboda/Morschett 2004, S. 465).

Dieser Denkansatz prägt das Konzept des **Efficient Consumer Response** (ECR), das auf Entwicklungen in der Automobilwirtschaft zurückgeht, so die Ersatzteilbewirtschaftung von Werkstätten (vgl. hierzu bereits Seitz 1985). Die Einführung von **Scanning** und **rechnergestützten Warenwirtschaftssystemen** im Handel schaffte die Voraussetzungen zur Übertragung der Grundidee einer „kooperativen Supply-Chain-Lösung" in die Konsumgüterwirtschaft. So deutete Zentes bereits 1984 an, dass die Verbreitung

---

[1] Zunehmend wird in diesem Kontext auch von „kollaborativ" gesprochen. Der Begriff „kollaborativ" ist im Deutschen ursprünglich negativ geprägt (i.S.v. „sich gegen andere verbünden"). Abgeleitet aus dem Englischen ("collaborative") wird er insbesondere im Kontext von ECR-Diskussionen für die Charakterisierung eines positiv geprägten gemeinschaftlichen Verhaltens genutzt.

von Warenwirtschaftssystemen zu Veränderungen in der Beziehung zwischen Handel und Industrie führen und auch Verschiebungen in der Logistik mit sich bringen wird.

Abbildung 5.1: Übergang vom Push- zum Pull-Prinzip

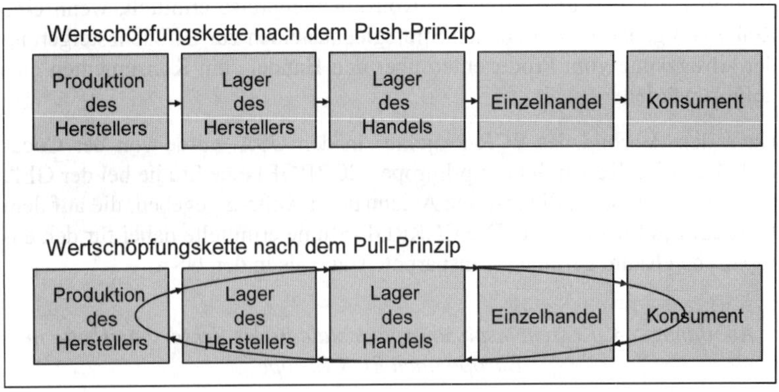

Quelle: Zentes 1996a, S. 29.

Das Konzept des ECR rückt heute verstärkt in den Mittelpunkt, um unternehmensübergreifende Optimierungspotenziale bei der Gestaltung und Steuerung von Wertschöpfungsketten freizusetzen (Seifert 2006; Wildemann 2005). Dies zeigt sich auch in der ECR-Trendstudie 2005. Nach dieser Studie wird die Relevanz von ECR sowohl von Handels- als auch von Industriemanagern hoch eingeschätzt (siehe Abbildung 5.2). Eine weitere Steigerung wird von beiden Seiten in den nächsten Jahren erwartet.

Abbildung 5.2: Relevanzeinschätzung von ECR durch Handels- und Industriemanager

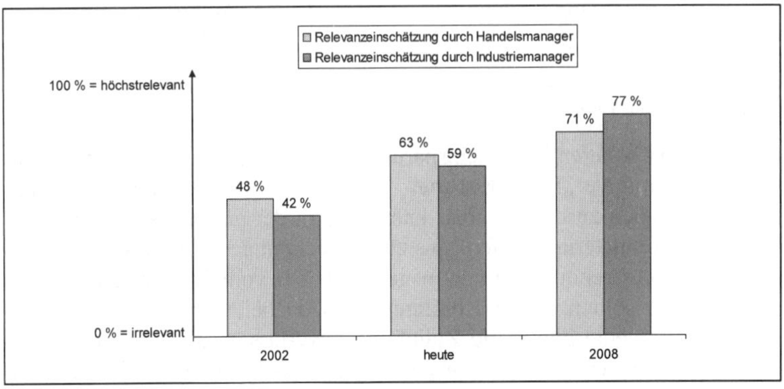

Quelle: Lebensmittel Zeitung/GS1/Accenture 2005.

Bei **ECR** handelt es sich ursprünglich um ein Konzept zur **Rationalisierung der Distribution** in der Konsumgüterwirtschaft, das schwerpunktmäßig den

Lebensmittelsektor betrachtete. In den USA wurden hierzu Anfang der neunziger Jahre vom Food Marketing Institute (FMI) eine Initiative begonnen und vom Beratungsunternehmen Kurt Salmon Associates Inc. (KSA) eine Studie erarbeitet. Dabei wurden die Kooperationserfahrungen einer Reihe von Hersteller- und Handelsunternehmen betrachtet, u.a. von Kraft General Foods, Procter & Gamble und Safeway. Es wurden Einsparpotenziale in Höhe von über 10 % der Konsumentenpreise ermittelt, wenn eine Reihe von genau beschriebenen Strategiebausteinen zur Effizienzsteigerung der Absatzkette vom Produzenten über den Handel zum Konsumenten eingeführt würden.

Nach dem Vorbild des ECR-Projektes in den USA wurde von der Coca-Cola Retailing Research Group Europe (CCRRGE) eine Studie bei der GEA Consulenti Associati di Gestione Aziendale in Auftrag gegeben, die auf dem Konzept des FMI beruhte. Die CCRRGE-Studie ermittelte dabei für den europäischen Raum geringere Einsparpotenziale als in den USA.

Abbildung 5.3: Kosteneinsparungspotenziale in der Versorgungskette in Europa nach ECR Europe

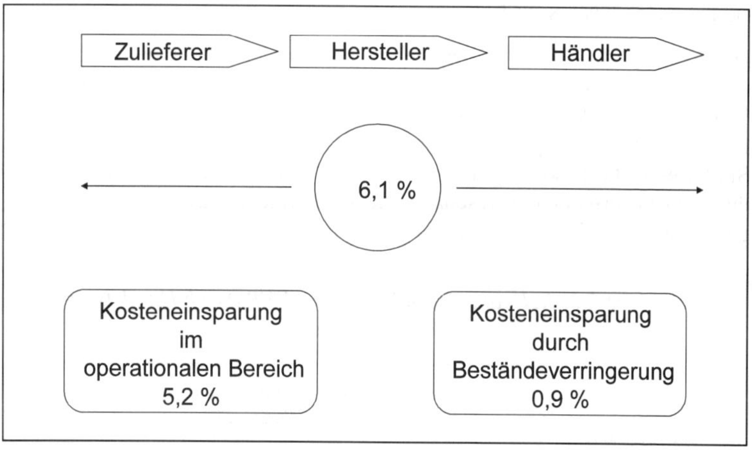

Quelle: Wiezorek 1998, S. 393.

Zu wiederum höheren Kosteneinsparungspotenzialen kamen die ersten Analysen der Initiative „**ECR Europe**“, die in einer Reihe von Value-Chain-Analysis-Studien zu dem Schluss kam, dass in der gesamten Versorgungskette vom Rohmaterialzulieferer bis zum Checkout des Händlers Einsparungen in einer Größenordnung von insgesamt 6,1 % vom Endverbraucherpreis möglich sein sollten (siehe Abbildung 5.3). Dabei wurden als die wichtigsten Instrumente integrierte Zulieferer, zuverlässige und synchrone Produktion, kontinuierlicher Warennachschub, Cross-Docking sowie automatische Filialbestellsysteme betrachtet.

Neben den direkten finanziellen Potenzialen zeigte Wiezorek (1998, S. 55ff.) auf, dass durch ECR weitere Vorteile erzielt werden können:

- Vermeidung von Out-of-Stock-Situationen
- Umwidmung von Lagerflächen der Verkaufsstellen in Verkaufsfläche mit entsprechender Umsatzsteigerung
- bessere Fahrzeugauslastung
- verbesserter Lagerbetrieb
- Verminderung unverkäuflicher bzw. verdorbener Ware
- geringere Verwaltungskosten
- frischere Produkte
- weniger Beschwerden der Verbraucher
- weniger Rückgaben und Annahmeverweigerungen durch den Handel
- schnellere Belieferung.

In **Best-Practice-Fällen** konnten dabei erhebliche Verbesserungen, so durch effiziente Nachschubversorgung (Efficient Replenishment), erreicht werden, die in Abbildung 5.4 dargestellt sind.[1]

Abbildung 5.4: Verbesserungen durch Efficient Replenishment in ausgewählten Best Practice-Fällen

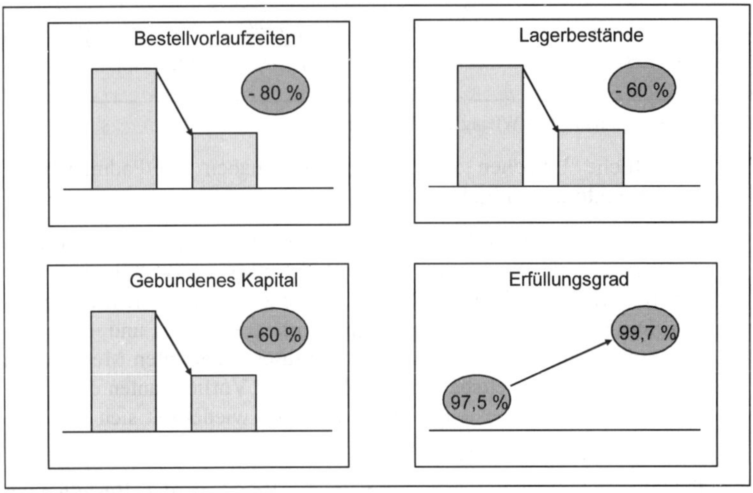

Quelle: Wiezorek 1998, S. 394.

Die durch eine isolierte Betrachtung auftretenden Ineffizienzen können z.B. durch überhöhte und unangepasste Bestandsmengen erklärt werden. Bei den traditionellen Bestandsmanagementsystemen, bei denen jeweils ein Partner der Wertschöpfungskette seinen eigenen Bedarf plant und Bestellungen an die jeweils nächste Stufe liefert, entstehen erhebliche Schwankungen in der Kette, die auch als „**Peitscheneffekt**" (siehe Abbildung 5.5) bezeichnet werden (Lee/Padmanabhan/Whang 1997a; 1997b).

[1] Auf die einzelnen Elemente des ECR-Ansatzes wird nachfolgend näher eingegangen.

Abbildung 5.5: Zunehmende Variabilität der Bestellungen entlang der Supply-Chain

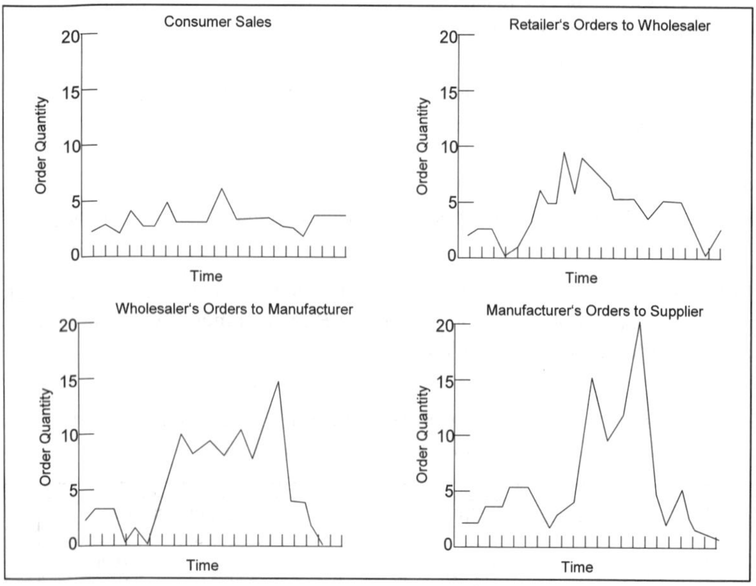

Quelle: Lee/Padmanabhan/Whang 1997b, S. 94.

Als wesentliche Ursachen für diesen Effekt haben Lee/Padmanabhan/Whang vier Faktoren ermittelt:

1. **Nachfrageprognosen-Anpassung**: Wenn eine vorgelagerte Stufe in der Wertschöpfungskette in einer Bestellung höhere Bestellmengen als erwartet erhält, wird dies als Signal für die zukünftige Nachfrage gesehen. Die Nachfrageprognose wird nach oben adjustiert und – da man neben der von der nachgelagerten Stufe direkt benötigten Menge auch den eigenen Sicherheitsbestand erhöht – beim Vorlieferanten eine deutlich höhere Menge bestellt. Auf dieser Stufe wiederholt sich der Vorgang, was zu einem „Aufschaukeln" führt.

2. **Bestellmengenzusammenfassung**: In der Regel werden Bestellungen nicht sofort – entsprechend den Lagerabgängen – realisiert, sondern werden gesammelt und in „batches" an den Lieferanten weitergeleitet. In der Regel finden sich statt eines kontinuierlichen Bestellprozesses regelmäßige Prozesse, i.d.R. wöchentlich, zweiwöchig oder monatlich. Auch über verschiedene Händler betrachtet, gleichen sich diese Bestellzyklen i.d.R. für den Lieferanten nicht aus, sodass eine gleichmäßige Produktionsauslastung und ein gleichmäßiger Bedarf an Vormaterialien nur schwer zu realisieren sind. Diese periodischen Bestellungen erhöhen die Variabilität der Bestelleingänge beim Vorlieferanten, selbst bei einer relativ kontinuierlichen Nachfrage des Endverbrauchers, und führen zu einer höheren Maximalkapazitätsbelastung beim Lieferanten und höheren notwendigen Sicherheitsbeständen.

3. **Preisfluktuation**: Häufig werden vom Handel Mengen dann bestellt, wenn der Hersteller günstige Preisangebote unterbreitet. In einem „forward buying" werden dann größere Mengen geordert, als es eigentlich für die betrachtete Periode notwendig wäre.

4. **Rationierung**: Wenn die Produktnachfrage bei einem Hersteller in einer bestimmten Periode das Angebot überschreitet, werden oft „Rationierungen" vorgenommen, bei denen die tatsächlichen Liefermengen entsprechend des Verhältnisses der Bestellmengen geliefert werden. Die Bestellmengen werden dann künstlich – über die tatsächliche Nachfrage hinaus – erhöht, um einen höheren Anteil der benötigten Menge „zugeteilt" zu bekommen. Wenn sich die Nachfrage verringert, werden die Bestellmengen überproportional reduziert. Teilweise werden Bestellungen bei mehreren Lieferanten platziert und nach der ersten Lieferung die anderen Bestellungen storniert.

Lee/Padmanabhan/Whang schlagen eine Reihe von Verfahren vor, um den Peitscheneffekt abzumildern, Verfahren, die im Wesentlichen in neueren Supply-Chain-Techniken, wie dem **Continuous Replenishment**, beachtet werden.

b) Elemente des ECR-Konzeptes und Erfolgsvoraussetzungen

ECR bezieht sich auf die Bildung von **Partnerschaften** in der Supply-Chain, bei denen die Zielsetzung der besseren Befriedigung der Bedürfnisse der Konsumenten durch die Gewährleistung eines effizienten Warennachschubs, einer effizienten Verkaufsförderungspolitik, einer effizienten Sortimentsgestaltung am PoS und einer effizienten Politik der Einführung neuer Produkte im Vordergrund steht (Kotzab 1997, S. 171; vgl. hierzu auch Bell/Cuthbertson 2004; Fernie 2004; Hines 2005). Die Ansätze des ECR zielen damit darauf ab, Ineffizienzen entlang der Supply-Chain unter Berücksichtigung der Kundenbedürfnisse zu beseitigen, um Nutzen für alle Beteiligten zu realisieren, der anhand einer isolierten, nicht koordinierten bzw. nicht kooperativen Vorgehensweise nicht erreichbar wäre (v.d. Heydt 1998). Die Grundüberlegung des Efficient-Consumer-Response-Konzeptes ist es somit, dass ein unternehmensübergreifender Ansatz zur Optimierung der Waren-, Informations- und Finanzströme erforderlich ist, um eine Gesamtsystemoptimierung („**total system efficiency**") von den Zulieferanten über die Hersteller und den Handel bis zu den Endabnehmern realisieren zu können (Skjoett-Larsen 2000, S. 377f.).

Abgesehen von überbetrieblichen Aspekten der Kooperation hinsichtlich der Formulierung von Standards (z.B. im Rahmen des elektronischen Datenaustauschs) zielt die ECR-Orientierung somit primär auf **vertikale Kooperationen** ab (Stank/Daugherty/Autry 1999; McKaige 2001) (vgl. hierzu auch Abschnitt B.III. des Zweiten Kapitels). Dabei steht die Etablierung einer partnerschaftlich ausgerichteten Beziehung zwischen Herstellern und Handelsunternehmen im Vordergrund.

Als Strategiebausteine umfasst der ECR-Ansatz in umfassender Sichtweise kooperative Konzepte, die einerseits „Supply-Side"-orientiert sind, andererseits in umfassender Sichtweise „Demand-Side"-orientiert (siehe Abbildung 5.6).

Abbildung 5.6: Komponenten des Efficient-Consumer-Response-Konzepts

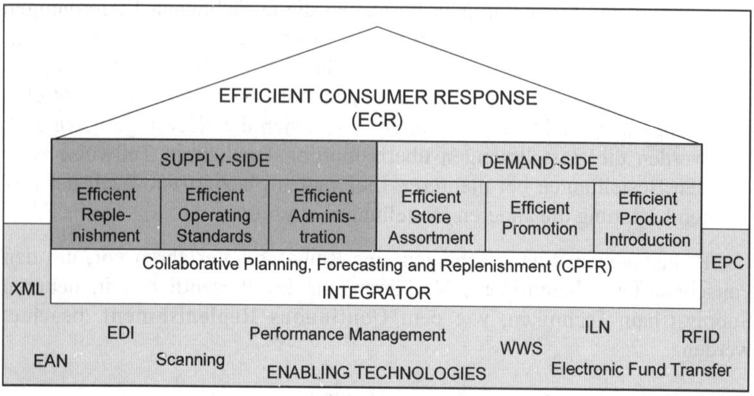

Die „Supply-Side"-orientierten Komponenten stellen in erster Linie den effizienten Warennachschub und operative Aspekte der (physischen) Logistik in den Vordergrund, während die „Demand-Side"-orientierten Komponenten auf das kooperative Marketing zwischen Industrie und Handel abzielen.

Abbildung 5.7: Datenprobleme und Know-how-Mangel als Haupthindernisse von ECR-Kooperationen

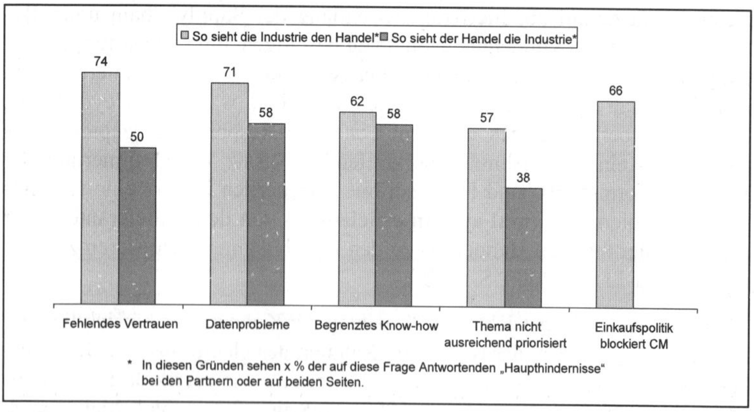

Quelle: Lebensmittel Zeitung/GS1/Accenture 2005.

Die Ausschöpfung der Potenziale unternehmensübergreifender Konzepte ist im Kern an drei Voraussetzungen geknüpft (vgl. hierzu ausführlich Abschnitt E.V.3. des Zweiten Kapitels):

- strategischer Fit
- kultureller Fit
- organisatorisch-technischer Fit.

Der **organisatorisch-technische Fit**, auf den hier näher eingegangen werden soll, basiert auf der Verfügbarkeit kompatibler technologischer Infrastrukturen. Dies bezieht sich einerseits auf die physischen Gegebenheiten, so Lagerstrukturen und Standards bezüglich Paletten u.Ä. („Efficient Operating Standards"; siehe Abbildung 5.6), andererseits auf die IT-Systeme bzw. -Prozesse.

Von besonderer Bedeutung sind in diesem Zusammenhang die sog. **„Enabling Technologies"**. Sie dienen als Basis-Technologien der Unterstützung der Geschäftsprozesse. Von Relevanz sind Identifikationssysteme und Kommunikationsstandards sowie Stammdatensysteme (Schramm-Klein 2004b; Schramm-Klein/Morschett 2004) (vgl. hierzu auch Hertel/Zentes/Schramm-Klein 2005, S. 201ff.):

- **Identifikationssysteme:** Dabei handelt es sich um (Auto-)ID-Technologien, d.h. fest definierte Datenträger, die der Identifikation an jedem Punkt in der Versorgungskette dienen (z.B. EAN-UCC-Identifikations- und Nummerierungssysteme auf Strichcode- oder Radiofrequenzbasis).
- **Kommunikationsstandards:** Hierbei stehen einheitliche Nachrichtenstandards wie z.B. EANCOM im Vordergrund.
- **Stammdatensysteme:** Die Stammdaten bilden die Grundlage der Transaktionen. Sie beinhalten z.B. Informationen über die Artikel, Kunden oder Lieferanten. Für einen reibungslosen Ablauf der Geschäftsprozesse müssen diese Daten bei allen beteiligten Geschäftspartnern den gleichen (aktuellen) Stand und das gleiche Format haben, um einen optimalen Ablauf erreichen zu können. Ansätze zur Standardisierung der Datenformate und zur Vermeidung von Dateninkonsistenzen und -redundanzen bilden Stammdatenpools (z.B. SINFOS, Transora, WWRE) (Morschett/Schramm-Klein 2003).

Die Standardisierung der Prozesse, der Daten und der Formate sowie die Offenheit der Systeme bilden die Voraussetzungen für die Integration der Datenströme und der Datenbestände im Rahmen der Supply-Chain.

Global Standards

Beispielhaft werden im Folgenden die „Global Standards" kurz vorgestellt. Es handelt sich dabei um internationale Standards, welche die Optimierung der Geschäftsprozesse zwischen Industrie und Handel und damit der gesamten Wertschöpfungskette ermöglichen.

„GS1" (**Global Standards One**) ist ein (institutionelles) Netzwerk mit Sitz in Brüssel aus rund 120 GS1-Organisationen. „GS1-Germany" (mit Sitz in Köln) ist die deutsche Organisation, die aus der CCG hervorgegangen ist. Zum Lösungsspektrum der GS1-Organisation gehören im Wesentlichen:

- **EAN: Europäische Artikelnummer:** International abgestimmt, einheitlich und weltweit überschneidungsfrei bezeichnet sie Produkte und Dienstleistungen. EAN (weltweit: GTIN) ist Grundlage für den Einsatz der Scannertechnologie.
- **EPC: Elektronischer Product Code**: Nummer zur eindeutigen Kennzeichnung und Identifikation von Waren. Diese wird auf einem am Artikel angebrachten Transponder gespeichert. Entsprechende Verknüpfungen im EPC-Netzwerk ermöglichen den Bezug weiterer zugehöriger Daten via Internet.
- **RFID: Radiofrequenztechnik für Identifikationszwecke:** Nutzung eines Transponders zur Datenspeicherung. Dies gestattet die berührungslose Identifikation, Steuerung und Verfolgung von Waren und Objekten über die gesamte Wertschöpfungskette hinweg (siehe hierzu auch Abbildung 1.16).

Best Buy verbessert Überblick mit RFID

In zwei Distributionszentren von Best Buy läuft ein Großteil der Wareneingangs-Verbuchung automatisch per RFID. Rund 70 Lieferanten aus „allen großen Produktkategorien" liefern Paletten und Kartons mit Funktags, sagt Bob Willet, CIO von Best Buy Co. Inc. und gleichzeitig Chef der Auslandstöchter in Kanada und China. Laut Willet hat der weltgrößte Fachmarkt-Filialist für Unterhaltungselektronik, Computer und Weiße Ware dank RFID „große Fortschritte beim Durchlauf des Warenflusses und beim Bestandsmanagement erzielt". Nach seinen Angaben konnten die Bestände um 20 % gesenkt werden. Der Anteil der Ware, die im Cross-Docking-Verfahren durch die zwei Logistikzentren fließe, sei gestiegen. Die Datenqualität habe sich durch den Wegfall der manuellen Erfassung massiv verbessert.

Quelle: Lebensmittel Zeitung, 26. Mai 2006, S. 26.

EANCOM als Kommunikationsstandard in der Konsumgüterwirtschaft

Die Vielfalt der Informationsströme im Rahmen von Supply-Chain-Prozessen zwischen Industrie und Handel zeigt Abbildung 5.8. Der Datenaustausch kann dabei in konventioneller Form (über Brief, Telefon, Telefax), dies schließt IT-unterstützte Formen wie E-Mail ein, oder in elektronischer Form (**Electronic Data Interchange**, EDI) erfolgen. EDI kennzeichnet dabei die unternehmensübergreifende Übermittlung von strukturierten und normierten Geschäfts- bzw. Transaktionsdaten zwischen den beteiligten Unternehmen unter Einsatz offener elektronischer Kommunikationssysteme (vgl. hierzu Hertel/Zentes/Schramm-Klein 2005, S. 211ff.).

Abbildung 5.8: Datenaustausch zwischen Hersteller und Handel

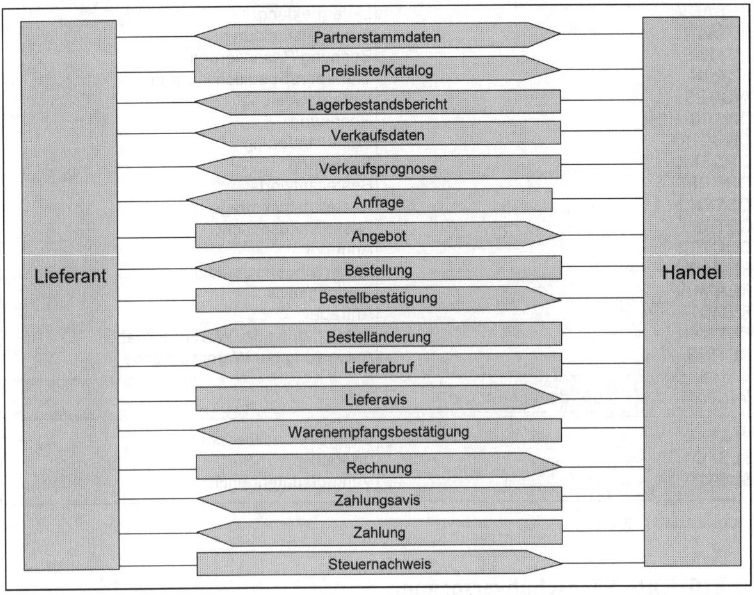

EDI basiert auf einheitlichen Nachrichtenstandards. Den wichtigsten EDI-Datenstandard stellt **EDIFACT** („Electronic Data Interchange für Administration, Commerce and Transport") dar. Dieser Standard wird insbesondere in der Konsumgüterwirtschaft eingesetzt (Zentes/Swoboda/Morschett 2004, S. 909). **EANCOM** ist das EDIFACT-Subset der Konsumgüterbranche. Hierbei handelt es sich um einen internationalen Nachrichtenstandard. Beispiele für EANCOM-Nachrichten sind in Abbildung 5.9 dargestellt.

Abbildung 5.9: EANCOM-Nachrichten – Beispiele

Nachrichtenkennung	Nachrichtenname
Stammdatenabgleich	
PARTIN **PRICAT** **PRODAT**	Partnerstammdaten Preisliste/Katalog Produktstammdaten

Handelstransaktions-Nachrichten (Bewegungsdaten)	
DESADV	Liefermeldung
IFTMAN	Auskunftsmeldung
IFTMBF	Buchung/Reservierung
IFTMIN	Transport/Speditionsauftrag
INSDES	Lieferanweisung
INVOIC	Rechnung
ORDCHG	Bestelländerung
ORDERS	Bestellung
ORDRSP	Bestellantwort
OSTENQ	Bestellstatusanfrage
OSTRPT	Bestellstatusbericht
QUOTES	Angebot
RECADV	Wareneingangsmeldung
REAMDV	Zahlungsavis
REQOTE	Anfrage
RETANN	Ankündigung der Warenrückgabe
RETINS	Anweisung der Warenrückgabe
Berichte- und Planungsnachrichten	
INVRPT	Lagerbestandsbericht
SLSFCT	Verkaufsprognose
SLSRPT	Verkaufsdatenbericht

Quelle: GS1 2006.

c) Effiziente Nachschubversorgung

i. Abgrenzungen

Die Supply-Side-orientierten Ansätze des ECR-Konzeptes fokussieren – wie in Abbildung 5.6 dargestellt – auf die effiziente Administration („**Efficient Administration**"), die effiziente operative Logistik („**Efficient Operating Standards**") sowie auf die effiziente Lager- bzw. Nachschubversorgung („**Efficient Replenishment**").

Die Zielsetzung des Efficient Replenishment (ER) liegt darin, die Synchronisation der Produktion der Hersteller (bzw. der Vorlieferanten) mit der Kundennachfrage zu erreichen, indem alle Akteure bzw. Prozessstufen der Supply-Chain (Kunden (Konsumenten), Handel (Zentrale, Läger, Filialen), Hersteller, Logistik-Dienstleister usw.) in einem integrierten System verbunden werden. Angestrebt wird somit die Realisierung eines „Just-in-time"-artigen **Pull-Systems**, das durch die tatsächlichen Abverkäufe am PoS gesteuert wird (siehe Abbildung 5.1).

Die ER-Ansätze, die auch als Ansätze des Bestands- bzw. Lagerhaltungsmanagements bezeichnet werden können, stehen im Folgenden im Mittelpunkt. Erörtert wird darüber hinaus der CPFR-Ansatz, der eine Verknüpfung der Supply-Side mit der Demand-Side darstellt („Demand- & Supply-Chain-Management"). Die Ansätze, die sich auf die effiziente Abwicklung der Prozesse der (physischen) Logistik, so Lagerhaltung und Transport beziehen, und ebenfalls als Teilbereich des Supply-Chain-Managements betrachtet werden, sind Gegenstand des Abschnitts C. dieses Kapitels.

ii. Konventionelles Bestandsmanagement

Das Bestandsmanagement befasst sich mit allen Entscheidungstatbeständen, die einen Einfluss auf die Lagerbestände haben. Lagerbestände sind Puffer zwischen Input- und Output-Flüssen von Gütern. Diese Puffer entstehen, sobald sich die zeitliche und quantitative Struktur der Input-Flüsse von der der Output-Flüsse unterscheidet. Sie können an unterschiedlichen Stellen in der Wertschöpfungskette entstehen. Durch eine vollständige **Synchronisation** der Waren- bzw. Güterströme könnten Lagerbestände überflüssig gemacht werden, was aber hier nur in Einzelfällen gelingt.

> *„Wäre das Transportwesen vollständig durchorganisiert, sodass eine gleichmäßige Materialzufuhr gesichert erschiene, dann wäre es überhaupt unnötig, sich mit einem Lager zu belasten."*
>
> *(Henry Ford, zit. nach Kotzab 1997, S. VII.)*

Lagerbestände haben unterschiedliche Funktionen in der Supply-Chain. Daraus lassen sich unterschiedliche Gründe ableiten, warum Lagerbestände gehalten werden (Toporowski 1996, S. 25; Lambert/Stock/Ellram 1998, S. 112ff.; Pfohl 2004b, S. 99f.):

- **Ausnutzung von Größeneffekten**, z.B. beim Einkauf (z.B. Konditionenverbesserungen durch Mengenrabatte) oder beim Transport (z.B. durch günstigere Transportkonditionen oder auf Grund der Möglichkeit zur Transportbündelung)
- **Ausgleich** bei Auseinanderklaffen von Angebot und Nachfrage, z.B. bei saisonalen Angeboten oder saisonal unterschiedlicher Nachfrage
- **Spekulation**, indem z.B. Lagerbestände von Produkten aufgebaut werden, für die ein Preisanstieg erwartet wird oder weil die Ware knapp ist
- **Schutz vor Unsicherheiten**, z.B. weil die Nachfrage der Konsumenten nicht sicher prognostizierbar ist oder weil Lieferunsicherheiten hinsichtlich der Lieferung durch die Hersteller bestehen
- **Verkürzung der Lieferzeit**, z.B. weil besondere Flexibilitätsanforderungen bestehen.

Lagerbestände sind gleichzeitig aber mit z.T. erheblichen Kosten verbunden, so insbesondere den Kosten, die sich aus der Kapitalbindung ergeben (wie Zinskosten in Abhängigkeit vom Wert der gelagerten Güter), Kosten durch Schwund oder Beschädigung, Verwaltungskosten u.Ä. (Specht/Fritz 2005, S. 138). Aus diesem Grund bestehen Bestrebungen, die Lagerbestände so gering wie möglich zu halten.

Aufbauend auf diesen Überlegungen, beinhaltet das Bestandsmanagement Entscheidungen darüber, welche Ware und wie viel von der jeweiligen Ware gelagert werden soll. Damit im Zusammenhang stehen Entscheidungen, die sich auf die **Bestellmengen** und die **Bestell-** und **Lieferzeitpunkte** beziehen (Pfohl 2004b, S. 98ff.). Diese Überlegungen, die im Rahmen des Bestandsmanagements die zentralen Entscheidungstatbestände darstellen, können anhand von Abbildung 5.10 illustriert werden (vgl. hierzu Hertel/Zentes/Schramm-Klein 2005, S. 132ff.).

Abbildung 5.10: Komponenten des Lagerbestands und der Bestelldisposition

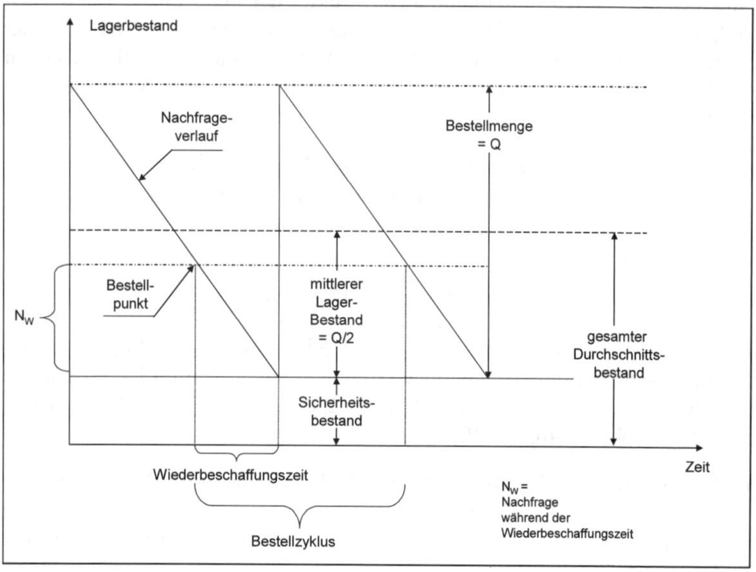

Quelle: Specht/Fritz 2005, S. 141.

Der Lagerbestand wird durch die Bestellmenge (Q) bestimmt, mit welcher der Vorrat jeweils ergänzt wird. Je größer die Bestellmenge ist bzw. je seltener bestellt wird, umso größer ist der durchschnittliche im Lager vorhandene Bestand (der „**mittlere Lagerbestand**"). Hiervon zu unterscheiden ist der „**Durchschnittsbestand**", der über den mittleren Lagerbestand hinausgehend noch den **Sicherheitsbestand** beinhaltet. Sicherheitsbestände werden gehalten, wenn Unsicherheiten bezüglich des Nachfrageverlaufs bzw. der Wiederbeschaffung bestehen, da oftmals der prognostizierte Nachfrageverlauf nicht mit dem tatsächlichen Nachfrageverlauf übereinstimmt und auch die geplanten Lieferungen häufig nicht den tatsächlichen Anlieferungen entsprechen (Pfohl 2004b, S. 101f.).

Von besonderer Bedeutung im Rahmen des Bestandsmanagements ist die Bedarfsermittlung und damit zusammenhängend die Ermittlung der optimalen Bestellmengen. Die **Bedarfsermittlung** wird i.d.R. ausgehend vom Status quo der Nachfrage prognostiziert. Da die Nachfrage der Kunden zumeist nicht in einer deterministischen Form vorhersagbar ist, erfolgt die **Bedarfsprognose** von Handelsunternehmen auch auf der Basis stochastischer oder verbrauchsbezogener Verfahren. Dabei wird ausgehend von historischen Abverkaufsentwicklungen unter Einbeziehung aktueller Entwicklungen und Rahmenbedingungen (wie z.B. Marketingaktivitäten oder Verkaufsförderungsaktivitäten des Handels, aber auch allgemeiner Kaufverhaltensentwicklungen u.Ä.) der Bedarf ermittelt. Verfahren, die in diesem Zusammenhang zum Einsatz kommen können, sind z.B. Methoden der Mittelwertbildung, der exponentiellen Glättung oder der Regressionsanalyse. Auf Grund der Unsicherheit, die hinsichtlich der tatsächlichen Abverkaufsentwicklung besteht, sind diese Verfahren oftmals zwar für kurzfristige Abverkaufsprognosen geeignet, jedoch ergeben sich Schwierigkeiten hinsichtlich einer langfristigen Prognose der Abverkäufe und damit der Ermittlung der Bedarfsmengen. Aus diesem Grund wird immer stärker dazu übergegangen, möglichst „permanente" Bestands- und Abverkaufsbeobachtungen und -prognosesysteme zu implementieren, gestützt auf IT-Systeme, die i.S. „rollierender" Prognosesysteme zu einer Verbesserung der Prognoseergebnisse führen sollen.

Insbesondere ist im Rahmen der **Bedarfsanalyse** zu berücksichtigen, dass der Bedarf strukturell unterschiedlich sein kann. So können einerseits konstante Bedarfssituationen bestehen, die dadurch gekennzeichnet sind, dass nur geringe Abverkaufsschwankungen auftreten. Derartige Situationen bestehen z.B. im Lebensmitteleinzelhandel hinsichtlich der Grundnahrungsmittel. Diese Warengruppen können daher tendenziell zeitlich und mengenbezogen mehr oder weniger gleich bleibend bestellt werden. Zudem kann eine solche Situation tendenziell konstanter Nachfrage durch den Einsatz von Dauerniedrigpreisstrategien („**Every-Day-Low-Price**"-/EDLP-Politik) erreicht werden, die tendenziell logistisch vorteilhaft sind, da durch den (weit gehenden) Verzicht auf Promotionaktivitäten keine durch das Unternehmen induzierten Umsatzschwankungen auftreten. Diese tendenziell gleichmäßigen Abverkäufe bewirken eine verhältnismäßig gute Prognostizierbarkeit der Umsatzentwicklung.

Saisonbedingt unterschiedliche Bedarfssituationen hingegen sind dadurch gekennzeichnet, dass die Nachfrage saisonal schwankt. Typische Beispiele hierfür stellen z.B. Festtagsartikel (z.B. Weihnachten, Ostern) oder Ware, die v.a. im Sommer nachgefragt wird, dar. Die Bedarfsprognose für solche Saisonartikel ist wesentlich komplexer, insbesondere wenn lange Lieferzeiten für die jeweiligen Produkte bestehen.

Vor dem Hintergrund des ermittelten Bedarfs steht im Rahmen des Bestandsmanagements die Ermittlung der **optimalen Bestellmenge** im Vordergrund. Dabei existiert eine Vielzahl von Bestellregeln, die festlegen, wie viel von der jeweiligen Ware bestellt werden soll. Als Grundprinzipien, wann eine Bestellung ausgelöst werden soll, können dabei insbesondere das „**Bestellpunktverfahren**", bei dem eine Bestellung dann ausgelöst wird, wenn ein bestimmter Lagerbestand unterschritten wird („Bestellpunkt", siehe Abbildung 5.10), und das „**Bestellrhythmusverfahren**", bei dem jeweils eine Bestellung ausgelöst wird, wenn eine bestimmte Periode („Bestellzyklus", siehe Abbildung 5.10) abgelaufen ist, unterschieden werden. Die Bestellmenge kann dabei entweder eine vorgegebene, immer gleiche Bestellmenge sein oder es kann eine variable Menge festgelegt werden, die den Lagerbestand jeweils bis zu einem bestimmten Niveau ergänzt (Hamman/Palupski 1997, S. 88ff.).

Mit diesen „klassischen" Bestellregeln verbunden ist auch die **klassische Bestellmengenformel**:

$$(5.1) \qquad \text{Optimale Bestellmenge} = \sqrt{\frac{200 \cdot \text{Jahresbedarf} \cdot \text{Bestellkosten}}{\text{Einstandspreis} \cdot \text{Lagerhaltungskostensatz}}}$$

Wenngleich diese **klassische Losgrößenformel** von vergleichsweise unrealistischen Annahmen ausgeht und in der Handelspraxis nur selten in dieser Form zum Einsatz kommt, illustriert sie in anschaulicher Form die typischen Zielkonflikte. So hängen zum einen die Höhe der Kapitalbindung und damit verbunden auch die Höhe der Lagerhaltungskosten von der Höhe der Bestellmenge ab. Diese wiederum ist abhängig von der Häufigkeit der Bestellungen. Mit jeder Bestellung fallen fixe Bestellkosten an, die in Bezug auf die Bestellmenge degressiv verlaufen.

Im Vordergrund der Betrachtungen und Bestrebungen der Handelsunternehmen im Rahmen des Bestandsmanagements steht vor dem Hintergrund der Zielsetzung grundsätzlicher Bestandreduktionen insbesondere die Vermeidung von **Out-of-Stock-Situationen**. Trotz der Optimierungsbestrebungen und des zunehmend ausgefeilteren Einsatzes informationstechnologischer Unterstützungssysteme (wie z.B. Warenwirtschaftssysteme, Identifikationssysteme) und Prognosesysteme ist die Nicht-Verfügbarkeit von Artikeln in Handelsunternehmen ein häufig anzutreffendes Problem (Angerer 2004).

Die Problematik der Out-of-Stocks liegt in den **Konsumentenreaktionen** auf Präsenzlücken begründet. Meist resultieren daraus Verluste für die Handelsunternehmen, die sich dadurch ergeben, dass die Konsumenten auf Käufe verzichten oder die Produkte bei anderen Handelsunternehmen kaufen. An Brisanz gewinnen solche Verluste insbesondere bei einer langen Dauer der Präsenzlücken oder bei dem wiederholten Auftreten von Out-of-Stocks bezogen auf bestimmte Produkte, da damit jeweils die Rate der Nichtkäufe im Vergleich zu Substitutionen durch andere Produkte zunimmt und weil die Unzufriedenheit der Kunden mit dem Handelsunternehmen dadurch steigt (Angerer 2004).

iii. Continuous Replenishment

Unter Continuous Replenishment (CRP) werden Ansätze zur kontinuierlichen Warenversorgung zusammengefasst. Dabei erfolgt die Steuerung des Nachschubs im Handel bzw. der Produktion bei den Herstellern und Vorlieferanten auf der Basis der effektiven Nachfrage der Konsumenten.[1]

[1] Im Kontext der effizienten Nachschubversorgung werden weitere Ansätze diskutiert, so Computer-Aided Ordering, Synchronized Production; vgl. hierzu Hertel/Zentes/Schramm-Klein 2005, S. 190ff. und die dort angegebene Literatur.

Die Grundidee setzt an der **Just-in-time-Belieferung** an. Der PoS muss dementsprechend immer genau zum richtigen Zeitpunkt über die benötigte Ware verfügen. Der Waren- und Informationsfluss entlang der Supply-Chain wird somit i.S. eines automatisierten Wiederbestellsystems im Gegensatz zu herkömmlichen Systemen (siehe Abbildung 5.11) auf der Basis der tatsächlichen bzw. der prognostizierten Abverkäufe optimiert (v.d. Heydt 1998, S. 56).

Abbildung 5.11: Konventioneller Bestell- und Lieferprozess

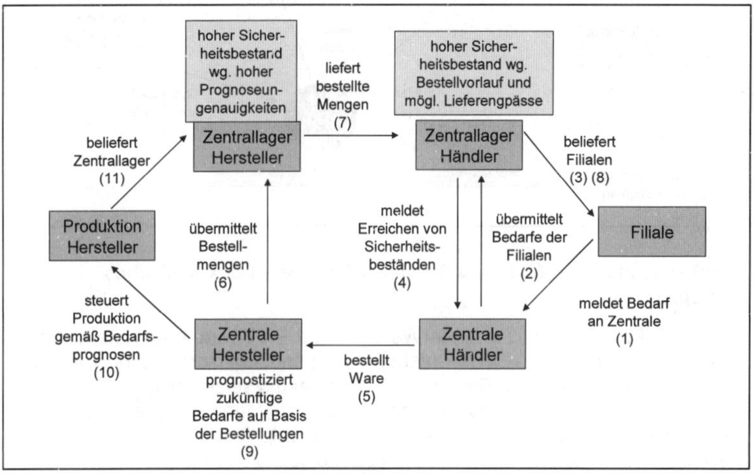

Die Basis des Continous Replenishment bildet eine informationstechnische Vernetzung (z.B. per EDI), anhand derer eine verbrauchsnahe Übermittlung von Abgangsdaten erfolgt, einerseits Lagerabgangsdaten der Hersteller- und Handelsläger und andererseits Abverkaufsdaten als „Abgangsdaten" in den Filialen (siehe Abbildung 5.12). Dies ermöglicht die Synchronisation der Produktion. Durch einen optimalen Informationsaustausch werden die Reaktion auf Kundenwünsche und der Servicegrad bei gleichzeitiger Reduktion der Bestände erhöht (Fürst/Schmidt 2001, S. 528f.). Auf Grund der auf diese Weise realisierbaren kürzeren „**lead times**" bzw. Bestellvorlaufzeiten können die Hersteller ihre Abhängigkeit von längerfristigen und dadurch meist ungenauen Prognosedaten reduzieren.

Abbildung 5.12: Bestell- und Lieferprozess auf der Basis von Abverkaufszahlen

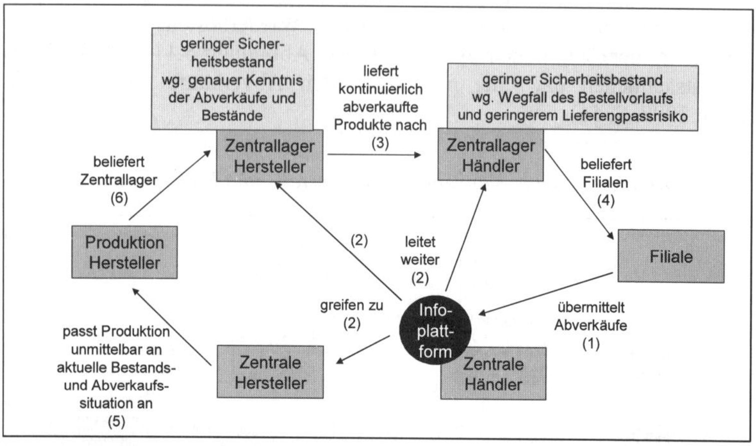

CRP zwischen Wal-Mart und Procter & Gamble – Ein klassisches Beispiel

Die CRP-Partnerschaft zwischen Wal-Mart und P&G wird in der Literatur als beispielhaft angesehen. Beide Unternehmen gründeten hierzu schon 1987 unternehmensübergreifende Projektteams. Die Teams setzen sich aus allen Bereichen der Unternehmen zusammen, womit ein Informationsaustausch in allen betroffenen Ebenen gewährleistet werden soll, und haben zum Ziel, die jeweiligen Unternehmensaktivitäten zu harmonisieren. Als Ergebnisse werden in der Literatur folgende Zahlen genannt:

- Reduktion von Lagerbeständen und Lieferzeiten um mehr als 50 %
- Senkung der Zahl fehlerhafter Rechnungen von 26 % auf 10 %
- Verminderung von Retouren und Annahmeverweigerungen um 60 %
- Steigerung des Warenumschlags von zwölf auf 24 pro Jahr.

Quelle: Kotzab 1997, S. 205f.

Continuous Replenishment bildet eine Klammer für die logistischen Ansätze im Rahmen der ECR-Aktivitäten. Die nachfragesynchrone Versorgung als Basiskonzept ermöglicht den Einsatz veränderter Lager- bzw. Umschlagskonzepte. So erleichtert bzw. ermöglicht das Continuous Replenishment z.B. die (ggf. partielle) Umstellung von (Zentral-)Lägern auf Warenverteilzentren i.S. von Transit-Terminals oder den Einsatz von Cross-Docking-Systemen, auf die in Abschnitt C. eingegangen wird.

iv. Vendor-Managed Inventories

Die Bestands- und Lagerhaltungsstrategien im Rahmen des Efficient Replenishment können je nachdem, welcher der Akteure (Hersteller, Handel oder beide) über die Entscheidungshoheit bzw. die Bestandsverantwortung verfügt, unterschieden werden in

- Vendor-Managed Inventory (VMI)
- Buyer-Managed Inventory (BMI)
- Co-Managed Inventory (CMI).[1]

Das Konzept der Vendor-Managed Inventories stellt eine spezifische Form des Lagerbestandsmanagements dar, das auf den automatischen Warennachschub ausgerichtet ist. Beim VMI wird dem Hersteller die Dispositions- und damit auch die **Bestandsverantwortung** übertragen.

In Anlehnung an Kotzab (1997, S. 142) wird VMI wie folgt definiert:

> *Vendor Managed Inventory ist ein zwischen einem Hersteller und Handelsunternehmen stattfindendes Partnerschaftsprogramm, das einen automatisierten Warennachschub zum Ziel hat. Der automatisierte Warennachschub liegt in der Verantwortung des Herstellers und basiert auf einem permanenten Angleichen von Angebots- und Nachfragerhythmen. Das permanente Angleichen der Aktivitäten der beiden Partner erfolgt durch kontinuierlichen Datenaustausch und -abgleich und hat die Vermeidung (überflüssiger) Sicherheitsbestände auf der Handelsstufe zum Ziel.*

Die Vorteile des VMI-Konzepts entstehen v.a. daraus, dass der Hersteller seine Nachfrageprognosen auf der Basis der vorliegenden Handelsdaten selbst erstellt. Dies wirkt sich positiv auf Sicherheitsbestände, Out-of-Stock-Situationen sowie die Prozesskosten der Tourenplanung, Produktionsverschiebungen und Optimierungen von Produktionslosgrößen aus, was mit einer verbesserten Lieferbereitschaft und einer Verkürzung der Lieferzeiten verbunden ist (Gleißner 2000, S. 195f.; Lee/Padmanabhan/Wang 1997a; 1997b).

Allerdings führen VMI-Konzepte dazu, dass ein „Ungleichgewicht" entlang der Supply-Chain entsteht. Der Hersteller übernimmt mit der Übernahme der Dispositionsaufgabe zusätzliche betriebswirtschaftliche Aufgaben, was zunächst mit höheren Kosten verbunden ist (z.B. für Sach- und Personalaufwendungen), während beim Handel durch die Reduktion der Bestände der Aufwand reduziert wird, was direkt als messbarer Vorteil realisiert werden kann. Die Vorteile, die sich für die Hersteller ergeben, insbesondere positive Rückwirkungen über den gleichmäßigeren Warenabfluss auf die Produktion, werden erst langfristig und auch erst ab einer bestimmten „kritischen Masse" spürbar.

[1] Die Konzepte Buyer-Managed Inventory und Co-Managed Inventory werden hier nicht näher dargestellt; vgl. hierzu Hertel/Zentes/Schramm-Klein 2005, S. 192ff.

VMI im Reifenhandel

Seit dem Jahre 2002 setzt die Goodyear Dunlop Tires Germany mit ihren, der GD Handelssystemen GmbH & Co. KG (GDHS) angeschlossenen Kooperationspartnern zur Optimierung der Bedarfsplanung und der Reduzierung von Lagerbeständen im Reifenhandel auf eine Umsetzung des VMI-Konzeptes. Heute nutzen bereits ein Drittel der GDHS-Partner das Konzept der automatischen Nachschubsteuerung und die damit verbundene Softwarelösung „tiresoft II".

Abbildung 5.13: Schritte zum erfolgreichen VMI

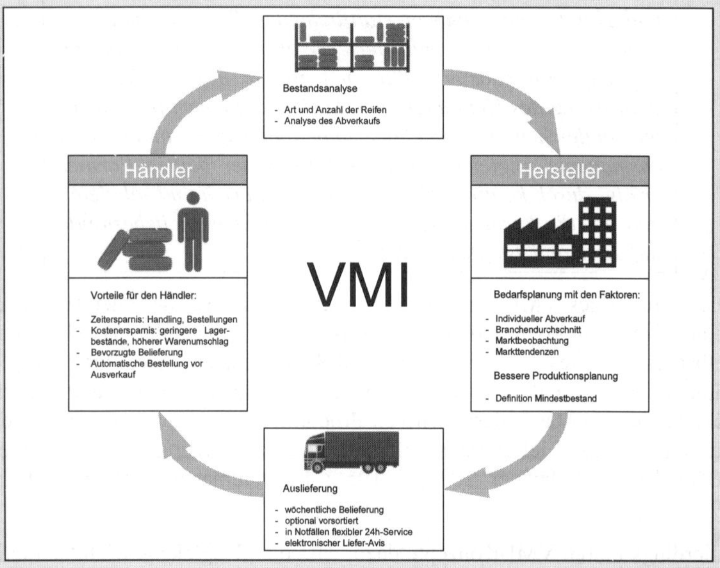

Durch den Einsatz des VMI-Konzeptes werden die Planung und die Disposition zwischen der Goodyear Dunlop Tires Germany als Hersteller und den angeschlossenen Reifenhändlern deutlich verbessert. Als Resultat konnte der Abgleich zwischen tatsächlichen Bedarfsituationen und optimalen Liefermengen verbessert werden. Die Vorteile der angeschlossenen Händler sind eine höhere Planungssicherheit, eine Reduzierung der Bestandhaltungs- und Kapitalkosten sowie eine effizientere Auftragsabwicklung. Die Realisierung dieser Ziele erfolgt in vier Schritten: In einem ersten Schritt erfolgt die Analyse der Bestände, um festzustellen, welche Anzahl und Art von Reifen beim Händler auf Lager liegen und welche bspw. langsam drehende Artikel sind, um so eine Ausgangsbasis zur Planung des zukünftigen Bedarfs zu schaffen. Die Bedarfsplanung in Schritt 2 erfolgt unter dem Einsatz moderner EDV-gestützter Planungstools, die neben den individuellen Abverkaufszahlen auch Einflussfaktoren wie die Anzahl der Neuzulassungen des Kfz-Bundesamtes, das Reifenpotenzial im lokalen Umfeld oder allgemeine Markttendenzen berücksichtigen. Auf Grundlage dieser Planung wird in Schritt 3 ein Mindestbestand für die meistverkauften Produkte festgelegt, die etwa 80 % des Umsatzes ausmachen. Die weitere Bestellung erfolgt von diesem Zeitpunkt an automatisch bei Unterschreitung des festgelegten Mindestbestandes über das System und stellt somit die Verfügbarkeit sicher. Die Anlieferung der Ware in Schritt 4 erfolgt in einem festgelegten Lieferzyklus einmal, in den Saisonspitzen zweimal pro Woche. Bei Engpässen wird aber gleichzeitig eine kurzfristige Lieferung innerhalb von 24 Stunden ermöglicht. Die Ware wird je nach Angaben des Händlers auf Paletten oder in Containern vorsortiert und kann direkt mit einem Beleg in das System „tiresoft II" eingebucht werden, sodass hierbei der Ersatz manueller Eingaben zusätzliche Effizienzgewinne ermöglicht.

Quelle: Goodyear Dunlop Tires Germany 2006.

v. Collaborative Planning, Forecasting and Replenishment

Im Rahmen der „traditionellen" ECR-Ansätze erfolgt entweder eine Fokussierung auf Marketing-Fragestellungen („Demand-Side") oder auf Logistik-Fragestellungen („Supply-Side"), wenngleich beide Ansatzpunkte eng miteinander zusammenhängen, da die Demand-Side-orientierten Ansätze logistische Konsequenzen in der Umsetzung bzw. Realisierung der Marketingkonzepte mit sich bringen und die Supply-Side-orientierten Ansätze mit der Zielsetzung einer guten Logistikleistung zu verkürzten Reaktionszeiten auf Kundenwünsche, zu geringen Lieferzeiten oder einer erhöhten Flexibilität führen, was wiederum positiv mit den Demand-Side-Konzepten verbunden ist (Lasch 1998). Auf Grund dieser Zusammenhänge ist eine isolierte Betrachtung der Demand-Side und der Supply-Side und damit eine isolierte Betrachtung von Marketing- bzw. Logistikaspekten nicht sinnvoll.

Über die isoliert auf die Supply-Side oder die Demand-Side ausgerichteten Ansätze hinaus geht der Ansatz des Collaborative Planning, Forecasting and Replenishment (CPFR). CPFR wird dabei als Fortentwicklung bzw. Ausbau des ECR-Konzeptes angesehen und z.T. als „zweite Generation von ECR" bezeichnet (Seifert 2002b, S. 55; 2004, S. 349). CPFR stellt ein Konzept zur kooperativen Planung, Prognose und Bestandsführung dar. Im Vordergrund steht der Prozess zur Entwicklung einer Prognose der Konsumentennachfrage und darauf basierend einer gemeinsamen Planung, an welche die beteiligten Partner in der Supply-Chain gebunden sind.

In Anlehnung an das CPFR-Committee kann man definieren:

> *CPFR ist ein Prozess zur Entwicklung einer gemeinsamen Prognose der Konsumentennachfrage, welche die Planung entlang der gesamten Wertkette steuert.*

Das Konzept des CPFR stellt ursprünglich eine Weiterentwicklung des CRP- bzw. VMI-Ansatzes dar, das aus einem Supply-Chain-Projekt hervorgegangen ist, das Wal-Mart mit Warner-Lambert unter Mitarbeit der Softwareunternehmen SAP und Manugistics 1996 startete (Cooke 1998). Nach dem erfolgreichen Pilotprojekt engagierten sich eine Reihe von US-Institutionen (so insbesondere das amerikanische Standardisierungsgremium „Voluntary Interindustry Commerce Standards", VICS) und Unternehmen (u.a. Wal-Mart, Target, Procter & Gamble, Kimberly-Clark und Nabisco) bei der Entwicklung und Einführung von CPFR (Rode 2003; Harrington 2003; Hallier 1997).

Im Rahmen des CPFR-Konzepts erfolgt bei der gemeinsamen Planung die Zusammenführung des Wissens von Industrie und Handel. Damit werden v.a. Schwächen der einseitig orientierten Prognoseerstellung, die v.a. in den ECR-Konzepten der „ersten Generation" gesehen werden, überwunden. Die Handelsunternehmen haben zwar bessere Prognosemöglichkeiten bezüglich des zukünftigen Absatzes in den eigenen Filialen als die Hersteller, aber diese verfügen zusätzlich über andere Informationen, z.B. über mehrere Handelsunternehmen und deren Verkaufsförderungspläne.

Abbildung 5.14: CPFR-Prozess

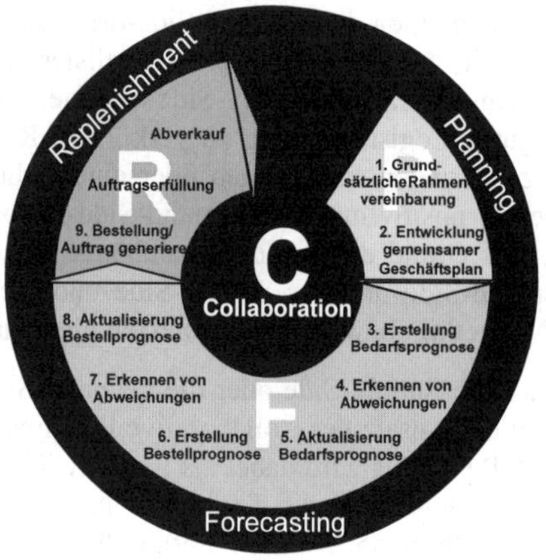

Quelle: ECR D-A-CH 2001.

Zur Realisierung des **CPFR-Prozesses** (siehe Abbildung 5.14) wurde ein neunstufiges Modell vorgeschlagen, in dem die jeweiligen Aufgaben von Hersteller und Handel im Verlauf des gemeinsamen Planungsprozesses beschrieben werden (Voluntary Interindustry Commerce Standards (VICS) Association 2002; Harrington 2003). Dabei wird eine gemeinsame Planung durchgeführt. An die Ergebnisse dieser Planung sind beide Partner gebunden. Innerhalb bestimmter, fest vereinbarter Parameter kann jeder der Partner die Planung anpassen. Werden größere Anpassungen vorgenommen, ist jedoch das Einverständnis des Partners erforderlich. Zu einem bestimmten Zeitpunkt werden die Prognosen dann „eingefroren" und automatisch in eine Bestellung und die Produktionsplanung umgesetzt (McKaige 2001, S. 36).

Mit der Betonung der gemeinsamen Planung zielt CPFR insbesondere auf solche Situationen ab, in denen eine hohe **Prognoseunsicherheit** gegeben ist, wie dies z.B. bei Neuprodukteinführungen oder besonders ausgeprägten Verkaufsförderungsaktivitäten der Fall ist. Besonders hohe Erfolgswahrscheinlichkeiten werden dem Konzept z.B. dann zugesprochen, wenn die folgenden Situationen gegeben sind (Seifert 2002b, S. 57f.):

- schwer prognostizierbare Nachfrage
- hohe Promotionaktivität (z.B. Hi-Lo-Politik)
- häufige Produktneueinführungen
- lange Durchlaufzeiten für Produktion und/oder Auffüllen der Bestände
- kurze Lebensdauer der Produkte (z.B. Modeartikel)
- saisonale Schwankungen in der Nachfrageentwicklung.

2. Push-Pull-Prinzip

Nach dem traditionellen **Push-Prinzip** werden – wie bereits erwähnt – die Produkte von den Herstellern ausgehend durch die Pipeline in Richtung der Konsumenten „gedrückt" (siehe Abbildung 5.1). Charakteristisch für das **Pull-Prinzip** ist, dass die Steuerung der Supply-Chain an der Nachfrage, die von den Kunden ausgeht, ansetzt. Das Push-Pull-Prinzip – oftmals auch als **Push-Pull-Push-Prinzip** bezeichnet – kombiniert den Pull-Ansatz mit einem modifizierten Push-Ansatz. Dieser Ansatz wird zunehmend in der Fashion-Branche, insbesondere im Textilbereich, verfolgt, so vorrangig von den sog. Verticals wie Zara, Mango und H&M (vgl. Swoboda/Janz 2007; Janz 2007).[1]

In dieser Branche ist die klassische Warenversorgung, die noch heute für die meisten Fachgeschäfte und Fachabteilungen der Kauf- und Warenhäuser gilt, dadurch charakterisiert, dass zu Saisonbeginn in großen Mengen Waren, die meist durch Vororder disponiert wurde, in den Handel gesteuert (Push) und mit jedem Monat auf der Fläche älter und unattraktiver wird und dann zum Saisonende oft nur noch mit sehr hohen Abschriften abverkauft werden kann (Janz 2007, S. 511). Den Verticals gelingt es dagegen, „fast jeden Monat die Fläche mit frischer modischer Ware zu versorgen und damit auch in den Monaten der zweiten Saisonhälfte noch neue Konsumanreize für Kunden zu realisieren" (Janz 2007, S. 511). Sie arbeiten nach dem modifizierten Push-Prinzip, das letztlich zu einer Neukonfiguration der Wertschöpfungsprozesse führt, die eine wesentliche Reduzierung der Vorlaufzeiten und der Durchlaufzeiten ermöglicht (siehe Abbildung 5.15). Zugleich bedeutet dies, dass in der Erstbelieferung eine wesentlich geringere Menge in die Verkaufsstellen eingesteuert wird.

Abbildung 5.15: Integriertes Supply-Chain-Modell der Verticals

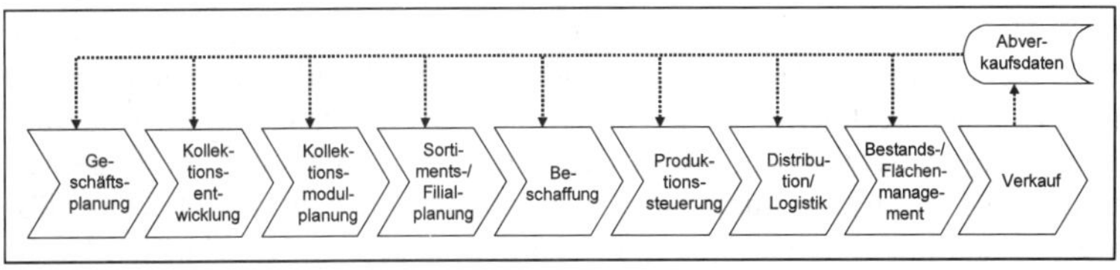

Quelle: in Anlehnung an Janz 2004, S. 20.

[1] Vgl. hierzu auch die Fallstudie „Zara" in Abschnitt G. dieses Kapitels.

Das Ausmaß der Verkürzung der Vorlauf- und Durchlaufzeiten kann am Beispiel des **Speed-Sourcing-Modells** von Zara verdeutlicht werden, das innerhalb einer Saison kurzfristig auftretenden Bedarf zu befriedigen in der Lage ist (siehe Abbildung 5.60 in Abschnitt G. dieses Kapitels). Speed-Sourcing ist zugleich ein **Replenishment-Konzept**, das jedoch durch neue Produkte charakterisiert ist, die als abverkaufsstark identifiziert wurden.

Daneben kennt das Push-Pull-Prinzip auch eine abverkaufsorientierte Nachversorgung (**Re-Assortierung**). Diese erfolgt nach dem Pull-Prinzip auf der Grundlage von Abverkaufsdaten. Im Ergebnis führt das Push-Pull-Prinzip u.a. zu einer deutlichen Reduzierung des Umsatzanteils abgeschriebener Ware im Vergleich zu traditionellen Wertschöpfungsketten (siehe Abbildung 5.16).

Abbildung 5.16: Kenngrößen der Sortimentssteuerung traditioneller und vertikaler Unternehmen in der Fashion-Branche

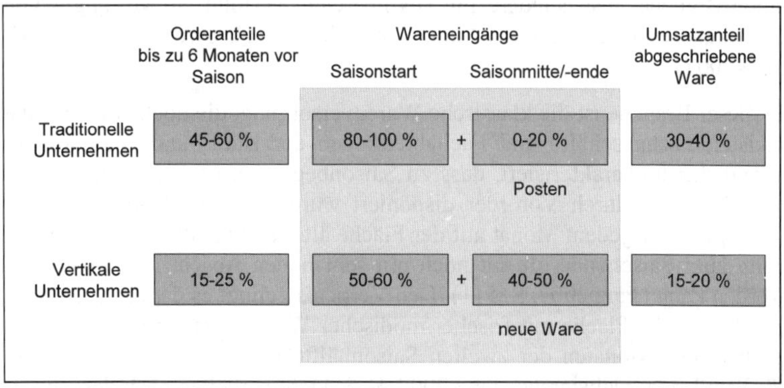

Quelle: Swoboda u.a. 2006, S. 43.

Das heutige Push-Pull-Prinzip ist eine Weiterentwicklung der **Quick-Response-Ansätze**, die Anfang der neunziger Jahre des 20. Jahrhunderts in der US-amerikanischen Textilindustrie entwickelt wurden. Aus diesem Grund wurde dieses Konzept z.T. als „Just-in-time-Konzeption der Textilbranche" bezeichnet (Zentes 1989b, S. 39). Die hohe Variantenvielfalt in der Modebranche sowie die saisonalen Gegebenheiten im Rahmen der Modesortimente bildeten den Ausgangspunkt der Entwicklung. Die Zielsetzung lag darin, den Warenstrom mit kleineren Bestellmengen und kürzeren bzw. schnelleren Bestellrhythmen stärker an die tatsächliche Nachfrage zu koppeln, damit schneller auf unvorhergesehene Änderungen (z.B. Änderungen des Modetrends) reagiert werden konnte. Dadurch sollte die Lagerhaltung von Fertigwaren durch die Lagerhaltung von Vorprodukten abgelöst werden und mit einer flexibleren Produktionssteuerung zur schnellen Nachproduktion zu einer verbesserten Liefersicherheit führen (Gleißner 2000, S. 172).

Dem Push-Pull-Prinzip liegt – wie dem Quick-Response-Konzept – die artikelgenaue Erfassung der Abverkaufsdaten am PoS zu Grunde, die regelmäßig an den Hersteller, so bei vertikal-kooperativen Konzepten, bzw. an die Zentrale (der Verticals) übermittelt werden und auf deren Basis die Wertkettensteuerung erfolgt (Walker 1994). Insofern gelten die im Zusammenhang mit dem Pull-Prinzip diskutierten Konzepte der Nachschubversorgung (Replenishment) grundsätzlich auch für die Supply-Chain-Prozesse nach dem Push-Pull-Prinzip.

C. Logistikprozesse

I. Determinanten und Abgrenzungen

Auf die Ausgestaltung der Logistikprozesse, die sich auf die physische Dimension des Supply-Chain-Managements beziehen, wirken mehrere Faktoren ein. So steht sicherlich auch hier das Streben nach einer **Gesamtsystemoptimierung** im Vordergrund. Diese Effizienzorientierung geht einher mit einer zunehmenden **Ökologieorientierung**, was letztlich auch zu einer effizienteren Nutzung von Ressourcen beiträgt. Darüber hinaus wird die Ausgestaltung der Logistikprozesse durch Strategien der Handelsunternehmen beeinflusst: So stellt sich die Frage der **Logistikführerschaft** und damit die Frage der „ownership“.

Zunehmende Ökologieorientierung

Eine Vielzahl von Handelsunternehmen hat in den letzten Jahren im Rahmen von Logistikkonzepten darauf geachtet, auch die Umweltbelastung zu senken. Die zunehmende Sensibilisierung der Konsumenten in Bezug auf ökologische Probleme sowie entsprechende Veränderungen des Rechtsrahmens prägen in steigendem Maße die logistischen Prozesse. In einem ersten Schritt wurde die lineare Perspektive der Wertkettenverknüpfung um die Elemente der **Retrodistribution** und der **Reduktion** ergänzt.

Eine weitere Maßnahme bezieht sich auf eine möglichst gute Auslastung der Lkws und somit auf die Reduzierung der Transportkilometer, da die wesentlichste Umweltbelastung in der Logistik von den Transporten ausgeht. Jedoch werden auch andere Maßnahmen durchgeführt. Zahlreiche Unternehmen setzen umweltfreundliche Maschinen oder Fahrzeuge bei Logistikprozessen ein. Dies sind z.B. lärm- und verbrauchsarme Lkws, energiesparende Elektrofahrzeuge in den Lägern und umweltfreundliche Kühlmittel. Einige Unternehmen testen auch neue Konzepte, z.B. Biodiesel, Erdgas und Elektrofahrzeuge, auf ihre Eignung für einen flächendeckenden Einsatz (vgl. bereits Baumgarten u.a. 1998, S. 216ff.).

Tendenziell zeigt sich in den aufgezeigten Konzepten der Nachschubversorgung eine Reihe von Entwicklungen, die weit reichend sind und eher negative ökologische Folgen haben könnten. Vor allem führen Bestandsreduzierungen in der Lieferkette, verbunden mit häufigeren, kleineren Bestellungen, i.d.R. zu einer Erhöhung der notwendigen Transporte. Gelöst werden können diese Probleme jedoch durch eine geeignete Bündelung der Transporte durch neutrale Logistik-Dienstleister. Nur diese sind in der Lage, die konfliktären Ziele Bestandsreduktion durch kleinere, häufigere Bestellungen und Transportreduktion simultan zu erreichen. Die Frage der Bündelung der Transporte gewinnt auch vor dem Hintergrund steigender Energiekosten sowie der (steigenden) Mautgebühren zunehmend auch aus ökonomischer Sicht an Bedeutung. So lässt sich in Simulationen aufzeigen, ab welchen Energiepreisen die Lagerhaltung „vor Ort" letztlich wieder günstiger wäre als die derzeit verfolgten bestandsarmen oder gar bestandslosen Lösungen.

Logistik und Ökologie im Handel: Otto GmbH & Co. KG

Bereits im Jahre 1986 erklärte Dr. Michael Otto, Vorstandsvorsitzender der Hamburger Otto GmbH & Co KG, den Umweltschutz zum Unternehmensziel und förderte in den darauf folgenden Jahren die Umsetzung einer Vielzahl von Maßnahmen, die mit umweltverträglichem Handeln in Zusammenhang stehen. Dabei ist die Reduktion von (CO_2)-Emissionen im Transportbereich als Beitrag zum Klimaschutz wesentlicher Bestandteil des Umweltschutzprogrammes von Otto. Im Bereich von Transport und Logistik verfolgt die Otto GmbH & Co KG verschiedene Strategien, um die transportbedingten Emissionen zu reduzieren. So erfolgt eine logistische Optimierung durch die Vermeidung von Transportwegen, eine Auslastungserhöhung der Fahrzeuge, eine Sendungsverdichtung im Depot sowie eine elektronisch gestützte Fahrtroutenoptimierung. Des Weiteren soll durch die Sensibilisierung und Schulung der Fahrer sowie die Nutzung alternativer Antriebsformen eine Entlastung der Umwelt erreicht werden. Zudem erfolgen im Rahmen einer technischen Optimierung eine regelmäßige Fuhrparkerneuerung sowie der Einsatz rollwiderstandsoptimierter Reifen oder Leichtlauföle. Wo immer es möglich ist, werden im internationalen Frachtverkehr Transporte von der Luft- auf die See- und Binnenschifffahrt und Transporte von der Straße auf die Schiene verlagert. Mittlerweile hat man so eine Reduzierung der transportbedingten CO_2-Emmissionen um 51 % im Vergleich zum Jahre 1993 erreicht.

Quelle: Otto 2006.

Logistikführerschaft des Handels

Wie in Abschnitt B.V. des Zweiten Kapitels herausgestellt, baut der Handel, so insbesondere der Food- und Near-Food-Handel, – auf der Basis seines (angestrebten) Bedeutungszuwachses in der Wertschöpfungskette – seinen Wertschöpfungsanteil in der Logistik aus. Dies drückt sich in einer **Rückwärtsintegration** aus (vgl. Hertel/Zentes/Schramm-Klein 2005, S. 15ff. und die dort angegebene Literatur): Der Handel baut verstärkt Zentrallager (bzw. Warenverteilzentren) und übernimmt immer stärker die Belieferung seiner Filialen selbst.

In einem noch weiter gehenden Schritt holen Handelsunternehmen Waren an der Produktionsstätte der Industrie ab. In diesem Fall wird die bisherige Distributionslogistik der Hersteller vollständig vom Handel übernommen (**Beschaffungslogistik**) (Prümper/Pohl/Thoms 2006). Die damit verbundenen Chancen der Kostensenkung in der Warenverteilung beruhen hauptsächlich auf Bündelungseffekten einer möglichst viele Lieferanten umfassenden **Warenabholung**. Dabei ist davon auszugehen, dass das in der Bündelung enthaltende Rationalisierungspotenzial hauptsächlich vom Initiator ausgeschöpft wird. Der Handel ist dabei heute meist der Initiator solcher Konzepte. Die Kosteneinsparungspotenziale werden auf ca. 10 bis 20 % der Transportkosten geschätzt (Hertel 1998, S. 504).

„Lekkerland holt Süßes selbst ab: Start der nationalen Beschaffungslogistik auch für Getränke“

(Lebensmittel Zeitung, 02. Dezember 2005, S. 23)

„AVA setzt auf Beschaffungslogistik: Start eines neuen Bündelungskonzeptes im Trockensortiment“

(Lebensmittel Zeitung, 26. August 2005, S. 24)

Die Warenabholung durch den Handel führt zugleich zu veränderten Preisstellungen durch die Hersteller: Da der Handel ab Fabriktor („ex factory“) für die Produkte zuständig ist, bildet „das Fabriktor“ auch die Preisbasis im Rahmen des „**Factory Gate Pricing**“.

Tesco-Logistik: Factory Gate Pricing

500 Lieferanten hat Tesco mittlerweile in sein Factory-Gate-Pricing-System (FGP) eingebunden. Etwa 30 % aller Transportbehälter – das sind 300 Mio. pro Jahr – gelangen auf diese Weise in die Verteilzentren von Tesco. Philip Clarke, Tesco's Logistics IT Director erklärt, dass man den Herstellern den Einkauf von Transportleistungen abnehme, weil sie das einfach nicht so gut können wie Tesco. Man habe hier erheblich mehr Erfahrung, Know-how und selbstverständlich auch die besseren Preise. Dies gilt ganz besonders für kleinere und mittlere Hersteller. Wenn Tesco diesen Teil der Logistik-Kette mit eigenen oder angemieteten Fahrzeugen organisiert, ergeben sich deutliche Rationalisierungs- und Kostenvorteile. Transportfahrzeuge und Zentralläger sind gleichmäßiger und besser ausgelastet.

Quelle: LP International 13/03.

Parallel zur Ausweitung des Wertschöpfungsanteils des Handels und nur scheinbar konträr dazu ist ein starker Trend zum **Outsourcing** der Logistikaktivitäten an Logistik-Dienstleister festzustellen. Die operativen Aktivitäten, die nun vom Handel statt von der Industrie verantwortet werden, führt der Handel nicht zwangsläufig durch die eigene (Logistik-)Organisation durch. Stattdessen überträgt er sie an Logistik-Dienstleister und praktiziert mit diesen engere Formen der Zusammenarbeit.

Das Streben nach Logistikführerschaft gilt jedoch nicht generell im Handel. In Branchen, in denen die Hersteller bspw. Konzepte der **Controlled Distribution** realisieren, so in weiten Teilen der Fashion-Branche, steuern diese im Rahmen ihrer vertikal-kooperativen Ansätze auch die Logistikprozesse. Aber auch die Distributionslogistik-Konzepte der Industrie beinhalten das Outsourcing an Dienstleister. Das klassische Outsourcing logistischer Einzelleistungen rückt dabei zunehmend in den Hintergrund zu Gunsten von **Logistiknetzwerken** (vgl. hierzu Wittig 2005)[1].

---

[1] Vgl. zur strategischen Bedeutung der Logistik im Handel auch Paché 1999; Cuthbertson 2004; Fernie/Sparks 2004a; Fernie 2005.

„Handel hält Logistikfäden in der Hand: Trend zur ganzheitlicher Steuerung der Supply-Chain".
(Lebensmittel Zeitung, 31. März 2006, S. 28).

Logistiknetzwerke resultieren auch aus anderen Bestrebungen zur Warenbündelung. Hervorzuheben sind die Konzepte der **City-Logistik**, die auf eine ganzheitliche Sichtweise und Optimierung des Wirtschaftsverkehrs in den Städten, insbesondere in den Innenstädten, abzielen.

Im Folgenden werden die Grundstrukturen und Komponenten moderner Logistiksysteme erörtert. Hieran schließt sich die Diskussion des Outsourcing und der kooperativen Realisierung logistischer Operationen an.

II. Grundstrukturen und logistische Subprozesse

1. Grundstrukturen von Logistikprozessen

Die Grundfunktion der Logistik besteht in der raum-zeitlichen Veränderung von Gütern. Logistikprozesse können einstufig, mehrstufig oder in kombinierter Form ausgeprägt sein, je nachdem ob ein direkter Warenfluss erfolgt oder die Ware zwischen Lieferpunkt (Quelle) und dem Empfangspunkt (Senke) umgeschlagen wird (vgl. hierzu auch Hertel/Zentes/Schramm-Klein 2005, S. 102ff.).

Abbildung 5.17: Grundstrukturen von Logistikprozessen

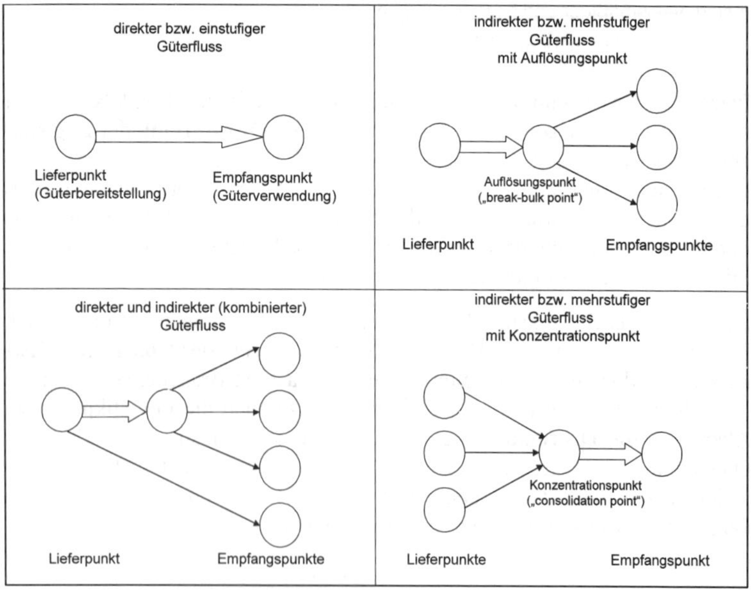

Quelle: in Anlehnung an Pfohl 2004b, S. 6.

Während bei **einstufigen Prozessen** der Güterfluss zwischen Liefer- und Empfangspunkt nicht unterbrochen wird, also keine zusätzlichen Lager- und/oder Bewegungsprozesse notwendig sind, findet man in **mehrstufigen Prozessen** Unterbrechungspunkte. Deren Aufgabe liegt in der Auflösung (**„break-bulk“**) oder Konzentration (**„consolidation“**) des Güterflusses. Diese Grundstruktur beeinflusst – wie im Folgenden aufgezeigt wird – wesentlich die Ausgestaltung der jeweiligen Logistikprozesse, so hinsichtlich der Einschaltung von Zentrallägern/Warenverteilzentren des Handels oder der Direktbelieferung der Filialen durch die Hersteller.

2. Logistische Subprozesse

Als Subprozesse der Handelslogistik können nach den Phasen der Warenströme unterschieden werden (vgl. auch Kotzab 1997, S. 36; Pfohl 2004b, S. 18)[1]:

- Prozesse der Beschaffungslogistik
- Prozesse der Distributionslogistik
- Prozesse der In-Store-Logistik
- Prozesse der Entsorgungs-/Retrodistributionslogistik.

Beschaffungslogistik-Prozesse

Die Beschaffungslogistik bezieht sich auf die Warenflüsse und die damit im Zusammenhang stehenden Informationsflüsse, die bei der Versorgung mit Waren (Handelsware) und mit weiteren Inputfaktoren (z.B. für administrative Prozesse, im Rahmen der Verkaufsraumgestaltung, Beschaffung von Dienstleistungen u.Ä.) auftreten. Die Beschaffungslogistik steht damit, fokussiert man auf die Phasen des Warenflusses, am Anfang der (internen) Supply-Chain des Handels und bezieht sich insbesondere auf die physische Versorgung mit Waren bzw. Gütern. Einen besonderen Einfluss auf die Prozesse der Beschaffungslogistik haben die Beschaffungsarten. Zu unterscheiden sind dabei insbesondere die Einzelbeschaffung im Bedarfsfall, die Vorratsbeschaffung und die abverkaufssynchrone Beschaffung (Grochla 1978, S. 23ff.; Dehler 2001, S. 108f.; Pfohl 2004b, S. 185f.).

Bei der **Einzelfallbeschaffung** erfolgt die Beschaffung spezifischer Produkte nur dann, wenn eine tatsächliche Nachfrage nach der betreffenden Ware besteht. Dies kann z.B. bei Sonderbestellungen oder Einzelbestellungen für spezifische Kunden der Fall sein. Logistisch vorteilhaft ist dabei, dass keine Bevorratung bzw. Lagerhaltung der betreffenden Ware erfolgt, sodass die Kapitalbindungskosten minimiert werden. Auf der anderen Seite ist die Einzelfallbeschaffung in der Regel mit längeren Lieferzeiten verbunden, was gleichzeitig bedeutet, dass Wartezeiten für die Kunden entstehen. Zudem sind im Regelfall bei Einzelfallbeschaffungen die Beschaffungskonditionen

[1] Der Bereich der Produktionslogistik wird hier ausgeklammert, da er i.d.R. nicht relevant bzw. nicht handelsspezifisch ist. Dies schließt nicht aus, dass Handelsunternehmen auch Produktionsbetriebe unterhalten, wie in Abschnitt D.II.1. näher aufgezeigt wird.

(z.B. Rabatte u.Ä.) schlechter, da kaum Größen- oder Mengeneffekte realisiert werden können.

Die in Handelsunternehmen zumeist wichtigste Form der Beschaffung stellt die **Vorratsbeschaffung** dar. Dabei werden Warenbestände in den Lägern bzw. den Filialen des Handels aufgebaut. Wenngleich die Bevorratung zu einer erhöhten Kapitalbindung führt, ist sie mit höherer Zuverlässigkeit hinsichtlich der Verfügbarkeit der Produkte verbunden. Zudem kann ein höherer Filialbestand insbesondere in den Warenträgern der Outlets angestrebt werden, um „optische" Zielsetzungen umzusetzen oder bei den Kunden Effekte i.S. eines Abverkaufs durch „Warendruck" zu erreichen. Auf Grund der im Rahmen der Vorratsbeschaffung höheren Bestellmengen können weiterhin Degressionseffekte bzw. Mengeneffekte, so hinsichtlich der Konditionen oder der logistischen Abläufe, erreicht werden. Eine wesentliche logistische Aufgabe bei der Vorratsbeschaffung besteht in der Bestimmung der optimalen Bestellmengen und Bestellrhythmen, um die optimale Balance zwischen ausreichend hohen, aber nicht zu hohen Lagerbeständen sowie Einkaufskonditionen und Logistikkosten zu erreichen.

Beschaffungslogistik: METRO MGL als Vorreiter

Die METRO MGL hat mittlerweile alle Lieferanten in ein neues, selbst entwickeltes Logistikkonzept integriert. Unter der zentralen Verantwortung der MGL werden beim Hersteller die für die METRO-Vertriebslinien bestimmten Waren abgeholt und unmittelbar in die einzelnen Märkte gesteuert. Die Warenversorgung der Märkte erfolgt in der Regel innerhalb von 24 Stunden. Eine Zwischenlagerung der Güter entfällt. Die Bevorratung der Waren in den Märkten und die damit verbundenen Lagerhaltungskosten wurden reduziert. Zudem sank die Zahl der Liefervorgänge an den Laderampen der Märkte.

Quelle: LOG 2/2006, S. 40.

Als dritte Form der Beschaffung ist die **abverkaufssynchrone Beschaffung** zu nennen. Dabei ist es das Ziel, ähnlich der Just-in-time-Konzepte der Industrie, eine möglichst abverkaufsnahe Beschaffung zu realisieren und dadurch die Lagerbestände so gering wie möglich zu halten. Wesentliche Voraussetzungen stellen dabei eine besonders hohe Zuverlässigkeit der Hersteller bzw. der Lieferanten hinsichtlich Zeit und Menge der gelieferten Waren dar. Die Grundvoraussetzung liegt zudem in zuverlässigen Abverkaufsprognosen, auf deren Basis die Bestell- und Lieferrhythmen und -mengen bestimmt werden. Aus diesem Grund ist ein konstanter und zuverlässiger, möglichst umfassender Informationsaustausch zwischen Hersteller- und Handelsunternehmen erforderlich, wie dies bei den vorne dargestellten CRP-Lösungen der Fall ist.

Abbildung 5.18: Alternative Belieferungsformen des Handels

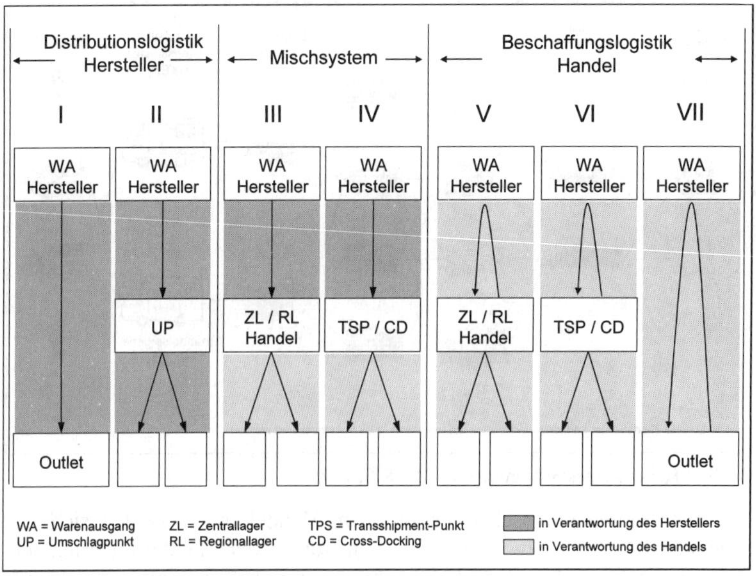

Quelle: Thorndike/Waltemath 1999, S. 212.

Art und Umfang der Beschaffungslogistik drücken sich in der **Belieferungsform** aus. Dabei steht die Frage im Vordergrund, welcher Akteur die Verantwortung für die Ware im Rahmen der Belieferung trägt (siehe Abbildung 5.18). Liegt diese bei dem Hersteller, so erfolgt die Koordination der Belieferung durch den Hersteller im Rahmen seiner Distribution. Erfolgt die Koordination durch das Handelsunternehmen, so fällt sie in die Beschaffungslogistik des Handels. Weiterhin sind Mischformen denkbar, bei denen die Verantwortung im Rahmen des Warenflusses vom Hersteller auf den Handel übergeht (z.B. auf der Stufe der Zentral- oder Regionalläger des Handels oder im Rahmen von Cross-Docking- oder Transshipment-Prozessen) (Wittig/Zentes 2002, S. 51f.; Thorndike/Waltemath 1999, S. 18ff.).

Distributionslogistik-Prozesse

Die Distributionslogistik (des Handels) stellt die absatzmarktorientierte Endphase des logistischen Leistungsvollzugs dar (Ihde 1974, Sp. 1619). Sie wird deshalb auch als **Absatzlogistik** oder **Vertriebslogistik** bezeichnet (Kotzab 1997, S. 42; Pfohl 2004b, S. 17)[1]. Die Distributionslogistik stellt den „spiegelbildlichen" Bereich zur Beschaffungslogistik dar. Sie umfasst alle logistischen Aktivitäten, die im Zusammenhang mit der Verteilung der Ware an die Kunden stehen.

---

[1] Teilweise wird, so aus der Perspektive der Hersteller, auch von Marketing-Logistik gesprochen.

Abbildung 5.19: Warenverteilung beim Distanzhandel

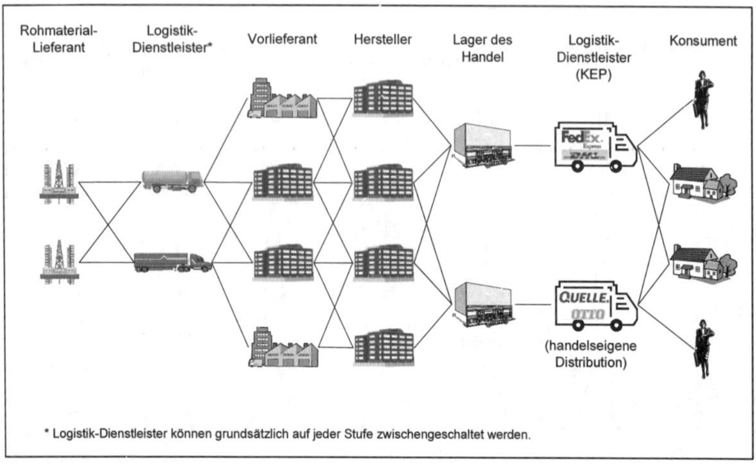

Quelle: Hertel/Zentes/Schramm-Klein 2005, S. 109.

Die distributionslogistischen Prozesse im Handel unterscheiden sich v.a. nach der Betriebs- bzw. Vertriebstypenstruktur der Handelsunternehmen. Dabei ist insbesondere danach zu differenzieren, ob im Rahmen der Distribution nach dem Bring- oder dem Holprinzip verfahren wird, d.h., ob das Handelsunternehmen nicht-stationäre oder stationäre Absatzkanäle bzw. Betriebstypen einsetzt. Beim **Versandhandel** („Bringkauf") wird die Ware jeweils an den Kunden geliefert. Die „Distanzüberwindung" im Rahmen des Warenflusses erfolgt somit durch das Handelsunternehmen bzw. wird von ihm initiiert (siehe Abbildung 5.19).

Im **stationären Handel** („Holkauf") hingegen wird diese Distanzüberwindung durch den Kunden selbst übernommen, d.h., um die Ware zu erhalten, muss der Kunde in die Filialen des Handelsunternehmens gelangen.

Die beiden Prinzipien der Distanzüberwindung im stationären und nichtstationären Handel sind dadurch gekennzeichnet, dass im Rahmen der distributionslogistischen Prozesse des Handels unterschiedliche Stufen bzw. Akteure eingesetzt werden. Beim **stationären Handel** nehmen die Konsumenten selbst die „Kommissionierung" in den Läden vor und übernehmen auch den Transport der Ware zu ihrem Bestimmungsort. Beim **Distanzhandel** wird die Kommissionierung durch die Handelsunternehmen (bzw. evtl. durch spezialisierte Logistik-Dienstleister) übernommen und auch der Transport der Ware wird durch das Handelsunternehmen oder externe Logistik-Dienstleister (z.B. spezialisierte KEP-Dienstleister (Kurier-, Express- und Paketdienstleister)) durchgeführt.

Die Entwicklungen im Bereich des E-Commerce, so des Internet-Handels, die oftmals bedeuten, dass stationäre Handelsunternehmen ihr Kerngeschäft durch einen parallelen Internet-Vertrieb ergänzen (**Multi-Channel-Retailing**), haben zu einer breiten Palette von Kommissionier- und Distributionsformen geführt. Für viele Multi-Channel-Handelsunternehmen, aber auch für viele sog. „pure player“, stellt die logistische Abwicklung („**fulfillment**“) das Kernproblem dar („last mile problem“) (Fernie/McKinnon 2004, S. 175): „Over the past decade many e-tail businesses have failed primarily because of an inability to provide cost-effective order fulfillment. Several market research studies have identified delivery problems as a major constraint on the growth of home shopping.”

Fulfillment im E-Commerce – coop@home

Mit dem Online-Shop „coop@home“ unterhält das Schweizer Einzelhandelsunternehmen Coop das größte Lebensmittel-Online-Angebot der Schweiz. Coop erreichte mit seinem Online-Angebot im Jahre 2005 einen Umsatz von 25 Mio. CHF und zählte rund 30.000 Kunden. 60 % aller Schweizer Haushalte können beliefert werden. In weite Teile der Mittel- und Zentralschweiz, die Region Basel und von Genf bis Montreux entlang des Genfer Sees werden Waren des täglichen Bedarfs, auch Frische- und Tiefkühlprodukte bis zum Verbraucher geliefert. Ergänzt wird das Online-Angebot durch den integrierten Wineshop, der den Konsumenten eine Auswahl von mehr als 1.000 Jahrgangsweinen bietet.

Zu den Serviceleistungen im Fulfillment gehören eine Lieferung am Tag der Bestellung zu einem ausgewählten Liefertermin, vielfältige Zahlungsmöglichkeiten sowie eine persönliche Warenübergabe an der Wohnungstür. Zur Erfüllung dieser hohen Ansprüche an Schnelligkeit und Kundenfreundlichkeit wurden zwei Logistik-Center in Zürich und Genf aufgelöst und ein zentrales Logistik-Center in Spreitenbach im August 2006 bezogen. Des Weiteren setzt man zur Gewährleistung der kurzen Reaktionszeiten auf den Einsatz eigener Fahrzeuge und Fahrer. Der Weg zum Kunden erfolgt meist vom zentralen Logistikzentrum, wo sämtliche Aufträge kommissioniert werden, über regionale Drehscheiben, so bspw. in Genf oder St. Gallen, von denen aus die einzelnen Haushalte beliefert werden. Zur effizienten Gestaltung der Auslieferung wird ein spezielles Kommissionier- und Transportrollikonzept umgesetzt: Die Waren werden hierbei pro Auftrag in einem Rolli zusammengestellt, mit dem die Fahrzeuge optimal beladen werden können. Die logistische Abwicklung des Wineshops erfolgt über den Vinolog Service der Schweizer Post. In Zusammenarbeit mit der Konzerngesellschaft Setz Gütertransport AG ermöglicht die Post eine flächendeckende Zustellung in der ganzen Schweiz innerhalb von zwei bis fünf Tagen.

Quelle: Coop 2006.

Abbildung 5.20 zeigt die Einschaltung eines „**E-Logistik-Centers**“ („E-Fulfillment-Centre“), in dem die Kommissionierung der Online-Bestellungen (Remote Ordering) erfolgt. Von dort aus wird die Ware über einen Heimservice oder **Zustellservice** dem Kunden in die Wohnung angeliefert oder sie wird an einer **Pick-up-Station** zur Abholung bereitgestellt.

Abbildung 5.20: Logistische Abwicklung von Online-Bestellungen über ein E-Logistik-Center

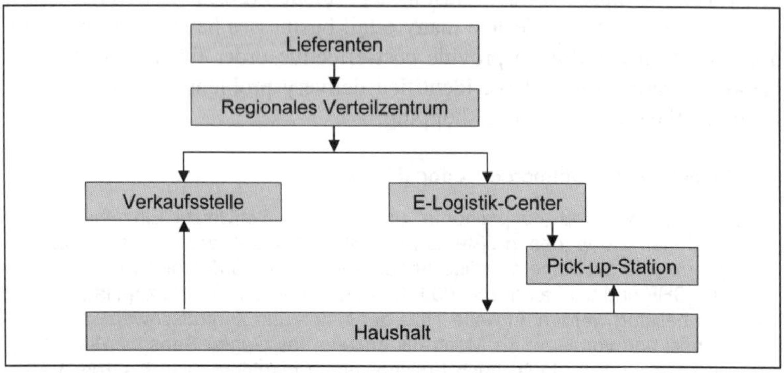

Quelle: in Anlehnung an Fernie/McKinnon 2004, S. 177.

Abbildung 5.21 zeigt eine Variante, bei der die online bestellte Ware in den Filialen des Handels, d.h. auf der Verkaufsfläche, kommissioniert und von dort aus dem Kunden zu Hause angeliefert wird.

Abbildung 5.21: Logistische Abwicklung von Online-Bestellungen über outlet-basierte Kommissionierung

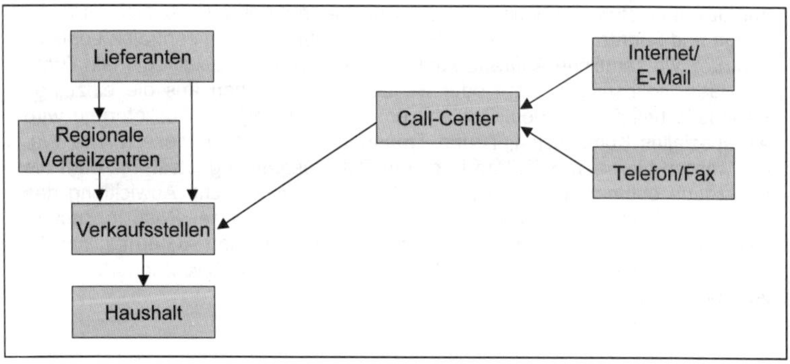

Quelle: in Anlehnung an Fernie/Sparks 2004b, S. 20.

In-Store-Logistik-Prozesse

Mit Blick auf den stationären Handel kann weiterhin die In-Store-Logistik herausgestellt werden, die eine Form der **outletbezogenen Intra-Logistik** darstellt.[1] Die Warenbewegungen im Laden stellen einen wichtigen Teil der logistischen Prozesskette dar: Da die dort vorhandene Fläche i.d.R. die teuerste in der gesamten Kette ist und das Verkaufspersonal ebenfalls in erster Linie andere Aufgaben wahrnehmen sollte, sind eine Optimierung der Re-

[1] In analoger Form kann auch von Intra-Logistik im Bereich der Zentralläger oder Warenverteilzentren usw. gesprochen werden.

galpflege und die Reduktion der Warenhandlingprozesse im Laden Zielsetzungen der Supply-Chain-Optimierung.[1]

Basis der Filialbelieferung sind i.d.R. Ladungsträger, z.B. **Roll-Container,** so im Food- und Near-Food-Handel, auf denen die Artikel angeliefert werden und die dann im Laden auf bzw. in die entsprechenden Warenträger, so Regale, Kleiderständer und Kühltheken, einsortiert werden. Während es in der Vergangenheit üblich war, die Dienstleistung der Industrie bei der Regalpflege in vielen Sortimentsbereichen in Anspruch zu nehmen, gehen Handelsunternehmen zunehmend – dem bereits dargestellten Trend zur (upstream-)Vertikalisierung folgend – dazu über, auch den Bereich der Regalpflege in die eigene Verantwortung zu nehmen. Dabei sprechen eine Reihe von Gründen dafür, den Regalservice nicht vom Hersteller durchführen zu lassen, gleichzeitig aber die operative Durchführung fremdzuvergeben, anstatt sie durch das Verkaufspersonal durchführen zu lassen. Ein wesentlicher Grund ist, dass teures Verkaufspersonal in erster Linie andere Aufgaben, nämlich die Betreuung des Kunden wahrnehmen sollte. Dienstleistungsunternehmen können diese Aktivität in der Regel – auch auf Grund ihrer Tarifstruktur – billiger ausführen. Kostensenkungspotenziale von 10 bis 30 % im Vergleich zur Beschäftigung eigener Mitarbeiter werden schätzungsweise realisiert. Ein weiterer Grund liegt in der Verlagerung der Merchandising-Aktivitäten außerhalb der Ladenöffnungszeiten, um so während der Öffnungszeiten dem Kunden einen möglichst störungsfreien Einkauf zu bieten mit voller Warenpräsenz.

Die Prozesse der In-Store-Logistik weisen zugleich enge Beziehungen zu anderen logistischen Prozessen auf vorgelagerten Stufen auf, so den Kommissionierprozessen, die nachfolgend erörtert werden. So führt die Beladung der Roll-Container nach Lagerlayout i.d.R. zu Ineffizienzen in den Filialen. Der Grund hierbei liegt darin, dass die von einer Filiale bestellte Ware fast immer in der Reihenfolge kommissioniert wird, in der sie sich im Zentrallager befindet. So ist das Filialpersonal vielfach gezwungen mit einem Roll-Container in der Filiale von einem Artikelstandort zum nächsten quer durch den Laden zu fahren. Bei der Kontrolle der Lieferung auf Vollständigkeit ergibt sich zudem das Problem, auf allen Roll-Containern einer Lieferung regelrecht nach allen Verkaufseinheiten eines Artikels suchen zu müssen. Diese Probleme sollen durch **Roll Cage Sequencing** verringert werden.[2]

Das Roll Cage Sequencing betrifft also in erster Linie das Zentrallager. Die Roll-Container werden dort so beladen, wie sie in der Filiale abgeladen werden. Das Ladenlayout bestimmt hierbei im Idealfall das Zentrallagerlayout. Dies bedeutet nicht nur, dass Artikel eines Sortimentsbereichs sich gemeinsam auf demselben Roll-Container befinden. Zusätzlich werden die Artikel auch innerhalb des Roll-Containers nach Ladenlayout angeordnet, so-

---

[1] Die In-Store-Logistik-Prozesse weisen große Unterschiede zwischen den Betriebstypen wie auch branchenspezifische Unterschiede auf, z.B. Lebensmittel im Vergleich zu Textil; hierauf kann an dieser Stelle jedoch nur verwiesen werden.

[2] Vgl. zu den Marktlayout-bezogenen Kommissioniersystemen auch die Fallstudie „Bremke & Hoerster" in Zentes u.a. 2002, S. 241ff.

dass die zuerst abzuladenden Artikel die erste Lage bilden und zuoberst liegen. Im Zentrallager ergeben sich jedoch Kostennachteile. Der erhöhte Bedarf an Pufferplatz führt zu erhöhten Raumkosten. Hinzu treten Einmalinvestitionen für die Installation der erforderlichen Software. Die wirklich messbaren Nachteile ergeben sich beim Kommissionieren, da sorgfältiger gearbeitet werden muss und durch die Pufferzonen die zurückzulegende Wegstrecke im Lager wächst. Der bedeutendste Nachteil besteht darin, dass die Roll-Container nicht maximal beladen sind und folglich auch der Lkw nicht optimal genutzt wird.

> *„Die letzten 20 Meter sind der Knackpunkt: Das größte Problem ist nicht der Transport von China bis an die Rampe der Filiale, sondern die Filiallogistik selbst.“*
>
> *(Harald Gering, LOG 2/2006, S. 26)*

Diesen Nachteilen stehen jedoch meist weitaus größere Vorteile gegenüber. Bereits im Zentrallager entstehen deutliche Kosteneinsparungen durch eine effizientere Ausgangskontrolle, da die Roll-Container erheblich übersichtlicher beladen sind. Ihr entspricht auf der Seite der Filiale eine effizientere Eingangskontrolle. Schließlich ergibt sich eine erhebliche Zeitersparnis beim Einräumen der Ware, da man den Roll-Container nicht mehr im Laden von einem Sortimentsbereich zu einem völlig anders gelegenen bewegen muss.

Entsorgungslogistik-Prozesse

Einen weiteren logistischen Subprozess stellt die Entsorgung bzw. die Retrodistribution dar. Im Rahmen der zunehmenden Bedeutung von Ressourcenschonung und Abfallvermeidung und des Ausbaus der Wertkette in Richtung eines **Wertkreislaufs** (siehe Abbildung 5.22) gewinnen Retro- und Recyling-Prozesse sowie Pfand- und Rücknahmesysteme der Produkte zunehmend an Bedeutung (Kroon/Vrijens 1995; Kirchgeorg 2005, S. 479ff.). Die Anforderungen an den Handel und die Aufgaben, die er im Rahmen von Rückführungs- und Recycling-Prozessen sowie Einweg- oder Mehrweg-Pfandsystemen zu übernehmen hat, steigen dabei zunehmend (Higginson/Libby 1997). Dabei sind nicht nur gesetzliche Anforderungen hinsichtlich der Recycling- und Rücknahme-Prozesse und Pfandsysteme von Bedeutung, sondern auch die Kundenanforderungen, die aus einem erhöhten Umweltbewusstsein resultieren, spielen in diesem Zusammenhang eine große Rolle (Hughes 2003).

Abbildung 5.22: Wertkreislauf der Produkte

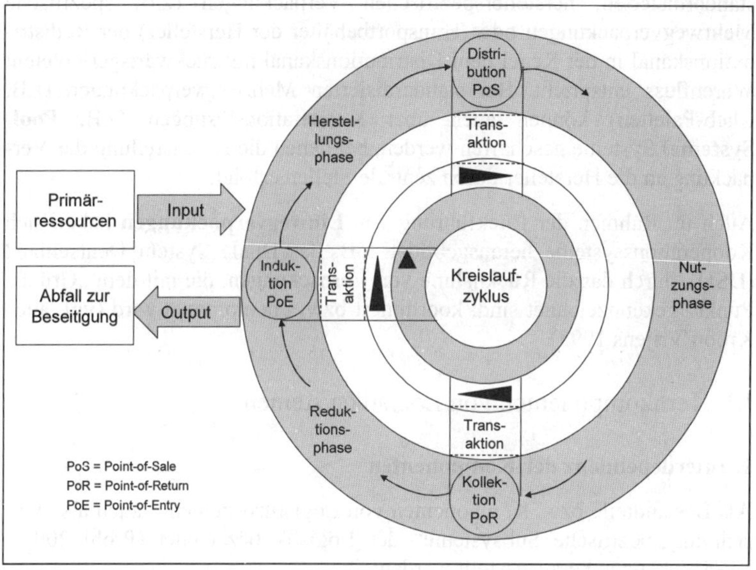

Quelle: in Anlehnung an Kirchgeorg 2005, S. 480.

Die **Redistributionskanäle** können dabei einstufig oder mehrstufig aufgebaut sein. Sie sind i.d.R. identisch mit den Distributionskanälen oder es werden spezifische Logistik-Dienstleister mit eingebunden. Als **Rückstandszyklen** werden solche Kreislaufsysteme verstanden, bei denen der Wiedereinsatz der Rohstoffe sichergestellt werden soll. Als **Beseitigungskanäle** werden Güterströme bezeichnet, die den Rückstand der ordnungsgemäßen Beseitigung (z.B. in Verbrennungsanlagen oder Deponien) zuführen (Pfohl 2004b, S. 236f.).

Der Bereich der **Rücknahmelogistik** bezieht sich jedoch nicht nur auf Recycling-Prozesse oder Pfandsysteme, sondern in diesem Zusammenhang sind auch Rückgaben der Konsumenten von Relevanz, die aus anderen Gründen erfolgen, z.B. aus Nichtgefallen oder auf Grund von Produktfehlern. Relevante Objekte der Redistribution des Handels sind somit z.B.:

- Produkte, welche die Kunden in ungebrauchtem Zustand zurückgeben (z.B. Anprobeartikel von Versandhandelsunternehmen)
- Altprodukte, die von den Konsumenten bereits gebraucht wurden
- Verpackungen in Form von Einweg- und Mehrwegverpackungen
- mängelbehaftete Produkte, die von den Kunden im Rahmen von Garantieinanspruchnahme zurückgegeben werden
- beschädigte oder falsch gelieferte Produkte, die an den Hersteller zurückgeführt werden
- nicht verkaufte Produkte (z.B. auf Grund von Überbeständen, Saisonablauf, Überschreitung des Haltbarkeitsdatums o.Ä.), die zurück an die Hersteller, zur Verwertung oder zur Entsorgung geführt werden.

Bezogen auf die unterschiedlichen Verpackungssysteme gilt, dass bei nicht-standardisierten, herstellerspezifischen Verpackungen (z.B. spezifische Mehrwegverpackungen oder Transportbehälter der Hersteller) der Redistributionskanal in der Regel dem Distributionskanal mit rückwärtsgerichtetem Warenfluss entspricht. Bei standardisierten Mehrwegverpackungen (z.B. Cheb-Paletten) können auch über Kooperationslösungen (z.B. **Pool-Systeme**) Systeme geschaffen werden, bei denen die Bereitstellung der Verpackung an die Hersteller durch zentrale Stellen erfolgt.

Auch im Rahmen der Rückführung von **Einwegverpackungen** haben sich Kooperationssysteme herausgebildet, z.B. das Duale System Deutschland (DSD), durch das die Rücknahme von Verpackungen, die mit dem „Grünen Punkt" gekennzeichnet sind, koordiniert bzw. übernommen wird (vgl. auch Kroon/Vrijens 1995).

III. Kernkomponenten von Logistiksystemen

1. Interdependenz der Komponenten

Als Bestandteile bzw. Komponenten von Logistiksystemen – auch als „verrichtungsspezifische Subsysteme" der Logistik bezeichnet (Pfohl 2004b, S. 75) – können herausgestellt werden:

- Auftragsabwicklung
- Lagerhaltung
- Lagerhaus
- Verpackung
- Transport.

Bereits diese nicht überschneidungsfreie Aufzählung deutet auf Interdependenzen hin. So wird die Verpackung wesentlich durch die Art des Transports bestimmt; gleichermaßen beeinflusst die Belieferungsform die Art der Verpackung. Die Belieferungsform selbst zeigt die enge Beziehung zwischen den Komponenten Lager und Transport auf.

Im Folgenden werden nur die Komponenten Lager (Lagerhaltung, Lagerhaus) und Transport näher erörtert, da diese – auch mit Blick auf die Logistikkosten – als „Kernkomponenten" betrachtet werden.[1]

2. Lager als Kernkomponente

a) Abgrenzungen

Als wichtige Bestandteile des Logistiksystems sind Läger anzusehen (Schulte 1997, S. 477):

---

[1] Vgl. zu den übrigen Komponenten Hertel/Zentes/Schramm-Klein 2005, S. 113ff. und die dort angegebene Literatur

„Läger sind Knoten im logistischen Netzwerk, in denen Güter zeitweise festgehalten oder auf einem anderen Weg des Logistiknetzwerkes übergeleitet werden."

Nach der Stellung in der Wertschöpfungskette sind bspw. Fertigwarenläger in der Produktionsstätte, ausgegliederte zentrale, regionale und lokale Auslieferungsläger der Hersteller, regionale oder zentrale Läger von Groß- und Einzelhandelsbetrieben (i.w.S. einschließlich der Verkaufsräume der Ladengeschäfte), die Läger von logistischen Dienstleistern (Speditionsläger) und schließlich sonstige Läger (z.B. Konsignationsläger) zu unterscheiden.

Die Grundfrage, die bezüglich der Lagerung in der Konsumgüterwirtschaft zu entscheiden ist, ist die Entscheidung zwischen Direktbelieferung der Filialen durch den Hersteller (**Direct Store Delivery**) und der Lieferung an ein Lagersystem des Handels. Bei der direkten Verkaufsstellenbelieferung liegt die (Distributions-)Logistik vollständig in der Hand des Herstellers. Sie bietet sich trotz i.d.R. erhöhter Logistikkosten unter folgenden Bedingungen an (Laurent 1996, S. 206):

- hohe Bestell- und Warenvolumina je Lieferung
- hoher Warenwert
- hohe Transportempfindlichkeit der Waren, auch hohe Verderblichkeit.

„Renaissance der Direktbelieferung?

Eine aktuelle Studie zeigt, dass Hersteller und Händler auch auf die Direktbelieferung von Filialen setzen."

(LOGISTIK inside 02/2007, S. 35)

Mit der Direktbelieferung sind aber zahlreiche Nachteile verbunden. Die Direktbelieferung ist nach der CCRRGE-Studie (1994) teurer als die Distribution der Waren über ein Regional- bzw. Zentrallager des Handels. Die Gründe hierfür sind:

- Regional- oder Zentralläger reduzieren die Anzahl der Transportrelationen zwischen Quelle und Senke gegenüber einer Direktbelieferung erheblich.
- Das Regionallager ist effizienter als das Lager eines individuellen Herstellers, da es bessere Transportbündelungen ermöglicht.
- Der Fluss über zentralisierte Läger findet meist mit Komplettladungen statt.
- Am PoS kann wegen der hohen Frequenz der Belieferung über ein zentralisiertes Lager ein wesentlich geringerer Bestand gehalten werden, ohne zusätzliche Belieferungskosten entstehen zu lassen.
- Bei handelseigenen Lägern können die Pufferläger in den Verkaufsstellen des Handels reduziert werden, da der Handel Verfügbarkeiten im eigenen Lager verlässlicher prüfen kann und häufigere Lieferungen zu den Filialen durchgeführt werden.

Wie bereits an anderer Stelle erwähnt, war eine wesentliche Entwicklung in der Logistik des Handels seine Einschaltung in die logistische Versorgungskette u.a. durch den Aufbau von Regional- oder Zentrallägern. Damit wird zugleich eine wichtige Frage angesprochen, die der Lagerstruktur.

b) Lagerstruktur

Die wesentlichen Entscheidungen, die hinsichtlich der Lagerstruktur zu treffen sind, beziehen sich auf die **vertikale Lagerstruktur**, also die Anzahl der Lagerstufen, sowie auf die **horizontale Lagerstruktur**, d.h. die Anzahl der Läger auf den jeweiligen Stufen. Dabei sind auch Standortentscheidungen sowie Entscheidungen hinsichtlich der Verbindungen zwischen den unterschiedlichen Lägern und den Filialen zu treffen.

In den Abbildung 5.23 und Abbildung 5.24 sind die relevanten Alternativen der Lagerstruktur filialisierter Einzelhandelsunternehmen überblicksartig dargestellt. Die Unterschiede zwischen den Varianten bestehen dabei einerseits in der Zahl der Lagerstufen und in den Schnittstellen zu den Lieferanten, die im Grenzfall auf der Ebene des Zentrallagers (Fälle 1-4), des Regionallagers (Fälle 5-6) oder auf Filialebene (Fälle 7-8) gegeben sind.[1 2]

Abbildung 5.23: Unterschiedliche Lagerstrukturen eines filialisierten Handelsunternehmens mit Zentrallager

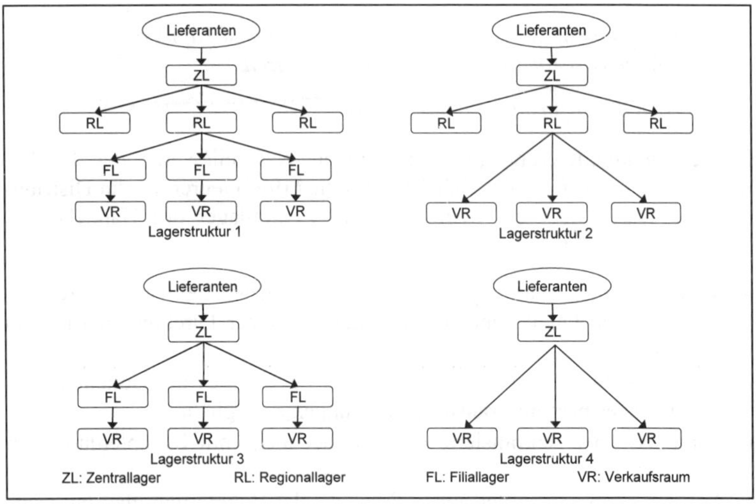

Quelle: Toporowski 1996, S. 50.

[1] Vgl. zur Ausgestaltung von Lagerkonzepten auch Bell/Davison 1997; Smith/Sparks 2004.

[2] Vgl. zu den einzelnen Lagerstrukturen und zu Optimierungsmodellen ausführlich Toporowski 1996, S. 49ff.

Abbildung 5.24: Unterschiedliche Lagerstrukturen eines filialisierten Handelsunternehmens ohne Zentrallager

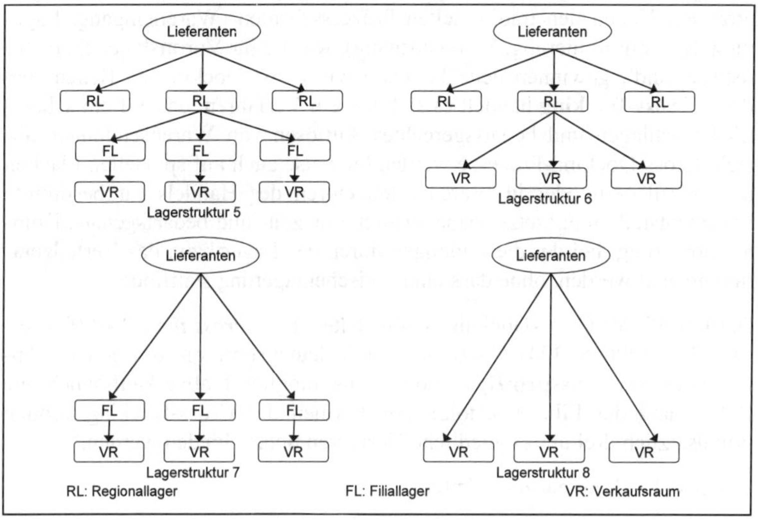

Quelle: Toporowski 1996, S. 50.

c) Lagerarten

Eng verbunden mit der Frage der Lagerstruktur ist die Frage der Lagerart oder Lagerform, die oftmals auch als Teilbereich der Lagerstruktur betrachtet wird. Die Lagerarten können grob in Vorratslager und Umschlagslager/Transitlager systematisiert werden:[1]

- In **Vorratslägern** dominieren die Lagerprozesse gegenüber den Bewegungsprozessen. Sie dienen vornehmlich der Bevorratung mit Ware.
- Die **Umschlagsläger** bzw. **Transitläger** werden auch als Durchgangsläger bezeichnet. Sie sind dadurch gekennzeichnet, dass sie nur kurzfristig Ware aufnehmen, nämlich zwischen dem Umschlag von einem Transportmittel zum nächsten Transportmittel. Umschlagsläger (Transit-Terminals) stellen je nach Funktion Konsolidierungs- und/oder Auflösungspunkte im logistischen System dar (siehe Abbildung 5.17). Entsprechend dominieren somit Bewegungsprozesse. Die Lagerfunktion ist demgegenüber von geringerer Bedeutung und kann im Extremfall auf Umschlagflächen reduziert werden. Die Standorte von Transit-Terminals werden auf Grund ihrer Bedeutung als Umschlagsorte zumeist stark „transportorientiert" ausgewählt. Bei der Ausgestaltung der Läger spielt zudem die Erreichung einer hohen Umschlagsgeschwindigkeit eine besondere Rolle. Umschlagsläger gewinnen im Handel zunehmend an Relevanz.

[1] In der Literatur werden oftmals noch Verteilungsläger unterschieden (vgl. z.B. Schulte 1997, S. 478f.; Klaus 1996, Sp. 1013ff.).

d) Lagerprozesse

In enger Beziehung zu den Lagerarten stehen die dort ablaufenden Lagerprozesse. Neben den traditionellen Prozessschritten (Wareneingang, Lagerung, Kommissionierung, Warenausgang), wie sie für Vorratsläger charakteristisch sind[1], gewinnen neue Prozesse wie Cross-Docking an Bedeutung. Beim **Cross-Docking** handelt es sich um ein Verfahren, das auf ein schnelles Umschlagen und bedarfsgerechtes Auflösen von Warensendungen abzielt. Cross-Docking-Prozesse werden teilweise auch auf speziellen Flächen in Zentrallägern oder in Warenverteilzentren des Handels für bestimmte Sortimentsteile umgesetzt. Dabei erfolgt eine zeit- und bedarfsgenaue Kommissionierung, bei der die Ladungen durch das Lager bzw. das Verteilzentrum geleitet werden, ohne dass eine Zwischenlagerung stattfindet.

Der Begriff des Cross-Docking ist abgeleitet aus *„across the dock"* (Bowersox/Closs 1996, S. 394). Cross-Docking bedeutet somit die konsequente Anwendung des **Flussprinzips**, indem eine möglichst abverkaufssynchrone Belieferung der Filialen erfolgt. Als Formen des Cross-Docking können grundsätzlich drei unterschiedliche Verfahren unterschieden werden.[2]

1. Cross-Docking ganzer Paletten
2. Cross-Docking einzelner Pakete (Umverpackungen)
3. Cross-Docking vorkommissionierter Paletten.

Logistik ohne Lager: Cross-Docking bei Douglas

Auf Cross-Docking setzt die Parfümerie Douglas derzeit in Deutschland mit über 400 Filialen, in den Niederlanden mit rund 80 sowie in Österreich mit drei Dutzend Filialen. Jeder Douglas-Filiale ist genau ein Logistikstandort zugeordnet. In den drei Ländern sind elf Cross-Docking-Center eingerichtet. Fünf kleinere Standorte in Deutschland betreibt die Parfümerie mit eigenen Mitarbeitern; der Transport ist in diesen Fällen an City-Kuriere abgegeben.

Quelle: LOG, 2/2006, S. 35.

Beim Cross-Docking ganzer Paletten werden volle Paletten einzelner Produkte von den Lieferanten empfangen, umgeladen und unverändert zu den Verkaufsstellen weitergeleitet. Diese Form stellt die einfachste Form des Cross-Docking dar. Sie ist jedoch nur für hochvolumige Sendungen geeignet, da jeweils ganze Paletten die Cross-Docking-Einheiten bilden.

Das Cross-Docking einzelner Pakete (Umverpackungen) ist dadurch gekennzeichnet, dass der Hersteller (bzw. der Lieferant) volle, sortenreine Paletten an das Lager bzw. das Verteilzentrum des Handels liefert. Diese Paletten werden zu Filiallieferungen zusammengestellt. Bei dieser Cross-Docking-Form erfolgt somit die Zusammenstellung von artikelspezifisch

---

[1] Vgl. hierzu Hertel/Zentes/Schramm-Klein 2005, S. 124ff. und die dort angegebene Literatur.

[2] Neben diesen drei Grundformen können weitere Formen des Cross-Docking unterschieden werden; vgl. z.B. den Überblick in Kotzab 1997, S. 166f.

gelieferten Vollpaletten unterschiedlicher Hersteller zu filialspezifischen Sendungen für die einzelnen Verkaufsstellen. Die der Zusammenstellung zu Grunde liegenden Einheiten stellen somit einzelne „Pakete“ der jeweiligen Hersteller dar. Dabei ist es z.T. erforderlich, einzelne Paletten kurzfristig einzulagern, z.B. als Puffer oder bei nicht zeitsynchroner Be- und Auslieferung. Diese Methode wird z.T. nicht als Cross-Docking bezeichnet, sondern als „bestandslose Lagerabwicklung im Transitlager“ (Wild 1999) oder als **Transit-Terminal-Prinzip**.

Beim Cross-Docking vorkommissionierter Paletten übernimmt der Hersteller bzw. der Lieferant die filialspezifische Kommissionierung der Paletten. Dafür ist es erforderlich, dass der Hersteller den filialgenauen Bedarf kennt. Auf der Cross-Docking-Plattform erfolgt die Bündelung der vorkommissionierten Ware mehrerer Hersteller und die Weiterleitung an die Verkaufsstellen (siehe Abbildung 5.25). Als Cross-Docking wird in einer engen Auslegung z.T. nur diese Methode bezeichnet (Wild 1999).

Abbildung 5.25: Cross-Docking vorkommissionierter Paletten

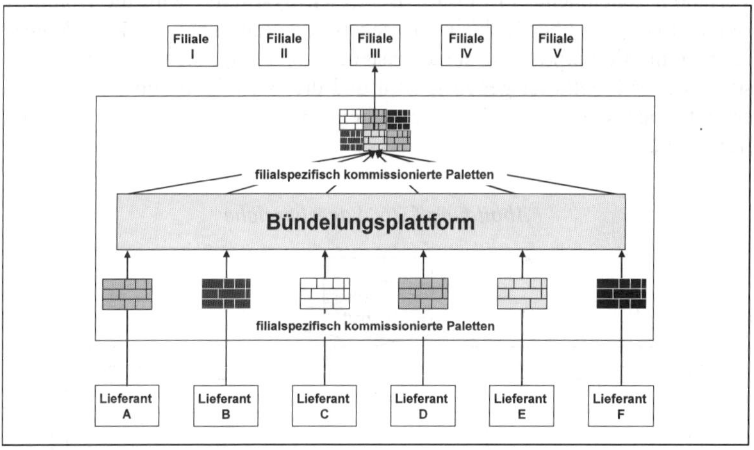

Quelle: Hertel/Zentes/Schramm-Klein 2005, S. 130.

Die Umsetzung von Cross-Docking-Systemen ist auf Grund der hohen Anforderungen, die an die Effizienz und die Genauigkeit der Prozesse gestellt werden, wesentlich komplexer als die Realisierung traditioneller Distributionssysteme (vgl. hierzu Hertel/Zentes/Schramm-Klein 2005, S. 131 und die dort angegebene Literatur).

Kommissionierung

Kommissionierung ist ein Lagerprozess, der insbesondere in konventionellen Lagerarten, so Vorratslägern, eine wichtige Rolle spielt (Specht/Fritz 2005, S. 136):

> *„Kommissionieren ist das Zusammenstellen von Waren nach gegebenen Aufträgen."*

Die Kommissionierung erfolgt i.d.R. im Kommissionierungslager oder Sortierlager (siehe Abbildung 5.26).

Die Kommissionierprozesse können nach unterschiedlichen Kriterien differenziert werden. So unterscheidet man die **auftragsorientierte Kommissionierung**, bei der die einzelnen Aufträge die Grundlage des Prozesses bilden, und die **artikelbezogene Kommissionierung**, bei der die Artikel den Ausgangspunkt bilden. Nach der Stufigkeit lassen sich einstufige und zweistufige Kommissionierung unterscheiden. Nach den Kriterien statisch/dynamisch kann zwischen **„Mann zu Ware"**- und **„Ware zu Mann"-Kommissionierung** differenziert werden.

Darüber hinaus ermöglichen moderne Informations- und Kommunikationstechnologien Unterscheidungsmöglichkeiten. Neben den traditionellen Formen, bei denen die zu kommissionierenden Artikeln in Listenform oder auf Monitoren aufgezeigt werden, sind „Pick-by-Light"- und „Pick-by-Voice"-Verfahren zunehmend im Einsatz. Bei **„Pick-by-Light"** wird die Kommissionieranweisung über Lichtsignale gegeben, während bei **„Pick-by-Voice"** die Kommissionierprozesse sprachgesteuert ablaufen, indem die Pickanweisungen über Kopfhörer gegeben wird und die Bestätigung über Mikrofone erfolgt, sodass die Kommissionierer beide Hände zur Kommissionierung frei haben.

Abbildung 5.26: Lagerbereiche

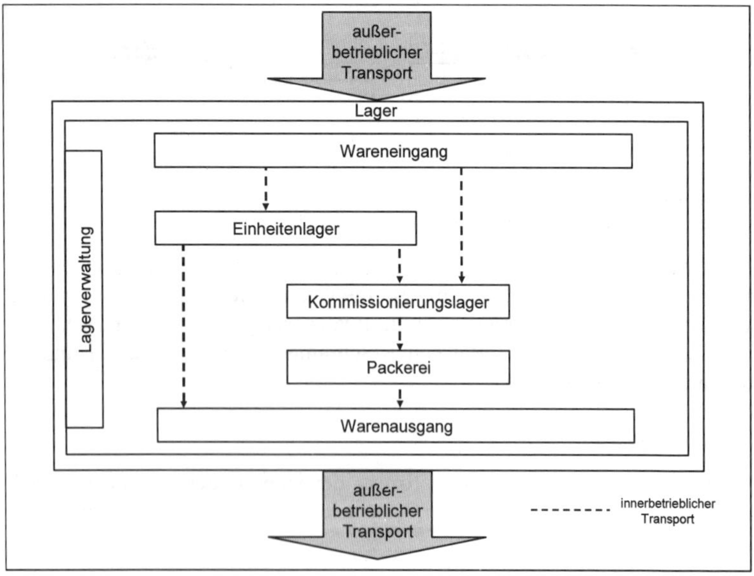

Quelle: in Anlehnung an Pfohl 2004b, S. 130.

Pick-by-Voice bei METRO

Die METRO Group Logistics (MGL) führt in diesem Jahr in zwei Lagern die Pick-by-Voice-Technologie ein. Der Roll-out der sprachgestützten Kommissionierung über alle Food-Standorte soll im nächsten Jahr abgeschlossen werden.

Am Lagerstandort Bremen hat die MGL im Rahmen eines Pilotprojektes die sprachgestützte Kommissionierung gestestet. „Nach anfänglichen Schwierigkeiten läuft die Technik mittlerweile störungsfrei", sagt Thomas Kahlmann, Division Manager Distribution Center Food, MGL. In Bremen, dem zweitgrößten Food-Lager der METRO, werde die Pick-by-Voice-Technologie nach den erfolgreichen Tests jetzt auch bei Tiefkühl- und Frischware eingesetzt. „Wir haben uns im Pilotlager Bremen intensiv mit der Technik auseinandergesetzt und planen jetzt den schnellen Roll-out", so Kahlmann.

Noch in diesem Jahr sollen zwei weitere Food-Zentren, und zwar die Standorte Hamm und Reichenbach, mit Pick-by-Voice aufgerüstet werden. Im nächsten Jahr folgen weitere fünf Lager, sodass dann an allen acht Food-Standorten des Handelsunternehmens in Deutschland mit Talkman-Terminals des US-amerikanischen Herstellers Vocollect gearbeitet wird. Die Kommissionier-Prozesse, wie die Ansage des Lagerplatzes, die zu entnehmende Menge und die Bestätigung des Pick-Vorganges, werden dabei komplett über Sprache gesteuert.

In den Distributionszentren für Trockensortiment und Nonfood setzt METRO weiterhin auf die Terminal-unterstützte beleglose Kommissionierung: Dabei wird dem Mitarbeiter der Auftrag über einen kleinen Bildschirm am Kommissionierwagen vermittelt.

Quelle: Lebensmittel Zeitung, 25. August 2006, S. 24.

Die wesentlichen Prinzipien der auftragsorientierten und der artikelorientierten Kommissionierung werden im Folgenden kurz erläutert[1]:

- Die **auftragsorientierte Kommissionierung** läuft einstufig ab, indem entweder im Rahmen des „Mann-zu-Ware-Prinzips" die Kommissionierer sich an den Regalen entlang zu den einzelnen Artikeln begeben und diese in einen kundenspezifischen Auftragsbehälter kommissionieren, oder indem beim „Ware-zu-Mann-Prinzip" dem Kommissionierer die benötigte Artikelpalette automatisch (über Fördersysteme) an seinem Kommissionierplatz bereitgestellt wird und er die erforderliche Ware entnimmt und sie auf die bereitstehenden Aufträge verteilt.[2]
- Bei den **artikelorientierten Prinzipien** erfolgt die Kommissionierung zweistufig. Bei „Mann-zu-Ware" begibt sich der Kommissionierer zu den jeweiligen Artikellagerplätzen und sammelt die für mehrere Aufträge erforderliche Menge der jeweiligen Artikel in einem Sammelbehälter. In einer zweiten Bearbeitungsstufe werden die Einzelstücke dann auf die einzelnen Aufträge verteilt. Im Rahmen des „Ware-zu-Mann-Prinzips" wird dem Kommissionierer die Artikelpalette am Kommissionierplatz

---

[1] Auf weitere Formen oder Prinzipien der Kommissionierung wird hier nicht näher eingegangen; vgl. hierzu Hertel/Zentes/Schramm-Klein 2005, S. 27f.

[2] Bei den „Kommissionierern" kann es sich grundsätzlich um Personen, aber auch um automatische Kommissioniersysteme (z.B. Roboter) handeln.

bereitgestellt. Die Ware wird wiederum artikelbezogen entnommen und in einem zweiten Schritt den einzelnen Aufträgen zugeordnet.

3. Transport als Kernkomponente

Als weitere Kernkomponente von Logistiksystemen des Handels kann der Transport herausgestellt werden (Pfohl 2004b, S. 162):

> *„Unter Transport versteht man die Raumüberbrückung oder Ortsveränderung von Transportgütern mithilfe von Transportmitteln. Jedes Transportsystem besteht aus dem Transportgut, dem Transportmittel und dem Transportprozess.“*

Wie bereits erwähnt, ist der Aufbau des Transportsystems sehr eng verknüpft mit dem Aufbau bzw. der Struktur des Lagersystems, da dies bestimmt, ob eine eingliedrige Transportkette, also ein **ungebrochener Verkehr**, oder eine **mehrgliedrige Transportkette** erforderlich ist.

Transportmittel

Im Rahmen des **Güterverkehrs** kann in einem ersten Schritt zwischen Land-, Luft- und Wasserverkehr unterschieden werden. Danach erfolgt eine Aufgliederung nach den eingesetzten Transportmitteln. Im Einzelnen kann der Güterverkehr wie folgt aufgeteilt werden (Pfohl 2004b, S. 167ff.):

- Landverkehr
  - Straßengüterverkehr (gewerblicher oder Werkverkehr)
  - Schienengüterverkehr (Wagenladungsverkehr, Stückgutverkehr, Expressgutverkehr)
  - Rohrleitungsverkehr
- Luftfrachtverkehr
- Wasserverkehr (Binnenschifffahrt, Seeverkehr).

Hinsichtlich der Wahl der Transportmittel sind z.B. folgende Kriterien relevant (Specht/Fritz 2005, S. 149f.):

- Kostenkriterien:
  - Transportkosten
  - Kostenauswirkungen in sonstigen Bereichen der Logistik (z.B. auf Lagerhaltungskosten)
  - Kostenauswirkungen außerhalb der Logistik.
- Leistungskriterien:
  - Transportzeit (z.B. 24 h Lieferung, Nachtsprung)
  - Transportfrequenz
  - quantitative und qualitative Eignung der Transportvariante in technischer Hinsicht (Kühlmöglichkeit, Maße des Transportmittels, Artikelschutz bei empfindlichen Artikeln)
  - Vernetzungsfähigkeit (Schnittstellenoptimierung)

- Elastizität und Flexibilität der Transportvariante
- Anfangs- und Endpunkte der Transportvariante (z.B. Bahnhof oder Verkaufsstelle)
- Zuverlässigkeit des Transports
- Nebenleistungen der Transportvariante (z.B. Leergutrücknahme, akquisitorische Eignung).

Bedingt durch Flexibilitätsvorteile und erhöhte Schnelligkeit nahm der Anteil des Straßengüterverkehrs in den letzten Jahren und Jahrzehnten – wie in Abschnitt D.II.3. des Ersten Kapitels aufgezeigt – kontinuierlich zu. Der Schienenverkehr hat erhebliche Schwierigkeiten, eine sog. **Door-to-Door-Versorgung** innerhalb von 24 Stunden oder gar im Nachtsprung sicherzustellen. Vorhandene Kostenvorteile werden zudem dadurch aufgezehrt, dass nur ein geringer Teil der Unternehmen über einen eigenen Gleisanschluss verfügt. Gleisanschlüsse sind bei (Einzel-)Handelsunternehmen oftmals in den Zentrallägern, aber quasi nie in den Filialen verfügbar, sodass entsprechende Ver- und Entsorgungstransporte per Straße zusätzlich erforderlich sind.

Domäne des Schiffsverkehrs sind auf den Binnenwasserstraßen Massengüter, die maximal für die Versorgung von Handelslägern mit zeitlich unkritischer Ware geeignet sind. Der Seeschiffsverkehr nimmt dagegen Stückgüter auf, für die sich ein Versand per Flugzeug auf Grund von Volumen oder Gewicht nicht anbietet. Das Flugzeug hat in den letzten Jahren jedoch erheblich an Bedeutung gewonnen. Die Steigerung der Transportleistung lässt sich dabei weniger auf eine erhöhte Nachfrage nach konventionellen Luftfrachtleistungen zurückführen, sondern resultiert aus einem deutlichen Wachstum der v.a. von **Integrators** (z.B. Federal Express, UPS oder TNT) angebotenen Expressdienste.

Kombinierter Verkehr

Der Kombinierte Verkehr kann wie folgt definiert werden (Pfohl 2004b, S. 173):

> *„Unter Kombiniertem Verkehr ist ein System zu verstehen, bei dem die in diesem System integrierten Transportmittel so aufeinander abgestimmt sind, dass der Übergang der zu transportierenden Güter von einem Transportmittel zum anderen nur noch möglichst geringe Umschlagsoperationen verursacht."*

Besonders bedeutsam im europäischen Binnenverkehr ist der Schiene-Straße-Verkehr, im Überseeverkehr Wasser-Straße oder Wasser-Schiene-Straße. Wegen der Möglichkeit, die Kosten- und Leistungsvorteile mehrerer Verkehrsträger miteinander zu verbinden (so Flexibilität von Lkws mit den Kostenvorteilen der Bahn auf langen Strecken), gilt der Kombinierte Verkehr in vielen Fällen als vorteilhaft. Aus logistischer Sicht steht dieser Kombination der Vorteile jedoch der Nachteil der notwendigen Umschlagsvorgänge gegenüber, der durch aufeinander abgestimmte Systeme abgemildert werden soll.

Unterscheiden kann man den **Huckepackverkehr**, der alle Transportsysteme umfasst, bei denen ein Transportmittel ein anderes Transportmittel transportiert, so bspw. der Transport von Lkws auf Güterzügen, und den Behälterverkehr, der alle Transportsysteme umfasst, bei denen zum Transport der Güter Behälter als rationalisierende Transporthilfsmittel genutzt werden, die unselbstständig auf Transportmitteln den Transportweg zurücklegen, so der **Containerverkehr.**

Transportprozesse

Im Rahmen der Transportprozesse ist u.a. die Grundfrage der zu wählenden Transportstrecken zu beantworten. Die **Tourenplanung** stellt dabei das adäquate Instrument dar. Auf Grund der hohen Relevanz der Transportkosten für die gesamten Logistikkosten und für die Supply-Chain in ihrer Gesamtheit existieren zahlreiche Optimierungsmodelle, die jedoch hier nicht näher vorgestellt werden können. Neben der Optimierung der Transportrouten sind in der Praxis eine Reihe von Entwicklungen festzustellen, die der weiteren Optimierung dienen und die im Folgenden kurz dargestellt werden.

Von zunehmender Relevanz im Rahmen der Transportprozesse ist die Frage der **Leertransporte**. Wenn der Handel die Distributionslogistik von seinen Zentrallägern/Warenverteilzentren zu den Filialen selbst übernimmt, ist es vorteilhaft – um die Auslastung und Effizienz dieser Transporte zu erhöhen – auf dem Rückweg Produkte vom Hersteller abzuholen. Die Selbstabholungstendenzen, die bereits angesprochen wurden, sind daher nur die Konsequenz der Übernahme der Distributionslogistik durch den Handel.

Die Rampe des Eingangslagers im Handel ist häufig ein räumlicher und zeitlicher Engpassfaktor. Aufgabe einer Optimierung der Logistikkette ist es deshalb auch, **Zeitfenster** für die Hersteller zur Entladung ihrer Lkws zu planen und einzuhalten, um die Warteschlangen weit gehend beseitigen zu können. Grundlage hierfür ist ein genauer und wechselseitiger Datenaustausch zwischen Hersteller und Händler, bei dem der Hersteller die Lieferung avisiert und der Händler ein Zeitfenster vorgibt.

Eine Reihe von Handelsunternehmen sieht deutliche Einsparmöglichkeiten in der **Nachtbelieferung** der Filialen. Neben der besseren Auslastung der Lkws (24 h) können Fahrten nachts wesentlich schneller durchgeführt werden, da Verkehrsprobleme tagsüber die Belieferung erheblich stören. Auch wird der Geschäftsablauf der Filialen tagsüber nicht gestört, das Verkaufspersonal wird nicht während der Arbeitszeit von der Verkaufstätigkeit abgehalten und die Ware kann morgens bereits zur Öffnungszeit in den Regalen eingeräumt sein (Baumgarten u.a. 1998, S. 205). Auch die geringere benötigte Spitzenkapazität des Fuhrparks und der Lagerausgangssysteme werden als Vorteile genannt. Eine ausführliche Darstellung der Vorteile der Nachtbelieferung geben Cooper/Tweddle bereits 1994.

IV. Transaktionsformen von Logistiksystemen

1. Charakterisierung

In den für die Logistikkonzeptionen oder weiter gehend den SCM-Ansätzen typischen Sichtweisen der Systemorientierung, der Prozessorientierung und der Querschnittsfunktionsorientierung ist – wie vorne aufgezeigt – die unternehmensübergreifende Gestaltung der Logistikkette enthalten. Das Systemdenken erfordert eine über die organisatorischen Grenzen eines Unternehmens hinausgehende Betrachtung. Das Prozessdenken sieht als Grundlage eines transparenten und schnellen Warenflusses die informatorische Vernetzung aller in der Logistikkette beteiligten Institutionen bzw. Akteure. Das Querschnittsfunktionsdenken dient nicht nur der Vermeidung von Konflikten zwischen Bereichen innerhalb eines Unternehmens, sondern auch zwischen Unternehmen und ermöglicht so eine effiziente **Schnittstellengestaltung**.

Somit stellt sich für Handelsunternehmen die Frage nach der Gestaltung des eigenen Logistiksystems bzw. der Bestimmung der eigenen Logistiktiefe und -breite sowie daraus folgend nach der eigenen Rolle in interorganisatorischen Logistikketten bzw. Netzwerken, in denen die logistischen Aufgaben i.S. einer Gesamtsystemoptimierung verteilt sind.

Neben der Frage der Rolle oder der Einbindung von Handelsunternehmen in interorganisatorische Logistikketten bzw. Netzwerke stellt sich die Frage der optimalen Transaktionsform, so der Eigendurchführung („make" bzw. im institutionenökonomischen Sinne der integrativen oder hierarchischen Abwicklung), der kooperativen Durchführung oder der Fremddurchführung („buy" bzw. im institutionenökonomischen Sinne der marktlichen Abwicklung)[1]. Im Folgenden stehen diese Transaktionsoptionen hinsichtlich der logistischen Aktivitäten bzw. Prozesse im Vordergrund. Wie im Zweiten Kapitel herausgestellt, stellt sich diese Frage grundsätzlich bezüglich aller Wertschöpfungsaktivitäten. Sie wird hier näher diskutiert, da sie im Bereich der Logistik eine große empirische Relevanz besitzt.

2. Eigenlogistik vs. Fremdlogistik

Die Entscheidung zwischen Eigenlogistik und Fremdlogistik bzw. dem **Outsourcing** der Logistik stellt sich für (Handels-)Unternehmen in differenzierter Form. So kann zunächst zwischen der Logistikbreite und der Logistiktiefe unterschieden werden (siehe Abbildung 5.27).

Die Gestaltung der **Logistikbreite** setzt an den Aufgabenfeldern der Logistik an, die im vorangegangenen Abschnitt als Komponenten von Logistiksystemen behandelt wurden, so den Kernkomponenten Transport und Lager. Die **Logistiktiefe** bezieht sich auf die dispositive bzw. operative Dimension logistischer Aktivität. Sie umfasst die Planung, die Durchführung und die Kontrolle logistischer Aktivitäten. Der Intensitätsgrad der Logistik (**Logis-**

---

[1] Vgl. hierzu in umfassender Form Zentes/Swoboda/Morschett 2004, S. 241ff., S. 455ff.

tikintensität) wird bestimmt durch die Art der logistischen Aufgaben, die selbst übernommen oder ausgelagert werden, und das Ausmaß der operativen bzw. dispositiven Abwicklung.

Letztlich stellt sich die Frage eines etwaigen Outsourcing bezüglich jeder Zelle der in Abbildung 5.27 dargestellten Matrix. Die höchste Logistikintensität ist dann gegeben, wenn alle Felder der Matrix (im institutionenökonomischen Sinne) integrativ realisiert werden. Ein vollständiges Outsourcing bedeutet, dass alle logistischen Aufgabenbereiche sowie alle operativen und dispositiven Funktionen ausgelagert sind.

Abbildung 5.27: Logistikintensität

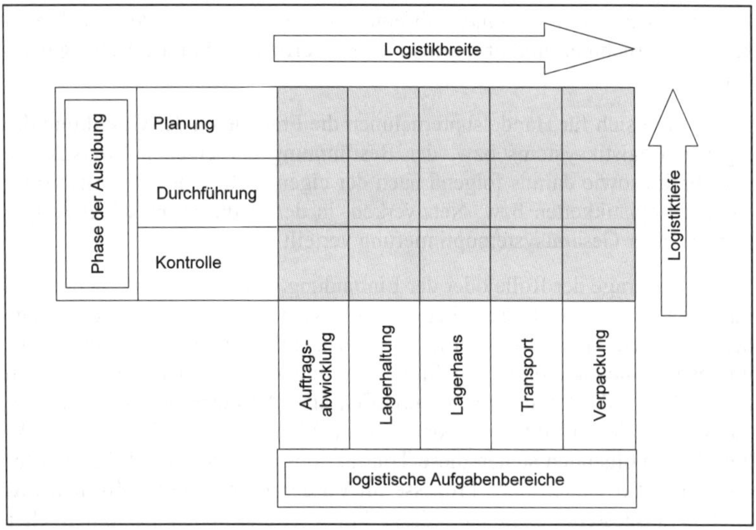

Quelle: in Anlehnung an Pfohl 1996, S. 311.

Die Frage nach der optimalen Logistikintensität eines Handelsunternehmens hängt eng zusammen mit der Frage, inwieweit Logistik als **Kernkompetenz** angesehen wird. Streben Handelsunternehmen die Logistikführerschaft an, dann ist dies sicherlich Ausdruck, dass Logistik zu ihren Kernkompetenzen gehört. Dies bedeutet andererseits jedoch nicht, dass die Logistik komplett in Eigenregie betrieben wird. Auch hier kann Outsourcing eine strategische Option sein. Während die operative Durchführung bspw. von Lager- und Transportaktivitäten an Logistik-Dienstleister ausgelagert wird, behält das Handelsunternehmen die diesbezüglichen dispositiven Aufgaben, so Planung und Kontrolle, in eigener Regie.

Die Outsourcing-Entscheidung wird durch eine Vielzahl von Kriterien beeinflusst (Hertel/Zentes/Schramm-Klein 2005, S. 77ff.). Von Bedeutung sind dabei neben dem **Differenzierungspotenzial** (Kernkompetenz) die **Verfügbarkeit** kompetenter Logistik-Dienstleister (siehe Abbildung 5.28).

Abbildung 5.28: Optimierung der Logistikintensität

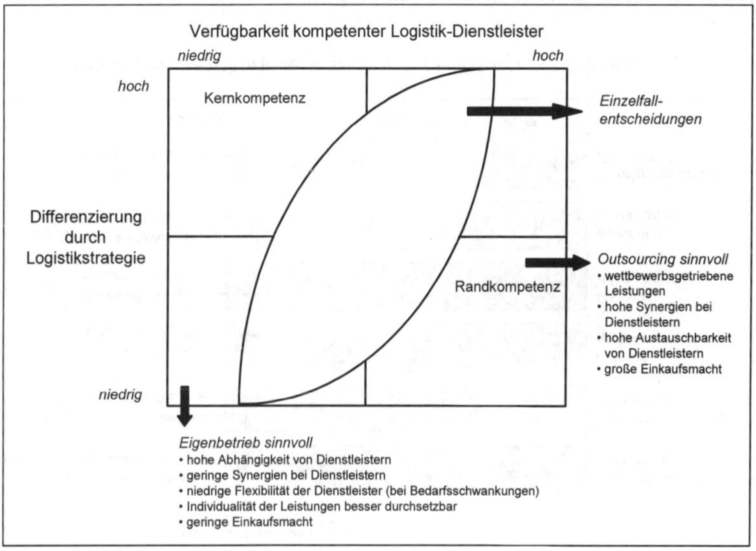

Quelle: Pirk/Türks/Mayer 1998, S. 259.

Schwierigkeiten im Zusammenhang mit Outsourcing-Entscheidungen im Handel treten oft in den folgenden Bereichen auf: Durch die Verlagerung logistischer Prozesse können Reibungsverluste an neu entstehenden Schnittstellen auftreten. Hierbei ist es von der Art der Schnittstelle abhängig, ob solche Effekte eintreten. Allgemein gilt, dass sich ein logistischer Teilprozess umso mehr als Outsourcing-Objekt eignet, je standardisierter die Schnittstellen zu den verbleibenden eigenen Prozessen gestaltet werden können. Auf Grund der Auslagerung logistischer Aktivitäten entstehen **Abhängigkeiten** für das Handelunternehmen. Dies kann dazu führen, dass der Partner, an den die Leistung ausgelagert wurde, diese Abhängigkeit nutzt, um den Preis für die Erbringung der Leistung zu erhöhen und somit die realisierten Synergiegewinne aus Sicht des Handelsunternehmens zunichte macht.

> *„Der Handel gestaltet und steuert die Logistikkette – operative Aufgaben werden zunehmend fremd vergeben.“*
> *(Straube u.a. 2005, S. 76)*

Handelt es sich bei der logistischen Leistung um einen Prozess, der aus Kundensicht servicedifferenzierend wirkt und somit die Wettbewerbsposition des Handelsunternehmens beeinflusst, kann eine Eigendurchführung trotz eventueller Einsparpotenziale, die über eine Auslagerung erreicht werden könnten, sinnvoll sein, um weiterhin unmittelbaren Zugriff auf die Prozessdurchführung sowie direkte Einflussmöglichkeiten auf die Prozessgestaltung zu haben. Somit wird bei mangelnder Durchführung der Leistung durch einen Dienstleister eine Erosion der eigenen Wettbewerbsposition verhindert. Einen Überblick über das Ausmaß des Outsourcing logistischer Aufgaben im Handel vermittelt Abbildung 5.29.

Abbildung 5.29: Outsourcing logistischer Aufgaben im Handel

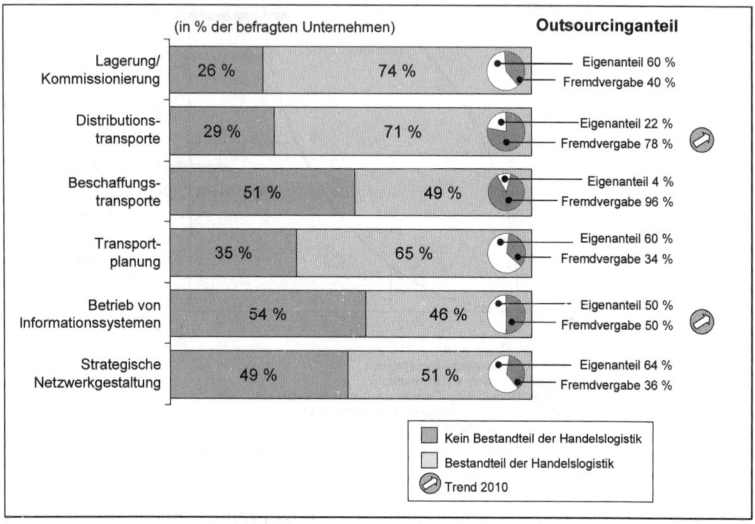

Quelle: Straube u.a. 2005, S. 77.

Die Auslagerung der Logistik (Fremdlogistik) ist im institutionenökonomischen Sinne meist keine „reine" marktliche Transaktion: In Form von mittel- bis langfristigen Kontrakten übertragen Handelsunternehmen logistische Aufgabenfelder an Logistik-Dienstleister, aber auch an Handelsunternehmen, die selbst für Dritte („Drittgeschäft") als Logistik-Dienstleister auftreten (**Kontraktlogistik** oder Vertragslogistik). Marktliche Transaktionen i.e.S. treten in der Logistik in Form von Einzelvergaben an Logistik-Dienstleister zur Abdeckung von bspw. saisonalen Spitzen auf. Auf derartige **„Spot-Geschäfte"** wird hier jedoch nicht näher eingegangen.

3. Kooperationen in der Logistik

Kooperationen in der Logistik treten in vielfältiger Form und auf unterschiedlichen Ebenen auf. Wallenburg/Weber (2005, S. 749) bezeichnen Kooperationen daher als „omnipräsentes Phänomen im Logistik- und Supply-Chain-Management". Dies wurde bereits in Abschnitt B. II. dieses Kapitels am Beispiel des ECR-Ansatzes deutlich. Im Folgenden steht eine engere Sichtweise im Vordergrund. Kooperation wird hier als eine Transaktionoption zwischen den institutionenökonomischen Extremausprägungen der Integration und des Marktes, i.S. von Eigenlogistik und Fremdlogistik, betrachtet.

Kooperationen von Handelsunternehmen im Bereich der Logistik können in institutioneller Hinsicht grundsätzlich horizontaler Art sein (Zusammenarbeit mit Wettbewerbern der eigenen Branche), vertikaler Art (Zusammenarbeit mit Herstellern und Logistik-Dienstleistern) oder diagonaler Art (Zusammenarbeit mit Unternehmen anderer Branchen). Als Beispiele für derartige **Kooperationen** lassen sich anführen:

- **horizontal**: gemeinsames Zentrallager von Handelsunternehmen, z.B. von Verbundgruppen
- **vertikal**: gemeinsam geführtes Lager von Handel und Hersteller, z.B. ein Zentrallager des Handels, in dem auch Ware von Herstellern gelagert wird, die für andere Handelsunternehmen bestimmt ist
- **diagonal**: gemeinsam geführtes Lager von Handelsunternehmen unterschiedlicher Branchen oder Handelsunternehmen und Unternehmen anderer Wirtschaftssektoren.

Derartige Kooperationen, die als Y-Allianzen einzustufen sind (gemeinsame Durchführung von Aktivitäten)[1], können in unterschiedlichen Erscheinungsformen auftreten, so als kontraktuelle Kooperationen oder als Equity-Kooperationen, bspw. durch die Errichtung von (Equity-)Joint Ventures.[2]

Markant-Logistik: M-Login und TK-Log

Der angekündigte Wechsel der Dohle-Handelsgruppe von der Markant zu Rewe wirft die Logistik-Bestrebungen der Markant zurück. Gleichwohl sind die Offenburger optimistisch, Ersatzkunden zu finden. Zu mehr als 50 %, so lauten inoffizielle Schätzungen, habe die Handelsgruppe Dohle die Markant-Logistik-Dienstleister M-Login und TK-Log ausgelastet. Mit dem Weggang der Siegburger nach Köln steht v.a. das Cross-Docking-Konzept von M-Login vor großen Problemen, weil es im Wesentlichen auf der Volumenbündelung beruhte.

Derzeit sind als Kunden nur noch Ratio, ZEV-Süd, die Schlecker-SB-Warenhäuser und kleinere Einzelhändler im Boot sowie das Industriegeschäft. Auch die TK-Log, die erst Anfang 2004 ein eigenes Tiefkühllager am Standort Worms errichtet hatte, muss sich jetzt nach neuen Kunden umsehen.

Ärgerlich für Markant ist der Abgang von Dohle v.a. auch, weil Dohle ein wesentlicher Treiber beim Aufbau dieser Dienstleistungen war. Denn die Siegburger waren der größte Markant-Kunde ohne eigene Logistik und sie haben innerhalb der Markant auch bei anderen Fragen immer sehr engagiert ihre Interessen in wechselnden Koalitionen vertreten.

Quelle: Lebensmittel Zeitung, 24. Februar 2005.

Logistikkooperationen treten auch in Form von X-Allianzen auf, bei denen die Zusammenarbeit auf der Verknüpfung komplementärer logistischer Aktivitäten beruht. Denkbar sind bspw. eine gemeinsame Transport- und Lageroptimierung von zwei (oder mehreren) Unternehmen, wobei ein Partner die Lagerung und der andere den Transport übernimmt.

---

[1] Vgl. zu X- und Y-Allianzen, eine Differenzierung, die auf Porter/Fuller (1989) zurückgeht, Zentes/Swoboda/Morschett 2004, S. 258 ff.

[2] Vgl. zur Vielfalt kontraktueller Arrangements Zentes/Swoboda/Morschett 2004, S. 256 ff.; Morschett 2005b.

Logistiknetzwerke

Eine spezifische Ausprägungs- oder Organisationsform der Kooperation stellen **Netzwerke** dar. Der Begriff Logistiknetzwerk kann analog zum Allgemeinbegriff des Netzwerkes definiert werden (Sydow 1992, S. 79):

> *Unter Netzwerken werden allgemein Organisationsformen ökonomischer Aktivitäten zwischen rechtlich selbstständigen und wirtschaftlich teilweise abhängigen Unternehmen verstanden, die durch komplex-reziproke, eher kooperative und nur begrenzt kompetitive Beziehungen gekennzeichnet sind. Netzwerkbeziehungen sind relativ stabil und auf die gemeinsame Realisierung von Wettbewerbsvorteilen ausgerichtet.*

Abbildung 5.30: Beispiel für ein Logistiknetzwerk in der Konsumgüterbranche

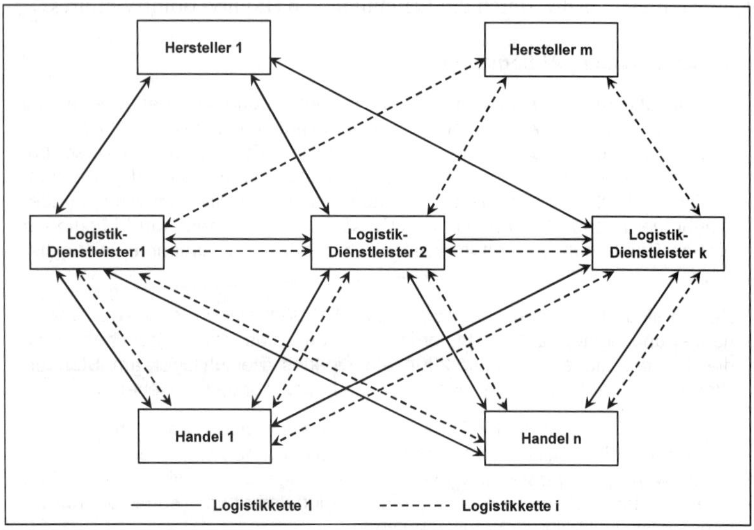

Quelle: in Anlehnung an Wittig/Zentes 2002, S. 405.

Logistiknetzwerke repräsentieren eine spezifische Form von Netzwerken, bei denen logistische Aufgaben den wesentlichen Grund der Kooperation darstellen. Beispielhaft zeigt Abbildung 5.30 ein Logistiknetzwerk in der Konsumgüterwirtschaft, das durch mehrere (m) Hersteller, mehrere (k) Logistik-Dienstleister und mehrere (n) Handelsunternehmen gebildet wird.[1]

[1] Vgl. zur Frage des Managements von Logistiknetzwerken Wittig 2005.

SynLOG: Bündelung in der Baumarkt- und Gartenbedarfbranche

Ein von der Industrie initiiertes Projekt, das die Zielsetzung verfolgt, Effizienzpotenziale in der Supply-Chain zu realisieren, ohne den Einfluss auf die Supply-Chain noch weiter an den Handel zu verlieren, ist SynLOG.

Das Problem in der Logistik im klassischen Garten- und Baumarktsortiment war seit einigen Jahren deutlich. Das gesamte Sortiment umfasst ca. 60.000 verschiedene Artikel und, um ständig die gesamte Produktpalette verfügbar zu haben, waren im Rahmen der Anlieferung täglich 40 bis 80 Rampenkontakte an den Verkaufsstellen notwendig. Die stoßweise Anlieferung der Ware von einer Vielzahl von Lieferanten führte zu langen Lkw-Warteschlangen vor den Baumärkten und beanspruchte das Filialpersonal oft zu verkaufsstarken Zeiten. Eine gebündelte Anlieferung, möglichst außerhalb der Ladenöffnungszeiten, wurde notwendig und von einer Reihe von Handelsunternehmen in eigenen Beschaffungslogistik-Konzepten eingeführt.

Um diesen Bestrebungen entgegenzuwirken, erarbeiteten 15 große Hersteller unter Leitung der Herstellerverbände Bau + DIY und IVG eine gemeinsame, unternehmensübergreifende Warenlogistik. In Kooperation mit den Logistik-Dienstleistern Cargo Line, Dachser und IDS wurde das „SynLOG"-Konzept entwickelt, bei dem die Hersteller über die drei Logistik-Dienstleister ihre Ware gebündelt und in vorher vereinbarten Zeitfenstern anliefern.

Im Dezember 2003 hat der SynLOG-Steuerkreis neue Empfehlungen für den Kreis der aufgeschalteten Dienstleister ausgesprochen. So wurden ab Januar 2004 die drei Systemdienstleister Dachser, DHL und IDS als Kooperationspartner für das SynLOG-Projekt empfohlen. Für das Gesamtjahr 2005 meldete die Logistik-Kooperation ein Sendungsvolumen von fast 3,5 Mio. Sendungen mit einem frachtpflichtigen Gewicht von 1.117.513 Tonnen. Mit neuen Elementen wie einer lieferantenübergreifenden Bündelung in der Senke, der Organisation der Verkehre zu den Übergabepunkten des Handels und mit dem Aufbau von Europaverkehren für die Bau- und Gartenmärkte behauptet sich SynLOG weiterhin als stabilisierendes logistisches Element in einer Vielzahl von konkurrierenden Lösungen.

Quelle: Lebensmittel Zeitung, 04. September 1998, S. 6; Dynamik im Handel, 43. Jg., Nr. 6, 1999, S. 55; SynLOG 2006.

City-Logistik

Obwohl durch die Einrichtung zentraler Läger oder Warenverteilzentren durch Handelsunternehmen bereits eine Bündelung der Anlieferung an ihre Filialen stattfindet, sind die Innenstädte durch die Belieferungen der zahlreichen Händler immer noch stark belastet. Schwierigkeiten für die Logistik ergeben sich u.a. durch die Einschränkung der Lieferzeiten, die Beschränkung der Lkw-Größe, die zu engen Straßen, Fußgängerzonen und parkende Pkws.

Eine Lösungsmöglichkeit bietet das City-Logistik-Konzept, das auf einer ganzheitlichen Sichtweise des Wirtschaftsverkehrs in Städten beruht und auch als eine Kooperationsform betrachtet werden kann:

City-Logistik ist die an ökonomischen und ökologischen Zielen ausgerichtete Planung, Steuerung und Kontrolle logistischer Leistungsprozesse in einem unternehmensübergreifenden Logistiksystem. Aufgabe der City-Logistik ist die kooperative Produktion von Logistikleistungen, die eine Ver- und Entsorgung einer Stadt oder eines Ballungsraums sicherstellt (Kaupp 1998, S. 24).

Beteiligte an solchen Konzepten sind einerseits Einzelhandels- und logistische Dienstleistungsunternehmen, andererseits die Kommunen, von denen die Rahmenbedingungen vorgegeben werden. Realisiert werden können die Konzepte durch den Aufbau von **Güterverteilzentren** in verkehrsgünstiger Stadtrandlage, die von verschiedenen Herstellern oder Handelsunternehmen beliefert und in denen die Waren für unterschiedliche Kunden in der Innenstadt gebündelt werden. Die Güterverteilzentren werden dabei oft von mehreren Logistik-Dienstleistern wiederum in Kooperation betrieben.

Für die Verkaufsstellen des Handels besteht der Vorteil darin, dass sie nicht mehr nacheinander oder gleichzeitig von einer Vielzahl von Lkws (Transporte vom eigenen Zentrallager, Einkaufsvereinigungen, Hersteller, Spediteure, private Paketdienste, Post usw.) beliefert werden, sondern nur noch von einem Lkw.

City-Logistik-Konzept „CLAIX“

Ein im Jahre 1995 gegründeter Arbeitskreis, bestehend aus Teilnehmern der IHK, des Märkte- und Aktionskreises City e.V., der RWTH, den Städten Aachen, Herzogenrath, Würselen sowie einigen ortsansässigen Spediteuren mündete im Jahre 1997 nach Beginn einer Speditionskooperation in das City-Logistik-Konzept „CLaix“ (City-Logistik-aix-la-chapelle). Ziel des Konzeptes ist eine ökologisch und v.a. ökonomisch sinnvolle Bündelung von Güterströmen, um so unnötige Fahrten mit gering ausgelasteten Fahrzeugen zu vermeiden und die Belieferung des Einzelhandels in der Stadt Aachen besser zu organisieren. Zu diesem Zweck besteht eine Kooperation mit einem Transportunternehmen, das Sendungen in die Innenstädte von Aachen, Herzogenrath und Würselen liefert. Das Transportunternehmen holt die vorsortierten Sendungen bei den Speditionen ab, plant die zeit- und kostensparendste Tour und liefert zu vorgegebenen Zeiten aus.

Durch das Konzept ergibt sich eine Vielzahl an Vorteilen für die Speditionen und Einzelhändler: Die Speditionen erzielen Zeitersparnisse durch die Reduzierung der Liefervorgänge und können kostenintensive Wartezeiten an den Rampen der Kunden vermeiden. Die Vorteile für den lokalen Einzelhandel liegen v.a. in Kostenersparnissen bei Warenannahmeaktivitäten, da die Belieferung gebündelt erfolgt und das Personal in diesem Bereich dadurch entlastet wird. Des Weiteren kann eine Umwandlung von Lager- in Verkaufsflächen durch die Nutzung von Lagerflächen des City-Logistik-Betreibers erfolgen, von wo aus die Kommissionierung, Disposition und Anlieferung an den Handel erfolgen können.

Mitglieder des Vereins „CLaix-Citylogistik Aachen e.V.“ sind derzeit die Städte Aachen und Würselen sowie die Speditionen Hammer, Offergeld, Birkart Systemverkehre GmbH, GBS Internationale Spedition GmbH und Vent Transporte. Das monatliche, gebündelte Sendungsaufkommen liegt bei ca. 1.000 Tonnen in rund 300 Sendungen. In den letzten Jahren ergaben sich für den Verein weitere Tätigkeitsfelder, so im Bereich der Zusammenarbeit mit dem regionalen Nahverkehrsbetrieb ASEAG, mit dem man seit mehreren Jahren einen Lieferdienst für Weihnachtseinkäufe organisiert, um so die Attraktivität der Nutzung des öffentlichen Personennahverkehrs zu erhöhen. Des Weiteren sieht der Verein seine Aufgaben in der Führung der öffentlichen Diskussion zu güterverkehrlichen Themen in der Innenstadt.

Quelle: CLAIX 2006.

D. Beschaffungsprozesse

I. Determinanten

Ausgangspunkt der Erörterungen dieses Abschnitts sind die sich abzeichnenden und zugleich nachhaltigen Tendenzen in der Beschaffung des Handels (vgl. hierzu Zentes/Bartsch 2002; Moore 2005; Zentes/Hilt/Domma 2007). Neben dem bereits aufgezeigten Übergang von einer lieferantenorientierten zu einer kundenorientierten Beschaffung, der zugleich einen Wandel von einer funktionalen zu einer prozessualen Sicht mitbrachte, zeichnen sich im Wesentlichen die folgenden Entwicklungslinien ab:

- von Fremdbeschaffung zu Eigenbeschaffung
- von nationaler zu internationaler/globaler Beschaffung
- von autonomer zu (horizontal-)kooperativer Beschaffung
- von einkaufspreisorientierter zu „total cost“-orientierter Beschaffung
- von konventioneller zu elektronischer/virtueller Beschaffung.

Die Beschaffungsgegebenheiten sind im Handel sehr vielfältig. Maßgeblich hierfür sind insbesondere die hohe Artikelanzahl und die i.d.R. hohe Sortimentsdynamik. Es ist daher zweckmäßig, zwischen Beschaffungssituationen i.S. von **Beschaffungsclustern** zu unterscheiden (vgl. hierzu Zentes u.a. 2002).

Die sog. **Sourcing-Toolbox** (siehe Abbildung 5.31) deckt einige der genannten Sourcing-Konzepte ab[1]: So entsprechen die Optionen „individual/cooperative“ und „local/domestic/global“ unmittelbar den genannten Entwicklungslinien. „Passive“ und „active“ manifestieren sich im Einfluss des Handels auf die Produktentwicklung bzw. die Produktinnovationen. So steht die Option „active“ in engem Zusammenhang mit Handelsmarken, so bei Eigen- und Kontraktproduktionen (als Formen der Eigenbeschaffung); sie drückt sich auch in der Erschließung neuer Beschaffungsquellen aus (Fremdbeschaffung), um den Kunden neue Produkte zugänglich zu machen und weist daher auch einen Bezug zur Option „global“ auf. Die Optionen „sole“, „single“, „dual“ und „multiple“ der Toolbox beziehen sich auf die Anzahl der Lieferanten, von denen das Gesamtsortiment oder einzelne Warengruppen bezogen werden. Diese Optionen werden nachfolgend im Zu-

[1] Vgl. zur Sourcing-Toolbox Arnold 1998 sowie Zentes/Swoboda/Morschett 2004, S. 367ff. und die dort angegebene Literatur.

sammenhang mit den unterschiedlichen Beschaffungsclustern diskutiert. Die beschaffungszeitbezogenen Varianten „stock", „stock reduced", „stockless" stehen in engem Zusammenhang mit den bereits diskutierten Konzepten des Replenishment; sie korrespondieren zugleich mit den entsprechenden logistischen Prozessen, so den Lagerprozessen wie Cross-Docking u.Ä.

Abbildung 5.31: Sourcing-Toolbox

Beschaffungsobjekt	Passive		Active	
Lieferant	Sole	Single	Dual	Multiple
Beschaffungszeit	Stock	Stock Reduced		Stockless
Beschaffungssubjekt	Individual		Cooperative	
Beschaffungsareal	Local	Domestic		Global

Quelle: in Anlehnung an Arnold 1998, S. 247.

In der Entwicklungslinie von „einkaufspreisorientierter zu ‚total cost'-orientierter" Beschaffung drückt sich unmittelbar die prozessuale Sichtweise aus. Die Entwicklungslinie „von konventioneller zu elektronischer/virtueller" Beschaffung ist technologisch geprägt, führt jedoch gleichermaßen zu z.T. fundamental veränderten Beschaffungsprozessen.

Im Folgenden werden zunächst die aufgezeigten Entwicklungslinien diskutiert. Hieran schließt sich die Analyse der Beschaffungsprozesse in Abhängigkeit von typischen Beschaffungssituationen im Handel an. Den Abschluss bilden Überlegungen zur Gestaltung der Lieferantenbeziehungen und zum lieferantenbezogenen Controlling.

II. Beschaffungsstrategien und ihre Bedeutung für die Gestaltung der Supply-Chain

1. Fremdbeschaffung und Eigenbeschaffung

Von strategischer Bedeutung für die Gestaltung der Wertschöpfungskette des Handels ist die Entscheidung zwischen Eigenproduktion, Kontraktproduktion und „Fremdbeschaffung"[1], eine Frage, die sich gleichermaßen in Industrieunternehmen stellt und dort im Zusammenhang mit der **Fertigungstiefe** diskutiert wird (vgl. Zentes/Swoboda/Morschett 2004, S. 386). Letztlich handelt es sich im institutionenökonomischen Sinne um die Wahl der geeigneten Transaktionsform („make or buy") (vgl. hierzu Zentes/Swoboda/Morschett 2004, S. 241f.).

Wenngleich „Fremdbeschaffung" – im Folgenden terminologisch gleichgesetzt mit „Beschaffung" – für den Handel typisch oder gar konstitutiv ist, finden sich gleichermaßen die Transaktionsformen Eigenproduktion und Kontraktproduktion. Eigenproduktion und damit „Eigenbeschaffung" i.S.

[1] Vgl. zur Unterscheidung zwischen „Eigenbeschaffung" und „Fremdbeschaffung" Klein 1998, S. 419.

eines Bezugs von Tochtergesellschaften (**Intra-Firm-Sourcing**) (Kotabe/ Helsen 2004) ist traditionellerweise bei Unternehmen des Lebensmittelhandels anzutreffen. Dies gilt bspw. für den Frischwarenbereich, so in Form eigener Bäckereien und Fleischerzeugungs- und -verarbeitungsbetriebe. Eigenproduktionsbetriebe sind aber auch in anderen Warenbereichen anzutreffen, so im Near-Food- und im Non-Food-Bereich. Eine vergleichsweise hohe Bedeutung haben Eigenproduktionsbetriebe im Schweizer Lebensmittelhandel, speziell bei den Unternehmen Migros und Coop.

Eigenproduktionsbetriebe der Migros

Der Marktführer im Schweizer Einzelhandel, der Migros Genossenschaftsbund, besitzt derzeit 15 Eigenproduktionsbetriebe. Das Portfolio umfasst dabei eine Vielzahl an Produkten v.a. in den Bereichen Food und Near-Food, so z.B. Süßwaren, Kosmetikartikel, Kaffee, Mineralwasser oder Waschmittel. Neben der Nutzung der Eigenproduktionsbetriebe zur Sicherstellung von Qualitätsstandards und zur kostengünstigen Produktion von Eigenmarken steht auch die Produktion von Handelsmarken für andere europäische Handelsunternehmen und die zunehmende Exporttätigkeit im Fokus der strategischen Ausrichtung der Betriebe.

Den größten Produktionsbetrieb der Migros bildet die Jowa AG, die aus der Jonatal AG hervorgegangen ist, und für die Migros verschiedene Brot- und Backwaren herstellt. Mit über 3.300 Beschäftigten und einem Umsatz im Jahre 2005 von 745 Mio. CHF ist die Jowa AG der größte Produktionsbetrieb der Migros mit acht regionalen und mehr als 75 Haus- oder In-Store-Bäckereien. Um ein möglichst hohes Maß an Frische der Backwaren zu gewährleisten, sind die einzelnen Bäckereien dezentral organisiert. Die acht Großbäckereien der Jowa AG versorgen jeweils ein bis zwei regionale Genossenschaften mit ihren Produkten, zudem produzieren sie einzelne Spezialitäten für den gesamten Migros Genossenschaftsbund.

Ein Beispiel für die zunehmende Exporttätigkeit der Eigenproduktionsbetriebe der Migros ist die Chocolate Frey AG, deren starkes Wachstum v.a. aus der Erschließung neuer Absatzmärkte in insgesamt 50 verschiedenen Ländern resultierte, aus denen derzeit jeder fünfte Umsatzfranken generiert wird. Einen weiteren Geschäftszweig konnte dieser Produktionsbetrieb in der Herstellung von Kaugummi generieren. Dort wurde mit „Skai" eine eigene Marke etabliert, die auch im Exportgeschäft hohe Umsätze mit Private-Label-Kunden erzielt und einen großen Anteil an dem Erfolg dieses Produktionsbetriebes hat.

Mit der Seba Aproz SA ist die Migros Marktführer im inländischen Mineralwassermarkt. Mit den beiden Marken „Aproz" als Traditionsmarke und „Nendaz" als Premiummarke hat der Produktionsbetrieb hohe Marktanteile und konnte sein Produktportfolio um neue, innovative Produkte wie leicht aromatisiertes Mineralwasser ergänzen. Auch die Marken „Aquella" und das Mineralwasser der Produktlinie M-Budget im unteren Preissegment haben sich etabliert und werden erfolgreich vermarktet. Rund ein Drittel des Gesamtumsatzes erwirtschaftet die Seba Aproz SA mit Softdrinks der Marken Aproz, M-Budget, Pepsi-Cola, Orangina und 7up. Für letztere drei besitzt das Unternehmen eine Abfüll-Lizenz, was zusätzliches Potenzial für die internationale Positionierung schafft.

Die Beispiele zeigen, dass viele der Produktionsbetriebe mehr als eine reine Versorgungsfunktion für das Handelsunternehmen innehaben und zunehmend um Tätigkeiten im internationalen Geschäft sowie mit anderen Handelsunternehmen im Bereich der Handelsmarken ergänzt werden und somit deren strategische Bedeutung für die Migros steigt.

Tabelle 5.1: Eigenproduktionsbetriebe der Migros

Produktionsbetrieb	Produktbereich	Nettoumsatz (in Mio. CHF)	Anzahl der Mitarbeiter
Jowa AG	Brotwaren, Feinbackwaren, Frischbackartikel, Fertigteige, Pizzen, TK-Apéro-Gebäck, Teigwaren	745	3.319
Bischofszell Nahrungsmittel AG	Getränke, Kartoffelprodukte, Fertiggerichte, Konfitüren	424	868
Chocolate Frey AG	Schokoladetafeln, Pralinen, Riegel, Brotaufstriche, Kaugummi	339	748
Midor AG	Back- und Eiswaren, Apéro-Gebäck, Dessertpulver	237	644
Seba Aproz AG	Mineralwasser, Softdrinks, Sirup	113	157
Migros Betriebe Birsfelden AG	Kaffee, Trockenfrüchte, Nüsse, Gewürze, Pilze, Kerne, Hülsenfrüchte, Papierbeutel	213	358
Walter Leuenberger AG	Teigwaren, Senf	22,1	45
Riseria Taverne SA	Verarbeitung diverser Reissorten	29,4	24
Micarna SA	Frischfleisch, Charcuterie	681	1.484
Optigal SA	ganze Poulets, Pouletteile, Trutenfleisch	167	438
Estavayer Lait SA	Milch- und Rahmprodukte, Joghurts, Frischkäse und Quark, Milchmischgetränke, Desserts	657	622
Mifroma SA	Hart-, Halbhart- und Weichkäse	328	239
Mifa AG	Wasch- und Reinigungsmittel, Geschirrspülmittel, Brotaufstriche, Flüssigfette	157	308
Mibelle AG	Körper-, Gesichts- und Haarpflegeprodukte, Zahnpflegeprodukte, Sonnenschutz, Babypflege und Düfte	197	477
TOTAL (inkl. Scana und Mérat)	-	4.526	9.990

Quelle: Migros 2006.

Empirisch zeigt sich eine rückläufige Bedeutung der Eigenproduktion des Handels und damit eine sinkende „Fertigungstiefe".

Formen der Kontraktproduktion (**Contract Manufacturing**) als eine weitere Form der „Eigenbeschaffung" sind – wie bereits erwähnt – insbesondere im Bereich der Handelsmarken anzutreffen.[1] Das Spektrum ist dabei vergleichsweise breit: Die Contract Manufacturer produzieren von Handelsunternehmen selbst entwickelte Produkte, produzieren von ihnen für Handelskunden entwickelte Produkte oder aber produzieren Handelsmarken, die sich von ihren eigenen Markenartikeln im Grenzfall nur durch das Label unterscheiden. Als Profilierungsstrategie der „**Private Label Manufacturer**" zeichnet sich ein Wertschöpfungsausbau ab: Handelsmarken-Produzenten streben, um einer Austauschbarkeit zu entgehen, zunehmend danach, als innovativer und kompetenter Partner des Handels nicht nur innovative Produkte zu konzipieren und zu produzieren, sondern auch maßgeschneiderte

[1] Vgl. zum Contract Manufacturing Morschett 2005a.

Promotionlösungen. Sie integrieren sich gleichermaßen in moderne Supply-Chain-Lösungen.

Marken des Handels: J. W. Ostendorf GmbH & Co. KG

Marken für den Handel zu entwickeln und diese Marken gemeinsam mit den Handelskunden innovativ zu führen – so lautet die Kernaussage der Unternehmensphilosophie der J. W. Ostendorf GmbH & Co. KG, die sich konsequent in Richtung der Entwicklung, Produktion und Vermarktung von Farben für sog. „Marken des Handels" für den Do-it-yourself-Anwender ausgerichtet hat. Zu den Kunden des Unternehmens, das in mehr als 20 Ländern weltweit tätig ist, gehören führende Handelskunden in Deutschland und Europa. Den Vorteil der angebotenen Marken des Handels sieht das Unternehmen v.a. in der Möglichkeit für den Handelskunden, Produkte im Bereich der Eigenmarken anzubieten, die sich in der Wettbewerbssituation des Baumarktsegmentes vom reinen Preiswettbewerb lösen können und den Anspruch erheben, sich gleich- oder höherwertig zu Herstellermarken zu positionieren. Zudem beinhaltet die Entwicklung und Führung einer Marke des Handels eine ständige, strategische Weiterentwicklung, um mögliche Wachstumspotenziale nutzen zu können. Ebenso grenzt das Unternehmen sich von Herstellern klassischer Eigenmarken durch die Verfolgung der Strategie eines innovativen Pioniers ab. Als weiteres wesentliches Unterscheidungsmerkmal zur klassischen Eigenmarke bietet J. W. Ostendorf seinen Handelskunden ein breites Sortiment an, das etwaige Abwanderungen zu Herstellermarken oder Wettbewerbern auf Grund fehlender Produkte verhindern soll.

Die Ziele dieser Markenweiterentwicklung liegen v.a. in einer besseren Profilierung und dem Erreichen eines Imagezugewinns, die sodann eine höhere Kundenloyalität und Kundenbindung schaffen. Des Weiteren bietet sich für den Handel die Möglichkeit der Renditeverbesserung durch eine Maximierung der Handelsspanne, wenn Käufer von Herstellermarken zu den Marken des Handels abwandern. Dadurch schafft man eine Win-Win-Situation für Konsumenten und Handel, die durch niedrigere Preise für die Konsumenten und höhere Spannen für das Handelsunternehmen gekennzeichnet ist, die nur schwer durch preisaggressives Verhalten der Konkurrenten ausgehebelt werden kann. Somit bietet die J. W. Ostendorf GmbH & Co. KG für den Handel eine Marke, die in vielen Bereichen der Herstellermarke gleichgestellt werden kann oder dieser bereits überlegen ist. Gleichzeitig schafft die Marke des Handels einen Zusatznutzen in Form eines strategischen und nachhaltigen Wettbewerbsvorteils durch Exklusivität, Flexibilität, Differenzierung und Leistungsfähigkeit.

Quelle: J. W. Ostendorf 2006.

2. Nationale und globale Beschaffung

Mit Blick auf die Beschaffungsmärkte – und damit aus der wettbewerbsstrategischen Perspektive der **Konfiguration** (Zentes/Swoboda/Morschett 2004, S. 228) – zeigt sich ein Bedeutungsanstieg der internationalen oder gar globalen Beschaffung (**Global Sourcing**) (vgl. auch Liu/McGoldrick 1995; Rudolph/Loos 2006). Wenngleich die internationale Beschaffung des Handels nicht nur eine jahrzehntelange, sondern sogar eine jahrhundertelange Tradition hat, gewinnt diese Perspektive zunehmend an Aktualität und an Mächtigkeit (Zentes/Hilt/Domma 2007): Länder wie China und Indien entwickeln sich zu dominanten Beschaffungsmärkten, Handelsunternehmen interessieren sich zunehmend für Formen des Direktimports oder Direktbezugs, Fragen der sozialen Verantwortung nehmen neben Fragen der ökologischen Verantwortung einen zunehmenden Stellenwert ein.

Abbildung 5.32: Beschaffungsvolumen des deutschsprachigen Einzelhandels (Inland vs. Ausland)

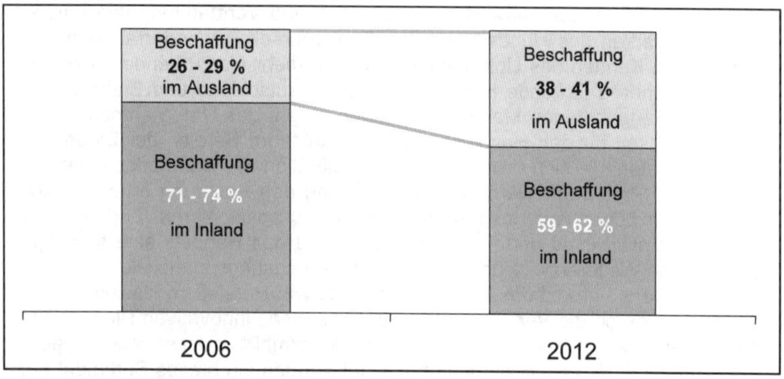

Quelle: Zentes/Hilt/Domma 2007, S. 36.

Während in den neunziger Jahren der Anteil ausländischer Ware (direkte und indirekte Importe) nach Schätzungen der AVE (Außenhandelsvereinigung des deutschen Einzelhandels e.V.) ca. 46 % betrug, stammen nach der AVE/H.I.MA.-Studie im Jahre 2006 über 60 % (61 bis 66 %) der vom Handel beschafften (und verkauften) Ware aus ausländischen Quellen (Zentes/Hilt/Domma 2007). Der Anteil der direkt im Ausland beschafften Ware (Direktimporte) liegt zwischen 26 und 29 %. Von der im Ausland beschafften Ware (71 bis 74 %) des gesamten Beschaffungsvolumens ist jedoch in etwa die Hälfte ausländische Ware. Diese Ware wird über inländische Großhändler, Importeure, Einkaufsorganisationen oder inländische Vertriebsgesellschaften (ausländischer Hersteller) beschafft.

Wie Abbildung 5.32 verdeutlicht, wird der Direktimport auf 38 bis 41 % im Jahre 2012 ansteigen. Dieser Bedeutungsanstieg gilt im Grundsatz für alle betrachteten Warenkategorien, so Markenartikel, Handelsmarken und Commodities. Hinsichtlich der Handelsmarken zeichnet sich zugleich ein Trend zu einem verstärkten **internationalen Contract Manufacturing** ab.

Betrachtet man die Aufteilung des direkten ausländischen Beschaffungsvolumens des deutschsprachigen Einzelhandels, so zeigt sich bereits heute eine klare Dominanz von Asien mit rd. 15 Prozentpunkten (von 26-29 % insgesamt), gefolgt von West-/Südeuropa (einschließlich der Türkei) mit 10 Prozentpunkten (siehe Abbildung 5.33). Mit Blick auf die Zukunft („Perspektive 2012") zeigt sich ein deutlicher Bedeutungsanstieg Asiens auf 21 bis 22 Prozentpunkte (des Anteils der Direktimporte von insgesamt 38-41 %).

West-/Südeuropa dürfte auf ca. 12 bis 13 Prozentpunkte ansteigen, was insbesondere auf den Beschaffungsmarkt Türkei zurückzuführen ist.[1]

Abbildung 5.33: Prognose des ausländischen Beschaffungsvolumens des deutschsprachigen Einzelhandels nach Regionen – Heute vs. Zukunft

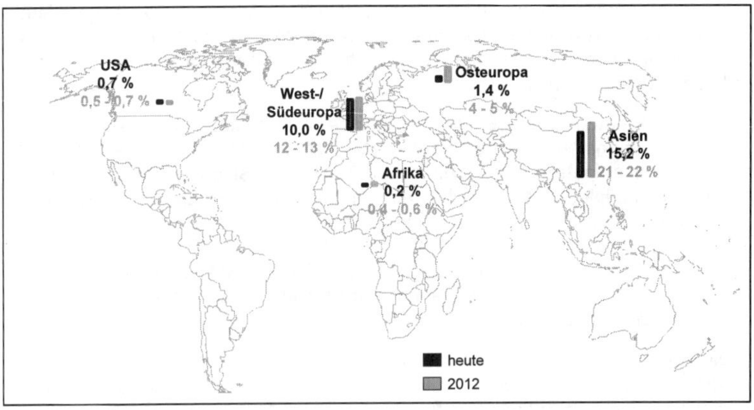

Quelle: Zentes/Hilt/Domma 2007, S. 88.

Die Frage der geeigneten Transaktionsform stellt sich nicht nur hinsichtlich „Eigenbeschaffung vs. Fremdbeschaffung", sondern auch „innerhalb" der Fremdbeschaffung, insbesondere im Kontext des Global Sourcing. Sie betrifft dort bspw. die Frage des **Outsourcing** der Beschaffungsmarktaktivitäten im Ausland an spezialisierte Außenhandelsunternehmen (im Inland oder Ausland) oder bspw. die Errichtung von Einkaufsbüros in ausländischen Beschaffungsmärkten. Die AVE/H.I.MA.-Studie zeigt, dass die Handelsunternehmen nicht nur ihr direktes ausländisches Beschaffungsvolumen ausweiten, sondern zu verstärktem Direktbezug bei ausländischen Herstellern übergehen. Dabei gewinnen auch ausländische Einkaufsbüros (eigene oder kooperativ betriebene) weiter an Bedeutung. Dies bedeutet eine stärkere Rückwärtsintegration („**Up-stream-Vertikalisierung**") oder Internalisierung, insbesondere im Kontext des Global Sourcing.

Zunehmender Direktbezug im Global Sourcing: Globus

Die Globus Holding GmbH & Co. KG gehört heute mit einem Umsatz von über 3,5 Mrd. EUR zu den Top 20 des deutschen Lebensmittelhandels und zeichnet sich bereits seit mehreren Jahren durch verstärkte Auslandsaktivitäten aus.

Neben der absatzseitigen Internationalisierung, so nach Tschechien sowie Russland, steht im Bereich der internationalen Beschaffung eine Strategie im SB-Warenhausgeschäft im Fokus, die eine zunehmend direkte Beschaffung im Non-Food-Segment vorsieht, um so Zwischenstufen auszuschalten und Roherträge zu erhöhen. Insbesondere die Möglichkeiten der Direktimporte,

[1] Vgl. zu den Motiven und Determinanten des Global Sourcing Zentes/Hilt/Domma 2007 und die dort angegebene Literatur.

die zukünftig unmittelbar mit den in erster Linie in Fernost angesiedelten Produzenten abgewickelt werden sollen, sind für das Handelsunternehmen von hohem Interesse. Hierbei sieht Globus großes Potenzial v.a. im gesamten Hartwarenbereich. Die Forcierung dieser Non-Food-Beschaffungsstrategie ist Ausdruck bzw. Ergebnis der langjährigen Erfahrung der Globus-Einkaufsmanager in der internationalen Beschaffung. Bereits seit über zehn Jahren tätigt der SB-Warenhausspezialist Direktimporte insbesondere aus China. Das Handelsunternehmen beschaffte zu Beginn seiner Auslandsaktivitäten die Ware von Dritten im Ausland, so Exporteuren. Darüber hinaus beteiligte sich Globus im Rahmen von Kooperationen an der Beschaffung von internationalen Trading-Organisationen im Ausland.

Heute befindet sich der SB-Warenhaus-Spezialist in einer strategischen Partnerschaft mit einem Einkaufsagenten, der insbesondere durch eine hohe Beschaffungskompetenz in der asiatischen Region charakterisiert ist. Diese Partnerschaft definiert sich v.a. über ein gemeinsames Verständnis in der Beschaffung hinsichtlich der relevanten Kriterien, so Qualität der Produkte. Zudem ist sie als konsequentes Bestreben, ein eigenes Einkaufsbüro in Shanghai aufzubauen, zu interpretieren. Das Ziel dieser Anstrengungen ist es, eine Basis für den Einkauf aus dem Kernbeschaffungsmarkt Fernost zu schaffen bzw. diese auszubauen.

Die heutige, intensive Zusammenarbeit mit dem Einkaufsagenten in Asien kommt in den Grundzügen der Beschaffung über ein eigenes Einkaufsbüro sehr nah. Zum einen basieren die gemeinsamen Aktivitäten auf einem hohen Maß an gegenseitigem Vertrauen. Dieses Vertrauen zeigt sich in dem hohen Commitment, das u.a. durch beidseitige Exklusivitätserklärungen zum Ausdruck kommt. Zum anderen ist eine enge Verzahnung zwischen dem Einkauf der Globus-SB-Warenhäuser und dem asiatischen Partner in vielfältigen Prozessen bereits realisiert. So ist der gesamte Prozess des Qualitätsmanagements klar definiert und die unterschiedlichen Aufgaben sind entsprechend auf den Einkaufsagenten und die Einkaufsabteilung mit Sitz in St. Wendel verteilt.

Um eine verbesserte Kontrolle bzw. einen verstärkten direkten Einfluss auf die gesamte Wertschöpfungskette zu realisieren, wird die über den Einkaufsagenten beschaffte Ware ausschließlich direkt vom Hersteller bezogen. Damit sichert Globus die Einhaltung definierter Qualitätsstandards, aber auch ethischer bzw. sozialer Standards. Des Weiteren stehen die Kostenreduzierung sowie die stärkere Differenzierung im Warenangebot im Vordergrund dieser Beschaffungsstrategie in Fernost. Der Einkaufsagent fungiert heute schon in jeglicher Hinsicht als „Quasi-Einkaufsbüro" und wird auch zukünftig mit wachsendem Beschaffungsvolumen aus Fernost diese Rolle einnehmen.

Quelle: Zentes/Hilt/Domma 2007, S. 104ff.

3. Autonome und (horizontal-)kooperative Beschaffung

Die Beschaffung des Handels ist nicht nur – wie aufgezeigt – seit langer Zeit international ausgerichtet, sondern auch in einem starken Maße kooperativ geprägt. Die im Ersten Kapitel diskutierten Verbundgruppen, so die Einkaufsgemeinschaften, dokumentieren mit ihren Marktanteilen die Bedeutung dieser **Transaktionsform** der Beschaffung. Auch in der Zukunft ist von einem weiteren Bedeutungsanstieg der kooperativen Beschaffung auszugehen (Zentes/Bartsch 2002, S. 148).[1]

Dieser Bedeutungsanstieg ist in mehreren Faktoren begründet. So dürfte das Ausmaß der kooperativen Beschaffung in kleinen und mittleren Unternehmen des Handels weiterhin ansteigen (vgl. hierzu auch IBB/H.I.MA. 2003). Gleichermaßen bilden sich neue oder erweiterte **Einkaufsallianzen** von Großunternehmen des Handels: Alidis und Coopernic können als aktuelle Beispiel erwähnt werden.

> *„Auf Partnerfang: Rewe und Edeka suchen offensiv nach neuen verbündeten im Warengeschäft."*
>
> *(Lebensmittel Zeitung, 11. Februar 2005, S. 33.)*

Die Bildung dieser **Handelsallianzen** verdeutlicht zugleich den Bedeutungsanstieg von Kooperationen auf internationaler Ebene, ein Phänomen, das sich in der Managerbefragung des HandelsMonitor bereits im Jahre 2002 abzeichnete (Zentes/Bartsch 2002, S. 148). Als weiterer Treiber dieser Entwicklung ist die zunehmende **internationale Einkaufsbündelung** global agierender Handelsunternehmen, wie Wal-Mart, Carrefour und METRO, herauszustellen, was zu einem Anstieg der „kritischen Masse" in der Beschaffung führt (vgl. Zentes/Swoboda/Morschett 2004, S. 344 und die dort angegebene Literatur).

Coopernic

2005 gründeten die Einzelhandelsunternehmen Colruyt (Belgien), CONAD (Italien), Coop (Schweiz), E. Leclerc (Frankreich) und die deutsche REWE Group das europäische Bündnis Coopernic (Coopérative Européenne de Référencement et de Négoce des Indépendants Commerçants). Ziel der Allianz ist die Stärkung der Position der Mitglieder auf ihren nationalen Märkten durch eine engere, grenzüberschreitende Zusammenarbeit.

Coopernic ist eine Genossenschaft belgischen Rechts, die satzungsgemäß in eine Genossenschaft europäischen Rechts (EuGen) überführt werden soll. Die Allianz finanziert sich aus Mitgliedsbeiträgen; ausgehandelte Einsparungen, erzielte Rabatte oder Abschläge sollen an die einzelnen Mitglieder weitergegeben werden. Geleitet wird das Bündnis von einer Geschäftsführung, dem Verwaltungsrat gehören zehn Mitglieder (jeweils zwei pro Mitgliedsunternehmen) an. Die Gesellschaftsanteile sind paritätisch auf die Partner aufgeteilt. Die fünf Unternehmen der Coopernic mit Sitz in Brüssel bündeln mit 17.500 Märkten in 18 Ländern Europas ein Umsatzvolumen von 93 Mrd. EUR.

Durch die Kooperation in den Themenfeldern der internationalen Beschaffung, der Optimierung des Warenangebotes und des europaweiten Know-how-Transfers wollen die beteiligten Handelsunternehmen v.a. ihre Stellung gegenüber der internationalen Konsumgüterindustrie stärken. Eine der Hauptaufgaben des Bündnisses ist die Optimierung des Einkaufs von Markenartikeln durch die Bündelung der Verhandlungen mit internationalen Markenartikelherstellern aus dem Food- und Non-Food-Bereich. Die Kooperation eröffnet auch im wachsenden Segment der Eigenmarken durch den multilate-

[1] Vgl. hierzu auch die Ausführungen in Abschnitt E.II. des Zweiten Kapitels.

ralen Austausch Möglichkeiten zur Beschaffung bei regionalen Herstellern und mittelständischen Betrieben. Des Weiteren können die Partner ihre Nachfrage nach den besten logistischen Beschaffungskonditionen in Europa bündeln, da jedes Mitglied diese Tätigkeiten an den Bündnispartner delegieren kann, der das höchste Know-how über den entsprechenden Markt besitzt. So erfolgt bspw. die Treibstoffbelieferung von CONAD-Tankstellen in Norditalien durch E. Leclerc. Die Hauptziele der Kooperation liegen somit in der Ausweitung des Angebotes durch einen intensiven Know-how-Austausch und Nutzung von Best-Practices sowie in der Erzielung von Bestpreisen durch die Bündelung des Einkaufs und einer Kostensenkung durch die Ausnutzung von Economies of Scale oder die Delegation an den leistungsfähigsten Partner in der Allianz.

Quelle: www.lz-net.de; Coop 2006.

4. Einkaufspreisorientierte und „total cost"-orientierte Beschaffung

Die aufgezeigten Formen des **Cooperative Sourcing** sind horizontal ausgerichtet; einbezogen in die (nationalen oder internationalen) Allianzen sind Unternehmen der gleichen Wirtschaftsstufe (Einzel- oder Großhandelsunternehmen). Diese Allianzen sind primär auf **Bündelungseffekte** ausgerichtet. Daneben zeigt sich eine Tendenz zu **vertikalen Wertschöpfungspartnerschaften** mit Herstellern, um über moderne Supply-Chain-Konzepte und neuere Logistik-Lösungen die „einkaufspreisorientierte Beschaffung" um eine „total cost"-orientierte Perspektive zu erweitern oder gar abzulösen.[1]

Diese – oftmals auch als vertikale Formen der Kooperation bezeichneten – Wertschöpfungspartnerschaften richten die Beschaffung an einer ganzheitlichen Betrachtung aus[2]. Diese schließt neben den Einkaufspreisen (und den zugehörigen mengen- und wert- sowie zahlungsbezogenen Konditionen) auch die **Prozesskosten** der Beschaffung sowie die Logistikkosten auf allen relevanten Stufen des handelsbetrieblichen Wertschöpfungsprozesses (z.B. Großhandels- oder Zentrallagerebene, Regionallagerebene, Filialebene) ein.

Diese holistische Sichtweise bildet dann auch die Basis der **Lieferantenevaluation** und -selektion: Die Auswahl bzw. die Zusammenarbeit mit Lieferanten erfolgt nicht nur auf der Grundlage einer produktbezogenen Preis-Qualitäts-Beurteilung (Preis-Leistungs-Verhältnis), sondern berücksichtigt bspw. auch deren Fähigkeiten zur elektronischen Datenkommunikation als technologische Voraussetzung einer nachfragesynchronen Belieferung (i.S. eines Continuous Replenishment) und zur Just-in-time-Belieferung eines Transit-Terminals oder einer Cross-Docking-Plattform.

Otto-Versand verzichtet auf chinesische Textilien

Der Versandhandelskonzern Otto baut seine milliardenschweren Universalversender Otto, Schwab und Baur um, damit sich Umsatz und Ertrag verbessern. Der Umbau erfasst v.a. den Einkauf beim Hamburger Otto-Versand. Danach wird das Unternehmen keine Textilien mehr aus China importieren. „Wir

[1] Horizontale Formen der Beschaffungskooperation können selbstverständlich mit der Perspektive vertikaler Wertschöpfungspartnerschaften verbunden werden. So lassen sich diese vertikalen Partnerschaften auch in Einkaufsallianzen realisieren.

[2] Vgl. hierzu auch die Ausführungen in Abschnitt E.III. des Zweiten Kapitels.

wollen die Textilien künftig in Spanien, Italien und der Türkei beziehen, um mit unseren Produkten schneller am Markt zu sein", sagte Hillebrand. Die Otto-Gruppe bezieht rund 37 % ihrer Waren aus China, weitere 25 % entfallen jeweils auf Europa und Brasilien.

Quelle: Handelsblatt, 10. April 2006, S. 21.

Vertikale Wertschöpfungspartnerschaften zielen – wie in Abschnitt A. dieses Kapitels herausgestellt – auf eine unternehmensübergreifende Optimierung ab, d.h., sie sind darauf ausgerichtet, Effizienzgewinne in der gesamten Wertschöpfungskette zu erzielen. Eine „total cost"-orientierte Beschaffung schließt auch **Opportunitätskosten** ein, die bspw. aus verzögerten Reaktionen auf Marktentwicklungen resultieren. Gerade dieser Aspekt ist oftmals im Rahmen des Global Sourcing von Relevanz. So befinden sich viele Unternehmen, die bspw. aus China und aus der Türkei beschaffen, in einem Zielkonflikt. China weist zwar hinsichtlich der Stückkosten (Einkaufspreise oder auch Einstandspreise) gegenüber dem „Hochlohnland Türkei" eindeutige Vorteile auf. Auf Grund deutlich kürzerer Transportzeiten (28 bis 30 Tage bei Seefracht ab China vs. zwei bis drei Tage Lkw-/Bahnfracht ab Türkei) ermöglicht die Türkei jedoch schnellere Reaktionen auf Marktentwicklungen (Zentes/Hilt/Domma 2007, S. 85ff.).[1]

5. Konventionelle und elektronische/virtuelle Beschaffung

Aus technologisch-prozessualer Sicht kann zwischen der Beschaffung über konventionelle bzw. traditionelle Kanäle und der Beschaffung über elektronische Kanäle bzw. elektronische/virtuelle Märkte unterschieden werden (Hertel/Zentes/Schramm-Klein 2005, S. 31ff.). Gerade die letztgenannte Beschaffungsoption, die erst in den letzten Jahren durch ein verstärktes Aufkommen von **E-Business-Plattformen** an Relevanz gewonnen hat, bringt eine neue Perspektive in die Beschaffung von Handelsunternehmen, die zum einen neue Chancen eröffnet und eine flexiblere Beschaffung erlaubt, zum anderen aber auch die Komplexität erhöht und die Notwendigkeit der Integration solcher Kanäle in die bestehenden Beschaffungskonzepte entstehen lässt (vgl. hierzu auch Eßig 2006).

Die modernen Informations- und Kommunikationstechnologien eröffnen zugleich Optionen zur Effektivitäts- und Effizienzsteigerung in konventionellen Beschaffungskanälen. So revolutionierte in den zurückliegenden Jahren **Electronic Data Interchange** (EDI) die operative Hersteller-Handels-Kommunikation im Rahmen der Beschaffungsprozesse. Heute prägen Konzepte wie **E-Business**, **E-Procurement**, **Web-EDI**, **Extranet** oder **elektronische Marktplätze** das Geschehen.

Die Strukturierung der Beschaffung in „konventionell" und elektronisch/virtuell kann mit der bereits diskutierten Differenzierung in autonome und kooperative Beschaffung kombiniert werden (vgl. hierzu Zentes u.a. 2002, S. 24ff.). Dies führt – wie Abbildung 5.34 verdeutlicht – zu einer

[1] Vgl. hierzu auch die Fallstudie ZARA in Abschnitt G. dieses Kapitels.

Vier-Felder-Matrix, in der in die einzelnen Zellen unterschiedliche Beschaffungsprozesse zugeordnet werden können. Diese sind in ihrer Gesamtheit in der Lage, das komplexe Feld von Beschaffungsprozessen weit gehend abzudecken.

Abbildung 5.34: Strukturierung der Beschaffungsprozesse nach den Kriterien autonom/kooperativ und konventionell/elektronisch

	konventionell	elektronisch
autonom		
kooperativ		

Beispielhaft zeigt Abbildung 5.35 Typen elektronischer Marktplätze, die in autonomer oder kooperativer Form genutzt werden können. In Abbildung 5.36 sind ausgewählte Marktplätze (Branchenmarktplätze) in der Konsumgüterwirtschaft dargestellt. Die elektronischen Marktplätze eröffnen Adhoc-Kooperationen bzw. virtuelle Kooperationen von Unternehmen – auch von Großunternehmen – und stellen insofern auch neue Herausforderungen an nationale und supranationale Kartellbehörden dar.

Abbildung 5.35: Typen elektronischer Marktplätze

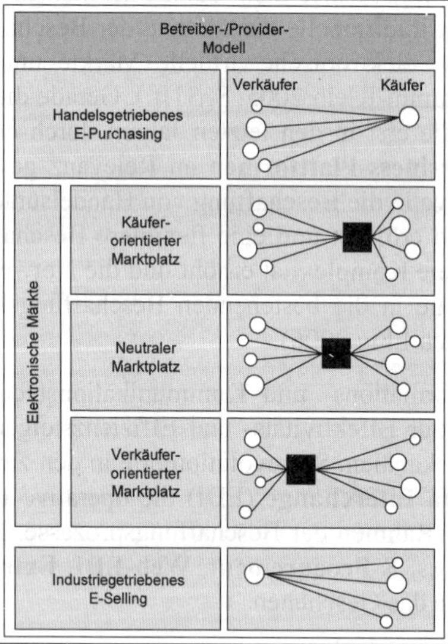

Quelle: in Anlehnung an Eßig 2006, S. 752.

Abbildung 5.36: Ausgewählte Branchenmarktplätze in der Konsumgüterwirtschaft

Marktplatz	beteiligte Partner	hervorgegangen aus
Agentrics	u.a. Ahold USA, Auchan, Carrefour, Casino, Coop Italia, Coop Schweiz, Dansk Supermarked Gruppen, Delhaize Group, El Corte Ingles, KarstadtQuelle, Kingfisher, Manor, Markant, Marks&Spencer, METRO Group, Migros, REWE Group, Sainsbury's, Sears Holdings Corp., Tesco	WNX; WWRE
1 SYNC	u.a. Ace, Albertsons, Associated Food Stores, Johnson & Johnson, Lowe's, McLane, Nash Finch, Office Depot, Pepsico, Procter & Gamble, Supervalu, United Natural Foods, Wal-Mart, Wegmans,	UCCnet; Transora

Quelle: 1SYNC 2007; Agentrics 2007.

III. Situative Cluster der Beschaffungsprozesse

1. Typische Beschaffungssituationen im Handel

Die vielfältigen Beschaffungssituationen im Handel, die – wie bereits erwähnt – durch eine (z.T. extrem) hohe Artikelanzahl und eine hohe (z.T. extrem hohe) Sortimentsdynamik gekennzeichnet sind, lassen sich vereinfacht in insgesamt drei Beschaffungssituations-Cluster einteilen, die sich durch Kombinationen der unabhängigen Dimensionen „absatzmarktorientierte Profilierungsrelevanz" und „Komplexität der Beschaffungssituation" ergeben (siehe Abbildung 5.37) (vgl. hierzu insbesondere Zentes u.a. 2002, S. 490; Zentes/Bartsch 2002, S. 38ff.).

Die **Profilierungsrelevanz** zielt hierbei aus der Perspektive des Category-Managements auf die Bedeutung („Rolle") einer Warengruppe oder Artikelgruppe ab. Vereinfacht kann die Profilierungsrelevanz als „hoch" (z.B. Categories in der „Profilierungsrolle" oder „Haupt-/Pflichtrolle") oder „niedrig" (z.B. Categories in der „Ergänzungsrolle") eingestuft werden. Auf die Profilierungsrelevanz wirkt gleichermaßen die Komplexität der Kundenbedürfnisse, die sich in der Sensibilität hinsichtlich der Qualitätsanforderungen (z.B. Lebensmittelsicherheit), des Produktinvolvements („high interest" vs. „low interest") und der Kontinuität der Bedürfnisse (z.B. Einflüsse von Modetrends und saisonalen Schwankungen) manifestiert.

Die **Komplexität** der Beschaffungssituation, die analog als „hoch" oder „niedrig" eingestuft wird, ist ebenfalls durch unterschiedlichste Einflussgrößen gekennzeichnet. Fragestellungen im Rahmen der Komplexität der Beschaffungssituation betreffen u.a. die Transparenz über mögliche Beschaffungsquellen und die Anzahl der (potenziellen) Lieferanten. Aber auch die geografische Dislozierung der Lieferanten (Inlandsbeschaffung vs. Direktimport) sowie der Konzentrationsgrad und die Leistungsfähigkeit der Lieferanten (Hersteller) sind diesbezüglich von erheblicher Bedeutung.

Abbildung 5.37: Typische Beschaffungssituationen im Handel

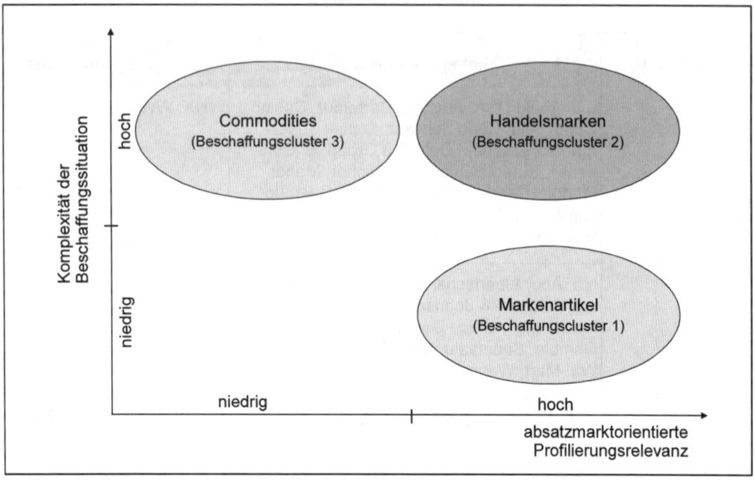

Quelle: Zentes/Bartsch 2002, S. 44.

Aus dieser Sichtweise können drei typische und gleichermaßen empirisch relevante Beschaffungssituationen unterschieden werden, die nachfolgend kurz erläutert werden.

2. Beschaffungscluster 1: Markenartikel

Das Beschaffungscluster 1 ist durch eine hohe Profilierungsrelevanz bei gleichzeitig niedriger beschaffungsmarktbezogener Komplexität charakterisiert. Diese Situation ist typisch für viele Markenartikelbereiche, die zur Herausstellung der **Sortimentskompetenz** des Handels unabdingbar sind, bei denen meist jedoch nur wenige nationale oder internationale Anbieter (Markenartikelhersteller) mit starken Marken – oftmals „**Global Brands**" – als Lieferanten zur Verfügung stehen. Zudem sind dies meist Categories mit hohem Beschaffungsvolumen und hoher Umschlaggeschwindigkeit.

Das Beschaffungscluster 1 weist ein erhebliches Potenzial für (vertikale) Supply-Chain-Management-Partnerschaften auf, da in diesem Cluster die Grundmodelle des ECR-Ansatzes in den neunziger Jahren ansetzten.[1] Dementsprechend bietet dieses Beschaffungscluster heute Ansatzpunkte für weiter gehende („fortgeschrittene") kollaborative Supply-Chain-Prozesse zur Erzielung von Win-Win-Situationen. Konventionelle Formen des elektronischen Datenaustauschs und neuere Internet-gestützte Formen der Zusammenarbeit sind in diesem Fall eine unabdingbare Voraussetzung. Gleichermaßen zeigt sich die hohe Bedeutung IT-gestützter Dispositions- und Planungsprozesse sowie des klassischen Datenaustauschs (EDI) im Bereich der Markenartikel. Hingegen sind elektronische B2B-Marktplätze, Internetge-

---

[1] Vgl. hierzu die Ausführungen in Abschnitt B.II.1. dieses Kapitels.

stützte Preis-/Konditionenverhandlungen sowie virtuelle Kooperationen/Allianzen nur von geringer Bedeutung.

Wenngleich in diesem Cluster der Beschaffungsmarkt nur eine geringe Komplexität aufweist, ist die Beschaffung hier i.d.R. von erheblicher Relevanz (A- und B-Produkte), gemessen am Beschaffungs- und Absatzvolumen, am Rohertrag (Deckungsbeitrag I) usw. Preis- und Konditionenverhandlungen in der **Hersteller-Handels-Interaktion**, sei es auf konventionellem oder elektronischem Wege, werden daher auch in Zukunft nicht an Bedeutung verlieren. Jedoch werden logistische und warenwirtschaftliche Aspekte als neue Verhandlungs- und damit „Konditionenfelder“ hinzukommen. Tendenziell ist anzunehmen, dass in diesem Bereich auch bei fortschreitender Technologisierung der Kommunikationsmöglichkeiten die persönliche Interaktion weiterhin dominieren wird. Das Erreichen von Win-Win-Situationen durch **kollaboratives Supply-Chain-Management** und Category-Management erfordert jedoch Interaktionen zwischen unterschiedlichen funktionalen Akteuren beider Seiten, die weit über die klassische Verkäufer-Einkäufer-Dyade hinausgehen.

3. Beschaffungscluster 2: Handelsmarken

Das Beschaffungscluster 2 weist eine bezüglich beider Dimensionen, also der Komplexität der Beschaffungssituation einerseits und der absatzmarktorientierten Profilierungsrelevanz andererseits, hohe Bedeutung auf. Diese Situation ist bspw. bei Handelsmarken gegeben, bei denen meist eine weit gehende Integration des Handels in die Wertschöpfungskette („**Rückwärtsintegration**“) vorliegt, so hinsichtlich der Produktentwicklung oder des Supply-Chain-Managements.[1] Im Bereich des Lebensmitteleinzelhandels ist zudem der Bereich der Frischware diesem Beschaffungscluster zuzuordnen.

Dieses Beschaffungscluster bietet – so bei Handelsmarken – wesentliche Potenziale zur Effektivitäts- und Effizienzsteigerung durch weit gehende Wertkettenverknüpfung, z.B. in Form einer **kollaborativen Produktentwicklung** oder eines kollaborativen Supply-Chain-Managements. Diese Potenziale gehen auf Grund ihres höheren Integrationsgrades über die Potenziale der ECR-Partnerschaften des Beschaffungsclusters 1 hinaus. Zugleich spielen hier die Dimensionen Qualität, Zuverlässigkeit und Innovationsstärke der Lieferanten bei gleichzeitig hoher Lieferantenkomplexität eine wesentliche Rolle.

Die Bedeutung dieses Beschaffungsclusters im Handel dürfte in den nächsten Jahren wesentlich steigen, da – wie in Abschnitt D.I. des Vierten Kapitels herausgestellt wurde – ein Marktanteilszuwachs von Handelsmarken erwartet wird.

---

[1] Vgl. hierzu auch die Ausführungen zur Eigen- und Kontraktproduktion in Abschnitt D.II.1. dieses Kapitels.

4. Beschaffungscluster 3: Commodities

Im Gegensatz zum Beschaffungscluster 1 ist das Beschaffungscluster 3 durch eine niedrige Profilierungsrelevanz, jedoch hohe Beschaffungskomplexität gekennzeichnet. In den meisten Fällen trifft dies für eine hohe Artikelanzahl mit meist geringer Umsatzbedeutung (**C-Artikel**) zu, für die eine Vielzahl von Lieferanten, die i.d.R. weltweit verstreut sind, existiert. Eine Transparenz hinsichtlich der potenziellen Beschaffungsquellen ist meist nicht gegeben, zudem liegen keine oder allenfalls eine geringe Markenbedeutung (anonyme Produkte oder Labels, keine wirklichen Brands) vor sowie i.d.R. eine geringe Qualitätssensibilität. Diese Situation ist bei den sog. **Commodities** („nicht-markierte Standard-Massenware") gegeben.[1]

Auf Grund der niedrigen Profilierungsrelevanz stellt sich in diesem Beschaffungscluster die Frage eines etwaigen **Outsourcing** der Beschaffung, so durch Einschaltung von Systemlieferanten. Diese übernehmen i.S. klassischer **Rack Jobber** oder **Service-Merchandiser** die operative Beschaffung einer ganzen Category und reduzieren dadurch für ihre Kunden die Beschaffungskomplexität. Als Systemlieferanten kommen hier Hersteller, die ihr eigenes Produktionsprogramm durch Handelsware arrondieren, und Großhandelsunternehmen in Betracht (vgl. Zentes u.a. 2007).[2] Hierbei steht die Reduzierung der Beschaffungskosten in ihrer Gesamtheit, d.h. der Wareneinsatzkosten und der Prozesskosten, als dominantes Ziel im Vordergrund.

Lekkerland als Service-Merchandiser

Als Spezialist für Full-Service-Konzepte beliefert der auf Convenience-Produkte spezialisierte Großhändler Lekkerland mit Kiosken, Tankstellen-Shops, Kantinen, Bäckereien, Tabak- und Süßwarenfachgeschäften, Getränkefachmärkten sowie Lebensmitteleinzelhandelsgeschäften das gesamte Spektrum der Absatzkanäle im Convenience-Markt. Mithilfe einer ausgefeilten Feindistribution versorgt das Unternehmen Kunden, die in Bezug auf Größe, Standort, Positionierung und Organisationsgrad höchst unterschiedlich aufgestellt sind.

Neben einem breiten Angebot an Produkten und Beratungsleistungen hat Lekkerland vollständige Vertriebskonzepte entwickelt, die Sortimente, Beratung und Umsetzung unmittelbar bündeln. Diese Systemangebote beinhalten nicht nur ein speziell abgestimmtes Warensortiment, sondern stellen zusätzlich die notwendige Präsentations-, Promotions- und Betriebsausrüstung zur Verfügung. Für die Vertriebskonzepte übernimmt Lekkerland vollständig die Sortimentsgestaltung und -pflege, indem den Kunden jeweils zu integrierende oder zu streichende Artikel vorgeschlagen werden.

Diese speziellen Vertriebskonzepte bietet Lekkerland prinzipiell sowohl den System- als auch den Regionalkunden an. Bei großen Kunden werden jedoch die Full-Service-Konzepte zudem kontinuierlich weiter entwickelt, indem Lekkerland sich als Komplett-Dienstleister für ganze Abteilungen etabliert. So kann bspw. die Betreuung von Lebensmittel- oder Süßwarenabteilungen in

---

[1] In gleicher Weise gilt dies für indirekte Güter (MRO-Güter), d.h. Güter aus den Bereichen Instandhaltung (Maintenance), Reparatur (Repair) und den operativen Prozessen (Operating), auf die hier nicht näher eingegangen wird.

[2] Vgl. hierzu auch die Ausführungen zu den strategischen Ausrichtungen von Großhandelsunternehmen in Abschnitt B.VI. des Zweiten Kapitels.

Warenhäusern übernommen werden, wie dies bei Karstadt Kompakt (heute: Hertie) der Fall ist. Diese Übernahme von Konzeptverantwortung sowohl bei regionalen als auch bei national oder international organisierten Kunden bietet Lekkerland die Möglichkeit, durch aktive Mitarbeit im Category-Management die Effizienz der Supply-Chain und zudem die Kundenbindung wesentlich zu steigern, sodass das Unternehmen das Angebot an Full-Service-Konzepten auch zukünftig stetig auszuweiten plant.

Quelle: Lekkerland 2006.

Gegenwärtig steht dieses Beschaffungscluster bei vielen Handelsunternehmen im Mittelpunkt einer Neuorientierung der Beschaffung, da hier i.S. einer ganzheitlichen Perspektive die größten Effizienz- und Effektivitätssteigerungspotenziale gesehen werden.

IV. Gestaltung der Lieferantenbeziehungen

1. Supplier-Relationship-Management

Neben den Fragen des **Customer-Relationship-Managements** (CRM) oder des Customer-Relationship-Marketing rücken in neuerer Zeit zunehmend Fragen des beschaffungsmarktbezogenen Beziehungsmanagements, so das **Supplier-Relationship-Management** (SRM), in das Zentrum der wissenschaftlichen Forschung und der (handels-)betrieblichen Praxis (vgl. hierzu Stölzle 2000; Stölzle/Heusler 2003; Schramm-Klein 2004a; Bartsch 2004; 2005).[1] Neben das absatzmarktbezogene Management der **Key Accounts** tritt das beschaffungsmarktbezogene Management der Key-Supplier (**Key-Supplier-Management**). Ein „Schlüssellieferant" ist dabei ein Lieferant, „bei dem ein Unternehmen wichtige Güter und Dienstleistungen bezieht und mit dem eine enge Zusammenarbeit besteht" (Belz/Mühlmeyer 2001, S. 9).[2]

Supplier-Relationship-Management ist Ausdruck eines Wandels von **transaktionalen Austauschformen** zu **relationalen Austauschformen**. Während transaktionale (diskrete) Austauschformen in Reinform dadurch charakterisiert sind, dass die Parteien nur für eine einzige Transaktion in Kontakt treten und weder vorher noch nachher weiteren Kontakt haben, sind relationale Austauschformen langfristig ausgerichtet und wesentlich komplexer. Sie sind dadurch gekennzeichnet, dass die einzelnen Transaktionen ineinander übergehen; die Beziehungen zwischen den Partnern sind prinzipiell zeitlich nicht begrenzt.

Der Bedeutungsanstieg des Supplier-Relationship-Managements hat mehrere Bestimmungsgründe. So haben sich im Zuge der bereits erwähnten „total cost-Orientierung" in der Konsumgüterwirtschaft Supply-Side- und Demand Side-orientierte Wertschöpfungspartnerschaften herausgebildet, die den beiderseitigen Nutzen unternehmensübergreifender Konzepte belegen. Darüber

[1] Die Tendenz in Richtung eines beschaffungsmarktbezogenen Beziehungsmanagements ist eine Entwicklungsstufe des sog. Beschaffungsmarketing, die parallel zu den Entwicklungslinien des Absatzmarketing verläuft; vgl. hierzu Zentes 2005b, S. 313.

[2] Vgl. in diesem Kontext auch die Ausführungen in Abschnitt B.V.2. des Zweiten Kapitels.

hinaus, teilweise damit im Zusammenhang stehend, hat die aufgezeigte Neuorientierung der Beschaffung im Handel die Zweckmäßigkeit einer situativ differenzierten Betrachtung der Beschaffungs- und somit der Lieferantengegebenheiten verdeutlicht. So lassen sich Beschaffungssituationen unterscheiden, bei denen weltweit eine Vielzahl von potenziellen Lieferanten zur Verfügung steht und in denen die Beschaffungstransaktionen den Charakter von „**Spot-Transaktionen**" tragen: Preis- und Konditionenverhandlungen dominieren diese Beschaffungssituation. Andererseits bestehen **relationale Beschaffungssituationen**, die durch langfristig stabile und partnerschaftliche Merkmale charakterisiert sind, so im Bereich der Markenartikellieferanten oder der Lieferanten von Handelsmarken. Hier dominieren Ansätze zur kollaborativen Reduzierung von Prozesskosten oder zur Ausschöpfung von Effektivitätssteigerungspotenzialen durch kooperative Formen des Category-Managements.

Abbildung 5.38: Klassische Verkäufer-Käufer-Interaktionen

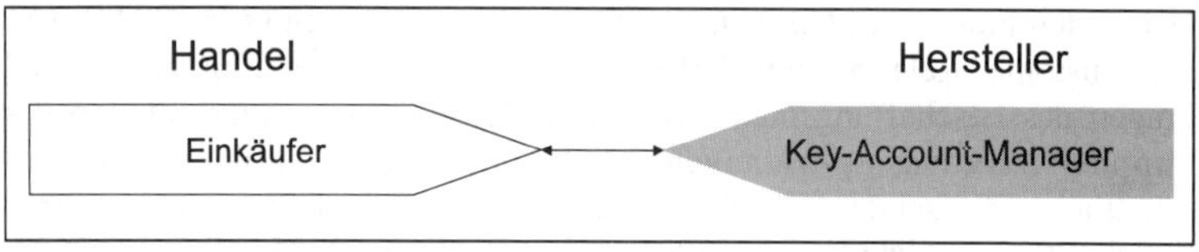

Die herausgestellte Unterschiedlichkeit der Beschaffungssituationen führt nicht nur zu divergierenden Prozessen, so Beschaffungsprozessen auf konventionellem Wege, auf der Basis moderner Formen des Datenaustauschs oder gar auf der Basis elektronischer (virtueller) Marktplätze, sondern auch zu unterschiedlichen Interaktionsmustern zwischen Lieferanten (Herstellern) und Handelsunternehmen.

Abbildung 5.39: Multipersonale Interaktionen zwischen Handel und Hersteller

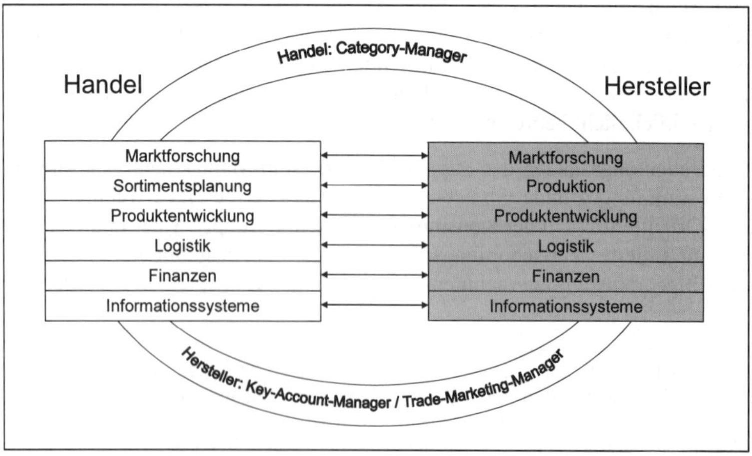

Neben klassische Formen der Verkäufer-Käufer-Interaktion (siehe Abbildung 5.38) treten **multipersonale Interaktionen** (siehe Abbildung 5.39) unter der Moderation der Key-Account-Manager oder Trade-Marketing-Manager auf der Seite der Hersteller und der Category-Manager auf der Seite des Handels (Baumgarten u.a. 1998, S. 200ff.).

2. Lieferantenanalyse und Lieferantenauswahl

Mit Blick auf transaktionale und insbesondere relationale Austauschformen ist die Frage der Lieferantenauswahl von herausragender Bedeutung. In relationalen Formen spielt darüber hinaus die **Lieferantenentwicklung** eine wichtige Rolle, so zur Erzielung einer Gesamtsystemeffizienz (Zentes/Knörr 2004, S. 195f.). Die Lieferantenanalyse und Lieferantenbewertung (**Lieferantenevaluation**) ist dabei ein wichtiges (Controlling-)Instrument. Hierauf wird in Abschnitt F.III. dieses Kapitels dieses Kapitels eingegangen, da zu dem Verständnis der Wirkungsweise eines modernen **Supplier-Performance-Measurements** die Funktionsweise rechnergestützter Warenwirtschaftssysteme bekannt sein muss, die nachfolgend behandelt wird.

Von Interesse ist in diesem Kontext auch die Differenzierung unterschiedlicher Entscheidungssituationen der Lieferantenanalyse (siehe Abbildung 5.40).

Abbildung 5.40: Entscheidungssituationen der Lieferantenanalyse

Produkt \ Lieferant	alt	neu
alt	I Routine- beschaffung	II Lieferanten- wechsel
neu	III Sortiments- wechsel	IV Neuprodukt- einführung

Quelle: Arnold 1997, S. 176.

Sind sowohl das zu beschaffende Produkt als auch der Lieferant bekannt, bestehen also bereits Geschäftsbeziehungen zu Lieferanten, besteht die Beurteilung eher in einer kontinuierlichen Überwachung (Monitoring) der Leistungsfähigkeit derselben. Steht für ein bereits im Sortiment befindliches Produkt ein Wechsel des Lieferanten zur Disposition, steigen grundsätzlich der Informationsbedarf und somit die Notwendigkeit der Analyse der Leistungsfähigkeit der zur Verfügung stehenden Alternativen an. Jedoch kann in einer solchen Situation auf die Leistungsdaten des/der bisherigen Lieferanten als Vergleichsbasis zurückgegriffen werden, was die Entscheidung letztlich zu einer Auswahl anhand von **Benchmarkkriterien** eines vorgegebenen Kriterienkataloges werden lässt und damit wesentlich vereinfacht.

Etwas komplexer stellt sich die Entscheidungssituation im Falle eines bekannten Lieferanten in Bezug auf ein bisher unbekanntes bzw. noch nicht im Sortiment befindliches Produkt dar. Die Problematik in dieser Situation besteht darin, dass man zwar den Lieferanten und seine allgemeinen Leistungsmerkmale kennt, diese jedoch nicht ohne weiteres auf die neue Liefersituation bzw. das neue Produkt übertragen kann. Hier muss zumindest eine Anpassung der Bewertungskriterien vorgenommen und im Extremfall ein gänzlich neues, auf das jeweilige Produkt zugeschnittenes Bewertungsverfahren entwickelt werden. Am schwierigsten gestaltet sich die Lieferantenbeurteilung in der Situation, in der weder über den Lieferanten noch in Bezug auf das Produkt auf vorhandene Erfahrungswerte zurückgegriffen werden kann. Hier muss die Lieferantenbeurteilung das Potenzial der zur Verfügung stehenden Bezugsalternativen auf die Erfüllung der Anforderungen hin überprüfen.

E. Warenwirtschaftliche Informationsprozesse

I. Begriffliche Abgrenzungen

Zur Steuerung der Warenströme und der Finanzströme und zugleich zur Ableitung von Steuerungs- bzw. Koordinationsinformationen für Marketing- und Controllingaufgaben, so in den Bereichen Category-Management oder Wirkungscontrolling, haben im Handel die Warenwirtschaftssysteme (WWS) eine herausragende Bedeutung.[1]

Im Kontext der Diskussion von Warenwirtschaftssystemen werden oftmals die Begriffe der **Handelsinformationssysteme** sowie der **Enterprise-Resource-Planning-Systeme** diskutiert, die jedoch mit Warenwirtschaftssystemen nicht gleichgesetzt werden können. Bei beiden handelt es sich um weiter gefasste IT-System-Konzepte, die im Kontext von Handelsunternehmen in enger Verbindung mit den Warenwirtschaftssystemen stehen.

Die Handelsinformationssysteme beziehen sich auf den Bereich der **Informationslogistik** von Handelsunternehmen. Sie sind insofern gegenüber den Warenwirtschaftssystemen weiter gefasst, als sie nicht nur die Informationssysteme beinhalten, die mit den physischen Warenströmen in engem Kontext stehen, sondern sie beziehen sich auf alle Informationssysteme eines Handelsunternehmens (Becker/Schütte 2004). Auch Enterprise-Resource-Planning-Systeme (**ERP-Systeme**) sind den Warenwirtschaftssystemen übergeordnete Systeme. Hierbei handelt es sich um integrierte Anwendungssysteme, bei denen der Anspruch darin liegt, möglichst alle betriebswirtschaftlichen Aufgaben eines Unternehmens in einem System zusammenzufassen. ERP-Systeme sind i.d.R. zunächst branchenübergreifend konzipiert und können anhand umfangreicher Customizing-Möglichkeiten auf die Bedürfnisse der jeweiligen Branchen bzw. Unternehmen zugeschnitten

[1] Vgl. hierzu in umfassender Form Hertel/Zentes/Schramm-Klein 2005, S. 219ff. und die dort angegebene Literatur.

werden. Bei ERP-Systemen für den Handel handelt es sich um universelle betriebliche Standardsoftware-Systeme, die durch die Integration von handelsspezifischen Funktionalitäten als spezifische Branchenlösungen auf den Handel ausgerichtet werden (Schütte/Vering 2004). Auf Grund der Ausrichtung auf im Grundsatz alle Aufgabenbereiche eines Unternehmens handelt es sich bei den ERP-Systemen um gegenüber den Warenwirtschaftssystemen umfassendere IT-Systeme. Sie werden zumeist in die Komponenten „Human-Resource", „Finance" und „Logistics" unterteilt. Der Begriff der ERP-Systeme bezieht sich also in übergeordneter Form auf Systeme, die prinzipiell für alle Branchen denkbar sind. Warenwirtschaftssysteme sind oftmals Bestandteile solcher ERP-Systeme für den Handel. In der dargestellten Systematik beziehen sie sich auf den Teilbereich „Logistics" in Handelsunternehmen.

Im Folgenden wird die Funktionsweise von Warenwirtschaftssystemen skizziert. Zugleich werden Fragen der Informationslogistik und Einsatzmöglichkeiten von Managementunterstützungssystemen im Handel diskutiert.

II. Teilprozessmodelle von Warenwirtschaftssystemen

Warenwirtschaftssysteme können – wie bereits erwähnt – als Modelle der Kerngeschäftsprozesse von Handelsunternehmen interpretiert werden. Sie bestehen aus vier Ebenen bzw. Teilprozessmodellen (vgl. Hertel 1999, S. 4ff.):

1. **Warenprozessmodell**: Auf der untersten Ebene stellt das Warenwirtschaftssystem ein Modell der Warenprozesse, also der physischen Warenflüsse, dar. Die Warenprozesse wie z.B. Entladen, Einlagern, Kommissionieren, Transport usw. werden dabei in einem IT-System abgebildet. Es wird dabei implizit davon ausgegangen, dass der IT-Einsatz ein unverzichtbarer Bestandteil eines WWS ist. Dies ist grundsätzlich nicht erforderlich, denn eine solche Abbildung des physischen Warenflusses könnte prinzipiell ebenso auch auf Karteikarten oder in sonstiger Weise erfolgen. Allerdings lassen die Mengenvolumina der Warenflüsse für die meisten Handelsbetriebe eine effiziente Modellierung nur in Form eines entsprechenden IT-Systems zu.

2. **Dispositionsprozessmodell**: Bei dem Dispositionsprozessmodell als zweiter Ebene des WWS handelt es sich um ein Modell der Prozesse eines Handelsunternehmens, die nicht direkt auf die Ware bezogen sind, die aber durch Warenprozesse ausgelöst werden bzw. die ihrerseits Warenprozesse auslösen, z.B. Warenbestellung, Auftragseingang, Rechnungseingang, Rechnungsprüfung, Rechnungsschreibung, Lieferscheinschreibung, Inventur usw.

3. **Abrechnungsprozessmodell**: Das Abrechnungsprozessmodell stellt die dritte Ebene eines WWS dar und bildet unter Verwendung von Einkaufs- und Verkaufspreisen und -konditionen die Vorgänge des Warenprozessmodells und des Dispositionsprozessmodells wertmäßig ab. Zum Beispiel werden die warenwirtschaftlichen Elementarfunktionen Warenein-

gang und Warenausgang als Belastung und Entlastung von Leistungsstellen abgebildet.

4. **Informations- und Planungsprozessebene**: Auf der vierten Ebene der WWS werden alle Informationen über sämtliche Waren-, Dispositions- und Abrechnungsprozesse gesammelt und den Steuerungs-, Kontroll-, Optimierungs- und Planungsprozessen dieser Ebene zur Verfügung gestellt. Die Informations- und Planungsprozessebene des WWS dient der Steuerung, Kontrolle und Optimierung der Sortimente, Preise, Bestände und aller damit in Verbindung stehenden Waren-, Dispositions- und Abrechnungsprozesse des Modells.

Abbildung 5.41: Aufbau der Warenwirtschaftssysteme im Handel

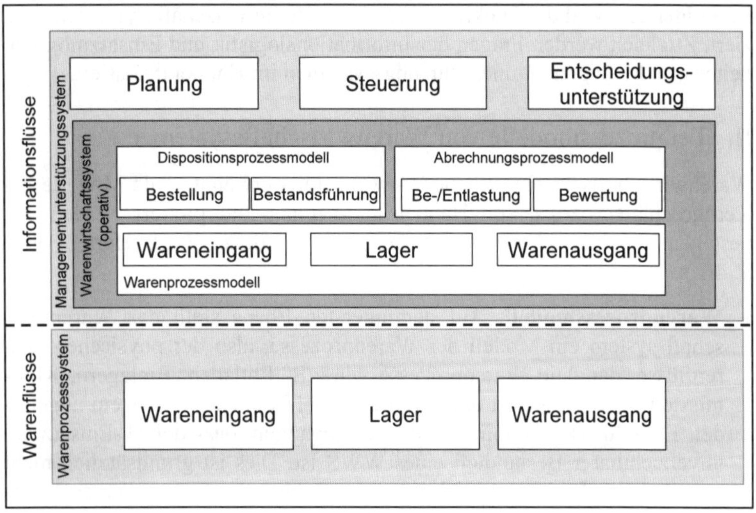

Quelle: in Anlehnung an Hertel 1999, S. 6.

III. Arten von Warenwirtschaftssystemen

1. Offene und geschlossene Warenwirtschaftssysteme

Anhand der Informationsbasis, die im Rahmen der Warenwirtschaftssysteme erfasst wird, kann man die Warenwirtschaftssysteme in offene und geschlossene Warenwirtschaftssysteme unterscheiden. In offenen Warenwirtschaftssystemen erfolgt lediglich die Erfassung entweder der Wareneingangsdaten oder der Warenausgangsdaten. In geschlossenen Warenwirtschaftssystemen hingegen liegt die Zielsetzung darin, den gesamten Warenfluss zu erfassen. Es werden somit alle Phasen des Warenflusses von der Disposition bis zum Warenausgang abgedeckt (siehe Abbildung 5.42). Die Erfassung wird sowohl mengen- und wertmäßig als auch artikelgenau, d.h. nach Bewegungs- bzw. Bestandspositionen differenziert, durchgeführt (Feldbauer-Durstmüller 2001, S. 82). Die Abbildung der Warenprozesse erfolgt dabei möglichst unverzüglich, also besonders zeitnah. Insbesondere bei automatischen Erfassungsprozessen ist dabei auch eine „real-time" Umsetzung der Warenbewegungen im Warenwirtschaftssystem realisierbar.

Abbildung 5.42: Kreislauf eines geschlossenen Warenwirtschaftssystems

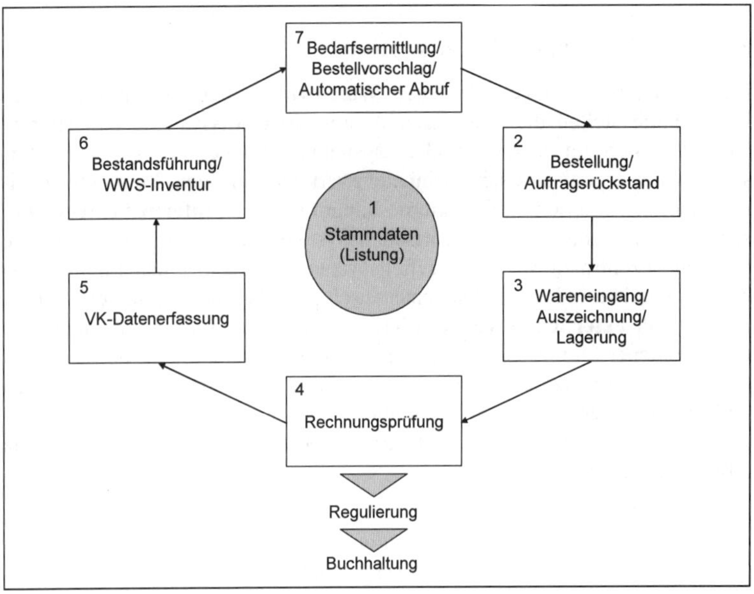

Quelle: West 1985, S. 132.

Während in offenen Warenwirtschaftssystemen die Fortschreibung der Wareneingänge bzw. Warenausgänge im Rahmen des Warenwirtschaftssystems erforderlich ist, liegt der Anspruch geschlossener Warenwirtschaftssysteme darin, nicht nur die artikelgenaue Warenein- bzw. Warenausgangserfassung, sondern auch eine **artikelgenaue Bestandsführung** zu realisieren. Dies erfordert z.B. auch die Erfassung von Bruch, Verderb, Inventurdifferenzen u.Ä. Damit ist ein zusätzlicher konzeptioneller, organisatorischer und personeller Aufwand verbunden.

Werden in einem Warenwirtschaftssystem nicht nur die warenwirtschaftlichen Prozesse einer Ebene (der Handelskette), sondern auch die Warenprozesse, dispositiven Prozesse, Abrechnungsprozesse sowie Informations- und Planungsprozesse über mehrere Handelsstufen hinweg modelliert, so spricht man von **mehrstufigen Warenwirtschaftssystemen**. Dies bedeutet, dass sowohl die Großhandels- als auch die Einzelhandelsebene einschließlich ihrer Wechselwirkungen in dem Warenwirtschaftssystem abgebildet werden. Im Rahmen von mehrstufigen Warenwirtschaftssystemen ist es dadurch möglich, die warenwirtschaftlichen Anforderungen großer Handelsunternehmen sowohl auf der Zentralseite als auch auf der der Regional- oder Filialseite zu realisieren.

Eine weitere Differenzierungsebene von Warenwirtschaftssystemen liegt in der Unterscheidung zwischen zentralen und dezentralen Warenwirtschaftssystemen. **Zentrale Warenwirtschaftssysteme** sind Systeme, die in der Zentrale von Handelsunternehmen angesiedelt sind, während es sich bei den **dezentralen Warenwirtschaftssystemen** um Systeme der angeschlossenen Filialen des Handelsunternehmens handelt.

2. Integrierte Warenwirtschaftssysteme

Eine gegenüber den geschlossenen Warenwirtschaftssystemen weiter gehende Stufe stellen die integrierten Warenwirtschaftssysteme dar. Hierbei handelt es sich um Warenwirtschaftssysteme, bei denen die Systeme unterschiedlicher organisatorischer Einheiten verknüpft werden. Man unterscheidet dabei die interne und die externe Integration. Von **interner Integration** spricht man, wenn die Warenwirtschaftssysteme der Unternehmenszentrale mit den dezentralen Warenwirtschaftssystemen der einzelnen Filialen verbunden werden, indem ein Datenaustausch zwischen den Systemen stattfindet. Bei der **externen Integration** erfolgt eine Integration der Systeme unterschiedlicher Supply-Chain-Partner, indem die Systeme z.B. der Lieferanten, der Finanzdienstleister oder von Marktforschungsinstituten eingebunden werden, um einen möglichst lückenlosen Datenfluss vom Lieferanten bis zum Kunden zu realisieren (Zentes 1985; Ahlert 1997) (siehe Abbildung 5.43).

Abbildung 5.43: Informatorische Schnittstellen von Handelsinformationssystemen

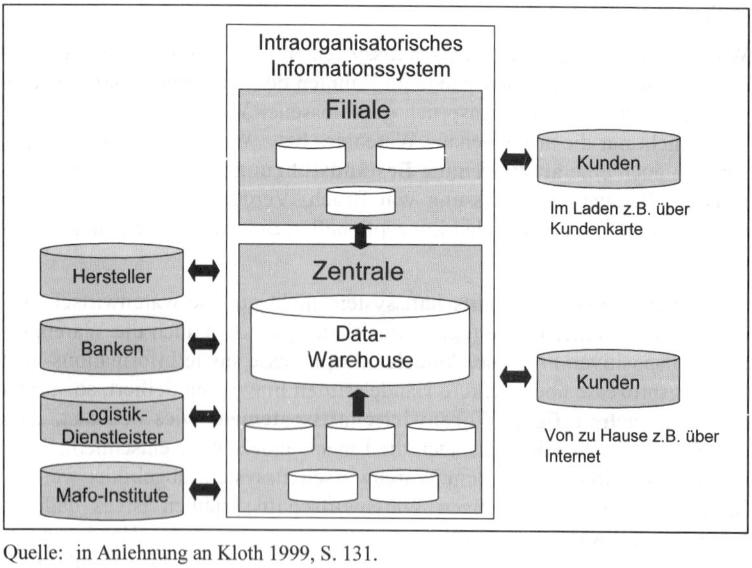

Quelle: in Anlehnung an Kloth 1999, S. 131.

Führt man die unterschiedlichen Differenzierungsebenen zusammen, so kann man im Wesentlichen vier Formen von Warenwirtschaftssystemen in Handelsunternehmen unterscheiden (siehe Abbildung 5.44; Grünblatt 2004, S. 68ff.; Olbrich 1992, S. 50ff.).

Abbildung 5.44: Formen von Warenwirtschaftssystemen in Handelsunternehmen

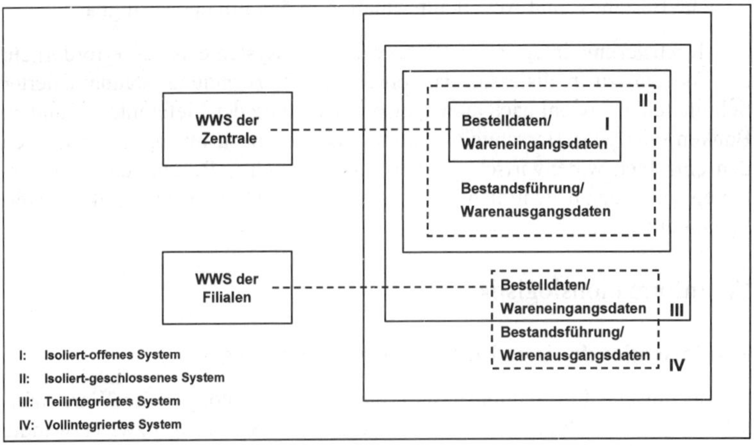

Quelle: in Anlehnung an Olbrich 1992, S. 54.

1. **Isoliert-offene Warenwirtschaftssysteme**: Im Rahmen von isoliert-offenen Warenwirtschaftssystemen werden auf der Ebene der Systemzentrale nur die Bestelldaten bzw. die Daten des zentralen Wareneingangs erfasst. In solchen Systemen ist anhand der Bestelldaten der Filialen bei der Zentrale zunächst kein Rückschluss auf den tatsächlichen Absatz bzw. Umsatz der einzelnen Filialen möglich. Dieser kann anhand der verfügbaren Informationen lediglich indirekt bzw. zeitverzögert ermittelt werden.

2. **Isoliert-geschlossene Warenwirtschaftssysteme**: In isoliert-geschlossenen Warenwirtschaftssystemen werden neben den Bestell- und Wareneingangsdaten auch die Daten des zentralen Warenausgangs an die Filialen erfasst. Dabei ist allerdings keine Verknüpfung mit den Bestell- und v.a. den Bestandsdaten der Filialen gegeben, sodass auch hier lediglich eine indirekte bzw. zeitverzögerte Ermittlung der Warenausgangssituation der Filialen möglich ist.

3. **Teilintegrierte Warenwirtschaftssysteme**: In teilintegrierten Warenwirtschaftssystemen erfolgt eine Verknüpfung der zentralen Warenwirtschaftssysteme und der Bestell- bzw. Wareneingangsdaten der dezentralen Filialsysteme. Informationsdefizite bestehen bei den teilintegrierten Warenwirtschaftssystemen wiederum hinsichtlich der tatsächlichen Abverkaufssituation in den Filialen. Jedoch ermöglicht die Teilintegration

eine verbesserte Steuerung der Warenversorgung der Filialen und eine verbesserte Prognose der Bestellungen der Filialen.

4. **Vollintegrierte Warenwirtschaftssysteme**: In voll integrierten Warenwirtschaftssystemen werden in den zentralen sowie den dezentralen Warenwirtschaftssystemen sowohl die Wareneingangs- als auch die Warenausgangsinformationen erfasst und zwischen den Systemen verknüpft. Dadurch sind in den zentralen Systemen Informationen über die tatsächliche Bestands- und Abverkaufssituation in den Filialen verfügbar.

Zur Realisierung integrierter Warenwirtschaftssysteme ist es erforderlich, ein System zu realisieren, das durch die Verwendung standardisierter Schnittstellen sowohl nach außen, also in Richtung der Lieferanten, Kunden, Banken oder Marktforschungsinstitute, als auch nach innen, also zwischen den einzelnen warenwirtschaftlichen Subsystemen (z.B. den zentralen Systemen sowie den dezentralen Filialsystemen), eine hohe Kommunikationsfähigkeit aufweist.

IV. Informationslogistik

1. Informationsbasis und Informationsverdichtung

Die technische Informationsbasis („enabling technology") der Warenwirtschaftssysteme bildet auf der Verkaufsseite das **Scanning** bzw. verwandte Verfahren. Sie dienen der Gewinnung der erforderlichen Informationen über die Warenströme, i.e.S. über die Abverkaufsdaten. Analogerweise bilden Wareneingangsdaten – auf Zentrallager- und/oder Filialebene – eine weitere Grundlage. Letztlich können somit alle Warenbewegungen erfasst werden, die mengen- und wertmäßig im Grenzfall pro Artikel und Tag für weitere Analysen zur Verfügung stehen. Als „Zentralarchive" (Kloth 1999, S. 138ff.) bilden **Datenbanken** die Basis der Informationsversorgung bzw. Informationslogistik der organisatorischen Einheiten. Diese Daten bilden die Grundlage der **Entscheidungsunterstützungssysteme** oder **Managementunterstützungssysteme** (MUS). Im einfachsten Fall werden alle Informationen direkt und damit ohne jede Verdichtung in einer Datenbank gespeichert. Solche Datenbanken werden auch als **Data-Warehouse** bezeichnet:

> *Unter einem Data-Warehouse versteht man ein Datenbanksystem, das in der Lage ist, themenorientiert, also strukturiert nach Themenbereichen, Prozessen oder Managementsichten, integriert, also mehrere Unternehmenseinheiten verknüpfend, zeitbezogen, also anhand einer Speicherung nach spezifischen, festen Zeitpunkten, und dauerhaft, also langfristig, die zur Entscheidungsunterstützung notwendigen bzw. relevanten Daten zu sammeln, zu selektieren und ggf. zu verdichten (Inmon 1996; Holten/Rotthowe/Schütte 2001).*

In ein Data-Warehouse können weitere Daten eingespeist werden, so externe Daten von Herstellern, Marktforschungsinstituten, Logistik-Dienstleistern u.Ä., die zur Realisierung einer umfassenden Informationsbasis als Grundlage des Supply-Chain-Managements erforderlich sind. Die Verdichtung der Daten zur Entscheidungsunterstützung auf den unterschiedlichen Ebenen bzw. in den unterschiedlichen organisatorischen Einheiten ist i.d.R. unverzichtbar, fraglich ist nur der Grad der Verdichtung (siehe Abbildung 5.45).

Abbildung 5.45: Aufbau der handelsbetrieblichen Informationslogistik

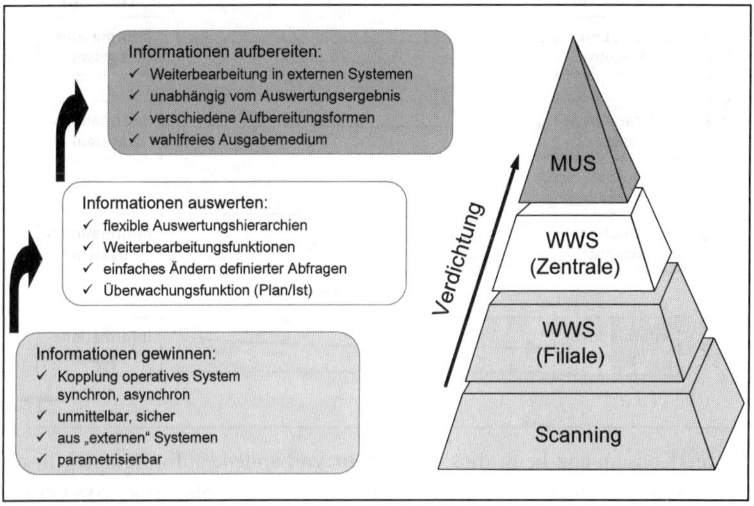

Quelle: in Anlehnung an Hertel 1998, S. 509.

Dieser **Verdichtungsgrad** ist von mehreren Faktoren abhängig, so z.B. von

- den Unternehmenszielen,
- der Strategie im Bereich der Informationssysteme,
- dem Informationsbedürfnis,
- den Kosten,
- den informationstechnischen Rahmenbedingungen,
- den Sortimenten und
- den Mengengerüsten.

2. Informationsmarktplätze zur Supply-Chain-Steuerung

Der Informationsaustausch zwischen Handel und Industrie wird in den nächsten Jahren zum einen weiter zunehmen und zum anderen für die Steuerung der Supply-Chain eine neue Qualität und Bedeutung erhalten. Unterstützt wird diese Entwicklung v.a. durch neue Möglichkeiten des Informationsaustausches über das Internet. Grundsätzlich hat das Internet gegenüber der heute in zunehmendem Maße noch eingesetzten konventionellen **EDI-Technologie** den Vorteil, dass eine solche Technologie nicht nur das „Durchdrücken" von Informationen vom Sender zum Empfänger erlaubt (Push-Information), sondern dass es auch ein „Abholen" von Informationen seitens des Empfängers aus dem System des Senders ermöglicht, ohne dass dieser überhaupt als Initiator eines Informationsflusses auftreten muss (**Push- und Pull-Information**) (siehe Abbildung 5.46).

Abbildung 5.46: EDI-basierte Kommunikation und Internet-basierte Kommunikation

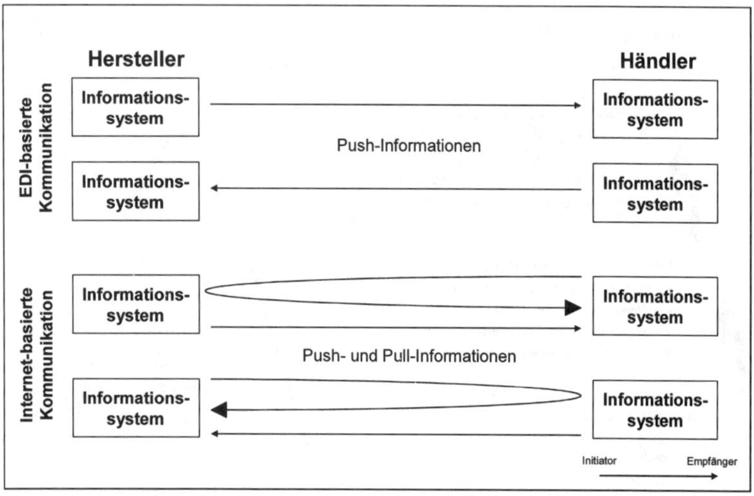

In der Konsequenz heißt dies, dass mehr vorhandene Informationen in einem System genutzt werden, weil sie für die richtigen Stellen im System zugänglich werden. Somit steigt der Informationsstand jedes einzelnen Teils des Systems und somit des Gesamtsystems. Diese Informationen und deren Kombination erzeugen an den verwendenden Stellen wiederum neue (qualitativ hochwertigere, da auf einer umfassenderen Basis basierende) Informationen, die wiederum von vielen Interessenten durch Abruf genutzt werden können. Es entsteht ein **Informations-Leverage-Effekt**.

Die Frage, die im Zusammenhang mit der Implementierung einer entsprechenden Informationsinfrastruktur auf Internet-Basis entsteht, ist die nach dem Zentralisationsgrad der Datenhaltung. Einerseits besteht hier die Möglichkeit, die Systeme von Handel und Herstellern über entsprechende **Internet-Portale** zu vernetzen und dadurch gegenseitig auf dezentral gehaltene Datenbestände zugreifen zu können. Andererseits kann es für bestimmte Fragestellungen gerade im Bereich des Supply-Chain-Managements sinnvoll sein, bestimmte Daten zentral zu bündeln (**virtueller Informationsmarktplatz**) und dadurch zum einen die Konsistenz der vorhandenen Informationen zu sichern – was gerade für Prognose- und logistische Planungsprozesse wichtig ist – und zum anderen, über eine Integration entsprechender Vereinbarungen, Standard-Geschäftsprozesse auf der Basis dieses zentralen Datenpools zu schaffen.

Bei vernetzten Systemen können oft zwar Daten aus anderen Systemen eingesehen und evtl. auch dort bearbeitet bzw. analysiert werden, es kommt bei der Übertragung dieser Daten und der Verknüpfung von Daten aus anderen Quellen jedoch oft zu Kompatibilitätsproblemen. Diese Problematik umgehen die Informationsmarktplätze, indem dort Daten nicht nur eingesehen werden können, sondern über diese **Plattformen** auch Tools zur Verarbeitung der Daten zur Verfügung gestellt werden, mit denen auch Daten aus unterschiedlichen Sektoren des Marktplatzes problemlos miteinander verknüpft werden können.

Grundsätzlich hängt die Wahl zwischen der Nutzung eines vernetzten Systems bzw. eines zentralen Systems von den Anforderungen ab, die aus den jeweiligen Aufgabenstellungen resultieren. Vor dem Hintergrund, dass es gerade im Bereich des Supply-Chain-Managements sinnvoll ist, eine Vielzahl von Händlern und Herstellern zusammenzuführen, um die größtmöglichen Kostendegressionseffekte zu erzielen und der Datenaustausch im Supply-Chain-Management aus leicht standardisierbaren, repetitiven Prozessen abgeleitet wird, stellt die Implementierung einer zentralen Datenplattform, auf die alle beteiligten Partner Zugriff haben, die vorteilhaftere Lösung i.S. der Gesamtsystemeffizienz dar. Dies gilt umso mehr, als gerade die Qualität der Planungs- und Prognoseprozesse entscheidend davon abhängt, dass alle Partner auf der Basis der gleichen, konsistenten Daten planen, um zu kompatiblen Teilplanungsergebnissen zu gelangen. In eine solche Plattform können neben Händlern und Herstellern auch eine Vielzahl von weiteren Supply-Chain-Partnern integriert werden, um das reibungslose Funktionieren von Supply-Chain-Prozessen sicherzustellen und darüber hinaus eine Erweiterung der Datenbasis zu erreichen (siehe auch Abbildung 5.12).

Funktionalitäten eines solchen Systems können dann bspw. die folgenden Komponenten umfassen, wobei es sich hierbei um keine umfassende Auflistung handelt, sondern um eine, welche die umfassenden und komplexen Möglichkeiten verdeutlichen soll:

- Demand-Planning
- Durchführung von Bestellungen
- Schaffung von Transparenz der Herstellerkapazitäten zu einem bestimmten Zeitpunkt
- Organisation der Warenrückflüsse vom Handel, entweder zum Hersteller oder zur Entsorgung oder zu anderen Handelsfilialen
- Rückfluss von Überbeständen des Handels zu den Herstellern.

Datenplattform 1SYNC

Trotz verschiedener Probleme hinsichtlich der Interoperabilität einzelner Datenpools forciert eine Vielzahl an Handelsunternehmen und Konsumgüterherstellern die Integration und Synchronisation von Artikelstammdaten über eine Datenplattform wie 1SYNC. Die Non-Profit-Initiative 1SYNC der amerikanischen Standardisierungskommission GS1 US ist aus einer Verschmelzung der beiden Datapool-Services UCCnet und Transora hervorgegangen und repräsentiert mehr als 4.000 Unternehmen aus Industrie und Handel in den Bereichen Lebensmittel, Automobile, Entertainment, Non-Food, Gesundheits- sowie Büroprodukte. Ziel der Initiative ist die globale Datensynchronisation zwischen den Wertschöpfungspartnern. Die Plattform bietet dazu eine Vielzahl an Services, so die Unterstützung mehrerer Sprachen und Anbindungsoptionen zur Bereitstellung der Daten. Die Integration weiterer Datenplattformen erfolgt weltweit über das „Global Data Synchronisation Network" (GDSN). Handelsunternehmen wie Wal-Mart, Ahold, Tesco, METRO und Carrefour sowie Hersteller wie Unilever, Nestlé, Kraft oder Procter & Gamble unterstützen den weiteren Ausbau solcher zentralen Datenplattformen. Wal-Mart treibt bereits seit mehreren Jahren die Integration möglichst vieler Lieferanten und Wertschöpfungspartner in das globale Netz zum Stammdatenaustausch voran. So forderte Wal-Mart jüngst seine Lieferanten auf, bis zum Beginn des Jahres 2007 ihre Daten über 1SYNC bzw. einen GDSN-zertifizierten Datenpool bereitzustellen.

Die Initiative stellt einen umfassenden Lösungsansatz dar, branchenweit Geschäfts- und Kommunikationsprozesse zu integrieren und die papierlose Kommunikation von Daten zu ermöglichen. Dabei wird akkurate, standardisierte und zeitnahe (real-time) Information geliefert. Durch ein solches System kann eine zweiseitige Datenkommunikation ermöglicht werden, die sowohl Push- als auch Pull-Daten enthalten kann, anders als bisherige EDI-Prozesse, die eine einseitige Push-Kommunikation darstellen. Ziel ist es, eine technologisch neutrale, offene Architektur zur Verfügung zu stellen, die den Teilnehmern einen sicheren und verlässlichen Mechanismus zur Datenübermittlung bereitstellt. Gleichzeitig versucht man auch, möglichst zahlreiche IT-Dienstleister u.a. „Solution Provider" dazu anzuregen, auf dieser Plattform weitere, miteinander kompatible Dienstleistungen anzubieten. Die Nutzung der Plattform ermöglicht Unternehmen, manuelle Datenübertragungen und -eingaben zu vermeiden und dadurch die Grundlage zur Nutzung von Effektivitätssteigerungspotenzialen in der Supply-Chain und den Aufbau moderner E-Commerce-Anwendungen zu schaffen. Durch die Einbindung neuer Artikelmeldungen wird die Genauigkeit der Informationen verbessert und gleichzeitig die Auslieferzeit neuer Ware reduziert. Aus der Datensynchronisation resultieren reduzierte Einrichtungszeiten bei neuer Ware, eine gestiegene Datengenauigkeit, reduzierte Logistikkosten, eine Reduzierung der Fehler in Bestellungen und Rechnungen sowie größere „speed-to-market" bei Produkteinführungen.

Quelle: www.lz-net.de; 1SYNC 2006.

Ein wesentlicher Vorteil, der sich hierbei gerade durch die flexible Möglichkeit des Internets ergibt, liegt in der Geschwindigkeit und Effizienz, mit der Supply-Chain-relevante Daten ausgetauscht werden können und v.a. in der Transparenz über Warenflüsse und Bestände, die hierdurch entsteht. Heute existieren eine Vielzahl Internet-basierter Systeme für den Informationsaustausch zwischen Handel und Industrie. Dabei lassen sich **proprietäre Systeme** und **branchenweite Extranets** (Branchenmarktplätze) unterscheiden. Beispielhaft können das Extranet der Drogeriemarktkette dm sowie die Datenplattform 1SYNC erwähnt werden (siehe Abbildung 5.36).

3. Datenbankabfragen, Datenbankanalysen und Data-Mining

Datenbanken werden primär **transaktionsorientiert** eingesetzt; im Vordergrund stehen dabei insbesondere OLTP-Systeme (**Online Transactional Processing**). Ein Data-Warehouse hingegen wird im Wesentlichen zu Analysezwecken eingesetzt. Im Mittelpunkt stehen dabei das Abfragen von Daten und die Aggregation und Analyse der Daten. In diesem Zusammenhang sind die Verfahren des OLAP (**Online Analytical Processing**) von besonderer Bedeutung. Dabei erfolgt die Abfrage von „Datenwürfeln“ bzw. die Navigation im Rahmen einer mehrdimensionalen Struktur (Chaudhuri/Dayal 1997) (siehe Abbildung 5.47)[1]. Grafisch gleicht diese Vorgehensweise dem „Durchschneiden“ eines Datenraumes und der anschließenden Analyse der sich daraus ergebenden Schichten.

Abbildung 5.47: Betrachtungsrichtungen beim Einsatz des OLAP-Konzeptes zur Datenanalyse

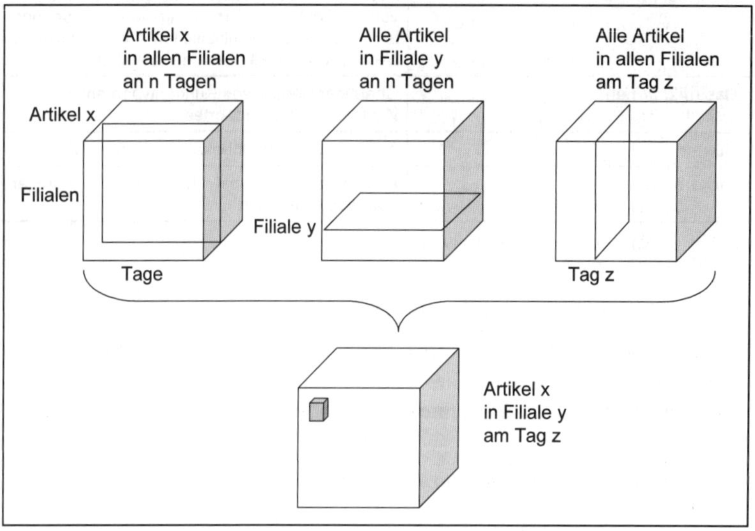

Quelle: Kloth 1999, S. 144.

Während konventionelle Datenanalysen auf der Basis bekannter Beziehungsmuster ablaufen, ermöglicht Data-Mining einen weiter gehenden Schritt (Wietzorek/Henkel 1997, S. 238):

> *Data-Mining kennzeichnet Technologien, die ein entdeckungsgetriebenes Durchsuchen von Datenbeständen erlauben, mit dem Ziel, bisher unbekannte Beziehungen zwischen Daten (Datenmuster) aufzudecken.*

Die in Abbildung 5.48 dargestellten, mit Data-Mining-Methoden erzielbaren Ergebnisse verdeutlichen, dass sich solche Verfahren v.a. für den Einsatz im

[1] Derartige Verfahren bzw. Methoden – dies gilt in analoger Form hinsichtlich der im folgenden Abschnitt diskutierten Managementunterstützungs- bzw. Entscheidungsunterstützungssysteme – werden mit Blick auf funktionale Fragestellungen in vielfältiger Form eingesetzt, so im Rahmen des Supply-Chain-Managements, des Handelsmarketing, aber auch im Rahmen des finanzorientierten Controlling. Sie werden an dieser Stelle diskutiert, da die Warenwirtschaftssysteme aus den operativen Transaktionen ganz wesentliche Datengrundlagen liefern.

Rahmen von explorativen sowie Experten- bzw. Simulationssystemen eignen.

Abbildung 5.48: Ergebnistypen von Data-Mining-Analysen

Ergebnistyp	Beispiel
Verbindungen und Beziehungen	Aussagen über direkte Verbundbeziehungen von Artikeln
Zeitreihenmuster	Aussagen über zeitliche Verbundbeziehungen von Artikeln, also Ermittlung von Zeitspannen und Kaufwahrscheinlichkeiten für Additivgüter nach Erwerb eines bestimmten Artikels
Klassifikationen	Charakterisierung von Kundentypen anhand des Kaufzeitpunktes und -ortes
Cluster	Aufdecken vorher unbekannter Kundentypen
Vorhersagen	Absatzprognosen bei Einführung neuartiger Marketingaktivitäten

Quelle: in Anlehnung an Kloth 1999, S. 147.

V. Managementunterstützungssysteme

Data-Warehouses, Techniken und Methoden der Datenbankabfragen und -analysen sind Kernbestandteile von Managementunterstützungs- bzw. Entscheidungsunterstützungssysteme (siehe Abbildung 5.49).

Abbildung 5.49: Grundstruktur handelsbetrieblicher Informationssysteme

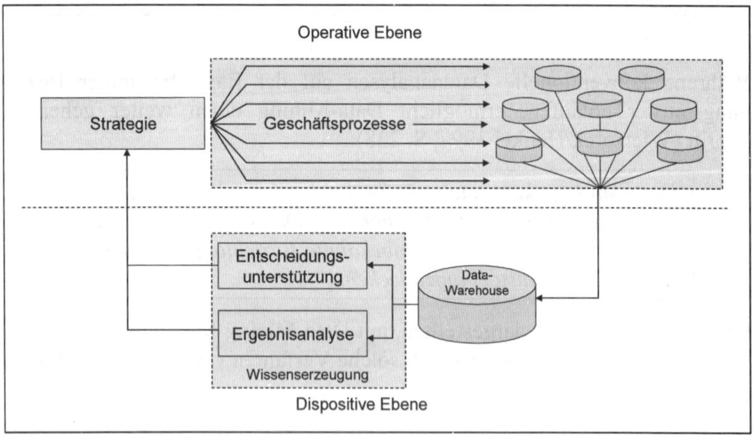

Quelle: Fischer 1998, S. 19.

In allgemeiner Form kann ein **Informationssystem** wie folgt abgegrenzt werden (Delfmann 1997, S. 186):

> *Ein Informationssystem ist ein aufeinander abgestimmtes Arrangement von personellen, organisatorischen und technischen Elementen des Informationsmanagements, das dazu dient, über eine Verbesserung des Erkenntnisstandes von Individuen deren Entscheidungsverhalten zu beeinflussen.*

Managementunterstützungssysteme (MUS) können als spezifische Ausprägung von Informationssystemen verstanden werden (Diruf 1998, S. 371):

> *Managementunterstützungssysteme bezeichnen computerbasierte Informationssysteme, die Entscheidungsprozesse von Managern auf der strategischen und operativen Ebene durch Bereitstellung, Auswertung und Aufbereitung adäquater Informationen unterstützen.*

In Abhängigkeit von ihrer Unterstützungsfunktion lassen sich MUS unterteilen in die in Abbildung 5.50 dargestellten funktionalen Systeme.

Abbildung 5.50: Hauptfunktionen von Managementunterstützungssystemen

Managementaktivität	Unterstützungsfunktion
Überwachen, Filtern	Starres Reporting
Analysieren	Flexibles Reporting
Suchen, Explorieren	Explorative Systeme
Prognostizieren	Simulations-/Expertensysteme

Quelle: in Anlehnung an Chamoni/Zeschau 1996, S. 61.

Standardisierte bzw. starre Reporting-Systeme

Diese Systeme ermöglichen eine Extraktion detaillierter und verdichteter Informationen aus Datenbeständen in Form regelmäßiger, standardisierter Reports. Solche Reports eignen sich vorwiegend zur Planung und Kontrolle von Routineaufgaben und zur Analyse von Soll-Ist-Abweichungen und werden in der Regel auf verschiedenen Aggregationsniveaus erstellt, evtl. auf bestimmte Benutzergruppen zugeschnitten.

In der handelsbetrieblichen Praxis werden diese Systeme zunehmend kritisch gesehen, da sie den komplexer werdenden Abläufen, der Entwicklung hin zu immer unstrukturierteren Entscheidungssituationen und des damit einhergehenden ständig steigenden Informationsbedarfes nicht mehr gerecht werden. Durch den hohen Standardisierungsgrad der Reports werden auch diese somit zunehmend komplexer, umfangreicher und für den Nutzer auf Grund der Datenfülle und der damit verbundenen Suche nach den relevanten Informationen zunehmend unbrauchbar. Auf Grund dieser Problematik setzen sich im Handel immer stärker nutzergeführte Informations- und Analysesysteme durch.

Individualisierte bzw. flexible Reporting-Systeme

Solche Systeme bauen meist auf Systemen der erstgenannten Stufe auf, mit dem Unterschied jedoch, dass sie dem Nutzer auf der Basis bestimmter standardisierter Auswertungen eine Flexibilisierung der Informationsgewinnung durch eine dialogorientierte Generierung von weiteren, auf den Ergebnissen der bereits gelieferten Reports aufbauenden Analysen, gemäß den individuellen Informationsbedürfnissen des Entscheidungsträgers, erlauben. Diese Systeme ermöglichen ein gezieltes Suchen nach einer bestimmten Information, liefern also Antworten auf gegebene Fragestellungen.

Explorative Systeme

Explorative Systeme sind im Gegensatz zu den beiden obigen Systemen fragengenerierende Systeme. Dies bedeutet, dass ein Nutzer ohne eine vorformulierte Fragestellung mit einem solchen System arbeitet, dass er also nach bisher unbekannten Zusammenhängen sucht. Dies hat extreme Flexibilitätsanforderungen zur Folge. Auf Grund der Selbstselektion und Selbstanalyse von Daten und Informationen durch den Nutzer müssen diese Systeme über intuitiv/spontan steuerbare und individuell zugeschnittene Benutzeroberflächen und über entsprechend flexible Daten- bzw. Informationsaufbereitungsmöglichkeiten verfügen.

Simulations- bzw. Expertensysteme

Die Professionalisierung des Handelsmanagements führt zu einem steigenden Bedarf an Prognose- und Simulationsverfahren. Neben den auf Verfahren der klassischen Statistik beruhenden Verfahren gewinnen neue Methoden auf der Basis der Verfahren der **Künstlichen Intelligenz** (KI) zunehmend an Bedeutung, so **Multi-Agenten-Systeme** auf der Basis **Bayes'scher Netze.** Als Beispiel kann die **Retail Simulation Engine** der Dacos Software GmbH herausgestellt werden (Hertel 2006).

Absatzprognosen werden in der Retail Simulation Engine nicht auf der Basis von Artikelabsatzdaten aus der Vergangenheit hochgerechnet, sondern der Kunde wird als **Softwareagent** in einem Multi-Agenten-System implementiert und sein Kaufverhalten pro Warengruppe mittels Bayes'scher Netze innerhalb dieses Softwareagenten abgebildet (siehe Abbildung 5.51) (Hertel 2006, S. 938).

Abbildung 5.51: Der Kunde als Softwareagent in einem Multi-Agenten-System

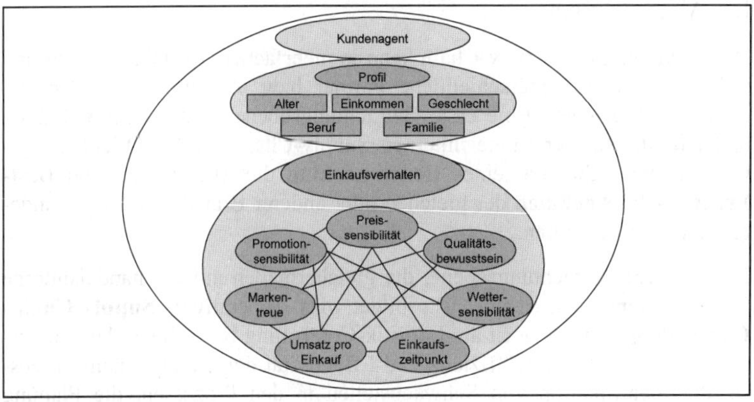

Quelle: Hertel 2006, S. 938.

„Der Kunde als Softwareagent ‚lernt' sein Verhalten, d.h. v.a. sein Kaufverhalten, mittels Lernverfahren der Künstlichen Intelligenz automatisch aus allen verfügbaren Quellen, insbesondere aus den Kassenbons, aber auch aus Kundenkartendaten, aus soziodemografischen Daten, aus marketingbezogenen Verhaltensmodellen, aus Abverkaufsdaten, aus Aktions-/Promotiondaten und vielen mehr, wie in Abbildung 5.52 (Anm. des Verf.) dargestellt" (Hertel 2006, S. 938f.).

Abbildung 5.52: Das automatisierte Lernen von Verhalten in einem Softwareagenten

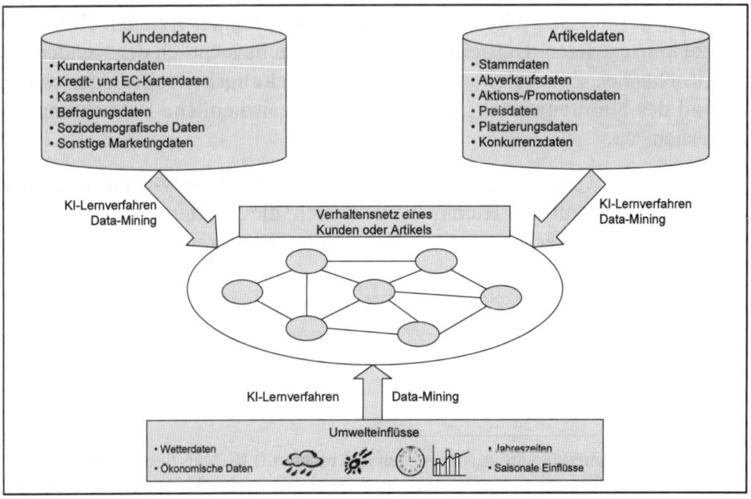

Quelle: Hertel 2006, S. 939.

F. Bewertung der Supply-Chain

I. Abgrenzungen

Die Bewertung der Supply-Chain kann in mehrfacher Hinsicht erfolgen und sich zugleich auf unterschiedliche Partner bzw. Akteure in der Versorgungskette beziehen. Eine erste Betrachtungsebene setzt an der **Effizienz** und **Effektivität** der handelsinternen Supply-Chain an. Als Orientierungswerte gelten dabei i.S. eines **Benchmarking** die Messgrößen von **Best-Practice-Unternehmen** der gleichen oder anderer Branchen oder gar anderer Wirtschaftssektoren.[1]

Eine weitere Betrachtungsebene, die gleichermaßen auf die handelsinterne Supply-Chain ausgerichtet ist, bildet das (operative) **Supply-Chain-Controlling**, oftmals auch als Logistik-Controlling bezeichnet, das die permanente Kontrolle der Effizienz und Effektivität der Supply-Chain-Prozesse, die Identifikation von Schwachstellen in den Prozessen, die Planung bzw. Koordination der mit den Supply-Chain-Prozessen einhergehenden budgetären Auswirkungen und die Versorgung der Entscheidungsträger mit den erforderlichen Informationen zum Gegenstand hat. Diese Controlling-Aufgaben, die sich letztlich auf die **Performance** des Supply-Chain-Managements beziehen, werden in Abschnitt D.III.2. des Sechsten Kapitels behandelt.[2]

Neben der Bewertung des handelsinternen Bereichs der Versorgungskette („**Intra-Logistik**") gehört gleichermaßen die Bewertung der vor- und nachgelagerten „Kettenabschnitte" zum Aufgabenbereich der Supply-Chain-Bewertung. So gilt es, die diesbezügliche Performance der Lieferanten zu bewerten, um ihre Leistungen im Rahmen der **Lieferantenanalyse** bzw. **Lieferantenevaluation** gesamthaft beurteilen zu können und sich bspw. nicht nur auf die Beurteilung der bei diesen Lieferanten erzielten Konditionen zu konzentrieren. Dies gilt in analoger Form hinsichtlich der Kunden, so im Großhandel. Zur Ableitung des **Kundendeckungsbeitrages** oder weiter gehend des **Kundenwertes** ist auch hier eine ganzheitliche Betrachtung erforderlich.

Im Folgenden werden i.S. eines Benchmarking die Supply-Chain-Prozesse des Handels diskutiert. Hieran schließt sich die Erörterung der Supply-Chain-Bewertung der lieferantenseitigen Versorgungskette, als Teil der Lieferantenevaluation, an.

---

[1] Vgl. zum Benchmarking die Ausführungen in Abschnitt D.III.2.des Sechsten Kapitels.

[2] Fragen des Performance-Measurements und des Performance-Managements haben im Handelsmanagement in den letzten Jahren zunehmend an Bedeutung gewonnen; vgl. hierzu Zentes 2004b; Biesiada/Neidhart 2004 und die dort angegebene Literatur sowie Hart 1997.

II. Effizienz und Effektivität der handelsinternen Versorgungskette

Effizienz und Effektivität werden als zentrale Zieldimensionen der Gestaltung der logistischen Prozesse und Systeme bzw. der Supply-Chain-Prozesse und -Systeme betrachtet. Dabei stellt die Effektivität auf die Erfüllung der von den internen Kunden (z.B. Filialen) und den externen Kunden formulierten Anforderungen ab; sie drückt somit den **Wirkungsgrad** aus. Die Effizienz bezeichnet ein optimiertes Verhältnis des bewerteten Inputs (Kosten) zu dem bewerteten Output (Leistungen) (Gericke u.a. 1999, S. 13). Kennzahlen zur Messung und damit zur Bewertung der Prozesse und Systeme werden in Abschnitt D.III.2. des Sechsten Kapitels im Zusammenhang mit Aspekten des **Performance-Measurements** behandelt.

Abbildung 5.53: Auswahl logistikrelevanter ISO Qualitätsnormen

ISO 9000	Beschreibt die wesentlichen Beziehungen zwischen den Grundbegriffen der Qualitätssicherung und fungiert als Leitfaden für die Anwendung der Normen
ISO 9001	Umfassende Norm für das Qualitätsmanagement im Unternehmen
ISO 9004	Stellt die 24 Elemente eines Qualitätssicherungssystems inhaltlich vor und kennzeichnet die wichtigsten Anforderungen an diese Elemente
ISO 14001	Umfassende Norm für umweltorientierte Qualitätssicherung im Unternehmen
ISO 19011	Anleitung zur Auditierung von Qualitäts- und Umweltmanagementsysteme-men
ISO 18000	Parameter für die Air Interface Communication (Auto-ID; RFID)

Quelle: in Anlehnung an Arnold 1995, S. 172; Deutsches Institut für Normung 2006.

Im Rahmen der Bewertung logistischer Systeme bzw. Supply-Chain-Systeme spielen gleichermaßen **Qualitätsnormen** eine wichtige Rolle. Sie können einerseits als Voraussetzungen („notwendige Bedingungen") effizienter und effektiver Systeme betrachtet werden; andererseits stellen sie externe Anforderungen dar, die es aus der Sicht unterschiedlicher **Stakeholder** (z.B. Kunden, staatliche Stellen) zu erfüllen gilt. In analoger Weise stellt auch der Handel derartige qualitative Anforderungen an seine Supply-Chain-Partner, so die Lieferanten und die Logistik-Dienstleister. Einen Überblick über relevante **ISO-Qualitätsnormen** vermittelt Abbildung 5.53. Diese Normen, i.S. standardisierter **Qualitätskriterienkataloge**, werden zur Ableitung von internen Zielgrößen, zur Festlegung von Zielgrößen gegenüber Dritten, aber auch als Selektionskriterien („K.O.-Kriterien") im Rahmen der Auswahl von Lieferanten und/oder Logistik-Dienstleistungsunternehmen verwendet.

SCM-Leistungsfähigkeit deutscher Wirtschaftssektoren

Eine Studie der Unternehmensberatung McKinsey & Company und des Seminars für Supply Chain Management und Management Science der Universität zu Köln zeigt, dass die Unternehmen des Groß- und Einzelhandels im Branchen- bzw. Sektorenvergleich bezüglich ihrer Leistungsfähigkeit unterdurchschnittlich eingestuft werden (520,84 Punkte gegenüber 533,15 Punkte) (siehe Tabelle 5.2).

Tabelle 5.2: Logistische Leistungsfähigkeit der deutschen Wirtschaftsbranchen – Durchschnitt der Branche

Branche	Erreichte Punkte von maximal 900
Elektrotechnik & Elektronik	550,18
Fahrzeugbau	543,79
Chemie & Pharma	541,84
Textil & Bekleidung	541,78
Gesamt (alle Befragten)	**533,15**
Maschinenbau	531,60
Print & Publishing	523,24
Groß- und Einzelhandel	520,84
Versandhandel	516,75
Finanzdienstleister	500,91

Quelle: Logistik inside 01/2006, S. 29.

Betrachtet man nur jeweils die „TOP 10 Firmen" einer Branche, so liegt der Groß- und Einzelhandel mit 738,75 Punkten dagegen sehr nah am Durchschnittswert (743,24 Punkte) (siehe Tabelle 5.3). Sicherlich überrascht es nicht, dass der Fahrzeugbau an erster Stelle rangiert.

Tabelle 5.3: Logistische Leistungsfähigkeit der deutschen Wirtschaftsbranchen – Durchschnitt der TOP 10

Branche	Erreichte Punkte von maximal 900
Fahrzeugbau	755,33
Elektrotechnik & Elektronik	751,58
Finanzdienstleister	750,21
Textil & Bekleidung	749,77
Gesamt (alle Befragten)	**743,24**
Groß- und Einzelhandel	738,75
Versandhandel	729,93
Chemie & Pharma	729,15
Print & Publishing	722,53
Maschinenbau	717,03

Quelle: Logistik inside 01/2006, S. 29.

Der Vergleich der Positionen des Groß- und Einzelhandels in Tabelle 5.2 und Tabelle 5.3 deutet auf eine große Spannweite der Leistungsfähigkeit der einbezogenen Handelsunternehmen hin: Die Best-Practice-Unternehmen („Champions“) zeichnen sich durch weit überdurchschnittliche Werte aus. Beispielhaft kann dies an drei **Schlüsselkennzahlen** der besten und der schlechtesten Handelsunternehmen aufgezeigt werden (siehe Abbildung 5.54).

Abbildung 5.54: Logistische Leistungsfähigkeit europäischer Handelsunternehmen

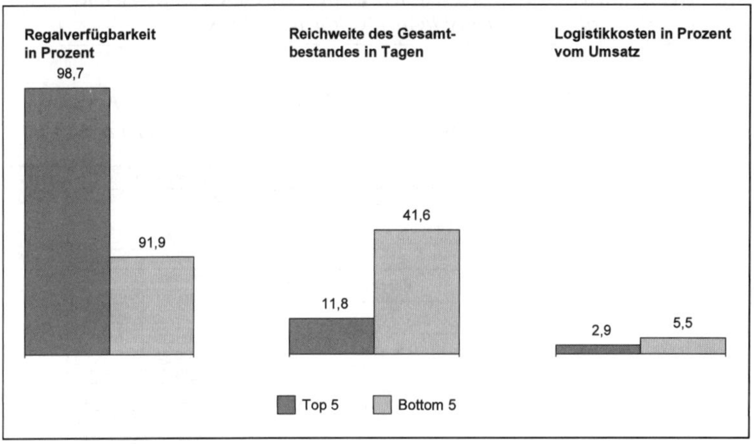

Quelle: Logistik inside 01/2006, S. 31.

III. Supply-Chain-Performance als Element der Lieferantenanalyse und -bewertung

Im Rahmen der **Relationship-Orientierung** gewinnen die Lieferantenanalyse und -bewertung zunehmend an Gewicht. Sie bilden nicht nur die Grundlage der Lieferantenauswahl, sondern i.S. eines **Supplier-Relationship-Managements** (SRM), worunter das proaktive Management der Beziehungen zwischen den Handelsunternehmen und ihren Lieferanten verstanden wird, auch die Basis zur Steuerung, Pflege und Entwicklung der Lieferantenbeziehungen (**Lieferantenentwicklung**) (Zentes/Knörr 2004, S. 193f.).

Während früher die logistische Leistungsfähigkeit von Lieferanten nur periodisch im Rahmen sog. **Logistik-Audits** ermittelt wurde, sind neuere Konzepte des Supplier-Relationship-Managements auf das permanente Monitoring der Supply-Chain-Performance ausgerichtet (vgl. hierzu ausführlich Zentes/Knörr 2004).

Logistik-Audit als Instrument der Supply-Chain-orientierten Lieferantenbewertung

Eine systematische Vorgehensweise, um gesamthaft die logistische Leistungsfähigkeit von Lieferanten detailliert zu erfassen, stellen Logistik-Audits dar:

> *Logistik-Audit beschreibt einen systematisch durchgeführten Soll-Ist-Vergleich mit anschließender Urteilsbildung über das Logistiksystem, wobei die Besonderheit im Gegensatz zum Begriff der Kontrolle darin besteht, dass die Auditierung eine fallweise Prüfung darstellt, die von außen initiiert und durchgeführt wird (Pfohl/Gareis/Stölzle 1999, S. 7).*

Abbildung 5.55: Merkmalsgruppen, Merkmale und Indikatoren zur Lieferantenbewertung im Rahmen von Logistik-Auditierungen

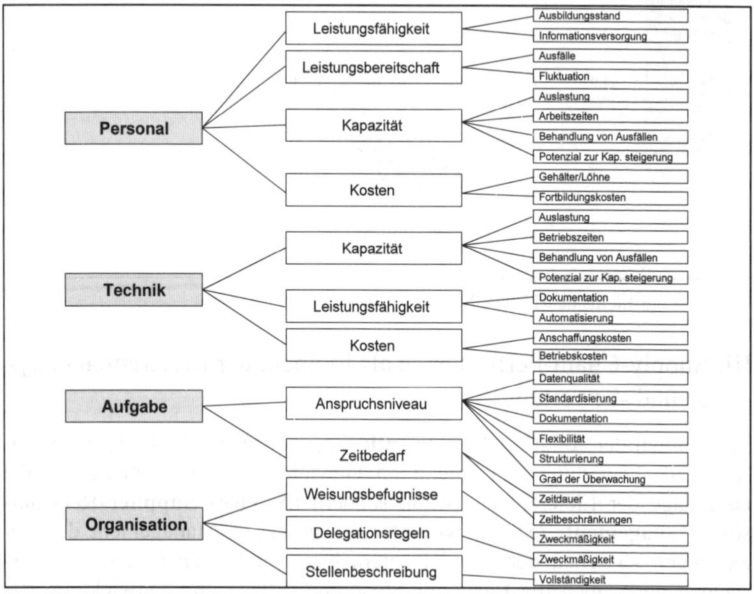

Quelle: Pfohl/Gareis/Stölzle 1999, S. 10.

Abbildung 5.55 zeigt beispielhaft einen Katalog von Merkmalsgruppen, Merkmalen und ihnen zugeordneten Indikatoren zur Lieferantenbewertung im Rahmen von Logistik-Auditierungen.

Supplier-Evaluation-Card

Gestützt auf operative IT-Systeme, so die Warenwirtschaftssysteme, kann eine ständige, quasi automatische Erfassung von Daten erfolgen, die eine Verdichtung oder Verknüpfung zu **Kenngrößen** (monetäre und nichtmonetäre Kenngrößen) ermöglicht. Beispielhaft kann die **Lieferqualität** als Schlüssel-Kenngröße herausgestellt werden. Sie wird gebildet aus den Komponenten Lieferzeit, Lieferzuverlässigkeit (Liefergenauigkeit, Zustand der gelieferten Produkte), Flexibilität u.Ä. Die erforderlichen Daten zur Bildung dieser Kennzahlen bzw. Kenngrößen werden von Warenwirtschaftssystemen automatisch erfasst bzw. abgeleitet, so die (zeitliche) Liefergenauigkeit, i.S. der Einhaltung vorgegebener bzw. vereinbarter Liefertermine. Gleichermaßen wird der „Zustand der gelieferten Produkte“ erfasst: im positiven Fall, wenn keine warenbezogenen Reklamationen ausgelöst werden; im negativen Fall, wenn Beanstandungen auftreten, die zu entsprechenden Mitteilungen an die Lieferanten führen. Andere Daten wie die Zuverlässigkeit des Arbeitsablaufs, z.B. an der Wareneingangsrampe o.Ä., können ggf. manuell ergänzt werden.

Dies führt zu einem umfassenden Pool von Daten, die zu Kenngrößen verdichtet werden können, deren Erfassung kaum oder gar keinen Zusatzaufwand auslöst und die Ableitung von Schlüssel-Kenngrößen als Basis eines permanenten Monitoring ermöglicht. Beispielhaft zeigt Abbildung 5.56 die Lieferanten-Performance-Dimensionen und Schlüssel-Kenngrößen der **Supplier-Evaluation-Card** (Zentes/Knörr 2004). Die Supplier-Evaluation-Card stellt ein auf dem Supplier-Relationship-Management-Ansatz basierendes Konzept bzw. Kenngrößen-Strukturierungs-System zur Lieferantenanalyse und -bewertung dar. Ähnlich der im Controlling in den letzten Jahren sehr erfolgreich eingeführten **Balanced Scorecard** (Weber 2003, S. 309ff.; Müller-Hagedorn/Wierich 2003, S. 233ff.) dient die Supplier-Evaluation-Card der Strukturierung und Systematisierung der Vielzahl der zur Lieferantenanalyse und -bewertung möglichen monetären sowie non-monetären Kenngrößen, wobei versucht wird, möglichst alle relevanten Dimensionen der Leistung eines Lieferanten in einem Überblick abzubilden und dabei sowohl solche Leistungen, die sich bereits heute im finanziellen Ergebnis des Handelsunternehmens niederschlagen (z.B. Umsatz), als auch solche, die sich eher langfristig auswirken (z.B. der Einsatz des Lieferanten zur Entwicklung des Gesamtmarktes in einer Category oder seine Anstrengungen in der Qualitätssicherung), in die Betrachtung zu integrieren.[12]

[1] Auf das Controlling-Instrument Balanced Scorecard wird in Abschnitt D.III.2. des Sechsten Kapitels näher eingegangen.

[2] Vgl. hierzu auch Knothe/Wömpener 2006 und Zimmermann/Kohl 2007.

Abbildung 5.56: Supplier-Evaluation-Card: Lieferanten-Performance-Dimensionen und Schlüssel-Kenngrößen

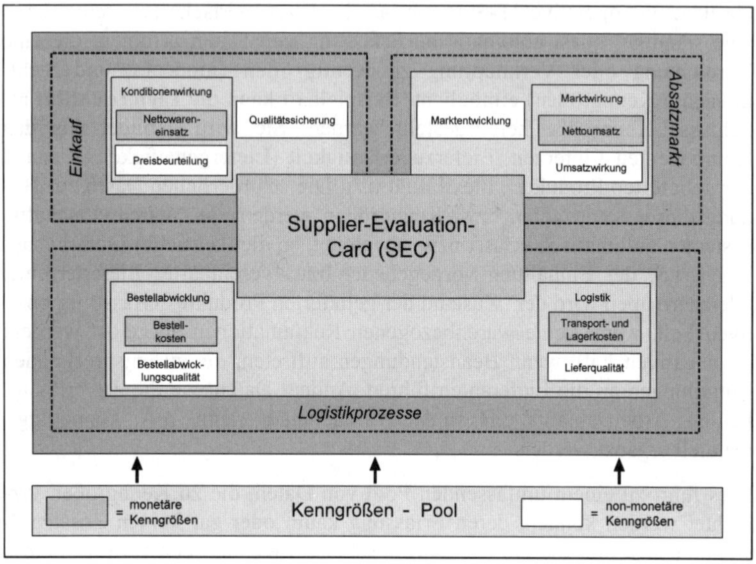

Quelle: Zentes/Knörr 2004, S. 200.

G. Fallstudie: Zara

I. Das Unternehmen

Das Mode- und Textilunternehmen Zara[1] ist eine Tochtergesellschaft der spanischen **Inditex-Gruppe**, eines der weltweit größten Handelsunternehmen im Fashion-Bereich. Inditex wurde im Jahre 1975 von Amancio Ortega in La Coruña (Galizien) gegründet. Heute handelt es sich um eine fast vollständig vertikale Integration mit Optimierung und hoher Kontrolle der Supply-Chain, um insbesondere eine möglichst hohe Reaktionsgeschwindigkeit auf Kundenbedürfnisse zu erzielen. Zeit ist daher der wichtigste Faktor, wichtiger noch als die Fertigungskosten. Die vertikale Integration ermöglicht eine Verkürzung der Lieferzeiten und bietet hohe Flexibilität, sodass die Lagerbestände und auch das Moderisiko minimiert werden. Diese Philosophie spiegelt sich im nachfolgend behandelten Geschäftsmodell wider.

Der Erfolg von Inditex ist enorm, der Umsatz stieg seit dem Jahre 2000 um durchschnittlich 21 % pro Jahr und der Gewinn vor Zinsen und Steuern (EBIT) um durchschnittlich 25 %. Im Jahre 2005 hat Inditex einen Umsatz von 6,74 Mrd. EUR erwirtschaftet. Die Business Unit ZARA, die größte Vertriebsmarke, erreichte im gleichen Jahr 4,40 Mrd. EUR (65,9 % des Ge-

[1] Die Fallstudie basiert auf Unternehmensinformationen.

samtumsatzes) mit ca. 25.000 Mitarbeiter (43 % der Mitarbeiter) in über 900 Outlets in rund 60 Ländern der Welt (siehe Abbildung 5.57). Zaras Gewinn vor Steuern und Zinsen (EBIT) betrug 712,1 Mio. EUR und damit 65 % vom Gesamtgewinn.

Abbildung 5.57: Umsatzverteilung und Outlets von Inditex nach Regionen

Vertriebsmarke	Kurzcharakterisierung	Umsatz 2005		Anzahl Outlets		
		Mio. EUR	in Prozent	Europa	Amerika	N. Osten
Zara	Trendmode für Damen, Herren sowie Kinder	4.401	65,9	664	112	45
Bershka	Kleidung für jugendliche Avantgarde-Konsumenten	639	9,5	316	--	13
Massimo Dutti	Angebotsspektrum reicht von höchst anspruchsvoller Mode bis zu Freizeitkleidung für Männer und Frauen	534	7,9	330	18	19
Pull & Bear	sportliche Freizeitkleidung für junge Konsumenten	445	6,6	381	21	25
Stradivarius	modische Kleidung und Accessoires für junge Konsumenten.	341	5,1	239	--	24
Kiddy's Class	Kleidung, Düfte, Kosmetika und Accessoires für Kinder	155	2,3	149	--	--
Oysho	Dessous und Accessoires für weibliche Konsumenten	107	1,5	131	18	5
Zara Home	Einrichtungsgegenstände, Heimtextilien, Geschirr, Dekoration	78	1,2	99	3	8
	Summe	6.741	100,0	2.309	211	139

Anm.: Weitere Outlets in der Region Asien/Pazifik haben Zara (31) und Massimo Dutti (2).

Quelle: www.inditex.com.

129 Outlets wurden allein im Jahre 2005 eröffnet, wobei neben Gesamteuropa das spanische Ladennetz mit 259 Outlets die höchste Dichte aufweist. Die Outlets der Inditex-Gruppe lassen sich in diejenigen einteilen, die das Unternehmen selbst betreibt, die **„company-managed"-Stores,** sowie diejenigen, die im Franchise-System betrieben werden. Bei Zara betrug der Anteil der Franchise-Stores im Jahre 2005 9,6 % mit einem Umsatzbeitrag von 10 %. Die Zara-Stores befinden sich i.d.R. an privilegierten Standorten (1a-Lagen) in Innenstädten und Einkaufszentren.[1]

II. Das Geschäftsmodell: Integrierte, reaktionsschnelle Supply-Chain

1. Prozessüberblick

Das Geschäftsmodell von Zara zeichnet sich im Vergleich zu anderen Modellen durch einen hohen Grad vertikaler Integration aus, der vier Wert-

[1] Der Franchise-Anteil ist bei Pull & Bear und Zara Home ähnlich hoch, liegt bei Massimo Dutti bei ca. 33 %, bei Stradivarius bei 25 % und bei den anderen Vertriebsschienen bei nahe Null.

schöpfungsprozesse des Modegeschäfts integriert (siehe Abbildung 5.58). Der Bereich Design umfasst u.a. auch die Trenderkennung und Kollektionsentwicklung; die Beschaffung und Produktion beinhalten sowohl die Textil- als auch die Bekleidungsproduktion und der Handel beinhaltet insbesondere die Bereiche PoS-Marketing, Sortimentsgestaltung, Verkauf und Werbung, wobei Letztere maßgeblich aus Verkaufsraumgestaltung und Schaufensterwerbung besteht.

Abbildung 5.58: Flexibles, integriertes Geschäftsmodell

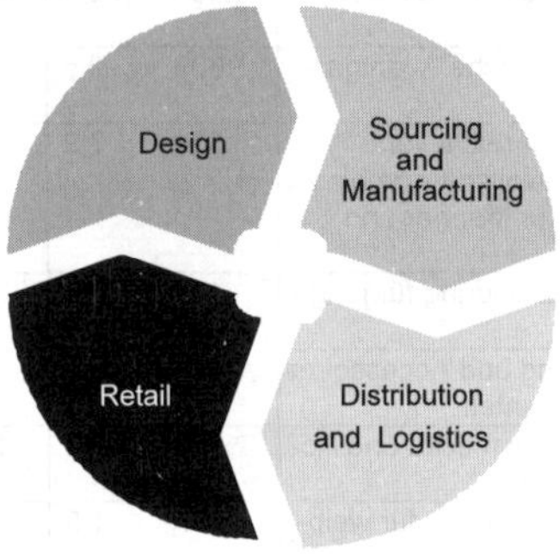

Das Modell hat eine flexible, integrierte Struktur und weist eine starke Kundenorientierung in allen Wertschöpfungsfeldern auf. Die **Unternehmensphilosophie** lautet demgemäß: „Creativity and quality design together with a rapid response to market demands." Insofern ist der Erfolg von Zara nicht in einzelnen Wertschöpfungsfunktionen begründet, sondern in einer optimierten, reaktionsschnellen Supply-Chain, die eine starke Kundenorientierung aufweist und das Unternehmen in die Lage versetzt, innerhalb von etwa 15 Tagen neue Bekleidung zu designen, zu produzieren und in die Stores weltweit auszuliefern. Solch eine Geschwindigkeit hat Benchmark-Charakter in der Branche, in der Designer oft Monate benötigen, um Kollektionen zu planen. Sie wird in der Literatur auch als **„fast fashion"** bezeichnet, während Inditex dies selbst in der Positionierung seiner Vertriebsmarken als Marken mit einem hohen Fashion-Anteil zu einem eher günstigen Preis sieht. Dabei geht das Unternehmen davon aus, dass es eine länderübergreifende und von der jeweiligen Landeskultur unabhängige, fashion-orientierte Zielgruppe für Zara-Produkte gibt.

Da Zara Sortimente mit neuester Mode so schnell anbieten kann, werden auch etwa 80 bis 85 % der vollen Verkaufspreise eingenommen. Der Durchschnitt der Branche liegt bei etwa 60 bis 70 %. Zudem resultiert ein wesentlicher Vorteil aus entsprechend höheren Margen, da keine Zwischenhändler eingeschaltet werden. Das schnelle Aufspüren neuer Designtrends und -entwicklungen, deren Verarbeitung und Vermarktung in Kollektionen sowie die Reaktion auf die eigenen Abverkaufsdaten und Kundenwünsche in der laufenden Kollektion bilden einen innovativen „Push-Pull-Push-Prozess". Insofern realisiert Zara sowohl ein Forecasting hinsichtlich der Trends als auch v.a. eine reaktive Politik des **„postponement"**. Dies führt dazu, dass Produktionsentscheidungen so lange wie möglich aufgeschoben werden, um den Kundengeschmack möglichst genau zu treffen und Zara sechs Monate vor einer Saison nur 15 bis 25 % der Produktion festlegt, während es im Branchenschnitt 45 bis 60 % sind.

Auch die Organisationsstruktur von Inditex ist auf die Flexibilität hin ausgerichtet und in drei Bereiche unterteilt:

- Das Management und angehängte Corporate Departments von Inditex managen die Belange des Gesamtkonzerns.
- Auf der nächsten Ebene ist jede der Vertriebsmarken (außer Kiddy's Class) einer Geschäftseinheit zugeordnet, an deren Spitze jeweils ein hauptverantwortlicher Manager steht.
- Der dritte Bereich, sog. Business Support Areas, umfasst die unterstützenden Bereiche Logistik, Geschäftsexpansion, Grundbesitz/Immobilien, Internationales, Rohstoffversorgung und Fertigungsanlagen.

2. Design als Geschäftsprozess

Alle Modelle der einzelnen Kampagnen werden von den Design-Teams der verschiedenen Vertriebsmarken kreiert, wobei den mehr als 200 allein für Zara tätigen Modedesignern nicht nur die auf dem Markt vorherrschenden Modetrends, sondern auch die von Kunden in den eigenen Filialen erhaltenen Informationen (Abverkaufsdaten und Kundenwünsche) als Anregung für neue Kollektionen und Angebote dienen. Die Analysen und Auswertungen der Verkaufsdaten werden dabei täglich in den einzelnen Filialen durchgeführt und direkt auf Basis moderner IuK-Technologien an die Zentrale weitergeleitet. Dadurch wird der Informationskreislauf zwischen den Konsumenten und den vorgelagerten Prozessen geschlossen.

Der Erfolg der Kollektionen liegt in der Fähigkeit begründet, die sich kontinuierlich ändernden Modetrends zu erkennen und umzusetzen, um sich mit neuen Modellen an die Wünsche der Kunden anzupassen. Inditex nutzt die Flexibilität seines Geschäftsmodells, um sich an mögliche, im Verlauf von Modekampagnen auftretende Trendänderungen anzupassen und diesen innerhalb kürzester Zeit mit neuen Produktangeboten in den Filialen gerecht zu werden. Jährlich entwerfen Designer 40.000 neue Modelle, von denen rund 12.000 für die Produktion ausgewählt werden. Die Schnittmuster werden direkt am Bildschirm entworfen und zeitnah online an die Zulieferer und Produktionsstätten gesandt. Design wird in diesem Zusammenhang als vollständig integrierter Prozess innerhalb der Supply-Chain verstanden (siehe Abbildung 5.59).

Abbildung 5.59: Design als voll integrierter Prozess

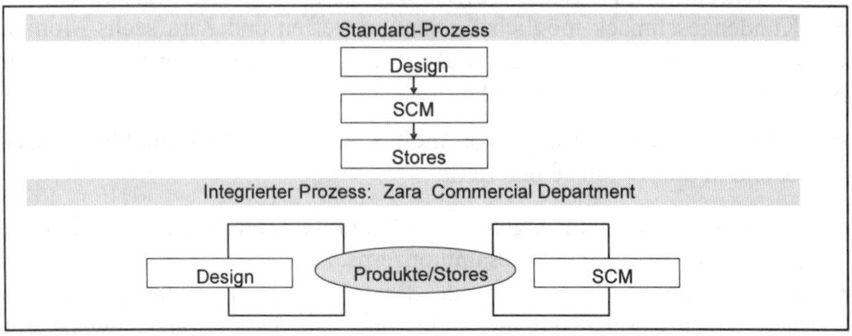

Das Schlüsselelement dieses Prozesses bildet der PoS, d.h. die Ladengeschäfte mit sorgfältig gestalteten Verkaufsräumen, in denen sich die Kunden wohlfühlen sollen, während sie die dargebotene Mode entdecken, und in denen die notwendigen Informationen zur Anpassung des Angebots an die Nachfrage gesammelt werden. Der entscheidende Faktor in diesem Modell ist die Fähigkeit, das Angebot in möglichst kurzer Zeit an die Kundenwünsche anzupassen. In diesem Sinne lässt sich zumindest für die Teile der Kollektion mit hohem Fashion-Anteil von einem sog. „design-on-demand-retailing" sprechen, d.h. unmittelbarer Anpassung an individuelle Kundenwünsche.

Die Kontrolle darüber liegt beim spanischen Stammhaus, in dem die Designer arbeiten. Moderne und trendige Kollektionen mit rascher Adaption von Kundenwünschen auf Basis hoher Lieferumschlaggeschwindigkeiten dienen der Positionierung als qualitative Erlebnismarke am Puls der Zeit. Dazu werden die Couture-Schnitte der renommierten Designer, wie z.B. Prada oder Gucci, adaptiert und Trendscouts sichten Modenschauen, Messen, gesellschaftliche Ereignisse oder Diskotheken weltweit. Teils kommt Zara sogar der Haute Couture zuvor, bietet zugleich aber zu einem deutlich niedrigeren Preis mit entsprechend preiswerteren und weniger hochwertigen Stoffen an.

3. Beschaffungs- und Produktionsprozess

Inditex hat ein flexibles Beschaffungs- und Produktionssystem entwickelt. Die Ware wird zum größten Teil selbst produziert. So können die Spanier schnell auf Trends reagieren und Artikel dann liefern, wenn sie gebraucht werden (just-in-time). Lagerkosten und die Abhängigkeit von Produzenten entfallen. Während andere Hersteller ihre Produktion gänzlich in Billiglohnländer auslagern, stammen bei Zara 40 % der Stoffe aus konzerneigenen Beständen der Tochtergesellschaft Comditel, 60 % werden von eng angebundenen Lieferanten zugeführt. Die Produktion nach geografischen Regionen ergibt folgendes Bild: Nach Konzernangaben werden 52 % der produzierten Waren in geografischer Nähe des Stammsitzes in Spanien, Portugal, Marokko und Nachbarländern hergestellt, 27 % in Asien, 18 % im restlichen Europa und 4 % in anderen Regionen der Welt.[1] Primär Produkte mit einem höheren Fashion-Anteil werden in konzerneigenen Produktionsstätten oder von Lieferanten gefertigt, deren Prozesse in die Konzernstrukturen eingebunden sind. Es handelt sich um ein Netzwerk von 400 spezialisierten Subunternehmen, meist kleinen Werkstätten in der Nähe des Stammsitzes. Design, Zuschneiden und Endfertigung werden jedoch i.d.R. von Inditex selbst erledigt. Einfachere Bekleidungsstücke werden eher nach außen vergeben. In vielen Fällen stellt Inditex dabei die Stoffe und sonstige zur Herstellung der Kleidungsstücke erforderlichen Elemente den externen Lieferanten zur Verfügung.[2]

Herstellungskosten sind für Inditex nicht der ausschlaggebende Faktor, um wettbewerbsfähig zu sein. Die Produktionskosten für Zara-Produkte sind bspw. um 15 % höher als für ähnliche Produkte von Benetton oder GAP (Lyne 2002). Zara beginnt erst in großen Mengen zu produzieren, nachdem sich das Produkt am PoS als gut verkäuflich erwiesen hat, d.h., es werden zunächst relativ kleine Stückzahlen gefertigt, um die Nachfragestruktur einschätzen zu können und um Exklusivität zu kreieren. Letzteres bedeutet, dass die **Produktknappheit** bei den Kunden Aufmerksamkeit erregt und unmittelbare Kaufentscheidungen stimuliert, d.h., eingeplante Out-of-Stock-Situationen fördern den Abverkauf. Insgesamt hat Inditex eine hohe Erfolgskontrolle über die gesamte Supply-Chain vom ersten Entwurf der im Stammhaus sitzenden Designer bis hin zur Auslieferung in die Geschäfte. Durch den hohen Anteil an Just-in-time-Produktion werden zugleich die Lagerkosten und Lagerbestände auf ein Minimum reduziert.

4. Distributions- und Logistikprozess

Die gesamte Produktion wird unabhängig vom Herkunftsland zunächst an die zentralen Logistikzentren der einzelnen Handelsketten geliefert, in denen die Produkte auf einzuhaltende Qualitätsstandards hin überprüft und mit einem internationalen Preisschild etikettiert werden (Christopher/Peck 1997). Anschließend wird von dort aus in kurzen, regelmäßigen Abständen gleichzeitig an alle Filialen geliefert. 250.000 Kleidungsstücke verlassen jeden Tag die beiden Logistikzentren von Zara in La Coruña und Zaragoza. Allein das erste Logistikzentrum gewährleistet eine nahezu vollautomatische Verteilung der Textilien auf die verschiedenen Zara-Läden. Es hat eine Fläche von etwa 500.000 qm und beinhaltet ein fast 90 km langes Schienenlabyrinth, das die Produkte computergesteuert zu den Lkws bringt, die sich innerhalb von 24 Stunden auf ganz Europa verteilen. Die übrigen Standorte, insbesondere in Übersee, werden per Luftfracht innerhalb von zwei bis drei

---

[1] Diese Prozentangaben (www.inditex.com) werden in der Branche kritisch bewertet und i.S. eines symbolischen Charakters mit sozialer Verantwortung des Unternehmens für die Region Galizien interpretiert.

[2] Die Zulieferer agieren als Geschäftspartner; Inditex hat verschiedene Programme zur Unterstützung der Zulieferer. Im Gegenzug erwartet Inditex die Einhaltung von Menschenrechten, gerechte und würdige Arbeitsbedingungen, soziale Verantwortung usw., was im Jahre 2001 in "Codes of Conduct" festgelegt wurde. Die Lieferanten lassen zu, dass Inditex dies kontrolliert.

Tagen beliefert. So ist gewährleistet, dass jeder Zara-Laden zweimal pro Woche neue Produkte erhalten kann. Dabei werden grundsätzlich mit jeder Sendung neue Modelle geliefert, um eine kontinuierliche Erneuerung des Angebots in den Filialen zu gewährleisten.

Logistik und Distribution erfolgen bei Zara in straffer, zeitgenauer Planung, bei der alle Beteiligten sich bei der Bestellung und dem Empfang von Waren an ein exakt definiertes Zeitfenster halten. Die Vertikalisierung in Verbindung mit effizienter Logistik ermöglicht es, schnell auf die Marktnachfrage zu reagieren und sowohl just-in-time zu produzieren als auch auszuliefern.

5. Retailing-Prozess

Das Ladengeschäft bildet nicht den Schlusspunkt des Prozesses, sondern markiert einen Neubeginn der Prozesse, indem es als Sammelstelle für Informationen über die Marktsituation fungiert, die den Design-Teams neue Anregungen und Aufschlüsse über Trendänderungen bei der Kundennachfrage geben.

Während andere Bekleidungsunternehmen ca. 3,5 % ihrer Umsätze zu Werbezwecken verwenden, fließen bei Inditex in diesen Bereich lediglich 0,3 % ein. Der Gestaltung des Verkaufsgeschäfts wird sowohl im Innen- als auch im Außenbereich bevorzugte Aufmerksamkeit zuteil. Eine entscheidende Rolle fällt dabei der Attraktivität der Schaufensterdekoration zu, welche die eigentliche Werbung für die Handelsketten von Zara an ausgewählten Standorten der Welt darstellt. Die Bedeutung Letzterer wird insofern deutlich, als dass in der Unternehmenszentrale regelmäßig 25 Musterschaufenster in Originalgröße mit spezieller Beleuchtung aufgebaut sind, deren Wirkung bei Tag und bei Nacht analysiert wird, und für die Auslagen weltweit bindend sind. Bei der Gestaltung des Innenbereichs liegt die Zielsetzung in der Schaffung eines transparenten Raums, in dem die Kleidung die Hauptrolle spielt und alle Barrieren zwischen Kleidungsstücken und Kunden aufgehoben sind.

Die Entwicklungsstrategie der Vertriebsmarken von Inditex besteht in der Integration eigener Verkaufsgeschäfte, d.h. von Filialen, die durch vollständig oder mehrheitlich im Besitz von Inditex befindliche Gesellschaften verwaltet werden. Wie dargestellt, trifft dies auf 90 % der in Eigenbesitz befindlichen Zara-Filialen zu. Auf Märkten mit geringerem Verkaufspotenzial oder kulturellen Unterschieden hat der Konzern sein Filialnetz durch Franchising-Verträge mit örtlich führenden Einzelhandelsunternehmen ausgebaut. Auf diese Weise erreicht Inditex ein weit gehend zentrales Management und ein globales Image bei internationalen Kunden.

III. Kernprozesse des Supply-Chain-Managements im Überblick

Wie verdeutlicht, hat Zara eine hocheffiziente Supply-Chain als zentralen Wettbewerbsvorteil entwickelt. Die wesentlichen Merkmale des Supply-Chain-Managements können wie folgt zusammengefasst werden:

- maximale Geschwindigkeit
- kontrolliertes Design
- vertikale Integration
- ungehemmter Informationsfluss
- modernste IT-Systeme
- optimierte Warenströme
- Investitionen in Prozesse anstatt in Werbung und Preisreduktionen.

Maximale Geschwindigkeit

„Speed" ist das zentrale Merkmal der „fast fashion"-Retailer. Zara hat diese strategische Gruppe durch die Optimierung seiner Supply-Chain entscheidend geprägt. Als Resultat dieser Optimierung hat Zara – wie hervorgehoben – erreicht, dass ein Kleidungsstück die gesamte Prozesskette vom Design über die Produktion, Auslieferung sowie Verfügbarkeit in einem der weltweiten Stores innerhalb von 15 Tagen durchlaufen kann (siehe Abbildung 5.60). Demzufolge bringt Zara in einem Jahr bis zu 24 Kollektionen auf den Markt.

Abbildung 5.60: Zeitliche Optimierung von Prozessen bei Produkten mit hohem Fashion-Anteil durch Vertikalisierung

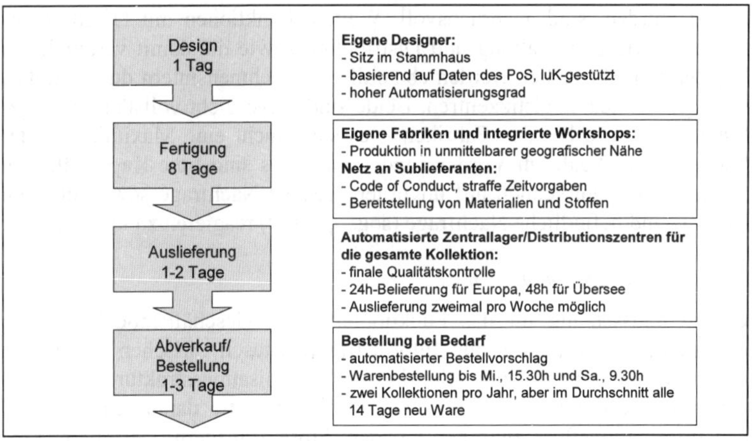

Quelle: Ferdows/Lewis/Machuca 2005, S. 84.

Kontrolliertes Design

Da die hohe Geschwindigkeit bzw. die sehr geringe „time to market" in Zaras Wertschöpfungsprozess klar im Vordergrund steht, weiten sich die strikten Kontrollen auch auf das Design aus. Zara rekrutiert bewusst keine Stardesigner, sondern setzt auf junge Nachwuchsdesigner, die meist direkt von der Hochschule kommen. Das Maß an Kreativität in Zaras Design-Abteilung ist durch eng gesetzte Parameter, die sich aus Effizienz- und Schnelligkeitsaspekten ergeben, eingeschränkt. So steht den Designern bspw. nur eine minimale Anzahl an Mustern zur Verfügung. Bei den benötigten Stoffen,

Garnen und Tüchern wird aus Kosten- und Zeitgründen nur auf vorhandenes Material zurückgegriffen. Durch diese Vorgehensweise wird in Kauf genommen, dass die letztendlich entwickelte Mode nur annähernd, nicht aber vollständig, den Mustern entspricht. Der Vorteil dieser Vorgehensweise besteht darin, dass der Produktionsprozess nicht unterbrochen werden muss, da nicht auf die Lieferung von Komponenten gewartet werden muss.

Vertikale Integration

Die vertikale Integration bedeutet, dass die Geschäftsprozesse wertschöpfungsstufenübergreifend organisiert werden und die klassische Aufgabenteilung zwischen Produktion und Handel aufgelöst wird. Zara hat sich vom reinen Textilproduzenten zum vertikal integrierten Textilunternehmen entwickelt und führt einen Großteil der absatz- sowie beschaffungsseitigen Wertschöpfungsfunktionen selbst oder zumindest in Kontrolle der Wertschöpfungskette aus.

Realtiv zur konventionellen Praxis im Fashion-Handel hat Zara nicht einen Großteil der Produktion ausgelagert, sondern im eigenen Hause behalten. Den getätigten Investitionen in **„capital assets“** verdankt Zara eine erhöhte Flexibilität und Kontrolle über Produktionspläne und -kapazitäten, gleichzeitig wird eine hohe Abhängigkeit von externen Zulieferern verhindert. Die automatisierten **Just-in-time-Systeme**, die in Kooperation mit Toyota konzipiert wurden, sind anspruchsvoll. Weitere Funktionen mit Outsourcing-Potenzial wie Lagerhaltung und Distribution sowie die damit verbundenen logistischen Aktivitäten werden ebenfalls unternehmensintern durchgeführt, und zwar in den Logistikzentren. Beide sind meist nicht vollständig ausgelastet und – wie bei den Fabriken – es steht nicht eine Maximierung der Economies of Scale im Vordergrund, sondern es sind freie Kapazitäten zu „reservieren“, um schnell auf unvorhergesehene Nachfrage sowie auf dem Höchststand befindliche Nachfrage (sog. „peaks“) reagieren zu können.

Ungehemmter Informationsfluss

Grundvoraussetzung für das Funktionieren des Geschäftsmodells ist der unmittelbare und umfassende Informationsaustausch zwischen sämtlichen Akteuren der Supply-Chain. So sind die Organisationsstrukturen und Arbeitsprozesse durch gezielten Abbau von Bürokratie darauf ausgerichtet, den Informationsfluss zwischen Kunden, Store-Managern, Designern, Produktionspersonal, Lagerleitern sowie Distributeuren zu erleichtern. Um eine schnelle und direkte Kommunikation zu fördern, hält Zara die drei Geschäftsbereiche Herren-, Damen- und Kinderbekleidung getrennt, obwohl dadurch Mehrkosten entstehen bzw. Kosten durch Nicht-Nutzung möglicher Synergieeffekte nicht optimiert werden. Aus Sicht des Unternehmens ermöglicht die Beibehaltung dreier, parallel operierender Kanäle mit eigener Beschaffung, eigener Produktionsplanung, eigenem Design und eigenem Vertrieb eine flexiblere Steuerung der Supply-Chain.

Um einen optimalen Informationsaustausch zwischen Designern, Marktspezialisten sowie Beschaffungs- und Produktionsplanern zu gewährleisten, sind die Mitglieder dieser drei Funktionsgruppen in räumlicher Nähe angesiedelt. Dies erleichtert ihnen die Bildung von funktionsübergreifenden Teams, um sich abzustimmen, wodurch die Geschwindigkeit sowie die Qualität des Designprozesses entscheidend erhöht werden.

Modernste IT-Systeme

Der Austausch von Informationen wird wesentlich durch den Einsatz modernster IT-Systeme gefördert. So werden in der Kommunikation zwischen Store-Managern und Marktspezialisten in der Unternehmenszentrale verstärkt PDAs eingesetzt, um sowohl Bestellungen und Abverkaufszahlen als auch Kundenmeinungen und Gerüchte über neue Modetrends zu übermitteln. Die Designer arbeiten mit **„computer-aided design"-Systemen**, in denen sie das „Finetuning", z.B. hinsichtlich der Farben, vornehmen und die Informationen in Realzeit an bestimmte Maschinen in den Fabriken weiterleiten können. Die Bewegungen einzelner Stoffteile, die noch zu einem Kleidungsstück zusammengefügt werden müssen, können anhand von Barcodes durch den gesamten Produktionsprozess nachvollzogen werden.

Durch die Datenaktualisierung und die vertikale Integration gelingt es Zara, bspw. den sog. **„bullwhip effect"** abzuschwächen. Hiermit ist gemeint, dass sich kleine Abweichungen, z.B. von Bestellmengen, beim Durchlaufen der Supply-Chain tendenziell vergrößern. So kann aus einer kleinen Bestellmenge oder einer kleinen Änderung einer bestehenden Order, die vom Händler angegeben wird, durch die weiteren Übermittlungsvorgänge, zunächst zum Großhändler, dann zum Lieferanten und ggf. zum Vorlieferanten, eine substanzielle Vergrößerung der ursprünglich angegebenen Menge entstehen. Die Variabilität der Nachfrage steigt dabei zunehmend, je weiter man sich entlang der Supply-Chain bewegt. Ein mit modernster IT-Infrastruktur ausgerüstetes vertikales Unternehmen kann diesen unvorteilhaften Effekt mittels fortlaufender Datenaktualisierung und -übertragung minimieren.

Optimierte Warenströme

Neben den Informationsströmen werden auch die Güterströme genauestens im Voraus geplant. Die aufeinander folgenden Schritte in der Prozesskette sind dabei eng getaktet und nahezu synchron aufeinander abgestimmt. So gibt es für jeden Store-Manager zweimal pro Woche speziell definierte, verbindliche Zeitfenster zur Orderplatzierung. Das **„order fulfillment"** als nächster Teilprozess läuft ebenso exakt geplant und verlässlich ab. Die bestellte Ware wird im Verteilzentrum über Nacht für das jeweilige Outlet vorbereitet und meist per Lkw oder Flugzeug ausgeliefert. Der genaue Zeitpunkt des Eintreffens der Ware kann vom Store-Manager exakt vorausberechnet werden, da die vorgesehene Belieferungsdauer konstant eingehalten wird. Diese beträgt bspw. innerhalb von Europa i.d.R. 24 Stunden, für die US-amerikanischen Outlets zwei Tage und für die asiatischen Outlets drei Tage. Das Eingliedern der Ware in die Verkaufsräume kann unverzüglich nach ihrem Eintreffen erfolgen, da sie i.d.R. bereits ausgezeichnet ist und z.T. präsentationsfertig angeliefert wird.

Investitionen in Prozesse anstatt in Werbung und Preisreduktionen

Wie angedeutet, geht ein Großteil der Investitionen von Zara in den Bereich der Supply-Chain-Prozesse, um durch deren Optimierung eine Verringerung der „lead times" zu erreichen. Lediglich 0,3 % des Umsatzes investiert das Unternehmen durchschnittlich pro Jahr in Werbung, d.h., die Schaufenster- und Ladendekorationen fungieren als primäre Kommunikationsmedien. Auch auf die Vermeidung von Preisnachlässen wurde bereits verwiesen.

IV. Fazit und Ausblick

Insgesamt kann Zaras Supply-Chain-Strategie als ein Konzept beschrieben werden, das **„agility"** und **„leanness"** miteinander verbindet. Während „leanness" i.S. von „lean manufacturing" einen Lagerbestand minimierenden JIT-Ansatz impliziert, der aber am besten bei der Produktion hoher Stückzahlen und wenig Variabilität in einem eher stabilen Umfeld eingesetzt wird, geht Agilität darüber hinaus. Sie zeichnet sich durch Marktsensitivität, Virtualität, Prozessintegration und Netzwerkstrukturen aus (siehe Abbildung 5.61).

Abbildung 5.61: Charakteristika der agilen Supply-Chain

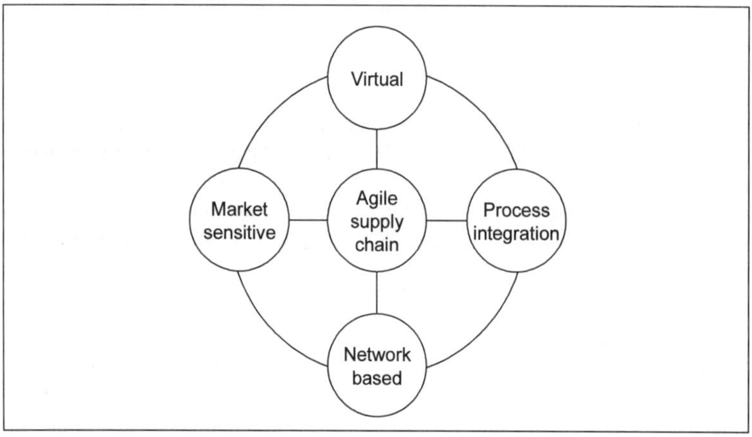

Quelle: Martin 2000, S. 40.

Zaras Supply-Chain kann als marktsensitiv charakterisiert werden, da sie an Maßnahmen des ECR bzw. Quick-Response in der Fashion-Branche erinnert, z.B. durch die direkte Übermittlung von PoS-Daten mittels Electronic Data Interchange (EDI) und das Eingehen auf tatsächliche Nachfrage, wenngleich sie parallel auch prognoseorientiert operiert. Durch integrativen und kooperativen Informationsaustausch werden Supply-Chain-Partnerprozesse integriert, sodass letztendlich ein netzwerkartiges Gebilde entsteht, wie es Zara und die in unmittelbarer Umgebung befindlichen Kleinunternehmen darstellt.

Insgesamt zeichnet sich das SCM von Zara vorrangig durch drei zentrale Prinzipien aus, die als Benchmarks angesehen werden können:

- **„Close the communication loop“:** Sowohl analytische Daten als auch „weiche“ Informationen können schnell von den Kunden zu den Designern und den Produktionsstätten gelangen. In diesem Zusammenhang können auch Materialien und Produkte auf jedem ihrer Schritte durch die Supply- Chain verfolgt und kontrolliert werden, inklusive des Bestandes in der Auslage und den Schaufenstern der Stores. Das Ziel dabei besteht darin, den Informationskreislauf zwischen den Endkunden und den vorgelagerten Prozessen Design, Beschaffung, Produktion und Distribution so schnell und direkt wie möglich zu gestalten, um strategischen Nutzen daraus zu ziehen.
- **„Stick to a rhythm across the entire chain“:** Bei Zara sind schnelles Timing der Prozesse und Synchronität vorbildlich und von zentraler Bedeutung. Diesbezüglich kann die strategische Gestaltung der Supply-Chain dahingehend charakterisiert werden, als dass finanzielle Mittel in alle Bereiche investiert werden, die dazu beitragen, die Reaktionsgeschwindigkeit, Flexibilität und Effizienz der Supply-Chain als Ganzes weiterzuentwickeln und zu verstärken.
- **„Leverage your capital assets to increase supply chain flexibility“:** Zara hat hohe Kapitalinvestitionen in seine Produktions- und Distributionskapazitäten getätigt und nutzt diese zur Steigerung der Effizienz und Flexibilität der Supply-Chain vor dem Hintergrund einer konsequenten Kundenorientierung. Selbst neue – und für die Fashion-Branche durchaus charakteristische – schwankende Kundenbedürfnisse können so kurzfristig identifiziert und in einen Wettbewerbsvorteil verwandelt werden. Komplexere und exklusivere Produkte mit hohem Fashion-Anteil werden als Kernkompetenz inhouse gefertigt, entsprechend in den Stores positioniert und sorgen für einen Imagetransfer auf das gesamte Sortiment.[1]

Die Vertikalisierung und daraus folgend das „design-on-demand“ bzw. Quick-Response bilden die Kernerfolgsfaktoren, wodurch Zara in der Lage ist, aktuelle Trends und Kundenwünsche direkt umzusetzen. Hier wurde deutlich, dass nicht einzelne Schnittstellen oder Prozesse optimiert werden, sondern die Supply-Chain insgesamt konfiguriert wird. Aus den auf diese Weise generierten Leistungen resultiert ein Imagetransfer auf die gesamte Kollektion und eine USP am Markt. Die Konsequenz sind kurzfristige Erfolge, wie die erzielbaren höheren Verkaufspreise sowie geringere Abschriften – für 80-85 % der verkauften Produkte wird der volle Verkaufspreis realisiert –, Umsatzwachstum und trotz höherer Kosten auch ein Gewinnwachstum. Langfristig liegt die USP in dem nur schwer nachzuahmenden Geschäftsmodell.

---

[1] Ähnlich wie viele seiner Konkurrenten beschafft und produziert Zara zugleich den längerfristig geplanten Teil der Sortimente mit den üblichen Vorlaufzeiten in Osteuropa oder Asien. Wie erwähnt, sind die Produktionskosten für Zara-Produkte höher als bei ähnlichen Produkten der Konkurrenz (Lyne 2002, S. 175f.).

Anbetrachts dieser Basis sowie der jüngsten Erfolge hebt Zara für die Zukunft auch beim Wachstum den Faktor „speed“ hervor. Das Unternehmen plant bis zum Jahre 2009 sowohl den Umsatz als auch die Anzahl der Outlets mehr als zu verdoppeln. Angestrebt werden ein Umsatz von 10 Mrd. EUR sowie 4.000 eigene Outlets. Es wird interessant zu beobachten sein, wie Zara diese revolutionäre und internationale Entwicklung – nach Jahren moderaten Wachstums seit dem Gründungsjahr 1975 – organisatorisch und wettbewerbsstrategisch meistern wird.

Sechstes Kapitel

Die Konzepte der Führung

A. Gegenstand

Die Unternehmensführung bezieht sich auf die Steuerung des Gesamtsystems und umfasst grundlegende Entscheidungen und Handlungen, welche „die Gestaltung und [...] Koordination der Unternehmens-Umwelt-Interaktion im Rahmen des Wertschöpfungsprozesses zum Gegenstand haben" (Macharzina/Wolf 2005, S. 42ff.).

Für die marktorientierte Unternehmensführung im Handel ist die Ausrichtung des gesamten Unternehmens an den Kunden als auch an den Wettbewerbern von zentraler Bedeutung, wobei das Führungssystem aus folgenden Teilsystemen besteht:

- ♦ Planungssystem
- ♦ Organisationssystem
- ♦ Personalsystem
- ♦ Informations- und Kontrollsystem.

Abbildung 6.1: Konzept der marktorientierten Unternehmensführung

Quelle: in Anlehnung an Homburg/Krohmer 2006, S. 1279.

Der **Unternehmenskultur** kommt im Hinblick auf die marktorientierte Führung von Handelsunternehmen eine besondere Stellung zu, da sie v.a. im Rahmen des kundenorientierten Verhaltens der Mitarbeiter den Markterfolg und den wirtschaftlichen Erfolg des Unternehmens mitbestimmen kann, aber auch über die Teilsysteme der Führung ihre Wirkung entfaltet. Somit ergibt sich über die marktorientierte Ausrichtung der Teilsysteme der Unternehmensführung eine Wirkungskette, die über die Kundenzufriedenheit und -loyalität zum Markterfolg und schließlich zum wirtschaftlichen Erfolg des Handelsunternehmens sowie zur Generierung von **Shareholder-Value** führt (siehe Abbildung 6.1).

Eine an den Kunden und Wettbewerbern ausgerichtete Planung, auf die im Zweiten Kapitel eingegangen wurde, bildet die Grundlage für eine marktorientierte Unternehmensführung. Dies beinhaltet, dass markt- und insbesondere kundenbezogene Aspekte sowohl bei der Entwicklung der Unternehmensstrategie als auch bei der Festlegung des strategischen und operativen Plans berücksichtigt werden (vgl. Homburg/Krohmer 2006, S. 1303). Demnach muss die strategische Stoßrichtung des Handelsunternehmens bspw. etwaigen Marktanteilsverschiebungen oder geänderten Kundenbedürfnissen Rechnung tragen. Eine marktorientierte Entwicklung des Unternehmensplans kann z.B. dadurch realisiert werden, dass die Pläne sämtlicher Funktionsbereiche aus dem Marketing- und Vertriebsplan abgeleitet werden. Hinsichtlich des strategischen und operativen Plans selbst sind kundenbezogene Ziele, so bspw. ein bestimmtes Maß an Kundenzufriedenheit, stärker zu gewichten und für die spätere Durchführung kundenorientierter Aktivitäten ist ein entsprechendes Budget aufzustellen.

Die Teilsysteme Organisation, Personal sowie Information und Kontrolle und deren marktorientierte Umsetzung stehen in den folgenden Abschnitten im Vordergrund. Hinsichtlich des Informations- und Kontrollsystems wird dabei auf das Controlling im Handel fokussiert. Anschließend wird der Aspekt des organisationalen Wandels, der im **Konzept des fortschrittsfähigen Handelsunternehmens** zum Ausdruck kommt, aufgegriffen. Hier geht es darum, welche Optionen Handelsunternehmen ergreifen können, um eine permanente, marktorientierte Weiterentwicklung des gesamten Unternehmens zu ermöglichen. Nach einer kurzen Diskussion des Innovationsmanagements und der nachhaltigen Unternehmensführung bildet eine umfassende Fallstudie, die nochmals die Bedeutung der Personalführung und -entwicklung für den Handel herausstellt, den Abschluss dieses Kapitels.

B. Organisationsarten und -strukturen im Handel

I. Grundlagen

1. Begriffliche Abgrenzungen

Das komplexe, arbeitsteilige Geschehen in Handelsunternehmen muss sich innerhalb einer bestimmten Ordnung vollziehen, die zu planen und durch organisatorische Maßnahmen umzusetzen ist. Den weiteren Ausführungen wird folgende Definition zu Grunde gelegt:

Organisation ist die durch generelle Regeln geschaffene Ordnung eines sozialen Systems, die das Verhalten der Unternehmensmitglieder auf ein gemeinsames Ziel ausrichtet (Schreyögg 2003, S. 5; Wöhe 2005, S. 131).

Damit wird dem instrumentellen Organisationsbegriff von Schreyögg und Wöhe gefolgt, der auf die Organisationsstruktur eines Unternehmens abzielt. Im institutionellen Sinn wird Organisation hingegen mit einem sozialen bzw. sozio-technischen System gleichgesetzt. Der funktionelle Begriff stellt auf die Tätigkeit des Organisierens ab und sieht die Organisation somit als Instrument zur Umsetzung von Strategien und zur Realisierung von Unternehmenszielen an (vgl. Schreyögg 2003, S. 11; Staehle 1999, S. 671).[1] Ziel der Organisation ist es, einen Ordnungsrahmen für die effiziente und effektive Gestaltung der Leistungsprozesse zu schaffen.

2. Selbst- versus Fremdorganisaton

Im Mittelpunkt der klassischen Organisationstheorie steht das Entwerfen und Implementieren von Organisationsstrukturen (vgl. Schreyögg 2003, S. 36; Probst 1987a, S. 87), die sich auf generelle und fallweise Regelungen stützen. Während sich generelle Regelungen auf Vorgänge geringer Variabilität beziehen, sollen fallweise Regelungen eine Anpassung an veränderte Bedingungen ermöglichen. Zu letzteren zählen einmalig wirksame Regelungen (Disposition) sowie vorläufig wirksame Regelungen (Improvisation).

Vor dem Hintergrund des permanenten und diskontinuierlichen Wandels im Umfeld wird deutlich, dass ein Handelsunternehmen dieser Dynamik nicht mit einer höheren Regelungsdichte begegnen kann. Die Nicht-Steuerbarkeit von Märkten erfordert neue organisatorische Lösungen, zumal traditionelle Organisationsformen und -strukturen im veränderten Umfeld kaum noch die für eine erfolgreiche Unternehmensführung erforderliche Geschwindigkeit in den Entscheidungs- und Abstimmungsprozessen ermöglichen und Innovationsprozesse hemmen.

Bedingt durch die zunehmende Kritik an der klassischen Organisationstheorie, der ein **mechanistisches Welt- und Menschenbild** zu Grunde liegt, zeichnet sich seit einigen Jahren ein Paradigmenwechsel hin zu systemtheoretischen Ansätzen ab. Hier kommt insbesondere der Autopoiesetheorie große Bedeutung zu (vgl. hierzu die Ausführungen in Abschnitt E.I. des Ersten Kapitels). Organisation wird nicht mehr als ein System ordnungs- und stabilitätsorientierter Regeln zur Steuerung des Unternehmens verstanden, in dem Aufbau- und Ablauforganisation zur Reduktion der Umweltkomplexität beitragen sollen, sondern als ein System, das aus Organisation und Selbstorganisation hervorgeht, Störungen aufnimmt und strukturelle Kopp-

[1] Darüber hinaus kann zwischen innerer und äußerer Organisation unterschieden werden. Während die innere Organisation die Aufbau- und die Ablauforganisation des Handelsunternehmens unabhängig von der Rechtsform beschreibt, wird die äußere Organisation durch gesetzliche Vorschriften bestimmt (vgl. Braun 2003, S. 2).

lungen sowie Sinnangebote herstellt (vgl. Schüppenhauer 1997, S. 256ff.; Schmidt 1994, S. 23).

II. Organisationsarten im Handel

1. Aufbauorganisation

a) Grundlagen

Im Zuge der Gestaltung der Aufbauorganisation erfolgen die Aufgabengliederung, die Bildung von Organisationseinheiten und die Regelung der Weisungs- und Informationsbeziehungen zwischen den Organisationseinheiten (Braun 2003, S. 2). Aus der Aufbauorganisation geht also die **hierarchische Struktur** des Unternehmens hervor.

Mit der Bildung der Organisationseinheiten ist die Verteilung der Aufgaben und Kompetenzen auf die Mitarbeiter verbunden, wobei für die Arbeitsteilung im Handelsunternehmen zwei Prinzipien in Frage kommen: Bei einer Mengenteilung werden alle im Unternehmen anfallenden Aufgaben in gleicher Weise auf die Mitarbeiter verteilt. Im Falle der Artenteilung, die eine Spezialisierung der Mitarbeiter ermöglicht und sich u.a. in einer höheren Produktivität niederschlagen kann (Oehme 1993, S. 82), werden einzelne Eigenschaften der Aufgaben, so bspw. deren Funktion, als Kriterium zur Arbeitsteilung herangezogen (Müller-Hagedorn 1998, S. 573).

Die Verteilung der Aufgaben auf verschiedene Mitarbeiter erfordert jedoch in weiterer Folge Maßnahmen zur Koordination der Tätigkeiten, um die sog. **Schnittstellenproblematik** bewältigen zu können. Diese ergibt sich im Handel insbesondere zwischen den Funktionen Einkauf und Verkauf.

Die Aufbauorganisation setzt sich aus folgenden Subsystemen zusammen:

- *dem Stellensystem (Aufgabenbündelung, Zuordnung von Kompetenzen und Verantwortung)*
- *dem Leitungssystem (hierarchische Über- und Unterordnung, Festlegung der Stellvertretung)*
- *dem Informationssystem (Informationswege)*
- *dem Kommunikationssystem (Kommunikationswege und -beziehungen)*
- *dem Sachmittelsystem.*

b) Aufgabenanalyse und -synthese

Im Rahmen der Aufgabenanalyse wird die Gesamtaufgabe des Handelsunternehmens in Teilaufgaben, wie bspw. Kundennutzen schaffen, Sortimente erstellen oder Werbeaktivitäten durchführen, zerlegt. Als Orientierungsrahmen kann dabei das **System der Handelsfunktionen** (vgl. hierzu Diller 2007, S. 28, basierend auf Ahlert 1996, S. 12) herangezogen werden.

Die Teilaufgaben werden anschließend nach zusammengehörenden Aufgabenbereichen gegliedert und in Abhängigkeit der mit der Ausführung der Aufgabe verbundenen Ansprüche kategorisiert. Des Weiteren wird der Arbeitsaufwand je Teilaufgabe ermittelt. Zudem zeigt die Aufgabenanalyse, dass Anzahl, Art und Umfang der Aufgaben und damit auch die an die Aufgabenanalyse anschließende Aufgabensynthese sowie die Organisationsstruktur von unterschiedlichen Faktoren abhängen. Zu diesen zählen (vgl. Oehme 1993, S. 101f., S. 109ff.):

- Die **Betriebsgröße** (Klein-, Mittel- und Großbetrieb), die den Arbeitsumfang und damit das Ausmaß der Arbeitsteilung beeinflusst.
- Die **Organisationsform** (bspw. Einzelunternehmen, Filialunternehmen oder Handelsgruppe), die sich auf die Aufgabenstruktur auswirkt.
- Die **Handelsstufe** (Einzel- oder Großhandel), die den Inhalt der Aufgaben beeinflusst.
- Die **Vertriebsform bzw. der Betriebs- oder Vertriebstyp**, die den Umfang des Leistungsprozesses bestimmt, wobei sich unterschiedliche Handelsleistungen u.a. im Sortimentsumfang oder in der Ausstattung mit Sachkapital niederschlagen. So hat bspw. ein Fachgeschäft im Vergleich zu einem Discounter mehr Aufgaben zu erfüllen.
- Die **Markt-** und **Konkurrenzsituation**, die eine Änderung des Umfangs der Handelsleistung erforderlich machen kann.
- Eine etwaige **Delegation** von Aufgaben, die an Lieferanten (Industrie oder Großhandel), externe Dienstleister, aber auch zum Verbraucher hin erfolgen kann (Outsourcing) und den Aufgabenumfang, die eingesetzten Betriebsmittel, den organisatorischen Aufwand und die Kosten des Handelsbetriebes beeinflusst.
- Der **Grundriss** und die **Größe der Geschäftsräume** (Verkaufs-, Lager- und Nebenräume), welche die Prozesse im stationären Handel bestimmen.
- Die **Branche** und das **Sortiment**, die sich insbesondere auf den Organisationsumfang auswirken. So ist bspw. das Führen von Frischware im Lebensmittelhandel mit der Organisation zusätzlicher Aufgaben verbunden, die in anderen Branchen nicht erforderlich sind.
- Etwaige **Vorlieferanten**, die auf die Organisation des Handelsunternehmens über die Aspekte des Lieferrhythmus oder der Lieferzuverlässigkeit Einfluss nehmen.
- Die **Ausstattung mit Sachkapital**, die u.a. den Arbeitsumfang beeinflusst.

Angesichts der Entwicklungen, die in den letzten Jahren im Umfeld der Handelsunternehmen zu beobachten waren, sind darüber hinaus folgende Faktoren anzuführen:

- Die zunehmende **Internationalisierung**, die sich auf die Art und den Umfang der Aufgaben auswirkt und sich in der Organisationsstruktur niederschlägt.
- Die verbreitete Nutzung der neuen **Informations- und Kommunikationstechnologien**, die flache Hierarchien und neue Organisationsstrukturen (bspw. i.S. virtueller Organisationen) ermöglichen und die Art bzw. den Umfang der Aufgaben verändern. So führt die zunehmende Automatisierung und Mechanisierung zur Entlastung der Mitarbeiter – zumal nicht nur einzelne Arbeitsschritte, sondern ganze Teilaufgaben maschinell durchgeführt werden.

Edeka nutzt OPM in der Logistik

In einem neuen Lager in Hamm setzt die Edeka-Gruppe beim Handling des Trockensortiments auf die „Order Picking Machinery" (OPM), welche die Prozesse vom Wareneingang über die Kommissionierung bis zum Warenausgang automatisiert. Die auf Paletten angelieferten Waren werden automatisch depallettiert, auf Förderbändern zum Hochlager gebracht und dort mittels Plastikträgern (sog. Trays) eingelagert. Wenn eine Bestellung eingeht, plant eine Software die Anordnung der Kartons auf dem Rollcontainer oder den Paletten. Die Trays werden in der zuvor ermittelten Reihenfolge aus den Regalen geholt, über Förderbänder zur Belademaschine gebracht und dort auf die Palette oder den Rollcontainer verfrachtet. Damit diese Prozesse automatisch ablaufen können, müssen die Artikel vorab nur gescannt und vermessen werden.

Quelle: Lebensmittel Zeitung, 03. November 2006, S. 28f.

Neben den angeführten Kriterien muss bei der Organisation eines Handelsbetriebes beachtet werden, dass die Kapazitäten – im Gegensatz zum Produktionsbetrieb – nicht gleichmäßig ausgelastet sind. Im Einzelhandel hängt die Kapazitätsauslastung stark von der Kundenfrequenz ab, der Leistungsprozess im Großhandel hat sich hingegen an den Bestelleingängen zu orientieren. Da die Schwankungen in der Kapazitätsauslastung im Handel nicht durch die Lagerfunktion ausgeglichen werden können, ist bei der Organisation zwischen kundenabhängigen und kundenunabhängigen Aufgaben zu differenzieren (Oehme 1993, S. 107):

- **Kundenabhängige Aufgaben** können erst bearbeitet werden, wenn der Kunde das Geschäft betreten hat bzw. wenn seine Bestellung eingegangen ist.
- **Kundenunabhängige Aufgaben** können jederzeit erfüllt werden. Sie lassen sich rationell planen und organisieren. Durch die Selbstbedienungskonzepte im Handel hat sich der Anteil der kundenunabhängigen Aufgaben erhöht, dennoch ist regelmäßig zu überprüfen, ob sich nicht weitere kundenabhängige in kundenunabhängige Aufgaben transformieren lassen.

Service-on-Demand bei der Thalia Bücher AG

Angesichts der großen Nachfrageschwankungen im Buchhandel richtet die Thalia Bücher AG, die der Douglas-Gruppe angehört, ihren Personaleinsatz an der Kundenfrequenz aus. 400 verschiedene Arbeitszeitmodelle für ca. 570 Mitarbeiter ermöglichen eine Reduzierung der Leerzeiten und Randstunden.

Da die Zeiterfassung, Einsatzplanung und Personalbedarfsermittlung zusammengeführt und unternehmensweit vereinheitlicht wurden, können die Filialleiter den Personaleinsatz IT-gestützt auch über Filialen hinweg disponieren.

Quelle: Lebensmittel Zeitung, 10. November 2006, S. 47.

Abbildung 6.2: Grundriss der Organisationsgestaltung

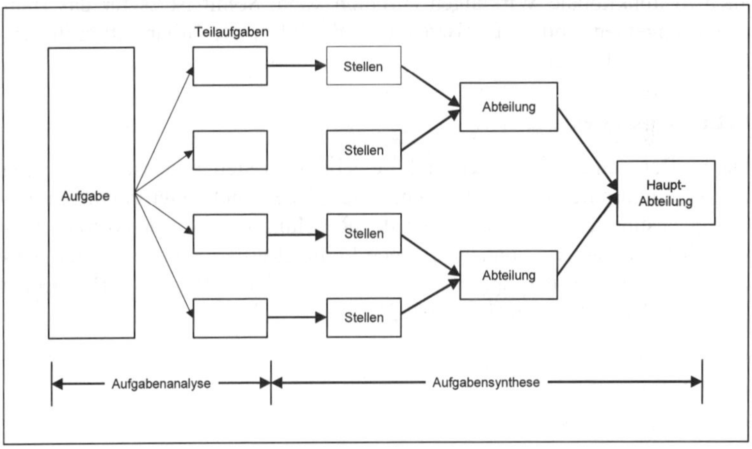

Quelle: Schreyögg 2003, S. 128.

Im Zuge der Aufgabensynthese, die an die Aufgabenanalyse anschließt, werden aus den Elementarteilen organisatorische Einheiten gebildet (siehe Abbildung 6.2). Den Mitarbeitern des Handelsunternehmens werden die Teilaufgaben des gesamten Leistungsprozesses zugeordnet, woraus letztendlich die Betriebsstruktur, also die Aufbauorganisation, hervorgeht. Darüber hinaus wird bei der Aufgabensynthese festgelegt, auf welche Art und Weise die Aufgaben zu erfüllen sind. Dadurch wird die Ablauforganisation konkretisiert. Typische Fragestellungen in Bezug auf die Aufbauorganisation im Handel sind z.B.: Welche Mitarbeiter sind für das Kassieren zuständig? Welche Mitarbeiter üben die Kontrolle aus?

In einem ersten Schritt werden die Teilaufgaben nach dem Prinzip der Personenunabhängigkeit verschiedenen **Stellen** zugewiesen. Diese bezeichnen „ein auf das durchschnittliche Leistungspotenzial eines Mitarbeiters zugeschnittenes Bündel von Aktivitäten“ (Schreyögg 2003, S. 124). Nach Müller-Hagedorn (1998, S. 573f.) können für die Bildung von Stellen folgende Kriterien herangezogen werden:

- die Funktionsbereiche, in denen Aufgaben zusammengefasst werden
- die Ware bzw. Warengruppe, auf die sich die Aufgaben beziehen
- der Ort und/oder der Umfang der auszuführenden Tätigkeit
- die Kundengruppe, für die die Aufgabe erbracht wird.

Eine Stelle, die mit Weisungsbefugnissen ausgestattet ist, wird als **Instanz** bezeichnet und die Zusammenfassung mehrerer Stellen unter Leitung einer Instanz wird durch eine **Abteilung** repräsentiert.

Neben der formalen Organisation existiert in der Handelspraxis meist auch eine informale, so bspw. in Form von Gruppen mit eigenen Hierarchien und Sanktionssystemen, die zum Gelingen der Leistungsprozesse und zur Stabilisierung des Unternehmens beitragen (vgl. Schreyögg 2003, S. 15), aber auch dysfunktionale Wirkungen entfalten kann. Somit ist es für das Handelsmanagement von großer Bedeutung, die informale Organisation im Unternehmen zu kennen.

c) Leitungssysteme

Die im Rahmen der Aufgabensynthese gebildeten Stellen müssen rangmäßig in eine Hierarchie gebracht werden, sodass Über- und Unterordnungen eindeutig bestimmt sind. Hinsichtlich der Regelung der Weisungs- bzw. Entscheidungsbefugnisse können folgende Leitungssysteme unterschieden werden (vgl. hierzu Schreyögg 2003, S. 159f.; Staehle 1999, S. 704ff.; Oehme 1993, S. 118ff.; Tietz 1993b, S. 920ff.):

- Einliniensystem
- Mehrliniensystem
- Stab-Linien-System.

Beim **Einliniensystem**, das auf dem Prinzip der Einheit der Auftragserteilung basiert, sind die Mitarbeiter jeweils nur einem weisungsbefugten Vorgesetzten unterstellt. Anweisungen werden top-down erteilt, Rückfragen usw. erfolgen bottom-up. Problembehaftet ist einerseits die Vernachlässigung von Querschnittsregelungen, die zu einer Rückdelegation der ungelösten Probleme führen kann, und anderseits die Schwerfälligkeit auf Grund der notwendigen Einhaltung der Dienstwege. In **Mehrliniensystemen** haben die Mitarbeiter mehreren Vorgesetzten zu berichten, wobei das sog. Funktionsprinzip zum Tragen kommt: Der für eine bestimmte Aufgabe spezialisierte Vorgesetzte erteilt die Weisungen. Zu unterscheiden sind dabei der Fachvorgesetzte und der disziplinarische Vorgesetzte. Durch die **Stab-Linien-Organisation** sollen die Vorteile des Einliniensystems mit jenen der Spezialisierung verbunden werden. Aufgabe der Stäbe ist es, die Linieninstanzen z.B. durch Übernahme der Informationssammlung und Entscheidungsvorbereitung zu entlasten. In der Praxis führt die Implementierung von Stäben häufig zu Konflikten, da nur die Linien weisungs- und entscheidungsbefugt sind, die Stäbe auf Grund ihres Fachwissens jedoch den Informationsfluss lenken und somit die Entscheidung der Instanzen beeinflussen können.

Hinsichtlich der Entscheidungsbefugnis ist zwischen der Entscheidungszentralisation und der -dezentralisation zu unterscheiden. Im Falle einer **Zentralisation** der Entscheidungsmacht werden alle anstehenden Entscheidungen durch die Unternehmensleitung getroffen (vgl. Tietz 1993b, S. 912), wohingegen die Entscheidungskompetenzen bei der **Dezentralisation** mehreren Stellen oder Abteilungen zugewiesen werden. Eine Entscheidungsdezentralisation findet sich bspw. in modularen Organisationen. Diese setzen sich aus kleinen, kundenorientierten Prozesseinheiten zusammen, die für das erwirtschaftete Ergebnis selbst verantwortlich sind (vgl. Picot/Reichwald/ Wigand 2003, S. 5, S. 230ff.).

Die jeweilige Zuordnung von Kompetenz und Verantwortung hängt von der Eigenart des Entscheidungsfeldes ab, wobei – neben den angeführten zentralen und dezentralen Entscheidungen – zwischen Individual- und Kollektiventscheidungen sowie Führungs- und Ressortentscheidungen zu differenzieren ist (vgl. hierzu Tietz 1993b, S. 911f.).

Im Handel wird überwiegend auf eine Kombination aus zentraler und dezentraler Entscheidungsfindung gesetzt, wobei je nach Organisationsstruktur zentrale oder dezentrale Regelungen überwiegen (siehe Abbildung 6.3).

Abbildung 6.3: Beispielhafte Verteilung von Kompetenzen und Verantwortung im Handel

	Variante I		Variante II		Variante III	
	Zentrale	Filialen	Zentrale	Filialen	Zentrale	Filialen
Verkauf	X			X		X
Einkauf	X			X	X	

So wird der Einkauf des Grundsortiments meist über die Unternehmenszentrale abgewickelt, um die Bestellung der Sortimente effizienter zu gestalten und durch Bündelung des Einkaufs sowohl auf Prozess- als auch auf Kostenebene Synergieeffekte zu nutzen. Die Marktleiter der einzelnen Filialen können aber lokale Listungen vornehmen, um das Sortiment regional an die Kundenbedürfnisse anzupassen. Auch hinsichtlich des Verkaufs können zentrale und dezentrale Entscheidungsstrukturen kombiniert zum Einsatz kommen, wobei hier eine Dezentralisation überwiegt: Die Marktleiter sind für den in den einzelnen Filialen erwirtschafteten Gewinn bzw. Verlust eigenverantwortlich, haben jedoch eine größere Freiheit bei absatzpolitischen Entscheidungen, so z.B. bei der Durchführung von Aktionen.

Entscheidungsdezentralisation in Handelsunternehmen

Die Unternehmensphilosophie „Der Mensch steht im Mittelpunkt" bringt das Selbstverständnis von Media Markt zum Ausdruck, den Bedürfnissen und Wünschen der Kunden, Geschäftspartner und Mitarbeiter gerecht zu werden und findet seine organisationale Umsetzung in flachen Hierarchien und dezentralen Organisationsstrukturen: Jeder Media Markt stellt eine eigenständige Gesellschaft dar, wobei der jeweilige Geschäftsführer die Entscheidungen in Bezug auf die Sortiments- und Preisgestaltung, die Personalführung und Werbemaßnahmen trifft und für diese Bereiche die Verantwortung trägt.

Quelle: www.mediamarkt.de.

Der neue Rewe-Vorstand stoppt die Reform zur Zentralisation und will alle Holding-Funktionen auf ein Minimum reduzieren. Nur Logistik und IT sollen konzernübergreifend betrieben werden, die Entscheidungen in den Funktionen Einkauf (mit Ausnahme der Listung von Produkten und der Vereinbarung von zentralen Konditionen), Expansion, Personal, Rechungswesen und Marketing werden dezentralisiert. Darüber hinaus entscheidet jede Vertriebslinie autonom über die Berücksichtigung regionenspezifischer Besonderheiten. Dadurch sollen die Vertriebslinien mehr Profil erhalten und sich stärker auf den Wettbewerb ausrichten können. Um diese Reform der Reform durchzusetzen, wurde ein Expertenkreis aus zehn Managern gebildet, die in den Prozess der Neuorganisation eingebunden sind.

Quelle: Lebensmittel Zeitung, 10. November 2006, S. 6.

2. Ablauforganisation

a) Grundlagen

Die Ablauforganisation dient der Strukturierung der Arbeitsprozesse. Im Mittelpunkt stehen die Art und der Zeitpunkt der Aufgabenerfüllung und die zur Verfügung stehenden Sachmittel. Im Handel interessieren bspw. Folgende Fragestellungen (Oehme 1993, S. 113): Wann müssen die Kassen einsatzbereit sein? Aus welchen Arbeitsschritten setzt sich der Vorgang des Kassierens zusammen?

Die Ablauforganisation regelt somit die Beziehungen (Schüppenhauer 1997, S. 237)

- *„logischer Art, d.h., unter welcher Bedingung was zu tun ist,*
- *zeitlicher Art, d.h. die Aufgabenabfolge,*
- *räumlicher Art, d.h. der Ort der Aufgabenerfüllung, und*
- *mengenmäßiger Art, d.h., in welchen Gruppen die Aufgaben zu erfüllen sind".*

b) Arbeitsinhalte

Nach Tietz (1993b, S. 966f.) können in Bezug auf die Arbeitsinhalte folgende Punkte festgelegt werden:

- die Bestimmung der Einzelverrichtungen auf Grund der Aufgabe (Teilarbeiten und -prozesse, Arbeitsarten und Prozessschritte, Arbeitselemente und Programmschritte)
- die Zeitkomponenten (Zeitfolge, -dauer, -punkt)

- die Ortskomponenten (Arbeitsbereich, -weg, -ort)
- die Aufgabenträger, Gruppenzuordnung und Stellenzuordnung
- die Sachmittel (Werkzeuge, Geräte und Maschinen).

Abbildung 6.4: Beziehungen zwischen den Aufgaben nach Stellenbeschreibungen und Ablauforganisation

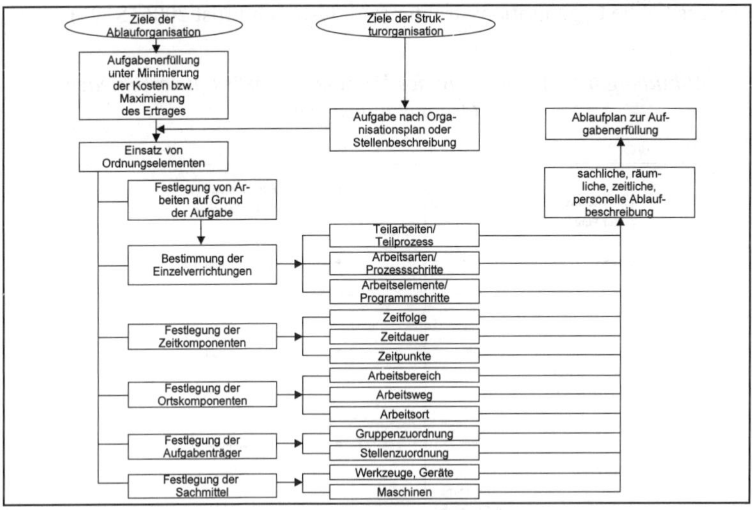

Quelle: Tietz 1993b, S. 968.

Die Aufgaben lassen sich nach Aufgabenarten, -qualitäten und -mengen sowie nach ihren zeitlichen Bezügen und der räumlichen Erfüllung gliedern. Abbildung 6.4 gibt einen Überblick über die dabei bestehenden Zusammenhänge.

Aufbau- und Ablauforganisation können auf Grund ihrer Wechselwirkungen nicht unabhängig voneinander betrachtet werden. Die Trennung in Aufbau- und Ablauforganisation ist sowohl auf der praktischen als auch auf der konzeptionellen Ebene problembehaftet: In der Praxis sind die beiden Bereiche so stark miteinander verwoben, dass eine getrennte Betrachtung nicht möglich ist. Konzeptionell gesehen, sind Struktur und Prozess, Aufbau und Ablauf analytisch kaum voneinander abzugrenzen (vgl. Schreyögg 2003, S. 121). So kann bspw. eine Organisationsstruktur nicht ohne Kenntnis der Prozessabläufe implementiert werden. Obwohl in der klassischen Ablauforganisation der Prozessgedanke thematisiert wird, greift er unter dem Aspekt der Ganzheitlichkeit zu kurz. Dies wird insbesondere vor dem Hintergrund der geforderten kundenorientierten Leistungserstellung deutlich. Die Gründe hierfür sind einerseits in den Schnittstellenproblemen zu sehen, die sich durch die Trennung von Aufbau- und Ablauforganisation ergeben können. Andererseits werden bei der Planung und Implementierung von Organisationsstrukturen kaum kundenspezifische Kriterien berücksichtigt.

Abbildung 6.5 veranschaulicht das Ausmaß der Eingliederung von Funktionen in Unternehmensprozesse und damit die Ausprägung des Prozessgedankens in verschiedenen Organisationsformen. Demnach wird der Prozessgedanke in klassischen Organisationsstrukturen von Funktionen dominiert. Im reinen Prozessmodell finden sich hingegen durchgängige, ganzheitliche Prozesse, zumal funktionale Abteilungen aufgelöst und in die Prozesse integriert werden. Der Prozess dominiert – getreu dem Motto „structure follows process" – die Organisationsstruktur (vgl. Osterloh/Frost 2006, S. 94).

Abbildung 6.5: Ausprägung des Prozessgedankens in verschiedenen Organisationsformen

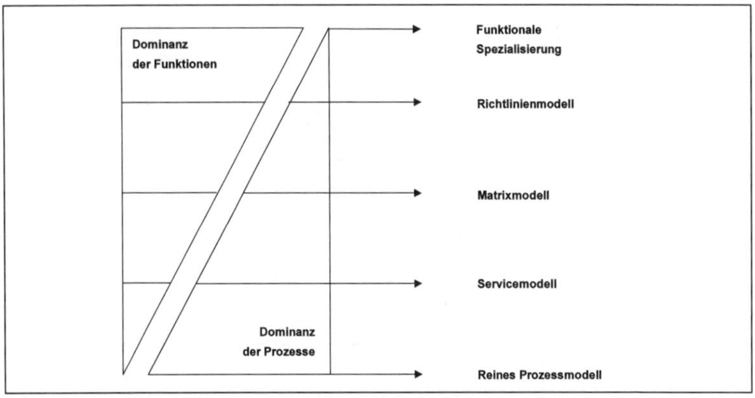

Quelle: Osterloh/Frost 2006, S. 111 (basierend auf Frese 2005, S. 492ff.; Picot/Dietl/Franck 2005, S. 293).

Richtlinien-, Matrix- und Servicemodell[1] bilden dabei die Übergänge zwischen reiner Ein- und Ausgliederung der Funktionen.

3. Prozessorganisation

a) Grundlagen

Durch die Implementierung einer Prozessorganisation wird die Trennung von Aufbau- und Ablauforganisation aufgehoben (Schreyögg 2003, S. 121). Der hohe Stellenwert der Prozessorientierung für das Handelsmanagement wurde bereits im Ersten Kapitel im Rahmen der Grundkonzeption eines fortschrittsfähigen Handelsunternehmens betont.

[1] Das Servicemodell beruht auf der Idee, dass der Prozessmanager auf die funktionalen Spezialabteilungen als interne Dienstleister zurückgreifen kann. Die internen Dienstleister entscheiden dabei selbstständig über die Art der Serviceleistung und stellen diese dann in Rechnung. Die Koordination erfolgt über den internen Markt.

Die Prozessorientierung stellt die neue Leitidee für die organisatorische Lösung in Handelsunternehmen dar. Dazu werden verschiedenartige, inhaltlich aber zusammengehörige Aktivitäten zu durchgängigen und funktionsübergreifenden Abläufen gebündelt und zu einem Ganzen verknüpft.

Die Prozessorganisation kann als **Input-Transformations-Output-Modell** gesehen werden, wobei die Kundenbedürfnisse und Lieferantenleistungen den Input darstellen und die durch die Unternehmensleistung erfüllten Kundenbedürfnisse den Output repräsentieren (vgl. Osterloh/Frost 2006, S. 100ff.). Diesen Zusammenhang veranschaulicht Abbildung 6.6.

Abbildung 6.6: Das Unternehmen als Prozessorganisation

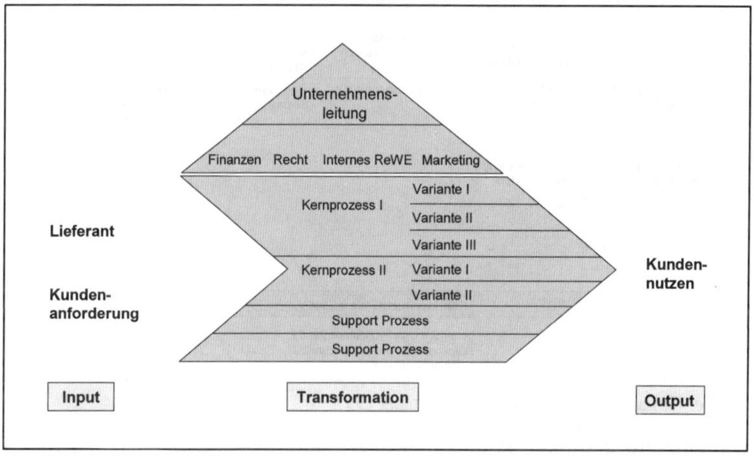

Quelle: in Anlehnung an Osterloh/Frost 2006, S. 101.

Der Input wird mittels Kern- und Supportprozessen in die Kundenleistungen transformiert. Unter Kernprozessen sind strategisch relevante Wertschöpfungsprozesse zu verstehen (Osterloh/Frost 2006, S. 100), bei denen sich Abweichungen vom Soll-Zustand im Unternehmenserfolg niederschlagen. Beispiele für derartige Prozesse sind der Aufbau eines kundengerechten Sortiments, die Abwicklung einer Kundenbestellung im Versandhandel oder die Bearbeitung einer Kundenanfrage. Supportprozessen kommt dagegen eine unterstützende Funktion zu.[1]

Allgemein kann der Prozess-Begriff wie folgt definiert werden:

„Ein Prozess beschreibt [...] den Fluss und die Transformation von Material, Informationen, Operationen und Entscheidungen" (Osterloh/Frost 2006, S. 33).

[1] Vgl. hierzu auch die Ausführungen in Abschnitt E.II.2. des Ersten Kapitels.

Die Entwicklung und Umsetzung der Prozesse stellen wichtige Managementaufgaben dar. Den Ausgangspunkt zur Identifikation der Prozesse bildet eine Gesamtbetrachtung des Unternehmens. Bei der Bestimmung der Kernprozesse ist darüber hinaus eine Analyse der Kundenanforderungen vorzunehmen. Die der Prozessorganisation zu Grunde liegenden Managementprozesse, durch die das Unternehmen gelenkt wird, umfassen planerische, organisatorische und kontraktierende Maßnahmen zur Steuerung der Wertschöpfungskette eines Unternehmens (vgl. Ferk 1996, S. 2).

Abbildung 6.7: Prozessmanagement entlang der Wertschöpfungskette

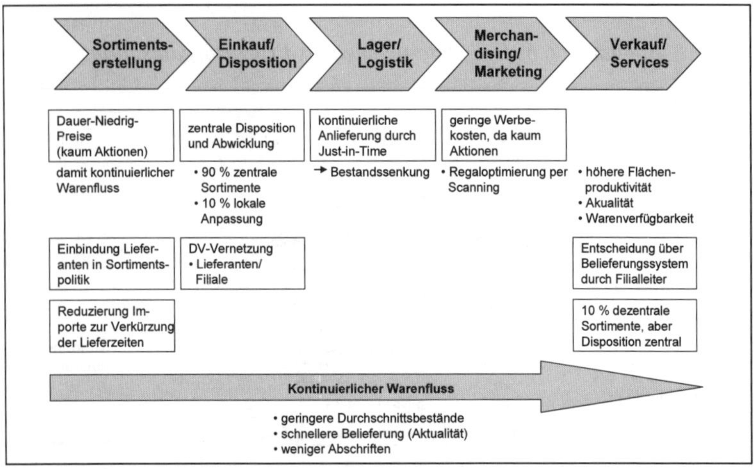

Quelle: Roland Berger Strategy Consultants 1991.

Um eine Prozessorganisation aufzubauen, sind folgende Maßnahmen vorzunehmen (vgl. Osterloh/Frost 2006, S. 36ff., 102, 108f.):

- Gliederung der Prozesse in Kern- und Supportprozesse, wobei prinzipiell alle Tätigkeiten, die keine Wertschöpfung für den Kunden bringen, ausgegliedert werden können (Outsourcing)
- Verzahnen der organisatorischen Lösung mit Kunden, Lieferanten und Dienstleistern
- Weitergabe von Informationen (Informatisierung der Prozesse).

Eine Prozessorganisation liegt nicht vor, wenn nur einzelne Abteilungen miteinander verbunden werden und somit funktionale Abteilungen im Unternehmen bestehen bleiben.

Abbildung 6.8: Insellösungen durch unvollständige Prozessorganisation

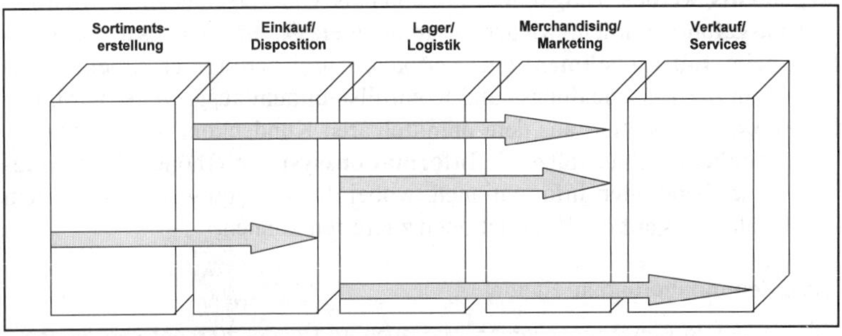

Quelle: in Anlehnung an Osterloh/Frost 2006, S. 102.

b) Faktoren der Prozessoptimierung

Die Prozessorganisation, in der das Schnittstellenproblem erfolgreich überwunden wird, stellt einen notwendigen Schritt dar, um Handelsunternehmen im neuen Umfeld überlebensfähig zu halten. Gemäß der Leitidee eines fortschrittsfähigen Handelsunternehmens muss sich neben der Prozessorientierung auch die Kunden-, Wissens-, Ertrags- und Wachstumsorientierung in der organisationalen Lösung niederschlagen. Darüber hinaus müssen die Organisationsstrukturen eine Vernetzung mit Marktpartnern ermöglichen.

In Zukunft wird die zentrale Aufgabe der Organisation insbesondere darin liegen, im Unternehmen die Voraussetzungen für organisationale Lernprozesse zu schaffen. Das **Konzept der lernenden Organisation**, das auf Grund der veränderten Rahmenbedingungen zunehmende Bedeutung erfährt, steht im Einklang mit dem Konzept der prozessorientierten Unternehmensorganisation und rückt darüber hinaus die Mitarbeiterorientierung in den Mittelpunkt der Betrachtungen. Die sich daraus ergebenden Konsequenzen für das Human-Resource-Management werden in Abschnitt C. dieses Kapitels dargestellt.

c) Teams in Prozessorganisationen

Die in einer Prozessorganisation erforderliche Integration der Mitarbeiter wird meist durch Teams sichergestellt. Da auf die Koordinations- und Integrationsmechanismen in Abschnitt B.III. eingegangen wird, seien hier nur die Besonderheiten angeführt, die sich hinsichtlich eines Teams in einer Prozessorganisation ergeben (vgl. Osterloh/Frost 2006, S. 115ff.):

- Empowerment
- Kundennähe
- untersützende Informationssysteme.

In flachen Hierarchien, wie sie in Prozessorganisationen insbesondere auf Grund des Einsatzes neuer Informations- und Kommunikationstechnologien vorzufinden sind (Arend-Fuchs 2004, S. 131), verfügen Teams über umfassende Entscheidungskompetenz. Dieses **Empowerment** kann mittels zweier arbeitsorganisatorischer Modelle erreicht werden: Im Rahmen des **Job Enlargements** werden Tätigkeiten, die ehemals von verschiedenen Mitarbeitern ausgeführt wurden, wieder zusammengefasst. Im Gegensatz dazu erfolgt beim **Job Enrichment** eine vertikale Anreicherung der Arbeitsaufgabe, indem der Entscheidungs- und Kontrollspielraum ausgeweitet wird. Die **Kundennähe** resultiert aus dem unmittelbaren Kundenkontakt der Prozess-Teammitglieder. Unterstützende **Informationssysteme** erhöhen die Verfügbarkeit der benötigten Informationen, wobei die Teammitglieder von ihrem Arbeitsplatz aus auf die Informationen zugreifen können.

Kundenorientierung im Handel

Konsequente Kundenorientierung wird auch im Handel zum entscheidenden Erfolgsfaktor. Voraussetzung dafür sind motivierte Mitarbeiter, die den Kunden an das Unternehmen binden. Der Mensch, vielfach nur als Kostenfaktor betrachtet, erlebt jetzt als Aktivposten eine Renaissance. Nur Mitarbeiter, die selbstständig und unternehmerisch denken und handeln, sind imstande, kundengerecht und damit erfolgsorientiert zu arbeiten. Eine Unternehmensorganisation mit dezentralen Strukturen schafft hierfür beste Voraussetzungen, weil sie dem „Unternehmer" vor Ort und den Mitarbeitern an der Basis die notwendigen Freiräume im Denken und Handeln gibt.

Die zukünftigen Gewinner im Handel zeichnen sich dadurch aus, dass sie ihr Angebot konsequent am Kundenbedarf ausrichten und, dass ihre Dienstleistung ausschließlich die Kundenzufriedenheit zum Ziel hat. Dem Servicegedanken kommt hierbei die entscheidende Rolle zu, um sich von den Wettbewerbern abzuheben. Nur die konsequente Durchdringung aller Unternehmensbereiche und eine ständige Kontrolle lassen letztlich die Realisierung eines hohen Servicestandards zu. Dieser ermöglicht es, dass sich Firmenkonjunkturen deutlich von Branchenkonjunkturen absetzen.

Quelle: Heppner 1995, S. 63.

III. Organisationsstrukturen im Handel

1. Intraorganisationale Strukturen

a) Überblick

Die Organisationsstruktur eines Handelsunternehmens wird im Gegensatz zur unter B.II. beschriebenen Arbeitsorganisation[1] als weniger veränderlich angesehen, zumal Reorganisationsmaßnahmen im großen Stil weit reichende ökonomische und soziale Konsequenzen nach sich ziehen können. In den weiteren Ausführungen wird Staehle (1999, S. 739ff.) und Mattmüller/Tunder (2006, S. 833ff.) gefolgt, die hinsichtlich der Unternehmensorganisation zwischen Primär- und Sekundärorganisation unterscheiden. Darüber hinaus werden strukturelle Koordinations- und Integrationsmechanismen berücksichtigt. Anzumerken ist, dass Organisationsstrukturen, die der Koordination und Integration dienen, teils auch der Primär- bzw. der Sekundärorganisa-

[1] Staehle (1999, S. 739) bezeichnet die Unternehmensorganisation auch als Makro-Struktur und die Arbeitsorganisation demgegenüber als Mikro-Struktur.

tion zuzurechnen sind. Deshalb wird in der vorherrschenden Literatur keine einheitliche Zuordnung getroffen.

b) Primärorganisation

Die Primärorganisation stellt die Grundstruktur eines Handelsunternehmens dar. In Abhängigkeit der Anzahl der herangezogenen Kriterien für die Abteilungsbildung lassen sich hier ein- und mehrdimensionale Organisationsstrukturen unterscheiden (vgl. Frese 2005, S. 207).[1] Ersteren ist z.B. die funktionale Organisation zuzurechnen, wohingegen die Matrix- oder Tensororganisation eine zwei- bzw. mehrdimensionale Organisationsstruktur aufweist.[2]

Funktionale Organisation

Kennzeichen der funktionalen Organisation ist es, dass auf der zweiten Hierarchieebene eines Unternehmens, deren Ausgestaltung die Struktur des gesamten Unternehmens prägt, eine Spezialisierung nach Sachfunktionen erfolgt. Demnach werden für die Abteilungsbildung betriebliche Funktionen, so bspw. Sortimentserstellung, Einkauf/Disposition, Lager/Logistik, Merchandising/Marketing und Verkauf/Services, als Kriterien herangezogen. Diese Primäraktivitäten werden zunehmend durch Sekundäraktivitäten, wie z.B. Controlling oder Personal/Verwaltung, unterstützt (vgl. Müller-Hagedorn 1998, S. 574).

Zu den Vorteilen der funktionalen Organisation zählen generell (vgl. Schreyögg 2003, S. 129):

- Realisierung von Spezialisierungsvorteilen durch Lern- und Übungseffekte und Erzielen von Synergieeffekten
- effiziente Nutzung der Ressourcen
- Berücksichtigung von Interdependenzen bei Mehrproduktunternehmen.

Demgegenüber sind folgende Nachteile anzuführen (vgl. Schreyögg 2003, S. 130):

- Abstimmungsschwierigkeiten zwischen den Abteilungen
- zeitraubende Kommunikation, geringe Flexibilität und damit langwierige Entscheidungsfindung
- Überforderung des Top-Managements bei der Koordination der Abteilungen

[1] Dies entspricht der engeren Sichtweise der Dimensionalität von Organisationsstrukturen, da in der Literatur weitere notwendige und hinreichende Bedingungen für das Vorliegen von mehrdimensionalen Strukturen angeführt werden (vgl. Frese 2005, S. 207).

[2] Die Dimensionalität der Strukturen wird davon bestimmt, ob auf einer Hierarchieebene Abteilungen nach demselben Kriterium gebildet werden. Davon abzugrenzen sind die bereits angeführten Ein- und Mehrliniensysteme, die sich auf die Ausgestaltung der Weisungsbefugnisse zwischen den Hierarchieebenen beziehen. (vgl. Frese 2005, S. 208).

- fehlende Sinnbezüge und mangelnde Zurechenbarkeit der Ergebnisse auf Grund der hohen Arbeitsteilung und somit geringe Motivation der Mitarbeiter.

Divisionale Organisation

Bei der divisionalen Organisation, die auch als **Geschäftsbereichs-** oder **Spartenorganisation** bezeichnet wird, erfolgt auf der zweiten Hierarchieebene eine Gliederung nach Objekten. In den sog. **Divisionen** werden verschiedenartige Verrichtungen bspw. nach Produkten bzw. Produktgruppen, Regionen, Projekten, Kundengruppen oder Betriebstypen zusammengefasst. Diesen werden dann Funktionen (wie z.B. Einkauf oder Vertrieb) zugeordnet (vgl. Müller-Hagedorn 1998, S. 575). Angesichts der zunehmenden Bedeutung der Kundenorientierung für den Unternehmenserfolg, ist für den Handel insbesondere eine nach Kunden oder Kundengruppen gegliederte Organisation von Interesse. Beispiele finden sich auf Grund der heterogenen Kundenstruktur v.a. im Großhandel.

Die Divisionen werden meist als **Profit-Center** geführt, die autonome Einheiten darstellen und für den erwirtschafteten Gewinn (oder Verlust) selbst verantwortlich sind. Die Vorteile der objektorientierten Organisation sind (vgl. Schreyögg 2003, S. 145):

- Flexibilität und Schnelligkeit durch kleinere Einheiten sowie höhere Steuerbarkeit der Divisionen
- höhere Transparenz der Geschäftsfeldaktivitäten
- Entlastung der Unternehmensleitung
- Motivation durch größere Autonomie, Eigenverantwortung und leichterer Zurechenbarkeit der Ergebnisse.

Zu den Nachteilen zählen (vgl. Schreyögg 2003, S. 145):

- Vervielfachung von Führungspositionen
- mögliche Konkurrenz von Divisions- und Unternehmenszielen und potenzieller Kannibalismus zwischen den Divisionen
- hoher administrativer Aufwand
- beschränkte Möglichkeiten zur Herausbildung einheitlicher Kernkompetenzen.

Sowohl funktionale als auch objektbezogene Organisationsstruktur sind den Einliniensystemen zuzuordnen. In der Handelspraxis kommen häufig beide Gliederungsprinzipien auf unterschiedlichen Hierarchieebenen zur Anwendung (siehe Abbildung 6.9).

Abbildung 6.9: Funktionale Organisation

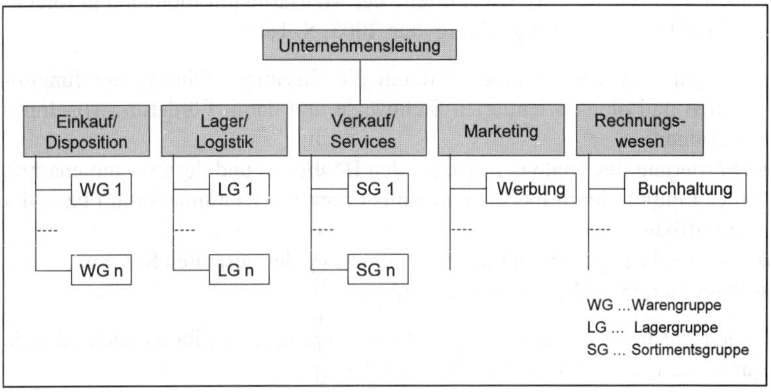

Quelle: in Anlehnung an Müller-Hagedorn 1998, S. 577.

Matrixorganisation

Die Matrixorganisation stellt eine Kombination von funktionaler und divisionaler Organisationsform dar, indem verrichtungs- und objektbezogene Kriterien herangezogen werden (vgl. Frese 2005, S. 215). Dabei sind die Leiter der Funktionsbereiche für die Lösung der Aufgaben in ihren Spezialbereichen sowie für die vertikale Integration des Arbeitsprozesses verantwortlich, während die Manager der objektorientierten Bereiche für die horizontale Integration zu sorgen haben (vgl. Schreyögg 2003, S. 180).

Abbildung 6.10: Matrixorganisation

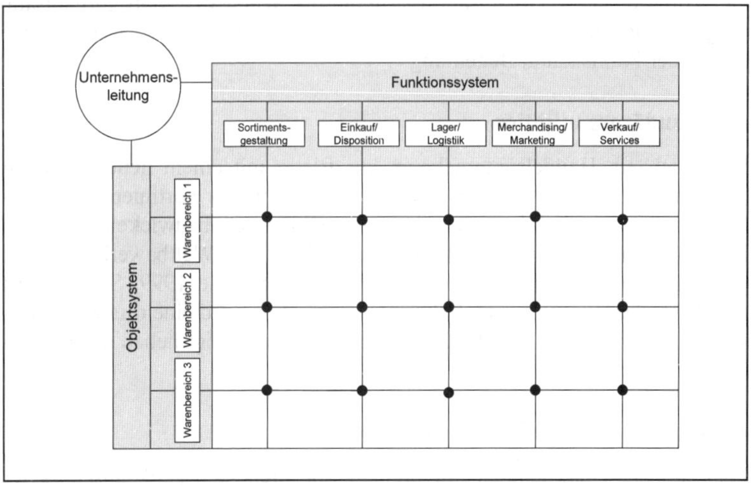

Charakteristisch für die **Gleichgewichtsmatrix**, in der sich die beiden Matrixmanager gleichberechtigt gegenüber stehen, ist, dass die Mitarbeiter an den Funktions- und Objektmanager zu berichten haben und beide Matrixmanager Weisungen erteilen können (vgl. Schreyögg 2003, S. 181f.; Müller-Hagedorn 1998, S. 578). Die Vorteile der Matrixorganisation sind in folgenden Punkten zu sehen (vgl. Schreyögg 2003, S. 186):

- Erweiterung der Perspektive durch die Zusammenführung der funktionalen und objektorientierten Sichtweise und damit Förderung von Innovationen
- Förderung des Dialogs zwischen den Bereichen und der Zusammenarbeit der Leitung durch die Institutionalisierung der Kommunikation bzw. der Konflikte
- Leistungssteigerung durch die Optimierung des gesamten Systems
- kein hierarchisches Pyramidendenken.

Gegen die Implementierung einer Matrixorganisation gibt es nachstehende Einwände (vgl. Schreyögg 2003, S. 186f.):

- langwierige Entscheidungsfindung
- geringe Transparenz und hohe Koordinationskosten
- persönliche Belastung durch häufige Konflikte
- hoher Verwaltungsaufwand.

Tensororganisation

Bei der **Tensororganisation** werden im Rahmen der Strukturierung mindestens drei Dimensionen (bspw. Funktionen, Produkte und Regionen) herangezogen (vgl. Zentes/Swoboda/Morschett 2004, S. 786). Dadurch ist im Vergleich zur Matrixorganisation generell von einem höheren Konfliktpotenzial und einem größeren Koordinationsaufwand auszugehen – zumal die Mitarbeiter des Unternehmens mindestens an drei Vorgesetzte zu berichten haben. Da die Vorteile dieser Organisationsstruktur mit jenen der Matrixorganisation vergleichbar, aber mehr Nachteile anzuführen sind, hat die Tensororganisation in der Praxis kaum Bedeutung.

c) Sekundärorganisation

Sieht sich ein Handelsunternehmen kurzfristig mit einem neuen Problem (z.B. mit der Aufnahme eines neuen Produktes in das Sortiment) konfrontiert oder sind zeitlich befristete Aufgaben (Projekte) abzuwickeln, kann die Primärorganisation strukturell ergänzt und damit die Wettbewerbsfähigkeit des Handelsunternehmens erhöht werden (vgl. Staehle 1999, S. 765). Mit zunehmender Bedeutung der Sekundärorganisation wird eine **duale Organisation** ausgeformt, in der die Sekundär- gleichberechtigt neben die Primärorganisation tritt.

Produktmanagement und Category-Management

Insbesondere Unternehmen mit breitem Sortiment und stark ausgeprägter Markt- bzw. Marketingorientierung setzen – ergänzend zu einer funktionalen Organisation – Produktmanager ein, die meist in einer Stabstelle oder Instanz zusammengezogen werden (vgl. Staehle 1999, S. 763). Sie übernehmen u.a. die Koordination produktbezogener Aufgaben der verschiedenen Abteilungen. Denkbar wäre auch die Implementierung einer Matrixorganisation, um die Produktmanager organisational einzubinden.

Im Handel werden funktionale Aufgaben häufig unternehmensübergreifend an Warengruppen, sog. Categories, ausgerichtet, wobei ein Interessensausgleich von Handelsunternehmen und Hersteller durch einen Category-Manager oder ein Category-Team herbeigeführt wird (vgl. Mattmüller/Tunder 2006, S. 844 sowie die Ausführungen in Abschnitt B.IV. des Vierten Kapitels).

Category-Management-Teams bei der Rewe Group

Um die Zusammenarbeit in den Abteilungen der Funktionen Vertrieb und Einkauf zu verbessern, fungieren bei der Rewe Group Category Management-Teams als Schnittstelle. Diese werden in die Geschäftseinheiten „Vollsortiment" und „Discount" eingebunden, wobei die Category-Manager für die Umsatz- und Ertragslage ihrer Teams selbst verantwortlich sind und die Entscheidungen in den Bereichen Sortiment, Platzierung der Waren, Preisgestaltung und Vermarktung treffen.

Durch den Einsatz der Category-Management-Teams erwartet sich Rewe auch eine Beschleunigung von Prozessen und mehr Kundenorientierung im Warengeschäft.

Quelle: Lebensmittel Zeitung, 12. Mai 2006, S. 9.

Abbildung 6.11 zeigt beispielhaft eine mögliche Organisationsstruktur, in der Category-Manager unterschiedlicher Warengruppen durch einen Leiter koordiniert werden.

Abbildung 6.11: Category-Management im Handel

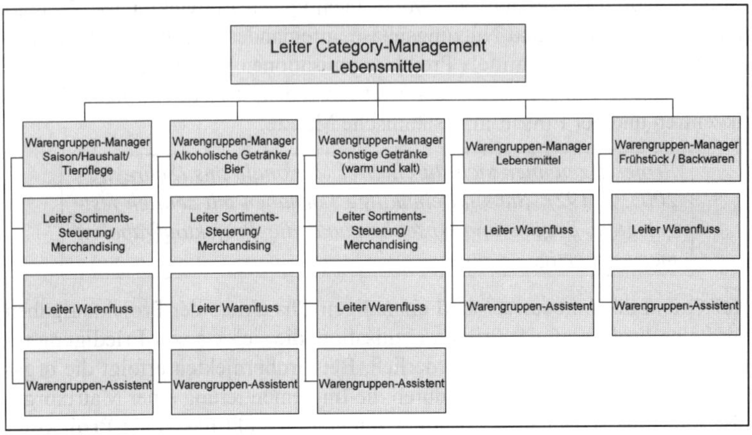

Quelle: in Anlehnung an Roland Berger Strategy Consultants 1997.

SGE-Organisation

In Unternehmen, die heterogene Produktgruppen vertreiben, werden für die Bearbeitung des Marktes Strategische Geschäftsfelder gebildet, die sich u.a. dadurch auszeichnen, dass sie eine von den jeweils anderen Geschäftsfeldern des Unternehmens unabhängige Marktaufgabe erfüllen, die auf die Lösung abnehmerrelevanter Probleme fokussiert ist (vgl. Meffert 2000, S. 236). Zur Führung dieser Geschäftsfelder werden unternehmensintern **strategische Geschäftseinheiten** (SGE) implementiert, die überwiegend mittels Linien- oder Matrixorganisation in der Organisationsstruktur verankert werden (vgl. Staehle 1999, S. 766). Die konkrete Ausgestaltung der Sekundärorganisation ist u.a. abhängig von den zur Verfügung stehenden finanziellen Mitteln, der Unternehmensgröße oder der Anzahl der strategischen Geschäftsfelder (vgl. Meffert 2000, S. 238f.).

Kundenmanagement-Organisation

Die Nähe zum Kunden ist für eine erfolgreiche Unternehmensführung von großer Bedeutung. Zwischen den Mitarbeitern, die mit den Kunden in Kontakt treten, und den Entscheidungsträgern liegen jedoch meist mehrere Hierarchieebenen, wodurch lange Informations- und Entscheidungswege zu überwinden sind. Deshalb werden oft **Kundenmanager**, die alle kundenbezogenen Entscheidungen treffen, zur Ergänzung der Primärorganisation eingesetzt. Die Einbindung in die bestehende Organisationsstruktur kann mittels Linien-, Stabstellen- oder Matrixorganisation erfolgen. Im Handel sind kundenorientierte Sekundärorganisationen insbesondere durch die gestiegene Macht der Nachfrager notwendig.

Projektorganisation

Projekte laufen prozesshaft ab, wobei idealtypisch Entwicklungs-, Produktions-, Einführungs- und Nutzungsphase aufeinander folgen. Typische Aufgaben, die im Handel mittels Projektorganisationen gelöst werden, sind die Neugestaltung von Betriebs- oder Vertriebstypen, der Aufbau neuer Logistikzentren und der Eintritt in ausländische Märkte.

Projekte zeichnen sich durch zwei Merkmale aus (Schreyögg 2003, S. 192): Sie sind einmalige Vorhaben mit zeitlich festgelegtem Beginn und Abschluss und die Projektaufgabe ist meist neuartig.

Auf Grund des innovativen und einmaligen Charakters der Projektaufgaben wird eine Ergänzung der Primärorganisation, die sich v.a. zur Erledigung repetitiver Aufgaben eignet, erforderlich. Bei Großprojekten erfolgt die organisationale Verankerung meist durch die Implementierung einer Matrixorganisation. Eine schwächere Form der Integration stellt die **Stabs-Projektorganisation** dar, bei der die Projektleiter eine Stabstelle bekleiden und Entscheidungen vorbereiten. Darüber hinaus besteht die Möglichkeit, eine reine Projektorganisation zu schaffen. Hier sind die am Projekt mitwirkenden Arbeitnehmer für die Dauer des Projekts dem Projektleiter unterstellt, der mit den erforderlichen Kompetenzen und Ressourcen ausgestattet wird.

Zur Lösung der jeweiligen Aufgaben werden Mitglieder aus den für das Projekt relevanten Unternehmensbereichen in einem **Projektteam** zusammengezogen. Auf Grund der bereichsübergreifenden Zusammenarbeit können die Projektmitarbeiter ihr Know-how ausbauen. Dieser Wissenszuwachs wird jedoch nach der Beendigung des Projekts, wenn die Mitarbeiter an ihre ursprüngliche Position in der Hierarchie zurückkehren, nur selten genutzt.

Abschließend sei darauf hingewiesen, dass Projekt- und Prozessorganisationen einige Gemeinsamkeiten aufweisen. Zu diesen zählen u.a. (vgl. Bogaschewsky/Rollberg 1998, S. 198):

- ♦ Einbeziehung verschiedener betrieblicher Funktionsbereiche zur Lösung der Aufgabe
- ♦ ganzheitliche Problembetrachtung und -lösung
- ♦ Bearbeitung von Aufgaben durch Teams, die flexibel sind, interdisziplinär und heterogen zusammengesetzt werden und innovative Lösungen hervorbringen können
- ♦ hauptverantwortliche Projektleiter.

d) Strukturelle Koordinations- und Integrationsmechanismen

Durch die Bildung von Stellen und Abteilungen wird der Leistungsfluss im Hinblick auf die vom Handelsunternehmen zu erbringende Gesamtaufgabe unterbrochen: Die verschiedenen Teilaufgaben werden von unterschiedlichen Personen, an verschiedenen Orten und zu unterschiedlichen Zeitpunkten erbracht. Deshalb sind Instrumente erforderlich, die diese Teilaufgaben wieder zusammenführen. Die Integration kann durch vertikale, horizontale und laterale Verbindungen der Stellen bzw. Abteilungen erfolgen (vgl. hierzu Schreyögg 2003, S. 157f.). In den folgenden Ausführungen werden ausgewählte Integrationsmechanismen betrachtet.

Teams und teilautonome Arbeitsgruppen

Da die Koordination und Kommunikation innerhalb von Teams leichter zu bewerkstelligen ist als über Bereichs- oder Hierarchiegrenzen hinweg (Beecken 1995, S. 144f.), finden teambasierte Organisationsformen breite Anwendung. Managementteams zur Lösung von Führungsaufgaben, Veränderungsteams (sog. **Change Agents**), Projektteams oder Netzwerkteams bzw. virtuelle Teams, deren Mitglieder aus Unternehmen mit verschiedenen Standorten rekrutiert und mittels neuer Informations- und Kommunikationstechnologien verbunden werden (Scholz 2002, S. 26), stellen nur einige Beispiele dar.

Ein Team ist eine kleine Arbeitsgruppe, die sich durch ihre Arbeitsweise und Gruppenkohäsion auszeichnet (Staehle 1999, S. 757).

Durch die Einrichtung von Teams können im Unternehmen zahlreiche Vorteile realisiert werden (vgl. Osterloh/Frost 2006, S. 114):

- bessere Entscheidungsqualität
- effizientere Form der Arbeitsteilung und Kooperation
- hohe Motivation und Arbeitszufriedenheit auf Grund des Zusammengehörigkeitsgefühls und damit geringere Fehlzeiten sowie niedrigere Fluktuation
- Verhinderung von „Trittbrettfahrern" durch wechselseitige Kontrolle
- geringere Widerstände bei der Umsetzung von Lösungen auf Grund der partizipativen Entscheidungsfindung.

Als Nachteile sind u.a. folgende Punkte zu nennen (vgl. Osterloh/Frost 2006, S. 114f.):

- Gruppendenken und Tendenz zur Verselbstständigung
- größerer Zeitbedarf auf Grund partizipativer Entscheidungsfindung
- Teamzwänge und Mobbing.

Teamgeist ist gefragt bei METRO Cash & Carry

METRO Cash & Carry, die umsatzstärkste Vertriebslinie der METRO Group, setzt bei ihren Mitarbeitern fachliche und soziale Kompetenz voraus. Deshalb müssen zukünftige Lehrlinge – neben einem guten Pflichtschulabschluss – Verantwortungsbewusstsein, Einsatz- und Kontaktfreudigkeit sowie Teamfähigkeit mitbringen.

Quelle: www.metro.at.

Zunehmend gehen Unternehmen dazu über, im Rahmen der vertikalen Kooperation (bspw. bei der Kundenbetreuung) interorganisationale Teams einzusetzen, deren Mitglieder aus unterschiedlichen Unternehmen – meist einem Anbieter- und einem Kundenunternehmen – zusammengezogen werden (vgl. Stock-Homburg/Gaitanides 2006, S. 46, S. 50).

Auf Grund der wachsenden Bedeutung von Handelsmarken und der damit verbundenen Aufwertung der Funktionen Forschung & Entwicklung sowie Produktion, können **teilautonome Arbeitsgruppen** auch in Handelsunternehmen implementiert werden. Die Mitglieder dieser auf Dauer eingerichteten Gruppen sind mit Entscheidungs- und Kontrollkompetenz ausgestattet und erfüllen gemeinsam ganzheitliche Aufgabenvollzüge.

Koordinatoren und Koordinationsgruppen

Im Gegensatz zu Koordinatoren, die leistungsmäßig verbundene Abteilungen in ihrer Koordination unterstützen, werden Koordinationsgruppen, deren Mitglieder aus unterschiedlichen Abteilungen rekrutiert werden, für Aufgaben eingesetzt, die das gesamte Unternehmen betreffen.

Konferenzen und Ausschüsse

Im Rahmen von Konferenzen, die permanente Einrichtungen darstellen, wird versucht, etwaige Konflikte zwischen Abteilungen ohne Einschaltung eines Vorgesetzten zu lösen oder Abstimmungsprobleme zu beseitigen. Ausschüsse werden hingegen zeitlich begrenzt eingerichtet, wobei sich die Arbeitsgruppen aus Mitgliedern unterschiedlicher Abteilungen zusammensetzen.

2. Interorganisationale Strukturen

a) Überblick

Auf Grund der zunehmenden Filialisierung, der steigenden Anzahl der Franchise-Verträge, die von Handelsunternehmen abgeschlossen werden, und der wachsenden Bedeutung der Zusammenarbeit mit Lieferanten und Kunden, beziehen sich die folgenden Ausführungen auf die Ausgestaltung der entsprechenden Organisationsstrukturen zwischen verschiedenen Unternehmen bzw. Unternehmenseinheiten. Dies schließt die organisationale Verankerung der Geschäftstätigkeit im Ausland ein, die auf Grund der zunehmenden Internationalisierung, die auch im Handel zu beobachten ist, an Bedeutung gewinnt.

METRO wächst nur im Ausland

Die METRO-Gruppe musste in Deutschland für den Zeitraum Januar bis September 2006 einen Umsatzrückgang verzeichnen. Dieser konnte jedoch durch den Auslandsanteil des Unternehmens, der bei ca. 57 % liegt, kompensiert werden. Insbesondere die starke Expansion in Osteuropa sorgt für eine insgesamt positive Umsatzentwicklung.

Quelle: Lebensmittel Zeitung, 03. November 2006, S. 6.

Hinsichtlich der Integration der Auslandsaktivitäten eines Handelsunternehmens lassen sich folgende organisationalen Lösungen unterscheiden:[1]

- unspezifische Organisationsstrukturen
- differenzierte (segregierte) Organisationsstrukturen
- integrierte Organisationsstrukturen.

Insbesondere zu Beginn des Internationalisierungsprozesses, wenn ein Handelsunternehmen nur fallweise im Ausland tätig ist und die Aulandsaktivitäten noch keinen Niederschlag in der formalen Organisation finden, herrschen **unspezifische Strukturen** vor. Entscheidungen in Bezug auf die jeweilige Auslandsaktivität werden entweder von der Unternehmensleitung selbst oder von einem dafür Verantwortlichen getroffen.

---

[1] Vgl. für einen detaillierten Überblick der Organisationsstrukturen im internationalen Handel Berndt/Fantapié Altobelli/Sander 2005, S. 264ff.; Macharzina/Wolf 2005, S. 968ff. sowie Zentes/Swoboda/Morschett 2004, S. 751ff.

Dagegen wird die Auslandsaktivität bei einer **differenzierten** bzw. **segregierten Struktur** durch eine eigene organisatorische Einheit, bspw. eine Auslandsabteilung, abgewickelt. In- und Auslandsgeschäft sind also organisatorisch voneinander getrennt.

Diese Trennung wird bei der Implementierung **integrierter Strukturen** aufgehoben, wobei sich auch bei internationaler Geschäftstätigkeit ein- und mehrdimensionale Organisationsstrukturen sowie Hybridstrukturen unterscheiden lassen. Wird die Einbindung der Auslandsaktivität z.B. mittels eindimensionaler Struktur bei bestehender funktionaler Organisation vorgenommen, ist der jeweilige Abteilungsleiter sowohl für das Inlands- als auch für das Auslandsgeschäft in seinem Bereich verantwortlich.

Im Folgenden werden ausgewählte integrierte Strukturen charakterisiert, die auch für eine Kooperation zwischen Unternehmen bzw. Unternehmenseinheiten in Frage kommen.

b) Netzwerkorganisation

Für Netzwerkorganisationen existieren in der vorherrschenden Literatur zahlreiche unterschiedliche Begriffe. Es finden sich Bezeichnungen wie Unternehmensnetzwerke (Siebert 2006, S. 9), Cluster (Porter 1998, S. 78) oder strategische Netzwerke (Sydow 1992, S. 3).

Grundsätzlich ist unter dem Begriff des Netzwerks eine Form arbeitsteiliger Zusammenarbeit i.S. einer **Wertschöpfungspartnerschaft** zu verstehen:

> *Das Netzwerk ist eine interorganisationale Verbindung von rechtlich selbstständigen Unternehmen zu einer Wertschöpfungspartnerschaft. Es geht dabei um eine unternehmensübergreifende Zusammenarbeit, die auf der Basis vertraglicher Vereinbarungen abgewickelt wird.*

Im Handel werden Netzwerkorganisationen v.a. in der Logistik, so bspw. im Rahmen der internationalen Beschaffung oder zur organisationalen Umsetzung des Supply-Chain-Managements, aber auch im Marketing, aufgebaut.

Das strategische Netzwerk von Benetton

Die italienische Bekleidungsfirma Benetton stellt ein Beispiel für ein Netzwerkunternehmen dar. Benetton übernimmt in dieser Netzwerkorganisation die Führungsrolle („fokales Unternehmen"), indem es den Prozess der unternehmensübergreifenden Arbeitsteilung koordiniert.

Benetton bezieht die Textilien von ca. 350 rechtlich selbstständigen, jedoch wirtschaftlich abhängigen Lieferanten, da diese selbst kein vollständiges, an den Konsumenten absetzbares, Produkt fertigen. Die Eigenproduktion beschränkt sich vorwiegend auf anspruchsvolle Arbeitsverrichtungen; arbeitsintensive Routinetätigkeiten werden überwiegend von kleinen Lieferantenfirmen übernommen. Designgestaltung und Qualitätskontrolle werden von Benetton unternehmensintern durchgeführt.

Der Vertrieb der Textilien erfolgt über ein Netzwerk von etwa 5.000 Franchise-Geschäften in 120 Ländern. Dazwischen geschaltet sind 75 selbstständige, auf Provisionsbasis tätige Verkaufsagenturen, die die einzelnen Geschäfte betreuen und regionale Werbeaktivitäten koordinieren.

Quelle: Sydow 1992, S. 32ff.; www.benettongroup.com.

Durch den Aufbau von Netzwerken soll eine **Win-Win-Situation** für alle beteiligten Unternehmen geschaffen werden. Die organisatorische Netzwerklösung, die in einer turbulenten Umwelt insbesondere wegen der erweiterten und verbesserten Möglichkeiten zur Kommunikation und Interaktion Vorzüge aufweist (vgl. Rüegg-Stürm/Young 2001, S. 191), ist von der Ausprägung verschiedener Dimensionen abhängig:

- Bindungsdauer
- Grad der wirtschaftlichen Abhängigkeit
- Grad der Virtualität
- Handlungsspielraum der Netzwerkunternehmen innerhalb des Netzwerkes
- Auftritt als Wettbewerbseinheit
- Zugangsmöglichkeit.

In Netzwerkstrukturen ändern sich die Aufgaben des Managements, zumal es um die Führung des gesamten Unternehmensnetzwerkes geht. Die **Netzwerkkompetenz**, die für den erfolgreichen Bestand der Netzwerkorganisation von großer Bedeutung ist, wird bestimmt durch die Ressourcenausstattung, das Personalmanagement, die Kommunikationskultur und die Organisationskultur. Sie kann durch den Wissenstransfer der beteiligten Unternehmen ausgebaut werden.

c) Virtuelle Organisation

Virtuelle Organisationen stellen **dynamische Netzwerke** dar, wobei projektbezogen immer wieder neue Verknüpfungen vorgenommen werden (vgl. Schreyögg 2003, S. 394; Picot/Reichwald/Wigand 2003, S. 422). Diese Verknüpfungen werden durch den Einsatz neuer Informations- und Kommunikationstechnologien ermöglicht.[1] Die Organisationsstruktur besteht aus überschaubaren Systemen mit Ergebnisverantwortung, die sich in der Aufgabenerfüllung auf unterschiedliche Kernkompetenzen konzentrieren und räumlich bzw. zeitlich voneinander getrennt agieren. Obwohl virtuelle Organisationen auf offenen und dynamischen Strukturen basieren, treten sie dem Kunden gegenüber geschlossen, also als Einheit, auf.

Durch virtuelle Organisationsstrukturen ergibt sich die Möglichkeit, sich den rasch ändernden Umfeldbedingungen flexibel anzupassen. Damit sind sie in turbulenten Umwelten anderen Strukturen überlegen.

---

[1] Die mediengestützte arbeitsteilige Leistungserstellung kann in Form des Tele-Teamworks auch auf der Ebene von Arbeitsgruppen realisiert werden; vgl. hierzu Reichwald/Möslein 2003, S. 725ff.

d) Hybridstrukturen

Hybride Organisationsstrukturen stellen Mischformen von organisationalen Lösungen dar. Durch die Implementierung dieser Organisationsform wird dem Umstand Rechnung getragen, dass Teilbereiche eines stark diversifizierten Unternehmens auf verschiedenen Märkten mit unterschiedlicher Veränderungsdynamik agieren (vgl. Zentes/Swoboda/Morschett 2004, S. 787f.).

IV. Marktorientierte Gestaltung der Organisation

Um das Konzept der Marktorientierung – als Orientierung an den Kunden – umzusetzen, ist sowohl die Aufbau- als auch die Ablauforganisation so zu gestalten, dass Mitarbeiter aber auch Führungskräfte in direkten Kundenkontakt treten können, Entscheidungsprozesse rasch ablaufen und den Bedürfnissen der Kunden bei der Leistungserstellung und -vermarktung Rechnung getragen wird.

Hinsichtlich der kundenorientierten Gestaltung der Aufbauorganisation sind insbesondere folgende Aspekte umzusetzen (vgl. Homburg/Krohmer 2006, S. 1291f.; Bruhn 2002, S. 41ff.):

- Implementierung einer **divisionalen Organisation**, wobei zur Abteilungsbildung kundenbezogene Kriterien heranzuziehen sind bzw. eine Institutionalisierung **kundenorientierter Koordinations- und Integrationsmechanismen** i.S. von Kundenmanagern oder Kundenbetreuungsteams, um die kundenrelevanten Aktivitäten in einer funktionalen Organisation abteilungsübergreifend zu koordinieren.
- **Vermeidung** einer stark ausgeprägten **Spezialisierung**, um den Koordinationsaufwand zu begrenzen und Entscheidungsprozesse zu beschleunigen.
- Umsetzung des Lean Managements, zumal **flache Hierarchien** eine Beschleunigung der Entscheidungsprozesse ermöglichen. Darüber hinaus begünstigen sie den direkten Kundenkontakt von Managern, die dann „aus erster Hand" über Kundenbedürfnisse informiert werden.
- Ansiedelung der **Marketing- bzw. Vertriebsverantwortlichen** auf hohen Hierarchiestufen, um deren Bedeutung im Unternehmen zu kommunizieren und ihre Durchsetzungsfähigkeit zu erhöhen.
- Bestimmung von **Ansprechpersonen**, die – i.S. des „one face to the customer"-Prinzips – sämtliche Anfragen und Aufträge der Kunden bearbeiten.
- Einbindung von vor- und nachgelagerten Marktpartnern, um Wertschöpfungsgemeinschaften zu etablieren und eine individuelle, an die Bedürfnisse der Kunden angepasste Leistungserstellung zu ermöglichen.

Zur Förderung der Kundenorientierung eines Handelsunternehmens sind auch bei der Gestaltung der Ablauforganisation einige Faktoren zu berücksichtigen. Zu diesen zählen u.a. (vgl. Homburg/Krohmer 2006, S. 1291ff.; Battenfeld 2001a, S. 7ff.):

- **Vermeidung** einer überzogenen **Standardisierung** von Prozessen, welche die interne Orientierung der Mitarbeiter begünstigt, aber der Kundenorientierung entgegenwirkt.
- **Delegation von Entscheidungskompetenzen** insbesondere an jene Mitarbeiter im Unternehmen, die in direktem Kundenkontakt stehen, um Entscheidungsprozesse zu verkürzen.
- Betrachtung der Mitarbeiter nachgelagerter Prozessstufen als „**interne Kunden**". Hier werden die Ansprüche der Endkunden heruntergebrochen und zu Zielvorgaben für jene Mitarbeiter, die nicht in direktem Kundenkontakt stehen. Durch die konsequente Ausrichtung an den Bedürfnissen der internen Kunden wird letztlich der gesamte Wertschöpfungsprozess kundenorientiert umgesetzt, der Nutzen des externen Kunden gesteigert und damit die Kundenzufriedenheit erhöht.
- Implementierung von **transparenten kundenbezogenen Prozessen**, die im Hinblick auf ihre Effizienz, Effektivität, Flexibilität und Schnelligkeit regelmäßig zu optimieren sind.

Die Marktorientierung ist auch bei der Beurteilung der Vorteilhaftigkeit einer Organisation von Bedeutung. Dies kommt bspw. im Katalog von Tietz (1993b, S. 910) zum Ausdruck, der fünf Ziele formuliert, die durch die Unternehmensorganisation zu realisieren sind:

- „die Marktorientierung aller Abteilungen in gleicher Intensität
- die verantwortungsbereichsspezifische Steuerung des Kostendenkens
- die Förderung der Direktheit der Ergebnis- und Erfolgskontrolle
- die Harmonisierung aller Markt- und Nichtmarktaktivitäten
- die Sicherung der Ausschöpfung der Fähigkeiten der Mitarbeiter und der Zufriedenheit der Mitarbeiter."

In der vorherrschenden Literatur zur Organisationstheorie erfolgt die Beurteilung einer unternehmenszielkonformen Organisationsgestaltung unter Gesichtspunkten der Effizienz und Effektivität. Unter dem Primat der Marktorientierung sind für die Bestimmung der Effektivität von Organisationen die Koordinations- und Motivationsdimension von Bedeutung, um die gewünschte Orientierung am Kunden zu erreichen.

Die Analyse der **Koordinationseffizienz** der Organisationsstrukturen wird auf Grund der Arbeitsteilung notwendig, denn diese verursacht Entscheidungs-, Ressourcen- und Marktinterdependenzen, die zu koordinieren sind. Darüber hinaus führt die Delegation zu einer niedrigeren Entscheidungsqualität und damit zu höheren Autonomiekosten. Diesen Nachteilen kann durch Koordinationsmaßnahmen begegnet werden, die jedoch ihrerseits Abstimmungskosten verursachen. Vor diesem Hintergrund sind für die Bewertung strukturbezogener Alternativen unterschiedliche Effizienzkriterien heranzuziehen (vgl. hierzu Frese 2005, S. 309ff.; Müller-Hagedorn 1998, S. 583f.):

- Im Rahmen der Beurteilung der **Markteffizienz** bilden ein koordiniertes Auftreten gegenüber den Kunden bzw. die Realisierung einer Nachfragebündelung zur Stärkung der Marktmacht gegenüber den Lieferanten die wesentlichen Kriterien.
- Bei der Bewertung der **Ressourceneffizienz** wird u.a. geprüft, ob die Organisationsstruktur eine abteilungsübergreifende Ressourcennutzung erlaubt.
- Im Hinblick auf die **Prozesseffizienz** interessiert, ob der gesamte Leistungsprozess auf die Ziele des Handelsunternehmens ausgerichtet ist.
- Bei der Beurteilung der **Delegationseffizienz** wird geprüft, ob die Vorteile der größeren Problemumsicht im Falle einer Entscheidungszentralisation die Nachteile der Informationsverarbeitungs- und Kommunikationskosten, die mit der Delegation einhergehen, ausgleichen.

Hinsichtlich der Bewertung der **Motivationseffizienz** interessiert, ob der einzelne Mitarbeiter für das Arbeitsergebnis selbst verantwortlich ist (Kriterium der Eigenverantwortung) und, ob abgeschlossene Aufgabenkomplexe bearbeitet werden (Kriterium der Überschaubarkeit) (vgl. Frese 2005, S. 331f.).

Damit die Organisation eines Unternehmens dazu beiträgt, Wettbewerbsvorteile zu generieren und Kernkompetenzen aufzubauen, ist – neben der Effizienz – auch ihre **Effektivität** sicherzustellen. Hier ist zu prüfen, ob die Gestaltung der Organisation z.B. die Innovationsfähigkeit oder Flexibilität im Unternehmen und die Kreativität der Mitarbeiter zur Entwicklung neuer Produkte oder Sortimente steigert.

Darüber hinaus sind die Organisationsstrukturen vor dem Hintergrund der **Wettbewerbsorientierung** – der zweiten Säule der Marktorientierung – zu konzipieren. Soll bspw. die Strategie der Kostenführerschaft umgesetzt werden, muss die organisationale Lösung u.a. gewährleisten, dass die Warenprozesse effizient ablaufen und durch die Bündelung von Aufträgen Beschaffungsmarktpotenziale genutzt werden können. Strategien zur Kundenbindung oder -akquisition erfordern dagegen Strukturen, die bspw. die Durchlaufzeit von Kundenaufträgen minimieren und ein einheitliches, abgestimmtes Auftreten gegenüber den Kunden ermöglichen. Hier bilden die kundenauftragsbezogene Prozesseffizienz, die Absatzmarkt- und die Ressourceneffizienz die zentralen Kriterien.

C. Personalführung im Handel

I. Grundlagen

1. Rahmenbedingungen des Personalmanagements

Das Personalmanagement im Handelsunternehmen wird von einer Vielzahl interner und externer Rahmenbedingungen beeinflusst. Während sich die internen Kontextfaktoren – und hier insbesondere die Unternehmenspolitik und die Unternehmenskultur – auf die Umsetzung personalpolitischer Maßnahmen auswirken, schlagen sich externe Kontextfaktoren darüber hinaus in einer Änderung bzw. Ausweitung der Anforderungen, die an die Mitarbeiter und die Personalführung gestellt werden, nieder und führen zu einem Bedeutungszuwachs des „Produktionsfaktors Arbeit".

Die externen Rahmenbedingungen umfassen makroökonomische, politisch-rechtliche, ökonomische und technologische sowie sozio-demografische Faktoren (vgl. Levy/Weitz 2007, S. 240f.; Zentes 2005a, S. 18f.; Scholz 2000b, S. 7ff.; Staehle 1999, S. 624ff., S. 779f.; Oehme 1993, S. 166ff.). Einen Überblick hierzu gibt Abbildung 6.12.

Abbildung 6.12: Externe Kontextfaktoren des Personalmanagements

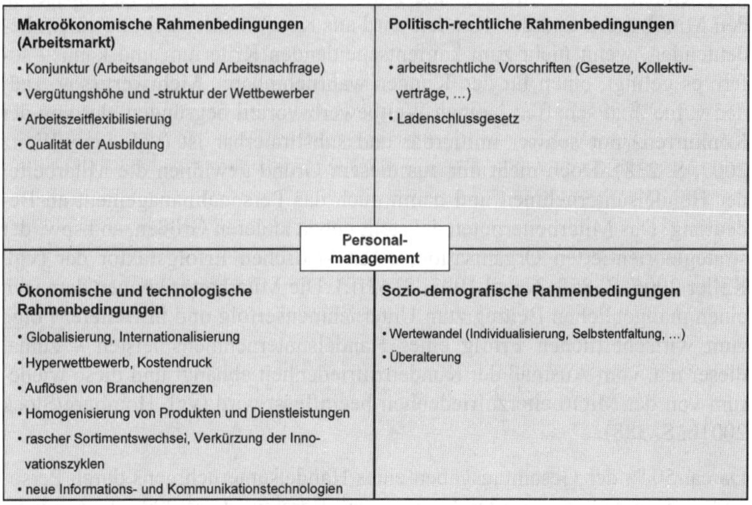

Zu den **makroökonomischen Kontextfaktoren**, die im Rahmen des Personalmanagements zu berücksichtigen sind, zählen insbesondere die Qualität der Ausbildung potenzieller Arbeitnehmer sowie die konjunkturelle Lage am Arbeitsmarkt. Letztere beeinflusst – neben der Vergütungshöhe und Vergütungsstruktur der Konkurrenten und den arbeitsrechtlichen Vorschriften (**politisch-rechtliche Rahmenbedingungen**) – die Höhe und Struktur der Entlohnung. Im Handel sind darüber hinaus Ladenschlussgesetze von großer Bedeutung – zumal die Öffnungszeiten gegenwärtig sukzessive verlängert und in die Abendstunden bzw. das Wochenende hinein ausgedehnt werden, um den Bedürfnissen der Kunden gerecht zu werden.

Hinsichtlich der **ökonomischen und technologischen Kontextfaktoren** schlagen sich die Nutzung neuer Informations- und Kommunikationstechnologien, die Verkürzung der Innovationszyklen und ein rascher Sortimentswechsel in einer ständigen Veränderung der Anforderungen, die an die Mitarbeiter und damit an die Personalführung gestellt werden, nieder (vgl. hierzu auch die Ausführungen in Abschnitt B.II. dieses Kapitels). Daraus resultiert die Notwendigkeit des „lebenslangen Lernens“ und der konsequenten Personalentwicklung einschließlich der Aus- und Weiterbildung der Führungskräfte.

Durch die voranschreitende **Internationalisierung** der Geschäftstätigkeit im Handel müssen bei der Umsetzung personalpolitischer Maßnahmen kulturelle Faktoren berücksichtigt werden (vgl. hierzu die Ausführungen in Abschnitt C.IV. dieses Kapitels).

Die zunehmende **Homogenisierung** von Produkten und Dienstleistungen führt dazu, dass sich Unternehmensleistungen in der subjektiven Wahrnehmung der Konsumenten kaum noch voneinander unterscheiden. Da im Handel die Mehrzahl der Beschäftigten in direkten Kundenkontakt tritt, bietet die konkrete Ausgestaltung der dyadischen Beziehung zum Kunden eine Möglichkeit zur Profilierung und Differenzierung.[1] Der Kontakt zwischen den Mitarbeitern und den Kunden wird aus Konsumentensicht zu einem bedeutenden, wenn nicht zum kaufentscheidenden Kriterium und kann – sofern es gelingt, einen für den Kunden wahrnehmbaren Mehrwert (sog. „added value“) zu schaffen – einen Wettbewerbsvorteil begründen, der von der Konkurrenz nur schwer imitierbar und substituierbar ist (vgl. Levy/Weitz 2007, S. 238). Doch nicht nur aus diesem Grund gewinnen die Mitarbeiter der Handelsunternehmen und damit auch das Personalmanagement an Bedeutung. Das Mitarbeiterpotenzial stellt neben anderen Größen, so bspw. der strategieorientierten Organisation, einen kritischen Erfolgsfaktor dar (vgl. Keller 2006, S. 853; Nagel 1993, S. 63ff.). Die Mitarbeiter können demnach einen maßgeblichen Beitrag zum Unternehmenserfolg und in weiterer Folge zum wirtschaftlichen Erfolg eines Handelsunternehmens leisten – zumal dieser u.a. vom Ausmaß der Kundenzufriedenheit abhängt und diese wiederum von der Mitarbeiterzufriedenheit beeinflusst wird (vgl. Homburg/Stock 2001b, S. 388).

Da ca. 50 % der Gesamtausgaben eines Handelsunternehmens durch Personalkosten verursacht werden können (vgl. Berman/Evans 2007, S. 336 bzw. schon Oehme 1993, S. 198), wird vom Personalmanagement angesichts des steigenden Kostendrucks, der mit dem **Hyperwettbewerb** einhergeht, gefordert, personalpolitische Maßnahmen effizient umzusetzen. Dem Personal

[1] Oehme (1993, S. 200ff.) betont in diesem Zusammenhang auch die Rolle des Mitarbeiters als Marketingfaktor.

kommt also die kontroverse Rolle eines kritischen Kostenfaktors und eines strategischen Erfolgsfaktors zu. Die Umsetzung eines effizienten Personalmanagements und die Realisierung von Kostenvorteilen gestalten sich im Handel jedoch schwierig (vgl. Levy/Weitz 2007, S. 240f.). Einerseits herrscht auf Grund der Überalterung der Bevölkerung und der Bildungsmisere ein Mangel an jungen, qualifizierten Fach- und Führungskräften. Um die Personalkosten zu senken und Kostenvorteile zu realisieren, greifen Handelsunternehmen deshalb häufig auf unqualifizierte und damit billige Arbeitskräfte zurück. Andererseits sehen sich Handelsunternehmen auf Grund der stark schwankenden Kundenfrequenz, auf die bereits eingegangen wurde, gezwungen, auch Teilzeit-Arbeitskräfte einzustellen. Im Vergleich zu Vollzeit-Beschäftigten sind diese Teilzeit-Arbeitnehmer jedoch in der Regel weniger motiviert und dem Unternehmen gegenüber weniger loyal eingestellt und führen damit zu einer höheren Fluktuation unter den Arbeitnehmern. Mitarbeiteraustritte erhöhen dabei nicht nur die Kosten, die im Zuge der Personalrekrutierung entstehen, sondern können sich auch nachteilig auf die Kundenzufriedenheit bzw. Kundenloyalität und die Umsätze auswirken.

Faktoren wie lange Öffnungszeiten, eine umfassende Kostenkontrolle sowie die Beschäftigung von unqualifizierten Mitarbeitern und Teilzeit-Arbeitskräften führen dazu, dass das Image der Handelsunternehmen als Arbeitgeber „angeschlagen" ist. Deshalb gehen Unternehmen vermehrt dazu über, Maßnahmen des Personalmarketing einzusetzen, um qualifizierte Arbeitskräfte für das eigene Unternehmen zu gewinnen.

Unter den **sozio-demografischen Rahmenbedingungen** ist – neben der bereits angeführten Überalterung der Bevölkerung – ein Wertewandel zu konstatieren: Postmaterielle Werte, so bspw. Individualismus, Selbstentfaltung oder Selbstverwirklichung, müssen bei der Personalführung und der Mitarbeitermotivation berücksichtigt werden.

Der angeführte Bedeutungszuwachs der Mitarbeiter vom „Produktionsfaktor Arbeit" zum Erfolgsfaktor eines Handelsunternehmens wird auch am Begriffswandel vom klassischen Personalwesen über das Personalmanagement hin zum Human-Resource-Management deutlich. Dieser Entwicklungslinie wird in den Ausführungen dieses Abschnitts gefolgt.

2. Begriffliche Abgrenzungen

Im Mittelpunkt der **Personalpolitik** steht die Formulierung grundlegender Ziele, die den Personalbereich betreffen. Darüber hinaus werden allgemeine Grundsätze aufgestellt (vgl. Nicolai 2006, S. 6). Davon ist der Begriff der **Personalwirtschaft** abzugrenzen, der sich auf eine betriebliche Funktion bezieht.

Das **Personalwesen** umfasst „die Gestaltung der Teilsysteme des Personalmanagements" (Homburg/Krohmer 2006, S. 1240). Es erfüllt sämtliche

Hauptaufgaben – von der Personalplanung bis zur Personalfreistellung.[1] Der Begriff des **Personalmanagements** reicht inhaltlich über die Begriffe des Personalwesens und der Personalwirtschaft hinaus.[2] Er schließt alle mitarbeiterbezogenen Verwaltungs- und Gestaltungsaufgaben ein (Nicolai 2006, S. 1), so auch die Personalführung.

Im Vergleich zum Personalmanagement, welches das Personal aus einer instrumentellen Sichtweise betrachtet, wird im Rahmen des **Human-Resource-Managements** die Rolle der Mitarbeiter als strategischer Erfolgsfaktor stärker betont. Damit wird dem Umstand Rechnung getragen, dass den Mitarbeitern im turbulenten Umfeld eine höhere Bedeutung beigemessen wird als dies ehemals unter überschaubaren Umfeldbedingungen der Fall war.

3. Ziele des Personalmanagements

Der Unternehmenserfolg und damit der wirtschaftliche Erfolg eines Handelsunternehmens hängen wesentlich von der Leistung der Mitarbeiter ab. Vorrangiges Ziel des Personalmanagements ist es deshalb, die Leistungsbereitschaft und Leistungsfähigkeit der Mitarbeiter zu fördern. Dieses Ziel kann durch eine motivierende Mitarbeiterführung, eine motivierende Umsetzung der einzelnen Maßnahmen des Personalwesens, so bspw. in Form motivierender Entlohnungsformen, und eine motivierende Gestaltung der Organisation (z.B. dezentrale Organisationsstrukturen) realisiert werden.[3]

In der vorherrschenden Literatur wird zwischen wirtschaftlichen und sozialen Zielen des Personalmanagements unterschieden (vgl. Nicolai 2006, S. 3). Oberstes **wirtschaftliches Ziel** ist es, die am meisten qualifizierten Mitarbeiter in der erforderlichen Anzahl, zur rechten Zeit und am richtigen Ort – unter Berücksichtigung des ökonomischen Prinzips – bereitzustellen. Aus diesem Oberziel lassen sich weitere Teilziele ableiten. Diese betreffen u.a.:

- den optimale Einsatz des Elementarfaktors „menschliche Arbeit"
- die Steuerung der menschlichen Arbeitsleistung
- die Nutzung der Kreativität und Erfahrung der Mitarbeiter im Rahmen ihrer Aufgabenerfüllung.

---

[1] Teils wird in der Literatur auch die organisatorische Einheit der Personalabteilung als Personalwesen bezeichnet.

[2] Anders hierzu Wöhe (2005, S. 152), der unter dem Begriff der Personalwirtschaft alle personellen Gestaltungsmöglichkeiten zur Erreichung der Unternehmensziele subsumiert und das Personalmanagement sowie das Personalwesen als Teilbereiche der Personalwirtschaft auffasst.

[3] Berthel/Becker (2003, S. 9) sprechen in diesem Zusammenhang vom System zur Lenkung der Verhaltenssteuerung bzw. vom System zur Verhaltenskonditionierung.

Talent Management

Um den Unternehmenswert zu maximieren, ist ein optimaler Match von Mitarbeitern und Stellen anzustreben. Hier setzt das Talent Management an, das idealtypisch die Phasen Identifizierung, Entwicklung, Platzierung und Bindung von Talenten durchläuft.

Hinsichtlich der Identifizierung von Talenten im Unternehmen besteht das Problem, dass Vorgesetzte aus Angst um die eigene Position Informationen nicht bzw. nur unvollständig weiterleiten (sog. Talent Hoarding). Die Entwicklung von Talenten ist nur eingeschränkt möglich – zumal es sich um angeborene Fähigkeiten eines Mitarbeiters handelt. Bei der Stellenbesetzung ist darauf zu achten, dass Kompetenzprofil und Anforderungsprofil optimal übereinstimmen. Schließlich ist dafür zu sorgen, dass Talente langfristig an das Unternehmen gebunden werden. Dies lässt sich bspw. durch attraktive Karrierewege realisieren.

Quelle: Sliwka/Nieken 2006, S. 905.

Die Media-Saturn-Holding GmbH in Ingolstadt baut z.B. bei der Rekrutierung und Personalentwicklung auf das „Strength-Finder"-Konzept, wonach jeder Mitarbeiter seinen Talenten entsprechend eingesetzt und gefördert wird. Die Basis hierfür bildet eine Web-basierte Analyse, in deren Rahmen die Mitarbeiter 180 Aussagenpaare bewerten müssen. Anschließend werden die zehn größten Talente jedes Arbeitnehmers ermittelt und die Personalentwicklung den Ergebnissen entsprechend abgestimmt.

Dadurch, dass die Anforderungen, die an den einzelnen Mitarbeiter gestellt werden, seinen Fähigkeiten entsprechen, wird der Arbeitnehmer in einen sog. Flow-Zustand versetzt. Er geht in seiner Arbeit auf, ist zufrieden und engagiert sich. Dies wirkt sich positiv auf die Produktivität und Effizienz des Mitarbeiters aus und führt letztlich zu einem Umsatzwachstum und einer Steigerung des Unternehmenswertes.

Quelle: Csikszentmihalyi 2005, S. 106ff; Lebensmittel Zeitung, 14. Mai 2004, S. 54.

Die Interessen, Erwartungen und Forderungen der Mitarbeiter finden in den **sozialen Zielen** des Personalmanagements ihren Niederschlag, wobei sich wirtschaftliche Ziele nur über die Erfüllung der sozialen Ziele realisieren lassen. Das soziale Hauptziel ist in der Verbesserung der materiellen und immateriellen Verhältnisse der Mitarbeiter zu sehen (Nicolai 2006, S. 3). Daraus lassen sich wiederum verschiedene Teilziele ableiten, die sich u.a. auf folgende Bereiche beziehen:

- die Arbeitsplatzgestaltung
- die Arbeitszeitregelung
- die Entlohnung
- die Führung
- die Mitarbeiterentwicklung.

Die Entfaltung der Fähigkeiten des Mitarbeiters bei gleichzeitiger Wahrung bzw. Steigerung seiner Zufriedenheit und Motivation ist eine wesentliche Voraussetzung für die Weiterentwicklung von Handelsunternehmen. Die unterschiedlichen Aufgabenfelder, die sich daraus für das Personalmanagement ergeben, werden im nächsten Abschnitt diskutiert.

4. Aufgaben des Personalmanagements

a) Aufgabenfelder

Das Personalmanagement hat im Hinblick auf die Erhaltung und Steigerung der Wettbewerbsfähigkeit eines Handelsunternehmens zahlreiche Aufgaben zu erfüllen. Obwohl dem Personalmanagement in der Literatur nicht immer dieselben Aufgaben zugerechnet und die unterstützenden Funktionen teils dem Personalwesen zugeordnet werden, liefert eine Zusammenschau der Quellen folgende Aufgabenbereiche, die in Abbildung 6.13 dargestellt werden:[1]

Abbildung 6.13: Aufgabenfelder des Personalmanagements

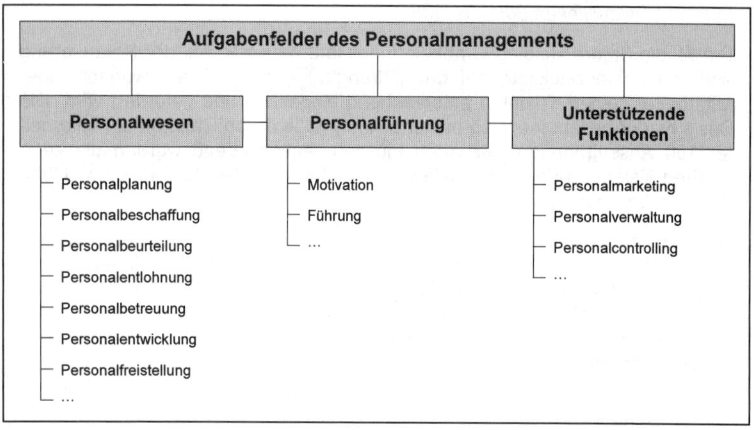

b) Aufgaben des Personalwesens

Gegenstand der **Personalplanung** ist die Ermittlung des gegenwärtigen und künftigen Personalbedarfs in quantitativer und qualitativer Hinsicht. Dies schließt die Erstellung von Anforderungs- und Qualifikationsprofilen mit ein, wobei die einzelne Stelle das Planungsobjekt bildet. Die Personalplanung stellt die Grundlage für alle weiteren Aufgaben des Personalmanagements dar und hat für den Handelsbetrieb auf Grund der stark schwankenden Kapazitätsauslastung große Bedeutung.

> *„Mithilfe eines Personaleinsatzplanes kann der Marktleiter vor Ort seine Mitarbeiter sinnvoll einsetzen – angepasst an die Kundenfrequenz" (Müller 1998, S. 240).*

Die Bereitstellung der für das Unternehmen erforderlichen Arbeitskräfte in qualitativer, quantitativer und zeitlicher Hinsicht wird als **Personalbeschaf-**

[1] Vgl. zu den Aufgaben des Personalmanagements Nicolai 2006, S. 4ff.; Wöhe 2005, S. 154ff.; Berthel/Becker 2003, S. 119ff.; Scholz 2000b, S. 83ff., S. 250ff. sowie Staehle 1999, S. 800ff.

fung bezeichnet. Hier ist zwischen externen und internen Beschaffungswegen zu differenzieren. Instrumente der internen Personalbeschaffung sind bspw. Versetzungen oder innerbetriebliche Stellenausschreibungen. Zu den Instrumenten der externen Personalbeschaffung zählen u.a. Stellenanzeigen, Personal-Leasing oder College-Recruiting. Auf Grund der verbreiteten Nutzung neuer Informations- und Kommunikationstechnologien kommt dem sog. **E-Cruiting** eine steigende Bedeutung zu: Handelsunternehmen können in Internet-Jobbörsen nach potenziellen Mitarbeitern suchen oder auf ihren Homepages Stellen ausschreiben, auf die sich Interessenten online bewerben.[1]

E-Cruiting bei potenziellen Bewerbern beliebt

Laut einer Studie unter 11.000 Stellensuchenden und Karriereinteressierten bewirbt sich mehr als die Hälfte deutscher Stellensuchender lieber online, als auf konventionellem Weg mit einem Unternehmen in Kontakt zu treten. Rund 70 % der Befragten haben schon einen Lebenslauf in ein Internet-Jobportal gestellt oder haben dies zumindest vor.

Quelle: Lebensmittel Zeitung, 17. November 2006, S. 48.

Im Zuge der Personalbeschaffung werden darüber hinaus Bewerbungsunterlagen analysiert, geeignete Bewerber ausgewählt und Arbeitsverträge abgeschlossen. Dem Aufgabenbereich der Personalbeschaffung kommt auf Grund der Langfristigkeit der getroffenen Entscheidungen und des Risikos, das mit einer Fehlbesetzung verbunden ist, eine herausragende Bedeutung zu.

Gegenstand der **Personalbeurteilung** ist eine Bewertung des Leistungsergebnisses, des Arbeits- und Sozialverhaltens sowie des Potenzials eines Mitarbeiters mit geeigneten Methoden und auf der Basis einheitlicher Merkmale. Bei der Beurteilung von Führungskräften wird darüber hinaus das Führungsverhalten einer Bewertung unterzogen. Die Personalbeurteilung bildet die Grundlage für zahlreiche weitere Maßnahmen des Personalmanagements. Hierzu zählen u.a.:

- die Förderung und Entwicklung der Mitarbeiter
- der Einsatz der Mitarbeiter nach dem Prinzip „Der richtige Mann am richtigen Arbeitsplatz"
- die gerechte und angemessene Entgeltermittlung
- die Beförderung der Mitarbeiter
- die Erstellung des Arbeitszeugnisses.

Die Höhe der **Personalentlohnung** beeinflusst einerseits die Personal- und damit die Gesamtkosten eines Unternehmens. Andererseits wirkt sich die

---

1 Da die neuen Informations- und Kommunikationstechnologien in fast allen Aufgabenbereichen des Personalmanagements eingesetzt werden, wird auch vom sog. E-Human-Resource-Management (E-HRM) gesprochen. Dieses umfasst alle Personalmanagementfunktionen, die auf einem elektronischen Netzwerk basieren und bei strategisch abgestimmtem Einsatz einen Mehrwert erzielen können (vgl. Ingenhoff/Eppler 2001, S. 161).

Höhe der Vergütung und die vom Mitarbeiter subjektiv wahrgenommene Gerechtigkeit der Entlohnung auf die Motivation, die Zufriedenheit und damit auf das Leistungsverhalten der Mitarbeiter aus.

Die **Personalbetreuung** umfasst sämtliche Leistungen an die Mitarbeiter, die über das vereinbarte Entgelt hinausgehen. Hier ist bspw. die Kostenübernahme für Arztleistungen anzuführen. Derartige Maßnahmen sind insbesondere in jenen Ländern von Bedeutung, in denen das Gesundheitswesen und die Pensionsvorsorge nicht überwiegend staatlich finanziert werden.

Jedes Unternehmen benötigt zur Leistungserstellung qualifizierte Mitarbeiter. Angesichts der komplexen und dynamischen Umweltbedingungen und den damit einhergehenden steigenden Anforderungen, denen die Mitarbeiter eines Handelsunternehmens zu entsprechen haben, muss das Personal über folgende Eigenschaften und Kompetenzen verfügen (vgl. hierzu Nicolai 2006, S. 230f.; Homburg/Schäfer/Schneider 2006, S. 247ff.; Wunderer/v. Arx 2002, S. 211; Oehme 1993, S. 201):

- Fachkenntnisse (Markt-, Produkt- und Kundenkenntnisse)
- Schlüsselqualifikationen wie Lernbereitschaft und -fähigkeit, Beratungs- und Problemlösungsfähigkeit, die berufs-, fach- und funktionsübergreifend gefordert werden
- Persönlichkeitsmerkmale, so bspw. Kontaktfreudigkeit, Optimismus, Selbstwertgefühl, Einfühlungsvermögen und Menschenkenntnis
- soziale Kompetenz wie Kommunikations- und Wahrnehmungsfähigkeit, Freundlichkeit, Teamfähigkeit und Flexibilität im Umgang mit Kunden bzw. deren Bedürfnissen
- Fähigkeit, potenzielle Kunden zu Kaufentscheidungen zu motivieren
- sprachliche Gewandtheit
- korrektes Auftreten.

Bei Führungskräften sind darüber hinaus die nachstehenden Kompetenzen von Bedeutung (vgl. hierzu Kasper/Mühlbacher/v. Rosenstiel 2005, S. 260ff.; Schwaninger 1994, S. 178):

- Führungskompetenz, so bspw. Coaching-Kompetenz, also die Fähigkeit, andere darin zu unterstützen, selbstorganisiert handeln zu können
- Empathie-Fähigkeit und Fähigkeit, Vertrauen zu vermitteln
- Fähigkeit, klare Zielvorgaben zu formulieren, Durchsetzungsvermögen
- Konsequenz
- Motivationsfähigkeit
- Transferfähigkeit
- Kreativität.

Handel setzt bei potenziellen Führungskräften auf „Herz und Verstand"

Neben betriebswirtschaftlichem Fachwissen, guten Noten, Flexibilität, Arbeits- und Zeitengagement sowie einer ausgeprägten Persönlichkeit muss der Führungskräftenachwuchs im Handel emotionale Bindung und Sympathie mitbringen.

Quelle: Lebensmittel Zeitung, 12. Mai 2006, S. 41.

Vor dem Hintergrund der eingangs angeführten Verkürzung der Innovationszyklen und der raschen Sortimentswechsel kommt der **Personalentwicklung** im Handel eine große Bedeutung zu. Diese umfasst sämtliche Maßnahmen „zur Erweiterung und Vertiefung bestehender Qualifikationen" sowie „zur Vermittlung neuer Qualifikationen" (Nicolai 2006, S. 228) und kann am Arbeitsplatz („on the job") oder in unternehmenseigenen Bildungszentren oder externen Bildungsinstitutionen („off the job") erfolgen. Die Basis für etwaige Maßnahmen der Personalentwicklung bildet eine Erhebung des betrieblichen und individuellen Entwicklungsbedarfs sowie die Erstellung geeigneter Aus- und Weiterbildungsangebote. Zu diesen zählen bspw. Rollenspiele, Workshops, Coaching, Mentoring, Seminare, Trainings oder E-Learning.

E-Learning für Führungskräfte

Nicht nur Führungsmodelle müssen sich der Dynamik der Zeit anpassen, auch die Ausbildung der Führungskräfte selbst durchläuft einen Veränderungsprozess. Während neue Informations- und Kommunikationstechnologien bei der Weiterbildung von Mitarbeitern der unteren Hierarchieebenen schon seit Jahren eingesetzt werden, mangelte es lange Zeit an einer systematischen Ausbildung für Manager.

Im Jahre 2005 wurde vom Malik Management Zentrum St. Gallen in Kooperation mit e/t/s Didactic Media ein berufsbegleitender Blended-Learning-Kurs für Führungskräfte entwickelt, die in unterschiedlichen Themenbereichen, so bspw. Auftreten und Wirken, geschult werden. Dabei kommen im Rahmen des sog. Blended-Learning klassische Qualifizierungsmaßnahmen und E-Learning kombiniert zum Einsatz, wodurch sich Kostenvorteile realisieren lassen. Darüber hinaus wird durch das E-Learning eine Individualisierung der Personalentwicklung möglich: Die Aus- und Weiterbildung kann auf den Wissensstand, die Lerngeschwindigkeit und den Lernstil des einzelnen Mitarbeiters abgestimmt werden.

Quelle: Hutzschenreuter 2005, S. 573ff.; Lebensmittel Zeitung, 30. September 2005, S. 46.

Damit die Personalentwicklung zum gewünschten Erfolg führt, muss sie systematisch betrieben werden und darf sich nicht auf Einzelmaßnahmen beschränken. Große Unternehmen gehen deshalb auch dazu über, **Corporate Universities**, also unternehmenseigene Akademien, zu gründen, in denen sämtliche Aus- und Weiterbildungsmaßnahmen durchgeführt werden.

METRO Cash & Carry schult Mitarbeiter im „House of Training"

Um den Führungskräften aller Hierarchieebenen praktisches und theoretisches Know-how zu vermitteln, führt METRO Cash & Carry Aus- und Weiterbildungsmaßnahmen in unternehmenseigenen Akademien durch.

In Royaumont, Moskau und Shanghai werden die Mitarbeiter unterschiedlicher Regionen im „House of Training" zusammengezogen und – getreu dem Motto „Only METRO can teach METRO" – von dafür ausgebildeten Führungskräften des Unternehmens geschult.

Quelle: Lebensmittel Zeitung, 11. Juni 2004, S. 50; www.metro-cc.com.

Im Anschluss an die Aus- und Weiterbildungsmaßnahmen sind die individuellen Fortschritte jedes Mitarbeiters zu bewerten, um geeignete Karrierepläne auszuarbeiten. Darüber hinaus ist zu prüfen, ob sich die Maßnahmen der Personalentwicklung positiv auf den Unternehmenserfolg ausgewirkt haben.

Im Rahmen der **Personalfreistellung** ist zwischen interner und externer Freistellung zu unterscheiden. Während die interne Freistellung in einer Anpassung bestehender Arbeitsverhältnisse besteht, werden diese bei der externen Freistellung definitiv beendet (Personalfreisetzung). Obwohl Handelsunternehmen die Bedeutung des Mitarbeiters für den Unternehmenserfolg mittlerweile erkannt haben, versuchen die Personalverantwortlichen noch häufig, eine Produktivitätssteigerung über Kosteneinsparungen im Personaleinsatz zu realisieren.[1] Um der steigenden Bedeutung der Servicepolitik als Profilierungs- und Differenzierungsinstrument Rechnung zu tragen, ist jedoch ein Personalmanagement erforderlich, das ein kompetentes Angebot an Beratung und Service sicherstellt.

c) Personalführung und -motivation

Unter dem Begriff der **Personalführung** ist die zielgerichtete, direkte, personale Beeinflussung der Einstellung und des Verhaltens der Mitarbeiter zu verstehen (vgl. Staehle 1999, S. 328, S. 838). Der **Personalführung** kommt im Hinblick auf den Unternehmenserfolg eine große Bedeutung zu, zumal sich über die Umsetzung personalpolitischer Ziele letztlich Unternehmensziele realisieren lassen. Aufgabe der Personalführung ist es, einerseits den Unternehmensbestand zu sichern und andererseits die Entfaltung der Mitarbeiter zu fördern. Sie gründet sich zum einen auf die Macht des Vorgesetzten, also sein Vermögen, Verhaltensänderungen auch gegen den Willen anderer durchzusetzen, und zum anderen auf dessen Autorität gegenüber den Mitarbeitern.[2]

---

1 Zur Diskussion, ob die Produktivität im Handel trotz der Einführung neuer Technologien (bspw. Scanner-Kassen) im Jahresvergleich kontinuierlich gesunken ist, ist anzumerken, dass Produktivitätsindizes oft nicht an etwaige Sortimentserweiterungen – und hier insbesondere das Angebot zusätzlicher Services – angepasst werden (vgl. hierzu Ratchford 2003, S. 171ff.).

2 Vgl. für eine Diskussion der Machtgrundlagen Staehle 1999, S. 400ff.

Die **Personalmotivation** bezieht sich auf den Prozess der Motivaktivierung bzw. -änderung bei den Mitarbeitern und ist letztlich nur über deren Selbstmotivation möglich (vgl. Staehle 1999, S. 817; Liebel/Oechsler 1994, S. 166).

d) Unterstützende Funktionen des Personalmanagements

Schließlich müssen im Rahmen des Personalmanagements auch unterstützende Funktionen wahrgenommen werden.[1] Zu diesen zählen insbesondere:

- das Personalmarketing
- die Personalverwaltung
- das Personalcontrolling.

Personalmarketing wird definiert als „die bewusste und zielgerichtete Anwendung personalpolitischer Instrumente zur Akquisition künftiger und Motivation gegenwärtiger Mitarbeiter" (Scholz 2000, S. 417). Angesichts des schlechten Images der Handelsunternehmen als Arbeitgeber, das eingangs diskutiert wurde, erlangt diese unterstützende Funktion zunehmende Bedeutung.

Handelsunternehmen wollen ihr Image als Arbeitgeber verbessern

Um ein attraktives Bild vom Handel zu vermitteln, lädt die METRO Group seit Jahren Lehrer, Studenten und Hochschulabsolventen zur Veranstaltung „Meeting METRO" ein. Durch Gespräche zwischen den Besuchern und den Mitarbeitern des Unternehmens sollen die Ausbildungs- und Aufstiegschancen im Handel aufgezeigt werden und das Image des Handels im Allgemeinen bzw. der METRO Group im Speziellen verbessert werden.

Quelle: Lebensmittel Zeitung, 10. November 2006, S. 47.

Mit der Initiative „Handelswelten Didaktik" will METRO nun auch Schüler frühzeitig über die Arbeitswelt des Handels informieren. Dafür wurde eine CD-ROM mit Begleitbuch für den Einsatz im Unterricht entwickelt, die sich an den Lehrplänen orientieren. Dieses Unterrichtsmaterial wird in Deutschland in mehr als 7.000 Haupt- und Realschulen kostenlos zur Verfügung gestellt.

Quelle: Lebensmittel Zeitung, 27. Oktober 2006, S. 48.

Im Kampf um den Führungskräftenachwuchs muss sich der Handel gegen Unternehmen der Automobil-, Service- und Beraterbranche behaupten. Um Akademiker auf das eigene Unternehmen aufmerksam zu machen, hat Aldi-Süd die Namensrechte für einen Hörsaal an der Würzburger Fachhochschule gekauft. Lehrveranstaltungen werden nun im „Aldi-Süd-Hörsaal" abgehalten.

Quelle: Lebensmittel Zeitung, 20. Oktober 2006, S. 31.

Im Rahmen der **Personalverwaltung** werden administrative, routinemäßige Aufgaben wahrgenommen, so bspw. die Ermittlung des Entgeltes, das Führen von Personalentwicklungsdateien oder die Korrespondenz mit Bewerbern. Primäre Aufgabe des **Personalcontrolling** ist die Planung, Steuerung

[1] Berthel/Becker (2003, S. 478ff.) sprechen in diesem Zusammenhang von Service-Funktionen.

und Kontrolle personalwirtschaftlicher Prozesse (vgl. hierzu die Ausführungen in Abschnitt D.II. dieses Kapitels).

II. Klassische Konzepte des Personalmanagements

1. Grundlagen

Das Personalmanagement beschäftigt sich mit Bedingungen und Fragestellungen in Zusammenhang mit der Beschäftigung und der Leistungserbringung von Mitarbeitern sowie dem Einfluss (makro-)ökonomischer, technologischer, politisch-rechtlicher, sozio-demografischer und psychologischer Faktoren.

> *Personalmanagement wird als „Lösung aller mitarbeiterbezogenen Aufgaben und als Gestaltung der damit verbundenen Maßnahmen im Unternehmen auf der Grundlage personalpolitischer Strategie [...]" verstanden (Büdenbender/Strutz 1996, S. XVI).*

Der Begriff des Personalmanagements umfasst – wie bereits erwähnt – auch die Führung der Mitarbeiter im Unternehmen. Die Notwendigkeit zur Personalführung ergibt sich aus dem Konflikt zwischen den Sachzwängen, die vom Unternehmen und vom Markt ausgehen und den Interessen bzw. Wünschen der Mitarbeiter. Führung lässt sich also als „die bewusste Gestaltung des Spannungsverhältnisses zwischen denjenigen, die Führungsaufgaben wahrnehmen sollen und denjenigen, gegenüber denen diese Führungsaufgaben wirksam werden", interpretieren (Tietz 1993b, S. 884).[1]

Die Führung im Unternehmen ist immer von den Führungspotenzialen des Top-Managements geprägt. Darüber hinaus bestehen zwischen der Organisation eines Unternehmens und dem Personalmanagement Wechselwirkungen. So machen bspw. neue Organisationsstrukturen mit flachen Hierarchien oder der Einsatz von Teams neue Karrierewege und Entlohnungsschemata erforderlich.

Angesichts der eingangs erwähnten Rahmenbedingungen und der turbulenten Umfeldentwicklungen werden an das Personalmanagement im Handel spezielle Führungsanforderungen gestellt. Zum einen stehen Mitarbeiter in ständigem Kundenkontakt und sollen durch entsprechende Schulungsmaßnahmen bei der Entwicklung der notwendigen Fach- und Sozialkompetenz unterstützt werden. Zum anderen ist es die Aufgabe des Personalmanagements und der Führungskräfte, Rahmenbedingungen zu schaffen, welche die Mitarbeiter zunächst zum Erwerb und schließlich zur Umsetzung des erworbenen Wissens im „Alltagsgeschäft" motivieren und unterstützen (bspw. durch die Gestaltung entsprechender Anreizsysteme bzw. durch eine entsprechende personelle Führung).

---

[1] Auch unter den Mitarbeitern der gleichen Hierarchiestufe können sich auf Grund der unterschiedlichen Charaktere spezifische Führungsbeziehungen entwickeln.

2. Motivationstheoretische Ansätze als Grundlage der Mitarbeiterführung

a) Grundlagen

Erkenntnisse über das Leistungsverhalten von Menschen stellen eine wichtige Voraussetzung für die effiziente Mitarbeiterführung dar. Die Motivation spielt im Hinblick auf die Erklärung intra- und interindividueller Unterschiede der qualitativen oder quantitativen Arbeitsleistung eine entscheidende Rolle.

Grundsätzlich ist zwischen extrinsischer und intrinsischer Motivation zu unterscheiden. Während die **extrinsische Motivation** durch die Folgen und Begleitumstände der Aufgabenerfüllung ausgelöst wird, liegt die **intrinsische Motivation** in der Arbeit selbst begründet. Eine einzige, allgemein akzeptierte Theorie zur Erklärung menschlichen Verhaltens existiert nicht. Stattdessen finden sich unterschiedliche Ansätze der psychologischen Motivationsforschung, die sich nach verschiedenen Kriterien kategorisieren lassen. Im Folgenden wird auf

- Inhaltstheorien der Motivation und
- Prozesstheorien der Motivation

eingegangen.

b) Inhaltstheorien der Motivation

Inhaltstheorien der Motivation zielen vorwiegend auf die qualitative Ausprägung der Antriebsstruktur ab (vgl. Scholz 2000b, S. 878). Im Vordergrund steht hier die Frage, welche Motive die Menschen zu einem bestimmten Verhalten veranlassen. Anzuführen sind in diesem Zusammenhang:

- die Bedürfnishierarchie nach Maslow
- die ERG-Theorie nach Alderfer
- die Zwei-Faktoren-Theorie nach Herzberg
- die Bedürfnisarten nach McClelland.

Bedürfnishierarchie nach Maslow

Die Bedürfnistheorie von Maslow (1973) gilt als der am weitesten verbreitete motivationstheoretische Ansatz. Den Kern dieser Theorie bildet eine fünfstufige Bedürfnispyramide, welche die Bedürfnisklassen nach deren jeweiliger Wertigkeit hierarchisch anordnet (siehe Abbildung 6.14).

Abbildung 6.14: Bedürfnispyramide nach Maslow

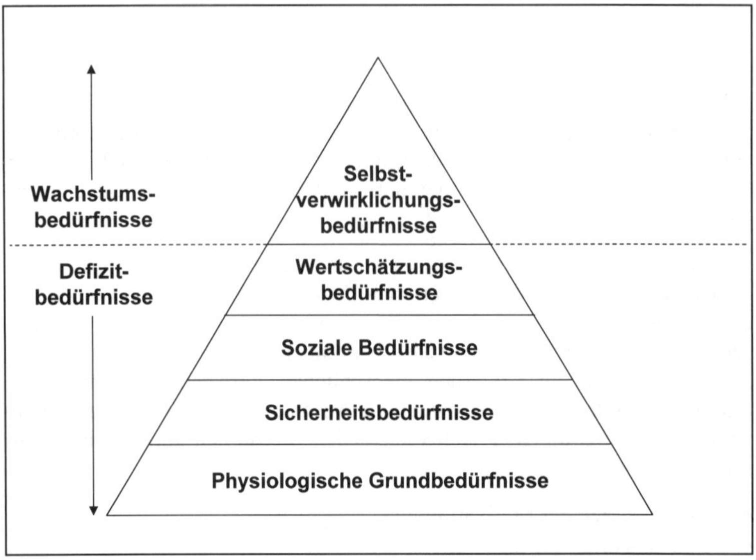

Quelle: in Anlehnung an Maslow 1973.

Maslow geht dabei von der These aus, dass ein Bedürfnis nur so lange motivierend wirkt, bis es vollständig befriedigt ist (sog. Defizitprinzip). Das Progressionsprinzip besagt, dass das menschliche Verhalten durch das hierarchisch niedrigste, unbefriedigte Bedürfnis motiviert wird. Demzufolge steht zunächst die Befriedigung der physiologischen Grundbedürfnisse, die auf die Selbsterhaltung gerichtet sind, bspw. Nahrung oder Kleidung, im Vordergrund. Auf der nächst höheren Stufe stehen Sicherheitsbedürfnisse, so z.B. die Absicherung im Krankheitsfall oder ein sicherer Arbeitsplatz. Soziale Bedürfnisse, wie Gruppenzugehörigkeit und Freundschaft, bilden die darauf folgende Bedürfniskategorie. Erst wenn diese Bedürfnisse befriedigt sind, werden Wertschätzungs- bzw. Achtungsbedürfnisse aktiviert. Hierzu zählen bspw. Selbstvertrauen, Unabhängigkeit, Kompetenz, Anerkennung, Aufmerksamkeit und Respekt. Diese vier Bedürfnisklassen werden auch als **Mangel- oder Defizitbedürfnisse** bezeichnet. Auf der letzten und damit höchsten Stufe der Pyramide stehen die Selbstverwirklichungsbedürfnisse. Diese werden auch als **Wachstumsbedürfnisse** bezeichnet und können nie vollständig befriedigt werden.

Der Ansatz von Maslow hat einerseits starke Beachtung, andererseits aber auch Kritik erfahren, die sich auf die mangelnde empirische Bestätigung, aber auch auf die streng lineare Abfolge der Bedürfnisse bzw. deren Befriedigung bezieht.

ERG-Theorie nach Alderfer

Um den Maslow'schen Ansatz weiterzuentwicklen, wurden zahlreiche Modifikationen vorgenommen. Anzuführen ist u.a. die ERG-Theorie nach Alderfer, der die fünf Bedürfnisklassen auf drei reduziert und die strenge hierarchische Ordnung zwischen den Bedürfnisklassen aufgibt (vgl. Berthel/Becker 2003, S. 24). Hier werden Existenzbedürfnisse (Existence Needs), Beziehungsbedürfnisse (Relatedness Needs) und Wachstumsbedürfnisse (Growth Needs) unterschieden. Im Gegensatz zu Maslow geht Alderfer von der Möglichkeit der simultanen Wirkung aller Bedürfnisklassen aus. Auf Grund empirischer Untersuchungen wird dieser Theorie zwar eine größere Erklärungskraft als jener von Maslow zugeschrieben, eine Allgemeingültigkeit der Grundaussagen lässt sich jedoch nicht behaupten.

Zwei-Faktoren-Theorie nach Herzberg

Die Zwei-Faktoren-Theorie, die auf Herzberg zurückgeht, setzt bei der Entstehung von Arbeitszufriedenheit bzw. -unzufriedenheit an und unterscheidet in diesem Zusammenhang zwischen Hygiene-Faktoren und Motivatoren (vgl. Herzberg 1975, S. 65). Hygiene-Faktoren, wie bspw. das Einkommen oder die Beziehungen zu den Kollegen, können nur dazu beitragen, dass Unzufriedenheit abgewendet wird. Sie können aber keine Arbeitszufriedenheit auslösen. Diese kann nur durch Motivatoren, wie z.B. Anerkennung oder Leistungserfolg, hervorgerufen werden.

Bedürfnisarten nach McClelland

McClelland geht davon aus, dass viele Bedürfnisse aus Lernprozessen resultieren, welche das Individuum von Kindheit an zu durchlaufen hat. Diese Bedürfnisse beeinflussen das Verhalten und die Arbeitsleistung des Menschen. McClelland unterscheidet drei **Schlüsselbedürfnisse**:

1. das Bedürfnis zur Leistungsmotivation
2. das Affiliations- oder Zugehörigkeitsbedürfnis
3. das Machtbedürfnis.

Das Bedürfnis zur Leistungsmotivation bildet dabei den Ausgangspunkt für die Entwicklung einer Theorie der Leistungsmotivation, die jedoch nicht den Inhalts-, sondern den Prozesstheorien der Motivation zuzurechnen ist (vgl. Cisik 1994, S. 177).

c) Prozesstheorien der Motivation

Prozesstheorien legen den Fokus auf den Ablauf des Motivationsprozesses und die darin involvierten kognitiven Vorgänge. Durch die Berücksichtung kognitiver Variablen, wie bspw. Wahrnehmung oder Gedächtnis, wird die Erklärungskraft von Motiven und Bedürfnissen abgeschwächt (vgl. Berthel/Becker 2003, S. 27). Die Motivation des rationalen, zielorientiert handelnden Menschen, von dem die Prozesstheorien ausgehen, wird durch zwei

Faktoren bestimmt: der Wahrscheinlichkeit der Erreichung eines bestimmten Verhaltenszieles und dem subjektiv wahrgenommenen Wert dieses Zieles. Zu den Prozesstheorien zählen u.a. die Erwartungstheorie von Vroom (1964), das Rückkopplungsmodell von Porter/Lawler (1968) und die Gerechtigkeitstheorie von Adams (1963). Diese Theorien haben modellhaften Charakter, d.h., ihre Gültigkeit wurde nicht im Rahmen empirischer Untersuchungen überprüft.

3. Grundlegende Ansätze der Führungsforschung im Personalmanagement

a) Führungsstiltypologien

Unter einem **Führungsstil** ist ein langfristig relativ stabiles, situationsunabhängiges Verhaltensmuster eines Vorgesetzten gegenüber seinen Mitarbeitern zu verstehen, wohingegen das Führungsverhalten in Abhängigkeit der Situation variieren kann (vgl. Nicolai 2006, S. 182; Staehle 1999, S. 334).

Führungsstile können auf theoretischen Überlegungen basieren (sog. Idealtypen), so z.B. der patriarchalische, der charismatische, der autokratische und der bürokratische Führungsstil, oder aus empirischen Untersuchungen abgeleitet werden (sog. Realtypen). Im Rahmen der **Iowa-Studien** wurden in den vierziger Jahren des vergangenen Jahrhunderts Beobachtungen durchgeführt, um die Auswirkungen unterschiedlichen Führungsverhaltens auf das individuelle Verhalten von Schülern und das Gruppenverhalten zu analysieren. Hier kristallisierten sich der autoritäre, der demokratische und der Laissez-Faire-Führungsstil heraus (vgl. Staehle 1999, S. 339ff.).

Je nach Anzahl der Dimensionen, die zur Charakterisierung eines Führungsstils herangezogen werden, lassen sich ein-, zwei- und mehrdimensionale Führungsstile unterscheiden.

Eindimensionale Führungsstile

Bei eindimensionalen Führungsstilen wird nur ein Merkmal zur Beschreibung herangezogen. So ordnen Tannenbaum/Schmidt (1958, S. 96) die Führungsstile entsprechend des Ausmaßes des Entscheidungsspielraums des Vorgesetzten bzw. des Mitarbeiters ein, wobei der autoritäre und der kooperative Führungsstil das Kontinuum aufspannen.

Zwei- und mehrdimensionale Führungsstile

Auf der Basis der Ergebnisse der **Ohio-State-Studien**, die seit 1945 durchgeführt werden, wird das Führungsverhalten dem Ausmaß der Aufgaben- und Beziehungsorientierung des Vorgesetzten entsprechend eingestuft (vgl. Staehle 1999, S. 341ff.). Dagegen wird auf Grund der **Michigan-Studien**, die seit 1947 betrieben werden, zwischen den Dimensionen der Mitarbeiter- und der Leistungsorientierung unterschieden (vgl. Staehle 1999, S. 344ff.).

Büdenbender/Strutz (1996, S. 154) differenzieren zwischen drei Dimensionen, um den Führungsstil zu charakterisieren:

- Aufgaben- bzw. Unternehmensorientierung
- Mitarbeiterorientierung
- Partizipationsorientierung.

Bei der Aufgabenorientierung steht die Erfüllung der Aufgabe im Vordergrund, während in Bezug auf die Mitarbeiterorientierung die zwischenmenschlichen Beziehungen im Rahmen der Aufgabenerfüllung betrachtet werden. Inwieweit die Mitarbeiter in den Prozess der Entscheidungsfindung eingebunden werden, schlägt sich im Ausmaß der Partizipationsorientierung nieder.

Auf Grund der zunehmenden Bedeutung der Kundenorientierung unterscheiden Homburg/Stock (2001a, S. 15) folgende drei Dimensionen:

- Leistungsorientierung
- Mitarbeiterorientierung
- Kundenorientierung.

Hinsichtlich der Dimension der Leistungsorientierung interessiert, ob der Vorgesetzte die Mitarbeiter regelmäßig über die Unternehmensziele informiert und, ob er ihre Leistungsziele an den Zielen des Unternehmens ausrichtet. Die Mitarbeiterorientierung bezieht sich auf die Wertschätzung des Vorgesetzten den Untergebenen gegenüber und die Berücksichtigung der persönlichen und beruflichen Ziele der Mitarbeiter. Schließlich schlägt sich das Ausmaß, in dem die Führungskraft Kundenorientierung vorlebt, die Bedeutung der Kunden aufzeigt, Kundenorientierung zum Ziel der Mitarbeiter macht und eine permanente Verbesserung kundenbezogener Prozesse anstrebt, auf der Dimension der Kundenorientierung nieder. Dabei kann davon ausgegangen werden, dass das Führungsverhaltensprofil eines „kundenorientierten Managers", bei dem alle drei Dimensionen hohe Ausprägungen aufweisen, am ehesten zu einem kundenorientierten Verhalten der Mitarbeiter führt (vgl. Homburg/Stock 2001a, S. 16).

Führungsstile im Handel

Erfolgsreiche Führungskräfte zeichnen sich dadurch aus, dass sie verschiedenen, teils widersprüchlichen Rollen gerecht werden. In Abhängigkeit davon, ob der Vorgesetzte innen- oder außenorientiert ist und, ob er auf flexible oder stabile Strukturen setzt, lassen sich acht Rollen unterscheiden.

Abbildung 6.15: Rollen der Führungskräfte

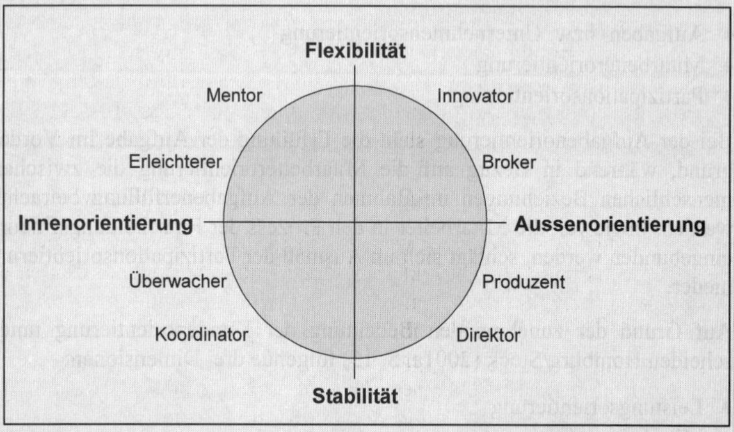

Quelle: in Anlehnung an Shim/Lusch/Goldsberry 2002, S. 187 (basierend auf Quinn 1988).

Um die Führungsstile im Handel zu charakterisieren, wurden 205 Handelsmanager – darunter 53 Human-Resource-Manager – befragt. Im Rahmen der Studie kristallisierten sich drei Führungskräfte-Cluster heraus, die den abgebildeten Führungsrollen in unterschiedlich hohem Ausmaß nachkamen: Das Cluster der innenorientierten „Loner", denen 71 Manager (36 % der Befragten) zuzurechnen waren, zeichnete sich dadurch aus, dass Führungskräfte Entscheidungen alleine trafen und sämtlichen Rollen – insbesondere jener des Brokers – in geringerem Maß nachkamen als Manager, die den beiden anderen Clustern zuzuordnen waren. Ziel- bzw. aufgabenorientierte Führungskräfte bildeten das Cluster der „Team Builder". Diese Manager, denen auch 57 % der Human-Resource-Manager angehörten, erfüllten v.a. ihre Rolle als Überwacher besser als andere und wiesen eine höhere intrinsische Motivation auf. Insgesamt waren diesem Cluster 91 Befragte (46 %) zuzuordnen. Das dritte Cluster der außenorientierten „Conceptual Producer" setzte sich aus Managern zusammen, die der Rolle des Koordinators und jener des Überwachers weniger gerecht wurden. Sie stellten einen Anteil von 18 %.

Quelle: Shim/Lusch/Goldsberry 2002, S. 186ff.

b) Führungstheorien und -modelle

Führungstheorien dienen der Beschreibung, Erklärung und Vorhersage von Bedingungen, Strukturen, Prozessen und Konsequenzen der Führung und ermöglichen Aussagen über etwaige Zusammenhänge zwischen Führern, Geführten, organisatorischen Rahmenbedingungen und Führungserfolg. In der vorherrschenden Literatur wird zwischen Eigenschafts-, Situations-, Attributions-, Substitutions-, Interaktions-, Erwartungs-, Austausch- und Lerntheorien unterschieden.[1]

[1] Vgl. hierzu ausführlich Berthel/Becker 2003, S. 76ff. sowie Staehle 1999, S. 348ff. und die dort angegebene Literatur.

Führungstheorien gehen aus Führungsmodellen hervor. Letztere enthalten einerseits Grundannahmen über Bedürfnisse und Erwartungen der Mitarbeiter in Bezug auf das Führungsverhalten der Vorgesetzten und andererseits pragmatische Empfehlungen für das konkrete Führungsverhalten (vgl. Büdenbender/Strutz 1996, S. 151). Modelle weisen einen formelhaften Charakter auf: Sie enthalten logisch-analytische Operationen und Aussagen über deren empirische Anwendungsbedingungen (vgl. hierzu Friedman 1953, S. 3ff.). Das heißt, in Modellen werden „wenn-dann-Aussagen" formuliert, die in weiterer Folge empirisch auf ihre Gültigkeit hin überprüft werden.

Führungsmodelle können durch verschiedene Merkmale charakterisiert werden. Zu den wichtigsten Charakteristika eines Führungsmodells zählen die **Autonomiegrade** mit den beiden Extremen der Fremd- und Selbst- bzw. Eigenbestimmung sowie die **Flexibilitätsgrade**, die sich auf das Ausmaß der Anpassungsfähigkeit an veränderte interne und externe Bedingungen beziehen. Das Kontinuum dieser Dimension wird durch die beiden Extreme Sturheit und Flexibilität aufgespannt (siehe Abbildung 6.16).

Abbildung 6.16: Elemente eines Führungsmodells

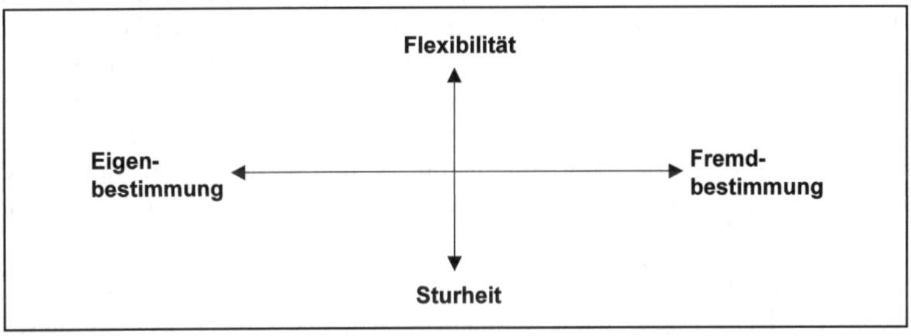

Quelle: in Anlehnung an Tietz 1993b, S. 886.

Im klassischen Verständnis des Personalmanagements dominieren Führungsmodelle mit niedrigem Autonomiegrad (hohe Fremdbestimmung) und geringer Flexibilität. Neuere Führungsmodelle zeichnen sich hingegen durch hohe Autonomiegrade und hohe Flexibilität aus.

Führungsinstrumente sind „formelle und informelle Hilfsmittel, die den Vorgesetzten bei der Wahrnehmung ihrer Führungsaufgaben […] zur Verfügung stehen" (Büdenbender/Strutz 1996, S. 151). Zu den formellen Führungsinstrumenten zählen administrative, organisatorische Hilfsmittel, wie bspw. standardisierte Mitarbeiter- und Leistungsbeurteilungen, Stellenbeschreibungen, Anforderungsprofile oder Zielvereinbarungen. Den informellen Führungsinstrumenten, welche die Führungsfähigkeit des Vorgesetzten bestimmen, sind Faktoren wie Motivationsfähigkeit, Autorität oder soziale Kompetenz zuzurechnen. Dabei ist zu berücksichtigen, dass die Wirksamkeit formeller Führungsinstrumente stark von informellen Führungsinstrumenten beeinflusst wird.

Führungsgrundsätze sind schriftlich formulierte Richtlinien, die aus dem Unternehmensleitbild abgeleitet werden und situationsunabhängige, abstrakte Handlungsempfehlungen beinhalten (vgl. Staehle 1999, S. 864). Sie geben den Führungskräften den Rahmen für die Ausübung ihrer Führungstätigkeit vor und stellen ein gemeinsames Bezugssystem für alle Organisationsmitglieder dar (vgl. Cisik 1994, S. 96f.). Die Führungsgrundsätze sollen sich auf wenige, prägnante Aussagen konzentrieren, die der Führungskraft zwar eine Orientierung bieten, aber dennoch genügend Freiraum für die Ausgestaltung eines individuellen Führungsstils zulassen. Damit die Führungsgrundsätze verinnerlicht und im Unternehmen „gelebt" werden, ist es unerlässlich, die Führungskräfte bei der Formulierung mit einzubeziehen. Durch geeignete Informations- und Schulungsveranstaltungen kann die Akzeptanz der Grundsätze seitens der Mitarbeiter und Führungskräfte gefördert werden (vgl. Büdenbender/Strutz 1996, S. 148).

4. Ausgewählte Führungskonzepte im Personalmanagement

a) Überblick über ausgewählte Führungskonzepte

Führungskonzepte stellen ein System von Handlungsempfehlungen dar und dienen damit der konkreten Umsetzung der Führungsstile; sie beruhen auf Führungstheorien oder werden induktiv aus Alltagserfahrungen abgeleitet. Die Fülle an existierenden Führungskonzepten ist kaum überschaubar. Dafür sind Einflüsse aus psychologischen und soziologischen Teildisziplinen sowie die große Anzahl von Unternehmens- und Managementberatern, die den häufig wechselnden „Modewellen" im Management Vorschub leisten, verantwortlich.

Als Beispiele für Führungskonzepte sind das 3-D-Konzept von Reddin, das System 1-4 von Likert, das Kontingenzmodell von Fiedler, das Normative Entscheidungsmodell von Vroom/Yetton sowie das Situative Führungsmodell von Hersey/Blanchard anzuführen.[1] Aber auch Managementkonzepte wie das Lean Management, das Total-Quality-Management oder das Business-Process-Reengineering sind in diesem Zusammenhang zu nennen. Im Rahmen des **Lean Managements** werden bestehende Wertschöpfungsaktivitäten durch den Abbau unnötiger Arbeitsschritte und die Reduktion von Komplexität perfektioniert, wobei die Reduzierung des Zeit- und Kostenaufwandes, die Verbesserung der Qualität sowie eine Erhöhung der Produktvielfalt und der Mitarbeiterzufriedenheit im Vordergrund stehen (vgl. Osterloh/Frost 2006, S. 153; Macharzina/Wolf 2005, S. 1016). Das **Total-Quality-Management** (TQM) zielt auf eine kontinuierliche Verbesserung der Produktqualität, der Qualität des Leistungserstellungsprozesses und jener der Mitarbeiter ab (vgl. Osterloh/Frost 2006, S. 148), wobei die vom Kunden subjektiv wahrgenommene Qualität ausschlaggebend ist.

---

[1] Vgl. hierzu ausführlich Berthel/Becker 2003, S. 95ff.; Staehle 1999, S. 839ff.; Scholz 2000b, S. 924ff., S. 940ff. und die dort angegebene Literatur.

Bedeutung des Total-Quality-Management-Konzepts in der Praxis

Da Modewellen im Management rasch aufeinander folgen und Führungskonzepte immer wieder durch neue Konzepte ersetzt werden, wurde im Rahmen einer sekundären Datenanalyse im Jahre 2002 die Aktualität des TQM-Konzeptes überprüft. Ausgehend von der im Zeitablauf sinkenden Zahl an Veröffentlichungen zu diesem Themenbereich wurde die Hypothese aufgestellt, dass sich das TQM-Konzept seit Jahren in einer Degenerationsphase befindet. In einem nächsten Schritt wurden elf Studien zum TQM einer sekundären Datenanalyse unterzogen. Dabei zeigte sich, dass die Mehrzahl der Befragten enttäuschende Erfahrungen mit diesem Konzept gemacht hatte und nur eine schwache Korrelation zwischen TQM-Maßnahmen und dem Gesamterfolg eines Unternehmens auszumachen war. Diese Befunde stützten die aufgestellte Hypothese.

Quelle: Haehling von Lanzenauer/Huesmann 2004, S. 254ff.

Kennzeichen des **Business-Process-Reengineering** (BPR) ist einerseits die radikale Neugestaltung inner- und überbetrieblicher Prozesse mit dem Ziel der Realisierung von Quantensprüngen bei der Verbesserung von Service und Qualität und andererseits ein ganzheitliches Management, wobei versucht wird, Ideen des Change-Managements zu integrieren (vgl. Liebmann 1997, S. 9).

Stellenwert des Business-Process-Reengineering in der Praxis

Im Jahre 2003 wurde eine empirische Studie unter deutschen Großunternehmen durchgeführt, um die aktuelle Bedeutung des BPR in der Unternehmenspraxis aufzuzeigen. In die Analyse gingen Daten von 26 Unternehmen ein, wobei vier Unternehmen der Branche Handel, Transport und Logistik zuzuordnen waren. Die empirische Studie ergab, dass diesem Managementkonzept in der Praxis nach wie vor eine große Bedeutung zukommt: Die Mehrzahl der befragten Ansprechpartner gab an, gleich bleibende, steigende oder schwankende BPR-Projektbudgets zu benötigen, wobei die meisten BPR-Maßnahmen in den kundennahen Unternehmensbereichen Marketing, Vertrieb und Kundenmanagement umgesetzt wurden. Im Gegensatz zur Grundidee des BPR, eine radikale Neuorganisation vorzunehmen, wurden Veränderungen in der Praxis nur schrittweise herbeigeführt. Darüber hinaus wurden in 17 der 26 Unternehmen nur einzelne Abteilungen prozessorientiert gestaltet.

Quelle: Hess/Schuller 2005, S. 355ff.

In der Praxis haben v.a. die Management-by-Konzepte und das Verhaltensgitter von Blake/Mouton große Resonanz gefunden.

b) Management-by-Konzepte

Management-by-Konzepte beinhalten konkrete Handlungsempfehlungen für die Ausgestaltung des Führungsprozesses, weshalb sie in der Praxis weite Verbreitung finden. Zu unterscheiden sind u.a.:

- Management by Delegation
- Management by Objectives
- Management by Exception
- Management by Motivation.

Dabei wird dem Management-by-Delegation-Konzept die größte Bedeutung beigemessen. Während das Management-by-Objectives-Konzept ähnlich wie das Management-by-Delegation-Konzept Handlungsempfehlungen für die Ausgestaltung des gesamten Führungsprozesses bietet, beschränken sich diese bei den Konzepten Management by Exception und Management by Motivation auf die Beseitigung von Schwachstellen im Führungsprozess.

Management by Delegation (MbD, Harzburger Modell)

Im Rahmen dieses Konzeptes steht die Delegation von Zuständigkeiten, Verantwortung und Entscheidungsbefugnissen im Vordergrund. Dieser Aspekt bildet zugleich das Grundprinzip des Harzburger Modells, einer Variante des MbD.

Prinzipien des Harzburger Modells (vgl. Liebel/Oechsler 1994, S. 319f.):

- *Delegation der Entscheidungen auf diejenigen Ebenen, zu denen sie ihrem Wesen nach gehören,*
- *Verantwortungsdelegation auf diejenigen Ebenen, denen die entsprechenden Kompetenzen übertragen wurden, wobei hinsichtlich der Verantwortung zwischen Handlungsverantwortung (Verantwortlichkeit des Mitarbeiters für sein Handeln im Delegationsbereich) und Führungsverantwortung (Verantwortung des Vorgesetzten für die Erfüllung seiner Vorgesetztenpflichten) zu differenzieren ist,*
- *Zuweisung von Verantwortungsbereichen, innerhalb derer Mitarbeiter selbstständig handeln und entscheiden,*
- *Desintegration des Aufgabenbereiches aus dem Handlungs- und Entscheidungsbereich des Vorgesetzten, der Entscheidungen nur in bestimmten Einzelfällen trifft,*
- *hierarchische Stab-Linienorganisation,*
- *Kontrolle als Schwerpunkt der Führung.*

MbD basiert auf einem **kooperativen Führungsstil** und setzt seitens des Vorgesetzten die Bereitschaft zur Delegation und seitens der Mitarbeiter die Bereitschaft zur Übernahme von Verantwortung und Selbstbestimmung voraus.

Hohe Bedeutung der Delegation in Handelsunternehmen

Der Delegation von Verantwortung als Erfolgsfaktor wird von Handelsmanagern eine sehr hohe bzw. hohe Bedeutung beigemessen (76,5 %). 18,9 % geben eine mittlere Bedeutung an und nur 4,6 % sind der Ansicht, dass der Delegation von Verantwortung eine geringe bis gar keine Bedeutung zukommt.

Quelle: Liebmann/Foscht/Jungwirth 1996, S. 29.

Für dieses Konzept ist darüber hinaus ein ständiger Informationsaustausch zwischen Vorgesetzten und Mitarbeitern charakteristisch. Als Vorteile werden die Entlastung der Vorgesetzten, die Beschleunigung von Prozessen sowie die Möglichkeit zur Selbstentfaltung seitens der Mitarbeiter genannt. Nachteile sind in der potenziellen Überforderung der Mitarbeiter, der Tendenz zur Delegation unattraktiver Tätigkeiten sowie in der geringen Flexibilität bei veränderten Umfeldbedingungen zu sehen (vgl. Nicolai 2006, S. 193).

Management by Objectives (MbO)

Beim MbO-Konzept legen Führungskräfte und Mitarbeiter gemeinsam ihre Ziele fest, die als Grundlage für die Leistungsbeurteilung herangezogen werden (vgl. Berthel/Becker 2003, S. 166). Im Rahmen dieser Zielvereinbarung arbeiten die Mitarbeiter selbstständig an der Zielerreichung. Die Führungskräfte haben die Aufgabe, das zielkonforme Verhalten der Mitarbeiter sicherzustellen. Vorteile sind bspw. in der Möglichkeit zur Selbstentfaltung und Verantwortungsübernahme seitens der Mitarbeiter sowie in deren Motivation durch Partizipation an der Zielfindung zu sehen. Nachteilig können sich die potenzielle Gefährdung der Erreichung des Oberziels durch den Ressortegoismus sowie der langwierige Zielfindungsprozess auswirken.

Management by Exception (MbE)

Das **Management-by-Exception-Konzept** ist dadurch gekennzeichnet, dass der Vorgesetzte nur in Ausnahmefällen, also bei groben Abweichungen von vorab definierten Sollwerten, in die Kompetenz- und Verantwortungsbereiche der Mitarbeiter eingreift. Auch hier sollen selbstständiges Handeln und Verantwortungsübernahme durch die Mitarbeiter sowie die Entlastung der Führungskräfte von Routineaufgaben gefördert werden. Problematisch erweisen sich die Bestimmung des Handlungs- und Entscheidungsrahmens, die Abgrenzung der Ausnahmefälle, aber auch die Festlegung, in welcher Art und Weise Führungskräfte einzugreifen haben.

Management by Motivation (MbM)

Im Rahmen des **Management-by-Motivation-Konzepts** wird versucht, die Mitarbeiter über die bedürfnisgerechte Gestaltung von Anreizsystemen zu motivieren. Die Intention all dieser Management-by-Konzepte liegt somit einerseits in einer Leistungssteigerung durch Partizipation der Mitarbeiter, andererseits in einer Steigerung der Motivation und Zufriedenheit durch eigenverantwortliches Handeln, wobei die Führungskräfte sowohl in quantitativer als auch in qualitativer Hinsicht von Routineaufgaben entlastet werden sollen (vgl. Cisik 1994, S. 95f.).

c) Verhaltensgitter von Blake/Mouton

Das von Blake/Mouton (1992) konzipierte Verhaltensgitter (**Managerial Grid**) ist ein in der Praxis weit verbreitetes Führungskonzept. Hier werden – aufbauend auf den bereits erwähnten Ohio-State-Studien – zwei voneinander unabhängige Dimensionen des Führungsstils unterschieden: die Aufgabenorientierung und die Mitarbeiterorientierung.[1]

Auf der Dimension der Aufgabenorientierung schlägt sich das Ausmaß der Orientierung des Vorgesetzten an Ergebnissen, Endresultaten, Leistung, Gewinn oder Unternehmenszweck nieder. Sie wird quantitativ und qualitativ gemessen, wobei Produktivität, Effizienz und Effektivität der Leistungserstellung im Vordergrund stehen. Die Mitarbeiterorientierung bezieht sich hingegen auf die innere Einstellung des Vorgesetzten den Menschen gegenüber. Sie wird also dadurch bestimmt, ob die Leistungserstellung auf der Basis von Vertrauen, Respekt, Gehorsam, Verständnis und Unterstützung erbracht wird.

Abbildung 6.17: Das Führungsverhaltensgitter nach Blake/Mouton

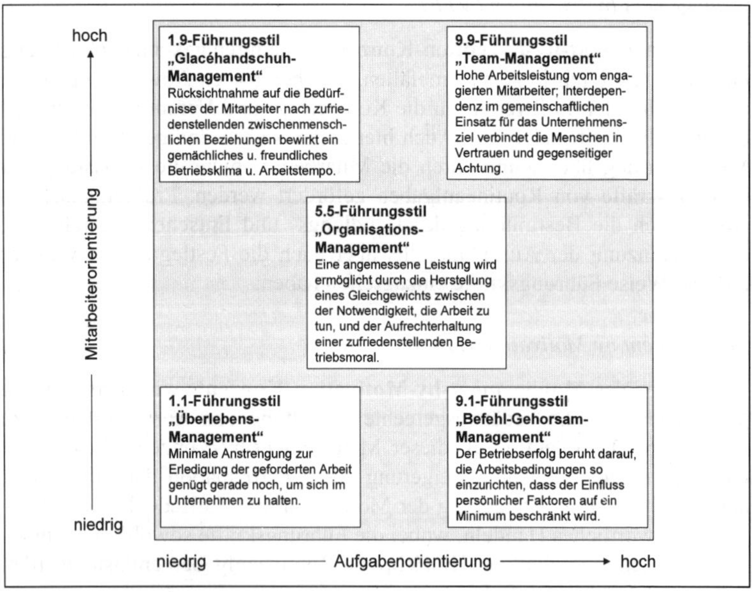

Quelle: in Anlehnung an Nicolai 2006, S. 186; Blake/Mouton 1992, S. 28.

Die beiden Dimensionen können jeweils Ausprägungen von eins bis neun annehmen. Somit lassen sich auf Grund der spezifischen Kombination von Aufgaben- und Mitarbeiterorientierung 81 mögliche Führungsstile unter-

[1] Blake/Mouton (1992, S. 26f.) sehen für die Benennung der beiden Dimensionen eigentlich die Begriffe „Sachorientierung“ und „Menschenorientierung“ vor. Hier wird diesbezüglich den Ausführungen von Nicolai (2006, S. 186) gefolgt.

scheiden. Blake/Mouton (1992, S. 29) identifizieren fünf Führungsstile, die sich in ihren Handlungsweisen und Ergebnissen stark unterscheiden und bezeichnen sie als „Hauptgitterstile". Diese werden in Abbildung 6.17 kurz charakterisiert.

Die Kritik am Führungsverhaltensgitter bezieht sich insbesondere auf die fehlende empirische Begründung der Unabhängigkeit der beiden Dimensionen und der geringen Eignung des Konzeptes, reale Führungsprozesse zu erklären.

III. Schwächen klassischer Konzepte des Personalmanagements

Dem klassischen Führungsverständnis entsprechend, steht das effiziente Handeln der Mitarbeiter im Mittelpunkt des Personalmanagements. Daher wird der fachlichen Kompetenz der Mitarbeiter eine besondere Bedeutung zuteil. Dem Personalmanagement kommt deshalb die Aufgabe zu, die Eigenschaften und Fähigkeiten der Mitarbeiter, die als weit gehend konstant angenommen werden, zu analysieren und die Mitarbeiter auf der Basis dieser Analyse optimal einzusetzen. Die Aus- und Weiterbildung orientiert sich hier ausschließlich an sachlichen Erfordernissen und läuft deshalb überwiegend standardisiert ab. Die entscheidende Bedeutung der Leistungsbereitschaft und -fähigkeit der Mitarbeiter für den Unternehmenserfolg im Handel wird zwar erkannt, allerdings sind die Förderung der Kreativität und die Einbindung der Mitarbeiter in Führungsaufgaben (**Selbstmanagement**) noch keine Selbstverständlichkeit.

Vor dem Hintergrund der eingangs angeführten Rahmenbedingungen und der zunehmenden Homogenisierung von Produkten und Dienstleistungen sind kundenorientierte und innovative Problemlösungen für den unternehmerischen und wirtschaftlichen Erfolg eines Handelsunternehmens unerlässlich. Da eine Profilierung und Differenzierung der Handelsleistungen fast ausschließlich durch die Ausgestaltung der dyadischen Beziehung zum Kunden möglich ist, so bspw. durch überdurchschnittliche Serviceleistungen, wird der Mitarbeiter zum entscheidenden Erfolgsfaktor. Klassische Konzepte des Personalmanagements werden diesem Bedeutungszuwachs, den die Mitarbeiter erfahren, jedoch nicht gerecht.

Darüber hinaus wird der Bedeutung der Unternehmenskultur für den Unternehmenserfolg und damit für den wirtschaftlichen Erfolg eines Handelsunternehmens bzw. für die Generierung von Shareholder-Value nicht genügend Beachtung geschenkt. Kundenorientierte Leistungen können jedoch nur schwer mittels Verhaltenssteuerung, also durch Anordnungen von der Unternehmensspitze, erbracht werden. Dafür bedarf es einer Denkhaltung, die das gesamte Handelsunternehmen durchdringt. Die Kundenorientierung – als zentrale Dimension der Marktorientierung – muss ihren Niederschlag im Normen- und Wertesystem des Unternehmens finden. Somit stellt eine prägnante, tatsächlich gelebte **Unternehmenskultur**, die das eigene Handelsunternehmen von den Wettbewerbern abgrenzt, die Basis für die Realisierung langfristiger Wettbewerbsvorteile dar (vgl. Fauth 1994, S. 101).

Auf Grund der zunehmenden Komplexität und Dynamik im Unternehmensumfeld gewinnen ganzheitliche Modelle der Mitarbeiterführung an Bedeutung. Gerade im Handel sind die Bestrebungen nach einer „Neuinterpretation" der Führung groß, die sich in Schlagwörtern wie „Humanisierung der Arbeit" oder „Anti-Taylorismus" offenbaren (Tietz 1993b, S. 885f.). Im Rahmen eines erweiterten Verständnisses des Personalmanagements werden deshalb neue Konzepte etabliert, wobei im folgenden Abschnitt auf das Konzept des Human-Resource-Managements eingegangen wird.

IV. Human-Resource-Management

1. Das Grundkonzept

Das Human-Resource-Management stellt ein Konzept dar, das die angesprochenen Unzulänglichkeiten klassischer Konzepte des Personalmanagements überwindet, indem es insbesondere die Unternehmenskultur als Basis des unternehmerischen und wirtschaftlichen Erfolges stärker in den Mittelpunkt der Betrachtungen rückt, das Wissen als Kernkompetenz eines Unternehmens einstuft und das Personal als strategischen Erfolgsfaktor anerkennt. Darüber hinaus werden ehemals getrennt optimierte Aufgabenbereiche der Personalpolitik, ihre wechselseitigen Beziehungen sowie ihr Einfluss auf andere Organisationsbereiche im Unternehmen (bspw. auf das Marketing oder den Vertrieb) gemeinsam betrachtet. Dies führt zu einer Integration der marktorientierten strategischen Unternehmensplanung und der ressourcenorientierten Personalplanung.

> *Human-Resource-Management hat die Aktivierung der Leistungspotenziale „aller Organisationsmitglieder durch ein komplexes Geflecht aufeinander bezogener Methoden zur Partizipation der Mitarbeiter, zu Personalveränderungen, zur Lohn- und Gehaltsfindung sowie zur Arbeitsorganisation zum Inhalt." Darüber hinaus wird versucht, individuelle Bedürfnisse mit organisationalen Zielen in höchstmöglichen Einklang zu bringen (Liebel/Oechsler 1994, S. IV).*

In der Literatur zum HRM existiert eine Vielzahl an Konzepten mit unterschiedlicher Zielsetzung und Schwerpunktbildung, so bspw. der Harvard-Ansatz, der Michigan-Ansatz oder das strategische Human-Resource-Management.[1]

Durch eine ganzheitliche Betrachtung der Unternehmensaktivitäten kann ein Mehrwert für den Kunden geschaffen und damit die Wettbewerbsfähigkeit des Unternehmens langfristig aufrechterhalten bzw. gesteigert werden. Einzelne Grundorientierungen, die im Konzept des fortschrittsfähigen Handelsunternehmens zu berücksichtigen sind, werden in neueren Management- bzw. Führungskonzepten, wie z.B. dem Lean Management, dem Business-

[1] Vgl. für eine detaillierte Darstellung Liebel/Oechsler 1994, S. 1ff. und die dort angeführte Literatur.

Process-Reengineering oder dem Total-Quality-Management, thematisiert (vgl. hierzu die Ausführungen in Abschnitt C.II. dieses Kapitels).

Der Personalbereich ist von der Einführung dieser neuen Führungskonzepte in doppelter Hinsicht betroffen: Einerseits muss das Personal aktiv an der Umsetzung dieser Konzepte im Unternehmen mitwirken, andererseits wird gerade der Personalbereich auf Grund seines hohen Anteils an den Gesamtkosten des Handelsunternehmens intensiv auf seine Wirtschaftlichkeit, Effizienz sowie seinen Wertschöpfungsbeitrag überprüft. Vor dem Hintergrund des **Wertkettenkonzepts** muss sich ein Unternehmen auf jene Prozesse konzentrieren, die einen Wertschöpfungsbeitrag leisten, den der Kunde honoriert. Prozesse, die nicht zur Wertschöpfung des Unternehmens beitragen, stehen – wie bereits in Abschnitt B.II. angeführt – für Outsourcing-Überlegungen zur Disposition. Deshalb erscheint es sinnvoll, die **Kundenorientierung** durch die **Wertschöpfungsorientierung** zu ergänzen. Wenn das Personal als Quelle der Wertschöpfung betrachtet wird, sind nicht mehr nur die verursachten Kosten von Bedeutung, sondern auch der Beitrag, den das Personal im Wertschöpfungsprozess des Handelsunternehmens leistet.

Im Hinblick auf die nachhaltige Steigerung der ökonomischen und sozialen Effizienz des Gesamtunternehmens, ist es die zentrale Aufgabe des HRM, das Mitarbeiterpotenzial zur Entfaltung zu bringen bzw. zu fördern und die menschliche Arbeit als wichtigste und sensitivste Ressource anzuerkennen (vgl. Wunderer/v. Arx 2002, S. 32). Dabei bezieht sich die ökonomische Effizienz auf die personalwirtschaftliche Relation zwischen den verursachten Kosten und der erbrachten Leistung, während die soziale Effizienz auf die Erfüllung der Mitarbeiterbedürfnisse und die Berücksichtigung der Mitarbeiterinteressen abstellt. Um den Unternehmenserfolg zu sichern, müssen beide Effizienzkriterien in einem ausgewogenen Verhältnis berücksichtigt werden. Vor diesem Hintergrund werden Aufwendungen für das Personal nicht länger als Kosten, sondern als Investition in das **Humankapital** einer Unternehmung definiert.

Mit dem Bedeutungszuwachs, den der „Faktor Arbeit" erfährt, geht auch eine Veränderung im Selbstverständnis des Personalbereichs einher – weg von einer internen Verwaltungs- und Administrationsfunktion hin zu einem strategischen und unternehmerischen HRM, das Veränderungsprozesse initiiert bzw. leitet und die Kunden- und Qualitätsorientierung konsequent umsetzt (vgl. Wunderer/v. Arx 2002, S. 26). Diesem Verständnis folgend, kann das HRM nicht mehr ausschließlich von einer Abteilung wahrgenommen werden, sondern muss als sog. Querschnittsfunktion angelegt sein.

2. Unternehmenskultur als Basis des Unternehmenserfolges

Der Begriff der Unternehmenskultur kann wie folgt definiert werden:

> *Unternehmenskultur ist das implizite Bewusstsein eines Unternehmens, das sich aus dem Verhalten der Unternehmensmitglieder ergibt und das umgekehrt formelle und informelle Verhaltensweisen der Mitarbeiter steuert (vgl. Scholz 2000b, S. 779).*

Der Unternehmenskultur kommt also eine Koordinationsfunktion in Bezug auf das Verhalten der Unternehmensmitglieder zu. Darüber hinaus erfüllt sie eine Motivationsfunktion, indem sie durch Sinnstiftung die Leistungsbereitschaft erhöht, eine Identifikationsfunktion, die im Zugehörigkeitsgefühl der Mitarbeiter zum Unternehmen begründet ist, sowie eine Profilierungsfunktion gegenüber Wettbewerbern (vgl. Scholz 2000b, S. 782). Nach außen hin wird die Unternehmenskultur über sog. Artefakte, bspw. das Kommunikations- und Informationsverhalten oder die Unternehmensgrundsätze, vermittelt.

3. Wissen als Kernkompetenz des Handelsunternehmens

Die Fähigkeit, sich einer stetig wandelnden Umwelt anzupassen und gleichzeitig geplante Veränderungsprozesse bspw. zur Erschließung neuer Geschäftspotenziale einzuleiten, ist zu einer Existenzfrage für Handelsunternehmen geworden. Unternehmen sollen „dynamisch stabil“, lernfähig und innovativ sein. Dabei kommt dem Menschen und seinem Wissen eine zentrale Bedeutung zu. Der Erfolg des Unternehmens resultiert nicht aus der Unternehmensgröße, dem Marktanteil oder ähnlichen Faktoren, sondern aus der Einzigartigkeit der Humanressourcen. Dieser Bedeutungszuwachs findet auch in Ausdrücken wie „organisatorische Wissensbasis” oder „firmenspezifische Kernkompetenzen” (Müller 1998, S. 238) seinen Niederschlag.

> **Vorstellungsbild von Kernkompetenzen**
>
> Kernkompetenzen sind für einen Großteil der befragten Manager unternehmensspezifisch (72,1 %), schwer substituierbar (71,5 %) und schwer imitierbar (67,9 %). Sie setzen einen hohen Anteil an neuem Wissen voraus (67,4 %) und liegen vor, wenn Wettbewerbsvorteile geschaffen werden können (65,1 %).
>
> *Quelle: Liebmann/Foscht/Jungwirth 1996, S. 32.*

Humanressourcen können einen nachhaltigen Wettbewerbsvorteil begründen, wenn sie nicht bzw. nur schwer imitierbar oder substituierbar sind. Ihre Bedeutung für den Unternehmenserfolg von Handelsunternehmen ist einerseits in der möglichen Profilierung und Differenzierung durch die konkrete Ausgestaltung des direkten Kundenkontaktes zu sehen, andererseits leisten sie einen Beitrag zur permanenten Weiterentwicklung eines Handelsunternehmens. Humanressourcen, welche die Konkurrenzfähigkeit und Ertragsfähigkeit sichern, sind das Ergebnis eines langfristigen Prozesses, der kontextabhängig, also bspw. unternehmensspezifisch verläuft, und nicht rekonstruiert werden kann. Das dabei entstehende Wissen wird zum Erfolgsfaktor für Handelsunternehmen.

„Wissen bezeichnet die Gesamtheit der Kenntnisse und Fähigkeiten, die Individuen zur Lösung von Problemen einsetzen. Dies umfasst sowohl theoretische Erkenntnisse als auch praktische Alltagsregeln und Handlungsanweisungen. Wissen stützt sich auf Daten und Informationen, ist im Unterschied dazu aber immer an Personen gebunden", die das Wissen ständig anwenden und weiterentwickeln (Probst/Raub/Romhardt 2006, S. 22).

Wissen wird erst durch die Einbettung der Informationen in den individuellen Erfahrungshintergrund hervorgebracht und kommt in den Handlungen der Mitarbeiter zum Ausdruck. Der Mitarbeiter nimmt im Unternehmen sowohl die Rolle des Wissensanwenders als auch jene des Mitproduzenten der organisationalen Wissensbasis ein. Dabei ist der Wert seines Wissens immer an das spezifische Kollektiv, in dem er tätig ist, gebunden – zumal das Wissen und die entsprechenden Bedeutungen immer im sozialen Kontext verankert sind (vgl. Müller 1998, S. 240).

Wissensvermittlung über Multiplikatoren

Um interne Ressourcen zu nutzen und die Kosten für externe Aus- und Weiterbildungsmaßnahmen zu senken, setzen Unternehmen, so bspw. Tegut oder IKEA, eigene Mitarbeiter als Trainer ein. Diese fungieren dann als Multiplikatoren und vermitteln ihren Kollegen das notwendige Fachwissen. Voraussetzung hierfür ist, dass der interne Trainer formell und informell gut im Unternehmen verankert ist – er also Einfluss nehmen kann. Stehen Veränderungsprozesse im Unternehmen an, kommen eigene Mitarbeiter auch für die Abhaltung von Workshops in Frage.

Quelle: Lebensmittel Zeitung, 06. Oktober 2006, S. 38; 05. Mai 2006, S. 50.

Grundsätzlich ist zwischen explizitem und implizitem Wissen zu unterscheiden. Während sich explizites Verfügungswissen verbal formulieren, speichern, verarbeiten und im Unternehmen verteilen lässt, gestaltet sich eine Aufzeichnung des impliziten Handlungswissen (des Könnens) schwierig, weshalb es stark an seine Träger gebunden ist (vgl. Markowitsch 2000, S. 60; Müller 1998, S. 238).

Bedeutung von Wissen in Handelsunternehmen

Nur 34,3 % der befragten Handelsmanager in Deutschland, Österreich und der Schweiz sind der Meinung, dass das Wissen der Mitarbeiter ausreichend genutzt wird. Die verbleibenden 65,7 % geben entweder an, dass das Wissen und damit das Potenzial der Mitarbeiter unzureichend genutzt wird, oder sie stehen dem Sachverhalt neutral gegenüber.

Quelle: Liebmann/Foscht 1995, S. 35.

Das Management gelangt zunehmend zur Erkenntnis, dass Mitarbeiter nicht mehr nur als reiner Produktionsfaktor zu betrachten sind, sondern als Produzenten und Inhaber immaterieller Vermögenswerte. Es wird in Zukunft eine zentrale Managementaufgabe sein, dieses Vermögen zu „pflegen“, denn laut Expertenschätzungen aus den USA leisten immerhin 60 % aller Mitarbeiter Wissensarbeit (Probst/Raub/Romhardt 2006, S. 19). Diese Wissensträger langfristig an das Unternehmen zu binden, wird nur dann gelingen, wenn im Rahmen eines erweiterten Verständnisses des Personalmanagements Maßnahmen getroffen werden, die eine individuelle Entwicklungsmöglichkeit und Sinnfindung für Mitarbeiter im Handelsunternehmen ermöglichen.

4. Konsequenzen für das Managementverständnis

a) Verändertes Rollenverständnis von Führungskräften

Die Erschließung neuer Quellen der Wirtschaftlichkeit und Wettbewerbsfähigkeit setzt voraus, dass im Unternehmen Rahmenbedingungen geschaffen werden, die eine offene und ehrliche Kommunikation, individuelles und kollektives Lernen sowie Teamarbeit fördern und die Möglichkeit zur Zusammenarbeit auf vertrauensvoller Basis, zur Entwicklung von Gemeinschaftssinn, zur Rationalisierung von Abläufen und zum Abbau von Widerständen bieten (vgl. Zahn 2003, S. 260). Dafür ist nicht nur ein Wandel der Organisationsstruktur, sondern auch ein verändertes Rollenverständnis der Führungskräfte erforderlich.

Das bisherige Rollenverständnis der Führungskräfte war dadurch geprägt, dass Top-Manager die Rolle des Unternehmers und Ressourcenverteilers innehatten, welche die Regeln für das operative Handeln im Unternehmen vorgaben. Führungskräfte im mittleren Management nahmen die Rollen des „administrativen Controllers“, des „vertikalen Informationsbrokers“ oder des „Anwalts der Interessen untergeordneter Einheiten“ ein. Dagegen fungierten die Führungskräfte der unteren Management-Ebene als „Implementierer“ und „Problemlöser“ (vgl. Zahn 2003, S. 269).

Dem neuen Verständnis folgend, sind Führungskräfte der unteren Management-Ebene die eigentlichen Unternehmer und Leistungstreiber. Dem mittleren Management kommt im Rahmen des organisationalen Wandels große Bedeutung zu, indem es Fähigkeiten integriert und Informationen horizontal verteilt. Dagegen übernehmen die Führungskräfte des Top-Managements die Rollen von Visionären oder Kritikern. Sie geben also einen integrierenden Zweck und eine gemeinsame Entwicklungstendenz für sämtliche Unternehmensbereiche vor und hinterfragen den Status quo des Handelsunternehmens (vgl. Zahn 2003, S. 269). Die Vorgesetzten müssen für die Mitarbeiter Rahmenbedingungen schaffen, die es ihnen ermöglichen, die Vision des Handelsunternehmens zu verwirklichen. Die Mitarbeiter werden also vor neue Anforderungen gestellt, die in Abbildung 6.18 aufgelistet sind.

Abbildung 6.18: Neue Anforderungen an den Mitarbeiter der Zukunft

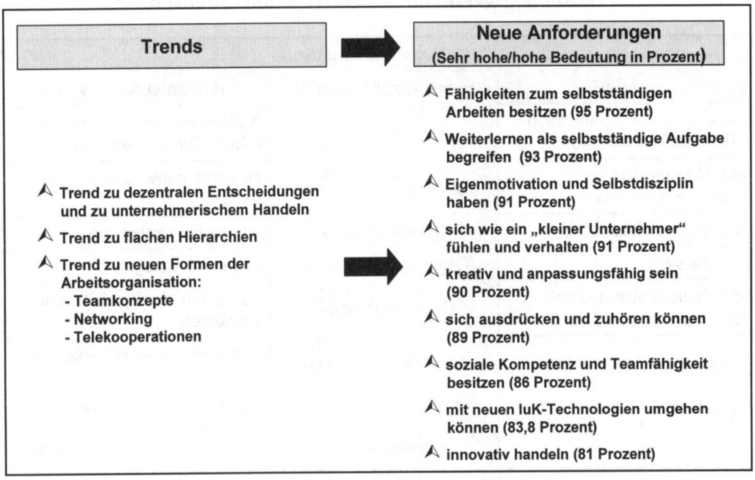

Quelle: Liebmann/Jungwirth/Klug 1999, S. 110.

Zentrale Aufgabe der Führungskräfte ist es, die Lernbereitschaft, das Engagement, die Eigeninitiative sowie die Kreativität ihrer Mitarbeiter zu fördern und zu unterstützen. Dies macht die Entwicklung neuer Führungskonzepte notwendig.

b) Neuere Führungskonzepte im Human-Resource-Management

Abbildung 6.19 veranschaulicht die unterschiedlichen Anforderungen, denen Führungsphilosophien vor dem Hintergrund eines stabilen bzw. dynamischen Umfeldes gerecht werden müssen. Daraus resultieren verschiedene Führungssysteme, die in Abbildung 6.20 überblicksmäßig dargestellt werden. Anzumerken ist, dass es sich bei den einzelnen Ansätzen nicht immer um Konzepte von Führungssystemen, sondern auch um Grundannahmen handelt, welche die Gestaltung von Führungssystemen beeinflussen (vgl. Schwaninger 1994, S. 157).

Da im Rahmen der sozialen Integrationskonzepte und der Konzepte der Human-Resources-Schule eine Integration von Individuum und Organisation sowie eine verstärkte Übereinstimmung von Zielen und Leitbildern der Mitarbeiter, des Unternehmens und der Gesellschaft angestrebt werden, erscheinen diese vor dem Hintergrund eines gewandelten Umfeldes und den damit einhergehenden neuen Anforderungen als besonders bedeutsam.

Abbildung 6.19: Unterschiedliche Anforderungen an Führungsphilosophien in Abhängigkeit von der Unternehmensumwelt

Unternehmensumwelt		
stabil	**Führungsphilosophie**	**dynamisch/innovativ**
Innenwelt der Organisation (Produkt/Technologie)	Fokus	Außenwelt der Organisation (Markt/Kunde/Wettbewerb)
Kirchturmpolitik/ Bereichsegoismus	geistige Ausrichtung	Helicopterview, Unternehmersicht
kurzfristig, taktisch	Zeithorizont	langfristig, strategisch
zentralisiert	Organisation/Struktur	dezentral, delegativ
durch die Spitze (hierarchisch)	Risikoübernahme	durch den jeweiligen Verantwortlichen
Regelwerke, Vorschriften	Managementsystem	autonomieorientiert, unternehmerisch
Konformität	Verhalten	initiativ, nonkonformistisch
direkt, vertikal	Kommunikation	partizipativ, horizontal, lateral

Quelle: Sattelberger 1996, S. 51.

Abbildung 6.20: Überblick über verschiedene Führungssysteme

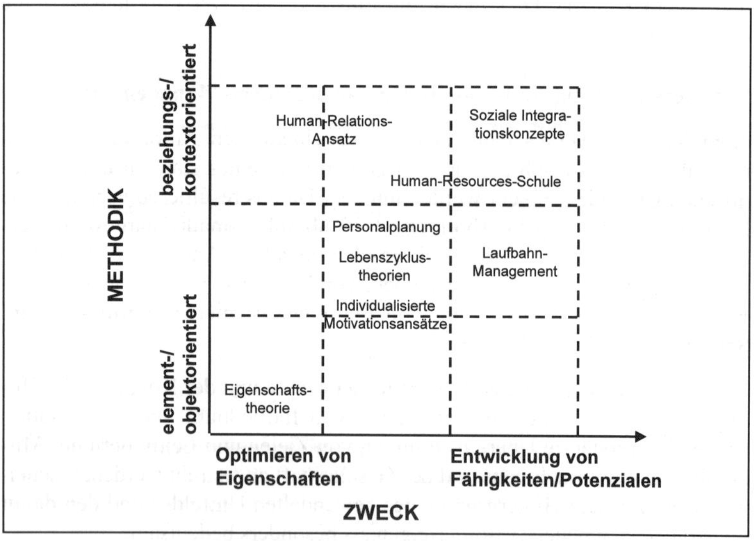

Quelle: Schwaninger 1994, S. 158.

Zur Beschreibung der einzelnen Führungssysteme kann das Schema aus Abbildung 6.20 in zwei Spannungsfelder unterteilt werden, die durch die Dimension der Zweckorientierung und jene der Methodikorientierung zu charakterisieren sind (siehe Abbildung 6.21). Die Dimension der **Zweckorientierung** beschreibt das Spannungsfeld zwischen der Optimierung von Eigenschaften und der Entwicklung von Fähigkeiten bzw. Potenzialen. Hier geht es darum, ob das Personalmanagement von fest gefügten Eigenschaften der Mitarbeiter oder von unerschlossenen Fähigkeitspotenzialen ausgeht, die sich entfalten bzw. entwickelt werden können. Dagegen bezieht sich die Dimension der **Methodikorientierung** auf das Spannungsfeld zwischen Element-/Objektorientierung und Beziehungs-/Kontextorientierung. Dabei steht die Frage im Mittelpunkt, ob sich das Personalmanagement auf das einzelne Individuum konzentriert oder die Beziehung des Individuums zu einem größeren Kontext berücksichtigt (vgl. Schwaninger 1994, S. 151f.). Je nach Ausprägung auf den beiden Dimensionen lassen sich zwei Idealtypen von Führungssystemen ausmachen, die entweder auf die Nutzung oder die Förderung der Mitarbeiter abzielen.

Abbildung 6.21: Zweck- und Methodikorientierung in Führungssystemen

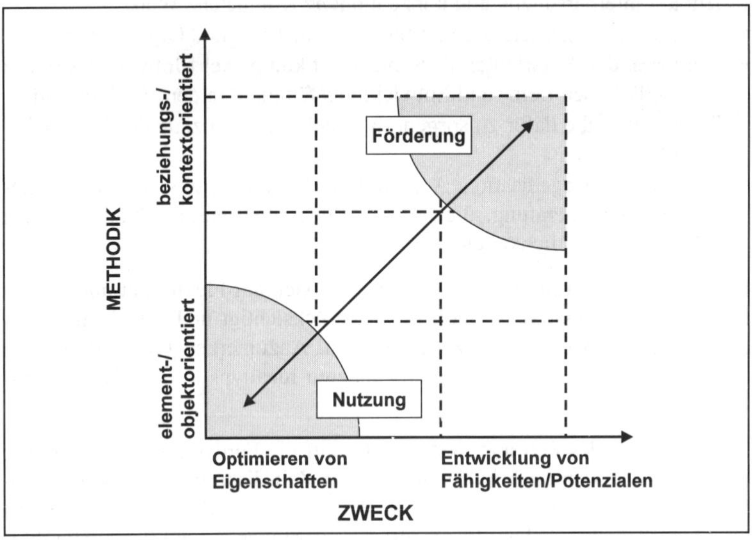

Quelle: Schwaninger 1994, S. 152.

Das Führungssystem, das den Fokus auf die **Nutzung** der Mitarbeiter legt, weist folgende Charakteristika auf (vgl. Schwaninger 1994, S. 154): Es

- konzentriert sich auf den einzelnen Mitarbeiter
- fördert das effiziente Handeln des Mitarbeiters in seinem Aufgabenbereich
- rückt die fachliche Kompetenz der Mitarbeiter in den Mittelpunkt
- betrachtet den Mitarbeiter als „homo oeconomicus" bzw. als Produktionsfaktor
- geht von einem weit gehend konstanten Leistungspotenzial der Mitarbeiter aus
- hat die Aufgabe, Eigenschaften und Fähigkeiten der Mitarbeiter zu analysieren und die Mitarbeiter auf der Basis dieser Analyse auf die einzelnen Stellen zuzuordnen

- richtet die Organisation, Aus- und Weiterbildung sowie die standardisierte Laufbahnplanung und -beratung an sachlichen Erfordernissen aus.

Diese Grundorientierung wird durch einen individualistischen, administrativen, eigenschaftsorientierten Ansatz repräsentiert, in dem kurzfristige Ziele verfolgt werden. Aufgabe des Personalmanagements ist es, „die richtige Person am richtigen Platz" einzusetzen und so für eine effiziente Leistungserstellung zu sorgen. Somit entspricht dieser Idealtyp dem klassischen Managementverständnis. Hingegen kann ein Führungssystem, das die **Förderung** der Mitarbeiter in den Vordergrund stellt, durch folgende Merkmale charakterisiert werden (vgl. Schwaninger 1994, S. 154): Es

- berücksichtigt den Kontext, in den der einzelne Mitarbeiter eingebettet ist
- fördert effektives Denken und Handeln im größeren Sinnzusammenhang
- legt auf interpersonelle und konzeptionelle Kompetenz Wert
- verbindet die Entwicklung von Individuum, Team und Organisation
- betrachtet den Mitarbeiter als Subjekt mit komplexer Motivationsstruktur und stellt dessen Lern- und Entwicklungsfähigkeit in den Vordergrund
- hat die Aufgabe dafür zu sorgen, dass sich die Potenziale der Mitarbeiter entfalten können
- orientiert die Organisation, Aus- und Weiterbildung sowie die Laufbahnplanung und -beratung, die teils unternehmungsneutral abläuft, an den subjektiven Möglichkeiten.

Die Grundorientierung der Förderung stützt sich auf Flexibilität und Modularität, wobei individuelle Bedürfnisse berücksichtigt und sowohl harte als auch weiche Faktoren einbezogen werden. Anzumerken bleibt, dass auch immer einzelne Aspekte des jeweils anderen Idealtyps in das Führungssystem einfließen.

Viele Aspekte des Führungssystems, das auf die Förderung der Mitarbeiter abzielt, finden sich auch in der seit einiger Zeit diskutierten **„dialogischen Führung"** wieder. Hier wird die Vorstellung vom vollständig determinierten Menschen aufgegeben: Führungskräfte vertrauen auf die Potenziale ihrer Mitarbeiter und fördern diese mit individuell abgestimmten Führungsmaßnahmen. Sie sehen ihre „Untergebenen" als gleichberechtigte, selbstständige und selbstbestimmende Individuen an, die eigenverantwortlich Ziele umsetzen und Problemlösungsstrategien entwickeln können (vgl. Dietz/Kracht 2002, S. 16ff.).

c) Das Human-Resource-Management im Konzept des fortschrittsfähigen Handelsunternehmens

Im Folgenden wird der Beitrag des HRM zur Fortschrittsfähigkeit von Handelsunternehmen diskutiert. Bezug nehmend auf das Ideengut der **Systemtheorie** – als möglicher Erklärungsansatz im turbulenten Unternehmensumfeld – stellt die ganzheitliche Betrachtung eines Unternehmens eine wichtige Voraussetzung für die Fortschrittsfähigkeit dar.

> *Die Systemtheorie beruht auf der Annahme, dass die Phänomene der Entstehung, Aufrechterhaltung und Veränderung von Ordnung ohne jegliche steuernde Eingriffe von außen bzw. von einem „Machtzentrum" aus ablaufen.*
>
> *Menschengemeinschaften in Unternehmen strukturieren sich selbst, d.h., Ordnungsgefüge entstehen auch ohne Erlass von Organisationsvorschriften, und zwar nicht nur aus rationaler Einsicht in die Zweckmäßigkeit einer bestimmten „Rollenverteilung" unter den Beteiligten, sondern auch auf Grund des Bedürfnisses der Menschen nach Ordnung und Sicherheit (vgl. Ulrich 1990, S. 198).*
>
> *Dabei ermöglichen Selbstorganisationsprozesse sowohl die Erhaltung als auch die Erhöhung des Anpassungs- und Entwicklungspotenzials eines Systems und garantieren somit die Anpassungsfähigkeit, die Evolution und die Entwicklung von Ordnung (vgl. Probst 1987b, S. 245).*

Voraussetzung für die **Selbstorganisation** ist die Selbstentwicklung jedes Unternehmensmitgliedes. Diese ist nur dann möglich, wenn die Fähigkeiten des Mitarbeiters mit den Anforderungen, die an ihn gestellt werden, korrespondieren – der Mitarbeiter also weder über- noch unterfordert wird. In der Unternehmenspraxis muss diese Vorraussetzung meist erst geschaffen werden: Jeder Mitarbeiter muss sie gemeinsam mit dem Vorgesetzten und seinen Kollegen „ko-produzieren". Selbstorganisation setzt also voraus, dass die Mitarbeiter und Führungskräfte eines Unternehmens ihr Potenzial ausschöpfen, das Wissen optimieren und sich in Interaktion weiterentwickeln („ko-evolvieren") (vgl. Schwaninger 1994, S. 177).

Hier kann das HRM ansetzen, indem es eine entwicklungsfähige Kultur im Unternehmen verankert, die selbstorganisierendes Verhalten fördert. Dafür muss das HRM im Allgemeinen und das Personalentwicklungssystem im Speziellen nachstehenden Prinzipien folgen (vgl. Schwaninger 1994, S. 177ff.):

- Förderung der Autonomie, Eigeninitiative und Partizipation der Mitarbeiter, wofür lebenslanges Lernen und die Vermittlung von Werten (wie z.B. Kundenorientierung oder Zuverlässigkeit) im Rahmen von Aus- und Weiterbildungsmaßnahmen die Voraussetzung bildet

- Entwicklung der konzeptionellen (fachlichen und methodischen) Fähigkeiten sowie der sog. Soft Skills der Mitarbeiter, zumal sich die Wettbewerbsfähigkeit immer stärker auf diese „zwischenmenschlichen Kompetenzen“ gründet
- Durchführung langfristig orientierter Personalentwicklungsmaßnahmen sowie Übertragung ganzheitlicher Aufgabenvollzüge, damit der einzelne Mitarbeiter seinen Beitrag für das Zustandekommen der Handelsleistungen erkennen kann
- Konzipierung der Beurteilungs- und Belohnungssysteme i.S. rückkoppelnder Informationen, welche die Mitarbeiter durch Förderung der Selbstverstärkung intrinsisch motivieren
- Erweiterung des Handlungsspielraumes
- Förderung der Selbststeuerung und der Sinnfindung der Mitarbeiter durch Unternehmensbeteiligungen oder die Entwicklung latenter Potenziale
- Förderung des Engagements von Mitarbeitern, Kunden und Lieferanten, um die Grundlage für effektive Leistungsprozesse zu schaffen
- Gestaltung individueller Arbeitsverhältnisse (bspw. flexible Laufbahnsysteme oder individuelle Arbeitsgestaltung).

Im Konzept des fortschrittsfähigen Handelsunternehmens, kommt dem **Personalentwicklungssystem** also eine zentrale Bedeutung zu. Diesem Umstand wird auch in der Praxis vermehrt Rechnung getragen.

Zunehmende Bedeutung der Personalentwicklung

Die Leistung der Mitarbeiter ist ausschlaggebend für den Unternehmenserfolg. Deshalb bietet Tegut unter dem Motto „Lernend arbeiten, arbeitend lernen“ zahlreiche Aus- und Weiterbildungsmöglichkeiten an. Durch Seminare, Trainingsprogramme oder Studiengänge sollen die Mitarbeiter die nötige Fachkompetenz erlangen und damit zu eigenverantwortlichem Handeln befähigt werden.

Im Rahmen der Initiative „Potenzial FrankfurtRheinMain – Talent Inside“ wurde Tegut im Jahre 2005 für das umfangreiche Ausbildungsangebot, die Erhöhung der Anzahl der Ausbildungsplätze und das mehrstufige Förderprogramm zur Entwicklung der Talente der Mitarbeiter prämiert.

Quelle: www.tegut.de.

Die Aus- und Weiterbildung von Mitarbeitern wird bei Migros als Investition in die Zukunft betrachtet, denn Lernende sind die engagierten Mitarbeiter und Führungskräfte von morgen. Durch Nachwuchsförderungsprogramme, Fachkurse, Führungslehrgänge, Persönlichkeitsentwicklungsseminare u.a. Qualifizierungsmaßnahmen sollen die Arbeitnehmer kompetent und praxisnah gefördert werden.

Quelle: www.migros.ch.

Im Rahmen einer Befragung von deutschen, österreichischen und Schweizer Handelsmanagern, schätzten 75,4 % die Bedeutung der Schulung von Mitarbeitern für ein erfolgreiches Handelsmanagement als sehr hoch bzw. hoch ein. 21,2 % standen dieser Thematik neutral gegenüber und lediglich 3,5 % gaben an, dass der Mitarbeiterschulung nur eine eher geringe bzw. sehr geringe Bedeutung zukommt.

Quelle: Liebmann u.a. 2006, S. 78.

Aufgabe der Personalentwicklung ist es, die Mitarbeiter und Führungskräfte zu befähigen, ihre Aufgaben selbstständig zu verrichten. Deshalb muss das Ziel der Aus- und Weiterbildungsmaßnahmen darin bestehen, etwaige Diskrepanzen zwischen den Fähigkeiten der Individuen und den Anforderungen, die an sie gestellt werden, durch die Vermittlung entsprechender Kenntnisse abzubauen. Da die Führungskräfte ihre Mitarbeiter im „Alltagsgeschäft" unterstützen und fördern müssen, sind auch für Vorgesetzte entsprechende Personalentwicklungsmaßnahmen vorzusehen.

Mitarbeiterzufriedenheit durch Sinnstiftung bei OBI

Dem Mitarbeiter soll der Sinn seiner Arbeit bewusst sein, d.h., er soll erkennen können, welchen Beitrag er durch die Ausübung seiner Tätigkeit im Hinblick auf die Gesamtaufgabe des Handelsunternehmens leistet. Deshalb ist es von erheblicher Bedeutung, die Arbeitsinhalte nicht wie bei Taylor oder Fayol zu zerstückeln, sondern dem Mitarbeiter vielseitige, ganzheitliche, bedeutungs- und verantwortungsvolle und somit sinnstiftende Arbeitsinhalte zu bieten.

Dieses Prinzip findet bei OBI Anwendung: Einer unserer obersten Leitsätze heißt: Nur zufriedene Mitarbeiter produzieren zufriedene Kunden. So kann eine zufriedene Kassiererin außerordentlich viel zur Kundenzufriedenheit beitragen. Vorausgesetzt ich trainiere sie und vermittle ihr den Sinn ihrer Arbeit. Der Aufbau einer Firmenkultur funktioniert nur, wenn man Betroffene zu Beteiligten macht.

Quelle: Rück 1999, S. 19.

Das HRM trägt auch zur Etablierung eines selbstreferenziellen Unternehmens bei, wobei hier unter dem Begriff **Selbstreferenz** oder Rückbezüglichkeit – im Anschluss an Schwaninger (1994, S. 184) – die „Selbstbeobachtung, Selbstbeschreibung und Selbsterkenntnis (Reflektivität, Reflexion)" eines Unternehmens verstanden wird. Hier kommt dem HRM die Aufgabe zu, Bildungs-, Anreiz- und Belohnungssysteme sowie Qualifikationssysteme so zu konzipieren, dass die Mitarbeiter aller Hierarchieebenen dazu in der Lage sind, die Interaktion mit der Umwelt auf einer Meta-Ebene zu beobachten, zu erfassen und zu verstehen. Dies schließt die Vermittlung konzeptioneller Kompetenzen über Wirkungszusammenhänge und die Etablierung von Entlohnungsformen mit variablen Bestandteilen ein. Die Mitarbeiterbeurteilung und Entlohnung haben sich an der Erreichung langfristiger Ziele zu orientieren und sollen an Zielbündel ausgerichtet werden, in denen ökonomische, technische, soziale und ökologische Ziele adäquat gewichtet sind (Schwaninger 1994, S. 185ff.).

Im Hinblick auf die Umsetzung von Innovationen kommt den Anreizsystemen eine herausragende Bedeutung zu: Sie tragen dazu bei, dass die Mitarbeiter dazu motiviert werden, Zielsetzungen oder Visionen des Unternehmens umzusetzen. Vor dem Hintergrund der wachsenden Bedeutung von Teamleistungen in Unternehmen müssen auch Anreizsysteme neue Schwerpunkte setzen: „Gainsharing"-Programme (Erfolgsbeteiligungen) oder Kapitalbeteiligungen gewinnen in diesem Zusammenhang immer mehr an Bedeutung.

Die Systemtheorie geht davon aus, dass sich Unternehmen selbst umstrukturieren können. Diese **Selbsttransformation** sichert die Überlebens- und Entwicklungsfähigkeit eines Handelsunternehmens. Im Rahmen des HRM können Anreize eine Beschleunigung des Wandelprozesses bewirken und Aus- und Weiterbildungsmaßnahmen tragen dazu bei, dass Widerstände gegen den organisationalen Wandel überwunden und Zukunftsängste abgebaut werden.

5. Besonderheiten des internationalen Human-Resource-Managements

Ist ein Handelsunternehmen international tätig, müssen bei der Personalführung und der Erfüllung der Aufgaben des Personalwesens kulturelle Unterschiede berücksichtigt werden. Dies insbesondere dann, wenn Niederlassungen in Ländern geführt werden, die anderen Kulturkreisen zuzurechnen sind. Abbildung 6.22 zeigt einige Besonderheiten in Bezug auf die verschiedenen Aufgabenbereiche des HRM auf.[1]

Abbildung 6.22: Aufgaben des internationalen Human-Resource-Managements

Aufgaben des Human-Resource-Managements	Besonderheiten im internationalen Kontext
Personalbeschaffung	• Die interne Personalbeschaffung ist mit einer Abordnung, Auslandsentsendung oder Versetzung von Mitarbeitern verbunden. • Potenzielle Arbeitnehmer aus dem Gastland verfügen oft nicht über die entsprechenden Qualifikationen.
Personalauswahl	• Auswahl auf Grund der fachlichen, persönlichen Eignung (Integrations-, Anpassungsbereitschaft), der kulturellen Eignung (bspw. Sprachkenntnisse, Vertrautheit mit der Unternehmenskultur und der Kultur des Gastlandes) sowie der familiären Eignung (z.B. stabile Familienverhältnisse).

[1] Vgl. für detaillierte Ausführungen Zentes/Swoboda/Morschett 2004, S. 857ff.

Personalentwicklung	• Vermittlung von Kenntnissen in Bezug auf die Internationalisierungsstrategie des Unternehmens • Interkulturelles Training (faktenorientiertes Training, attributionsorientiertes Training zur Vermittlung von Verhaltensgewohnheiten, Kulturbewusstseinstraining) bspw. durch Rollenspiele, Kultursimulationen, Interaktionstrainings
Personalentlohnung und -betreuung	• Berücksichtigung der jeweiligen Gesetzgebung des Gastlandes
Personalfreisetzung	• Berücksichtigung der jeweiligen Landesgesetzgebung (bspw. hinsichtlich des Kündigungsschutzes)
Personalmotivation	• Eine Auslandsentsendung bietet die Möglichkeit zur beruflichen Weiterentwicklung und kann in Abhängigkeit von den persönlichen Bedürfnissen und Interessen der Mitarbeiter motivierend wirken. • Berücksichtigung der Kultur und damit der Werte des Gastlandes

Mitarbeiter und Führungskräfte, die für einen Auslandseinsatz vorgesehen sind, müssen über **interkulturelle Kompetenz** verfügen. Diese kann wie folgt definiert werden:

Interkulturelle Kompetenz bezeichnet die Fähigkeit, sich in die Lage der Mitglieder einer anderen Kultur zu versetzen, mögliche Kulturunterschiede zu akzeptieren und zu verstehen und bei der Begegnung vermittelnd tätig zu sein (vgl. Lichtenberger 1998, S. 295).

In Bezug auf die Personalführung zeigt sich, dass in individualistischen Ländern mit geringer Machtdistanz (bspw. USA, Großbritannien) eher ein partizipativer Führungsstil mit gemeinsamer Entscheidungsvorbereitung zum Erfolg führt. Im deutschsprachigen Raum ist der Vorgesetzte an der Meinung seiner Untergebenen interessiert, Mitarbeiter erwarten jedoch keinen hohen Grad an Entscheidungsautonomie. Der Führungsstil kann auf dem Kontinuum von Tannenbaum/Schmidt als beratend oder kooperativ eingestuft werden (vgl. hierzu die Ausführungen in Abschnitt C.II. dieses Kapitels). In kollektivistischen Ländern mit hoher Machtdistanz (z.B. Türkei) herrschen patriarchalische bis autoritäre Führungsstile vor, die sich durch einen geringen Delegationsgrad und zentralistisch getroffene Entscheidungen auszeichnen.[1]

Grundsätzlich lassen sich im internationalen Kontext drei Kulturstrategien unterscheiden, die sich auf die Umsetzung des HRM auswirken (vgl. hierzu Zentes/Swoboda/Morschett 2004, S. 891f.):

---

[1] Vgl. für eine detaillierte Darstellung der Führungsstile unterschiedlicher Länder Berndt/Fantapié Altobelli/Sander 2005, S. 343 bzw. für die Kulturdimensionen nach Hofstede www.geert-hofstede.com.

- die monokulturelle Strategie
- die Mischkulturstrategie
- die multikulturelle Strategie.

Verfolgt ein Unternehmen eine **monokulturelle Strategie**, wird die Kultur der Muttergesellschaft auf sämtliche Auslandsniederlassungen übertragen. Praktiken des HRM, Führungsstile usw. werden somit einheitlich ausgestaltet. Auch bei der **Mischkulturstrategie** wird eine einheitliche Unternehmenskultur angestrebt, die hier jedoch durch eine Kultursynthese der Muttergesellschaft und der Tochtergesellschaften hervorgebracht wird. Im Rahmen einer **multikulturellen Strategie** werden in den Auslandsniederlassungen landes- und damit kulturspezifische Anpassungen vorgenommen.

Monokulturelle Strategie bei StoreCo

Um zu überprüfen, ob und in welchem Ausmaß Praktiken des Human-Resource-Managements auf Auslandsniederlassungen transferiert werden konnten, wurden in den Jahren 1999 bis 2001 die Mitarbeiter des Handelsunternehmens StoreCo mit Sitz in Großbritannien und jene seiner Auslandsniederlassung DecoStore in China befragt.

Dabei stellte sich heraus, dass grundsätzlich eine monokulturelle Strategie umgesetzt werden konnte. Einzelne Aufgabenbereiche des Personalwesens mussten jedoch angepasst werden und weisen landesspezifische Charakteristika auf:

1. Auf Grund der niedrigen Arbeitskosten kann in China ausschließlich auf Vollzeit-Arbeitskräfte zurückgegriffen werden, während in Großbritannien viele Teilzeit-Beschäftigte angestellt sind.
2. Angesichts der mangelnden Erfahrung der Chinesen mit den Produkten des Unternehmens, werden in China überwiegend junge Arbeitnehmer angestellt, von denen angenommen wird, dass sie im Vergleich zu älteren Menschen leichter auszubilden sind.
3. In der chinesischen Niederlassung werden weniger Informationen top-down weitergeleitet.
4. In China musste zu Beginn der Widerstand gegen eine leistungsabhängige und damit unterschiedliche Entlohnung von Mitarbeitern der gleichen Hierarchiestufe überwunden werden.
5. Auf Grund der unzureichenden staatlichen Gesundheitsvorsorge in China, trägt DecoStore einen Teil der Arztkosten seiner Mitarbeiter. Diesen wird im Gegensatz zur Belegschaft in Großbritannien auch ein Essenszuschuss gewährt.

Quelle: Gamble 2003, S. 369ff.

V. Marktorientierte Umsetzung des Human-Resource-Managements

Grundlage einer kundenorientierten Umsetzung des HRM bildet eine an den Kundeninteressen ausgerichtete Unternehmenskultur, die sich aus drei Ebenen zusammensetzt: den Werten, den Normen und den nach außen hin sichtbaren Artefakten. Werte, wie Innovativität oder Qualität, spiegeln die grundlegenden Zielsetzungen eines Handelsunternehmens wider und sind im Leitbild verankert. Sie werden durch die Normen – verstanden als Regeln über das von den Unternehmensmitgliedern erwartete Verhalten (vgl. Trommsdorff 2004, S. 202) – konkretisiert und wirken auf dieses insbesondere über Artefakte ein. Die direkte Verhaltenswirksamkeit der Normen ist hingegen als gering einzustufen (vgl. Homburg/Krohmer 2006, S. 1290).

Verhaltensnormen kundenorientierter Handelsunternehmen

„Kundenorientierung und Kundenzufriedenheit haben für uns allerhöchste Priorität. Denn unsere Kunden sind die Basis einer sicheren und dauerhaften Beschäftigung für alle unsere Mitarbeiter."

Quelle: www.obi.at.

„Unsere Kunden stehen im Mittelpunkt all unserer Aktivitäten. Insbesondere gehen wir auf ihre Bedürfnisse auf Grund der veränderten Umwelt ein."

Quelle: www.migros.ch.

„Ob im Einkauf, in der Logistik, im strategischen Management oder im Verkauf: Die Mitarbeiter tun alles dafür, damit sich die Kunden in den Märkten und Warenhäusern wohlfühlen."

Quelle: www.metrogroup.de.

Über eine höhere Kundenzufriedenheit, Kundenbindung und Kundenloyalität schlägt sich das kundenorientierte Verhalten der Mitarbeiter in einer Steigerung des Markterfolges, einer Erhöhung des wirtschaftlichen Unternehmenserfolges und in der Generierung von Shareholder-Value nieder. Letzteres lässt sich damit begründen, dass eine höhere Zufriedenheit der Kunden eine Erhöhung des künftigen Cashflows bedingt bzw. Schwankungen im Cashflow reduziert und damit die Kapitalkosten eines Unternehmens senkt (vgl. Gruca/Rego 2005, S. 115f.).

Auf der Basis einer kundenorientierte Unternehmenskultur sind die Aufgabenfelder des HRM an den Interessen der Kunden auszurichten. Dies schließt einen mitarbeiter- und kundenorientierten Führungsstil sowie eine adäquate Gestaltung der einzelnen Bereiche des Personalwesens ein. In Bezug auf die Mitarbeitermotivation führen insbesondere Maßnahmen, welche die intrinsische Motivation erhöhen, zu kundenorientiertem Verhalten. Zwar wirkt sich auch die Zufriedenheit mit der Entlohnung positiv auf die Kundenorientierung der Mitarbeiter aus, der Zusammenhang erwies sich in einer empirischen Studie jedoch als nicht signifikant (vgl. Thakor/Joshi 2005, S. 586, S. 589). Extrinsische Motivatoren verstärken aber den Einfluss intrinsischer Motivatoren auf das kundenorientierte Verhalten und stellen demnach moderierende Variablen dar (vgl. Thakor/Joshi 2005, S. 585, S. 590).

Abbildung 6.23 zeigt einige Möglichkeiten auf, wie das Personalwesen die Kundenorientierung im Unternehmen forcieren kann.[1]

[1] Vgl. hierzu auch Homburg/Krohmer 2006, S. 1294ff.; Meyer/Kantsperger/Kunz 2003, S. 411ff.; Bruhn 2002, S. 208ff.

Abbildung 6.23: Kundenorientierte Gestaltung des Personalwesens

Aufgaben des Personalwesens	Kundenorientierte Umsetzung
Personalplanung	• Ableitung des Personalbedarfs aus prognostizierten Markt- oder Marktanteilsentwicklungen
Personalbeschaffung	• Auswahl der Mitarbeiter unter Berücksichtigung ihrer interaktionsbezogenen Fähigkeiten und ihrer Persönlichkeitsmerkmale (bspw. Empathie, Kontaktfreudigkeit oder Servicebereitschaft) • Durchführung von Rollenspielen im Rahmen des Auswahlverfahrens, um das Verhalten des potenziellen Mitarbeiters im Kundenkontakt zu simulieren
Personalbeurteilung	• verhaltens- bzw. erfolgsbezogene Beurteilung, wobei z.B. die Kundenzufriedenheit ein adäquates Kriterium darstellt
Personalentlohnung	• Kopplung variabler Lohn- bzw. Gehaltsbestandteile an die Kundenzufriedenheit • Prämien für kundenorientiertes Verhalten
Personalentwicklung	• Vermittlung von markt- und kundenbezogenem Fachwissen und Förderung der Sozialkompetenz bspw. im Rahmen von Workshops oder Coaching-Maßnahmen • Kopplung der Aufstiegsmöglichkeiten an das kundenorientierte Verhalten des Mitarbeiters

Dem Umstand, dass das kundenorientierte Verhalten der Mitarbeiter die Basis für die Kundenzufriedenheit und damit für den Erfolg des Handelsunternehmens bildet, wird in der Praxis zunehmend Rechnung getragen.

Mitarbeiterschulung als Ansatzpunkt zur Steigerung der Kundenzufriedenheit

Seminare, Coachings und Train-the-Trainer-Konzepte werden von Handelsmanagern als die drei bedeutsamsten Schulungsmaßnahmen eingestuft, wenn es darum geht, die Kundenzufriedenheit zu erhöhen.

Dabei ist anzumerken, dass interaktive Qualifizierungsmaßnahmen den passiven bzw. frontalen Aus- und Weiterbildungsmaßnahmen generell überlegen sind, weshalb sie weiter an Bedeutung gewinnen werden.

Quelle: Zentes/Opgenhoff 1995, S. 19.

Bereits im Jahre 1994 wurde auf Grund der Neuorientierung der Kundenpolitik die Mitarbeiterschulung als jener Bereich identifiziert, von dem die größten Auswirkungen erwartet wurden. Nicht weniger als zwei Drittel der befragten Manager sahen hier großen Handlungsbedarf, zumal die Mitarbeiter mit ihrem Auftreten im direkten Kundenkontakt und ihrer Fachkompetenz entscheidend zur Kundenzufriedenheit beitragen.

Quelle: Liebmann/Jungwirth 1994, S. 33.

Da nur qualifizierte Mitarbeiter den Kunden optimal beraten können, fördert Hornbach seine Mitarbeiter durch individuell gestaltete Qualifizierungsmaßnahmen. Verkaufs- und Managementtrainings oder Schulungen zu Kassensystemen sollen eine gezielte Aus- und Weiterbildung ermöglichen. Damit gelang es dem Unternehmen, im Jahre 2006 von der Kölner ServiceRating GmbH für seine Beratungsqualität, seine Angebotsvielfalt und den – im Vergleich zu allen anderen deutschen Baumärkten – größten Anteil zufriedener Kunden ausgezeichnet zu werden.

Quelle: www.hornbach.de.

Grundsätzlich lassen sich zwei Wirkungsketten unterscheiden, wie ein kundenorientiertes HRM zu einer Erhöhung der Kundenzufriedenheit beitragen kann (siehe Abbildung 6.24). Einerseits wirkt sich ein an den Interessen der Kunden ausgerichtetes HRM positiv auf die Mitarbeiterzufriedenheit aus. Diese schlägt sich in einer höheren Kundenzufriedenheit und -loyalität nieder und führt letztlich zu einem größeren Markterfolg und einem höheren wirtschaftlichen Erfolg des Unternehmens.

Abbildung 6.24: Wirkungskette eines kundenorientierten Human-Resource- Managements

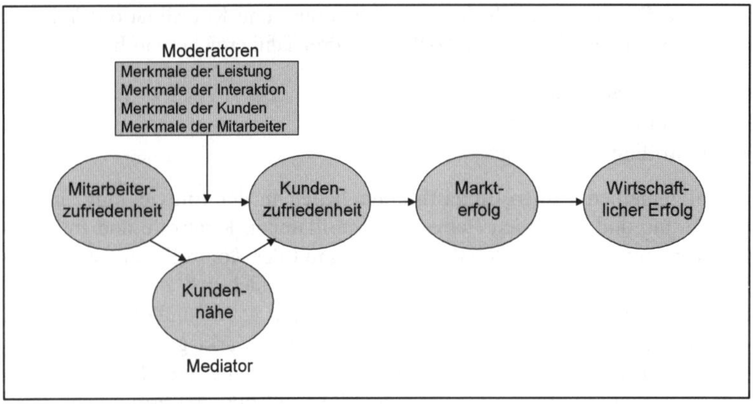

Quelle: in Anlehnung an Homburg/Stock 2001b, S. 388.

Andererseits beeinflusst die Ausgestaltung des HRM direkt oder indirekt – vermittelt über die Einstellung des Mitarbeiters – das Ausmaß des kundenorientierten Verhaltens. Dieses führt dann wiederum über eine höhere Kundenzufriedenheit und -loyalität zu einer Erhöhung des Markterfolges und einer Steigerung des wirtschaftlichen Erfolges des Handelsunternehmens. Anzumerken ist in diesem Zusammenhang auch, dass Mitarbeiter, die eine positive Einstellung den Kunden gegenüber haben, einen höheren Umsatz erwirtschaften (vgl. Sharma/Levy 2003, S. 524ff.).

D. Controlling im Handel

I. Grundlagen

Controlling stellt für Handelsunternehmen – wie gleichermaßen für Unternehmen anderer Wirtschaftssektoren – ein wichtiges Instrument der Unternehmensführung dar (Zentes 2003a). Dabei sind jedoch unterschiedliche Sichtweisen zu unterscheiden. In einer sehr engen Interpretation wird Controlling mit **Kontrolle** gleichgesetzt. Der aus dem Englischen stammende Begriff „control" geht jedoch über dieses Verständnis als bloßem Soll-Ist-Vergleich hinaus. Vielmehr wird darunter die Steuerung und Regelung sowie Koordination von Aktivitäten im Managementprozess verstanden. Controlling kann in Anlehnung an Horváth (2006) und Reichmann (1985) folgendermaßen definiert werden:

> *„Controlling ist ein Subsystem des Leitungssystems eines Unternehmens, das die Unternehmensführung in der Erfüllung ihrer Aufgaben durch zielorientierte Koordination von Planungs-, Kontroll- und Informationssystemen unterstützt" (Zimmermann 2001, S. 14).*

Controlling fördert die Adaption und Koordination des gesamten Führungssystems des Handelsunternehmens (Möhlenbruch 1998, S. 456). Zur Sicherung und Erhaltung der Reaktions-, Adaptions- und Koordinationsfähigkeit der Unternehmensführung sind dabei v.a. drei Teilbereiche von Interesse:

- Controllingaufgaben
- Controllingorganisation
- Controllinginstrumente.

Die allgemeinen **Controllingaufgaben** liegen in der Entwicklung, Implementierung und laufenden Betreuung von Planung, Kontrolle und Informationsversorgung (Zentes 2003b). Dabei kommt der Kontrolle eine große Bedeutung zu, denn erst durch die Kontrolle wird ersichtlich, ob die produzierte Handelsleistung zu vertretbaren Kosten erstellt wurde und ob sie in einem marktgerechten Umfang mit den richtigen, vom Markt gewünschten, Produkten und Dienstleistungen verbunden werden konnte. Jede Kontrolle setzt eine Zielsetzung voraus, die eine sinnvolle Kontrolle erst ermöglicht. Deshalb sollte das Kontrollsystem in seiner Gliederung dem Zielsystem entsprechen. An die klassische Kontrollfunktion werden bestimmte Anforderungen gestellt, die im Folgenden kurz dargestellt werden (Oehme 1993, S. 241):

- **Genauigkeit**: Sowohl die Ermittlung als auch die Kontrolle der Ergebnisse sollten detailliert erfolgen.
- **Wirtschaftlichkeit**: Der Umfang der Kontrolle muss sich an der ökonomischen Machbarkeit orientieren, da jede Kontrolle Kosten verursacht.
- **Durchsetzbarkeit**: Die Kontrolle muss in ihrem Aufbau einfach und verständlich sein, damit sie von allen Mitarbeitern getragen wird. Wenn Mitarbeiter den Sinn der Kontrolle bzw. deren Aufbau nicht verstehen, können sie Widerstand leisten und bspw. Kontrollarbeiten stark verzögern.
- **Kurzfristigkeit und Schnelligkeit**: Gerade im Handel muss die Kontrolle in möglichst kurzen Zeitabständen erfolgen, damit die Ergebnisse schnell zur Verfügung stehen.

Die **Controllingorganisation** wird von zahlreichen Einflussfaktoren bestimmt. Dazu zählen z.B. Unternehmensgröße, Organisationsform, Entwicklungsstadium des Controllingkonzeptes, Führungsstil, Unternehmenswachstum, Rechtsform, aber auch Umweltbedingungen (Möhlenbruch 1998, S. 459). Grundsätzlich stehen bei der organisationalen Ausgestaltung des Controlling mehrere Möglichkeiten zur Verfügung, die von Überlegungen zur Zentralisation bzw. Dezentralisation, der Hierarchiestufe, der Unabhängigkeit und Entscheidungsbeteiligung abhängen. So können die Aufgaben des Controlling z.B. in einer funktionalen Organisationslösung, in Form einer Stabsstelle oder in Form einer Zentralabteilung zusammengefasst werden. Bei größeren Handelskonzernen ist häufig eine organisatorische Divisionalisierung anzutreffen, die Auswirkungen auf die Struktur des Controlling hat. So kommt es bspw. zu Controllingabteilungen in den einzelnen Vertriebslinien, wobei die Divisionscontroller fachlich der Zentralabteilung Controlling, disziplinarisch aber der Divisionsleitung unterstehen. Dieses „dotted-line-Prinzip" führt jedoch zu sehr komplexen Strukturen und lässt durch die Doppelunterstellung häufig Konfliktpotenziale entstehen (Möhlenbruch 1998, S. 456). Denen stehen aber auch zahlreiche Vorteile gegenüber.

Zu den **Controllinginstrumenten** zählen im Handel „alle ideellen und realen (technischen) Hilfsmittel, die im Rahmen der systembildenden und systemkoppelnden Koordination zur Erfassung, Strukturierung, Auswertung und Speicherung von Informationen bzw. zur organisatorischen Gestaltung eingesetzt werden" (Horváth 2006, S. 134). Die systembildende Koordination beschreibt die Entwicklung von Planungs- und Kontrollsystemen sowie von begleitenden Informationsversorgungssystemen. Die systemkoppelnde Koordination hingegen befasst sich mit der Beseitigung von Störungen und der Informationsversorgung zwischen Teilsystemen.

Beim Einsatz von Controllinginstrumenten besteht grundsätzlich die Möglichkeit, die in einer Unternehmung vorhandenen Daten, z.B. Kennzahlen, im Zeitvergleich gegenüberzustellen (**interner Vergleich**), aber auch mehrere Unternehmen in den Vergleichsprozess einzubeziehen (**externer Vergleich**). Dies kann einmalig für einen bestimmten Untersuchungszweck oder in regelmäßigen Zeitabständen durchgeführt werden. Für derartige Untersuchungen stehen zahlreiche Controllinginstrumente oder weiter gehend Controllingkonzepte zur Verfügung. Dabei kann zwischen klassischen und neueren Konzepten bzw. Ansätzen unterschieden werden. Zur ersten Gruppe zählen:

- kostenorientierte Controllingansätze
- erlösorientierte bzw. marktorientierte Controllingansätze.

Darüber hinaus kann das Handelscontrolling nach Bereichen oder Subsystemen differenziert werden, so Personalcontrolling. Logistikcontrolling usw. (Zentes 2003c). Die Schwächen klassischer Controllingansätze zeigen den Bedarf nach neueren Controllingkonzepten auf. Zu diesen zählen im Wesentlichen:

- Benchmarking und Best-Practice-Analysen
- Prozesskostenrechnung und Target Costing
- Performance-Measurement
- Balanced Scorecard.

Mit Blick auf das finanzorientierte Controlling haben sich in den letzten Jahren insbesondere **wertorientierte Controllingkonzepte** herausgebildet, die gleichermaßen Einzug bei Handelsunternehmen gefunden haben, in erster Linie bei börsennotierten Unternehmen.

II. Ausgewählte Controllingkonzepte

1. Überblick

Eine wesentliche Aufgabe des Handelscontrolling liegt in der entscheidungsbezogenen Informationsversorgung von Führungskräften. Das Handelscontrolling ist zugleich durch eine Vielzahl von Besonderheiten gekennzeichnet, die insbesondere im Einzelhandel kurze Kontrollzyklen sowie einen hohen Informationsversorgungsgrad erfordern (Möhlenbruch 1998, S. 454). Die Rahmenbedingungen für das Handelscontrolling lassen sich durch folgende Merkmale charakterisieren (Zentes 2003a, S. 275):

- Vielfalt und Komplexität von Sortimenten bzw. Leistungsprogrammen
- Verschiedenartigkeit parallel geführter Betriebs- und Vertriebstypen in unterschiedlichen Lebenszyklusphasen
- breite horizontale Absatzentfaltung über die Filialstruktur des Handelsunternehmens
- konsequente Markt- und Kundenorientierung der dominierenden Funktionsbereiche Absatz und Beschaffung
- starker Einfluss von Umfeldfaktoren mit hoher Dynamik.

Um die Controllingaufgaben bewältigen zu können, benötigt das Unternehmen Informationen, die bspw. aus der Kostenrechnung, aus Wirkungsanalysen oder aus Kundenzufriedenheitsanalysen gewonnen werden können (Müller-Hagedorn 1998, S. 591). Die Beurteilung der betrieblichen Maßnahmen erfordert sowohl eine kosten- als auch eine erlösorientierte Betrachtung, weshalb die einzelnen Verfahren im Folgenden kurz dargestellt werden. Darüber hinaus haben sich im Handel – wie bereits erwähnt – bereichsspezifische Controllingschwerpunkte herausgebildet.

„You can't improve what you don't measure."

2. Kostenorientiertes Controlling

a) Kostenrechnung

Die Kostenrechnung in Handelsunternehmen wird von zahlreichen Besonderheiten beeinflusst. Dazu zählen z.B. die meist anzutreffende Filialisierung, die hohe Bedeutung des Faktors Ware, das Phänomen von Verbundkäufen und das stochastische Zusammenwirken von Input und Output, d.h., dass einzelne Verkaufsprozesse einen unterschiedlich hohen Einsatz an Produktionsfaktoren erfordern (Müller-Hagedorn 1998, S. 592).

Eine einfache Form der Kostenrechnung ist die Gegenüberstellung der gesamten Betriebserträge und der gesamten Kosten. Dabei kann entweder das Umsatz- oder das Gesamtkostenverfahren zur Anwendung kommen. Beim **Umsatzkostenverfahren** werden die insgesamt erzielten Erlöse den Kosten der abgesetzten Leistungen gegenübergestellt. Beim **Gesamtkostenverfahren** hingegen werden den erzielten Erlösen die Gesamtkosten einer Periode sowie die Bestandsveränderungen gegenübergestellt.[1] Differenziertere Systeme der Kostenrechnung zielen darauf ab, den einzelnen Umsatzträgern die entsprechenden Kosten zuzuordnen. Als Umsatzträger oder Leistungseinheiten können Teile des Sortiments, einzelne Verkaufsstellen/-regionen oder Vertriebsschienen herangezogen werden. Als Voraussetzung für die Ermittlung derart detaillierter Erfolgsbeiträge ist eine differenzierte Erfassung der Umsätze notwendig, die durch die weite Verbreitung der Scannertechnologie wesentlich unterstützt wird.

b) Betriebsvergleich

Der Betriebsvergleich stellt in Handelsunternehmen traditionell ein zentrales Instrument zur Planung, Steuerung und Kontrolle betrieblicher Prozesse dar und wird seit langem als Element des Controlling betrachtet. Das primäre Ziel des Betriebsvergleichs ist die Leistungssteigerung gegenüber anderen Teilnehmerbetrieben. Der Betriebsvergleich soll Ansatzpunkte für den Ausbau der identifizierten Stärken und die Behebung der Schwächen aufzeigen. Um einen sinnvollen Betriebsvergleich durchführen zu können, müssen zunächst Fragen wie die Auswahl der Vergleichsbetriebe, die formelle Vergleichbarkeit und die Verwertbarkeit der Ergebnisse beantwortet werden (Müller-Hagedorn 1998, S. 638f.).

Grundsätzlich können zwei Verfahren des Betriebsvergleiches unterschieden werden (Müller-Hagedorn/Greune 1992, S. 125):

- die horizontale Analyse
- die vertikale Analyse.

Bei der **horizontalen Analyse** vergleicht man verschiedenartige Betriebe, um Prognosen über den Einfluss betriebspolitischer Parameter (z.B. Verkaufsfläche) auf den Unternehmenserfolg erstellen zu können; bei der **vertikalen Analyse** werden nur Betriebe mit ähnlichen Strukturmerkmalen (materiell vergleichbare Betriebe) in den Vergleichsprozess einbezogen. Dabei sollte auf die Identität der Strukturmerkmale Sortiment, Standortbedingungen, Betriebsgröße und Faktorkombination geachtet werden. Im Rahmen von Betriebsvergleichen interessieren Daten wie z.B. Umsatz oder Rohertrag, welche die Gewinnung von absatzwirtschaftlichen Kennzahlen (z.B.

---

[1] Vgl. Müller-Hagedorn 1998, S. 593ff.

Mitarbeiterleistung, Raumproduktivität, Lager- und Kapitalumschlag) ermöglichen.[1]

3. Erlösorientiertes Controlling

a) Kontrolle der Umsatzentwicklung

Das erlösorientierte Controlling legt den Fokus auf die Umsatzerzielung des Unternehmens. Dabei stehen Informationen zur Höhe des erzielten Umsatzes, daraus abgeleitete bzw. in enger Verbindung stehende **Leistungskennzahlen**, aber auch Informationen über die dem Kauf vorausgehenden Aktivitäten des Kunden im Mittelpunkt des Interesses. Die **Umsatzentwicklung** stellt eine zentrale Ausgangsgröße für die Kontrolle und Planung dar. Bei der Kontrolle des Umsatzverlaufes wird neben dem Betriebsvergleich meist ein Vergleich zur entsprechenden Periode des Vorjahres durchgeführt, die sich jedoch nur bedingt als geeignete Vergleichsgröße eignet (Müller-Hagedorn 1998, S. 646).

Beispiele für klassische Leistungskennzahlen zum Umsatzerfolg sind (Müller-Hagedorn 1998, S. 644):

- *die Entwicklung des Umsatzes*
- *die Entwicklung der Warenbestände*
- *die Warenbewegung insgesamt*
- *der Lagerumschlag*
- *die Wareneingangskalkulation*
- *die erzielte Kalkulation*
- *der Warenverderb*
- *die Zahl der Kunden.*

b) Kontrolle der Kundenzufriedenheit

Die Zufriedenheitsforschung erweist sich als zunehmend wichtiger Bestandteil des Handelscontrolling. Bei der Beurteilung der Handelsleistung geht es nicht nur um die Kontrolle der Kostenseite und des Umsatzerfolges, sondern es soll auch überprüft werden, ob bzw. inwieweit Qualitätsnormen bei der Erbringung der Handelsleistung eingehalten worden sind.

Die Beurteilung der Handelsleistung, die eine Kombination aus Sach- und Dienstleistung darstellt, kann aus zwei Perspektiven erfolgen: aus der technischen Perspektive und der funktionalen Perspektive. Die **technische Perspektive** erfasst die Leistung, die der Kunde erhält (Ware). Die **funktionale Perspektive** hingegen beschreibt die Art und Weise, wie dem Kunden die technische Qualität vermittelt wird (Umstände des Einkaufs). Bei der qualitativen Beurteilung der Leistung wird zwischen einem objektiven und einem subjektiven Qualitätsbegriff unterschieden. Der **objektive Qualitätsbegriff** knüpft an intersubjektiv überprüfbaren Merkmalen an. Der **subjektive Qua-**

[1] Vgl. hierzu Barth/Hartmann/Schröder 2007, S. 418ff.

litätsbegriff beschreibt die vom Kunden persönlich wahrgenommene Qualität.

Zur Sicherung der Qualität im Handel dienen **Qualitätsmanagementsysteme**. Um eine Sicherstellung definierter Standards zu gewährleisten, wurden Regeln entwickelt, die einer Zertifizierung der Betriebe dienen (z.B. DIN ISO 9000 ff.).[1]

4. Bereichsspezifisches Controlling

a) Personalcontrolling

Das Personalcontrolling ist ein Instrument zur Unterstützung des Personalmanagements. Es umfasst die systematische und integrierte Planung (Soll) und Kontrolle (Ist) personalwirtschaftlicher Tatbestände und die Rückkopplung zwischen Kontrolle und Planung. Durch den Soll-Ist-Vergleich sowie eine Abweichungsanalyse können Verbesserungsvorschläge für zukünftige Maßnahmen des Personalmanagements abgeleitet werden.

> *Das Personalcontrolling versteht sich als „bedarfsorientierte, kontinuierlich und systematisch betriebene Informationsversorgung aller personalwirtschaftlichen Entscheidungsträger zur Planung, Kontrolle, Steuerung und Koordination aller personalwirtschaftlichen Aktivitäten auf operativer und strategischer Ebene mit dem Ziel einer Optimierung von Personalstrukturen, Personalkosten, Leistungsverhalten der Mitarbeiter und personalwirtschaftlichen Prozessen unter gleichzeitiger Beachtung von ökonomischen und sozialen Auswirkungen der personalwirtschaftlichen Aktivitäten (Watzka 1998, S. 154).“*

Effektivität und Effizienz der Personalarbeit stellen dabei wesentliche Kriterien der Zielerreichung dar. **Effektivität** bedeutet in diesem Zusammenhang, dass personalwirtschaftliche Aktivitäten einen Zielerfüllungsbeitrag zu den allgemeinen Unternehmenszielen leisten. Zusätzlich soll die **Effizienz** der Personalarbeit sichergestellt werden. Diese zeigt sich in:

- einer tatsächlichen Erreichung der durch personalwirtschaftliche Aktivitäten intendierten Ziele
- einer hohen Prozessqualität personalwirtschaftlicher Maßnahmen
- einer hohen Transparenz der Kostenentstehung für personalwirtschaftliche Aktivitäten (Watzka 1998, S. 154).

Aus diesen Zielsetzungen lassen sich folgende Aufgaben für das Personalcontrolling ableiten (Hoss 1988, S. 410):

---

[1] Vgl. zu den vielfältigen Modellen der Kundenzufriedenheit und ihrer Messung Müller-Hagedorn 1998, S. 667ff. und die dort angegebene Literatur.

- Planung, Bewertung und Kontrolle des Leistungspotenzials und der Motivation der Mitarbeiter
- Bereitstellung der strategisch erforderlichen Personalressourcen
- Abschätzung von Einflussfaktoren auf die zukünftige Personalstruktur
- integrierte Beurteilung der ökonomischen und sozialen Wirkungen von unternehmenspolitischen Entscheidungen.

Das moderne Personalcontrolling geht somit über das klassische Berichtswesen weit hinaus. Im Zentrum stehen Evaluationsansätze zur Bewertung des Personalmanagements. Als Beispiel seien hier verschiedene Ansätze zur **Wertschöpfungsmessung** genannt. Der Beitrag, den das Personalmanagement zur Wertschöpfung leistet, ist oft schwierig zu quantifizieren. Deshalb wird in vielen Fällen auf qualitative Kriterien zurückgegriffen.

Bei der Wertschöpfungsmessung im Personalmanagement sollten zunächst verschiedene **Dimensionen der Wertschöpfung** unterschieden werden (Wunderer/Jaritz 1999, S. 48). Die Differenzierung in strategische und operative sowie in wertsteigernde und wertsichernde Wertschöpfung stellt dabei eine Möglichkeit dar. Wertsichernd sind z.B. infrastrukturelle Leistungen wie Lohn- oder Gehaltsverrechnung. Wertsteigernde Wertschöpfung hingegen kann durch eine Quantifizierung des Nutzens abgeschätzt werden.

Eine weitere Unterscheidungsmöglichkeit bieten die Dimensionen Kontext, Potenzial, Prozess und Ergebnis. Diese Differenzierung erscheint deshalb sinnvoll, da sich die Ressource Mensch und die mit ihr verbundenen Potenziale durch Entwicklungsfähigkeit auszeichnen (Wunderer/Jaritz 1999, S. 48). Der Kontext bestimmt dabei die Handlungsmöglichkeiten, Potenziale beschreiben die nutzbaren Ressourcen, die über Prozesse in Ergebnisse überführt werden können. Als Ansatzpunkte für die Evaluation können z.B. die Qualifikation und Motivation der Mitarbeiter herangezogen werden.

Abbildung 6.25: Das Wertschöpfungszentrum Personal

	Management-Dimension	Service-Dimension	Business-Dimension
Ziel	Strategische Ausrichtung des Personalmanagements	Kundenorientierte Erbringung von Personalmanagement-Dienstleistungen	Wirtschaftlichkeit des Personalmanagements
Messgröße	Managementqualität (v.a. Planung und Umsetzung)	(interne) Kundenzufriedenheit	Internes Rechnungswesen
Evaluation	Nicht-monetär durch Analysen und Abschätzungen	Nicht-monetär v.a. durch Kunden- und Mitarbeiterbefragungen	Monetär mit Kosten-, Leistungs- und Erfolgsbewertungen durch Preise

Quelle: Wunderer/Jaritz 1999, S. 49.

Einen weiteren Ansatz zur Evaluation im Personalcontrolling liefert das **Wertschöpfungszentrum Personal** mit den drei Dimensionen Management, Service und Business. Die Management-Dimension bezieht sich auf den strategischen Wert des Personalmanagements, die Service-Dimension umfasst die Qualität der erbrachten Dienstleistungen für die Kunden des Personalmanagements. Die Business-Dimension ermittelt den Wert des Personalmanagements je nach Entwicklungsstand der internen Leistungsverrechnung auf mehreren Stufen. Ziel ist eine möglichst verursachungsgerechte Verrechnung der Kosten und Leistungen des Personalmanagements an seine Kunden (Wunderer/Jaritz 1999, S. 49). In der Praxis werden Leistungen des Personalmanagements meist über drei Kategorien abgerechnet:

- Grundleistungen des Personalmanagements, die z.B. über die Mitarbeiterzahl umgelegt werden
- Standardleistungen, die bei Bedarf nachgefragt und direkt dem Verursacher verrechnet werden
- Sonderleistungen, deren Umfang und Preise gesondert zu vereinbaren sind.

Grundleistungen stellen z.B. die Personaladministration dar. Als Beispiel für Standardleistungen können die Personalsuche und -einstellung, als Beispiel für Sonderleistungen kann die Durchführung von Teamentwicklungsseminaren angeführt werden.

Im Zusammenhang mit der Zielsetzung der Wertschöpfungsrechnung sind von den Controllern entsprechende **Kennzahlen** zu ermitteln, welche die Basis für Dispositionen und deren Kontrolle bilden. Als Beispiele für solche Kennzahlen können die Arbeitsproduktivität, die Personalkostenproduktivität, die Wertschöpfungsquote und die Wertschöpfung selbst herangezogen werden (Schmeisser/Clermont/Kriener 1998, S. 39f.).

b) Logistikcontrolling

Der Logistik kommt in den letzten Jahren – wie vorne bereits herausgestellt – eine steigende Bedeutung zu. Die Bündelung von Warenströmen, die Bestandsreduzierung, die Erhöhung der Warenpräsenz sowie die effiziente Abwicklung von Logistikprozessen spielen eine wesentliche Rolle bei der Gestaltung von Logistiksystemen (Stölzle 1995, S. 43).

Im Rahmen des Logistikcontrolling können mehrere Instrumente bzw. Verfahren eingesetzt werden, so

- Logistik-Audit
- Logistik-Kennzahlen bzw. -Kennzahlensysteme
- Logistikkostenrechnung.

Darüber hinaus kommen – wie auch in anderen Funktionalbereichen – Budgetierungsverfahren und Wertschöpfungsrechnungen zum Einsatz. Im Folgenden werden insbesondere Logistik-Audits und Kennzahlensysteme näher erörtert.[1]

Logistik-Audit

Logistik-Audits, die bereits im Zusammenhang mit der Supply-Chain-orientierten Lieferantenbewertung im Fünften Kapitel erörtert wurden, sind dem **strategischen Logistikcontrolling** zuzurechnen. Es handelt sich dabei um eine systematische und unabhängige Prüfung, um die Ausgestaltung des Logistiksystems zu untersuchen (Pfohl 2004a, S. 264). **Audit-Ziele** sind bspw. die Überprüfung der Einhaltung von Gesetzen, Verordnungen und Auflagen. Ein Audit kann auch der Entscheidungsvorbereitung dienen, z.B. bei Outsourcing-Vorhaben (Pfohl 2004a, S. 264).

Logistik-Kennzahlen und Kennzahlensysteme

Logistik-Kennzahlen dienen im Wesentlichen dem permanenten Monitoring der (internen) **Supply-Chain-Performance**; insofern bilden sie eine wesentliche Grundlage zur Planung, Steuerung und Kontrolle logistischer Prozesse. In der Logistik finden Kennzahlen generell breite Verwendung, da sich hier im Vergleich zu anderen Unternehmensbereichen viele Sachverhalte quantifizieren lassen (Pfohl/Zöllner 1991).

Abbildung 6.26: Kennzahlensystem für das logistische Gesamtsystem

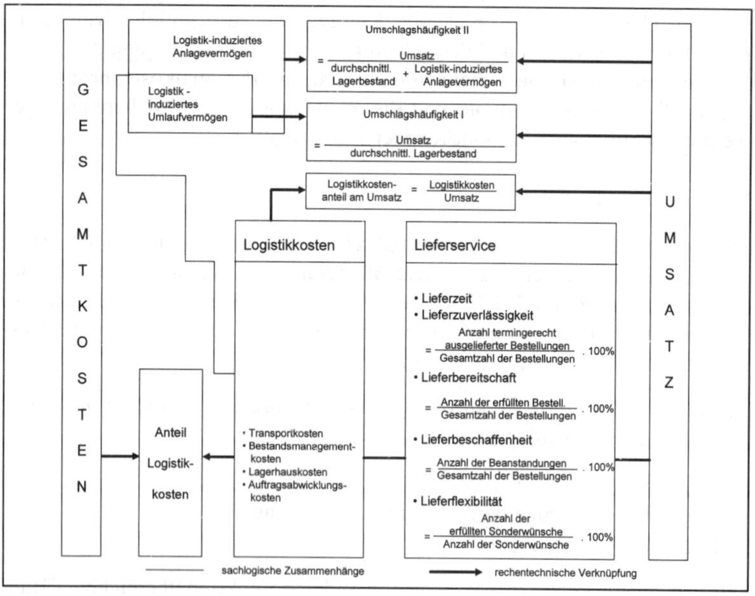

Quelle: in Anlehnung an Pfohl/Zöllner 1991, S. 32.

[1] Vgl. zur Logistik-Kostenrechnung Weber 2002.

Durch die Verknüpfung einzelner Kennzahlen zu einem **Kennzahlensystem** können suboptimale Insellösungen, die durch Konzentration auf Einzelkennzahlen entstehen, vermieden werden. Spitzenkennzahlen eines Kennzahlensystems zur Messung der Effizienz des logistischen Gesamtsystems können – wie in Abbildung 6.26 dargestellt – die Logistikkosten sowie der Lieferservice darstellen.

Die beiden Spitzenkennzahlen sind gemeinsam mit unmittelbar in Verbindung stehenden, weiteren Kennzahlen des Unternehmens zu betrachten. Zu diesen weiteren Kennzahlen zählen die Gesamtkosten des Unternehmens, der Umsatz sowie das im Anlage- und Umlaufvermögen gebundene Logistikinduzierte Kapital. Für die einzelnen funktionalen Subsysteme (Transport, Lagerung usw.) sowie für die Funktionen des Logistikmanagements können wiederum eigene Kennzahlensysteme gebildet werden.

c) Sortimentscontrolling

Ziel des Sortimentscontrolling ist die proaktive und rentabilitätsorientierte Steuerung und Überwachung von Sortimenten zur Sicherung und Verbesserung der eigenen Marktposition (Möhlenbruch 1995, Sp. 2325f.). Dabei können folgende Instrumente bzw. Verfahren Anwendung finden:

- Sortimentskennzahlen
- Direkte Produktrentabilität
- Space Management
- Analyse der Verbundeffekte.

Sortimentskennzahlen

Die für die Sortimentspolitik notwendige Transparenz versucht man u.a. durch eine Vielzahl von Kennzahlen herbeizuführen. Zur Analyse des Sortiments bedient man sich insbesondere der folgenden Sortimentskennzahlen:

- Umsatz
- Handelsspanne, Rohertrag und Deckungsbeitrag
- Umschlagshäufigkeit
- Bruttorentabilität
- Fehl- und Nichtverkauf.

Den Ausgangspunkt der Sortimentsanalyse stellt meist die **Umsatzanalyse** dar, durch die aufgezeigt werden soll, welche Teile des Sortiments starke bzw. schwache Umsatzträger sind. Allerdings bedarf es darüber hinaus auch einer Absatzmengenanalyse, um zu erkennen, ob Umsatzveränderungen auf Änderungen der gekauften Menge oder auf Preisänderungen zurückzuführen sind. Die Gesamt- bzw. Teilumsätze werden üblicherweise den Werten aus Vorperioden sowie den Werten vergleichbarer Handelsunternehmen gegenübergestellt. Eine weit verbreitete Methode zur Umsatzanalyse ist die Reihung der einzelnen Artikel(-gruppen) nach ihrer Bedeutung. Mithilfe der sog. **ABC-Analyse** kann auch die Sortimentsstruktur bezüglich der Deckungsbeiträge oder Handelsspannen untersucht werden.

Abbildung 6.27: Ausgewählte Sortimentskennzahlen

Einsatzfaktoren			Ergebniswerte		
			Betriebsergebnis	DB/DPR	Rohertrag
Umsatz		Verkaufs-/ Einstandswerte	Umsatzrentabilität	DB in Prozent des Umsatzes	Handelsspanne
Kunden		Aufträge, Kassenbons		DB je Kunde, Bon, Auftrag	Rohertrag je Auftrag
	Warenbestand	Einstandswerte oder Frontstücke		Netto-Nutzen-Ziffer	Brutto-Nutzen-Ziffer
Faktoreinsatz	Verkaufsfläche	qm		DB je qm Verkaufs-fläche	Rohertrag je qm Verkaufsfläche
	Betriebsmittel	Regalmeter		DB je Regalmeter	Rohertrag je Frontstück

Quelle: Theis 2007, S. 371.

Eine der wichtigsten sortimentsbezogenen Kennzahlen ist die (absolute) **Handelsspanne**, mit der die Differenz zwischen Verkaufspreis und Einstandspreis einer Ware bezeichnet wird. Da die Handelsspanne meist in Prozent vom Verkaufspreis ausgedrückt wird, bezeichnet man sie auch als **Abschlagsspanne**. Im Fall eines prozentuellen Kalkulationsaufschlags auf den Einstandspreis spricht man hingegen von der **Aufschlagsspanne**. Abschlags- und Aufschlagsspanne hängen formal wie folgt zusammen:

Abschlagsspanne (in %) = (Aufschlagsspanne x 100) : (100 + Aufschlagsspanne)

Aufschlagsspanne (in %) = (Abschlagsspanne x 100) : (100 ./. Abschlagsspanne)

Die absolute Handelsspanne wird auch als **Rohertrag** oder Deckungsbeitrag (DB) – oftmals auch DBI – bezeichnet. Durch die Berücksichtigung der Einstandskosten können mithilfe der Handelsspanne Aussagen über die Ertragskraft des Gesamtsortiments oder einzelner Warengruppen gemacht werden. Allerdings gilt es zu bedenken, dass die Interpretation der Handelsspanne immer dann Schwierigkeiten bereitet, wenn die in der Handelspraxis weit verbreitete **Mischkalkulation** praktiziert wird. Auch die Erfassung der variablen Kosten (z.B. Lagerhaltung, Transport, beanspruchtes Personal) wird vernachlässigt.

Die **Umschlagshäufigkeit** oder auch Lagerumschlagsgeschwindigkeit (Waren- bzw. Lagerumschlag) gibt an, wie oft eine Ware in einem bestimmten Zeitraum umgeschlagen („gedreht") wurde. Sie errechnet sich durch Division des Wareneinsatzes durch den durchschnittlichen Warenbestand. Man ermittelt diese Kennzahl wie folgt:

Umschlagshäufigkeit = Wareneinsatz : Ø Warenbestand

	Warenanfangsbestand
+	*Warenzugang*
./.	*Skonti*
./.	*Boni*
+	*Warenbezugskosten*
./.	*Warenendbestand*
=	*Wareneinsatz*

Ø Warenbestand = (Anfangsbestand + Endbestand) : 2

Je schneller sich ein Sortiment oder ein Sortimentsbereich umschlägt, desto geringer ist der Warenbestand, der finanziert werden muss und Verkaufs- oder Lagerfläche in Anspruch nimmt (Oehme 2001b, S. 1566). Wer also bei einem Lagerumschlag von zwölfmal im Jahre erst nach 30 Tagen (Ziel) bezahlen muss, hat – rein rechnerisch – gar kein Geld in seinem Warenbestand gebunden. Dieser Umstand erklärt auch die gute Liquidität sowie Expansionskraft von Unternehmen mit hohen Umschlagshäufigkeiten.

Die **Bruttorentabilität** (Bruttonutzenziffer) wird im Sortimentscontrolling gerne als Spitzenkennzahl eingesetzt, da sie anzeigt, wie das durchschnittlich im Warenlager eingesetzte Kapital „verzinst" wurde. Sie errechnet sich durch Multiplikation der bereits angeführten Kennzahlen Aufschlagspanne (in Prozent) mal Umschlagshäufigkeit.

$$\textit{Bruttorentabilität} = \textit{Aufschlagsspanne (in \%)} \times \textit{Umschlagshäufigkeit}$$

$$\textit{oder Bruttorentabilität} = \frac{\textit{Rohertrag}}{\textit{Ø Warenbestand}} \times 100$$

Bei einer Aufschlagsspanne von bspw. 40 % und einer Umschlagshäufigkeit von 5 beträgt der Bruttonutzen folglich 200. Das bedeutet, dass für 100 EUR im Warenlager gebundenes Kapital pro Jahr 200 EUR Rohertrag erwirtschaftet wurden (vgl. Theis 2007, S. 372f.).

Bei der **Fehl- und Nichtverkaufsanalyse** wird erhoben, welche Umsatzverluste dadurch entstehen, dass Artikel zum Zeitpunkt der Nachfrage durch den Kunden nicht vorhanden sind. Wenn diese Waren normalerweise im Sortiment des Handelsbetriebes enthalten sind, aber z.B. infolge verspäteter Anlieferung oder Regalbeschickung nicht verfügbar sind (**Out-of-Stock**), spricht man von einem Fehlverkauf; wenn diese Artikel gar nicht gelistet sind, liegt ein Nichtverkauf vor (Falk/Wolf 1992, S. 343).

Direkte Produktrentabilität

Mithilfe der **Direkten Produktrentabilität (DPR** – auch **Direkte Produktprofitabilität (DPP)** genannt – soll der Gewinnbeitrag jedes einzelnen Artikels ermittelt werden. Berechnet wird die DPR als (absolute) Handelsspanne eines Artikels zuzüglich sämtlicher Rabatte und Werbekostenzuschüsse, abzüglich der Direkten Produktkosten (DPK), die im Zentrallager und/oder im Einzelhandelsgeschäft entstehen. Insofern handelt es sich um eine artikelbezogene Deckungsbeitragsrechnung.

Nettoverkaufspreis	
./.	*Netto-Einkaufspreis*
+	*sonstige Vergütungen (z.B. Werbekostenzuschüsse, Rabatte)*
./.	*Direkte Produktkosten (DPK) (im Zentrallager (Disposition, Warenannahme, Kommissionieren, Warenausgang, Transport u.Ä.), Einzelhandelsgeschäft (Disposition, Warenannahme, Ein-/Auslagern, Auspacken, Auszeichnen, Einräumen, Kassieren, Raum/Einrichtung))*
=	*Direkte Produktrentabilität*

Ziel ist es, i.S. einer Kostenträgerrechnung einen möglichst großen Teil der Gemeinkosten auf den jeweiligen Artikel verursachungsgerecht umzulegen. Kritik wird allerdings daran geübt, dass es nicht sinnvoll ist, fixe Gemeinkosten zuzurechnen (Müller-Hagedorn 1998, S. 427). Darüber hinaus ist die artikelspezifische Zuordnung der Kosten nur bis zu einem gewissen Grad möglich und verursacht insbesondere bei umfangreichen Sortimenten einen beträchtlichen Erhebungsaufwand. Es stellt sich daher die Frage, ob es nicht eher den sortimentspolitischen Zielen eines Handelsunternehmens entspricht, dass Warengruppen und Sortimentsteile und nicht einzelne Artikel optimiert werden (Jauschowetz 1995, S. 105). In praktischen Anwendungen zeigte es sich jedoch immer wieder, dass die DPR oft sehr wenig mit der Handelsspanne eines Artikels korreliert. So können z.B. Produkte mit hoher Handelsspanne und hoher Umschlagshäufigkeit auch hohe Logistikkosten verursachen, sodass diese Produkte u.U. eine niedrigere DPR aufweisen als Artikel mit geringerem Lagerumschlag.

Space-Management

Eine hohe Bedeutung kommt dem artikelbezogenen Deckungsbeitrag bzw. der DPR im Rahmen des Space-Managements zu. Man versteht darunter eine meist computergestützte Form der **Regaloptimierung**, deren Ziel es ist, die einzelnen Artikel bzw. Warengruppen so in den Regalen zu platzieren, dass ein möglichst hoher Umsatz bzw. Deckungsbeitrag erreicht wird. Regaloptimierungsprogramme bzw. Space-Management-Programme (z.B. Spaceman, Apollo) zielen in erster Linie auf eine Verbesserung der Flächen- bzw. Raumerträge ab, indem sie u.a. versuchen, die Lagerhaltungskosten und Fehlverkäufe zu reduzieren sowie die Abverkäufe und die Sortimentsgestaltung zu verbessern. Für die Durchführung der Optimierung benötigen Space-Management-Programme u.a. folgende Daten (Zentes 2001b, S. 1473):

- Zeit zwischen Nachbestellung und Wareneingang
- Höhe und Verlauf (Schwankung) der Kundennachfrage
- Verpackungseinheiten und Mindestbestellmengen
- verfügbare Regalfläche
- Verpackungsart, Größe, Stapelhöhe
- Handling-, Lager-, Flächen- und Energiekosten (i.S. des DPR-Konzeptes)
- Verkaufs- und Einstandspreise
- Auswirkungen der verkaufsflächeninternen Standorte auf den Absatz (Verkaufsflächen- und Regalwertigkeiten).

Auf der Basis dieser Daten können u.a. simuliert werden,

- welche Artikel das Ergebnis verbessern können,
- wie viel Platz welchen Artikeln eingeräumt werden soll (z.B. die Zahl an Frontstücken (**Facings**),
- welche Regalordnung sich am besten eignet,
- welche Auswirkungen eine Vergrößerung der Verkaufsfläche hätte.

Die Ergebnisse der Simulationen können nicht nur tabellarisch, sondern auch in Form von Regalbelegungsplänen dargestellt werden (siehe Abbildung 6.28).[1]

Abbildung 6.28: Regaloptimierung mit Spaceman

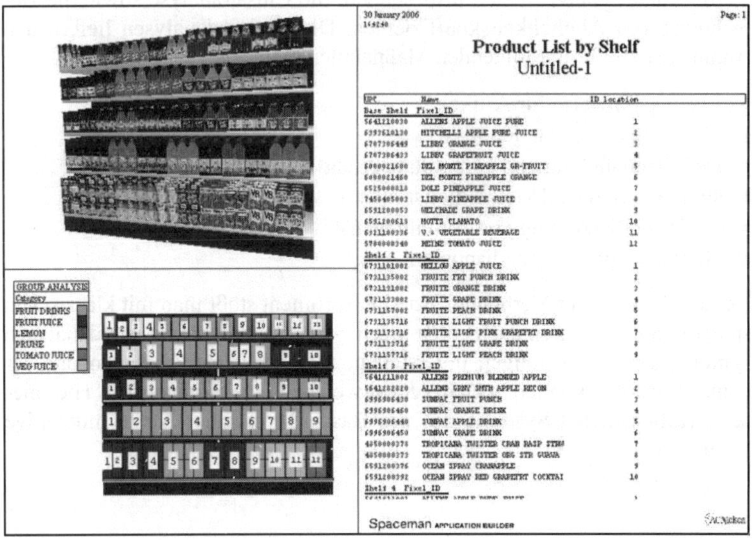

Quelle: A.C. Nielsen 2006.

[1] Vgl. zu den Grenzen der Regaloptimierung auch Günther/Mattmüller 1993.

Zum Space-Management i.w.S. zählt auch die qualitative sowie quantitative Flächen- bzw. Raumzuteilung (**Space-Utilization**). Dabei geht es um die Anordnung der einzelnen Warengruppen innerhalb des Verkaufsraums (Warenplatzierung) sowie um die Flächenallokation (in qm).

Analyse der Verbundeffekte im Sortiment

In jedem Sortiment existieren **Ausstrahlungseffekte** zwischen einzelnen Artikeln oder Warengruppen. Diese sog. Verbundeffekte können den Erfolg eines Sortiments sowohl in positiver als auch in negativer Hinsicht erheblich beeinflussen, je nachdem, ob Artikel sich gegenseitig umsatzmäßig fördern oder substituieren. Die Analyse dieser Verbundeffekte im Sortiment wirkt sich unmittelbar auf die Gestaltung der Sortimentsbreite und -tiefe aus (Tietz 1993b, S. 332).

Für die Messung bzw. die Analyse der Verbundeffekte[1] im Sortiment wird insbesondere der **Kaufverbund** herangezogen. Dabei bedient man sich entweder einer Kundenbefragung oder verschiedener Verfahren zur Analyse der Kassenbons. Um der Frage nachzugehen, welche Artikel ein Verbraucher gemeinsam einkauft, bedarf es einer detaillierten **Warenkorbanalyse** mithilfe von Scanner-Datenkassen. Vorrangig geht es dabei um die Ermittlung der sog. Verbundintensitäten, mit deren Hilfe die Stärke der Verbundbeziehungen zwischen einzelnen Sortimentsteilen dargestellt wird. Für die Verbundanalyse eignen sich insbesondere die Clusteranalyse sowie die Berechnung von Ähnlichkeitskoeffizienten. Die Verbundanalysen liefern u.a. Anhaltspunkte für die folgenden Maßnahmen (Michels 1995, S. 38):

- Listungshinweise für Artikel
- effiziente Zweitplatzierung
- Bedarfsbündelung und Effektplatzierung
- sinnvolle Auswahl von Aktionsartikeln
- effektive Platzierung von Abteilungen
- Hinweise für Gruppendispositionen.

Bei der Analyse der Verbundeffekte im Sortiment stößt man mit klassischen statistischen Verfahren auch an Grenzen. So muss man bei Verbundanalysen symmetrische Beziehungen unterstellen, weshalb keine Aussagen darüber gemacht werden können, welcher Kauf welche Folgekäufe auslöst. Hier bieten **Multi-Agenten-Systeme** auf der Basis Bayes'scher Netze innovative Lösungen.[2]

---

[1] Vgl. zu den Typen von Verbundeffekten die Ausführungen im Vierten Kapitel.

[2] Vgl. hierzu auch die Ausführungen zur Retail Simulation Engine im Fünften Kapitel und die dort angegebene Literatur.

III. Neuere Controllingkonzepte

1. Schwächen traditioneller Controllingkonzepte und Lösungsansätze

Die Bedingungen eines sicheren oder wahrscheinlichen Wandels i.S. einer erkennbaren Zukunft haben lange Zeit ein Controlling nach einem klaren Regelschema ermöglicht. Diese Bedingungen haben sich – wie bereits mehrfach erwähnt – in der Zwischenzeit gewandelt und erfordern demgemäß auch im Controlling entsprechende Veränderungen. Das Controlling muss sich zu einem komplexen Prozess des Lernens und „Entlernens“ entwickeln. Das Management benötigt eine umfassende Sicht auf das Unternehmen und seine Entwicklung, d.h., neben der rückwärtsgerichteten Perspektive des Rechnungswesens müssen auch die Markt- und Kundenperspektive, die interne Prozessperspektive sowie die Lern- und Innovationsperspektive berücksichtigt werden (vgl. Zahn 2003, S. 272).

Vor dem Hintergrund der wachsenden Bedeutung der **Prozessorientierung** wird auch für den Controllingbereich eine entsprechende Neuausrichtung gefordert. Die systemkoppelnde Koordinationsaufgabe des Controlling verlagert sich hierbei in die einzelnen Geschäftsprozesse und der Controller wird direkt in die Gestaltung von Prozessen einbezogen. Daraus ergibt sich im Handelsunternehmen eine wichtige Koordinations- und Unterstützungsfunktion für das Controlling. Die konsequente Orientierung an systemübergreifenden Wertschöpfungsprozessen i.S. einer Verknüpfung von Wertketten, verbunden mit einer verstärkten Kundenfokussierung und einem intensiveren Zeitwettbewerb, führt im Handelscontrolling zu einer Veränderung von Organisation, Aufgaben und Instrumenten.

Die zunehmende Bedeutung **vertikaler Wertschöpfungspartnerschaften** im Rahmen des ECR-Konzeptes bedingt eine Verlagerung der Informationskoordinationsfunktion des Controlling von der einzelbetrieblichen auf eine interorganisationale Ebene, um Effizienzsteigerungspotenziale in der gesamten Wertschöpfungskette zu erschließen. Dabei ist zu beachten, dass sich das Handelscontrolling nicht nur auf den warenwirtschaftlichen Bereich beziehen sollte, sondern als Unterstützungsfunktion auch eine Vielzahl integrativer Aufgaben i.S. einer Systembildung und -kopplung des gesamten Führungssystems zu erfüllen hat. Darüber hinaus ist v.a. im Einzelhandel im immer intensiver werdenden Wettbewerb die Profilierung über Dienstleistungen und Kundenorientierung von großer Bedeutung, wodurch eine Ergänzung quantitativer Daten des Rechnungswesens um eine Vielzahl qualitativer Steuerungsgrößen notwendig wird.

Die prozessorientierte Umgestaltung des Controlling mit eigenverantwortlicher Selbststeuerung und Kunden- bzw. Marktorientierung bedingt eine Restrukturierung der Controllingaufgaben und der Controllingorganisation, eine Neugestaltung des Controllinginstrumentariums sowie die Implementierung der neu gewonnenen Erkenntnisse in einer Umsetzungs- und Lernphase (vgl. Horváth 2003, S. 1116ff.). Das heißt, es muss im Unternehmen darauf geachtet werden, dass sich die Verrechnung der entstandenen Kosten nicht nur danach ausrichtet, wo die Kosten anfallen, sondern auch wofür die Kosten anfallen, z.B. für einen Kundenauftrag.

Die Kritik am institutionalisierten Controlling, das ausschließlich der ergebnisorientierten Steuerung des Unternehmens entspricht, basiert auf den folgenden Punkten (Horváth 2003, S. 1115ff.):

- Hinsichtlich der Aufgaben des Controlling dominiert die Kontrolle der Unternehmensaktivitäten, wobei der Fokus auf die unternehmensinterne Effizienz gerichtet wird.
- Die Einbindung des Controllers in das operative Controlling ist unzureichend, woraus informationelle und organisatorische Schnittstellenprobleme resultieren.
- Das Controlling hat funktionale oder divisionale Strukturen und orientiert sich nicht an der Wertschöpfungskette.
- Das interne Rechnungswesen – als klassisches Instrument des Controllers – kann die Kostenstrukturen nicht adäquat transparent machen und sendet damit falsche Steuerungssignale.
- Die Informationsversorgung durch das Controlling ist langwierig und mangelhaft, wobei auch die Informationstechnologie unzureichend einbezogen wird.

Die Grundprinzipien des **Business-Process-Reengineering** können wichtige Impulse für die Umgestaltung des Controlling und damit zur Überwindung der genannten Schwächen geben. Diese Grundprinzipien der prozessorientierten Aufgabenintegration, der eigenverantwortlichen Selbststeuerung und der Kundenorientierung führen zwangsläufig zu Konsequenzen für das Controlling. Die Erneuerung des Controlling setzt dabei wieder an den drei Ebenen Controllingaufgaben, -organisation und -instrumentarium an.

Controllingaufgaben und -organisation aus neuer Sicht

Ein erster Ansatzpunkt zur Erneuerung des Controlling liegt in der Umgestaltung der Controllingaufgaben und der Controllingorganisation. Es bedarf hier v.a. eines grundlegenden Wandels der Aufgaben der führungsunterstützenden Bereiche. Vier Aufgabenkomplexe sind in diesem Zusammenhang zu lösen (Horváth 2003, S. 1120):

- Neuformulierung der Arbeitsteilung zwischen Controller und Manager, d.h. so viel **Selbstcontrolling** wie möglich und soviel Fremdcontrolling wie nötig.
- Gewichtung zwischen zentralem und dezentralem Controlling zu Gunsten des **dezentralen Controlling**: Alle operativen Steuerungsaufgaben müssen dezentralisiert werden.
- Entwurf eines **prozessorientierten Controlling**, d.h. einen durchgängigen, schnellen und einfachen Controllingprozess schaffen.

- Abkehr vom funktionalen Controlling im alten Stil: Benötigt werden vielmehr Prozesscontroller mit Schwerpunkt in den frühen Phasen der Wertschöpfungskette.

2. Neugestaltung des Controllinginstrumentariums

a) Überblick

Die Neugestaltung des Controllinginstrumentariums kann in vier Schritten vor sich gehen (Horváth 2003, S. 1116ff.):

- prozessorientierte Umgestaltung der Kosten- und Erlösrechnung
- umfassende Einführung des Target Costing mit markt- und kundenorientiertem Rechnungswesen
- Steuerung der Prozesse durch direkte Messgrößen, d.h. Aufbau eines Systems von nichtmonetären Prozessmessgrößen
- stärkere Zukunftsorientierung, Vereinfachung und Beschleunigung des Controllinginstrumentariums.

Als neuere Instrumente können in diesem Zusammenhang

- das Benchmarking- und das Best Practice-Konzept,
- die Prozesskostenrechnung und das Target Costing,
- das Performance-Measurement-Konzept,
- die Balanced Scorecard und
- die wertorientierten Controllingkonzepte

genannt werden. Im Folgenden werden diese Instrumente kurz dargestellt.

b) Benchmarking und Best Practice

> *„Benchmarking ist die Suche nach den besten Praktiken, die zu Spitzenleistungen führen."*
>
> *(Camp 1994, S. 16)*

Beim Benchmarking werden im Gegensatz zum Betriebsvergleich nicht nur Kennziffern verglichen, sondern auch Produkte, Leistungen, Funktionen und Prozesse. Ein weiterer Unterschied besteht in der Branchenzugehörigkeit des Vergleichsunternehmens, da hier meist auch branchenfremde Unternehmen untersucht werden; es ist aber auch möglich, unternehmensinterne Vergleichspartner zu wählen. Im Rahmen des Benchmarking wird systematisch nach den Ursachen des Erfolgs der Vergleichsunternehmen gesucht. Benchmarking beinhaltet neben dem quantitativ orientierten Aspekt des Messens bzw. Vergleichens auch einen Lernaspekt.

Benchmarking-Prozesse laufen meist in folgenden Schritten ab (Camp 1994, S. 21):

- Bestimmung des Untersuchungsobjektes („Was soll untersucht werden?“)
- Identifikation des Vergleichssubjektes („Wer ist der Vergleichspartner bzw. das Vergleichsunternehmen?“)
- Festlegung der Informationsquellen und Start der Datensammlung
- Bestimmung der Leistungslücke und Analyse der Ursachen der Leistungslücke
- Kommunikation der Ergebnisse der Benchmarking-Studie und Entwicklung von Zielen und Strategien
- Entwicklung von Aktionsplänen und Implementierung
- Fortschrittskontrolle und Durchführung von Anpassungen (evtl. Wiederholung des Benchmarking).

Der Begriff Best Practice steht in enger Verbindung mit dem Konzept des Benchmarking. Best Practices sind **Bestlösungen**, vorbildliche Vorgehensweisen oder effiziente und kostensenkende Methoden und Praktiken, die Unternehmen im Rahmen ihrer Geschäftstätigkeit entwickelt haben. Eine weitere Möglichkeit stellen die Meinungen von Kunden, Beratern oder von Experten dar.[1]

c) Prozesskostenrechnung und Target Costing

Die Prozesskostenrechnung hat die Aufgabe, den Erfolgsbeitrag einzelner Kostenträger zu bestimmen, wobei wie in der herkömmlichen Vollkostenrechnung die Inanspruchnahme der einzelnen Kostenstellen betrachtet wird. Allerdings ist im Rahmen der Prozesskostenrechnung zu beachten, dass die Leistungserstellung die Abwicklung von Prozessen erfordert, die sich über **mehrere Kostenstellen** erstrecken können. Die Inanspruchnahme der einzelnen Kostenstellen soll verursachungsgerecht verrechnet werden.

Die Prozesskostenrechnung baut somit auf der Idee auf, auch die im Gemeinkostenbereich erbrachten Leistungen als Basis für die Zuordnung von Kosten zu verwenden. Jedem Teilprozess bzw. jeder Aktivität werden die von ihm bzw. ihr verursachten Kosten zugeordnet. Für die unterschiedlichen Prozessarten sind dann die jeweiligen **Kostentreiber** zu ermitteln. Das sind jene Faktoren, welche die Prozessinanspruchnahme der entsprechenden Leistungen bestimmen. Für diese Kostentreiber werden die entsprechenden Mengenausprägungen ermittelt. In einem weiteren Schritt werden die Kosten pro Prozessmengeneinheit erfasst. Diese werden dann schließlich den Produkten im Rahmen der Kostenträgerrechnung zugeordnet (Weber/ Schäffer 2000, S. 192ff.).

---

[1] So werden z.B. jedes Jahr Unternehmen, die besondere Leistungen im Marketing erbringen, von einer Kommission mit dem Europaen Quality Award (seit 2006 EFQM Excellence Award) ausgezeichnet. Diese Institution ist neben z.B. dem Australian Quality Award, NASA Quality and Excellence Award usw. nur eine von vielen, die versuchen, Best Practices zu finden und zu prämieren; vgl. hierzu Zairi 1996, S. 83ff.

Als Vorteile der Prozesskostenrechnung sind zunächst zwei Punkte zu nennen (Weber/Schäffer 2000, S. 196):

- Fehlentwicklungen im Produktmix werden sicht- und damit steuerbar.
- Kostenrechnerisch vernachlässigte Funktionen werden transparent und damit Objekt von Verbesserungen.

Darüber hinaus soll die Prozesskostenrechnung auch Hinweise für die Gestaltung betrieblicher Prozesse liefern (Müller-Hagedorn 1998, S. 615). Es geht hier z.B. um das Vermeiden von unnötigen Prozessschleifen, um die Verringerung der gesamten Prozesszeit oder um die Neustrukturierung des Geschäftssystems. Die Prozesskostenrechnung ist ein wichtiges Instrument, um Organisationsveränderungen in Unternehmen von einer funktions- zu einer prozessorientierten Form zu unterstützen.

Target Costing ist ein Instrument, das den Fokus auf die Gestaltung der Preise richtet. Im Unterschied zur traditionellen Kostenrechnung hilft das Target Costing bei der Entwicklung von neuen wettbewerbsfähigen Produkten, indem es die Markt- und Kundenanforderungen systematisch in die Produktentstehung einbezieht. Der Controller hat hier v.a. die Aufgabe, als Moderator dafür zu sorgen, dass die Kommunikation zwischen der Markt- und der Entwicklungsabteilung aufrechterhalten bleibt. Empirisch kann belegt werden, dass Produktentwickler oftmals nur mangelnde Kenntnis über Kundenwünsche haben und daher eher nach eigenen Vorstellungen vorgehen (Weber/Schäffer 2000, S. 159ff.). Target Costing kann deshalb auch als Hilfsmittel zur systematischen Kommunikation zwischen Marketing und Entwicklung sowie zur Überwindung von Barrieren zwischen diesen Bereichen verstanden werden.

d) Balanced Scorecard

Die Unternehmensführung hat u.a. die Aufgabe, betriebliche Prozesse an vorgegebenen, übergeordneten Zielen auszurichten. Als wesentliches Problem erweist sich dabei v.a. die Messbarmachung der Ziele und damit der Zielerreichung des Unternehmens. Denn häufig gelingt es der Unternehmensführung nicht, ihre Vision und Strategie zu konkretisieren, im Unternehmen zu vermitteln und damit anwendbar zu machen (Mensch 1998, S. 761).

Die Balanced Scorecard (BSC) ist ein Konzept zur Aufstellung von Unternehmenszielen sowie ihrer Operationalisierung in Form von Strategien und konkreten Kennzahlen. Gleichfalls wird die Entstehung des finanziellen Ergebnisses auf Grund der Ergänzung der finanziellen Größen um erklärende Leistungsgrößen nachvollziehbar:

> *Im engeren Sinne beschreibt die Balanced Scorecard (BSC) ein spezifisches, vierdimensionales Kennzahlensystem zur Unternehmenssteuerung, das sowohl finanzielle als auch nicht-finanzielle Kenngrößen enthält (Kaplan/Norton 1997, S. 23f.).*

Die BSC ist somit ein Instrument zur differenzierten Erfassung bzw. Messung der Zielerreichung. Es sind dabei mehrere Managementaspekte zu beachten, die in ausgewogener Form einzubeziehen sind. Dazu gehören insbesondere (Mensch 1998, S. 762; vgl. auch Töpfer 2000):

- verschiedene Ziele
- strategische und operative Aspekte
- monetäre und nicht-monetäre Kennzahlen
- verschiedene Erfolgsfaktoren
- unternehmensexterne und -interne Performance-Perspektiven,
- alle Funktionsbereiche.

Durch die Berücksichtigung dieser Faktoren soll vermieden werden, dass sich die Unternehmensführung nur auf bestimmte Bereiche konzentriert. Damit wird ein Ausgleich im Hinblick auf die Gesamtzielsetzung geschaffen. Das Basismerkmal der BSC ist, dass hier sowohl Ziele und Strategien als auch konkretes Vorgehen auf operativer Ebene betrachtet und in Form von Kennzahlen erfasst werden. Diese Kennzahlen dienen als Steuerungsgrößen, anhand derer Prozesse in Richtung der gesetzten Unternehmensziele gelenkt werden können.

Das Konzept der BSC berücksichtigt auch die Interdependenzen zwischen diesen Kennzahlen, d.h., die BSC ist ein Instrument der Unternehmensführung, das vergangenheitsbezogene Finanzkennzahlen mit zukunftsorientierten Leistungsperspektiven verbindet und diese miteinander vernetzt. Konkret werden vier Perspektiven berücksichtigt:

- finanzielle Perspektive
- Kundenperspektive
- interne Prozessperspektive
- Lernperspektive.

Damit werden sowohl die Innen- als auch die Außenperspektive erfasst und analysiert (Wickel-Kirsch 1999, S. 70). Die BSC kann deshalb im Gegensatz zum klassischen betrieblichen Rechnungswesen als Ansatz eines ausgewogenen Kennzahlensystems bezeichnet werden.

Die **finanzielle Perspektive** knüpft an den etablierten, finanziell ausgerichteten Kennzahlensystemen an. In Abhängigkeit von der Grundausrichtung des Controlling dominieren entweder rentabilitäts- oder wertorientierte Größen. Beispiele dafür sind der Return on Investment oder der Cashflow (Harengel/Hess 1999, S. 240). Die **Kundenperspektive** reflektiert die strategischen Ziele des Unternehmens in Bezug auf die Kunden- und Marktsegmente. Im Fokus stehen die Kundenzufriedenheit und die Rentabilität des Kunden. Typische Kennzahlen dieser Perspektive sind die Zufriedenheit mit der Beratungsleistung, die Veränderung von Marktanteilen oder auch der Anteil neuer Kunden am Kundenbestand. Die Aufgabe der **internen Prozessperspektive** ist es, diejenigen Prozesse abzubilden, die für die Realisation der finanziellen und kundenbezogenen Ziele von Bedeutung sind. Die interne Prozessperspektive konzentriert sich dabei auf die Effektivität und Effizienz der Geschäftsprozesse. Für die einzelnen Prozesse sind Kennzahlen zu ermitteln, v.a. in Hinblick auf Kosten, Qualität und Geschwindigkeit. Die **Lern- und Entwicklungsperspektive** hat für das Human-Resource-Management eine herausragende Bedeutung. Es geht hier v.a. um die Qualifizierung der Mitarbeiter, die Leistungsfähigkeit des Informationssystems sowie um die Motivation und Zielausrichtung der Mitarbeiter. Angestrebt wird eine sich kontinuierlich weiterentwickelnde und damit **lernende Organisation**. Darüber hinaus wird davon ausgegangen, dass die Zufriedenheit der Mitarbeiter einen positiven Einfluss auf den Unternehmenserfolg hat. Typische Kennzahlen für diesen Bereich sind die Weiterbildungstage pro Jahr oder die Mitarbeiterfluktuation (Harengel/Hess 1999, S. 240).

Abbildung 6.29: Das Konzept der Balanced Scorecard

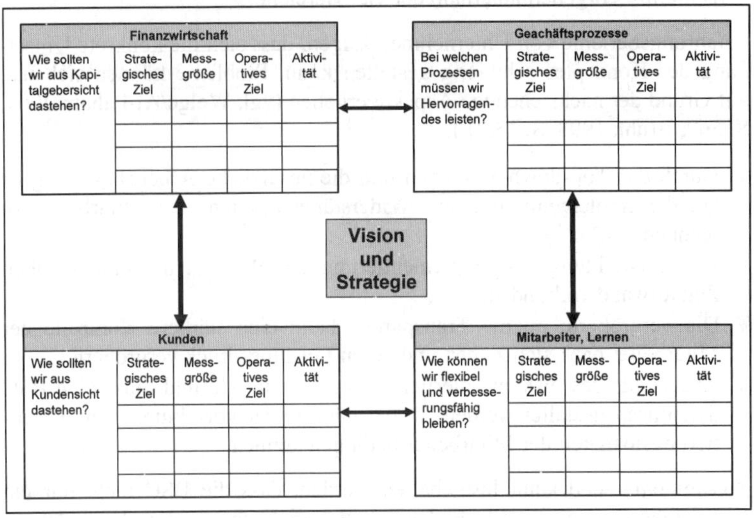

Quelle: Kaplan/Norton 1997, S. 9.

Die BSC kann somit z.B. in zweierlei Hinsicht auf den Personalbereich übertragen und angewendet werden: Zum einen kann sie als Instrument des quantitativen Personalcontrolling verwendet werden, zum anderen als Instrument im Rahmen der Zielvereinbarungen (siehe Abbildung 6.29).

Gegen das Konzept der BSC können jedoch auch Einwände angeführt werden. Die wesentlichen Kritikpunkte beziehen sich auf folgende Mängel (vgl. Welge/Al-Laham 2003 S. 568f.; Bruhn 1998, S. 158ff.):

- Durch die dominante Fokussierung auf Kennzahlen wird die Steuerungsfunktion wiederum auf das „klassische" Controlling reduziert, wobei für sog. weiche Erfolgsfaktoren, wie bspw. für die Mitarbeiterführung oder die Lernbereitschaft, kaum geeignete Kennzahlen mit Aussagekraft vorliegen. Darüber hinaus ist auch die Messung dieser Konstrukte problembehaftet.

- Das Konzept ist vergangenheitsorientiert, da die Wirksamkeit künftiger strategischer Maßnahmen mittels Kennzahlen bewertet wird, die Vergangenheitsdaten darstellen.
- Die Forderung, die Kennzahlen unternehmensweit zu vereinheitlichen, widerspricht häufig der Unternehmenspraxis – zumal die Methodik ihrer Berechnung in den Geschäftseinheiten häufig variiert und die Vergleichbarkeit der Kennzahlen somit in Frage zu stellen ist.
- Unrealistische Zielvorgaben, die aus einem Wunschdenken des Top-Managements resultieren, können Fehlentwicklungen nach sich ziehen.
- Es gibt keine konzeptionelle Begründung dafür, dass die vier Perspektiven „ausgewogen" zum Einsatz kommen müssen bzw. nicht weitere Bereiche einbezogen werden sollen.
- Die BSC garantiert kein vernetztes Denken, sondern fördert vielmehr ein isoliertes Vorgehen innerhalb der vier Bereiche.

Erfahrungsberichte von Unternehmen zeigen, dass sich die konkrete Umsetzung des Konzeptes schwierig gestalten kann. Probleme können sich u.a. auf Grund der nachstehenden Aspekte ergeben (vgl. Welge/Al-Laham 2003, S. 569; Bruhn 1998, S. 158ff.):

- Durch das Top-down-Vorgehen und die zusätzliche Arbeitsbelastung ist bei der Implementierung mit Widerständen seitens der Mitarbeiter zu rechnen.
- Die Entwicklung und Implementierung der BSC ist mit einem hohen Zeitaufwand verbunden.
- Die vergrößerte interne Transparenz kann eine stärkere Kontrolle der Mitarbeiter nach sich ziehen und deren Leistungsdruck vergrößern.
- Angesichts des diskontinuierlichen Wandels im Umfeld muss eine BSC dynamisch gestaltet werden, wobei häufige Zielkorrekturen eine Orientierungslosigkeit der Mitarbeiter bedingen können.

Zusammenfassend kann festgehalten werden, dass die BSC nicht nur ein Kennzahlensystem darstellt. Es handelt sich vielmehr um eine Veränderung des Managements bezüglich der Art, wie sich das Unternehmen selbst wahrnimmt. Die BSC ist ein Gestaltungselement des Managementsystems, da nicht nur Kennzahlen dargestellt werden, sondern auch die Prozesse ihrer Erstellung und Verwendung. Die BSC beinhaltet einen Prozess der Operationalisierung der Unternehmensziele und Visionen in Form eines Kennzahlensystems und schafft als Basis des Managementprozesses ein gemeinsames Verständnis für die Unternehmensziele. Voraussetzung für eine erfolgreiche Implementierung des Konzepts sind geeignete Organisationsstrukturen und Informationssysteme sowie eine unternehmensspezifische Anpassung bzw. Erweiterung.

e) Performance-Measurement

Konzepte des Performance-Measurements existieren in vielfältiger Form. Im weiteren Sinne können alle traditionellen Kennzahlensysteme, so auch das bekannte **DuPont-Kennzahlensystem**, das auf dem Return on Investment (ROI) basiert, die Prozesskostenrechnung bzw. das **Activity-Based-Costing**, aber auch Benchmarking und die Balanced Scorecard als Konzepte der **Performance-Messung** betrachtet werden (Morschett 2004).

Die meisten dieser Konzepte weisen jedoch Schwächen oder Defizite auf, so (Morschett 2004, S. 79ff.):[1]

- einseitige Fokussierung auf Finanzkennzahlen
- fehlender Strategie- und Kundenbezug der gemessenen Leistungsgrößen
- fehlende prozess- und wertkettenübergreifende Sicht
- zu viele und inkompatible Maßzahlen.

Diese Überlegungen führen zur Zweckmäßigkeit bzw. Notwendigkeit eines Performance-Measurement-Systems (PMS), das in umfassender Form dem folgenden Katalog an Anforderungen gerecht wird (Morschett 2004, S. 84f.):

- PMS bedürfen zur Erfüllung des Informationsauftrages einer unternehmensspezifischen Anpassung mit einer engeren Anlehnung an die strategische Ausrichtung des Handelsunternehmens.
- Performance-Indikatoren sollten prozessorientiert abgeleitet werden und sich weniger auf einzelne Unternehmensfunktionen als vielmehr auf – oft quer dazu verlaufende – Unternehmensprozesse fokussieren, wie dies immer häufiger auch im klassischen Rechnungswesen der Fall ist. Beim Handel sollten hierbei die Kernprozesse (Supply-Chain-Management, Category-Management, Customer-Relationship-Management) im Fokus der Betrachtung stehen.
- Das Unternehmensgeschehen sollte von einem PMS möglichst ganzheitlich abgebildet werden. Hierzu ist eine ausgewogene Berücksichtigung mitunter auch divergierender Elemente, Interessen und Ansprüche (**Stakeholder-Ansatz**) erforderlich.
- PMS sollten auf die zentralen Werttreiber und den strategischen Informationsbedarf des Unternehmens ausgerichtet sein. Sie sollten auf sehr wenige Indikatoren beschränkt bleiben, um eine ausreichende Transparenz zu gewährleisten. Kaplan/Norton (1993, S. 135) sprechen von maximal 15 bis 20 Indikatoren. Schärfer verlangen Simons/Dávila (1998, S. 77), dass die Anzahl der kritischen Kennzahlen so beschränkt werden soll, dass Manager diese im „Kopf behalten können", und schlagen maximal sieben vor.

---

[1] Ein Teil der aufgezeigten Kritikpunkte trifft – wie vorne dargestellt – nicht auf das Konzept der Balanced Scorecard zu.

- Ein PMS sollte verschiedene Arten von Bewertungsobjekten und Dimensionen der Bewertung (z.B. Kosten sowie Leistungen) abdecken können. Die ausgewählten Indikatoren sollen nach Klingebiel (2000, S. 35) auf die Dimensionen Kosten, Zeit und Qualität ausgerichtet werden. Genereller kann man fordern, dass sowohl die Effektivität als auch die Effizienz der Prozesse betrachtet werden sollte.
- In einem modernen Steuerungskonzept kann die Verknüpfung der Indikatoren untereinander (und ggf. über mehrere Kennzahlenebenen) als wesentliches Charakterisierungsmerkmal angesehen werden. Grundsätzlich sind kausale Verknüpfungen der einzelnen Indikatoren hierbei zu bevorzugen, da sie i.d.R. eine schnelle Ursachenanalyse bei Abweichungen erlauben.
- PMS zielen auf eine kontinuierliche Verbesserung der Wertschöpfungsprozesse i.S. eines „**Continuous Improvement**" ab. Dazu müssen sie durch die Struktur der Leistungsindikatoren die Ableitung von Maßnahmen zur Verbesserung der aktuellen Leistungssituation ermöglichen.
- Die konkrete Ausgestaltung eines PMS ist von der gewählten Organisationsform im Unternehmen abhängig. Die Messkonzepte sind dabei wesentlicher Bestandteil einer abgestimmten und in sich konsistenten Informationsversorgung der verschiedenen organisatorischen Einheiten und Ebenen des Unternehmens.
- Performance-Indikatoren sollten gut kommunizierbar sein und die Indikatoren sollten mit den entsprechenden Anreizsystemen im Unternehmen in konsistenter Verbindung stehen und damit die Motivation der Mitarbeiter zur Verbesserung der entsprechenden Performance beinhalten.

Retail-Performance-Measurement

Das Grundmodell eines hierarchisch-kausalen Performance-Measurement-Konzepts ist in Abbildung 6.30 dargestellt. Auf der obersten Ebene stehen dabei **Key-Performance-Indikatoren** (KPI), die einen hohen Einfluss auf den Unternehmenserfolg ausüben („critical success factors"), die wiederum von „untergeordneten Einflussgrößen" beeinflusst werden (Baumgartner 2002; Grüning 2002).

Diese Grundüberlegungen liegen dem Retail-Performance-Measurement-Konzept (RPM) zu Grunde (Biesiada/Neidhart 2004).[1] Die Performance der handelsbetrieblichen Prozesse wird im Rahmen des RPM-Konzepts nicht anhand von klassischen Kosten- oder Finanzgrößen gemessen, sondern anhand von drei **Performance-Dimensionen**, die eine kausale Beziehung zu dem Unternehmenserfolg aufweisen. Bei den Performance-Dimensionen, die als Zielgrößen des Prozessmanagements zu verstehen sind, handelt es sich um die Dimensionen

---

[1] Hier wird stets von Retail-Performance-Measurement gesprochen; Retail-Performance-Management bezeichnet dagegen ein IT-Tool, das auf diesem Konzept basiert.

- Effizienz
- Qualität
- Kundenzufriedenheit.

Abbildung 6.30: Grundmodell eines hierarchisch-kausalen Performance-Measurement-Konzepts

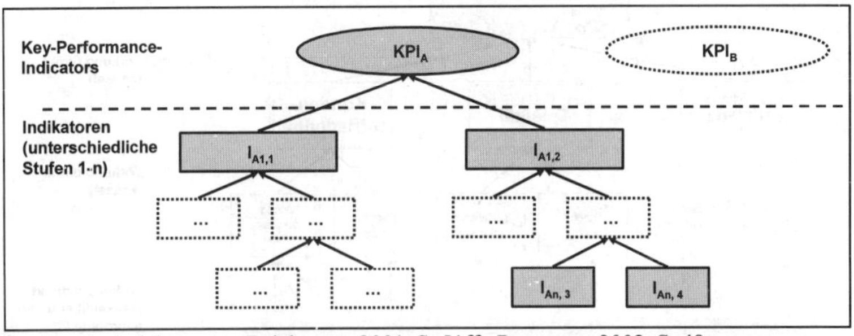

Quelle: in Anlehnung an Reichmann 2001, S. 51ff.; Parmenter 2002, S. 49.

Die **Effizienz-Dimension** misst dabei die Performance der Prozesse eines Handelsunternehmens im Hinblick auf die Optimierung der Relation zwischen Input und Output. So ist Prozesseffizienz gegeben, wenn die Unternehmensziele bzw. ein definierter Prozessoutput mit geringst möglichem Input erreicht wird oder wenn bei gegebenem Input der Prozessoutput maximiert wird. Die **Qualitäts-Dimension** misst hingegen die Performance der handelsbetrieblichen Prozesse im Hinblick auf die Erfüllung eines angestrebten Zielerreichungsgrads bzw. vorgegebener Prozessanforderungen. Die **Dimension der Kundenzufriedenheit** misst die Performance der Prozesse eines Handelsunternehmens im Hinblick auf das Ausmaß der Erfüllung der Kundenerwartungen. Hiermit wird der steigenden Bedeutung der Kundenbedürfnisse für den Unternehmenserfolg im Rahmen des RPM-Konzepts Rechnung getragen. So hebt sich das RPM-Konzept von bestehenden Performance-Measurement-Ansätzen dadurch ab, dass nicht ausschließlich effizienz- und/oder effektivitätsorientierte Leistungskennzahlen betrachtet werden, sondern sich eine hohe Prozess-Performance in allen drei beschriebenen Performance-Dimensionen ausdrückt und damit teilweise widersprüchliche Ziele des Prozessmanagements in einem innovativen Ansatz berücksichtigt werden.

Die Performance-Dimensionen werden innerhalb des RPM-Konzepts durch Key-Performance-Indicators operationalisiert, die selbst über ein mehrstufiges, kausales Beziehungsgeflecht von **Performance-Indicators** (PI) beeinflusst werden. Das RPM-Konzept orientiert sich dabei u.a. an der Methode der „critical success factors“, die auf dem Gedanken basiert, dass in jedem Unternehmen drei bis maximal sechs – den Erfolg maßgeblich bestimmende – Schlüsselfaktoren bzw. Leistungskennzahlen mit einer übergeordneten Bedeutung existieren (Weber 1996, S. 213ff.). Das kausale Beziehungsgeflecht zwischen Unternehmenserfolg, den Key-Performance-Indikatoren und den Performance-Dimensionen ist in Abbildung 6.31 dargestellt.

Abbildung 6.31: Kausales Beziehungsgeflecht zwischen Unternehmenserfolg, Performance-Dimension und KPI

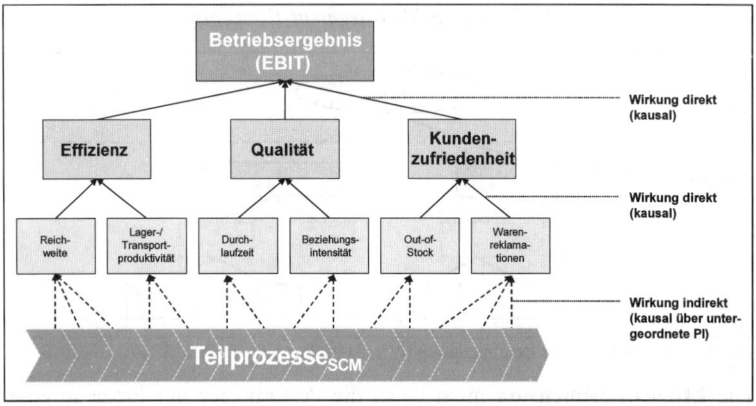

Quelle: Biesiada/Neidhart 2004, S. 101.

In Form von **Performance-Pyramiden** wird das Ursache-Wirkungs- bzw. Kausalbeziehungsgeflecht zwischen den Leistungskennzahlen (KPI und PI) in grafischer Form dargestellt. Dabei sind die Performance-Pyramiden jeweils dreistufig aufgebaut, d.h. mit dem KPI auf der ersten Stufe sowie dem PI auf der zweiten und dritten Stufe (siehe Abbildung 6.32). Beispielhaft zeigt Abbildung 6.33 die Performance-Pyramide des KPI „Out-of-Stock".

Abbildung 6.32: Struktur der Performance-Pyramiden

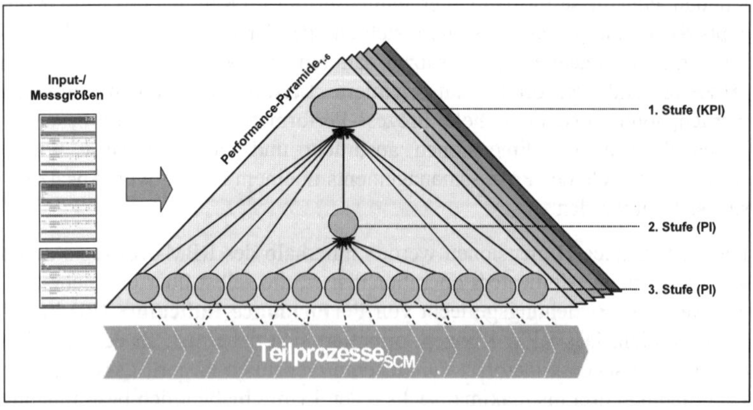

Quelle: Biesiada/Neidhart 2004, S. 104.

Abbildung 6.33: Leistungskennzahlen der Performance-Pyramide des KPI „Out of Stock"

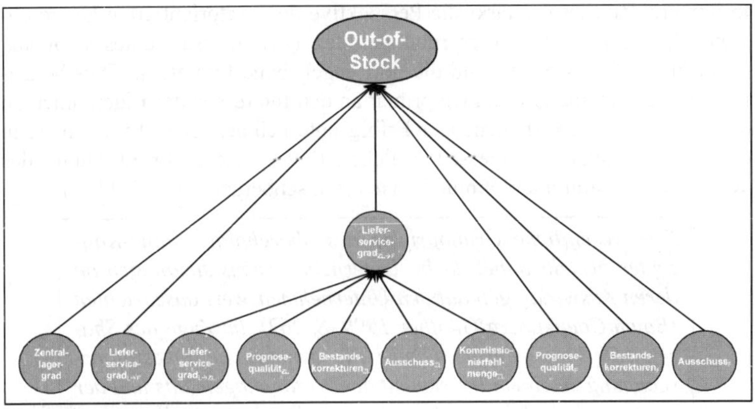

Quelle: Biesiada/Neidhart 2004, S. 105.

Das RPM-System stellt in konzeptioneller Hinsicht eine Mischung aus einem sachlogischen Kennzahlensystem und dem Balanced-Scorecard-Konzept (BSC) dar; es mündet in **Performance-Cards** zur Visualisierung der Performance der Handelsprozesse (siehe Abbildung 6.34).

Abbildung 6.34: Schematische Funktionsweise des RPM-Systems

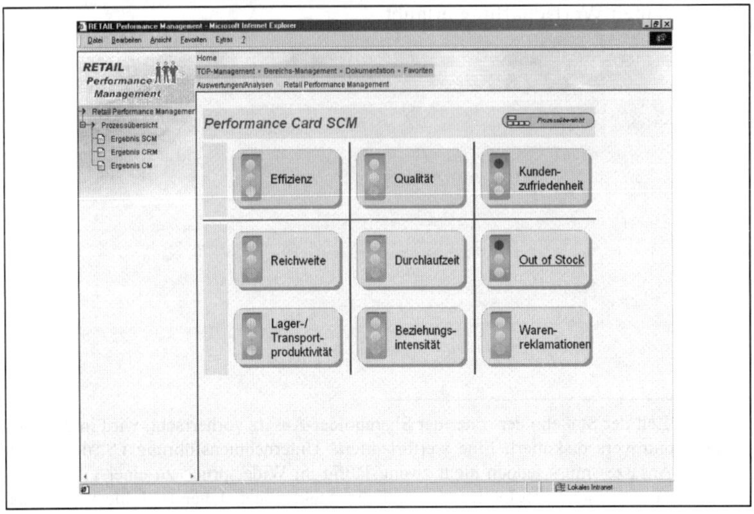

Quelle: in Anlehnung an Biesiada/Neidhart 2004, S. 208.

f) Shareholder-Value-Ansätze zur wertorientierten Unternehmensführung

In jüngerer Zeit ist verstärkt die Perspektive der wertorientierten Unternehmensführung in den Vordergrund getreten (vgl. hierzu Zentes/Swoboda/Morschett 2004, S. 839ff. und die dort angegebene Literatur).[1] Dies bedeutet, die Unternehmensstrategien primär an den Interessen der Eigentümer, so der Aktionäre, auszurichten: Der Erfolg unternehmerischer Tätigkeit ist in erster Linie danach zu messen, welchen Beitrag diese zur Erhöhung des Wertes der Gesamtunternehmung leistet (Pausenberger 2002, S. 1166):

> *Das wesentliche Grundprinzip des Shareholder-Value-Konzeptes besteht dabei darin, Unternehmensentscheidungen an deren Auswirkungen auf den Unternehmenswert auszurichten (Baum/Coenenberg/Günther 1999, S. 262). Im Zuge des Shareholder-Value-Ansatzes wird die dynamische Investitionsrechnung zu einem Instrument des Wertmanagements und der strategischen Überwachung sowie Erfolgsbeurteilung auf Geschäftsfeld- oder Gesamtunternehmensebene ausgebaut (Strauch 2000, S. 187f.).*

Das „Grundmodell" der Shareholder-Value-Ansätze ist in Abbildung 6.35 in Form des **Shareholder-Value-Netzwerkes** nach Rappaport (1999a) dargestellt. Hintergrund dieser Konzepte ist, dass die Veränderung der sog. Übergewinne, also der über die notwendige Verzinsung des eingesetzten Kapitals hinaus gehenden Gewinne, im Periodenvergleich eine sehr gute Abbildung der relevanten Wertschaffung erlaubt.

---

[1] Ob zur Zeit der Stakeholder- oder der Shareholder-Ansatz vorherrscht, wird in der Literatur kontrovers diskutiert. Eine wertorientierte Unternehmensführung i.S. des Shareholder-Ansatzes muss jedoch nicht zwangsläufig im Widerspruch zu einer grundsätzlichen Orientierung an den Interessen sämtlicher Stakeholder stehen (vgl. hierzu die Ausführungen zum Stakeholder-Ansatz im Ersten Kapitel). Beide Ansätze können als komplementär betrachtet werden: Die Erhöhung des Unternehmenswertes ist im Interesse aller Anspruchsgruppen und kann nur über eine an allen Stakeholdern orientierten Unternehmensführung realisiert werden; vgl. hierzu Welge/Al-Laham 2003, S. 178. Haberer (2003, S. 257f., S. 261ff.) sieht einen solchen Interessenausgleich nur auf lange Sicht, betont aber auch, dass eine Orientierung am Shareholder-Value im Interesse der Kunden, Mitarbeiter und Partner ist.

Abbildung 6.35: Shareholder-Value-Netzwerk

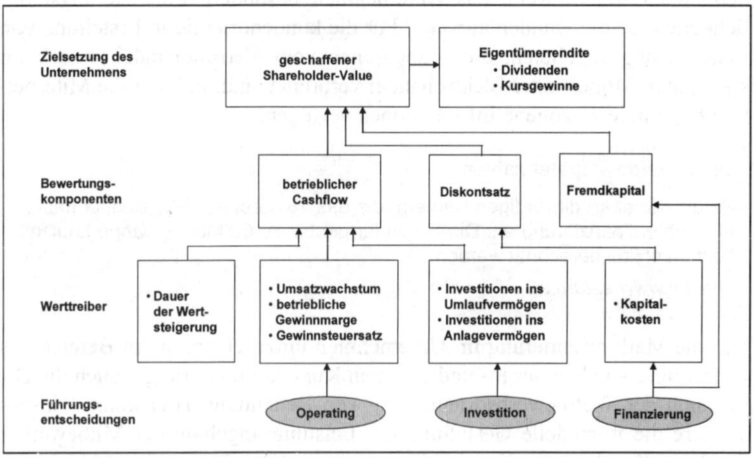

Quelle: Rappaport 1999a, S. 68.

Economic Value Added

Einer der am weitesten verbreiteten Shareholder-Value-Ansätze ist das Economic-Value-Added-Konzept (EVA®).[1] Der Wertbeitrag ergibt sich hier als „net operating profit after taxes“ (NOPAT) abzüglich der Kapitalkosten (vgl. Zentes/Swoboda/Morschett 2004, S. 842 und die dort angegebene Literatur). Der Kapitalkostensatz errechnet sich als gewichteter Durchschnitt aus Eigenkapital- und Fremdkapitalkosten (-zinsen) („weighted average cost of capital“, WACC). Wird das Konzept des EVA auf die Ebene der Geschäftsfelder herunter gebrochen, lässt sich feststellen, welche Geschäftseinheiten Shareholder-Value generiert und welche Unternehmenswert vernichtet haben (vgl. Schierenbeck/Lister 1998, S. 34ff.). Als Anwendungsbeispiel aus dem Handel kann die METRO AG herausgestellt werden.[2]

IV. Marktorientierte Umsetzung des Controlling

Im Rahmen der kundenorientierten Erfüllung der Aufgaben des Controlling ist zwischen interner und externer Kundenorientierung zu unterscheiden (vgl. Homburg/Krohmer 2006, S. 1328 ff.). Einerseits erbringt das Controlling indirekte Kundenleistungen, indem es die Mitarbeiter aus Marketing und Vertrieb frühzeitig mit verständlichen und zielgruppengerechten Informationen versorgt und Instrumente zur Verfügung stellt, die eine effiziente und effektive Marktbearbeitung ermöglichen. Gedacht sei in diesem Zusammenhang bspw. an Kundenportfolios oder ABC-Analysen. Andererseits

[1] Das Konzept des Economic Value Added (EVA®) wurde von der Unternehmensberatung Stern Stewart & Co. entwickelt, die auch eine Schutzmarke auf diese Bezeichnung hat (Stern/Shiely/Ross 2001).

[2] Vgl. hierzu die Fallstudie „METRO“ in Zentes/Morschett/Schramm-Klein 2007.

können die Mitarbeiter des Funktionsbereiches Controlling selbst in Kundenkontakt treten, wenn das Unternehmen besondere Finanzierungsmöglichkeiten für die Kunden anbietet. Für die kundenorientierte Erstellung von Finanzierungsangeboten, die – abgesehen vom Versandhandel – auch im stationären Möbel- oder Elektrohandel verbreitet sind, müssen die Mitarbeiter über kundenbezogene Informationen verfügen.

Jetzt kaufen – später zahlen

Saturn bietet kreditwürdigen Käufern, die das 18. Lebensjahr vollendet haben, eine Ratenfinanzierung an. Die Raten für die bis zu 60 Monate lange Laufzeit, können online berechnet werden.

Quelle: www.saturn.at.

Um die Marktorientierung im Unternehmen umzusetzen, ist im Bereich des Controlling – neben der in- und externen Kundenorientierung – auch die Dimension der Wettbewerbsorientierung von Bedeutung. Hier können insbesondere die finanzielle Gestaltung der Leistungsangebote der Mitbewerber für deren Kunden oder Kennzahlen wie freier Cashflow im Mittelpunkt der Analysen stehen.

E. Auf dem Weg zum fortschrittsfähigen Handelsunternehmen

I. Grundlagen

Dem organisationalen Wandel kommt angesichts des turbulenten Umfeldes, in dem Handelsunternehmen agieren, eine hohe Bedeutung zu. Einerseits führt die hohe Umweltkomplexität und -dynamik dazu, dass viele Handlungsfelder der Unternehmen immer weniger plan- und steuerbar sind, wobei diese Problematik durch das Auseinanderfallen von verfügbarer und benötigter Anpassungszeit verschärft wird (vgl. hierzu die Ausführungen in Abschnitt E.III. des Ersten Kapitels). Andererseits ist die Branchenumwelt eines Handelsunternehmens – wie bereits erwähnt – durch einen raschen Sortimentswechsel, eine Verkürzung der Innovationszyklen und einen Hyperwettbewerb gekennzeichnet. Letzterer bedingt, dass Wettbewerbsvorteile im Hinblick auf die Bestandssicherung des Unternehmens immer wieder neu aufgebaut werden müssen. Vor diesem Hintergrund wird die Fähigkeit, sich fortwährend mit neuen Anforderungen auseinanderzusetzen und diesen durch den Aufbau interner Handlungs- und Problemlösungskompetenz zu begegnen, zu einem kritischen Erfolgsfaktor (vgl. hierzu schon Schreyögg/ Noss 1995, S. 170).

II. Modelle klassischer Organisationsentwicklung

In der betriebswirtschaftlichen Literatur existiert eine Reihe von Konzepten und Modellen, die sich mit der Thematik des organisationalen Wandels auseinandersetzen.[1] Ausgangsbasis zahlreicher Erklärungsmodelle des Organisationsentwicklungsansatzes bildet das **Phasenmodell von Lewin**, der für jede gegebene Situation zwei gegensätzliche Kräfte unterscheidet:

- Kräfte, die auf einen Wandel drängen (driving forces)
- Kräfte, die den Wandel behindern (restraining forces).

Gleichen sich „driving" und „restraining forces" aus, wird kein Wandel initiiert. Überwiegen jedoch die „driving forces" wird ein Veränderungsprozess in Gang gesetzt, der idealtypisch in drei Phasen abläuft (siehe Abbildung 6.36).

Abbildung 6.36: Organisatorisches Änderungsgesetz nach Lewin

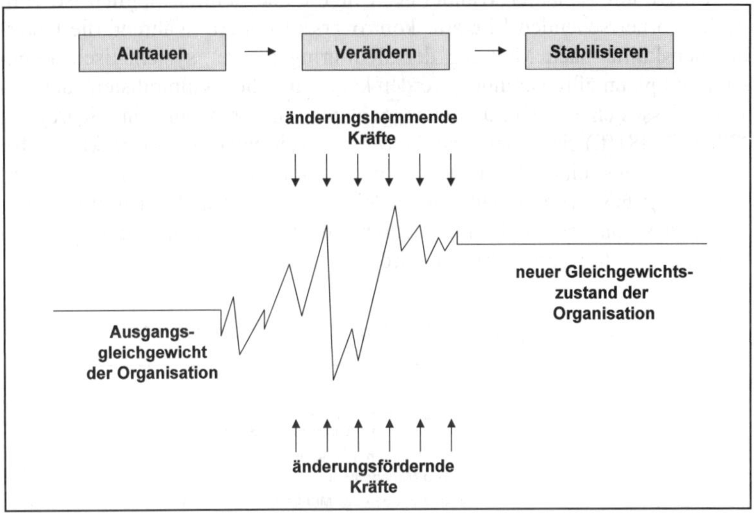

Quelle: in Anlehnung an Schreyögg 2003, S. 507 (basierend auf Lewin 1958, S. 210f.).

Damit ein Unternehmen seinen ursprünglichen Gleichgewichtszustand aufgibt und unter den Mitarbeitern eine Bereitschaft zur Veränderung entsteht, bedarf es einer Auftauphase (sog. „unfreezing"), die sowohl von unternehmensexternen als auch von unternehmensinternen Faktoren angestoßen werden kann. Im Anschluss an die durchgeführten Veränderungen folgt die Phase der Stabilisierung (sog. „freezing")[2]. Hier müssen die neuen Lösungen im Alltagsgeschäft konsequent umgesetzt werden, damit die Mitarbeiter nicht in ihre alten Routinen zurückfallen. Nur so kann das Unternehmen einen neuen Gleichgewichtszustand erreichen.

Auf dem Gedankengut von Lewin basiert eine Reihe **sequenzieller** und **iterativer Konzepte** des geplanten Wandels. Diesen Ansätzen ist gemein, dass

---

[1] Vgl. hierzu bspw. Schreyögg 2003, S. 517ff. oder Staehle 1999, S. 908ff.

[2] Schreyögg (2003, S. 507) verwendet in diesem Zusammenhang sowohl den Begriff des „freezing" als auch jenen des „refreezing" (Schreyögg/Noss 1995, S. 173).

der Wandelprozess als Abfolge mehrerer in sich abgeschlossener Phasen konzipiert ist. Im Rahmen iterativer Konzepte werden darüber hinaus Rückkopplungsmechanismen (sog. Feedback-Schleifen) zwischen den Prozessphasen eingebaut. Diese ermöglichen es einerseits, Korrekturen für die jeweils vorangehende Phase vorzunehmen. Andererseits können etwaige Widerstände gegen die geplante Veränderung durch eine umfassende Information der am Wandel beteiligten Mitarbeiter und eine gemeinsame Diskussion der Ergebnisse abgebaut werden.

Im Sinne der strategischen Organisationsentwicklung bilden Unternehmensstrategie, -struktur und -kultur ein „magisches Dreieck". Diese Dimensionen müssen optimal aufeinander abgestimmt und integriert entwickelt werden, um Synergiepotenziale erschließen zu können (vgl. Benölken/Greipel 1989, S. 16). Ob ein geplanter Wandel der Unternehmenskultur möglich ist, wird in der vorherrschenden Literatur kontrovers diskutiert. Während die Unternehmenskultur nach Meinung der „Kulturingenieure" systematisch aufgebaut und planmäßig verändert werden kann, sind die „Kulturalisten" der Ansicht, dass sich die Kultur einem geplanten Eingriff entzieht. Schreyögg (2003, S. 481ff.) sieht hingegen die Möglichkeit einer „Kurskorrektur", also des Initiierens einer Veränderung der bestehenden Unternehmenskultur. Abbildung 6.37 veranschaulicht die einzelnen Phasen des Kulturmanagements, das von den „Kulturingenieuren" für den geplanten Wandel der Unternehmenskultur vorgeschlagen wird.

Abbildung 6.37: Phasen des Kulturmanagements

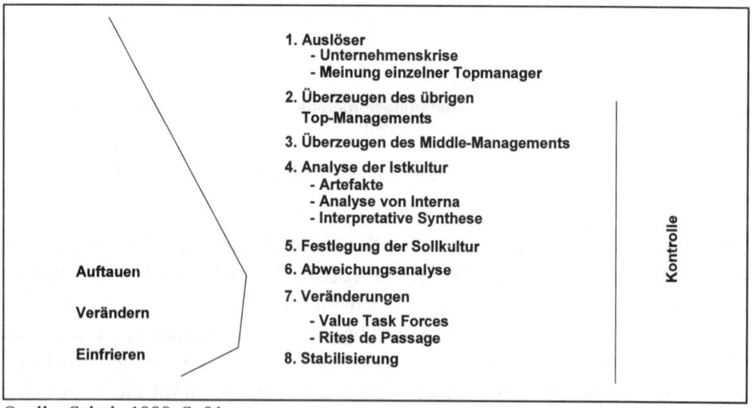

Quelle: Scholz 1988, S. 91.

Gegen den Ansatz der Organisationsentwicklung lassen sich folgende konzeptionelle Kritikpunkte anführen (vgl. Schreyögg 2003, S. 537ff.):

- Organisationaler Wandel wird als störende Episode, als Ausnahme von der Regel begriffen. Angesichts des turbulenten Umfeldes stellt die Veränderung und Entwicklung von Unternehmen jedoch eine permanente Anforderung dar.

- Der Wandel wird als sequenzieller Problemlösungsprozess konzipiert und damit verstetigt und als beherrschbar aufgefasst. Der Ansatz der Organisationsentwicklung kann somit weder revolutionäre, noch spontane und selbstorganisierende Problemlösungen erklären.
- Organisationale Wandelerfordernisse werden als abtrennbare Probleme – vergleichbar mit Projekten – angesehen, die linear abgearbeitet werden können. In der Unternehmenspraxis überlagern sich unterschiedliche Wandelerfordernisse jedoch meist.
- Wandel wird zur Spezialistensache erklärt, indem die Konzipierung und die Steuerung des Veränderungsprozesses externen Beratern obliegt.

Angesichts dieser Schwachpunkte erlangt das Konzept des organisationalen Lernens zunehmende Bedeutung. Dieses stellt einen alternativen Ansatz dar, um den Prozess des Wandels zu erklären und dessen Bedeutung im Hinblick auf die Fortschrittsfähigkeit eines Handelsunternehmens aufzuzeigen.

III. Das Konzept des organisationalen Lernens

1. Bedeutung der lernenden Organisation für die Fortschrittsfähigkeit von Handelsunternehmen

Im Gegensatz zum Organisationsentwicklungsansatz wird der Wandel im Konzept des organisationalen Lernens als Normalfall und als integraler Systembestandteil angesehen. Darüber hinaus wird die Annahme der direkten Steuerbarkeit des Wandelprozesses aufgegeben. Dem Management kommt – i.S. der Systemtheorie – vielmehr die Aufgabe zu, im Unternehmen die Rahmenbedingungen dafür zu schaffen, dass den Mitarbeitern die Notwendigkeit zur Veränderung ständig präsent ist (Schreyögg/Noss 1995, S. 181). Gedacht sei in diesem Zusammenhang bspw. an Frühwarnsysteme, die Abweichungen vom Soll-Zustand rechtzeitig aufzeigen. Schließlich wird der Wandel in diesem Konzept zur generalisierten Aufgabe der Unternehmensmitglieder erklärt.

Die bereits angeführte zunehmende Dynamik im Umfeld und die verbreitete Nutzung neuer Informations- und Kommunikationstechnologien bringen es mit sich, dass die **Halbwertszeit des Wissens** sinkt: Wissen veraltet immer schneller und muss ständig neu aufgebaut werden. Das Konzept des fortschrittsfähigen Handelsunternehmens stellt nun einen Bezugsrahmen dar, um die Bedeutung der Lernfähigkeit und der Wissensorientierung im Allgemeinen bzw. des Aufbaus neuen Wissens im Speziellen für den Bestand und die Entwicklung eines Unternehmens im turbulenten Umfeld aufzuzeigen. Um neuen Anforderungen begegnen zu können, müssen Handelsunternehmen die Fähigkeit erlangen, die Wissensbasis des Unternehmens ständig zu überprüfen und sowohl in quantitativer (Umfang) als auch in qualitativer Hinsicht (Struktur) weiterzuentwickeln (vgl. Probst/Raub/Romhard 2006, S. 23). Für die Ausbildung dieser Fähigkeiten ist organisationales Lernen – das **Lernen im Kollektiv** – erforderlich.

Ziel des organisationalen Lernens ist es, die Anpassungs-, Veränderungs- und Entwicklungsfähigkeit des Handelsunternehmens sicherzustellen (Geller 1996, S. 13ff.), also der beschleunigten Veralterung des Wissens entgegenzuwirken, die Problemlösungs- und Handlungskompetenz des Unternehmens bzw. der Unternehmensmitglieder zu erhöhen und neue Kernkompetenzen aufzubauen.

Die Bedeutung des Lernens für Handelsunternehmen

Im Rahmen einer Befragung deutscher, österreichischer und Schweizer Handelsmanager wurde die Bedeutung des kollektiven Lernens für ein erfolgreiches Handelsmanagement von 70 % der Probanden als sehr hoch bzw. hoch eingeschätzt. 20 % der Befragten standen dem Thema neutral gegenüber und 10 % schätzten die Bedeutung des organisationalen Lernens eher gering oder sehr gering ein.

Quelle: Liebmann u.a. 2006, S. 78.

Dass organisationales Lernen die Basis für die Fortschrittsfähigkeit eines Unternehmens bildet, ist unmittelbar plausibel. In der Praxis erweist es sich jedoch oft als problematisch, eine Unternehmenskultur und -struktur zu schaffen, die der Lern- und Entwicklungsfähigkeit eines Handelsunternehmens förderlich ist.

2. Individuelles und organisationales Lernen

Individuelle Lernprozesse werden in Abhängigkeit der jeweils zu Grunde gelegten Lerntheorie unterschiedlich konzipiert. Dennoch herrscht Einigkeit darüber, dass Lernen „ein erfahrungsbasierter Prozess ist, der in einer [...] überdauernden Veränderung des Verhaltens oder des Verhaltenspotenzials resultiert“ (Zimbardo/Gerrig 2004, S. 243). Dabei kann die Veränderung in einer Modifikation des Verhaltens oder in der Entwicklung gänzlich neuer Verhaltensweisen bestehen. Individuelles Lernen ist eine notwendige Bedingung dafür, dass organisationales Lernen stattfinden kann. Dennoch ist organisationales Lernen nicht mit der Summe der individuellen Lernprozesse gleichzusetzen: Es stellt eine unternehmensindividuelle Größe dar, die eine eigenständige Qualität besitzt (Probst/Büchel 1998, S. 19 ff.).

Obwohl in der vorherrschenden Literatur kein einheitliches Begriffsverständnis zum organisationalen Lernen vorherrscht, lassen sich in Analogie zum individuellen Lernen drei zentrale Merkmale ausmachen, die das Lernen im Kollektiv charakterisieren:

- Eine Organisation hat dann gelernt, wenn sie fähig ist, sich zum Zeitpunkt t_2 anders zu verhalten als zum Zeitpunkt t_1. Lernen führt somit zur Entwicklung neuer und zur Modifikation bestehender Verhaltensweisen.
- Die Verhaltensänderung ist von nachhaltiger Dauer.
- Neue Verhaltensweisen werden angeeignet und praktiziert (Praxis- und Erfahrungsaspekt des Lernens).

Organisationales Lernen lässt sich somit wie folgt definieren:

> *Organisationales Lernen ist ein Prozess, in dem die organisationale Wert- und Wissensbasis auf Grund von Erfahrung oder Beobachtung verändert wird. Dieser Prozess bedingt eine Verbesserung der Problemlösungs- und Handlungskompetenz sowie eine Veränderung des gemeinsamen Bezugsrahmens der Unternehmensmitglieder (Probst/Büchel 1998, S. 17, S. 177).*

3. Erklärungsansätze des individuellen Lernens

Individuelles Lernen ist der Erwerb von Wissen durch einzelne Personen. Zur Erklärung des Lernprozesses kann auf unterschiedliche psychologische Ansätze zurückgegriffen werden, die sich verschiedenen Theorieströmungen zuordnen lassen. Im Folgenden werden

- die behavioristische Stimulus-Response-Theorie,
- die neobehavioristische Stimulus-Organismus-Response-Theorie und
- die Theorie des sozialen Lernens

kurz diskutiert.

Ansätze der **behavioristischen Stimulus-Response-Theorie** gehen davon aus, dass eine Verhaltensänderung (Response) eines Individuums ausschließlich auf beobachtbare Umweltreize (Stimuli) zurückzuführen ist. Dabei wird das lernende Individuum als „Black Box" betrachtet, d.h., psychische Vorgänge werden ausgeblendet. Der Lernprozess wird hier unter dem Aspekt der Konditionierung untersucht.[1]

Die **neobehavioristische Stimulus-Organismus-Response-Theorie**[2] zieht zur Erklärung des Verhaltens zusätzlich hypothetische Konstrukte, so bspw. die Einstellung oder das Involvement eines Individuums, heran. Diese latenten Variablen, die zwischen dem Stimulus und der Reaktion intervenieren, beziehen sich auf Vorgänge, die im Individuum (Organismus) ablaufen. Das Ziel neobehavioristischer Ansätze besteht nun darin, diese nicht direkt beobachtbaren Vorgänge zu erklären. Kognitive Prozesse, also Denken, Lernen und Wissen, fließen in die Stimulus-Organismus-Response-Theorie jedoch nicht mit ein. Diese werden in **kognitiven Lerntheorien** aufgegriffen, weshalb sie in der Lage sind, komplexe Reaktionsprozesse zu erklären. Im kognitionstheoretischen Bezugsrahmen stellt Lernen den „individuellen Prozess der Auseinandersetzung mit der Umwelt auf der Grundlage bereits erworbener kognitiver Strukturen" dar, „die zugleich Möglichkeitsstrukturen weiteren Lernens sind" (Zimmer 1987, S. 53). Somit werden Informationen vor dem Hintergrund bestehender Wissensstrukturen (sog. Schemata oder men-

---

[1] Vgl. zum Prozess der klassischen und der operanten Konditionierung Trommsdorff 2004, S. 264ff.; Zimbardo/Gerrig 2004, S. 246ff. sowie Kroeber-Riel/Weinberg 2003, S. 335ff.

[2] Vgl. zur S-O-R-Theorie auch die Ausführungen in Abschnitt E.I. des Ersten Kapitels.

tale Modelle) aufgenommen und mit diesen verknüpft. Dadurch werden vorhandene Schemata verändert und das Individuum hat gelernt.

Der kognitiven Perspektive folgend, stellt eine Verhaltensänderung keine Reaktion auf einen Stimulus der physikalischen Realität dar, sondern eine Reaktion auf eine subjektive Wirklichkeit, die ein Individuum durch seine eigene Interpretation der Welt konstruiert (Zimbardo/Gerrig 2004, S. 15). Kognitive Lernprozesse werden unter dem Aspekt der Kodierung untersucht.[1] **Soziales Lernen** findet auf Grund direkter Erfahrung, Instruktion oder Beobachtung statt. Insbesondere das Beobachtungslernen (sog. Lernen am Modell) ist von Bedeutung: Hier beobachtet ein Individuum das Verhalten anderer und die damit einhergehenden Konsequenzen und imitiert dieses Verhalten in passenden Situationen (Bandura 1979, S. 22).[2]

4. Die organisatorische Wissensbasis als Ausgangspunkt organisationalen Lernens

In der Literatur herrscht keine Einigkeit darüber, wie die organisatorische Wissensbasis aufgebaut ist. Neben der gängigen Unterscheidung in implizites und explizites Wissen (vgl. hierzu die Ausführungen in Abschnitt C.IV. dieses Kapitels), kann das **Schichtenmodell der organisatorischen Wissensbasis** herangezogen werden, um das in einem Unternehmen vorhandene Wissen zu kategorisieren. Demnach ist zwischen folgenden Arten zu differenzieren (Pautzke 1989, S. 76ff.):

- von allen geteiltes Wissen
- der Organisation zugängliches Wissen
- der Organisation nicht zugängliches Wissen
- Wissen der Umwelt, über das im Unternehmen ein Metawissen existiert (bspw. aus Büchern oder Datenbanken)
- sonstiges, dem Unternehmen nicht zugängliches Wissen.

Das für Handelsunternehmen strategisch relevante Wissen bezieht sich insbesondere auf die Interaktion mit Kunden u.a. Stakeholdern, die praktizierten organisatorischen Lösungen (Strukturen und Prozesse), die Implementierung moderner Informations- und Kommunikationstechnologien und das methodische Repertoire (bspw. die Anwendung von Szenarien). Die organisatorische Wissensbasis wird durch kollektive Lernprozesse aktualisiert und erweitert. Auf diese Weise lässt sich die Effizienz, aber auch die Effektivität der Leistungsprozesse eines Handelsunternehmens erhöhen.

Da die Lernfähigkeit im komplexen Umfeld den Bestand eines Handelsunternehmens sicherstellt und die Lerngeschwindigkeit einen Wettbewerbsvorteil begründet, müssen Handelsunternehmen i.S. lernender Organisationen geführt werden. Diese zeichnen sich durch die permanente Bereitschaft aus,

[1] Vgl. zum Prozess der Kodierung Kroeber-Riel/Weinberg 2003, S. 340ff.
[2] Für eine Diskussion weiterer sozialer Lerntheorien vgl. u.a. Zimbardo/Gerrig 2004, S. 626ff.

neuen Anforderungen durch Änderung bestehender Erwartungs- und Kognitionsmuster zu begegnen.

Merkmale einer lernenden Organisation

- flexible Organisationsstrukturen, eine starke Vision, die tatsächlich gelebt wird und eine starke Unternehmenskultur
- Konzentration des kollektiven Lernens auf Unternehmensbereiche, die Kernkompetenzen hervorbringen
- gemeinsames Lernen über Verantwortungsgrenzen hinweg
- Ausbau von Wettbewerbsvorteilen durch schnelleres und besseres Lernen als die Konkurrenz
- rasches Anwenden von Wissen in der Unternehmenspraxis und zur Verfügung stellen nützlicher Daten zur richtigen Zeit am richtigen Ort
- Kompetenz der Mitarbeiter, jede Erfahrung als Chance zu begreifen, möglicherweise Nutzbringendes zu lernen
- Angstfreiheit und geringe Verteidigungshaltung
- Anerkennung und Lerngewinn durch das, was falsch läuft („Fehlerlernen") und das, was richtig läuft („Erfolgslernen")
- bewusstes und proaktives Lernen
- Risikofreudigkeit, ohne die Basissicherheit in der Organisation zu gefährden
- Unterstützung für Mitarbeiter und Teams, die aktiv in Praxisprojekten lernen wollen
- konsequente Umsetzung der Lernstrategie, sofern sich die Rahmenbedingungen nicht radikal verändern
- ausgeprägte Kundenorientierung.

Quelle: Bertels 2000, S. 83ff.; Thombansen 1994, S. 117f.

5. Arten und Ebenen organisationaler Lernprozesse

Organisationales Lernen setzt einen kollektiven Reflexions- und Konsensfindungsprozess voraus, aus dem eine gemeinsam geteilte Wirklichkeit und ein kollektiver Bezugsrahmen hervorgehen (Probst/Büchel 1998, S. 21). Im Gegensatz zum individuellen Lernen mangelt es in Bezug auf das organisationale Lernen jedoch an einer ganzheitlichen Theorie. Deshalb wird das Lernen im Kollektiv unter Rückgriff auf individuelle Lerntheorien erklärt. Somit können folgende Lernformen angeführt werden (vgl. Schreyögg 2003, S. 557ff.):

- Lernen auf Grund eigener Erfahrungen („learning by doing")
- Lernen durch Beobachtung der Umwelt
- vermitteltes Lernen durch die Interaktion mit Stakeholdern oder Wettbewerbern bzw. durch die Instruktion anderer (z.B. Unternehmensberater)
- Lernen durch die Inkorporation neuer Wissensbestände (bspw. im Zuge von Fusionen)
- selbstreferenzielle Generierung neuen Wissens, wonach bestehende Wissenselemente durch die Kommunikation der Mitarbeiter neu verknüpft werden.

In der Literatur existieren unterschiedliche Ansätze des organisationalen Lernens, die den Ablauf und die Inhalte der Lernprozesse thematisieren.[1] Den folgenden Ausführungen wird das Modell von Argyris/Schön (1978) zu Grunde gelegt. Sie wenden die Handlungstheorie („theory of action") auf Organisationen an und differenzieren zwischen der **offiziellen Handlungstheorie** („espoused theory") und der **Gebrauchstheorie** („theory-in-use"). Während erstere aus Leitbildern, Strategien, Zielen, Kultur, Struktur und Machtverhältnissen hervorgeht und den kollektiven Bezugsrahmen der Unternehmensmitglieder bildet, bezieht sich die Gebrauchstheorie auf die tatsächlich gelebten Werte und Normen, die das institutionelle Verhalten bestimmen.

Lernprozesse werden ausgelöst, wenn Handlungserwartungen und Handlungsergebnisse auseinander fallen („mismatch") oder übereinstimmen („match") und im Unternehmen bspw. ein Überschuss an Ressourcen besteht (sog. „organizational slack") (vgl. Geller 1996, S. 16f., S. 38; Probst 1994, S. 305). Je nach Tiefe und Inhalt der Lernprozesse lassen sich folgende Lernebenen unterscheiden:[2]

- Anpassungslernen (Single-loop-learning, Einkreislernen)
- Veränderungslernen (Double-loop-learning, Zweikreislernen)
- Prozesslernen (Deutero-learning, Meta-Lernen).

Anpassungslernen liegt vor, wenn eine Diskrepanz zwischen Erwartungen und Ergebnissen durch eine Veränderung der Handlungsweisen abgebaut wird. Bestehende Normen und Ziele, also der kollektive Bezugsrahmen, wird dabei nicht hinterfragt bzw. verändert. Damit eine Adaption erfolgreich vorgenommen werden kann, müssen sich die Mitarbeiter mit negativem Feedback aktiv auseinandersetzen. In Handelsunternehmen können derartige Lernprozesse darauf gerichtet sein, die Effizienz der Leistungsprozesse zu erhöhen, in dem bspw. der Vorgang der Beschaffung verkürzt oder die Qualität von Sortimenten verbessert wird.

Beim **Veränderungslernen** werden bestehende Normen, Werte und Ziele in die Fehlerkorrektur mit einbezogen. Da der Kontext für künftiges Anpassungslernen geändert wird, muss ein Prozess des Entlernens bestehender Orientierungen stattfinden. Eine weitere Voraussetzung für erfolgreiches Double-loop-learning, das sich in einer höheren Effektivität der Leistungsprozesse niederschlägt, ist die Bereitschaft der Unternehmensmitglieder, gemeinsam eine Lösung zu erarbeiten und umzusetzen. Im Rahmen des **Prozesslernens** werden der Lernkontext und das bisherige Lernverhalten reflektiert und im Hinblick auf die Erhaltung und Steigerung der Fortschrittsfähigkeit des Unternehmens überprüft. Hier findet demnach ein „Lernen des Lernens" statt. Abbildung 6.38 veranschaulicht die drei unterschiedlichen Lernebenen.

---

[1] Vgl. zu den verschiedenen Ansätzen des organisationalen Lernens z.B. Geller 1996, S. 29ff.

[2] Für die unterschiedliche Benennung der einzelnen Lernebenen vgl. Schreyögg 2003, S. 554ff.; Geller 1996, S. 38ff.

Abbildung 6.38: Lernebenen nach Argyris/Schön

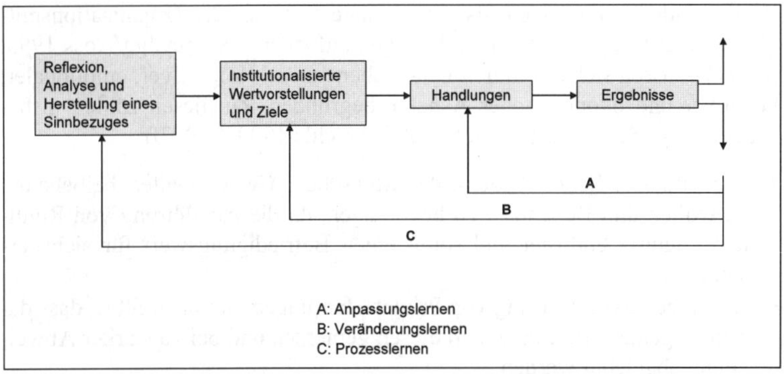

Quelle: in Anlehnung an Geller 1996, S. 40 (basierend auf Argyris 1992, S. 8).

Der Ablauf organisationalen Lernens wird bspw. im Prozessmodell von Müller-Stewens/Pautzke (1996, S. 190, S. 193ff.) diskutiert. Dieses Modell zeigt auf, wie – ausgehend vom individuellen Lernen – individuelles Wissen durch kollektives Lernen im Unternehmen verankert und in Form von Regeln institutionalisiert wird. Das institutionalisierte Wissen wird dann vom einzelnen Mitarbeiter (z.B. im Kundenkontakt) praktisch umgesetzt. Aus dem Ergebnis der Handlung erhält der Mitarbeiter Feedback darüber, ob Veränderungen oder Verbesserungen vorzunehmen sind. Ist dies der Fall, wird ein neuer Lernprozess auf individueller Ebene ausgelöst.

In Handelsunternehmen können individuelle Lernprozesse bspw. durch folgende Faktoren angestoßen werden:

- Beurteilung der Handelsleistungen aus Kundensicht
- Zufriedenheit des Kunden mit den Handelsleistungen
- vom Kunden erwartete Standards.

6. Organisationale Lernbarrieren

a) Überblick

Wie bereits erwähnt, werden die Initiierung eines Wandels sowie das Ausmaß und die Geschwindigkeit jedes Veränderungsprozesses durch zwei gegensätzliche Kräfte – die „driving forces“ und die „restraining forces“ – beeinflusst. Damit ein organisationaler Wandel erfolgreich bewältigt werden kann und durchgeführte Veränderungen dauerhaft beibehalten werden, kommt dem Management die Aufgabe zu, die „driving forces“ und insbesondere die „restraining forces“ im eigenen Handelsunternehmen auszumachen. Ziel ist es, etwaige Widerstände gegen den Wandel abzubauen und Schwachstellen im Unternehmen, die ein Verlernen alter Gewohnheit und damit das Lernen neuer Verhaltensweisen erschweren, auszumerzen.

b) Lernbarrieren auf individueller Ebene

Widerstände – verstanden als „emotionale Sperren, die Organisationsmitglieder oder Gruppen gegen Änderungen aufbauen“ (Schreyögg/Noss 1995, S. 171) – lassen sich auf individueller Ebene mittels kognitiver, emotionaler, konativer und ökonomischer Aspekte begründen. Zu diesen zählen insbesondere (vgl. Schreyögg 2003, S. 500f.; Staehle 1999, S. 977ff.):

- Die grundsätzliche Tendenz des Menschen, Gewohnheiten beibehalten zu wollen und Bekanntes zu bevorzugen, da die Ausführung von Routinen kognitiv entlastet und somit einen Befriedigungswert für sich darstellt.
- Der unbewusste Vorrang von Primärerfahrungen, der dazu führt, dass darauf folgende Erfahrungen an diesen gemessen und bei zu starker Abweichung abgelehnt werden.
- Die selektive Wahrnehmung, wodurch neue Informationen nur dann aufgenommen und verarbeitet werden, wenn sie sich einem bestehenden kognitiven Schema zuordnen lassen. Darüber hinaus meiden Individuen unangenehm empfundene Reize oder beängstigende Stimuli, da sie ihr Wohlbefinden gefährdet sehen.[1]
- Der **Frustrations-Regressions-Effekt**, der daraus resultiert, dass bestehende Verhaltensweisen durch den Veränderungsprozess nicht mehr zum Erfolg führen und damit entwertet werden.
- Die Angst, den Arbeitsplatz und somit den sozialen Status zu verlieren oder Lohn- bzw. Gehaltseinbußen in Kauf nehmen zu müssen.

Diesen Widerständen kann das Management von Handelsunternehmen bspw. durch eine umfassende Information über die Ursachen und Ziele des Veränderungsprozesses oder die frühe Einbindung der vom Wandel betroffenen Mitarbeiter begegnen.

c) Lernbarrieren auf Unternehmensebene

Auf organisationaler Ebene sind folgende Lernbarrieren auszumachen (Schreyögg 2003, S. 501ff.; Staehle 1999, S. 978; Probst/Büchel 1998, S. 74ff.; Geller 1996, S. 98ff.):

- Starke Unternehmenskulturen, die ein Festhalten an überkommenen Normen und Privilegien begünstigen oder Misstrauenskulturen, die sich durch eingeschränkte individuelle Handlungsmöglichkeiten und eine skeptische Grundhaltung Innovationen gegenüber auszeichnen.
- Defensive Routinen, die darin bestehen, dass Mechanismen zur Wahrung der Kontrolle in peinlichen und bedrohlichen Situationen in den Rang einer organisationalen Norm erhoben werden.
- Strukturell bedingte Informationspathologien, die aus einer starken Hierarchisierung, Spezialisierung und Zentralisierung hervorgehen und zu

---

[1] Probst/Büchel (1998, S. 78f.) sprechen in diesem Zusammenhang von psychologischen Informationspathologien, die eine beschränkte Informationsverarbeitungskapazität nach sich ziehen.

einer mangelhaften informatorischen Fundierung von Entscheidungen führen.

- Eine starke Hierarchisierung, welche die unternehmensinterne Kommunikation erschwert und den Austausch von Informationen sowie die Diffundierung von Wissen einschränkt.
- Ein hoher Grad an Spezialisierung, der routinisierte Denk- und Verhaltsmuster begünstigt.
- Eine starke Zentralisation, die den Handlungs- und Entscheidungsspielraum der Mitarbeiter einschränkt.
- Eine hohe Standardisierung und Formalisierung der Aufgabenabwicklung.
- Das sog. **Not-Invented-Here-Syndrom**, wonach Veränderungsprogramme, die von außen kommen, abgelehnt werden.
- Falsch konzipierte Anreizsysteme, welche die intrinsische Motivation zu wenig berücksichtigen.[1]

Der Erfolg des organisationalen Lernens und damit des Wandels ist eng mit dem Managementkonzept eines Handelsunternehmens verwoben. Die Grenzen des klassischen Managementkonzepts im turbulenten Umfeld werden auch im Lernvermögen, also in der Entwicklungsfähigkeit von Unternehmen, aufgezeigt. Ein tayloristisches Konzept, das auf strenger Arbeitsteilung, Kontrolle und Planung basiert, führt immer seltener zum gewünschten Erfolg. Die Lernfähigkeit und damit die Fortschrittsfähigkeit eines Unternehmens kann nur durch ein neues strategisches Management bzw. Leadership sichergestellt werden. Während die Aufgaben des Managements v.a. in der Organisation, Planung und Kontrolle zu sehen sind, fokussiert das **Leadership-Konzept** auf die Entwicklung einer Unternehmensvision, welche die Richtung für die Veränderungsprozesse vorgibt. Dabei setzt ein erfolgreicher Transformationsprozess, der sich in einer nachhaltigen Steigerung des Unternehmenswertes niederschlägt, voraus, dass die Vision von den Leadern vorgelebt wird und sämtliche Mitarbeiter im Unternehmen dazu motiviert werden, sich „begeistert" für die gemeinsamen Ziele einzusetzen. Beide Paradigmen schließen einander jedoch nicht aus: Führung beinhaltet Management und Leadership, wobei im Falle reaktiver Veränderungen dem Management-Konzept und bei proaktiven Transformationen dem Konzept des Leadership eine stärkere Bedeutung zukommt (Hinterhuber/Krauthammer 2005, S. 17ff.).

---

[1] Vgl. zur möglichen Korrumpierung intrinsischer Motivation durch extrinsische Anreize Frey/Osterloh 1997, S. 307ff.

IV. Innovationsmanagement und nachhaltige Unternehmensführung

1. Grundlagen

Innovationen tragen immer mehr zur Stärkung und Differenzierung im Wettbewerb bei und können darüber hinaus einen beträchtlichen Effekt auf den Unternehmenserfolg haben.

Merkmale von Innovationen

- Sie stellen qualitative Neuerungen dar, die durch das Unternehmen bzw. seine Kunden subjektiv wahrgenommen werden. Innovationen sind also relativ neu.
- Bezugsobjekt sind die Produkte, Sortimente oder sortimentsbegleitende Maßnahmen (wie z.B. Service und Verpackung) des Unternehmens bzw. seiner strategischen Geschäftseinheiten. Darüber hinaus stehen Potenziale, Prozesse und Ergebnisse im Mittelpunkt zur Steigerung der Innovativität von Handelsunternehmen.
- Damit Innovationen wahrgenommen werden, muss das Ausmaß der Neuheit eine bestimmte Innovationshöhe erreichen. Dabei ist es üblich, zwischen inkrementalen Innovationen (kleine Innovationsschritte) und radikalen Innovationen (große Innovationsschritte) zu unterscheiden.
- Innovationen im Handel zielen gleichermaßen auf die Effektivitäts- wie auf die Effizienzsteigerung ab und sollen eine unterscheidbare, neue Zweck-Mittel-Kombination hervorbringen.

Quelle: Trommsdorff 2006; Hauschildt 2004, S. 7, S. 11; Chandy/Tellis 1998, S. 476.

Aus handlungsorientierter Sicht beschäftigt sich das Innovationsmanagement mit den Erfolgsfaktoren von Innovationen und sorgt durch die Steuerung der Innovationsprozesse im Unternehmen und die Gestaltung des Innovationssystems dafür, dass innovative Sortimente und sortimentsbegleitende Maßnahmen erfolgreich am Markt durchgesetzt werden können. Darüber hinaus sind die Gestaltung innovativer Prozesse und organisationaler Lösungen im Unternehmen weitere wichtige Aufgabenfelder, damit ein innovationsgünstiges Umfeld im Unternehmen entsteht. Im Mittelpunkt stehen dabei die Formulierung von Innovationsstrategien und die Gestaltung sowie die Entwicklung der Unternehmenskultur.[1] Der Kultur eines Handelsunternehmens kommt im Hinblick auf die Innovationsfähigkeit eine besondere Stellung zu: Unternehmen mit einer innovationsorientierten Kultur bringen mehr Innovationen erfolgreich auf den Markt, können damit einen größeren Wettbewerbsvorteil aufbauen und einen höheren wirtschaftlichen Erfolg verzeichnen (Hurley/Hult 1998, S. 42ff.).

---

[1] Vgl. zur Rolle des Managements bei Innovationsprozessen Christensen/Raynor 2004, S. 265ff.

2. Rahmenbedingungen für Innovationsprojekte im Handel

Die konkrete Ausgestaltung bzw. Umsetzung des Innovationsmanagements und der Erfolg von Innovationsprojekten werden von verschiedenen Randbedingungen beeinflusst. Dabei kann zwischen

- Randbedingungen aus der spezifischen Problemumwelt,
- Randbedingungen aus der weiteren externen Umwelt,
- Randbedingungen aus dem Unternehmen selbst (bspw. Konflikte unter den Mitarbeitern) und
- weiteren Randbedingungen, wie z.B. Unternehmensgröße,

differenziert werden (Gemünden/Salomo 2004, Sp. 506f.).

Für die Erfolgswirkung von Innovationen ist insbesondere der **Innovationsgrad** von Interesse, der aus Branchen-, Unternehmens- und Kundensicht betrachtet werden kann. Im Innovationsgrad aus Branchensicht kommt z.B. zum Ausdruck, wie viele Mitbewerber eine bestimmte Innovation „imitiert" haben oder welches Unternehmen Innovationsführer in der Branche ist. Aus Sicht des Unternehmens steht die Veränderung von Struktur und Kultur bzw. das Entstehen neuer Kompetenzen durch die Bereitstellung von internen Ressourcen im Vordergrund. Schließlich geht es beim Innovationsgrad aus Kundensicht darum, inwieweit durch eine Innovation ein neuer Kundennutzen geschaffen und neue Kunden gewonnen werden konnten.

Der Innovationsgrad von Handelsunternehmen wird einerseits durch das Ausmaß der Veränderung auf der Mitteldimension und der Zweckdimension bestimmt (siehe Abbildung 6.40). Andererseits wirken sich auch unternehmensinterne und unternehmensexterne **Ressourcen** auf den Innovationsgrad aus. Interne Ressourcen beziehen sich auf die angewandte Strategie, innovationsfördernde Organisationsstrukturen und Prozesse sowie die im Unternehmen vorhandene Wissensbasis. Externe Ressourcen wirken sich insofern auf den Innovationsgrad aus, als Infrastruktur, Normen, Regulation aber auch gesellschaftliche Werte innovationshemmend oder -fördernd wirken können. Dabei ist es wichtig, dass der Markt bspw. durch eine umfassende Informationskampagne auf die Einführung von Innovationen vorbereitet wird. Hinsichtlich der weiteren externen Umwelt haben z.B. Gesetzesänderungen oder Umweltschutzauflagen Auswirkungen auf die Innovationspolitik eines Handelsunternehmens.

Innovationstreiber im Handel

Um am Markt zu bestehen und den wirtschaftlichen Erfolg eines Handelsunternehmens längerfristig sicherzustellen, werden innovative Leistungen zunehmend wichtiger. Dabei lassen sich die Innovationstreiber in unternehmensinterne und unternehmensexterne Faktoren unterscheiden (siehe Abbildung 6.39).

Abbildung 6.39: Unternehmensexterne und -interne Innovationstreiber im Handel

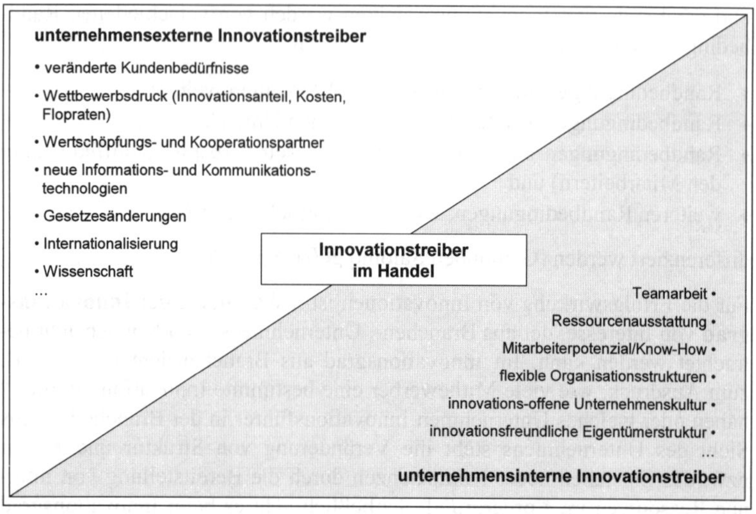

Im Hinblick auf eine marktorientierte Unternehmensführung sind insbesondere Veränderungen bei den Bedürfnissen bzw. Wünschen der Kunden und die Innovationsfähigkeit und -aktivitäten der Konkurrenz von Interesse. Dabei ist davon auszugehen, dass sich die Generierung marktbezogener Informationen, der Wissensaufbau durch die Einbindung von Kunden in den Entwicklungsprozess der Innovationen und der Wissenstransfer in den Markt zur Überwindung etwaiger Akzeptanzbarrieren im Vorfeld der Markteinführung (bspw. des neuen Sortimente) positiv auf den Erfolg des Innovationsprojektes auswirken (Trommsdorff 2002).

Dieser Zusammenhang wird durch den Innovationsgrad moderiert, wobei zwischen dem Innovationsgrad und dem Ertrag, den eine Innovation abwirft, ein umgekehrt U-förmiger Zusammenhang unterstellt werden kann (Liebmann u.a. 2006, S. 169). Dies lässt sich u.a. damit begründen, dass radikale Innovationen im Vergleich zu inkrementalen Innovationen mit einem höheren Risiko behaftet sind und zumeist einen höheren Kapitalbedarf bedingen. Jedoch ist anzumerken, dass hoch innovative Handelsunternehmen nicht „automatisch“ einen höheren Unternehmenserfolg aufweisen. Entscheidend ist vielmehr, wie Innovationspolitik praktiziert wird. Aus strategischer Sicht gilt es dabei, inkrementale und radikale Innovationen so auszubalancieren, dass langfristig Wettbewerbsvorteile entstehen.

Die Bedeutung radikaler Innovationen für Handelsunternehmen

Eine Befragung unter deutschen, österreichischen und Schweizer Handelsmanagern ergab, dass 66,7 % der Probanden die Bedeutung der Entwicklung und Erprobung radikaler Innovationen, die einen markanten Kundennutzen bringen, sehr hoch bzw. hoch einschätzten. 18,3 % standen dieser Problematik neutral gegenüber. 15 % der Befragten hielten radikale Innovationen für weniger bedeutsam.

Die Umsetzung radikaler Innovationen im Tagesgeschäft wurde von 52,5 % als sehr bedeutend bzw. bedeutend eingestuft. 28,8 % standen der Thematik neutral gegenüber und 18,7 % schätzten die Bedeutung der Umsetzung radikaler Innovationen als eher gering oder sehr gering ein. Nur ca. ein Viertel der befragten Manager (26,7 %) gab an, dass ihr Unternehmen auf die Umsetzung radikaler Innovationen gut vorbereitet ist.

Quelle: Liebmann u.a. 2006, S. 78, S. 80.

3. Innovationsprozesse und Innovationsarten im Handel

Innovationsprozesse, die idealtypisch die Phasen Problemerkenntnis, Ideenfindung, Selektion/Bewertung, strategische Entwicklung, operative Entwicklung und Einführung/Durchsetzung durchlaufen (Trommsdorff 2006) können im Unternehmen selbst angeregt oder von unternehmensexternen Faktoren angestoßen werden. Da die mit dem Innovationsprojekt verbundenen Kosten im Laufe des Innovationsprozesses exponentiell ansteigen können, sind regelmäßig **Go-/No-Entscheidungen** zu treffen. Nur so lassen sich wenig aussichtsreiche Innovationsprojekte frühzeitig und relativ kostengünstig abbrechen.

Für die erfolgreiche Umsetzung einer Innovation müssen mögliche kundenbezogene, marktbezogene, umfeldbezogene und mitarbeiterbezogene Diffusionsbarrieren bereits zu Beginn des Innovationsprozesses berücksichtigt werden. In dieser Phase ist die Unsicherheit über den Erfolg des Innovationsvorhabens im Unternehmen besonders hoch, weshalb das Innovationsmanagement angehalten ist, genügend Ressourcen (z.B. für die Durchführung von Machbarkeitsstudien) bereit zustellen. Darüber hinaus muss etwaigen Widerständen der Mitarbeiter begegnet werden. Diese Aufgabe wird meist von sog. Promotoren wahrgenommen, die sich aktiv für die Durchführung des Innovationsvorhabens einsetzen und über das notwendige Know-how verfügen (sog. **Fachpromotoren**) oder die entsprechende hierarchische Position einnehmen (sog. **Machtpromotoren**).[1] Das Innovationsvorhaben selbst wird meist von sog. **Prozesspromotoren** initiiert, die zwischen den Hierarchieebenen vermitteln und bürokratische Barrieren der Projektumsetzung abbauen (Gemünden/Salomo 2004, Sp. 509f.). Eine etwaige Kooperation mit anderen Unternehmen oder Forschungseinrichtungen wird durch sog. **Beziehungspromotoren** angebahnt, die in weiterer Folge die Vertragsverhandlungen unterstützen und die Geschäftsbeziehungen zu den Kooperationspartnern pflegen.

Gegen Ende des Innovationsprozesses nehmen der Koordinationsaufwand und die Komplexität des Projektes zu. Um dennoch eine rasche Umsetzung des Innovationsprojektes zu ermöglichen, ist – neben der Planung und dem Controlling des Innovationsvorhabens – eine flexible Ablauforganisation erforderlich, die bspw. eine parallele Abwicklung einzelner Prozessphasen er-

[1] Vgl. zu den Arten von Promotoren Gemünden/Salomo 2004, Sp. 509f.

laubt. Somit kommt dem Innovationsmanagement die Aufgabe der Prozesssteuerung zu.

Innovationsarten im Handel

Im Handel kann zwischen den in der Abbildung 6.40 dargestellten Innovationsarten, die sich durch eine unterschiedliche Höhe des Innovationsgrades auszeichnen, differenziert werden.

Abbildung 6.40: Innovationsarten im Handel

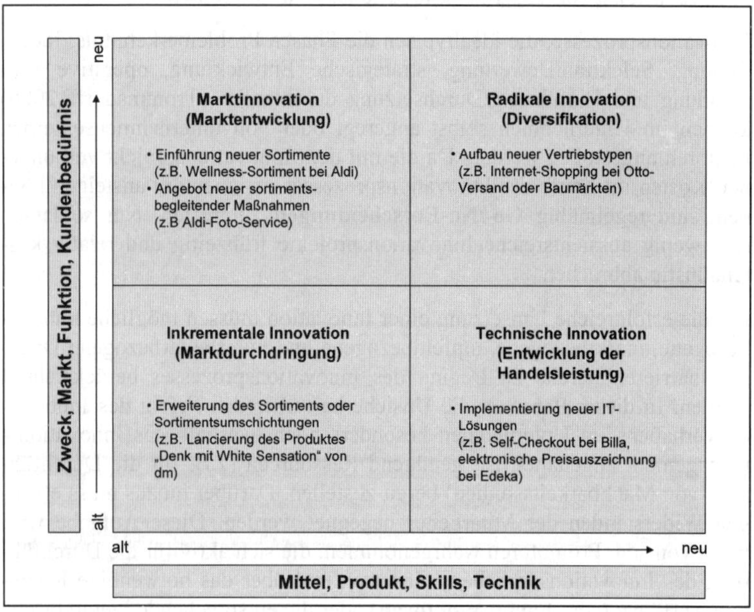

Quelle: Liebmann u.a. 2006, S. 105f.; Trommsdorff 2006; Chandy/Tellis 1998, S. 476.

Dabei unterscheiden sich radikale und inkrementale Innovationen – wie bereits erwähnt – nicht nur durch das Ausmaß der Innovation, sondern auch durch das mit der Innovation verbundene Risiko und den erforderlichen Kapitalbedarf. Das mag ein Grund dafür sein, dass in der Handelspraxis inkrementale Innovationen vorherrschen und somit vieles für die These spricht, dass Innovationspolitik im Handel noch zu wenig systematisch betrieben wird.

Technische Innovationen im Handel

Neue IT-Lösungen im Handel erlauben eine individualisierte Kundenansprache, bieten dem Kunden ein Kauferlebnis und führen so zu einer höheren Verweildauer und Kundenzufriedenheit sowie einer stärkeren Kundenbindung. Für den Handel lassen sich durch den Einsatz der neuen Technologien Kosteneinsparungen realisieren.

Elektronische Kiosksysteme können den Kunden auf Wunsch über Sortimente, Zusammensetzung und Herstellungsverfahren der Produkte oder Testergebnisse informieren und Rezeptvorschläge machen, die der Kunde vor Ort ausdrucken kann. Derartige computergesteuerte Terminals können bspw. auch als digitales Fototerminal oder Lotterie-Terminal konfiguriert werden.

Eine weitere Innovation stellt der Personal-Shopping-Assistant dar, der den Kunden durch den Markt führt und anhand des vorher gespeicherten Kundenprofils individualisierte Angebote für jene Produkte erstellt, an denen der Kunde gerade vorbeigeht. Dafür muss der Kunde nur einen interaktiven Touchscreen bedienen.

Auch das Couponing wird durch neue Technologien revolutioniert: Statt einem Gutschein erhält der Kunde einen elektronischen Coupon, der an der Kasse oder an einem anderen Medium, so bspw. einer elektronischen Waage, ausgedruckt und eingelöst werden kann. Coupons können darüber hinaus auch als E-Mail oder SMS versendet und in der Folge online oder im stationären Handel eingelöst werden.

Quelle: rt special 2006, S. 6f., S. 26ff., S. 32f., S. 38f.

4. Innovationen im Sinne einer nachhaltigen Unternehmensführung

Angesichts der zunehmend kritischer werdenden Öffentlichkeit bzw. Konsumenten gehen Handelsunternehmen vermehrt dazu über, innovative Eigenprodukte ökologisch nachhaltig zu produzieren bzw. Lieferanten auszuwählen, die entsprechende Umweltauflagen erfüllen. Im Rahmen innovativer Maßnahmen wird die Umweltpolitik in Zukunft einen stärkeren Stellenwert erfahren.

Das Reinheitsversprechen von Tegut

Um Eigenmarken zu entwickeln, die qualitativ mindestens so gut wie Markenartikel sind, werden bei Tegut vergleichbare Markenprodukte des Sortiments bewertet. Darauf aufbauend, werden sensorische Anforderungen für die Eigenmarken formuliert und Produktmuster angefertigt, die getestet und ggf. weiterentwickelt werden. Auch die Eigenmarkenlieferanten werden auf ihre Qualitätsfähigkeit hin überprüft. Darüber hinaus wird jeder Wareneingang gegen das Produktmuster getestet.

So kann Tegut Eigenmarken anbieten, die ohne den Einsatz gentechnisch veränderter Zutaten produziert werden und keine Farbstoffe oder Geschmacksverstärker enthalten.

Quelle: www.tegut.de.

Um sich als innovatives und verantwortungsbewusstes Unternehmen zu positionieren, können Handelsunternehmen für Eigenprodukte, die bestimmte ökologische Kriterien bzw. Auflagen erfüllen, verschiedene Umwelt- bzw. Qualitätszeichen beantragen. Hierzu zählen u.a.:[1]

- das **EU-Umweltzeichen** („die Blume"), womit sämtliche Produkte außer Lebensmittel, Getränke, Arzneimittel und Medizinprodukte ausgezeichnet werden können, die ökologischen und gebrauchstauglichen Kriterien gerecht werden
- der **Blaue Engel**, mit dem derzeit 80 Produktkategorien markiert werden können
- **Natureplus** für nachhaltig-zukunftsfähige Bauprodukte, die aus nachwachsenden oder nahezu unbegrenzt verfügbaren mineralischen Rohstoffen produziert wurden und die Schadstoffbelastung auf ein Minimum reduzieren.

Umweltzeichen im Handel

Dem Umstand, dass eine nachhaltige Unternehmensführung im Hinblick auf die langfristige Bestandssicherung des Unternehmens an Bedeutung gewinnt, wird auch im Handel Rechnung getragen. So bietet Obi unter dem Motto „Bewusst kaufen – besser leben" umweltschonende, regional erzeugte und fair gehandelte Eigenprodukte in seinen Märkten an. Das Sortiment umfasst derzeit über 800 Produkte, die mit dem Blauen Engel ausgezeichnet sind (z.B. Tapeten, Wandfarben oder Lacke).

H&M markiert seit 2005 umweltfreundlich produzierte Kleidungsstücke, so bspw. Baby-Kleidung, mit dem Umweltzeichen der Europäischen Union und Hagebau oder Coop dürfen jene Eigenprodukte, die einer nachhaltigen Ent-

[1] Vgl. für detaillierte Informationen zu diesen Umweltzeichen www.eco-label.com, www.blauer-engel.de und www.natureplus.org.

wicklung im Bausektor förderlich sind, mit dem Qualitätszeichen von Natureplus auszeichnen.
Quelle: www.obi.at; www.hm.com; www.natureplus.org.

Maßnahmen der **Corporate Social Responsibility** (CSR) (vgl. hierzu die Ausführungen in Abschnitt E.II. des Ersten Kapitels), denen auch eine nachhaltige Unternehmensführung zuzurechnen ist, können zur Reputation des Handelsunternehmens beitragen, die Identifikation der Kunden mit dem Unternehmen und deren Einstellung dem Sortiment gegenüber erhöhen, die Kundenzufriedenheit und letztlich den Marktwert des Unternehmens steigern (vgl. Luo/Bhattacharya 2006, S. 1f.; McWilliams/Siegel 2000, S. 605). Voraussetzung hierfür ist allerdings, dass CSR-Aktivitäten und Innovationsfähigkeit bzw. Produktqualität eines Handelsunternehmens kongruent sind: Investitionen eines wenig innovativen Unternehmens in CSR-Maßnahmen rechnen sich nicht, sondern führen zu einem negativen Marktwert (Luo/Bhattacharya 2006, S. 12; Becker-Olsen/Cudmore/Hill 2006, S. 46ff.). Dies lässt sich einerseits damit begründen, dass eine geringe Innovationskompetenz den Aktionären und Investoren eine schwächere künftige Unternehmensleistung signalisiert. Anderseits sehen Kunden in den CSR-Ausgaben unter diesen Bedingungen fehlgeleitete Ressourcen, die das Unternehmen bspw. für eine Verbesserung der Produktqualität hätte nutzen können (Luo/Bhattacharya 2006, S. 12).

V. Fortschrittsfähigkeit in einem erweiterten Erkenntnisrahmen

Um den Bestand eines Handelsunternehmens in einer komplexen und dynamischen Umwelt zu sichern, muss das Management strategische, strukturelle und kulturelle Veränderungsprozesse im Unternehmen erfolgreich initiieren und begleiten. Die Lern- und Entwicklungsfähigkeit wird dabei nicht nur durch das Wissen der Unternehmensmitglieder determiniert, sondern auch durch ihr Können und Wollen.

Die **Systemtheorie** im Allgemeinen bzw. die **Autopoiesetheorie** im Speziellen bildet einen neuen Denkrahmen, in dem der organisationale Wandel nicht nur als extern initiierter Prozess, sondern auch als permanenter Entwicklungsprozess des Unternehmens konzeptualisiert wird, der für alle selbstorganisierenden und selbstreferenziellen Systeme konstitutiv ist (vgl. hierzu die Ausführungen in Abschnitt E.I. des Ersten Kapitels).

Damit ein Unternehmen fortschrittsfähig bleibt, müssen die Mitarbeiter ständig Lernprozesse durchlaufen, also ihre kognitiven Strukturen weiter entwickeln. Dafür muss den Mitarbeitern aber auch der nötige Freiraum zum Sammeln von Erfahrungen eingeräumt und die Möglichkeit zur Umsetzung innovativer Ideen und Programme gegeben werden. Gerade Erfahrungen mit neuen und unvorhergesehenen Umfeldereignissen können Lernprozesse auslösen, die einen nachhaltigen Fortschritt des Unternehmens begünstigen.

Klassisch geführte und fortschrittsfähige Handelsunternehmen unterscheiden sich im Denken und Handeln der Mitarbeiter, den zu Grunde gelegten

Werten, aber auch dadurch, wie schnell Chancen erkannt und innovative Handlungsprogramme umgesetzt werden. Mit dem Konzept des fortschrittsfähigen Handelsunternehmens ist die Entwicklung eines neuen Verständnisses verbunden, wonach das Management immer weniger gestaltend auf Strukturen und Prozesse im Unternehmen einwirken kann, zumal diese auch aus Selbstorganisationsprozessen hervorgehen.

Die **Selbstorganisationsforschung** bietet interessante Anregungen für ein neues Managementverständnis und zeigt auf, wie sich ein ganzheitliches Management entwickeln kann, um Innovationen hervorzubringen und dadurch Marktchancen wahrzunehmen. Jedoch bedarf es noch intensiver Forschungsarbeit, um die Systemtheorie weiter zu konkretisieren und empirisch abzusichern.

F. Fallstudie: Erlebnis Ausbildung – dm-drogerie markt[1]

I. Darstellung des Unternehmens

1973 gründete Götz W. Werner im Alter von 29 Jahren den ersten dm-drogerie markt im baden-württembergischen Karlsruhe. Bereits zehn Monate später folgte der zweite Standort in Mannheim. Heute rangiert die dm-drogerie markt GmbH & Co. KG mit über 860 Filialen hinter Schlecker an zweiter Stelle in der deutschen Drogeriemarkt-Branche.

Seit 1976 ist das Unternehmen zudem im Nachbarland Österreich vertreten, wo gegenwärtig über 330 Filialen existieren. Ebenfalls von Österreich aus begann 1989 die Internationalisierung in sieben weitere europäische Länder. Die rund 850 Auslands-Filialen trugen im Geschäftsjahr 2005/06 rd. 970 Mio. EUR zum Gesamtumsatz der dm-Gruppe in Höhe von 3.672 Mio. EUR bei. Dieser Umsatz wurde erwirtschaftet mit über 12.000 Produkten aus den Sortimentsbereichen Gesichts- und Körperpflege, Kosmetik, Hygiene-Artikel, Gesundheit und Ernährung, Textil, Foto, Haushalt, Tier- sowie Babyartikel. 1994 wurden für das gesamte Sortiment **Dauerpreise** eingeführt, die im Gegensatz zu der im Handel oftmals üblichen HiLo- (High-Low-)Preispolitik aus Aktionen und Sonderangeboten stehen. Mit den Dauerpreisen wird garantiert, dass der Verkaufspreis für ein Produkt mindestens vier Monate lang nicht verändert wird. Abbildung 6.41 liefert einen Überblick über das gegenwärtige Absatzgebiet von dm-drogerie markt in Europa.

---

[1] Die Fallstudie wurde auf folgender Basis erstellt: Homepage des Unternehmens www.dm-drogeriemarkt.de sowie die Berichterstattung in diversen Jahrgängen der Lebensmittel Zeitung und LZ Net.

Abbildung 6.41: Absatzgebiet dm-Markt (Stand 30.09.2006)

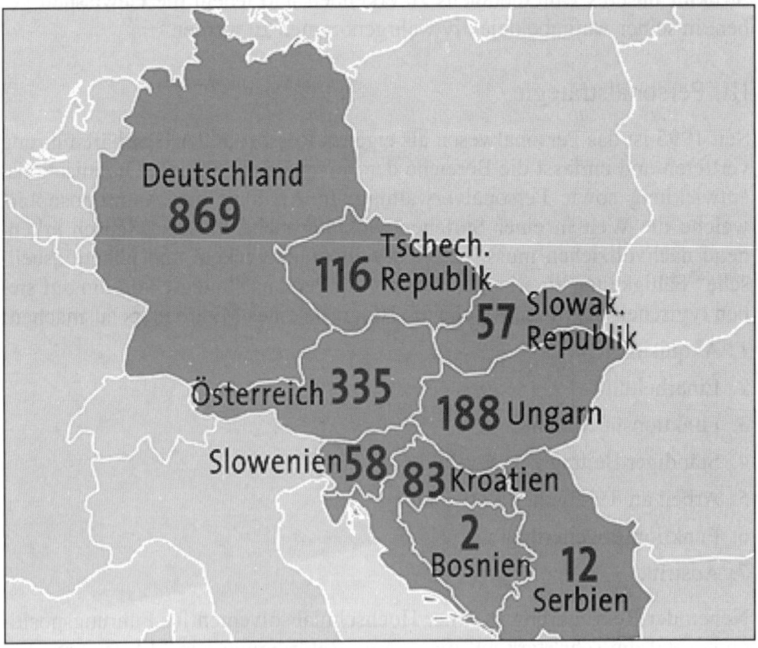

II. Unternehmensphilosophie

Bei dm-drogerie markt bildet das detailliert ausformulierte **Unternehmensleitbild** die Basis für die konsequente Ausrichtung aller Unternehmensfunktionen und -aktivitäten. Die 1981 entwickelte Unternehmensphilosophie dient als Fundament zur Entwicklung der Unternehmenskultur. Folgende Unternehmensgrundsätze, die auf Grund ihrer ganzheitlichen Ausrichtung starke Anleihen an die **Anthroposophie** aufweisen, bilden die dm-drogerie-markt-Philosophie:

„Wir sehen als Wirtschaftsgemeinschaft die ständige Herausforderung, ein Unternehmen zu gestalten, durch das wir

- die Konsumbedürfnisse unserer Kunden veredeln,
- den zusammenarbeitenden Menschen Entwicklungsmöglichkeiten bieten und
- als Gemeinschaft vorbildlich in unserem Umfeld wirken wollen."

Neben Kunden- und Partnergrundsätzen hat das Unternehmen auch die folgenden expliziten Mitarbeitergrundsätze formuliert:

- Transparenz
- Geradlinigkeit.

Mithilfe dieser Grundsätze will dm „allen Mitarbeitern helfen, Umfang und Struktur unseres Unternehmens zu erkennen und jedem die Gewissheit geben, in seiner Aufgabe objektiv wahrgenommen zu werden".

III. Personalstrategie

Seit 1995 ist das Personalwesen als eigenes Ressort in der Geschäftsführung vertreten und umfasst die Bereiche der Personalentwicklung, Organisationsentwicklung sowie Personalverwaltung. In Analogie zur Anthroposophie, welche die Welt in einer Stufenentwicklung sieht, die der Mensch erkennend nachvollziehen muss, um sich weiterzuentwickeln und höhere „seelische" Fähigkeiten zu erlangen, basiert die Personalstrategie von dm auf sieben typischen Schritten, welche die Biografie eines Mitarbeiters ausmachen:

1. Akquisition
2. Einarbeitung
3. Funktionsübernahme
4. Ständiger Beitrag zur Wertbildung
5. Arbeit an der eigenen Entwicklung
6. Funktionserweiterung
7. Austritt.

Neben der Rekrutierung externer Hochschulabsolventen für Führungspositionen setzt dm sehr stark auf die interne Beförderung von Mitarbeitern. Für einen engagierten Lehrling ist die Laufbahn bis zum Filialleiter oder stellvertretenden Filialleiter keine Seltenheit. Diese Fallstudie fokussiert auf die Lehrlingsausbildungsstrategie des Unternehmens, da dies den operativen Kernbereich des Handels darstellt und weil dm in diesem Bereich für seine exzellente Strategie bekannt ist.

Personalrecruiting und -selektion

Neben dem konventionellen Weg der Rekrutierung durch Bewerbungen von Arbeitnehmerseite führt dm seit 2004 in Österreich auch sog. „**Lehrlings-Castings**" durch, in denen sich potenzielle Auszubildende präsentieren können. In Österreich können Jugendliche bei dm auch zum Friseur oder zum Kosmetiker und Fußpfleger ausgebildet werden. Im Rahmen der Lehrlings-Castings werden die Bewerber verschiedenen Tests und Übungen unterzogen, um ihr Talent und ihre Eignung für den jeweiligen Ausbildungsberuf zu prüfen. Auf diesem Wege bietet sich dem Unternehmen auch die Chance, die eigene Unternehmenskultur direkt zu präsentieren und den Fit zwischen potenziellem Arbeitnehmer und Unternehmen zu überprüfen. Die steigenden Bewerberzahlen innerhalb der drei Jahre, in denen das Casting angeboten wird, zeugen von der Akzeptanz dieses Konzeptes. 2006 konnten auf diesem Wege über 200 Lehrlinge für dm Österreich rekrutiert werden.

Personalentwicklung

Angesichts der sich ständig wandelnden Arbeitsumwelt sieht dm in institutionalisierten Lernangeboten durch spezialisierte Weiterbildungsinstitutionen, so in der Form von Seminaren oder Schulungen, einen nur unzureichenden Weg, um mit den permanent neuen Anforderungen angemessen Schritt halten zu können. Vielmehr bemüht sich das Unternehmen, das Lernen in die Arbeit selbst zu verlagern, was sich in dem Ziel des **„arbeitsintegrierten Lernens"** manifestiert. Somit wird aus dem Arbeitsplatz selbst der Ort des Lernens, wobei dem Unternehmen die Aufgabe zukommt, ihn derart zu gestalten, dass die Mitarbeiter ein Maximum in der Arbeit selbst und aus eigener Initiative lernen können. Diese Auffassung des Lernens entspricht der anthroposophischen Maxime, dass sich der Mensch nur durch das eigenständige Erkennen weiterentwickeln kann. Entsprechend werden die Kollegen als „Lerngemeinschaft" und die Vorgesetzten als „Lernbegleiter" für die jeweiligen Mitarbeiter verstanden, die dazu beitragen, den Erkenntnis- und Lernprozess zu vereinfachen.

IV. Erlebnis Ausbildung

Seit 1985 bildet dm Lehrlinge in den Filialen aus. In 1998 wurde die Ausbildungsinitiative ins Leben gerufen, seit deren Bestehen mehr als 4.500 Lehrlinge eine dm-Ausbildung begonnen haben. Im Geschäftsjahr 2005/06 beschäftigte das Unternehmen 1.674 Auszubildende.

Die folgenden Ausbildungsberufe können bei dm innerhalb von jeweils drei Jahren erlernt werden:

- Drogist
- Bürokaufmann
- Informatikkaufmann
- Fachinformatiker für Systemintegration
- Fachkraft für Lagerlogistik.

Während die angehenden Drogisten in einer der bundesweiten Filialen ausgebildet werden, ist der vom Unternehmen so bezeichnete „Lernort" für Bürokaufleute die Zentrale in Karlsruhe. Informatikkaufleute und Fachinformatiker für Systemintegration absolvieren ihre Ausbildung in der dm-Tochtergesellschaft FILIALDATA, deren Standort ebenfalls in Karlsruhe angesiedelt ist. Die Fachkräfte für Lagerlogistik lernen in einem der drei Verteilzentren in Weilerswist, Meckenheim oder Waghäusel.

Die große Mehrzahl der Auszubildenden, rund 90 %, erlernt den Beruf des Drogisten. Dieses klassische Berufsbild, das Kenntnisse aus Pharmazie, Gesundheit und Ernährung kombiniert, hat insbesondere durch dm und einer im Jahre 2000 gemeinsam mit dem Verbund Deutscher Drogisten (VDD) ins Leben gerufenen Initiative zur Förderung dieses Berufes einen enormen Bedeutungszuwachs erfahren. Im Rahmen der Ausbildung zum Drogisten erwerben die Auszubildenden zugleich den Abschluss als Kaufmann im Einzelhandel. Die Ausbildung umfasst in der Berufsschule etwa die Fächer

Fotografie, Haar-, Haut- und Körperpflege und Gesundheitslehre und entspricht somit dem Warensortiment des Drogeriemarktes. Der kaufmännische Teil des Berufes wird durch Fächer wie Rechnungswesen, Recht, Warenwirtschaft oder Kassenwesen bedient. Abgeschlossen wird die Ausbildung vor der IHK. Im Laufe der Ausbildung legen alle angehenden Drogisten ein Herbarium an, d.h. eine Sammlung gepresster bzw. getrockneter Heilpflanzen. Das Herbarium soll den Lehrlingen somit helfen, einen Bezug zwischen den verkauften Produkten und den enthaltenen Wirkstoffen herzustellen, der durch die eigene Tätigkeit des Suchens und Sammelns intensiviert wird.

Zusätzlich zu den Ausbildungsberufen bietet dm in Kooperation mit den Berufsakademien (BA) in Karlsruhe, Mannheim und Riesa die folgenden dreijährigen BA-Studiengänge an, die durch die duale Aufteilung der Studienzeit zwischen theoretischem Studium in der Berufsakademie und Praxisphase im Ausbildungsbetrieb gekennzeichnet sind:

- Diplom-Betriebswirt (BA), Fachrichtung Handel
- Diplom-Wirtschaftsinformatiker (BA)
- Diplom-Informatiker (BA), Studienrichtung Angewandte Informatik
- Diplom-Informatiker (BA), Studienrichtung Informationstechnik.

Seit Oktober 2006 kooperiert dm zudem mit der Alanus Hochschule für Kunst und Gesellschaft in Alfter. Erstmalig seit dem Wintersemester 2006/07 können 15 Studierende des Studienganges Wirtschaft und Kunst während mehrwöchiger Praxisphasen ihre im Laufe des Studiums gewonnenen Kenntnisse und Erfahrungen im Arbeitsalltag in einer der dm-Standorte anwenden. Das BWL-Studium an der Alanus Hochschule kombiniert klassische wirtschaftswissenschaftliche Disziplinen mit künstlerischen Fächern wie Schauspiel, Bildhauerei oder Malerei, um den Studenten eine neue Perspektive zu bieten und ihre kreative Handlungskompetenz zu erhöhen.

Die Lehrlingsausbildung bei dm baut auf den drei Säulen „Lernen in der Arbeit (LidA)“, „Forum Schule“ sowie „Abenteuer Kultur“ auf, die sich gegenseitig ergänzen.

Lernen in der Arbeit (LidA)

Seit Herbst 2001 praktiziert dm im Rahmen der Lehrlingsausbildung das Ausbildungskonzept „Lernen in der Arbeit (LidA)“, dem sog. **„entdeckendes Lernen“** zu Grunde liegt. Angesichts der immer größer werdenden Unsicherheitsbedingungen im beruflichen Alltag, die dazu führen, dass gelernte Inhalte schnell obsolet werden, verzichtet das Unternehmen auch bei seinen Lehrlingen zugunsten von LidA komplett auf institutionalisierte Wissensvermittlung etwa durch Schulungen.

Hierbei erhalten die Auszubildenden bei einem Übergabe-Gespräch Lernaufgaben, die sie unter realen Arbeitsbedingungen in Eigeninitiative bewältigen müssen. In Abhängigkeit von den bisherigen Kenntnissen und des jeweiligen Standes innerhalb der Ausbildung werden diese Aufgaben auf den individuellen Lernbedarf abgestimmt. Nach dem Motto „Fördern durch Fordern“ lernen die Lehrlinge – im unternehmensinternen Sprachgebrauch als „**Lernlinge**“ bezeichnet – anhand dieser realen Aufgaben im Filialalltag. Für dm liegt der Vorteil dieses „entdeckenden Lernens“ darin, dass den Lehrlingen keine vorgefertigten Anweisungen und Leitfäden vorgegeben werden, sondern eine bewusste Auseinandersetzung mit der jeweiligen Themenstellung stattfindet, da eigene Lösungswege selbstständig erarbeitet werden. Um dies zu ermöglichen, werden den Mitarbeitern im Arbeitsalltag kreative Freiräume zugestanden, die das eigenständige Bewältigen der Lernaufgaben zulassen und auch bewusst das Lernen durch Fehler mit einschließen, wodurch erfahrene Lerneffekte oftmals verstärkt werden. Zudem helfen Zwischengespräche mit den Ausbildern den Lehrlingen weiter, wenn sie bei der Bearbeitung einer Lernaufgabe an ihre Grenzen stoßen. Nach Beendigung der jeweiligen Aufgabe können die Auszubildenden in einem Auswertungsgespräch ihre Erfahrungen und Eindrücke äußern; zudem erhalten sie ausführliches Feedback über den erreichten Lernerfolg.

Neben dieser individuellen Förderung der Fähigkeiten fördert das Unternehmen außerdem den Austausch der Lehrlinge untereinander, womit Synergien erzielt werden und das Vertrauen untereinander zunimmt, was im Idealfall zu einer frühen Übernahme von Verantwortung führt.

In dem ca. 12.000 Produkte umfassenden Sortiment des Drogeriemarktes fallen jährlich ca. 9.000 Veränderungen an. Somit wird deutlich, dass konventionelles Lernen, das lediglich Momentaufnahmen umfasst, die Lehrlinge nur unzureichend für ihre berufliche Laufbahn ausbildet. Mit LidA versucht dm, die Lerninhalte durch das eigene Erarbeiten strukturell so zu vermitteln, dass sie immer auf neue Umweltbedingungen anwendbar bleiben. Ohne zwischengeschaltete Instanz lernen die Auszubildenden so direkt in und von der Arbeit. Diese Vorgehensweise schafft die Basis für einen kontinuierlichen Lernprozess, den der stetige Wandel der Arbeitsbedingungen erfordert.

Forum Schule

Neben dem Lösen realer Arbeitsaufgaben stellt die Berufsschule die zweite Säule der Lehrlingsausbildung bei dm dar. dm legt hierbei großen Wert auf die enge Kooperation mit den Berufsschulen, da diese das für die Lehrlinge notwendige theoretische Wissen vermitteln. Bis zum Jahr 2000 gab es kaum noch Berufsschulen, die in Deutschland Unterricht für Drogisten anboten. Durch das Engagement des Unternehmens gibt es mittlerweile in der Nähe fast jedes Standortes eine Drogistenklasse. Oftmals setzt sich die jeweilige Klasse komplett aus dm-Lehrlingen zusammen, sodass effizienter betriebsspezifischer Unterricht ermöglicht wird. Insbesondere die praxisnahen Unterrichtsfächer garantieren eine hohe Relevanz der Unterrichtsinhalte für den Arbeitsalltag.

Das Unternehmen legt bei der schulischen Ausbildung hohen Wert auf die Vermittlung profunder Fachkenntnisse, so im Bereich der Wirkungsweise von Pflanzen. Um ein nachhaltiges Erlangen von Wissen zu gewährleisten, setzt das Unternehmen auf entdeckendes Lernen unter Zuhilfenahme aller menschlichen Sinne. In diesem Zusammenhang ist etwa das bereits angesprochene Herbarium aus getrockneten Pflanzen zu nennen. Durch die Beschäftigung mit der Materie, die das Herbarium voraussetzt, wird ein nachhaltigerer Wissenseffekt erzielt, als er durch das bloße Auswendiglernen zustande kommen würde.

Abenteuer Kultur

Der seit 2000 existierende Baustein „Abenteuer Kultur" der Lehrlingsausbildung geht über die reine Wissensvermittlung hinaus und stellt ein Angebot zur Persönlichkeitsentwicklung sowohl im beruflichen als auch im privaten Bereich dar. Im Rahmen von „Abenteuer Kultur" nehmen alle Lehrlinge im Lauf ihrer Ausbildung zweimal als Akteure an **Theaterworkshops** teil, die auf insgesamt acht Tage verteilt sind. Gemeinsam mit professionellen Regisseuren, Schauspielern und Theaterpädagogen, die jedoch nur eine unterstützende Rolle einnehmen, erarbeiten die Teilnehmer das aufzuführende Theaterstück selbst. Durch das Rollenspiel lernen die Lehrlinge, sich mit einer ungewohnten Situation auseinanderzusetzen, bei der sie die eigenen Grenzen und Ängste überwinden müssen. Abgeschlossen werden die Workshops mit einer Theaterpräsentation für Kollegen, Freunde und Familie. Für das Unternehmen ist jedoch nicht das Ergebnis des Workshops entscheidend, sondern der Prozess, dem sich die Lehrlinge unterziehen und für den sie Kritikfähigkeit, Disziplin und Konzentration benötigen. Diese Erfahrungen können im Anschluss individuell eingesetzt und gerade im Beruf erfolgreich und zweckdienlich genutzt werden. Das Unternehmen ist der Ansicht, dass der Transfer der kreativen künstlerischen Betätigung in die tägliche Arbeit auch der Persönlichkeitsentwicklung der einzelnen Lehrlinge dient.

2004 wurde das Unternehmen für „Abenteuer Kultur" als Bestandteil der Ausbildung mit dem Initiativpreis „Aus- und Weiterbildung 2004" ausgezeichnet, der von der Otto Wolff-Stiftung, dem Deutschen Industrie- und Handelskammertag (DIHK) sowie der Wirtschaftswoche gemeinsam vergeben wird.

V. Zusammenfassung

In Österreich hat das Bundesministerium für Gesundheit und Frauen 2005 im Rahmen der Initiative „A Great Place to Work" umfangreiche Mitarbeiterbefragungen durchgeführt und dm als einen der 25 besten Arbeitgeber Österreichs ausgezeichnet. Zusätzlich hat das Unternehmen für seine Recruitingmaßnahme „LehrlingsCasting" den Sonderpreis für „Lebenslanges Lernen – Schwerpunkt Lehrlingsausbildung" erhalten.

Neben der innovativen und vielfach prämierten Lehrlingsausbildung engagiert sich das Unternehmen auch für soziale Belange und hat im März 2006 in diesem Zusammenhang etwa die Initiative „ZukunftsMusiker" gegründet, die Kinder im Grundschulalter spielerisch an Musikinstrumente heranführt. Zudem ist dm regelmäßig als Sponsor bei der kostenlosen Karlsruher Open-Air-Veranstaltung „Das Fest" präsent, wo in sog. Aktionspavillons Proben der Produktpalette angeboten werden, so in einer „Sonnenmilchbar"; weiterhin wird den Besuchern die Möglichkeit geboten, Fotos direkt vor Ort entwickeln zu lassen oder ein professionelles Styling in Anspruch zu nehmen. Diese Initiativen dienen der Stärkung des Unternehmensimages. Zudem führt dm auch eine Reihe außergewöhnlicher Aktionen durch, die das Gemeinschaftsgefühl der Lernlinge untereinander stärken. So wurden bspw. 1999 die damals bundesweit rund 1.300 Lehrlinge eingeladen, die totale Sonnenfinsternis gemeinsam zu erleben.

2005 konnte dm seinen Wachstumskurs durch die Übernahme von 37 Standorten der Idea-Drogerie von Rewe fortführen. Durch die Expansion des Unternehmens auch im internationalen Kontext wächst die Anzahl der Lehrlinge gleichfalls ständig an. In diesem Zusammenhang gilt es, die erfolgreich eingesetzten Prinzipien des selbst entdeckenden Lernens weiter so anzuwenden, dass sich die jungen Mitarbeiter in einer sich ständig wechselnden Umwelt zurechtfinden, getreu dem Motto, das dm bei LidA zu Grunde legt: „Lehren heißt nicht einen Eimer füllen, sondern ein Feuer entfachen".

Literaturverzeichnis

Aaker, D.A. (1996): Building Strong Brands, New York.

Aaker, D.A. (2004): Brand Portfolio Strategy, New York.

Abell, D.F. (1980): Defining the Business, Englewood Cliffs.

Achabal, D.D.; Gorr, W.L.; Mahajan, V. (1982): MULTILOC: A Multiple Store Location Decision Model, in: Journal of Retailing, 58. Jg., Nr. 2, S. 5-25.

ACNielsen (Hrsg.) (2006): Universen 2006: Handel und Verbraucher, http://de.acnielsen.com/pubs/index.shtml, 5. September 2006.

Adams, J.S. (1963): Toward an Understanding of Inequity, in: Journal of Abnormal Social Psychology, 67. Jg., Nr. 5, S. 422-436.

Ahlert, D. (1996): Distributionspolitik: Das Management des Absatzkanals, 3. Aufl., Stuttgart.

Ahlert, D. (1997): Warenwirtschaftsmanagement und Controlling in der Konsumgüterdistribution: Betriebswirtschaftliche Grundlegung und praktische Herausforderungen aus der Perspektive von Handel und Industrie, in: Ahlert, D.; Olbrich, R. (Hrsg.): Integrierte Warenwirtschaftssysteme und Handelscontrolling, 3. Aufl., Stuttgart, S. 3-122.

Ahlert, D. (Hrsg.) (2001): Handbuch Franchising & Cooperation, Neuwied u.a.

Ahlert, D.; Schröder, H. (1990): Erlebnisorientierung im stationären Einzelhandel, in: Marketing ZFP, 12. Jg., Nr. 4, S. 221-229.

Ahlert, D.; Blut, M.; Evanschitzky, H. (2006): Current Status and Future Evaluation of Retail Formats, in: Krafft, M.; Mantrala, M.K. (Hrsg.): Retailing in the 21st Century, Berlin, S. 289-308.

Ahlert, D.; Evanschitzky, H.; Wunderlich, M. (2005): Kooperative Unternehmensnetzwerke: Nationale und internationale Entwicklungs- und Wachstumsperspektiven des Franchising, in: Zentes, J.; Swoboda, B.; Morschett, D. (Hrsg.): Kooperationen, Allianzen und Netzwerke, 2. Aufl., Wiesbaden, S. 623-646.

Ahlert, D.; Kenning, P.; Schneider, D. (2000): Markenmanagement im Handel, Wiesbaden.

Ahlert, D. u.a. (2005): Das Preiswissen deutscher Kunden: International vergleichende Status-Quo-Analyse, in: Trommsdorff, V. (Hrsg.): Handelsforschung 2005, Stuttgart, S. 259-277.

Ailawadi, K.; Keller, K.L. (2004): Understanding Retail Branding: Conceptual Insights and Research Priorities, in: Journal of Retailing, 80. Jg., Nr. 4, S. 331-342.

Albach, H.; Bock, K.; Warnke, T. (1985): Kritische Wachstumsschwellen in der Unternehmensentwicklung, Stuttgart.

Alexander, N. (1990): Retailers and International Markets: Motives for Expansion, in: International Marketing Review, 7. Jg., Nr. 4, S. 75-85.

Alexander, N. (1995): Expansion within the Single European Market: A Motivational Structure, in: The International Review of Retail, Distribution and Consumer Research, 5. Jg., Nr. 4, S. 472-487.

Alexander, N. (1997): International Retailing, Oxford.

Alexander, N.; Doherty, A.-M. (2004): International Market Entry: Management Competencies and Environmental Influences, in: The European Retail Digest, Oxford Institute of Retail Management, o.Jg., Nr. 42, S. 14-19.

Amazon.com (Hrsg.) (2006): Annual Report 2005, Seattle.

Amine, A.; Cadenat, S. (2003): Efficient Retailer Assortment: A Consumer Choice Evaluation Perspective, in: International Journal of Retail & Distribution Management, 31. Jg., Nr. 10, S. 486-497.

Anderer, M. (1997): Internationalisierung im Einzelhandel: Strategien und Steuerungsmodelle, Frankfurt a.M.

Andersen, O.; Buvik, A. (2002): Firms' Internationalization and Alternative Approaches to the International Customer/Market Selection, in: International Business Review, 11. Jg., Nr. 3, S. 347-363.

Anderson, P.M. (1985): Association of Shopping Center Anchors with Performance of a Nonanchor Specialty Chain´s Store, in: Journal of Retailing, 61. Jg., Nr. 2, S. 61-74.

Anderson, U.; Johanson, J.; Vahlne, J.-E. (1997): Organic Acquisitions, in: Management International Review, 37. Jg., Nr. 2, Special Issue, S. 67-84.

Angerer, A. (2004): Out-of-Stock im Handel: Ausmass-Ursachen-Lösungen, St. Gallen.

Ansoff, I.H. (1957): Strategies for Diversification, in: Harvard Business Review, 35. Jg., Nr. 5, S. 113-124.

Ansoff, I.H. (1979): Strategic Management, London.

Ansoff, I.H. (1991): Critique of Henry Mintzberg´s "The Design School: Reconsidering the Basic Premises of Strategic Management", in: Strategic Management Journal, 12. Jg., Nr. 6, S. 449-461.

Applebaum, W. (1965): Measuring Retail Market Penetration for a Discount Food Supermarket: A Case Study, in: Journal of Retailing, 41. Jg., Nr. 2, S. 1-15.

Applebaum, W. (1968): The Analog Method for Estimating Potential Store Sales, in: Kornblau, C. (Hrsg.): Guide to Store Location Research, Reading, MA.

Arend-Fuchs, C. (1995): Die Einkaufsstättenwahl der Konsumenten bei Lebensmitteln, Frankfurt a.M.

Arend-Fuchs, C. (2004): Entwicklungstendenzen moderner IT-gestützter Warenwirtschaftssysteme, in: Zentes, J.; Biesiada, H.; Schramm-Klein, H. (Hrsg.): Performance-Leadership im Handel, Frankfurt a.M., S. 119-136.

Arentze, T.A.; Oppewal, H.; Timmermans, H.J. (2005): A Multipurpose Shopping Trip Model to Assess Retail Agglomeration Effects, in: Journal of Marketing Research, 42. Jg., Nr. 1, S. 109-115.

Argyris, C. (1992): On Organizational Learning, Cambridge.

Argyris, C.; Schön, D.A. (1978): Organizational Learning: A Theory of Action Perspective, Reading.

Arnold, U. (1997): Beschaffungsmanagement, 2. Aufl., Stuttgart.

Arnold, U. (1998): Global Sourcing: Strategische Neuorientierung des Einkaufs, in: Zentes, J.; Swoboda, B. (Hrsg.): Globales Handelsmanagement, Frankfurt, S. 235-256.

Ashurst (Hrsg.) (2005): Systemwechsel im deutschen Kartellrecht: Die Änderungen der 7. GWB-Novelle, Frankfurt a.M.

A.T. Kearney (Hrsg.) (2006): Airports werden Marktplätze des 21. Jahrhunderts. Kerngeschäft Luftfahrt verliert für Flughäfen an Bedeutung – Anspruchsvolleres Konsumverhalten erfordert Neuorientierung, http://www.atkearney.de/content/presse/pressemitteilungen_unterneh men _detail.php/id/49590, 10. Januar 2007.

Auer, S.; Koidl, R. (1997): Convenience Stores: Handelsform der Zukunft, Frankfurt a.M.

Ausschuss für Definitionen zu Handel und Distribution (Hrsg.) (2006): Katalog E. Definitionen zu Handel und Distribution, Köln.

Babin, L.A.; Babin, B.J.; Boles, J.S. (1999): The Effects of Consumer Perceptions of the Salesperson, Product and Dealer on Purchase Intentions, in: Journal of Retailing and Consumer Services, 6. Jg., Nr. 2, S. 91-97.

Backhaus, K.; Piltz, K. (1990): Strategische Allianzen, in: ZfbF, 42. Jg., Sonderheft 27, S. 1-10.

Backhaus, K.; Voeth M. (2007): Industriegütermarketing, 8. Aufl., München.

BAG; GfK-Prisma Institut (Hrsg.) (2005): Vademecum des Einzelhandels 2005, Berlin u.a.

Bailey, N.; Areni, C. (2006): When a few Minutes Sound like a Lifetime: Does Atmospheric Music Expand or Contract Perceived Time?, in: Journal of Retailing, 82. Jg, Nr. 3, S. 189-202.

Bailom, F. u.a. (1996): Das Kano-Modell der Kundenzufriedenheit, in: Marketing ZfB, 18. Jg., Nr. 2, S. 117-126.

Bain, J.S. (1959): Industrial Organization, New York.

Baker, J.; Grewal, D.; Parasuraman, A. (1994): The Influence of Store Environment on Quality Inferences and Store Image, in: Journal of the Academy of Marketing Science, 22. Jg., Nr. 4, S. 328-339.

Bandura, A. (1979): Sozial-kognitive Lerntheorie, Stuttgart.

Bänsch, A. (1995): Kommunikationspolitik, in : Tietz, B.; Köhler, R.; Zentes, J. (Hrsg.): Handwörterbuch des Marketing, 2. Aufl. Stuttgart, S. 1186-1200.

Barich, H.; Srinivasan, V. (1993): Prioritizing Marketing Image Goals under Resource Constraints, in: Sloan Management Review, 35. Jg., Sommer, S. 69-76.

Barney, J.B. (1991): Firm Resources and Sustained Competitive Advantages, in: Journal of Management, 17. Jg., Nr. 1, S. 99-120.

Barney, J.B. (2006): Gaining and Sustaining Competitive Advantage, 3. Aufl., Upper Saddle River.

Barney, J.B.; Wright, M.; Ketchen, D.J. (2001): The Resource-based View of the Firm: Ten Years after 1991, in: Journal of Management, 27. Jg., Nr. 6, S. 625-641.

Baron, M. (1999): Das neue Kartellgesetz – Einführung in die 6. GWB-Novelle und das Vergaberecht, Köln.

Barrenstein, P.; Kliger, M. (2003): Verbundgruppen im Wandel, in: akzente, 9. Jg., Nr. 27, S. 10-15.

Barros, P.P.; Brito, D.; de Lucena, D. (2006): Mergers in the Food Retailing Sector: An Empirical Investigation, in: European Economic Review, 50. Jg., Nr. 2, S. 447-468.

Barry, N. (2004): Fast Fashion, in: European Retail Digest, o.Jg., Nr. 41, S. 1-8.

Barth, K.; Hartmann, M.; Schröder, H. (2007): Betriebswirtschaftslehre des Handels, 6. Aufl., Wiesbaden.

Barth, K.; Karch, N.J.; McLaughlin, K.; Smith Li, C. (1996): Global Retailing: Tempting trouble?, in: The McKinsey Quarterly, o.Jg., Nr. 2, S. 117-125.

Bartlett, C.A.; Ghoshal, S. (1989): Managing Across Borders. The Transnational Solution, Boston.

Bartlett, C.A.; Ghoshal, S.; Birkinshaw, J. (2004): Transnational Management: Text, Cases, and Readings in Cross-Border Management, 4. Aufl., New York.

Bartling, H. (1980): Leitbilder der Wettbewerbspolitik, München.

Bartsch, A. (2004): Transaktionales vs. relationales Lieferantenmanagement: Eine vergleichende Analyse, in: Zentes, J.; Biesiada, H.; Schramm-Klein, H. (Hrsg.): Performance-Leadership im Handel, Frankfurt a.M., S. 159-190.

Bartsch, A. (2005): Lieferantenwert, Wiesbaden.

Battenfeld, D. (2001a): Prozessorganisation und Prozesssteuerung im Handel vor dem Hintergrund des Wandels in der handelsbetrieblichen Wertschöpfung, in: Trommsdorff, V. (Hrsg.): Handelsforschung 2001/02, Köln, S. 73-88.

Battenfeld, D. (2001b): Konfliktpotenziale im Rahmen des Category Management: Zur Integrationsfähigkeit der herstellerseitigen Markenführung und der Sortimentspolitik des Handels, in: Ahlert, D.; Olbrich, R.; Schröder, H. (Hrsg.): Jahrbuch Handelsmanagement 2001: Vertikales Marketing und Markenführung im Zeichen von Category Management, Frankfurt a.M., S. 85-106.

Battenfeld, D.; Grünblatt, M. (2004): Die Analyse von Preisabständen als Instrument der Preisfestsetzung, in: Trommsdorff, V. (Hrsg.): Handelsforschung 2004, Köln, S. 401-416.

Batzer, E.; Lachner, J.; Meyerhäfer, W. (1991): Der Handel in der Bundesrepublik Deutschland: Strukturelle Entwicklungstrends und Anpassungen an veränderte Markt- und Umfeldbedingungen, Teil I, München.

Bauer, H.H.; Hammerschmidt, M. (2006): Grundmodelle der DEA, in: Bauer, H.H.; Staat, M.; Hammerschmidt, M. (Hrsg.): Marketingeffizienz. Messung und Steuerung mit der DEA – Konzept und Einsatz in der Praxis, München, S. 33-59.

Bauer, H.H.; Falk, T.; Hammerschmidt, M. (2004): Online-Versandhandel: Durch E-Servicequalität Kunden binden, in: Science Factory Online, 6. Jg, Nr. 12, S. 1-5.

Bauer, H.H.; Reichardt, T.; Neumann, M.M. (2005): Bestimmungsfaktoren der konsumentenseitigen Akzeptanz von Mobile Marketing, in: der markt, 44. Jg., Nr. 2, S. 59-71.

Baum, H.-G.; Coenenberg, A.; Günther, T. (1999): Strategisches Controlling, 2. Aufl., Stuttgart.

Baumgarten, H.; Thoms, J. (2002): Trends und Strategien in der Logistik: Supply-Chains im Wandel, TU Berlin.

Baumgarten, H. u.a. (1998): Qualitäts- und Umweltmanagement logistischer Prozessketten, Bern u.a.

Baumgartner, C. (2002): Umsetzung und Realisierung von Performance Measurement, in: Fröschle, H.-P. (Hrsg.): Performance Measurement, HMD – Praxis der Wirtschaftsinformatik, Schwerpunktheft, Oktober, S. 17-26.

Baur, M.; Ott, W. (2005): Positive Auswirkungen flexiblerer Ladenöffnungszeiten – auch in der Schweiz, in: Die Volkswirtschaft – Das Magazin für Wirtschaftspolitik, o.Jg., Nr. 9, S. 47-50.

BDI (Bundesverband der Deutschen Industrie e.V.) (Hrsg.) (2005): Leitfaden Kartellrecht, Berlin.

Becker, J. (2005): Einzel- Familien- und Dachmarken als grundlegende Handlungsoptionen, in: Esch, F.-R. (Hrsg.): Moderne Markenführung. Grundlagen – Innovative Ansätze – Praktische Umsetzungen, 4. Aufl., Wiesbaden, S. 381-402.

Becker, J. (2006): Marketing-Konzeption. Grundlagen des zielstrategischen und operativen Marketing-Managements, 8. Aufl., München.

Becker, J.; Schütte, R. (2004): Handelsinformationssysteme, Frankfurt a.M.

Becker-Olsen, K.L.; Cudmore, B.A.; Hill, R.P. (2006): The Impact of Perceived Corporate Social Responsibility on Consumer Behavior, in: Journal of Business Research, 59. Jg., Nr. 1, S. 46-53.

Beecken, T. (1995): Teams statt Hierarchien, in: Droege & Comp. (Hrsg.): Unternehmensorganisation im internationalen Vergleich: Struktur, Prozesse und Führungssysteme in Deutschland, Japan und den USA, Frankfurt a.M. u.a., S. 141-155.

Bekmeier-Feuerhahn, S. (1998): Marktorientierte Markenbewertung, Wiesbaden.

Bell, J.; Davison, J. (1997): Warehouse Management Systems at Tesco, in: Hart, C. u.a. (Hrsg.): Cases in Retailing, Oxford, S. 88-96.

Bell, R.; Cuthbertson, R. (2004): Collaboration in the Retail Supply Chain, in: Reynolds, J.; Cuthbertson, C. (Hrsg.): Retail Strategy, Amsterdam u.a., S. 52-74.

Belz, C.; Mühlmeyer, J. (Hrsg.) (2001): Key Supplier Management, Kriftel u.a.

Benkenstein, M. (2001): Grundlagen des Marketing – Ein entscheidungsorientierter Ansatz, Wiesbaden.

Benölken, H.; Greipel, P. (1989): Strategische Organisationsentwicklung. Langfristige Unternehmenssicherung durch integrierte Strategie- und Organisationsentwicklung, in: Zeitschrift Führung + Organisation, 58. Jg., Nr. 1, S. 15-22.

Berekoven, L. (1990): Erfolgreiches Einzelhandelsmarketing: Grundlagen und Entscheidungshilfen, München.

Berekoven, L. (1995): Erfolgreiches Einzelhandelsmarketing: Grundlagen und Entscheidungshilfen, 2. Aufl., München.

Berger, S. (1977): Ladenverschleiß, Göttingen.

Berger, J.; Draganska, M. (2005): The Influence of Variety on Perceptions of Brand Quality, in: Advances in Consumer Research, 32. Jg., Nr. 1, S. 120.

Berman, B.; Evans, J.R. (2004): Retail Management, 9. Aufl., New Jersey.

Berman, B.; Evans, J.R. (2007): Retail Management, 10. Aufl., New Jersey.

Berndt, R.; Fantapie Altobelli, C.; Sander, M. (2005): Internationales Marketing-Management, 3. Aufl., Berlin u.a.

Bertels, T. (2000): Die lernende Organisation: Modell für das Management des Wandels im Wissenszeitalter, in: Kremin-Buch, B.; Unger, F.; Walz, H. (Hrsg.): Lernende Organisation, 2. Aufl., Ludwigshafen, S. 53-112.

Berthel, J.; Becker, F.G. (2003): Personal-Management: Grundzüge für Konzeptionen betrieblicher Personalarbeit, 7. Aufl., Stuttgart.

Besemer, S. (2004): Shopping-Center der Zukunft: Planung und Gestaltung, Wiesbaden.

Beul, M.M. (2006): Factory Outlet Center: Der Bauboom geht an Deutschland vorbei. Auf Schnäppchenjagd ins Ausland, in: Handelsblatt, 21. Juli 2006, S. b03.

Beutin, N. (2005): Kundenbindung durch Zusatzdienstleistungen (Value Added Services), in: Bruhn, M.; Homburg, C. (Hrsg.): Handbuch Kundenbindungsmanagement, 5. Aufl., Wiesbaden, S. 297-314.

Beutin, N. (2006): Verfahren zur Messung der Kundenzufriedenheit im Überblick, in: Homburg, C. (Hrsg.): Kundenzufriedenheit: Konzepte – Methoden – Erfahrungen, 6. Aufl., Wiesbaden, S. 121-170.

bfai (Bundesagentur für Außenwirtschaft)(Hrsg.) (2005a): Schweiz: Rechtstipps für Exporteure: Kartellrecht, Berlin.

bfai (Bundesagentur für Außenwirtschaft) (Hrsg.) (2005b): Schweiz: Rechtstipps für Exporteure: Unlauterer Wettbewerb, Berlin.

Bhatnagar, A.; Ratchford, B.T. (2004): A Model of Retail Format Competition for Non-durable Goods, in: International Journal of Research in Marketing, 21. Jg., Nr. 1, S. 39-60.

Bidlingmaier, J. (1974): Einzelhandel, Betriebsformen des, in: Tietz, B. (Hrsg.): Handwörterbuch der Absatzwirtschaft, Stuttgart, Sp. 526-546.

Bienert, M.L. (1996): Standortmanagement: Methoden und Konzepte für Handels- und Dienstleistungsunternehmen, Wiesbaden.

Biesiada, H.; Neidhart, M. (2004): Retail-Performance-Management: Konzeption eines modernen Business-Intelligence-Systems für die Planung, Steuerung und Kontrolle von Handelsprozessen, in: Zentes, J.; Biesiada, H.; Schramm-Klein, H. (Hrsg.): Performance-Leadership im Handel, Frankfurt a.M., S. 93-115.

Binder, C.U. (1997): Die Lizenzierung von Marken, in: MTP e.V. Alumni (Hrsg.): Erfolgreiches Markenmanagement: Vom Wert einer Marke, ihrer Stärkung und Erhaltung, Wiesbaden, S. 179-198.

Birgelen, M. van; Jong, A. De; Ruyter, K. de (2006): Multi-Channel Service Retailing: the Effects of Channel Performance Satisfaction on Behavioral Intentions, in: Journal of Retailing, 82. Jg., Nr. 4, S. 367-377.

Birker, K.; Voss, R. (2000): Handelsmarketing, Berlin.

Birtwistle, G.; Clarke, I.; Freathy, P. (1999): Store Image in the UK Fashion Sector: Consumer versus Retailer Perceptions, in: The International Review of Retailing, Distribution and Consumer Research, 9. Jg., Nr. 1, S. 1-16.

Blake, R.R.; Mouton, J.S. (1992): Verhaltenspsychologie im Betrieb: Der Schlüssel zur Spitzenleistung, 4. Aufl., Düsseldorf u.a.

Bleicher, K. (2004): Das Konzept Integriertes Management, 7. Aufl., Frankfurt a.M. u.a.

Bliemel, F.W.; Eggert, A. (1998): Kundenbindung – die neue Sollstrategie?, in: Marketing ZfB, 20. Jg., Nr. 1, S. 37-46.

Blohm, H.; Lüder, K.; Schaefer, C. (2006): Investition: Schwachstellenanalyse des Investitionsbereichs und Investitionsrechnung, 9. Aufl., München.

Blümle, E.-B.; Halm, R. (1994): Die Internationalisierung schweizerischer Einzelhandelsunternehmungen (EHU): Ergebnisse einer empirischen Untersuchung, in: Trommsdorff, V. (Hrsg.): Handelsforschung 1994/95, Wiesbaden, S. 203-222.

Blümle, E.-B.; Maas, R. (1998): Aspekte der Internationalisierung von Verbundgruppen, in: Olesch, G. (Hrsg.): Kooperation im Wandel: Zur Bedeutung und Entwicklung von Verbundgruppen, Frankfurt a.M., S. 317-329.

Böhler, J. (1993): Betriebsform, Wachstum und Wettbewerb, Wiesbaden.

Böhlke, E. (1995): Trade Marketing, in: Tietz, B.; Köhler, R.; Zentes, J. (Hrsg.): Handwörterbuch des Marketing, 2. Aufl., Stuttgart, Sp. 2483-2494.

Boatwright, P.; Nunes, J. (2001): Reducing Assortment: An Attribute-Based Approach, in: Journal of Marketing, 65. Jg., Nr. 3, S. 50-63.

Bogaschwesky, R.; Rollberg, R. (1998): Prozessorientiertes Management, Berlin u.a.

Böge, U. (2003): Bekanntmachung Nr. 124/2003 des Bundeskartellamtes zur Anwendung des §20 Abs. 4 Satz 2 GWB (Angebot unter Einstandspreis), Bonn.

Bolz, J. (1992): Wettbewerbsorientierte Standardisierung der internationalen Marktbearbeitung, Darmstadt.

Bonnin, A.R. (2002): The Fashion Industry in Galicia: Understanding the ‚Zara' Phenomenon, in: European Planning Studies, 10. Jg., Nr. 4, S. 519-527.

Bordier, A. (2001): Future Focus: The Global Hypermarket Revolution, in: European Retail Digest, o.Jg., Nr. 32, S. 63-65.

Bordier, A. (2004): European Convenience Retailing: A Changing Market, in: European Retail Digest, o.Jg., Nr. 42, S. 66-70.

Borle, S. u.a. (2005): The Effect of Product Assortment Changes on Customer Retention, in: Marketing Science, 24. Jg., Nr. 4, S. 616-622.

Bosshart, D.; Staib, D. (2005): Detailhandel Schweiz 2015: Trends, Szenarios, Perspektiven: Wo stehen wir in zehn Jahren?, GDI Studie Nr. 23, Rüschlikon u.a.

Bost, E. (1987): Ladenatmosphäre und Konsumentenverhalten, Heidelberg.

Bowersox, D.J.; Closs, D.J. (1996): Logistical Management, 3. Aufl., New York u.a.

Boztuğ, Y.; Silberhorn, N. (2006): Modellierungsansätze in der Warenkorbanalyse im Überblick, in: Journal für Betriebswirtschaft, 56. Jg., Nr. 2, S. 105-128.

Brady, D.L.; Mills, I.; Mendenhall, K.D. (1989): A Binational Analysis of Marketing Programmes Used by Small Retailers in Great Britain and the US, in: International Journal of Retail and Distribution Management, 17. Jg., Nr. 5, S. 27-38.

Braudel, F. (1986): Sozialgeschichte des 15.-18. Jahrhunderts: Der Handel, München.

Brauer, W. (1997): Die Betriebsform im stationären Einzelhandel als Marke, Diss., München.

Braun, D. (2002): Synergiepotenziale und deren Ausschöpfung bei Unternehmenszusammenschlüssen. Empirische Untersuchung eines Fallbeispiels, Hamburg.

Braun, J. (2003): Grundlagen der Organisationsgestaltung, in: Bullinger, H.-J.; Warnecke, H.J.; Westkämper, E. (Hrsg.): Neue Organisationsformen im Unternehmen: Ein Handbuch für das moderne Management, 2. Aufl., Berlin u.a., S. 1-67.

Brengman, M.; Geuens, M. (2003): The Four Dimensional Impact of Colour on Shoppers' Emotions, in: Advances in Consumer Research, 21. Jg., Nr. 1, S. 122-128.

Brockhoff, K. (1999): Produktpolitik, 4. Aufl., Stuttgart.

Broniarczyk, S.M.; Hoyer, W.D.; McAlister, L. (1998): Consumers' Perceptions of the Assortment Offered in a Grocery Category: The Impact of Item Reduction, in: Journal of Marketing Research, 35. Jg., Nr. 2, S. 166-176.

Bruhn, M. (1998): Balanced Scorecard: Ein ganzheitliches Konzept der Unternehmensführung?, in: Bruhn, M. u.a. (Hrsg.): Wertorientierte Unternehmensführung, Wiesbaden, S. 145-167.

Bruhn, M. (2001): Bedeutung der Handelsmarke im Markenwettbewerb, in: Bruhn, M. (Hrsg.): Zukunftsperspektiven der Handelsmarkenpolitik, 3. Aufl., Stuttgart, S. 3-48.

Bruhn, M. (2002): Integrierte Kundenorientierung: Implementierung einer kundenorientierten Unternehmensführung, Wiesbaden.

Bruhn, M. (2004): Handbuch Markenführung: Kompendium zum erfolgreichen Markenmanagement. Strategien – Instrumente – Erfahrungen, 2. Aufl., Wiesbaden.

Bruhn, M. (2005): Kommunikationspolitik. Systematischer Einsatz der Kommunikation für Unternehmen, 3. Aufl., München.

Bruhn, M. (2007): Marketing. Grundlagen für Studium und Praxis, 8. Aufl., Wiesbaden.

Bruhn, M.; Stauss, B. (Hrsg.) (1999): Dienstleistungsqualität: Konzepte, Methoden, Erfahrungen, 3. Aufl., Wiesbaden.

Buddeberg, H. (1959): Betriebslehre des Handels, Wiesbaden.

Büdenbender, U.; Strutz, H. (1996): Gabler-Lexikon Personal: Personalwirtschaft, Personalmanagement, Arbeits- und Sozialrecht, Wiesbaden.

Bühner, R. (1990): Unternehmenszusammenschlüsse, Stuttgart.

Bühner, R. (1993): Shareholder Value, in: Die Betriebswirtschaft, 53. Jg., Nr. 6, S. 749-769.

BulwienGesa AG (Hrsg.) (2006): Quarterly Special: Fachmärkte. Fachmärkte im Fokus von Investoren, http://www.bulwiengesa.de/quarter ly/2006-05_HandelSpezial.pdf, 12. September 2006.

Burgelman, R.A. (1996): A Process Model of Strategic Business Exit: Implications for an Evolutionary Perspective on Strategy, in: Strategic Management Journal, 17. Jg., Special Issue, S. 193-214.

Burmann, C. (1995): Key Success Factors and Productivity of Department Stores, Working Paper Nr. 93, Institute for Marketing and Management Science, Münster.

Burmann, C.; Freiling, J.; Hülsmann, M. (2006): Neue Perspektiven des Strategischen Kompetenz-Managements, Wiesbaden.

Burt, S. (1991): Trends in the Internationalization of Grocery Retailing: The European Experience, in: International Review of Retail, Distribution and Consumer Research, 1. Jg., Nr. 4, S. 487-515.

Burt, S. (1993): Temporal Trends in the Internationalization of British Retailing, in: The International Review of Retail, Distribution and Consumer Research, 3. Jg., Nr. 4, S. 391-410.

Burt, S.; Carralero-Encinas, J. (2000): The Role of Store Image in Retail Internationalisation, in: International Marketing Review, 17. Jg., Nr. 4/5, S. 433-453.

Burt, S.; Limmack, R. (2001): Takeovers and Shareholder Returns in the Retail Industry, in: International Review of Retailing, Distribution and Consumer Research, 11. Jg., Nr. 1, S. 1-21.

Burt, S.; Sparks, L. (2002): Corporate Branding, Retailing, and Retail Internationalization, in: Corporate Reputation Review, 5. Jg., Nr. 2/3, S. 194-212.

Burt, S.; Dawson, J.; Sparks, L. (2003): Failure in International Retailing: Research Propositions, in: The International Review of Retail, Distribution and Consumer Research, 13. Jg., Nr. 4, S. 355-375.

BVH (Bundesverband des Deutschen Versandhandels e.V.) (Hrsg.) (2006): Versandhandel heute. Zahlen, Fakten und Graphiken, http://www.versandhandel.org/Distanzhandel.103.0.html, 11. September 2006.

BVL (Bundesverband des Deutschen Lebensmittelhandels e.V.) (Hrsg.) (2006): BVL-Forderungen für 2006, Berlin.

Camp, R.C. (1994): Benchmarketing, München u.a.

Casino Group (Hrsg.) (2006): Convenience Stores, http://www.groupe-casino.fr/legroupe/?id_art=90012015&lang=en&sr=2, 5. September 2006.

Cataluna, F.R.; Franco, M.J.S.; Ramos, A.F.V. (2005): Are Hypermarket Prices Different from Discount Store Prices?, in: Journal of Product & Brand Management, 14. Jg., Nr. 5, S. 330–337.

Chamoni, P.; Zeschau, D. (1996): Management-Support-Systems und Data Warehousing, in: Muksch, H.; Behme, W. (Hrsg.): Das Data Warehouse-Konzept, Wiesbaden, S. 47-83.

Chan, T.Y. u.a. (2007): Willingness to Pay and Competition in Online Auctions, in: Journal of Marketing Research, 44. Jg., Nr. 2, S. 324-333.

Chandon, P.; Wansink, B.; Laurent, G. (2000): A Benefit Congruency Framework of Sales Promotion Effectiveness, in: Journal of Marketing, 64. Jg., Nr. 4, S. 65-81.

Chandy, R.K.; Tellis, G.J. (1998): Organizing for Radical Product Innovation: The Overlooked Role of Willingness to Cannibalize, in: Journal of Marketing Research, 35. Jg., Nr. 4, S. 474-487.

Chaudhuri, S.; Dayal, U. (1997): An Overview of Data Warehousing and OLAP Technology, in: ACM Sigmod Record, o.Jg., Nr. 1, S. 65-74.

Chebat, J.-C.; Michon, R. (2003): Impact of Ambient Odours on Mall Shoppers' Emotions, Cognition and Spending: A Test of Two Competitive Causal Theories, in: Journal of Business Research, 56. Jg., Nr. 7, S. 529-539.

Chebat, J.-C.; Morrin, M. (2007): Colors and Cultures: Exploring the Effects of Mall Decor on French- and Anglo-Canadian Consumer Perceptions, in: Journal of Business Research, 60. Jg., Nr. 3, S. 189-196.

Chernev, A. (2005a): Product Assortment and Variety Seeking in Consumer Choice, in: Advances in Consumer Research, 32. Jg., Nr. 1, S. 119-120.

Chernev, A. (2005b): Feature Complementary and Assortment in Choice, in: Journal of Consumer Research, 32. Jg., Nr. 4, S. 170-183.

Chernev, A. (2006): Decision Focus and Consumer Choice among Assortments, in: Journal of Consumer Research, 33. Jg., Nr. 1, S. 50-59.

Chopra, S.; Meindl, P. (2004): Supply Chain Management: Strategy, Planning, and Operation, Upper Saddle River.

Chow, G.; Heaver, T.D.; Henriksson, L.E. (1994): Logistics Performance: Definition and Measurement, in: International Journal of Physical Distribution and Logistics Management, 24. Jg., Nr. 1, S. 17-28.

Chowdhury, J.; Reardon, J.; Srivastava, R. (1998): Alternative Modes of Measuring Store Image: An Empirical Assessment of Structured versus Unstructured Measures, in: Journal of Marketing Theory and Practice, 6. Jg., Nr. 2, S. 72-86.

Christensen, C.M.; Raynor, M.E. (2004): Marktorientierte Innovation: Geniale Produktideen für mehr Wachstum, Frankfurt u.a.

Christopher, M. (1992): Logistics and Supply Chain Management, London.

Christopher, M. (1997): Marketing Logistics, Oxford.

Christopher, M. (1999): Logistics and Supply Chain Management, 2. Aufl., London.

Christopher, M.; Peck, H. (1997): Managing Logistics in Fashion Markets, in: The International Journal of Logistics Management, 8. Jg., Nr. 2, S. 63-74.

Chu, J.; Morrison, G.P. (2003): Das Einkaufserlebnis der Zukunft: Ergebnisse der IBM/NRF Studie zum Thema „Store of the Future/Retailing on demand“, Stuttgart u.a.

Cisik, A.J. (1994): Perspektiven eines ganzheitlichen Personalmanagements, Frankfurt a.M. u.a.

Coase, R.H. (1937): The Nature of the Firm, in: Economica, 4. Jg., S. 386-405.

Cohen, S.; Applebaum W. (1960): Evaluating Store Sites and Determining Store Rents, in: Economic Geography, 36. Jg., Nr., S. 1-35.

Collis, D.J. (1991): A Resource-Based Analysis of Global Competition: The Case of the Bearings Industry, in: Strategic Management Journal, 12. Jg., Nr. 1, S. 49-68.

Collins-Dodd, C.; Lindley, T. (2003): Store Brands and Retail Differentiation: The Influence of Store Image and Store Brand Attitude on Store

Own Brand Perceptions, in: Journal of Retailing & Consumer Services, 10. Jg., Nr. 6, S. 345-352.

Cooke, J.A. (1998): Into the Great Wide Open, in: Logistics Management and Distribution Report, 37. Jg., Nr. 10, S. 84-87.

Cooper, J.; Tweddle, G. (1994): Distribution Round the Clock, in: Cooper, J. (Hrsg.): Logistics and Distribution Planning, 2. Aufl., London, S. 195-206.

Cornelius Stüssgen AG (1972): Der Filialbetrieb als System: Das Cornelius-Stüssgen-Modell, Köln.

Corsten, D.; Gabriel, Ch. (2004): Supply Chain Management erfolgreich umsetzen, 2. Aufl., Berlin u.a.

Corsten, D.; Kumar, N. (2005): Do Suppliers Benefit from Collaborative Relationships with Large Retailers? An Empirical Investigation of Efficient Consumer Response Adoption, in: Journal of Marketing, 69. Jg., Nr. 3, S. 80-94.

Corsten, H. (2002): Herausforderungen an das Supply Chain Management im internationalen Unternehmensverbund, in: Macharzina, K.; Oesterle, M.-J. (Hrsg.): Handbuch Internationales Management, 2. Aufl., Wiesbaden, S. 943-968.

Cox, A. (2001): Understanding Buyer and Supplier Power. A Framework for Procurement and Supply Competence, in: Journal of Supply Chain Management, 37. Jg., Nr. 2, S. 8-15.

Cross, J.C.; Belich, T.J.; Rudelius, W. (1990): How Marketing Managers use Market Segmentation: An Exploratory Study, in: Dunlap, B.J. (Hrsg.): Proceedings of the Thirteenth Annual Conference of the Academy of Marketing Science, New Orleans, S. 523-536.

Csikszentmihalyi, M. (2005): Flow: Das Geheimnis des Glücks, 12. Aufl., Stuttgart.

Cushman & Wakefield Haley & Baker (Hrsg.) (2005): Shopping Center Development Report, London.

Cuthbertson, R. (2004): Supply Chain: A Core Competency for Retailers – Interview with Armin Meier, IT and Logistics director of Migros, in: Reynolds, J.; Cuthbertson, C. (Hrsg.): Retail Strategy, Amsterdam u.a., S. 173-180.

Danneels, E. (1996): Market Segmentation: Normative Model versus Business Reality. An exploratory study of Apparel Retailing in Belgium, in: European Journal of Marketing, 30. Jg., Nr. 6, S. 36-51.

Dant, R.P.; Kaufmann, P.J. (2003): Structural and Strategic Dynamics in Franchising, in: Journal of Retailing, 79. Jg., Nr. 2, S. 63-75.

Darwin, C. (1859): On the Origin of Species by Means of Natural Selection, or the Preservation of Favoured Races in the Struggle for Life, London.

Dautzenberg, P. (1996): Verbundgruppenmanagement im Spannungsfeld zwischen Zentralisierung und Dezentralisierung, Diss., St. Gallen.

Davies, G. (1995): Bringing Stores to Shoppers – Not Shoppers to Stores, in: International Journal of Retail Distribution Management, 23. Jg., Nr. 1, S. 18-23.

Dawson, J. (1993): The Internationalisation of Retailing, in: Bromley, R.D.F.; Thomas, C.J. (Hrsg.): Retail Change: Contemporary Issues, London, S. 15-40.

Dawson, J. (1994): Internationalisation of Retail Operations, in: Journal of Marketing Management, 10. Jg., S. 267-282.

Dawson, J.; Kirby, D. (1977): Shop Size and Productivity in British Retailing in the 1960s, in: European Journal of Marketing, 11. Jg., Nr. 4, S. 262-271.

Dehler, M. (2001): Entwicklungsstand in der Logistik, Wiesbaden.

Delfmann, W. (1997): Logistikorientierung des Informationsmanagements, in: Bloech, J.; Ihde, G.B. (Hrsg.): Vahlens Großes Logistiklexikon, München, S. 186-188.

Dellbrügge, G.; Atzberger, M. (2005): Spitzenerträge in der Kassenzone, in: stores + shops, o.Jg., Nr. 3, S. 49-51.

Dembeck, S. (2004): Retail Branding: Eine Analyse unter besonderer Berücksichtigung des Bekleidungs- und Lebensmitteleinzelhandels in Deutschland, Großbritannien und Frankreich, Aachen.

Denton, K.D. (2006): What Darwin can Teach us about Success, in: Development and Learning in Organizations, 20. Jg., Nr. 1, S. 7-10.

Deppisch, C.G. (1997): Dienstleistungsqualität im Handel, Wiesbaden.

Deutscher Franchise-Verband e.V. (Hrsg.) (1999): Jahrbuch Franchising 1999/2000, Frankfurt a.M.

Dietz, K.-M.; Kracht, T. (2002): Dialogische Führung: Grundlagen – Praxis – Fallbeispiel: dm-drogerie markt, Frankfurt a.M. u.a.

Dhar, S.K.; Hoch, S.J.; Kumar, N. (2001): Effective Category Management Depends on the Role of the Category, in: Journal of Retailing, 77. Jg., Nr. 2, S. 165-189.

Dickinger, A.; Haghirian, P.; Schlegelmilch, B. (2003): M-Marketing: Ein Ausblick auf die Zukunft des Marketing, in: der markt, 42. Jg., Nr. 166/167, S. 107-116.

DIHT (Deutscher Industrie- und Handelstag) (Hrsg.) (1999): Schwerpunkte einer Politik für den Einzelhandel: Positionspapier des Deutschen Industrie- und Handelstages, Bonn.

Diller, H. (1977): Der Preis als Qualitätsindikator, in: Die Betriebswirtschaft, 37. Jg., Nr. 2, S. 219-234.

Diller, H. (1993): Key-Account-Management auf dem Prüfstand, in: Irrgang, W. (Hrsg.): Vertikales Marketing im Wandel, München, S. 49-80.

Diller, H. (1997): Was leisten Kundenclubs?, in: Marketing ZfB, 18. Jg., Nr. 1, S. 33-41.

Diller, H. (2000): Preispolitik, 3. Aufl., Stuttgart.

Diller, H. (2003): Aufgabenfelder, Ziele und Entwicklungstrends der Preispolitik, in: Diller, H.; Herrmann H, (Hrsg.): Handbuch Preispolitik: Strategien – Planung – Organisation – Umsetzung, Wiesbaden, S. 3-32.

Diller, H. (2007): Grundprinzipien des Marketing, 2. Aufl., Nürnberg.

Diller, H.; Anselstetter, S. (2006): Preis- und Sonderangebotspolitik: Formen und Erfolgsfaktoren, in: Zentes, J. (Hrsg.): Handbuch Handel, Wiesbaden, S. 597-630.

Diller, H.; Goerdt, T. (2005): Die Marken- und Einkaufsstättentreue der Konsumenten, in: Esch, F.-R. (Hrsg.): Moderne Markenführung: Grundlagen – Innovative Ansätze – Praktische Umsetzungen, 4. Aufl., Wiesbaden, S. 1209-1224.

Diller, H.; Haas, A.; Hausruckinger, G. (1998): Mit Discounting in die Zukunft: Erfolgsfaktoren einer Wachstumsstrategie, in: Lebensmittel Zeitung, 50. Jg., 16. Januar 1998, S. 58.

Diller, H.; Kusterer, M. (1986): Erlebnisbetonte Ladengestaltung im Einzelhandel: Eine empirische Studie, in: Trommsdorff, V. (Hrsg.): Handelsforschung 1986/87, Jahrbuch der Forschungsstelle für den Handel (FfH) e.V., Wiesbaden, S. 105-123.

Diller, H.; Metz, R.; Keller, J. (2006): Messung der Effizienz von Verkaufsniederlassungen, in: Bauer, H.H.; Staat, M.; Hammerschmidt, M. (Hrsg.): Marketingeffizienz: Messung und Steuerung mit der DEA – Konzept und Einsatz in der Praxis, München, S. 109-124.

Diruf, G. (1998): Managementunterstützungssysteme, in: Krieger, W.; Klaus, P. (Hrsg.): Gabler Lexikon Logistik, Wiesbaden, S. 337-342.

Dölle Unternehmensgruppe (Hrsg.) (2000): Szenario 2010: Handelsmarken contra Herstellermarken. Aktuelle Studie zur Entwicklung der Rahmenbedingungen, Prognosen, Strategien und Konzepte, Bad Homburg v.d.H.

Dörner, D. (1992): Die Logik des Misslingens. Strategisches Denken in komplexen Situationen, Reinbek.

Doherty, A.-M. (1999): Explaining International Retailers' Market Entry Mode Strategy: Internalization Theory, Agency Theory and the Importance of Information Asymmetry, in: The International Review of Retail, Distribution and Consumer Research, 9. Jg., Nr. 4, S. 379-402.

Doherty, A.M. (2000): Factors Influencing International Retailers' Market Entry Mode Strategy: Qualitative Evidence for the UK Fashion Sector, in: Journal of Marketing Management, 16. Jg., Nr. 1-3, S. 223-245.

Doherty, A.M. (Hrsg.) (2004): Fashion Marketing: Building the Research Agenda, in European Journal of Marketing, 38. Jg., Nr. 7, Special Issue.

Doherty, A.M.; Alexander, N. (2006): Power and Control in International Retail Franchising, in: European Journal of Marketing, 40. Jg., Nr. 11/12, S. 1292-1316.

Donaldson, T.; Preston, L.L. (1995): The Stakeholder Theory of the Corporation: Concepts, Evidence and Implications, in: Academy of Management Review, 20. Jg., Nr. 1, S. 65-91.

Donabedian, A. (1980): The Definition of Quality and Approaches to its Assessment. Explorations in Quality Assessment and Monitoring, Ann Arbor.

Donovan, R.J.; Rossiter J.R. (1982): Store Atmosphere: An Environmental Psychology Approach, Journal of Retailing, 58. Jg., Nr. 1, S. 34-57.

Douma, M.U. u.a. (2000): Strategic Alliances: Managing the Dynamics of Fit, in: Long Range Planning, 33. Jg., Nr. 4, S. 579-598.

Doury, N. (2000): Successful Integrating Cinemas into Retail and Leisure Complexes: An Operator's Perspective, in: Journal of Leisure Property, 1. Jg., Nr. 2, S. 119-126.

Doyle, P.; Fenwick, I. (1974/75): How Store Image Affects Shopping Habits in Grocery Chains, in: Journal of Retailing, 50. Jg., Nr. 4, S. 39-52.

Dragun, D. (2004): The Financial Implications of Retail Strategy, in: Reynolds, J.; Cuthbertson, C. (Hrsg.): Retail Strategy, Amsterdam u.a., S. 137-169.

Drees, N.; Schiller, S. (2000): Mystery Shopping: Ein Instrument zur Überprüfung der Servicequalität, in: Absatzwirtschaft, 43. Jg., Nr. 9, S. 66-71.

Dressler, M. (1998): Erfolgreiche Vergütungssysteme im deutschen Einzelhandel, Frankfurt a.M.

Drexel, G. (1981): Strategische Unternehmensführung im Handel, Berlin u.a.

Drezner, T.; Drezner, Z. (1996): Competitive Facilities: Market Share and Location with Random Utility, in: Journal of Regional Science, 36. Jg., Nr. 1, S. 1-15.

Dudek, J. (2005): Die Kunden werden älter, in: stores + shops, o.Jg., Nr. 3, S. 60-61.

Durvasula, S.; Sharma, S.; Andrews, J. C. (1992): Storeloc: A Retail Store Location Model Based on Managerial Judgements, in: Journal of Retailing, 68. Jg., Nr. 4, S. 420-444.

Dyckhoff, H. (2006): Analyse der Werbeeffizienz mit Advanced DEA, in: Bauer, H.H.; Staat, M.; Hammerschmidt, M. (Hrsg.): Marketingeffizienz: Messung und Steuerung mit der DEA – Konzept und Einsatz in der Praxis, München, S. 167-186.

ECE Projektmanagement GmbH & Co. KG; Deka Immobilien Invest (Hrsg.) (2006): Nova eventis: Shopping Mall, Service Center, Freizeitwelt, Hamburg.

ECR Europe; R. Berger & Partner (1996): Efficient Replenishment and EDI: Introducing EDI, o.O.

Eggert, U. (2006): Wettbewerbliches Umfeld: Konsumenten, Lieferanten, Konkurrenten, in: Zentes, J. (Hrsg.): Handbuch Handel: Strategien – Perspektiven – Internationaler Wettbewerb, Wiesbaden, S. 23-47.

Ellis, B.; Kelley, S.W. (1992): Competitive Advantage in Retailing, in: The International Review of Retailing, Distribution and Consumer Research, 2. Jg., Nr. 4, S. 381-396.

EHI Eurohandelsinstitut GmbH (Hrsg.) (2005): Handel aktuell, Köln.

EHI Retail Institute (Hrsg.) (1999): Galerien, Passagen und kleinere Einkaufscenter – Strukturen, Porträts, Anschriften, Fachbeiträge, Köln.

EHI Retail Institute (Hrsg.) (2006): Shopping-Center 2006, Köln.

EHI Retail Institute (Hrsg.) (2005): Visionen im Handelsmarketing, Marketing-Studie 2005, Köln.

EHI Retail Institute (Hrsg.) (2006a): Marketingmonitor Handel 2006: Daten, Fakten, Fallbeispiele, Köln.

EHI Retail Institute (Hrsg.) (2006b): rt-special: Multimediales Merchandising am POP, Köln.

Engelhard, H. A. (1985): Die Genossenschaft in der Europäischen Gemeinschaft: Die Genossenschaft im Wettbewerb der Ideen, Tübingen.

Eppli, M.J.; Shilling, J.D. (1996): Competitive Facilities: Market Share and Location to a Regional Shopping Center?, in: Journal of Real Estate Research, 12. Jg., Nr. 3, S. 459-468.

Erdem, T.; Swait, J. (1998): Brand Equity as a Signaling Phenomenon, in: Journal of Consumer Psychology, 7 Jg. , Nr. 2, S. 131-157.

Esch, F.-R. (2003): Strategie und Technik der Markenführung, München.

Esch, F.-R. (Hrsg.) (2005a): Moderne Markenführung: Grundlagen – Innovative Ansätze – Praktische Umsetzungen, 4. Aufl., Wiesbaden.

Esch, F.-R. (Hrsg.) (2005b): Strategie und Technik der Markenführung, 3. Aufl., München.

Esch, F.-R. (2006): Corporate Brand Management, 2. Aufl., Wiesbaden.

Esch, F.-R.; Billen, P. (1996): Förderung der Mental Convenience beim Einkauf durch Cognitive Maps und kundenorientierte Produktgruppierungen, in: Trommsdorff, V. (Hrsg.): Handelsforschung 1996/97, Wiesbaden, S. 317-339.

Esch, F.-R.; Levermann, T. (1993): Handelsunternehmen als Marke: Messung, Aufbau und Stärkung des Markenwertes – Ein verhaltenswissenschaftlicher Ansatz, in: Trommsdorff, V. (Hrsg.): Jahrbuch der Handelsforschung 1993/1994, Wiesbaden, S. 79-102.

Esch, F.-R.; Herrmann, A.; Sattler, H. (2006): Marketing: Eine managementorientierte Einführung, München.

Eschweiler, M. (2006): Externe Referenzpreise: Eine empirisch gestützte verhaltenswissenschaftliche Wirkungsanalyse, Wiesbaden.

Eßig, M. (2006): Electronic Procurement: Konzeption und Anwendung, in: Zentes, J. (Hrsg.): Handbuch Handel: Strategien – Perspektiven – Internationaler Wettbewerb, Wiesbaden, S. 735-758.

Essl, M.; Penninger, A.; Wiedenhofer, G. (2003): „4 Welten für Häuselbauer, Renovierer und Gartenfreunde". Das neue Marketing-Konzept von bauMax, Vortrag am 10. November 2005, Marketing Club Österreich, Wien.

Evans, J.; Bridson, K. (2005): Explaining Retail Offer Adaptation through Psychic Distance, in: International Journal of Retail and Distribution Management, 33. Jg., Nr. 1, S. 69-78.

Evans, J.; Treadgold, A.; Mavondo, F.T. (2000): Psychic Distance and the Performance of International Retailers : A Suggested Theoretical Framework, in: International Marketing Review, 17. Jg., Nr. 4/5, S. 373-391.

Falk, B. (1998): Shopping Center: Grundlagen, Stand und Entwicklungsperspektiven, in: Falk, B. (Hrsg.): Das große Handbuch Shopping Center, Landsberg a.L., S. 13-48.

Falk, B.; Falk, M.T. (2006): Shopping-Center: Marktentwicklung, Center-Typen und Management, in: Falk, B.; Falk, M.T. (Hrsg.): Handbuch Gewerbe- und Spezialimmobilien, Köln, S. 94-119.

Falk, B.; Wolf, J. (1992): Handelsbetriebslehre, 11. Aufl., Landsberg a.L.

Falter, H. (1992): Wettbewerbsvorteile von Filialbetrieben, Wiesbaden.

Falter, H.; Probst, G.J.B. (1993): Wettbewerbsvorteile von Filialbetrieben, in: Die Unternehmung, 47. Jg., Nr. 3, S. 163-179.

Farmer, R.N.; Hogue, W.D. (1973): Corporate Social Responsibility, Chicago.

Fassnacht, M. (2000): Dienstleistungen im Einzelhandel: Angebot und Management, in: Die Unternehmung, 54. Jg., Nr. 2, S. 87-106.

Fassnacht, M. (2003): Eine dienstleistungsorientierte Perspektive des Handelsmarketing, Wiesbaden.

Fauth, W. (1994): Personalmanagement in wirtschaftlich schwierigen Zeiten, in: Kraus, H.; Scheff, J.; Gutschelhofer, A. (Hrsg.): Personalmanagement in der Krise – Krise des Personalmanagements, Wien, S. 91-122.

Feichtinger, K.; Hrebicek, G. (2003): Handbuch Corporate Governance: Leitfaden und Praxisbeispiele für transparente Unternehmensführung und -überwachung, Wien, S. 27-46.

Feldbauer-Durstmüller, B. (2001): Handels-Controlling, Linz.

Fend, L. (1998): Stand und Perspektiven im Handels-Marketing – unter besonderer Berücksichtigung der zunehmenden Bedeutung von Serviceleistungen, in: Meyer, A. (Hrsg.): Handbuch Dienstleistungs-Marketing, Bd. 2, Stuttgart, S. 1439-1453.

Ferdows, K.; Lewis, M.A.; Machuca, J.A.D. (2004): Rapid-Fire Fulfillment, in: Harvard Business Review, 82. Jg., Nr. 11, S. 104-110.

Ferdows, K.; Lewis, M.A.; Machuca, J.A.D. (2005): Über Nacht zum Kunden, in: Harvard Business Manager, 10. Jg., Nr. 2, S. 80-89.

Ferk, H. (1996): Geschäftsprozess-Management: Ganzheitliche Prozessoptimierung durch die Cost-driver-Analyse, München.

Fernie, J. (2004): Relationships in the Supply Chain, in: Fernie, J.; Sparks, L. (Hrsg.): Logistics and Retail Management, London-Sterling, S. 26-47.

Fernie, J. (2005): Retail Logistics, in: Bruce, M.; Moore, C.M.; Birtwisle, G. (Hrsg.): International Retail Management, Amsterdam u.a., S. 39-63.

Fernie, J.; McKinnon, A. (2004): The Development of the E-Tail Logistics, in: Fernie, J.; Sparks, L. (Hrsg.): Logistics and Retail Management, 2. Aufl., London-Sterling, S. 164-187.

Fernie, J.; Sparks, L. (2004a): Logistics and Retail Management: Insights into Current Practice and Trends from Leading Experts, 2. Aufl., London.

Fernie, J.; Sparks, L. (2004b): Retail Logistics: Changes and Challenges, in: Fernie, J.; Sparks, L. (Hrsg.): Logistics and Retail Management, 2. Aufl., London-Stirling, S. 1-25.

Ferny, J.; Ferny, S.I. (1997): The Development of a US Retail Format in Europe: The Case of Factory Outlet Centres, in: International Journal of Retail & Distribution Management, 25. Jg., Nr. 11, S. 342-350.

Ferring, N. (2001): Marktbearbeitungsstrategien international tätiger Handelsunternehmen, Wiesbaden.

Fischer, C. (1998): Mißerfolgsmechanismen, Ursachen für das Scheitern von Data Warehouse Projekten, in: EHI (Hrsg.): Data Warehouse, Bestandsaufnahme und Perspektiven, Köln, S. 18-25.

Fisk, G. (1961/62): A Conceptual Model of Studying Customer Image, in: Journal of Retailing, 37. Jg., Nr. 4, S. 9-16.

Flach, H.-D. (1996): Sortimentspolitik im Einzelhandel, Dissertation, Köln.

Folpe, J.M. (2000): Zara Has a Made-to-Order Plan for Success, in: Fortune, 142. Jg., Nr. 5, S. 80.

Fornell, C.; Wernerfelt, B. (1987): Defensive Marketing Strategy by Customer Complaint Management, in: Journal of Marketing Research, 27. Jg., Nr. 4, S. 337-346.

Foscht, T.; Angerer, T. (2006): Handelswerbung: Strategien und Instrumente, in: Zentes, J. (Hrsg.): Handbuch Handel: Strategien – Perspektiven – Internationaler Wettbewerb, Wiesbaden, S. 693-716.

Foscht, T.; Swoboda, B. (2007): Käuferverhalten: Grundlagen – Perspektiven – Anwendungen, 3. Aufl., Wiesbaden.

Foscht, T.; Angerer, T.; Swoboda, B. (2005): Seniorenmarketing: 50plus – misunderstood?, in: Science Factory, Nr. 4, S. 1-6.

Foscht, T.; Swoboda, B.; Morschett, D. (2006): Electronic Commerce-Based Internationalisation of Small, Niche-Oriented Retailing Companies: The Case of Blue Tomato and the Snowboard Industry, in: International Journal of Retailing and Distribution Management, 34. Jg., Nr. 7, S. 556-572.

Freeman, R.E. (1984): Strategic Management: A Stakeholder Approach, Boston u.a.

Freemann, R.E.; Wicks, A.C.; Pamar, B. (2004): Stakeholder Theory and "The Corporate Objective Revisited", in: Organization Science, 15. Jg., Nr. 3, S. 364-369.

Frechen, J. (1998): Optionen zur erfolgreichen Positionierung von Warenhäusern, Frankfurt a.M.

Frese, E. (2005): Grundlagen der Organisation: Entscheidungsorientiertes Konzept der Organisationsgestaltung, 9. Aufl., Wiesbaden.

Frey, B.S.; Osterloh, M. (1997): Sanktionen oder Seelenmassage? Motivationale Grundlagen der Unternehmensführung, in: Die Betriebswirtschaft, 57. Jg., Nr. 3, S. 307-321.

Friedman, M. (1953): The Methodology of Positive Economics, in: Friedman, M. (Hrsg.): Essays in Positive Economics, Chicago, S. 3-43.

Friedrichsen, M. (2006): Koordination: Digitaler Workflow in Print-Unternehmen, in: Scholz, C. (Hrsg.): Handbuch Medienmanagement, Berlin u.a., S. 639-662.

Fritz, W. (1990): Ansätze der Wettbewerbstheorie aus Sicht der Marketingwissenschaft, in: Die Betriebswirtschaft, 50. Jg., Nr. 4, S. 491-512.

Fuchs, D. (2004): Stand und kritische Analyse der regionalen Integrationsabkommen: NAFTA, MERCOSUR, in: Zentes, J.; Morschett, D.; Schramm-Klein, H. (Hrsg.): Außenhandel: Marketingstrategien und Managementkonzepte, Wiesbaden, S. 205-228.

Fuchs, W.; Unger, F. (2003): Verkaufsförderung, 2. Aufl., Wiesbaden.

Fürst, K.; Schmidt, T. (2001): Turbulent Markets Need Flexible Supply Chain Communication, in: Production Planning & Control, 12. Jg., Nr. 5, S. 525-533.

Füssler, A. (2004): Auswirkungen der RFID-Technologie auf die Gestaltung der Versorgungskette, in: Zentes, J., Biesiada, H.; Schramm-Klein, H. (Hrsg.): Performance-Leadership im Handel, Frankfurt a.M., S. 137-155.

Galbraith, J.K. (1956): American Capitalism: The Concept of Countervailing Power, 7. Aufl., Boston.

Gamble, J. (2003): Transferring Human Resource Practices from the United Kingdom to China: The Limits and Potential for Convergence, in: International Journal of Human Resource Management, 14. Jg., Nr. 3, S. 369-387.

Gausemeier, J. (1996): Szenario-Management: Planen und Führen mit Szenarien, 2. Aufl., München u.a.

Gausemeier, J. (1999): Führung im Wandel: Ein ganzheitliches Modell zur zukunftsorientierten Unternehmensgestaltung, München u.a.

GEA Consulenti Associati di Gestione Aziendale (1994): Supplier-Retailer Collaboration in Supply Chain Management, (Coca-Cola Retailing Research Group Europe), London.

Geller, B.M. (1996): Individuelle, institutionelle und metaorganisatorische Lernprozesse als konstituierende Elemente des ganzheitlichen organisatorischen Lernens: Eine modelltheoretische Analyse, Linz.

Gemünden, H.G.; Salomo, S. (2004): Innovationsmanagement, in: Schreyögg, G.; Werder, A. v. (Hrsg.): Handwörterbuch Unternehmensführung und Organisation, 4. Aufl., Sonderdruck, Stuttgart, Sp. 505-514.

Gericke, J. u.a. (1999): Anforderungen an das Controlling von Supply Chains, in: Logistik Spektrum, 11. Jg., Nr. 2, S. 13-16.

GfK AG (2003): PoS-Medien im Verbrauchermarkt. Wirkungen werblicher Aktivitäten am Point of Sale – Werben wo der Kunde kauft, Pressemitteilung, 6. Februar 2003.

GfK AG (Hrsg.) (2001): Panel Services Deutschland. Consumer Scan 2000, Nürnberg.

GfK AG (Hrsg.) (2006a): Panel Services Deutschland. Consumer Scan 2005, Nürnberg.

GfK AG (Hrsg.) (2006b): Ergebnisse der GfK-Studie WebScope zum Kaufverhalten im Internet, http://www.gfk.com/group/press_information/press_releases/new/00858/index.de.html, 18. September 2006.

Ghosh, A.; Craig, C.S. (1991): FRANSYS: A Franchise Distribution System Location Model, in: Journal of Retailing, 67. Jg., Nr. 4, S. 466-495.

Ghosh, A.; McLafferty, S. (1884): A Model of Consumer Propensity for Multipurpose Shopping, in: Geographical Analysis, 16. Jg., Nr. 3, S. 244-249.

Gielens, K.; Dekimpe, M.G. (2001): Do International Entry Decisions of Retail Chains Matter in the Long Run?, in: International Journal of Research in Marketing, 18. Jg., Nr. 3, S. 235-259.

Gijsbrechts, E.; Campo, K.; Nisol, P. (2005): Beyond Promotion-Based Store Switching: Antecedents and Consequences of Systematic Multiple-Store Shopping, Discussion Paper, Nr. 2005-76.

Gilbert, X.; Strebel, P. (1987): Strategies to Outpace the Competition, in: Journal of Business Strategy, o.Jg., Nr. 1, S. 28-36.

Gill, L. E.; Stern, L.W. (1969): Roles and Role Theory in Distribution Channel Systems, in: Stern, L.W. (Hrsg.): Distribution Channels, New York, S. 22-47.

Girod, S.J.G. (2005): The Human Resource Management Practice of Retail Branding, in: International Journal of Retailing and Distribution Management, 3. Jg., Nr. 7, S. 514-530.

Gittenberger, E.; Gavac, K.; Hölzl, K. (2007): Der Großhandel in Wien und Österreich, Primärerhebung, KMU Forschung Austria, Wien.

Glaum, M.; Lindemann, J. (2002): Externes Wachstum: Theoretische Überlegungen und empirische Befunde, in: Glaum, M.; Hommel, U.; Thomaschewski, D. (Hrsg.): Wachstumsstrategien internationaler Unternehmungen, Stuttgart, S. 269-299.

Gleißner, H. (2000): Logistikkooperationen zwischen Industrie und Handel, Göttingen.

Glöckner-Holme, I. (1988): Betriebsformen-Marketing im Einzelhandel, Augsburg.

GMA (Hrsg.) (2006): Factory Outlet Center in Europa, http://www.gma.biz/publikat/download/foc-liste.pdf, 2. Mai 2007.

Goetzpartners (Hrsg.) (2006): Handel innovativ: Herausforderungen und strategische Optionen am Beispiel ausgewählter Sektoren im Einzel- und Fachhandel, München u.a.

Goldmann, A. (2001): The Transfer of Retail Formats into Developing Economies: The Example of China, in: Journal of Retailing, 77. Jg., Nr. 2, S. 221-242.

Golicic, S.L.; Mentzer, J.T. (2005): Exploring the Drivers of Interorganizational Relationship Structure, in: Journal of Business Logistics, 26. Jg., Nr. 2, S. 47-71.

Gomez, P. (1997): Die Praxis des ganzheitlichen Problemlösens, 2. Aufl., Bern u.a.

Gonzáles-Benjto, O. (2005): Spatial Competitive Interaction of Retail Store Formats: Modeling Proposal and Empirical Results, in: Journal of Business Research, 58. Jg., Nr. 4, S. 457-466.

Gorn, G.J. u.a. (2004): Waiting for the Web: How Screen Color Affects Time Perception, in: Journal of Marketing Research, 41. Jg., Nr. 2, S. 215-225.

Gouillart, F.J.; Kelly, J.N. (1995): Business Transformation, Wien.

Götting, H.-P. (2005): Wettbewerbsrecht: Das neue UWG, München.

Grant, R.M. (1991): The Resource-Based Theory of Competitive Advantage: Implication for Strategy Formulation, in: California Management Review, 33. Jg., Nr. 3, S. 114-135.

Greipl, E. (2000): Auf dem Weg in die Händlergesellschaft – Die neue strategische Position der Intermediäre, in: Bundesverband des Deutschen Groß- und Außenhandels (Hrsg.): Dem Handel verpflichtet, Berlin, S. 144-148.

Grochla, E. (1978): Grundlagen der Materialwirtschaft, 3. Aufl., Wiesbaden.

Gröppel, A. (1988): Erfassung erlebnisorientierter Kunden im Einzelhandel, in: Marktforschung und Management, 32. Jg., Nr. 1, S. 7-14.

Gröppel, A. (1991): Erlebnisstrategien im Einzelhandel, Heidelberg.

Gröppel-Klein, A. (1998): Wettbewerbsstrategien im Einzelhandel: Chancen und Risiken von Preisführerschaft und Differenzierung, Wiesbaden.

Gröppel-Klein, A. (2005): Entwicklung, Bedeutung und Positionierung von Handelsmarken, in: Esch, F.-R. (Hrsg.): Moderne Markenführung: Grundlagen – Innovative Ansätze – Praktische Umsetzungen, 4. Aufl., Wiesbaden, S. 1113-1138.

Gröppel-Klein, A. (2006): Point-of-Sale-Marketing, in: Zentes, J. (Hrsg.): Handbuch Handel: Strategien – Perspektiven – Internationaler Wettbewerb, Wiesbaden, S. 671-692.

Gröppel-Klein, A.; Germelmann, C. (2002): Die Bedeutung von Wahrnehmungs- und Gedächtnisbildern von Einkaufszentren, in: Möhlenbruch, D.; Hartmann, M. (Hrsg.): Der Handel im Informationszeitalter: Konzepte – Instrumente – Umsetzung, Wiesbaden, S. 511-534.

Groß, W. (2003): Strategische Entwicklungsrichtungen für Verbundgruppen des Handels, in: Wieselhuber & Partner GmbH (Hrsg.): Erfolg im Handel: Praxis des Kooperationsmanagements, Frankfurt a.M., S. 47-69.

Große-Bölting, K. (2005): Management der Betriebstypenmarkentreue, Wiesbaden.

Gruber, E. (2004): Die Attraktivität von Einkaufsstätten im Handel – Eine Analyse aus verhaltenswissenschaftlicher Perspektive, Wiesbaden.

Gruca, T.S.; Rego, L.L. (2005): Customer Satisfaction, Cash Flow, and Shareholder Value, in: Journal of Marketing, 69. Jg., Nr. 3, S. 115-130.

Grunert, K.; Hildebrandt, L. (2004): Success Factors, Competitive Advantage and Competence Development, in: Journal of Business Research, 57. Jg., Nr. 4, S. 459-461.

Gruninger-Hermann, C. (1997): Zur Bedeutung von Multi-Media für den Handel, in: Müller-Hagedorn, L. (Hrsg.): Trends im Handel, Frankfurt a.M., S. 127-166.

Grünblatt, M. (2004): Warengruppenanalyse mit PoS-Scanningdaten, Köln.

Grüning, M. (2002): Performance-Measurement-Systeme, Wiesbaden.

Grüninger & Hunziker & Roth (Hrsg.) (2006): Neuerungen im Kartellrecht der Schweiz und der Europäischen Union: Handlungsbedarf für KMU, Bern u.a.

Gümbel, R. (1985): Handel, Markt und Ökonomik, Wiesbaden.

Gümbel, R. u.a. (1969): Unternehmensforschung im Handel, Rüschlikon u.a.

Günther, T.; Mattmüller, R. (1993): Möglichkeiten und Grenzen der Regaloptimierung im Handel, in: Marketing – ZFP, 15. Jg., Nr. 2, S. 77-86.

Haas, A. (2003): Discounting als strategische Konzeption, in: Diller, H.; Herrmann, A. (Hrsg.): Handbuch Preispolitik, Wiesbaden, S. 213-240.

Haberer, T. (2003): Corporate Governance: Österreich – Deutschland – International, Wien.

Haehling von Lanzenauer, C.; Huesmann, M. (2004): Gestern, heute und kein Morgen: Der schnelle Aufstieg und rasante Niedergang von TQM, in: Zeitschrift Führung + Organisation, 73. Jg., Nr. 5, S. 253-259.

Haller, S. (2001): Handels-Marketing, 2. Aufl., Ludwigshafen.

Hallier, B. (1997): ECR- Der Wal Mart-Mythos, in: Thexis, 14. Jg., Nr. 4, S. 45-47.

Hallier, B. (2006): Technologisches Umfeld: IT als Entwicklungstreiber, in: Zentes, J. (Hrsg.). Handbuch Handel: Strategien – Perspektiven – Internationaler Wettbewerb, Wiesbaden, S. 71-85.

Hamm, U.; Rippin, M. (2005): Ungleiches Wachstum, in: AgrarBündnis (Hrsg.): Der kritische Agrarbericht, Rheda-Wiedenbrück, S. 120-125.

Hamman, P.; Palupski, R. (1997): Bestellpolitik, in: Bloech, J.; Ihde, G.B. (Hrsg.): Vahlens Großes Logistiklexikon, München, S. 88-90.

Hampl, P. (1998): Europäische Marketing- und Einkaufsallianzen: EMD, in: Zentes, J.; Swoboda, B. (Hrsg.): Globales Handelsmanagement, Frankfurt a.M., S. 307-324.

Hanke, G. (2006): Den Kunden wertschätzen, in: Lebensmittel Zeitung, 6. Januar 2006, S. 2.

Hannan, M.T.; Freeman, J. (1977): The Population Ecology of Organizations, in: American Journal of Sociology, 82. Jg., Nr. 5, S. 929-964.

Hansen, U. (1990): Absatz- und Beschaffungsmarketing des Einzelhandels, 2. Aufl., Göttingen.

Hansen, U.; Jeschke, K. (1992): Nachkaufmarketing. Ein neuer Trend im Konsumgütermarketing?, in: Marketing ZfB, 14. Jg., Nr. 2, S. 88-97.

Hansen, U.; Jeschke, K.; Schöber, P. (1995): Beschwerdemanagement: Die Karriere einer kundenorientierten Unternehmensstrategie im Konsumgütersektor, in: Marketing – ZFP, 17. Jg., Nr. 2, S. 77-88.

Harengel, J.; Hess, T. (1999): Entwicklung einer Balanced Scorecard untersucht am Beispiel des Retailgeschäfts einer Bank, in: Kostenrechnungspraxis, 43. Jg., Nr. 4, S. 239-244.

Hargrave, T.J.; Van de Ven, A.H. (2006): A Collective Model of Institutional Innovation, in: Academy of Management Review, 31. Jg., Nr. 4, S. 864-888.

Harrington, L. (2003): Steps to Success with CPFR, in: Transportation & Distribution, 44. Jg., Nr. 4, S. 50-52.

Hart, C. (1997): A Tale of Two Store Managers: Performance Measurement at Sainsbury's, in: Hart, C. u.a. (Hrsg.): Cases in Retailing, Oxford, S. 216-225.

Hauschildt, J. (2004): Innovationsmanagement, 3. Aufl., München.

Hawes, J.M.; Crittenden, W.F. (1984): A Taxonomy of Competitive Retailing Strategies, in: Strategic Management Journal, 5. Jg., Nr. 3, S. 275-287.

Heinemann, G. (1989): Betriebstypenprofilierung im Einzelhandel, Wiesbaden.

Helfferich, E.; Hinfelaar, M.; Kasper, H. (1997): Towards a Clear Terminology on International Retailing, in: International Review of Retail, Distribution and Consumer Research, 7. Jg., S. 287-307.

Helm, R.; Ludl, M. (2005): Kundenkarten und ihre Wirkung als Kundenbindungsinstrument, in: ZfB, 75. Jg., Nr. 12, S. 1131-1163.

Heppner, K. (1995): Gestaltung von Geschäftsprozessen, in: Droege & Comp. (Hrsg.): Unternehmensorganisation im internationalen Vergleich: Struktur, Prozesse und Führungssysteme in Deutschland, Japan und den USA, Frankfurt a.M. u.a, S. 61-75.

Hermes, O. (2004): Survival of the Fittest: Was Retail-Marken von der Evolution lernen können, in: Riekhof, H.-C. (Hrsg.): Retail Business in Deutschland, Wiesbaden, S. 269-292.

Hernández-Espallardo, M. (2006): Interfirm Strategy Integration in Retailing Buying Groups: Antecedents and Consequences on the Retailer´s Economic Satisfaction, in: International Review of Retailing, Distribution and Consumer Research, 16. Jg., Nr. 1, S. 69-91.

Herrmann, A. (2003): Relevanz des Preismanagements für den Unternehmenserfolg, in: Diller, H.; Hermann, A. (Hrsg.): Handbuch Preispolitik, Wiesbaden, S. 33-48.

Hertel, J. (1998): Warenwirtschafts- und Logistiksysteme international tätiger Handelsunternehmen, in: Zentes, J.; Swoboda, B. (Hrsg.): Globales Handelsmanagement, Frankfurt a.M., S. 487-521.

Hertel, J. (1999): Warenwirtschaftssysteme, 3. Aufl., Heidelberg.

Hertel, J. (2006): IT-gestützte Warenwirtschaftssysteme: Basis des modernen Handelsmanagements, in: Zentes, J. (Hrsg.): Handbuch Handel: Strategien – Perspektiven – Internationaler Wettbewerb, Wiesbaden, S. 943-962.

Hertel, J. (2007): Optimierung des Handelsmarketing: Die Retail Simulation Engine, in: Zentes, J. (Hrsg.): Faszination Handel – 50 Jahre Saarbrücker Handelsforschung, Frankfurt a.M., S. 401-418.

Hertel, J.; Zentes, J.; Schramm-Klein, H. (2005): Supply-Chain-Management und Warenwirtschaftssysteme im Handel, Berlin u.a.

Herzberg, F. (1975): Motivation, Arbeitsmoral und Geld, in: Psychologie Heute, 2. Jg., Nr. 3, S. 62-68.

Hess, T.; Schuller, D. (2005): Business Process Reengineering als nachhaltiger Trend? Eine Analyse der Praxis in deutschen Großunternehmen nach einer Dekade, in: Zeitschrift für betriebswirtschaftliche Forschung, 57. Jg., Nr. 5, S. 355-373.

Hess, D.; Schlautmann, C.; Sigmund, T. (2006): Länder überdenken Ladenschluss-Freigabe, in: Handelsblatt, 23./24./25. Juni 2006, Nr. 119, S. 4.

Heydt, A. v.d. (1998): Efficient Consumer Response (ECR), 3. Aufl., Frankfurt a.M.

Higginson, J.K.; Libby, T. (1997): Managing the Reverse Flow, in: CMA Magazine, 71. Jg., Nr. 5, S. 17-21.

Hildebrandt, L. (1988): Store Image and the Prediction of Performance in Retailing, in: Journal of Business Research, 17. Jg., Nr. 1, S. 91-100.

Hines, T. (2005): The Emergence of Supply Chain Management as a Critical Success Factor for Retail Organisations, in: Bruce, M.; Moore, C.M.; Birtwistle, G. (Hrsg.): International Retail Marketing, Amsterdam u.a., S. 108-122.

Hinterhuber, H.H.; Krauthammer, E. (1998): The Leadership Wheel: the Tasks Entrepreneurs and Senior Executives Cannot Delegate, in: Strategic Change, 7. Jg., Nr. 3, S. 149-162.

Hinterhuber, H.H.; Krauthammer, E. (2005): Leadership: Mehr als Management, 4. Aufl., Wiesbaden.

Hippner, H.; Wilde, K.D. (2002): CRM: Ein Überblick, in: Helmke, S.; Uebel, M.; Dangelmaier, W. (Hrsg.): Effektives Customer Relationship Management, 2. Aufl., Wiesbaden, S. 3-37.

Hitt, M.A. u.a. (2001): Direct and Moderating Effects of Human Capital on Strategy and Performance in Professional Service Firms: A Resource-Based Perspective, in: Academy of Management Journal, 44. Jg., Nr. 1, S. 13-28.

Hoch, S.; Bradlow, E.; Wansink, B. (1999): The Variety of an Assortment, in: Marketing Science, 18. Jg., Nr. 4, S. 527-546.

Holten, R.; Rotthowe, T.; Schütte, R. (2001): Grundlagen, Einsatzbereiche, Modelle, in: Schütte, R.; Rotthowe, T.; Holten, R. (Hrsg.): Data Warehouse Managementhandbuch, Berlin u.a., S. 3-24.

Holz, S. (1998): Der Kundenclub, Ettlingen.

Homburg, C.; Bruhn, M. (2005): Kundenbindungsmanagement: Eine Einführung in die theoretischen und praktischen Problemstellungen, in: Bruhn, M.; Homburg, C. (Hrsg.): Handbuch Kundenbindungsmanagement, 5. Aufl., Wiesbaden, S. 3-40.

Homburg, C.; Klarmann, M. (2006): Die indirekte Wichtigkeitsbestimmung im Rahmen von Kundenzufriedenheitsuntersuchungen: Probleme und Lösungsansätze, in: Homburg, C. (Hrsg.): Kundenzufriedenheit. Konzepte – Methoden – Erfahrungen, 6. Aufl., Wiesbaden, S. 225-261.

Homburg, C.; Krohmer, H. (2003): Marketingmanagement: Strategie – Instrumente – Umsetzung – Unternehmensführung, Wiesbaden.

Homburg, C.; Krohmer, H. (2006): Marketingmanagement: Strategie – Instrumente – Umsetzung – Unternehmensführung, 2. Aufl., Wiesbaden.

Homburg, C.; Pflesser, C. (2000): A Multiple-Layer Model of Market-Oriented Organizational Culture: Measurement Issues and Performance Outcomes, in: Journal of Marketing Research, 37. Jg., Nr. 4, S. 449-462.

Homburg, C.; Stock, R. (2001a): Kundenorientiertes Führungsverhalten. Die weichen Faktoren messbar machen, in: Zeitschrift Führung + Organisation, 70. Jg., Nr. 1, S. 13-19.

Homburg, C.; Stock, R. (2001b): Der Zusammenhang zwischen Mitarbeiter- und Kundenzufriedenheit. Bestandsaufnahme und Entwicklung eines theoretischen Bezugsrahmens, in: Die Unternehmung, 55. Jg., Nr. 6, S. 377-400.

Homburg, C.; Stock, R. (2001c): Der Zusammenhang zwischen Mitarbeiter- und Kundenzufriedenheit – Eine dyadische Analyse, in: Zeitschrift für Betriebswirtschaft, 71. Jg., Nr. 7, S. 789-806.

Homburg, C.; Stock-Homburg, R. (2006): Theoretische Perspektiven zur Kundenzufriedenheit, in: Homburg, C. (Hrsg.): Kundenzufriedenheit. Konzepte – Methoden – Erfahrungen, 6. Aufl., Wiesbaden, S. 17-52.

Homburg, C.; Becker, A.; Hentschel, F. (2005): Der Zusammenhang zwischen Kundenzufriedenheit und Kundenbindung, in: Bruhn, M.; Homburg, C. (Hrsg.): Handbuch Kundenbindungsmanagement, 5. Aufl., Wiesbaden, S. 93-124.

Homburg, C.; Giering, A.; Hentschel, F. (1998): Der Zusammenhang zwischen Kundenzufriedenheit und Kundenbindung, in: Bruhn, M., Homburg, C. (Hrsg.): Kundenbindungsmanagement, Wiesbaden, S. 81-112.

Homburg, C.; Hoyer, W.D.; Fassnacht, M. (2002): Service Orientation of a Retailer's Business Strategy: Dimensions, Antecedents, and Performance Outcomes, in: Journal of Marketing, 66. Jg., Nr. 4, S. 86-101.

Homburg, C.; Schäfer, H.; Schneider, J. (2006): Sales Excellence: Vertriebsmanagement mit System, 4. Aufl., Wiesbaden.

Horvath, P. (2003): Erneuerung des Controllings, in: Bullinger, H.-J.; Warnecke, H.J.; Westkämper, E. (Hrsg.): Neue Organisationsformen im Unternehmen: Ein Handbuch für das moderne Management, 2. Aufl., Berlin u.a., S. 1115-1122.

Horvath, P. (2006): Controlling, 10. Aufl., München.

Hoskisson, R.E. u.a. (1999): Theory and Research in Strategic Management: Swings of a Pendulum, in: Journal of Management, 25. Jg., Nr. 3, S. 417-456.

Hoss, G. (1988): Personalcontrolling – funktionale, instrumentale und institutionale Aspekte, in: Personalwirtschaft, 15. Jg., Nr. 9, S. 409-418.

Howard, E. (2004): Retail Internationalization: How to Grow, in: Reynolds, J.; Cuthbertson, C. (Hrsg.): Retail Strategy, Amsterdam u.a., S. 96-118.

Höhner, J.; Schaper, C. (2004): Vom Kundenfrust zur Kundenlust. Mystery Research als Instrument zur Messung der Servicequalität am Point-of-Sale, in: Planung & Analyse, o.Jg., Nr. 4, S. 2-6.

Huff, D.L. (1964): Defininig and Estimating a Trading Area, in: Journal of Marketing, 28. Jg., Nr. 3, S. 34-38.

Huff, D.L. (1966): A Programmed Solution for Approximating an Optimum Retail Location, in: Land Economics, 42. Jg., Nr. 3, S. 293-303.

Hughes, D. (2003): Reverse Thinking in the Supply-Chain, in: Logistics & Transport Focus, 5. Jg., Nr. 7, S. 30-36.

Hungenberg, H. (1999): Bildung und Entwicklung von strategischen Allianzen: Theoretische Erklärungen, illustriert am Beispiel der Telekommunikationsbranche, in: Engelhard, J.; Sinz, E.I. (Hrsg.): Kooperationen im Wettbewerb, Wiesbaden, S. 3-29.

Hurley, R.F.; Hult, T.M. (1998): Innovation, Market Orientation, and Organizational Learning: An Integration and Empirical Examination, in: Journal of Marketing, 62. Jg., Nr. 3, S. 42-54.

Hurth, J. (1998): Erfolgsfaktoren im mittelständischen Einzelhandel. Wie aus kleinen Riesen Local Heroes werden, Frankfurt a.M.

Hutzschenreuter, T. (2005): Zur Wahl der Realisierungsformen für Qualifizierungsmaßnahmen, in: Zeitschrift für Betriebswirtschaft, 75. Jg., Nr. 6, S. 573-593.

Hünerberg, R. (1994): Internationales Marketing, Landsberg a.L.

IBB; H.I.MA. (Institut für Handel & Internationales Marketing) (Hrsg.) (2003): Die Zukunft der Kooperationen, Frankfurt a.M.

IGD (Institute of Grocery Distribution) (2005): European Grocery Retailing 2005, Watford.

IGD (Institute of Grocery Distribution) (2006): Retail Profile Metro AG, Watford.

IHA-GfK AG (Hrsg.) (2005): Detailhandel Schweiz 2005, Hergiswil.

Ihde, G.B. (1974): Physische Distribution, in: Tietz, B. (Hrsg.): Handwörterbuch der Absatzwirtschaft, Stuttgart, Sp. 1617-1627.

Inderst, R.; Shaffer, G. (2007): Retail Mergers, Buyer Power and Product Variety, in: The Economic Journal, 117. Jg., Januar, S. 45-67.

Ingenhoff, D.; Eppler, M. (2001): e-Human Resource Management (e-HRM), in: Zeitschrift Führung + Organisation, 70. Jg., Nr. 3, S. 159-167.

Inmon, W.H. (1996): Building the Data Warehouse, 2. Aufl., New York u.a.

Institut für Demoskopie Allensbach (2006): Allensbacher Computer- und Technik-Analyse, Allensbach.

Iyengar, S.S.; Lepper, M.R. (2000): When Choice is Demotivating: Can One Desire Too Much of a Good Thing?, in: Journal of Personality and Social Psychology, 79. Jg., Nr. 6, S. 995-1006.

James, D.; Durand, R.; Dreves, R. (1976/77): The Use of a Multi-Attribute Attitude Modelling a Store Image Study, in: Journal of Retailing, 52. Jg., Nr. 2, S. 23-32.

Jansen, S.A. (2001): Mergers & Acquisitions, 4. Aufl., Wiesbaden.

Jansen, S.A.; Picot, G.; Schiereck, D. (Hrsg.) (2001): Internationales Fusionsmanagement, Stuttgart.

Janz, M. (2004): Vertikale Partnerschaften in der Fashion-Branche, Trier.

Janz, M. (2007): Vertikales Supply-Chain-Management in der Fashion-Branche, in: Zentes, J. (Hrsg.): Faszination Handel – 50 Jahre Saarbrücker Handelsforschung, Frankfurt a.M., S. 507-532.

Janz, M.; Swoboda, B. (2002a): Best-Practice-Prozesse im Handel, in: Marketing- und Mangagement-Transfer, o.Jg., Nr. 21, S. 42-50.

Janz, M.; Swoboda, B. (2002b): Handelsmarken – Vom Umsatzbringer zur strategischen Waffe im Wettbewerb, in: ESSmann's ESSpertise, o.Jg., 2002, Nr. 1, S. 6-14.

Janz, M.; Swoboda, B. (2007): Vertikales Retail-Management in der Fashion-Branche, Frankfurt a.M.

Jary, M.; Schneider, D.; Wileman, A. (1999): Marken-Power, Wiesbaden.

Jauschowetz, D. (1995): Marketing im Lebensmitteleinzelhandel, Wien.

Jelinek, P. (1994): Die psychologischen Grundlagen der Parfümerie, Heidelberg.

Johanson, J.L. (1999): Strategic Integration in Industrial Distribution Channels: Managing the Interfirm Relationship as a Strategic Asset, in: Journal of the Academy of Marketing Science, 27. Jg., Nr. 1, S. 4-18.

Jones, C. (2005): Firm Transformation: Advancing a Darwinian Perspective, in: Management Decision, 43. Jg., Nr. 1, S. 13-25.

Jones, T.M. (1995): Instrumental Stakeholder Theory: A Synthesis of Ethics and Economics, in: Academy of Management Review, 20. Jg., Nr. 2, S. 404-437.

Jungwirth, G. (1997): Geschäftstreue im Einzelhandel, Wiesbaden.

Kaas, K.P. (1998): Efficient Consumer Response, in: Woratschek, H. (Hrsg.): Perspektiven des ökonomischen Denkens, Frankfurt a.M., S. 23-39.

Kahn, B.E. (1999): Introduction to the Special Issue: Assortment Planning, in: Journal of Retailing, 75. Jg., Nr. 3, S. 289-293.

Kahn, B.E.; Wansink, B. (2004): The Influence of Assortment Structure on Perceived Variety and Consumption Quantities, in: Journal of Consumer Research, 30. Jg., Nr. 4, S. 519-533.

Kahn, H. (1975): Angriff auf die Zukunft, Reinbek.

Kalyanam, K.; Lal, R.; Wolfram, G. (2006): Future Store Technologies and their Impact on Grocery Retailing, in: Krafft, M.; Mantrala, M.K. (Hrsg.): Retailing in the 21st Century, Berlin u.a., S. 95-112.

Kaplan, R.S.; Norton, D.P. (1993): Putting the Balanced Scorecard to Work, in: Harvard Business Review, 71. Jg., Nr. 5, S. 134-157.

Kaplan, R.S.; Norton, D.P. (1997): Balanced Scorecard, Stuttgart.

Karmasin, H. (2004): Produkte als Botschaften, 3. Aufl., Frankfurt.

KarstadtQuelle AG (Hrsg.) (2006): Geschäftsbericht 2005, Essen.

KarstadtQuelle AG (Hrsg.) (2007): Geschäftsbericht 2006, Essen.

Kasper, H.; Mühlbacher, J.; Rosenstiel, L. v. (2005): Manager-Kompetenzen im Wandel. Widersprüchliche wechselseitige Erwartungen des Top- und Mittelmanagements, in: Zeitschrift Führung + Organisation, 74. Jg., Nr. 5, S. 260-264.

Kaufmann, L. (2001): Internationales Beschaffungsmanagement: Gestaltung strategischer Gesamtsysteme und Management einzelner Transaktionen, Wiesbaden.

Kaufmann, P.J.; Donthu, N; Brooks, C.M. (2000): Multi-Unit Retail Site Selection Process: Incorporating Opening Delays and Unidentified Competition, in: Journal of Retailing, 76. Jg., Nr. 1, S. 113-127.

Kaupp, M. (1998): City-Logistik als kooperatives Güterverkehrs-Management, Wiesbaden.

Keller, K. (2003): Strategic Brand Management, 2. Aufl., Upper Saddle River.

Keller, P. (2006): Human-Resource-Management: Personal als Erfolgsfaktor, in: Zentes, J. (Hrsg.): Handbuch Handel: Strategien – Perspektiven – Internationaler Wettbewerb, Wiesbaden, S. 851-872.

Kelly, J.P.; Freeman, D.C.; Emlen, J.M. (1993): Competitive Impact Model for Site Selection: The Impact of Competition, Sales Generators and Own Store Cannibalization, in: International Review of Retail, Distribution & Consumer Research, 3. Jg., Nr. 3, S. 237-259.

Kemperman, A.D. u.a. (2000): Consumer Choice of Theme Parks: A Conjoint Choice Model of Seasonality Effects and Variety Seeking Behavior, in: Leisure Sciences, 22. Jg., Nr. 1, S. 1-18.

Kempski, D.v. (1996): Indoor Air Quality und olfaktorische Behaglichkeit, in: Zentes, J.; Liebmann, H.-P. (Hrsg.): GDI-Trendbuch Handel Nr. 1, Düsseldorf u.a., S. 101-123.

Kenning, P. (2002): Customer-Trust-Management: Ein Beitrag zum Vertrauensmanagement im Lebensmitteleinzelhandel, Wiesbaden.

Kenning, P. (2003): Kundenorientiertes Preismanagement: Ein Beitrag zur Renditenverbesserung im Handel, in: Ahlert, D.; Olbrich, R.; Schröder, H. (Hrsg.): Jahrbuch Vertriebs- und Handelsmanagement 2003, Frankfurt a.M., S. 85-102.

Kiel-Dixon, U. (2002): Akquisitionsstrategien und Post-Merger-Integration, in: Glaum, M.; Hommel, U.; Thomaschewski, D. (Hrsg.): Wachstumsstrategien internationaler Unternehmungen, Stuttgart, S. 301-325.

Kirby, D. (1978): What Happened to the Local Grocer?, in: Journal of Retail & Distribution Management, 6. Jg., Nr. 5, S. 52-55.

Kirchgeorg, M. (2005): Kreislaufstrategische Netzwerke, in: Zentes, J.; Swoboda, B.; Morschett, D. (Hrsg.): Kooperationen, Allianzen und Netzwerke, 2. Aufl., Wiesbaden, S. 475-504.

Kirsch, W. (1997): Beiträge zu einer evolutionären Führungslehre, Stuttgart.

Klaus, P. (1996): Lager: Funktionen und Arten, in: Kern, W.; Schröder, H.-H.; Weber, J. (Hrsg.): Handwörterbuch der Produktionswirtschaft, 2. Aufl., Stuttgart, Sp. 1019-1024.

Klein, H. (1998): Internationale Produktion, in: Schoppe, S. (Hrsg.): Kompendium der Internationalen Betriebswirtschaftslehre, München u.a., S. 409-481.

Kleinaltenkamp, M. (1995): Standardisierung und Individualisierung, in: Tietz, B.; Köhler, R.; Zentes, J. (Hrsg.): Handwörterbuch des Marketing, 2. Aufl., Stuttgart, Sp. 2354-2364.

Klingebiel, N. (2000): Integriertes Performance-Measurement, Wiesbaden.

Kloth, R. (1999): Waren- und Informationslogistik im Handel, Wiesbaden.

Knothe, C.; Wömpener, A. (2006): Scorecard-basiertes Supply Chain Controlling, in: Logistic Management, 8. Jg., Nr. 4, S. 39-50.

Koelemeijer, K.; Oppewal, H. (1999): Assessing the Effects of Assortment and Ambience: A Choice Experimental Approach, in: Journal of Retailing, 75. Jg., Nr. 3, S. 319-345.

Kogut, B. (1988): JVs: Theoretical and Empirical Perspectives, in: Strategic Management Journal, 9. Jg., Nr. 4, S. 319-332.

Kolodziej, M.J. (1998): Zur Kultur der Zusammenarbeit, in: Zentes, J.; Swoboda, B. (Hrsg.): Globales Handelsmanagement, Frankfurt a.M., S. 429-448.

Kolodziej, M.J. (2006): Logistik im Kontext händlerischer Leistung, in: Zentes, J. (Hrsg.): Handbuch Handel: Strategien – Perspektiven – Internationaler Wettbewerb, Wiesbaden, S. 795-807.

Koster, K. (1996): Die Zukunftsperspektiven des deutschen Fachgroßhandels, Hamburg.

Kotabe, M.; Helsen, K. (2004): Global Marketing Management, 3. Aufl., Hoboken.

Kotler, P.; Bliemel F. (2005): Marketing-Management. Analyse, Planung und Verwirklichung, 10. Aufl., Stuttgart.

Kotler, P.; Keller, K.L. (2006): Marketing Management: Analysis, Planning and Control, 12. Aufl., Englewood Cliffs.

Kotouc, A. (2006): Konsumentenreaktionen auf eine Sortimentsreduktion, Dissertation, St. Gallen.

Kotzab, H. (1997): Neue Konzepte der Distributionslogistik von Handelsunternehmen, Wiesbaden.

Köhler, F.W. (1990): Die Dynamik der Betriebsformen des Handels – Bestandsaufnahme und Modellerweiterung, in: Marketing ZFP, 12. Jg., Nr. 1, S. 59-64.

Köhler, S.; Tomczak, T.; Rumler, A. (2005): Der Einfluss des Kundenbeziehungsmanagements auf den Erfolg von Coupon-Aktionen im Einzelhandel – Ergebnisse einer länderübergreifenden Explorationsstudie, in: Trommsdorff, V. (Hrsg.): Handelsforschung 2005, Stuttgart, S. 43-60.

KPMG (Hrsg.) (2005): Trends im Handel 2005, Köln.

KPMG; EHI Retail Institute (Hrsg.) (2004): Status Quo und Perspektiven im deutschen Lebensmitteleinzelhandel 2004. Consumer and Industrial Markets, Köln.

Kracklauer u.a. (2001): Online-Marketing-Controlling: Neue Wege in der Erfolgsmessung von Marketingmaßnahmen, in: der markt, 40. Jg., Nr. 4, S. 151-158.

Kraigher-Krainer, J. (2005): Das ECID-Modell: Konzeptualisierung, Operationalisierung, empirische Prüfung und strategische Implikationen, Habilitationsschrift, Graz.

Kranz, M. (2003): Die Relevanz der Unternehmensmarke, Frankfurt a.M.

Kreft, W. (1993): Ladenplanung: Merchandising, Architektur, Strategie für Verkaufsräume, Leinfelden.

Kreikebaum, H. (1997): Strategische Unternehmensplanung, 6. Aufl., Stuttgart u.a.

Kreke, J. (1998): Europäisierung einer Fachgeschäftskonzeption: DOUGLAS, in: Zentes, J.; Swoboda, B. (Hrsg.): Globales Handelsmanagement, Frankfurt a.M., S. 179-200.

Kroeber-Riel, W.; Esch, W. (2000): Strategie und Technik der Werbung: Verhaltenswissenschaftliche Ansätze, 5. Aufl., Stuttgart.

Kroeber-Riel; W.; Esch, F.-R. (2004): Strategie und Technik der Werbung: Verhaltenswissenschaftliche Ansätze, 6. Aufl., Stuttgart.

Kroeber-Riel, W.; Weinberg, P. (2003): Konsumentenverhalten, 8. Aufl., München.

Kronshage, T. (2003): Preistests, in: Diller, H.; Hermann, A. (Hrsg.): Handbuch Preispolitik, Wiesbaden, S. 405-418.

Kroon, L.; Vrijens, G. (1995): Returnable Containers: an Example of Reverse Logistics, in: International Journal of Physical Distribution & Logistics, 25. Jg., Nr. 2, S. 56-68.

Kruschwitz, L. (2005): Investitionsrechnung, 10. Aufl., München u.a.

Krüger, W.; Homp., C. (1997): Kernkompetenz-Management: Steigerung von Flexibilität und Schlagkraft im Wettbewerb, Wiesbaden.

Krystek, U.; Walldorf, G. (1992): Früherkennungssysteme (FES) in Bezug auf Marktchancen und Marktbedrohungen auf Auslandsmärkten, in: Kumar, B.N.; Haussmann, H. (Hrsg.): Handbuch der Internationalen Unternehmenstätigkeit, München, S. 341-366.

Kube, C. (1991): Erfolgsfaktoren in Filialsystemen, Wiesbaden.

Kumar, V.; Kerin, R.A.; Pereira, A. (1991): An Empirical Assessment of Merger and Acquisition Activity in Retailing, in: Journal of Retailing, 67. Jg., Nr. 3, S. 321-338.

Kumar, V.; Shah, D.; Venkatesan, R. (2006): Managing Retailer Profitability: One Customer at a Time!, in: Journal of Retailing, 82. Jg., Nr. 4, S. 277-294.

Kutschker, M. (1989): Akquisitionen, internationale, in: Macharzina, K.; Welge, M.K. (Hrsg.): Handwörterbuch Export und internationale Unternehmung, Stuttgart, Sp. 1-22.

Kysela, K.D. (1994): Großhandelsmarketing, Bergisch-Gladbach u.a.

Lademann, R. (2004): Betriebstypeninnovationen in stagnierenden Märkten unter Globalisierungsdruck, in: Riekhof, H.-C. (Hrsg.): Retail Business in Deutschland, Wiesbaden, S. 71-96.

Lambert, D.M.; Cooper, M.C.; Pagh, J.D. (1998): Supply Chain Management: Implementation Issues and Research Opportunities, in: International Journal of Logistics Management, 9. Jg., Nr. 2, S. 35-47.

Lambert, D.M.; Stock, J.R.; Ellram, L.M. (1998): Fundamentals of Logistics Management, Boston u.a.

Lamey, J. (1997): Retail Internationalisation – Cross Border Strategies, London.

Lasch, R. (1998): Marktorientierte Gestaltung von Logistik-Prozessen, Wiesbaden.

Lauer, A.; Lingenfelder, M. (2003): Preisagenten und Preisagenturen, in: Diller, H.; Herrmann, A. (Hrsg.): Handbuch Preispolitik, Wiesbaden, S. 812-827.

Laurent, M. (1996): Vertikale Kooperationen zwischen Industrie und Handel, Frankfurt a.M.

Lawrence, P.R.; Lorsch, J.W. (1967): Organisation and Environment, Boston.

Lee, H.L.; Padmanabhan, V.; Wang, S. (1997a): Information Distortion in a Supply Chain: The Bullwhip Effect, in: Management Science, 43. Jg., Nr. 4, S. 546-558.

Lee, H.L.; Padmanabhan, V.; Wang, S. (1997b): The Bullwhip Effect in Supply Chains, in: Sloan Management Review, 38. Jg., Nr. 3, S. 93-102.

Leenders; M.R.; Blenkhorn, D.L. (1989): Reverse Marketing: Wettbewerbsvorteile in der Beschaffung, Frankfurt a.M. u.a.

Leitherer, E. (1974): Geschichte der Absatzwirtschaft, in: Tietz, B. (Hrsg.): Handwörterbuch der Absatzwirtschaft, Stuttgart, S. 666-674.

Lendzion, H.-P. (1991): Das Logistik-Konzept der Karstadt AG für die 90er Jahre, in: Zentes, J. (Hrsg.): Moderne Distributionskonzepte in der Konsumgüterwirtschaft, Stuttgart, S. 35-50.

Lerchenmüller, M. (1998): Handelsbetriebslehre, 3. Aufl., Ludwigshafen.

Lerchenmüller, M. (2003): Handelsbetriebslehre, 4. Aufl., Ludwigshafen.

Levitt, T. (1983): The Globalization of Markets, in: Harvard Business Review, 61. Jg., Nr. 2, S. 92-102.

Levy, M.; Weitz, B. (2004): Retailing Management, 5. Aufl., Boston u.a.

Levy, M.; Weitz, B. (2007): Retailing Management, 6. Aufl., Boston u.a.

Levy, M. u.a. (2004): Emerging Trends in Retail Pricing Practice: Implications for Research, in: Journal of Retailing, 80. Jg., Nr. 3, S. XIII-XXI.

Lewin, K. (1958): Group Decision and Social Change, in: Maccoby, E.E.; Newcomb, T.M.; Hartley, E.L. (Hrsg.): Readings in Social Psychology, 3. Aufl., New York, S. 197-211.

Lichtenberger, B. (1998): Interkulturelle Kompetenz als Erfolgsfaktor, in: Scholz, C.; Zentes, J. (Hrsg.): Strategisches Euro-Management, Bd. 2, Stuttgart, S. 291-300.

Liebel, H.J.; Oechsler, W.A. (1994): Handbuch Human-Resource-Management, Wiesbaden.

Liebmann, H.-P. (1971): Standort als Entscheidungsproblem. Ein Beitrag zur Standortbestimmung von Produktions- und Handelsbetrieben, Würzburg.

Liebmann, H.-P. (1991): Struktur und Funktionsweise moderner Warenverteilzentren, in: Zentes, J. (Hrsg.): Moderne Distributionskonzepte in der Konsumgüterwirtschaft, Stuttgart, S. 17-32.

Liebmann, H.-P. (1996): Auf den Spuren der „Neuen Kunden", in: Zentes, J.; Liebmann, H.-P. (Hrsg.): GDI-Trendbuch Handel Nr. 1, Düsseldorf u.a., S. 37-54.

Liebmann, H.-P. (1997): Einführung des Herausgebers, in: Liebmann, H.-P. (Hrsg.): Vom Business Process Reengineering zum Change Management: kritische Bestandsaufnahme, Perspektiven und Erfahrungen, Wiesbaden, S. 7-14.

Liebmann, H.-P. (1998): Perspektiven für ein fortschrittsfähiges Handelsmanagement im turbulenten Umfeld, in: Woratschek, H. (Hrsg.): Perspektiven ökonomischen Denkens, Frankfurt a.M., S. 53-72.

Liebmann, H.-P.; Foscht, T. (1995): Fit für Innovationen durch neues Wissen und Vernetzung, in: GDI-Handels-Trendletter II/95, Rüschlikon, S. 1-42.

Liebmann, H.-P.; Gruber, E. (2006): Customer-Relationship-Management: Neuere Ansätze der Kundenpolitik, in: Zentes, J. (Hrsg.): Handbuch Handel: Strategien – Perspektiven – Internationaler Wettbewerb, Wiesbaden, S. 547-566.

Liebmann, H.-P.; Jungwirth, G. (1994): Mit neuer Unternehmenskultur erfolgreich zur Jahrtausendwende, in: GDI-Handels-Trendletter II/94, Rüschlikon, S. 1-37.

Liebmann, H.-P.; Zentes, J. (2000): HandelsMonitor 2000, Frankfurt a.M.

Liebmann, H.-P.; Angerer, T.; Foscht, T. (2002): Integrierte Kommunikation: Die Sicht österreichischer Unternehmen, in: transfer – Werbeforschung & Praxis, o.Jg., Nr. 4, S. 6-12.

Liebmann, H.-P.; Angerer, T.; Gruber, E. (2003): HandelsMonitor Band 7: Vorwärts im Gegenwind – Profitables Wachstum trotz Krise, Frankfurt a.M.

Liebmann, H.-P.; Foscht, T.; Jungwirth, G. (1996): Handel und Industrie auf dem Weg zu neuer Kernkompetenz, in: GDI-Handels-Trendletter II/96, Rüschlikon, S. 1-73.

Liebmann, H.-P.; Jungwirth, G.; Klug, S. (1999): HandelsMonitor 2000: Wie wird Handel im Jahre 2005 'gemacht'?, Frankfurt a.M.

Liebmann, H.-P. u.a. (2006): HandelsMonitor 2006/07: Management Excellence – Unternehmensführung im Umbruch, Frankfurt a.M.

Lindenberg, J.C. (2004): Wertschöpfungsstrategien für Markenartikler im preisaggressiven deutschen Markt, in: Marketing- und Management-Transfer, April, S. 2-7.

Lindquist, J. (1974): Meaning of Image, in: Journal of Retailing, 50. Jg., Nr. 4, S. 29-38.

Lingenfelder, M. (1996): Die Internationalisierung im europäischen Einzelhandel, Berlin.

Lingenfelder, M. (1998): Internationalisierungsstrategien von Handelsunternehmen, in: Zentes, J.; Swoboda, B. (Hrsg.): Globales Handelsmanagement, Frankfurt a.M., S. 145-178.

Liu, H.; McGoldrick, P.J. (1995): International Sourcing: Patterns and Trends, in: McGoldrick, P.J.; Davies, G. (Hrsg.): International Retailing, London, S. 99-116.

Lucks, K.; Meckl, R. (2002): Internationale Mergers & Acquisitions: Der prozessorientierte Ansatz, Berlin u.a.

Luhmann, N. (1987): Soziale Systeme: Grundriß einer allgemeinen Theorie, Frankfurt a.M.

Luo, X.; Bhattacharya, C.B. (2006): Corporate Social Responsibility, Customer Satisfaction and Market Value, in: Journal of Marketing, 70. Jg., Nr. 4, S. 1-18.

Lyne, N. (2002): Profile of Inditex: Building on the Success of Zara, in: Textile outlook international, o.Jg., Mai-Juni, S. 166-181.

Macharzina, K. (1982): Theorie der internationalen Unternehmenstätigkeit, in: Lück, W.; Trommsdorff, V. (Hrsg.): Internationalisierung der Unternehmung als Problem der Betriebswirtschaftslehre, Berlin, S. 111-143.

Macharzina, K.; Wolf, J. (2005): Unternehmensführung: Das internationale Managementwissen, Konzepte – Methoden – Praxis, 5. Aufl., Wiesbaden.

Mahajan, V.; Sharma, S.; Srinivas, D. (1985): An Application of Portfolio Analysis for Identifying Attractive Retail Locations, in: Journal of Retailing, 61. Jg., Nr. 4, S. 19-34.

Maharajh, L.; Heitmeyer, J. (2005): Factors that Impact United States Retailers' Expansion into the International Marketplace, in: Journal of Fashion Marketing and Management, 9. Jg., Nr. 2, S. 144-155.

Majer, C.; Nachbagauer, A. (1999): Business Process Reengineering, in: Eckardstein, D.v.; Kasper, H.; Mayrhofer, W. (Hrsg.): Management, Stuttgart, S. 461-488.

Manchanda, P.; Ansari, A.; Gupta, S. (1999): The "Shopping Basket", in: Marketing Science, 18. Jg., Nr. 2, S. 95-115.

Marbacher, A. (2001): Demand & Supply Chain Management: Zentrale Aspekte der Gestaltung und Überwachung unternehmensübergreifender Leistungserstellungsprozesse betrachtet aus der Perspektive eines Markenartikelherstellers der Konsumgüterindustrie, Bern u.a.

Markowitsch, G. (2000): Konzentration der Kernkompetenzen durch modernes Wissensmanagement, in: Berndt, R. (Hrsg.): Innovatives Management, Berlin u.a., S. 57-72.

Martin, C. (2000): The Agile Supply Chain: Competing in Volatile Markets, in: Industrial Marketing Management, 29. Jg., Nr. 1, S. 37-44.

Marzursky, D.; Jacoby, J. (1986): Exploring the Development of Store Images, in: Journal of Retailing, 62. Jg., Nr. 2, S. 145-165.

Maslow, A. (1973): Psychologie des Seins, München.

Mattmüller, R.; Tunder, R. (2004): Strategisches Handelsmarketing, München.

Mattmüller, R.; Tunder, R. (2006): Organisationsformen: Primär- und Sekundärorganisation, in: Zentes, J. (Hrsg.): Handbuch Handel: Strategien – Perspektiven – Internationaler Wettbewerb, Wiesbaden, S. 829-850.

Maturana, H.R.; Varela, F.J.; Uribe, R. (1985): Autopoiese: Die Organisation lebender Systeme, ihre nähere Bestimmung und ein Modell, in: Maturana, H.R. (Hrsg.): Erkennen: Die Organisation und Verkörperung von Wirklichkeit, 2. Aufl., Braunschweig u.a., S. 157-169.

Mazumdar, T.; Ray, S.P., Sinha, I. (2005): Reference Price Research: Review and Propositions, in: Journal of Marketing, 69. Jg., Nr. 4, S. 84-102.

Mägi, A.W. (2003): Share of Wallet in Retailing: The Effects of Customer Satisfaction, Loyalty Cards and Shopper Characteristics, in: Journal of Retailing, 79. Jg., Nr. 2, S. 107-120.

McCarthy, E.J. (1967): Basic Marketing: A Managerial Approach, 7. Aufl., Homewood.

McGoldrick, P.J. (2002): Retail Marketing, Berkshire.

McKaige, W. (2001): Collaborating on the Supply Chain, in: IIE Solutions, 33. Jg., Nr. 3, S. 34-37.

McNair, M.P. (1931): Trends in Large Scale Retailing, in: Harvard Business Review, 10. Jg., Nr. 1, S. 30-39.

McWilliams, A.; Siegel, D. (2000): Corporate Social Responsibility and Financial Performance: Correlation or Misspecification?, in: Strategic Management Journal, 21. Jg., Nr. 5, S. 603-609.

Meffert, H. (1985a): Bedeutung von Konkurrenzstrategien im Marketing, in: Marketing ZFP, 7. Jg., Nr. 1, S. 13-19.

Meffert, H. (1985b): Marketingstrategien der Warenhäuser: Wege aus der Krise?, in: Harvard Businessmanager, 7. Jg., Nr. 2, S. 20-28.

Meffert, H. (1994): Marketing-Management, Wiesbaden.

Meffert, H. (2000): Marketing: Grundlagen marktorientierter Unternehmensführung, Konzepte – Instrumente – Praxisbeispiele, 9. Aufl., Wiesbaden.

Meffert, H. (2001): Marketing, in: Diller, H. (Hrsg.): Vahlens Großes Marketinglexikon, 2. Aufl., München, S. 957-963.

Meffert, H. (2002): Strategische Optionen der Markenführung, in: Koers, M. (Hrsg.): Markenmanagement, Wiesbaden, S. 135-165.

Meffert, H.; Bolz, J. (1998): Internationales Marketing-Management, 3. Aufl., Stuttgart.

Meffert, H.; Bruhn, M. (1981): Beschwerdeverhalten und Zufriedenheit von Konsumenten, in: Die Betriebswirtschaft, 41. Jg., Nr. 4, S. 597-613.

Meffert, H.; Bruhn, M. (2006): Dienstleistungsmarketing: Grundlagen – Konzepte – Methoden, 4. Aufl., Wiesbaden.

Mehrabian, A.; Russell, J.A. (1974): An Approach to Environmental Psychology, Cambridge.

Meinert, K. (1994): Kundenclubs: eine erfolgreiche Kommunikationsstrategie zur Kundenbindung?, in: Werbeforschung & Praxis, 39. Jg., Nr. 3, S. 114-116.

Mellerowicz, K. (1963): Markenartikel: Die ökonomischen Gesetze ihrer Preisbildung und Preisbindung, 2. Aufl., München.

Mensch, G. (1998): Balanced Scorecard: Ein neues Instrument zur Unternehmensführung, in: Betrieb und Wirtschaft, 52. Jg., Nr. 20, S. 761-766.

Mercer (2006a): Der deutsche Einzelhandel ist bei der Preiskommunikation Schlusslicht in Europa, http://www.oliverwyman.com/de/pdf_files/050119_Preiskommunikation.pdf.

Mercer (2006b) (Hrsg.): Mercer-Analyse zum Detailhandel: Vom Kiosk zum Convenience-Store – Erfolgsstrategien in der Schweiz, München.

Merkel, H.; Franz, T. (2003): Customer Relationship Management im Warenhaus – Hype oder Königsweg?, in: Bruhn, M.; Homburg, C. (Hrsg.): Handbuch Kundenbindungsmanagement, 5. Aufl., Wiesbaden, S. 787-804.

Merkle, W. (2004): Mango und Zara: Besonderheiten der neuen vertikalen Anbieter im deutschen Textileinzelhandel, in: Riekhof, H.-C. (Hrsg.): Retail Business in Deutschland, Wiesbaden, S. 430-448.

Metro AG (Hrsg.) (2006): Metro-Handelslexikon 2006/2007: Daten, Fakten und Adressen zum Handel in Deutschland, Europa und weltweit, Düsseldorf.

Metro Group (Hrsg.) (2006a): Geschäftsbericht 2005, Düsseldorf.

Metro Group (2006b): Nachhaltigkeitsbericht 2006, Düsseldorf.

Metro Group (Hrsg.) (2007): Geschäftsbericht 2006, Düsseldorf.

Meuter, M.L.; u.a. (2005): Choosing Among Alternative Service Delivery Modes: An Investigation of Customer Trial of Self-Service Technologies, in: Journal of Marketing, 69. Jg., Nr. 2, S. 61-83.

Meyer, A. (Hrsg.) (2001): Unternehmertum im Handel, Ergebnisse 11. Unilever Bestfoods TrendForum, Wiesbaden.

Meyer, A.; Dornach, F. (1998): Branchenübergreifendes Benchmarking für Dienstleistungs-Anbieter aus Kundensicht, in Meyer, A. (Hrsg.): Handbuch Dienstleistungs-Marketing, Stuttgart, S. 247-262.

Meyer, A.; Kantsperger, R.; Kunz, W. (2003): Kundenorientierte Mitarbeiter im stationären Einzelhandel, in: Trommsdorff, V. (Hrsg): Handelsforschung 2003, Köln, S. 403-420.

Meyer-Ohle, H. (1995): Dynamik im japanischen Einzelhandel, Wiesbaden.

Michels, E. (1995): Datenanalyse mit Data Mining, in: Dynamik im Handel, 39. Jg., Nr. 11, S. 37-43.

Mikunda, C. (2005): Der verbotene Ort oder die inszenierte Verführung, Düsseldorf.

Miles, R.E.; Snow, C.C. (1978): Organizational Strategy, Structure and Process, New York.

Miles, R.E.; Snow, C.C. (1986): Organizations: New Concepts for New Forms, in: California Management Review, 28. Jg., Nr. 3, S. 62-73.

Miles, R.E.; Snow, C.C. (1994): Fit Failure, and the Hall of Fame: How Companies Succeed and Fail, New York.

Miller, A.; Dess, G.G. (1993): Assessing Porter's (1980) Model in Terms of its Generalizability, Accuracy and Simplicity, in: Academy of Management Journal, 36. Jg., Nr. 4, S. 763-788.

Min, S.; Mentzer, J.T. (2000): The Role of Marketing in Supply Chain Management, in: International Journal of Physical Distribution & Logistics, 30. Jg., Nr. 9, S. 765-787.

Mintzberg, H. (1988): Generic Strategies: Toward a Comprehensive Framework, in: Lamb, R.; Shrivastava, P. (Hrsg.): Advances in Strategic Management, 5. Aufl., Greenwich-London, S. 1-67.

Mintzberg, H. (1990): Strategy Formation: Schools of Thought, in: Fredrickson, J.W. (Hrsg.): Perspectives on Strategic Management, New York, S. 105-235.

Mintzberg, H. (1991): Learning 1, Planning O: Reply to Igor Ansoff, in: Strategic Management Journal, 12. Jg., Nr. 6, S. 463-466.

Mintzberg, H.; Quinn, J.B. (1998): The Strategy Process, 3. Aufl., London u.a.

Mohme, J. (1993): Der Einsatz von Kundenkarten im Einzelhandel, Frankfurt a.M. u.a.

Moore, C.M. (2005): The Anatomy of Retail Buying, in: Bruce, M.; Moore, C.M.; Birtwisle, G. (Hrsg.): International Retail Management, Amsterdam u.a., S. 64-77.

Moore, C.M.; Fernie, J. (2005): Retailing within an International Context, in: Bruce, M.; Moore, C.M.; Birtwistle, G. (Hrsg.): International Retail Marketing, Amsterdam u.a., S. 3-38.

Moore, M. (2005): Towards a Confirmatory Model of Retail Strategy Types: an Empirical Test of Miles and Snow, in: Journal of Business Research, 58. Jg, Nr. 5, S. 696-704.

Moore, M.; Fairhurst, A. (2003): Marketing Capabilities and Firm Performance in Fashion Retailing, in: Journal of Fashion Marketing and Management, 7. Jg., Nr. 4, S. 386-397.

Morschett, D. (2002a): Neue B2B-Märkte durch Liberalisierung und Deregulierung, in: Zentes, J.; Swoboda, B.; Morschett, D. (Hrsg.): B2B-Handel: Perspektiven des Groß- und Außenhandels, Wiesbaden, S. 119-145.

Morschett, D. (2002b): Retail Branding und Integriertes Handelsmarketing: Eine verhaltenswissenschaftliche und wettbewerbsstrategische Analyse, Wiesbaden.

Morschett, D. (2004): Retail-Performance-Measurement: Konzepte und Perspektiven des Prozess-Controlling im Handel, in: Zentes, J.; Biesiada, H.; Schramm-Klein, H. (Hrsg.): Performance-Leadership im Handel, Frankfurt a.M., S. 11-28.

Morschett, D. (2005a): Contract Manufacturing, in: Zentes, J.; Swoboda, B.; Morschett, D. (Hrsg.): Kooperationen, Allianzen und Netzwerke, 2. Aufl., Wiesbaden, S. 597-622.

Morschett, D. (2005b): Formen von Kooperationen, Allianzen und Netzwerken, in: Zentes, J.; Swoboda, B.; Morschett, D. (Hrsg.): Kooperationen, Allianzen und Netwerke, 2. Aufl., Wiesbaden, S. 377-403.

Morschett, D.; Schramm-Klein, H. (2003): Der Einfluss der Internationalisierung auf die Supply Chain des Handels, in: Thexis, 20. Jg., Nr. 3, S. 48-52.

Morschett, D.; Schramm-Klein, H. (2007): Retail Brands: Analyse des Einflusses der Markenpersönlichkeit auf die Einkaufsstättentreue der Konsumenten, Vortrag am 20. Januar 2007, Jahrestagung der Wissenschaftlichen Kommission „Marketing“, Berlin.

Morschett, D.; Swoboda, B.; Foscht, T. (2005): Perception of Store Attributes and Overall Attitude towards Grocery Retailers: The Role of Shopping Motives, in: The International Review of Retail, Distribution and Consumer Research, 15. Jg., Nr. 4, S. 432-447.

Morschett, D.; Swoboda, B.; Schramm-Klein, H. (2006): Competitive Strategies in Retailing – An Investigation of the Applicability of Porter's Framework for Food Retailers, in: Journal of Retailing and Consumer Services, 13. Jg, Nr. 4, S. 275-287.

Möhlenbruch, D. (1994): Sortimentspolitik im Einzelhandel: Planung und Steuerung, Wiesbaden.

Möhlenbruch, D. (1995): Sortimentspolitik, in: Tietz, B.; Köhler, R.; Zentes, J. (Hrsg.): Handwörterbuch des Marketing, 2. Aufl., Stuttgart, Sp. 2316-2329.

Möhlenbruch, D. (1998): Controlling in internationalen Handelsunternehmen, in: Zentes, J.; Swoboda, B. (Hrsg.): Globales Handelsmanagement, Frankfurt a.M., S. 451-486.

Möhlenbruch, D. (2006): Wachstumsstrategien durch Filialisierung im Einzelhandel, in: Zentes, J. (Hrsg.): Handbuch Handel: Strategien – Perspektiven – Internationaler Wettbewerb, Wiesbaden, S. 337-358.

Muchna, C. (1988): Strategische Marketing-Früherkennung auf Investitionsgütermärkten, Wiesbaden.

Muchna, C. (1995): Früherkennungssysteme, in: Tietz, B.; Köhler, R.; Zentes, J. (Hrsg.): Handwörterbuch des Marketing, 2. Aufl., Stuttgart, Sp. 719-731.

Müller, J. (1998): Logistischer Dienstleister als Problemlöser seiner Kunden, in: Pfohl, H.-C. (Hrsg.): Kundennahe Logistik, Berlin, S. 107-134.

Müller, W.R. (1998): Welche Werte sollen gelten? – oder: Was ist der Mitarbeiter wert?, in: Bruhn, M. u.a. (Hrsg.): Wertorientierte Unternehmensführung, Wiesbaden, S. 231-249.

Müller, H.-J.; Nagel, I. (2004): Außenhandelsunternehmen: Erscheinungsformen und Einschaltung, in: Zentes, J.; Morschett, D.; Schramm-Klein, H. (Hrsg.): Außenhandel: Marketingstrategien und Managementkonzepte, Wiesbaden, S. 101-111.

Müller-Hagedorn, L. (1993): Handelsmarketing, 2. Aufl., Stuttgart.

Müller-Hagedorn, L. (1998): Der Handel, Stuttgart u.a.

Müller-Hagedorn, L. (2005a): Handelsmarketing, 4. Aufl., Stuttgart u.a.

Müller-Hagedorn, L. (2005b): Kooperationen im Handel, in: Zentes, J.; Swoboda, B.; Morschett, D. (Hrsg.): Kooperationen, Allianzen und Netzwerke: Grundlagen – Ansätze – Perspektiven, 2. Aufl., Wiesbaden, S. 1303-1326.

Müller-Hagedorn, L.; Greune, M. (1992): Erfolgsfaktorenforschung und Betriebsvergleich im Handel, in: Mitteilungen des Instituts für Handelsforschung, 44. Jg., Nr. 9, S. 121-131.

Müller-Hagedorn, L.; Wierich, R. (2003): Eine Scorecard für die Steuerung des Einkaufs im Handel, in: Handel im Fokus, 55. Jg., Nr. 4, S. 226-239.

Müller-Hagedorn, L.; Wierich, R. (2005): Zur Wahrnehmung und Verarbeitung von Preisen durch Konsumenten, Arbeitspapier Nr. 13, Köln.

Müller-Stewens, G.; Pautzke, G. (1996): Führungskräfteentwicklung und organisatorisches Lernen, in: Sattelberger, T. (Hrsg.): Die lernende Organisation: Konzepte für eine neue Qualität der Unternehmensentwicklung, 3. Aufl., Wiesbaden, S. 183-205.

Nadler, D.; Tushman, M.L. (1980): A Congruence Model for Diagnosing Organizational Behavior, in: Miles, R.H. (Hrsg.): Resource Book in Macro Organizational Behavior, Santa Clara, S. 30-49.

Nagel, K. (1993): Die 6 Erfolgsfaktoren des Unternehmens: Strategie, Organisation, Mitarbeiter, Führungssystem, Informationssystem, Kundennähe, 5. Aufl., Landsberg a.L.

Nakanishi, M.; Cooper, L.G. (1974): Parameter Estimation for a Multiplicative Competitive Interaction Model: Least Squares Approach, in: Journal of Marketing Research, 11. Jg., Nr. 3, S. 303-311.

Nattermann, B. (2005): Einzelhandelsentwicklung Baden-Württemberg: Entwicklung – Konsequenzen – Maßnahmen, Weingarten u.a.

Neidhart, M. (2007): Wahl von Markenartikeln und Channel-Brands bei vertikalen Distributionskonzepten, Hamburg.

Nelson, L. (1958): The Selection of Retail Location, New York.

Nelson, R.R; Winter, S.G. (1982): An Evolutionary Theory of Economic Change, Cambridge (Mass.).

Nicolai, C. (2006): Personalmanagement, Stuttgart.

Niederkofler, M. (1991): The Evolution of Strategic Alliances: Opportunities for Managerial Influence, in: Journal of Business Venturing, 6. Jg., Nr. 4, S. 237-257.

Nieschlag, R.; Kuhn, G. (1980): Binnenhandel und Binnenhandelspolitik, 3. Aufl., Berlin.

Novells (Hrsg.) (2005): Die 7. GWB-Novelle, Düsseldorf u.a.

Obring, K. (1992): Strategische Unternehmensführung und polyzentrische Strukturen, München.

Oehme, W. (1992): Handelsmarketing, 2. Aufl., München.

Oehme, W. (1993): Handelsmanagement: Eine Konzeption für die Führung des Operatingbereiches von Handelsunternehmen, München.

Oehme, W. (2001a): Handelsmarketing, 3. Aufl., München.

Oehme, W. (2001b): Sortimentskontrolle, in: Diller, H. (Hrsg.): Vahlens Großes Marketing-Lexikon, 2. Aufl., München, S. 1565-1568.

Olbrich, R. (1992): Informationsmanagement in mehrstufigen Handelssystemen: Grundzüge organisatorischer Gestaltungsmaßnahmen unter Berücksichtigung einer repräsentativen Umfrage zur Einführung dezentraler computergestützer Warenwirtschaftssysteme im Lebensmitteleinzelhandel, Frankfurt a.M.

Olbrich, R. (1995): Vertikales Marketing, in: Tietz, B.; Köhler, R.; Zentes, J. (Hrsg.): Handwörterbuch des Marketing, 2. Aufl., Stuttgart, Sp. 2612-2623.

Olbrich, R.; Battenfeld, D. (2005): Variantenvielfalt und Komplexität – kostenorientierte vs. marktorientierte Sicht, in: der markt, 44. Jg., Nr. 174/175, S. 161-173.

Olesch, G. (1998): Zur Dynamik der Verbundgruppen des Handels, in: Olesch, G. (Hrsg.): Kooperation im Wandel, Frankfurt a.M., S. 3-24.

Olesch, G.; Ewig, H. (2003): Das Management der Verbundgruppen, Neuwied u.a.

Oltmanns, B. (2005): Ausgereifte Lichtlösungen, in: stores + shops, o.Jg., Nr. 1, S. 40-41.

Omar, O.; Kent, A. (2001): International Airport Influences on Impulsive Shopping: Trait and Normative Approach, in: International Journal of Retail & Distribution Management, 29. Jg., Nr. 5, S. 226-235.

Opaschowski, H.W. (2000): Kathedralen und Ikonen des 21. Jahrhunderts: Zur Faszination von Erlebniswelten, in: Steinecke, A. (Hrsg.): Erlebnis- und Konsumwelten, München-Wien, S. 44-54.

Oppewal, H.; Koelemeijer, K. (2005): More Choice is Better: Effects of Assortment Size and Composition on Assortment Evaluation, in: International Journal of Research in Marketing, 22. Jg., Nr. 1, S. 45-60.

Ortmann, B. (1999): Erfolgsfaktoren in SB-Warenhäusern, München u.a.

Osterloh, M.; Frost, J. (2006): Prozessmanagement als Kernkompetenz, 5. Aufl., Wiesbaden.

Otto, A. (2002): Management und Controlling von Supply Chains, Wiesbaden.

Overtheil, W. (1983): Standardisierung versus Differenzierung in Filialsystemen des Einzelhandels, Frankfurt a.M.

o.V. (2002): Inditex Success Story, in: Textile Month, August, S. 8.

o.V. (2004a): Ladenöffnungszeiten, in: Handelsjournal, Nr. 7, S. 49.

o.V. (2004b): Reaktionen auf das Urteil zum Ladenschluss, in: Handelsblatt, 09. Juni 2004, S. 49.

o.V. (2005): The Future of Fast Fashion, in: The Economist, 16. Juni 2005, S. 57-58.

o.V. (2006): Praktiker-Baumarkt kauft Max Bahr. Bei Übernahme der Hamburger Kette gehen Marktführer Obi und der Investor Permira leer aus, in: Der Tagesspiegel, 17. August 2006, S. 15.

Paché, G. (1999): When Logistics Threaten to Become a Source of 'Competitive Disadvantage': The Intermarché Cooperative Case, in: Dupuis, M.; Dawson, J. (Hrsg.): European Cases in Retailing, Oxford, S. 206-218.

Paffhausen, A. (1995): Handelsvermittler, in: Tietz, B.; Köhler, R.; Zentes, J. (Hrsg.): Handwörterbuch des Marketing, 2. Aufl., Stuttgart, Sp. 890-902.

Palmer, M.; Quinn, B. (2005): Stakeholder Relationships in an International Retailing Context: An Investment Bank Perspective, in: European Journal of Marketing, 39. Jg., Nr. 9/10, S. 1096-1117.

Palombo, P. (1999): Chancen und Risiken des elektronischen Versandhandels, in: Hermanns, A.; Sauter, M. (Hrsg.): Management-Handbuch: Electronic Commerce, München, S. 361-369.

Park, W.C.; Jun, S.Y.; Shocker, A.D. (1996): Composite Branding Alliances: An Investigation of Extension and Feedback Effects, in: Journal of Marketing Research, 33. Jg., Nr. 4, S. 453-466.

Parker, S.R. u.a. (2003): An Analysis of Customer Perceptions: Factory Outlet Malls versus Traditional Department Stores, in: Marketing Management Journal, 13. Jg., Nr. 2, S. 29-44.

Parmenter, D. (2002): Winning KPIs Revisited, in: Management, o.Jg., Oktober, S. 49-51.

Patt, P.-J. (1990): Strategische Erfolgsfaktoren im Einzelhandel, 2. Aufl., Frankfurt a.M.

Pausenberger, E. (2002): Ansätze zur situationsgerechten Erfolgsbeurteilung von Auslandsgesellschaften, in: Macharzina, K.; Oesterle, M.-J. (Hrsg.): Handbuch Internationales Management: Grundlagen – Instrumente – Perspektiven, 2. Aufl., Wiesbaden, S. 1163-1176.

Pautzke, G. (1989): Die Evolution der organisatorischen Wissensbasis: Bausteine zu einer Theorie des organisatorischen Lernens, Herrsching.

Pauwels, K.; Hanssens, D.M.; Siddarth, S. (2002): The Long-Term Effects of Price Promotions on Category Incidence, Brand Choice, and Purchase Quantity, in: Journal of Marketing Research, 39. Jg., Nr. 4, S. 421-439.

Pechtl, H. (2005): Preispolitik, Stuttgart.

Pedersen, B.; Welch, L.S. (2000): International Retailing Operations: Downstream Entry and Expansion via Franchising, in: International Business Review, 9. Jg., Nr. 4, S. 479-496.

Pederzoli, D. (2008): The Internationalization of Voluntary Groups: An Exploratory Analysis, in: Cliquet, G.; Foscht, T.; Swoboda, B. (Hrsg.): International Value Chain Activities by Retailers and Wholesalers, Journal of Retailing and Consumer Services, Special Issue (in Vorbereitung).

Peemöller, V.H. (2005): Genossenschaften als „historische" und moderne Form der Kooperation, in: Zentes, J.; Swoboda, B.; Morschett, D. (Hrsg.): Kooperationen, Allianzen und Netzwerke: Grundlagen – Ansätze – Perspektiven, 2. Aufl., Wiesbaden, S. 405-427.

Penrose, E.T. (1959): The Theory of the Growth of the Firm, Oxford.

Perrigot, R. (2006): Services vs Retail Chains: Are There any Differences? Evidence from the French Franchising Industry, in: International Journal of Retail & Distribution Management, 34. Jg., Nr. 12, S. 918-930.

Peteraf, M.A. (1993): The Cornerstones of Competitive Advantage: A Resource-Based View, in: Strategic Management Journal, 14. Jg., Nr. 3, S. 179-191.

Peters, G. (1999): Der Handel wird sich wohl wieder mehr auf starke Marken besinnen, in: Markenartikel, 61. Jg., Nr. 1, S. 28-30.

Pfohl, H.-C. (1996): Logistiksysteme, 5. Aufl., Berlin u.a.

Pfohl, H.-C. (2004a): Logistikmanagement, 2. Aufl., Berlin u.a.

Pfohl, H.-C. (2004b): Logistiksysteme, 7. Aufl., Berlin u.a.

Pfohl, H.-C.; Zöllner, W. A. (1991): Effizienzmessung der Logistik, in: DBW, 51. Jg., Nr. 3, S. 323-340.

Pfohl, H.-C.; Gareis, K.; Stölzle, W. (1999): Logistikaudit: Einsatz für die Lieferantenauswahl und -entwicklung, in: Logistikmanagement, 1. Jg., Nr. 1, S. 5-19.

Picot, A. (1986): Transaktionskostentheorie im Handel, in: Betriebsberater, 41. Jg., Nr. 27, Beilage 13, S. 1-16.

Picot, A.; Dietl, H.; Franck, E. (2005): Organisation: eine ökonomische Perspektive, 4. Aufl., Stuttgart.

Picot, A.; Reichwald, R.; Wigand, R.T. (2003): Die grenzenlose Unternehmung, 5. Aufl., Wiesbaden.

Picot-Coupey, K. (2006): Determinants of International Retail Operation Mode Choice: Towards a Conceptual Framework Based on Evidence from French Specialised Retail Chains, in: The International Review of Retail, Distribution and Consumer Research, 16. Jg., Nr. 2, S. 215-237.

Pirk, K.-T.; Türks, M.; Mayer, S. (1998): Leistungstiefenoptimierung in der Logistik, in: Krieger, W.; Klaus, P. (Hrsg.): Gabler Lexikon Logistik, Wiesbaden, S. 256-262.

Platzek, T. (1997): Mystery Shopping. „Verdeckte Ermittler" im Kampf um mehr Kundenorientierung, in: WiSt, 26. Jg., Nr. 7, S. 364-366.

Porter, L.W.; Lawler, E.E. (1968): Managerial Attitudes and Performance, Homewood.

Porter, M.E. (1980): Competitive Strategies, New York.

Porter, M.E. (1985): Competitive Advantage: Creating and Sustaining Superior Performance, New York u.a.

Porter, M.E. (1998): Clusters and the New Economics of Competition, in: Harvard Business Review, 76. Jg., Nr. 6, S. 77-90.

Porter, M.E. (1999a): Wettbewerbsvorteile, 5. Aufl., Frankfurt a.M.

Porter, M.E. (1999b): Wettbewerbsstrategie, 10. Aufl., Frankfurt a.M. u.a.

Porter, M.E. (2000): Wettbewerbsvorteile, 6. Aufl., Frankfurt a.M. u.a.

Porter, M.E.; Fuller, M. (1989): Koalitionen und globale Strategien, in: Porter, M.E. (Hrsg.): Globaler Wettbewerb, Wiesbaden, S. 363-399.

Posselt, T.; Gensler, S. (2000): Ein transaktionskostenorientierter Ansatz zur Erklärung von Handelsbetriebstypen: Das Beispiel der Convenience Shops, in: Die Betriebswirtschaft, 60. Jg., Nr. 2, S. 182-198.

Potts, R. (2005): Leading the Way in Internet Research, in: European Power News, 30. Jg., Nr. 6, S. 23-24.

Prahalad, C.K.; Hamel, G. (1990): The Core Competence of the Corporation, in: Harvard Business Review, 68. Jg., Nr. 3, S. 79-91.

Priemer, V. (2003): Preisbündelung, in: Diller, H.; Hermann, A. (Hrsg.): Handbuch Preispolitik, Wiesbaden, S. 403-520.

Probst, G. (1987a): Selbst-Organisation, Berlin u.a.

Probst, G. (1987b): Selbst-Organisation und Entwicklung, in: Die Unternehmung, 41. Jg., Nr. 4, S. 242-255.

Probst, G. (1994): Organisationales Lernen und die Bewältigung von Wandel, in: Gomez, P. u.a. (Hrsg.): Unternehmerischer Wandel, Konzepte zur organisatorischen Erneuerung, Wiesbaden, S. 295-320.

Probst, G.; Büchel, B. (1998): Organisationales Lernen, 2. Aufl., Wiesbaden.

Probst, G.; Raub, S.; Romhardt, K. (2006): Wissen managen, 5. Aufl., Wiesbaden.

Prümper, W.; Pohl, J.; Thoms, J. (2006): Beschaffungslogistik im Handel: Innovationen in Prozessen, Strukturen und Organisationen, in: Zentes, J. (Hrsg.): Handbuch Handel: Strategien – Perspektiven – Internationaler Wettbewerb, Wiesbaden, S. 809-825.

Purper, G. (2007): Die Betriebsformen des Einzelhandels aus Konsumentenperspektive, Wiesbaden.

Pümpin, C. (1986): Management strategischer Erfolgspositionen, 3. Aufl., Stuttgart u.a.

Pümpin, C.; Amann, W. (2005): SEP Strategische Erfolgspositionen, Bern-Stuttgart u.a.

Quinn, R.E. (1988): Beyond Rational Management, San Francisco.

Quinn, B. (1999): The Temporal Context of UK Retailers' Motives for International Expansion, in: The Service Industries Journal, 19. Jg., Nr. 2, S. 101-116.

Rainer, A.; Puschmann, T.; Österle, H. (2005): Erfolgsfaktoren im Customer Relationship Management, in: ZfB, 75. Jg., Nr. 2, S. 185-208.

Rajaram, K.; Ahmadi, R. (2003): Flow Management to Optimize Profits at Theme Parks, in: Operations Research, 51. Jg., Nr. 2, S. 175-184.

Rank Group PLC (Hrsg.) (2006): Annual Report & Accounts 2005, London.

Rappaport, A. (1999a): Shareholder Value: Wertsteigerung als Maßstab für die Unternehmensführung, 2. Aufl., Stuttgart.

Rappaport, A. (1999b): Shareholder Value: Ein Handbuch für Manager und Investoren, 2. Aufl., Stuttgart.

Ratchford, B. T. (2003): Has the Productivity of Retail Food Stores Really Declined?, in: Journal of Retailing, 79. Jg., Nr. 1, S. 171-182.

Ray, G.; Barney, J.B.; Muhanna, W.A. (2004): Capabilities, Business Processes, and Competitive Advantage: Choosing the Dependent Variable in Empirical Tests of the Resource-Based View, in: Strategic Management Journal, 25. Jg., Nr. 1, S. 23-37.

Reichmann, T. (1985): Grundlagen einer systemgestützten Controlling-Konzeption mit Kennzahlen, in: ZfB, 55. Jg., Nr. 9, S. 887-898.

Reichmann, T. (2001): Controlling mit Kennzahlen und Managementberichten, 6. Aufl., München.

Reichwald, R.; Möslein, K. (2003): Telekooperation und Virtualisierung, in: Bullinger, H.-J.; Warnecke, H.J.; Westkämper, E. (Hrsg.): Neue Organisationsformen im Unternehmen: Ein Handbuch für das moderne Management, 2. Aufl., Berlin u.a., S. 725-739.

Reilly, W.J. (1929): Methods for the Study of Retail Relationships, in: University of Texas Bulletin, Austin.

Reinartz, W.J.; Kumar, V. (2000): On the Profitability of Long-Life Customers in a Noncontractual Setting: An Empirical Investigation and Implications for Marketing, in: Journal of Marketing, 64. Jg., Nr. 4, S. 17-35.

Reutterer, T.; Sicking, H. (2005): Der Wert von Handels- versus Herstellermarken aus Konsumentenperspektive, in: Trommsdorff, V. (Hrsg.): Handelsforschung 2005, Stuttgart, S. 123-144.

Ries, A.; Trout, J. (1986): Positioning, Hamburg u.a.

RKW (Hrsg.) (2000): Neue Kooperationen des Handels, Eschborn.

Rode, J. (2003): CPFR geht in den Dauerbetrieb, in: Lebensmittel Zeitung, 10. März 2003, S. 28.

Roland Berger Strategy Consultants (2003): Kundenbindungsprogramme in großen deutschen Unternehmen, Studienergebnisse, München.

Rosenthal, P.; Koller. L. D. (2002): Faszination Visual Merchandising, Frankfurt a.M.

Rödl, A. (2003): Der Customer Lifetime Value von Kunden des Lebensmittel-Einzelhandels als Steuerungsgröße im Category Management, in: Schröder, H. (Hrsg.): Category Management: Aus der Praxis für die Praxis, Frankfurt a.M., S. 233-258.

Rudolph, T. (1993): Positionierungs- und Profilierungsstrategie im Europäischen Einzelhandel, St. Gallen.

Rudolph, T. (2005): Modernes Handelsmanagement: Eine Einführung in die Handelslehre, München.

Rudolph, T.; Brandstetter, J. (1995): Mehr Erfolg mit neuen Produkten, in: Dynamik im Handel, 39. Jg., Nr. 9, S. 102.

Rudolph, T.; Kotouc, A. (2005): Das optimale Sortiment aus Kundensicht, in: Harvard Business Manager, o.Jg., August, S. 64-73.

Rudolph, T.; Loos, J. (2006): Internationalisierung der Beschaffung, in: Zentes, J. (Hrsg.): Handbuch Handel: Strategien – Perspektiven – Internationaler Wettbewerb, Wiesbaden, S. 717-734.

Rudolph, T.; Wagner, T. (2003): Preisimage-Politik im Handel, in: Diller, H.; Herrmann, A. (Hrsg.): Handbuch Preispolitik, Wiesbaden, S. 177-198

Ruhland, F. (2000): Lieferantenpartnerschaften aus Sicht eines Energie-Einzelhändlers, in: Energiewirtschaftliche Tagesfragen, 50. Jg., Nr. 12, S. 930-935.

Rumer, K. (1994): Internationale Kooperationen und JVs, Wiesbaden.

Rusche, T. (1991): Strategisches Sortimentsmanagement im Handel, Münster.

Russel, J.; Lawrance, P.R. (1989): Wertschöpfungs-Partnerschaften leisten mehr, in: Harvard Businessmanager, 11. Jg., Nr. 1, S. 81-88.

Rück, D. (1999): Der Cheftrainer, in: Lebensmittel Zeitung Spezial, Nr. 1, S. 18-20.

Rüegg-Stürm, J.; Young, M. (2001): Die Bedeutung neuer netzwerkartiger Führungs- und Organisationsformen, in: Die Unternehmung, 55. Jg., Nr. 3, S. 187-213.

Ryan, T.J. (2006): Uncovering Zara, in: Apparel Magazin, 47. Jg., Nr. 5, S. 27.

Salk, J.E. (1994): Generic and Type-Specific Challenges in the Strategic Legitimation and Implementation of Mergers and Acquisitions, in: International Business Review, 3. Jg., Nr. 4, S. 491-512.

Salmon, W.J.; Tordjman, A. (1989): The Internationalisation of Retailing, in: Journal of Retailing, 65. Jg., Nr. 4, S. 3-16.

Sanchez, R. (2004): Understanding Competence-Based Management: Identifying and Managing Five Modes of Competence, in: Journal of Business Research 57. Jg., Nr. 5, S. 518-532.

Sashi, C.M.; Karuppur, D.P. (2002): Franchising in Global Markets: Towards a Conceptual Framework, in: International Marketing Review, 19. Jg., Nr. 5, S. 499-524.

Sattelberger, T. (1996): Die lernende Organisation im Spannungsfeld von Strategie, Struktur und Kultur, in: Sattelberger, T. (Hrsg.): Die lernende Organisation: Konzepte für eine neue Qualität der Unternehmensentwicklung, 3. Aufl., Wiesbaden, S. 11-56.

Sattler, H.; Rao, V.R. (1997): Die Validität eines Ansatzes zur Separierung der Allokations- und Informationsfunktion des Preises, in: ZfB, 67. Jg., Nr. 12, S. 1285-1307.

Sauernheimer, K. (2004): Nicht-tarifäre Handelshemmnisse: Analyse der Auswirkungen auf den Außenhandel, in: Zentes, J.; Morschett, D.; Schramm-Klein, H. (Hrsg.): Außenhandel: Marketingstrategien und Managementkonzepte, Wiesbaden, S. 161-179.

Sausen, K.; Tomczak, T. (2003): Status quo der Segmentierung in Schweizer Unternehmen, in: Thexis, 20. Jg., Nr. 4, S. 2-7.

Sausen, K.; Tomczak, T.; Herrmann, A. (2005): Development of a Taxonomy of Strategic Market Segmentation: A Framework for Bridging the Implementation Gap between Normative Segmentation and Business Practice, in: Journal of Strategic Marketing, 13. Jg., Nr. 3, S. 151-173.

Schenk, H.-O. (1995): Handelspsychologie, Göttingen.

Schenk, H.-O. (2001): Funktionen, Erfolgsbedingungen und Psychostrategie von Handels- und Gattungsmarken, in: Bruhn, M. (Hrsg.): Zukunftsperspektiven der Handelsmarkenpolitik, 3. Aufl., Stuttgart, S. 71-98.

Scherer, F.M. (1970): Industrial Market Structure and Economic Performance, Chicago.

Scheuch, M. (2001): Verkaufsraumgestaltung und Ladenatmosphäre im Handel, Wien.

Schierenbeck, H.; Lister, M. (1998): Finanz-Controlling und Wertorientierte Unternehmensführung, in: Bruhn, M. u.a. (Hrsg.): Wertorientierte Unternehmensführung, Wiesbaden S. 13-56.

Schlautmann, C. (2006a): Hagebau sucht Verstärkung. Mittelständische Baumarkt-Kooperation übertrifft die meisten Wettbewerber bei der Rendite, in: Handelsblatt, 21. Februar 2006, S. 14.

Schlautmann, C. (2006b): Online-Handel boomt. Weihnachtsgeschäft der Läden im Internet wuchs um 35%, in: Handelsblatt, 27. Dezember 2006, S. 12.

Schmalen, H.; Schachtner, D. (1999): Discount- vs. Fachhandel im Zeichen des hybriden Konsumenten, in: Dichtl, E.; Lingenfelder, M. (Hrsg.): Meilensteine im deutschen Handel, Frankfurt a.M., S. 123-146.

Schmeisser, W.; Clermont, A.; Kriener, M. (1998): Wertschöpfung als Technik des Personalcontrollings, in: Personalwirtschaft, 25. Jg.; Nr. 2, S. 37-43.

Schmeisser, W.; Meyer, A.; Waldhart, T. (2005): Erfolgsfaktoren und Strategien international agierender Unternehmen im deutschen Einzelhandel, München.

Schmid, F. (1996): Positionierungsstrategien im Einzelhandel, Frankfurt a.M.

Schmidt, I. (2005): Hauptprobleme der 7. Kartellnovelle: Die Wende in der Kartellpolitik, in: Wirtschaftsdienst, 85. Jg., Nr. 8, S. 536-540.

Schmidt, S.J. (1994): Der Radikale Konstruktivismus, in: Schmidt, S.J. (Hrsg.): Der Diskurs des Radikalen Konstruktivismus, 6. Aufl., Frankfurt a.M., S. 11-88.

Schnedlitz, P. (1995): Sonderangebotspolitik, in: Tietz, B.; Köhler, R.; Zentes, J. (Hrsg.): Handwörterbuch des Marketing, Stuttgart, S. 2307-2315.

Scholz, C. (1987): Strategisches Management: Ein integrativer Ansatz, Berlin u.a.

Scholz, C. (1988): Management und Unternehmenskultur, in: Harvard Manager, 10. Jg., Nr. 1, S. 81-91.

Scholz, C. (2000a): Strategische Organisation: Multiperspektivität und Virtualität, 2. Aufl., Landsberg a.L.

Scholz, C. (2000b): Personalmanagement: Informationsorientierte und verhaltenstheoretische Grundlagen, 5. Aufl., München.

Scholz, C. (2002): Virtuelle Teams: Neuer Wein in neue Schläuche!, in: Zeitschrift Führung + Organisation, 71. Jg., Nr. 1, S. 26-33.

Scholz, C.; Zentes, J. (2006): A Strategy Map for Germany, in: Scholz, C.; Zentes, J. (Hrsg.): Strategic Management: New Rules for Old Europe, Wiesbaden, S. 273-301.

Schögel, M. (1997): Mehrkanalsysteme in der Distribution, Wiesbaden.

Schögel, M.; Sauer, A. (2002): Multi-Channel-Marketing: Die Königsdisziplin in CRM, in: Thexis, 20. Jg., Nr. 1, S. 26-31.

Schrader, E.F. (2006): Galeries Lafayette „In diesem Haus müssen sich Marken anpassen“, in: Absatzwirtschaft, 49. Jg., Nr. 5, S. 7-10.

Schrader, S. (1993): Kooperation, in: Hauschildt J.; Grün, O. (Hrsg.): Ergebnisse empirischer betriebswirtschaftlicher Forschung: Zu einer Realtheorie der Unternehmung, Stuttgart, S. 221-254.

Schrimpf, M. (2004): Akzeptanz von Display-Aktionen im Handel, in: Display, 12. Jg., Nr. 1, S. 20-25.

Schramm-Klein, H. (2003): Multi-Channel-Retailing: Verhaltenswissenschaftliche Analyse der Wirkung von Mehrkanalsystemen im Handel, Wiesbaden.

Schramm-Klein, H. (2004a): Internationales Supplier-Relationship-Management: Perspektiven in der internationalen Beschaffung, in: Zentes, J.; Morschett, D.; Schramm-Klein, H. (Hrsg.): Außenhandel: Marketingstrategien und Managementkonzepte, Wiesbaden, S. 765-791.

Schramm-Klein, H. (2004b): Steigerung der Effektivität und Effizienz durch den Einsatz moderner IT-Systeme im Handel, in: Zentes, J.; Biesiada, H.; Schramm-Klein, H. (Hrsg.): Performance-Leadership im Handel, Frankfurt a.M., S. 29-60.

Schramm-Klein, H. (2006): Multi-Channel-Retailing, in: Zentes, J. (Hrsg.): Handbuch Handel: Strategien – Perspektiven – Internationaler Wettbewerb, Wiesbaden, S. 501-522.

Schramm-Klein, H.; Morschett, D. (2004): Effektivitäts- und Effizienzsteigerungspotenziale durch IT im Handel, in: Trommsdorff, V. (Hrsg.): Handelsforschung 2004, Köln, S. 293-315.

Schramm-Klein, H.; Morschett, D. (2006): The Relationship between Marketing Performance, Logistics Performance and Company Performance for Retail Companies, in: International Review of Retail, Distribution and Consumer Research, 16. Jg., Nr. 2, S. 277-296.

Schreyögg, G. (2003): Organisation: Grundlagen moderner Organisationsgestaltung, 4. Aufl., Wiesbaden.

Schreyögg, G.; Noss, C. (1995): Organisatorischer Wandel: Von der Organisationsentwicklung zur lernenden Organisation, in: Die Betriebswirtschaft, 55. Jg., Nr. 2, S. 169-185.

Schröder, H. (1994): Erfolgsfaktorenforschung im Handel, in: Marketing ZFP, 16. Jg, Nr. 2, S. 89-105.

Schröder, H.; Berghaus, N.; Zimmermann, G. (2005): Das Blickverhalten der Kunden als Grundlage für die Warenplatzierung im Lebensmitteleinzelhandel, in: der markt, 44. Jg., Nr. 172, S. 31-43.

Schröder, H.; Feller, M.; Rödl, A. (2003): Leistungen des Controlling für eine kundenorientierte Sortimentsgestaltung im Lebensmitteleinzelhandel, in: Krey, A. (Hrsg.): Handelscontrolling: Neue Ansätze aus Theorie und Praxis zur Steuerung von Handelsunternehmen, 2. Aufl., Hamburg, S. 145-199.

Schulte, C. (1997): Lagerarten, in: Bloech, J.; Ihde, G. (Hrsg.): Vahlens Großes Logistiklexikon, München, S. 477-479.

Schulte, G. (2005): Preisbindung in Verbundgruppen, in: Wettbewerb in Recht und Praxis, 51. Jg., Nr. 12, S. 1500-1504.

Schulte, W. (2005): Innovative Business-Improvement-District-Lösungen: Das Beispiel Hamburg, in: Zentes, J. (Hrsg.): Overstoring: Brauchen wir eine konzertierte Aktion?, Ergebnisse 17. Unilever TrendForum, Wiesbaden, S. 67-76.

Schulze, G. (1992): Die Erlebnisgesellschaft: Kultursoziologie der Gegenwart, Frankfurt a. M.

Schüppenhauer, A. (1997): Selbstorganisation und Implikationen für die Organisationslehre, in: Liebmann, H.-P. (Hrsg.): Vom Business Process Reengineering zum Change Management: Kritische Bestandsaufnahme, Perspektiven und Erfahrungen, Wiesbaden, S. 235-261.

Schütte, R.; Vering, O. (2004): Erfolgreiche Geschäftsprozesse durch standardisierte Warenwirtschaftssysteme, 2. Aufl., Berlin u.a.

Schwaninger, M. (1994): Managementsysteme, Frankfurt a.M. u.a.

Segal, M.N.; Giacobbe, R.W. (1994): Market Segmentation and Competitive Analysis for Supermarket Retailing, in: International Journal of Retail & Distribution, 22. Jg., Nr. 1, S. 38-48.

Segev, E. (1987): Strategy, Strategy Making and Performance: An Empirical Investigation, in: Strategic Management Journal, 8. Jg., Nr. 6, S. 565-577.

Seifert, D. (2002a): Efficient Consumer Response als Ausgangspunkt von CPFR, in: Seifert, D. (Hrsg.): Collaborative Planning, Forecasting and Replenishment, Bonn, S. 27-53.

Seifert, D. (2002b): CPFR als neuer Strategieansatz, in: Seifert, D. (Hrsg.): Collaborative Planning, Forecasting and Replenishment, Bonn, S. 55-89.

Seifert, D. (2003): Collaborative Planning, Forecasting and Replenishment, in: Supply Chain Management, o.Jg., Nr. 1, S. 41-47.

Seifert, D. (2006): Efficient Consumer Response, 4. Aufl., Mering.

Seitz, N. (1985): Automatische Disposition in einem Kooperationssystem: Fallbeispiel V.A.G aus dem Autoersatzteilhandel, in: Zentes, J. (Hrsg.): Moderne Warenwirtschaftssysteme im Handel, Berlin u.a., S. 210-219.

Selznick, P. (1957): Leadership in Administration, New York.

Serebrjakow, S.W. (1952): Organisation und Technik des Sowjethandels, Berlin.

Severin, V.; Louvière, J.J.; Finn, A. (2001): The Stability of Retail Shopping Choices over Time and Across Countries, in: Journal of Retailing, 77. Jg., Nr. 2, S. 185-202.

Seyffert, R. (1931): Die Handelskette, in: Die Betriebswirtschaft 24. Jg., S. 337-343.

Seyffert, R. (1972): Wirtschaftslehre des Handels, 5. Aufl., Opladen.

Shanker, V.; Bolton, R.N. (2004): An Empirical Analysis of Determinants of Retail Pricing Strategy, in: Marketing Science, 23. Jg., Nr. 1, S. 28-49.

Sharma, A.; Levy, M. (2003): Salespeople's Affect toward Customers: Why Should it Be Important for Retailers?, in: Journal of Business Research, 56. Jg., Nr. 7, S. 523-528.

Shim, S.; Lusch, R.F.; Goldsberry, E. (2002): Leadership Style Profiles of Retail Managers: Personal, Organizational and Managerial Characteristics, in: International Journal of Retail & Distribution Management, 30. Jg., Nr. 4, S. 186-201.

Siebert, H. (2006): Ökonomische Analyse von Unternehmensnetzwerken, in: Sydow, J. (Hrsg.): Management von Netzwerkorganisationen, 2. Aufl., Wiesbaden, S. 7-27.

Siebert, J.; Veltmann, L. (2006): Horizontale Kooperationen als Wettbewerbsstrategie, in: Zentes, J. (Hrsg.): Handbuch Handel: Strategien – Perspektiven – Internationaler Wettbewerb, Wiesbaden, S. 259-273.

Siegele, L. (2002): Chain Reaction, in: The Economist, 02. Februar 2002, S. 13-15.

Sigmund, T. (2006): Länder wollen Arbeitszeit an Sonn- und Feiertagen selbst regeln, in: Handelsblatt, 20. Juli 2006, S. 4.

Silberer, G.; Mau, G. (2005): Kundenkontakte im stationären Handel: Ergebnisse einer empirischen Studie, in: Trommsdorff, V. (Hrsg.): Handelsforschung 2005, Stuttgart, S. 337-352.

Simkin, L.P. (1989): SLAM: Store Location Assessment Model – Theory and Practice, in: Omega – The International Journal of Management Science, 17. Jg., Nr. 1, S. 53-58.

Simon, H. (1988): Management strategischer Wettbewerbsvorteile, in: Zeitschrift für Betriebswirtschaft, 58. Jg., Nr. 4, S. 461-480.

Simon, H. (1992): Preismanagement, 2. Aufl., Wiesbaden.

Simon, H.; Dolan, R.J. (1997): Profit durch Power Pricing, Franfurt a.M. u.a.

Simon, H.; Homburg, C. (1995): Wettbewerbsstrategien, in: Tietz, B.; Köhler, R.; Zentes, J. (Hrsg.): Handwörterbuch des Marketing, 2. Aufl., Stuttgart, Sp. 2753-2762.

Simon, H.; Von der Gathen, A.; Daus, P.W. (2006): Retail Pricing: Higher Profits through Improved Pricing Processes, in: Krafft, M.; Mantrala, M.K. (Hrsg.): Retailing in the 21st century, Berlin u.a.

Simon, H. u.a. (1999): Das Zeitalter des Echtzeit-Pricing, in: Absatzwirtschaft, 42. Jg., Nr. 4, S. 48-54.

Simons, R.; Davila, A. (1998): Return on Management: Wie gut führen Sie Ihr Unternehmen?, in: Harvard Business Manager, 20. Jg., Nr. 4, S. 71-80.

Simonson, I. (1999): The Effect of Product Assortment on Buyer Preferences, in: Journal of Retailing, 75. Jg., Nr. 3, S. 347-370.

Sinclair, J.A.C.; Xiong, L. (2006): Why Are the Multinational Franchisors not Franchising in China, in: European Retail Digest, o.Jg., Nr. 51, S. 57-61.

Siu, N.Y.; Chow, D. (2003): Service Quality in Grocery Retailing: The Study of Japanese Supermarket in Hong Kong, in: Journal of International Consumer Marketing, 16. Jg., Nr. 1, S. 71-87.

Sit, J.; Merrilees, B.; Birch, D. (2003): Entertainment-Seeking Shopping Centre Patrons: The Missing Segments, in: International Journal of Retail & Distribution Management, 31. Jg., Nr. 2, S. 80-94.

Skaupy, W. (1995): Franchising, 2. Aufl., München.

Skiera, B.; Revenstorff, I. (1999): Auktionen als Instrument zur Erhebung von Zahlungsbereitschaften, in: ZfB, 51. Jg., Nr. 3, S. 224-242.

Skjoett-Larsen, T. (2000): European Logistics beyond 2000, in: International Journal of Physical Distribution and Logistics Management, 30. Jg., Nr. 5, S. 377-387.

Sliwka, D.; Nieken, P. (2006): Talent Management, in: WISU – das Wirtschaftsstudium, 35. Jg., Nr. 7, S. 905.

Sloot, L.; Fok, D.; Verhoef, P. (2006): The Short- and Long-Term Effect of an Assortment Reduction on Category Sales, in: Journal of Marketing Research, 43. Jg., Nr. 4, S. 536-548.

Smith, A. (1776): The Wealth of Nations: An Inquiry into the Nature and Causes of the Wealth of Nations, London (reprint from Oxford University Press, 1976).

Smith, H. (2004): Supermarket Choice and Supermarket Competition in a Market Equilibrium, in: Review of Economic Studies, 71. Jg., Nr. 246, S. 235-263.

Smith, W. (1956): Product Differentiation and Market Segmentation as Alternative Marketing Strategies, in: Journal of Marketing, 21. Jg., Nr. 1, S. 3-8.

Smith, D.; Sparks, L. (2004): Logistics in Tesco: Past, Present and Future, in: Fernie, J.; Sparks, L. (Hrsg.): Logistics and Retail Management, 2. Aufl., London u.a., S. 101-120.

Smith, L.D.; Sanchez, S.M. (2003): Assessment of Business Potential at Retail Sites: Empirical Findings from a US Supermarket Chain, in: International Review of Retail, Distribution & Consumer Research, 13. Jg., Nr. 1, S. 37-58.

Sopanen, S. (1996): Changing Retail Structure in the Nordic Countries, in: Davies, R. (Hrsg.): The Outlook for West European Retail, London, S. 68-83.

Spannagel, R.; Trommsdorff, V. (1999): Kundenorientierung im Handel, in: Dichtl, E.; Lingenfelder, M. (Hrsg.): Meilensteine im deutschen Handel, Frankfurt a.M., S. 57-88.

Sparks, L. (1995): Reciprocal Retail Internationalization: The Southland Corporation, Ito-Yokado and 7-Eleven Convenience Stores, in: The Service Industries Journal, 15. Jg., Nr. 4, S. 57-96.

Sparks, L.; Wagner, B. (2004): Transforming Technologies: Retail Exchanges and RFID, in: Fernie, J.; Sparks, L. (Hrsg.): Logistics and Retail Management, 2. Aufl., London-Sterling, S. 188-208.

Specht, G.; Fritz, W. (2005): Distributionsmanagement, 4. Aufl., Stuttgart, S. 136.

Speer, F. (2000): Category Management: Vom verbraucherorientierten Ansatz zum Equity Management, in: Ahlert, D.; Borchert, S. (Hrsg.): Prozessmanagement im vertikalen Marketing: Efficient Consumer Response (ECR) in Konsumgüternetzwerken, Berlin, S. 219-240.

Spelthahn, S.; Schloßberger, U.; Steger, U. (1993): Umweltbewusstes Transportmanagement, Bern u.a.

Spiegel-Verlag (2002): Outfit 5-Typologie, Hamburg.

Srivastava, R.K.; Fahey, L.; Christensen, H.K. (2001): The Resource-Based View and Marketing: The role of Market-Based Assets in Gaining Competitive Advantage, in: Journal of Management, 27. Jg., Nr. 6, S. 777-802.

Srivastava, J.; Lurie, N.H. (2004): Price-Matching Guarantees as Signals of Low Store Prices: Survey and Experimental Evidence, in: Journal of Retailing, 80. Jg., Nr. 2, S. 117-128.

Staatssekretariat für Wirtschaft (seco) (Hrsg.) (2004): Kantonale Ladenöffnungszeiten in der Schweiz – ein Überblick, Bern.

Stadtmann, G.; Kaufmann, L.; Weigand, J. (2004): Stand und kritische Analyse der regionalen Integrationsabkommen: ASEAN, in: Zentes, J.; Morschett, D.; Schramm-Klein, H. (Hrsg.): Außenhandel: Marketingstrategien und Managementkonzepte, Wiesbaden, S. 229-249.

Staehle, W.H. (1999): Management, 8. Aufl., München.

Stank, T.P.; Crum, M.; Arango, M. (1999): Benefits of Inter-Firm Coordination in Food Industry Supply Chains, in: Journal of Business Logistics, 20. Jg., Nr. 2, S. 21-41.

Stank, T.; Daugherty, P.; Autry, C. (1999): Collaborative Planning: Supporting Automatic Replenishment Programs, in: Supply Chain Management, 4. Jg., Nr. 2, S. 75-85.

Stauss, B. (1998): Beschwerdemanagement, in: Meyer, A. (Hrsg.): Handbuch Dienstleistungs-Marketing, Stuttgart, S. 1255-1271.

Stauss, B.; Neuhaus, P. (1995): Das qualitative Zufriedenheitsmodell, Diskussionsbeiträge der Wirtschaftswissenschaftlichen Fakultät Ingolstadt, Nr. 66, Ingolstadt.

Stauss, B.; Seidel, W. (1997): Prozessuale Zufriedenheitsdynamik bei Dienstleistungen, in: Simon, H.; Homburg, C. (Hrsg.): Kundenzufriedenheit: Konzepte – Methoden – Erfahrungen, 2. Aufl., Wiesbaden, S. 201-224.

Stauss, B.; Seidel, W. (2006): Prozessuale Zufriedenheitsermittlung und Zufriedenheitsdynamik bei Dienstleistungen, in: Homburg, C. (Hrsg.): Kundenzufriedenheit: Konzepte – Methoden – Erfahrungen, 6. Aufl., Wiesbaden, S. 171-197.

Steenkamp, J.-B. E. M.; Dekimpe, M.G. (1997): The Increasing Power of Store Brands: Building Loyalty and Market Share, in: Long Range Planning, 30. Jg., Nr. 6, S. 917-930.

Steenkamp, J.-B. E. M.; Ter Hofstede, F. (2002): International Market Segmentation: Issues and Perspectives, in: International Journal of Research in Marketing, 19. Jg., Nr. 3, S. 185-213.

Stein, V. (1999): Emergentes Organisationswachstum: Eine systemtheoretische „Rationalisierung“, Saarbrücken.

Steinhoff, F.; Trommsdorff, V. (2002): Kundenorientierung bei hochgradigen Innovationen, Vortrag am 25. Oktober 2002 anlässlich der 4. Technologie- und Innovationsmanagement (TIM) Fachtagung vom 24.-26. Oktober 2002, Stuttgart Institute of Management and Technology (SIMT), Stuttgart.

Steinmann, H.; Schreyögg, G. (2005): Management, 6. Aufl., Wiesbaden.

Stern, J.; Shiely, J.; Ross, I. (2001): The EVA Challenge: Implementing Value Added Change in an Organization, New York.

Sternquist, B. (1998): International Retailing, New York.

Stock-Homburg, R.; Gaitanides, M. (2006): Interorganisationale Teams: Aktueller Überblick und Entwicklung eines konzeptionellen Bezugsrahmens, in: Die Unternehmung, 60. Jg., Nr. 1, S. 45-62.

Stoel, L.M. (2002): Retail Cooperatives: Group Size, Group Identification, Communication Frequency and Relationship Effectiveness, in: International Journal of Retail & Distribution Management, 30. Jg., Nr. 1, S. 51-60.

Stoel, L.M.; Sternquist, B. (2004): Group Identification: The Influence of Group Membership on Retail Hardware Cooperative Members' Perception, in: Journal of Small Business Management, 42. Jg., Nr. 2, S. 155-173.

Stöhr, A. (1998): Air-Design als Erfolgsfaktor im Handel: Modellgestützte Erfolgsbeurteilung und strategische Empfehlungen, Wiesbaden.

Stölzle, W. (1995): Datenqualität entscheidendes Kriterium. Anforderungen an ein leistungsfähiges Logistik-Controlling, in: Dynamik im Handel, 39. Jg., Nr. 6, S. 43-49.

Stölzle, W. (2000): Beziehungsmanagement: Konzeptverständnis und Implikationen für die Beschaffung, in: Hildebrandt, H.; Koppelmann, U. (Hrsg.): Beziehungsmanagement mit Lieferanten, Stuttgart, S. 1-23.

Stölzle, W.; Heusler, K.F. (2003): Supplier Relationship Management: Entstehung, Konzeptverständnis und methodisch-instrumentelle Anwendung, in: Bogaschewsky, R.; Grötz, U. (Hrsg.): Management und Controlling von Einkauf und Logistik, Bühl, S. 167-194.

Straube, F. u.a. (2005): Trends und Strategien in der Logistik: Ein Blick auf die Agenda des Logistik-Managements 2010, Hamburg.

Strauch, J. (2000): Harmonisierung von Controlling und Rechnungslegung in der internationalen Unternehmung, in: Berens, W.; Born, A.; Hoffjan, A. (Hrsg.): Controlling international tätiger Unternehmen, Stuttgart, S. 177-206.

Sundhoff, E. (1965): Handel, in: Handwörterbuch der Sozialwissenschaften, Bd. 4, Stuttgart, S. 762-769.

Sweeney, J.C.; Soutar, G.N. (2001): Consumer Perceived Value: The Development of a Multiple Item Scale, in: Journal of Retailing, 77. Jg., Nr. 2, S. 203-220.

Swiss Retail Federation (2004): Schweizer Detailhandel im internationalen Vergleich, Studie, Bern.

Swoboda, B. (1996): Interaktive Medien am Point of Sale: Verhaltenswissenschaftliche Analyse der Wirkung multimedialer Systeme, Wiesbaden.

Swoboda, B. (1997a): Kooperative Wertschöpfungspartnerschaften: Barrieren und Erfolgsfaktoren des Efficient Consumer Response Managements, in: IM Informations Management, 7. Jg, Nr. 3, S. 36-42.

Swoboda, B. (1997b): Wertschöpfungspartnerschaften in der Konsumgüterwirtschaft: Ökonomische und ökologische Aspekte des ECR-Managements, in: WiSt, 26. Jg., Nr. 9, S. 449-454.

Swoboda, B. (1998): Conditions of Consumer Information Seeking: Theoretical Foundations and Empirical Results of Using Interactive Multimedia Systems, in: The International Review of Retail, Distribution and Consumer Research, 8. Jg., Nr. 4, S. 361-381.

Swoboda, B. (1999): Ausprägungen und Determinanten der zunehmenden Convenience-orientierung von Konsumenten, in: Marketing – ZFP, 21. Jg., Nr. 2, S. 95-104.

Swoboda, B. (2000a): Internationalisierung einer Fachgeschäftskonzeption, in: Zentes, J.; Swoboda, B. (Hrsg.): Fallstudien zum Internationalen Management, Wiesbaden, S. 943-951.

Swoboda, B. (2000b): Messung von Einkaufsstättenpräferenzen auf der Basis der Conjoint-Analyse, in: Die Betriebswirtschaft, 60. Jg., Nr. 2, S. 149-166.

Swoboda, B. (2000c): Methoden der empirischen Messung der Preissensibilität gegenüber Einkaufsstätten: Verfahrens- und Ergebnisvergleich, in: Zeitschrift für Betriebswirtschaft, 70. Jg., Nr. 11, S. 1281-1304.

Swoboda, B. (2001): Retailing from a Behavioural Point of View and Convenience-Orientation: Consumer Preferences and Measurement with Conjoint Analysis, in: Gröppel, A.; Esch, F.-R. (Hrsg.): European Advances in Consumer Research, 5. Jg., S. 101-106.

Swoboda, B. (2002a): Internationalisierung als strategische Option des Großhandels: Synopse der Entwicklungsalternativen, in: Zentes, J.; Swoboda, B.; Morschett, D. (Hrsg.): B2B-Handel – Perspektiven des Groß- und Außenhandels, Frankfurt a.M., S. 147-175.

Swoboda, B. (2002b): The Relevance of Timing and Time in International Business: Analysis of Different Perspectives and Results, in: Scholz, C.; Zentes, J. (Hrsg.): Strategic Management: A European Approach, Bd. 3, Wiesbaden, S. 85-113.

Swoboda, B. (2005): Kooperation: Erklärungsperspektiven grundlegender Theorien, Ansätze und Konzepte im Überblick, in: Zentes, J.; Swoboda, B.; Morschett, D. (Hrsg.): Kooperationen, Allianzen und Netzwerke: Grundlagen – Ansätze – Perspektiven, 2. Aufl., Wiesbaden, S. 35-64.

Swoboda, B.; Anderer, M. (2008): Coordinating the International Retailing Firm: Models and Evaluations of Structural, Systemic and Cultural Options in: Journal of Retailing and Consumer Services, Special Issue, Nr. 2 (in Vorbereitung).

Swoboda, B.; Foscht, T. (2005a): Internationalisierung von Handelsunternehmen: Markteintritt und Marktbearbeitung als Multiplikation bestehender oder Aufbau neuer Netzwerke?, in: Ahlert, D.; Olbrich, R.; Schröder, H. (Hrsg.): Jahrbuch Vertriebs- und Handelsmanagement 2005, Frankfurt a.M., S. 319-345.

Swoboda, B.; Foscht, T. (2005b): Internationalisierungsprozesse von Dienstleistungsunternehmen: Erklärungsperspektiven traditioneller und neuerer Prozessansätze bzw. -modelle, in: Bruhn, M.; Stauss, B. (Hrsg.): Internationalisierung von Dienstleistungen, Wiesbaden, S. 43-71.

Swoboda, B.; Giersch, J. (2003): Instore-Marketing als Erfolgsfaktor im Handel. Zukunft des Handels Teil XI, in: ESSmann's ESSpertise, o.Jg., Nr. 2, S. 6-17.

Swoboda, B.; Giersch, J. (2004): Markenführung und Vertriebspolitik, in: Bruhn, M. (Hrsg.): Handbuch Markenführung, 2. Aufl., Wiesbaden, S. 1706-1732.

Swoboda, B.; Giersch, J. (2007): Internationales Corporate Brand Management: Das Beispiel Henkel, Frankfurt a.M. – Düsseldorf (in Druck).

Swoboda, B.; Jager, M. (2006): Analysis of the Satisfaction Factors in International Cooperation Activities with and without Capital Investment in SMEs, in: Management & Marketing, 1. Jg., Nr. 2, S. 15-36.

Swoboda, B.; Janz, M. (2001): Professionelles Kundenbindungsmanagement. Aus Verbrauchern treue Kunden machen, in: ESSmann's ESSpertise, o.Jg., Nr. 4, S. 6-13.

Swoboda, B.; Janz, M. (2007): Wertkettengestaltung in der Fashion-Branche – Vertikales Marketing von Systemmarken als Erfolgsstrategie, in: Thexis, 24. Jg., Nr. 3.

Swoboda, B.; Hälsig, F. (2007a): Building a Strong Retail Brand: An Integrated Model and an Empirical Comparison between Different Retail Sectors, Vortrag am 24. Mai 2007 an der Reykjavik Universität, Island.

Swoboda, B.; Hälsig, F. (2007b): Einfluss von Einkaufsmotiven auf den Aufbau einer Händlermarke – Eine Mehrgruppenkausalbetrachtung, in: Ahlert, D.; Olbrich, R.; Schröder, H. (Hrsg.): Shopper-Research – Kundenverhalten im Handel, Frankfurt a.M. (in Druck).

Swoboda, B.; Morschett, D. (2001a): Convenience-Oriented Shopping: A Model from the Perspective of Consumer Research, in: Frewer, L.J.; Risvik, E.; Schifferstein, H. (Hrsg.): Food, People and Society: A European Perspective of Consumers' Food Choices, Berlin u.a., S. 177-196.

Swoboda, B.; Morschett, D. (2001b): Prozessorientierung im Handel, in: Baumgarten, H.; Wiendahl, H.-P.; Zentes, J. (Hrsg.): Logistik-Management, Berlin u.a., Kapitel 4, S. 1-25.

Swoboda, B.; Morschett; D. (2003): Electronic Business im Handel: Gestaltungsoptionen der marktorientierten Kernprozesse des Handelsmanagements, in: Weiber, R. (Hrsg.) Electronic Business, 2. Aufl., Wiesbaden, S. 775-807.

Swoboda, B.; Schwarz, S. (2004): Internationale Marktauswahl: Konzepte und Methoden, in: Zentes, J.; Morschett, D.; Schramm-Klein, H. (Hrsg.): Außenhandel: Marketingstrategien und Managementkonzepte, Wiesbaden, S. 255-280.

Swoboda, B.; Schwarz, S. (2006a): Convenience-Stores: Internationale Entwicklung und Käuferverhalten in Deutschland, in: Zentes, J. (Hrsg.): Handbuch Handel: Strategien – Perspektiven – Internationaler Wettbewerb, Wiesbaden, S. 395-421.

Swoboda, B.; Schwarz, S. (2006b): Dynamic of the Internationalisation of European Retailing: From a National to a European Perspective, in: Scholz, C.; Zentes, J. (Hrsg.): Strategic Management: New Rules for Old Europe, Bd. 4, Wiesbaden, S. 159-200.

Swoboda, B.; Schwarz, S. (2006c): Internationalisation of Retailing Firms: Insights into the Decision and Development Dynamics on the Base of the World´s Largest Firms, in: Bratianu, C.; Lixandroiu, D.; Pop, N.A. (Hrsg.): Business Excellence, Bucaresi, S. 482-490.

Swoboda, B.; Foscht, T.; Cliquet, G. (2008): International Value Chain Processes by Retailers and Wholesalers: A General Approach, in: Journal of Retailing and Consumer Services, Special Issue, Nr. 2 (in Vorbereitung).

Swoboda, B.; Foscht, T.; Schwarz, S. (2005): Enormously Dynamic and Differing Strategies in Retailing Internationalisation: A Case Study on the Largest Food Retail Companies, in: The European Retail Digest, 46. Jg., Sommer 2005, S. 55-63.

Swoboda, B.; Hälsig, F.; Foscht, T. (2007): Kundenbindung durch den Aufbau einer starken Retail Brand und den Einsatz spezifischer Kundenbindungsinstrumente, in: Reimann, E.; Sexauer, H. (Hrsg.): Handbuch Praxis Kundenbindungsmanagement, Wiesbaden (in Druck).

Swoboda, B.; Hälsig, F.; Meierer, M. (2007): Kooperationsstrategien in veränderten Wettbewerbsarenen: Dynamik klassischer Formen und neuere Optionen für mittelständische Fashion-Händler, in: Zentes, J. (Hrsg.): Faszination Handel – 50 Jahre Saarbrücker Handelsforschung, Frankfurt a.M., S. 189-210.

Swoboda, B.; Hälsig, F.; Morschett, D. (2006): Intersectoral Analysis of the Impact of Retailer Attributes on Customer-Based Retail Brand Equity, in: Evans, J.R. (Ed.): Retailing 2006: Strategic Challenges in the New Millennium, Proceedings of the AMS/ACR 8th Triennial Retailing Conference, Orlando, S. 249-256.

Swoboda, B.; Jager, M.; Schwarz, S. (2007): Determinants of International Market Entry Strategy: Resources and Sequences as Main Characteristics in Grocery Retailing, Proceedings of the EIRASS-Conference, Saarbrücken.

Swoboda, B.; Morschett, D.; Foscht, T. (2004): Retail Branding: Das Handelsunternehmen als Marke, in: Boltz, D.-M.; Leven, W. (Hrsg.): Effizienz in der Markenführung, Hamburg, S. 298-321.

Swoboda, B.; Samadi, S.; Foscht, T. (2005): Markendehnung von Handelsmarken. Ergebnisse einer explorativen Studie, in: Trommsdorff, V. (Hrsg.): Handelsforschung 2005, Stuttgart, S. 145-167.

Swoboda, B.; Samadi, S.; Foscht, T. (2006): Could the Results of Consumer Research in the Case of Manufacturer's Brand Extension be Transferred to the Brand Extension of Private Labels – An Exploratory Study, in: European Advances in Consumer Research, 7. Jg., Nr. 1, S. 84-91.

Swoboda, B.; Schwarz, S.; Hälsig, F. (2007): Towards a Conceptual Model of Country Market Selection: A Look on Food Retailer and C&C Wholesaler, in: The International Review of Retail, Distribution and Consumer Research, 17. Jg. (in Druck).

Swoboda, B. u.a. (2006): Sortimentsmanagement in der Fashion-Branche: Was in zweistufigen Systemen von vertikal integrierten Unternehmen zu lernen ist, in: Thexis, 23. Jg., Nr. 2, S. 38-46.

Sydow, J. (1992): Strategische Netzwerke, Wiesbaden.

Sydow, J. (1994): Franchisenetzwerke: Ökonomische Analyse einer Organisationsform der Dienstleistungsproduktion und -distribution, in: Zeitschrift für Betriebswirtschaft, 64. Jg., Nr. 1, S. 95-113.

Szallies, R. (1987): Der neue Konsument: Vom Otto-Normalverbraucher zum Ultra, in: Marketing Journal, 20. Jg., Nr. 4, S. 318-326.

Szallies, R. (1990): Zwischen Luxus und kalkulierter Bescheidenheit: Der Abschied vom Otto-Normalverbraucher, in: Szallies, R.; Wiswede, G. (Hrsg.): Wertewandel und Konsum, Landsberg a.L., S. 41-86.

Täger, U.C. (1995): Betriebstypen im Großhandel, in: Tietz, B.; Köhler, R.; Zentes, J. (Hrsg.): Handwörterbuch des Marketing, 2. Aufl., Stuttgart, Sp. 255-274.

Täger, U.C. (2006): Strukturen und Entwicklungstendenzen im deutschen Distributionssystem, in: Zentes, J. (Hrsg.): Handbuch Handel: Strategien – Perspektiven – Internationaler Wettbewerb, Wiesbaden, S. 89-110.

Tannenbaum, R.; Schmidt, W.H. (1958): How to Choose a Leadership Pattern, in: Harvard Business Review, 36. Jg., Nr. 2, S. 95-101.

Tatoglu, E.; Demirbag, M.; Kaplan, G. (2003): Motives for Retailer Internationalization to Central and Eastern Europe, in: Emerging Markets Finance and Trade, 39. Jg., Nr. 4, S. 40-57.

Tax, S.S.; Brown, S.W.; Chandrashekaran, M. (1998): Customer Evaluations of Service Complaint Experiences: Implications for Relationship Marketing, in: Journal of Marketing, 62. Jg., Nr. 2, S. 60-76.

Teas, K. (1994): Retail Services Image Measurement: An Examination of the Stability of a Numerical Comparative Scale, in: The International Review of Retailing, Distribution and Consumer Research, 4. Jg., Nr. 4, S. 427-442.

Teece, D.J.; Pisano, G.; Shuen, A. (1997): Dynamic Capabilities and Strategic Management, in: Strategic Management Journal, 18. Jg, Nr. 7, S. 509-533.

Ten Real Estate (Hrsg.) (2006): Home: Property Developments: Dubai: Dubailand, http://realestate.theemiratesnetwork.com/developments/dubai/dubailand.php, 12. September 2006.

Thakor, M.V.; Joshi, A.W. (2005): Motivating Salesperson Customer Orientation: Insights from the Job Characteristics Model, in: Journal of Business Research, 58. Jg., Nr. 5, S. 584-592.

Thang, D.; Tan, B. (2003): Linking Consumer Perception to Preference of Retail Stores: An Empirical Assessment of the Multi-Attributes of Store Image, in: Journal of Retailing and Consumer Services, 10. Jg., Nr. 4, S. 193-200.

Theis, H.-J. (1992): Einkaufsstätten-Positionierung, Wiesbaden.

Theis, H.-J. (1999): Handels-Marketing: Analyse- und Planungskonzepte für den Einzelhandel, Frankfurt a.M.

Theis, H.-J. (2007): Handbuch Handelsmarketing: Erfolgreiche Strategien und Instrumente im Handelsmarketing, 2. Aufl., Frankfurt a.M.

The Partnering Group/Roland Berger & Partners (1997): ECR Europe Category Management Best Practices Report, o.O.

Thombansen, U. (1994): Vertrauen durch Qualität, München.

Thorndike, A.; Waltemath, A. (1999): Logistik bestimmt den Erfolg im Großhandel, in: Distribution, 30. Jg., Nr. 3, S. 18-22.

Tietz, B. (1969): Die Standort- und Geschäftsflächenplanung im Einzelhandel. Ein Beitrag zur regionalen Handelsforschung, Nr. 42 der Schriftenreihe des Gottlieb Duttweiler-Institutes, Rüschlikon.

Tietz, B. (1973a): Konsument und Einzelhandel, 2. Aufl., Frankfurt a.M.

Tietz, B. (1973b): Ladenzeitordnungen im Umbruch, Stuttgart.

Tietz, B. (1983): Konsument und Einzelhandel, 3. Aufl., Frankfurt a.M.

Tietz, B. (1987): Wege in die Informationsgesellschaft, Stuttgart.

Tietz, B. (1988): Marktbearbeitung morgen. Neue Konzepte und ihre Durchsetzung, Landsberg a.L.

Tietz, B. (1991): Handbuch Franchising, 2. Aufl., Landsberg a.L.

Tietz, B. (1992a): Einzelhandelsperspektiven für die Bundesrepublik Deutschland bis zum Jahre 2010, Frankfurt a.M.

Tietz, B. (1992b): Eurostrategien im Einzelhandel. Konzepte und empirische Befunde, in: Marketing ZFP, 14. Jg., Nr. 4, S. 233-238.

Tietz, B. (1993a): Binnenhandelspolitik, 2. Aufl., München.

Tietz, B. (1993b): Der Handelsbetrieb, 2. Aufl., München.

Tietz, B. (1993c): Zukunftsstrategien für Handelsunternehmen, Frankfurt a.M.

Tietz, B. (1993d): Großhandelsperspektiven für die Bundesrepublik Deutschland bis zum Jahre 2010, Frankfurt a.M.

Tietz, B. (1994a): Einzelhandelsperspektiven für die Schweiz bis zum Jahre 2010, Zürich.

Tietz, B. (1994b): Kooperation statt Konfrontation: Kontraktmarketing zwischen Hersteller und Handel, in: Trommsdorff, V. (Hrsg.): Jahrbuch Handelsforschung 1994/95, Wiesbaden, S. 39-56.

Tietz, B.; Greipl, E. (1994): Das Leistungsprofil des Großhandels in Bayern, Frankfurt a.M.

Tietz, B.; Mathieu, G. (1979): Das Kontraktmarketing als Kooperationsmodell, Köln.

Tietz, B., Rothhaar, P. (1991): City-Studie: Marktbearbeitung und Management für die City, Landsberg a.L.

Tiko, S. (2005): Franchisor Use of Influence and Conflict in a Business Format Franchise System, in: International Journal of Retail & Distribution Management, 33. Jg., Nr. 5, S. 329-342.

Toporowski, W. (1996): Logistik im Handel: Optimale Lagerstruktur und Bestellpolitik einer Filialunternehmung, Heidelberg.

Töpfer, A.; China, R. (1997): Die Kundenzufriedenheitsfalle, in: der markt, 36. Jg., Nr. 1, S. 11-20.

Töpfer, B. (Hrsg.) (2000): Balanced Scorecard als Managementinstrument zur Unternehmensführung im Handel, Ergebnisse 8. Bestfoods TrendForum, Wiesbaden.

Trade Dimensions (2005): GV-Markt 2005. Großverbraucher-Zustelldienste und C+C-Unternehmen, Frankfurt.

Treadgold, A.; Davies, R. (1988): The Internationalisation of Retailing, Harlow.

Trommsdorff, V. (1995): Positionierung, in Tietz, B.; Köhler, R.; Zentes, J. (Hrsg.): Handwörterbuch des Marketing, 2. Aufl., Stuttgart, Sp. 2055-2068.

Trommsdorff, V. (Hrsg.) (1996): Jahrbuch der Handelsforschung 1996/97. Positionierung im Handel, Wiesbaden.

Trommsdorff, V. (2002): Konsumentenverhalten, 4. Aufl., Stuttgart.

Trommsdorff, V. (2004): Konsumentenverhalten, 6. Aufl., Stuttgart.

Trommsdorff, V. (2006): Innovationsmarketing und Trendforschung/Zukunftsanalyse, Vortrag am 28. Juni 2006, Karl-Franzens-Universität Graz, Österreich.

Tröster, N. (1997): High-Tech in Österreichs Handelslägern, in: Dynamik im Handel, 41. Jg., Nr. 1, S. 56-63.

Twardawa, W. (2006): Die Rolle der Discounter im deutschen LEH. Marken und Handelsmarken im Wettbewerb der Vertriebskanäle für Konsumgüter, in: Zentes, J. (Hrsg.): Handbuch Handel: Strategien -- Perspektiven – Internationaler Wettbewerb, Wiesbaden, S. 377-393.

Uellendahl, J. (2002): Secured Distribution as an Element in the Sales Strategy Based on the Example of Goodyear Dunlop in the European Union, in: Scholz, C.; Zentes, J. (Hrsg.): Strategic Management: A European Approach, Wiesbaden, S. 201-219.

Ulrich, H. (1990): Unternehmungspolitik, 3. Aufl., Bern u.a.

Unkelbach, H. (2002): E-Commerce im Produktionsverbindungshandel: Der handwerkguide.com der Adolf Würth GmbH & Co.KG, in: Zentes, J.; Swoboda, B.; Morschett, D. (Hrsg.): B2B Handel: Perspektiven des Groß- und Außenhandels, Frankfurt a.M., S. 349-369.

Useem, M. (1996): Shareholders as a Strategic Asset, in: California Management Review, 39. Jg., Nr. 1, S. 8-27.

UVEK (Eidgenössisches Departement für Umwelt, Verkehr, Energie und Kommunikation) (2004): 25 Jahre Raumplanungsgesetz: Die Raumplanung hat ihre schwierigste Vergangenheit noch vor sich, Pressemitteilung, Bern.

Valora AG (Hrsg.) (2001): Annual Report Valora 2000, http://www.valora.com/investoren/dokumentationen/index.php, 9. Januar 2007.

Valora AG (Hrsg.) (2006): Annual Report Valora 2005, http://www.valora.com/investoren/dokumentationen/index.php, 8. September 2006.

Valora AG (Hrsg.) (2007): Annual Report Valora 2006, http://www.valora.com/investoren/dokumentationen/index.php, 2. Mai 2007.

Van de Ven, A.H. (1992): Suggestions for Studying Strategy Process: A Research Note, in: Strategic Management Journal, 13. Jg., Special Issue; Sommer, S. 169-188.

Van de Ven, A.H.; Poole, M.S. (1995): Explaining Development and Change in Organizations, in: Academy of Management Review, 20. Jg., Nr. 3, S. 510-540.

Van Herpen, E.; Pieters, R. (2002): The Variety of an Assortment: An Extension to the Attribute-Based Approach, in: Marketing Science, 21. Jg., Nr. 3, S. 331-341.

Venkatesan, R.; Kumar, V.; Ravishanker, N. (2007): Multichannel Shopping: Causes and Consequences, in: Journal of Marketing, 71. Jg., April, S. 114-132.

Verband des Schweizerischen Versandhandels (2007): Der Versandhandel in Zahlen, http://www.versandhandel.ch/deutsch/downloads/Pressemitteilung_2006.pdf, 2. Mai 2007.

Verhoef, P.C.; Franses, P.H.; Hoekstra, J.C. (2001): The Impact of Satisfaction and Payment Equity on Cross-Buying: A Dynamic Model for a Multi-Service Provider, in: Journal of Retailing, 77. Jg., Nr. 3, S. 359-379.

Vida, I. (2000): An Empirical Inquiry into International Expansion of US Retailers, in: International Marketing Review, 17. Jg., Nr. 4/5, S. 454-475.

Vida, I.; Fairhurst, A. (1998): International Expansion of Retail Firms: A Theoretical Approach for Future Investigations, in: Journal of Retailing and Consumer Services, 5. Jg., Nr. 3, S. 143-151.

Vinahs, A.S.; Anderson, E. (2005): How Potential Conflict Drives Channel Structure: Concurrent (Direct and Indirect) Channels, in: Journal of Marketing Research, 42. Jg., Nr. 4, S. 507-515.

Vogelbacher, M.O. (1998): Urban-Entertainment-Center: Ein innovatives Immobiliennutzungskonzept, in: Falk, B. (Hrsg.): Das große Handbuch Shopping Center, Landsberg a.L., S. 317-327.

Völckner, F. (2005): Determinanten der Informationsfunktion des Preises: Eine empirische Analyse, Research Papers on Marketing and Retailing, University of Hamburg, Nr. 1, Hamburg.

Völckner, F. (2004): Erfolgsfaktoren des Markentransfers: Eine kausalanalytische Betrachtung, in: ZfB, 74. Jg., Nr. 11, S. 1137-1162.

Vroom, V.H. (1964): Work and Motivation, New York.

Wagner, H. (1998): Marktorientierte Unternehmensführung versus Orientierung an Mitarbeiterinteressen, Shareholder-Value und Gemeinwohlverpflichtung, in: Bruhn, M.; Steffenhagen, H. (Hrsg.): Marktorientierte Unternehmensführung, Wiesbaden, S. 87-102.

Walker, M. (1994): Quick Response: The Road to Lean Logistics, in: Cooper, J. (Hrsg.): Logistics and Distribution Planning, 2. Aufl., London.

Wallenburg, C.M.; Weber, J. (2005): Kooperationen in Logistik und Supply Chain Management, in: Zentes, J.; Swoboda, B.; Morschett, D. (Hrsg.): Kooperationen, Allianzen und Netzwerke, 2. Aufl., Wiesbaden, S. 747-767.

Walters, R.G. (1991): Assessing the Impact of Retail Price Promotions on Product Substitution, Complementary Purchase and Instore Sales Displacement, Journal of Marketing, 55. Jg., Nr. 2, S. 17-28.

Walters, R.O.; MacKenzie, S.B. (1988): A Structural Equations Analysis of the Impact of Price Promotions on Store Performance, in: Journal of Marketing Research, 25. Jg., Nr. 1, S. 51-63.

Warnaby, G. (1999): Strategic Consequences of Retail Acquisition: IKEA and Habitat, in: International Marketing Review, 16. Jg., Nr. 4/5, S. 406-416.

Watzka, K. (1998): Management: Personalcontrolling, in: Marktforschung & Management, 7. Jg., Nr. 4, S. 154-155.

Weber, J. (2002): Logistikkostenrechnung, 2. Aufl., Berlin u.a.

Weber, J. (2003): Balanced Scorecard: Eignung des Ansatzes für das Supply Chain Management, in: Bogaschewsky, R.; Götz, U. (Hrsg.): Management und Controlling von Einkauf und Logistik, Gernsbach, S. 307-329.

Weber, H. (1996): Einsatz von Expertensystemen in der Logistik, in: Schuh, G.; Weber, H.; Kajüter, P. (Hrsg.): Logistikmanagement: Strategische Wettbewerbsvorteile durch Logistik, Stuttgart, S. 213-224.

Weber, J.; Schäffer, U. (2000): Balanced Scorecard & Controlling, 3. Aufl., Wiesbaden.

Wedel, M.; Kamakura, W.A. (2000): Market Segmentation: Conceptual Methodological Foundations, 2. Aufl., Boston.

Weiber, R.; Meyer, J. (2005): Private Online-Nachfragekooperationen, in: Zentes, J.; Swoboda, B.; Morschett, D. (Hrsg.): Kooperationen, Allianzen und Netzwerke: Grundlagen – Ansätze – Perspektiven, 2. Aufl., Wiesbaden, S. 1327-1381.

Weick, K.E. (1979): The Social Psychology of Organizing, 2. Aufl., Reading u.a.

Weiguny, B. (2005): Wie klaut man schneller als andere?, in: Die Zeit, 60. Jg., 29. September 2005, S. L22-L23.

Weinberg, P. (1986): Erlebnisorientierte Einkaufsstättengestaltung im Einzelhandel, in: Marketing ZFP, 8. Jg., Nr. 2, S. 97-102.

Weinberg, P. (1992): Erlebnismarketing, München.

Weinberg, P.; Besemer, S. (1999): Shopping-Center in der Zukunft, in: Marketing ZFP, 21. Jg., S. 237-247.

Weinberg, P.; Purper, G. (2004): Die Merkmale der Betriebsformen des Einzelhandels aus Sicht der Konsumenten, in: Trommsdorff, V. (Hrsg.): Handelsforschung, Köln, S. 43-63.

Weinberg, P.; Purper, G. (2006): Ladengestaltung: Grundlagen und Konzepte, in: Zentes, J. (Hrsg.): Handbuch Handel: Strategien – Perspektiven – Internationaler Wettbewerb, Wiesbaden, S. 657-670.

Weinstein, A. (1987): Market Segmentation: Using Demographics, Psychographics and Other Segmentation Techniques to Uncover and Exploit New Markets, Chicago.

Weis, H.C. (2004): Marketing, 13. Aufl., Ludwigshafen.

Weiss, M. (1997): Marktwirksame Prozessorganisation (MAPO), Dissertation, Klagenfurt.

Weitz, B.A. (2006): Electronic Retailing, in: Krafft, M.; Mantrala, M. (Hrsg.): Retailing in the 21st Century, Berlin, S. 309-323.

Welge, M.K.; Al-Laham, A. (2003): Strategisches Management: Grundlagen – Prozess – Implementierung, 4. Aufl., Wiesbaden.

Wells, W.D.; Gubar, G. (1966): Life Cycle Concept in Marketing Research, in: Journal of Marketing Research, 3. Jg., Nr. 4, S. 355-363.

Wenzel, H. (2006): Der Handel im Spannungsfeld – Zwischen staatlicher Deregulierung und marktwirtschaftlicher Regulierung, in: Zentes, J. (Hrsg.): Handbuch Handel: Strategien – Perspektiven – Internationaler Wettbewerb, Wiesbaden, S. 49-69.

Wenzel, C.-O.; Frank, J. (1998): Freizeiteinrichtungen im räumlichen Kontext von Shopping Centern, in: Falk, B. (Hrsg.): Das große Handbuch Shopping-Center, Landsberg a.L., S. 269-294.

Wernerfelt, B. (1984): A Resource-Based View of the Firm, in: SMJ, 5. Jg., Nr. 2, S. 171-180.

West, R. (1985): Warenwirtschaftssysteme im Kauf- und Warenhaus: Fallbeispiel Kaufhof, in: Zentes, J. (Hrsg.): Moderne Warenwirtschaftssysteme im Handel, Berlin u.a., S. 128-150.

Whiteoak, P. (2004): Rethinking Efficient Replenishment in the Grocery Sector, in: Fernie, J.; Sparks, L. (Hrsg.): Logistics and Retail Management, 2. Aufl., London-Sterling, S. 138-163.

Wickel-Kirsch, S. (1999): Harte Fakten durch Balanced Scorecard, in: Personalwirtschaft, 26. Jg., Nr. 10, S. 70-73.

Wiechmann, D (2005): Ladenschluss am Ende: Freigabe der Öffnungszeiten ist nur noch eine Frage von Monaten, in: Lebensmittel Zeitung, 57. Jg., Nr. 52, S. 20.

Wieselhuber & Partner GmbH (2000): Benchmarkingstudie Verbundgruppen 2000. Kernergebnisse der Benchmarkingstudie bei den Mitgliedern des ZGV/IVE, Manuskript, Bonn.

Wiezorek, H.; Henkel, G. (1997): Data Mining und Database Marketing, in: Link, J. u.a. (Hrsg.): Handbuch Database Marketing, 2. Aufl., Ettlingen, S. 235-250.

Wiezorek, H. (1998): ECR- Eine Aufgabe des Beziehungsmanagements, in: Zentes, J.; Swoboda, B. (Hrsg.): Globales Handelsmanagement, Frankfurt a.M., S. 385-402.

Wild, S. (1999): Logistik gilt als Wettbewerbsfaktor. Gemini-Studie: Im Trend liegen Konzepte zur Zentrallagerbelieferung, in: Lebensmittel Zeitung, 26. Februar 1999, S. 58.

Wildemann, H. (2005): Logistik Prozeßmanagement, 3. Aufl., München.

Willenbrock, H. (2002): Noch einmal mit Gefühl, in: McK Wissen 03: Branding, 1. Jg., S. 14-21.

Wilson, J.R. (1991): Mund-zu-Mund-Marketing, Landsberg a.L.

Windsperger, J. (2003): Centralization of Franchising Networks: Evidence from the Austrian Franchise Sector, in: Journal of Business Research, 57. Jg., Nr. 12, S. 1361-1369.

Windsperger, J.; Dant, R.P. (2006): Contractibility and Ownership Redirection in Franchising: A Property Rights View, in: Journal of Retailing, 82. Jg., Nr. 3, S. 259-272.

Wirtschaftskammern Österreich (Hrsg.) (2006): Handel aktuell. Informationssparte der Bundessparte Handel, o.Jg., Nr. 3, S. 1-8.

Wissmann, M. (2006): Kartellverstöße können teuer werden, in: Lebensmittel Zeitung, 58. Jg., Nr. 10, S. 37.

Witte, E. (1968): Die Organisation komplexer Entscheidungsverläufe – Ein Forschungsbericht, in: Zeitschrift für betriebswirtschaftliche Forschung, 20. Jg., S. 581-599.

Wittig, A. (2005): Management von Unternehmensnetzwerken, Wiesbaden.

Wittig, A.; Zentes, J. (2002): Gestaltungsfeld Organisation, in: Baumgarten, H. u.a. (Hrsg.): Management integrierter logistischer Netzwerke, Berlin u.a., S. 337-461.

Wolf, J. (2005): Organisation, Management, Unternehmensführung, 2. Aufl., Wiesbaden.

Woll, A. (1964): Der Wettbewerb im Einzelhandel: Zur Dynamik der modernen Vertriebsformen, Berlin.

Wood, L.M.; Pierson, B.J. (2006): The Brand Description of Sainsbury's and Aldi: Price and Quality Positioning, in: International Journal of Retail & Distribution Management, 34. Jg., Nr. 12, S. 904-917.

Wood, S. (2002): The Limits to Portfolio Restructuring: Lessons from Regional Consolidation in the US Department Store Industry, in: Regional Studies, 36. Jg., Nr. 5, S. 515–529.

Wöhe, G. (2005): Einführung in die Allgemeine Betriebswirtschaftslehre, 22. Aufl., München.

Wöllenstein, S. (1996): Betriebstypenprofilierung in vertraglichen Vertriebssystemen: Eine Analyse von Einflußfaktoren und Erfolgswirkungen auf der Grundlage eines Vertragshändlersystems im Automobilhandel, Frankfurt a.M.

Wörwag, S. (1996): Entwicklung und Umsetzung von Servicestrategien in Klein- und Mittelbetrieben, Dissertation, St. Gallen.

Wrona, T.; Schell, H. (2005): Globalisierungsbetroffenheit von Unternehmen und die Potenziale der Kooperation, in: Zentes, J.; Swoboda, B.; Morschett, D. (Hrsg.): Kooperationen, Allianzen und Netzwerke, 2. Aufl., Wiesbaden, S. 323-347.

Wunderer, R.; Arx, S. v. (2002): Personalmanagement als Wertschöpfungs-Center: unternehmerische Organisationskonzepte für interne Dienstleister, 3. Aufl., Wiesbaden.

Wunderer, R.; Jaritz, A. (1999): Evaluation der Wertschöpfung im Personalmanagement, in: Personalwirtschaft, 26. Jg., Nr. 8, S. 47-52.

Wuyts, S.; Geyskens, I. (2005): The Formation of Buyer-Supplier Relationships: Detailed Contract Drafting and Close Partner Selection, in: Journal of Marketing, 69. Jg., Nr. 4, S. 103-117.

Yoon-Jung Oh, J. u.a. (2004): Predictors of Tourists' Shopping Behaviour: Examination of Socio-demographic Characteristics and Trip Typologies, in: Journal of Vacation Marketing, 10. Jg., Nr. 4, S. 308-319.

Zahn, E. (1997): Rüsten für den Wettbewerb der Zukunft, Arbeitspapier Nr. 4/1997, Universität Stuttgart.

Zahn, E. (2003): Führungskonzepte im Wandel, in: Bullinger, H.-J.; Warnecke, H.J.; Westkämper, E. (Hrsg.): Neue Organisationsformen im Unternehmen: Ein Handbuch für das moderne Management, 2. Aufl., Berlin u.a., S. 255-273.

Zairi, M. (1996): Benchmarking for Best Practice, Oxford u.a.

Zeithaml, V.A.; Parasuraman, A.; Berry, L.L. (1985): Problems and Strategies in Services Marketing, in: Journal of Marketing, 49. Jg., Nr. 2, S. 33-46.

Zentes, J. (1984): Warenwirtschaftssysteme: Hersteller/Händler-Beziehungen auf neuem Niveau, in: Absatzwirtschaft, 27. Jg., Nr. 2, S. 52-57.

Zentes, J. (1985): Tendenzen der Entwicklung von Warenwirtschaftssystemen, in: Zentes, J. (Hrsg.): Moderne Warenwirtschaftssysteme im Handel, Berlin u.a., S. 1-22.

Zentes, J. (1987): EDV-gestütztes Marketing, Berlin u.a.

Zentes, J. (1988): Nutzeffekte von Warenwirtschaftssystemen im Handel, in: Information Management, 3. Jg., Nr. 4, S. 58-67.

Zentes, J. (1989a): Trade-Marketing: Eine neue Dimension in den Hersteller-Handels-Beziehungen, in: Marketing ZFP, 11. Jg., Nr. 4, S. 224-229.

Zentes, J. (1989b): Möglichkeiten des elektronischen Datenaustauschs für Industrie und Handel, in: Thexis, 6. Jg., Nr. 4, S. 37-40.

Zentes, J. (1991): Computer Integrated Merchandising: Neuorientierung der Distributionskonzepte im Handel und in der Konsumgüterindustrie, in: Zentes, J. (Hrsg.): Moderne Distributionskonzepte in der Konsumgüterwirtschaft, Stuttgart, S. 3-15.

Zentes, J. (1992a): Euro-Logistik des Handels, in: Betriebswirtschaftliche Forschung und Praxis, 44. Jg., Nr. 3, S. 215-226.

Zentes, J. (1992b): Kooperative Wettbewerbsstrategien im internationalen Konsumgütermarketing, in: Zentes, J. (Hrsg.): Strategische Partnerschaften im Handel, Stuttgart, S. 3-31.

Zentes, J. (1994): Effizienzsteigerungspotenziale kooperativer Logistikketten in der Konsumgüterwirtschaft, in: Pfohl, H.-C. (Hrsg.): Management der Logistikkette, Berlin, S. 105-126.

Zentes, J. (1995): Internationales Marketing, in: Tietz, B.; Köhler, R.; Zentes, J. (Hrsg.): Handwörterbuch des Marketing, 2. Aufl., Stuttgart, Sp. 1031-1045.

Zentes, J. (1996a): ECR – eine neue Zauberformel?, in: Töpfer, A. (Hrsg.): Efficient Consumer Response (ECR): Wie realistisch sind die versprochenen Vorteile?, Mainz, S. 24-46.

Zentes, J. (1996b): Konditionensysteme: Von Pull- und Push-Strategien zum kooperativen Wertschöpfungsmanagement, in: Markenartikel, 58. Jg., Nr. 4, S. 162-165.

Zentes, J. (1997): Globalisierung des Handels, in: Entwicklungstendenzen im internationalen Marketing, Handelshochschule Leipzig, Leipzig.

Zentes, J. (1998a): Effizienzsteigerungspotenziale kooperativer Logistikketten in der Konsumgüterwirtschaft, in: Isermann, H. (Hrsg.): Logistik, 2. Aufl., Landsberg a.L., S. 429-440.

Zentes, J. (1998b): ECR und Kundenorientierung: Win-Win-Win-Situation, in: Pfohl, H.-C. (Hrsg.): Kundennahe Logistik, Berlin, S. 47-61.

Zentes, J. (1998c): Strategieformulierung und -umsetzung: ein Perspektivenwechsel, in: Berger, R.; Steger, U. (Hrsg.): Auf dem Weg zur Europäischen Unternehmensführung, München, S. 167-180.

Zentes, J. (1998d): Global Sourcing – Strategische Allianzen – Supply Chain Management, in: Scholz, C.; Zentes, J. (Hrsg.): Strategisches Euro-Management, Bd. 2, Stuttgart, S. 133-146.

Zentes, J. (1998e): Internationalisierung der deutschen Discounter und der französischen Hypermarchés, in: Zentes, J.; Swoboda, B. (Hrsg.): Globales Handelsmanagement, Frankfurt a.M., S. 201-231.

Zentes, J. (1998f): Internationalisierung europäischer Handelsunternehmen: Wettbewerbs- und Implementierungsstrategien, in: Bruhn, M.; Steffenhagen, H. (Hrsg.): Marktorientierte Unternehmensführung, 2. Aufl., Wiesbaden, S. 159-180.

Zentes, J. (1999a): Neue Plätze, neue Märkte, in: Entgrenzte Märkte: Neue Dimensionen unternehmerischer Aktivität, 37. MMM-Kongress, München, S. 25-43.

Zentes, J. (1999b): Die CPC TrendForen: Ziele, Konzeption, Themen, in: Dichtl, E.; Lingenfelder, M. (Hrsg.): Meilensteine im deutschen Handel, Frankfurt a.M., S. 293-307.

Zentes, J. (2000): Wettbewerbsstrategien und Logistik, in: Baumgarten, H.; Wiendahl, H.-P.; Zentes, J. (Hrsg.): Logistik-Management, Berlin u.a.

Zentes, J. (2001a): Stand und Entwicklungstendenzen der Zentralregulierung, in: Zentes, J.; Swoboda, B. (Hrsg.): Perspektiven der Zentralregulierung, Frankfurt a.M., S. 3-23.

Zentes, J. (2001b): Regalflächenoptimierung, in: Diller, H. (Hrsg.): Vahlens Großes Marketing Lexikon, 2. Aufl., München, S. 1473-1474.

Zentes, J. (2002): B2B-Handel: Renaissance des Großhandels, in: Zentes, J.; Swoboda, B.; Morschett, D. (Hrsg.): B2B-Handel: Perspektiven des Groß- und Außenhandels, Frankfurt a.M., S. 3-31.

Zentes, J. (2003a): Handels-Controlling, in: Horváth, P.; Reichmann, T. (Hrsg.): Vahlens Großes Controllinglexikon, 2. Aufl., München, S. 275-276.

Zentes, J. (2003b): Handels-Controllingaufgaben, in: Horváth, P.; Reichmann, T. (Hrsg.): Vahlens Großes Controllinglexikon, 2. Aufl., München, S. 276.

Zentes, J. (2003c): Handels-Controllingsubsysteme, in: Horváth, P.; Reichmann, T. (Hrsg.): Vahlens Großes Controllinglexikon, 2. Aufl., München, S. 276.

Zentes, J. (2004a): Marketing-Effektivität vs. Logistik-Effizienz: Theoretische Überlegungen und empirische Befunde, in: Spengler, T.; Voss, S.; Kopfer, H. (Hrsg.): Logistik Management, Heidelberg, S. 255-270.

Zentes, J. (2004b): Performance-Leadership im Handel: Stoßrichtungen und Konzepte, in: Zentes, J.; Biesiada, H.; Schramm-Klein, H. (Hrsg.): Performance-Leadership im Handel, Frankfurt a.M., S. 11-28.

Zentes, J. (2005a): Der Handel als Arbeitgeber: Chancen für mittelständische Unternehmen, in: Zentes, J. (Hrsg.): Der mittelständische Handel als attraktiver Arbeitgeber, Frankfurt a.M., S. 13-35.

Zentes, J. (2005b): Marketing, in: Vahlens Kompendium der Betriebswirtschaftslehre, Bd. 1, 5. Aufl., München, S. 309-384.

Zentes, J. (Hrsg.) (2005c): Overstoring: Brauchen wir eine konzertierte Aktion?, Ergebnisse 17. Unilever TrendForum, Wiesbaden.

Zentes, J. (2006): Dynamik des Handels: Perspektiven und Zukunftsstrategien, in: Zentes, J. (Hrsg.): Handbuch Handel: Strategien – Perspektiven – Internationaler Wettbewerb, Wiesbaden, S. 3-22.

Zentes, J. (Hrsg.) (2007): Faszination Handel – 50 Jahre Saarbrücker Handelsforschung, Frankfurt a.M.

Zentes, J.; Bartsch, A. (2002): Neuorientierung des Beschaffungsmanagements: Multi Channel Sourcing, Frankfurt a.M.

Zentes, J.; Ferring, N. (1995): Internationales Handelsmarketing, in: Hermanns, A.; Wissmeier, U.K. (Hrsg.): Internationales Marketing-Management, München, S. 410-436.

Zentes, J.; Hurth, J. (1996): Status und Folgen der Handelskonzentration, Saarbrücken.

Zentes, J.; Knörr, E. (2004): SRM – Ein innovativer Ansatz zur Evaluierung von Lieferanten, in: Zentes, J.; Biesiada, H.; Schramm-Klein, H.: Performance-Leadership im Handel, Frankfurt a.M., S. 191-225.

Zentes, J.; Morschett, D. (1998): HandelsMonitor II/98 - Daten & Fakten: Wo wird im Jahre 2005 Handel ‚gemacht'?, Frankfurt a.M.

Zentes, J.; Morschett, D. (2005): Retail Branding als strategische Markenpolitik des Handels, in: Esch, F.-R. (Hrsg.): Moderne Markenführung. Grundlagen – Innovative Ansätze – Praktische Umsetzungen, 4. Aufl., Wiesbaden, S. 1139-1156.

Zentes, J.; Neidhart, M. (2006a): Secured and Controlled Distribution – Die Industrie als Einzelhändler, in: Zentes, J. (Hrsg.): Handbuch Handel, Wiesbaden, S. 275-297.

Zentes, J.; Neidhart, M. (2006b): Wer nicht vertikalisiert, verliert!, in: Absatzwirtschaft, 49. Jg., Nr. 3, S. 30-34.

Zentes, J.; Opgenhoff, L. (1995): Kundenzufriedenheit als Erfolgsfaktor im Handel, in: GDI-Handels-Trendletter I/95, Rüschlikon, S. 1-48.

Zentes, J.; Schramm-Klein, H. (1999): Frühzeitige Nutzung aktueller Trends im Konsumentenverhalten. Beispiele aus dem Handel, in: Rohe, C.

(Hrsg.): Werkzeuge für das Innovationsmanagement, Frankfurt a.M., S. 274-288.

Zentes, J.; Schramm-Klein, H. (2006): Status quo des Multi-Channel-Managements im deutschen Einzelhandel, in: Thexis, 23. Jg., Nr. 4, S. 6-10.

Zentes, J.; Swoboda, B. (1997): Grundbegriffe des Internationalen Managements, Stuttgart.

Zentes, J.; Swoboda, B. (1998a): Globalisierung des Handels: Rahmenbedingungen – Antriebskräfte – Strategische Konzepte, in: Zentes, J.; Swoboda, B. (Hrsg.): Globales Handelsmanagement, Frankfurt a.M., S. 3-24.

Zentes, J.; Swoboda, B. (1998b): Verbundgruppen auf dem Weg zum Informationsverbund, in: Olesch, G. (Hrsg.): Kooperation im Wandel, Frankfurt a.M, S. 221-243.

Zentes, J.; Swoboda, B. (1998c): HandelsMonitor I/98: Trends & Visionen: Wo wird im Jahre 2005 Handel 'gemacht'?, Frankfurt a.M.

Zentes, J.; Swoboda, B. (1999a): Kundenbindung im vertikalen Marketing, in: Bruhn, M.; Homburg, C. (Hrsg.): Handbuch Kundenbindungsmanagement, 2. Aufl., Stuttgart, S. 273-299.

Zentes, J.; Swoboda, B. (1999b): Motive und Erfolgsgrößen internationaler Kooperation mittelständischer Unternehmen: Überprüfung kontingenztheoretischer Hypothesen, in: Die Betriebswirtschaft, 59. Jg., Nr. 1, S. 44-60.

Zentes, J.; Swoboda, B. (1999c): Neuere Entwicklungen im Handelsmanagement – Umfeldbedingungen und strategische Konzepte, in: Marketing ZFP, 21. Jg., Nr. 1, S. 75-90.

Zentes, J.; Swoboda, B. (1999d): Neue Vertriebswege aus Sicht des Einzelhandels – Erscheinungsformen, Herausforderungen und Strategieoptionen des Handels, in: Tomczak, T. u.a. (Hrsg.): Alternative Vertriebswege, St. Gallen, S. 40-58.

Zentes, J.; Swoboda, B. (1999e): Standort und Ladengestaltung, in: Dichtl, E.; Lingenfelder, M. (Hrsg.): Meilensteine im deutschen Handel. Erfolgsstrategien – gestern, heute und morgen, Frankfurt a.M., S. 89-121.

Zentes, J.; Swoboda, B. (1999f): Neuere Entwicklungen im Handelsmanagement – Umfeldbedingungen und strategische Konzepte, in: Marketing ZFP, 21. Jg., S. 75-90.

Zentes, J.; Swoboda, B. (2000a): Liberalisierung und Deregulierung – Antriebskräfte der Globalisierung des Handels, in: Foscht, T.; Jungwirth, G.; Schnedlitz, P. (Hrsg.): Zukunftsperspektiven für das Handelsmanagement, Frankfurt a.M., S. 39-54.

Zentes, J.; Swoboda, B. (2000b): Allied Groups on the Road to Complex Networks, in: Technology In Society, 22. Jg., Nr. 1, S. 133-150.

Zentes, J.; Swoboda, B. (2000c): Auswirkungen des Electronic Commerce auf den Handel, in: Die Betriebswirtschaft, 60. Jg., Nr. 6, S. 687-706.

Zentes, J.; Swoboda, B. (2001a): Grundbegriffe des Marketing: Marktorientiertes globales Management-Wissen, 5. Aufl., Stuttgart.

Zentes, J.; Swoboda, B. (2001b): Zentralregulierung im Spannungsfeld von Insourcing und Outsourcing, in: Zentes, J.; Swoboda, B. (Hrsg.): Perspektiven der Zentralregulierung, Frankfurt a.M., S. 73-107.

Zentes, J.; Swoboda, B. (Hrsg.) (2001c): Perspektiven der Zentralregulierung, Frankfurt a.M.

Zentes, J.; Swoboda, B. (2004): Internationalisierung einer Fachgeschäftskonzeption – Douglas AG, in: Zentes, J.; Swoboda, B. (Hrsg.): Fallstudien zum Internationalen Management, 2. Aufl., Wiesbaden, S. 773-786.

Zentes, J.; Swoboda, B. (2005): Hersteller-Handels-Beziehungen aus markenpolitischer Sicht, in: Esch, F.-R. (Hrsg.): Moderne Markenführung, 4. Aufl., Wiesbaden, S. 1063-1086.

Zentes, J.; Swoboda, B. (2007): Kommunikation im Handel, in: Bruhn, M.; Esch, F.-R.; Langner, T. (Hrsg.): Handbuch Kommunikation, Wiesbaden (in Druck).

Zentes, J.; Ferring, N.; Janz, M. (2001): Vertriebssysteme für nationale und internationale Dienstleistungsanbieter, in: Bruhn, M.; Meffert, H. (Hrsg.): Handbuch Dienstleistungsmanagement, 2. Aufl., Wiesbaden, S. 661-686.

Zentes, J.; Hilt, C.; Domma, P. (2007): Global Sourcing im deutschsprachigen Einzelhandel, HandelsMonitor Spezial, Frankfurt a.M.

Zentes, J.; Janz, M.; Morschett, D. (1999): Neue Dimensionen des Handelsmarketing, Institut für Handel und Internationales Marketing/SAP AG, Saarbrücken u.a.

Zentes, J.; Janz, M.; Morschett, D. (2001): HandelsMonitor 2001: Retail Banding – Der Handel als Marke, Frankfurt a.M.

Zentes, J.; Morschett, D.; Schramm-Klein, H. (2004): Stand und kritische Analyse der regionalen Integrationsabkommen, in Zentes, J.; Morschett, D.; Schramm-Klein, H. (Hrsg.): Außenhandel: Marketingstrategien und Managementkonzepte, Wiesbaden, S. 181-204.

Zentes, J.; Morschett, D.; Schramm-Klein, H. (2007): Strategic Retail Management: Text and Cases, Wiesbaden.

Zentes, J.; Neidhart, M.; Scheer, L. (2006): HandelsMonitor Spezial: Vertikalisierung – Die Industrie als Händler, Frankfurt a.M.

Zentes, J.; Scheer, L.; Lehnert, M. (2007): Internationalisierungspotenziale für Verbundgruppen, Frankfurt a.M.

Zentes, J.; Schramm-Klein, H.; Morschett, D. (2004): Außenhandel und Internationales Marketing, in Zentes, J.; Morschett, D.; Schramm-Klein,

H. (Hrsg.): Außenhandel: Marketingstrategien und Managementkonzepte, Wiesbaden, S. 3-25.

Zentes, J.; Schramm-Klein, H.; Neidhart, M. (2005): HandelsMonitor 2005/06: Expansion – Konsolidierung – Rückzug. Trends, Perspektiven und Optionen im Handel, Frankfurt a.M.

Zentes, J.; Swoboda, B.; Morschett, D.; (2004): Internationales Wertschöpfungsmanagement, München.

Zentes, J.; Swoboda, B.; Morschett, D. (2005a): Kooperationen, Allianzen und Netzwerke: Entwicklung der Forschung und Kurzabriss, in: Zentes, J.; Swoboda, B.; Morschett, D. (Hrsg.): Kooperationen, Allianzen und Netzwerke, 2. Aufl., Wiesbaden, S. 3-32.

Zentes, J.; Swoboda, B.; Morschett, D. (2005b): Markt, Kooperation, Integration: Asymmetrische Entwicklungen in der Gestaltung der Wertschöpfungsprozesse am Beispiel der Konsumgüterindustrie, in: Zentes, J.; Swoboda, B.; Morschett, D. (Hrsg.): Kooperationen, Allianzen und Netzwerke, 2. Aufl., Wiesbaden, S. 675-700.

Zentes, J.; Swoboda, B.; Morschett, D. (Hrsg.) (2005c): Kooperationen, Allianzen und Netzwerke, 2. Aufl., Wiesbaden, S. 675-700.

Zentes, J.; Swoboda, B.; Morschett, D. (2007): Kundenbindung im vertikalen Marketing, in: Bruhn, M.; Homburg, C. (Hrsg.): Handbuch Kundenbindungsmanagement, 6. Aufl., Wiesbaden (in Druck).

Zentes, J.; Swoboda, B.; Schramm-Klein, H. (2006): Internationales Marketing, München.

Zentes, J. u.a. (2002): Best-Practice-Prozesse im Handel: Customer Relationship Management und Supply Chain Management, Frankfurt a.M.

Zentes, J. u.a. (2007): Innovative Geschäftsmodelle und Geschäftsprozesse im Großhandel, Frankfurt a.M.

Zentralverband der deutschen Werbewirtschaft (Hrsg.) (2006): Werbung in Deutschland 2005, Berlin.

Zhang, L.; Krishna, A. (2005): Brand Level Effects of SKU Reduction, in: Marketing Science Insititute Cambridge, Report Nr. 05-104 (Working Paper), S. 85-109.

Zielke, S. (2004): Strategien und Instrumente zur kundenorientierten Warenplatzierung im Einzelhandel, in: Trommsdorff, V. (Hrsg.): Handelsforschung 2004, Köln, S. 381-400.

Zimbardo, P.G.; Gerrig, R.J. (2004): Psychologie, 16. Aufl., München u.a.

Zimmer, G. (1987): Selbstorganisation des Lernens: Kritik der modernen Arbeitserziehung, Frankfurt a.M. u.a.

Zimmermann, C. (2001): Controlling in international tätigen mittelständischen Unternehmen, Wiesbaden.

Zimmermann, K.; Kohl, M. (2007): Supply Chain Balanced Scorecard: Eine Fallstudie aus der Automobilindustrie, in: Supply Chain Management, o.Jg., Nr. 1, S. 23-29.

Stichwortverzeichnis

C

D

E

G

M

N

O

P

Q

R

T

W

X

Y

Z